한국산업인력공단 출제기준 완벽대비!

[산업안전산업기사]
필기 기출문제

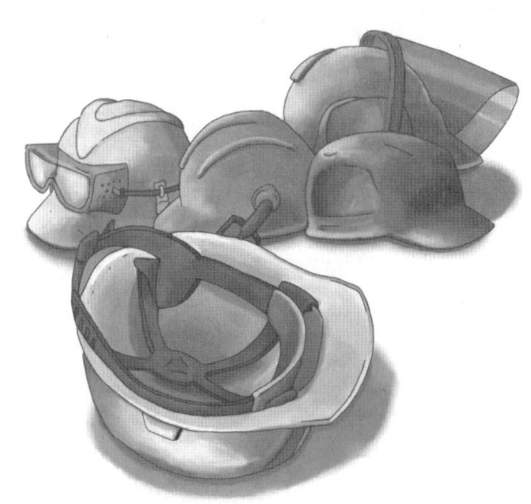

도서출판 책과 상상
www.SangSangbooks.co.kr

머리말

현대 산업사회의

생산현장은 산업설비의 대형화와 자동화를 통한 대량생산 및 다품종 생산의 시대로 접어들게 되었고 재해사고발생시 위험에 대한 치명도와 규모도 증대되고 있는 상황입니다. 이에 따라 산업현장에서의 안전을 담당하는 안전관리자의 책무와 지위 또한 증대되고 있습니다.

인간존중의 이념을 실현하기 위한 안전관리자의 고유한 책무와 함께, 산업 근로자의 안전과 생명을 지키는 파수꾼으로서의 역할이 사회구성의 한 분야이자 전문적인 영역으로 자리매김되고 있는 상황에서 안전관리자의 자격을 취득하고자 하는 분들의 건승을 기원합니다.

이 책은 산업인력공단이 주관·시행하는 산업안전산업기사 자격증을 보다 효과적으로 단시간에 취득하도록 하기 위해 핵심적인 이론과 최근 기출문제를 중점적으로 수록하고 있습니다. 또한, 그 내용에 있어 다음과 같은 점들을 특징으로 하고 있습니다.

1. 최근 변경된 한국산업인력공단의 출제기준 및 기출문제 분석을 통해 수험생들이 보다 효과적으로 기사시험에 대비할 수 있도록 핵심적인 이론 내용을 최대한 간결하게 정리하였습니다.

2. 문제은행 방식으로 치러지는 필기시험에 대비하여 보다 많은 문제를 학습하는 것이 최선의 합격 전략인 만큼 CBT 시행 이전 7년간의 기출문제를 풍부한 해설과 함께 수록함으로써 다양한 변형 문제에도 쉽게 대비할 수 있도록 하였습니다.

책을 쓰는 동안 수험생의 입장에서 최대한 자세하게 설명하기 위해 최선을 다하였으나 미비한 점이 있다면 계속적인 보완을 약속드립니다.

끝으로 저자의 원고를 책으로 출간할 수 있는 기회를 주신 도서출판 책과 상상에 감사를 드립니다. 또한, 출간을 위해 적지 않은 시간을 원고 검토에 힘써준 현장의 동료들에게도 지면을 통해 깊은 감사의 말을 전합니다.

저자 올림

👉 검정안내 및 출제기준

1. 검정안내

(1) 개요
생산관리에서 안전을 제외하고는 생산성 향상이 불가능하다는 인식속에서 산업현장의 근로자를 보호하고 근로자들이 안심하고 생산성 향상에 주력할 수 있는 작업환경을 만들기 위하여 전문적인 지식을 가진 기술인력을 양성하고자 자격제도 제정

(2) 수행직무
건설업을 제외한 각 산업현장에 배속되어 산업재해 예방계획의 수립에 관한 사항을 수행하며, 작업환경의 점검 및 개선에 관한 사항, 유해 및 위험방지에 관한 사항, 사고사례 분석 및 개선에 관한 사항, 근로자의 안전교육 및 훈련에 관한 업무 수행

(3) 취득 방법

① 검정 방법
- 필기 : 객관식 4지 택일형 과목당 20문항(과목당 30분)
- 실기 : 복합형[필답형(1시간, 55점) + 작업형(1시간 정도, 45점)]

② 합격기준
- 필기 : 100점을 만점으로 하여 과목당 40점 이상, 전과목 평균 60점 이상
- 실기 : 100점을 만점으로 하여 60점 이상

(4) 진로 및 전망

- 기계, 금속, 전기, 화학, 목재 등 모든 제조업체, 안전관리 대행업체, 산업안전관리 정부기관, 한국산업안전공단 등이 진출할 수 있다.

- 선진국의 척도는 안전수준으로 우리나라의 경우 재해율이 아직 후진국 수준에 머물러 있어 이에 대한 계속적 투자의 사회적 인식이 높아가고, 안전인증 대상을 확대하여 프레스, 용접기 등 기계·기구에서 이러한 기계·기구의 각종 방호장치까지 안전인증을 취득하도록 산업안전보건법 시행규칙의 개정에 따른 고용창출 효과가 기대되고 있다. 또한 경제회복국면과 안전보건조직 축소가 맞물림에 따라 산업재해의 증가가 우려되고 있다. 특히 제조업의 경우 이미 올해 초부터 전년도의 재해율을 상회하고 있어 정부는 적극적인 재해 예방정책 등으로 이 자격증 취득자에 대한 인력수요는 증가할 것이다.

2. 출제기준(필기)

필기과목명	출제문제수	주요 항목	세부 항목
산업재해 예방 및 안전보건 교육	20	1. 산업재해예방 계획수립	1. 안전관리 2. 안전보건관리 체제 및 운용
		2. 안전보호구 관리	1. 보호구 및 안전장구 관리
		3. 산업안전심리	1. 산업심리와 심리검사 2. 직업적성과 배치 3. 인간의 특성과 안전과의 관계
		4. 인간의 행동과학	1. 조직과 인간행동 2. 재해 빈발성 및 행동과학 3. 집단관리와 리더십 4. 생체리듬과 피로
		5. 안전보건교육의 내용 및 방법	1. 교육의 필요성과 목적 2. 교육방법 3. 교육실시 방법 4. 안전보건교육계획 수립 및 실시 5. 교육내용
		6. 산업안전관계법규	1. 산업안전보건법령
인간공학 및 위험성 평가·관리	20	1. 안전과 인간공학	1. 인간공학의 정의 2. 인간-기계체계 3. 체계설계와 인간요소 4 인간요소와 휴먼에러
		2. 위험성 파악·결정	1. 위험성 평가 2. 시스템 위험성 추정 및 결정
		3. 위험성 감소대책 수립·실행	1. 위험성 감소대책 수립 및 실행
		4. 근골격계질환 예방관리	1. 근골격계 유해요인 2. 인간공학적 유해요인 평가 3. 근골격계 유해요인 관리
		5. 유해요인 관리	1. 물리적 유해요인 관리 2. 화학적 유해요인 관리 3. 생물학적 유해요인 관리
		6. 작업환경 관리	1. 인체계측 및 체계제어 2. 신체활동의 생리학적 측정법 3. 작업 공간 및 작업자세 4. 작업측정 5. 작업환경과 인간공학 6. 중량물 취급 작업

주요항목	배점	세부항목	세세항목
기계 · 기구 및 설비 안전관리	20	1. 기계안전시설 관리	1. 안전시설 관리 계획하기 2. 안전시설 설치하기 3. 안전시설 유지 · 관리하기
		2. 기계분야 산업재해 조사	1. 재해조사
		3. 기계설비 위험요인 분석	1. 공작기계의 안전 2. 프레스 및 전단기의 안전 3. 기타 산업용 기계 기구 4. 운반기계 및 양중기
		4. 기계안전점검	1. 안전점검계획 수립 2. 안전점검 실행 3. 안전점검 평가
		5. 기계설비 유지 · 관리	1. 기계설비 위험요인 대책 제시 2. 기계설비 유지 · 관리
전기 및 화학설비 안전관리	20	1. 전기작업 안전관리	1. 전기작업의 위험성 파악 2. 전기작업 안전 수행 3. 전기설비 및 기기
		2. 감전재해 및 방지대책	1. 감전재해 예방 및 조치 2. 감전재해의 요인 3. 절연용 안전장구
		3. 정전기 장 · 재해 관리	1. 정전기 위험요소 파악 2. 정전기 위험요소 제거
		4. 전기 방폭 관리	1. 전기방폭설비 2. 전기방폭 사고예방 및 대응
		5. 전기설비 위험요인 관리	1. 전기설비 위험요인 파악 2. 전기설비 위험요인 점검 및 개선
		6. 화재 · 폭발 검토	1. 화재·폭발 이론 및 발생 이해 2. 소화 원리 이해 3. 폭발방지대책 수립
		7. 화학물질 안전관리 실행	1. 화학물질(위험물, 유해화학물질) 확인 2. 화학물질(위험물, 유해화학물질) 유해 위험성 확인 3. 화학물질 취급설비 개념 확인
		8. 화공 안전운전 · 점검	1. 안전점검계획 수립 2. 설비 및 공정 안전 3. 안전점검 평가
건설공사 안전관리	20	1. 건설현장 안전점검	1. 안전점검 계획 수립 2. 안전점검 고려사항
		2. 건설현장 유해 · 위험요인관리	1. 건설공사 유해 · 위험요인 확인
		3. 건설업 산업안전보건관리비 관리	1. 건설업 산업안전보건관리비 규정
		4. 건설현장 안전시설 관리	1. 안전시설 설치 및 관리 2. 건설공구 및 기계
		5. 비계 · 거푸집 가시설 위험방지	1. 건설 가시설물 설치 및 관리
		6. 공사 및 작업종류별 안전	1. 양중 및 해체 공사 2. 콘크리트 및 PC 공사 3. 운반 및 하역작업

Contents_차례

PART 01 핵심이론 요약

CHAPTER 01 산업재해 예방 및 안전보건교육 • 10
- Section 01 | 안전보건관리 개요 ··· 10
- Section 02 | 안전보건관리체제 및 운용 ···································· 18
- Section 03 | 보호구 및 안전보건표지 ·· 26
- Section 04 | 산업안전심리 ··· 34
- Section 05 | 안전보건교육 및 교육방법 ···································· 45

CHAPTER 02 인간공학 및 위험성 평가·관리 • 54
- Section 01 | 안전과 인간공학 ·· 54
- Section 02 | 시스템안전공학 ·· 69

CHAPTER 03 기계·기구 및 설비 안전관리 • 77
- Section 01 | 기계안전의 개념 ·· 77
- Section 02 | 재해조사 및 통계분석 ··· 79
- Section 03 | 안전점검 및 작업위험 분석 ·································· 84
- Section 04 | 안전인증 및 안전검사 ··· 87
- Section 05 | 기계설비 안전관리 ··· 89
- Section 06 | 운반기계 및 양중기 ··· 97
- Section 07 | 방호장치 ··· 99

CHAPTER 04 전기 및 화학설비 안전관리 • 105
- Section 01 | 전격재해 및 방지대책 ··· 105
- Section 02 | 전기재해 예방을 위한 안전설비 ························ 107
- Section 03 | 전기작업안전 ··· 111
- Section 04 | 정전기의 재해방지대책 ······································ 113
- Section 05 | 방폭구조(Explosion-Proof Construction) ············· 115
- Section 06 | 위험물 안전 ··· 118
- Section 07 | 유해화학물질 안전 ·· 120
- Section 08 | 폭발방지 및 안전대책 ·· 122
- Section 09 | 화학설비안전 ··· 127

CHAPTER 05 건설공사 안전관리 • 131
- Section 01 | 건설공사 안전개요 ·· 131
- Section 02 | 건설안전시설 및 설비 ·· 136
- Section 03 | 가설작업의 안전 ·· 142
- Section 04 | 운반, 하역작업 ··· 147

PART 02 산업안전산업기사 최근 기출문제

- 2014
  - 산업안전산업기사 기출문제 2014년 03월 02일 시행 ···· 150
  - 산업안전산업기사 기출문제 2014년 05월 25일 시행 ···· 181
  - 산업안전산업기사 기출문제 2014년 08월 17일 시행 ···· 214
- 2015
  - 산업안전산업기사 기출문제 2015년 03월 08일 시행 ···· 245
  - 산업안전산업기사 기출문제 2015년 05월 31일 시행 ···· 277
  - 산업안전산업기사 기출문제 2015년 08월 16일 시행 ···· 311
- 2016
  - 산업안전산업기사 기출문제 2016년 03월 06일 시행 ···· 344
  - 산업안전산업기사 기출문제 2016년 05월 08일 시행 ···· 378
  - 산업안전산업기사 기출문제 2016년 08월 21일 시행 ···· 412
- 2017
  - 산업안전산업기사 기출문제 2017년 03월 05일 시행 ···· 445
  - 산업안전산업기사 기출문제 2017년 05월 07일 시행 ···· 479
  - 산업안전산업기사 기출문제 2017년 08월 26일 시행 ···· 513
- 2018
  - 산업안전산업기사 기출문제 2018년 03월 04일 시행 ···· 548
  - 산업안전산업기사 기출문제 2018년 04월 28일 시행 ···· 583
  - 산업안전산업기사 기출문제 2018년 08월 19일 시행 ···· 620
- 2019
  - 산업안전산업기사 기출문제 2019년 03월 03일 시행 ···· 656
  - 산업안전산업기사 기출문제 2019년 04월 27일 시행 ···· 689
  - 산업안전산업기사 기출문제 2019년 08월 04일 시행 ···· 723
- 2020
  - 산업안전산업기사 기출문제 2020년 06월 14일 시행 ···· 756
  - 산업안전산업기사 기출문제 2020년 08월 22일 시행 ···· 793

PART 01

핵심이론 요약

CHAPTER

01. 산업재해 예방 및 안전보건교육
02. 인간공학 및 위험성 평가·관리
03. 기계·기구 및 설비 안전관리
04. 전기 및 화학설비 안전관리
05. 건설공사 안전관리

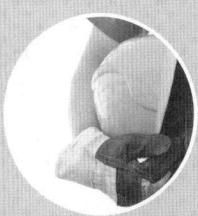

CHAPTER 01 산업재해 예방 및 안전보건교육

Section 01 안전보건관리 개요

1 안전관리 및 안전의 정의

(1) **안전관리의 정의**

재해로부터 인간의 생명과 재산을 보존하기 위한 계획적이고 체계적인 제반 활동을 의미한다.

(2) **안전의 정의**

① **하인리히(H. W. Heinrich)의 안전론** : 안전은 사고예방(Accident Prevention)이며 사고예방은 물리적 환경과 인간 및 기계의 관계를 통제하는 과학인 동시에 기술(Art)

② **버크호프(H. O. Berckhofs)의 안전론** : 사고의 시간성 및 에너지의 사고 관련성을 규명

2 안전사고와 재해

(1) **용어의 정의**

① **안전사고** : 고의성이 없는 어떤 불안전한 행동이나 조건이 선행되어 발생하는 사고

② **재해(Loss, Calamity)** : 안전사고의 결과로 일어난 인명피해 및 재산의 손실

③ **무재해 사고(Near Accident, 아차사고)** : 인명이나 물적 등 일체의 피해가 없는 사고

(2) **산업재해(Industrial Losses)**

① **일반적 정의** : 통제를 벗어난 에너지(Energy)의 광란으로 인하여 입은 인명과 재산의 피해현상

② **산업안전보건법상의 정의** : 노무를 제공하는 자가 업무에 관계되는 건설물·설비·원재료·가스·증기·분진 등에 의하거나 작업 또는 그 밖의 업무로 인하여 사망 또는 부상하거나 질병에 걸리는 것

(3) **중대재해**(시행규칙)

① 사망자가 1명 이상 발생한 재해

② 3개월 이상의 요양이 필요한 부상자가 동시에 2명 이상 발생한 재해

③ 부상자 또는 직업성 질병자가 동시에 10명 이상 발생한 재해

3 산업재해의 분류

(1) 통계적 분류

사망, 중경상(8일 이상의 노동손실), 경상해(1일 이상 7일 이하의 노동손실), 무상해사고

(2) 상해정도별 분류(ILO에 의한 구분)

① **사망** : 안전사고로 사망하거나 혹은 부상의 결과로 사망한 것
② **영구 전노동 불능** : 부상의 결과로 근로기능을 완전히 잃은 부상(신체장애등급 1~3급에 해당)
③ **영구 일부노동 불능** : 부상의 결과로 신체의 일부가 근로기능을 완전히 상실한 부상(신체장애등급 4~14급에 해당)
④ **일시 전노동 불능** : 의사의 소견에 따라 일정 기간 동안 노동에 종사할 수 없는 상해
⑤ **일시 일부노동 불능** : 의사의 진단에 따라 부상 다음날 또는 그 이후의 정규노동에 종사할 수 없는 휴업재해 이외의 것으로 일시취업시간 중에 업무를 떠나 치료를 받는 정도의 상해
⑥ **구급처치상해** : 응급처치 또는 자가 치료를 받고 당일 정상작업에 임할 수 있는 상해

(3) 발생형태에 따른 산업재해의 분류(KOSHA GUIDE)

분류항목	세부항목
떨어짐(추락)	사람이 인력(중력)에 의하여 건축물, 구조물, 가설물, 수목, 사다리 등의 높은 장소에서 떨어지는 것
넘어짐(전도)	사람이 거의 평면 또는 경사면, 층계 등에서 구르거나 넘어지는 경우
깔림 · 뒤집힘(물체의 쓰러짐이나 뒤집힘)	기대어져 있거나 세워져 있는 물체 등이 쓰러져 깔린 경우 및 지게차 등의 건설기계 등이 운행 또는 작업 중 뒤집어진 경우
부딪힘(충돌) · 접촉	재해자 자신의 움직임 · 동작으로 인하여 기인물에 접촉 또는 부딪히거나, 물체가 고정부에서 이탈하지 않은 상태로 움직임(규칙, 불규칙) 등에 의하여 부딪히거나, 접촉한 경우
맞음 (낙하 · 비래)	구조물, 기계 등에 고정되어 있던 물체가 중력, 원심력, 관성력 등에 의하여 고정부에서 이탈하거나 또는 설비 등으로부터 물질이 분출되어 사람을 가해하는 경우
끼임 (협착)	두 물체 사이의 움직임에 의하여 일어난 것으로 직선운동하는 물체 사이의 끼임, 회전부와 고정체 사이의 끼임, 로울러 등 회전체 사이에 물리거나 또는 회전체 · 돌기부 등에 감긴 경우
무너짐 (붕괴 · 도괴)	토사, 적재물, 구조물, 건축물, 가설물 등이 전체적으로 허물어져 내리거나 또는 주요 부분이 꺾어져 무너지는 경우
압박 · 진동	재해자가 물체의 취급과정에서 신체 특정 부위에 과도한 힘이 편중 · 집중 · 눌려진 경우나 마찰접촉 또는 진동 등으로 신체에 부담을 주는 경우
신체반작용	물체의 취급과 관련없이 일시적이고 급격한 행위 · 동작, 균형상실에 따른 반사적 행위 또는 놀람, 정신적 충격, 스트레스 등

분류항목	세부항목
부자연스런 자세	물체의 취급과 관련없이 작업환경 또는 설비의 부적절한 설계 또는 배치로 작업자가 특정한 자세 · 동작을 장시간 취하여 신체의 일부에 부담을 주는 경우
과도한 힘 · 동작	물체의 취급과 관련하여 근육의 힘을 많이 사용하는 경우로서 밀기, 당기기, 지탱하기, 들어올리기, 돌리기, 잡기, 운반하기 등과 같은 행위 · 동작
반복적 동작	물체의 취급과 관련하여 근육의 힘을 많이 사용하지 않는 경우로서 지속적 또는 반복적인 업무수행으로 신체의 일부에 부담을 주는 행위 · 동작
이상온도 노출 · 접촉	고 · 저온 환경 또는 물체에 노출 · 접촉된 경우
이상기압 노출	고 · 저기압 등의 환경에 노출된 경우
유해 · 위험물질 노출 · 접촉	유해 · 위험물질에 노출 · 접촉 또는 흡입하였거나 독성동물에 쏘이거나 물린 경우
소음노출	폭발음을 제외한 일시적 · 장기적인 소음에 노출된 경우
유해광선 노출	전리 또는 비전리 방사선에 노출된 경우
산소결핍 · 질식	유해물질과 관련 없이 산소가 부족한 상태 · 환경에 노출되었거나 이물질 등에 의하여 기도가 막혀 호흡기능이 불충분한 경우
화재	가연물에 점화원이 가해져 비의도적으로 불이 일어난 경우를 말하며, 방화는 의도적이기는 하나 관리할 수 없으므로 화재에 포함
폭발	건축물, 용기 내 또는 대기 중에서 물질의 화학적, 물리적 변화가 급격히 진행되어 열, 폭음, 폭발압이 동반하여 발생하는 경우
감전	전기설비의 충전부 등에 신체의 일부가 직접 접촉하거나 유도전류의 통전으로 근육의 수축, 호흡곤란, 심실세동 등이 발생한 경우 또는 특별고압 등에 접근함에 따라 발생한 섬락 접촉, 합선 · 혼촉 등으로 인하여 발생한 아아크(Arc)에 접촉된 경우
폭력행위	의도적인 또는 의도가 불분명한 위험행위(마약, 정신질환 등)로 자신 또는 타인에게 상해를 입힌 폭력 · 폭행을 말하며, 협박 · 언어 · 성폭력 및 동물에 의한 상해 등도 포함

4 재해발생의 메커니즘(Mechanism)

(1) 하인리히(Heinrich)의 사고연쇄성 이론[도미노(Domino) 현상]

① 1단계 : 사회적 환경 및 유전적 요소
② 2단계 : 개인적 결함
③ 3단계 : 불안전한 행동 및 불안전한 상태(물리적, 기계적 위험)
④ 4단계 : 사고
⑤ 5단계 : 재해

(2) 버드(Bird)의 최신사고 연쇄성 이론
   ① **1단계** : 통제의 부족 – 관리(경영)
   ② **2단계** : 기본원인 – 기원(원인론)
   ③ **3단계** : 직접원인 – 징후
   ④ **4단계** : 사고 – 접촉
   ⑤ **5단계** : 상해 – 손해 – 손실

> **전문적관리의 4가지 기능**
> • 계획(Planning) → 조직(Organizing) → 지도(Leading) → 제어(Controlling)

(3) 아담스(Adams)의 연쇄이론
   ① **관리구조의 결함** : 목적(목적, 수행표준, 사정, 측정), 조직(명령체제, 관리의 범위, 권한과 임무의 위임, 스탭), 운영(설계, 설비, 조달, 계획, 절차, 환경 등)
   ② **작전적(전략적) 에러** : 관리자나 감독자에 의해서 만들어진 에러
      ㉮ 관리자의 행동 : 정책, 목표, 권위, 결과에 대한 책임, 책무, 주위의 넓이, 권한위임 등과 같은 영역에서 의사결정이 잘못 행해지던가 행해지지 않는다.
      ㉯ 감독자의 행동 : 행위, 책임, 권위, 규칙, 지도, 주도성(솔선수범), 의욕, 업무(운영) 등과 같은 영역에서의 관리상의 잘못 또는 생략이 행해진다.
   ③ **전술적 에러** : 불안전한 행동 및 불안전한 상태
   ④ **사고** : 사고의 발생, 무상해 사고, 물적 손실사고
   ⑤ **상해 또는 손해** : 대인, 대물

5 재해원인의 연쇄 관계

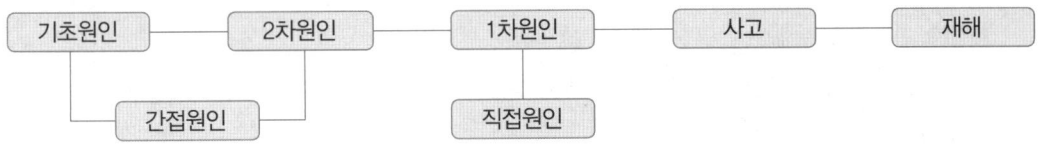

(1) **간접원인** : 재해의 가장 깊은 곳에 존재하는 재해원인
   ① **기초원인** : 학교 교육적 원인, 관리적 원인
   ② **2차원인** : 신체적 원인, 정신적 원인, 안전 교육적 원인, 기술적 원인

(2) **직접원인(1차원인)** : 시간적으로 사고 발생에 가까운 원인
   ① **물적원인** : 불안전한 상태(설비 및 환경 등의 불량)
   ② **인적원인** : 불안전한 행동

(3) 하인리히(Heinrich)에 의한 사고원인의 분류
① **직접원인** : 직접적으로 사고를 일으키는 불안전 행동이나 불안전한 기계적 상태
② **부원인(Subcause)** : 불안전한 행동을 일으키는 이유(안전작업 규칙들이 위배되는 이유)
㉮ 부적절한 태도
㉯ 지식 또는 기능의 결여
㉰ 신체적 부적격
㉱ 부적절한 기계적, 물리적 환경
③ **기초원인** : 습관적, 사회적, 유전적, 관리감독적 특성

(4) 간접원인 및 직접원인
① **간접원인**
㉮ 기술적 원인 : 건물·기계장치 설계 불량, 구조·재료의 부적합, 생산 공정의 부적당, 점검·정비·보존 불량
㉯ 교육적 원인 : 안전의식의 부족, 안전수칙의 오해, 경험훈련의 미숙, 작업방법의 교육 불충분, 유해위험 작업의 교육 불충분
㉰ 관리적 원인(작업관리상 원인) : 안전관리 조직 결함, 안전수칙 미제정, 작업준비 불충분, 인원배치 부적당, 작업지시 부적당
② **직접원인**
㉮ 불안전한 행동 : 위험장소 접근, 안전장치의 기능 제거, 복장·보호구의 잘못 사용, 기계·기구 잘못 사용, 운전중인 기계장치의 손질, 불안전한 속도 조작, 위험물 취급 부주의, 불안전한 상태 방치, 불안전한 자세 동작, 감독 및 연락 불충분
㉯ 불안전한 상태 : 물 자체 결함, 안전 방호장치 결함, 복장·보호구의 결함, 물의 배치 및 작업 장소 결함, 작업환경의 결함, 생산 공정의 결함, 경계표시·설비의 결함

6 재해발생의 메커니즘(3가지의 구조적 요소)

(1) 단순 자극형(집중형)
일어난 장소나 그 시점에 일시적으로 요인이 집중하여 재해가 발생하는 경우이다.

(2) 연쇄형
어느 하나의 요소가 원인이 되어 다른 요인을 발생시키고 이것이 또 다른 요소를 연쇄적으로 발생시키는 형태, 즉 연쇄적인 작용으로 재해를 일으키는 형태이다.

(3) 복합형
집중형과 연쇄형의 복합적인 형태로 대부분의 경우 재해발생은 복합형으로 일어난다고 볼 수 있다.

단순 자극형	연쇄형		복합형
	단순연쇄형	복합연쇄형	

7. 재해구성 비율

(1) 하인리히의 재해구성 비율
① 1 : 29 : 300의 법칙으로 중상 또는 사망 1회, 경상 29회, 무상해사고 300회의 비율로 발생
② 중상 또는 사망 : 경상 : 무상해 사고 = 1 : 29 : 300

(2) 버드(Frank e. Bird, Jr)의 재해구성 비율
① 중상 또는 폐질 1, 경상(물적 또는 인적상해) 10, 무상해사고(물적손실) 30, 무상해 무사고 고장(위험순간) 600의 비율로 사고가 발생
② 중상 또는 폐질 : 경상 : 무상해사고 : 무상해 무사고 고장 = 1 : 10 : 30 : 600

8. 재해예방의 원칙

(1) 재해예방의 4원칙
① **손실우연의 원칙** : 사고에 의해서 생기는 손실(상해)의 종류와 정도는 우연적이다.(1 : 29 : 300의 법칙)
② **원인계기의 원칙** : 모든 재해는 필연적인 원인에 의해서 발생한다.
③ **예방가능의 원칙** : 재해는 원칙적으로 모두 방지가 가능하다.
④ **대책선정의 원칙(3E의 적용)**
㉮ 기술적(Engineering) 대책(공학적 대책) : 안전설계, 작업행정 개선, 안전기준의 설정, 환경설비의 개선 등
㉯ 교육적(Education) 대책 : 안전교육 및 훈련의 실시
㉰ 관리적(Enforcement) 대책 : 적합한 기준 설정, 각종 규정 및 수칙의 준수, 전 종업원의 기준 이해, 경영자 및 관리자의 솔선수범, 부단한 동기부여와 사기 향상

(2) 재해예방활동의 3원칙
재해요인의 발견, 재해요인의 제거·시정, 재해요인 발생의 예방

9 사고 예방대책의 기본원리 5단계(사고방지원리의 단계)

(1) 1단계 – 조직(안전관리조직)
　① 경영자의 안전목표 수립, 안전관리자의 임명
　② 안전의 라인 및 참모 조직 구성
　③ 안전활동 방침 및 계획 수정
　④ 조직을 통한 안전 활동

(2) 2단계 – 사실의 발견
　① 사고 및 안전활동 기록 검토 · 작업분석
　② 관찰 및 보고서의 연구 등을 통하여 불안전 요소발견
　③ 안전점검 및 안전진단 사고조사
　④ 안전회의 및 토의
　⑤ 근로자의 제안 및 여론조사

(3) 3단계 – 분석 · 평가
　① 작업공정 분석
　② 사고보고서 및 현장조사
　③ 사고기록 및 인적 물적 조건의 분석
　④ 교육훈련 분석 등을 통하여 사고의 직접원인 및 간접원인을 규명

(4) 4단계 – 시정방법의 선정
　① 기술적 개선 · 인사조정(배치조정)
　② 교육 훈련의 개선, 안전행정의 개선
　③ 규정 및 수칙 작업, 표준 제도의 개선
　④ 확인 및 통제체제 개선

(5) 5단계 – 시정책의 적용(3E 적용)
　① 기술적(Engineering) 대책
　② 교육적(Education) 대책
　③ 관리적(단속적, Enforcement) 대책

> **3S와 4S**
> - 3S : 표준화(Standardization), 전문화(Specification), 단순화(Simplification)
> - 4S : 표준화(Standardization), 전문화(Specification), 단순화(Simplification), 총합화(Synthesization)

10 무재해운동

(1) **무재해운동의 3원칙**

① **무(Zero)의 원칙** : 산재 위험의 잠재요인을 근원적으로 해결하기 위한 원칙
② **선취의 원칙** : 위험요인 행동 전에 예지, 발견
③ **참가의 원칙** : 전원(근로자, 회사내 전종업원, 근로자 가족) 참가

(2) **무재해운동 추진의 3기둥(무재해운동의 3요소)**

① 최고 경영자의 경영자세
② 라인화의 철저(관리감독자에 의한 안전보건의 추진)
③ 직장(소집단) 자주활동의 활발화

(3) **브레인 스토밍**(B. S. : Brain Storming)**의 4원칙** : 비평금지, 자유분방, 대량발언, 수정발언

11 위험예지 훈련

(1) **위험예지 훈련의 기초 4라운드 진행방법**

① **1R(현상파악)** : 어떤 위험이 잠재하고 있는지 사실을 파악하는 라운드(BS적용)
② **2R(본질추구)** : 가장 위험한 요인(위험 포인트)을 합의로 결정하는 라운드(요약)
③ **3R(대책수립)** : 구체적인 대책을 수립하는 라운드(BS적용)
④ **4R(목표달성-설정)** : 수립한 대책 가운데 질이 높은 항목에 합의하는 라운드(요약)

(2) **TBM**(Tool Box Meeting)

5~7명 정도의 인원이 직장, 현장, 공구상자 등의 근처에서 작업 시작 전 5~15분, 작업 종료시 3~5분 정도의 짧은 시간동안에 행하는 미팅

(3) **문제해결의 8단계**(TBM의 진행방법)

문제해결 4 단계(4R)	문제해결의 8 단계
1R – 현상파악	1단계 – 문제제기 2단계 – 현상파악
2R – 본질추구	3단계 – 문제점 발견 4단계 – 중요 문제 결정
3R – 대책수립	5단계 – 해결책 구상 6단계 – 구체적 대책 수립
4R – 행동목표 설정	7단계 – 중점사항 결정 8단계 – 실시계획 책정

(4) 단시간 미팅 즉시즉응훈련 진행 요령(TBM 5단계)

즉석에서 전원이 역할 연습하여 체험학습하는 기법

① **제1단계 – 도입** : 정렬, 인사, 건강확인, 직장 체조, 목표 제창, 안전 연설
② **제2단계 – 점검정비** : 복장, 보호구, 공구, 사용 기기, 재료 등의 점검 정비
③ **제3단계 – 작업지시** : 연락사항 전달, 금일의 작업지시, 5W1H+위험예지, 지적확인(중점 실시사항 2Point), 복창
④ **제4단계 – 위험예지** : 설정해 놓은 도해로 One Point 위험 예지 훈련 실시
⑤ **제5단계 – 확인** : One Point 지적 확인 연습, Touch & Call, 끝맺음

Section 02 안전보건관리체제 및 운용

1 안전보건관리조직의 형태

(1) **라인(Line)형**(직계식 조직)

① 안전관리에 관한 계획에서 실시에 이르기까지 모든 권한이 포괄적이고 직선적으로 행사되며, 안전을 전문으로 분담하는 부분이 없다.
② 생산조직 전체에 안전관리 기능을 부여한다.
③ 소규모 사업장(100명 이하)에 적합하다.

(2) **스태프(Staff)형**(참모식 조직)

① 안전관리를 담당하는 스태프(참모진)를 두고 안전관리에 관한 계획, 조사, 검토, 권고, 보고 등을 행하는 관리 방식이다.
② 중규모 사업장(100명 이상 ~ 1000명 미만)에 적합하다.

(3) **라인-스태프형**(직계 참모조직)

① 라인형과 스태프형의 장점을 취한 절충식 조직 형태로 안전업무를 전문으로 담당하는 스태프 부분을 두고 생산라인의 각층에도 겸임 또는 전임의 안전 담당자를 두어서 안전대책은 스태프 부분에서 기획하고, 이것을 라인을 통하여 실시하도록 한 조직 방식이다.
② 대규모의 사업장(1000명 이상)에 효율적이다.

2. 산업안전보건법상의 안전보건관리 조직 체계도 및 임무내용

(1) 안전보건관리책임자의 업무내용

① 사업장의 산업재해 예방계획의 수립에 관한 사항
② 안전보건관리규정의 작성 및 변경에 관한 사항
③ 안전보건교육에 관한 사항
④ 작업환경측정 등 작업환경의 점검 및 개선에 관한 사항
⑤ 근로자의 건강진단 등 건강관리에 관한 사항
⑥ 산업재해의 원인 조사 및 재발 방지대책 수립에 관한 사항
⑦ 산업재해에 관한 통계의 기록 및 유지에 관한 사항
⑧ 안전장치 및 보호구 구입 시 적격품 여부 확인에 관한 사항
⑨ 그 밖에 근로자의 유해·위험 방지조치에 관한 사항으로서 고용노동부령으로 정하는 사항

(2) 안전관리자의 직무내용

① 산업안전보건위원회 또는 안전 및 보건에 관한 노사협의체에서 심의·의결한 업무와 해당 사업장의 안전보건관리규정 및 취업규칙에서 정한 업무
② 위험성평가에 관한 보좌 및 지도·조언
③ 안전인증대상기계등과 자율안전확인대상기계등 구입 시 적격품의 선정에 관한 보좌 및 지도·조언
④ 해당 사업장 안전교육계획의 수립 및 안전교육 실시에 관한 보좌 및 지도·조언
⑤ 사업장 순회점검, 지도 및 조치 건의
⑥ 산업재해 발생의 원인 조사·분석 및 재발 방지를 위한 기술적 보좌 및 지도·조언
⑦ 산업재해에 관한 통계의 유지·관리·분석을 위한 보좌 및 지도·조언
⑧ 법 또는 법에 따른 명령으로 정한 안전에 관한 사항의 이행에 관한 보좌 및 지도·조언
⑨ 업무 수행 내용의 기록·유지
⑩ 그 밖에 안전에 관한 사항으로서 고용노동부장관이 정하는 사항

(3) 산업안전보건 관련 교육과정별 교육시간

① 근로자 안전보건교육

교육과정	교육대상		교육시간
정기교육	사무직 종사 근로자		매반기 6시간 이상
	그 밖의 근로자	판매업무에 직접 종사하는 근로자	매반기 6시간 이상
		판매업무에 직접 종사하는 근로자 외의 근로자	매반기 12시간 이상
채용 시 교육	일용근로자 및 근로계약기간이 1주일 이하인 기간제근로자		1시간 이상
	근로계약기간이 1주일 초과 1개월 이하인 기간제근로자		4시간 이상
	그 밖의 근로자		8시간 이상
작업내용 변경 시 교육	일용근로자 및 근로계약기간이 1주일 이하인 기간제근로자		1시간 이상
	그 밖의 근로자		2시간 이상
특별교육	특별교육 대상 작업(단, 타워크레인을 사용하는 작업시 신호업무를 하는 작업은 제외)에 종사하는 일용근로자 및 근로계약기간이 1주일 이하인 기간제근로자		2시간 이상
	타워크레인을 사용하는 작업시 신호업무를 하는 일용근로자 및 근로계약기간이 1주일 이하인 기간제근로자		8시간 이상
	특별교육 대상 작업에 종사하는 근로자 중 일용근로자 및 근로계약기간이 1주일 이하인 기간제근로자를 제외한 근로자		-16시간 이상(최초 작업에 종사하기 전 4시간 이상 실시하고 12시간은 3개월 이내에서 분할하여 실시 가능) -단기간 작업 또는 간헐적 작업인 경우에는 2시간 이상
건설업 기초 안전·보건교육	건설 일용근로자		4시간 이상

② 안전보건관리책임자 등에 대한 교육

교육대상	교육시간	
	신규교육	보수교육
가. 안전보건관리책임자	6시간 이상	6시간 이상
나. 안전관리자, 안전관리전문기관의 종사자	34시간 이상	24시간 이상
다. 보건관리자, 보건관리전문기관의 종사자	34시간 이상	24시간 이상
라. 건설재해예방전문지도기관의 종사자	34시간 이상	24시간 이상

마. 석면조사기관의 종사자	34시간 이상	24시간 이상
바. 안전보건관리담당자	-	8시간 이상
사. 안전검사기관, 자율안전검사기관의 종사자	34시간 이상	24시간 이상

(4) 교육대상별 안전보건교육 내용

① **근로자 정기교육**
  ㉮ 산업안전 및 산업재해 예방에 관한 사항(화재·폭발 사고 발생 시 대피에 관한 사항 포함)
  ㉯ 산업보건 및 건강장해 예방에 관한 사항(폭염·한파작업으로 인한 건강장해 발생 시 응급조치에 관한 사항 포함)
  ㉰ 위험성 평가에 관한 사항
  ㉱ 건강증진 및 질병 예방에 관한 사항
  ㉲ 유해·위험 작업환경 관리에 관한 사항
  ㉳ 산업안전보건법령 및 산업재해보상보험 제도에 관한 사항
  ㉴ 직무스트레스 예방 및 관리에 관한 사항
  ㉵ 직장 내 괴롭힘, 고객의 폭언 등으로 인한 건강장해 예방 및 관리에 관한 사항

② **근로자 채용 시 교육 및 작업내용 변경 시 교육**
  ㉮ 산업안전 및 산업재해 예방에 관한 사항(화재·폭발 사고 발생 시 대피에 관한 사항 포함)
  ㉯ 산업보건 및 건강장해 예방에 관한 사항
  ㉰ 위험성 평가에 관한 사항
  ㉱ 산업안전보건법령 및 산업재해보상보험 제도에 관한 사항
  ㉲ 직무스트레스 예방 및 관리에 관한 사항
  ㉳ 직장 내 괴롭힘, 고객의 폭언 등으로 인한 건강장해 예방 및 관리에 관한 사항
  ㉴ 기계·기구의 위험성과 작업의 순서 및 동선에 관한 사항
  ㉵ 작업 개시 전 점검에 관한 사항
  ㉶ 정리정돈 및 청소에 관한 사항
  ㉷ 사고 발생 시 긴급조치에 관한 사항
  ㉸ 물질안전보건자료에 관한 사항

③ **관리감독자 정기교육**
  ㉮ 산업안전 및 산업재해 예방에 관한 사항(화재·폭발 사고 발생 시 대피에 관한 사항 포함)
  ㉯ 산업보건 및 건강장해 예방에 관한 사항(폭염·한파작업으로 인한 건강장해 발생 시 응급조치에 관한 사항 포함)
  ㉰ 위험성평가에 관한 사항
  ㉱ 유해·위험 작업환경 관리에 관한 사항
  ㉲ 산업안전보건법령 및 산업재해보상보험 제도에 관한 사항
  ㉳ 직무스트레스 예방 및 관리에 관한 사항
  ㉴ 직장 내 괴롭힘, 고객의 폭언 등으로 인한 건강장해 예방 및 관리에 관한 사항
  ㉵ 작업공정의 유해·위험과 재해 예방대책에 관한 사항

㉧ 사업장 내 안전보건관리체제 및 안전·보건조치 현황에 관한 사항
㉨ 표준안전 작업방법 결정 및 지도·감독 요령에 관한 사항
㉩ 현장근로자와의 의사소통능력 및 강의능력 등 안전보건교육 능력 배양에 관한 사항
㉪ 비상시 또는 재해 발생 시 긴급조치에 관한 사항
㉫ 그 밖의 관리감독자의 직무에 관한 사항

ㄷ 안전보건관리조직의 구비조건
- 회사의 특성, 규모에 부합되게 조직하여야 한다.
- 조직의 기능이 충분히 발휘될 수 있도록 제도적 체계가 갖추어져야 한다.
- 관리자의 책임과 권한이 명확해야 한다.
- 생산라인과 밀착된 조직이어야 한다.

3 산업안전보건위원회

(1) 산업안전보건위원회의 구성

① **근로자위원의 구성**
㉮ 근로자대표
㉯ 근로자대표가 지명하는 1명 이상의 명예감독관(명예산업안전감독관이 위촉되어 있는 사업장에 한함)
㉰ 근로자대표가 지명하는 9명 이내의 해당 사업장의 근로자(명예감독관이 근로자위원으로 지명되어 있는 경우 그 수를 제외한 수의 근로자)

② **사용자위원의 구성**
㉮ 해당 사업의 대표자(같은 사업으로 다른 지역에 사업장이 있는 경우 그 사업장의 최고책임자)
㉯ 안전관리자 1명(안전관리자를 두어야 하는 사업장에 한함)
㉰ 보건관리자 1명(보건관리자를 두어야 하는 사업장에 한함)
㉱ 산업보건의(해당 사업장에 선임되어 있는 경우로 한정)
㉲ 해당 사업의 대표자가 지명하는 9명 이내의 해당 사업장 부서의 장

(2) 산업안전보건위원회를 구성해야 할 사업의 종류 및 규모

사업의 종류	사업장의 상시근로자 수
1. 토사석 광업 2. 목재 및 나무제품 제조업;가구제외 3. 화학물질 및 화학제품 제조업;의약품 제외(세제, 화장품 및 광택제 제조업과 화학섬유 제조업은 제외) 4. 비금속 광물제품 제조업 5. 1차 금속 제조업 6. 금속가공제품 제조업;기계 및 가구 제외 7. 자동차 및 트레일러 제조업 8. 기타 기계 및 장비 제조업(사무용 기계 및 장비 제조업은 제외) 9. 기타 운송장비 제조업(전투용 차량 제조업은 제외)	상시 근로자 50명 이상

사업의 종류	상시근로자 수
10. 농업 11. 어업 12. 소프트웨어 개발 및 공급업 13. 컴퓨터 프로그래밍, 시스템 통합 및 관리업 14. 정보서비스업 15. 금융 및 보험업 16. 임대업;부동산 제외 17. 전문, 과학 및 기술 서비스업(연구개발업은 제외) 18. 사업지원 서비스업 19. 사회복지 서비스업	상시 근로자 300명 이상
20. 건설업	공사금액 120억원 이상(건설산업기본법 시행령에 따른 토목공사업에 해당하는 공사의 경우에는 150억원 이상)
21. 제1호부터 제20호까지의 사업을 제외한 사업	상시 근로자 100명 이상

4 안전보건관리규정

(1) 안전보건관리규정을 작성해야 할 사업의 종류 및 규모

사업의 종류	상시근로자 수
1. 농업 2. 어업 3. 소프트웨어 개발 및 공급업 4. 컴퓨터 프로그래밍, 시스템 통합 및 관리업 5. 정보서비스업 6. 금융 및 보험업 7. 임대업;부동산 제외 8. 전문, 과학 및 기술 서비스업(연구개발업은 제외) 9. 사업지원 서비스업 10. 사회복지 서비스업	300명 이상
11. 제1호부터 제10호까지의 사업을 제외한 사업	100명 이상

※ 사업주는 안전보건관리규정을 작성하여야 할 사유가 발생한 날부터 30일 이내에 안전보건관리규정을 작성하여야 하며, 이를 변경할 사유가 발생한 경우에도 또한 같다.

(2) 안전보건관리규정에 포함될 사항

① 안전 및 보건에 관한 관리조직과 그 직무에 관한 사항

② 안전보건교육에 관한 사항

③ 작업장의 안전 및 보건 관리에 관한 사항

④ 사고 조사 및 대책 수립에 관한 사항

⑤ 그 밖에 안전 및 보건에 관한 사항

5 안전보건관리계획

(1) 계획작성시 고려해야 할 사항

① 목표와 대책은 평형상태를 유지한다.
② 대책을 구상하기 전에 조감도를 작성한다.
③ 대책의 우선순위 결정시 유의사항
  ㉮ 목표 달성에 대한 기여도
  ㉯ 대책의 긴급성에 의해 우선순위 결정
  ㉰ 문제의 확대 가능성의 여부
  ㉱ 대책의 난이성에 의한 우선순위 결정 지양

(2) 평가 : 계획의 완성은 계획 → 실시 → 평가 → 계획수정 → 완성 → 평가

① **평가시의 유의 사항**
  ㉮ 재해건수, 재해율 등의 목표치와 안전활동 자체평가 실시
  ㉯ 다각적인 평가가 되도록 실시
  ㉰ 평가 결과에 따라 개선 방향 설정

② **주요평가척도**
  ㉮ 절대척도 : 재해건수 등 수치
  ㉯ 상대척도 : 도수율, 강도율 등
  ㉰ 평정척도 : 양적으로 나타내는 것이며, 양호, 보통, 불량 등 단계로 평정
  ㉱ 도수척도 : %로 나타내는 것

(3) 안전관리의 사이클(계획의 운용, P → D → C → A)

① **Plan(계획)** : 목표를 정하고 달성하는 방법을 계획
② **Do(실시)** : 교육, 훈련을 하고 실행
③ **Check(검토)** : 결과를 검토
④ **Action(조치)** : 검토한 결과에 의해 조치

6 안전보건개선계획

(1) 안전보건개선계획 수립대상 사업장

① 산업재해율이 같은 업종의 규모별 평균 산업재해율보다 높은 사업장
② 사업주가 필요한 안전조치 또는 보건조치를 이행하지 아니하여 중대재해가 발생한 사업장
③ 연간 직업성 질병자가 2명 이상 발생한 사업장
④ 유해인자의 노출기준을 초과한 사업장

(2) 안전보건진단을 받아 개선계획을 수립 제출해야 되는 사업장
   ① 산업재해율이 같은 업종의 규모별 평균 산업재해율보다 높은 사업장 중 중대재해(사업주가 안전보건조치의무를 이행하지 아니하여 발생한 중대재해에 한함) 발생 사업장
   ② 산업재해발생률이 같은 업종 평균 산업재해발생률의 2배 이상인 사업장
   ③ 직업병에 걸린 사람이 연간 2명 이상(상시 근로자 1천명 이상 사업장의 경우 3명 이상) 발생한 사업장
   ④ 작업환경 불량, 화재·폭발 또는 누출사고 등으로 사회적 물의를 일으킨 사업장
   ⑤ 위 ①항부터 ④항까지에 준하는 사업장으로서 고용노동부장관이 정하는 사업장

(3) 안전보건개선계획서
   ① 안전보건개선계획의 수립시행명령을 받은 사업주는 고용노동부장관이 정하는 바에 따라 안전보건개선계획서를 작성하여 그 명령을 받은 날부터 60일 이내에 관할 지방노동 관서의 장에게 제출
   ② 안전보건개선계획서에 포함되어야 할 사항
      ㉮ 시설
      ㉯ 안전보건관리체제
      ㉰ 안전보건교육
      ㉱ 산업재해 예방 및 작업환경의 개선을 위하여 필요한 사항

 알아두기

☑ **건설업 산업안전보건관리비 계상 및 사용기준(고용노동부 고시 제2025-11호)**
제3조(적용범위) 이 고시는 법 제2조제11호의 건설공사 중 총공사금액 2천만 원 이상인 공사에 적용한다. 다만, 단가계약에 의하여 행하는 공사에 대하여는 총계약금액을 기준으로 적용한다.

☑ **공사종류 및 규모별 산업안전보건관리비 계상기준표**

구분 공사종류	대상액 5억원 미만인 경우 적용비율	대상액 5억원 이상 50억원 미만인 경우 적용비율		대상액 50억원 이상인 경우 적용비율	보건관리자 선임대상 건설공사의 적용비율
		적용비율	기초액		
건축공사	3.11%	2.28%	4,325,000원	2.37%	2.64%
토목공사	3.15%	2.53%	3,300,000원	2.60%	2.73%
중건설공사	3.64%	3.05%	2,975,000원	3.11%	3.39%
특수건설공사	2.07%	1.59%	2,450,000원	1.64%	1.78%

Section 03 보호구 및 안전보건표지

1. 보호구

(1) 보호구의 구비조건

① 착용이 간편할 것
② 작업에 방해가 되지 않도록 할 것
③ 유해위험요소에 대한 방호성능이 충분할 것
④ 재료의 품질이 양호할 것
⑤ 구조와 끝마무리가 양호할 것
⑥ 외양과 외관이 양호할 것

(2) 보호구의 효과 및 한계

① **보호구의 효과** : 보호구는 강도가 높은 재해사고인 경우에 그것을 인시던트(incident), 즉 불휴재해로 그 피해를 최소화 되도록 만들어져 있어 재해 시 인시던트의 영역을 확대할 수 있는 역할을 담당
② **보호구의 한계** : 소극적 안전대책

(3) 보호구의 종류와 적용작업

보호구의 종류	구분	적용작업 및 작업장
호흡용 보호구	방진마스크	분체작업, 연마작업, 광택작업, 배합작업
	방독마스크	유기용제, 유기가스, 미스트, 흄발생작업
	송기마스크, 산소호흡기, 공기호흡기	저장조, 하수구 등 청소 및 산소결핍 위험작업장
청력 보호구	귀마개, 귀덮개	소음발생 작업장
안구 및 시력 보호구	전안면 보호구	강력한 분진 비산작업과 유해광선 발생작업
	시력보호 안경	유해광선 발생 작업보호의와 장갑, 장화
안전화, 안전장갑	장갑	피부로 침입하는 화학물질 또는 강산성물질 취급작업
	장화	피부로 침입하는 화학물질 또는 강산성물질 취급작업
보호복	방열복, 방열면	고열발생 작업장
	전신보호복	강산 또는 맹독유해물질이 강력하게 비산되는 작업
	부분보호복	강산 또는 맹독유해물질이 심하게 비산되지 않는 작업
피부보호크림	–	피부염증 또는 홍반 유발 물질에 노출되는 작업장

2 추락 및 감전 위험방지용 안전모

(1) 안전모의 종류

종류(기호)	사용구분	비고
AB	물체의 낙하 또는 비래(날아옴) 및 추락에 의한 위험을 방지 또는 경감시키기 위한 것	–
AE	물체의 낙하 또는 비래(날아옴)에 의한 위험을 방지 또는 경감하고, 머리 부위 감전에 의한 위험을 방지하기 위한 것	내전압성
ABE	물체의 낙하 또는 비래(날아옴) 및 추락에 의한 위험을 방지 또는 경감하고, 머리 부위 감전에 의한 위험을 방지하기 위한 것	내전압성

※ 내전압성이란 7,000V 이하의 전압에 견디는 것을 말함

(2) 안전모의 일반구조

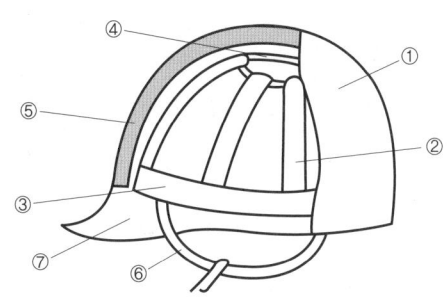

번호	명칭	
①	모체	
②	착장체	머리받침끈
③		머리고정대
④		머리받침고리
⑤	충격흡수재	
⑥	턱끈	
⑦	챙(차양)	

(3) 안전인증대상 안전모의 시험성능기준

항목	시험성능기준
내관통성	AE, ABE종 안전모는 관통거리가 9.5mm 이하이고, AB종 안전모는 관통거리가 11.1mm 이하이어야 한다.
충격흡수성	최고전달충격력이 4,450N을 초과해서는 안되며, 모체와 착장체의 기능이 상실되지 않아야 한다.
내전압성	AE, ABE종 안전모는 교류 20kV 에서 1분간 절연파괴 없이 견뎌야 하고, 이때 누설되는 충전전류는 10mA 이하이어야 한다.
내수성	AE, ABE종 안전모는 질량증가율이 1% 미만이어야 한다. ※ 질량증가율(%) = $\dfrac{\text{담근 후의 질량} - \text{담그기 전의 질량}}{\text{담그기 전의 질량}} \times 100$
난연성	모체가 불꽃을 내며 5초 이상 연소되지 않아야 한다.
턱끈풀림	150N 이상 250N 이하에서 턱끈이 풀려야 한다.

※ 자율안전확인대상 안전모의 시험성능기준은 내관통성, 충격흡수성, 난연성, 턱끈풀림 항목만 적용

3 안전화

(1) 안전화의 종류 및 성능

종류	성능구분
가죽제안전화	물체의 낙하, 충격 또는 날카로운 물체에 의한 찔림 위험으로부터 발을 보호하기 위한 것
고무제안전화	물체의 낙하, 충격 또는 날카로운 물체에 의한 찔림 위험으로부터 발을 보호하고 내수성을 겸한 것
정전기안전화	물체의 낙하, 충격 또는 날카로운 물체에 의한 찔림 위험으로부터 발을 보호하고 정전기의 인체대전을 방지하기 위한 것
발등안전화	물체의 낙하, 충격 또는 날카로운 물체에 의한 찔림 위험으로부터 발 및 발등을 보호하기 위한 것
절연화	물체의 낙하, 충격 또는 날카로운 물체에 의한 찔림 위험으로부터 발을 보호하고 저압의 전기에 의한 감전을 방지하기 위한 것
절연장화	고압에 의한 감전을 방지 및 방수를 겸한 것
화학물질용안전화	물체의 낙하, 충격 또는 날카로운 물체에 의한 찔림 위험으로부터 발을 보호하고 화학물질로부터 유해위험을 방지하기 위한 것

(2) 안전화 완성품에 대한 시험성능기준

① **내압박성 및 내충격성** : 선심 내부의 높이는 다음의 표에서 주어진 값 이상이어야 한다.(단위 : mm)

안전화 크기	~225	230~240	245~250	255~265	270~280	285~
선심내부높이	12.5	13.0	13.5	14.0	14.5	15.0

② **박리저항** : 몸통과 겉창의 박리저항은 중작업용 및 보통작업용은 4.0N/mm 이상이어야 하고, 경작업용은 3.0N/mm 이상이어야 한다.

③ **내답발성** : 중작업용 또는 보통작업용은 1,000N, 경작업용은 500N의 정하중을 걸어 창을 관통하지 않아야 한다.

> **안전화 몸통 높이(몸통의 가장 높은 지점과 안창의 뒤끝 위쪽 면 사이의 수직거리)에 따른 구분**
> - 단화 : 113mm 미만
> - 중단화 : 113mm 이상
> - 장화 : 178mm 이상

4 안전장갑

(1) 내전압용 절연장갑

① 내전압용 절연장갑의 등급, 치수, 고무의 최대 두께

등급	최대사용전압		고무의 최대 두께(mm)	색상	치수 표준길이(mm)
	교류(V, 실효값)	직류(V)			
00	500	750	0.50 이하	갈색	270 및 360
0	1,000	1,500	1.00 이하	빨강색	270, 360, 410 및 460
1	7,500	11,250	1.50 이하	흰색	360, 410 및 460
2	17,000	25,500	2.30 이하	노랑색	
3	26,500	39,750	2.90 이하	녹색	
4	36,000	54,000	3.60 이하	등색	410 및 460

② 내전압용 절연장갑의 일반구조
　㉮ 절연장갑은 고무로 제조하여야 하며 핀홀(Pin Hole), 균열, 기포 등의 물리적인 변형이 없어야 한다.
　㉯ 여러 색상의 층들로 제조된 합성 절연장갑이 마모되는 경우에는 그 아래의 다른 색상의 층이 나타나야 한다.
　㉰ 미트의 모양은 하나 또는 그 이상의 손가락을 넣을 수 있는 구조이어야 한다.
　㉱ 컨투어소매 장갑의 최대 길이와 최소 길이의 차이는 (50±6)mm이어야 한다.

(2) 화학물질용 안전장갑

① 화학물질용 안전장갑의 일반구조 및 재료
　㉮ 재료와 부품은 착용자에게 해로운 영향을 주지 않아야 한다.
　㉯ 착용 및 조작이 용이하고, 착용상태에서 작업을 행하는데 지장이 없어야 한다.
　㉰ 육안을 통해 확인한 결과 찢어진 곳, 터진 곳, 구멍난 곳이 없어야 한다.

② 안전인증 유기화합물용 안전장갑에 추가로 표시할 사항
　㉮ 안전장갑의 치수
　㉯ 보관·사용 및 세척상의 주의사항
　㉰ 안전장갑을 표시하는 화학물질 보호성능표시 및 제품 사용에 대한 설명
　㉱ 화학물질 외 제조자가 다른 화학물질에 대한 투과저항시험을 실시하고, 성능수준을 사용설명서에 표시하는 경우 제조회사의 시험 결과임을 명시
　㉲ 재료시험의 각 성능 수준을 사용설명서에 표시

5 호흡용 보호구

(1) 방진마스크

① 방진마스크의 형태

종류	분리식		안면부여과식
	격리식	직결식	
형태	전면형 반면형	전면형 반면형	반면형
사용조건	산소농도 18% 이상인 장소에서 사용하여야 한다.		

② 방진마스크의 등급

등급	성능구분
특급	• 베릴륨 등과 같이 독성이 강한 물질들을 함유한 분진 등 발생장소 • 석면 취급장소
1급	• 특급마스크 착용장소를 제외한 분진 등 발생장소 • 금속흄 등과 같이 열적으로 생기는 분진 등 발생장소 • 기계적으로 생기는 분진 등 발생장소(규소 등과 같이 2급을 착용하여도 무방한 경우 제외)
2급	• 특급 및 1급 마스크 착용장소를 제외한 분진 등 발생장소

※ 배기밸브가 없는 안면부여과식 마스크는 특급 및 1급 장소에 사용해서는 안 된다.

(2) 방독마스크

종류	시험가스	정화통 외부측면 표시색
유기화합물용	시클로헥산(C_6H_{12}), 디메틸에테르(CH_3OCH_3), 이소부탄(C_4H_{10})	갈색
할로겐용	염소가스 또는 증기(Cl_2)	회색
황화수소용	황화수소가스(H_2S)	

시안화수소용	시안화수소가스(HCN)	회색
아황산용	아황산가스(SO_2)	노랑색
암모니아용	암모니아가스(NH_3)	녹색

(3) 송기마스크와 전동식 호흡보호구

① 송기마스크의 종류 및 등급

종류	등급		구분
호스 마스크	폐력흡인형		안면부
	송풍기형	전동	안면부, 페이스실드, 후드
		수동	안면부
에어라인 마스크	일정유량형		안면부, 페이스실드, 후드
	디맨드형		안면부
	압력디맨드형		안면부
복합식 에어라인 마스크	디맨드형		안면부
	압력디맨드형		안면부

② 전동식 호흡보호구의 분류

분류	사용구분
전동식 방진마스크	분진 등이 호흡기를 통하여 체내에 유입되는 것을 방지하기 위하여 고효율 여과재를 전동장치에 부착하여 사용하는 것
전동식 방독마스크	유해물질 및 분진 등이 호흡기를 통하여 체내에 유입되는 것을 방지하기 위하여 고효율 정화통 및 여과재를 전동장치에 부착하여 사용하는 것
전동식 후드 및 전동식 보안면	유해물질 및 분진 등이 호흡기를 통하여 체내에 유입되는 것을 방지하기 위하여 고효율 정화통 및 여과재를 전동장치에 부착하여 사용함과 동시에 머리, 안면부, 목, 어깨부분 까지 보호하기 위해 사용하는 것

6 안전대

(1) 안전대의 종류 및 시험성능기준

종류	사용구분	시험하중	시험성능기준
벨트식	1개 걸이용	15kN (1,530kgf)	• 파단되지 않을 것 • 신축조절기의 기능이 상실되지 않을 것
	U자 걸이용		
안전그네식	추락방지대	15kN (1,530kgf)	• 시험몸통으로부터 빠지지 말 것
	안전블록		

(2) 안전대의 주요 용어

① **안전그네** : 신체지지의 목적으로 전신에 착용하는 띠 모양의 것으로서 상체 등 신체 일부분만 지지하는 것은 제외

② **지탱벨트** : U자걸이 사용 시 벨트와 겹쳐서 몸체에 대는 역할을 하는 띠 모양의 부품

③ **죔줄** : 벨트 또는 안전그네를 구명줄 또는 구조물 등 기타 걸이설비와 연결하기 위한 줄모양의 부품

④ **D링** : 벨트 또는 안전그네와 죔줄을 연결하기 위한 D자형의 금속 고리

⑤ **추락방지대** : 신체의 추락을 방지하기 위해 자동잠김 장치를 갖추고 죔줄과 수직구명줄에 연결된 금속장치

⑥ **훅 및 카라비너** : 죔줄과 걸이설비 등 또는 D링과 연결하기 위한 금속장치

⑦ **보조훅** : U자걸이를 위해 훅 또는 카라비너를 지탱벨트의 D링에 걸거나 떼어낼 때 추락을 방지하기 위한 훅

⑧ **안전블록** : 안전그네와 연결하여 추락발생시 추락을 억제할 수 있는 자동잠김장치가 갖추어져 있고 죔줄이 자동적으로 수축되는 장치

⑨ **보조죔줄** : 안전대를 U자걸이로 사용할 때 U자걸이를 위해 훅 또는 카라비너를 지탱 벨트의 D링에 걸거나 떼어낼 때 잘못하여 추락하는 것을 방지하기 위한 링과 걸이설비 연결에 사용하는 훅 또는 카라비너를 갖춘 줄모양의 부품

⑩ **수직구명줄** : 로프 또는 레일 등과 같은 유연하거나 단단한 고정줄로서 추락발생시 추락을 저지시키는 추락방지대를 지탱해 주는 줄모양의 부품

7 눈의 보호구

(1) 차광보안경

종류	사용구분
자외선용	자외선이 발생하는 장소
적외선용	적외선이 발생하는 장소
복합용	자외선 및 적외선이 발생하는 장소
용접용	산소용접작업등과 같이 자외선, 적외선 및 강렬한 가시광선이 발생하는 장소

(2) 용접용 보안면

형태	구조
헬멧형	안전모나 착용자의 머리에 지지대나 헤드밴드 등을 이용하여 적정위치에 고정, 사용하는 형태(자동용접필터형, 일반용접필터형)
핸드실드형	손에 들고 이용하는 보안면으로 적절한 필터를 장착하여 눈 및 안면을 보호하는 형태

8 방음 보호구

종류	등급	기호	성능	비고
귀마개	1종	EP-1	저음부터 고음까지를 차음하는 것	귀마개의 경우 재사용 여부를 제조특성으로 표기
귀마개	2종	EP-2	주로 고음을 차음하고 저음(회화음 영역)은 차음하지 않는 것	
귀덮개	-	EM	-	-

9 안전보건표지

(1) 안전보건표지의 종류

구분									
금지표지	101 출입금지	102 보행금지	103 차량통행금지	104 사용금지	105 탑승금지	106 금연	107 화기금지	108 물체이동금지	
경고표지	201 인화성 물질 경고	202 산화성 물질 경고	203 폭발성 물질 경고	204 급성독성 물질 경고	205 부식성 물질 경고	206 방사성 물질 경고	207 고압전기 경고	208 매달린 물체 경고	
경고표지	209 낙하물 경고	210 고온경고	211 저온경고	212 몸균형 상실 경고	213 레이저 광선 경고	214 발암성·변이원성·생식독성·전신독성·호흡기 과민성 물질 경고			215 위험장소 경고
지시표지	301 보안경 착용	302 방독마스크 착용	303 방진마스크 착용	304 보안면 착용	305 안전모 착용	306 귀마개 착용	307 안전화 착용	308 안전장갑 착용	309 안전복 착용
안내표지	401 녹십자 표시	402 응급구호 표지	403 들 것	404 세안장치	405 비상용 기구	406 비상구	407 좌측 비상구	408 우측 비상구	

(2) 안전보건표지의 색채

분류	색채
금지표지	바탕은 흰색, 기본모형은 빨간색, 관련 부호 및 그림은 검은색
경고표지	바탕은 노란색, 기본모형, 관련 부호 및 그림은 검은색. 다만, 인화성물질 경고, 산화성물질 경고, 폭발성물질 경고, 급성독성물질 경고, 부식성물질 경고 및 발암성·변이원성·생식독성·전신독성·호흡기과민성물질 경고의 경우 바탕은 무색, 기본모형은 빨간색(검은색도 가능)
지시표지	바탕은 파란색, 관련 그림은 흰색
안내표지	바탕은 흰색, 기본모형 및 관련 부호는 녹색, 바탕은 녹색, 관련 부호 및 그림은 흰색
출입금지 표지	글자는 흰색 바탕에 흑색, 다음 글자는 적색 – ○○○제조/사용/보관 중 – 석면취급/해체 중 – 발암물질취급 중

(3) 안전보건표지의 색도기준 및 용도

색채	색도기준	용도	사용례
빨간색	7.5R 4/14	금지	정지신호, 소화설비 및 그 장소, 유해행위의 금지
		경고	화학물질 취급장소에서의 유해위험 경고
노란색	5Y 8.5/12	경고	화학물질 취급장소에서의 유해위험 경고 이외의 위험 경고, 주의표지 또는 기계방호물
파란색	2.5PB 4/10	지시	특정 행위의 지시 및 사실의 고지
녹색	2.5G 4/10	안내	비상구 및 피난소 사람 또는 차량의 통행 표시
흰색	N9.5	–	파란색 또는 녹색에 대한 보조색
검은색	N0.5	–	문자 및 빨간색 또는 노란색에 대한 보조색

Section 04 산업안전심리

1 인간관계의 메커니즘 및 관리방식

(1) 인간관계의 메커니즘(Mechanism)

① **동일화(Identification)** : 다른 사람의 행동 양식이나 태도를 투입시키거나, 다른 사람 가운데서 자기와 비슷한 것을 발견하는 것

② **투사(投射, Projection)** : 자기 속의 억압된 것을 다른 사람의 것으로 생각하는 것을 투사(또는 투출)라고 함

③ **커뮤니케이션(Communication)** : 갖가지 행동 양식이나 기호를 매개로 하여 어떤 사람으로부터 다른 사람에게 전달되는 과정
④ **모방(Imitation)** : 남의 행동이나 판단을 표본으로 하여 그것과 같거나 또는 그것에 가까운 행동 또는 판단을 취하려는 것
⑤ **암시(Suggestion)** : 다른 사람으로부터의 판단이나 행동을 무비판적으로 논리적, 사실적 근거 없이 받아들이는 것

(2) 인간관계 관리 방식
① **전제적(專制的) 방식** : 권력이나 폭력에 의하여 생산성을 높이는 방식
② **온정적 방식** : 은혜를 사용하는 가족주의적 사고방식
③ **과학적 사고방식** : 생산능률을 향상시키기 위해 능률의 논리를 경영관리의 방법으로 체계화한 관리 방식(Taylor. F. W)

2 집단관리

(1) 집단의 효과
① 동조효과(응집력)
② 시너지(Synergy) 효과(System + Energy : + α상승효과)
③ 견물(見物)효과(자랑스럽게 생각)

(2) 카운슬링(Counseling)
① **개인적인 카운슬링 방법** : 직접충고(안전수칙 불이행시 적합), 설득적 방법, 설명적 방법
② **카운슬링의 순서** : 장면 구성 → 내담자 대화 → 의견 재분석 → 감정표출 → 감정의 명확화
③ **카운슬링의 효과** : 정신적 스트레스 해소, 안전 태도 형성, 동기 부여

3 직장에서의 적응과 부적응

(1) 적응과 역할(Super의 역할이론)
① **역할연기(Role Playing)** : 자아탐색(Self-exploration)인 동시에 자아실현(Selfrealization)의 수단이다.
② **역할기대(Role Expectation)** : 자기의 역할을 기대하고 감수하는 사람은 그 직업에 충실한 것이다.
③ **역할조성(Role Shaping)** : 개인에게 여러 개의 역할기대가 있을 경우 그 중의 어떤 역할기대는 불응, 거부하는 수도 있으며, 혹은 다른 역할을 해내기 위해 다른 일을 구할 때도 있다.
④ **역할갈등(Role Conflict)** : 작업 중에는 상반된 역할이 기대되는 경우가 있으며 이러한 경우 갈등이 생기게 된다.

(2) 부적응의 유형(인격 이상자의 유형)

① **망상 인격(편집성 인격)** : 자기 주장이 강하고 빈약한 대인관계를 가지고 있는 성격의 소유자 (냉혹성, 과민성, 완고, 질투, 시기심이 강함)
② **순환 인격** : 외적자극과는 관계없이 울적상태(우울한 시기)에서 조적상태(명랑한 시기)로 상당한 장기간에 걸쳐 기분이 변동하는 특징을 나타냄
③ **분열 인격** : 극단적으로 수줍어하고, 말이 없고, 자폐적이고, 사교를 싫어하고, 친밀한 인간관계를 피하려고 하는 특징을 나타냄
③ **폭발 인격** : 사소한 일로 갑자기 노여움을 폭발시키거나 폭언 및 폭력적인 공격성을 나타내는 특징을 나타냄
④ **강박 인격** : 엄격하고 지나치게 양심적이고 우유부단, 욕망을 제지하고 기준에 적합하도록 지나치게 신경을 쓰는 특징을 나타냄(완전주의 지향)
⑤ **반사회적 인격** : 정서 불안정, 윤리 도덕성의 규범 결여, 무감각, 쾌락주의, 자기애적임
⑥ **부적합 인격** : 정상적인 정신적·신체적 능력을 가지고 있으면서도 일상생활의 요구에 적응하지 못함
⑦ **무력 인격** : 활력이 결여되고, 감정이 둔하고, 만성적 비관론자임
⑧ **소극적 공격적 인격** : 적의(敵意)를 처리하는데 온갖 음흉한 방법으로 교묘히 활용함

4 모랄 서베이(Morale Survey, 사기조사)

(1) 모랄 서베이

① 종업원의 근로 의욕·태도 등에 대한 측정을 하는 것으로 사기조사(士氣調査) 또는 태도조사라고도 한다.
② 일반적인 사기조사의 방법은 주로 질문지나 면접에 의한 태도(또는 의견)조사가 중심을 이룬다.

(2) 모랄 서베이의 주요방법

① **통계에 의한 방법** : 사고 상해율, 생산고, 결근, 지각, 조퇴, 이직 등을 분석하여 파악하는 방법
② **사례연구법** : 경영 관리상의 여러 가지 제도에 나타나는 사례에 대해 케이스 스터디(Case Study)로서 현상을 파악하는 방법
③ **관찰법** : 종업원의 근무 실태를 계속 관찰함으로서 문제점을 찾아내는 방법
④ **실험연구법** : 실험그룹(Test group)과 통제그룹(Control Group)으로 나누고 정황, 자극을 주어 태도 변화 여부를 조사하는 방법
⑤ **태도조사법(의견조사)** : 질문지법, 면접법, 집단토의법, 투사법(Projective Technique) 등에 의해 의견을 조사하는 방법

5 리더십(Leadership)

(1) 리더십의 유형

① **선출방식에 따른 리더십의 분류**
  ㉮ 헤드십(Headship) : 집단 구성원이 아닌 외부에 의해 선출(임명)된 지도자로 명목상의 리더십
  ㉯ 리더십(Leadership) : 집단 구성원에 의해 내부적으로 선출된 지도자로 사실상의 리더십

② **업무추진 방법에 의한 리더십의 분류**
  ㉮ 권위형 : 지도자가 집단의 모든 권한 행사를 단독적으로 처리
  ㉯ 민주형 : 집단의 토론, 회의 등에 의해 정책을 결정
  ㉰ 자유방임형 : 집단에 대하여 전혀 리더십을 발휘하지 않고 명목상의 리더 자리만을 지키는 유형으로 지도자가 집단 구성원에게 완전히 자유를 주는 경우

(2) 리더십의 권한

① **조직이 지도자에게 부여한 권한**
  ㉮ 보상적 권한 : 지도자가 부하들에게 보상할 수 있는 능력으로 인해 부하직원들을 통제할 수 있으며 부하들의 행동에 대해 영향을 끼칠 수 있는 권한
  ㉯ 강압적 권한 : 부하직원들을 처벌할 수 있는 권한
  ㉰ 합법적 권한 : 조직의 규정에 의해 지도자의 권한이 공식화된 것

② **지도자 자신이 자신에게 부여한 권한** : 부하직원들이 지도자의 성격이나 능력을 인정하고 지도자를 존경하며 자진해서 따르는 것
  ㉮ 전문성의 권한 : 지도자가 목표수행에 필요한 전문적인 지식을 갖고 업무수행을 하므로 부하직원들이 자발적으로 지도자를 따름
  ㉯ 위임된 권한 : 집단의 목표를 성취하기 위해 부하 직원들이 지도자가 정한 목표를 자진해서 자신의 것으로 받아들여 지도자와 함께 일하는 것

(3) 리더십 이론

① **리더-부하 교환이론**
  ㉮ 리더와 부하가 서로 영향을 준다는 리더십 이론
  ㉯ 부하들의 능력 및 기술, 리더가 부하들을 신뢰하는 정도 등에 따라 리더가 부하들을 서로 다르게 대우한다고 가정

② **허쉬와 브랜차드(Hersey & Blanchard)의 상황적 리더십 이론**
  ㉮ 지시적 리더 : 부하에게 기준을 제시해 주고 가까이서 지도하며 일방적인 의사소통과 리더중심의 의사결정을 하는 유형, 과업수준은 높게 관계성 수준은 낮게 요구되는 경우
  ㉯ 설득적 리더 : 결정사항을 부하에게 설명하고 부하가 의견을 제시할 기회를 제공하는 등 쌍방적 의사소통과 집단적 의사결정을 지향하는 유형, 과업수준과 관계성 수준이 모두 높게 요구되는 경우
  ㉰ 참여적 리더 : 아이디어를 부하와 함께 공유하고 의사결정과정을 촉진하며 부하들과의 인간관계를 중시하며 부하들을 의사결정에 많이 참여하게 하는 유형, 과업수준은 낮게 관계성 수준

은 높게 요구되는 경우
- ㉣ 위임적 리더 : 의사결정과 과업수행에 대한 책임을 부하에게 위임하여 부하들이 스스로 자율적 행동과 자기통제하에 과업을 수행하도록 하는 유형, 과업수준과 관계성 수준이 모두 낮게 요구되는 경우

6 심리 검사

(1) 심리검사의 범위 및 구성
  ① **심리검사의 범위** : 기초인간 능력, 기계적 능력, 정신운동 능력, 시각 기능적 능력, 특수직무 능력
  ② **심리검사의 구성** : 직업별 검사구성, 직무별 검사구성, 기능능력별 검사구성

(2) 심리검사의 구비조건
  ① **표준화** : 검사관리를 위한 조건과 검사절차의 일관성과 통일성
  ② **객관성** : 검사결과의 채점에 관한 것으로 채점하는 과정에서 채점자의 편견이나 주관성이 배제되어야 하며 어떤 사람이 채점하여도 동일한 결과를 얻어야 함
  ③ **규준(Norms)** : 검사의 결과를 해석하기 위해서는 비교할 수 있는 참조 또는 비교의 어떤 틀이 있어야 하는데, 이 틀은 검사규준이 제공
  ④ **신뢰성** : 검사응답의 일관성, 즉 반복성을 말하는 것
  ⑤ **타당성** : 측정하고자 하는 것을 실제로 잘 측정하는지의 여부를 판별하는 것

(3) 인사심리검사의 구비조건
  ① **인사심리검사의 구비조건** : 타당성, 신뢰성, 실용성
  ② **조하리의 창(Johari's Window)에 의한 4유형**
    - ㉮ 공개된 자아(개방영역) : 자신도 알고 타인에게도 알려진 영역으로 이 영역이 넓은 사람은 타인에 대해 개방적이며 타인과의 갈등 소지도 적다.
    - ㉯ 숨겨진 자아(맹인영역) : 타인은 모르고 자신만 아는 영역으로 잠재능력을 인지하지 못하거나 대인관계의 효과성이 제약된다.
    - ㉰ 눈먼 자아(비밀영역) : 자신은 모르지만 타인은 알고 있는 영역으로 타인에 의해 스스로에 대해 모르고 있던 부분을 알게되며, 숨겨진 부분이 노출될 때 타인으로 인한 상처가 두려워 감정을 숨기게 된다.
    - ㉱ 미지영역 : 스스로는 물론 타인에게 모두 알려지지 않은 부분으로 상호간의 오해 발생 소지가 증가하며, 대인관계의 질과 잠재력에 대한 영향이 감소한다.

7 산업안전 심리의 요소

(1) 안전심리의 5요소와 습관의 4요소
  ① **안전심리의 5요소** : 습관, 동기, 기질, 감정, 습성
  ② **습관의 4요소** : 동기, 기질, 감정, 습성

(2) 억측 판단의 발생 배경
① 정보가 불확실할 때
② 희망적인 관측이 있을 때
③ 과거에 경험한 선입관이 있을 때
④ 일을 빨리 끝내고 싶은 강한 욕구가 있거나 귀찮고 초조할 때

8 재해 빈발설과 사고경향성자의 유형

(1) 재해빈발설
① **암시설** : 재해의 경험으로 겁쟁이가 되거나 신경과민이 되어 그 사람이 갖는 대응 능력이 열화되기 때문에 재해가 빈발
② **경향설** : 소질적인 결함을 가지고 있기 때문에 재해가 빈발
③ **기회설** : 개인의 영향 때문이 아니라 작업에 위험성이 많고, 위험한 작업을 담당하고 있기 때문에 재해가 빈발(대책 : 작업환경개선, 교육훈련실시)

> **리스크 테이킹(Risk Taking)**
> 객관적인 위험을 주관적으로 판단하여 의지를 결정하고 행동으로 옮기는 행위로 안전태도가 양호한 자는 리스크 테이킹의 정도가 낮다.

(2) 사고경향성자(재해 누발자, 재해 다발자)의 유형
① **상황성 누발자** : 작업의 어려움, 기계설비의 결함, 환경상 주의력의 집중 혼란, 심신의 근심 등 때문에 재해를 누발
② **습관성 누발자** : 재해의 경험으로 겁쟁이가 되거나 신경과민이 되어 재해를 누발하거나 일종의 슬럼프(Slump) 상태에 빠져서 재해를 누발
③ **소질성 누발자** : 재해의 소질적 요인(주의력의 산만, 주의력 지속 불능, 도덕성 결여, 소심한 성격, 침착성 및 도덕성 결여 등)을 가지고 있기 때문에 재해를 누발
④ **미숙성 누발자** : 기능 미숙이나 환경에 익숙하지 못하기 때문에 재해를 누발

> **Lewin K의 법칙**
> 레빈(Lewin)은 인간의 행동(B)은 그 사람이 가진 자질 즉, 개체(P)와 심리학적 환경(E)과의 상호함수관계에 있다고 규정
>
> $$B = f(P \cdot E)$$
>
> • B : Behavior(인간의 행동)
> • f : Function(함수관계 : 적성 기타 P와 E에 영향을 미칠 수 있는 조건)
> • P : Person(개체 : 연령, 경험, 심신상태, 성격, 지능 등)
> • E : Environment(심리적 환경 : 인간관계, 작업환경 등)

9 동기부여이론

(1) 데이비스(Davis)의 이론

① 인간의 성과 × 물적인 성과 = 경영의 성과
㉮ 지식(Knowledge) × 기능(skill) = 능력(ability)
㉯ 상황(situation) × 태도(attitude) = 동기유발(motivation)
㉰ 능력 × 동기유발 = 인간의 성과(human performance)

② 동기부여 조건
㉮ 내적요인 : 동기, 기분, 의지, 욕구   ㉯ 외적요인 : 유인, 강화

③ 목표설정이론
㉮ 구체적이고 도전성이 있으며, 피드백이 수반된 목표가 설정되어야 동기부여 및 높은 성과가 이룩된다는 이론
㉯ 도전성이 느껴지는 목표, 열심히 하면 달성 가능하다고 느껴지는 목표의 수립이 동기부여 측면에서 가장 중요

(2) 매슬로우(Abraham H. Maslow)의 욕구 5단계

① 1단계 : 생리적 욕구(기아, 갈증, 호흡, 배설, 성욕 등)
② 2단계 : 안전의 욕구(안전을 구하고자 하는 욕구)
③ 3단계 : 사회적 욕구(애정, 소속에 대한 욕구)
④ 4단계 : 인정받으려는 욕구(자존심, 명예, 성취, 지위에 대한 욕구)
⑤ 5단계 : 자아실현의 욕구(잠재적인 능력을 실현하고자 하는 욕구)

(3) 알더퍼(Alderfer)의 ERG 이론

① 생존(Existence) 욕구 : 신체적인 차원에서 유기체의 생존과 유지에 관련된 욕구
② 관계(Relation) 욕구 : 타인과의 상호작용을 통해 만족되는 대인 욕구
③ 성장(Growth) 욕구 : 개인적인 발전과 증진에 관한 욕구

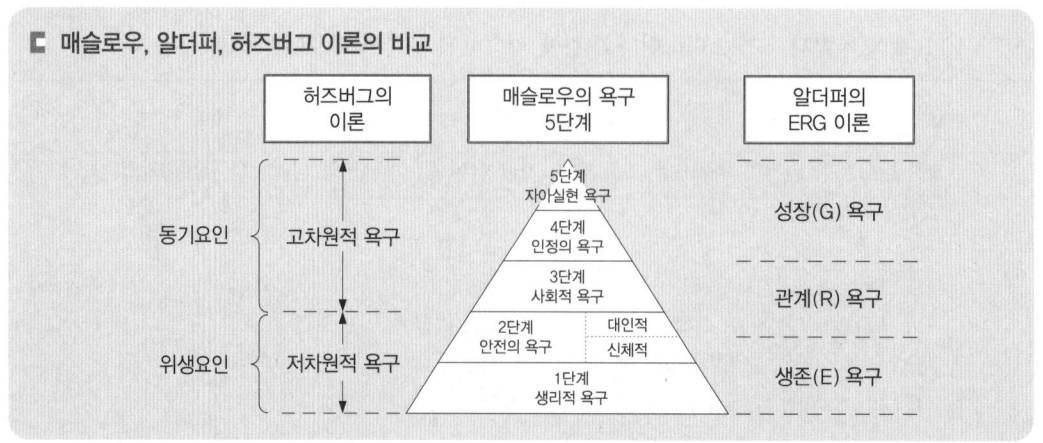

매슬로우, 알더퍼, 허즈버그 이론의 비교

(4) 맥그리거(D. McGreger)의 X 이론과 Y 이론

① X 이론

㉮ 종업원은 상사로부터 통제를 받지 않으면 안 된다.
㉯ 종업원을 회사의 목적에 헌신시키기 위해 강제성을 띄어야 한다.
㉰ 종업원은 본래 회사의 목적에 반하여 개인적인 목표를 가지고 있다.

② Y 이론

㉮ 종업원은 일하기를 원하고 또 자기 자신의 동기유발자가 되도록 한다.
㉯ 종업원을 회사의 목적을 위한 수단으로서 자발적으로 받아들인다.
㉰ 목표설정에 참가함으로써 회사목표에 적합한 개인의 목표를 설정할 수 있다.

③ X 이론과 Y 이론 비교

X 이론	Y 이론
인간불신감	상호신뢰감
성악설	성선설
인간은 본래 게으르고 태만하여 남의 지배받기를 즐긴다.	인간은 부지런하고 근면하며 적극적이며 자주적이다.
물질 욕구(저차적 욕구)	정신 욕구(고차적 욕구)
명령통제에 의한 관리	목표통합과 자기통제에 의한 자율관리
저개발국형	선진국형

(5) 허즈버그(Herzberg)의 위생요인과 동기요인

① **위생요인** : 직무수행 환경과 관련된 요인으로 생산능력 향상에 영향을 미치지 못하며 업무수행에서의 손실만을 방지한다. 회사정책, 관리·감독, 작업조건, 대인관계, 지위, 보수, 안전 등이 이에 속한다.

② **동기요인** : 작업자에게 동기를 부여하여 업무 효과를 증대시키는 요인으로 직무만족에 의한 생산능력을 향상시킨다. 여기에는 작업자의 성취감, 승진 및 성장에 대한가능성, 책임감 등이 있다.

10 착오와 착각현상

(1) 착오의 메커니즘 및 착오요인

① **착오의 메커니즘(Mechanism)** : 위치의 착오, 패턴의 착오, 형(形)의 착오, 순서의 착오, 잘못 기억

② **착오요인(대뇌의 Human Error)**

㉮ 인지과정 착오

㉠ 생리, 심리적 능력의 한계
㉡ 정보량 저장능력의 한계
㉢ 감각차단 현상(단조로운 업무, 반복작업)
㉣ 정서 불안정(공포, 불안, 불만)

㉯ 판단과정 착오
　　　㉠ 능력부족　　　　　　　　　　㉡ 정보부족
　　　㉢ 자기 합리화　　　　　　　　　㉣ 환경조건의 불비(不備)
　　㉰ 조치과정 착오
　　　㉠ 작업자 기능 미숙　　　　　　㉡ 작업경험 부족
　　　㉣ 피로

(2) **착각현상**(운동의 시지각)

　① **자동운동** : 암실 내에서 정지된 소광점을 응시하고 있으면 그 광점이 움직이는 것을 볼 수 있는데 이것을 자동운동이라 함
　② **유도운동** : 실제로는 움직이지 않는 것이 어느 기준의 이동에 유도되어 움직이는 것처럼 느껴지는 현상
　③ **가현운동** : 객관적으로 정지하고 있는 대상물이 급속히 나타나던가 소멸하는 것으로 인하여 일어나는 운동으로 마치 대상물이 운동하는 것처럼 인식되는 현상(β-운동 : 영화 영상의 방법)

> **자동운동이 생기기 쉬운 조건**
> • 광점이 작을 것　　　　　　　　　• 시야의 다른 부분이 어두울 것
> • 광의 강도가 작을 것　　　　　　　• 대상이 단순할 것

11 주의력과 부주의

(1) **주의의 특징**

　① **선택성** : 여러 종류의 자극을 자각할 때 소수의 특정한 것에 한하여 선택하는 기능
　② **방향성** : 주시점만 인지하는 기능
　③ **변동성** : 주의에는 주기적으로 부주의의 리듬이 존재

(2) **주의의 특성**

　① **주의력의 중복집중의 곤란** : 주의는 동시에 2개 방향에 집중하지 못한다.(선택성)
　② **주의력의 단속성** : 고도의 주의는 장시간 지속할 수 없다.(변동성)
　③ **부주의의 리듬성** : 한 지점에 주의를 집중하면 다른 지점에 대한 주의는 약해진다.(방향성)

(3) **부주의 현상**

　① **의식의 단절** : 지속적인 의식의 흐름에 단절이 생기고 공백의 상태가 나타나는 것으로서 특수한 질병이 있는 경우에 나타난다.(의식수준 : Phase 0 상태)

② **의식의 우회** : 의식의 흐름이 옆으로 빗나가 발생하는 경우로서 작업도중의 걱정, 고뇌, 욕구불만 등에 의해 다른 것에 주의하는 것이 이에 속한다.(의식수준 : Phase 0 상태)

③ **의식수준의 저하** : 혼미한 정신상태에서 심신이 피로할 경우나 단조로운 작업 등의 경우에 일어나기 쉽다.(의식수준 : Phase Ⅰ이하 상태)

④ **의식의 과잉** : 지나친 의욕에 의해서 생기는 부주의 현상으로서 돌발사태 및 긴급이상 사태시 순간적으로 긴장되고 의식이 한 방향으로만 쏠리게 되는 경우가 이에 해당된다.(의식수준 : Phase Ⅳ상태)

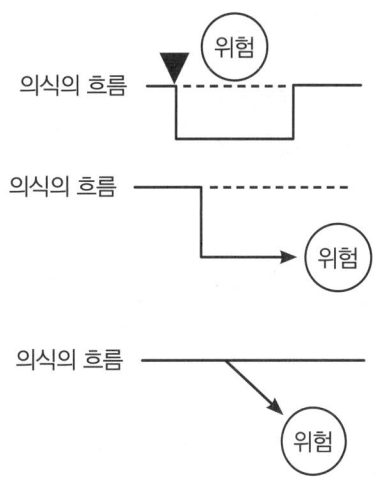

(4) 부주의 발생원인 및 대책

① 외적 원인 및 대책

㉮ 작업, 환경조건 불량 : 환경정비
㉯ 작업순서의 부적당 : 작업순서정비

② 내적 조건 및 대책

㉮ 소질적 조건 : 적정 배치
㉯ 의식의 우회 : 상담(Counseling)
㉰ 경험의 부족 : 교육

12 의식수준의 단계

단계	의식의 상태	주의작용	생리적 상태	신뢰성	뇌파형태
0	무의식, 실신	없음(Zero)	수면, 뇌발작	0	δ파
Ⅰ	정상 이하(Subnormal), 의식 몽롱함	부주의(Inactive)	피로, 단조, 졸음, 술취함	0.9 이하	θ파
Ⅱ	정상, 이완상태 (normal, relaxed)	수동적(Passive), 마음이 안쪽으로 향함	안정기거, 휴식시, 정례작업시	0.99 ~0.99999	α파
Ⅲ	정상, 상쾌한 상태 (Normal, Clear)	능동적(Active), 앞으로 향하는 주의 시야 넓음	적극 활동시	0.999999 이상	β파
Ⅳ	초정상, 과긴장상태 (Hypernormal, Excited)	일점으로 응집, 판단 정지	긴급 방위반응, 당황해서 Panic	0.9 이하	β파, 전간파

13 피로

(1) 피로의 측정법

① **생리학적 방법**
  ㉮ 근전도(EMG, Electromyogram) : 근육활동 전위차의 기록
  ㉯ 뇌전도(EEG, Electroneurogram) : 신경활동 전위차의 기록
  ㉰ 심전도(ECG, Electrocardiogram) : 심장근 활동 전위차의 기록
  ㉱ 안전도(EOG, Electrooculogram) : 안구(眼球)운동 전위차의 기록
  ㉲ 산소 소비량 및 에너지 대사율(RMR, Relative Metabolic Rate)

  $$RMR = \frac{작업대사량}{기초대사량} = \frac{작업시 \ 소비에너지 - 안정시 \ 소비에너지}{기초대사량}$$

  ㉳ 피부전기반사(GSR, Galvanic Skin Reflex) : 작업부하의 정신적 부담이 피로와 함께 증대하는 양상을 손바닥 안쪽의 전기저항의 변화를 이용해 측정하는 것으로 피부전기저항 또는 정신전류현상
  ㉴ 점멸융합주파수(flicker법) : 정신적 부담이 대뇌피질의 피로수준에 미치고 있는 영향을 측정하는 방법

② **화학적 방법** : 혈색소농도, 혈액수준, 혈단백, 응혈시간, 혈액, 요전해질, 요단백, 요교질 배설량 등

③ **심리학적 방법** : 피부(전위)저장, 동작분석, 연속반응시간, 행동기록, 정신작업, 전신자각 증상, 집중유지기능 등

(2) 허세이(Hershey)의 피로회복법

① **환경과의 관계에 의한 피로** : 작업장에서의 부적절한 관계를 배제, 불필요한 신체적 마찰 배제
② **단조로움 또는 권태감에 의한 피로** : 동작의 교대 방법 지도, 작업의 가치 부여
③ **신체의 활동에 의한 피로** : 기계의 사용을 배제
④ **질병에 의한 피로** : 보건상 유해한 작업환경 개선(작업장의 온도, 습도, 통풍 등을 조절)

> **휴식시간 산출**
>
> $$R = \frac{60(E - 4 \ 또는 \ 5)}{E - 1.5}$$
>
> ※ 4 또는 5 : 작업에 대한 평균 에너지 소비량(kcal/분)
> - R : 휴식시간(분)
> - E : 작업시 평균 에너지 소비량(kcal/분) = 산소소비량 × 평균에너지소비량
> - 총 작업시간 : 60분
> - 휴식시간 중의 에너지 소비량 : 1.5(kcal/분)

14 바이오 리듬(Biorhythm, 생체리듬)

(1) 바이오리듬의 종류

① **육체적 리듬**(Physical Cycle) : 주기 23일(식욕, 소화력, 활동력, 지구력), 청색표시

② **지성적 리듬**(Intellectual Cycle) : 주기 33일(상상력, 사고력, 기억력 또는 의지, 판단 및 비판력), 녹색표시

③ **감성적 리듬**(Sensitivity Cycle) : 주기 28일(감정, 주의력, 창조력, 예감 및 통찰력), 적색표시

(2) 위험일(Critical Day)

① 한 달에 6일 정도 일어남
② 평소보다 뇌졸중이 5.4배, 심장질환 발작이 5.1배, 자살은 6.8배 정도 더 많이 발생

(3) 생체리듬과 피로

① **혈액의 수분, 염분량** : 주간에 감소하고 야간에는 증가
② **체온, 혈압, 맥박수** : 주간에 상승하고 야간에는 저하
③ **야간** : 소화 분비액 불량, 체중이 감소, 말초운동 기능저하, 피로의 자각증상이 증대
④ **조석리듬의 수준** : 오전 6시가 가장 낮아 재해사고의 가능성이 가장 큼

> **스트레스**
> • 스트레스의 직무요인 : 역할갈등, 역할과중, 역할모호성
> • 직무스트레스와 작업 효율성간의 역U자형 가설 : 작업환경 복잡성이 증가함에 따라서 직무 스트레스가 커지며, 적정 수준까지는 작업 효율성도 함께 증가하다가 그 이후부터는 작업 효율성이 감소

Section 05 안전보건교육 및 교육방법

1 교육의 3요소

교육 활동의 교육의 3요소가 상호 실천적으로 교섭할 때 성립되며 그 가치가 피교육자의 성장과 발달로 나타난다.

(1) **교육의 주체** : 교도자, 강사
(2) **교육의 객체** : 학생, 수강자
(3) **교육의 매개체** : 교재

> **안전교육의 목표**
> 안전척도가 최우선인 목표이다.

2 학습지도

(1) 학습지도의 정의

학습자가 교육목적을 효과적으로 달성할 수 있도록 자극하고 도와주는 교육활동을 말한다. 즉, 모든 기술지도의 총체

(2) 학습지도의 원리

① **자기활동의 원리(자발성의 원리)** : 학습자 자신이 스스로 자발적으로 학습에 참여하는데 중점을 둔 원리이다.
② **개별화의 원리** : 학습자가 지니고 있는 각자의 요구와 능력 등에 알맞은 학습활동의 기회를 마련해 주어야 한다는 원리이다.
③ **사회화의 원리** : 학습내용을 현실사회의 사상과 문제를 기반으로 하여 학교에서 경험한 것과 사회에서 경험한 것을 교류시키고 공동학습을 통해서 협력적이고 우호적인 학습을 진행하는 원리이다.
④ **통합의 원리** : 학습을 총합적인 전체로서 지도하자는 원리로, 동시학습 원리와 같다.
⑤ **직관의 원리** : 구체적인 사물을 직접 제시하거나 경험시킴으로서 큰 효과를 볼 수 있다는 원리이다.

3 교육법의 4단계 및 교육시간

(1) 교육법의 4단계

① **제1단계-도입(준비)** : 배우고자 하는 마음가짐을 일으키도록 도입
② **제2단계-제시(설명)** : 상대의 능력에 따라 교육하고 내용을 확실하게 이해시키고 납득시켜 다시 기능으로서 습득시킴
③ **제3단계-적용(응용)** : 이해시킨 내용을 구체적인 문제 또는 실제문제로 활용시키거나 응용시킴
④ **제4단계-확인(총괄)** : 교육내용을 정확하게 이해하고 습득하였는지의 여부를 확인

(2) 단계별 교육시간

교육법의 4단계	강의식(일반적인 교육)	토의식
1단계-도입	5분	5분
2단계-제시	40분	10분
3단계-적용	10분	40분
4단계-확인	5분	5분

※ 단계별 교육의 시간 배분은 단위 시간을 1시간(60분)으로 했을 때

4 학습의 이론

(1) **S-R이론** : 학습을 자극(Stimulus)에 대한 반응(Response)으로 보는 이론
   ① 손다이크(Thorndike)의 시행착오설
   ② 파브로프(Pavlov)의 조건반사설
   ③ 스키너(Skinner)의 작동적(도구적) 조건화설
   ④ 구드리(Guthrie)의 접근적 조건화설

(2) **시행착오에 있어서의 학습법칙**
   ① **연습의 법칙(Law of Exercise)** : 모든 학습과정은 많은 연습과 반복을 통해서 바람직한 행동의 변화를 가져오게 된다는 법칙으로 빈도의 법칙(Law of Frequency)이라고도 함
   ② **효과의 법칙(Law of Effect)** : 학습의 결과가 학습자에게 쾌감을 주면 줄수록 반응은 강화되고 반대로 고통이나 불쾌감을 주면 약화된다는 법칙으로 결과의 법칙이라고도 함
   ③ **준비성의 법칙(Law of Readiness)** : 특정한 학습을 행하는데 필요한 기초적인 능력을 충분히 갖춘 뒤에 학습을 행함으로서 효과적인 학습을 이룩할 수 있다는 법칙

(3) **조건반사설에 의한 학습이론의 원리**
   ① **시간의 원리** : 조건자극(총소리)이 무조건자극(음식물)보다 시간적으로 동시 또는 조금 앞서서 주어야만 조건화 즉 강화가 잘됨
   ② **강도의 원리** : 조건반사적인 행동이 이루어지려면 먼저 준 자극의 정도에 비해 적어도 같거나 보다 강한 자극을 주어야 바람직한 결과를 기대할 수 있음
   ③ **일관성의 원리** : 조건자극은 일관된 자극물을 사용
   ④ **계속성의 원리** : 자극과 반응과의 관계를 반복하여 회수를 거듭할수록 조건화가 잘 형성

5 기억 및 망각

(1) **기억의 과정**
   ① **기억** : 과거의 경험이 어떠한 형태로 미래의 행동에 영향을 주는 작용
   ② **기명** : 사물의 인상이 마음속에 간직하는 것
   ③ **파지** : 과거의 학습경험을 통해서 학습된 행동이 현재와 미래에 지속되는 것
   ④ **재생** : 보존된 인상이 다시 의식으로 떠오르는 것
   ⑤ **재인** : 과거에 경험했던 것과 같은 비슷한 상태에 부딪쳤을 때 떠오르는 것

(2) **망각**
   ① 기억의 단계 중 재생이나 재인이 안될 경우에는 곧 망각이 되었다는 것을 의미
   ② 파지란 획득된 행동이나 내용이 지속되는 것이며, 망각은 지속되지 않고 소실되는 현상

6 학습의 전이

(1) **전이**(Transference) : 어떤 내용을 학습한 결과가 다른 학습이나 반응에 영향을 주는 현상

(2) **학습전이의 조건**
   ① **학습정도의 요인** : 선행학습의 정도에 따라 전이의 가능정도가 다르다.
   ② **유사성의 요인** : 선행학습과 후행학습에 유사성이 있어야 한다는 것으로 자극의 유사성, 반응의 유사성, 원리의 유사성이 있다.
   ③ **시간적 간격의 요인** : 선행학습과 후행학습의 시간간격에 따라 전이의 효과가 다르다.

(3) **Skinner 학습강화이론**
   ① **학습강화이론(조작적 조건이론)**
      ㉠ 개념 : 조직에서 조직구성원들을 대상으로 실시되는 학습의 궁극적 목적은 조직구성원들의 바람직한 행동을 증가시키고, 바람직하지 않은 행동을 감소시키려는 데 있다.
      ㉡ 인간행동의 원인 : 행동에 선행하는 환경적 자극, 그 환경적 자극에 반응하는 행동, 행동에 결부되는 결과이다.
   ② **행동수정기법**
      ㉠ 부적강화 : 반응 후 처벌이나 비난 등의 해로운 자극이 주어져서 반응발생률이 감소
      ㉡ 부분강화 : 학습은 급속도로 진행되나 학습효과도 빠른 속도로 사라짐
      ㉢ 정적강화 : 반응 후 음식이나 칭찬 등의 이로운 자극을 주었을 때 반응발생률이 높아지는 것

> **적응기제(適應機制)**
> • 방어적 기제 : 보상, 합리화, 동일시, 승화
> • 도피적 기제 : 고립, 퇴행, 억압, 백일몽
> • 공격적 기제 : 직접적 공격형, 간접적 공격형

7 안전보건교육의 기본방향 및 교육단계

(1) **안전보건교육의 기본방향**
   ① 사고사례 중심의 안전보건교육
   ② 안전작업(표준작업)을 위한 안전보건교육
   ③ 안전의식 향상을 위한 안전보건교육

(2) **안전보건교육의 3단계**
   ① **제1단계 지식교육** : 강의, 시청각교육을 통한 지식의 전달과 이해
   ② **제2단계 기능교육** : 시범, 견학, 실습, 현장실습교육을 통한 경험 체득과 이해
   ③ **제3단계 태도교육** : 작업동작지도, 생활지도 등을 통한 안전의 습관화

8 안전보건교육의 단계별 교육과정

(1) 지식교육의 특성(주로 강의식 전달교육으로서 특성)
① 이해도 측정 곤란
② 단편적인 교육 치중 우려
③ 교사 학습방법에 따라 차이
④ 광범한 지식의 전달가능
⑤ 많은 인원에 대한 교육가능
⑥ 안전의식 재고가 용이

(2) 태도교육의 기본과정
① 청취한다.
② 이해하고 납득한다.
③ 항상 모범을 보여준다.
④ 권장한다.
⑤ 처벌한다.
⑥ 좋은 지도자를 얻도록 힘쓴다.
⑦ 적정 배치한다.
⑧ 평가한다.

▣ 지식 및 기능교육의 4단계 지도 방법

단계	지식교육	기능교육
1 단계	도입	학습준비
2 단계	제시(설명)	작업설명
3 단계	적용(응용)	실습
4 단계	확인(종합)	결과시찰

9 안전보건교육 계획 및 기능교육의 진행방법

(1) 안전보건교육 및 준비계획에 포함되어야 할 사항

① **안전보건교육 계획에 포함 할 사항** : 교육목표(첫째 과제), 교육 및 훈련의 범위, 교육보조자료의 준비 및 사용 지침, 교육 훈련의 의무와 책임관계 명시, 교육의 종류 및 교육대상, 교육의 과목 및 교육내용, 교육기간 및 시간, 교육장소, 교육방법, 교육담당자 및 강사

② **준비계획에 포함되어야 할 사항** : 교육대상자 범위 결정(최우선적 고려사항), 교육목표의 설정, 교육과정의 결정, 교육방법의 결정(교육방법과 형태), 교육보조재료 및 강사 조교의 편성, 교육의 진행사항, 소요예산의 산정

(2) 기능(기술)교육의 진행방법

① **하버드 학파의 5단계 교수법** : 준비시킨다(Preparation) → 교시한다(Presentation) → 연합한다(Association) → 총괄시킨다(Generalization) → 응용시킨다(Application)

② **듀이의 사고과정의 5단계** : 시사를 받는다(Suggestion) → 머리로 생각한다(Intellectualization) → 가설을 설정한다(Hypothesis) → 추론한다(Reasoning) → 행동에 의하여 가설을 검토한다(Testing of the hypothesis by action)

③ **교시법의 4단계** : 준비단계(Preparation) → 일을 하여 보이는 단계(Presentation) → 일을 시켜 보이는 단계(Performance) → 보습지도의 단계(Follow-up)

> **□ 존 듀이의 안전교육형태**
> - 형식적 교육 : 학교안전교육, 기업
> - 비형식적 교육 : 가정, 사회, 부모, 형제의 안전교육

10 안전보건교육 방법

(1) **강의 방식**

① **강의법** : 많은 인원의 수강자(최적인원 40~50명)를 대상으로 단기간의 교육시간에 비교적 많은 내용의 교육내용을 전수하기 위한 방법으로 피교육자의 참여가 제약됨

② **문답식** : 일문일답식으로 강의식에 의한 학습효과를 테스트하거나 확실하게 하기 위해 사용

③ **문제제기식** : 과제에 대처시키는 문제 해결적인 방법과 재생시키기 위한 방법

(2) **토의(회의)방식** : 쌍방적 의사전달에 의한 교육방식(최적인원 10~20명)

① **포럼(Forum, 공개토론회)** : 새로운 자료나 교재를 제시하고 거기서의 문제점을 피교육자로 하여금 제기하도록 하거나 의견을 여러 가지 방법으로 발표하게 하고 다시 깊이 파고들어 토의를 행하는 방법

② **심포지엄(Symposium)** : 몇 사람의 전문가에 의하여 과제에 관한 견해를 발표한 뒤 참가자로 하여금 의견이나 질문을 하게 하여 토의하는 방법

③ **패널 디스커션(Panel Discussion)** : 패널 멤버(교육과제에 정통한 전문가 4~5명)가 피교육자 앞에서 자유롭게 토의를 하고 뒤에 피교육자 전원이 참가하여 사회자의 사회에 따라 토의하는 방법

④ **대화(Colloquy)** : 패널 디스커션(Panel Discussion)의 변형으로 패널 멤버외에 참석자의 대표를 선출하여 질의응답의 형태로 실시되는 것

⑤ **버즈 세션(Buzz Session)** : 6-6 회의라고도 하며, 먼저 사회자와 서기를 선출한 후 나머지 사람은 6명씩의 소집단으로 구분하고, 소집단별로 각각 사회자를 선발하여 6분간씩 자유토의를 행하여 의견을 종합하는 방법

(3) **구안법**(Project Method)

① 학생이 마음속에 생각하고 있는 것을 외부에 구체적으로 실현하고 형상화하기 위해서 자기 스스로가 계획을 세워 수행하는 학습 활동으로 이루어지는 형태를 말한다.

② 콜링스(Collings)는 구안법을 탐험(Exploration), 구성(Construction), 의사소통(Communication), 유희(Play), 기술(Skill)의 5가지로 지적하였으며 산업시찰, 견학, 현장 실습 등도 이에 해당된다.
③ 구안법은 목적(목표설정), 계획, 수행, 평가의 4단계로 구성된다.

(4) **사례연구법**(Case Study) : 먼저 사례를 제시하고 문제적 사실들과 그의 상호관계에 대해서 검토하고 대책을 토의하는 방식으로 토의법을 응용한 교육기법

① **사례연구법의 장점**
㉮ 흥미가 있고 학습동기를 유발할 수 있다.
㉯ 현실적인 문제의 학습이 가능하다.
㉰ 관찰, 분석력을 높이고 판단력, 응용력의 향상이 가능하다.
㉱ 토의과정에서 각자가 자기의 사고 방향에 대하여 태도의 변형이 생긴다.

② **사례연구법의 단점**
㉮ 적절한 사례의 확보가 곤란하다.
㉯ 원칙과 규정(rule)의 체계적 습득이 곤란하다.
㉰ 학습의 진보를 측정하기가 어렵다.

(5) **역할연기법**(Role Playing) : 참석자에게 어떤 역할을 주어서 실제로 시켜봄으로써 훈련이나 평가에 사용하는 교육기법으로 절충능력이나 협조성을 높여 태도의 변용에도 도움을 줌

① **역할연기법의 장점**
㉮ 흥미를 갖고 문제에 적극적으로 참가할 수 있다.
㉯ 자기태도의 반성과 창조성이 생기고 발표력이 향상된다.
㉰ 문제의 배경에 대하여 통찰하는 능력을 높임으로서 감수성이 향상된다.
㉱ 각자의 장점과 약점을 알 수 있다.

② **역할연기법의 단점**
㉮ 높은 수준의 의사 결정에 대한 훈련에는 효과를 기대할 수 없다.
㉯ 목적이 명확하지 않고 다른 방법과 병용하지 않으면 의미가 없다.
㉰ 훈련 장소의 확보가 어렵다.

11 OJT 와 off JT

(1) **OJT 와 off JT의 형태**
① **OJT(On the Job Training)** : 직속 상사가 현장에서 업무상의 개별교육이나 지도훈련을 하는 교육형태(작업자의 현장교육)
② **off JT(off the Job Training)** : 계층별 또는 직능별 등과 같이 공통된 교육대상자를 현장 외의 한 장소에 모아 집체교육훈련을 실시하는 교육 형태(관리감독자의 집체교육)

(2) OJT 와 off JT의 특징

OJT	off JT
• 개개인에게 적합한 지도훈련이 가능 • 직장의 실정에 맞는 실체적 훈련 • 훈련에 필요한 업무의 계속성 • 즉시 업무에 연결되는 관계로 신체와 관련 • 효과가 곧 업무에 나타나며 훈련의 좋고 나쁨에 따라 개선이 용이 • 교육을 통한 훈련 효과에 의해 상호 신뢰이해도가 높아짐	• 다수의 근로자에게 조직적 훈련이 가능 • 훈련에만 전념 • 특별 설비 기구를 이용 • 전문가를 강사로 초청 • 각 직장의 근로자가 많은 지식이나 경험을 교류 • 교육 훈련 목표에 대해서 집단적 노력이 흐트러질 수도 있음

12 강의 계획 및 학습목적

(1) 강의 계획의 4단계
  ① **1단계** : 학습목적과 학습성과의 설정
  ② **2단계** : 학습자료 수집 및 체계화
  ③ **3단계** : 교수방법의 선정
  ④ **4단계** : 강의안 작성

(2) 학습목적의 3요소
  ① 목표(Goal)
  ② 주제(Subject)
  ③ 학습정도(인지 → 지각 → 이해 → 적용)

13 교육훈련 및 학습 평가 등

(1) 교육훈련 평가의 기준 : 타당도, 신뢰도, 실용도, 객관도

(2) 교육과목에 따른 학습평가 방법
  ① **지식교육** : 평가시험 및 기타 테스트
  ② **기능교육** : 노트 및 테스트
  ③ **태도교육** : 관찰 및 면접

(3) 태도교육을 통한 안전태도 형성요령
  ① 청취한다.
  ② 이해한다.

③ 모범을 보인다.
④ 권장(평가)한다.
⑤ 칭찬한다.
⑥ 벌을 준다.

(4) **교육훈련 평가의 4단계**(Kirkpatrick의 4단계 평가모형)
　① **1단계 반응(Reaction) 평가** : 교육프로그램의 만족도를 평가
　② **2단계 학습(Learning) 평가** : 학습자들의 학습정도에 대한 평가
　③ **3단계 행동(Behavior) 평가** : 배운 내용이 얼마나 행동으로 나타나는가에 대한 평가
　④ **4단계 결과(Result) 평가** : 교육훈련에 대한 투자효과를 평가(조직적 차원의 평가)

CHAPTER 02 인간공학 및 위험성 평가·관리

Section 01 안전과 인간공학

1 인간공학의 개요

(1) 안전과 인간공학의 목표
    ① 안전성 향상과 사고 방지　　　　　② 쾌적성
    ③ 기계조작의 능률성과 생산성 향상

(2) 인간공학의 효과
    ① 인력 이용률의 향상　　　　　　　② 훈련비용의 향상
    ③ 사고 및 오용으로부터의 손실감소　　④ 성능향상
    ⑤ 생산 및 유지·정비의 경제성 증대　　⑥ 사용자의 수용도 향상

2 체계의 특성 및 원리

(1) 인간-기계 체계와 기능(임무 및 기본기능)
    ① **감지(Sensing)**
        ㉮ 인체의 감지 기능 : 시각, 청각, 후각 등의 감각기관
        ㉯ 기계적인 감지 기능 : 전자, 사진, 기계적인 감지 장치
    ② **정보보관(저장, Information Storage)**
        ㉮ 인간의 정보 보관 : 기억된 학습내용
        ㉯ 기계적 정보 보관 : 펀치 카드(Punch Card), 자기테이프, 형판(Template), 기록, 자료표 등과 같은 물리적 기구에 보관
    ③ **정보처리 및 의사결정(Information Processing and Decision)**
        ㉮ 심리적 정보처리 단계 : 회상(Recall), 인식(Recognition), 정리(Retention, 집적)
        ㉯ 인간의 정보처리 시간 : 0.5초(인간의 정보처리능력 한계)

④ **행동기능(Acting Function)**
  ㉮ 물리적인 조종행위나 과정 : 조종장치 작동, 물체나 물건을 취급·이동·변경·개조하는 것
  ㉯ 통신행위 : 음성(사람의 경우), 신호, 기록 등의 방법을 사용
⑤ **입력 및 출력**
  ㉮ 입력 : 체계로 들어오는 입력은 원하는 결과를 얻기 위해서 필요한 재료들
  ㉯ 출력 : 제품의 변화, 전달된 통신, 제공된 서비스와 같은 체계의 성과나 결과

(2) 인간-기계 통합체계의 유형
  ① **수동 체계** : 사용자의 조작, 융통성(예 장인과 공구)
  ② **기계화 체계(반자동 체계)** : 운전자의 조작, 융통성 없음(예 엔진, 자동차, 공작기계)
  ③ **자동 체계(인간의 역할)** : 감시, 프로그램, 정비유지(예 자동화된 공장, 컴퓨터)

(3) 인간과 기계의 상대적 재능

인간이 우수한 기능 기계가 우수한 기능	제약조건(단점)
• 저에너지 자극(시각, 청각, 후각 등) 감지 • 복잡 다양한 자극 형태 식별 • 예기치 못한 사건 감지 • 다량 정보를 오래 보관 • 귀납적 추리 • 과부하 상황에서는 중요한 일에만 전념 • 임기응변, 융통성, 원칙 적용, 주관적 추산, 독창력 발휘 등의 기능	• 인간 감지 범위 밖의 자극(X선, 초음파 등)도 감지 • 인간 및 기계에 대한 모니터 기능 • 드물게 발생하는 사상 감지 • 암호화된 정보를 신속하게 대량보관 • 연역적 추리 • 과부하시에도 효율적으로 작동 • 정량적 정보처리, 장시간 중량작업, 반복

※ 인간-기계의 조화성 : 신체적 조화성, 지적 조화성, 감성적 조화성

3 인간공학의 연구

(1) 인간공학의 연구방법
  ① **인간공학의 연구방법(인간-기계체계 측정법)** : 순간 조작 분석, 지각 운동 정보 분석, 연속 컨트롤 부담 분석, 사용 빈도 분석, 전 작업 부담 분석, 기계의 사고 연관성 분석
  ② **실험실 및 현장연구 환경의 선택**
    ㉮ 실험실 환경 : 변수의 관리(Control), 모의실험(Simulation)
    ㉯ 현장 환경 : 사실성, 작업변수 설정이 가능

(2) 연구 및 체계개발에 있어서의 기준
  ① **체계기준(System Criteria)**
    ㉮ 체계의 성능이나 산출물(output)에 관련되는 기준, 즉 체계가 원래 의도한 바를 얼마나 달성하는가를 반영하는 기준
    ㉯ 체계의 예상수명, 운용이나 사용상의 용이도, 정비유지도, 신뢰도, 운용비, 인력소요 등

② **인간기준(Human Criteria)**
  ㉮ 인간 성능 척도 : 여러 가지 감각활동, 정신활동, 근육활동 등에 의해서 판단
  ㉯ 생리학적 지표 : 혈압, 맥박수, 분당호흡수, 뇌파, 혈당량, 혈액의 성분, 피부온도, 전기피부 반응(Galvanic Skin Response)
  ㉰ 주관적인 반응 : 개인성능의 평점(Rating), 체계설계면의 대안들의 평점, 피실험자의 개인적 의견, 평가, 판단 등
  ㉱ 사고 빈도 : 재해발생의 빈도
③ **연구(체계) 기준의 요건**
  ㉮ 적절성(Relevance) : 기준이 실제로 의도하는 바와 부합해야 한다.
  ㉯ 무오염성 : 기준척도는 측정하고자 하는 변수 외의 다른 변수의 영향을 받아서는 안 된다.
  ㉰ 신뢰성 : 척도의 신뢰성은 반복성(Repeatability)을 의미 즉, 반복 실험 시 재현성이 있어야 한다.
  ㉱ 민감도 : 피실험자 사이에서 볼 수 있는 예상 차이점에 비례하는 단위로 측정해야 한다.

4 휴먼 에러(Human Error)

(1) 성능(S·P) 과 인간과오(H·E) 관계

$$S \cdot P = f(H \cdot E) = K(H \cdot E)$$

※ 여기서 S·P : 시스템의 성능(System Performance)
  H·E : 인간 과오(Human Error)
  f : 함수
  K : 상수

① K ≒ 1 : H·E가 S·P에 중대한 영향을 끼친다.
② K < 1 : H·E가 S·P에 리스크(Risk)를 준다.
③ K ≒ 0 : H·E가 S·P에 아무런 영향을 주지 않는다.

(2) Swain의 휴먼 에러(Human Error)

① **생략적 과오(omission error)** : 필요한 작업 또는 절차를 수행하지 않는데 기인한 과오
② **시간적 과오(time error)** : 필요한 작업 또는 절차의 수행지연으로 인한 과오
③ **수행적 과오(commission error)** : 필요한 작업 또는 절차의 잘못된 수행으로 인한 과오
④ **순서적 과오(sequential error)** : 필요한 작업 또는 절차의 순서 착오로 인한 과오
⑤ **불필요한 과오(extraneous error)** : 불필요한 작업 또는 절차를 수행함으로써 기인한 과오

(3) 원인의 Level적 분류

① **1차에러(Primary Error)** : 작업자 자신으로부터의 Error

② **2차에러(Secondary Error)** : 작업형태나 작업조건 중에서 다른 문제가 생겨 그 때문에 필요한 사항을 실행할 수 없는 Error. 어떤 결함으로부터 파생하여 발생하는 Error

③ **지시에러(Command Error)** : 요구된 것을 실행하고자 하여도 필요한 물건, 정보, 에너지 등의 공급이 없는 것처럼 작업자가 움직이려 해도 움직일 수 없으므로 발생하는 Error

(4) **정보처리단계에서의 휴먼에러 분류**

① **착오(Mistakes)** : 부적당한 계획의 결과로 인해 원래의 목적 수행이 실패한 경우

② **실수(Slips)** : 의도는 올바른 것이었지만, 행동이 의도한 것과는 다르게 나타나는 경우

③ **위반(violations)** : 작업자가 올바른 동작과 결정을 알고 있음에도 불구하고 의도적으로 따르지 않거나 무시한 경우

　㉮ 통상 위반(Routine violations) : 개개인이 통상 규칙이나 절차를 따르지 않음

　㉯ 예외적 위반(Exceptional violations) : 예상치 못한 돌발적 행동

(5) **인간 과오의 배후요인(4M)**

① **작업자(Man)** : 본인 이외의 사람

② **기계(Machine)** : 장치나 기기 등의 물적 요인

③ **훈련(Media)** : 인간과 기계를 잇는 매체란 뜻으로 작업의 방법이나 순서, 작업정보의 실태나 환경과의 관계, 정리정돈

④ **관리(Management)** : 안전법규의 준수방법, 지휘감독, 교육훈련

(6) **라스무센(Rasmussen)의 인간의 행동 분류**

① **숙련기반행동** : 저장된 행동 패턴에 의해 이루어지는 행동으로 표시장치를 통해 제시되는 신호의 의미에 대한 해석이 불필요하다.

② **규칙기반행동** : 저장된 규칙 속에서 조금 더 의식적인 노력을 요하는 인식–행동으로 친숙하지만 조금 더 복잡한 장시간 작업들이 해당된다.

③ **지식기반행동** : 당면한 상황이 생소하거나 특수한 상황에서 발생하는 행동으로 당면한 상황을 이해하고 분석하며, 그에 상응하는 의사 결정이 요구된다.

5　신뢰성 요인 및 신뢰도

(1) **인간 및 기계의 신뢰성 요인**

① **인간의 신뢰성 요인** : 주의력, 긴장수준, 의식수준(경험연수, 지식수준, 기술수준)

② **기계의 신뢰성 요인** : 재질, 기능, 작동방법

(2) **신뢰도**

① **인간-기계체계의 신뢰도**(r_1 : 인간, r_2 : 기계)

㉮ 직렬(Serial System)
  ※ Rs(신뢰도) = $r_1 \times r_2$ [$r_1 < r_2$로 보면 Rs ≤ r_1]
㉯ 병렬(Parallel System)
  ※ Rs(신뢰도) = $r_1 + r_2(1 - r_1)$ [$r_1 < r_2$로 보면 Rs ≥ r_2]
       = $1 - (1 - r_1)(1 - r_2)$

② **설비의 신뢰도**
㉮ 직렬연결 : 자동차 운전
  ※ Rs(신뢰도) = $R_1 \cdot R_2 \cdot R_3 \cdots\cdots R_n = \sum_{i=1}^{n} R_i$
㉯ 병렬연결 : 열차나 항공기의 제어장치
  ※ Rs(신뢰도) = $1 - (1 - R_1)(1 - R_2)\cdots\cdots(1 - R_n) = 1 - \sum_{i=1}^{n}(1 - R_i)$

> ■ **인간과오의 확률과 병렬 다중성**
> - 인간과오의 확률 (HEP) = $\dfrac{\text{과오의 수}}{\text{과오발생의 전체 기회수}}$
> - 병렬 다중성 : 다수의 부품으로 구성되는 체계의 신뢰도를 높이기 위하여 설계단계에서 사용하는 방법 중 하나임

6 고장 및 시스템(System)의 수명

(1) 고장의 유형
① **초기고장** : 감소형(Debugging 기간, Burning 기간)
② **우발고장** : 일정형
③ **마모고장** : 증가형(Burn In 기간)

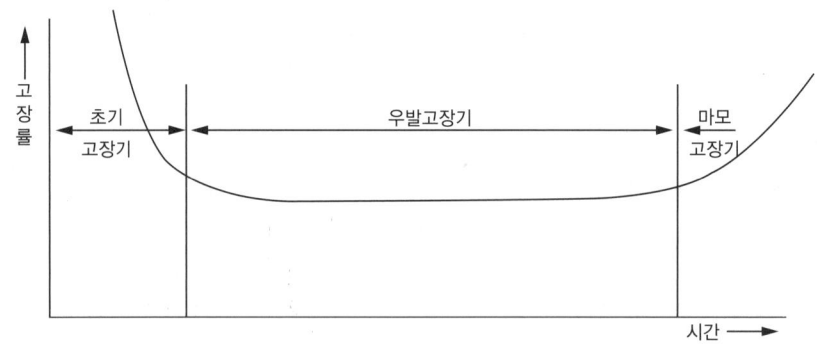

(2) 초기고장의 특징
① 설계상·구조상 결함, 불량제조, 생산과정의 품질관리 미비로 인하여 발생
② 점검작업이나 시운전작업 등으로 사전방지 가능

> **고장관련 용어**
> - 초기고장 : 점검작업이나 시운전 등에 의해 방지할 수 있는 고장
> - 디버깅(Debugging) 기간 : 초기 고장의 결함을 찾아내 고장률을 안정시키는 기간
> - 번인(Burn In) 기간 : 실제로 장시간 움직여 보고 그동안 고장난 것을 제거하는 공정기간

(2) MTTF와 MTBF, MTTR

① **MTTF(Mean Time To Failures)** : 고장이 일어나기까지의 동작시간의 평균치(평균고장시간)

② **MTBF(Mean Time Between Failures)** : 고장사이의 작동시간 평균치(평균고장간격)

③ **MTTR(Mean Time To Repair)** : 고장 발생 순간부터 수리완료 후 정상작동 시까지의 평균시간(평균수리시간)

(3) System의 수명

① 직렬계의 수명 = $\dfrac{MTTF}{n}$

② 병렬계의 수명 = $MTTF(1+\dfrac{1}{2}+\cdots\cdots+\dfrac{1}{n})$

※ MTTF : 평균고장시간, n : 직렬 및 병렬계의 구성요소

> **인간에 대한 모니터링(Monitoring) 방식**
> - Self Monitoring(자기감시) 방법
> - Visual Monitoring(관찰감시) 방법
> - 환경에 의한 Monitoring 방법
> - 생리학적 Monitoring 방법
> - 반응에 의한 Monitoring 방법

7 Fail-Safety 및 Lock System

(1) Fail-Safety

① **Fail-Safety** : 인간 또는 기계에 과오나 동작상의 실수가 있어도 안전사고를 발생시키지 않도록 2중 또는 3중으로 통제를 가하도록 한 체제

② **Fail-Safe 종류** : 다경로 하중 구조, 하중 경감 구조, 교대 구조, 중복 구조

(2) Lock System

① **Interlock System** : 인간과 기계 사이

② **Intralock System** : 인간 사이

③ **Translock System** : Interlock System과 Intralock System 사이

8 인체계측과 생리학적 측정법

(1) 인체계측

① **인체계측자료의 응용원칙**
  ㉮ 최대치수와 최소치수 : 최대치수 또는 최소치수를 기준으로 하여 설계
  ㉯ 조절범위(조절식) : 체격이 다른 여러 사람에 맞도록 만드는 것
  ㉰ 평균치를 기준으로 한 설계 : 최대치수나 최소치수, 조절식으로 하기가 곤란할 때 평균치를 기준으로 하여 설계

② **신체부위 운동**
  ㉮ 굴곡 : 부위간 각도의 감소
  ㉯ 신전(Extension) : 부위간 각도의 증가
  ㉰ 내전 : 몸의 중심선 쪽으로 이동하는 각도
  ㉱ 외전 : 몸의 중심선 밖으로 이동하는 각도
  ㉲ 내선 : 몸의 중심선 쪽으로 회전 이동하는 각도
  ㉳ 외선 : 몸의 중심선 밖으로 회전 이동하는 각도
  ㉴ 상향 : 손바닥을 위로 향함
  ㉵ 하향 : 손바닥을 아래로 향함

(2) 생리학적 측정법

① **근전도(EMG, Electromyogram)** : 근육활동의 전위차를 기록한 것으로, 심장근의 근전도를 특히 심전도(ECG, Electrocardiogram)라 하며, 신경활동전위차의 기록은 ENG(electroneurogram)라 한다.

② **피부전기반사(GSR, Galvanic Skin Reflex)** : 작업 부하의 정신적 부담도가 피로와 함께 증대하는 양상을 전기저항의 변화에서 측정하는 것으로, 피부전기저항 또는 정신전류현상이라고도 한다.

③ **프릿가값(Flicker Fusion Frequency, 점멸융합주파수)** : 정신적 부담이 대뇌피질의 활동수준에 미치고 있는 영향을 측정한 값을 말한다.

> **작업종류에 따른 생리학적 측정법의 종류**
> - 정적근력작업, 동적근력작업, 신경적작업, 심적작업 : 프릿가값
> - 작업부하, 피로 등의 측정 : 호흡량, 근전도, 프릿가값
> - 긴장감 측정 : 맥박수, 피수전기반사(GSR)

(3) 에너지 소모량의 산출

① **에너지 대사율(RMR, Relative Metabolic Rate)**
  ㉮ 작업강도 단위로써 산소호흡량을 측정하여 에너지의 소모량을 결정하는 방식
  ㉯ RMR이 클수록 중 작업

㉓ RMR = $\dfrac{작업대사량}{기초대사량}$ = $\dfrac{작업시\ 소비에너지\ -\ 안정시\ 소비에너지}{기초대사량}$

② RMR에 의한 작업강도 분류

RMR	작업강도	비고
0~2	경(輕) 작업	사무작업 등 주로 앉아서 하는 작업
2~4	중(中) 작업	동작 및 속도가 작은 작업(보통 작업)
4~7	중(重) 작업	동작 및 속도가 큰 작업
7 이상	초중(超重) 작업	과격한 작업

▪ 작업시 소비에너지와 안정시 소비에너지 : 더그라스 백 법

기초대사량 = A × χ
- A : 체표면적(cm^2)
- A = $H^{0.725}$ × $W^{0.425}$ × 72.46 [H : 신장(cm), W : 체중(kg)]
- χ : 체표면적당 시간당 소비에너지

9 작업공간 및 작업대

(1) 포락면(Envelope), 작업역, 작업대

① **작업공간 포락면(Envelope)** : 한 장소에 앉아서 수행하는 작업활동에서 사람이 작업하는데 사용하는 전체공간

② **작업역**

㉮ 정상작업역 : 34 ~ 45cm

㉯ 최대작업역 : 55 ~ 65cm

(2) 의자 설계원칙 및 부품 배치의 원칙

① **의자 설계원칙**

㉮ 체중분포 : 체중이 좌골 결절에 실려야 편안함

㉯ 의자 좌판의 높이 : 좌판 앞부분이 오금 높이 보다 높지 않아야 함

㉰ 의자 좌판의 깊이와 폭 : 폭은 큰 사람에게, 깊이는 작은 사람에게 맞도록 해야 함

㉱ 몸통의 안정 : 의자의 좌판 각도는 3°, 좌판 등판간의 등판 각도는 100°가 몸통 안정에 효과적

② **부품 배치의 원칙**

㉮ 중요성의 원칙

㉯ 사용빈도의 원칙

㉰ 기능별 배치의 원칙

㉱ 사용순서의 원칙

10 기계통제장치

(1) **기계통제장치의 유형**

① **양의 조절에 의한 통제** : 연속 조절(Knob, Crank, Handle, Lever, Pedal 등)

② **개폐에 의한 통제** : 불연속 조절(수동 푸시버튼, 발 푸시버튼, 토글 스위치, 로터리 스위치 등)

③ **반응에 의한 통제** : 자동경보시스템

(2) **통제표시비**(C/D비, Control-Display ratio)

① **통제표시비** : 통제기기와 표시장치의 관계를 나타낸 비율, C/D비

$$\frac{X}{Y} = \frac{C}{D} = \frac{통제기기의\ 변위량(cm)}{표시계기\ 지침의\ 변위량(cm)}$$

② C/D비가 작을수록 이동시간이 짧고 조정이 어려워 민감한 장치이다.

③ **최적의 C/D비** : 1.18~2.42

> **조정장치 저항력의 종류**
> • 탄성저항 • 점성저항 • 관성 • 마찰(정지 또는 미끄럼)

(3) **조종-반응비**(C/R비, Control-Response ratio)

① C/D비가 확장된 개념으로 회전운동을 하는 조종장치의 조종거리(Control)와 표시장치의 반응거리(Response)의 비로 표시한다.

② C/R비 = $\dfrac{\dfrac{\alpha}{360} \times 2\pi L}{표시계기\ 지침의\ 이동거리}$

[α : 조종장치가 움직인 각도(°), L : 조종구의 반경(cm)]

③ **적합도(권장 범위) 판정**

㉮ 노브(knob) 사용 시 : 0.2 ~ 0.8

㉯ 레버, 조이스틱 등의 조종구 사용 시 : 2.5 ~ 4.0

> **피츠의 법칙(Fitts' Law)**
> 사용성 분야에서 인간의 행동에서 대해 속도와 정확성간의 관계를 설명하는 기본적인 법칙. 시작점에서 목표로 하는 지역에 얼마나 빠르게 닿을 수 있을지를 예측하고자 하는 것으로 이는 목표 영역의 크기와 목표까지의 거리에 따라 결정된다. 어떤 목표에 닿기 위해서 목표물의 크기가 작아질수록 속도와 정확도가 나빠지고 목표물과의 거리가 멀어질수록 필요한 시간이 더 길어진다는 것을 알 수 있다.

11 청각장치와 시각장치의 선택(특정 감각의 선택)

구분	청각장치 사용	시각장치 사용
전언	전언이 간단하고 짧다.	전언이 복잡하고 길다.
재참조	전언이 후에 재참조 되지 않는다.	전언이 후에 재참조 된다.
사상(Event)	전언이 즉각적인 사상을 이룬다.	전언이 공간적인 위치를 다룬다.
행동 요구	전언이 즉각적인 행동을 요구한다.	전언이 즉각적인 행동을 요구하지 않는다.
사용시기	• 수신자의 시각계통이 과부하 상태일 때 • 수신 장소가 너무 밝거나 암조응 유지가 필요할 때 • 직무상 수신자가 자주 움직이는 경우	• 수신자가 청각계통이 과부하 상태일 때 • 수신 장소가 너무 시끄러울 때 • 직무상 수신자가 한곳에 머무르는 경우

12 암호체계와 정보처리

(1) 암호체계 및 사용상의 일반적인 지침

① **암호의 검출성** : 검출이 가능해야 한다.

② **암호의 변별성** : 다른 암호표시와 구별되어야 한다.

③ **부호의 양립성** : 양립성이란 자극들 간의, 반응들 간의, 자극-반응 조합의 관계가 인간의 기대와 모순되지 않는 것이다.

④ **부호의 의미** : 사용자가 그 뜻을 분명히 알아야 한다.

⑤ **암호의 표준화** : 암호를 표준화하여야 한다.

⑥ **다차원 암호의 사용** : 2가지 이상의 암호차원을 조합해서 사용하면 정보전달이 촉진된다.

(2) 양립성(Compatibility)

① **개념적 정의** : 정보입력 및 처리와 관련한 양립성은 인간의 기대와 모순되지 않는 자극들간, 반응들간의 또는 자극반응 조합의 관계를 말하는 것

② **양립성의 구분**

㉮ 공간 양립성 : 표시장치나 조종장치에서 물리적 형태나 공간적인 배치의 양립성

㉯ 운동 양립성 : 표시 및 조종장치 등의 운동 방향의 양립성

㉰ 개념 양립성 : 사람들이 가지고 있는 개념적 연상(어떤 암호체계에서 청색이 정상을 나타내듯이)의 양립성

㉱ 양식 양립성 : 기계가 특정 음성에 대해 정해진 반응을 하는 것과 같이 직무에 알맞은 자극과 응답 양식의 존재에 대한 양립성

13 시각적 표시장치

(1) 정량적 동적 표시장치의 기본형

① **정목동침(Moving Pointer)형** : 눈금이 고정되고 지침이 움직이는 형
② **정침동목(Moving Scale)형** : 지침이 고정되고 눈금이 움직이는 형
③ **계수(Digital)형** : 전력계나 택시요금 계기와 같이 기계적 또는 전자적으로 숫자가 표시되는 형

(2) VFF(시각적 점멸융합주파수)에 영향을 주는 변수

① VFF는 조명강도의 대수치에 선형적으로 비례한다.
② 시표(視標)와 주변의 휘도가 같을 때에 VFF는 최대가 된다.
③ 휘도만 같으면 색은 VFF에 영향을 주지 않는다.
④ 암조응시는 VFF가 감소한다.
⑤ VFF는 사람들 간에는 큰 차이가 있으나, 개인의 경우 일관성이 있다.
⑥ 연습의 효과는 아주 적다.

> **점멸융합주파수**
> 계속되는 자극들이 점멸하는 것 같이 보이지 않고 연속적으로 느껴지는 주파수

(3) 시각적 암호, 부호 및 기호의 유형

① **묘사적 부호** : 사물의 행동을 단순하고 정확하게 묘사한 것(예 : 위험표지판의 해골과 뼈, 도보 표지판의 걷는 사람)
② **추상적 부호** : 전언(傳言)의 기본요소를 도식적으로 압축한 부호로 원 개념과는 약간의 유사성이 있을 뿐임
③ **임의적 부호** : 부호가 이미 고안되어 있으므로 이를 배워야 하는 부호(예 : 교통 표지판의 삼각형-주의, 원형-규제, 사각형-안내표시)

> **디스플레이(Display)가 형성하는 목시각**
> - 수평 : 최적조건(15° 좌우), 제한조건(95° 좌우)
> - 수직 : 최적조건(0°~ 30° 하한), 제한조건(75° 상한, 85° 하한)
> - 정상작업 위치에서 모든 디스플레이를 보기 위한 조업자 시계 : 60°~ 90°

14 청각적 표시장치

(1) 청각적 표시장치가 시각적인 것보다 효과가 있는 경우

① 신호원 자체가 음향(음성)일 때
② 무선기의 신호, 항로 정보 등과 같이 연속적으로 변하는 정보를 제시할 때
③ 음성 통신 경로가 전부 사용되고 있을 때(청각적 신호는 음성과는 확실히 구별되어야 함)

(2) 청각적 신호를 받는 경우 신호의 성질에 따라 수반되는 3가지 기능

① **검출(Detection)** : 신호의 존재 여부를 결정
② **상대식별** : 2가지 이상의 신호가 근접하여 제시되었을 때 이를 구별
③ **절대식별** : 어떤 부류에 속하는 특정한 신호가 단독으로 제시되었을 때 이를 구별

> **밀러의 마법의 수 등**
> - 밀러의 마법의 수(Miller's magic number) : 인간의 절대적 식별 능력은 7±2개
> - 상대 및 절대 식별은 강도, 진동수, 지속시간, 방향 등 여러 자극 차원에서 이루어질 수 있다.

15 환경요소

(1) 온도와 열 압박

① **열 교환에 영향을 주는 요소** : 기온, 습도, 복사온도, 공기의 유동
② **S(열축적)** = M(대사열) − E(증발) − W(한 일) ± R(복사) ± C(대류)
③ **증발에 의한 열 손실율** : 37℃의 물 1g의 증발열은 2410joule/g(575.7cal/g)
④ **열 손실률(watt)** = $\dfrac{2410\text{J/g} \times 증발량(\text{g})}{증발시간(\text{sec})}$

⑤ **보온율(clo 단위)** = $0.18 \dfrac{온도(℃)}{\text{kcal/m}^2 \cdot \text{hr}}$

⑥ **단면적당 열 유동률(R/A)** = $\dfrac{\triangle T}{\text{clo}}$

(2) 환경요소의 복합지수

① **실효온도(ET)**
  ㉮ 실효온도(체감온도 또는 감각온도)에 영향을 주는 요인 : 온도, 습도, 기류(공기유동)
  ㉯ 허용한계 : 정신(사무)작업(60~64°F), 경작업(55~60°F), 중작업(50~55°F)

② **옥스포드(Oxford) 지수**
  ㉮ WD(습건) 지수라고도 하며, 습구·건구 온도의 가중(加重)평균치
  ㉯ WD = 0.85W + 0.15D (W : 습구온도, D : 건구온도)

(3) 불쾌지수, 피로지수

　① **불쾌지수**

　　㉮ 70 이하 : 모든 사람이 불쾌감을 느끼지 않음

　　㉯ 70~75 : 10명중 2~3명이 불쾌감 감지

　　㉰ 76~80 : 10명중 5명 이상이 불쾌감 감지

　　㉱ 80 이상 : 모든 사람이 불쾌감을 느낌

　② **피로지수** : 직장온도는 가장 우수한 피로 지수로서 38.8℃만 되면 기진

　③ **공기의 온열조건 4요소** : 기온, 습도, 공기유동, 복사온도

　④ **실효온도에 영향을 주는 요인** : 온도, 습도, 기류

　⑤ **이상적인 습도** : 25~50%

　⑥ **고온에서의 생리적 반응** : 피부온도 상승, 피부를 경유하는 혈액량 증가, 발한, 직장의 온도가 내려감

불쾌지수
- 불쾌지수(섭씨) = 0.72 × (건구온도 + 습구온도) + 40.6
- 불쾌지수(화씨) = 0.4 × (건구온도 + 습구온도) + 15

---

16 조명

(1) 조명(조도)의 단위

　① fc(foot-candle) : 1촉광의 점광원으로부터 1foot 떨어진 곡면에 비추는 광의 밀도(1lumen/ft^2)

　② lux(meter-candle) : 1촉광의 점광원으로부터 1m 떨어진 곡면에 비추는 광의 밀도(1lumen/m^2)

　③ fc, lux의 관계 : 1 fc = 1 lumen/ft^2 ≒ 10 lumen/m^2 = 10 lux

(2) 광속발산도(luminance)

　① **정의** : 단위 면적당 표면에서 반사 또는 방출되는 빛의 양을 말하며, 이 척도를 때로는 휘도(Brightness)라고도 한다.

　② **L(Lambert)** : 완전발산 및 반사하는 표면이 표준촛불로 1cm 거리에서 조명될 때의 조도와 같은 광속발산도이다.

　③ **mL(millilambert)** : 1L의 1/1000로 대략 1foot-Lambert에 가깝다(0.929fL).

　④ **fL(foot-Lambert)** : 완전발산 및 반사하는 표면이 1fc로 조명될 때의 조도와 같은 광속 발산도를 말한다.

(3) 반사율(Reflectance)

　① 반사율(%) = $\dfrac{광속발산도(fL)}{조도(fc)} \times 100$

② 옥내 최적 반사율

㉮ 천장 : 80~90%

㉯ 벽, 창문 발(Blind) : 40~60%

㉰ 가구, 사무용기기, 책상 : 25~45%

㉱ 바닥 : 20~40%

ㄷ 소요총광속

$$\text{소요 총 광속(F)} = \frac{\text{조도(E)} \times \text{방의 면적(A)} \times \text{감광보상율(D)}}{\text{조명율(U)}}$$

(4) 대비(對比)

① 대비 $= \dfrac{\text{배경의 반사율} - \text{표적의 반사율}}{\text{배경의 반사율}} \times 100$

② **표적이 배경보다 어두울 경우** : 대비는 +100에서 0 사이

③ **표적이 배경보다 밝을 경우** : 대비는 0에서 $-\infty$ 사이

17 소음

(1) 음의 특성

① **dB 수준과 음의 강도와의 관계식**

※ dB수준 $= 10\log(\dfrac{I_1}{I_2})$

- I_1 : 측정음의 강도
- I_0 : 기준음의 강도($10\sim12\text{watt/m}^2$, 최소가청치)

② **P_1과 P_2의 음압을 갖는 두 음의 강도차**

※ $dB_2 - dB_1 = 20\log(\dfrac{P_2}{P_1})$

③ **음의 강도와 거리** : 음의 강도 I 는 거리의 제곱에 반비례

※ $I_2 = I_1(\dfrac{d_1}{d_2})^2$

④ **음압과 거리** : 음압은 거리에 반비례

※ $P_2 = P_1(\dfrac{d_1}{d_2})$

※ $dB_2 = dB_1 + 20\log(\dfrac{d_1}{d_2}) = dB_1 - 20\log(\dfrac{d_2}{d_1})$

(2) 음의 크기 수준

　① **phon** : 1000Hz 순음의 음압 수준(dB)을 나타낸다.

　② **sone** : 1000Hz, 40dB의 음압 수준을 가진 순음의 크기(= 40 phon)를 1 sone이라 함

　③ **sone과 phon의 관계식** : sone값 = $2^{(phon값 - 40)/10}$

　④ **인식 소음 수준**

　　㉮ PNdB(Perceived Noise Level) : 910~1090Hz 대의 소음 음압 수준

　　㉯ PLdB(Perceived Level of Noise) : 3150Hz에 중심을 둔 1/3 옥타브(Octave) 대음을 기준으로 사용

(3) 소음의 허용한계

　① **가청주파수** : 20~20000Hz(CPS)

　　㉮ 20~500Hz : 저진동 범위

　　㉯ 500~2000Hz : 회화 범위

　　㉰ 2000~20000Hz : 가청 범위(Audible Range)

　　㉱ 20000Hz 이상 : 불가청 범위

　② **가청한계** : $2 \times 10^{-4} dyne/cm^2$(0dB)~$10^{-3} dyne/cm^2$(134dB)

　　㉮ 심리적 불쾌감 : 40dB 이상

　　㉯ 생리적 현상 : 60dB(안락 한계 : 45~65dB, 불쾌 한계 65~120dB)

　　㉰ 난청(C5dip) : 90dB(8시간)

　　㉱ 유해주파수(공장 소음) : 4000Hz(난청현상이 오는 주파수)

　　㉲ 음압과 허용노출한계

dB	90	95	100	105	110	115	120
허용노출시간	8시간	4시간	4시간	1시간	30분	15분	5~8분

　　※120dB 이상 : 격리 또는 격벽 설치

(4) 소음대책

　① **소음원의 통제** : 기계의 적절한 설계, 적절한 정비 및 주유, 기계에 고무 받침대 부착. 차량에는 소음기 사용

　② **소음의 격리** : 씌우개 방, 장벽을 사용(집의 창문을 닫으면 약 10dB 감음됨)

　③ **차폐장치 및 흡음재료 사용**

　④ **음향처리제 사용**

　⑤ **적절한 배치(Layout)**

　⑥ **방음보호구 사용** : 귀마개(2000Hz 에서 20dB, 4000Hz에서 25dB 차음효과)

　⑦ **BGM(Back Ground Music)** : 배경음악(60±3dB)

18 근골격계 질환

(1) 근골격계질환(CTDs)

① **유해요인 조사방법은 OWAS**(평가항목 : 허리, 팔, 다리, 하중), NLE, RULA

② 발생원인은 반복적 동작, 부적절한 자세, 진동, 온도 등

(2) 근골격계부담작업의 범위(단기간작업 또는 간헐적인 작업은 제외)

① 하루에 4시간 이상 집중적으로 자료입력 등을 위해 키보드 또는 마우스를 조작하는 작업

② 하루에 총 2시간 이상 목, 어깨, 팔꿈치, 손목 또는 손을 사용하여 같은 동작을 반복하는 작업

③ 하루에 총 2시간 이상 머리 위에 손이 있거나, 팔꿈치가 어깨위에 있거나, 팔꿈치를 몸통으로부터 들거나, 팔꿈치를 몸통뒤쪽에 위치하도록 하는 상태에서 이루어지는 작업

④ 지지되지 않은 상태이거나 임의로 자세를 바꿀 수 없는 조건에서, 하루에 총 2시간이상 목이나 허리를 구부리거나 트는 상태에서 이루어지는 작업

⑤ 하루에 총 2시간 이상 쪼그리고 앉거나 무릎을 굽힌 자세에서 이루어지는 작업

⑥ 하루에 총 2시간 이상 지지되지 않은 상태에서 1kg 이상의 물건을 한손의 손가락으로 집어 옮기거나 2kg 이상에 상응하는 힘을 가하여 한손의 손가락으로 물건을 쥐는 작업

⑦ 하루에 총 2시간 이상 지지되지 않은 상태에서 4.5kg 이상의 물건을 한 손으로 들거나 동일한 힘으로 쥐는 작업

⑧ 하루에 10회 이상 25kg 이상의 물체를 드는 작업

⑨ 하루에 25회 이상 10kg 이상의 물체를 무릎 아래에서 들거나, 어깨 위에서 들거나, 팔을 뻗은 상태에서 드는 작업

⑩ 하루에 총 2시간 이상, 분당 2회 이상 4.5kg 이상의 물체를 드는 작업

⑪ 하루에 총 2시간 이상 시간당 10회 이상 손 또는 무릎을 사용하여 반복적으로 충격을 가하는 작업

Section 02 안전과 인간공학

1 시스템 안전의 개요

(1) 시스템과 시스템 안전

① **시스템** : 요소의 집합에 의해 구성되고 시스템 상호간에 관계를 유지하면서 정해진 조건 아래에서 어떤 목적을 위하여 작용하는 집합체

② **시스템 안전** : 시스템 안전을 달성하기 위해서는 시스템의 계획 – 설계 – 제조 – 운용 등의 모든 단계를 통해 시스템 안전관리와 시스템 안전공학을 정확히 적용하여야 함

(2) 위험성 평가의 단계
① 1단계 : 위험성 검출과 확인
② 2단계 : 위험성 측정과 분석(위험성평가)
③ 3단계 : 위험성 관리(처리)
④ 4단계 : 위험성 관리의 방법 선택
⑤ 5단계 : 위험성의 지속적인 감시

2 시스템안전 분석기법

(1) 예비위험분석(PHA, Preliminary Hazards Analysis)
① PHA : 대부분의 시스템안전 프로그램에 있어서 최초단계의 분석으로 시스템 내의 위험한 요소가 얼마나 위험한 상태에 있는가를 정성적으로 평가
② PHA의 4가지 주요목표
　㉮ 시스템에 대한 모든 주요한 사고를 식별하고 대충의 말로 표시할 것(사고 발생 확률은 식별 초기에는 고려되지 않음)
　㉯ 사고를 유발하는 요인을 식별할 것
　㉰ 사고가 발생한다고 가정하고 시스템에 생기는 결과를 식별하고 평가할 것
　㉱ 식별된 사고를 범주(Category)로 분류할 것
③ PHA의 카테고리 분류
　㉮ Class 1 : 파국적(Catastrophic) – 사망, 시스템 손상
　㉯ Class 2 : 중대(Critical) – 심각한 상해, 시스템 중대 손상
　㉰ Class 3 : 한계적(Marginal) – 경미한 상해, 시스템 성능 저하
　㉱ Class 4 : 무시가능(Negligible) – 상해 및 시스템 저하 없음

(2) 고장형태와 영향분석(FMEA, Failure Modes and Effects Analysis)
① FMEA : 시스템 안전분석에 이용되는 전형적인 정성적, 귀납적 분석방법으로 시스템에 영향을 미치는 전체 요소의 고장을 형별로 분석하여 그 영향을 검토하는 것
② FMEA의 장점 및 단점
　㉮ 장점 : 서식이 간단하고 비교적 적은 노력으로 특별한 훈련 없이 분석할 수 있음
　㉯ 단점 : 논리성이 부족하고 특히 각 요소간의 영향을 분석하기 어렵기 때문에 동시에 두 가지 이상의 요소가 고장날 경우 분석이 곤란하며 요소가 물체로 한정되어 있기 때문에 인적원인을 분석하는 것은 곤란
③ 고장의 영향

영향	발생 확률(β)	영향	발생 확률(β)
실제의 손실	β = 1.00	예상되는 손실	0.10 ≤ β < 1.00
가능한 손실	0 < β < 0.10	영향 없음	β = 0

④ 위험성 분류의 표시
  ㉮ Category Ⅰ : 생명 또는 가옥의 상실
  ㉯ Category Ⅱ : 작업수행의 실패
  ㉰ Category Ⅲ : 활동의 지연
  ㉱ Category Ⅳ : 영향 없음

⑤ FMEA의 표준적 실시 절차

실시 절차	내용
1단계 : 대상 시스템의 분석	• 기기, 시스템의 구성 및 기능의 전반적 파악 • FMEA 실시를 위한 기본방침의 결정 • 기능 블록도와 신뢰성 블록도의 작성
2단계 : 고장형태와 그 영향의 분석	• 고장형태의 예측과 설정 • 고장 원인의 상정 • 상위 아이템에의 고장 영향의 검토 • 고장 검지법의 검토 • 고장에 대한 보상법이나 대응법의 검토 • FMEA 워크시트(Work Sheet)에의 기입 • 고장 등급의 평가
3단계 : 치명도 해석과 개선책의 검토	• 치명도 해석 • 해석결과의 정리와 설계 개선으로의 제언

(3) 위험도 분석(CA, Criticality Analysis)

① **CA** : 고장이 직접 시스템의 손실과 사상에 연결되는 높은 위험도(Criticality)를 가진 요소나 고장의 형태에 따른 분석법

② **고장형의 위험도의 분류**
  ㉮ Category Ⅰ : 생명의 상실로 이어질 염려가 있는 고장
  ㉯ Category Ⅱ : 작업의 실패로 이어질 염려가 있는 고장
  ㉰ Category Ⅲ : 운용의 지연 또는 손실로 이어질 고장
  ㉱ Category Ⅳ : 극단적인 계획 외의 관리로 이어질 고장

(4) **결함위험분석**(FHA, Fault Hazard Analysis)

복잡한 시스템에서는 한 계약자만으로 모든 시스템의 설계를 담당하지 않고, 몇 개의 공동 계약자가 각각의 서브시스템(Sub System)을 분담하고 통합계약업자가 그것을 통합하는데, FHA는 이런 경우의 서브시스템 해석 등에 사용

(5) FAFR, THERP, MORT

① **FAFR**(Fatal Accident Frequency Rate) : 주로 화학공정에서의 위험성 평가지수로 10^8 노출시간당 사망자수
  ㉮ 클레츠(Kletz)가 고안하였으며, FAFR이 0.35~0.4를 넘지 않을 것을 권고함

④ 깁슨(Gibson)은 중대산업사고에 대해서는 2 FAFR, 그 이외의 경우에는 0.4 FAFR를 위험성 수준으로 정할 것을 권장함

② THERP(Technique of Human Error Rate Prediction) : 인간의 과오를 정량적으로 평가하기 위하여 개발된 기법

③ MORT(Management Oversight and Risk Tree) : 트리(Tree)를 중심으로 FTA와 같은 논리기법을 이용하여 관리, 설계, 생산, 보존 등 고도의 안전을 달성하는 것을 목적으로 사용(원자력산업에 이용)

(6) 디시전 트리(Decision Tree)와 ETA

① **디시전 트리(Decision Tree)** : 요소의 신뢰도를 이용하여 시스템의 신뢰도를 나타내는 시스템 모델 중 하나로 귀납적이고 정량적인 분석방법

② **ETA(Event Tree Analysis)** : 사상(事象)의 안전도를 사용하여 시스템의 안전도를 나타내는 시스템 모델의 하나로써 귀납적이고 정량적인 분석방법이며 재해의 확대요인을 분석하는데 적합한 방법

> **시스템안전 분석기법 총정리**
> - ETA : 귀납적, 정량적 방법, 항공기 안전성 평가시 사용
> - FTA : 결함수 분석법, 상이한 조직의 결함을 발견할 수 있음, 연역적, 정량적
> - CA : 위험성이 높은 요소
> - FMEA : 가장 일반적인 정성적·귀납적 해석방법
> - FMECA : 정성적, 정량적 분석을 동시에 사용
> - MORT : 연역적, 정량적 분석
> - PHA : 구상단계, 발주단계에서 실시, 귀납적, 정성적
> - 시스템안전 분석기법 : PHA, FHA, DT, MORT

3 위험 및 운전성 검토

(1) 개념 및 정의

① **위험 및 운전성 검토(Hazard and Operability Study)** : 각각의 장비에 대해 잠재된 위험이나 기능저하, 운전잘못 등과 전체로서의 시설에 결과적으로 미칠 수 있는 영향 등을 평가하기 위해서 공정이나 설계도 등에 체계적이고 비판적인 검토를 행하는 것

② **용어의 정의**

㉮ 의도(Intention) : 어떤 부분이 어떻게 작동될 것으로 기대된 것을 의미하는 것으로 서술적일 수도 있고 도면화될 수도 있다.
㉯ 이상(Deviations) : 의도에서 벗어난 것을 말하며 유인어를 체계적으로 적용하여 얻어진다.
㉰ 원인(Causes) : 이상이 발생한 원인을 의미한다.
㉱ 결과(Consequences) : 이상이 발생할 경우 그것에 대한 결과이다.
㉲ 위험(Hazard) : 손실, 손상, 부상 등을 초래할 수 있는 결과를 말한다.

③ **유인어(Guide Words)** : 간단한 용어로서 창조적 사고를 유도하고 자극하여 이상을 발견하고 의도를 한정하기 위하여 사용

㉮ No 또는 Not : 설계의도의 완전한 부정
㉯ More 또는 Less : 양(압력, 반응, Flow Rate, 온도 등)의 증가 또는 감소
㉰ As well as : 성질상의 증가(설계의도와 운전조건이 어떤 부가적인 행위와 함께 일어남)
㉱ Part of : 일부변경, 성질상의 감소(어떤 의도는 성취되나 어떤 의도는 성취되지않음)
㉲ Reverse : 설계의도의 논리적인 역
㉳ Other than : 완전한 대체(통상 운전과 다르게 되는 상태)

(2) 위험 및 운전성 검토의 성패를 좌우하는 중요요인

① 팀의 기술능력과 통찰력
② 사용된 도면, 자료 등의 정확성
③ 발견된 위험의 심각성을 평가할 때 팀의 균형감각 유지 능력
④ 이상(Deviation), 원인(Cause), 결과(Consequence)들을 발견하기 위해 상상력을 동원하는데 보조 수단으로 사용할 수 있는 팀의 능력

4 결함수 분석법(FTA)

(1) FTA의 특징

① 연역적, 정량적 해석이 가능한 기법
② 톱다운(Top-down) 해석
③ 특정사상에 대한 해석
④ 논리기호를 사용한 해석
⑤ 컴퓨터로 처리가능

(2) FTA 도표에 사용하는 논리기호

명칭	기호	명칭	기호
결함사상	▯	전이기호(이행기호)	△(in) △(out)
기본사상	○	AND gate	출력/입력 게이트

명칭	기호	명칭	기호
생략사상 (추적 불가능한 최후사상)	◇	OR gate	출력 ⌒ 입력
통상사상(家刑事像)	⌂	수정기호	출력 ⬡─[조건] 입력

(3) 수정기호

① **우선적 AND Gate**
   ㉮ 입력사상 가운데 어느 사상이 다른 사상보다 먼저 일어났을 때에 출력사상이 생긴다.
   ㉯ 「A는 B보다 먼저」와 같이 기입

② **조합 AND Gate**
   ㉮ 3개 이상의 입력사상 가운데 어느 것이든 2개가 일어나면 출력 사상이 발생한다.
   ㉯ 「어느 것이든 2개」라고 기입

③ **위험지속기호**
   ㉮ 입력사상이 생기어 어느 일정시간 지속하였을 때에 출력사상이 생긴다.
   ㉯ 「위험지속시간」과 같이 기입

④ **배타적 OR Gate**
   ㉮ OR Gate로 2개 이상의 입력이 동시에 존재할 때에는 출력사상이 생기지 않는다.
   ㉯ 「동시에 발생하지 않는다」라고 기입

(4) D.R. Cheriton의 FTA에 의한 재해사례 연구순서

① **1단계** : 톱(Top) 사상의 선정
② **2단계** : 사상마다 재해원인 규명
③ **3단계** : FT도의 작성
④ **4단계** : 개선계획의 작성

(5) 확률사상의 적(積)과 화(和) : n개의 독립사상에 관해서

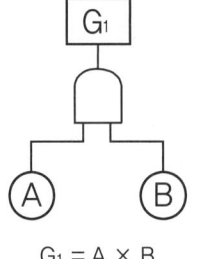

$G_1 = A \times B$

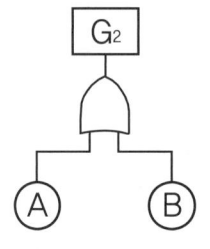

$G_2 = 1 - (1-A)(1-B)$

(6) 컷과 패스

① **컷셋(cut sets)** : 그 속에 포함되어 있는 모든 기본사상(통상, 생략, 결함사상을 포함)이 일어났을 때 정상사상(top event)을 일으키는 기본사상의 집합

② **최소 컷셋(minimal cut sets)** : 컷셋 중 그 부분집합만으로는 정상사상을 일으키는 일이 없는 것, 즉 정상사상(top event)을 일으키기 위한 최소한의 컷셋으로 어떤 고장이나 에러를 일으키면 재해가 일어나는가 하는 것 즉, 시스템의 위험성(역으로는 안전성)를 나타내는 것

③ **패스셋(path sets)** : 시스템이 고장나지 않도록 하는 사상의 조합

④ **최소 패스셋(minimal path sets)** : 시스템이 고장나지 않도록 하는 최소한의 패스셋으로 어떤 고장이나 패스를 일으키지 않으면 재해는 일어나지 않는다는 것 즉, 시스템의 신뢰성을 나타내는 것

(7) FTA의 사용기호

① **억제게이트(Inhibit gate)** : 수정기호(Modifier)의 일종으로서 억제 모디파이어(Inhibit Modifier)라고 하며 실질적으로 수정기호를 병용해서 게이트의 역할

㉮ 입력사상이 일어난 조건이 만족되어야 출력사상이 생긴다(조건이 만족되지 않으면 출력은 생기지 않는다).

㉯ 조건은 수정기호 안에 쓴다

② **부정게이트(Not gate)** : 부정 모디파이어(Not Modifier)라고 하며 입력사상의 반대 사상이 출력된다.

> **■ 공장설비 안전성 평가의 종류**
> - 세이프티 어세스먼트(Safety Assessment) : 안전성 평가
> - 테크놀로지 어세스먼트(Technology Assessment) : 기술개발의 종합평가
> - 리스크 어세스먼트(Risk Assessment) : 위험성 평가
> - 휴먼 어세스먼트(Human Assessment) : 인간과 사고상의 평가

5 화학설비의 안전성 평가

(1) 안전성 평가의 5단계

① **제1단계** : 관계자료의 작성준비

② **제2단계** : 정성적 평가

③ **제3단계** : 정량적 평가

④ **제4단계** : 안전대책

⑤ **제5단계** : 재평가

(2) 평가의 진행방법
　① **제1단계** : 관계자료의 작성준비
　② **제2단계** : 정성적 평가
　　㉮ 주요 진단항목

1. 설계관계	항목수	2. 운전관계	항목수
입지조건	5	원재료, 중간제 제품	7
공장내 배치	9	공정	7
건조물	8	수송, 저장 등	9
소방설비	5	공정기기	11

　③ **3단계** : 정량적 평가
　　㉮ 당해 화학설비의 취급물질, 용량, 온도, 압력 및 조작의 5항목에 대해 A, B, C, D급으로 분류하고 A급은 10점, B급은 5점, C급은 2점, D급은 0점으로 점수를 부여한 후 5항목에 관한 점수들의 합을 구한다.
　　㉯ 합산 결과에 의한 위험도의 등급은 다음과 같다.

등급	점수	내용
등급 Ⅰ	16점 이상	위험도가 높음
등급 Ⅱ	11~15점 이하	주위상황, 다른 설비와 관련해서 평가
등급 Ⅲ	10점 이하	위험도가 낮음

　④ **4단계** : 안전대책
　　㉮ 설비적 대책 : 안전장치 및 방재장치에 관해서 배려
　　㉯ 관리적 대책 : 인원 배치, 교육훈련 및 보건에 관해서 배려
　　㉰ 적정 인원 배치
　⑤ **제5단계** : 재평가
　　㉮ 제4단계에서 안전대책을 강구한 후 그 설계내용에 동종설비 또는 동종장치의 재해정보를 적용하여 안전대책의 재평가
　　㉯ 재해정보에 의한 재평가 및 FTA에 의한 재평가

기계·기구 및 설비 안전관리

Section 01 기계안전의 개념

1 기계·기구 설비의 위험점

분류	내용
협착점	왕복 운동하는 동작부분과 움직임이 없는 고정부분 사이에 형성되는 위험점
끼임점	고정부분과 회전하는 동작부분 사이에서 형성되는 위험점
절단점	회전하는 운동부분 자체의 위험에서 초래되는 위험점
물림점	반대로 회전하는 두 개의 회전체가 맞닿는 사이에서 발생하는 위험점
접선물림점	회전하는 부분의 접선방향으로 물려 들어갈 위험이 존재하는 위험점
회전말림점	회전하는 물체에 작업복 등이 말려드는 위험이 존재하는 위험점

2 기계·설비의 안전화

(1) 기계·설비의 본질적 안전화

① 안전기능이 기계설비에 내장되어 있거나 짜 넣어져 있다.
② 기계설비의 조작이나 취급을 잘못하더라도 사고나 재해로 연결되지 않도록 Fool Proof 기능을 가지고 있다.
③ 기계설비나 그 부품이 파손 고장나더라도 안전 쪽으로 작동하도록 Fail Safe 기능을 가지고 있다.

(2) 기계·설비의 안전화 5가지

① **외관의 안전화** : 상자로 내장, 덮개, 색채조절(시동버튼 : 녹색, 정지버튼 : 적색)
② **기능적 안전화** : 전압강하 및 정전시 오동작 방지, 사용압력 변동시 오동작 방지, 밸브 고장시 오동작 방지, 단락 스위치 고장시 오동작방지
③ **구조부분의 안전화** : 적절한 재료, 안전계수 및 안전율 고려, 적절한 가공
④ **작업의 안전화** : 기동장치와 배치, 정지시 시건 장치, 안전 통로 확보, 작업 공간 확보
⑤ **보수·유지의 안전화(보전성의 개선)** : 정기 점검, 교환, 주유

3 구조적 안전

(1) 풀 프루프(Fool Proof)

① **풀 프루프(Fool Proof)** : 인간의 착오, 미스 등 이른바 휴먼에러가 발생하더라도 기계 설비나 그 부품은 안전 쪽으로 작동하게 설계하는 안전설계 기법 중 하나

② **풀 프루프(Fool Proof)의 기구** : 가드, 로크(Lock) 기구, 밀어내기 기구, 트립 기구, 오버런(Over-run) 기구, 기동방지 기구

(2) 페일 세이프(Fail Safe)

① **페일 세이프의 정의**
  ㉮ 일반적인 정의 : 기계나 그 부품에 고장이나 기능 불량이 생겨도 항상 안전하게 작동하는 구조와 그 기능을 의미
  ㉯ 좁은 의미 : 기계를 안전하게 작동시킨다는 기계를 정지시키는 것을 의미

② **페일 세이프의 기능면 3단계**
  ㉮ Fail Passive : 부품이 고장나면 통상 기계는 정비방향으로 옮긴다.
  ㉯ Fail Active : 부품이 고장나면 기계는 경보음을 내면서 짧은 시간의 운전이 가능하다.
  ㉰ Fail Operational : 부품이 고장나더라도 기계는 다음의 보수가 이루어질 때까지 안전한 기능을 유지한다.

(3) 안전율 및 허용응력 결정시 기초강도

① **안전율**
  ㉮ 안전율 = $\dfrac{\text{기초강도}}{\text{허용응력}}$ = $\dfrac{\text{극한강도}}{\text{최대 설계응력}}$ = $\dfrac{\text{파단하중}}{\text{안전하중}}$ = $\dfrac{\text{파괴하중(극한하중)}}{\text{최대사용하중(정격하중)}}$
  ㉯ 안전율을 가장 크게 취하여야 하는 힘의 순서 : 충격하중 > 교번하중 > 반복하중 > 정하중

② **와이어로프의 안전율**
  ㉮ 와이어로프의 안전율 = $\dfrac{\text{전단하중} \times \text{로프가닥수}}{\text{정격하중} \times \text{HOOKblock(t)}}$
  ㉯ 와이어로프의 안전율 = $\dfrac{\text{전단하중}}{\text{정격하중}}$

③ **허용응력 결정시 기초강도**
  ㉮ 상온에서 연성재료가 정하중을 받는 경우 : 극한강도 또는 항복점
  ㉯ 상온에서 취성재료가 정하중을 받는 경우 : 극한강도
  ㉰ 고온에서 정하중을 받는 경우 : 크리프강도
  ㉱ 반복응력을 받는 경우 : 피로한도

Section 02 재해조사 및 통계분석

1 재해조사의 목적 및 순서

(1) **재해조사의 목적** : 동종재해 및 유사재해의 재발방지

(2) **재해조사의 순서** : 현장확인 → 목격자 및 관계자 진술 → 자료수집 → 검증(사고의 실연검증) → 분석 및 평가 → 재확인

(3) **재해조사시 유의사항**

① 재해장소에 들어갈 때에는 예방과 유해성에 대응하여 해당하는 보호구를 반드시 착용한다.

② 재해발생 후 현장보존에 유의하면서 물적 증거를 수집한다.

③ 사실을 수집한다.

④ 조사는 신속히 행하고 필요시 긴급조치를 통해 2차 재해의 방지를 도모한다.

⑤ 목격자가 증언하는 객관적 사실 외에는 참고만 한다.

⑥ 공정하게 조사하며 필히 2인 이상이 한다.

2 통계원인 분석방법 4가지

(1) **파레토도**(pareto diagram)

① 사고의 유형, 기인물 등의 분류항목을 순서대로 도표화한 분석법이다.

② 문제의 진원지, 즉 불량이나 결점의 원인을 찾아낼 수 있다.

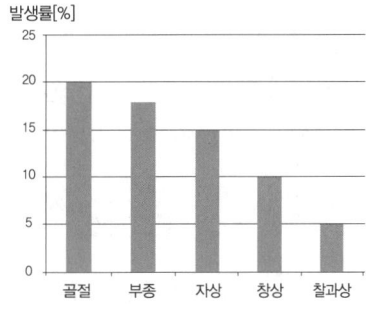

(2) **특성요인도**

① 특성과 요인과의 관계를 도표로 하여 어골(魚骨)상으로 세분화한 분석법이다.

② 원인결과도(cause and effect diagram)라고도 하며 원인과 결과를 연계하여 상호관계를 파악하는 데 효과적이다.

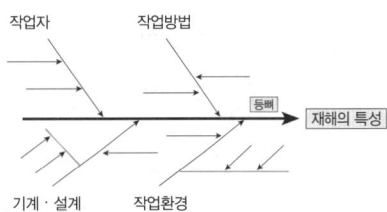

(3) 크로스도(cross diagram) = 클로즈분석

① 2개 이상의 문제 관계를 분석하는 데 사용하는 것으로 데이터(data)를 집계하고, 표로 표시하여 요인별 결과 내역을 교차한 그림을 작성하여 분석하는 방법이다.

② 공단 자격시험에서는 클로즈(close) 분석과 혼용되어 출제되기도 한다.

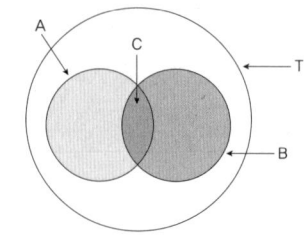

(4) 관리도(control diagram)

① 재해 발생 건수 등의 추이를 파악하여 목표 관리를 실시하는 데 효과적이다.

② 필요한 월별 재해 발생 수를 그래프화하여 관리선을 설정하고 관리한다.

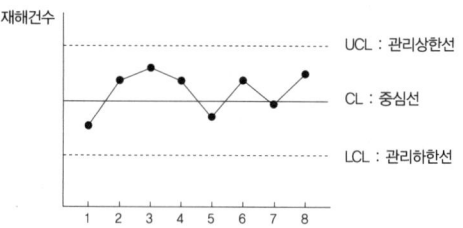

3 재해율

(1) 연천인율(年千人率)

① **정의** : 근로자 1000인당 1년간 발생하는 재해자 수

② 연천인율 = $\dfrac{\text{재해자 수}}{\text{연평균 근로자수}} \times 1000$

(2) 도수율(Frequency Rate of Injury : FR)

① **정의** : 산업재해의 발생빈도를 나타내는 것으로, 연간 총근로시간 합계 100만 시간당의 재해 발생건수(=빈도율)

② 도수율 = $\dfrac{\text{재해발생건수}}{\text{연간 총근로시간}} \times 10^6$

(3) 연천인율과 도수(빈도)율과의 관계

① 연천인율 = 도수(빈도)율 × 2.4

(※단, 재해발생건수 및 연간 총근로시간이 주어진 경우 위의 도수율 공식에 따라 계산하도록 한다.)

② 도수(빈도)율 = 연천인율 ÷ 2.4

(4) 강도율(Severity Rate of Injury : SR)

① **정의** : 재해의 경중, 강도를 나타내는 척도로 연간 총근로시간이 1000시간당 재해에 의해서 잃어버린 일수

② 강도율 = $\dfrac{\text{근로손실일수}}{\text{연간 총근로시간}} \times 1000$

(5) 위험율 = 사고의 크기 × 사고의 빈도

① 위험(Risk) = 사고발생빈도 × 손실

② 만인율 = $\dfrac{\text{사망자수}}{\text{노동자수}} \times 10000$

> **근로손실일수의 산정기준(국제기준)**
> - 사망 및 영구 전노동불능(신체장해등급 1~3급) : 7500일
> - 영구 일부노동불능(신체장해등급 4~14급)
>
> | 신체장해등급 | 4 | 5 | 6 | 7 | 8 | 9 | 10 | 11 | 12 | 13 | 14 |
> |---|---|---|---|---|---|---|---|---|---|---|---|
> | 근로손실일수 | 5500 | 4000 | 3000 | 2200 | 1500 | 1000 | 600 | 400 | 200 | 100 | 50 |
>
> - 일시 전노동불능 = 휴업일수 × (300/365)

(6) 환산도수율 및 환산강도율

① **환산도수율**

㉮ 입사에서 퇴직할 때까지의 평생 동안(30년)의 근로시간인 10만시간당 재해건수

㉯ 환산도수율(F) = $\dfrac{\text{도수율}}{10}$

② **환산강도율**

㉮ 10만시간 당 근로손실일수

㉯ 환산강도율(S) = 강도율 × 100

(7) 종합재해지수(도수강도치 : F. S. I)

① 도수 강도치 (F.S.I) = $\sqrt{\text{도수율(F)} \times \text{강도율(S)}}$

② 미국의 경우 (F.S.I) = $\sqrt{\dfrac{\text{도수율(F)} \times \text{강도율(S)}}{1000}}$

(8) 환산재해율과 안전활동률

① 환산재해율 = $\dfrac{\text{환산재해자수}}{\text{상시근로자수}} \times 100$

② 안전활동률 = $\dfrac{\text{안전활동건수}}{\text{근로시간수} \times \text{평균근로자수}} \times 10^6$

 **알아두기**

☑ 건설업체의 산업재해발생률

1) 건설업체의 산업재해발생률은 다음의 계산식에 따른 업무상 사고사망만인율로 산출하되, 소수점 셋째 자리에서 반올림한다.

$$사고사망만인율(\%) = \frac{사고사망자\ 수}{상시\ 근로자\ 수} \times 10,000$$

2) 사고사망자 수는 사고사망만인율 산정 대상 연도의 1월 1일부터 12월 31일까지의 기간 동안 해당 업체가 시공하는 국내의 건설현장(자체사업의 건설현장은 포함)에서 사고사망재해를 입은 근로자 수를 합산하여 산출한다.(이상기온에 기인한 질병사망자 포함)

3) 사고사망자 중 다음의 어느 하나에 해당하는 경우로서 사업주의 법 위반으로 인한 것이 아니라고 인정되는 재해에 의한 사고사망자는 사고사망자 수 산정에서 제외한다.
   ① 방화, 근로자간 또는 타인간의 폭행에 의한 경우
   ② 도로교통법에 따라 도로에서 발생한 교통사고에 의한 경우(해당 공사의 공사용 차량·장비에 의한 사고는 제외)
   ③ 태풍·홍수·지진·눈사태 등 천재지변에 의한 불가항력적인 재해의 경우
   ④ 작업과 관련이 없는 제3자의 과실에 의한 경우(해당 목적물 완성을 위한 작업자간의 과실은 제외)
   ⑤ 그 밖에 야유회, 체육행사, 취침·휴식 중의 사고 등 건설작업과 직접 관련이 없는 경우

4) 상시근로자 수는 다음과 같이 산출한다.

$$상시\ 근로자\ 수 = \frac{연간\ 국내공사\ 실적액 \times 노무비율}{건설업\ 월평균임금 \times 12}$$

4 재해손실비

(1) 하인리히(H.W. Heinrich) 방식

$$총재해손실비(Cost) = 직접비 + 간접비(직접비 : 간접비 = 1 : 4)$$

① **직접비** : 법령으로 정한 피해자에게 지급되는 산재보상비
   ㉮ 휴업보상비 : 평균임금의 100분의 70에 상당하는 금액
   ㉯ 장해보상비 : 신체장해가 남는 경우에 장해등급에 의한 금액
   ㉰ 요양보상비 : 요양비의 전액
   ㉱ 장의비 : 평균임금의 120일분에 상당하는 금액
   ㉲ 유족보상비 : 평균임금의 1300일분에 상당하는 금액
   ㉳ 기타 유족특별보상비, 장해특별보상비, 상병보상연금

② **간접비** : 재산손실, 생산중단 등으로 기업이 입은 손실로서 정확한 산출이 어려울 때에는 직접비의 4배로 산정하여 계산
  ㉮ 인적손실 : 본인 및 제3자에 관한 것을 포함한 시간손실
  ㉯ 물적손실 : 기계, 공구, 재료, 시설의 복구에 소비된 시간손실 및 재산손실
  ㉰ 생산손실 : 생산감소, 생산중단, 판매감소 등에 의한 손실
  ㉱ 기타손실 : 병상위문금, 여비 및 통신비, 입원중의 잡비 등

(2) **시몬즈**(R. H. Simonds) **방식**

> 총재해손실비(Cost) = 산재보험 코스트 + 비보험 코스트

① **산재보험 코스트와 비보험 코스트**
  ㉮ 산재보험 코스트 : 산업재해보상보험법에 의해 보상된 금액과 보험회사의 보상에 관련된 제경비 및 이익금을 합친 금액
  ㉯ 비보험 코스트 = (휴업상해건수 × A) + (통원상해건수 × B) + (응급조치건수 × C) + (무상해사고 건수 × D)
    ※ A, B, C, D는 장해 정도별에 의한 비보험 코스트의 평균치

② **재해의 종류**
  ㉮ 휴업상해 : 영구 일부 노동 불능 및 일시 전노동 불능
  ㉯ 통원상해 : 일시 일부 노동 불능 및 의사의 통원조치를 필요로 한 상태
  ㉰ 응급조치상해 : 응급조치 상해 또는 8시간 미만 휴업 의료조치 상해
  ㉱ 무상해사고 : 의료조치를 필요로 하지 않는 상해사고

5 재해사례 연구의 진행단계

(1) **전제조건**(재해상황의 파악) : 사례연구의 전제조건인 재해상황의 파악

(2) **재해사례 연구순서**
  ① **제1단계(사실의 확인)** : 작업의 개시에서 재해의 발생까지의 경과 가운데 재해와 관계가 있는 사실 및 재해요인으로 알려진 사실을 객관적으로 확인하며 이상시 또는 사고시, 재해발생시의 조치를 포함
  ② **제2단계(문제점의 발견)** : 파악된 사실로부터 판단하여 각종 기준과의 차이에서 드러나는 문제점을 발견
  ③ **제3단계(근본적 문제점 결정)** : 발견된 문제점 가운데 재해의 중심의 되는 근본적 문제점을 결정하고, 다음으로 재해 원인을 결정
  ④ **제4단계(대책의 수립)** : 사례를 해결하기 위한 대책을 수립

Section 03 안전점검 및 작업위험 분석

1 안전점검

(1) 안전점검의 목적과 대상
  ① **안전점검의 목적** : 시설, 기계 등의 사용 과정에서 안전상 자율적으로 기능을 체크하여 사전 · 보수하여 안전성을 확보하기 위해 행해짐
  ② **안전점검의 대상**
    ㉮ 전반적인 문제 : 안전관리조직 체계, 안전활동, 안전교육, 안전점검제도 및 실시상황
    ㉯ 설비에 관한 문제 : 작업환경, 안전장치, 보호구, 정리정돈, 위험물 방화관리, 운반설비

(2) 안전점검의 종류
  ① **수시점검** : 작업전 · 중 · 후에 실시하는 점검
  ② **정기점검** : 일정기간마다 정기적으로 실시하는 점검
  ③ **특별점검**
    ㉮ 기계 · 기구 · 설비의 신설시 · 변경 내지 고장 수리시 실시하는 점검
    ㉯ 천재지변 발생 후 실시하는 점검
    ㉰ 안전강조 기간내에 실시하는 점검
  ④ **임시점검** : 이상 발견시 임시로 실시, 정기점검과 정기점검 사이에 실시하는 점검

> **안점점검표의 판정기준**
> • 산업안전보건법령 기준   • KS기준   • 기술지침기준   • 자체검사기준

2 관리감독자의 작업시작 전 점검사항

작업의 종류	점검내용
프레스등을 사용하여 작업을 할 때	• 클러치 및 브레이크의 기능 • 크랭크축 · 플라이휠 · 슬라이드 · 연결봉 및 연결 나사의 풀림 여부 • 행정 1정지기구 · 급정지장치 및 비상정지장치의 기능 • 슬라이드 또는 칼날에 의한 위험방지 기구의 기능 • 프레스의 금형 및 고정볼트 상태 • 방호장치의 기능 • 전단기(剪斷機)의 칼날 및 테이블의 상태
로봇의 작동 범위에서 그 로봇에 관하여 교시 등(로봇의 동력원을 차단하고 하는 것은 제외)의 작업을 할 때	• 외부 전선의 피복 또는 외장의 손상 유무 • 매니퓰레이터(manipulator) 작동의 이상 유무 • 제동장치 및 비상정지장치의 기능

작업의 종류	점검내용
크레인을 사용하여 작업을 하는 때	• 권과방지장치 · 브레이크 · 클러치 및 운전장치의 기능 • 주행로의 상측 및 트롤리(trolley)가 횡행하는 레일의 상태 • 와이어로프가 통하고 있는 곳의 상태
이동식 크레인을 사용하여 작업을 할 때	• 권과방지장치나 그 밖의 경보장치의 기능 • 브레이크 · 클러치 및 조정장치의 기능 • 와이어로프가 통하고 있는 곳 및 작업장소의 지반상태
리프트(자동차정비용 리프트를 포함)를 사용하여 작업을 할 때	• 방호장치 · 브레이크 및 클러치의 기능 • 와이어로프가 통하고 있는 곳의 상태
지게차를 사용하여 작업을 하는 때	• 제동장치 및 조종장치 기능의 이상 유무 • 하역장치 및 유압장치 기능의 이상 유무 • 바퀴의 이상 유무 • 전조등 · 후미등 · 방향지시기 및 경보장치 기능의 이상 유무
고소작업대를 사용하여 작업을 할 때	• 비상정지장치 및 비상하강 방지장치 기능의 이상 유무 • 과부하 방지장치의 작동 유무(와이어로프 또는 체인구동방식의 경우) • 아웃트리거 또는 바퀴의 이상 유무 • 작업면의 기울기 또는 요철 유무 • 활선작업용 장치의 경우 홈 · 균열 · 파손 등 그 밖의 손상 유무
컨베이어등을 사용하여 작업을 할 때	• 원동기 및 풀리(pulley) 기능의 이상 유무 • 이탈 등의 방지장치 기능의 이상 유무 • 비상정지장치 기능의 이상 유무 • 원동기 · 회전축 · 기어 및 풀리 등의 덮개 또는 울 등의 이상 유무

3 작업위험 분석

(1) 작업위험 분석대상과 방법

① **작업위험 분석대상** : 근로자, 작업장치, 작업방법

② **작업위험 분석방법(E.C.R.S)** : 제거(Eliminate), 결합(Combine), 재조정(Rearrange), 단순화(Simplify)

③ **작업위험 색출방법** : 면접, 관찰, 설문방법, 혼합방식

④ **동작분석의 목적** : 표준동작의 설정, 모션마인드(Motion Mind)의 체질화, 동작계열의 개선

(2) 작업개선 4단계

① **1단계** : 작업분해

② **2단계** : 세부내용 검토

③ **3단계** : 작업분석

④ **4단계** : 새로운 방법의 적용

4 Ralph M. Barnes의 동작경제 원칙

(1) 신체 사용에 관한 원칙

① 두 손의 동작은 같이 시작하고 같이 끝나도록 한다.
② 휴식시간을 제외하고는 양손이 같이 쉬지 않도록 한다.
③ 두 팔의 동작은 서로 반대방향으로 대칭적으로 움직인다.
④ 손과 신체의 동작은 작업을 원만하게 처리할 수 있는 범위 내에서 가장 낮은 동작 등급을 사용하도록 한다.
⑤ 가능한 한 관성을 이용하여 작업을 하도록 하되, 작업자가 관성을 억제하여야 하는 경우에는 발생되는 관성을 최소한도로 줄인다.
⑥ 손의 동작은 완만하게 연속적인 동작이 되도록 하며, 방향이 갑자기 크게 바뀌는 모양의 직선동작은 피하도록 한다.
⑦ 평상시 사용하던 근육을 사용하는 것이 더 신속하고 용이하며 정확하다.
⑧ 가능하다면 쉽고도 자연스러운 리듬이 작업동작에 생기도록 작업을 배치한다.
⑨ 눈의 초점을 모아야 작업을 할 수 있는 경우는 가능하면 없애고, 불가피한 경우에는 눈의 초점이 모아지는 서로 다른 두 작업 지점간의 거리를 짧게 한다.

(2) 작업장의 배치에 관한 원칙

① 모든 공구나 재료는 자기 위치에 있도록 한다.
② 공구, 재료 및 제어장치는 사용위치에 가까이 두도록 한다.
③ 중력 이송 원리를 이용하여 부품을 제품 사용 위치에 가까이 보낼 수 있도록 한다.
④ 가능하다면 낙하식 운반 방법을 사용하라.
⑤ 공구나 재료는 작업동작이 원활하게 수행되도록 위치를 정해 준다.
⑥ 작업자가 잘 보면서 작업할 수 있도록 적절한 조명을 한다.
⑦ 작업자가 작업 중에 자세를 변경할 수 있도록 작업대와 의자 높이가 조정되도록 한다.
⑧ 작업자가 좋은 자세를 취할 수 있도록 의자는 높이 뿐만 아니라 디자인도 좋아야 한다.

(3) 공구 및 설비 디자인에 관한 원칙

① 치구나 족답 장치를 효과적으로 사용할 수 있는 작업에서는 이러한 장치를 활용하여 양손이 다른 일을 할 수 있도록 한다.
② 공구의 기능을 결합하여서 사용하도록 한다.
③ 공구와 자재는 사용하기 쉽도록 가능한 한 미리 위치를 잡아 준다.
④ 각 손가락이 서로 다른 작업을 할 때 작업량을 각 손가락의 능력에 맞게 분배해야 한다.
⑤ 레버, 핸들, 그리고 제어장치는 작업자가 몸의 자세를 크게 바꾸지 않더라고 조작하기 쉽도록 배열한다.

Section 04 안전인증 및 안전검사

1 안전인증

(1) 안전인증 대상 기계등

① **기계 또는 설비**
- ㉮ 프레스
- ㉯ 전단기 및 절곡기
- ㉰ 크레인
- ㉱ 리프트
- ㉲ 압력용기
- ㉳ 롤러기
- ㉴ 사출성형기(射出成形機)
- ㉵ 고소(高所) 작업대
- ㉶ 곤돌라

② **방호장치**
- ㉮ 프레스 및 전단기 방호장치
- ㉯ 양중기용(揚重機用) 과부하방지장치
- ㉰ 보일러 압력방출용 안전밸브
- ㉱ 압력용기 압력방출용 안전밸브
- ㉲ 압력용기 압력방출용 파열판
- ㉳ 절연용 방호구 및 활선작업용(活線作業用) 기구
- ㉴ 방폭구조(防爆構造) 전기기계·기구 및 부품
- ㉵ 추락·낙하 및 붕괴 등의 위험 방지 및 보호에 필요한 가설기자재로서 고용노동부장관이 정하여 고시하는 것
- ㉶ 충돌·협착등의 위험방지에 필요한 산업용 로봇 방호장치로서 고용노동부장관이 정하여 고시하는 것

③ **보호구**
- ㉮ 추락 및 감전 위험방지용 안전모
- ㉯ 안전화
- ㉰ 안전장갑
- ㉱ 방진마스크
- ㉲ 방독마스크
- ㉳ 송기마스크
- ㉴ 전동식 호흡보호구
- ㉵ 보호복
- ㉶ 안전대
- ㉷ 용접용 보안면
- ㉸ 차광(遮光) 및 비산물(飛散物) 위험방지용 보안경
- ㉹ 방음용 귀마개 또는 귀덮개

(2) 안전인증의 전부 또는 일부 면제대상
① 연구·개발을 목적으로 제조·수입하거나 수출을 목적으로 제조하는 경우
② 고용노동부장관이 정하여 고시하는 외국의 안전인증기관에서 인증을 받은 경우
③ 다른 법령에서 안전성에 관한 검사나 인증을 받은 경우로서 고용노동부령으로 정하는 경우

(3) 안전인증의 취소
① 거짓이나 그 밖의 부정한 방법으로 안전인증을 받은 경우
② 안전인증을 받은 유해위험기계등의 안전에 관한 성능 등이 안전인증기준에 맞지 아니하게 된 경우
③ 정당한 사유 없이 법에 따른 확인을 거부, 방해 또는 기피하는 경우

2 안전검사

(1) 안전검사 대상 기계등
① 프레스
② 전단기
③ 크레인(정격 하중이 2톤 미만인 것은 제외)
④ 리프트
⑤ 압력용기
⑥ 곤돌라
⑦ 국소 배기장치(이동식은 제외)
⑧ 원심기(산업용만 해당)
⑨ 롤러기(밀폐형 구조는 제외)
⑩ 사출성형기[형 체결력(型締結力) 294킬로뉴턴(kN) 미만은 제외]
⑪ 고소작업대[화물자동차 또는 특수자동차에 탑재한 고소작업대(高所作業臺)로 한정한다]
⑫ 컨베이어
⑬ 산업용 로봇
⑭ 혼합기
⑮ 파쇄기 또는 분쇄기

(2) 안전검사의 신청 등
① 안전검사를 받아야 하는 자는 안전검사 신청서를 검사 주기 만료일 30일 전에 안전검사 기관에 제출(전자문서에 의한 제출을 포함)해야 한다.
② 안전검사 신청을 받은 안전검사기관은 검사 주기 만료일 전후 각각 30일 이내에 해당 기계·기구 및 설비별로 안전검사를 하여야 한다.
③ 안전검사기관은 안전검사 결과 적합한 경우에는 해당 사업주에게 직접 부착 가능한 안전검사 합격표시를 발급하고, 부적합한 경우에는 해당 사업주에게 안전검사 불합격통지서에 그 사유를 밝혀 통지해야 한다.

(3) 안전검사의 주기 및 합격표시 · 표시방법

① **크레인(이동식 크레인 제외), 리프트(이삿짐운반용 리프트는 제외) 및 곤돌라** : 사업장에 설치가 끝난 날부터 3년 이내에 최초 안전검사를 실시하되, 그 이후부터 2년마다(건설 현장에서 사용하는 것은 최초로 설치한 날부터 6개월마다)

② **이동식 크레인, 이삿짐운반용 리프트 및 고소작업대** : 신규등록 이후 3년 이내에 최초 안전검사를 실시하되, 그 이후부터 2년마다

③ **프레스, 전단기, 압력용기, 국소 배기장치, 원심기, 롤러기, 사출성형기, 컨베이어, 산업용 로봇, 혼합기, 파쇄기 또는 분쇄기** : 사업장에 설치가 끝난 날부터 3년 이내에 최초 안전검사를 실시하되, 그 이후부터 2년마다(공정안전보고서를 제출하여 확인을 받은 압력용기는 4년마다)

※ 혼합기, 파쇄기 또는 분쇄기는 2026년 6월 26일부터 시행

Section 05 기계설비 안전관리

1 선반(Lathe) 작업

(1) 선반 작업의 안전

① 작업복의 소매 자락이 회전 공작물에 말려들지 않도록 복장을 단정하게 한다.
② 선반의 베드 위나 공구대 위에 직접 측정기나 공구를 올려놓지 않는다.
③ 회전 중인 가공물에 손을 대지 말아야 하며, 치수 측정시는 기계를 정지시킨 후 측정한다.
④ 칩이 발산될 때는 보안경을 쓰고, 맨손으로 칩을 만지지 말고 갈고리를 사용한다.
⑤ 기어를 변속할 때, 공구를 교환할 때와 제거할 때는 기계를 정지시킨 후 작업한다.
⑥ 내경작업 중에 손가락을 구멍 속에 넣어 청소를 하거나 점검하려고 하면 안 된다.
⑦ 양 센터 작업에는 공작물의 크기에 알맞은 돌리개를 사용하고, 공작물의 길이가 직경의 12배 이상인 가늘고 긴 공작물을 가공할 때는 방진구를 사용한다.
⑧ 선반 가동 전에 척핸들(Chuck Handle)을 빼었는지 확인하고 기계의 윤활 부분을 점검한다.
⑨ 선반의 운전 중 이송 작동을 시켜놓고 자리를 이탈하지 않도록 한다.
⑩ 긴 공작물이 기계 밖으로 돌출 되었을 때 빨간 천을 부착하여 위험을 표시한다.
⑪ 센터 작업 중에는 일감이 센터에서 빠져 나오지 않도록 주의를 한다.
⑫ 작업 중 공작물 고정 나사 및 조가 풀어질 우려에 대비하여 수시로 확인을 한다.

(2) 방호장치

① **칩 브레이커** : 바이트에 설치된 칩을 짧게 끊어내는 장치

② **쉴드** : 칩 비산 방지 투명판

③ **브레이크** : 급정지장치

④ **덮개 또는 울** : 돌출 가공물에 설치한 안전장치

(3) 바이트(Bite) 안전작업수칙

① 보안경 착용

② 가공품을 측정하거나 청소시 기계정지

③ 램은 필요 이상 긴 행정으로 하지 않고 일감에 알맞은 행정으로 조정할 것

④ 운전 중에는 급유하지 말 것

⑤ 시동 전 점검 및 주유

⑥ 시동 전 행정조절용 핸들을 빼놓을 것

⑦ 일감을 견고하게 물릴 것

⑧ 바이트는 잘 갈아서 사용하며 가급적 짧게 물릴 것

⑨ 가공재료의 재질에 따라 절삭속도를 정할 것

⑩ 칩이 튀어나오지 않도록 칩받이나 칸막이를 설치할 것

⑪ 작업 중 바이트의 운동방향에 서있지 말 것

⑫ 절삭속도는 행정의 길이 및 공작물 바이트의 재질에 따라 조절할 것

2 밀링(Milling) 작업

(1) 밀링 작업의 안전대책

① 정면 커터 작업 시에는 칩이 튀어나오므로 칩 커버를 설치한다.

② 커터 날 끝과 같은 높이에서 절삭 상태를 관찰해서는 안 된다.

③ 주축 회전 중 밀링 커터 주위에 손을 대거나 브러시를 사용해 칩을 제거해서는 안 된다.

④ 가공 중 기계에 얼굴을 가까이 하지 않도록 한다.

⑤ 테이블 위에 측정기나 공구류를 올려놓지 않는다.

⑥ 절삭 공구나 공작물을 설치할 때 시동 레버가 접촉되기 쉬우므로 전원을 끄고 작업한다.

⑦ 작업 중의 가공물에 손을 대지 말아야 하며, 치수 측정시는 기계를 정지시킨다.

(2) 밀링 머신의 크기 표시

① 테이블의 이동량

② 테이블의 크기

③ 테이블 윗면에서 주축 중심까지의 최대거리

④ 테이블 윗면에서 주축 끝까지의 최대거리

3 플레이너와 세이퍼의 안전수칙

(1) 플레이너(Planer, 평삭기)

 ① **플레이너의 종류**
  ㉮ 쌍주식 플레이너 : 직주가 2개, 공작물의 폭에 제한을 받음
  ㉯ 단주식 플레이너 : 직주가 1개, 공작물의 폭에 제한을 받지 않음

 ② **플레이너의 안전대책**
  ㉮ 반드시 스위치를 끄고 일감을 고정
  ㉯ 바이트는 되도록 짧게 설치할 것
  ㉰ 이동 테이블에는 방호울을 설치
  ㉱ 프레임 내의 피트에는 뚜껑을 설치
  ㉲ 압판이 수평이 되도록 고정
  ㉳ 압판은 죄는 힘에 의해 휘어지지 않도록 충분히 두꺼운 것을 사용

(2) 세이퍼(Shaper, 형삭기)

 ① **세이퍼의 위험요인**
  ㉮ 가공 칩(Chip) 비산
  ㉯ 램(Ram) 말단부 충돌
  ㉰ 바이트(Bite)의 이탈

 ② **세이퍼의 안전장치** : 칩받이, 칸막이, 울(방책)

4 드릴링 머신(Drilling Machine) 작업

(1) 드릴링 머신의 안전작업수칙

 ① 일감은 견고하게 고정, 손으로 고정 금지
 ② 장갑을 착용하지 말 것
 ③ 얇은 판이나 황동 등은 목재를 사용하여 밑에 받치고 작업할 것
 ④ 구멍이 끝까지 뚫린 것을 확인하고자 손을 집어넣지 말 것
 ⑤ 칩을 털어 낼 때는 브러시를 사용하고 입으로 불어내지 말 것
 ⑥ 가공 중에 구멍이 관통되면 기계를 멈추고 손으로 돌려서 드릴을 빼낼 것
 ⑦ 보안경을 착용할 것
 ⑧ 드릴을 끼운 후 척핸들(Chuck Handle)은 반드시 빼놓을 것
 ⑨ 자동이송작업 중 기계를 멈추지 말 것
 ⑩ 큰 구멍을 뚫을 때에는 작은 구멍을 먼저 뚫은 뒤 작업할 것

(2) 드릴링 작업시 재료의 고정방법
  ① **재료가 작을 때** : 바이스로 고정
  ② **재료가 크고 복잡할 때** : 볼트와 클램프(고정구) 사용
  ③ **대량생산과 정밀도 요구시** : 지그 사용

5 연삭기(Grinding Machine) 작업

(1) 연삭기 작업시 발생할 수 있는 위험유형
  ① 숫돌면에 접촉되어 일어나는 경우
  ② 숫돌이 깨어져 그 파편이 작업자에게 맞아서 일어나는 경우
  ③ 연삭분이 눈에 들어가서 일어나는 경우
  ④ 가공물의 낙하에 의하여 일어나는 경우
  ⑤ 연삭 중 물품이 튕겨서 생기는 경우
  ⑥ 덮개와 숫돌 사이에 말려 들어가는 경우

(2) 연삭기 작업시 준수사항
  ① 숫돌 속도 제한 장치를 개조하거나 최고 회전 속도를 초과하여 사용하지 않도록 한다.
  ② 워크레스트를 1~3mm 정도로 유지하고 숫돌의 결정된 사용면 이외에는 사용하지 않는다.
  ③ 연삭숫돌의 파괴시 작업자는 물론 근로자도 보호해야 하므로 안전덮개, 칸막이 또는 작업장을 격리시켜야 한다.
  ④ 연삭숫돌의 교체시에는 3분 이상 시운전하고 정상 작업전에는 최소한 1분 이상 시운전하여 이상 유무를 파악한다.
  ⑤ 투명 비산방지판을 설치한다.

  > **연삭숫돌의 시험속도** : 연삭숫돌의 시험속도 = 최고사용속도 × 1.5

(3) 연삭숫돌의 파괴원인
  ① 숫돌의 회전 속도가 너무 빠를 때
  ② 숫돌자체에 균열이 있을 때
  ③ 숫돌의 불균형이나 베어링의 마모에 의한 진동이 있을 때
  ④ 숫돌의 측면을 사용하여 작업할 때
  ⑤ 숫돌의 온도변화가 심할 때
  ⑥ 부적당한 숫돌을 사용할 때
  ⑦ 숫돌의 치수가 부적당할 때
  ⑧ 플랜지가 현저히 작을 때

6 프레스(Press) 작업

(1) 유압 프레스 동력 절단 장치 부분의 검사항목
① 슬라이드 작동상태
② 안전블록(Safety Block)의 이상유무
③ 리밋 스위치(Limit Switch), 검출장치 및 설치부분의 이상유무
④ 램의 이상유무

(2) 프레스 작업 전 점검사항
① 클러치 및 브레이크의 기능
② 크랭크 축, 플라이 휠, 슬라이드, 연결봉, 연결나사의 풀림 유무
③ 1행정 1정지기구, 급정지장치, 비상정지장치의 기능
④ 슬라이드 쪼는 칼날에 의한 위험방지기구의 기능
⑤ 금형 및 고정볼트의 상태
⑥ 방호장치의 기능
⑦ 전단기의 칼날 및 테이블의 상태

7 금형(Die) 작업

(1) 프레스기의 No-Hand in Die 방식에 있어서 본질적 안전화 추진사항
① 전용 프레스의 도입
② 자동 프레스의 도입
③ 안전울을 부착한 프레스 작업
④ 안전 금형을 부착한 프레스 작업

(2) 금형의 위험방지 조치사항
① 금형 사이에 신체 일부가 들어가지 않도록 할 것
② 금형 사이에 손을 집어넣을 필요가 없도록 할 것

(3) 금형 파손에 의한 위험방지 조치사항
① 맞춤 핀 등은 낙하방지 대책을 세울 것
② 인서트 부품은 이탈방지 대책을 세울 것
③ 캠 등과 같이 충격이 반복해서 가해지는 부분에는 완충장치를 할 것
④ 볼트 및 너트는 풀리지 않도록 록 너트, 기어, 용접 등의 방법으로 조치할 것

> ☑ **산업안전보건기준에 관한 규칙 제104조(금형조정작업의 위험방지)**
> 사업주는 프레스등의 금형을 부착·해체 또는 조정하는 작업을 하는 때에는 당해 작업에 종사하는 근로자의 신체의 일부가 위험한계내에 들어갈 때에 슬라이드가 갑자기 작동함으로써 발생하는 근로자의 위험을 방지하기 위하여 안전블록을 사용하는 등 필요한 조치를 하여야 한다

8 산업용 로봇 작업

(1) 산업용 로봇의 사용지침 작성에 포함될 내용
① 로봇의 조작방법 및 순서
② 작업중의 매니퓰레이터의 속도
③ 2인 이상의 근로자에게 작업을 시킬 때의 신호방법
④ 이상을 발견한 경우의 조치
⑤ 이상을 발견하여 로봇의 운전을 정지시킨 후 이를 재가동시킬 때의 조치
⑥ 그 밖에 로봇의 예기치 못한 작동 또는 오조작에 의한 위험을 방지하기 위하여 필요한 조치

> **운전 중 위험방지**
> 안전매트 및 높이 1.8m 이상의 울타리(로봇의 가동범위 등을 고려하여 높이로 인한 위험성이 없는 경우에는 높이를 그 이하로 조절 가능)을 설치하는 등 위험을 방지하기 위하여 필요한 조치를 하여야 함

(2) 산업용 로봇 작업시 안전대책
① 자동운전 중 로봇의 작업자를 격리시키고 로봇의 가동범위 내에 작업자가 불필요하게 출입할 수 없도록 또는 출입하지 않도록 한다.
② 작업개시 전에 외부전선의 피복손상, 팔의 작동상황, 제동장치, 비상정지장치 등의 기능을 점검한다.
③ 안전한 작업위치를 선정하면서 작업한다.
④ 될 수 있는 한 복수로 작업하고 1인이 감시인이 된다.
⑤ 로봇의 검사, 수리, 조정 등의 작업은 로봇의 가동범위 외측에서 한다.
⑥ 가동범위 내에서 검사 등을 행할 때는 운전을 정지하고 행한다.

9 아세틸렌 용접장치 및 가스집합 용접장치

(1) 용접의 용어설명
① **스패터(Spatter)** : 철골용접 중 튀어나오는 슬래그 및 금속입자
② **비드(Bead)** : 용착 금속이 열상을 이루어 용접된 용접층

③ **밀 스케일(Mill Scale)** : 쇠비늘, 강재가 냉각될 때 표면에 생기는 산화철의 표피(녹)
④ **슬래그(Slag)** : 용접할 때 용착 금속 위에 떠 있는 찌꺼기
⑤ **그루브(Groove)** : 앞 벌림, 접합 부재간의 사이를 트이게 한 것
⑥ **플럭스(Flux)** : 자동 용접의 경우 용접봉의 피복제 역할로 쓰이는 분말상의 재료
⑦ **엔드 탭(End Tab)** : 용접의 시작과 끝 부분에 임시로 붙이는 보조판
⑧ **아크 스트라이크(Arc Strike)** : 용접을 시작할 때 용접봉을 순간적으로 모재(母材)에 접촉시켜 아크를 발생시키는 것
⑨ **가스 가우징(Gas Gouging)** : 홈을 파기 위한 목적으로 한 화구로서 산소 아세틸렌 불꽃을 이용하여 녹여 깎은 재의 뒷부분을 깨끗이 깎는 것
⑩ **루트(Root)** : 용접 이음부의 홈 아래 부분
⑪ **위빙(Weaving)** : 용접봉을 용접 방향에 대하여 가로로 왔다갔다 움직여 용착 금속을 녹여 붙이는 것, 위빙 폭은 용접봉 지름의 3배 이하

> **용접봉의 피복제 역할(플럭스, Flux)**
> • 공기를 차단시켜 산화 또는 질화 방지
> • 함유원소를 이온화하여 아크(Arc)를 안정시킴
> • 용융 금속의 탈산, 정련

(2) 용접상 결함의 종류

① **균열, 터짐(Crack)** : 가장 중대한 결함
② **오버랩(Over-Lap)** : 용접 금속과 모재(母材)가 융합되지 않고 겹쳐지는 것
③ **블로우 홀(Blow Hole)** : 용접 내부에 공기(가스) 구멍을 형성한 결함
④ **슬래그(Slag) 감싸돌기** : 용접 찌꺼기가 용착 금속 내에 혼입되는 것
⑤ **언더 컷(Under Cut)** : 모재(母材)가 녹아 용착 금속이 채워지지 않고 홈으로 남게 된 부분
⑥ **피트(Pit)** : 용접 표면에 홈집이 생긴 것
⑦ **용입 부족** : 모재(母材)가 녹지 않고 용착 금속이 채워지지 않고 홈으로 남는 것
⑧ **크레이터(Crater)** : 용접 시 끝 부분에 우묵하게 파진 부분
⑨ **피시아이(Fish Eye)** : 용접부에 생기는 은색 반점

10 압력용기 및 공기압축기

(1) 고압가스 용기의 도색

가스의 종류	도색의 구분	가스의 종류	도색의 구분
액화석유가스(LPG)	회색	액화암모니아	백색

가스의 종류	도색의 구분	가스의 종류	도색의 구분
수소	주황색	산소	녹색
아세틸렌	황색	액화탄산가스	청색
액화염소	갈색	그밖의 가스	회색

(2) 가스 용기 등의 취급시 주의사항

① 금지장소에서 사용하거나 설치·저장 또는 방치하지 않도록 할 것
② 용기의 온도를 섭씨 40℃ 이하로 유지할 것
③ 전도의 위험이 없도록 할 것
④ 충격을 가하지 아니하도록 할 것
⑤ 운반할 때에는 캡을 씌울 것
⑥ 사용할 때에는 용기의 마개에 부착되어 있는 유류 및 먼지를 제거할 것
⑦ 밸브의 개폐는 서서히 할 것
⑧ 사용전 또는 사용중인 용기와 그 외의 용기를 명확히 구별해 보관할 것
⑨ 용해아세틸렌의 용기는 세워둘 것
⑩ 용기의 부식·마모 또는 변형상태를 점검한 후 사용할 것

11 보일러(Boiler)

(1) 보일러의 사고형태 및 파열원인

① **사고 형태**
  ㉮ 구조상의 결함
  ㉯ 구성 재료의 결함
  ㉰ 보일러 내부의 압력
  ㉱ 고열에 의한 배관의 강도 저하

② **보일러의 파열원인**
  ㉮ 압력의 과다 상승으로 인한 파열 : 방호장치의 미부착, 방지장치의 작동불량
  ㉯ 최고사용 압력 이하에서 파열 : 구조상의 결함, 부품의 부식

(2) **방호장치**

① **압력 방출 장치** : 1개 또는 2개 이상 설치하고 최고 사용 압력 이하에서 작동되도록 한다. 단, 2개 이상 설치된 경우에는 최고 사용 압력 이하에서 1개가 작동하고, 다른 1개는 최고 사용 압력 1.05배 이하에서 작동되도록 하며 스프링식이 가장 많이 사용된다.

② **압력 제한 스위치** : 과열을 방지하기 위하여 최고 사용 압력과 사용 압력 사이에서 보일러의 버너 연소를 차단한다.

③ **고저수위 조절 장치** : 고저수위를 알리는 경보등·경보음 장치 등을 설치하며, 자동으로 급수 또는 단수되도록 설치한다.

④ **화염 검출기** : 연소상태를 감시하고 그 신호를 프레임 릴레이가 받아서 연소차단밸브 개폐

Section 06 운반기계 및 양중기

1 지게차(Fork Lift)

(1) **마스트 경사각과 안정도**

① **마스트 경사각**

구분	내용	범위
전경각	마스트(Mast)의 수직 위치에서 앞으로 기울인 경우의 최대경사각	5~6°
후경각	마스트(Mast)의 수직 위치에서 뒤로 기울인 경우의 최대경사각	10~12°

② **안정도**

구분	상태	구배
전후안정도	기준부하 상태에서 포크(Fork)를 최고로 올린 상태	최대하중 5톤 미만 : 4% 최대하중 5톤 이상 : 3.5%
전후안정도	주행시의 기준 무부하 상태	18%
좌우안정도	기준부하 상태에서 포크(Fork)를 최고로 올리고 마스트를 최대로 기울인 상태	6%
좌우안정도	주행시의 기준 무부하 상태	15 + 1.1V% (V : 최고속도)

(2) **지게차 헤드가드(Head Guard)의 구비조건**

① 강도는 지게차의 최대하중의 2배의 값(그 값이 4톤을 넘는 것에 대하여서는 4톤으로 한다)의 등분포정하중에 견딜 수 있는 것일 것
② 상부틀의 각 개구의 폭 또는 길이가 16cm 미만일 것
③ 운전자가 앉아서 조작하거나 서서 조작하는 지게차의 헤드가드는 산업표준화법 제12조에 따른 한국산업표준에서 정하는 높이 기준 이상일 것
  ㉮ 앉아서 조작하는 경우 조종사가 정상적인 작동 상태에 있을 때 좌석기준점(SIP)으로부터 조종사의 머리가 위치한 헤드가드 아래 부분의 밑면까지의 수직간격은 0.903m 이상
  ㉯ 서서 조작하는 경우 조종사가 정상적인 작동 상태에 있을 때 조종사가 서 있는 플랫폼에서부터 조종사의 머리가 위치한 헤드가드 아래 부분의 밑면까지의 수직 간격은 1.88m 이상

2 리프트(Lift)

(1) 산업안전보건법령상 리프트의 종류

① **건설작업용 리프트** : 동력을 사용하여 가이드레일을 따라 상하로 움직이는 운반구를 매달아 사람이나 화물을 운반할 수 있는 설비 또는 이와 유사한 구조 및 성능을 가진 것으로 건설현장에서 사용하는 것

② **자동차정비용 리프트** : 동력을 사용하여 가이드레일을 따라 움직이는 지지대로 자동차 등을 일정한 높이로 올리거나 내리는 구조의 리프트로서 자동차 정비에 사용하는 것

③ **이삿짐운반용 리프트** : 연장 및 축소가 가능하고 끝단을 건축물 등에 지지하는 구조의 사다리형 붐에 따라 동력을 사용하여 움직이는 운반구를 매달아 화물을 운반하는 설비로서 화물자동차 등 차량 위에 탑재하여 이삿짐 운반 등에 사용하는 것

(2) 리프트 작업시 안전대책

① 과부하의 제한
② 권과방지장치
③ 탑승의 제한
④ 출입금지
⑤ 폭풍에 의한 도괴방지
⑥ 작업 시작전 점검

3 크레인 등 양중기

(1) 크레인 등 양중기 개요

① **크레인 설계시 고려하중** : 수직동하중, 수직정하중, 수평 동하중, 열하중, 풍하중, 충돌하중
② **크레인 재해유형** : 전도, 지브(Jib)의 결손, 크레인 본체의 낙하
③ **천장 크레인의 재해 발생 형태** : 감전, 낙하, 비래, 충돌, 추락, 협착
④ **크레인의 권과방지장치에 사용되는 리미트(Limit) 스위치의 종류** : 나사형, 롤러형, 캠형

(2) 크레인의 적재하중과 정격속도

① **적재하중** : 구조 및 재료에 따라서 운반기에 사람 또는 짐을 올려놓고 상승시킬 수 있는 최대하중
② **정격속도** : 적재하중에 상당하는 하물을 걸고 주행, 선회, 승강 또는 트롤리를 수평이동할 수 있는 최고속도

(3) 체인 또는 로프로 중량물을 들어올릴 때의 부하상태

① 권상 로프에 걸리는 총하중(W_0)

※ W_0 = 정하중(W_1) + 동하중(W_2)

※ 동하중(W_2) = $\dfrac{W_1}{9.8(m/sec^2)}$ × 가속도(m/sec^2)

② 슬링 와이어 한 가닥에 걸리는 하중

※ 하중 = $\dfrac{하물의\ 무게}{2}$ ÷ $\cos\dfrac{\theta}{2}$

☑ **산업안전보건기준에 관한 규칙 제132조(양중기)**
① 양중기란 다음 각 호의 기계를 말한다.
1. 크레인[호이스트(hoist)를 포함한다]
2. 이동식 크레인
3. 리프트(이삿짐운반용 리프트의 경우에는 적재하중이 0.1톤 이상인 것으로 한정한다)
4. 곤돌라
5. 승강기

Section 07 방호장치

1 방호장치의 일반 원칙

(1) 방호장치의 구분

① **위치제한형** : 양수조작식
② **접근거부형** : 수인식 및 손쳐내기식
③ **접근반응형** : 광전자식, 감응식
④ **포집형** : 연삭기 덮개, 반발예방장치
⑤ **감지형** : 이상온도, 이상기압, 과부하 등을 감지
⑥ **격리형** : 완전차단형 방호장치, 덮개형 방호장치, 안전방책(울타리)

(2) 가드(guard)의 종류

① **고정식 가드(Fixed guard)** : 특정 위치에 용접 등으로 영구적으로 고정되거나 고정장치(스크루, 너트 등)로 부착된 구조로서 공구를 사용하지 아니하고는 가드의 제거 또는 개방이 불가능한 구조의 가드를 말한다.
② **조정식 가드(Adjustable guard)** : 전체 또는 부분을 조정할 수 있는 고정식 또는 가동식 가드로서 작동할 때마다 용도에 맞도록 가드를 조정하여 조정된 상태에서 고정하여 사용하는 구조의

가드로 작동 중에는 조정되지 않는다.
③ **인터로크식 가드(Interlocked guard)** : 기계의 위험한 부분에 가동식 가드가 설치되고 가드가 닫혀야만 작동될 수 있는 구조이거나 기계작동 중에 가드가 열릴 경우 기계의 작동이 고정되고 가드를 닫았을 때 작동되는 구조로 된 가드이다.
④ **자동식 가드(Automatic guard)** : 인터로크(연동장치)와 결합된 가드로써 가드가 보호 할 수 있는 기계의 위험한 부분이 가드가 닫히기 전까지는 작동되지 않거나, 가드가 닫히면 기계의 위험한 부분이 작동되는 구조이다.

> ■ 가드의 개구부 간격은 국제노동기구(ILO)에서 정한 아래의 식에 따름
> - 동력전달부분(전동체)인 경우
>   - $Y = 6 + 0.1X$ [Y : 개구부 간격(mm), X : 개구부와 위험점 간의 거리(mm)]
> - 전동체가 아닌 경우(회전체인 경우)
>   - X가 160mm 미만인 경우 $Y = 6 + 0.15X$
>   - X가 160mm 이상인 경우 $Y = 30mm$

2 위험 기계 · 기구의 방호장치

(1) 동력 프레스 및 전단기 방호장치와 설치 요령

① **양수조작식**
  ㉮ 반드시 두 손을 사용하여 동시에 조작하여야만 작동하는 구조일 것
  ㉯ 조작부(버튼 또는 레버)의 간격을 300mm 이상으로 할 것
  ㉰ 조작부는 작동 직후 손이 위험 구역에 들어가지 못하도록 다음에 정하는 거리 이상에 설치할 것
    ※ 거리[cm] = 160 × 프레스기 작동 후 작업점까지 도달시간(초)

② **게이트가드식**
  ㉮ 게이트가 위험 부분을 차단하지 않으면 작동되지 않도록 확실한 연동이 되도록할 것
  ㉯ 금형의 크기에 따라 게이트의 크기를 선택 · 설치할 것

③ **손쳐내기식**
  ㉮ 손쳐내기 판은 금형 크기의 1/2 이상으로 할 것
  ㉯ 손쳐내기 막대는 그 길이 및 진폭을 조정할 수 있는 구조일 것
  ㉰ 손쳐내기 판은 손의 부상을 방지하기 위하여 고무 등 완충물을 설치할 것
    ※ 행정길이가 짧거나 매분당 행정수(SPM)가 클 경우 사용이 곤란

④ **수인식**
  ㉮ 수인용 줄은 늘어나거나 끊어지지 않는 것으로 할 것(합성섬유로 150kg의 전단 하중에 견디는 직경 4mm 이상의 로프)

㉯ 수인용 줄은 조정이 가능할 것
　　　㉰ 매분당 행정수(SPM) 120 이하, 행정길이 50mm 이상에 설치할 것
　　　㉱ 양수조작식과 병용하는 것이 좋음
　⑤ **감응식(광선식)**
　　　㉮ 광축의 수는 2개 이상으로 할 것
　　　㉯ 광축 간의 간격은 30mm 이하로 할 것
　　　㉰ 위험 구역을 충분히 감지할 수 있는 구조로 할 것
　　　㉱ 투광기에서 발생시키는 빛 이외의 광선에 감응하지 않을 것
　　　㉲ 광축의 거리는 다음 식에 의한 안전 거리를 확보할 것
　　　　　※ $D = 1.6(T_l + T_s)$
　　　　　　D : 안전거리(mm)
　　　　　　T_l : 손이 광차단 후 급정지 기구 작동 시까지의 시간(ms)
　　　　　　T_s : 급정지 기구 작동 직후로부터 슬라이드 정지 시까지의 시간(ms)

(2) 안전장치의 거리 계산 실제

① 클러치 맞물림 개수 4개, 200SPM의 동력 프레스기 양수조작식 방호장치의 안전장치의 거리

② Dm = 1.6Tm(Dm : 안전거리 mm)

③ $Tm = \left(\dfrac{1}{클러치맞물림개수} + \dfrac{1}{2}\right) \times \dfrac{60000}{매분당행정수}$

④ 따라서, $Dm = 1.6\left(\dfrac{1}{4} + \dfrac{1}{2}\right) \times \dfrac{60000}{200} = 360mm$

(3) 프레스 방호장치

① **1행정 1정지식** : 양수조작식, 게이트가드식
② **행정길이 40mm 이상** : 수인식, 손쳐내기식
③ **슬라이드 작동중 정지 가능한 구조** : 감응식

(4) 롤러기 방호장치 종류 및 성능

① **롤러기 방호장치 종류**
　　㉮ 급정지 장치 : 손조작식, 복부조작식, 무릎조작식　　㉯ 안내롤러
　　㉰ 울　　　　　　　　　　　　　　　　　　　　　　㉱ 맞물림점 가드 설치

② **앞면 롤러의 표면속도에 따른 급정지거리**

앞면 롤러의 표면 속도(m/분)	급정지 거리
30 미만	앞면 롤러 원주의 1/3 이내
30 이상	앞면 롤러 원주의 1/2.5 이내

※ 표면속도[V] = $\frac{\pi \times D \times N}{1,000}$ [m/min]

[V : 표면속도, π: 원주율, D : 롤러의 원통직경(mm), N : 1 분간에 롤러기가 회전되는 수 (rpm)]

(5) 롤러기 급정지장치 설치기준

① 급정지장치 중 손으로 조작하는 급정지장치의 조작부는 롤러기의 전면 및 후면에 각각 1개씩 수평으로 설치하고 그 길이는 로프의 길이 이상이어야 한다.

② 손으로 조작하는 급정지장치의 조직부에 사용하는 줄은 사용 중에 늘어나거나 끊어지기 쉬운 것으로 하여서는 아니된다.

③ 급정지장치의 조작부는 그 종류에 따라 다음의 위치에 작업자가 긴급시에 쉽게 조작할 수 있도록 설치하여야 한다.

급정지 장치조작부의 종류	위치	비고
손조작식	밑면에서 1.8m 이내	위치는 급정지장치 조작부의 중심점을 기준으로 함
복부조작식	밑면에서 0.8m 이상 1.1m 이내	
무릎조작식	밑면에서 0.6m 이내	

④ 급정지장치가 동작한 경우 롤러기의 기동장치를 재조작하지 않으면 가동되지 않는 구조의 것이어야 한다.

(6) 연삭기 방호장치인 덮개의 각도

구분	덮개 각도	구분	덮개 각도
① 일반연삭작업 등에 사용하는 것을 목적으로 하는 탁상용 연삭기	125°이내 / 65°이내	② 연삭숫돌의 상부를 사용하는 것을 목적으로 하는 탁상용 연삭기	60°이상
③ 위 ① 및 ② 이외의 탁상용 연삭기, 그 밖에 이와 유사한 연삭기	80°이내 / 65°이내	④ 원통연삭기, 센터리스 연삭기, 공구연삭기, 만능연삭기, 그 밖에 이와 비슷한 연삭기	65°이내 / 180°이내
⑤ 휴대용 연삭기, 스윙 연삭기, 스라브연삭기, 그 밖에 이와 비슷한 연삭기	180°이내	⑥ 평면연삭기, 절단연삭기, 그 밖에 이와 비슷한 연삭기	15°이상 / 15°이상

3 목재 가공용 둥근톱의 방호장치

(1) 둥근톱의 방호장치의 종류

구분	종류	구조
덮개	가동식 덮개	덮개, 보조덮개가 가공물의 크기에 따라 위아래로 움직이며 가공할 수 있는 것으로 그 덮개의 하단이 송급되는 가공재의 윗면에 항상 접하는 구조이며, 가공재를 절단하고 있지 않을 때는 덮개가 테이블면까지 내려가 어떠한 경우에도 근로자의 손 등이 톱날에 접촉되는 것을 방지하도록 된 구조
	고정식 덮개	작업 중에는 덮개가 움직일 수 없도록 고정된 덮개로 비교적 얇은 판재를 가공할 때 이용하는 구조
분할날	겸형식 분할날	분할날은 가공재에 쐐기작용을 하여 공작물의 반발을 방지할 목적으로 설치된 것으로 둥근톱의 크기에 따라 2가지로 구분
	현수식 분할날	

(2) 목재 가공용 둥근톱의 설치방법

① 톱니의 접촉 예방장치는 분할날에 대면하고 있는 부분과 가공재를 절단하는 부분이외의 톱날을 덮을 수 있는 구조로 한다.
② 반발방지기구는 목재 송급 쪽에 설치하되 목재의 반발을 충분히 방지할 수 있도록 가공재 위에 밀착하여 설치한다(톱 직경 405mm 이상에는 사용금지).
③ 분할날은 견고히 고정할 수 있으며 분할날과 톱날 원주면과의 거리는 12mm 이내로 조정, 유지할 수 있어야 하고 표준 테이블면 (승강반에 있어 서도 테이블을 최하로 내린 때의 면) 상의 톱 뒷날의 2/3 이상을 덮도록 하여야 한다 .
④ 분할날의 두께는 톱날 두께의 1.1배 이상일 것

4 동력전달장치 및 자동전격방지장치

(1) 동력전달장치의 방호장치

① **인터록 장치(Interlock System)** : 일종의 연동기구로써 목적 달성을 위하여 한 동작 또는 수 개의 동작을 하기도 하며, 동작 완료시에는 자동적으로 안전 상태를 확보하는 장치
② **리미트 스위치(Limit Switch)** : 기계 설비의 안전 장치에서 과도하게 한계를 벗어나 계속적으로 감아올리거나 하는 일이 없도록 제한해 주는 장치(권과 방지 장치, 과부하 방지 장치, 과전류 차단 장치, 압력 제한 장치)
③ **급정지 장치** : 작업 중 작업의 위치에서 근로자가 동력 전달을 차단하는 장치

> **컨베이어의 방호장치**
> 비상정지장치, 덮개, 울, 건널다리, 이탈방지장치

(2) 자동전격방지장치
    ① **종류** : 자동시동형, 수동시동형
    ② **구성** : 감지부, 신호증폭부, 제어부, 제어기구
    ③ **기능** : 2차 무부하상태(용접봉 교환, 작업지점 이동, 용접부위 확인 등을 위해 용접을 일시정지 하는 때)에서 홀더 등 충전부에 접촉시 감전재해를 예방하기 위해 2차 무부하 전압을 자동적으로 25V 이하로 저하시킴
    ④ **시동시간** : 용접봉을 모재에 접촉 후 아크발생까지의 소요시간
    ⑤ **지동시간** : 용접봉을 모재로부터 분리 후 2차측의 무부하 전압이 25V이하로 떨어지는데 소요되는 시간

> **자동전격방지장치 미설치시**
> 교류 아크 용접기에 자동 전격 방지 장치를 설치하지 않았을 때 무부하시 2차측 홀더와 어스에 65~90V의 높은 전압이 걸린다.

전기 및 화학설비 안전관리

Section 01 전격재해 및 방지대책

1. 감전재해 및 방지대책

(1) 감전의 위험성 결정 요인
① 전류의 크기
② 통전시간 및 통전경로
③ 전원의 종류
④ 전격인가위상
⑤ 주파수 및 파형

(2) 통전전류에 따른 생리적 영향

① **최소감지전류** : 인체에 통전(通電)되었을 경우에 그 통전을 인간이 감지할 수 있는 최소의 전류를 말하며, 일반적으로 성인 남자의 경우 상용주파수 60Hz 교류에서 약 1mA

② **고통한계전류** : 고통을 느끼게 되지만 참을 수 있으면서 생명에는 위험이 없는 한계전류, 교류에서는 약 7~8mA 정도

③ **이탈전류와 교착전류** : 통전전류가 증가하면 통전경로의 근육 경련이 심해지고 신경이 마비되어 운동이 자유롭지 않게 되는 한계의 전류를 교착전류(불수전류), 운동의 자유를 잃지 않는 최대한도의 전류를 이탈전류(가수전류)라 하며 상용주파수 60Hz 교류에서 약 10~15mA 정도

④ **심실세동전류(치사전류)**
㉮ 심장이 정상적인 박동을 하지 못하고 불규칙적인 세동으로 통전전류가 차단되어도 심장박동이 자연적으로 회복되지 못하여 방치시 사망하게 되는 전류
㉯ $I = \dfrac{165\sim185}{\sqrt{T}}$ 계산시 분자는 165로 계산

> **에너지적 위험 한계**
> 인체의 전기저항을 500Ω이라 할 때 심실세동을 일으키는 위험한계에너지로 13.6J ~ 17.1J
> $W = I^2RT = (\dfrac{165}{\sqrt{1}} \times 10^{-3})^2 \times 500 \times 1 = 13.6J$
> $W = I^2RT = (\dfrac{185}{\sqrt{1}} \times 10^{-3})^2 \times 500 \times 1 = 17.1J$

(3) 감전전류 및 통전경로 위험도

① 감전전류와 인체의 정도

감전전류(mA)	인체의 정도	감전전류(mA)	인체의 정도
1	전기를 느낄 정도	20	근육 수축이 심하고 행동불능
5	상당한 고통을 느낌	50	위험 상태
10	견디기 어려운 고통	100	치명적 결과 초래

② 통전경로 및 위험도

통전경로	위험도	통전경로	위험도
오른손 – 등	0.3	양손 – 양발	1.0
왼손 – 오른손	0.4	왼손 – 한발 또는 양발	1.0
왼손 – 등	0.7	오른손 – 가슴	1.3
한손 또는 양손 – 앉아있는 자리	0.7	왼손 – 가슴	1.5
오른손 – 한발 또는 양발	0.8		

2 전격재해 및 방지대책

(1) 안전전압

회로의 정격 전압이 일정 수준 이하의 낮은 전압으로 절연파괴 등의 사고 시에도 인체에 위험을 주지 않게 되는 전압으로 통상 30V 정도로 정하나 나라마다 기준은 다름

(2) 허용접촉전압

종별	접촉상태	허용접촉전압
제1종	• 인체의 대부분이 수중에 있는 상태	2.5[V] 이하
제2종	• 인체가 현저히 젖어 있는 상태 • 금속성의 전기·기계장치나 구조물에 인체의 일부가 상시 접촉되어 있는 상태	25[V] 이하
제3종	• 제1종, 제2종 이외의 경우로서 통상의 인체상태에서 있어서 접촉전압이 가해지면 위험성이 높은 상태	50[V] 이하
제4종	• 제1종, 제2종 이외의 경우로서 통상의 인체 상태에 접촉 전압이 가해지더라도 위험성이 낮은 상태 • 접촉 전압이 가해질 우려가 없는 경우	제한 없음

(3) 전격위험도 결정조건

　① **1차적 감전위험요소** : 통전전류의 크기, 통전경로, 통전시간, 전원의 종류

　② **2차적 감전위험요소** : 인체의 조건, 전압, 계절, 주파수

3 전기화재 및 예방대책

(1) 착화에너지 및 발열

　① **착화에너지** : $E = \dfrac{1}{2}CV^2$ [C : 극간 용량(F), V : 방전 전압(V)]

　② **전기에너지에 의한 발열(Joule의 법칙)**

　　㉮ $Q = I^2RT(J)$ [Q(J), I(A), R(Ω), T(sec)]

　　㉯ Q(J)를 kcal로 환산 $Q = 0.24I^2RT \times 10^{-3}$(kcal) [1kcal = 4.186J]

　　㉰ T(sec)를 시간(hour)로 환산 $Q = 0.860I^2RT$(kcal)

(2) 전기화재의 원인 및 스파크화재 방지책

　① **전기화재의 원인** : 단락(25%), 스파크(24%), 누전(15%), 접촉부의 과열(12%), 절연열화에 의한 발열(11%), 과전류(8%)

　② **스파크화재 방지책**

　　㉮ 개폐기를 불연성의 외함 내에 내장시키거나 통형 퓨즈를 사용할 것

　　㉯ 접촉 부분의 산화, 변형, 퓨즈의 나사 풀림 등으로 인해 접촉저항이 증가되는 것을 방지

　　㉰ 가연성 증가, 분진 등 위험한 물질이 있는 곳에는 방폭형 개폐기를 사용할 것

　　㉱ 유입개폐기는 절연유의 열화 정도, 유량에 주의하고 주위에는 내화벽을 설치

Section 02　전기재해 예방을 위한 안전설비

1 접지공사

(1) 접지시스템의 구분 및 종류

　① **접지시스템의 구분**

　　㉮ 계통접지 : 전력계통의 이상현상에 대비하여 대지와 계통을 접속

　　㉯ 보호접지 : 감전보호를 목적으로 기기의 한 점 이상을 접지

　　㉰ 피뢰시스템접지 : 뇌격전류를 안전하게 대지로 방류하기 위한 접지

② 접지시스템의 종류
  ㉮ 단독접지 : (특)고압 계통의 접지극과 저압 접지계통의 접지극을 독립적으로 시설하는 접지 방식
  ㉯ 공통접지 : (특)고압 접지계통과 저압 접지계통을 등전위 형성을 위해 공통으로 접지하는 방식
  ㉰ 통합접지 : 계통접지·통신접지·피뢰접지의 접지극을 통합하여 접지하는 방식

> **저압전로의 보호도체 및 중성선의 접속 방식에 따른 접지계통의 분류**
> • TN 계통   • TT 계통   • IT 계통

(2) 접지도체의 단면적

구분	구리(동)	철제
접지도체에 큰 고장전류가 흐르지 않는 경우	6mm² 이상	50mm² 이상
접지도체에 피뢰시스템이 접속되는 경우	16mm² 이상	50mm² 이상

(3) 전압의 구분

구분	교류	직류
저압	1000V 이하	1500V 이하
고압	1000V 초과 ~ 7kV 이하	1500V 초과 ~ 7kV 이하
특별고압	7kV 초과	

(4) 접지 목적에 따른 접지의 종류

접지의 종류	사용 목적
계통 접지	고압 전로와 저압 전로가 혼촉되었을 때의 감전이나 화재 방지
기기 접지	누전되고 있는 기기에 접촉되었을 때의 감전 방지
피뢰기 접지	낙뢰로부터 전기 기기의 손상을 방지
정전기 장해 방지용 접지	정전기 축적에 의한 폭발 재해 방지
지락 검출용 접지	누전 차단기의 동작을 확실하게 함
등전위 접지	병원에 있어서의 의료 기기 사용시의 안전
잡음 대책용 접지	잡음에 의한 전자 장치의 파괴나 오동작을 방지
기능용 접지	전기 방식 설비 등의 접지

> **접지공사의 목적**
> • 인체 감전 방지   • 기기의 손상 방지   • 보호계전기 동작 확보

2 피뢰설비

(1) 피뢰기(LA)의 종류 및 구성

① **구조에 따른 피뢰기의 종류**
  ㉮ 갭 저항형
  ㉯ 갭 레스형 : 직렬 갭이 없이 특성요소(ZnO, 산화아연)만으로 밀봉된 구조로 특성이 우수하여 일반적으로 사용
  ㉰ 밸브 저항형 : 직렬 갭과 특성요소(SiC, 탄화규소)를 내장하고 있는 밀봉구조
  ㉱ 밸브형

② **피뢰기의 구성**
  ㉮ 직렬 갭 : 정상 상태에서는 방전하지 않고 절연상태를 유지하나 이상전압 발생 시 신속하게 대지로 방전시켜 이상전압을 흡수함과 동시에 계속해서 흐르는 속류를 짧은 시간 내에 차단한다.
  ㉯ 특성요소 : 탄화규소를 주성분으로 하는 일종의 저항체(소성물의 저항판을 다수합친 구조체)로 대전류에 대해서는 가능한 작은 제한전압을 부여하고 낮은 전압에서는 높은 저항값으로 속류를 차단하여 직렬 갭에 의한 차단을 도와주는 작용을 한다.

> **피뢰기 제한전압과 정격전압**
> - 피뢰기 제한전압 : 피뢰기 동작 중 나타나는 단자전압의 파고값
> - 피뢰기 정격전압 : 속류를 차단하는 최고의 교류전압
> - 여유도(%) = $\dfrac{\text{충격절연강도} - \text{제한전압}}{\text{제한전압}} \times 100$
> - 제한전압(V) = $\dfrac{\text{충격절연강도} \times 100}{\text{여유도} + 100}$

(2) 피뢰기 설치장소

① 발전소, 변전소 또는 이에 준하는 장소의 가공전선 인입구 및 인출구
② 가공전선로에 접속되는 배전용 변압기의 고압측 및 특별 고압측
③ 고압가공전선로로부터 공급을 받는 수전 전력이 용량 500kW 이상인 수용장소의 인입구
④ 특고압 가공전선으로부터 공급을 받는 수용장소의 인입구
⑤ 배전 선로 차단기, 개폐기의 전원측 및 부하측
⑥ 콘덴서의 전원측

3 퓨즈(Fuse) 및 절연전선

(1) 퓨즈의 정의 및 재료 등

① **퓨즈의 정의** : 일정한 값 이상의 전류가 흐르면 용단되는 것으로 회로 및 기기를 보호하는 가장 간단한 전류자동차단기

② **퓨즈의 재료** : 납, 주석, 아연, 알루미늄 및 이들의 합금
③ **퓨즈의 종류 및 용단시간**

종류	정격용량	용단시간
저압용 포장퓨즈	정격전류의 1.1배	30A 이하 : 2배 전류로 2분 30~60A : 2배 전류로 4분 60~100A : 2배 전류로 6분
고압용 포장퓨즈	정격전류의 1.3배	2배 전류로 120분
고압용 비포장퓨즈	정격전류의 1.25배	2배 전류로 2분

(2) 저압전로의 절연저항

전기사용 장소의 사용전압이 저압인 전로의 전선 상호간 및 전로와 대지 사이의 절연저항은 개폐기 또는 과전류차단기로 구분할 수 있는 전로마다 다음 표에서 정한 값 이상이어야 한다. 다만, 전선 상호간의 절연저항은 기계기구를 쉽게 분리가 곤란한 분기회로의 경우 기기 접속 전에 측정할 수 있다.

또한, 측정 시 영향을 주거나 손상을 받을 수 있는 SPD 또는 기타 기기 등은 측정 전에 분리시켜야 하고, 부득이하게 분리가 어려운 경우에는 시험전압을 250V DC로 낮추어 측정할 수 있지만 절연저항 값은 1MΩ 이상이어야 한다.

전로의 사용전압 V	DC 시험전압 V	절연저항 MΩ
SELV 및 PELV	250	0.5
FELV, 500V 이하	500	1.0
500V 초과	1,000	1.0

[주] 특별저압(extra low voltage : 2차 전압이 AC 5V, DC 120V 이하)으로 SELV(비접지회로 구성) 및 PELV(접지회로 구성)은 1차와 2차가 전기적으로 절연된 회로, FELV는 1차와 2차가 전기적으로 절연되지 않은 회로

(3) 절연 종별 재료 및 최고허용온도

종별	최고허용온도(℃)	용도별	주요 절연물
Y	90	저전압의 기기	폴리에틸렌, 유리화수지
A	105	일반적인 회전기기, 변압기	폴리에스테르, 셀룰로오스 유도체
E	120	대용량 및 보통의 기기	멜라민수지, 폴리에스테르
B	130	고전압의 기기	무기질
F	155	고전압의 기기	에폭시수지, 폴리우레탄수지
H	180	건식변압기	유리섬유, 실리콘, 고무
C	180	특수변압기	실리콘, 플루오르화에틸렌

4 누전차단기

(1) 누전차단기의 종류

종류	동작시간	비고
고속형	정격 감도 전류에서 0.1초 이내	전압 동작형
보통형	정격 감도 전류에서 0.2초 이내	전류 동작형
시연형(지연형)	정격 감도 전류에서 0.1초를 초과하고 2초 이내	대계통의 모선 보호용

(2) 누전차단기의 설치장소
① 물 등 도전성이 높은 액체에 의한 습윤 장소
② 철판·철골 위 등 도전성이 높은 장소
③ 임시배선의 전로가 설치되는 장소

(3) 누전차단기의 적합 성능
① 부하에 적합한 정격 전류를 갖출 것
② 전로에 적합한 차단 용량을 갖출 것
③ 절연 저항은 5MΩ 이상
④ 최소 동작 전류는 정격 감도 전류의 50% 이상
⑤ 감전보호형 누전차단기의 작동은 정격 감도 전류 30mA 이하, 동작시간은 0.03초 이내일 것
⑥ 정격부하전류가 50A 이상의 전기기계·기구에 접속된 누전차단기는 정격 감도 전류 200mA 이하, 동작시간은 0.1초 이내일 것
⑦ 정격전압의 85~110%의 범위에서 정상작동

Section 03 전기작업안전

1 정전작업

(1) 정전작업 전 조치
① 전로의 개로 개폐기에 시건 장치 및 통전 금지 표지판 설치
② 전력 케이블, 전력 콘덴서 등의 잔류 전하 방전
③ 검전 기구로 충전 여부 확인
④ 단락 접지 기구로 단락 접지

(2) 정전작업종료 후 조치

① 단락 접지 기구의 철거

② 표지의 철거

③ 작업자에 대한 위험이 없는 것을 확인

④ 개폐기를 투입해서 송전 재개

> **정전작업 개폐기 OFF시 개로 보증 3가지**
> 시건장치, 통전 금지표지, 감시인 배치

2 전기작업용 안전용구

(1) 절연용 보호구

① **안전모** : AE종(낙하·비래, 감전위험방지용), ABE형(낙하·비래, 추락, 감전위험방지용)

② **절연장화** : A종(저압용), B종(저압 이상 3,500V 이하 작업용), C종(3,500V 초과 7,000V 이하 작업용)

③ **전기용 고무장갑(절연장갑)** : A종, B종, C종 (사용전압은 절연장화와 동일)

④ **안전화** : 정전기 대전방지용 절연화

⑤ **기타** : 절연복, 절연소매 등

(2) 절연용 방호구

① **활선 작업, 활선 근접 작업시 충전부 지지물에 장착하는 것** : 절연관, 절연시트, 절연커버, 점퍼 호오스, 고무 블랭킷, 애자 후드, 완금 커버, 컷아웃 스위치

② **건설 작업시 충전부, 지지물에 장착하는 것** : 건설용 방호관, 건설용 시트, 건설용 절연 커버

(3) 전기작업용 안전장구

① **표시용구**

② **검출용구** : 검전기, 상회전 표시기, 불량애자 검출기

③ **접지용구** : 갑종·을종 접지용구(송전로), 병종 접지용구(배선전로)

④ **활선작업 용구 및 장치** : 활선 시메라, 활선 커터, 컷아웃 스위치 조작봉, 활선 작업대, 주상작업대, 점퍼선, 활선 애자 청소기, 활선 작업차, 활선 사다리

> ☑ **산업안전보건기준에 관한 규칙 제32조(보호구의 지급 등)**
> ① 사업주는 다음 각 호의 어느 하나에 해당하는 작업을 하는 근로자에 대해서는 다음 각 호의 구분에 따라 그 작업조건에 맞는 보호구를 작업하는 근로자 수 이상으로 지급하고 착용하도록 하여야 한다.
>   1. 물체가 떨어지거나 날아올 위험 또는 근로자가 추락할 위험이 있는 작업 : 안전모
>   2. 높이 또는 깊이 2미터 이상의 추락할 위험이 있는 장소에서 하는 작업 : 안전대(安全帶)
>   3. 물체의 낙하·충격, 물체에의 끼임, 감전 또는 정전기의 대전(帶電)에 의한 위험이 있는 작업 : 안전화
>   4. 물체가 흩날릴 위험이 있는 작업 : 보안경
>   5. 용접 시 불꽃이나 물체가 흩날릴 위험이 있는 작업 : 보안면
>   6. 감전의 위험이 있는 작업 : 절연용 보호구
>   7. 고열에 의한 화상 등의 위험이 있는 작업 : 방열복
>   8. 선창 등에서 분진(粉塵)이 심하게 발생하는 하역작업 : 방진마스크
>   9. 섭씨 영하 18도 이하인 급냉동어창에서 하는 하역작업 : 방한모·방한복·방한화·방한장갑
>   10. 물건을 운반하거나 수거·배달하기 위하여 이륜자동차 또는 원동기장치자전거를 운행하는 작업 : 승차용 안전모
>   11. 물건을 운반하거나 수거·배달하기 위해 자전거등을 운행하는 작업 : 안전모

Section 04 정전기의 재해방지대책

1 정전기 대전형태 및 서열

(1) 정전기 대전현상

① **박리대전** : 서로 밀착되어 있는 물체가 분리될 때 전하의 분리가 일어나서 정전기가 발생한다.

② **마찰대전** : 종이, 필름 등이 금속 롤러와 마찰을 일으킬 때 마찰에 의하여 접촉의 위치가 이동하고 전하 분리가 일어나서 발생한다.

③ **충돌대전** : 분체의 입자끼리 또는 입자와 고체와의 충돌에 의하여 접촉, 분리가 일어나기 때문에 발생한다.

④ **유도대전** : 대전 물체 부근에 있는 물체가 대전체로부터의 정전유도에 의해 정전기를 띠는 현상을 의미한다.

⑤ **분출대전** : 분체, 액체, 기체류가 단면적이 작은 노즐 등의 개구부에서 분출할 때 마찰이 일어나서 발생하며, 가스가 분진, 무상입자로 분출될 때 대전이 잘 일어난다.

⑥ **비말대전** : 공기 중에 분출된 액체가 미세하게 비산되어 분리되었다가 크고 작은 방울로 될 때 새로운 표면을 형성하면서 정전기가 발생하는 현상이다.

⑦ **침강대전** : 절연성 유체 중에서 비중이 다른 부유물이 침강할 때 발생하는 정전기를 말한다.

⑧ **유동대전** : 액체류를 관내로 수송할 때 정전기가 발생하는 것으로 인화성 액체는 전기 절연성이 높아 유동에 의한 대전이 일어나기 쉬우며, 액체의 유동 속도가 정전기 발생에 큰 영향을 미친다.

⑨ **적하대전** : 고체표면에 부착해 있던 액체류가 성장하여 자중으로 물방울이 되어 떨어질 때 전하분리가 일어나서 정전기가 발생하는 현상이다.

⑩ **교반대전** : 액체가 교반에 의해 진동을 하게 되면 진동에 의한 정전기가 발생한다.

⑪ **파괴대전** : 고체나 분체류와 같은 물체 파괴시, 전하분리 또는 전하의 균형이 깨지면서 발생한다.

(2) 대전서열 및 정전기의 발생, 정전에너지

① **대전서열** : (+) 털가죽 – 상아 – 털헝겊 – 수정 – 유리 – 명주 – 나무 – 솜 – 고무 – 유황 – 폴리에틸렌 – 셀룰로이드 – 에보나이트 (–)

② **정전기의 발생** : 유속$^{1.5 \sim 2}$에 비례함

③ **정전에너지** : $E = \frac{1}{2}QV = \frac{1}{2}CV^3$ J [C : 정전용량(F), V : 전압(V), Q : 전하(C)]

(3) 정전기 발생에 영향을 미치는 요소

① 물질의 특성   ② 물질의 표면 상태

③ 물질의 이력   ④ 접촉 면적과 압력

⑤ 물질의 분리속도

(4) 방전의 종류

① **스파크방전(불꽃방전)** : 대전된 부도체와 도체 사이에 전압이 커지면 공기절연이 파괴되어 발생하는 방전

② **연면방전** : 대전량이 많은 부도체에 접지체가 접근시 부도체 표면을 따라 발생하는 방전

③ **코로나방전** : 대전된 부도체와 돌출된 선단의 도체 사이의 방전(방전에너지가 작아 재해의 원인이 안됨)

④ **뇌상방전** : 대전된 구름에서 대지 또는 구름 사이에 번개형의 발광을 발생하는 방전

⑤ **스트리머방전** : 방전량이 많은 부도체와 평평한 도체 사이의 방전

2 정전기 재해예방 및 관리사항

(1) 정전기 재해예방

① **발생 억제** : 유속조절, 습기부여, 대전방지제 사용, 금속재료 및 도전성 재료 사용

② **발생 전하의 안전방전** : 접지, 침상 방전극 설치

③ **방전 억제방법**

㉮ 코로나방전을 일으킬 돌기물을 배제하고 돌기부의 곡률 반경을 크게 한다.
㉯ 대전전하와 역극성의 이온을 공급하여 제전시킨다.

④ **보호구 착용**
㉮ 정전화 착용(바닥저항 $10^7\Omega$ 정도 되는 정전화)
㉯ 정전 작업복의 착용

(2) 정전기 재해예방을 위한 관리사항
① 발생 전하량 예측
② 대전 물체의 전하 축적 파악
③ 위험성 방전을 발생하는 물리적 조건 파악

Section 05 방폭구조(Explosion-Proof Construction)

1 방폭구조의 종류 및 선정기준

(1) 방폭구조의 종류와 기호

종류	내용	기호
내압방폭구조	점화원에 의해 용기 내부에서 폭발이 발생할 경우에 용기가 폭발압력에 견딜 수 있고, 화염이 용기 외부의 폭발성 분위기로 전파되지 않도록 한 방폭구조	d
압력방폭구조	점화원이 될 우려가 있는 부분을 용기 안에 넣고 보호 기체(신선한 공기 또는 불활성기체)를 용기 안에 압입함으로써 폭발성 가스가 침입하는 것을 방지하도록 되어 있는 방폭구조	p
안전증방폭구조	전기기기의 과도한 온도 상승, 아크 또는 불꽃 발생의 위험을 방지하기 위하여 추가적인 안전조치를 통한 안전도를 증가시킨 방폭구조(다만, 정상운전 중에 아크나 불꽃을 발생시키는 전기기기는 안전증방폭구조의 전기기기 범위에서 제외)	e
유입방폭구조	유체 상부 또는 용기 외부에 존재할 수 있는 폭발성 분위기가 발화할 수 없도록 전기설비 또는 전기설비의 부품을 보호액에 함침시키는 방폭구조	o
본질안전방폭구조	정상시 또는 단락, 단선, 지락 등의 사고시에 발생하는 아크, 불꽃, 고열에 의하여 폭발성 가스나 증기에 점화되지 않는 것이 확인된 구조	ia, ib
비점화방폭구조	전기기기가 정상작동과 규정된 특정한 비정상상태에서 주위의 폭발성 가스 분위기를 점화시키지 못하도록 만든 방폭구조	n
몰드방폭구조	전기기기의 불꽃 또는 열로 인해 폭발성 위험분위기에 점화되지 않도록 컴파운드를 충전해서 보호한 방폭구조	m

종류	내용	기호
충전방폭구조	폭발성 가스 분위기를 점화시킬 수 있는 부품을 고정하여 설치하고, 그 주위를 충전재로 완전히 둘러싸서 외부의 폭발성 가스 분위기를 점화시키지 않도록 하는 방폭구조	q
특수방폭구조	상기의 방폭구조 외에 외부의 폭발성 가스에 대해 인화를 방지할 수 있음을 시험에 의해 확인한 구조	s

(2) 방폭구조 전기기계 · 기구의 선정기준

분류		방폭구조 전기기계 · 기구의 선정기준
가스폭발 위험장소	0종 장소	• 본질안전 방폭구조(ia) • 그밖에 관련 공인 인증기관이 0종 장소에서 사용이 가능한 방폭구조로 인증한 방폭구조
	1종 장소	• 내압 방폭구조(d), 압력 방폭구조(p), 충전 방폭구조(q), 유입 방폭구조(o), 안전증 방폭구조(e), 본질안전 방폭구조(ia, ib), 몰드 방폭구조(m) • 그밖에 관련 공인 인증기관이 1종 장소에서 사용이 가능한 방폭구조로 인증한 방폭구조
	2종 장소	• 0종 장소 및 1종 장소에 사용 가능한 방폭구조 • 비점화 방폭구조(n) • 그밖에 2종 장소에서 사용하도록 특별히 고안된 비방폭형 구조
분진폭발 위험장소	20종 장소	• 밀폐방진 방폭구조(DIP A20 또는 DIP B20) • 그밖에 관련 공인 인증기관이 20종 장소에서 사용이 가능한 방폭구조로 인증한 방폭구조
	21종 장소	• 밀폐방진 방폭구조(DIP A20 또는 A21, DIP B20 또는 B21) • 특수방진 방폭구조(SDP) • 그밖에 관련 공인 인증기관이 21종 장소에서 사용이 가능한 방폭구조로 인증한 방폭구조
	22종 장소	• 20종 장소 및 21종 장소에서 사용 가능한 방폭구조 • 일반방진 방폭구조(DIP A22 또는 DIP B22) • 보통방진 방폭구조(DP) • 그밖에 22종 장소에서 사용하도록 특별히 고안된 비방폭형 구조

(3) 내압방폭구조 대상으로 하는 가스 또는 증기의 분류

	폭발등급	1	2	3
KSC	틈새의 폭[mm] (안전간격)	0.6mm 초과	0.4mm 이상 0.6mm 이하	0.4mm 미만
	해당가스	부탄, 메탄 등 1 · 2급 가스를 제외한 모든 가스	에틸렌, 석탄가스	수소, 아세틸렌

IEC	폭발등급	I	ⅡA	ⅡB	ⅡC
	틈새의 폭[mm] (안전간격)	탄광용	0.9mm 이상	0.5mm 초과 0.9mm 미만	0.5mm 이하
	해당가스	메탄	아세톤, 벤젠, 부탄, 프로판	에틸렌, 부타디엔	수소, 아세틸렌

2 방폭구조 선정시 착안사항 등

(1) 전기 설비의 방폭구조 선정시 착안사항
  ① 폭발 위험 분위기의 위험도에의 위험
  ② 방폭구조 득실의 비교
  ③ 환경 조건에의 적응성
  ④ 보수의 난이도
  ⑤ 경제성

(2) 방폭구조 기타 사항
  ① **방폭 등급표시 중 eG3** : 발화도 G3의 가연성가스에 사용할 수 있는 안전증 방폭구조(e)를 의미
  ② **안전증 방폭구조** : 정상운전 중에 폭발성가스 또는 증기에 점화원이 될 불꽃, 아크 또는 고온부분 등의 발생을 방지하기 위하여 기계, 전기적 구조상 온도상승에 대하여 특히 안전도를 증가시킨 구조
  ③ **안전간격** : 화염이 전달되지 않는 한계의 틈
  ④ **화염일주한계** : 폭발성 분위기에 있는 용기의 접합면 틈새를 통해 화염이 내부에서 외부로 전파되는 것을 저지할 수 있는 틈새의 최대 간격치
  ⑤ **내압 방폭구조** : 안전간격 값을 작게 하는 이유는 최소 점화에너지 이하로 열을 떨어뜨리기 위한 조치임

Section 06 위험물 안전

1 위험물안전관리법 상의 위험물 분류

유별	성질	품명
제1류	산화성 고체	아염소산염류, 염소산염류, 과염소산염류, 무기과산화물류, 브로민산염류, 질산염류, 아이오딘산염류, 과망가니즈산염류, 다이크로뮴산염류
제2류	가연성 고체	황화인, 적린, 유황, 철분, 금속분, 마그네슘, 인화성 고체
제3류	자연발화성 물질 및 금수성 물질	칼륨, 나트륨, 알킬알루미늄, 알킬리튬, 황린, 알칼리금속(칼륨 및 나트륨 제외) 및 알칼리토금속, 유기금속화합물류(알킬알루미늄 및 알킬리튬 제외), 금속의 수소화물, 금속의 인화물, 칼슘 또는 알루미늄의 탄화물
제4류	인화성 액체	특수인화물, 제1석유류(비수용성액체, 수용성액체), 알코올류, 제2석유류(비수용성액체, 수용성액체), 제3석유류(비수용성액체, 수용성액체), 제4석유류, 동식물유류
제5류	자기 반응성 물질	유기과산화물, 질산에스터류, 나이트로화합물, 나이트로소화합물, 아조화합물, 다이아조화합물, 하이드라진 유도체, 하이드록실아민, 하이드록실아민염류
제6류	산화성 액체	과염소산, 과산화수소, 질산

2 산업안전보건기준에 관한 규칙에 따른 위험물의 분류

(1) **폭발성 물질 및 유기과산화물**

① 질산에스테르류, 니트로화합물, 니트로소화합물, 아조화합물, 디아조화합물, 하이드라진 유도체, 유기과산화물

② 위 ①항에 열거된 물질과 같은 정도의 폭발 위험이 있는 물질

③ 위 ①항과 ②항까지의 물질을 함유한 물질

(2) **물반응성 물질 및 인화성 고체**

① 리튬, 칼륨·나트륨, 황, 황린, 황화인·적린, 셀룰로이드류, 알킬알루미늄·알킬리튬, 마그네슘 분말, 금속 분말(마그네슘 분말은 제외), 알칼리금속(리튬·칼륨 및 나트륨은 제외), 유기금속화합물(알킬알루미늄 및 알킬리튬은 제외), 금속의 수소화물, 금속의 인화물, 칼슘 탄화물, 알루미늄 탄화물

② 위 ①항에 열거된 물질과 같은 정도의 발화성 또는 인화성이 있는 물질

③ 위 ①항과 ②항까지의 물질을 함유한 물질

(3) 산화성 액체 및 산화성 고체

① 차아염소산 및 그 염류, 아염소산 및 그 염류, 염소산 및 그 염류, 과염소산 및 그 염류, 브롬산 및 그 염류, 요오드산 및 그 염류, 과산화수소 및 무기 과산화물, 질산 및 그 염류, 과망간산 및 그 염류, 중크롬산 및 그 염류

② 위 ①항에 열거된 물질과 같은 정도의 산화성이 있는 물질

③ 위 ①항과 ②항까지의 물질을 함유한 물질

(4) 인화성 액체

① 에틸에테르, 가솔린, 아세트알데히드, 산화프로필렌, 그 밖에 인화점이 23℃ 미만이고 초기 끓는점이 35℃ 이하인 물질

② 노르말헥산, 아세톤, 메틸에틸케톤, 메틸알코올, 에틸알코올, 이황화탄소, 그 밖에 인화점이 23℃ 미만이고 초기 끓는점이 35℃를 초과하는 물질

③ 크실렌, 아세트산아밀, 등유, 경유, 테레핀유, 이소아밀알코올, 아세트산, 하이드라진, 그 밖에 인화점이 23℃ 이상 60℃ 이하인 물질

(5) 인화성 가스

① 수소, 아세틸렌, 에틸렌, 메탄, 에탄, 프로판, 부탄

② 인화한계 농도의 최저한도가 13% 이하 또는 최고한도와 최저한도의 차가 12% 이상인것으로서 표준압력(101.3kPa)하의 20℃에서 가스상태인 물질

(6) 부식성 물질

① **부식성 산류**

㉮ 농도가 20% 이상인 염산, 황산, 질산, 그 밖에 이와 같은 정도 이상의 부식성을 가지는 물질

㉯ 농도가 60% 이상인 인산, 아세트산, 불산, 그 밖에 이와 같은 정도 이상의 부식성을 가지는 물질

② **부식성 염기류** : 농도가 40% 이상인 수산화나트륨, 수산화칼륨, 그 밖에 이와 같은 정도 이상의 부식성을 가지는 염기류

(7) 급성 독성 물질

① 쥐에 대한 경구투입실험에 의하여 실험동물의 50%를 사망시킬 수 있는 물질의 양, 즉 LD50(경구, 쥐)이 kg당 300mg-(체중) 이하인 화학물질

② 쥐 또는 토끼에 대한 경피흡수실험에 의하여 실험동물의 50%를 사망시킬 수 있는 물질의 양, 즉 LD50(경피, 토끼 또는 쥐)이 kg당 1000mg-(체중) 이하인 화학물질

③ 쥐에 대한 4시간 동안의 흡입실험에 의하여 실험동물의 50%를 사망시킬 수 있는 물질의 농도, 즉 가스 LC50(쥐, 4시간 흡입)이 2500ppm 이하인 화학물질, 증기 LC50(쥐, 4시간 흡입)이 10mg/L 이하인 화학물질, 분진 또는 미스트 1mg/L 이하인 화학물질

3 위험물 안전대책

(1) 자연발화

　① **자연발화의 형태별 분류**
　　㉮ 산화열에 의한 발열 : 건섬유, 원면, 석탄
　　㉯ 분해열에 의한 발열 : 셀룰로이드
　　㉰ 흡착열에 의한 발열 : 활성탄
　　㉱ 중합열에 의한 발열 : 초산비닐, 스티렌
　　㉲ 미생물에 의한 발열 : 건초류

　② **자연발화가 쉽게 일어나는 조건**
　　㉮ 주위온도가 높을수록
　　㉯ 발열량이 크고 열축적이 클수록
　　㉰ 적당량의 수분이 존재할 때

　③ **자연발화 방지대책**
　　㉮ 통풍을 잘한다.
　　㉯ 퇴적방법이나 수납방법을 생각하여 열이 쌓이지 않게 한다.
　　㉰ 저장실의 온도를 낮춘다.
　　㉱ 습도가 높은 곳을 피한다.

(2) 발화성 물질의 저장

　① **황린, 이황화탄소** : 물 속에 저장
　② **적린, 마그네슘** : 인화성 물질로부터 격리 저장
　③ **나트륨, 칼륨** : 석유 속에 저장
　④ **질산은 용액** : 햇빛을 피하여 저장

Section 07 유해화학물질 안전

1 화공 안전일반

(1) 수증기 증류의 목적
　① 저온사용 작업 가능　　② 열의 보유량 안정　　③ 열 사용시 안정

(2) 전기 설비의 온도 측정 방법
　① 촉수에 의한 방법　　② 시온재 사용에 의한 방법　　③ 온도계에 의한 방법

2 유해물 취급 안전

(1) 고체 및 액체 화합물의 치사량 기호

① **치사량**(LD, Lethal Dose) : 한 마리의 동물을 치사시키는 양

② **최소치사량**(MLD, Minimum Lethal Dose) : 실험 동물 한 무리(10마리 또는 그 이상)에서 한 마리를 치사시키는 최소의 양

③ **반수치사량**(LD50, Lethal Dose 50)
  ㉮ 실험 동물 한 무리(10마리 또는 그 이상)에서 50%를 치사시키는 양
  ㉯ 해당 약물의 LD50을 나타낼 때는 kg당 mg으로 표시(mg/kg)

(2) 가스 및 공기 중에서 증발하는 화합물의 치사 농도

① **치사농도**(LC, Lethal Concentration) : 한 마리의 동물을 치사시키는 농도

② **최소치사농도**(MLC, Minimum Lethal Concentration) : 실험 동물 한 무리(10마리 또는 그 이상)에서 한 마리를 치사시키는 최소의 농도

③ **반수치사농도**(LC50, Lethal Concentration 50) : 실험 동물 한 무리(10마리 또는 그 이상)에서 50%를 치사시키는 농도

(3) 유해물질의 종류

구분	성상	입자의 크기(μm)
흄(Fume)	화학반응에 의한 무기성 가스 또는 금속 증기	0.01~1
스모그(Smoke)	불완전 연소에 의해 생긴 미립자	0.01~1
미스트(Mist)	공기 중 분산된 액체의 미립자	0.1~10
분진(Dust)	공기 중 분산된 고체의 미립자	0.001~1000
가스(Gas)	25℃, 1기압(760mmHg)에서 기체	분자상
증기(Vapor)	25℃, 1기압(760mmHg)에서 액체 또는 고체 표면에서 발생한 기체	분자상

(4) 유해물질의 허용농도

① **시간가중치 평균농도**(TWA, Time Weighted Average)
  ㉮ 1일 8시간 작업을 기준으로 하여 유해요인의 측정농도에 발생시간을 곱하여 8시간으로 나눈 정도
  ㉯ $TWA = \dfrac{C_1T_1 + C_2T_2 + C_3T_3 + \cdots + C_nT_n}{8}$

  [C : 유해요인의 측정농도(단위는 ppm 또는 mg/m³), T : 유해요인의 발생시간(단위는 시간)]

② **단시간 노출한계**(STEL, Short Term Exposure Limit) : 근로자의 1회 15분간 유해 요인에 노출되는 경우의 허용한도

③ **최고 노출한계(Ceilling 농도)** : 근로자가 1일 작업시간 동안 잠시라도 노출되어서는 안되는 최고 허용농도(허용농도 앞에 "C"를 붙여 표시)

> **TLV-TWA(Threshold Limit Value-Time Weighted Average)**
> 1일 8시간 또는 주 40시간 노동에서 근로자의 폭로량을 반영하는 것으로 유해물질의 폭로량의 지표로 사용

(5) 가스의 허용농도

허용농도	종류	허용농도	종류
0.1ppm	브롬(Br_2), 포스겐($COCl_2$), 오존(O_3)	10ppm	황화수소(H_2S), 시안화수소(HCN)
1ppm	염소(Cl_2)	25ppm	암모니아(NH_3), 일산화질소(NO)
5ppm	이산화황(SO_2), 염화수소(HCl)	50ppm	일산화탄소(CO), 염화메탄(CH_2Cl_2)

Section 08 폭발방지 및 안전대책

1 연소와 연소형태

(1) 연소의 3요소

① **가연물** : 불에 탈 수 있는 가연성 물질의 존재

② **산소 공급원** : 충분한 산소의 공급

③ **열 또는 점화원** : 전기 불꽃, 정전기 불꽃, 마찰 및 충격의 불꽃, 고열물, 단열압축, 산화열

(2) 가연물의 연소형태

① **확산연소** : 수소, 아세틸렌 등의 기체연소

② **증발연소** : 알코올, 에테르, 등유, 경유 등의 액체연소

③ **분해연소** : 중유, 석탄, 목재, 종이, 고체 파라핀 등의 고체연소

④ **표면연소** : 숯, 알루미늄박, 마그네슘리본 등의 고체연소

(3) 연소되기 쉬운 조건

① 산화되기 쉽고, 산소와 접촉면이 클수록

② 발열량이 큰 것일수록

③ 열전도율이 작고 건조도가 좋은 것일수록

(4) 기타 사항

① **고체의 연소형태** : 분해연소, 표면연소, 증발연소, 자기연소

② **인화점**
㉮ 가연성 증기에 점화원을 주었을 때 연소가 시작되는 최저 온도를 말한다.
㉯ 인화점이 낮을수록, 산소의 농도가 클수록 연소위험이 크다.

③ **발화점** : 가연물을 가열할 때 점화원이 없이 스스로 연소가 시작되는 최저온도를 말한다.

④ **연소범위** : 가연성 가스(또는 증기)와 공기(또는 산소)의 혼합가스에 점화원을 주었을때 연소(폭발)가 일어나는 혼합가스의 농도 범위(부피 %)로 온도와 압력이 높을수록 폭발범위는 넓어진다.

2 화재 및 소화

(1) 플래쉬 오버와 슬롭 오버

① **플래쉬 오버(Flash Over)** : 플라스틱 가구가 많은 실내와 가연재에 화재가 발생한 경우, 실내 전체가 단숨에 타오르고 온도가 급격히 상승하는 현상으로 연기에 의한 위험 상태가 증가한다.

② **슬롭 오버(Slop Over)** : 석유화재에 있어서 고온층이 형성되는데 이때 물이나 수분을 포함한 소화약제를 방사하게 되면 물의 비점(100℃) 이상일 경우 급작스러운 기화로 인해 열유를 교란시켜 탱크 밖으로 밀어 올리거나 비산시키는 현상을 말한다.

(2) 소화효과

① **냉각소화** : 냉각에 의한 소화방법, 액체의 증발잠열 또는 열용량이 큰 고체를 이용

② **질식소화** : 산소의 공급을 차단하는 소화방법, 산소농도 저하로 인한 소화

③ **제거소화** : 가연물을 제거하여 소화, 기체 및 액체로 인한 대화재의 경우 유일한 소화법

④ **억제소화** : 연속적 관계의 차단 소화방법, 할로겐, 알칼리 금속 첨가로 불활성화

(3) 화재등급별 소화방법

구분	A급 화재	B급 화재	C급 화재	D급 화재
명칭	보통화재	유류, 가스화재	전기화재	금속화재(Al, Mg)
주 소화효과	냉각	질식	냉각, 질식	질식
적응 소화제	물 소화기 강화액 소화기	포말 소화기 CO_2 소화기 분말 소화기 증발성 액체 소화기	유기성 소화액 CO_2 소화기 분말 소화기	건조사 팽창 질석 팽창 진주암
구분색	백색	황색	청색	–

(4) 소화약재 및 소화기 종류

구분		소화약재	적응성		
			A급	B급	C급
수계 소화기	물 소화기	H_2O^+ 침윤제 첨가	○		
	산·알칼리 소화기	A급 : $NaHCO_3$, B급 : H_2SO_4	○		
	강화액 소화기	K_2CO_3	○		
	포소화기 (포말 소화기) — 화학포	A급 : $NaHCO_3$, B급 : $Al_2(SO_4)_3$	○	○	
	포소화기 (포말 소화기) — 기계포	AFFF(수성막포), FFFP(막형성 불화 단백포)	○	○	
가스계 소화기	CO_2 소화기	CO_2		○	○
	Halon 소화기 — 1211	CF_2ClBr	○	○	○
	Halon 소화기 — 1301	CF_3Br		○	○
분말계 소화기	ABC급 소화기	$NH_4H_2PO_4$	○	○	○
	BC급 소화기	$NaHCO_3$, $KHCO_3$		○	○

※ 간이 소화용구에는 팽창암, 팽창 진주암, 마른 모래 등으로 D급 화재에 적응성을 가지는 것

3 폭발 및 폭발등급

(1) 폭발의 개요

① **폭발의 원인이 되는 화학반응** : 연소반응, 분해반응, 폭굉반응, 폭연반응

② **반응 폭발에 영향을 미치는 요인** : 교반상태, 냉각시스템, 반응온도

③ **폭발방호** : 폭발봉쇄, 폭발억제, 폭발방산, 대기방출

④ **폭발의 위험도** : 폭발 범위가 넓고 동시에 폭발 하한계가 낮을수록 위험

(2) 폭발의 종류

① **기상폭발** : 혼합가스폭발, 가스폭발, 분해폭발, 분진폭발, 분무폭발

② **응상폭발** : 수증기폭발, 전선폭발, 고상간의 전이에 의한 폭발, 혼합 위험에 의한 폭발

(3) 폭굉 유도거리가 짧은 경우

① 정상 연소속도가 큰 혼합가스일수록

② 관속에 방해물이 있거나 관경이 가늘수록

③ 압력이 높을수록

④ 점화원의 에너지가 강할수록

(4) 폭발성가스의 발화도 및 전기기기에 대한 최고표면온도

발화도 등급		가스발화점	최고표면온도
KSC	노동부 고시		
G1	T1	450℃ 초과	450℃
G2	T2	300℃ 초과 450℃ 이하	300℃
G3	T3	200℃ 초과 300℃ 이하	200℃
G4	T4	135℃ 초과 200℃ 이하	135℃
G5	T5	100℃ 초과 135℃ 이하	100℃
–	T6	85℃ 초과 100℃ 이하	85℃

(5) 안전거리

구분	안전거리
단위공정시설 및 설비로부터 다른 단위공정시설 및 설비의 사이	설비의 외면으로부터 10m 이상
플레어스택으로부터 단위공정시설 및 설비, 위험물질 저장탱크 또는 위험물질 하역설비의 사이	플레어스택으로부터 반경 20m 이상. 다만, 단위공정시설 등이 불연재로 시공된 지붕 아래 설치된 경우에는 예외임
위험물질 저장탱크로부터 단위공정시설 및 설비, 보일러 또는 가열로의 사이	저장탱크의 외면으로부터 20m 이상. 다만, 저장탱크의 방호벽, 원격조정 소화설비 또는 살수설비를 설치한 경우에는 예외임
사무실·연구실·실험실·정비실 또는 식당으로부터 단위공정시설 및 설비, 위험물질 저장탱크, 위험물질 하역설비, 보일러 또는 가열로의 사이	사무실 등의 외면으로부터 20m 이상. 다만, 난방용 보일러인 경우 또는 사무실 등의 벽을 방호구조로 설치한 경우에는 예외임

4 분진 및 분진폭발

(1) 분진의 종류

① **가연성 분진** : 공기 중 산소와 발열 반응을 일으키며 폭발하는 분진(소맥분, 전분, 합성수지, 코크스, 철)

② **폭연성 분진** : 공기 중 산소가 적은 분위기 또는 이산화탄소 중에서도 착화하고 부유 상태에서도 심한 폭발을 발생하는 금속분진(마그네슘, 알루미늄)

(2) 분진폭발의 특징

① 연소속도나 폭발압력은 가스폭발보다는 작지만 가해지는 힘(파괴력)은 매우 크다.

② 2차 폭발을 한다.

③ CO 중독피해의 우려가 있다.

④ 분진의 크기가 작을수록, 분진입자의 표면이 거칠수록 잘 일어난다.

(3) 분진의 폭발성에 영향을 주는 요인

① 분진 입도 및 입도 분포　　② 입자의 형상과 표면상태
③ 분진의 부유성　　④ 분진의 화학적 성질과 조성

5 폭발위험장소 및 폭발 등 방지원리

(1) 폭발위험장소의 분류

분류		적요	예
가스 폭발 위험 장소	0종 장소	폭발성 가스 분위기가 연속적, 장기간 또는 빈번하게 존재하는 장소	용기·장치·배관 등의 내부 등
	1종 장소	폭발성 가스 분위기가 정상작동 중 주기적 또는 빈번하게 생성되는 장소	맨홀·벤트·피트 등의 주위
	2종 장소	폭발성 가스 분위기가 정상작동 중 조성되지 않거나 조성된다 하더라도 짧은 기간에만 존재할 수 있는 장소	개스킷·패킹 등의 주위
분진 폭발 위험 장소	20종 장소	분진운 형태의 가연성 분진이 폭발농도를 형성할 정도로 충분한 양이 정상작동 중에 연속적으로 또는 자주 존재하거나, 제어할 수 없을 정도의 양 및 두께의 분진층이 형성될 수 있는 장소	호퍼·분진저장소·집진장치·필터 등의 내부
	21종 장소	20종 장소 외의 장소로서, 분진운 형태의 가연성 분진이 폭발농도를 형성할 정도의 충분한 양이 정상작동 중에 존재할 수 있는 장소	집진장치·백필터·배기구 등의 주위, 이송밸트 샘플링 지역 등
분진 폭발 위험 장소	22종 장소	21종 장소 외의 장소로서, 가연성 분진운 형태가 드물게 발생 또는 단기간 존재할 우려가 있거나, 이상작동 상태하에서 가연성 분진층이 형성될 수 있는 장소	21종 장소에서 예방 조치가 취하여진 지역, 환기설비 등과 같은 안전장치 배출구 주위 등

※ "인화성 액체의 증기 또는 가연성 가스에 의한 폭발위험분위기"라 함은 연소가 계속될 수 있는 가스나 증기 상태의 가연성 물질이 혼합되어 있는 상태를 말한다.

(2) 위험도 및 혼합가스의 폭발위험

① 위험도(H) = $\dfrac{U_2 - U_1}{U_1}$ (U_1 : 폭발하한계, U_2 : 폭발상한계)

② 아세틸렌의 위험도(H) = $\dfrac{U_2 - U_1}{U_1} = \dfrac{81 - 2.5}{2.5} = 31.4$　　(U_1 : 폭발하한계, U_2 : 폭발상한계)

③ 혼합가스의 폭발 위험(L) = $\dfrac{100}{\dfrac{V_1}{L_1} + \dfrac{V_2}{L_2} + \dfrac{V_3}{L_3} + \cdots\cdots \dfrac{V_n}{L_n}}$

㉮ L_1, L_2, …… L_n : 각 성분가스의 폭발한계(vol%)
㉯ V_1, V_2, …… V_n : 각 성분가스의 혼합비(vol%)

Section 09 화학설비안전

1 반응기 및 배관부속품

(1) 반응기의 종류
① **구조방식에 따른 분류** : 교반조형, 관형, 탑형, 유동층형
② **조작방식에 의한 분류** : 회분식, 반회분식, 연속식

(2) 배관부속품
① **두 개의 관 연결시** : 플랜지(flange), 유니온(union), 커플링(coupling), 니플(nipple), 소켓(socket)
② **관선의 방향 변경시** : 엘보(elbow), 리턴 밴드(return bend)
③ **관의 직경 변경시** : 리듀서(reducer), 소구경에는 부싱(bushing), 대구경에는 이경(異徑) 플랜지(reducing flange)
④ **지관(枝管) 연결시** : 티(tee), Y 지관(Y-branch), 십자(cross)
⑤ **유로차단시** : 소구경은 플러그(plug), 캡(cap), 대구경은 판(板)플랜지(blank flange)
⑥ **유량조절시** : 밸브(valve)

 알아두기

☑ **산업안전보건기준에 관한 규칙 제256조(부식 방지)**
사업주는 화학설비 또는 그 배관(화학설비 또는 그 배관의 밸브나 콕은 제외한다) 중 위험물 또는 인화점이 섭씨 60도 이상인 물질(이하 "위험물질등"이라 한다)이 접촉하는 부분에 대해서는 위험물질등에 의하여 그 부분이 부식되어 폭발·화재 또는 누출되는 것을 방지하기 위하여 위험물질등의 종류·온도·농도 등에 따라 부식이 잘 되지 않는 재료를 사용하거나 도장(塗裝) 등의 조치를 하여야 한다.

2 증류탑

(1) 화학설비 중 증류탑 개방 시 점검사항
① 트레이(Tray)의 부식상태, 정도, 범위
② 넘쳐흐르는 둑의 높이가 설계와 같은 지의 여부
③ 용접선의 상황과 포종이 단에 고정되어 있는지의 여부
④ 누출의 원인이 되는 균열 손상여부
⑤ 라이닝(Lining) 코팅 상황

(2) 증류탑의 일상점검항목
① 보온재, 보냉재의 파손여부
② 도장의 보존상태여부
③ 접속부, 맨홀부, 용접부에서의 이상 유무
④ 앵커볼트의 이탈여부
⑤ 증기배관이 열팽창에 의해 무리한 힘이 가해지지 않고 있는지의 여부
⑥ 부식 등으로 두께가 엷어지지는 않았는지의 여부

3 안전밸브 및 파열판

(1) 안전밸브
① **화학설비 안전밸브가 작동하지 않는 것을 방지하기 위한 주의사항**
   ㉮ 정기적인 분해 조정
   ㉯ 안전밸브가 작동했을 때의 진동 방지처리
   ㉰ 대기방출의 벤트관 개구부로부터 안전밸브 본체에 빗물이 들어가지 않도록 벤트관 굴곡부에 배수구 등을 설치
   ㉱ 상시 외관 검사 실시
② **작동 방식과 흐름에 의한 밸브 종류**
   ㉮ 리프트 밸브
   ㉯ 슬라이드 밸브
   ㉰ 버터플라이 밸브

(2) 파열판
① **파열판을 설치해야 하는 경우**
   ㉮ 반응 폭주 등 급격한 압력 상승 우려가 있는 경우
   ㉯ 급성 독성물질의 누출로 인하여 주위의 작업환경을 오염시킬 우려가 있는 경우
   ㉰ 운전 중 안전밸브에 이상 물질이 누적되어 안전밸브가 작동되지 아니할 우려가 있는 경우

② **파열판과 안전밸브의 직렬설치**
  ㉮ 급성 독성물질이 지속적으로 외부에 유출될 수 있는 화학설비 및 그 부속설비에는 파열판과 안전밸브를 직렬로 설치
  ㉯ 그 사이에는 압력지시계 또는 자동경보장치를 설치

4 특수화학설비 및 화학설비에 부속되어 사용되는 안전장치

(1) **특수화학설비**(온도계 · 유량계 · 압력계 등의 계측장치 설치 대상)
  ① 발열반응이 일어나는 반응장치
  ② 증류 · 정류 · 증발 · 추출 등 분리를 행하는 장치
  ③ 가열시켜 주는 물질의 온도가 가열되는 위험물질의 분해온도 또는 발화점보다 높은 상태에서 운전되는 설비
  ④ 반응폭주 등 이상 화학반응에 의하여 위험물질이 발생할 우려가 있는 설비
  ⑤ 온도가 350℃ 이상이거나 게이지 압력이 980kPa 이상인 상태에서 운전되는 설비
  ⑥ 가열로 또는 가열기

(2) **안전장치의 용도 및 기능**
  ① **체크 밸브** : 유체의 역류를 방지하는 밸브
  ② **블로우 밸브** : 과잉 압력을 방출하는 밸브
  ③ **통기 밸브** : 항상 탱크 내의 압력을 대기압과 평형한 압력으로 하는 탱크 보호 밸브
  ④ **화염방지기** : 화염의 차단을 목적으로 한 장치
  ⑤ **긴급차단장치** : 공기압식, 유압식, 전기식
  ⑥ **자동방출장치** : Vent Stack, Flare Stack, Steam Draft

5 공동현상, 서어징 현상

(1) **공동현상**(Cavitation)
  ① **공동현상의 개요** : 액체가 고속으로 회전할 때 압력이 낮아지는 부분이 생겨 기포가 형성되는 현상으로 원심 펌프, 수력 터빈, 해상용 프로펠러 등에서 발생
  ② **공동현상의 특징**
    ㉮ 발생한 기포가 고압영역으로 유입 기표의 급격한 붕괴로 인해 소음, 진동발생
    ㉯ 양정곡선 및 효율곡선의 저하
    ㉰ 토출 유량, 압력의 저하
    ㉱ 깃표면 부근에서 기포붕괴 및 기포체적의 급격한 감소로 인해 유체압력 급격이 증가하고 이로 인해 점침식을 유발

③ **공동현상 방지책**
    ㉮ 펌프의 설치위치를 낮추어 유효흡입 수두를 크게한다.
    ㉯ 펌프 회전수를 낮추고 흡입비 속도를 적게한다.
    ㉰ 양쪽 흡입펌프를 사용하거나 펌프를 2대로 나눈다.
    ㉱ 흡입관의 지름을 크게 하고 밸브, 플랜지, 관 이음류의 수를 적게 하여 손실수두를 줄인다.
    ㉲ 임펠러의 재질을 점침식에 강한 재질(스테인레스)로 바꾼다.

(2) **서어징(surging)현상**
  ① **서어징현상의 개요** : 펌프작동시 송출압력과 송출유량이 주기적으로 변동하여 펌프입구 및 출구에 설치된 진공계, 압력계의 지침이 흔들리는 현상
  ② **방지대책**
    ㉮ 회전수를 적당히 조절한다.
    ㉯ 베인을 제어하여 풍량을 감소시킨다.
    ㉰ 배관의 경사를 완만하게 한다.
    ㉱ 교축밸브를 기계에 근접 설치한다.
    ㉲ 토출가스를 흡입 측에 바이패스 시키거나 방출밸브에 의해 대기로 방출시킨다.

> **상사법칙**
> • 유량은 직경변경률의 3승에 비례
> • 양정은 직경변경률의 2승에 비례
> • 동력은 직경변경률의 5승에 비례

건설공사 안전관리

Section 01 건설공사 안전개요

1 지반조사 및 토질시험

(1) 지반의 조사방법

① **지하탐사법** : 짚어보기, 터파보기, 물리적 탐사법
② **사운딩(Sounding, 관입시험)** : 표준관입시험, 베인 테스트(Vane test), 콘(Cone) 관입시험
③ **보링(Boring)** : 오거보링, 수세식보링, 충격식보링, 회전식보링(가장 정확한 방법)
④ **샘플링(Sampling)** : 교란시료, 불교란시료
⑤ **토질시험(Soil test)** : 물리적시험, 역학적시험
⑥ **지내력 시험(Loading test)** : 평판재하시험, 말뚝박기시험

(2) 토질시험

① **토질시험의 분류**

㉮ 밀도시험 : 입도, 밀도, 함수비, 진비중, 액성 및 소성한계, 현장 함수당량, 원심 함수당량시험 등을 통해 측정한다.
㉯ 화학시험 : 함유수분의 시험 등을 필요에 따라 화학분석으로 행한다.
㉰ 역학시험 : 표준관입시험, 전단시험, 압밀시험, 투수시험, 다짐시험, 단순압축시험, 지반의 지지력시험 등이 있다.
㉱ 기타시험 : 물리적 지하탐사시험, 전기적 지하탐사시험 등의 방법이 있다.

② **현장의 토질시험방법**

㉮ 표준관입시험
　㉠ 사질지반의 상대밀도 등 토질조사시 신뢰성이 높다.
　㉡ 63.5kg의 추를 76cm 정도의 높이에서 떨어뜨려 30cm 관입시킬 때의 타격회수(N)를 측정하여 흙의 경·연 정도를 판정한다.
㉯ 베인(Vane)시험
　㉠ 연한 점토질 시험에 주로 쓰이는 방법이다.

ⓛ 4개의 날개가 달린 베인 테스터를 지반에 때려박고 회전시켜 저항 모멘트를 측정, 전단강도를 산출한다.
㉰ 평판재하시험 : 지반의 지지력을 알아보기 위한 방법이다.

> ㄷ 예민비
> • 흙의 이김에 의한 약해지는 정도를 표시한 것임
> • 예민비 = $\dfrac{\text{자연시료의 강도}}{\text{이긴시료의 강도}}$

2 보일링과 히빙

(1) 보일링(Boiling)

① **정의** : 사질토 지반 굴착시 굴착부와 지하 수위차가 있을 경우, 수두차(水頭差)에 의하여 침투압이 생겨 흙막이벽 근입부분을 침식하는 동시에 모래가 액상화(液狀化)되어 솟아오르며 흙막이벽의 근입부가 지지력을 상실하여 흙막이공의 붕괴를 초래하는 현상

② **지반조건** : 지하 수위가 높은 사질토의 경우

③ **현상**
  ㉮ 전면에 액상화현상(Quick Sand)이 발생
  ㉯ 굴착면과 배면토의 수두차에 의한 침투압이 발생

④ **대책**
  ㉮ 주변 수위를 저하
  ㉯ 흙막이벽 근입도를 증가시켜 동수구배를 저하
  ㉰ 굴착토를 즉시 원상 매립
  ㉱ 작업 중지

(2) 히빙(Heaving)

① **정의** : 굴착이 진행됨에 따라 흙막이 벽 뒤쪽 흙의 중량이 굴착부 바닥의 지지력 이상이 되면 흙막이벽 근입(根入) 부분의 지반 이동이 발생하여 굴착부 저면이 솟아오르는 현상

② **지반조건** : 연약성 점토 지반인 경우

③ **현상**
  ㉮ 지보공 파괴
  ㉯ 토사붕괴 저면의 솟아오름

④ **대책**
  ㉮ 굴착 주변의 상재하중을 제거
  ㉯ 시트 파일(Sheet Pile) 등의 근입심도를 검토
  ㉰ 1.3m 이하 굴착시에는 버팀대(Strut)를 설치

㉣ 버팀대, 브라켓, 흙막이를 점검
㉤ 굴착주변을 탈수공법과 병행
㉥ 굴착방식을 개선(Island Cut 공법 등)

ㄷ 연약지반 개량공법의 종류
다짐말뚝공법, 바이브로플로테이션공법, 다짐모래말뚝공법, 약액주입공법, 전기충격공법, 폭파치환공법

☑ **산업안전보건기준에 관한 규칙 제366조(붕괴 등의 방지)**
사업주는 터널 지보공을 설치한 경우에 다음 각 호의 사항을 수시로 점검하여야 하며, 이상을 발견한 경우에는 즉시 보강하거나 보수하여야 한다.
1. 부재의 손상 · 변형 · 부식 · 변위 탈락의 유무 및 상태
2. 부재의 긴압 정도
3. 부재의 접속부 및 교차부의 상태
4. 기둥침하의 유무 및 상태

3 유해위험방지계획서

(1) 유해위험방지계획서 제출 대상 공사

① 지상높이가 31m 이상인 건축물 또는 인공구조물, 연면적 30,000m² 이상인 건축물, 연면적 5,000m² 이상인 문화 및 집회시설(전시장 및 동물원 · 식물원은 제외), 판매시설, 운수시설(고속철도의 역사 및 집배송시설은 제외), 종교시설, 의료시설 중 종합병원, 숙박시설 중 관광숙박시설, 지하도상가, 냉동 · 냉장 창고시설의 건설 · 개조 또는 해체공사

② 연면적 5,000m² 이상인 냉동 · 냉장 창고시설의 설비공사 및 단열공사

③ 최대 지간길이(다리의 기둥과 기둥의 중심사이의 거리)가 50m 이상인 다리의 건설등 공사

④ 터널의 건설등 공사

⑤ 다목적댐, 발전용댐, 저수용량 2천만톤 이상의 용수 전용 댐 및 지방상수도 전용 댐의 건설등 공사

⑥ 깊이 10m 이상인 굴착공사

(2) 유해위험방지계획서 제출서류 및 첨부서류

① **유해위험방지계획서 제출서류**
㉮ 건축물 각 층의 평면도
㉯ 기계 · 설비의 개요를 나타내는 서류
㉰ 기계 · 설비의 배치도면

㉔ 원재료 및 제품의 취급, 제조 등의 작업방법의 개요
　　　㉕ 그 밖에 고용노동부장관이 정하는 도면 및 서류
② **유해위험방지계획서 첨부서류**
　　㉮ 공사 개요 및 안전보건관리계획
　　　　㉠ 공사 개요서
　　　　㉡ 공사현장의 주변 현황 및 주변과의 관계를 나타내는 도면(매설물 현황을 포함)
　　　　㉢ 건설물, 사용 기계설비 등의 배치를 나타내는 도면
　　　　㉣ 전체 공정표
　　　　㉤ 산업안전보건관리비 사용계획서
　　　　㉥ 안전관리 조직표
　　　　㉦ 재해 발생 위험 시 연락 및 대피방법
　　㉯ 작업 공사 종류별 유해위험방지계획
　　　　㉠ 해당 작업공사 종류별 작업개요 및 재해예방 계획
　　　　㉡ 위험물질의 종류별 사용량과 저장·보관 및 사용 시의 안전작업계획

(3) **유해위험방지계획서 심사 결과의 구분·판정**
① **적정** : 근로자의 안전과 보건을 위하여 필요한 조치가 구체적으로 확보되었다고 인정되는 경우
② **조건부 적정** : 근로자의 안전과 보건을 확보하기 위하여 일부 개선이 필요하다고 인정되는 경우
③ **부적정** : 건설물·기계·기구 및 설비 또는 건설공사가 심사기준에 위반되어 공사착공 시 중대한 위험이 발생할 우려가 있거나 해당 계획에 근본적 결함이 있다고 인정되는 경우

4　건설공사 안전의 개요에 관한 중요사항

(1) **흙의 성질**

① **흙** = 토립자 + 간극(물, 공기, 가스)

② 간극비 = $\dfrac{\text{간극의 용적}}{\text{토립자의 용적}}$

③ 함수비 = $\dfrac{\text{물의 중량}}{\text{토립자의 용적}} \times 100$

④ 포화비 = $\dfrac{\text{물의 용적}}{\text{토립자의 용적}} \times 100$

⑤ 예민비 = $\dfrac{\text{자연시료의 강도}}{\text{이긴시료의 강도}}$

> **소성한계 및 액성한계**
> 바삭바삭 끈기가없는 상태 → 소성한계 : 이때의 함수비 → 끈기가 있고 반죽할 수 있는 상태 → 액성한계 : 이때의 함수비 → 질척한 액성의 상태

(2) 허용응력과 안전율

① **허용응력** : 실제로 재료를 사용하여 안전하다고 판단되는 최대응력

② **안전율** = $\dfrac{\text{극한강도(파괴하중)}}{\text{허용응력}}$

(3) 지반성격에 따른 개량공법 분류

지반성격	지반개량공법	비고
점토질 지반	치환법	연약토를 양질토로 치환(폭파 · 전면 · 사면전단치환)
	프리로딩(Pre-loading, 여성토) 공법	구조물을 세우기 전 미리 하중을 가해 압밀 촉진
	압성토(부제) 공법	재하 공법
	생석회 말뚝 공법	고결 공법
	전기침투 공법 및 전기화학적 고결 공법	고결 공법
	샌드 드레인(Sand Drain) 공법	탈수 공법
	페이퍼 드레인(Paper Drain) 공법	탈수 공법
사질 지반	다짐말뚝 공법	다짐 공법
	다짐모래말뚝 공법(콤포저 공법)	다짐 공법
	바이브로플로테이션(Vibroflotation)공법	2m 정도의 진동봉을 지중에 관입, 빈 구멍에 모래, 자갈을 채워 지반 개량(다짐 공법)
	폭파다짐 공법	다짐 공법
	전기충격 공법	배수 공법
	약액주입 공법	벤토나이트 · 그라우트 · 아스팔트 등 사용(주입 공법)

(4) 흙막이 공법

① **수평버팀대식**

㉮ 흙막이벽을 설치하고 토압을 수평버팀대에 부담하면서 굴착하는 것

㉯ 버팀대의 위치는 H/3, 띠장의 이음위치는 L/4

② **어스앵커식(Earth anchor)**

㉮ 흙막이벽 배면을 원통형으로 굴착한 후 고강도 강재와 모르타르(Mortar)를 주입하여 경화시킨 후 인장력에 의해 토압을 지지하게 하는 것

㉯ 좌우 토압이 불균일하여 버팀대식의 적용이 불가하고, 굴착부지 내의 작업공간 확보가 필요한 경우 사용

③ **지하연속벽식(Slurry wall)**

㉮ 안정액을 사용하여 지반붕괴를 방지하면서 굴착하여 그 속에 철근망과 콘크리트를 넣어 연속으로 콘크리트 흙막이벽을 설치하는 것

㉯ 차수성이 높으며, 인접건물에 근접 시공이 가능
　　　㉰ 벽체의 강성이 높아 본 구조체로 사용 가능
　④ **당겨매기식 흙막이** : 온통파기 또는 지반이 연약하여 빗버팀대로 지지하기 곤란한 대지에 있어서 흙막이말뚝과 널말뚝 상부에 ㄱ자 형강 또는 각재를 연결재 또는 로프로 끌어당겨 매는 공법

Section 02 건설안전시설 및 설비

1 추락재해의 위험성 및 안전조치

(1) 추락의 방지

① 근로자가 추락하거나 넘어질 위험이 있는 장소(작업발판의 끝·개구부 등을 제외) 또는 기계·설비·선박블록 등에서 작업을 할 때에 근로자가 위험해질 우려가 있는 경우 비계(飛階)를 조립하는 등의 방법으로 작업발판을 설치하여야 한다.

② 작업발판을 설치하기 곤란한 경우 다음의 기준에 맞는 추락방호망을 설치하여야 한다. 다만, 추락방호망을 설치하기 곤란한 경우에는 근로자에게 안전대를 착용하도록 하는 등 추락위험을 방지하기 위하여 필요한 조치를 하여야 한다.

　㉮ 추락방호망의 설치 위치는 가능하면 작업면으로부터 가까운 지점에 설치하여야 하며, 작업면으로부터 망의 설치지점까지의 수직거리는 10m를 초과하지 아니할 것

　㉯ 추락방호망은 수평으로 설치하고, 망의 처짐은 짧은 변 길이의 12% 이상이 되도록 할 것

　㉰ 건축물 등의 바깥쪽으로 설치하는 경우 추락방호망의 내민 길이는 벽면으로부터 3m 이상 되도록 할 것. 다만, 그물코가 20mm 이하인 추락방호망을 사용한 경우에는 낙하물방지망을 설치한 것으로 본다.

(2) 개구부 등의 방호 조치

① 사업주는 작업발판 및 통로의 끝이나 개구부로서 근로자가 추락할 위험이 있는 장소에는 안전난간, 울타리, 수직형 추락방망 또는 덮개 등(이하 "난간등"이라 함)의 방호 조치를 충분한 강도를 가진 구조로 튼튼하게 설치하여야 하며, 덮개를 설치하는 경우에는 뒤집히거나 떨어지지 않도록 설치하여야 한다. 이 경우 어두운 장소에서도 알아볼 수 있도록 개구부임을 표시해야 하며, 수직형 추락방망은 산업표준화법에 따른 한국산업표준에서 정하는 성능기준에 적합한 것을 사용해야 한다.

② 사업주는 난간등을 설치하는 것이 매우 곤란하거나 작업의 필요상 임시로 난간등을 해체하여야 하는 경우 추락방호망을 설치하여야 한다. 다만, 추락방호망을 설치하기 곤란한 경우에는 근로자에게 안전대를 착용하도록 하는 등 추락할 위험을 방지하기 위하여 필요한 조치를 하여야 한다.

> ☑ **산업안전보건기준에 관한 규칙 제45조(지붕 위에서의 위험방지)**
> ① 사업주는 근로자가 지붕 위에서 작업을 할 때에 추락하거나 넘어질 위험이 있는 경우에는 다음 각 호의 조치를 해야 한다.
> 1. 지붕의 가장자리에 제13조에 따른 안전난간을 설치할 것
> 2. 채광창(skylight)에는 견고한 구조의 덮개를 설치할 것
> 3. 슬레이트 등 강도가 약한 재료로 덮은 지붕에는 폭 30센티미터 이상의 발판을 설치할 것

(3) 사다리식 통로 설치 시 준수사항

① 견고한 구조로 할 것

② 심한 손상·부식 등이 없는 재료를 사용할 것

③ 발판의 간격은 일정하게 할 것

④ 발판과 벽과의 사이는 15cm 이상의 간격을 유지할 것

⑤ 폭은 30cm 이상으로 할 것

⑥ 사다리가 넘어지거나 미끄러지는 것을 방지하기 위한 조치를 할 것

⑦ 사다리의 상단은 걸쳐놓은 지점으로부터 60cm 이상 올라가도록 할 것

⑧ 사다리식 통로의 길이가 10m 이상인 경우에는 5m 이내마다 계단참을 설치할 것

⑨ 사다리식 통로의 기울기는 75도 이하로 할 것. 다만, 고정식 사다리식 통로의 기울기는 90도 이하로 하고, 그 높이가 7m 이상인 경우에는 다음 각 목의 구분에 따른 조치를 할 것

 ㉮ 등받이울이 있어도 근로자 이동에 지장이 없는 경우 : 바닥으로부터 높이가 2.5미터 되는 지점부터 등받이울을 설치할 것

 ㉯ 등받이울이 있으면 근로자가 이동이 곤란한 경우 : 한국산업표준에서 정하는 기준에 적합한 개인용 추락 방지 시스템을 설치하고 근로자로 하여금 한국산업표준에서 정하는 기준에 적합한 전신안전대를 사용하도록 할 것

⑩ 접이식 사다리 기둥은 사용 시 접혀지거나 펼쳐지지 않도록 철물 등을 사용하여 견고하게 조치할 것

2 추락 방지용 방망의 구조 등 안전기준

(1) 안전기준

① **그물코** : 사각 또는 마름모로서 그 크기는 10cm 이하

② **테두리망 및 매다는 망의 강도** : 인장강도 1,500kg/cm² 이상

③ 방망사의 신품에 대한 인장강도

그물코의 크기	인장강도(단위 : kg)	
	매듭이 없는 방망	매듭 방망
10cm	240(150)	200(135)
5cm	–	110(60)

※괄호 안은 폐기기준 인장강도임

(2) 방망의 표시 및 정기시험

　① **방망의 표시** : 제조자, 제조연월, 재봉치수, 그물코, 신품시 망사의 강도
　② **정기시험** : 사용개시 후 1년 이내, 이후 매 6개월마다 실시

3 낙하물 재해방지설비

(1) 낙하 · 비래의 위험성 및 안전조치

　① **높이가 3m 이상인 장소로부터 물체를 투하하는 경우** : 적당한 투하설비 설치, 감시인 배치
　② **낙하 등에 의한 위험방지 조치** : 방망
　③ **낙하 · 비래에 의한 위험방지 조치** : 낙하물방지망 · 수직보호망 또는 방호선반의 설치, 출입금지 구역의 설정, 보호구의 착용
　④ **낙하물방지망 또는 방호선반 설치시 준수사항**
　　㉮ 설치 높이는 10m 이내마다 설치하고, 내민길이는 벽면으로부터 2m 이상으로 할 것
　　㉯ 수평면과의 각도는 20° 이상 30° 이하를 유지할 것

(2) 낙하 · 비래재해의 방호설비

방호설비	구분	용도, 사용장소, 조건
방호철망, 방호울타리, 가설앵커설비	상부에서 낙하해오는 것으로부터 보호	철골건립 및 보울트 체결, 기타 상하작업
방호철망, 방호시트, 울타리, 방호선반, 안전망	제3자의 위험행동으로 인한 보호	보울트, 콘크리트제품, 형틀재, 일반자재, 먼지 등 낙하 · 비산할 우려가 있는 작업
석면포	불꽃의 비산방지	용접, 용단을 수반하는 작업

4 토사붕괴의 위험성 및 안전조치

(1) 토사붕괴의 원인

　① **외적원인** : 사면의 경사 및 기울기의 증가, 절토 및 성토의 증가, 공사에 의한 진동 및 반복하중의 증가, 지표수 또는 지하수의 침투로 인한 토사중량의 증가, 지진 및 작업차량 등의 하중

② **내적원인** : 절토사면의 토질, 암질의 종류, 성토 사면의 토질구성 및 분포, 토석의 강도 저하

(2) 토사붕괴 · 낙하에 의한 위험방지

① 지반은 안전한 경사로 하고 낙하의 위험이 있는 토석을 제거하거나 옹벽, 흙막이지보공 등을 설치

② 지반의 붕괴 또는 토석의 낙하원인이 되는 빗물이나 지하수 등의 배제

③ 구축물의 안전진단 등 안전성 평가 실시

(3) 지반의 굴착 작업을 하는 경우 작업장소 등의 조사

① 형상 · 지질 및 지층의 상태

② 균열 · 함수(含水) · 용수 및 동결의 유무 또는 상태

③ 매설물 등의 유무 또는 상태

④ 지반의 지하수위 상태

(4) 암반 등의 인력 굴착시 위험방지

① **굴착면의 기울기(구배)기준**

지반의 종류	굴착면의 기울기	지반의 종류	굴착면의 기울기
모래	1 : 1.8	경암	1 : 0.5
연암 및 풍화암	1 : 1.0	그 밖의 흙	1 : 1.2

※ 비고

1. 굴착면의 기울기는 굴착면의 높이에 대한 수평거리의 비율을 말한다.
2. 굴착면의 경사가 달라서 기울기를 계산하기가 곤란한 경우에는 해당 굴착면에 대하여 지반의 종류별 굴착면의 기울기에 따라 붕괴의 위험이 증가하지 않도록 위 표의 지반의 종류별 굴착면의 기울기에 맞게 해당 각 부분의 경사를 유지해야 한다.

② 사질의 지반은 굴착면의 기울기를 1 : 1.5 이상으로 하고 높이는 5m 미만으로 하여야 한다.

③ 발파 등에 의해서 붕괴하기 쉬운 상태의 지반 및 다시 매립하거나 반출시켜야 할 지반의 굴착면의 기울기는 1 : 1 이하 또는 높이는 2m 미만으로 하여야 한다.

(5) 흙막이지보공

① **흙막이지보공의 조립**

㉮ 미리 조립도를 작성하여 당해 조립도에 의하여 조립

㉯ 조립도에는 흙막이판 · 말뚝 · 버팀대 및 띠장 등 부재의 배치 · 치수 · 재질 및 설치방법과 순서를 명시

② **흙막이지보공을 설치하였을 때의 정기점검사항**

㉮ 부재의 손상 · 변형 · 부식 · 변위 및 탈락의 유무와 상태

㉯ 버팀대의 긴압의 정도

㉳ 부재의 접속부 · 부착부 및 교차부의 상태
㉴ 침하의 정도

> **옹벽의 안정검토**
> 전도에 대한 검토, 활동에 대한 검토, 지반의 지지력에 대한 검토

5 가설 전기설비의 위험성 및 안전조치

(1) 고압활선작업
① 근로자에게 절연용 보호구를 착용시키고, 당해 충전전로중 근로자가 취급하고 있는 부분 외의 부분에 근로자의 신체 등이 접촉 또는 접근함으로 인하여 감전의 위험이 발생할 우려가 있는 것에 대하여는 절연용 방호구를 설치할 것
② 근로자에게 활선작업용 기구를 사용하도록 할 것
③ 근로자에게 활선작업용 장치를 사용하도록 할 것(이 경우 근로자가 취급하고 있는 충전전로의 전위와 전위가 다른 물체와 근로자의 신체 등이 접촉하거나 접근함으로 인하여 감전의 위험이 발생하지 아니하도록 하여야 함)

(2) 충전전로 작업 시 충전전로에 대한 접근한계거리

충전전로의 선간전압 (단위 : kV)	충전전로에 대한 접근한계거리(단위 : cm)	충전전로의 선간전압 (단위 : kV)	충전전로에 대한 접근한계거리(단위 : cm)
0.3 이하	접촉금지	121 초과 145 이하	150
0.3 초과 0.75 이하	30	145 초과 169 이하	170
0.75 초과 2 이하	45	169 초과 242 이하	230
2 초과 15 이하	60	242 초과 362 이하	380
15 초과 37 이하	90	362 초과 550 이하	550
37 초과 88 이하	110	550 초과 800 이하	790
88 초과 121 이하	130		

(3) 시설물 건설 등의 작업시의 감전방지
① 당해 충전전로를 이설할 것
② 감전의 위험을 방지하기 위한 울타리(방책)를 설치할 것
③ 당해 충전전로에 절연용 방호구를 설치할 것
④ 위 ①항 내지 ③항에 해당하는 조치를 하는 것이 현저히 곤란한 때에는 감시인을 두고 작업을 감시하도록 할 것

6 건설기계의 위험성 및 안전조치

(1) **차량계 건설기계의 작업계획 작성시 포함사항**
   ① 사용하는 차량계 건설기계의 종류 및 능력
   ② 차량계 건설기계의 운행경로
   ③ 차량계 건설기계에 의한 작업방법

(2) **차량계 건설기계 전도방지를 위한 조치**
   ① 유도자를 배치
   ② 지반의 부동침하방지 조치
   ③ 갓길의 붕괴방지 조치
   ④ 도로의 폭의 유지 등 필요한 조치

(3) **부적격한 권상용 와이어로프의 사용금지**(항타기 또는 항발기)
   ① 이음매가 있는 것
   ② 와이어로프의 한 꼬임에서 끊어진 소선(필러선은 제외)의 수가 10% 이상(비자전로프의 경우에는 끊어진 소선의 수가 와이어로프 호칭지름의 6배 길이 이내에서 4개 이상이거나 호칭지름 30배 길이 이내에서 8개 이상)인 것
   ③ 지름의 감소가 공칭지름의 7%를 초과하는 것
   ④ 꼬인 것
   ⑤ 심하게 변형되거나 부식된 것
   ⑥ 열과 전기충격에 의해 손상된 것

> **랭(Lang)꼬임**
> 보통꼬임의 로프보다 사용시 표면전체가 균일하게 마모되므로 수명이 길고 부분적 마모에 대한 저항성, 유연성이 우수하나 꼬임이 풀리기 쉬운 단점이 있다.

(4) **권상용 와이어로프의 안전계수 및 안전율**
   ① **안전계수** = $\dfrac{극한강도}{최대설계응력} = \dfrac{파단하중}{안전하중} = \dfrac{파괴하중}{최대사용하중}$

   ② **Cardullo의 안전율(F)** = $a \times b \times c \times d$ [a : 극한강도, b : 하중종류, c : 하중속도, d : 재료조건]

   ③ **안전 여유** = 극한 강도 − 허용응력(정격하중)

7 건설안전시설 및 설비에 관한 중요사항

(1) 정전작업시의 조치

① 전로의 개로에 사용한 개폐기에 잠금장치를 하고 통전(通電)금지에 관한 표지판을 설치하는 등 필요한 조치를 할 것

② 개로된 전로가 전력케이블·전력콘덴서 등을 가진 것으로서 잔류전하에 의하여 위험이 발생할 우려가 있는 것에 대하여는 당해 잔류전하를 확실히 방전시킬 것

③ 개로된 전로의 충전여부를 검전기구에 의하여 확인하고 오(誤)통전, 다른 전로와의 접촉, 다른 전로로부터의 유도 또는 예비동력원의 역송전에 의한 감전의 위험을 방지하기 위하여 단락접지 기구를 사용하여 확실하게 단락접지할 것

④ 사업주는 앞의 작업중 또는 작업 종료후 개로한 전로에 통전하는 때에는 당해 작업에 종사하는 근로자에게 감전의 위험이 발생할 우려가 없도록 미리 통지한 후 단락접지기구를 제거하여야 함

(2) 고압 충전로 작업시 이격거리

전압 종별	교류	직류	이격거리
저압	1000V 이하	1500V 이하	1m
고압	1000V 초과 7,000V 이하	1500V 초과 7,000V 이하	1.2m
특별고압	7,000V 초과		2m

Section 03 가설작업의 안전

1 가설통로

(1) 통로의 설치

① 작업장으로 통하는 장소 또는 작업장내에는 근로자가 사용하기 위한 안전한 통로를 설치

② 통로의 주요한 부분에는 통로표시

③ 통로에 75럭스 이상의 채광 또는 조명시설 설치(갱도 또는 지하실 등에서 휴대용 조명기구 사용 시는 예외)

④ 옥내에 통로를 설치하는 때에는 걸려 넘어지거나 미끄러지는 등의 위험이 없도록 하여야 하며, 통로면으로부터 높이 2m 이내에는 장애물이 없도록 함

(2) 가설통로의 구조

① 견고한 구조로 할 것

② 경사는 30° 이하로 할 것(다만, 계단을 설치하거나 높이 2m 미만의 가설통로로서 튼튼한 손잡이를 설치한 때에는 그러하지 아니하다)

③ 경사가 15°를 초과하는 때에는 미끄러지지 아니하는 구조로 할 것
④ 추락의 위험이 있는 장소에는 안전난간을 설치할 것(다만, 작업상 부득이한 때에는 필요한 부분에 한하여 임시로 이를 해체할 수 있다)
⑤ 수직갱에 가설된 통로의 길이가 15m 이상인 때에는 10m 이내마다 계단참을 설치할 것
⑥ 건설공사에 사용하는 높이 8m 이상인 비계다리에는 7m 이내마다 계단참을 설치할 것

> ☑ **산업안전보건기준에 관한 규칙 제13조(안전난간의 구조 및 설치요건)**
> 사업주는 근로자의 추락 등의 위험을 방지하기 위하여 안전난간을 설치하는 경우 다음 각 호의 기준에 맞는 구조로 설치해야 한다.
>
> 1. 상부 난간대, 중간 난간대, 발끝막이판 및 난간기둥으로 구성할 것. 다만, 중간 난간대, 발끝막이 판 및 난간기둥은 이와 비슷한 구조와 성능을 가진 것으로 대체할 수 있다.
> 2. 상부 난간대는 바닥면·발판 또는 경사로의 표면(이하 "바닥면등"이라 한다)으로부터 90센티미터 이상 지점에 설치하고, 상부 난간대를 120센티미터 이하에 설치하는 경우에는 중간 난간대는 상부 난간대와 바닥면등의 중간에 설치해야 하며, 120센티미터 이상 지점에 설치하는 경우에는 중간 난간대를 2단 이상으로 균등하게 설치하고 난간의 상하 간격은 60센티미터 이하가 되도록 할 것. 다만, 난간기둥 간의 간격이 25센티미터 이하인 경우에는 중간 난간대를 설치하지 않을 수 있다.
> 3. 발끝막이판은 바닥면등으로부터 10센티미터 이상의 높이를 유지할 것. 다만, 물체가 떨어지거나 날아올 위험이 없거나 그 위험을 방지할 수 있는 망을 설치하는 등 필요한 예방 조치를 한 장소는 제외한다.
> 4. 난간기둥은 상부 난간대와 중간 난간대를 견고하게 떠받칠 수 있도록 적정한 간격을 유지할 것
> 5. 상부 난간대와 중간 난간대는 난간 길이 전체에 걸쳐 바닥면등과 평행을 유지할 것
> 6. 난간대는 지름 2.7센티미터 이상의 금속제 파이프나 그 이상의 강도가 있는 재료일 것
> 7. 안전난간은 구조적으로 가장 취약한 지점에서 가장 취약한 방향으로 작용하는 100킬로그램 이상의 하중에 견딜 수 있는 튼튼한 구조일 것

(3) 작업발판의 구조

사업주는 비계(달비계, 달대비계 및 말비계는 제외)의 높이가 2m 이상인 작업장소에 다음의 기준에 맞는 작업발판을 설치하여야 한다.

① 발판재료는 작업할 때의 하중을 견딜 수 있도록 견고한 것으로 할 것
② 작업발판의 폭은 40cm 이상으로 하고, 발판재료 간의 틈은 3cm 이하로 할 것. 다만, 외줄비계의 경우에는 고용노동부장관이 별도로 정하는 기준에 따른다.
③ 위 ②항에도 불구하고 선박 및 보트 건조작업의 경우 선박블록 또는 엔진실 등의 좁은 작업공간에 작업발판을 설치하기 위하여 필요하면 작업발판의 폭을 30cm 이상으로 할 수 있고, 걸침비계의 경우 강관기둥 때문에 발판재료 간의 틈을 3cm 이하로 유지하기 곤란하면 5cm 이하로 할 수 있다. 이 경우 그 틈 사이로 물체 등이 떨어질 우려가 있는 곳에는 출입금지 등의 조치를 하여야 한다.

④ 추락의 위험이 있는 장소에는 안전난간을 설치할 것. 다만, 작업의 성질상 안전난간을 설치하는 것이 곤란한 경우, 작업의 필요상 임시로 안전난간을 해체할 때에 추락방호망을 설치하거나 근로자로 하여금 안전대를 사용하도록 하는 등 추락위험 방지 조치를 한 경우에는 그러하지 아니하다.

⑤ 작업발판의 지지물은 하중에 의하여 파괴될 우려가 없는 것을 사용할 것

⑥ 작업발판재료는 뒤집히거나 떨어지지 않도록 둘 이상의 지지물에 연결하거나 고정시킬 것

⑦ 작업발판을 작업에 따라 이동시킬 경우에는 위험 방지에 필요한 조치를 할 것

(4) 계단 및 계단참의 설치기준

① **강도** : 계단 및 계단참을 설치하는 때에는 500kg/cm² 이상의 하중에 견딜 수 있는 강도를 가진 구조, 안전율은 4 이상

② **폭** : 1m 이상(급유용, 보수용, 비상용계단 및 나선형계단은 예외임)

③ **계단참의 높이** : 3m를 초과하는 계단에 높이 3m 이내마다 너비 1.2m 이상의 계단참 설치

④ **천장의 높이** : 바닥면으로부터 높이 2m 이내의 공간에 장애물이 없도록 설치(급유용, 보수용, 비상용계단 및 나선형계단은 예외임)

⑤ **난간** : 높이 1m 이상인 계단의 개방된 측면에 안전난간 설치

2 비계의 조립시 안전조치

(1) 강관비계의 조립

① **강관비계의 구조**

㉮ 비계기둥의 간격은 띠장 방향에서는 1.85m 이하, 장선(長線) 방향에서는 1.5m 이하로 할 것. 다만, 선박 및 보트 건조작업의 경우 안전성에 대한 구조검토를 실시하고 조립도를 작성하면 띠장 방향 및 장선 방향으로 각각 2.7m 이하로 할 수 있다.

㉯ 띠장 간격은 2.0m 이하로 할 것. 다만, 작업의 성질상 이를 준수하기가 곤란하여 쌍기둥틀 등에 의하여 해당 부분을 보강한 경우에는 그러하지 아니하다.

㉰ 비계기둥의 제일 윗부분으로부터 31m되는 지점 밑부분의 비계기둥은 2개의 강관으로 묶어 세울 것. 다만, 브라켓(bracket, 까치발) 등으로 보강하여 2개의 강관으로 묶을 경우 이상의 강도가 유지되는 경우에는 그러하지 아니하다.

㉱ 비계기둥 간의 적재하중은 400kg을 초과하지 않도록 할 것

② **강관비계의 조립간격**

강관비계의 종류	조립간격(단위 : m)	
	수직방향	수평방향
단관비계	5	5
틀비계(높이가 5m 미만의 것은 제외)	6	8

(2) 달비계의 조립

① 와이어로프 및 강선의 안전계수는 10 이상
② 와이어로프의 일단은 권상기에 확실히 감겨져 있어야 함
③ 작업발판은 폭을 40cm 이상으로 하고 틈새가 없도록 할 것
④ 발판위 약 10cm 위까지 낙하물 방지조치
⑤ 작업발판의 재료는 뒤집히거나 떨어지지 아니하도록 비계의 보 등에 연결하거나 고정시킬 것
⑥ 비계가 흔들리거나 뒤집히는 것을 방지하기 위하여 비계의 보·작업발판 등에 버팀을 설치하는 등 필요한 조치를 할 것
⑦ 선반비계에 있어서는 보의 접속부 및 교차부를 철선·이음철물 등을 사용하여 확실하게 접속시키거나 단단하게 연결시킬 것
⑧ 추락에 의한 근로자의 위험을 방지하기 위하여 달비계에 안전대 및 구명줄을 설치하고, 안전난간의 설치가 가능한 구조인 경우에는 안전난간을 설치할 것

3 사면붕괴 방지 및 토석붕괴의 원인

(1) 사면붕괴 방지의 안전대책

① 경점토 사면은 구배를 느리게 한다.
② 느슨한 모래의 사면은 지반의 밀도를 크게 한다.
③ 연약한 균질의 점토사면은 배수에 의하여 전단강도를 증가시킨다.
④ 암층은 배수가 잘 되도록 하며 층이 얕을 때에는 말뚝을 박아서 정지한다.
⑤ 모래층을 둘러싼 점토사면은 배수에 의하여 모래층의 함유수분을 배제한다.

(2) 토석 붕괴의 원인

① **외적 요인** : 사면수위의 급격한 하강이 위험도가 가장 높음
  ㉮ 사면, 법면의 경사 및 구배의 증가
  ㉯ 절토 및 성토 높이의 증가
  ㉰ 공사에 의한 진동 및 반복하중의 증가
  ㉱ 지표수 및 지하수의 침투에 의한 토사중량의 증가
  ㉲ 지진, 차량, 구조물의 하중
② **내적 요인** : 절토사면의 토질, 암석 성토사면의 토질 및 토석의 강도 저하

4 거푸집 및 거푸집동바리

(1) 조립도 명시사항 및 조립

① **조립도에 명시할 사항** : 동바리·멍에 등 부재(部材)의 재질·단면규격·설치간격 및 이음방법 등

② **조립순서** : 기둥 → 보받이 내력벽 → 큰보 → 작은보 → 바닥 → 내벽 → 외벽

> ■ 거푸집 설계시 고려하여야 하는 하중
> • 수직(연직)방향 : 고정하중, 충격하중, 작업하중
> • 수평방향 : 풍압, 콘크리트 측압, 콘크리트 타설 방향에 따른 편심하중

(2) 거푸집의 존치기간

부위		바닥슬래브, 지붕슬래브 및 보밑		기초, 기둥 및 벽, 보옆	
시멘트의 종류		포틀랜드 시멘트	조강포틀랜드 시멘트	포틀랜드 시멘트	조강포틀랜드 시멘트
압축강도		설계기준강도의 50%		50kg/cm^2(5MPa)	
재령 (일)	평균기온 10℃ 이상 ~20℃ 미만	8	5	6	3
	평균기온 20℃ 이상	7	4	4	2

5 철골공사 전 검토사항

(1) 철골의 자립도 검토대상 구조물

① 높이 20m 이상의 구조물

② 구조물의 폭과 높이의 비가 1:4 이상인 구조물

③ 단면구조에 현저한 차이가 있는 구조물

④ 연면적당 철골량이 50kg/m^2 이하인 구조물

⑤ 기둥이 타이플레이트(tie plate)형인 구조물

⑥ 이음부가 현장용접인 구조물

(2) 철골건립순서 계획 시 검토할 사항

① 철골건립에 있어서는 현장건립순서와 공장제작순서가 일치되도록 계획하고 제작검사의 사전 실시, 현장운반계획 등을 확인하여야 한다.

② 어느 한면만을 2절점 이상 동시에 세우는 것은 피해야 하며 1스팬 이상 수평방향으로도 조립이 진행되도록 계획하여 좌굴, 탈락에 의한 도괴를 방지하여야 한다.

③ 건립기계의 작업반경과 진행방향을 고려하여 조립순서를 결정하고 조립 설치된 부재에 의해 후속작업이 지장을 받지 않도록 계획하여야 한다.

④ 연속기둥 설치시 기둥을 2개 세우면 기둥사이의 보를 동시에 설치하도록 하며 그 다음의 기둥을 세울 때에도 계속 보를 연결시킴으로써 좌굴 및 편심에 의한 탈락 방지 등의 안전성을 확보하면서 건립을 진행시켜야 한다.

⑤ 건립 중 도괴를 방지하기 위하여 가보울트 체결기간을 단축시킬 수 있도록 후속공사를 계획하여야 한다.

(3) 철골작업을 중지하여야 하는 경우
① 풍속이 초당 10m 이상인 경우
② 강우량이 시간당 1mm 이상인 경우
③ 강설량이 시간당 1cm 이상인 경우

Section 04 운반, 하역작업

1 운반 및 화물취급

(1) 취급 · 운반의 원칙
① **취급 · 운반의 3조건**
  ㉮ 운반거리를 단축시킬 것
  ㉯ 운반을 기계화할 것
  ㉰ 손이 닿지 않는 운반방식으로 할 것
② **취급 · 운반의 5원칙**
  ㉮ 직선운반을 할 것
  ㉯ 연속운반을 할 것
  ㉰ 운반작업을 집중화시킬 것
  ㉱ 생산을 최고로 하는 운반을 생각할 것
  ㉲ 최대한 시간과 경비를 절약할 수 있는 운반방법을 고려할 것

(2) 인력운반
① **인력운반 하중기준** : 보통 체중의 40% 정도의 운반물은 60~80m/min의 속도로 운반
② **안전하중기준** : 성인남자의 경우 20~25kg 정도, 성인여자의 경우에는 15~20kg 정도
③ **중량물 취급 권장기준(일본 허용기준을 인용하여 적용)**

작업형태	성별	연령별 허용기준(kg)			
		18세 이하	19~35세	36~50세	51세 이상
일시작업	남	25	30	27	25
	여	17	20	17	15
계속작업	남	12	15	13	10
	여	8	10	8	5

(3) 차량계 하역운반 기계 및 통로폭
　① **운반차량의 구내 속도** : 8km/h 이내의 속도를 유지
　② **운반통로에서 우선 통과 순서** : 기중기 – 짐차 – 빈차 – 사람
　③ **부두 안벽선 통로폭** : 90cm 이상
　④ **물자 운반용 차량의 통로폭**
　　㉮ 일방 통행용 : W = B + 60(cm) [B : 운반차량의 폭]
　　㉯ 양방 통행용 : W = 2B + 90(cm) [B : 운반차량의 폭]

(4) 화물취급작업시 안전담당자의 유해위험방지 업무
　① 관계자외 출입금지　　　　　　　　② 기구 및 공구 점검
　③ 화물의 낙하위험유무 확인, 작업개시 지시　④ 작업방법 및 순서 결정

2 운반 · 하역 및 벌목 작업의 안전에 관한 사항

(1) 중량물 취급시의 위험방지
　① **작업계획서 작성시 포함시켜야 할 사항**
　　㉮ 중량물의 종류 및 형상
　　㉯ 취급방법 및 순서
　　㉰ 작업장소의 넓이 및 지형
　② **경사면에서의 중량물 취급시 준수사항**
　　㉮ 구름 멈춤대, 쐐기 등을 이용하여 중량물의 동요나 이동을 조절할 것
　　㉯ 중량물의 구름방향인 경사면 아래에는 근로자의 출입을 제한시킬 것
　　㉰ 작업지휘자를 지정하고 안전화등 보호구를 지급하여 사용하도록 할 것

(2) 차량계 건설기계 사용시 작업계획에 포함될 사항
　① 사용하는 차량계 건설기계의 종류 및 능력
　② 차량계 건설기계의 운행경로
　③ 차량계 건설기계에 의한 작업방법

> ☑ **산업안전보건기준에 관한 규칙 제171조(전도 등의 방지)**
> 사업주는 차량계 하역운반기계등을 사용하는 작업을 할 때에 그 기계가 넘어지거나 굴러떨어짐으로써 근로자에게 위험을 미칠 우려가 있는 경우에는 그 기계를 유도하는 사람(이하 "유도자"라 한다)을 배치하고 지반의 부동침하 및 갓길 붕괴를 방지하기 위한 조치를 해야 한다.

PART 02

산업안전산업기사 최근 기출문제

CHAPTER

01. 2014년 03월 02일
02. 2014년 05월 25일
03. 2014년 08월 17일
04. 2015년 03월 08일
05. 2015년 05월 31일
06. 2015년 08월 16일
07. 2016년 03월 06일
08. 2016년 05월 08일
09. 2016년 08월 21일
10. 2017년 03월 05일
11. 2017년 05월 07일
12. 2017년 08월 26일
13. 2018년 03월 04일
14. 2018년 04월 28일
15. 2018년 08월 19일
16. 2019년 03월 03일
17. 2019년 04월 27일
18. 2019년 08월 04일
19. 2020년 06월 14일
20. 2020년 08월 22일

2014년 03월 02일 최근 기출문제

제 01 과목 산업재해 예방 및 안전보건교육

01 버드(Bird)는 사고가 5개의 연쇄반응에 의하여 발생되는 것으로 보았다. 다음 중 재해 발생의 첫 단계에 해당하는 것은?

① 개인적 결함
② 사회적 환경
③ 전문적 관리의 부족
④ 불안전한 행동 및 불안전한 상태

> **해설**
> 버드(Bird)의 최신사고 연쇄성 이론
> • 1단계 : 통제의 부족 – 관리(경영)
> • 2단계 : 기본원인 – 기원(원인론)
> • 3단계 : 직접원인 – 징후
> • 4단계 : 사고 – 접촉
> • 5단계 : 상해 – 손해 – 손실

02 무재해운동의 추진에 있어 무재해운동을 개시한 날로부터 며칠 이내에 무재해운동 개시신청서를 관련 기관에 제출하여야 하는가?

① 4일
② 7일
③ 14일
④ 30일

> **해설**
> 무재해목표달성 시간을 인정받기 위해서는 무재해운동을 개시한 날로부터 14일 이내에 무재해운동 개시신청서를 한국산업안전보건공단에 제출하여야 한다

03 다음 중 부주의 현상을 그림으로 표시한 것으로 의식의 우회를 나타낸 것은?

> **해설**
> ① 의식수준의 저하, ② 의식의 혼란, ③ 의식의 단절

04 산업안전보건법령에 따라 건설현장에서 사용하는 크레인, 리프트 및 곤돌라는 최초로 설치한 날부터 얼마마다 안전검사를 실시하여야 하는가?

① 6개월 ② 1년
③ 2년   ④ 3년

안전검사의 주기
- 크레인(이동식 크레인 제외), 리프트(이삿짐운반용 리프트 제외) 및 곤돌라 : 사업장에 설치가 끝난 날부터 3년 이내에 최초 안전검사를 실시하되, 그 이후부터 2년마다(건설현장에서 사용하는 것은 최초로 설치한 날부터 6개월마다)
- 이동식 크레인, 이삿짐운반용 리프트 및 고소작업대 : 신규등록 이후 3년 이내에 최초 안전검사를 실시하되, 그 이후부터 2년마다
- 프레스, 전단기, 압력용기, 국소 배기장치, 원심기, 롤러기, 사출성형기, 컨베이어, 산업용 로봇, 혼합기, 파쇄기 또는 분쇄기 : 사업장에 설치가 끝난 날부터 3년 이내에 최초 안전검사를 실시하되, 그 이후부터 2년마다(공정안전보고서를 제출하여 확인을 받은 압력용기는 4년마다)

※ 혼합기, 파쇄기 또는 분쇄기는 2026년 6월 26일부터 시행

05 재해손실비 중 직접 손실비에 해당하지 않는 것은?

① 요양급여   ② 휴업급여
③ 간병급여   ④ 생산손실급여

직접비(법령으로 정한 피해자에게 지급되는 산재보상비)
- 휴업보상비 : 평균임금의 100분의 70에 상당하는 금액
- 장해보상비 : 신체장해가 남는 경우에 장해등급에 의한 금액
- 요양보상비 : 요양비의 전액
- 장의비 : 평균임금의 120일분에 상당하는 금액
- 유족보상비 : 평균임금의 1300일분에 상당하는 금액
- 기타 유족특별보상비, 장해특별보상비, 상병보상년금

06 산업안전보건법령상 안전보건표지의 종류에 있어 "안전모 착용"은 어떤 표지에 해당하는가?

① 경고 표지   ② 지시 표지
③ 안내 표지   ④ 관계자외출입금지

지시표지

301 보안경 착용	302 방독마스크 착용	303 방진마스크 착용	304 보안면 착용	305 안전모 착용	306 귀마개 착용	307 안전화 착용	308 안전장갑 착용	309 안전복 착용

07 어떤 사업장의 종합재해지수가 16.95이고, 도수율이 20.83이라면 강도율은 약 얼마인가?

① 20.45
② 15.92
③ 13.79
④ 10.54

종합재해지수

도수강도치(F.S.I) = $\sqrt{도수율(F) \times 강도율(S)}$

$16.95 = \sqrt{20.83 \times 강도율(S)}$

$16.95^2 = 20.83 \times 강도율$

강도율 = $\dfrac{16.95^2}{20.83}$ = 13.7927

08 인간관계 메커니즘 중에서 다른 사람으로부터의 판단이나 행동을 무비판적으로 논리적, 사실적 근거 없이 받아들이는 것을 무엇이라 하는가?

① 모방(imitation)
② 암시(suggestion)
③ 투사(projection)
④ 동일화(identification)

인간관계의 메커니즘(Mechanism)

- 동일화(Identification) : 다른 사람의 행동 양식이나 태도를 투입시키거나, 다른 사람 가운데서 자기와 비슷한 것을 발견하는 것
- 투사(投射, Projection) : 자기 속의 억압된 것을 다른 사람의 것으로 생각하는 것을 투사(또는 투출)라고 함
- 커뮤니케이션(Communication) : 갖가지 행동 양식이나 기호를 매개로 하여 어떤 사람으로부터 다른 사람에게 전달되는 과정
- 모방(Imitation) : 남의 행동이나 판단을 표본으로 하여 그것과 같거나 또는 그것에 가까운 행동 또는 판단을 취하려는 것
- 암시(Suggestion) : 다른 사람으로부터의 판단이나 행동을 무비판적으로 논리적, 사실적 근거 없이 받아들이는 것

09 다음 중 산업안전보건법령에서 정한 안전보건관리규정의 세부내용으로 가장 적절하지 않은 것은?

① 산업안전보건위원회의 설치 · 운영에 관한 사항
② 사업주 및 근로자의 재해 예방 책임 및 의무 등에 관한 사항
③ 근로자 건강진단, 작업환경측정의 실시 및 조치절차 등에 관한 사항
④ 산업재해 및 중대산업사고의 발생시 손실비용 산정 및 보상에 관한 사항

안전보건관리규정의 세부내용(산업안전보건법 시행규칙 별표 3)

1. 총칙
   가. 안전보건관리규정 작성의 목적 및 적용 범위에 관한 사항
   나. 사업주 및 근로자의 재해 예방 책임 및 의무 등에 관한 사항
   다. 하도급 사업장에 대한 안전 · 보건관리에 관한 사항
2. 안전 · 보건 관리조직과 그 직무
   가. 안전 · 보건 관리조직의 구성방법, 소속, 업무 분장 등에 관한 사항

나. 안전보건관리책임자(안전보건총괄책임자), 안전관리자, 보건관리자, 관리감독자의 직무 및 선임에 관한 사항
　　다. 산업안전보건위원회의 설치·운영에 관한 사항
　　라. 명예산업안전감독관의 직무 및 활동에 관한 사항
　　마. 작업지휘자 배치 등에 관한 사항
3. 안전·보건교육
　　가. 근로자 및 관리감독자의 안전·보건교육에 관한 사항
　　나. 교육계획의 수립 및 기록 등에 관한 사항
4. 작업장 안전관리
　　가. 안전·보건관리에 관한 계획의 수립 및 시행에 관한 사항
　　나. 기계·기구 및 설비의 방호조치에 관한 사항
　　다. 유해·위험기계등에 대한 자율검사프로그램에 의한 검사 또는 안전검사에 관한 사항
　　라. 근로자의 안전수칙 준수에 관한 사항
　　마. 위험물질의 보관 및 출입 제한에 관한 사항
　　바. 중대재해 및 중대산업사고 발생, 급박한 산업재해 발생의 위험이 있는 경우 작업중지에 관한 사항
　　사. 안전표지·안전수칙의 종류 및 게시에 관한 사항과 그 밖에 안전관리에 관한 사항
5. 작업장 보건관리
　　가. 근로자 건강진단, 작업환경측정의 실시 및 조치절차 등에 관한 사항
　　나. 유해물질의 취급에 관한 사항
　　다. 보호구의 지급 등에 관한 사항
　　라. 질병자의 근로 금지 및 취업 제한 등에 관한 사항
　　마. 보건표지·보건수칙의 종류 및 게시에 관한 사항과 그 밖에 보건관리에 관한 사항
6. 사고 조사 및 대책 수립
　　가. 산업재해 및 중대산업사고의 발생 시 처리 절차 및 긴급조치에 관한 사항
　　나. 산업재해 및 중대산업사고의 발생원인에 대한 조사 및 분석, 대책 수립에 관한 사항
　　다. 산업재해 및 중대산업사고 발생의 기록·관리 등에 관한 사항
7. 위험성평가에 관한 사항
　　가. 위험성평가의 실시 시기 및 방법, 절차에 관한 사항
　　나. 위험성 감소대책 수립 및 시행에 관한 사항
8. 보칙
　　가. 무재해운동 참여, 안전·보건 관련 제안 및 포상·징계 등 산업재해 예방을 위하여 필요하다고 판단하는 사항
　　나. 안전·보건 관련 문서의 보존에 관한 사항
　　다. 그 밖의 사항

10　다음 중 교육훈련의 학습을 극대화시키고, 개인의 능력개발을 극대화시켜 주는 평가방법이 아닌 것은?

① 관찰법　　　　　　　　② 배제법
③ 자료분석법　　　　　　④ 상호평가법

11　다음 중 안전심리의 5대 요소에 해당하는 것은?

① 기질(temper)
② 지능(intelligence)
③ 감각(sense)
④ 환경(environment)

안전심리의 5요소 : 습관, 동기, 기질, 감정, 습성

12 다음 중 시행착오설에 의한 학습법칙에 해당하지 않은 것은?

① 효과의 법칙 ② 준비성의 법칙
③ 연습의 법칙 ④ 일관성의 법칙

시행착오에 있어서의 학습법칙
- 연습의 법칙(Law of Exercise) : 모든 학습과정은 많은 연습과 반복을 통해서 바람직한 행동의 변화를 가져오게 된다는 법칙으로 빈도의 법칙(Law of Frequency)이라고도 함
- 효과의 법칙(Law of Frequency) : 학습의 결과가 학습자에게 쾌감을 주면 줄수록 반응은 강화되고 반대로 고통이나 불쾌감을 주면 약화된다는 법칙으로 결과의 법칙이라고도 함
- 준비성의 법칙(Law of Readiness) : 특정한 학습을 행하는데 필요한 기초적인 능력을 충분히 갖춘 뒤에 학습을 행함으로서 효과적인 학습을 이룩할 수 있다는 법칙

13 다음 중 재해조사시의 유의사항으로 가장 적절하지 않은 것은?

① 사실을 수집한다.
② 사람, 기계설비, 양면의 재해요인을 모두 도출한다.
③ 객관적인 입장에서 공정하게 조사하며, 조사는 2인 이상이 한다.
④ 목격자의 증언과 추측의 말을 모두 반영하여 분석하고, 결과를 도출한다.

재해조사시 유의사항
- 재해장소에 들어갈 때에는 예방과 유해성에 대응하여 해당하는 보호구를 반드시 착용한다.
- 재해발생 후 현장보존에 유의하면서 물적 증거를 수집한다.
- 사실을 수집한다.
- 조사는 신속히 행하고 필요시 긴급조치를 통해 2차 재해의 방지를 도모한다.
- 목격자가 증언하는 객관적 사실 외에는 참고만 한다.
- 공정하게 조사하며 필히 2인 이상이 한다.

14 산업안전보건법령상 특별안전·보건교육에 있어 대상 작업별 교육내용 중 밀폐공간에서의 작업에 대한 교육내용과 가장 거리가 먼 것은?(단, 기타 안전·보건관리에 필요한 사항은 제외한다.)

① 산소농도측정 및 작업환경에 관한 사항
② 유해물질의 인체에 미치는 영향
③ 보호구 착용 및 사용방법에 관한 사항
④ 사고시의 응급처치 및 비상시 구출에 관한 사항

밀폐공간에서의 작업 시 교육내용(산업안전보건법 시행규칙 별표 5)
- 산소농도 측정 및 작업환경에 관한 사항
- 사고 시의 응급처치 및 비상 시 구출에 관한 사항
- 보호구 착용 및 보호 장비 사용에 관한 사항
- 작업내용·안전작업방법 및 절차에 관한 사항
- 장비·설비 및 시설 등의 안전점검에 관한 사항
- 그 밖에 안전·보건관리에 필요한 사항

15 다음 중 안전대의 각 부품(용어)에 관한 설명으로 틀린 것은?

① "안전그네"란 신체지지의 목적으로 전신에 착용하는 띠 모양의 것으로서 상체 등 신체 일부분만 지지하는 것은 제외한다.
② "버클"이란 벨트 또는 안전그네와 신축조절기를 연결하기 위한 사각형의 금속 고리를 말한다.
③ "U자걸이"란 안전대의 죔줄을 구조물 등에 U자 모양으로 돌린 뒤 훅 또는 카라비너를 D링에, 신축조절기를 각링 등에 연결하는 걸이 방법을 말한다.
④ "1개걸이"란 죔줄의 한쪽 끝을 D링에 고정시키고 훅 또는 카라비너를 구조물 또는 구명줄에 고정시키는 걸이 방법을 말한다.

용어의 정의
- 각링 : 벨트 또는 안전그네와 신축조절기를 연결하기 위한 사각형의 금속 고리
- 버클 : 벨트 또는 안전그네를 신체에 착용하기 위해 그 끝에 부착한 금속 장치

16 다음 중 무재해운동 추진기법에 있어 지적확인의 특성을 가장 적절하게 설명한 것은?

① 오관의 감각기관을 총동원하여 작업의 정확성과 안전을 확인한다.
② 참여자 전원의 스킨십을 통하여 연대감, 일체감을 조성할 수 있고 느낌을 교류한다.
③ 비평을 금지하고, 자유로운 토론을 통하여 독창적인 아이디어를 끌어낼 수 있다.
④ 작업 전 5분간의 미팅을 통하여 시나리오상의 역할을 연기하여 체험하는 것을 목적으로 한다.

보기 중 ②항은 터치 앤드 콜, ③항은 브레인 스토밍, ④항은 역할연기 훈련기법에 대한 설명이다.

17 다음 중 학습의 목적의 3요소에 해당하지 않는 것은?

① 주제
② 대상
③ 목표
④ 학습정도

학습목적의 3요소
- 목표(Goal)
- 주제(Subject)
- 학습정도(인지, 지각, 이해, 적용)

18 다음 중 매슬로우의 욕구 5단계 이론에서 최종 단계에 해당하는 것은?

① 존경의 욕구
② 성장의 욕구
③ 자아실현 욕구
④ 생리적 욕구

매슬로우(Abraham H. Maslow)의 욕구 5단계
- 1단계 : 생리적 욕구(기아, 갈증, 호흡, 배설, 성욕 등)
- 2단계 : 안전의 욕구(안전을 구하고자 하는 욕구)
- 3단계 : 사회적 욕구(애정, 소속에 대한 욕구)
- 4단계 : 인정받으려는 욕구(자존심, 명예, 성취, 지위에 대한 욕구)
- 5단계 : 자아실현의 욕구(잠재적인 능력을 실현하고자 하는 욕구)

19 다음 중 안전교육의 3단계에서 생활지도, 작업동작지도 등을 통한 안전의 습관화를 위한 교육을 무엇이라 하는가?

① 지식교육
② 기능교육
③ 태도교육
④ 인성교육

안전교육의 3단계
- 제1단계 지식교육 : 강의, 시청각교육을 통한 지식의 전달과 이해
- 제2단계 기능교육 : 시범, 견학, 실습, 현장실습교육을 통한 경험 체득과 이해
- 제3단계 태도교육 : 작업동작지도, 생활지도 등을 통한 안전의 습관화

20 다음 헤드십에 관한 내용으로 볼 수 없는 것은?

① 부하와의 사회적 간격이 좁다.
② 지휘의 형태는 권위주의적이다.
③ 권한의 부여는 조직으로부터 위임받는다.
④ 권한에 대한 근거는 법적 또는 규정에 의한다.

헤드십(Headship) : 집단 구성원이 아닌 외부에 의해 선출(임명)된 지도자로 명목상의 리더십

제 02 과목 인간공학 및 위험성 평가·관리

21 다음 중 음(音)의 크기를 나타내는 단위로만 나열된 것은?

① dB, nit
② phon, lb
③ dB, psi
④ phon, dB

phon : 1000Hz 순음의 음압 수준(dB)을 나타낸다.

22 다음 중 결함수분석법(FTA)에 관한 설명으로 틀린 것은?

① 최초 Watson이 군용으로 고안하였다.
② 미니멀 패스(Minimal path sets)를 구하기 위해서는 미니멀 컷(Minimal Cut sets)의 상대성을 이용한다.
③ 정상사상의 발생확률을 구한 다음 FT를 작성한다.
④ AND 게이트의 확률 계산은 각 입력사상의 곱으로 한다.

FT도를 작성 후 발생확률을 구한다.

23 다음 통제용 조종장치의 형태 중 그 성격이 다른 것은?

① 노브(knob)
② 푸시 버튼(push button)
③ 토글 스위치(toggle switch)
④ 로터리선택스위치(rotary select switch)

기계통제장치의 유형
- 양의 조절에 의한 통제 : 연속 조절(Knob, Crank, Handle, Lever, Pedal 등)
- 개폐에 의한 통제 : 불연속 조절(수동 푸시버튼, 발 푸시버튼, 토글 스위치, 로터리 스위치 등)
- 반응에 의한 통제 : 자동경보시스템

24 다음 중 공간 배치의 원칙에 해당되지 않는 것은?

① 중요성의 원칙   ② 다양성의 원칙
③ 기능별 배치의 원칙   ④ 사용빈도의 원칙

부품 배치의 원칙
- 중요성의 원칙 · 사용 빈도의 원칙
- 기능별 배치의 원칙 · 사용 순서의 원칙

25 다음 중 위험 및 운전성 분석(HAZOP) 수행에 가장 좋은 시점은 어느 단계인가?

① 구상단계   ② 생산단계
③ 설치단계   ④ 개발단계

위험 및 운전성 검토(Hazard and Operability Study) : 각각의 장비에 대해 잠재된 위험이나 기능저하, 운전잘못 등과 전체로서의 시설에 결과적으로 미칠 수 있는 영향 등을 평가하기 위해서 공정이나 설계도 등에 체계적이고 비판적인 검토를 행하는 것으로 개발단계에 수행하는 것이 가장 좋다.

26 1cd의 점광원에서 1m 떨어진 곳에서의 조도가 3 lux이었다. 동일한 조건에서 5m 떨어진 곳에서의 조도는 약 몇 lux 인가?

① 0.12 ② 0.22
③ 0.36 ④ 0.56

5m 거리 조도 = 1m 거리 조도 × $(\frac{1m}{5m})^2$ = 3 × $(\frac{1}{5})^2$ = 0.12

27 다음 중 신체와 환경간의 열교환 과정을 가장 올바르게 나타낸 식은?(단, W는 일, M은 대사, S는 열 축적, R은 복사, C는 대류, E는 증발, Clo는 의복의 단열률이다.)

① W = (M + S) ± R ± C − E
② S = (M − W) ± R ± C − E
③ W = Clo × (M − S) ± R ± C − E
④ S = Clo × (M − W) ± R ± C − E

S(열축적) = M(대사열) − E(증발) − W(한 일) ± R(복사) ± C(대류)

28 다음 중 위험을 통제하는데 있어 취해야 할 첫 단계 조사는?

① 작업원을 선발하여 훈련한다.
② 덮개나 격리 등으로 위험을 방호한다.
③ 설계 및 공정계획시에 위험을 제거토록 한다.
④ 점검과 필요한 안전보호구를 사용하도록 한다.

위험을 통제하는 첫 단계는 위험원의 제거이다.

29 FT도에서 사용되는 다음 기호의 의미로 옳은 것은?

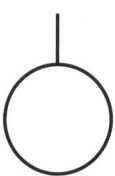

① 결함사상 ② 기본사상
③ 통상사상 ④ 제외사상

FTA 도표에 사용하는 논리기호

명칭	기호	명칭	기호
결함사상	□	전이 기호 (이행 기호)	△(in) △(out)
기본사상	○	AND gate	(출력/입력)
생략사상 (추적 불가능한 최후사상)	◇	OR gate	(출력/입력)
통상사상 (家刑事像)	⌂	수정기호 조건	(출력/조건/입력)

30 System 요소 간의 link 중 인간 커뮤니케이션 Link에 해당되지 않는 것은?

① 방향성 Link ② 통신계 Link
③ 시각 Link   ④ 컨트롤 Link

31 다음 중 일반적인 수공구의 설계원칙으로 볼 수 없는 것은?

① 손목을 곧게 유지한다.
② 반복적인 손가락 동작을 피한다.
③ 사용이 용이한 검지만을 주로 사용한다.
④ 손잡이는 접촉면적을 가능하면 크게 한다.

32 인간 오류의 분류에 있어 원인에 의한 분류 중 작업자가 기능을 움직이려 해도 필요한 물건, 정보, 에너지 등의 공급이 없는 것처럼 작업자가 움직이려 해도 움직일 수 없어서 발생하는 오류는?

① primary error   ② secondary error
③ command error   ④ omission error

원인의 Level적 분류
- Primary Error : 작업자 자신으로부터의 Error
- Secondary Error : 작업형태나 작업조건 중에서 다른 문제가 생겨 그 때문에 필요한 사항을 실행 할 수 없는 Error, 어떤 결함으로부터 파생하여 발생하는 Error
- Command Error : 요구된 것을 실행하고자 하여도 필요한 물건, 정보, 에너지 등의 공급이 없는 것처럼 작업자가 움직이려 해도 움직일 수 없으므로 발생하는 Error

33 다음 중 신호의 강도, 진동수에 의한 신호의 상대 식별 등 물리적 자극의 변화여부를 감지할 수 있는 최소의 자극 범위를 의미하는 것은?

① Chunking
② Stimulus Range
③ SDT(Signal Detection Theory)
④ JND(Just Noticeable Difference)

34 조도가 400럭스인 위치에 놓인 흰색 종이 위에 짙은 회색의 글자가 씌어져 있다. 종이의 반사율 80%이고, 글자의 반사율은 40%라 할 때 종이와 글자의 대비는 얼마인가?

① -100%
② -50%
③ 50%
④ 100%

대비 $= \dfrac{L_b - L_t}{L_b} \times 100 = \dfrac{80 - 40}{80} \times 100 = 50$

35 다음 중 인간-기계 시스템에서 기계에 비교한 인간의 장점과 가장 거리가 먼 것은?

① 완전히 새로운 해결책을 찾아낸다.
② 여러 개의 프로그램된 활동을 동시에 수행한다.
③ 다양한 경험을 토대로 하여 의사결정을 한다.
④ 상황에 따라 변화하는 복잡한 자극 형태를 식별한다.

인간과 기계의 상대적 재능

인간이 우수한 기능	기계가 우수한 기능
• 저에너지 자극(시각, 청각, 후각 등) 감지 • 복잡 다양한 자극 형태 식별 • 예기치 못한 사건 감지 • 다량 정보를 오래 보관 • 귀납적 추리 • 과부하 상황에서는 중요한 일에만 전념 • 임기응변, 융통성, 원칙 적용, 주관적 추산, 독창력 발휘 등의 기능	• 인간 감지 범위 밖의 자극(X선, 초음파 등)도 감지 • 인간 및 기계에 대한 모니터 기능 • 드물게 발생하는 사상 감지 • 암호화된 정보를 신속하게 대량보관 • 연역적 추리 • 과부하시에도 효율적으로 작동 • 정량적 정보처리, 장시간 중량작업, 반복작업, 동시에 여러 가지 작업수행 등의 기능

36 성인이 하루에 섭취하는 음식물의 열량 중 일부는 생명을 유지하기 위한 신체기능에 소비되고, 나머지는 일을 한다거나 여가를 즐기는데 사용될 수 있다. 이 중 생명을 유지하기 위한 최소한의 대사량을 무엇이라 하는가?

① BMR
② RMR
③ GSR
④ EMG

해설
- BMR(Basal metabolic Rate) : 생명유지를 하는데 필요한 최소한의 에너지 대사량
- RMR : 에너지 대사율(RMR, Relative Metabolic Rate)
  - 작업강도 단위로써 산소호흡량을 측정하여 에너지의 소모량을 결정하는 방식
  - RMR이 클수록 중작업
  - RMR = $\dfrac{작업대사량}{기초대사량}$ = $\dfrac{작업시\ 소비에너지 - 안전시\ 소비에너지}{기초대사량}$
- GSR(피부전기저항반사) : 작업부하의 정신적 부담이 피로와 함께 증대하는 양상을 손바닥 안쪽의 전기저항의 변화를 이용해 측정하는 것으로 피부전기저항 또는 정신 전류현상
- EMG(근전도) : 근육활동 전위차의 기록

37 Chapanis의 위험분석에서 발생이 불가능한(Impossible) 경우의 위험발생률은?

① 10^{-2}/day
② 10^{-4}/day
③ 10^{-6}/day
④ 10^{-8}/day

해설
- impossible > 10^{-8}/day
- remote > 10^{-5}/day
- reasonably probable > 10^{-3}/day
- extremely unlikely > 10^{-6}/day
- occasional > 10^{-4}/day

38 세발자전거에서 각 바퀴의 신뢰도가 0.9일 때 이 자전거의 신뢰도는 얼마인가?

① 0.729
② 0.810
③ 0.891
④ 0.999

해설
자전거 신뢰도 = 0.9 × 0.9 × 0.9 = 0.729

39 다음 중 형상 암호화된 조종장치에서 "이산 멈춤 위치용" 조종장치로 가장 적절한 것은?

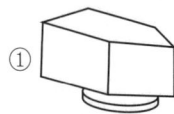

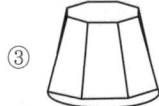
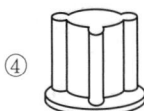

> **해설**
> ① 이산 멈춤 위치용, ②와 ③ 다회전용, ④ 단회전용

40 다음 중 보전용 자재에 관한 설명으로 가장 적절하지 않은 것은?

① 소비속도가 느려 순환사용이 불가능하므로 폐기시켜야 한다.
② 휴지손실이 적은 자재는 원자재나 부품의 형태로 재고를 유지한다.
③ 열화상태를 경향검사로 예측이 가능한 품목은 적시 발주법을 적용한다.
④ 보전의 기술수준, 관리수준이 재고량을 좌우한다.

> **해설**
> 일반적으로 보전용 자재는 연간 사용빈도가 낮으며, 소비속도가 늦은 것이 많다.

제 03 과목 기계·기구 및 설비 안전관리

41 선반에서 절삭가공 중 발생하는 연속적인 칩을 자동적으로 끊어 주는 역할을 하는 것은?

① 커버
② 방진구
③ 보안경
④ 칩 브레이커

> **해설**
> 칩 브레이커는 바이트에 설치된 칩을 짧게 끊어내는 장치이다.

42 다음 중 연삭기를 이용한 작업을 할 경우 연삭숫돌을 교체한 후에는 얼마 동안 시험운전을 하여야 하는가?

① 1분 이상
② 3분 이상
③ 10분 이상
④ 15분 이상

> **해설**
> 연삭숫돌의 교체시에는 3분 이상 시운전하고 정상 작업전에는 최소한 1분 이상 시운전하여 이상유무를 파악하여야 한다.

43 다음 중 와이어로프 구성기호 "6×19"의 표기에서 "6"의 의미에 해당하는 것은?

① 소선 수
② 소선의 직경(mm)
③ 스트랜드 수
④ 로프의 인장강도

> **해설**
> 스트랜드 수 × 소선의 수

44 다음 중 산업안전보건법령상 안전난간의 구조 및 설치요건에서 상부난간대의 높이는 바닥면으로부터 얼마 지점에 설치하여야 하는가?

① 30cm 이상
② 60cm 이상
③ 90cm 이상
④ 120cm 이상

산업안전보건기준에 관한 규칙 제13조(안전난간의 구조 및 설치요건) 사업주는 근로자의 추락 등의 위험을 방지하기 위하여 안전난간을 설치하는 경우 다음 각 호의 기준에 맞는 구조로 설치해야 한다.
1. 상부 난간대, 중간 난간대, 발끝막이판 및 난간기둥으로 구성할 것. 다만, 중간 난간대, 발끝막이판 및 난간기둥은 이와 비슷한 구조와 성능을 가진 것으로 대체할 수 있다.
2. 상부 난간대는 바닥면·발판 또는 경사로의 표면(이하 "바닥면등"이라 한다)으로부터 90센티미터 이상 지점에 설치하고, 상부 난간대를 120센티미터 이하에 설치하는 경우에는 중간 난간대는 상부 난간대와 바닥면등의 중간에 설치해야 하며, 120센티미터 이상 지점에 설치하는 경우에는 중간 난간대를 2단 이상으로 균등하게 설치하고 난간의 상하 간격은 60센티미터 이하가 되도록 할 것. 다만, 난간기둥 간의 간격이 25센티미터 이하인 경우에는 중간 난간대를 설치하지 않을 수 있다.
3. 발끝막이판은 바닥면등으로부터 10센티미터 이상의 높이를 유지할 것. 다만, 물체가 떨어지거나 날아올 위험이 없거나 그 위험을 방지할 수 있는 망을 설치하는 등 필요한 예방 조치를 한 장소는 제외한다.
4. 난간기둥은 상부 난간대와 중간 난간대를 견고하게 떠받칠 수 있도록 적정한 간격을 유지할 것
5. 상부 난간대와 중간 난간대는 난간 길이 전체에 걸쳐 바닥면등과 평행을 유지할 것
6. 난간대는 지름 2.7센티미터 이상의 금속제 파이프나 그 이상의 강도가 있는 재료일 것
7. 안전난간은 구조적으로 가장 취약한 지점에서 가장 취약한 방향으로 작용하는 100킬로그램 이상의 하중에 견딜 수 있는 튼튼한 구조일 것

45 기계의 안전조건 중 외형의 안전화로 가장 적합한 것은?

① 기계의 회전부에 덮개를 설치하였다.
② 강도의 열화를 고려해 안전율을 최대로 설계하였다.
③ 정전시 오동작을 방지하기 위하여 자동제어장치를 설치하였다.
④ 사용압력 변동시의 오동작 방지를 위하여 자동제어 장치를 설치하였다.

기계·설비의 안전화 5가지
- 외관의 안전화 : 상자로 내장, 덮개, 색채조절(시동버튼 : 녹색, 정지버튼 : 적색)
- 기능적 안전화 : 전압 강하 및 정전시 오동작 방지, 사용 압력 변동시 오동작 방지, 밸브 고장시 오동작 방지, 단락 스위치 고장시 오동작 방지
- 구조부분의 안전화 : 재료·설계·가공 등에서의 결함 제거
- 작업의 안전화 : 기동 장치와 배치, 정지시 시간 장치, 안전 통로 확보, 작업 공간 확보
- 보수·유지의 안전화(보전성의 개선) : 정기 점검, 교환, 주유

46 드릴로 구멍을 뚫는 작업 중 공작물이 드릴과 함께 회전할 우려가 가장 큰 경우는?

① 처음 구멍을 뚫을 때
② 중간쯤 뚫렸을 때
③ 거의 구멍이 뚫렸을 때
④ 구멍이 완전히 뚫렸을 때

47 다음 중 톱의 후면날 가까이에 설치되어 목재의 켜진 틈 사이에 끼어서 쐐기작용을 하여 목재가 압박을 가하지 않도록 하는 장치를 무엇이라 하는가?

① 분할날
② 반발방지장치
③ 날접촉예방장치
④ 가동식 접촉예방장치

48 다음 중 원심기의 방호장치로 가장 적합한 것은?

① 덮개
② 반발방지장치
③ 릴리프밸브
④ 수인식 가드

49 다음 중 기계설비 안전화의 기본 개념으로서 적절하지 않은 것은?

① fail-safe의 기능을 갖추도록 한다.
② fool proof의 기능을 갖추도록 한다.
③ 안전상 필요한 장치는 단일 구조로 한다.
④ 안전 기능은 기계 장치에 내장되도록 한다.

기계·설비의 본질적 안전화
- 안전기능이 기계설비에 내장되어 있거나 짜 넣어져 있다.
- 기계설비의 조작이나 취급을 잘못하더라도 사고나 재해로 연결되지 않도록 Fool Proof 기능을 가지고 있다.
- 기계설비나 그 부품이 파손 고장나더라도 안전 쪽으로 작동하도록 Fail Safe 기능을 가지고 있다.

50 다음 중 산업안전보건법령상 이동식 크레인을 사용하여 작업할 때의 작업시작 전 점검사항으로 틀린 것은?

① 브레이크·클러치 및 조정장치의 기능
② 권과방지장치나 그 밖의 경보장치의 기능
③ 와이어로프가 통하고 있는 곳 및 작업장소의 지반상태
④ 원동기·회전축·기어 및 풀리 등의 덮개 또는 울 등의 이상 유무

작업시작 전 점검사항: 이동식 크레인을 사용하여 작업을 하는 때 권과방지장치, 과부하방지장치, 기타 경보장치, 브레이크, 클러치 및 조정기능을 점검

51 다음 중 산업안전보건법령에 따른 압력용기에 설치하는 안전밸브의 설치 및 작동에 관한 설명으로 틀린 것은?

① 다단형 압축기에는 각 단 또는 각 공기압축기별로 안전밸브 등을 설치하여야 한다.
② 안전밸브는 이를 통하여 보호하려는 설비의 최저사용 압력 이하에서 작동되도록 설정하여야 한다.

③ 화학공정 유체와 안전밸브의 디스크 또는 시트가 직접 접촉될 수 있도록 설치된 경우에는 2년마다 1회 이상 국가 교정기관에서 검사한 후 납으로 봉인하여 사용한다.
④ 공정안전보고서 이행상태 평가결과가 우수한 사업장의 안전밸브의 경우 검사주기는 4년마다 1회 이상이다.

산업안전보건기준에 관한 규칙 제264조(안전밸브등의 작동요건) 사업주는 제261조제1항에 따라 설치한 안전밸브등이 안전밸브등을 통하여 보호하려는 설비의 최고사용압력 이하에서 작동되도록 하여야 한다. 다만, 안전밸브등이 2개 이상 설치된 경우에 1개는 최고사용압력의 1.05배(외부화재를 대비한 경우에는 1.1배) 이하에서 작동되도록 설치할 수 있다.

52 클러치 프레스에 부착된 양수조작식 방호장치에 있어서 클러치 맞물림 개소수가 4군데, 매분 행정수가 300SPM일 때 양수조작식 조작부의 최소 안전거리는?(단, 인간의 손의기준 속도는 1.6m/s로 한다.)

① 240 mm ② 260 mm
③ 340 mm ④ 360 mm

클러치 맞물림 개수 4개, 300SPM의 동력 프레스기 양수 조작식 방호장치의 안전장치의 거리
$D_m(\text{안전거리}) = 1.6 T_m$
$T_m = \left(\dfrac{1}{\text{클러치맞물림개수}} + \dfrac{1}{2}\right) \times \dfrac{60000}{\text{매분당행정수}}$
따라서, $D_m = 1.6 \left(\dfrac{1}{4} + \dfrac{1}{2}\right) \times \dfrac{60000}{300} = 240mm$

53 다음 중 벨트 컨베이어의 특징에 해당되지 않는 것은?

① 무인화 작업이 가능하다.
② 연속적으로 물건을 운반할 수 있다.
③ 운반과 동시에 하역작업이 가능하다.
④ 경사각이 클수록 물건을 쉽게 운반할 수 있다.

경사각이 큰 경우 운반에 지장을 초래할 수 있으며 안전사고의 확률이 높아진다.

54 프레스의 광전자식 방호장치에서 손이 광선을 차단한 직후부터 급정지장치가 작동을 개시한 시간이 0.03초이고, 급정지장치가 작동을 시작하여 슬라이드가 정지한 때까지의 시간이 0.2초라면 광축의 설치위치는 위험점에서 얼마 이상 유지해야 하는가?

① 153mm ② 279mm
③ 368mm ④ 451mm

$D = 1.6(T_\ell + T_s) = 1.6(30ms + 200ms) = 368$

55 다음 중 슬로터(slotter)의 방호장치로 적합하지 않은 것은?

① 칩받이
② 방책
③ 칸막이
④ 인발블록

슬로터(slotter)의 방호장치 : 방책, 칸막이, 칩받이

56 원래 길이가 150mm인 슬링체인을 점검한 결과 길이에 변형이 발생하였다. 다음 중 폐기대상에 해당되는 측정값(길이)으로 옳은 것은?

① 151.5 mm 초과
② 153.5 mm 초과
③ 155.5 mm 초과
④ 157.5 mm 초과

사용할 수 있는 범위는 105% 이내이다.

57 다음 중 보일러의 부식원인과 가장 거리가 먼 것은?

① 증기발생이 과다할 때
② 급수처리를 하지 않은 물을 사용할 때
③ 급수에 해로운 불순물이 혼입되었을 때
④ 불순물을 사용하여 수관이 부식되었을 때 보일러 부식의 원인

• 불순물을 사용하여 수관이 부식되었을 경우
• 급수에 유해한 불순물이 혼입 되었을 경우
• 급수처리를 하지 않은 물을 사용하였을 경우

58 산업안전보건법령상 가스집합장치로부터 얼마 이내의 장소에서는 흡연, 화기의 사용 또는 불꽃을 발생할 우려가 있는 행위를 금지하여야 하는가?

① 5m
② 7m
③ 10m
④ 25m

산업안전보건기준에 관한 규칙 제295조(가스집합용접장치의 관리 등)
사업주는 가스집합용접장치를 사용하여 금속의 용접·용단 및 가열작업을 하는 경우에는 다음 각 호의 사항을 준수하여야 한다.

1. 사용하는 가스의 명칭 및 최대가스저장량을 가스장치실의 보기 쉬운 장소에 게시할 것
2. 가스용기를 교환하는 경우에는 관리감독자가 참여한 가운데 할 것
3. 밸브·콕 등의 조작 및 점검요령을 가스장치실의 보기 쉬운 장소에 게시할 것
4. 가스장치실에는 관계근로자가 아닌 사람의 출입을 금지할 것
5. 가스집합장치로부터 5미터 이내의 장소에서는 흡연, 화기의 사용 또는 불꽃을 발생할 우려가 있는 행위를 금지할 것
6. 도관에는 산소용과의 혼동을 방지하기 위한 조치를 할 것
7. 가스집합장치의 설치장소에는 적당한 소화설비를 설치할 것
8. 이동식 가스집합용접장치의 가스집합장치는 고온의 장소, 통풍이나 환기가 불충분한 장소 또는 진동이 많은 장소에 설치하지 않도록 할 것
9. 해당 작업을 행하는 근로자에게 보안경과 안전장갑을 착용시킬 것

59 다음 중 선반의 안전장치로 볼 수 없는 것은?

① 울
② 급정지브레이크
③ 안전블럭
④ 칩비산방지 투명판

선반의 방호장치
- 칩 브레이커 : 바이트에 설치된 칩을 짧게 끊어내는 장치
- 쉴드 : 칩 비산 방지 투명판
- 브레이크 : 급정지장치
- 덮개 또는 울 : 돌출 가공물에 설치한 안전장치

60 다음 중 지게차 헤드가드에 관한 설명으로 틀린 것은?

① 상부틀의 각 개구의 폭 또는 길이가 16cm 미만일 것
② 강도는 지게차 최대하중의 등분포정하중에 견딜 것
③ 앉아서 조작하는 경우 좌석기준점(SIP)으로부터 조종사의 머리가 위치한 헤드가드 아래 부분의 밑면까지의 수직간격은 0.903m 이상일 것
④ 서서 조작하는 경우 조종사가 서 있는 플랫폼에서부터 조종사의 머리가 위치한 헤드가드 아래 부분의 밑면까지의 수직 간격은 1.88m 이상일 것

지게차 헤드가드의 구비조건(산업안전보건기준에 관한 규칙 제180조)
- 강도는 지게차의 최대하중의 2배값(4톤을 넘는 값에 대해서는 4톤으로 한다)의 등분포정하중(等分布靜荷重)에 견딜 수 있을 것
- 상부틀의 각 개구의 폭 또는 길이가 16cm 미만일 것
- 운전자가 앉아서 조작하거나 서서 조작하는 지게차의 헤드가드는 산업표준화법 제12조에 따른 한국산업표준에서 정하는 높이 기준 이상일 것
  - 앉아서 조작하는 경우 조종사가 정상적인 작동 상태에 있을 때 좌석기준점(SIP)으로부터 조종사의 머리가 위치한 헤드가드 아래 부분의 밑면까지의 수직간격은 0.903m 이상이어야 한다.
  - 서서 조작하는 경우 조종사가 정상적인 작동 상태에 있을 때 조종사가 서 있는 플랫폼에서부터 조종사의 머리가 위치한 헤드가드 아래 부분의 밑면까지의 수직 간격은 1.88m 이상이어야 한다.

제 04 과목 | 전기 및 화학설비 안전관리

61 다음 중 인체접촉상태에 따른 허용접촉전압과 해당 종별의 연결이 틀린 것은?

① 2.5V 이하 - 제1종
② 25V 이하 - 제2종
③ 50V 이하 - 제3종
④ 100V 이하 - 제4종

허용 접촉 전압

종별	접촉상태	허용접촉전압
제1종	• 인체의 대부분이 수중에 있는 상태	2.5[V] 이하
제2종	• 인체가 현저히 젖어 있는 상태 • 금속성의 전기·기계장치나 구조물에 인체의 일부가 상시 접촉되어 있는 상태	25[V] 이하
제3종	• 제1종, 제2종 이외의 경우로서 통상의 인체상태에서 있어서 접촉전압이 가해지면 위험성이 높은 상태	50[V] 이하
제4종	• 제1종, 제2종 이외의 경우로서 통상의 인체 상태에 접촉전압이 가해지더라도 위험성이 낮은 상태 • 접촉전압이 가해질 우려가 없는 경우	제한 없음

62 다음 중 내압 방폭구조인 전기기기의 성능시험에 관한 설명으로 틀린 것은?

① 성능시험은 모든 내용물이 용기에 장착한 상태로 시험한다.
② 성능시험은 충격시험을 실시한 시료 중 하나를 사용해서 실시한다.
③ 부품의 일부가 용기에 포함되지 않은 상태에서 사용할 수 있도록 설계된 경우, 최적의 조건에서 시험을 실시해야 한다.
④ 제조자가 제시한 자세한 부품 배열방법이 있고, 빈용기가 최악의 폭발압력을 발생시키는 조건인 경우에는 빈 용기 상태로 시험을 할 수 있다.

내압방폭구조인 전기기기의 성능시험 일반사항

가. 성능시험은 충격시험을 실시한 시료 중 하나를 사용해서 다음의 순서에 따라 실시한다. 다만, 폭발 강도시험이 폭발인화 시험 이후에 실시할 필요가 있거나, 이미 기계적 강도에 영향을 미치는 추가 시험을 수행한 시료를 사용해서 강도시험을 실시해야 하는 경우, 시험 순서를 달리할 수 있다.
   1) 폭발압력(기준압력) 측정
   2) 폭발강도(정적 및 동적)시험
   3) 폭발인화시험
나. 성능시험은 모든 내용물이 용기에 장착한 상태로 시험한다. 다만, 이와 동등한 부품을 내용물로 대신 사용할 수도 있다.
다. 제조자가 제시한 자세한 부품 배열방법이 있고, 빈 용기가 최악의 폭발압력을 발생시키는 조건인 경우에는 빈 용기 상태로 시험을 할 수 있다.
라. 부품의 일부가 용기에 포함되지 않은 상태에서 사용할 수 있도록 설계된 경우, 가장 가혹한 조건에서 시험을 실시해야 한다.
마. 다항 및 라항인 경우에는 인증기관은 제조자가 제시한 내용을 근거로 허용되는 용기의 종류 및 부품 배열방법을 인증서에 명시해야 한다.
바. 부품이 용기 내부에서 이동하여 사용할 수 있는 경우, 부품의 배열은 최악의 조립조건에서 시험해야 한다.

63. 다음 중 사업장의 정전기 발생에 대한 재해방지 대책으로 적합하지 못한 것은?

① 습도를 높인다.
② 실내 온도를 높인다.
③ 도체부분에 접지를 실시한다.
④ 적절한 도전성 재료를 사용한다.

정전기 발생억제 : 유속조절, 습기부여, 대전방지제 사용, 금속재료 및 도전성 재료 사용

64. 다음 중 교류 아크 용접기에서 자동전격방지장치의 기능으로 틀린 것은?

① 감전위험방지
② 전력손실 감소
③ 정전기 위험방지
④ 무부하시 안전전압 이하로 저하

자동전격방지장치 : 아크 발생을 정지시킬 때 주접점이 개로될 때까지의 시간은 1초 이내이고, 2차 무부하 전압은 25V 이내이다.

65. 옥내배선 중 누전으로 인한 화재방지를 위해 별도로 실시할 필요가 없는 것은?

① 배선불량시 재시공 할 것
② 배선로 상에 단로기를 설치할 것
③ 정기적으로 절연저항을 측정할 것
④ 정기적으로 배선시공 상태를 확인할 것

단로기 : 무부하 상태의 선로를 개폐하는 역할을 한다.

66. 다음 중 전기기기의 절연의 종류와 최고허용온도가 잘못 연결된 것은?

① Y : 90℃
② A : 105℃
③ B : 130℃
④ F : 180℃

F종 : 155℃, H종 : 180℃, C종 : 180℃ 이상

67. Dalziel의 심실세동전류와 통전시간과의 관계식에 의하면 인체 전격시의 통전시간이 4초이었다고 했을 때 심실세동전류의 크기는 약 몇 mA인가?

① 42
② 83
③ 165
④ 185

$$I = \frac{165}{\sqrt{T}} = \frac{165}{\sqrt{4}} = 82.5 \fallingdotseq 83$$

68 다음 중 전기화재의 직접적인 원인이 아닌 것은?

① 절연 열화
② 애자의 기계적 강도 저하
③ 과전류에 의한 단락
④ 접촉 불량에 의한 과열

전기화재의 원인
단락(25%), 스파크(24%), 누전(15%), 접촉부의 과열(12%), 절연열화에 의한 발열(11%), 과전류(8%)

69 다음 중 방폭전기기기의 선정시 고려하여야 할 사항과 가장 거리가 먼 것은?

① 압력 방폭구조의 경우 최고표면온도
② 내압 방폭구조의 경우 최대안전틈새
③ 안전증 방폭구조의 경우 최대안전틈새
④ 본질안전 방폭구조의 경우 최소점화전류

방폭 전기기기의 선정시 고려사항
- 방폭 전기기기가 설치될 지역의 폭발 위험지역 등급 구분
- 가스 등의 발화온도
- 내압 방폭구조의 경우 최대 안전틈새
- 본질안전 방폭구조의 경우 최소점화 전류
- 압력방폭구조, 유입방폭구조, 안전증 방폭구조의 경우 최고 표면온도
- 방폭 전기기기가 설치될 장소의 주변온도, 표고 또는 상대습도, 먼지 부식성 가스 또는 습기 등의 환경조건

70 페인트를 스프레이로 뿌려 도장작업을 하는 작업 중 발생할 수 있는 정전기 대전으로만 이루어진 것은?

① 분출대전, 충돌대전
② 충돌대전, 마찰대전
③ 유동대전, 충돌대전
④ 분출대전, 유동대전

- 분출대전 : 분체, 액체, 기체류가 단면적이 작은 노즐 등의 개구부에서 분출할 때의 마찰로 인해 발생
- 충돌대전 : 분체의 입자끼리 또는 입자와 고체와의 충돌에 의하여 접촉, 분리가 일어나기 때문에 발생

71 다음 중 전기화재시 부적합한 소화기는?

① 분말 소화기　　　　　② CO_2 소화기
③ 할론 소화기　　　　　④ 산알칼리 소화기

화재등급별 소화방법

구분	A급 화재	B급 화재	C급 화재	D급 화재
명칭	보통화재	유류, 가스화재	전기화재	금속화재(Al분, Mg분)
주 소화효과	냉각	질식	냉각, 질식	질식
적응 소화재	물 소화기 강화액 소화기	포말 소화기 CO_2 소화기 분말 소화기 증발성 액체 소화기	유기성 소화액 CO_2 소화기 분말 소화기	건조사 팽창 질석 팽창 진주암
구분색	백색	황색	청색	–

72 전기설비로 인한 화재폭발의 위험분위기를 생성하지 않도록 하기 위해 필요한 대책으로 가장 거리가 먼 것은?

① 폭발성 가스의 사용 방지　　　② 폭발성 분진의 생성 방지
③ 폭발성 가스의 체류 방지　　　④ 폭발성 가스 누설 및 방출 방지

73 다음 중 위험물에 대한 일반적 개념으로 옳지 않은 것은?

① 반응속도가 급격히 진행된다.
② 화학적 구조 및 결합력이 불안정하다.
③ 대부분 화학적 구조가 복잡한 고분자 물질이다.
④ 그 자체가 위험하다든가 또는 환경 조건에 따라 쉽게 위험성을 나타내는 물질을 말한다.

위험물
• 화학적 구조 및 결합력 매우 불안정하다.
• 상온의 물 또는 산소와의 반응이 쉽다.
• 가연성 가스를 발생시킨다.
• 반응속도가 급격히 진행된다.
• 반응시 발열량이 크다.
• 환경조건에 따라 쉽게 위험성을 나타낸다.

74 아세틸렌(C_2H_2)의 공기 중의 완전연소 조성농도(Cst)는 약 얼마인가?

① 6.7vol%　　　　　② 7.0vol%
③ 7.4vol%　　　　　④ 7.7vol%

CaHb, a = 2, b = 2, c = 0, d = 0

산소농도 = $(a + \dfrac{b-c-2d}{4}) = (2 + \dfrac{2}{4}) = 2.5$

$C_{st} = \dfrac{100}{1 + 4.773 O_2} = \dfrac{100}{1 + 4.773 \times 2.5} = 7.7$

75 가스용기 파열사고의 주요 원인으로 가장 거리가 먼 것은?

① 용기 밸브의 이탈 ② 용기의 내압력 부족
③ 용기 내압의 이상 상승 ④ 용기 내 폭발성 혼합가스 발화

가스용기 파열사고의 주요 원인
- 용기의 내압력 부족(용기 내벽의 부식, 강재의 피로, 용접불량으로 인해 발생)
- 용기 내압의 이상 상승
- 용기 내 폭발성 혼합가스 발화

76 물질안전보건자료(MSDS)의 작성항목이 아닌 것은?

① 물리화학적 특성 ② 유해물질의 제조법
③ 환경에 미치는 영향 ④ 누출사고시 대처방법

MSDS(Material Safety Data Sheet, 물질안전보건자료)
- 내용 : 화학물질을 안전하게 취급하기 위하여 근로자나 실수요자에게 필요한 정보를 제공함으로써 화학물질에 의한 산업재해나 직업병 등을 예방하기 위한 제도
- MSDS 내용 중 공개하지 않을 수 있는 항목 : 화학 물질명, CAS 번호나 그 물질의 식별번호, 구성 성분의 함유량

77 반응기를 조작방법에 따라 분류할 때 반응기의 한 쪽에서는 원료를 계속적으로 유입하는 동시에 다른 쪽에서는 반응생성물질을 유출시키는 형식의 반응기를 무엇이라 하는가?

① 관형 반응기 ② 연속식 반응기
③ 회분식 반응기 ④ 교반조형 반응기

연속식 반응기 : 반응기를 조작방법에 따라 분류할 때 반응기의 한 쪽에서는 원료를 계속적으로 유입하는 동시에 다른 쪽에서는 반응생성 물질을 유출시키는 형식

78 윤활유를 닦은 기름걸레를 햇빛이 잘 드는 작업장의 구석에 모아 두었을 때 가장 발생 가능성이 높은 재해는?

① 분진폭발 ② 자연발화에 의한 화재
③ 정전기 불꽃에 의한 화재 ④ 기계의 마찰열에 의한 화재

자연발화가 쉽게 일어나는 조건
- 주위온도가 높을수록
- 발열량이 크고 열축적이 클수록
- 적당량의 수분이 존재할 때

79 다음 중 "공기 중의 발화온도"가 가장 높은 물질은?

① CH_4 　　　　　　② C_2H_2
③ C_2H_6 　　　　　　④ H_2S

화학식	H_2S	C_2H_6	C_2H_2	CH_4
발화온도	260℃	472℃	490℃	537℃

80 공정안전보고서에 포함되어야 할 세부 내용 중 공정안전 자료에 해당하는 것은?

① 결함수분석(FTA)
② 도급업체 안전관리계획
③ 각종 건물·설비의 배치도
④ 비상조치계획에 따른 교육계획

공정안전자료의 세부내용(산업안전보건법 시행규칙 제50조)
- 취급·저장하고 있거나 취급·저장하려는 유해·위험물질의 종류 및 수량
- 유해·위험물질에 대한 물질안전보건자료
- 유해하거나 위험한 설비의 목록 및 사양
- 유해하거나 위험한 설비의 운전방법을 알 수 있는 공정도면
- 각종 건물·설비의 배치도
- 폭발위험장소 구분도 및 전기단선도
- 위험설비의 안전설계·제작 및 설치 관련 지침서

제 05 과목　건설공사 안전관리

81 리프트(Lift)의 안전장치에 해당하지 않는 것은?

① 권과방지장치　　　　② 비상정지장치
③ 과부하방지장치　　　④ 조속기

리프트의 안전장치 : 과부하방지장치, 권과방지장치(捲過防止裝置), 비상정지장치 및 제동장치

82 벽체 콘크리트 타설시 거푸집이 터져서 콘크리트가 쏟아진 사고가 발생하였다. 다음 중 이 사고의 주요 원인으로 추정할 수 있는 것은?

① 콘크리트를 부어 넣는 속도가 빨랐다.
② 거푸집에 박리제를 다량 도포했다.
③ 대기 온도가 매우 높았다.
④ 시멘트 사용량이 많았다.

콘크리트의 측압이 커지는 조건
- 기온이 낮을수록(대기중의 습도가 낮을수록)
- 치어붓기 속도가 클수록
- 굵은 콘크리트 일수록(물·시멘트비가 클수록, 슬럼프 값이 클수록, 시멘트·물비가 적을 수록)
- 콘크리트의 비중이 클수록
- 콘크리트의 다지기가 강할수록
- 철근양이 작을 수록
- 거푸집의 수밀성이 높을수록
- 거푸집의 수평단면이 클수록(벽두께가 클수록)
- 거푸집의 강성이 클수록
- 거푸집의 표면이 매끄러울수록
- 측압은 생콘크리트의 높이가 높을수록 커지나 일정한 높이에 이르면 측압의 증가는 없다.

83 산업안전보건기준에 관한 규칙에 따른 굴착면의 기울기 기준으로 옳지 않은 것은?

① 경암 = 1 : 0.5
② 연암 = 1 : 1.0
③ 풍화암 = 1 : 1.0
④ 모래 = 1 : 1.2

굴착면의 기울기 기준(산업안전보건기준에 관한 규칙 별표 11)

지반의 종류	굴착면의 기울기
모래	1 : 1.8
연암 및 풍화암	1 : 1.0
경암	1 : 0.5
그 밖의 흙	1 : 1.2

비고
1. 굴착면의 기울기는 굴착면의 높이에 대한 수평거리의 비율을 말한다.
2. 굴착면의 경사가 달라서 기울기를 계산하기가 곤란한 경우에는 해당 굴착면에 대하여 지반의 종류별 굴착면의 기울기에 따라 붕괴의 위험이 증가하지 않도록 위 표의 지반의 종류별 굴착면의 기울기에 맞게 해당 각 부분의 경사를 유지해야 한다.

84 비계발판의 크기를 결정하는 기준은?

① 비계의 제조회사
② 재료의 부식 및 손상정도
③ 지점의 간격 및 작업시 하중
④ 비계의 높이

비계발판은 하중과 간격에 따라서 응력의 상태가 달라지므로 다음의 표에 의한 허용 응력을 초과하지 않도록 설계하여야 한다.
비계발판 작업으로서 목재의 허용응력(단위 : kg/cm²)

목재의 종류	허용응력도 압축	인장 또는 휨	전단
적송, 흑송, 회목	120	135	10.5
삼송, 전나무, 가문비나무	90	105	7.5

85 작업발판 및 통로의 끝이나 개구부로서 근로자가 추락할 위험이 있는 장소에 설치하는 것과 거리가 먼 것은?

① 교차가새
② 안전난간
③ 울타리
④ 수직형 추락방망

산업안전보건기준에 관한 규칙 제43조(개구부 등의 방호 조치) ① 사업주는 작업발판 및 통로의 끝이나 개구부로서 근로자가 추락할 위험이 있는 장소에는 안전난간, 울타리, 수직형 추락방망 또는 덮개 등(이하 이 조에서 "난간등"이라 한다)의 방호 조치를 충분한 강도를 가진 구조로 튼튼하게 설치하여야 하며, 덮개를 설치하는 경우에는 뒤집히거나 떨어지지 않도록 설치하여야 한다. 이 경우 어두운 장소에서도 알아볼 수 있도록 개구부임을 표시해야 하며, 수직형 추락방망은 한국산업표준에서 정하는 성능기준에 적합한 것을 사용해야 한다.

86 콘크리트를 타설할 때 거푸집에 작용하는 콘크리트 측압에 영향을 미치는 요인과 가장 거리가 먼 것은?

① 콘크리트 타설 속도
② 콘크리트 타설 높이
③ 콘크리트의 강도
④ 콘크리트 단위용적질량

콘크리트의 측압이 커지는 조건
- 기온이 낮을수록(대기중의 습도가 낮을수록)
- 치어붓기 속도가 클수록
- 굵은 콘크리트 일수록(물·시멘트비가 클수록, 슬럼프 값이 클수록, 시멘트·물비가 적을 수록)
- 콘크리트의 비중이 클수록
- 콘크리트의 다지기가 강할수록
- 철근양이 작을 수록
- 거푸집의 수밀성이 높을수록
- 거푸집의 수평단면이 클수록(벽두께가 클수록)
- 거푸집의 강성이 클수록
- 거푸집의 표면이 매끄러울수록
- 측압은 생콘크리트의 높이가 높을수록 커지나 일정한 높이에 이르면 측압의 증가는 없다.

87 토사붕괴 재해의 발생 원인으로 보기 어려운 것은?

① 부석의 점검을 소홀히 했다.
② 지질조사를 충분히 하지 않았다.
③ 굴착면 상하에서 동시작업을 했다.
④ 안식각으로 굴착했다.

토사붕괴의 원인
- 외적원인 : 사면의 경사 및 기울기의 증가, 절토 및 성토의 증가, 공사에 의한 진동 및 반복하중의 증가, 지표수 또는 지하수의 침투로 인한 토사중량의 증가, 지진 및 작업차량 등의 하중
- 내적원인 : 절토사면의 토질, 암질의 종류, 성토 사면의 토질구성 및 분포, 토석의 강도 저하

88 추락에 의한 위험방지를 위해 조치해야 할 사항과 거리가 먼 것은?

① 추락방지망 설치
② 안전난간 설치
③ 안전모 착용
④ 투하설비 설치

투하설비는 높이가 3미터 이상인 장소로부터 물체를 투하하는 경우 설치해야 하는 시설로 추락에 의한 위험방지 조치와는 거리가 멀다.

89 가설계단 및 계단참의 하중에 대한 지지력은 최소 얼마 이상이어야 하는가?

① 300 kg/m²
② 400 kg/m²
③ 500 kg/m²
④ 600 kg/m²

산업안전보건기준에 관한 규칙 제26조(계단의 강도) ① 사업주는 계단 및 계단참을 설치하는 경우 매제곱미터당 500킬로그램 이상의 하중에 견딜 수 있는 강도를 가진 구조로 설치하여야 하며, 안전율[안전의 정도를 표시하는 것으로서 재료의 파괴응력도(破壞應力度)와 허용응력도(許容應力度)의 비율을 말한다)]은 4 이상으로 하여야 한다.
② 사업주는 계단 및 승강구 바닥을 구멍이 있는 재료로 만드는 경우 렌치나 그 밖의 공구 등이 낙하할 위험이 없는 구조로 하여야 한다.

90 강관비계 중 단관비계의 조립간격(벽체와의 연결간격)으로 옳은 것은?

① 수직방향 : 6m, 수평방향 : 8m
② 수직방향 : 5m, 수평방향 : 5m
③ 수직방향 : 4m, 수평방향 : 6m
④ 수직방향 : 8m, 수평방향 : 6m

강관비계의 조립간격(산업안전보건기준에 관한 규칙 별표 5)

강관비계의 종류	조립간격(단위 : m)	
	수직방향	수평방향
단관비계	5	5
틀비계(높이가 5m 미만인 것은 제외한다)	6	8

91 철골구조에서 강풍에 대한 내력이 설계에 고려되었는지 검토를 실시하지 않아도 되는 건물은?

① 높이 30m인 건물
② 연면적당 철골량이 45kg인 건물
③ 단면구조가 일정한 구조물
④ 이음부가 현장용접인 건물

철골공사 표준안전 작업지침 제3조(설계도 및 공작도 확인)
7. 구조안전의 위험이 큰 다음 각 목의 철골구조물은 건립 중 강풍에 의한 풍압등 외압에 대한 내력이설계에 고려되었는지 확인하여야 한다.
   가. 높이 20미터 이상의 구조물
   나. 구조물의 폭과 높이의 비가 1 : 4 이상인 구조물
   다. 단면구조에 현저한 차이가 있는 구조물
   라. 연면적당 철골량이 50킬로그램/평방미터 이하인 구조물
   마. 기둥이 타이플레이트(tie plate)형인 구조물
   바. 이음부가 현장용접인 구조물

92 콘크리트의 재료분리현상 없이 거푸집 내부에 쉽게 타설 할 수 있는 정도를 나타내는 것은?

① Workability
② Bleeding
③ Consistency
④ Finishability

시공연도(Workability) : 반죽질기에 따른 작업의 난이도 및 재료분리에 저항하는 정도를 나타내는 성질 → 종합적 의미의 시공난이 정도

93 굴착공사에서 굴착 깊이가 5m, 굴착 저면의 폭이 5m인 경우 양단면 굴착을 할 때 굴착부 상단면의 폭은?(단, 굴착면의 기울기는 1 : 1로 한다.)

① 10m
② 15m
③ 20m
④ 25m

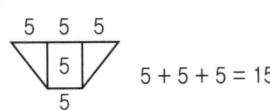
5 + 5 + 5 = 15

94 화물을 적재하는 경우에 준수하여야 하는 사항으로 옳지 않은 것은?

① 침하 우려가 없는 튼튼한 기반 위에 적재할 것
② 건물의 칸막이나 벽 등이 화물의 압력에 견딜 만큼의 강도를 지니지 아니한 경우에는 칸막이나 벽에 기대어 적재하지 않도록 할 것
③ 불안정할 정도로 높이 쌓아 올리지 말 것
④ 편하중이 발생하도록 쌓을 것

95 거푸집의 일반적인 조립순서를 옳게 나열한 것은?

① 기둥 → 보받이 내력벽 → 큰보 → 작은보 → 바닥판 → 내벽 → 외벽
② 외벽 → 보받이 내력벽 → 큰보 → 작은보 → 바닥판 → 내력 → 기둥
③ 기둥 → 보받이 내력벽 → 작은보 → 큰보 → 바닥판 → 내벽 → 외벽
④ 기둥 → 보받이 내력벽 → 바닥판 → 큰보 → 작은보 → 내벽 → 외벽

거푸집의 조립 : 기둥 → 보받이내력벽 → 큰보 → 작은보 → 바닥 → 내벽 → 외벽

96 건설기계에 관한 설명 중 옳은 것은?

① 백호는 장비가 위치한 지면보다 높은 곳의 땅을 파는데에 적합하다.
② 바이브레이션 롤러는 노반 및 소일시멘트 등의 다지기에 사용된다.
③ 파워쇼벨은 지면에 구멍을 뚫어 낙하해머 또는 디젤해머에 의해 강관말뚝, 널말뚝 등을 박는데 이용된다.
④ 가이데릭은 지면을 일정한 두께로 깎는 데에 이용된다.

- 백호우(백호) : 중기가 위치한 지면보다 낮은 곳의 땅을 파는데 적합하며, 수중굴착도가능. (깊이 6m 이하)
- 파워쇼벨(Power shovel) : 중기가 위치한 지면보다 높은 장소의 땅을 굴착하는데 적합하며, 산지에서의 토공사, 암반으로부터 점토질까지 굴착
- 가이데릭 : 주기둥과 붐으로 구성되어 있고 6~8본의 지선으로 주기둥이 지탱되며 주각부에 붐을 설치하면 360°회전이 가능

97 일반적으로 사면이 가장 위험한 경우는 어느 때인가?

① 사면이 완전 건조 상태일 때
② 사면의 수위가 서서히 상승할 때
③ 사면이 완전 포화 상태일 때
④ 사면의 수위가 급격히 하강할 때

토석 붕괴의 원인
- 외적 요인
  - 사면, 법면의 경사 및 구배의 증가
  - 절토 및 성토 높이의 증가
  - 공사에 의한 진동 및 반복하중의 증가
  - 지표수 및 지하수의 침투에 의한 토사중량의 증가
  - 지진, 차량, 구조물의 하중
  ※ 사면수위가 급격히 하강시 위험도가 가장 높다.
- 내적 요인
  - 절토사면의 토질, 암석 성토사면의 토질 토석의 강도저하

98 산업안전보건기준에 관한 규칙에 따른 작업장 근로자의 안전한 통행을 위하여 통로에 설치하여야 하는 조명 시설의 조도기준(Lux)는?

① 30 Lux 이상
② 75 Lux 이상
③ 150 Lux 이상
④ 300 Lux 이상

산업안전보건기준에 관한 규칙 제21조(통로의 조명) 사업주는 근로자가 안전하게 통행할 수 있도록 통로에 75럭스 이상의 채광 또는 조명시설을 하여야 한다. 다만, 갱도 또는 상시 통행을 하지 아니하는 지하실 등을 통행하는 근로자에게 휴대용 조명기구를 사용하도록 한 경우에는 그러하지 아니하다.

99 정기안전점검 결과 건설공사의 물리적·기능적 결함 등이 발견되어 보수·보강 등의 조치를 하기 위하여 필요한 경우에 실시하는 것은?

① 자체안전점검
② 정밀안전점검
③ 상시안전점검
④ 품질관리점검

건설기술진흥법 시행령 제100조(안전점검의 시기·방법 등) ① 건설업자와 주택건설등록업자는 건설공사의 공사기간 동안 매일 자체안전점검을 하고, 제2항에 따른 기관에 의뢰하여 다음 각 호의 기준에 따라 정기안전점검 및 정밀안전점검 등을 하여야 한다.
  1. 건설공사의 종류 및 규모 등을 고려하여 국토교통부장관이 정하여 고시하는 시기와 횟수에 따라 정기안전점검을 할 것
  2. 정기안전점검 결과 건설공사의 물리적·기능적 결함 등이 발견되어 보수·보강 등의 조치를 위하여 필요한 경우에는 정밀안전점검을 할 것
  3. 제98조제1항제1호에 해당하는 건설공사에 대해서는 그 건설공사를 준공(임시사용을 포함한다)하기 직전에 제1호에 따른 정기안전점검 수준 이상의 안전점검을 할 것
  4. 제98조제1항 각 호의 어느 하나에 해당하는 건설공사가 시행 도중에 중단되어 1년 이상 방치된 시설물이 있는 경우에는 그 공사를 다시 시작하기 전에 그 시설물에 대하여 제1호에 따른 정기안전점검 수준의 안전점검을 할 것
② 제1항 각 호의 구분에 따른 정기안전점검 및 정밀안전점검 등을 건설업자나 주택건설등록업자로부터 의뢰받아 실시할 수 있는 기관(이하 "건설안전점검기관"이라 한다)은 다음 각 호의 기관으로 한다. 다만, 그 기관이 해당 건설공사의 발주자인 경우에는 정기안전점검만을 할 수 있다.
  1. 「시설물의 안전관리에 관한 특별법」제9조에 따라 등록한 안전진단전문기관
  2. 국토안전관리원
③ 건설사업자와 주택건설등록업자는 국토교통부장관이 정하여 고시하는 절차에 따라 발주자(발주자가 발주청이 아닌 경우에는 인·허가기관의 장을 말한다)가 지정하는 건설안전점검기관에 정기안전점검 또는 정밀안전점검 등의 실시를 의뢰해야 한다. 이 경우 그 건설공사를 발주·설계·시공·감리 또는 건설사업관리를 수행하는 자의 계열회사인 건설안전점검기관에 의뢰해서는 안 된다.

100 건설작업용 리프트에 대하여 바람에 의한 붕괴를 방지하는 조치를 한다고 할 때 그 기준이 되는 최소 풍속은?

① 순간 풍속 30m/sec 초과
② 순간 풍속 35m/sec 초과
③ 순간 풍속 40m/sec 초과
④ 순간 풍속 45m/sec 초과

산업안전보건기준에 관한 규칙 제154조(붕괴 등의 방지)
① 사업주는 지반침하, 불량한 자재사용 또는 헐거운 결선(結線) 등으로 리프트가 붕괴되거나 넘어지지 않도록 필요한 조치를 하여야 한다.
② 사업주는 순간풍속이 초당 35미터를 초과하는 바람이 불어올 우려가 있는 경우 건설작업용 리프트(지하에 설치되어 있는 것은 제외한다)에 대하여 받침의 수를 증가시키는 등 그 붕괴 등을 방지하기 위한 조치를 하여야 한다.

정답 2014년 03월 02일 최근 기출문제

01 ③	02 ③	03 ④	04 ①	05 ④	06 ②	07 ③	08 ②	09 ④	10 ②
11 ①	12 ④	13 ④	14 ②	15 ②	16 ①	17 ②	18 ③	19 ③	20 ①
21 ④	22 ③	23 ①	24 ②	25 ④	26 ①	27 ②	28 ③	29 ②	30 ④
31 ③	32 ③	33 ④	34 ③	35 ②	36 ①	37 ④	38 ①	39 ①	40 ①
41 ④	42 ②	43 ③	44 ③	45 ①	46 ③	47 ①	48 ①	49 ③	50 ④
51 ②	52 ①	53 ④	54 ③	55 ④	56 ④	57 ①	58 ①	59 ③	60 ②
61 ④	62 ③	63 ②	64 ③	65 ②	66 ④	67 ②	68 ②	69 ③	70 ①
71 ④	72 ①	73 ③	74 ②	75 ①	76 ②	77 ②	78 ②	79 ①	80 ③
81 ④	82 ①	83 ④	84 ③	85 ①	86 ③	87 ④	88 ④	89 ①	90 ②
91 ③	92 ①	93 ②	94 ④	95 ①	96 ②	97 ④	98 ②	99 ②	100 ②

2014년 05월 25일

최근 기출문제

제 01 과목 산업재해 예방 및 안전보건교육

01 다음 중 일반적인 안전관리 조직의 기본 유형으로 볼 수 없는 것은?

① line system
② staff system
③ safety system
④ line-staff system

안전관리조직의 형태
- 라인(Line)형(직계식 조직)
  - 안전관리에 관한 계획에서 실시에 이르기까지 모든 권한이 포괄적이고 직선적으로 행사되며, 안전을 전문으로 분담하는 부분이 없다.
  - 생산조직 전체에 안전관리 기능을 부여한다.
  - 소규모 사업장(100명 이하)에 적합하다.
- 스태프(Staff)형(참모식 조직)
  - 안전관리를 담당하는 스태프(참모진)를 두고 안전관리에 관한 계획, 조사, 검토, 권고, 보고 등을 행하는 관리 방식이다.
  - 중규모 사업장(100명 이상 ~ 500명 미만)에 적합하다.
- 라인(Line) 스태프(Staff)의 복잡형(직계 참모조직)
  - 라인형과 스태프형의 장점을 취한 절충식 조직 형태로 안전업무를 전문으로 담당하는 스태프 부분을 두고 생산라인의 각층에도 겸임 또는 전임의 안전 담당자를 두어서 안전대책은 스태프 부분에서 기획하고, 이것을 라인을 통하여 실시하도록 한 조직 방식이다.
  - 대규모의 사업장(1000명 이상)에 효율적이다.

02 다음 중 적성배치시 작업자의 특성과 가장 관계가 적은 것은?

① 연령
② 작업조건
③ 태도
④ 업무경력

작업의 특성 : 환경조건, 작업조건, 작업종류, 형태, 기간 등

03 다음 중 안전 태도 교육의 원칙으로 적절하지 않은 것은?

① 적성 배치를 한다.
② 이해하고 납득한다.
③ 항상 모범을 보인다.
④ 지적과 처벌 위주로 한다.

태도교육의 기본과정
- 청취한다.
- 항상 모범을 보여준다.
- 처벌한다.
- 적정 배치한다.
- 이해하고 납득한다.
- 권장한다.
- 좋은 지도자를 얻도록 힘쓴다.
- 평가한다.

04 연평균 1000명의 근로자를 채용하고 있는 사업장에서 연간 24명의 재해자가 발생하였다면 이 사업장의 연천인율은 얼마인가?(단, 근로자는 1일 8시간씩 연간 300일을 근무한다.)

① 10
② 12
③ 24
④ 48

연천일율 = $\dfrac{\text{연간재해자수}}{\text{연평균근로자수}} \times 1000 = \dfrac{24}{1000} \times 1000 = 24$

05 다음 중 산업재해로 인한 재해손실비 산정에 있어 하인리히의 평가방식에서 직접비에 해당하지 않는 것은?

① 통신급여
② 유족급여
③ 간병급여
④ 직업재활급여

직접비(법령으로 정한 피해자에게 지급되는 산재보상비)
- 휴업보상비 : 평균임금의 100분의 70에 상당하는 금액
- 장해보상비 : 신체장해가 남는 경우에 장해등급에 의한 금액
- 요양보상비 : 요양비의 전액
- 장의비 : 평균임금의 120일분에 상당하는 금액
- 유족보상비 : 평균임금의 1300일분에 상당하는 금액
- 기타 유족특별보상비, 장해특별보상비, 상병보상년금

06 다음 중 산업안전보건법령상 안전·보건표지의 용도 및 사용 장소에 대한 표지의 분류가 가장 올바른 것은?

① 폭발성 물질이 있는 장소 : 안내표지
② 비상구가 좌측에 있음을 알려야 하는 장소 : 지시표지
③ 보안경을 착용해야만 작업 또는 출입을 할 수 있는 장소 : 안내표지
④ 정리·정돈 상태의 물체나 움직여서는 안 될 물체를 보존하기 위하여 필요한 장소 : 금지표지

안전·보건표지의 종류
- 금지표지(8종) : 적색원형으로 특정의 행동은 금지시키는 표지(바탕은 흰색, 기본모형은 빨간색, 관련 부호 및 그림은 검은색)

- 경고표지(15종) : 흑색 삼각형의 황색표지로 유해 또는 위험물에 대한 주의를 환기시키는 표지(바탕은 노란색, 관련 부호 및 그림은 검은색). 다만, 인화성물질 경고, 산화성물질 경고, 폭발성물질 경고, 급성독성물질 경고, 부식성물질 경고 및 발암성·변이원성·생식독성·전신독성·호흡기과민성 물질 경고의 경우 바탕은 무색, 기본모형은 빨간색(검은색도 가능)
- 지시표지(9종) : 청색원형으로 보호구 착용을 지시하는 표지(바탕은 파란색, 관련 그림은 흰색)
- 안내표지(8종) : 위치(비상구, 의무실, 구급용구)를 알리는 표지(바탕은 흰색, 기본모형 및 관련 부호는 녹색, 바탕은 녹색, 관련 부호 및 그림은 흰색)

07 하인리히의 재해발생 5단계 이론 중 재해 국소화 대책은 어느 단계에 대비한 대책인가?

① 제1단계 → 제2단계　　② 제2단계 → 제3단계
③ 제3단계 → 제4단계　　④ 제4단계 → 제5단계

하인리히(Heinrich)의 사고연쇄성 이론[도미노(Domino) 현상]
- 1단계 : 사회적 환경 및 유전적 요소
- 2단계 : 개인적 결함
- 3단계 : 불안전한 행동 및 불안전한 상태(물리적, 기계적 위험)
- 4단계 : 사고
- 5단계 : 재해

08 다음 중 [그림]에 나타난 보호구의 명칭으로 옳은 것은?

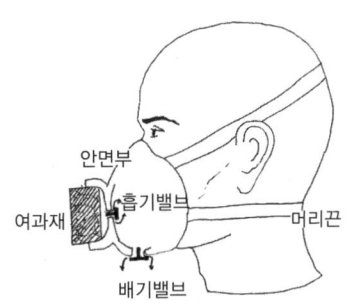

① 격리식 반면형 방독마스크　　② 직결식 반면형 방진마스크
③ 격리식 전면형 방독마스크　　④ 안면부여과식 방진마스크

방진마스크의 형태

격리식 전면형	직결식 전면형	격리식 반면형	직결식 반면형	안면부 여과식

09 다음 중 매슬로우의 욕구위계 5단계 이론을 올바르게 나열한 것은?

① 생리적 욕구 → 사회적 욕구 → 안전의 욕구 → 존경의 욕구 → 자아실현의 욕구
② 안전의 욕구 → 생리적 욕구 → 사회적 욕구 → 존경의 욕구 → 자아실현의 욕구
③ 생리적 욕구 → 안전의 욕구 → 사회적 욕구 → 존경의 욕구 → 자아실현의 욕구
④ 사회적 욕구 → 생리적 욕구 → 안전의 욕구 → 자아실현의 욕구 → 존경의 욕구

매슬로우(Abraham H. Maslow)의 욕구 5단계
- 1단계 : 생리적 욕구(기아, 갈증, 호흡, 배설, 성욕 등)
- 2단계 : 안전의 욕구(안전을 구하고자 하는 욕구)
- 3단계 : 사회적 욕구(애정, 소속에 대한 욕구)
- 4단계 : 인정받으려는 욕구(자존심, 명예, 성취, 지위에 대한 욕구)
- 5단계 : 자아실현의 욕구(잠재적인 능력을 실현하고자 하는 욕구)

10 안전교육의 방법 중 TWI(Training Within Industry for supervisor)의 교육내용에 해당하지 않는 것은?

① 작업지도 기법(JIT)
② 작업개선 기법(JMT)
③ 작업환경 개선기법(JET)
④ 인간관계 관리기법(JRT)

TWI(Training Within Industry)
- 교육대상 및 교육방법
  - 교육대상 : 감독자
  - 교육방법 : 한 클래스(Class)는 10명 정도, 교육 방법은 토의법, 1일 2시간씩 5일에 걸쳐 10시간 정도
- 교육내용
  - JI(Job Instruction) : 작업지도 기법
  - JM(Job Method) : 작업개선 기법
  - JR(Job Relation) : 인간관계 관리법
  - JS(Job Safety) : 작업안전 기법

11 작업장에서 매일 작업자가 작업 전, 중, 후에 시설과 작업동작 등에 대하여 실시하는 안전점검의 종류를 무엇이라 하는가?

① 정기점검
② 일상점검
③ 임시점검
④ 특별점검

안전점검의 종류
- 수시점검 : 작업전 · 중 · 후에 실시하는 점검
- 정기점검 : 일정기간마다 정기적으로 실시하는 점검
- 특별점검
  - 기계 · 기구 · 설비의 신설시 · 변경 내지 고장 수리시 실시하는 점검
  - 천재지변 발생 후 실시하는 점검
  - 안전강조 기간내에 실시하는 점검
- 임시점검 : 이상 발견시 임시로 실시하는 점검, 정기점검과 정기점검 사이에 실시하는 점검

12 다음 중 재해조사시 유의사항으로 가장 적절하지 않은 것은?

① 가급적 재해 현장이 변형되지 않은 상태에서 실시한다.
② 목격자가 제시한 사실 이외의 추측되는 말은 정밀 분석한다.
③ 과거 사고 발생 경향 등을 참고하여 조사한다.
④ 객관적 입장에서 재해방지에 우선을 두고 조사한다.

재해조사시 유의사항
- 재해장소에 들어갈 때에는 예방과 유해성에 대응하여 해당하는 보호구를 반드시 착용한다.
- 재해발생 후 현장보존에 유의하면서 물적 증거를 수집한다.
- 사실을 수집한다.
- 조사는 신속히 행하고 필요시 긴급조치를 통해 2차 재해의 방지를 도모한다.
- 목격자가 증언하는 객관적 사실 외에는 참고만 한다.
- 공정하게 조사하며 필히 2인 이상이 한다.

13 산업안전보건법령상 근로자 안전보건교육에 있어 "채용 시의 교육 및 작업내용 변경시의 교육 내용"에 해당하지 않는 것은?

① 물질안전보건자료에 관한 사항
② 사고 발생시 긴급조치에 관한 사항
③ 작업 개시 전 점검에 관한 사항
④ 표준안전작업방법 및 지도 요령에 관한 사항

채용 시 교육 및 작업내용 변경 시 교육(산업안전보건법 시행규칙 별표 5)
- 산업안전 및 산업재해 예방에 관한 사항(화재·폭발 사고 발생 시 대피에 관한 사항 포함)
- 산업보건 및 건강장해 예방에 관한 사항
- 위험성 평가에 관한 사항
- 산업안전보건법령 및 산업재해보상보험 제도에 관한 사항
- 직무스트레스 예방 및 관리에 관한 사항
- 직장 내 괴롭힘, 고객의 폭언 등으로 인한 건강장해 예방 및 관리에 관한 사항
- 기계·기구의 위험성과 작업의 순서 및 동선에 관한 사항
- 작업 개시 전 점검에 관한 사항
- 정리정돈 및 청소에 관한 사항
- 사고 발생 시 긴급조치에 관한 사항
- 물질안전보건자료에 관한 사항

14 적응기제(Adjustment Mechanism) 중 방어적 기제(Defence Mechanism)에 해당하는 것은?

① 고립(Isolation)
② 퇴행(Regression)
③ 억압(Suppression)
④ 합리화(Rationalization)

적응기제(適應機制)
- 방어적 기제 : 보상, 합리화, 동일시, 승화
- 공격적 기제 : 직접적 공격형, 간접적 공격형
- 도피적 기제 : 고립, 퇴행, 억압, 백일몽

15 다음 중 사고의 위험이 불안전한 행위 외에 불안전한 상태에서도 적용된다는 것과 가장 관계가 있는 것은?

① 이념성　　　　　　　　② 개인차
③ 부주의　　　　　　　　④ 지능성

16 다음 중 기억과 망각에 관한 내용으로 틀린 것은?

① 학습된 내용은 학습 직후의 망각률이 가장 낮다.
② 의미없는 내용은 의미있는 내용보다 빨리 망각한다.
③ 사고력을 요하는 내용이 단순한 지식보다 기억, 파지의 효과가 높다.
④ 연습은 학습한 직후에 시키는 것이 효과가 있다.

망각률은 학습 직후 높아졌다가 시간의 경과에 따라 서서히 완만해진다.

17 다음 중 안전교육의 4단계를 올바르게 나열한 것은?

① 도입 → 확인 → 제시 → 적용　　② 도입 → 제시 → 적용 → 확인
③ 확인 → 제시 → 도입 → 적용　　④ 제시 → 확인 → 도입 → 적용

교육법의 4단계 및 단계별 교육시간

교육법의 4단계	강의식(일반적인 교육)	토의식
1단계-도입	5분	5분
2단계-제시	40분	10분
3단계-적용	10분	40분
4단계-확인	5분	5분

※ 단계별 교육의 시간 배분은 단위 시간을 1시간(60분)으로 했을 때

18 다음 중 무재해운동에서 실시하는 위험예지훈련에 관한 설명으로 틀린 것은?

① 근로자 자신이 모르는 작업에 대한 것도 파악하기 위하여 참가집단의 대상범위를 가능한 넓혀 많은 인원이 참가토록 한다.
② 직장의 팀워크로 안전을 전원이 빨리 올바르게 선취하는 훈련이다.
③ 아무리 좋은 기법이라도 시간이 많이 소요되는 것은 현장에서 큰 효과가 없다.
④ 정해진 내용의 교육보다는 전원의 대화방식으로 진행한다.

위험예지훈련
위험예지훈련은 대상범위를 한정하여 적은 인원으로 반복훈련을 통해 단시간에 실기하는 활용기법 훈련이다.

- 위험예지 훈련의 기초 4라운드 진행방법
  - 1R(현상파악) : 어떤 위험이 잠재하고 있는지 사실을 파악하는 라운드(BS적용)
  - 2R(본질추구) : 가장 위험한 요인(위험 포인트)을 합의로 결정하는 라운드(요약)
  - 3R(대책수립) : 구체적인 대책을 수립하는 라운드(BS적용)
  - 4R(목표달성-설정) : 수립한 대책 가운데 질이 높은 항목에 합의하는 라운드(요약)

19 재해예방의 4원칙 중 대책선정의 원칙에서 관리적 대책에 해당되지 않는 것은?

① 안전교육 및 훈련
② 동기부여와 사기 향상
③ 각종 규정 및 수칙의 준수
④ 경영자 및 관리자의 솔선수범

재해예방대책
- 기술적 대책(공학적 대책) : 안전설계, 작업행정개선, 안전기준의 설정, 환경설비의 점검, 점검보전의 확립 등
- 교육적 대책 : 안전교육 및 훈련 실시
- 관리적 대책 : 적합한 기준 설정, 각종 규정 및 수칙의 준수, 전 종업원의 기준 이해, 경영자 및 관리자의 솔선수범, 부단한 동기 부여와 사기 향상

20 다음 중 리더가 가지고 있는 세력의 유형이 아닌 것은?

① 전문세력(expert power)
② 보상세력(reward power)
③ 위임세력(entrust power)
④ 합법세력(legitimate power)

세력의 유형(French와 Raven, 1960)
- 보상세력 : 바람직한 행동에 대해 정적인 인센티브를 제공해줄 수 있는 조직(또는 특정역할을 맡고 있는 구성원)의 역량이다.
- 강압세력 : 부하들의 바람직하지 않은 행동들에 대해 처벌할 수 있는 역량이다.
- 합법세력 : 권한이라고도 부르기도 하며 조직이 종업원에게 영향력을 미치는 행위가 합법적임을 의미한다.
- 전문세력 : 어떤 개인이 가지고 있는 경험, 지식 또는 능력으로부터 나온다.
- 참조세력 : 조직 내 조직원들이 다른 조직원들을 존경하고 따르려는 경향에서 발생하는 세력

제 02 과목 인간공학 및 위험성 평가·관리

21 인간 오류의 분류에 있어 원인에 의한 분류 중 작업의 조건이나 작업의 형태 중에서 다른 문제가 생겨 그 때문에 필요한 사항을 실행할 수 없는 오류(error)를 무엇이라 하는가?

① secondary error
② primary error
③ command error
④ commission error

원인의 Level적 분류
- Primary Error : 작업자 자신으로부터의 Error

- Secondary Error : 작업형태나 작업조건 중에서 다른 문제가 생겨 그 때문에 필요한 사항을 실행할 수 없는 Error. 어떤 결함으로부터 파생하여 발생하는 Error
- Command Error : 요구된 것을 실행하고자 하여도 필요한 물건, 정보, 에너지 등의 공급이 없는 것처럼 작업자가 움직이려 해도 움직일 수 없으므로 발생하는 Error

22 일반적으로 스트레스로 인한 신체반응의 척도 가운데 정신적 작업의 스트레인 척도와 가장 거리가 먼 것은?

① 뇌전도
② 부정맥지수
③ 근전도
④ 심박수의 변화

해설

피로의 생리학적 측정법
- 근전도(EMG) : 근육활동 전위차의 기록
- 뇌전도(EEG) : 신경활동 전위차의 기록
- 심전도(ECG) : 심장근 활동 전위차의 기록
- 안전도(EOG) : 안구(眼球)운동 전위차의 기록
- 산소 소비량 및 에너지 대사율(RMR, Relative Metabolic Rate)

$$R = \frac{작업대사량}{기초대사량} = \frac{작업시\ 소비에너지 - 안정시\ 소비에너지}{기초대사량}$$

- 피부전기반사(GSR, Galvanic Skin Reflex) : 작업부하의 정신적 부담이 피로와 함께 증대하는 양상을 손바닥 안쪽의 전기저항의 변화를 이용해 측정하는 것으로 피부전기저항 또는 정신 전류현상
- 프릿가값(융합점멸주파수) : 정신적 부담이 대뇌피질의 피로수준에 미치고 있는 영향을 측정하는 방법

23 다음 중 인간공학에 관련된 설명으로 옳지 않은 것은?

① 인간의 특성과 한계점을 고려하여 제품을 변경한다.
② 생산성을 높이기 위해 인간의 특성을 작업에 맞추는 것이다.
③ 사고를 방지하고 안전성과 능률성을 높일 수 있다.
④ 편리성, 쾌적성, 효율성을 높일 수 있다.

24 다음과 같이 ①~④의 기본사상을 가진 FT도에서 minimal cut set으로 옳은 것은?

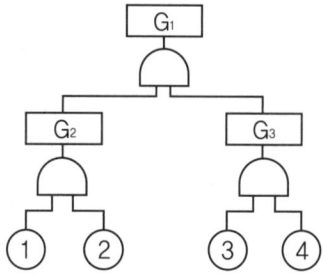

① {①,②,③,④}
② {①,③,④}
③ {①,②}
④ {③,④}

25 다음 중 조도의 단위에 해당하는 것은?

① fL
② diopter
③ lumen/m²
④ lumen

조명(조도)의 단위
- fc(foot-candle) : 1촉광의 점광원으로부터 1foot 떨어진 곡면에 비추는 광의 밀도(1 lumen/ft²)
- lux(meter-candle) : 1촉광의 점광원으로부터 1m 떨어진 곡면에 비추는 광의 밀도(1 lumen/m²)
- fc, lux의 관계 : 1 fc = 1 lumen/ft² ≒ 10 lumen/m² = 10 lux

26 다음 중 불대수(Boolean algebra)의 관계식으로 옳은 것은?

① A(A · B) = B
② A + B = A · B
③ A + A · B = A · B
④ (A + B)(A + C) = A + B · C

27 2개 공정의 소음수준 측정 결과 1공정은 100dB에서 2시간, 2공정은 90dB에서 1시간 소요될 때 총 소음량(TND)과 소음설계의 적합성을 올바르게 나열한 것은?(단, 우리나라는 90dB에 8시간 노출될 때를 허용기준으로 하며, 5dB 증가할 때 허용시간은 1/2로 감소되는 법칙을 적용한다.)

① TND = 0.83, 적합
② TND = 0.93, 적합
③ TND = 1.03, 적합
④ TND = 1.13, 부적합

음압과 허용노출한계

dB	90	95	100	105	110	115	120
허용노출시간	8시간	4시간	4시간	1시간	30분	15분	5~8분

※ 120dB 이상 : 격리 또는 격벽 설치

$$TND = \frac{1}{8} + \frac{2}{2} ≒ 1.13$$

적합성 = 1.13 × 100% = 113%, 적합성이 100% 이상으로 부적합

28 다음 중 시스템 안전의 최종분석 단계에서 위험을 고려하는 결정인자가 아닌 것은?

① 효율성
② 피해가능성
③ 비용산정
④ 시스템의 고장모드

시스템 안전의 최종분석 단계에서 위험을 고려하는 결정인자는 피해가능성, 가능효율성, 비용산정, 폭발빈도 등이다.

29 시스템이 저장되고 이동되고, 실행됨에 따라 발생하는 작동시스템의 기능이나 과업, 활동으로부터 발생되는 위험에 초점을 맞추어 진행하는 위험분석방법은?

① FHA
② OHA
③ PHA
④ SHA

- 결함위험분석(FHA) : 복잡한 시스템에서는 한 계약자만으로 모든 시스템의 설계를 담당하지 않고, 몇 개의 공동 계약자가 각각의 서브시스템(Sub System)을 분담하고 통합계약업자가 그것을 통합하는데, FHA는 이런 경우의 서브시스템 해석 등에 사용
- 운용위험분석(OHA) : 시스템이 저장, 이동, 실행됨에 따라 발생하는 작동시스템의 기능이나 과업, 활동으로부터 발생되는 위험분석에 사용
- PHA : 대부분 시스템안전 프로그램에 있어서 최초단계의 분석으로 시스템 내의 위험한 요소가 얼마나 위험한 상태에 있는가를 정성적으로 평가
- 시스템 위험성 분석(SHA) : 상호간의 불균형과 기능충돌로 인하여 안전성에 어떠한 영향을 미치는가를 귀납적으로 분석

30 다음 중 인체계측에 관한 설명으로 틀린 것은?

① 의자, 피복과 같이 신체모양과 치수와 관련성이 높은 설비의 설계에 중요하게 반영된다.
② 일반적으로 몸의 측정 치수는 구조적 치수(structural dimension)와 기능적 치수(functional dimension)로 나눌 수 있다.
③ 인체계측치의 활용시에는 문화적 차이를 고려하여야 한다.
④ 인체계측치를 활용한 설계는 인간의 안락에는 영향을 미치지만 성능수행과는 관련성이 없다.

인체계측치를 활용한 설계는 성능수행과도 관련이 있다.

31 품질 검사 작업자가 한 로트에서 검사 오류를 범할 확률이 0.1이고, 이 작업자가 하루에 5개의 로트를 검사한다면, 5개 로트에서 에러를 범하지 않을 확률은?

① 90%
② 75%
③ 59%
④ 40%

$R_{(n)} = (1-P)^n = (1-0.1)^5 = 0.59$

32 다음 중 얼음과 드라이아이스 등을 취급하는 작업에 대한 대책으로 적절하지 않은 것은?

① 더운 물과 더운 음식을 섭취한다.
② 가능한 한 식염을 많이 섭취한다.
③ 혈액순환을 위해 틈틈이 운동을 한다.
④ 오랫동안 한 장소에 고정하여 작업하지 않는다.

고온 작업환경, 땀이 많이 배출되는 작업환경에 식염을 섭취한다.

33 다음 중 망막의 원추세포가 가장 낮은 민감성을 보이는 파장의 색은?

① 적색 ② 회색
③ 청색 ④ 녹색

해설 삼원색(적,녹,황)에 대응하는 빛의 파장 범위에 민감하다.

34 다음 중 작업방법의 개선원칙(ECRS)에 해당되지 않는 것은?

① 교육(Education) ② 결합(Combine)
③ 재배치(Rearrange) ④ 단순화(Simplify)

해설 개선원칙(ECRS) : 제거, 결합, 재조정, 단순화

35 다음 중 시스템 안전성 평가 기법에 관한 설명으로 틀린 것은?

① 가능성을 정량적으로 다룰 수 있다.
② 시각적 표현에 의해 정보전달이 용이하다.
③ 원인, 결과 및 모든 사상들의 관계가 명확해진다.
④ 연역적 추리를 통해 결함사상을 빠짐없이 도출하나, 귀납적 추리로는 불가능하다.

해설 귀납적 추리를 통해 결함사상을 빠짐없이 도출한다.

36 다음 중 시스템의 수명곡선(욕조곡선)에서 우발고장 기간에 발생하는 고장의 원인으로 볼 수 없는 것은?

① 사용자의 과오 때문에
② 안전계수가 낮기 때문에
③ 부적절한 설치나 시동 때문에
④ 최선의 검사방법으로도 탐지되지 않는 결함 때문에

해설
고장의 유형
- 초기고장 : 감소형(Debugging 기간, Burning 기간)
- 우발고장 : 일정형으로 고장원인은 다음과 같다
  - 사용자 과오
  - 가혹한 사용
  - 안전계수가 낮음
  - 스트레스가 예상치보다 큼
  - 강도가 예상치보다 낮음
  - 최선의 검사방법으로 탐지되지 않는 고장
  - 디버깅 중 발견되지 않는 고장
  - PM에 의해서도 예방될 수 없는 고장
- 마모고장 : 증가형(Burn In 기간)

37 정보를 전송하기 위한 표시장치 중 보다 청각장치를 사용해야 더 좋은 경우는?

① 메시지가 나중에 재참조되는 경우
② 직무상 수신자가 자주 움직이는 경우
③ 메시지가 공간적인 위치를 다루는 경우
④ 수신자가 청각계통이 과부하상태인 경우

청각장치와 시각장치의 선택(특정 감각의 선택)

구분	청각장치 사용	시각장치 사용
전언	• 전언이 간단하고 짧다.	• 전언이 복잡하고 길다.
재참조	• 전언이 후에 재참조 되지 않는다.	• 전언이 후에 재참조 된다.
사상(Eevent)	• 전언이 즉각적인 사상을 이룬다.	• 전언이 공간적인 위치를 다룬다.
행동 요구	• 전언이 즉각적인 행동을 요구한다.	• 전언이 즉각적인 행동을 요구하지 않는다.
사용시기	• 수신자의 시각계통이 과부하 상태일 때 • 수신 장소가 너무 밝거나 암조응 유지가 필요할 때 • 직무상 수신자가 자주 움직이는 경우	• 수신자가 청각계통이 과부하 상태일 때 • 수신 장소가 너무 시끄러울 때 • 직무상 수신자가 한곳에 머무르는 경우

38 FT도에 사용되는 기호 중 "시스템의 정상적인 가동상태에서 일어날 것이 기대되는 사상"을 나타내는 것은?

① ▭   ② ○
③ ⌂   ④ △

FTA 도표에 사용하는 논리기호

명칭	기호	명칭	기호
결함사상	▭	전이 기호 (이행 기호)	△(in) △(out)
기본사상	○	AND gate	

명칭	기호	명칭	기호
생략사상 (추적 불가능한 최후사상)	◇	OR gate	출력 입력
통상사상 (家刑事像)	⌂	수정기호 조건	출력─조건 입력

39 다음 중 통제표시비(control/display ratio)를 설계할 때 고려하는 요소에 관한 설명으로 틀린 것은?

① 계기의 조절시간이 짧게 소요되도록 계기의 크기(size)는 항상 작게 설계한다.
② 짧은 주행 시간 내에 공차의 인정범위를 초과하지 않는 계기를 마련한다.
③ 목시거리(目示距離)가 길면 길수록 조절의 정확도는 떨어진다.
④ 통제표시비가 낮다는 것은 민감한 장치라는 것을 의미한다.

계기의 크기를 작게 설계하면 오차 발생 확률이 높아진다.

40 인간공학의 중요한 연구과제인 계면(interface)설계에 있어서 다음 중 계면에 해당되지 않는 것은?

① 작업공간　　　　　　　② 표시장치
③ 조종장치　　　　　　　④ 조명시설

제 03 과목　기계·기구 및 설비 안전관리

41 다음 중 선반 작업시 준수하여야 하는 안전 사항으로 틀린 것은?

① 작업 중 장갑 착용을 금한다.
② 작업 시 공구는 항상 정리해 둔다.
③ 운전 중에 백기어(back gear)를 사용한다.
④ 주유 및 청소를 할 때에는 반드시 기계를 정지 시키고 한다.

선반 작업의 안전
• 작업복의 소매 자락이 회전 공작물에 말려들지 않도록 복장을 단정하게 한다.
• 선반의 베드 위나 공구대 위에 직접 측정기나 공구를 올려놓지 않는다.
• 회전 중인 가공물에 손을 대지 말아야 하며, 치수 측정시는 기계를 정지시킨 후 측정한다.

- 칩이 발산될 때는 보안경을 쓰고, 맨손으로 칩을 만지지 말고 갈고리를 사용한다.
- 기어를 변속할 때, 공구를 교환할 때와 제거할 때는 기계를 정지시킨 후 작업한다.
- 내경작업 중에 손가락을 구멍 속에 넣어 청소를 하거나 점검하려고 하면 안 된다.
- 양 센터 작업에는 공작물의 크기에 알맞은 돌리개를 사용하고, 가늘고 긴 공작물을 가공할 때는 방진구를 사용한다.
- 선반 가동 전에 척핸들(Chuck Handle)을 빼었는지 확인하고 기계의 윤활 부분을 점검한다.
- 선반의 운전 중 이송 작동을 시켜놓고 자리를 이탈하지 않도록 한다.
- 긴 공작물이 기계 밖으로 돌출 되었을 때 빨간 천을 부착하여 위험을 표시한다.
- 센터 작업 중에는 일감이 센터에서 빠져 나오지 않도록 주의를 한다.
- 작업 중 공작물 고정 나사 및 조가 풀어질 우려에 대비하여 수시로 확인을 한다.
- 기계 운전 중에는 백기어의 사용을 금한다.

42 산업안전보건법령에 따라 다음 중 목재가공용으로 사용되는 모떼기기계의 방호장치는?(단, 자동이송장치를 부착한 것은 제외한다.)

① 분할날 ② 날접촉예방장치
③ 급정지장치 ④ 이탈방지장치

산업안전보건기준에 관한 규칙 제110조(모떼기기계의 날접촉예방장치) 사업주는 모떼기기계(자동이송장치를 부착한 것은 제외한다)에 날접촉예방장치를 설치하여야 한다. 다만, 작업의 성질상 날접촉예방 장치를 설치하는 것이 곤란하여 해당 근로자에게 적절한 작업공구 등을 사용하도록 한 경우에는 그러하지 아니하다.

43 다음 중 컨베이어(conveyor)에 반드시 부착해야 되는 방호장치로 가장 적당한 것은?

① 해지장치 ② 권과방지장치
③ 과부하방지장치 ④ 비상정지장치

산업안전보건기준에 관한 규칙 제192조(비상정지장치) 사업주는 컨베이어등에 해당 근로자의 신체의 일부가 말려드는 등 근로자가 위험해질 우려가 있는 경우 및 비상시에는 즉시 컨베이어등의 운전을 정지시킬 수 있는 장치를 설치하여야 한다. 다만, 무동력상태로만 사용하여 근로자가 위험해질 우려가 없는 경우에는 그러하지 아니하다.

44 다음 중 정하중이 작용할 때 기계의 안전을 위해 일반적으로 안전율이 가장 크게 요구되는 재질은?

① 벽돌 ② 주철
③ 구리 ④ 목재

재료의 종류에 따른 정하중

재료	정하중	재료	정하중
단철, 연강	3	구리, 연한 금속	5
주강, 강	3	목재	7
주철	4	석재, 벽돌	20

45 다음 중 프레스에 사용되는 광전자식 방호장치의 일반 구조에 관한 설명으로 틀린 것은?

① 방호장치의 감지기능은 규정한 검출영역 전체에 걸쳐 유효하여야 한다.
② 슬라이드 하강 중 정전 또는 방호장치의 이상 시에는 1회 동작 후 정지할 수 있는 구조이어야 한다.
③ 정상동작표시램프는 녹색, 위험표시램프는 붉은색으로 하며, 쉽게 근로자가 볼 수 있는 곳에 설치해야 한다.
④ 방호장치의 정상작동 중에 감지가 이루어지거나 공급 전원이 중단되는 경우 적어도 두개 이상의 출력신호개폐장치가 꺼진 상태로 돼야 한다.

슬라이드 하강 중 정전 또는 방호장치의 이상 시에는 즉시 정지할 수 있는 구조이어야 한다.

46 다음 중 120SPM 이상의 소형 확동식 클러치 프레스에 가장 적합한 방호장치는?

① 양수조작식
② 수인식
③ 손쳐내기식
④ 초음파식

구분	소형 확동식 클러치		대형 마찰식 클러치	
	120SPM 미만	120SPM 이상	120SPM 미만	120SPM 이상
양수조작식	×	○	○	○
수인식	○	×	○	×
손쳐내기식	○	×	○	×
광전자식	×	×	○	○

47 롤러기 조작부의 설치 위치에 따른 급정지장치의 종류에서 손조작식 급정지장치의 설치 위치로 옳은 것은?

① 밑면에서 0.5m 이내
② 밑면에서 0.6m 이상 1.0m 이내
③ 밑면에서 1.8m 이내
④ 밑면에서 1.0m 이상 2.0m 이내

롤러기 급정지장치 조작부의 종류 (방호장치 자율안전기준 고시 별표 3)

종류	위치	비고
손조작식	밑면에서 1.8m 이내	위치는 급정지장치조작부의 중심점을 기준으로 함
복부조작식	밑면에서 0.8m 이상 1.1m 이내	
무릎조작식	밑면에서 0.6m 이내	

48 다음 중 탁상용 연삭기에 사용하는 것으로서 공작물을 연삭할 때 가공물 지지점이 되도록 받쳐주는 것은 무엇이라 하는가?

① 주판
② 측판
③ 삼압대
④ 워크레스트

49 다음 중 작업장 내의 안전을 확보하기 위한 행위로 볼 수 없는 것은?

① 통로의 주요 부분에는 통로표시를 하였다.
② 통로에는 50럭스 정도의 조명시설을 하였다.
③ 비상구의 너비는 1.0m로 하고, 높이는 2.0m로 하였다.
④ 통로면으로부터 높이 2m 이내에는 장애물이 없도록 하였다.

산업안전보건기준에 관한 규칙 제21조(통로의 조명)
사업주는 근로자가 안전하게 통행할 수 있도록 통로에 75럭스 이상의 채광 또는 조명시설을 하여야 한다. 다만, 갱도 또는 상시 통행을 하지 아니하는 지하실 등을 통행하는 근로자에게 휴대용 조명기구를 사용하도록 한 경우에는 그러하지 아니하다.

50 산업안전보건법령에 따라 아세틸렌-산소 용접기의 아세틸렌 발생기실에 설치해야 할 배기통은 얼마 이상의 단면적을 가져야 하는가?

① 바닥면적의 $\frac{1}{16}$
② 바닥면적의 $\frac{1}{20}$
③ 바닥면적의 $\frac{1}{24}$
④ 바닥면적의 $\frac{1}{30}$

산업안전보건기준에 관한 규칙 제287조(발생기실의 구조 등) 사업주는 발생기실을 설치하는 경우에 다음 각 호의 사항을 준수하여야 한다.
1. 벽은 불연성 재료로 하고 철근 콘크리트 또는 그 밖에 이와 같은 수준이거나 그 이상의 강도를 가진 구조로 할 것
2. 지붕과 천장에는 얇은 철판이나 가벼운 불연성 재료를 사용할 것
3. 바닥면적의 16분의 1 이상의 단면적을 가진 배기통을 옥상으로 돌출시키고 그 개구부를 창이나 출입구로부터 1.5미터 이상 떨어지도록 할 것
4. 출입구의 문은 불연성 재료로 하고 두께 1.5밀리미터 이상의 철판이나 그 밖에 그 이상의 강도를 가진 구조로 할 것
5. 벽과 발생기 사이에는 발생기의 조정 또는 카바이드 공급 등의 작업을 방해하지 않도록 간격을 확보할 것

51 설비에 사용되는 재질의 최대사용하중이 100kg 이고, 파단하중이 300kg 이라면 안전율은 얼마인가?

① 0.3
② 1
③ 3
④ 100

안전율 = $\frac{극한강도}{최대 설계응력}$ = $\frac{파단하중}{안전하중}$ = $\frac{절단하중}{허용응력}$ = $\frac{파괴하중}{최대사용하중}$ = $\frac{300}{100}$ = 3

52 다음 중 기계를 정지 상태에서 점검하여야 할 사항으로 틀린 것은?

① 급유 상태
② 이상음과 진동상태
③ 볼트 · 너트의 풀림 상태
④ 전동기 개폐기의 이상 유무

해설
이상음과 진동상태는 운전 중 관찰이 가능한 항목이다.

53 다음 중 취급운반의 5원칙으로 틀린 것은?

① 연속 운반으로 할 것
② 직선 운반으로 할 것
③ 운반 작업을 집중화시킬 것
④ 생산을 최소로 하는 운반을 생각할 것

해설
취급 · 운반의 5원칙
- 직선운반
- 연속운반
- 운반작업을 집중화
- 생산을 최고로 하는 운반
- 최대한 시간과 경비를 절약할 수 있는 운반방법을 고려

54 연삭기에서 숫돌의 바깥지름이 180mm라면, 플랜지의 바깥지름은 몇 mm 이상이어야 하는가?

① 30
② 36
③ 45
④ 60

해설
플랜지직경 = 숫돌의 외경 × $\frac{1}{3}$ = 180 × $\frac{1}{3}$ = 60

55 크레인 작업시 로프에 1톤의 중량을 걸어, 20m/s2의 가속도로 감아올릴 때 로프에 걸리는 총하중(kgf)은 약 얼마인가?

① 1040.34
② 2040.53
③ 3040.82
④ 3540.91

해설
W = 정하중 + 동하중 = 1000 + ($\frac{1000}{9.8}$ × 20) = 3040.82

∴동하중 = $\frac{정하중}{중력가속도}$ × 가속도

56 아세틸렌 용접장치를 사용하여 금속의 용접·용단 또는 가열작업을 하는 경우 게이지 압력으로 얼마를 초과하는 압력의 아세틸렌을 발생시켜 사용해서는 아니 되는가?

① 85kPa
② 107kPa
③ 127kPa
④ 150kPa

산업안전보건기준에 관한 규칙 제285조(압력의 제한) 사업주는 아세틸렌 용접장치를 사용하여 금속의 용접·용단 또는 가열작업을 하는 경우에는 게이지 압력이 127킬로파스칼을 초과하는 압력의 아세틸렌을 발생시켜 사용해서는 아니 된다.

57 페일 세이프(Fail safe) 구조의 기능면에서 설비 및 기계 장치의 일부가 고장이 난 경우 기능의 저하를 가져오더라도 전체 기능은 정지하지 않고 다음 정기 점검시까지 운전이 가능한 방법은?

① Fail-passive
② Fail-soft
③ Fail-active
④ Fail-operational

Fail Safe 기능면 3단계(종류)
- Fail Passive : 부품이 고장나면 통상 기계는 정비방향으로 옮긴다
- Fail Active : 부품이 고장나면 기계는 경보음을 내면서 짧은 시간의 운전이 가능하다
- Fail Operational : 부품이 고장나더라도 기계는 다음의 보수가 이루어질 때까지 안전한 기능을 유지한다

58 산업안전보건법령에 따른 다음 설명에 해당하는 기계설비는?

> 동력을 사용하여 가이드레일을 따라 상하로 움직이는 운반구를 매달아 화물을 운반할 수 있는 설비 또는 이와 유사한 구조 및 성능을 가진 것으로 건설현장이 아닌 장소에서 사용하는 것

① 크레인
② 일반작업용 리프트
③ 곤돌라
④ 이삿짐운반용 리프트

리프트의 구분
- 건설작업용 리프트 : 동력을 사용하여 가이드레일을 따라 상하로 움직이는 운반구를 매달아 사람이나 화물을 운반할 수 있는 설비 또는 이와 유사한 구조 및 성능을 가진 것으로 건설현장에서 사용하는 것
- 일반작업용 리프트 : 동력을 사용하여 가이드레일을 따라 상하로 움직이는 운반구를 매달아 화물을 운반할 수 있는 설비 또는 이와 유사한 구조 및 성능을 가진 것으로 건설현장이 아닌 장소에서 사용하는 것
- 간이리프트 : 동력을 사용하여 가이드레일을 따라 움직이는 운반구를 매달아 소형화물 운반을 주목적으로 하며 승강기와 유사한 구조로서 운반구의 바닥면적이 1제곱미터 이하이거나 천장높이가 1.2미터 이하인 것 또는 동력을 사용하여 가이드레일을 따라 움직이는 지지대로 자동차 등을 일정한 높이로 올리거나 내리는 구조의 자동차정비용 리프트
- 이삿짐운반용 리프트 : 연장 및 축소가 가능하고 끝단을 건축물 등에 지지하는 구조의 사다리형 붐에 따라 동력을 사용하여 움직이는 운반구를 매달아 화물을 운반하는 설비로서 화물자동차 등 차량 위에 탑재하여 이삿짐 운반 등에 사용하는 것

59 다음 중 셰이퍼(shaper)의 크기를 표시하는 것은?

① 램의 행정
② 새들의 크기
③ 테이블의 면적
④ 바이트의 최대 크기

60 다음 중 산업용 로봇의 재해 발생에 대한 주된 원인이며, 본체의 외부에 조립되어 인간의 팔에 해당되는 기능을 하는 것은?

① 배관
② 외부전선
③ 제동장치
④ 매니퓰레이터

제 04 과목   전기 및 화학설비 안전관리

61 다음은 정전기로 인한 재해를 방지하기 위한 조치 중 전기를 통하지 않는 부도체 물질에 적합하지 않는 조치는?

① 가습을 시킨다.
② 접지를 실시한다.
③ 도전성을 부여한다.
④ 자기방전식 제전기를 설치한다.

정전기 방지대책
- 부도체 : 정치시간의 확보, 배관 내 액체의 유속제한, 가습, 제전에 의한 대전방지, 도전성 재료 사용, 정전 차폐
- 도체 : 접지, 본딩(접지를 동시에 실시)

62 충전전로의 선간전압이 121kV 초과 145kV 이하의 활선 작업시 충전전로에 대한 접근 한계거리는?

① 30cm
② 150cm
③ 170cm
④ 230cm

충전전로에 대한 접근한계거리

충전전로의 선간전압 (단위 : kV)	충전전로에 대한 접근한계 거리(단위 : cm)	충전전로의 선간전압 (단위 : kV)	충전전로에 대한 접근한계 거리(단위 : cm)
0.3 이하	접촉금지	121 초과 145 이하	150
0.3 초과 0.75 이하	30	145 초과 169 이하	170
0.75 초과 2 이하	45	169 초과 242 이하	230
2 초과 15 이하	60	242 초과 362 이하	380
15 초과 37 이하	90	362 초과 550 이하	550
37 초과 88 이하	110	550 초과 800 이하	790
88 초과 121 이하	130		

63 다음 중 방폭구조의 종류에 해당하지 않는 것은?

① 유출 방폭구조 ② 안전증 방폭구조
③ 압력 방폭구조 ④ 본질안전 방폭구조

방폭구조의 종류와 기호

종류	내용	기호
내압방폭구조	점화원에 의해 용기 내부에서 폭발이 발생할 경우에 용기가 폭발압력에 견딜 수 있고, 화염이 용기 외부의 폭발성 분위기로 전파되지 않도록 한 방폭구조	d
압력방폭구조	점화원이 될 우려가 있는 부분을 용기 안에 넣고 보호 기체(신선한 공기 또는 불활성기체)를 용기 안에 압입함으로써 폭발성 가스가 침입하는 것을 방지하도록 되어 있는 방폭구조	p
안전증방폭구조	전기기기의 과도한 온도 상승, 아크 또는 불꽃 발생의 위험을 방지하기 위하여 추가적인 안전조치를 통한 안전도를 증가시킨 방폭구조(다만, 정상운전 중에 아크나 불꽃을 발생시키는 전기기기는 안전증방폭구조의 전기기기 범위에서 제외)	e
유입방폭구조	유체 상부 또는 용기 외부에 존재할 수 있는 폭발성 분위기가 발화할 수 없도록 전기설비 또는 전기설비의 부품을 보호액에 함침시키는 방폭구조	o
본질안전방폭구조	정상시 또는 단락, 단선, 지락 등의 사고시에 발생하는 아크, 불꽃, 고열에 의하여 폭발성 가스나 증기에 점화되지 않는 것이 확인된 구조	ia, ib
비점화방폭구조	전기기기가 정상작동과 규정된 특정한 비정상상태에서 주위의 폭발성 가스 분위기를 점화시키지 못하도록 만든 방폭구조	n
몰드방폭구조	전기기기의 불꽃 또는 열로 인해 폭발성 위험분위기에 점화되지 않도록 컴파운드를 충전해서 보호한 방폭구조	m
충전방폭구조	폭발성 가스 분위기를 점화시킬 수 있는 부품을 고정하여 설치하고, 그 주위를 충전재로 완전히 둘러싸서 외부의 폭발성 가스 분위기를 점화시키지 않도록 하는 방폭구조	q
특수방폭구조	상기의 방폭구조 외에 외부의 폭발성 가스에 대해 인화를 방지할 수 있음을 시험에 의해 확인한 구조	s

64 전압과 인체저항과의 관계를 잘못 설명한 것은?

① 정(+)의 저항온도계수를 나타낸다.
② 내부조직의 저항은 전압에 관계없이 일정하다.
③ 1000V 부근에서 피부의 전기저항은 거의 사라진다.
④ 남자보다 여자가 일반적으로 전기저항이 작다.

부(-)의 저항온도계수를 나타낸다.
- 정(+)의 온도계수 : 온도 상승에 따라 저항이 증가
- 부(-)의 온도계수 : 온도 상승에 따라 저항이 감소

65 다음 중 누전차단기의 설치 환경조건에 관한 설명으로 틀린 것은?

① 전원전압은 정격전압의 85~110% 범위로 한다.
② 설치장소가 직사광선을 받을 경우 차폐시설을 설치한다.
③ 정격부동작 전류가 정격감도 전류의 30% 이상이어야 하고 이들의 차가 가능한 큰 것이 좋다.
④ 정격전부하전류가 30A인 이동형 전기기계·기구에 접속되어 있는 경우 일반적으로 정격감도 전류는 30mA 이하인 것을 사용한다.

정격부동작 전류는 정격감도 전류의 50% 이상으로 한다. 다만 정격감도 전류가 10mA 이하인 것은 60% 이상으로 한다.

66 고압 및 특고압 전로에 시설하는 피뢰기의 설치장소로 잘못된 곳은?

① 가공전선로와 지중전선로가 접속되는 곳
② 발전소, 변전소의 가공전선 인입구 및 인출구
③ 고압 가공전선로로부터 공급을 받는 수용장소의 인입구
④ 고압 가공전선로에 접속하는 배전용 변압기의 저압측

피뢰기의 설치장소 (한국전기설비규정 341.13 피뢰기의 시설)

1. 고압 및 특고압의 전로 중 다음에 열거하는 곳 또는 이에 근접한 곳에는 피뢰기를 시설하여야 한다.
   가. 발전소·변전소 또는 이에 준하는 장소의 가공전선 인입구 및 인출구
   나. 특고압 가공전선로에 접속하는 341.2의 배전용 변압기의 고압측 및 특고압측
   다. 고압 및 특고압 가공전선로로부터 공급을 받는 수용장소의 인입구
   라. 가공전선로와 지중전선로가 접속되는 곳
2. 다음의 어느 하나에 해당하는 경우에는 제1의 규정에 의하지 아니할 수 있다.
   가. 제1의 어느 하나에 해당되는 곳에 직접 접속하는 전선이 짧은 경우
   나. 제1의 어느 하나에 해당되는 경우 피보호기기가 보호범위 내에 위치하는 경우

67 정전기가 컴퓨터에 미치는 문제점으로 가장 거리가 먼 것은?

① 디스크 드라이브가 데이터를 읽고 기록한다.
② 메모리 변경이 에러나 프로그램의 분실을 발생시킨다.
③ 프린터가 오작동을 하여 너무 많이 찍히거나, 글자가 겹쳐서 찍힌다.
④ 터미널에서 컴퓨터에 잘못된 데이터를 입력시키거나 데이터를 분실한다.

68 작업장에서 근로자의 감전 위험을 방지하기 위하여 필요한 조치를 하여야 한다. 맞지 않는 것은?

① 작업장 통행 등으로 인하여 접촉하거나 접촉할 우려가 있는 배선 또는 이동전선에 대하여는 절연피복이 손상되거나 노화된 경우 교체하여 사용하는 것이 바람직하다.
② 전선을 서로 접속하는 때에는 해당 전선의 절연성능이상으로 절연될 수 있는 것으로 충분히 피복하거나 적합한 접속기구를 사용하여야 한다.

③ 물 등 도전성이 높은 액체가 있는 습윤한 장소에서 근로자의 통행 등으로 인하여 접촉할 우려가 있는 이동전선 및 이에 부속하는 접속기구는 그 도전성이 높은 액체에 대하여 충분한 절연효과가 있는 것을 사용하여야 한다.
④ 차량 기타 물체의 통과 등으로 인하여 전선의 절연피복이 손상될 우려가 없더라도 통로 바닥에 전선 또는 이동전선을 설치하여 사용하여서는 아니 된다.

산업안전보건기준에 관한 규칙 제315조(통로바닥에서의 전선 등 사용 금지) 사업주는 통로바닥에 전선 또는 이동전선등을 설치하여 사용해서는 아니 된다. 다만, 차량이나 그 밖의 물체의 통과 등으로 인하여 해당 전선의 절연피복이 손상될 우려가 없거나 손상되지 않도록 적절한 조치를 하여 사용하는 경우에는 그러하지 아니하다.

69 전기설비의 접지저항을 감소시킬 수 있는 방법으로 가장 거리가 먼 것은?

① 접지극을 깊이 묻는다.
② 접지극을 병렬로 접속한다.
③ 접지극의 길이를 길게 한다.
④ 접지극과 대지간의 접촉을 좋게 하기 위해서 모래를 사용한다.

접지저항 저감제나 유기물 등을 접지극에 투입하거나 수분함량, 보수율, 유기질함유량이 높은 토양을 혼합하여 토양의 질을 개선하는 방법이 있다.

70 다음 중 최대공급전류가 200A인 단상전로의 한 선에서 누전되는 최소전류는 몇 A인가?

① 0.1
② 0.2
③ 0.5
④ 1.0

누설전류 $= \dfrac{1}{2000} \times 1 = \dfrac{1}{2000} \times 200 = 0.1$

71 다음 중 소화(消火)방법에 있어 제거소화에 해당되지 않는 것은?

① 연료 탱크를 냉각하여 가연성 기체의 발생 속도를 작게 한다.
② 금속화재의 경우 불활성 물질로 가연물을 덮어 미연소 부분과 분리한다.
③ 가연성 기체의 분출 화재시 주밸브를 잠그고 연료공급을 중단시킨다.
④ 가연성 가스나 산소의 농도를 조절하여 혼합 기체의 농도를 연소 범위 밖으로 벗어나게 한다.

소화효과
- 냉각소화 : 냉각에 의한 온도 저하 소화방법, 액체의 증발잠열을 이용하고 열용량이 큰 고체를 이용
- 질식소화 : 산소의 공급을 차단하는 소화방법, 산소농도 저하로 인한 소화
- 제거소화 : 가연물을 제거하여 소화, 기체, 액체의 대화재의 경우 유일한 소화법
- 억제소화 : 연속적 관계의 차단 소화방법, 할로겐, 알칼리 금속 첨가로 불활성화

72. 사업주는 인화성 액체 및 인화성 가스를 저장 취급하는 화학설비에서 증기나 가스를 대기로 방출하는 경우에는 외부로부터의 화염을 방지하기 위하여 화염방지기를 설치하여야 한다. 다음 중 화염방지기의 설치 위치로 옳은 것은?

① 설비의 상단
② 설비의 하단
③ 설비의 측면
④ 설비의 조작부

산업안전보건기준에 관한 규칙 제269조(화염방지기의 설치 등) ① 사업주는 인화성 액체 및 인화성 가스를 저장·취급하는 화학설비에서 증기나 가스를 대기로 방출하는 경우에는 외부로부터의 화염을 방지하기 위하여 화염방지기를 그 설비 상단에 설치해야 한다. 다만, 대기로 연결된 통기관에 화염방지 기능이 있는 통기밸브가 설치되어 있거나, 인화점이 섭씨 38도 이상 60도 이하인 인화성 액체를 저장·취급할 때에 화염방지 기능을 가지는 인화방지망을 설치한 경우에는 그렇지 않다.

73. 환풍기가 고장난 장소에서 인화성 액체를 취급하는 과정에서 부주의로 마개를 막지 않았다. 이 장소에서 작업자가 담배를 피우기 위해 불을 켜는 순간 인화성 액체에서 불꽃이 일어나는 사고가 발생하였다면 다음 중 이와 같은 사고의 발생 가능성이 가장 높은 물질은?

① 아세트산
② 등유
③ 에틸에테르
④ 경유

발화도 폭발등급	G1 450℃ 초과	G2 300~450℃	G3 200~300℃	G4 135~200℃	G5 100~135℃
가연성가스의 발화도 – 폭발등급 구분					
1	아세톤, 암모니아, 일산화탄소, 에탄, 초산, 톨루엔, 프로판, 벤젠, 메탄올, 메탄	에탄올, 초산이소아밀, 1-부탄올, 부탄, 무수초산	가솔린, 헥산	아세트알, 알데히드, 에틸에테르	
2	석탄가스	에틸렌, 산화에틸렌			
3	수성가스, 수소	아세틸렌			이황화탄소

74. 다음 중 자연발화에 대한 설명으로 가장 적절한 것은?

① 습도를 높게 하면 자연발화를 방지할 수 있다.
② 점화원을 잘 관리하면 자연발화를 방지할 수 있다.
③ 윤활유를 닦은 걸레의 보관 용기로는 금속재보다는 플라스틱 제품이 더 좋다.
④ 자연발화는 외부로 방출하는 열보다 내부에서 발생하는 열의 양이 많은 경우에 발생한다.

자연발화가 쉽게 일어나는 조건
• 주위온도가 높을수록
• 발열량이 크고 열축적이 클수록
• 적당량의 수분이 존재할 때

75 다음 중 폭발이나 화재 방지를 위하여 물과의 접촉을 방지하여야 하는 물질에 해당하는 것은?

① 칼륨   ② 트리니트로톨루엔
③ 황린   ④ 니트로셀룰로오스

금수성 물질
- 제2류 위험물 : 마그네슘, 철분, 금속분
- 제3류 위험물 : 칼륨, 나트륨, 알킬알루미늄, 알킬리튬, 알칼리금속

76 부피조성이 메탄 65%, 에탄 20%, 프로판 15% 인 혼합가스의 공기 중 폭발하한계는 약 몇 vol% 인가?(단, 메탄, 에탄, 프로판의 폭발하한계는 각각 5.0vol%, 3.0vol%, 2.1vol%이다.)

① 6.3   ② 3.73
③ 4.83   ④ 5.93

$$L = \frac{65 + 20 + 15}{\frac{65}{5} + \frac{20}{3} + \frac{15}{2.1}} = 3.73$$

77 SO_2, 20ppm은 약 몇 g/m^3 인가?(단, SO_2의 분자량은 64이고, 온도는 21℃, 압력은 1기압으로 한다.)

① 0.571   ② 0.531
③ 0.0571   ④ 0.0531

$$A = \frac{ppm \times 분자량}{22.4 \times \frac{(273 + t℃)}{273}} = \frac{20 \times 64}{22.4 \times \frac{(273 + 21)}{273}} = 53.06 mg/m^3 = 0.0531 g/m^3$$

78 다음 중 화염일주한계와 폭발등급에 대한 설명으로 틀린 것은?

① 수소와 메탄은 상호 다른 등급에 해당한다.
② 폭발등급은 화염일주한계에 따라 등급을 구분한다.
③ 폭발등급 1등급 가스는 폭발등급 3등급 가스보다 폭발점화 파급위험이 크다.
④ 폭발성 혼합가스에서 화염일주한계값이 작은 가스일수록 외부로 폭발점화 파급위험이 커진다.

화염일주한계
- 폭발성 혼합가스를 금속성의 2개 공간에 넣고 사이에 미세한 틈을 갖는 벽으로 분리하고 한쪽에 점화하여 폭발되는 경우에 그 틈을 통하여 다른 곳의 가스가 인화·폭발되지 않는 한계의 폭이다.
- 벽의 두께는 일정하고 공간의 폭을 가감하여 다른 곳의 가스에 인화되지 않는 한계의 폭을 측정함으로서 해당가스의 위험성을 예측한다. 즉, 폭이 작은 물질이 화염 전파력이 강하여 위험한 물질이 된다.
- 화염일주한계 등을 고려함으로서 전기기구 등의 방폭구조 틈의 설계에 효과적으로 적용할 수 있다. 폭발성 분위기내에 방치된 표준용기의 접합면 틈새를 통하여 폭발화염이 내부에서 외부로 전파되는 것을 방지할 수 있는 틈새의 최대 간격치를 화염일주한계라 한다.

폭발등급	1	2	3
틈새의 폭	0.6mm 이상	0.4mm 초과 0.6mm 미만	0.4mm 이하
해당가스	일산화탄소, 벤젠, 아세톤, 암모니아, 메탄올, 에탄올, 프로판	에틸렌, 도시가스	수소, 아세틸렌

79 다음 중 화염의 역화를 방지하기 위한 안전장치는?

① flame arrester
② flame stack
③ molecular seal
④ water seal

80 다음 중 증류탑의 일상 점검항목으로 볼 수 없는 것은?

① 도장의 상태
② 트레이(Tray)의 부식상태
③ 보온재, 보냉재의 파손여부
④ 접속부, 맨홀부 및 용접부에서의 외부 누출유무

증류탑의 일상점검항목
- 보온재, 보냉재의 파손여부
- 도장의 보존상태여부
- 접속부, 맨홀부, 용접부에서의 이상 유무
- 앵커볼트의 이탈여부
- 증기배관이 열팽창에 의해 무리한 힘이 가해지지않고 있는지의 여부
- 부식등으로 두께가 얇어지지는 않았는지의 여부

제 05 과목 건설공사 안전관리

81 흙막이 가시설 공사 중 발생할 수 있는 히빙(heaving)현상에 관한 설명으로 틀린 것은?

① 흙막이 벽체 내·외의 토사의 중량차에 의해 발생한다.
② 연약한 점토지반에서 굴착면의 융기로 발생한다.
③ 연약한 사질토 지반에서 주로 발생한다.
④ 흙막이벽의 근입장 깊이가 부족할 경우 발생한다.

히빙(Heaving) : 히빙이란 굴착이 진행됨에 따라 흙막이 벽 뒤쪽 흙의 중량이 굴착부 바닥의 지지력 이상이 되면 흙막이 벽 근입(根入) 부분의 지반 이동이 발생하여 굴착부 저면이 솟아오르는 현상
- 지반조건 : 연약성 점토 지반인 경우
- 현상 : 지보공 파괴 토사붕괴 저면의 솟아오름

- 대책
  - 굴착주변의 상재하중을 제거
  - 1.3m 이하 굴착시에는 버팀대(Strut)를 설치
  - 굴착주변을 탈수공법과 병행
  - 시트 파일(Sheet Pile) 등의 근입심도를 검토
  - 버팀대, 브라켓, 흙막이를 점검
  - 굴착방식을 개선(Island Cut공법 등)

82 굴착기계 중 주행기면 보다 하방의 굴착에 적합하지 않은 것은?

① 백호우 ② 클램쉘
③ 파워셔블 ④ 드래그라인

쇼벨계 굴착기계의 종류 및 성능
- 파워쇼벨 : 기체보다 높은 곳의 흙파기에 적합하며 굴착능률이 좋다.
  - 굴삭높이 : 4~5m 버킷용량 : 0.6~1m³
  - 굴착깊이 : 지반밑으로 2m
- 백호우 : 기체보다 낮은곳의 흙파기에 적합하며 큰힘으로 수중굴착도 가능
  - 굴삭깊이 : 5~6m 버킷용량 : 0.3~1.9m³
  - 붐의 길이 : 4.3~7.7m
- 드래그라인 : 주로 기체보다 낮은 장소 또는 수중굴착에 적합
  - 굴삭깊이 : 8m 버킷용량 : 0.7m³
- 클램셀 : 주로 기초기반을 파는데 사용되며 파는 힘은 약해 사질기반의 굴착에 이용
  - 굴삭깊이 : 8~15m 버킷용량 : 0.45m³

83 다음 빈 칸에 알맞은 숫자를 순서대로 옳게 나타낸 것은?

- 비계기둥의 간격은 띠장 방향에서는 (　)m 이하, 장선(長線) 방향에서는 1.5m 이하로 할 것
- 비계기둥 간의 적재하중은 (　)kg을 초과하지 않도록 할 것

① 2, 400 ② 2, 300
③ 1.85, 400 ④ 1.85, 300

산업안전보건기준에 관한 규칙 제60조(강관비계의 구조) 사업주는 강관을 사용하여 비계를 구성하는 경우 다음 각 호의 사항을 준수해야 한다.
1. 비계기둥의 간격은 띠장 방향에서는 1.85미터 이하, 장선(長線) 방향에서는 1.5미터 이하로 할 것. 다만, 다음 각 목의 어느 하나에 해당하는 작업의 경우에는 안전성에 대한 구조검토를 실시하고 조립도를 작성하면 띠장 방향 및 장선 방향으로 각각 2.7미터 이하로 할 수 있다.
   가. 선박 및 보트 건조작업
   나. 그 밖에 장비 반입·반출을 위하여 공간 등을 확보할 필요가 있는 등 작업의 성질상 비계기둥 간격에 관한 기준을 준수하기 곤란한 작업
2. 띠장 간격은 2.0미터 이하로 할 것. 다만, 작업의 성질상 이를 준수하기가 곤란하여 쌍기둥틀 등에 의하여 해당 부분을 보강한 경우에는 그러하지 아니하다.
3. 비계기둥의 제일 윗부분으로부터 31미터되는 지점 밑부분의 비계기둥은 2개의 강관으로 묶어 세울 것. 다만, 브라켓(bracket, 까치발) 등으로 보강하여 2개의 강관으로 묶을 경우 이상의 강도가 유지되는 경우에는 그러하지 아니하다.
4. 비계기둥 간의 적재하중은 400킬로그램을 초과하지 않도록 할 것

84 크레인을 사용하여 양중작업을 하는 때에 안전한 작업을 위해 준수하여야 할 내용으로 틀린 것은?

① 인양할 하물(荷物)을 바닥에서 끌어당기거나 밀어 정위치 작업을 할 것
② 가스통 등 운반 도중에 떨어져 폭발 가능성이 있는 위험물용기는 보관함에 담아 매달아 운반할 것
③ 인양 중인 하물이 작업자의 머리 위로 통과하지 않도록 할 것
④ 인양할 하물이 보이지 아니하는 경우에는 어떠한 동작도 하지 아니할 것

산업안전보건기준에 관한 규칙 제146조(크레인 작업 시의 조치)
① 사업주는 크레인을 사용하여 작업을 하는 경우 다음 각 호의 조치를 준수하고, 그 작업에 종사하는 관계 근로자가 그 조치를 준수하도록 하여야 한다.
  1. 인양할 하물(荷物)을 바닥에서 끌어당기거나 밀어내는 작업을 하지 아니할 것
  2. 유류드럼이나 가스통 등 운반 도중에 떨어져 폭발하거나 누출될 가능성이 있는 위험물 용기는 보관함(또는 보관고)에 담아 안전하게 매달아 운반할 것
  3. 고정된 물체를 직접 분리ㆍ제거하는 작업을 하지 아니할 것
  4. 미리 근로자의 출입을 통제하여 인양 중인 하물이 작업자의 머리 위로 통과하지 않도록 할 것
  5. 인양할 하물이 보이지 아니하는 경우에는 어떠한 동작도 하지 아니할 것(신호하는 사람에 의하여 작업을 하는 경우는 제외한다)

85 다음 ( )안에 들어갈 말로 옳은 것은?

> 콘크리트 측압은 콘크리트 타설속도, ( ), 단위용적중량, 온도, 철근배근상태 등에 따라 달라진다.

① 타설높이
② 골재의 형상
③ 콘크리트 강도
④ 박리제

콘크리트의 측압이 커지는 조건
- 기온이 낮을수록(대기중의 습도가 낮을수록)
- 치어붓기 속도가 클수록
- 굵은 콘크리트 일수록(물ㆍ시멘트비가 클수록, 슬럼프 값이 클수록, 시멘트ㆍ물비가 적을 수록)
- 콘크리트의 비중이 클수록
- 콘크리트의 다지기가 강할수록
- 철근양이 작을 수록
- 거푸집의 수밀성이 높을수록
- 거푸집의 수평단면이 클수록(벽두께가 클수록)
- 거푸집의 강성이 클수록
- 거푸집의 표면이 매끄러울수록
- 측압은 생콘크리트의 높이가 높을수록 커지나 일정한 높이에 이르면 측압의 증가는 없다.

86 주행크레인 및 선회크레인과 건설물 사이에 통로를 설치하는 경우, 그 폭은 최소 얼마 이상으로 하여야 하는가?(단, 건설물의 기둥에 접촉하지 않는 부분인 경우)

① 0.3m
② 0.4m
③ 0.5m
④ 0.6m

산업안전보건기준에 관한 규칙 제144조(건설물 등과의 사이 통로)
① 사업주는 주행 크레인 또는 선회 크레인과 건설물 또는 설비와의 사이에 통로를 설치하는 경우 그 폭을 0.6미터 이상으로 하여야 한다. 다만, 그 통로 중 건설물의 기둥에 접촉하는 부분에 대해서는 0.4미터 이상으로 할 수 있다.
② 사업주는 제1항에 따른 통로 또는 주행궤도 상에서 정비·보수·점검 등의 작업을 하는 경우 그 작업에 종사하는 근로자가 주행하는 크레인에 접촉될 우려가 없도록 크레인의 운전을 정지시키는 등 필요한 안전 조치를 하여야 한다.

87 철골공사에서 나타나는 용접결함의 종류에 해당하지 않는 것은?

① 오버랩(overlap) ② 언더 컷(under cut)
③ 블로우 홀(blow hole) ④ 가우징(gouging)

용접상 결함의 종류
- 균열, 터짐(Crack) : 가장 중대한 결함
- 오버랩(Over-Lap) : 용접 금속과 모재(母材)가 융합되지 않고 겹쳐지는 것
- 블로우 홀(Blow Hole) : 용접 내부에 공기(가스) 구멍을 형성한 결함
- 슬래그(Slag) 감싸돌기 : 용접 찌꺼기가 용착 금속 내에 혼입되는 것
- 언더 컷(Under Cut) : 모재(母材)가 녹아 용착 금속이 채워지지 않고 홈으로 남게 된 부분
- 피트(Pit) : 용접 표면에 흠집이 생긴 것
- 용입 부족 : 모재(母材)가 녹지 않고 용착 금속이 채워지지 않고 홈으로 남는 것
- 크레이터(Crater) : 용접 시 끝 부분에 우묵하게 파진 부분
- 피시아이(Fish Eye) : 용접부에 생기는 은색 반점

88 와이어로프나 철선 등을 이용하여 상부지점에서 작업용 발판을 매다는 형식의 비계로서 건물 외장도장이나 청소 등의 작업에서 사용되는 비계는?

① 브라켓 비계 ② 달비계
③ 이동식 비계 ④ 말비계

- 브라켓 비계 : 단관비계 기둥에 틀을 설치하고 그 위에 작업발판을 설치하여 작업이나 이동상의 통로로 사용되는 비계
- 이동식 비계 : 기둥 하부에 바퀴를 부착시켜 이동할 수 있는 것으로 천정이나 벽의 상부, 옥외의 얕은 장소 또는 실내의 부분적인 장소에서 작업을 할 때 이용되는 비계
- 말비계 : 두 개의 같은 사다리를 상부에서 핀으로 결합시켜 개폐시킬 수 있도록 하여 발판 또는 비계 역할을 하도록 한 비계

89 건설공사 시 계측관리의 목적이 아닌 것은?

① 지역의 특수성보다는 토질의 일반적인 특성파악을 목적으로 한다.
② 시공 중 위험에 대한 정보제공을 목적으로 한다.
③ 설계 시 예측치와 시공 시 측정치와의 비교를 목적으로 한다.
④ 향후 거동 파악 및 대책 수립을 목적으로 한다.

지역의 특수성과 토질의 일반적인 특성파악은 공사계획시 토질조사로 가능하다.

90 거푸집동바리 등을 조립하는 경우에 준수하여야 할 안전조치기준으로 옳지 않은 것은?

① 동바리로 사용하는 강관은 높이 2m 이내마다 수평연결재를 2개 방향으로 만들고 수평연결재의 변위를 방지할 것
② 동바리로 사용하는 파이프 서포트는 3개 이상 이어서 사용하지 않도록 할 것
③ 동바리로 사용하는 파이프 서포트를 이어서 사용하는 경우에는 3개 이상의 볼트 또는 전용철물을 사용하여 이을 것
④ 동바리로 사용하는 강관틀과 강관틀 사이에는 교차가새를 설치할 것

산업안전보건기준에 관한 규칙 제332조의2(동바리 유형에 따른 동바리 조립 시의 안전조치) 사업주는 동바리를 조립할 때 동바리의 유형별로 다음 각 호의 구분에 따른 각 목의 사항을 준수해야 한다.
1. 동바리로 사용하는 파이프 서포트의 경우
   가. 파이프 서포트를 3개 이상 이어서 사용하지 않도록 할 것
   나. 파이프 서포트를 이어서 사용하는 경우에는 4개 이상의 볼트 또는 전용철물을 사용하여 이을 것
   다. 높이가 3.5미터를 초과하는 경우에는 높이 2미터 이내마다 수평연결재를 2개 방향으로 만들고 수평연결재의 변위를 방지할 것
2. 동바리로 사용하는 강관틀의 경우
   가. 강관틀과 강관틀 사이에 교차가새를 설치할 것
   나. 최상단 및 5단 이내마다 동바리의 측면과 틀면의 방향 및 교차가새의 방향에서 5개 이내마다 수평연결재를 설치하고 수평연결재의 변위를 방지할 것
   다. 최상단 및 5단 이내마다 동바리의 틀면의 방향에서 양단 및 5개틀 이내마다 교차가새의 방향으로 띠장틀을 설치할 것
3. 동바리로 사용하는 조립강주의 경우 : 조립강주의 높이가 4미터를 초과하는 경우에는 높이 4미터 이내마다 수평연결재를 2개 방향으로 설치하고 수평연결재의 변위를 방지할 것
4. 시스템 동바리(규격화 · 부품화된 수직재, 수평재 및 가새재 등의 부재를 현장에서 조립하여 거푸집을 지지하는 지주 형식의 동바리를 말한다)의 경우
   가. 수평재는 수직재와 직각으로 설치해야 하며, 흔들리지 않도록 견고하게 설치할 것
   나. 연결철물을 사용하여 수직재를 견고하게 연결하고, 연결부위가 탈락 또는 꺾어지지 않도록 할 것
   다. 수직 및 수평하중에 대해 동바리의 구조적 안정성이 확보되도록 조립도에 따라 수직재 및 수평재에는 가새재를 견고하게 설치할 것
   라. 동바리 최상단과 최하단의 수직재와 받침철물은 서로 밀착되도록 설치하고 수직재와 받침철물의 연결부의 겹침길이는 받침철물 전체길이의 3분의 1 이상 되도록 할 것
5. 보 형식의 동바리[강제 갑판(steel deck), 철재트러스 조립 보 등 수평으로 설치하여 거푸집을 지지하는 동바리를 말한다]의 경우
   가. 접합부는 충분한 걸침 길이를 확보하고 못, 용접 등으로 양끝을 지지물에 고정시켜 미끄러짐 및 탈락을 방지할 것
   나. 양끝에 설치된 보 거푸집을 지지하는 동바리 사이에는 수평연결재를 설치하거나 동바리를 추가로 설치하는 등 보 거푸집이 옆으로 넘어지지 않도록 견고하게 할 것
   다. 설계도면, 시방서 등 설계도서를 준수하여 설치할 것

91 차량계 하역운반기계에서 화물을 싣거나 내리는 작업에서 작업지휘자가 준수해야할 사항과 가장 거리가 먼 것은?

① 작업순서 및 그 순서마다의 작업방법을 정하고 작업을 지휘하는 일
② 기구 및 공구를 점검하고 불량품을 제거하는 일
③ 당해 작업을 행하는 장소에 관계근로자외의 자의 출입을 금지하는 일
④ 총 화물량을 산출하는 일

산업안전보건기준에 관한 규칙 제177조(싣거나 내리는 작업) 사업주는 차량계 하역운반기계등에 단위화물의 무게가 100킬로그램 이상인 화물을 싣는 작업(로프 걸이 작업 및 덮개 덮기 작업을 포함한다. 이하 같다) 또는 내리는 작업(로프 풀기 작업 또는 덮개 벗기기 작업을 포함한다. 이하 같다)을 하는 경우에 해당 작업의 지휘자에게 다음 각 호의 사항을 준수하도록 하여야 한다.
1. 작업순서 및 그 순서마다의 작업방법을 정하고 작업을 지휘할 것
2. 기구와 공구를 점검하고 불량품을 제거할 것
3. 해당 작업을 하는 장소에 관계 근로자가 아닌 사람이 출입하는 것을 금지할 것
4. 로프 풀기 작업 또는 덮개 벗기기 작업은 적재함의 화물이 떨어질 위험이 없음을 확인한 후에 하도록 할 것

92 흙의 동상을 방지하기 위한 대책으로 틀린 것은?

① 물의 유통을 원활하게 하여 지하수위를 상승시킨다.
② 모관수의 상승을 차단하기 위하여 지하수위 상층에 조립토층을 설치한다.
③ 지표의 흙을 화학약품으로 처리한다.
④ 흙속에 단열재료를 매입한다.

지하수위를 저하시켜야 한다.

93 타워크레인을 벽체에 지지하는 경우 서면심사 서류 등이 없거나 명확하지 아니할 때 설치를 위해서는 특정 기술자의 확인을 필요로 하는데, 그 기술자에 해당하지 않는 것은?

① 건설안전기술사
② 기계안전기술사
③ 건축시공기술사
④ 건설안전분야 산업안전지도사

산업안전보건기준에 관한 규칙 제142조(타워크레인의 지지) ① 사업주는 타워크레인을 자립고(自立高) 이상의 높이로 설치하는 경우 건축물 등의 벽체에 지지하도록 하여야 한다. 다만, 지지할 벽체가 없는 등 부득이한 경우에는 와이어로프에 의하여 지지할 수 있다.
② 사업주는 타워크레인을 벽체에 지지하는 경우 다음 각 호의 사항을 준수하여야 한다.
1. 「산업안전보건법 시행규칙」제110조제1항제2호에 따른 서면심사에 관한 서류(「건설기계관리법」제18조에 따른 형식승인서류를 포함한다) 또는 제조사의 설치작업설명서 등에 따라 설치할 것
2. 제1호의 서면심사 서류 등이 없거나 명확하지 아니한 경우에는 「국가기술자격법」에 따른 건축구조·건설기계·기계안전·건설안전기술사 또는 건설안전분야 산업안전지도사의 확인을 받아 설치하거나 기종별·모델별 공인된 표준방법으로 설치할 것
3. 콘크리트구조물에 고정시키는 경우에는 매립이나 관통 또는 이와 같은 수준 이상의 방법으로 충분히 지지되도록 할 것
4. 건축 중인 시설물에 지지하는 경우에는 그 시설물의 구조적 안정성에 영향이 없도록 할 것

94 안전난간의 구조 및 설치요건과 관련하여 발끝막이판의 바닥으로부터 설치높이 기준으로 옳은 것은?

① 10cm 이상　　② 15cm 이상
③ 20cm 이상　　④ 30cm 이상

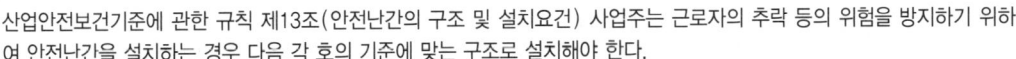

해설
산업안전보건기준에 관한 규칙 제13조(안전난간의 구조 및 설치요건) 사업주는 근로자의 추락 등의 위험을 방지하기 위하여 안전난간을 설치하는 경우 다음 각 호의 기준에 맞는 구조로 설치해야 한다.
1. 상부 난간대, 중간 난간대, 발끝막이판 및 난간기둥으로 구성할 것. 다만, 중간 난간대, 발끝막이판 및 난간기둥은 이와 비슷한 구조와 성능을 가진 것으로 대체할 수 있다.
2. 상부 난간대는 바닥면·발판 또는 경사로의 표면(이하 "바닥면등"이라 한다)으로부터 90센티미터 이상 지점에 설치하고, 상부 난간대를 120센티미터 이하에 설치하는 경우에는 중간 난간대는 상부 난간대와 바닥면등의 중간에 설치해야 하며, 120센티미터 이상 지점에 설치하는 경우에는 중간 난간대를 2단 이상으로 균등하게 설치하고 난간의 상하 간격은 60센티미터 이하가 되도록 할 것. 다만, 난간기둥 간의 간격이 25센티미터 이하인 경우에는 중간 난간대를 설치하지 않을 수 있다.
3. 발끝막이판은 바닥면등으로부터 10센티미터 이상의 높이를 유지할 것. 다만, 물체가 떨어지거나 날아올 위험이 없거나 그 위험을 방지할 수 있는 망을 설치하는 등 필요한 예방 조치를 한 장소는 제외한다.

95 콘크리트 타설시 거푸집의 측압에 영향을 미치는 인자들에 대한 설명으로 틀린 것은?

① 슬럼프가 클수록 측압이 크다.
② 거푸집의 강성이 클수록 측압이 크다.
③ 철근량이 많을수록 측압이 작다.
④ 타설 속도가 느릴수록 측압이 크다.

콘크리트의 측압이 커지는 조건
- 기온이 낮을수록(대기중의 습도가 낮을수록)
- 치어붓기 속도가 클수록
- 굵은 콘크리트 일수록(물·시멘트비가 클수록, 슬럼프 값이 클수록, 시멘트·물비가 적을 수록)
- 콘크리트의 비중이 클수록
- 콘크리트의 다지기가 강할수록
- 철근양이 작을 수록
- 거푸집의 수밀성이 높을수록
- 거푸집의 수평단면이 클수록(벽두께가 클수록)
- 거푸집의 강성이 클수록
- 거푸집의 표면이 매끄러울수록
- 측압은 생콘크리트의 높이가 높을수록 커지나 일정한 높이에 이르면 측압의 증가는 없다.

96 항타기·항발기의 권상용 와이어로프로 사용 가능한 것은?

① 이음매가 있는 것
② 와이어로프의 한 꼬임에서 끊어진 소선의 수가 5%인 것
③ 지름의 감소가 호칭지름의 8% 인 것
④ 심하게 변형된 것

산업안전보건기준에 관한 규칙 제63조(달비계의 구조) ① 사업주는 곤돌라형 달비계를 설치하는 경우에는 다음 각 호의 사항을 준수해야 한다.
1. 다음 각 목의 어느 하나에 해당하는 와이어로프를 달비계에 사용해서는 아니 된다.
   가. 이음매가 있는 것
   나. 와이어로프의 한 꼬임[[스트랜드(strand)를 말한다. 이하 같다]]에서 끊어진 소선(素線)[필러(pillar)선은 제외한

다)]의 수가 10퍼센트 이상(비자전로프의 경우에는 끊어진 소선의 수가 와이어로프 호칭지름의 6배 길이 이내에서 4개 이상이거나 호칭지름 30배 길이 이내에서 8개 이상)인 것
다. 지름의 감소가 공칭지름의 7퍼센트를 초과하는 것
라. 꼬인 것
마. 심하게 변형되거나 부식된 것
바. 열과 전기충격에 의해 손상된 것

97 산업안전보건기준에 관한 규칙에 따른 토사붕괴를 예방하기 위한 굴착면의 기울기 기준으로 틀린 것은?

① 모래 1 : 1.8
② 연암 1 : 1.0
③ 풍화암 1 : 0.8
④ 경암 1 : 0.5

굴착면의 기울기 기준(산업안전보건기준에 관한 규칙 별표 11)

지반의 종류	굴착면의 기울기	지반의 종류	굴착면의 기울기
모래	1 : 1.8	경암	1 : 0.5
연암 및 풍화암	1 : 1.0	그 밖의 흙	1 : 1.2

비고
1. 굴착면의 기울기는 굴착면의 높이에 대한 수평거리의 비율을 말한다.
2. 굴착면의 경사가 달라서 기울기를 계산하기가 곤란한 경우에는 해당 굴착면에 대하여 지반의 종류별 굴착면의 기울기에 따라 붕괴의 위험이 증가하지 않도록 위 표의 지반의 종류별 굴착면의 기울기에 맞게 해당 각 부분의 경사를 유지해야 한다.

98 철근가공작업에서 가스절단을 할 때의 유의사항으로 틀린 것은

① 가스절단 작업 시 호스는 겹치거나 구부러지거나 밟히지 않도록 한다.
② 호스, 전선 등은 작업효율을 위하여 다른 작업장을 거치는 곡선상의 배선이어야 한다.
③ 작업장에서 가연성 물질에 인접하여 용접작업할 때에는 소화기를 비치하여야 한다.
④ 가스절단 작업 중에는 보호구를 착용하여야 한다.

콘크리트공사 표준안전 작업지침 제11조(가공)
4. 가스절단을 할 때에는 다음 각 목에 정하는 사항에 유념하여 작업하여야 한다.
    가. 가스절단 및 용접자는 해당자격 소지자라야 하며, 작업 중에는 보호구를 착용하여야 한다.
    나. 가스절단 작업시 호스는 겹치거나 구부러지거나 또는 밟히지 않도록 하고 전선의 경우에는 피복이 손상되어 있는지를 확인하여야 한다.
    다. 호스, 전선등은 다른 작업장을 거치지 않는 직선상의 배선이어야 하며, 길이가 짧아야 한다.
    라. 작업장에서 가연성 물질에 인접하여 용접작업할 때에는 소화기를 비치하여야 한다.

99 사다리식 통로의 설치기준으로 틀린 것은?

① 폭은 30cm 이상으로 할 것
② 발판과 벽과의 사이는 15cm 이상의 간격을 유지할 것
③ 사다리의 상단은 걸쳐놓은 지점으로부터 60cm 이상 올라가도록 할 것
④ 사다리식 통로의 길이가 10m 이상인 경우에는 7m 이내마다 계단참을 설치할 것

산업안전보건기준에 관한 규칙 제24조(사다리식 통로 등의 구조) ① 사업주는 사다리식 통로 등을 설치하는 경우 다음 각 호의 사항을 준수하여야 한다.
1. 견고한 구조로 할 것
2. 심한 손상·부식 등이 없는 재료를 사용할 것
3. 발판의 간격은 일정하게 할 것
4. 발판과 벽과의 사이는 15센티미터 이상의 간격을 유지할 것
5. 폭은 30센티미터 이상으로 할 것
6. 사다리가 넘어지거나 미끄러지는 것을 방지하기 위한 조치를 할 것
7. 사다리의 상단은 걸쳐놓은 지점으로부터 60센티미터 이상 올라가도록 할 것
8. 사다리식 통로의 길이가 10미터 이상인 경우에는 5미터 이내마다 계단참을 설치할 것
9. 사다리식 통로의 기울기는 75도 이하로 할 것. 다만, 고정식 사다리식 통로의 기울기는 90도 이하로 하고, 그 높이가 7미터 이상인 경우에는 다음 각 목의 구분에 따른 조치를 할 것
   가. 등받이울이 있어도 근로자 이동에 지장이 없는 경우 : 바닥으로부터 높이가 2.5미터 되는 지점부터 등받이울을 설치할 것
   나. 등받이울이 있으면 근로자가 이동이 곤란한 경우 : 한국산업표준에서 정하는 기준에 적합한 개인용 추락 방지 시스템을 설치하고 근로자로 하여금 한국산업표준에서 정하는 기준에 적합한 전신안전대를 사용하도록 할 것
10. 접이식 사다리 기둥은 사용 시 접혀지거나 펼쳐지지 않도록 철물 등을 사용하여 견고하게 조치할 것

100 추락방지망의 달기로프를 지지점에 부착할 때 지지점의 간격이 1.5m인 경우 지지점의 강도는 최소 얼마 이상이어야 하는가?(단, 연속적인 구조물이 방망지지점인 경우임)

① 200kg
② 300kg
③ 400kg
④ 500kg

F = 200B = 200 × 1.5 = 300

| 정답 | 2014년 05월 25일 최근 기출문제 |

01 ③	02 ②	03 ④	04 ③	05 ①	06 ④	07 ④	08 ②	09 ③	10 ③
11 ②	12 ②	13 ④	14 ④	15 ③	16 ①	17 ②	18 ①	19 ①	20 ③
21 ①	22 ③	23 ②	24 ①	25 ③	26 ④	27 ④	28 ④	29 ②	30 ④
31 ③	32 ②	33 ②	34 ①	35 ④	36 ③	37 ②	38 ③	39 ①	40 ④
41 ③	42 ②	43 ④	44 ①	45 ②	46 ①	47 ③	48 ④	49 ②	50 ①
51 ③	52 ②	53 ②	54 ④	55 ③	56 ③	57 ④	58 ②	59 ①	60 ④
61 ②	62 ②	63 ①	64 ①	65 ③	66 ②	67 ①	68 ②	69 ④	70 ①
71 ④	72 ①	73 ②	74 ④	75 ①	76 ②	77 ④	78 ②	79 ①	80 ②
81 ③	82 ②	83 ②	84 ①	85 ①	86 ④	87 ④	88 ②	89 ①	90 ③
91 ④	92 ①	93 ③	94 ①	95 ④	96 ②	97 ③	98 ②	99 ④	100 ②

2014년 08월 17일

QUESTIONS FROM PREVIOUS TESTS

최근 기출문제

제 01 과목 산업재해 예방 및 안전보건교육

01 산업안전보건법령상 근로자 안전보건교육과정 중 일용근로자의 채용 시 교육시간으로 옳은 것은?

① 1시간 이상
② 2시간 이상
③ 3시간 이상
④ 4시간 이상

근로자 안전보건교육(산업안전보건법 시행규칙 별표 4)

교육과정	교육대상		교육시간
정기교육	사무직 종사 근로자		매반기 6시간 이상
	그 밖의 근로자	판매업무에 직접 종사하는 근로자	매반기 6시간 이상
		판매업무에 직접 종사하는 근로자 외의 근로자	매반기 12시간 이상
채용 시 교육	일용근로자 및 근로계약기간이 1주일 이하인 기간제근로자		1시간 이상
	근로계약기간이 1주일 초과 1개월 이하인 기간제근로자		4시간 이상
	그 밖의 근로자		8시간 이상
작업내용 변경 시 교육	일용근로자 및 근로계약기간이 1주일 이하인 기간제근로자		1시간 이상
	그 밖의 근로자		2시간 이상
특별교육	특별교육 대상 작업(단, 타워크레인을 사용하는 작업시 신호업무를 하는 작업은 제외)에 종사하는 일용근로자 및 근로계약기간이 1주일 이하인 기간제근로자		2시간 이상
	타워크레인을 사용하는 작업시 신호업무를 하는 일용근로자 및 근로계약기간이 1주일 이하인 기간제근로자		8시간 이상
	특별교육 대상 작업에 종사하는 근로자 중 일용근로자 및 근로계약기간이 1주일 이하인 기간제근로자를 제외한 근로자		-16시간 이상(최초 작업에 종사하기 전 4시간 이상 실시하고 12시간은 3개월 이내에서 분할하여 실시 가능) -단기간 작업 또는 간헐적 작업인 경우에는 2시간 이상
건설업 기초 안전·보건교육	건설 일용근로자		4시간 이상

02 다음 중 학습의 연속에 있어 앞(前)의 학습이 뒤(後)의 학습을 방해하는 조건과 가장 관계가 적은 경우는?

① 앞의 학습이 불완전한 경우
② 앞과 뒤의 학습 내용이 다른 경우
③ 앞과 뒤의 학습 내용이 서로 반대인 경우
④ 앞의 학습 내용을 재생하기 직전에 실시하는 경우

03 다음 중 안전·보건교육 계획수립에 반드시 포함하여야 할 사항이 아닌 것은?

① 교육 지도안
② 교육의 목표 및 목적
③ 교육장소 및 방법
④ 교육의 종류 및 대상

안전교육 및 준비계획에 포함되어야 할 사항
- 안전교육 계획에 포함 할 사항 : 교육목표(첫째 과제), 교육 및 훈련의 범위, 교육 보조자료의 준비 및 사용 지침, 교육 훈련의 의무와 책임관계 명시, 교육의 종류 및 교육대상, 교육의 과목 및 교육내용, 교육기간 및 시간, 교육장소, 교육방법, 교육담당자 및 강사
- 준비계획에 포함되어야 할 사항 : 교육목표의 설정, 교육대상자 범위 결정, 교육과정의 결정, 교육방법의 결정(교육방법과 형태), 교육보조재료 및 강사 조교의 편성, 교육의 진행사항, 소요예산의 산정

04 리더십의 3가지 유형 중 지도자가 모든 정책을 단독으로 결정하기 때문에 부하 직원들은 오로지 따르기만 하면 된다는 유형을 무엇이라 하는가?

① 민주형
② 자유방임형
③ 권위형
④ 강제형

업무추진 방법에 의한 리더십의 분류
- 권위형 : 지도자가 집단의 모든 권한 행사를 단독적으로 처리
- 민주형 : 집단의 토론, 회의 등에 의해 정책을 결정
- 자유방임형 : 집단에 대하여 전혀 리더십을 발휘하지 않고 명목상의 리더 자리만을 지키는 유형으로 지도자가 집단 구성원에게 완전히 자유를 주는 경우

05 다음과 같은 재해 사례의 분석으로 옳은 것은?

> 어느 직장에서 메인스위치를 끄지 않고 퓨즈를 교체하는 작업 중 단락사고로 인하여 스파크가 발생하여 작업자가 화상을 입었다.

① 화상 : 상해의 형태
② 스파크의 발생 : 재해
③ 메인 스위치를 끄지 않음 : 간접원인
④ 스위치를 끄지 않고 퓨즈 교체 : 불완전한 상태

상해종류에 의한 분류

분류	세부항목
골절	뼈가 부러진 상해
동상	저온물 접촉으로 생긴 동상 상해
부종	국부의 혈액순환에 이상으로 몸이 부어 오르는 상해
찔림(자상)	칼날 등 날카로운 물건에 찔린 상태
타박상(좌상)	타박, 충돌, 추락 등으로 피부표면보다는 피하조직, 근육부를 다친 상해(뻰 것 포함)
절단	신체부위가 절단된 상해
중독, 질식	음식, 약물, 가스 등에 의한 중독이나 질식된 상해
찰과상	스치거나 문질러서 벗겨진 상해
베임(창상)	창, 칼 등에 베인 상해
화상	화재 또는 고온물 접촉으로 인한 상해
뇌진탕	머리를 세게 맞았을 때 장해로 일어난 상해
익사	물 속에 추락해서 익사한 상해피부염 작업과 연관되어 발생 또는 악화되는 모든 질환
청력장해	청력이 감퇴 또는 난청이 된 상해
시력장해	시력이 감퇴 또는 실명된 상해
기타	앞의 15가지 항목으로 구분 불능 시 상해 명칭을 기재할 것

06 다음 중 인간의 행동에 대한 레빈(K. Lewin)의 식 "B = f (P · E)"에서 인간관계 요인을 나타내는 변수에 해당하는 것은?

① B (Behavior)
② f (Function)
③ P (Person)
④ E (Environment)

인간의 행동(B)은 그 사람이 가진 자질 즉, 개체(P)와 심리학적 환경(E)과의 상호 함수관계에 있다고 규정
B = f(P · E)
• B : Behavior(인간의 행동)
• f : Function(함수관계 : 적성 기타 P와 E에 영향을 미칠 수 있는 조건)
• P : Person(개체 : 연령, 경험, 심신상태, 성격, 지능 등)
• E : Environment(심리적 환경 : 인간관계, 작업환경 등)

07 보호구의 의무안전인증기준에 있어 다음 설명에 해당하는 부품의 명칭으로 옳은 것은?

> 머리받침끈, 머리고정대 및 머리받침고리로 구성되어 추락 및 감전 위험방지용 안전모 머리부위에 고정시켜 주며, 안전모에 충격이 가해졌을 때 착용자의 머리부위에 전해지는 충격을 완화시켜주는 기능을 갖는 부품

① 챙
② 착장체
③ 모체
④ 충격흡수재

안전모의 일반구조

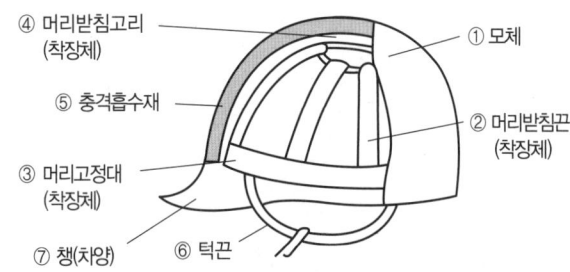

1) 안전모는 모체, 착장체 및 턱끈을 가질 것
2) 착장체의 머리고정대는 착용자의 머리부위에 적합하도록 조절할 수 있을 것
3) 착장체의 구조는 착용자의 머리에 균등한 힘이 분배되도록 할 것
4) 모체, 착장체 등 안전모의 부품은 착용자에게 상해를 줄 수 있는 날카로운 모서리 등이 없을 것
5) 턱끈은 사용 중 탈락되지 않도록 확실히 고정되는 구조일 것
6) 안전모의 착용높이는 85mm 이상이고 외부수직거리는 80mm 미만일 것
7) 안전모의 내부수직거리는 25mm 이상 50mm 미만일 것
8) 안전모의 수평간격은 5mm 이상일 것
9) 머리받침끈이 섬유인 경우에는 각각의 폭이 15mm 이상이어야 하며, 교차지점 중심으로부터 방사되는 끈폭의 총합은 72mm 이상일 것
10) 턱끈의 폭은 10mm 이상일 것

08 다음 중 피로(fatigue)에 관한 설명으로 가장 적절하지 않은 것은?

① 피로는 신체의 변화, 스스로 느끼는 권태감 및 작업 능률의 저하 등을 총칭하는 말이다.
② 급성 피로란 보통의 휴식으로는 회복이 불가능한 피로를 말한다.
③ 정신 피로는 정신적 긴장에 의해 일어나는 중추신경계의 피로는 사고활동, 정서 등의 변화가 나타난다.
④ 만성 피로란 오랜 기간에 걸쳐 축적되어 일어나는 피로를 말한다.

급성 피로란 보통의 휴식으로 회복이 가능한 피로를 말한다.

09 산업안전보건법령에 따라 작업장 내에 사용하는 안전 · 보건표지의 종류에 관한 설명으로 옳은 것은?

① "위험장소"는 경고표지로서 바탕은 노란색, 기본모형은 검은색, 그림은 흰색으로 한다.
② "출입금지"는 금지표지로서 바탕은 흰색, 기본모형은 빨간색, 그림은 검은색으로 한다.
③ "녹십자표지"는 안내표지로서 바탕은 흰색, 기본모형과 관련 부호는 녹색, 그림은 검은색으로 한다.
④ "안전모착용"은 경고표지로서 바탕은 파란색, 관련 그림은 검은색으로 한다.

안전 · 보건표지의 종류
- 금지표지(8종) : 적색원형으로 특정의 행동은 금지시키는 표지(바탕은 흰색, 기본모형은 빨간색, 관련 부호 및 그림은 검은색)
- 경고표지(15종) : 흑색 삼각형의 황색표지로 유해 또는 위험물에 대한 주의를 환기시키는 표지(바탕은 노란색, 관련 부호 및 그림은 검은색). 다만, 인화성물질 경고, 산화성물질 경고, 폭발성물질 경고, 급성독성물질 경고, 부식성물질 경고 및 발암성 · 변이원성 · 생식독성 · 전신독성 · 호흡기과민성 물질 경고의 경우 바탕은 무색, 기본모형은 빨간색(검은색도 가능)
- 지시표지(9종) : 청색원형으로 보호구 착용을 지시하는 표지(바탕은 파란색, 관련 그림은 흰색)
- 안내표지(8종) : 위치(비상구, 의무실, 구급용구)를 알리는 표지(바탕은 흰색, 기본모형 및 관련 부호는 녹색, 바탕은 녹색, 관련 부호 및 그림은 흰색)

10 다음 중 안전교육의 4단계를 올바르게 나열한 것은?

① 제시 → 확인 → 적용 → 도입
② 확인 → 도입 → 제시 → 적용
③ 도입 → 제시 → 적용 → 확인
④ 제시 → 도입 → 확인 → 적용

교육법의 4단계
- 제1단계-도입(준비) : 배우고자 하는 마음가짐을 일으키도록 도입
- 제2단계-제시(설명) : 상대의 능력에 따라 교육하고 내용을 확실하게 이해시키고 납득시켜 다시 기능으로서 습득시킴
- 제3단계-적용(응용) : 이해시킨 내용을 구체적인 문제 또는 실제문제로 활용시키거나 응용시킴
- 제4단계-확인(총괄) : 교육내용을 정확하게 이해하고 습득하였는지의 여부를 확인

11 다음 중 안전점검의 목적과 가장 거리가 먼 것은?

① 기기 및 설비의 결함제거로 사전 안전성 확보
② 인적측면에서의 안전한 행동 유지
③ 기기 및 설비의 본래성능 유지
④ 생산제품의 품질관리

안전점검의 목적 : 시설, 기계 등의 사용 과정에서 안전상 자율적으로 기능을 체크하여 사전 · 보수하여 안성을 확보하기 위해 행해진다.

12 다음 중 재해예방의 4원칙에 해당되지 않는 것은?

① 대책 선정의 원칙 ② 손실 우연의 원칙
③ 통계 방법의 원칙 ④ 예방 가능의 원칙

재해예방의 4원칙 : 손실 우연의 원칙, 원인 계기의 원칙, 예방 가능의 원칙, 대책 선정의 원칙

13 다음 중 강의계획 수립 시 학습목적 3요소가 아닌 것은?

① 목표 ② 주제
③ 학습정도 ④ 교재내용

학습목적의 3요소
- 목표(Goal)
- 주제(Subject)
- 학습정도(인지, 지각, 이해, 적용)

14 산업안전보건법상 안전관리자가 수행해야 할 업무가 아닌 것은?

① 사업장 순회점검 · 지도 및 조치의 건의
② 작업장 내에서 사용되는 전체 환기장치 및 국소 배기장치 등에 관한 설비의 점검
③ 산업재해에 관한 통계의 유지 · 관리 · 분석을 위한 보좌 및 조언 · 지도
④ 해당 사업장 안전교육계획의 수립 및 안전교육 실시에 관한 보좌 및 조언 · 지도

안전관리자의 업무(산업안전보건법 시행령 제18조)
- 산업안전보건위원회 또는 안전 및 보건에 관한 노사협의체에서 심의 · 의결한 업무와 해당 사업장의 안전보건관리규정 및 취업규칙에서 정한 업무
- 위험성평가에 관한 보좌 및 지도 · 조언
- 안전인증대상기계등과 자율안전확인대상기계등 구입 시 적격품의 선정에 관한 보좌 및 지도 · 조언
- 해당 사업장 안전교육계획의 수립 및 안전교육 실시에 관한 보좌 및 조언 · 지도
- 사업장 순회점검 · 지도 및 조치의 건의
- 산업재해 발생의 원인 조사 · 분석 및 재발 방지를 위한 기술적 보좌 및 조언 · 지도
- 산업재해에 관한 통계의 유지 · 관리 · 분석을 위한 보좌 및 조언 · 지도
- 법 또는 법에 따른 명령으로 정한 안전에 관한 사항의 이행에 관한 보좌 및 조언 · 지도
- 업무수행 내용의 기록 · 유지
- 그 밖에 안전에 관한 사항으로서 고용노동부장관이 정하는 사항

15 다음 중 도미노이론에서 사고의 직접원인이 되는 것은?

① 통제의 부족 ② 유전과 환경적 영향
③ 불안전한 행동과 상태 ④ 관리 구조의 부적절

하인리히(Heinrich)의 사고연쇄성 이론[도미노(Domino) 현상]
- 1단계 : 사회적 환경 및 유전적 요소
- 2단계 : 개인적 결함
- 3단계 : 불안전한 행동 및 불안전한 상태(물리적, 기계적 위험)
- 4단계 : 사고
- 5단계 : 재해

16 인간의 행동은 사람의 개성과 환경에 영향을 받는데 다음 중 환경적 요인이 아닌 것은?

① 책임
② 작업조건
③ 감독
④ 직무의 안정

17 연간 상시근로자수가 500명인 A 사업장에서 1일 8시간씩 연간 280일을 근무하는 동안 재해가 36건이 발생하였다면 이 사업장의 도수율은 약 얼마인가?

① 10
② 10.14
③ 30
④ 32.14

도수율 = $\dfrac{재해발생건수}{연간\ 총근로시간} \times 10^6 = \dfrac{36}{500 \times 8 \times 280} \times 10^6 = 32.143$

18 다음 중 무재해운동의 실천 기법에 있어 브레인스토밍(Brain storming)의 4원칙에 해당하지 않는 것은?

① 수정발언
② 비판금지
③ 본질추구
④ 대량발언

브레인 스토밍(B. S. : Brain Storming)의 4원칙 : 비평금지, 자유분방, 대량발언, 수정발언

19 다음 중 허즈버그의 2요인 이론에 있어 직무만족에 의한 생산능력의 증대를 가져올 수 있는 동기부여 요인은?

① 작업조건
② 정책 및 관리
③ 대인관계
④ 성취에 대한 인정

동기요인 : 자아실현을 하려는 인간의 독특한 경향(성취, 인정, 작업자체, 책임감 등)을 반영한 것으로 매슬로우(Maslow)의 자아실현 욕구와 유사하다.

20 다음 중 칼날이나 뾰족한 물체 등 날카로운 물건에 찔린 상해를 무엇이라 하는가?

① 자상 　　　　　　　　② 창상
③ 절상 　　　　　　　　④ 찰과상

상해의 종류	내용
찔림(자상)	칼날 등 날카로운 물건에 찔린 상태
찰과상	스치거나 문질러서 벗겨진 상해
베임(창상)	창, 칼 등에 베인 상해

제 02 과목　인간공학 및 위험성 평가·관리

21 광원으로부터 2m 떨어진 곳에서 측정한 조도가 400럭스이고, 다른 곳에서 동일한 광원에 의한 밝기를 측정하였더니 100럭스이었다면, 두 번째로 측정한 지점은 광원으로부터 몇 m 떨어진 곳인가?

① 4 　　　　　　　　② 6
③ 8 　　　　　　　　④ 10

- 조도 = $\dfrac{광도}{(거리)^2}$

　따라서, 광도 = $2^2 \times 400 = 1600(cd)$

- 조도 = $\sqrt{\dfrac{광도}{조도}} = \sqrt{\dfrac{1600}{100}} = 4m$

22 다음 중 위험과 운전성연구(HAZOP)에 대한 설명으로 틀린 것은?

① 전기설비의 위험성을 주로 평가하는 방법이다.
② 처음에는 과거의 경험이 부족한 새로운 기술을 적용한 공정설비에 대하여 실시할 목적으로 개발되었다.
③ 설비전체보다 단위별 또는 부문별로 나누어 검토하고 위험요소가 예상되는 부문에 상세하게 실시한다.
④ 장치 전체는 설계 및 제작사양에 맞게 제작된 것으로 간주하는 것이 전제 조건이다.

운전성연구(HAZOP)
공정 관련 자료를 토대로 Study 방법에 의해서 설계된 운전 목적으로부터 이탈(Deviation)하는 원인과 그 결과를 찾아 그로 인한 위험(HAZard)과 조업도(OPerability)에 야기되는 문제에 대한 가능성을 검토하는 방법
- 장점
  - 창의적인 토론이 도입되기 때문에 효과적인 구조

- Hazard와 Operability의 두 관점을 동시에 고려
- 가능한 모든 위험성을 규명할 수 있음
- 위험도를 서열화함으로서 긴급개선을 요하는 위험성 규명 및 후속조치
- 리더양성후에는 회사 자체의 엔지니어들로 수행가능
- 생산성향상에 기여
• 단점
- 각 분야 전문가들과 HAZOP 경험이 있는 팀리더 및 서기가 필요
- 다른 위험성평가 기법보다 많은 분량의 인원과 시간이 필요

23 다음 중 영상표시단말기(VDT)를 취급하는 작업장에서 화면의 바탕 색상이 검정색 계통일 경우 추천되는 조명수준으로 가장 적절한 것은?

① 100 ~ 200럭스(Lux) ② 300 ~ 500럭스(Lux)
③ 750 ~ 800럭스(Lux) ④ 850 ~ 950럭스(Lux)

• 바탕색이 검정색 계통 : 300~500 Lux
• 바탕색이 흰색 계통 : 500~700 Lux

24 다음 중 예비위험분석(PHA)에 대한 설명으로 가장 적합한 것은?

① 관련된 과거 안전점검결과의 조사에 적절하다.
② 안전관련 법규 조항의 준수를 위한 조사방법이다.
③ 시스템 고유의 위험성을 파악하고 예상되는 재해의 위험 수준을 결정한다.
④ 초기의 단계에서 시스템 내의 위험요소가 어떠한 위험상태에 있는가를 정성적 평가하는 것이다.

PHA

대부분 시스템안전 프로그램에 있어서 최초단계의 분석으로 시스템 내의 위험한 요소가 얼마나 위험한 상태에 있는가를 정성적으로 평가

25 6개의 표시장치를 수평으로 배열할 경우 해당 제어장치를 각각의 그 아래에 배치하면 좋아지는 양립성의 종류는?

① 공간 양립성   ② 운동 양립성
③ 개념 양립성   ④ 양식 양립성

양립성의 구분
• 공간 양립성 : 표시장치나 조종장치에서 물리적 형태나 공간적인 배치의 양립성
• 운동 양립성 : 표시 및 조종장치 등의 운동 방향의 양립성
• 개념 양립성 : 사람들이 가지고 있는 개념적 연상(어떤 암호체계에서 청색이 정상을 나타내듯이)의 양립성
• 양식 양립성 : 기계가 특정 음성에 대해 정해진 반응을 하는 것과 같이 직무에 알맞은 자극과 응답 양식의 존재에 대한 양립성

26 다음 중 체계분석 및 설계에 있어서 인간공학적 노력의 효능을 산정하는 척도의 기준에 포함하지 않는 것은?

① 성능의 향상
② 훈련 비용의 절감
③ 인력 이용율의 저하
④ 생산 및 보전의 경제성 향상

인간공학적 노력의 효능을 산정하는 척도
- 성능의 향상 · 훈련비용의 절감
- 인력 이용률의 향상 · 사고 및 오용으로부터의 손실 감소
- 생산 및 정비유지의 경제성 증대 · 사용자의 수용도 향상

27 다음 중 기능식 생산에서 유연생산 시스템 설비의 가장 적합한 배치는?

① 유자(U)형 배치
② 일자(-)형 배치
③ 합류(Y)형 배치
④ 복수라인(=)형 배치

U자형 배치의 장점
- U자형 라인은 작업장이 밀집되어 있어 소요 공간이 적어진다.
- 작업자의 이동, 운반거리가 최소화된다.
- 모여서 작업하므로 작업자들의 의사소통을 증가시킨다.
- 작업자는 타 부서 뿐 아니라 반대편 라인에 있는 부서와도 연관을 가지므로 작업의 유연성을 증가시킨다.

28 다음 중 눈의 구조 가운데 기능 결함이 발생할 경우 색맹 또는 색약이 되는 세포는?

① 간상세포
② 원추세포
③ 수평세포
④ 양극세포

원추세포(원뿔세포) : 눈의 망막에 있는 색상을 감지하는 세포

29 잡음 등이 개입되는 통신 악조건 하에서 전달 확률이 높아지도록 전언을 구성할 때 다음 중 가장 적절하지 않은 것은?

① 표준 문장의 구조를 사용한다.
② 문장보다 독립적인 음절을 사용한다.
③ 사용하는 어휘수를 가능한 적게 한다.
④ 수신자가 사용하는 단어와 문장구조에 친숙해지도록 한다.

30 지게차 인장벨트의 수명은 평균이 100000시간, 표준 편차가 500시간인 정규분포를 따른다. 이 인장벨트의 수명이 101000시간 이상일 확률은 약 얼마인가?(단, 표준정규분포표에서 Z_1 = 0.8413, Z_2 = 0.9772, Z_3 = 0.9987이다.)

① 1.60%   ② 2.28%
③ 3.28%   ④ 4.28%

31 다음 중 FTA에서 어떤 고장이나 실수를 일으키지 않으면 재해는 일어나지 않는다고 하는 것으로 시스템의 신뢰성을 표시하는 것은?

① cut set   ② minimal cut set
③ free event   ④ minimal path set

32 다음 중 결함수분석법에 관한 설명으로 틀린 것은?

① 잠재위험을 효율적으로 분석한다.
② 연역적 방법으로 원인을 규명한다.
③ 복잡하고 대형화된 시스템의 분석에 사용한다.
④ 정성적 평가보다 정량적 평가를 먼저 실시한다.

FTA의 특징
- 연역적, 정량적 해석이 가능한 기법
- 톱다운 해석
- 특정사상에 대한 해석
- 논리기호를 사용한 해석
- 컴퓨터로 처리가능

33 다음 중 선 자세와 앉은 자세의 비교에서 틀린 것은?

① 서 있는 자세보다 앉은 자세에서 혈액순환이 향상된다.
② 서 있는 자세보다 앉은 자세에서 균형감이 높다.
③ 서 있는 자세보다 앉은 자세에서 정확한 팔 움직임이 가능하다.
④ 서 있는 자세보다 앉는 자세에서 척추에 더 많은 해를 줄 수 있다.

34 다음 중 결함수분석법에서 사용하는 기호의 명칭으로 옳은 것은?

① 결함사상　　　　　② 기본사상
③ 생략사상　　　　　④ 통상사상

TA 도표에 사용하는 논리기호

명칭	기호	명칭	기호
결함사상		전이 기호 (이행 기호)	(in)　(out)
기본사상	○	AND gate	출력/입력
생략사상 (추적 불가능한 최후사상)	◇	OR gate	출력/입력
통상사상 (家刑事像)	⌂	수정기호 조건	출력/조건/입력

35 다음 중 초음파의 기준이 되는 주파수로 옳은 것은?

① 4000Hz 이상　　　　② 6000Hz 이상
③ 10000Hz 이상　　　　④ 20000Hz 이상

초음파는 가청주파수가 20kHz보다 커서 인간이 청각을 이용해 들을 수 없는 음파이다.

36 다음 중 설계강도 이상의 급격한 스트레스가 축적됨으로써 발생하는 고장에 해당하는 것은?

① 우발고장　　　　　② 초기고장
③ 마모고장　　　　　④ 열화고장

고장의 유형
- 초기고장 : 감소형(Debugging 기간, Burning 기간)
- 우발고장 : 일정형
- 마모고장 : 증가형(Burn In 기간)

37 반경 7cm의 조종구를 30°움직일 때 계기판의 표시가 3cm 이동하였다면 이 조종장치의 C/R비는 약 얼마인가?

① 0.22　　② 0.38
③ 1.22　　④ 1.83

해설

$$C/R비 = \frac{\frac{\alpha}{360} \times 2\pi L}{\text{표시계기의 이동거리}} = \frac{(\frac{10}{360}) \times 2 \times 3.14 \times 7}{2} = 1.221$$

38 인간의 신뢰성 요인 중 경험연수, 지식수준, 기술수준에 의존하는 요인은?

① 주의력　　② 긴장수준
③ 의식수준　　④ 감각수준

39 다음 중 인간공학(Ergonomics)의 기원에 대한 설명으로 가장 적합한 것은?

① 차패니스(Chapanis, A.)에 의해서 처음 사용되었다.
② 민간 기업에서 시작하여 군이나 군수회사로 전파되었다.
③ "ergon(작업) + nomos(법칙) + ics(학문)"의 조합된 단어이다.
④ 관련 학회는 미국에서 처음 설립되었다.

40 다음 설명에서 ( )안에 들어갈 단어를 순서적으로 올바르게 나타낸 것은?

> ㉠ : 필요한 직무 또는 절차를 수행하지 않는데 기인한 착오
> ㉡ : 필요한 직무 또는 절차를 수행하였으나 잘못 수행한 과오

① ㉠ Sequential Error ㉡ Extraneous Error
② ㉠ Extraneous Error ㉡ Omission Error
③ ㉠ Omission Error ㉡ Commission Error
④ ㉠ Commission Error ㉡ Omission Error

해설

Swain의 휴먼 에러(Human Error)
- Omission Error : 필요한 Task 또는 절차를 수행하지 않는데 기인한 Error
- Time Error : 필요한 Task 또는 절차의 수행지연으로 인한 Error
- Commission Error : 필요한 Task 또는 절차의 불확실한 수행으로 인한 Error
- Sequential Error : 필요한 Task 또는 절차의 순서 착오로 인한 Error
- Extraneous Error : 불필요한 Task 또는 절차를 수행함으로서 기인한 Error

제 03 과목　기계·기구 및 설비 안전관리

41　산업안전보건법령상 근로자가 위험해질 우려가 있는 경우 컨베이어에 부착, 조치하여야 할 방호장치가 아닌 것은?

① 안전매트　　② 비상정지장치
③ 덮개 또는 울　　④ 이탈 및 역주행 방지 장치

컨베이어의 방호장치
- 정전·전압강하 등에 따른 화물 또는 운반구의 이탈 및 역주행을 방지하는 장치
- 비상시 즉시 컨베이어 등의 운전을 정지시킬 수 있는 장치
- 컨베이어등에 덮개 또는 울을 설치하는 등 낙하 방지를 위한 조치

42　롤러기에서 가드의 개구부와 위험점 간의 거리가 200mm이면 개구부 간격은 얼마이어야 하는가? (단, 위험점이 전동체이다.)

① 30mm　　② 26mm
③ 36mm　　④ 20mm

전동체인 경우 가드의 개구부 간격
$Y = 6 + 0.1X$ [Y : 개구부 간격(mm), X : 개구부와 위험점 간의 거리(mm)]
∴ $Y = 6 + 0.1x = 6 + (0.1 \times 200) = 26mm$

43　기계의 운동 형태에 따른 위험점의 분류에서 고정부분과 회전하는 동작 부분이 함께 만드는 위험점으로 교반기의 날개와 하우스 등에서 발생하는 위험점을 무엇이라 하는가?

① 끼임점　　② 절단점
③ 물림점　　④ 회전말림점

위험점의 분류

구분	내용
협착점	왕복 운동하는 동작부분과 움직임이 없는 고정부분 사이에 형성되는 위험점
끼임점	고정부분과 회전하는 동작부분 사이에서 형성되는 위험점
절단점	회전하는 운동부분 자체의 위험에서 초래되는 위험점
물림점	반대로 회전하는 두 개의 회전체가 맞닿는 사이에서 발생하는 위험점
접선물림점	회전하는 부분의 접선방향으로 물려 들어갈 위험이 존재하는 위험점
회전말림점	회전하는 물체에 작업복 등이 말려드는 위험이 존재하는 위험점

44 다음 중 플레이너(planer)에 관한 설명으로 틀린 것은?

① 이송운동은 절삭운동의 1왕복에 대하여 2회의 연속운동으로 이루어진다.
② 평면가공을 기준으로 하여 경사면, 홈파기 등의 가공을 할 수 있다.
③ 절삭행정과 귀환행정이 있으며, 가공효율을 높이기 위하여 귀환행정을 빠르게 할 수 있다.
④ 플레이너의 크기는 테이블의 최대행정과 절삭할 수 있는 최대폭 및 최대 높이로 표시한다.

해설

플레이너 가공은 공작물을 테이블 위에 고정시키고 수평 왕복 운동을 하며, 바이트는 공작물의 운동 방향과 직각 방향으로 단속적으로 이송된다.

45 다음 중 천장크레인의 방호장치와 가장 거리가 먼 것은?

① 과부하방지장치 ② 낙하방지장치
③ 권과방지장치   ④ 충돌방지장치

해설

천장크레인의 방호장치
- 과부하방지장치
- 훅해지장치
- 권과방지장치
- 충돌방지장치

46 다음 중 밀링작업의 안전사항으로 적절하지 않은 것은?

① 측정시에는 반드시 기계를 정지시킨다.
② 절삭 중의 칩 제거는 칩브레이커로 한다.
③ 일감을 풀어내거나 고정할 때에는 기계를 정지시킨다.
④ 상하 이송장치의 핸들은 사용 후 반드시 빼 두어야 한다.

해설

밀링작업의 안전대책
- 정면 커터 작업 시에는 칩이 튀어나오므로 칩 커버를 설치한다.
- 커터 날 끝과 같은 높이에서 절삭 상태를 관찰해서는 안 된다.
- 주축 회전 중 밀링 커터 주위에 손을 대거나 브러시를 사용해 칩을 제거해서는 안 된다.
- 가공 중 기계에 얼굴을 가까이 가지 않도록 한다.
- 테이블 위에 측정기나 공구류를 올려놓지 않는다.
- 절삭 공구나 공작물을 설치할 때 시동 레버가 접촉되기 쉬우므로 전원을 끄고 작업한다.
- 작업 중의 가공물에 손을 대지 말아야 하며, 치수 측정시는 기계를 정지시킨다.
- 칩 제거시에는 반드시 기계를 정지한 후 솔로 제거한다.

47 산업안전보건법령에 따라 보일러의 과열을 방지하기 위하여 최고사용압력과 상용압력사이에서 보일러의 버너 연소를 차단할 수 있도록 부착하여 사용하여야 하는 장치는?

① 경보음장치   ② 압력제한스위치
③ 압력방출장치   ④ 고저수위 조절장치

방호장치

- 압력 방출 장치 : 1개 또는 2개 이상 설치하고 최고 사용 압력 이하에서 작동되도록 한다. 단, 2개 이상 설치된 경우에는 최고 사용 압력 이하에서 1개가 작동하고, 다른 1개는 최고 사용 압력 1.05배 이하에서 작동되도록하며 스프링식이 가장 많이 사용됨
- 압력 제한 스위치 : 과열을 방지하기 위하여 최고 사용 압력과 사용 압력 사이에서 보일러의 버너연소를 차단
- 고저수위 조절 장치 : 고저수위를 알리는 경보등 · 경보음 장치 등을 설치하며, 자동으로 급수 또는 단수되도록 설치
- 화염 검출기

48 산업안전보건법령상 롤러기 조작부의 설치 위치에 따른 급정지장치의 종류가 아닌 것은?

① 손조작식 ② 복부조작식
③ 무릎조작식 ④ 발조작식

롤러기 급정지장치의 종류(방호장치 자율안전기준 고시 별표 3)

종류	위치	비고
손조작식	밑면에서 1.8m 이내	위치는 급정지장치조작부의 중심점을 기준으로 함
복부조작식	밑면에서 0.8m 이상 1.1m 이내	
무릎조작식	밑면에서 0.6m 이내	

49 다음 중 욕조 형태를 갖는 일반적인 기계 고장 곡선에서의 기본적인 3가지 고장 유형이 아닌 것은?

① 우발고장 ② 피로고장
③ 초기고장 ④ 마모고장

고장의 유형

- 초기고장 : 감소형(Debugging 기간, Burning 기간)
- 우발고장 : 일정형
- 마모고장 : 증가형(Burn In 기간)

50 다음 중 드릴작업시 가장 안전한 행동에 해당하는 것은?

① 장갑을 끼고 작업한다.
② 작업 중에 브러시로 칩을 털어 낸다.
③ 작은 구멍을 뚫고 큰 구멍을 뚫는다.
④ 드릴을 먼저 회전시키고 공작물을 고정한다.

드릴링 머신의 안전작업수칙
- 일감은 견고하게 고정, 손으로 고정금지
- 장갑을 착용하지 말 것
- 얇은 판이나 황동 등은 목재를 사용하여 밑에 받치고 작업할 것
- 구멍이 끝까지 뚫린 것을 확인하고자 손을 집어넣지 말 것
- 칩을 털어낼 때는 브러시를 사용하고 입으로 불어내지 말 것
- 가공 중에 구멍이 관통되면 기계를 멈추고 손으로 돌려서 드릴을 빼어낼 것
- 보안경을 착용할 것
- 드릴을 끼운 후 척핸들(chuck handle)은 반드시 빼어놓을 것
- 자동이송작업 중 기계를 멈추지 말 것
- 큰 구멍을 뚫을 때에는 작은 구멍을 먼저 뚫은 뒤 작업할 것

51 산업안전보건법령상 로봇의 작동 범위에서 그 로봇에 관하여 교시 등의 작업을 할 때 작업시작 전 점검사항에 해당하지 않는 것은?

① 제동장치 및 비상정지장치의 기능
② 외부 전선의 피복 또는 외장의 손상 유무
③ 매니퓰레이터(manipulator) 작동의 이상 유무
④ 주행로의 상측 및 트롤리(trolley)에 횡행하는 레일의 상태

작업시작 전 점검사항

작업의 종류	점검내용
프레스 등을 사용하여 작업을 할 때	• 클러치 및 브레이크의 기능 • 크랭크축 · 플라이휠 · 슬라이드 · 연결봉 및 연결 나사의 풀림여부 • 1행정 1정지기구 · 급정지장치 및 비상정지장치의 기능 • 슬라이드 또는 칼날에 의한 위험방지 기구의 기능 • 프레스의 금형 및 고정볼트 상태 • 방호장치의 기능 • 전단기(剪斷機)의 칼날 및 테이블의 상태
로봇의 작동 범위에서 그 로봇에 관하여 교시 등(로봇의 동력원을 차단하고 하는 것은 제외)의 작업을 할 때	• 외부 전선의 피복 또는 외장의 손상 유무 • 매니퓰레이터(manipulator) 작동의 이상 유무 • 제동장치 및 비상정지장치의 기능
공기압축기를 가동할 때	• 공기저장 압력용기의 외관 상태 • 드레인밸브(drain valve)의 조작 및 배수 • 압력방출장치의 기능 • 언로드밸브(unloading valve)의 기능 • 윤활유의 상태 • 회전부의 덮개 또는 울 • 그 밖의 연결 부위의 이상 유무
크레인을 사용하여 작업을 하는 때	• 권과방지장치 · 브레이크 · 클러치 및 운전장치의 기능 • 주행로의 상측 및 트롤리(trolley)가 횡행하는 레일의 상태 • 와이어로프가 통하고 있는 곳의 상태

52 산업안전보건법령에 따른 안전난간의 구조를 올바르게 설명한 것은?

① 상부 난간대, 중간 난간대, 발끝막이판 및 난간기둥으로 구성하여야 한다.
② 발끝막이판은 바닥면 등으로부터 5cm 이하의 높이를 유지하여야 한다.
③ 난간대는 지름 1.5cm 이상의 금속제 파이프를 사용하여야 한다.
④ 상부 난간대, 난간기둥은 이와 비슷한 구조의 것으로 대체할 수 있다.

산업안전보건기준에 관한 규칙 제13조(안전난간의 구조 및 설치요건) 사업주는 근로자의 추락 등의 위험을 방지하기 위하여 안전난간을 설치하는 경우 다음 각 호의 기준에 맞는 구조로 설치해야 한다.
1. 상부 난간대, 중간 난간대, 발끝막이판 및 난간기둥으로 구성할 것. 다만, 중간 난간대, 발끝막이판 및 난간기둥은 이와 비슷한 구조와 성능을 가진 것으로 대체할 수 있다.
2. 상부 난간대는 바닥면·발판 또는 경사로의 표면(이하 "바닥면등"이라 한다)으로부터 90센티미터 이상 지점에 설치하고, 상부 난간대를 120센티미터 이하에 설치하는 경우에는 중간 난간대는 상부 난간대와 바닥면등의 중간에 설치해야 하며, 120센티미터 이상 지점에 설치하는 경우에는 중간 난간대를 2단 이상으로 균등하게 설치하고 난간의 상하 간격은 60센티미터 이하가 되도록 할 것. 다만, 난간기둥 간의 간격이 25센티미터 이하인 경우에는 중간 난간대를 설치하지 않을 수 있다.
3. 발끝막이판은 바닥면등으로부터 10센티미터 이상의 높이를 유지할 것. 다만, 물체가 떨어지거나 날아올 위험이 없거나 그 위험을 방지할 수 있는 망을 설치하는 등 필요한 예방 조치를 한 장소는 제외한다.
4. 난간기둥은 상부 난간대와 중간 난간대를 견고하게 떠받칠 수 있도록 적정한 간격을 유지할 것
5. 상부 난간대와 중간 난간대는 난간 길이 전체에 걸쳐 바닥면등과 평행을 유지할 것
6. 난간대는 지름 2.7센티미터 이상의 금속제 파이프나 그 이상의 강도가 있는 재료일 것
7. 안전난간은 구조적으로 가장 취약한 지점에서 가장 취약한 방향으로 작용하는 100킬로그램 이상의 하중에 견딜 수 있는 튼튼한 구조일 것

53 다음 중 연삭작업에 관한 설명으로 옳은 것은?

① 일반적으로 연삭숫돌은 정면, 측면 모두를 사용할 수 있다.
② 평형 플랜지의 직경은 설치하는 숫돌 직경의 20% 이상의 것으로 숫돌바퀴에 균일하게 밀착시킨다.
③ 연삭숫돌을 사용하는 작업의 경우 작업 시작 전과 연삭숫돌을 교체 후에는 1분 이상 시험운전을 실시한다.
④ 탁상용 연삭기의 덮개에는 워크레스트 및 조정편을 구비하여야 하며, 워크레스트는 연삭숫돌과의 간격을 3mm 이하로 조정할 수 있는 구조이어야 한다.

54 양수조작식 방호장치의 누름버튼에서 손을 떼는 순간부터 급정지기구가 작동하여 슬라이드가 정지할 때까지의 시간이 0.2초 걸린다면, 양수조작식 방호장치의 안전거리는 최소한 몇 mm 이상이어야 하는가?

① 160 ② 320
③ 480 ④ 560

거리[cm] = 160 × 프레스기 작동 후 작업점까지 도달시간(초) = 160 × 0.2 = 32cm

55 다음 중 셰이퍼에 의한 연강 평면절삭 작업시 안전대책으로 적절하지 않은 것은?

① 공작물은 견고하게 고정하여야 한다.
② 바이트는 가급적 짧게 물리도록 한다.
③ 가공 중 가공면의 상태는 손으로 점검한다.
④ 작업 중에는 바이트의 운동방향에 서지 않도록 한다.

가공 중 가공면의 상태를 점검하기 위하여 방호장치를 해체하거나 손으로 만져서는 안된다.

56 다음 중 선반작업의 안전수칙을 설명한 것으로 옳지 않은 것은?

① 운전 중에는 백기어(back gear)를 사용하지 않는다.
② 센터 작업시 심압 센터에 자주 절삭유를 준다.
③ 일감의 치수 측정, 주유 및 청소시에는 기계를 정지시켜야 한다.
④ 가공 중 발생하는 절삭칩에 의한 상해를 방지하기 위하여 면장갑을 착용한다.

선반 작업의 안전
- 작업복의 소매 자락이 회전 공작물에 말려들지 않도록 복장을 단정하게 한다.
- 선반의 베드 위나 공구대 위에 직접 측정기나 공구를 올려놓지 않는다.
- 회전 중인 가공물에 손을 대지 말아야 하며, 치수 측정시는 기계를 정지시킨 후 측정한다.
- 칩이 발산될 때는 보안경을 쓰고, 맨손으로 칩을 만지지 말고 갈고리를 사용한다.
- 기어를 변속할 때, 공구를 교환할 때와 제거할 때는 기계를 정지시킨 후 작업한다.
- 내경작업 중에 손가락을 구멍 속에 넣어 청소를 하거나 점검하려고 하면 안 된다.
- 양 센터 작업에는 공작물의 크기에 알맞은 돌리개를 사용하고, 가늘고 긴 공작물을 가공할 때는 방진구를 사용한다.
- 선반 가동 전에 척핸들(Chuck Handle)을 빼었는지 확인하고 기계의 윤활 부분을 점검한다.
- 선반의 운전 중 이송 작동을 시켜놓고 자리를 이탈하지 않도록 한다.
- 긴 공작물이 기계 밖으로 돌출 되었을 때 빨간 천을 부착하여 위험을 표시한다.
- 센터 작업 중에는 일감이 센터에서 빠져 나오지 않도록 주의를 한다.
- 작업 중 공작물 고정 나사 및 조가 풀어질 우려에 대비하여 수시로 확인을 한다

57 산업안전보건법령에 따라 목재가공용 기계에 설치하여야 하는 방호장치의 내용으로 틀린 것은?

① 목재가공용 둥근톱기계에는 분할날 등 반발예방장치를 설치하여야 한다.
② 목재가공용 둥근톱기계에는 톱날접촉예방장치를 설치하여야 한다.
③ 모떼기기계에는 가공 중 목재의 회전을 방지하는 회전방지장치를 설치하여야 한다.
④ 작업대상물이 수동으로 공급되는 동력식 수동대패기계에 날접촉예방장치를 설치하여야 한다.

모떼기 기계의 방호장치는 날접촉 예방장치이다.

58 기계의 안전을 확보하기 위해서는 안전율을 고려하여야 하는데 다음 중 이에 관한 설명으로 틀린 것은?

① 기초강도와 허용응력과의 비를 안전율이라 한다.
② 안전율 계산에 사용되는 여유율은 연성재료에 비하여 취성재료를 크게 잡는다.
③ 안전율은 크면 클수록 안전하므로 안전율이 높은 기계는 우수한 기계라 할 수 있다.
④ 재료의 균질성, 응력계산의 정확성, 응력의 분포 등 각종 인자를 고려한 경험적 안전율도 사용된다.

• 안전율 = $\dfrac{\text{기초강도}}{\text{허용응력}} = \dfrac{\text{극한강도}}{\text{최대 설계응력}} = \dfrac{\text{파단하중}}{\text{안전하중}} = \dfrac{\text{파괴하중(극한하중)}}{\text{최대사용하중(정격하중)}}$

• 안전율을 가장 크게 취하여야 하는 힘의 순서 : 충격하중 > 교번하중 > 반복하중 > 정하중

59 그림과 같이 2개의 슬링 와이어로프로 무게 100N의 화물을 인양하고 있다. 로프 TAB에 발생하는 장력의 크기는 얼마인가?

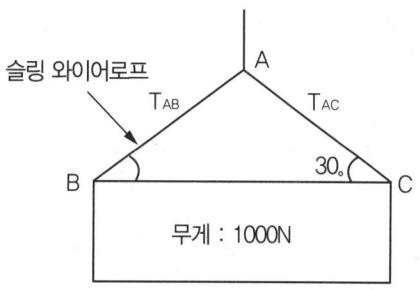

① 500 N
② 707 N
③ 1000 N
④ 1414 N

• $T_{AB} = \dfrac{\text{짐무게}}{\text{로프수}} \div \cos\left(\dfrac{\text{로프각도}}{2}\right) = \dfrac{1000}{2} \div \cos\left(\dfrac{120}{2}\right) = 1000$

60 다음 중 위험한 작업점에 대한 격리형 방호장치와 가장 거리가 먼 것은?

① 안전방책
② 덮개형 방호장치
③ 포집형 방호장치
④ 완전차단형 방호장치

방호장치의 구분

• 위치제한형 : 양수조작식
• 접근거부형 : 수인식 및 손쳐내기식
• 접근반응형 : 광전자식, 감응식
• 포집형 : 연삭기 덮개, 반발예방장치
• 감지형 : 이상온도, 이상기압, 과부하 등을 감지
• 격리형 : 완전차단형 방호장치, 덮개형 방호장치, 안전방책

제 04 과목 전기 및 화학설비 안전관리

61 다음 중 전자, 통신기기 등의 전자파장해(EMI)를 방지하기 위한 조치로 가장 거리가 먼 것은?

① 절연을 보강한다. ② 접지를 실시한다.
③ 필터를 설치한다. ④ 차폐체를 설치한다.

절연은 감전재해를 예방하기 위한 조치에 해당된다.

62 정전기 발생량과 관련된 내용으로 옳지 않은 것은?

① 분리속도가 빠를수록 정전기량이 많아진다.
② 두 물질간의 대전서열이 가까울수록 정전기의 발생량이 많다.
③ 접촉면적이 넓을수록, 접촉압력이 증가할수록 정전기 발생량이 많아진다.
④ 물질의 표면이 수분이나 기름 등에 오염되어 있으면 정전지 발생량이 많아진다.

대전서열이 멀수록 정전기의 발생량이 많다.
(＋) 털가죽 – 상아 – 털헝겊 – 수정 – 유리 – 명주 – 나무 – 솜 – 고무 –유황–폴리에틸렌 – 셀룰로이드 – 에보나이트 (－)

63 전기설비의 화재에 사용되는 소화기의 소화제로 가장 적절한 것은?

① 물거품 ② 탄산가스
③ 염화칼슘 ④ 산 및 알칼리

화재등급별 소화방법

구분	A급 화재	B급 화재	C급 화재	D급 화재
명칭	보통화재	유류, 가스화재	전기화재	금속화재(Al분, Mg분)
주 소화효과	냉각	질식	냉각, 질식	질식
적응 소화재	물 소화기 강화액 소화기	포말 소화기 CO_2 소화기 분말 소화기 증발성 액체 소화기	유기성 소화액 CO_2 소화기 분말 소화기	건조사 팽창 질석 팽창 진주암
구분색	백색	황색	청색	–

64 이동전선에 접속하여 임시로 사용하는 전등이나 가설의 배선 또는 이동전선에 접속하는 가공매달기식 전등 등을 접촉함으로 인한 감전 및 전구의 파손에 의한 위험을 방지하기 위하여 부착하여야 하는 것은?

① 퓨즈 ② 누전차단기
③ 보호망 ④ 회로차단기

산업안전보건기준에 관한 규칙 제309조(임시로 사용하는 전등 등의 위험 방지)
① 사업주는 이동전선에 접속하여 임시로 사용하는 전등이나 가설의 배선 또는 이동전선에 접속하는 가공매달기식 전등 등을 접촉함으로 인한 감전 및 전구의 파손에 의한 위험을 방지하기 위하여 보호망을 부착하여야 한다.
② 제1항의 보호망을 설치하는 경우에는 다음 각 호의 사항을 준수하여야 한다.
　1. 전구의 노출된 금속 부분에 근로자가 쉽게 접촉되지 아니하는 구조로 할 것
　2. 재료는 쉽게 파손되거나 변형되지 아니하는 것으로 할 것

65 정상운전 중의 전기설비가 점화원으로 작용하지 않는 것은?

① 변압기 권선
② 보호계전기 접점
③ 직류 전동기의 정류자
④ 권선형 전동기의 슬립링

점화원 : 전기불꽃, 정전기 불꽃, 마찰 및 충격의 불꽃, 고열물, 단열압축, 산화열

66 이상적인 피뢰기가 가져야 할 성능으로 틀린 것은?

① 제한전압이 낮을 것
② 뇌전류 방전능력이 적을 것
③ 방전개시전압이 낮을 것
④ 속류차단을 확실하게 할 수 있을 것

피뢰기의 성능조건
- 충격방전 개시전압과 제한전압이 낮을 것
- 뇌전류의 방전능력이 크고 속류 차단이 확실하게 될 것
- 반복사용이 가능할 것
- 구조가 견고하며 특성이 변하지 않을 것
- 점검 및 보수가 간단할 것

67 누전 경보기의 수신기는 옥내의 점검에 편리한 장소에 설치하여야 한다. 이 수신기의 설치장소로 옳지 않은 것은?

① 습도가 낮은 장소
② 온도의 변화가 거의 없는 장소
③ 화약류를 제조하거나 저장 또는 취급하는 장소
④ 부식성 증기와 가스는 발생되나 방식이 되어있는 곳

수신기 설치 장소
- 누전경보기의 수신기는 옥내의 점검에 편리한 장소에 설치하되, 가연성의 증기·먼지 등이 체류할 우려가 있는 장소의 전기회로에는 당해 부분의 전기회로를 차단할 수 있는 차단기구를 가진 수신기를 설치하여야 한다. 이 경우 차단기구의 부분은 당해 장소 외의 안전한 장소에 설치하여야 한다.
- 누전경보기의 수신기는 방폭·방식·방습·방온·방진 및 정전기 차폐 등의 방호조치를 한 경우는 그렇지 않다.
　- 가연성의 증기·먼지·가스등이나 부식성의증기·가스 등이 다량으로 체류하는 장소

- 화약류를 제조하거나 저장 또는 취급하는 장소
- 습도가 높은 장소
- 온도의 변화가 급격한 장소
- 대전류회로・고주파 발생회로 등에 의해서 영행을 받을 우려가 있는 장소
• 음향장치는 수위실 등 상시 사람이 근무하는 장소에 설치하며, 그 음량 및 음색은 다른 기기의 소음 등과 명확히 구별할 수 있는 것으로 하여야 한다

68 다음 중 교류 아크 용접작업시 작업자에게 발생할 수 있는 재해의 종류와 가장 거리가 먼 것은?

① 낙하・충돌 재해
② 피부 노출시 화상 재해
③ 폭발, 화재에 의한 재해
④ 안구(눈)의 조직손상 재해

아크 용접시 발생되는 위험 요인
• 용접봉 및 케이블에 신체 접촉
• 자외선에 의한 전기적 안염
• 전기 스위치 개폐시 감전재해
• 유해가스, 흄 등의 가스중독

69 변압기의 내부고장을 예방하려면 어떤 보호계전방식을 선택하는가?

① 차동계전방식
② 과전류계전방식
③ 과전압계전방식
④ 부족전류계전방식

차동계전방식은 보호구간 내 유입, 유출의 전류 벡터차를 검출하여 변압기의 내부고장을 예방하는 보호계전방식이다.

70 방전에너지가 크지 않은 코로나 방전이 발생할 경우 공기 중에 발생할 수 있는 것은?

① O_2
② O_3
③ N_2
④ N_3

코로나 방전은 전력 손실이 발생하고, 대기 입자와 반응하여 오존(O_3)과 NOx 화합물을 생성한다.

71 다음 각 물질의 저장방법에 관한 설명으로 옳은 것은?

① 황린은 저장용기 중에 물을 넣어 보관한다.
② 과산화수소는 장기 보존시 유리용기에 저장한다.
③ 피크린산은 철 또는 구리로 된 용기에 저장한다.
④ 마그네슘은 다습하고 통풍이 잘 되는 장소에 보관한다.

발화성 물질의 저장법
• 황린, 이황화탄소 : 물 속에 저장

- 적린, 마그네슘 : 인화성 물질로부터 격리 저장
- 나트륨, 칼륨 : 석유 속에 저장
- 질산은 용액 : 햇빛을 피하여 저장

72 헥산 5vol%, 메탄 4vol%, 에틸렌 1vol%로 구성된 혼합가스의 연소하한값(vol%)은 약 얼마인가?(단, 각 가스의 공기 중 연소하한값으로 헥산은 1.1vol%, 메탄은 5.0vol%, 에틸렌은 2.7vol%이다.)

① 0.58 ② 1.75
③ 2.72 ④ 3.72

해설

연소하한값 $= \dfrac{V_1 + V_2 + V_3}{\dfrac{V_1}{L_1} + \dfrac{V_2}{L_2} + \dfrac{V_3}{L_3}} = \dfrac{5 + 4 + 1}{\dfrac{5}{1.1} + \dfrac{4}{5} + \dfrac{1}{2.7}} = 1.75$

73 다음 중 소화방법의 분류에 해당하지 않는 것은?

① 포소화 ② 질식소화
③ 희석소화 ④ 냉각소화

해설

소화방법 : 냉각소화, 질식소화, 제거소화, 희석소화

74 다음 중 공정안전보고서에 관한 설명으로 틀린 것은?

① 사업주가 공정안전보고서를 작성한 후에는 별도의 심의 과정이 없다.
② 공정안전보고서를 제출한 사업주는 정하는 바에 따라 고용노동부장관의 확인을 받아야 한다.
③ 고용노동부장관은 공정안전보고서의 이행 상태를 평가하고 그 결과에 따라 공정안전보고서를 다시 제출하도록 명할 수 있다.
④ 고용노동부장관은 공정안전보고서를 심사한 후 필요하다고 인정하는 경우에는 그 공정안전보고서의 변경을 명할 수 있다.

해설

공단은 사업주가 작성한 공정안전보고서를 심사한 후 그 심사결과를 적정, 조건부 적정, 부적정의 하나로 결정한다.

75 공정별로 폭발을 분류할 때 물리적 폭발이 아닌 것은?

① 분해폭발 ② 탱크의 감압폭발
③ 수증기 폭발 ④ 고압용기의 폭발

해설

물리적 폭발이란 화학반응이나 고열을 동반하지 않는 폭발로 높은 압력 차이로 인해 발생한다.

76 취급물질에 따라 여러 가지 증류 방법이 있는데, 다음 중 특수 증류방법이 아닌 것은?

① 감압 증류　　② 추출 증류
③ 공비 증류　　④ 기·액 증류

증류방법 : 감압 증류, 추출 증류, 공비 증류, 수증기 증류

77 후드의 설치 요령으로 옳지 않은 것은?

① 충분한 포집속도를 유지한다.
② 후드의 개구면적은 작게 한다.
③ 후드는 되도록 발생원에 접근시킨다.
④ 후드로부터 연결된 덕트는 곡선화 시킨다.

국소배기장치 후드 설치요령
- 유해물질이 발생하는 곳마다 설치할 것
- 유해인자의 발생형태 및 비중, 작업 방법등을 고려하여 당해 분진등의 발산원을 제어할 수 있는 구조로 설치할 것
- 후드 형식은 가능한 한 포위식 또는 부스식 후드를 설치할 것
- 외부식 또는 레시버식 후드를 설치하는 때에는 당해 분진 등의 발산원에 가장 가까운 위치에 설치할 것
- 덕트는 가급적 직선으로 설치하여 공기의 흐름이 원활하도록 할 것

78 다음 중 만성중독과 가장 관계가 깊은 유독성 지표는?

① LD50(Median lethal dose)　　② MLD(Minimum lethal dose)
③ TLV(Threshold limit value)　　④ LC50(Median lethal concentration)

TLV-TWA : 1일 8시간 또는 주 40시간 노동에서 근로자의 폭로량을 반영하는 것으로 유해물질의 폭로량의 지표

79 산화성 액체의 성질에 관한 설명으로 옳지 않은 것은?

① 피부 및 의복을 부식하는 성질이 있다.
② 가연성 물질이 많으므로 화기에 극도로 주의한다.
③ 위험물 유출시 건조사를 뿌리거나 중화제로 중화한다.
④ 물과 반응하면 발열반응을 일으키므로 물과의 접촉을 피한다.

산화성 물질의 저장 및 취급방법
- 가열, 충격, 마찰 등을 피한다.
- 환기가 잘되고 서늘한 곳에 저장한다.
- 가연물이나 다른 약품과의 접촉을 피한다.
- 용기의 파손 및 위험물의 누설에 주의한다.
- 조해성이 있는 것은 습기에 주의하며 용기는 밀폐하여 저장한다.

80 다음 중 화학반응에 의해 발생하는 열이 아닌 것은?

① 연소열 ② 압축열
③ 반응열 ④ 분해열

제 05 과목 건설공사 안전관리

81 암질 변화 구간 및 이상 암질 출현시 판별 방법과 가장 거리가 먼 것은?

① R.Q.D ② R.M.R
③ 지표침하량 ④ 탄성파 속도

82 토공사용 건설장비 중 굴착기계가 아닌 것은?

① 파워 셔블 ② 드레그 셔블
③ 로더 ④ 드래그 라인

쇼벨계 굴착기계의 종류 및 성능
- 파워쇼벨 : 기체보다 높은 곳의 흙파기에 적합하며 굴착능률이 좋다.
  - 굴삭높이 : 4~5m 버킷용량 : 0.6~1m³
  - 굴착깊이 : 지반밑으로 2m
- 백호우 : 기체보다 낮은 곳의 흙파기에 적합하며 큰힘으로 수중굴착도 가능
  - 굴삭깊이 : 5~6m 버킷용량 : 0.3~1.9m³
  - 붐의 길이 : 4.3~7.7m
- 드래그라인 : 주로 기체보다 낮은 장소 또는 수중굴착에 적합
  - 굴삭깊이 : 8m 버킷용량 : 0.7m³
- 클램셀 : 주로 기초기반을 파는데 사용되며 파는 힘은 약해 사질기반의 굴착에 이용
  - 굴삭깊이 : 8~15m 버킷용량 : 0.45m³

83 철근의 가스절단 작업 시 안전 상 유의해야 할 사항으로 틀린 것은?

① 작업장에는 소화기를 비치하도록 한다.
② 호스, 전선 등은 다른 작업장을 거치는 곡선상의 배선이어야 한다.
③ 전선의 경우 피복이 손상되어 있는지를 확인하여야 한다.
④ 호스는 작업중에 겹치거나 밟히지 않도록 한다.

호스, 전선 등은 다른 작업장을 거치지 않도록하며 직선상의 배선이어야 한다.

84 거푸집 및 동바리 설계 시 적용하는 연직방향하중에 해당되지 않는 것은?

① 철근콘크리트의 자중
② 작업하중
③ 충격하중
④ 콘크리트의 측압

콘크리트공사 표준안전 작업지침 제4조(하중) 거푸집 및 지보공(동바리)은 여러가지 시공조건을 고려하고 다음 각호의 하중을 고려하여 설계하여야 한다.
1. 연직방향 하중 : 거푸집, 지보공(동바리), 콘크리트, 철근, 작업원, 타설용 기계기구, 가설설비등의 중량 및 충격하중
2. 횡방향 하중 : 작업할때의 진동, 충격, 시공오차등에 기인되는 횡방향 하중이외에 필요에 따라 풍압, 유수압, 지진등

85 추락시 로프의 지지점에서 최하단까지의 거리(h)를 구하는 식으로 옳은 것은?

① h = 로프의 길이 + 신장
② h = 로프의 길이 + 신장/2
③ h = 로프의 길이 + 로프의 늘어난 길이 + 신장
④ h = 로프의 길이 + 로프의 늘어난 길이 + 신장/2

86 차량계 건설기계를 사용하여 작업하고자 할 때 작업계획서에 포함되어야 할 사항으로 틀린 것은?

① 차량계 건설기계의 제동장치 이상유무
② 차량계 건설기계의 운행경로
③ 차량계 건설기계의 종류 및 성능
④ 차량계 건설기계에 의한 작업방법

차량계 건설기계를 작업하려고 하는 경우에는, 먼저 미리 그 작업에 관계되는 장소에 대해서, 지형, 지질의 상태 등을 조사하고, 그 결과를 기록하고, 여기에 입각해서 다음과 같은 작업계획을 작성하고, 그 작업계획에 따라 작업해야 한다.
(1) 사용하는 차량계 건설기계의 종류 및 능력
(2) 차량계 건설기계의 운행경로
(3) 차량계 건설기계에 의한 작업방법

87 철골공사 시 안전을 위한 사전 검토 또는 계획수립을 할 때 가장 거리가 먼 내용은?

① 추락방지망의 설치
② 사용기계의 용량 및 사용대수
③ 기상조건의 검토
④ 지하매설물 조사

지하 매설물 파악은 지하굴착 작업전 사전조사 항목이다.

88 안전난간은 구조적으로 가장 취약한 지점에서 가장 취약한 방향으로 작용하는 최소 얼마 이상의 하중에 견딜 수 있어야 하는가?

① 50kg
② 100kg
③ 150kg
④ 200kg

산업안전보건기준에 관한 규칙 제13조(안전난간의 구조 및 설치요건) 사업주는 근로자의 추락 등의 위험을 방지하기 위하여 안전난간을 설치하는 경우 다음 각 호의 기준에 맞는 구조로 설치해야 한다.
1. 상부 난간대, 중간 난간대, 발끝막이판 및 난간기둥으로 구성할 것. 다만, 중간 난간대, 발끝막이판 및 난간기둥은 이와 비슷한 구조와 성능을 가진 것으로 대체할 수 있다.
2. 상부 난간대는 바닥면·발판 또는 경사로의 표면(이하 "바닥면등"이라 한다)으로부터 90센티미터 이상 지점에 설치하고, 상부 난간대를 120센티미터 이하에 설치하는 경우에는 중간 난간대는 상부 난간대와 바닥면등의 중간에 설치해야 하며, 120센티미터 이상 지점에 설치하는 경우에는 중간 난간대를 2단 이상으로 균등하게 설치하고 난간의 상하 간격은 60센티미터 이하가 되도록 할 것. 다만, 난간기둥 간의 간격이 25센티미터 이하인 경우에는 중간 난간대를 설치하지 않을 수 있다.
3. 발끝막이판은 바닥면등으로부터 10센티미터 이상의 높이를 유지할 것. 다만, 물체가 떨어지거나 날아올 위험이 없거나 그 위험을 방지할 수 있는 망을 설치하는 등 필요한 예방 조치를 한 장소는 제외한다.
4. 난간기둥은 상부 난간대와 중간 난간대를 견고하게 떠받칠 수 있도록 적정한 간격을 유지할 것
5. 상부 난간대와 중간 난간대는 난간 길이 전체에 걸쳐 바닥면등과 평행을 유지할 것
6. 난간대는 지름 2.7센티미터 이상의 금속제 파이프나 그 이상의 강도가 있는 재료일 것
7. 안전난간은 구조적으로 가장 취약한 지점에서 가장 취약한 방향으로 작용하는 100킬로그램 이상의 하중에 견딜 수 있는 튼튼한 구조일 것

89 추락방지용 방망의 지지점은 최소 몇 kgf 이상의 외력에 견딜 수 있어야 하는가?

① 300kgf ② 500kgf
③ 600kgf ④ 1000kgf

추락재해방지 표준안전 작업지침 제8조(지지점의 강도) 지지점의 강도는 다음 각호에 의한 계산값 이상이어야 한다.
1. 방망 지지점은 600킬로그램의 외력에 견딜 수 있는 강도를 보유하여야 한다.(다만, 연속적인 구조물이 방망 지지점인 경우의 외력이 다음식에 계산한 값에 견딜 수 있는 것은 제외한다)
F = 200 B
여기에서 F는 외력(단위 : 킬로그램), B는 지지점간격(단위 : 미터)이다.

90 프리캐스트 부재의 현장야적에 대한 설명으로 틀린 것은?

① 오물로 인한 부재의 변질을 방지한다.
② 벽 부재는 변형을 방지하기 위해 수평으로 포개 쌓아 놓는다.
③ 부재의 제조번호, 기호 등을 식별하기 쉽게 야적한다.
④ 받침대를 설치하여 휨, 균열 등이 생기지 않게 한다.

벽 부재는 수평으로 쌓아 놓으면 안된다.

91 철근콘크리트 슬래브에 발생하는 응력에 대한 설명으로 틀린 것은?

① 전단력은 일반적으로 단부보다 중앙부에서 크게 작용한다.
② 중앙부 하부에는 인장응력이 발생한다.
③ 단부 하부에는 압축응력이 발생한다.
④ 휨응력은 일반적으로 슬래브의 중앙부에서 크게 작용한다.

92 흙의 동상현상을 지배하는 인자가 아닌 것은?

① 흙의 마찰력
② 동결지속시간
③ 모관 상승고의 크기
④ 흙의 투수성

93 단면적이 800mm²인 와이어로프에 의지하여 체중 800N인 작업자가 공중 작업을 하고 있다면 이 때 로프에 걸리는 인장응력은 얼마인가?

① 1MPa
② 2MPa
③ 3MPa
④ 4MPa

인장응력 = $\dfrac{\text{인장하중}}{\text{단면적}} = \dfrac{800}{800} = 1$

94 콘크리트의 유동성과 묽기를 시험하는 방법은?

① 다짐시험
② 슬럼프시험
③ 압축강도시험
④ 평판시험

슬럼프시험 : 레미콘의 반죽질기(consistency)를 시험하는 방법으로 슬럼프 콘에 프레시 콘크리트를 충전하고, 탈형했을 때 자중에 의해 변형하여 상면이 밑으로 내려앉는 거리를 cm단위를 기준으로 함

95 흙의 입도 분포와 관련한 삼각좌표에 나타나는 흙의 분류에 해당되지 않는 것은?

① 모래
② 점토
③ 자갈
④ 실트

96 경화된 콘크리트의 각종 강도를 비교한 것 중 옳은 것은?

① 전단강도 > 인장강도 > 압축강도
② 압축강도 > 인장강도 > 전단강도
③ 인장강도 > 압축강도 > 전단강도
④ 압축강도 > 전단강도 > 인장강도

콘크리트의 성질 : 콘크리트의 비중은 약 2.3정도, 중량은 2,300~2,350kg/m³, 시공후 28일후의 압축강도가 100~400kg/cm² 정도, 인장강도는 압축강도의 1/10 정도, 굽힘강도는 1/5~1/7 정도

97 흙막이 가시설의 버팀대(Strut)의 변형을 측정하는 계측기에 해당하는 것은?

① Water level meter ② Strain gauge
③ Piezometer ④ Load cell

> 해설
> 흙막이 가시설에 설치하여 버팀대의 변형을 측정하는 장치로는 하중측정계(Load Cell)와 변형률계(Strain Gauge)가 있다.

98 철근을 인력으로 운반할 때의 주의사항으로 틀린 것은?

① 긴 철근은 2인 1조가 되어 어깨메기로 하여 운반한다.
② 긴 철근을 부득이 1인이 운반할 때는 철근의 한쪽을 어깨에 메고 다른 한쪽 끝을 땅에 끌면서 운반한다.
③ 1인이 1회에 운반할 수 있는 적당한 무게한도는 운반자의 몸무게 정도이다.
④ 운반시에는 항상 양끝을 묶어 운반한다.

> 해설
> 1인이 1회에 운반할 수 있는 적당한 무게한도는 운반자 몸무게의 40% 정도이다.

99 건축물의 층고가 높아지면서, 현장에서 고소작업대의 사용이 증가하고 있다. 고소작업대의 사용 및 설치기준으로 옳은 것은?

① 작업대를 와이어로프 또는 체인으로 올리거나 내릴 경우에는 와이어로프 또는 체인의 안전율은 10 이상일 것
② 작업대를 올린 상태에서 항상 작업자를 태우고 이동할 것
③ 바닥과 고소작업대는 가능하면 수직을 유지하도록 할 것
④ 갑작스러운 이동을 방지하기 위하여 아웃트리거(outrigger) 또는 브레이크 등을 확실히 사용할 것

> 해설
> 산업안전보건기준에 관한 규칙 제186조(고소작업대 설치 등의 조치)
> ① 사업주는 고소작업대를 설치하는 경우에는 다음 각 호에 해당하는 것을 설치하여야 한다.
>   1. 작업대를 와이어로프 또는 체인으로 올리거나 내릴 경우에는 와이어로프 또는 체인이 끊어져 작업대가 떨어지지 아니하는 구조여야 하며, 와이어로프 또는 체인의 안전율은 5 이상일 것
>   2. 작업대를 유압에 의해 올리거나 내릴 경우에는 작업대를 일정한 위치에 유지할 수 있는 장치를 갖추고 압력의 이상저하를 방지할 수 있는 구조일 것
>   3. 권과방지장치를 갖추거나 압력의 이상상승을 방지할 수 있는 구조일 것
>   4. 붐의 최대 지면경사각을 초과 운전하여 전도되지 않도록 할 것
>   5. 작업대에 정격하중(안전율 5 이상)을 표시할 것
>   6. 작업대에 끼임·충돌 등 재해를 예방하기 위한 가드 또는 과상승방지장치를 설치할 것
>   7. 조작반의 스위치는 눈으로 확인할 수 있도록 명칭 및 방향표시를 유지할 것
> ② 사업주는 고소작업대를 설치하는 경우에는 다음 각 호의 사항을 준수하여야 한다.
>   1. 바닥과 고소작업대는 가능하면 수평을 유지하도록 할 것
>   2. 갑작스러운 이동을 방지하기 위하여 아웃트리거 또는 브레이크 등을 확실히 사용할 것

③ 사업주는 고소작업대를 이동하는 경우에는 다음 각 호의 사항을 준수해야 한다.
   1. 작업대를 가장 낮게 내릴 것
   2. 작업자를 태우고 이동하지 말 것. 다만, 이동 중 전도 등의 위험예방을 위하여 유도하는 사람을 배치하고 짧은 구간을 이동하는 경우에는 제1호에 따라 작업대를 가장 낮게 내린 상태에서 작업자를 태우고 이동할 수 있다.
   3. 이동통로의 요철상태 또는 장애물의 유무 등을 확인할 것
④ 사업주는 고소작업대를 사용하는 경우에는 다음 각 호의 사항을 준수하여야 한다.
   1. 작업자가 안전모·안전대 등의 보호구를 착용하도록 할 것
   2. 관계자가 아닌 사람이 작업구역에 들어오는 것을 방지하기 위하여 필요한 조치를 할 것
   3. 안전한 작업을 위하여 적정수준의 조도를 유지할 것
   4. 전로(電路)에 근접하여 작업을 하는 경우에는 작업감시자를 배치하는 등 감전사고를 방지하기 위하여 필요한 조치를 할 것
   5. 작업대를 정기적으로 점검하고 붐·작업대 등 각 부위의 이상 유무를 확인할 것
   6. 전환스위치는 다른 물체를 이용하여 고정하지 말 것
   7. 작업대는 정격하중을 초과하여 물건을 싣거나 탑승하지 말 것
   8. 작업대의 붐대를 상승시킨 상태에서 탑승자는 작업대를 벗어나지 말 것. 다만, 작업대에 안전대 부착설비를 설치하고 안전대를 연결하였을 때에는 그러하지 아니하다.

100 옹벽 안정조건의 검토사항이 아닌 것은?

① 활동(sliding)에 대한 안전검토
② 전도(overturing)에 대한 안전검토
③ 보일링(boiling)에 대한 안전검토
④ 지반 지지력(settlement)에 대한 안전검토

보일링은 흙파기 저면이 사질지반일 때 모래입자와 지하수가 부풀어올라 지반이 파괴되는 현상을 말한다.

정답 2014년 08월 17일 최근 기출문제

01 ①	02 ②	03 ①	04 ③	05 ①	06 ④	07 ②	08 ②	09 ②	10 ③
11 ④	12 ③	13 ④	14 ②	15 ③	16 ①	17 ④	18 ③	19 ④	20 ①
21 ①	22 ①	23 ②	24 ④	25 ①	26 ③	27 ①	28 ②	29 ②	30 ②
31 ④	32 ④	33 ①	34 ②	35 ④	36 ①	37 ③	38 ③	39 ③	40 ③
41 ①	42 ②	43 ①	44 ①	45 ②	46 ②	47 ②	48 ④	49 ②	50 ③
51 ④	52 ①	53 ②	54 ②	55 ③	56 ④	57 ③	58 ③	59 ③	60 ③
61 ①	62 ②	63 ②	64 ②	65 ①	66 ②	67 ④	68 ①	69 ①	70 ②
71 ①	72 ②	73 ①	74 ①	75 ①	76 ④	77 ④	78 ③	79 ②	80 ②
81 ③	82 ③	83 ②	84 ④	85 ②	86 ①	87 ④	88 ②	89 ③	90 ②
91 ①	92 ①	93 ①	94 ②	95 ③	96 ④	97 ②	98 ③	99 ④	100 ③

2015년 03월 08일 최근 기출문제

제 01 과목 산업재해 예방 및 안전보건교육

01 Alderfer의 ERG 이론 중 생존(Existence)욕구에 해당되는 Maslow의 욕구단계는?

① 자아실현의 욕구
② 존경의 욕구
③ 사회적 욕구
④ 생리적 욕구

매슬로우(Abraham H. Maslow)의 욕구 5단계
- 1단계 : 생리적 욕구(기아, 갈증, 호흡, 배설, 성욕 등)
- 2단계 : 안전의 욕구(안전을 구하고자 하는 욕구)
- 3단계 : 사회적 욕구(애정, 소속에 대한 욕구)
- 4단계 : 인정받으려는 욕구(자존심, 명예, 성취, 지위에 대한 욕구)
- 5단계 : 자아실현의 욕구(잠재적인 능력을 실현하고자 하는 욕구)

02 사업장의 안전준수 정도를 알아보기 위한 안전평가는 사전평가와 사후평가로 구분되어 지는데 다음 중 사전평가에 해당하는 것은?

① 재해율
② 안전샘플링
③ 연천인율
④ safe-T-score

사후평가방법으로 재해율, 연천인율, safe-T-score, 도수율, 강도율, 안전활동율 등이 있다.

03 O.J.T(On the job Training) 교육의 장점과 가장 거리가 먼 것은?

① 훈련에만 전념할 수 있다.
② 개개인의 업무능력에 적합한 자세한 교육이 가능하다.
③ 직장의 실정에 맞게 실제적 훈련이 가능하다.
④ 교육을 통해서 상사와 부하간의 의사소통과 신뢰감이 깊게 된다.

OJT와 off JT의 특징

OJT	off JT
• 개개인에게 적합한 지도훈련이 가능 • 직장의 실정에 맞는 실체적 훈련 • 훈련에 필요한 업무의 계속성 • 즉시 업무에 연결되는 관계로 신체와 관련 • 효과가 곧 업무에 나타나며 훈련의 좋고 나쁨에 따라 개선이 용이 • 교육을 통한 훈련 효과에 의해 상호 신뢰이해도가 높아짐	• 다수의 근로자에게 조직적 훈련이 가능 • 훈련에만 전념 • 특별 설비 기구를 이용 • 전문가를 강사로 초청 • 각 직장의 근로자가 많은 지식이나 경험을 교류 • 교육 훈련 목표에 대해서 집단적 노력이 흐트러 질 수도 있음

04 질병에 의한 피로의 방지대책으로 가장 적합한 것은?

① 기계의 사용을 배제한다.
② 작업의 가치를 부여한다.
③ 보건상 유해한 작업환경을 개선한다.
④ 작업장에서의 부적절한 관계를 배제한다.

05 산업안전보건법령상 안전인증대상 보호구에 해당하지 않는 것은?

① 보호복
② 안전장갑
③ 방독마스크
④ 보안면

해설

안전인증대상 보호구(산업안전보건법 시행령 제74조)
• 추락 및 감전 위험방지용 안전모
• 안전화
• 안전장갑
• 방진마스크
• 방독마스크
• 송기(送氣)마스크
• 전동식 호흡보호구
• 보호복
• 안전대
• 차광(遮光) 및 비산물(飛散物) 위험방지용 보안경
• 용접용 보안면
• 방음용 귀마개 또는 귀덮개

06 안전관리의 4M 가운데 Media에 관한 내용으로 가장 올바른 것은?

① 인간과 기계를 연결하는 매개체
② 인간과 관리를 연결하는 매개체
③ 기계와 관리를 연결하는 매개체
④ 인간과 작업환경을 연결하는 매개체

인간 과오의 배후요인 4요소(4M)
- 맨(Man) : 본인 이외의 사람
- 머신(Machine) : 장치나 기기 등의 물적 요인
- 미디어(Media) : 인간과 기계를 잇는 매체란 뜻으로 작업의 방법이나 순서, 작업정보의 실태나 환경과의 관계, 정리정돈
- 매니지먼트(Management) : 안전법규의 준수방법, 단속, 점검 관리 외에 지휘감독, 교육훈련

07 안전태도교육의 기본과정을 가장 올바르게 나열한 것은?

① 청취한다 → 이해하고 납득한다 → 시범을 보인다 → 평가한다
② 이해하고 납득한다 → 들어본다 → 시범을 보인다 → 평가한다
③ 청취한다 → 시범을 보인다 → 이해하고 납득한다 → 평가한다
④ 시범을 보인다 → 이해하고 납득한다 → 들어본다 → 평가한다

태도교육의 기본과정
- 청취한다.
- 이해하고 납득한다.
- 항상 모범을 보여준다.
- 권장한다.
- 처벌한다.
- 좋은 지도자를 얻도록 힘쓴다.
- 적정 배치한다.
- 평가한다.

08 안전·보건교육 및 훈련은 인간행동 변화를 안전하게 유지하는 것이 목적이다. 이러한 행동변화의 전개과정 순서가 알맞은 것은?

① 자극 - 욕구 - 판단 - 행동
② 욕구 - 자극 - 판단 - 행동
③ 판단 - 자극 - 욕구 - 행동
④ 행동 - 욕구 - 자극 - 판단

09 위험예지훈련 기초 4라운드(4R)에 관한 내용으로 옳은 것은?

① 1R : 목표설정   ② 2R : 현상파악
③ 3R : 대책수립   ④ 4R : 본질추구

위험예지 훈련의 기존 4라운드 진행방법
- 1R(현상파악) : 어떤 위험이 잠재하고 있는지 사실을 파악하는 라운드(BS적용)
- 2R(본질추구) : 가장 위험한 요인(위험 포인트)을 합의로 결정하는 라운드(요약)
- 3R(대책수립) : 구체적인 대책을 수립하는 라운드(BS적용)
- 4R(목표달성-설정) : 수립한 대책 가운데 질이 높은 항목에 합의하는 라운드(요약)

10 재해예방의 4원칙에 해당하지 않는 것은?

① 예방가능의 원칙 ② 손실우연의 원칙
③ 원인연계의 원칙 ④ 재해 연쇄성의 원칙

재해예방의 4원칙
- 손실우연의 원칙 : 사고에 의해서 생기는 손실(상해)의 종류와 정도는 우연적이다.(1 : 29 : 300의 법칙)
- 원인계기의 원칙 : 모든 재해는 필연적인 원인에 의해서 발생한다.
- 예방가능의 원칙 : 재해는 원칙적으로 모두 방지가 가능하다.
- 대책선정의 원칙 : 재해방지 대책은 신속하고 확실하게 실시되어야 한다.

11 안전관리 조직 중 대규모 사업장에서 가장 이상적인 조직 형태는?

① 직계형 조직 ② 직능전문화 조직
③ 라인스태프(line-staff)형 조직 ④ 테스크포스(task-force)조직

라인(Line) 스태프(Staff)의 복잡형(직계 참모조직)
- 라인형과 스태프형의 장점을 취한 절충식 조직 형태로 안전업무를 전문으로 담당하는 스태프 부분을 두고 생산라인의 각 층에도 겸임 또는 전임의 안전 담당자를 두어서 안전대책은 스태프 부분에서 기획하고, 이것을 라인을 통하여 실시하도록 한 조직 방식이다.
- 대규모의 사업장(1000명 이상)에 효율적이다.

12 강의식 교육지도에서 가장 많은 시간이 할당되는 단계는?

① 도입 ② 제시
③ 적용 ④ 확인

단계별 교육시간

교육법의 4단계	강의식(일반적인 교육)	토의식
1단계-도입	5분	5분
2단계-제시	40분	10분
3단계-적용	10분	40분
4단계-확인	5분	5분

13 산업안전보건법령상 안전검사대상 유해·위험기계에 해당하지 않는 것은?

① 곤돌라　　② 전기용접기
③ 리프트　　④ 산업용원심기

안전검사대상 기계(산업안전보건법 시행령 제78조)
- 프레스
- 전단기
- 크레인(정격 하중이 2톤 미만인 것은 제외한다)
- 리프트
- 압력용기
- 곤돌라
- 국소 배기장치(이동식은 제외한다)
- 원심기(산업용만 해당한다)
- 롤러기(밀폐형 구조는 제외한다)
- 사출성형기[형 체결력(型 締結力) 294킬로뉴턴(KN) 미만은 제외한다]
- 고소작업대(화물자동차 또는 특수자동차에 탑재한 고소작업대로 한정한다)
- 컨베이어
- 산업용 로봇
- 혼합기
- 파쇄기 또는 분쇄기

14 적성검사의 유형 중 체력검사에 포함되지 않는 것은?

① 감각기능검사
② 근력검사
③ 신경기능검사
④ 크루즈 지수(Kruse's Index)

크루즈 지수(Kruse's Index)
- 신장과 가슴둘레의 제곱의 비율

$$\text{크루즈 지수} = \frac{\text{가슴둘레}^2}{\text{신장}} \times 100$$

15 기업조직의 원리 가운데 지시 일원화의 원리를 가장 잘 설명한 것은?

① 지시에 따라 최선을 다해서 주어진 임무나 기능을 수행하는 것
② 책임을 완수하는데 필요한 수단을 상사로부터 위임 받은 것
③ 언제나 직속 상사에게서만 지시를 받고 특정 부하직원 들에게만 지시하는 것
④ 조직의 각 구성원이 가능한 한 가지 특수 직무만을 담당하도록 하는 것

보기 중 ②항은 권한 및 책임위양의 원리, ③항은 일원화의 원리, ④항은 분업화의 원리와 관련이 있다.

16 산업재해 발생의 직접원인에 해당하지 않는 것은?

① 안전수칙의 오해
② 물(物)자체의 결함
③ 위험 장소의 접근
④ 불안전한 속도 조작

해설

직접원인(1차원인) : 시간적으로 사고 발생에 가까운 원인
- 물적원인 : 불안전한 상태(설비 및 환경 등의 불량)
- 인적원인 : 불안전한 행동

17 무재해운동의 기본이념 3가지에 해당하지 않는 것은?

① 무의 원칙
② 자주 활동의 원칙
③ 참가의 원칙
④ 선취 해결의 원칙

해설

무재해운동의 3원칙
- 무(Zero)의 원칙 : 산재 위험의 잠재요인을 근원적으로 해결하기 위한 원칙
- 선취의 원칙 : 위험요인 행동 전에 예지, 발견
- 참가의 원칙 : 전원(근로자, 회사 내 전종업원, 근로자 가족) 참가

18 과거에 경험하였던 것과 비슷한 상태에 부딪쳤을 때 떠오르는 것을 무엇이라 하는가?

① 재생
② 기명
③ 파지
④ 재인

해설

기억의 과정
- 기억 : 과거의 경험이 어떠한 형태로 미래의 행동에 영향을 주는 작용
- 기명 : 사물의 인상을 마음속에 간직하는 것
- 파지 : 간직, 인상이 보존되는 것
- 재생 : 보존된 인상을 다시 의식으로 떠오르는 것
- 재인 : 과거에 경험했던 것과 같은 비슷한 상태에 부딪쳤을 때 떠오르는 것

19 산업안전보건법령상 안전·보건표지의 색채별 색도기준이 올바르게 연결된 것은?(단, 순서는 색상 명도/채도이며, 색도 기준은 KS에 따른 색의 3속성에 의한 표시방법에 따른다.)

① 빨간색 − 5R 4/13
② 노란색 − 2.5Y 8/12
③ 파란색 − 7.5PB 2.5/7.5
④ 녹색 − 2.5G 4/10

안전보건표지의 색도기준 및 용도(산업안전보건법 시행규칙 별표 8)

색채	색도기준	용도	사용례
빨간색	7.5R 4/14	금지	정지신호, 소화설비 및 그 장소, 유해행위의 금지
빨간색	7.5R 4/14	경고	화학물질 취급장소에서의 유해·위험 경고
노란색	5Y 8.5/12	경고	화학물질 취급장소에서의 유해·위험 경고 이외의 위험 경고, 주의표지 또는 기계방호물
파란색	2.5PB 4/10	지시	특정 행위의 지시 및 사실의 고지
녹색	2.5G 4/10	안내	비상구 및 피난소 사람 또는 차량의 통행 표시
흰색	N9.5	–	파란색 또는 녹색에 대한 보조색
검은색	N0.5	–	문자 및 빨간색 또는 노란색에 대한 보조색

20 1000명의 근로자가 주당 45시간씩 연간 50주를 근무하는 A기업에서 질병 및 기타 사유로 인하여 5%의 결근율을 나타내고 있다. 이 기업에서 연간 60건의 재해가 발생하였다면 이 기업의 도수율은 약 얼마인가?

① 25.12 ② 26.67
③ 28.07 ④ 51.64

도수율 = $\dfrac{\text{재해건수}}{\text{연간 총근로시간}} \times 10^6 = \dfrac{60}{1000 \times 45 \times 50 \times 0.95} \times 1000000 = 28.07$

제 02 과목 인간공학 및 위험성 평가·관리

21 근골격계 질환을 예방하기 위한 관리적 대책으로 옳은 것은?

① 작업공간 배치 ② 작업재료 변경
③ 작업순환 배치 ④ 작업공구 설계

근골격계질환(CTDs)
- 유해요인 조사방법은 OWAS(평가항목 : 허리, 팔, 다리, 하중), NLE, RULA
- 발생원인은 반복적 동작, 부적절한 자세, 진동, 온도 등

22 청각신호의 위치를 식별할 때 사용하는 척도는?

① AI(Articulation Index)
② JND(Just Noticeable Difference)
③ MAMA(Minimum Audible Movement Angle)
④ PNC(Preferred Noise Criteria)

용어의 설명
- AI : 명료도를 나타내는 지수
- JND : 작을수록 차원의 변화를 쉽게 검출하는 지수
- MAMA : 청각신호의 위치를 식별하는 척도
- PNC : 실내소음평가지수

23 인체측정치 응용원칙 중 가장 우선적으로 고려해야 하는 원칙은?

① 조절식 설계 ② 최대치 설계
③ 최소치 설계 ④ 평균치 설계

인체계측자료의 응용원칙
- 최대치수와 최소치수 : 최대치수 또는 최소치수를 기준으로 하여 설계
- 조절범위(조절식) : 체격이 다른 여러 사람에 맞도록 만드는 것(5~95%tile)
- 평균치를 기준으로 한 설계 : 최대치수나 최소치수, 조절식으로 설계하기 곤란할 때 평균치를 기준으로 하여 설계

24 일반적으로 연구조사에 사용되는 기준 중 기준척도의 신뢰성이 의미하는 것은?

① 보편성 ② 적절성
③ 반복성 ④ 객관성

기준의 요건
- 적절성(Relevance) : 기준이 의도된 목적에 적당하다고 판단되는 정도
- 무오염성 : 기준척도는 측정하고자 하는 변수 외의 다른 변수들의 영향을 받아서는 안 된다는 것
- 기준척도의 신뢰성 : 척도의 신뢰성은 반복성(Repeatability)을 의미

25 정보를 유리나 차양판에 중첩시켜 나타내는 표시장치는?

① CRT ② LCD
③ HUD ④ LED

HUD(Head-updisplay)
정보를 유리, 헬멧, 차양판을 통하여 외부 세계와 중첩시켜서 표시하는 장치

26 40세 이후 노화에 의한 인체의 시지각 능력 변화로 틀린 것은?

① 근시력 저하 ② 휘광에 대한 민감도 저하
③ 망막에 이르는 조명량 감소 ④ 수정체 변색

40세 이후 휘광에 대한 민감도는 증가한다.

27 조종장치를 3cm 움직였을 때 표시장치의 지침이 5cm 움직였다면 C/R비는?

① 0.25   ② 0.6
③ 1.5   ④ 1.7

통제표시(C/D)비 = $\dfrac{\text{통제기기의 변위량}}{\text{표시기기의 지침 변화량}} = \dfrac{3}{5} = 0.6$

28 고열환경에서 심한 육체노동 후에 탈수와 체내 염분농도 부족으로 근육의 수축이 격렬하게 일어나는 장해는?

① 열경련(heat cramp)   ② 열사병(heat stroke)
③ 열쇠약(heat prostration)   ④ 열피로(heat exhaustion)

작업 환경 요인

요인	설명
열피로	고온환경에 의한 말초혈관의 확장, 혈압강하, 뇌의 산소부족 등 순환기능의 장해가 원인, 경증인 경우 가벼운 두통, 구역질 중증인 경우 어지러움, 이명 권태감, 심한 두통 의식 혼탁에 의한 졸도
열경련	많은 발한에 의한 대량의 수분 및 염분의 손실로 인한 수분, 염분 대사가 원인으로 혈중 식염농도가 저하된다. 증상으로는 심한 수의근 경련으로써 작업에 많이 사용했던 근육에 동통성, 강직성 경련
열사병	체온 조절기능의 실조가 원인으로 증상으로는 중추신경계 장애와 정신적인 발한 정지, 피부의 건조, 40℃ 이상 되는 체온의 상승 등이 특징이며 심하면 사망

29 인간-기계 시스템 평가에 사용되는 인간기준 척도 중에서 유형이 다른 것은?

① 심박수   ② 안락감
③ 산소소비량   ④ 뇌전위(EEG)

생리적 긴장의 척도와 심리적 긴장의 척도의 구분 중 안락감은 심리적 긴장의 정도를 나타내는 척도에 해당된다.

30 인체의 피부와 허파로부터 하루에 600g의 수분이 증발 될 때 열손실율은 약 얼마인가?(단, 37℃의 물 1g을 증발 시키는데 필요한 에너지는 2410J/g이다.)

① 약 15 Watt   ② 약 17 Watt
③ 약 19 Watt   ④ 약 21 Watt

열손실율 = $\dfrac{\text{증발에너지}}{\text{증발시간}} = \dfrac{600 \times 2410}{24 \times 60 \times 60} = 16.74$

31 톱사상 T를 일으키는 컷셋에 해당하는 것은?

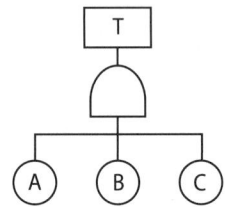

① A
② A, B
③ B, C
④ A, B, C

32 시스템 수명주기에서 FMEA가 적용되는 단계는?

① 개발단계
② 구상단계
③ 생산단계
④ 운전단계

해설

FMEA의 표준적 실시 절차
- 1단계 : 대상 시스템의 분석
  - 기기, 시스템의 구성 및 기능의 전반적 파악
  - FMEA 실시를 위한 기본방침의 결정
  - 기능 Block과 신뢰성 Block도의 작성
- 2단계 : 고장형태와 그 영향의 분석
  - 고장 Mode의 예측과 설정
  - 고장 원인의 상정
  - 상위 아이템에의 고장 영향의 검토
  - 고장 검지법의 검토
  - 고장에 대한 보상법이나 대응법의 검토
  - FMEA 워크시트(Work Sheet)에의 기입
  - 고장 등급의 평가
- 3단계 : 치명도 해석과 개선책의 검토
  - 치명도 해석
  - 해석결과의 정리와 설계 개선으로의 제언

33 시스템에 영향을 미치는 모든 요소의 고장을 형태별로 분석하여 그 영향을 검토하는 시스템안전 분석기법은?

① FMEA
② PHA
③ HAZOP
④ FTA

해설

고장형태와 영향분석(FMEA, Failure Modes and Effects Analysis)
- FMEA : 시스템 안전분석에 이용되는 전형적인 정성적, 귀납적 분석방법으로 시스템에 영향을 미치는 전체 요소의 고장을 형별로 분석하여 그 영향을 검토하는 것
- 장점 : 서식이 간단하고 비교적 적은 노력으로 특별한 훈련 없이 분석할 수 있음

• 단점 : 논리성이 부족하고 특히 각 요소간의 영향을 분석하기 어렵기 때문에 동시에 두 가지 이상의 요소가 고장날 경우 분석이 곤란하며 요소가 물체로 한정되어 있기 때문에 인적원인을 분석하는 것은 곤란

34 표와 관련된 시스템위험분석 기법으로 가장 적합한 것은?

#1 구성요소 명칭	#2 구성요소 위험방식	#3 시스템 작동방식	#4 서브시스템 에서 위험 영향	#5 서브시스템, 대표적 시스템 위험 영향	#6 환경적 요인	#7 위험영향을 받을 수 있는 2차요인	#8 위험 수준	#9 위험 관리

① 예비위험분석(PHA)
② 결함위험분석(FHA)
③ 운용위험분석(OHA)
④ 사상수분석(ETA)

결함위험분석(FHA, Fault Hazard Analysis)
복잡한 시스템에서는 한 계약자만으로 모든 시스템의 설계를 담당하지 않고, 몇 개의 공동 계약자가 각각의 서브시스템(Sub System)을 분담하고 통합계약업자가 그것을 통합하는데, FHA는 이런 경우의 서브시스템 해석 등에 사용된다.

35 동작경제의 원칙에 해당하지 않는 것은?

① 가능하다면 낙하식 운반방법을 사용한다.
② 양손을 동시에 반대 방향으로 움직인다.
③ 자연스러운 리듬이 생기지 않도록 동작을 배치한다.
④ 양손으로 동시에 작업을 시작하고 동시에 끝낸다.

동작 경제의 3원칙
• 동작능력의 활용의 원칙
  – 발 또는 왼손으로 할 수 있는 것은 오른손을 사용하지 않는다.
  – 양손으로 동시에 작업을 시작하고 동시에 끝낸다.
  – 양손이 동시에 쉬지 않도록 함이 좋다.
• 작업량 절약의 원칙
  – 적게 움직이게 한다.
  – 재료나 공구는 취급하는 부근에 정돈한다.
  – 동작의 수를 줄이다.
  – 동작의 량을 줄인다.
  – 물건을 장시간 취급할 경우에는 장구를 사용한다.
• 동작개선의 원칙
  – 동작이 자동적으로 이루어지는 순서로 한다.
  – 양손은 동시에 반대의 방향으로, 좌우대칭적으로 운동한다.
  – 관성, 중력, 기계력 등을 이용한다.
  – 작업장의 높이를 적당히 하여 피로를 줄인다.

36 FT도에서 입력현상이 발생하여 어떤 일정 시간이 지속된 후 출력이 발생하는 것을 나타내는 게이트나 기호로 옳은 것은?

① 위험 지속 기호
② 조합 AND 게이트
③ 시간 단축 기호
④ 억제 게이트

수정기호

구분	설명
우선적 AND 게이트	• 입력사상 가운데 어느 사상이 다른 사상보다 먼저 일어났을 때에 출력사상이 생긴다. • 예) 「A는 B보다 먼저」와 같이 기입
조합 AND 게이트	• 3개 이상의 입력사상 가운데 어느 것이던 2개가 일어나면 출력 사상이 발생한다. • 예) 「어느 것이던 2개」라고 기입
위험 지속 기호	• 입력사상이 생기고 어느 일정시간 지속하였을 때에 출력사상이 생긴다. • 예) 「위험지속시간」과 같이 기입
배타적 OR Gate	• OR Gate로 2개 이상의 입력이 동시에 존재한 때에는 출력사상이 생기지 않는다. • 예) 「동시에 발생하지 않는다」라고 기입

37 FT도상에서 정상 사상 T의 발생 확률은?(단, 기본사상 ①, ②의 발생 확률은 각각 1×10^{-2} 과 2×10^{-2} 이다.)

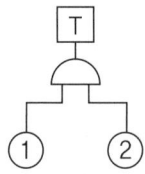

① 2×10^{-2}
② 2×10^{-4}
③ 2.98×10^{-2}
④ 2.98×10^{-4}

A = ① · ② = $(1 \times 10^{-2}) \cdot (2 \times 10^{-2})$ = 2×10^{-4}

38 사후보전에 필요한 수리시간의 평균치를 나타내는 것은?

① MTTF
② MTBF
③ MDT
④ MTTR

MTTF와 MTBF, MTTR
- MTTF(Mean Time To Failures) : 고장이 일어나기까지의 동작시간의 평균치(평균고장시간)
- MTBF(Mean Time Between Failures) : 고장사이의 작동시간 평균치(평균고장간격)
- MTTR(Mean Time To Repair) : 고장 발생 순간부터 수리완료 후 정상작동 시까지의 평균시간(평균수리시간)

39 안전 설계방법 중 페일세이프 설계(fail-safe design)에 대한 설명으로 가장 적절한 것은?

① 오류가 전혀 발생하지 않도록 설계
② 오류가 발생하기 어렵게 설계
③ 오류의 위험을 표시하는 설계
④ 오류가 발생하였더라도 피해를 최소화 하는 설계

페일 세이프의 정의
- 일반적인 정의 : 기계나 그 부품에 고정이나 기능 불량이 생겨도 항상 안전하게 작동하는 구조와 그 기능을 의미
- 좁은 의미 : 기계를 안전하게 작동한다는 것은 기계를 정지시키는 것을 의미

40 다음 중 음성 인식에서 이해도가 가장 좋은 것은?

① 음소
② 음절
③ 단어
④ 문장

음성 인식에서의 이해도
- 어휘수가 적을수록 인지율이 높아진다.
- 짧은 단어보다 긴 단어가 이해도가 크다.
- 친숙한 단어의 대화의 이해도가 크다.

제 03 과목 기계·기구 및 설비 안전관리

41 프레스 양수조작식 안전거리(D) 계산식으로 적합한 것은?(단, T_L는 누름버턴에서 손을 떼는 순간부터 급정지기구가 작동개시하기까지의 시간, T_S는 급정지기구 작동을 개시 할 때부터 슬라이드가 정지할 때까지의 시간이다.)

① $D = 1.6(T_L - T_S)$
② $D = 1.6(T_L + T_S)$
③ $D = 1.6(T_L \div T_S)$
④ $D = 1.6(T_L \times T_S)$

$D = 1.6 \times (T_L + T_S)$

42 기계설비의 안전조건 중 외관의 안전화에 해당하는 조치는?

① 고장발생을 최소화하기 위해 정기점검을 실시하였다.
② 전압강하, 정전시의 오동작을 방지하기 위하여 제어 장치를 설치하였다.
③ 기계의 예리한 돌출부 등에 안전 덮개를 설치하였다.
④ 강도를 고려하여 안전율을 최대로 고려하여 설비를 설계하였다.

기계 · 설비의 안전화 5가지
- 외관의 안전화 : 상자로 내장, 덮개, 색채조절(시동버튼 : 녹색, 정지버튼 : 적색)
- 기능적 안전화 : 전압 강하 및 정전 시 오동작, 사용 압력 변동 시 오동작, 밸브 고장 시 오동작, 단락스위치 고장 시 오동작
- 구조부분의 안전화 : 적절한 재료, 안전율 및 안전계수 고려, 적절한 가공
- 작업의 안전화 : 기동 장치와 배치, 정지시 시건 장치, 안전 통로 확보, 작업 공간 확보
- 보수 · 유지의 안전화(보전성의 개선) : 정기 점검, 교환, 주유

43 프레스의 위험방지조치로써 안전블록을 사용하는 경우가 아닌 것은?

① 금형 부착 시 ② 금형 파기 시
③ 금형 해체 시 ④ 금형 조정 시

산업안전보건기준에 관한 규칙 제104조(금형조정작업의 위험 방지) 사업주는 프레스등의 금형을 부착 · 해체 또는 조정하는 작업을 할 때에 해당 작업에 종사하는 근로자의 신체가 위험한계 내에 있는 경우 슬라이드가 갑자기 작동함으로써 근로자에게 발생할 우려가 있는 위험을 방지하기 위하여 안전블록을 사용하는 등 필요한 조치를 하여야 한다.

44 2개의 회전체가 회전운동을 할 때에 물림점이 발생 될 수 있는 조건은?

① 두 개의 회전체 모두 시계방향으로 회전
② 두 개의 회전체 모두 시계 반대방향으로 회전
③ 하나는 시계방향으로 회전하고 다른 하나는 시계 반대 방향으로 회전
④ 하나는 시계방향으로 회전하고 다른 하나는 정지

위험점의 분류

분류	내용
협착점	왕복 운동하는 동작부분과 움직임이 없는 고정부분 사이에 형성되는 위험점
끼임점	고정부분과 회전하는 동작부분 사이에서 형성되는 위험점
절단점	회전하는 운동부분 자체의 위험에서 초래되는 위험점
물림점	회전하는 두 개의 물체에 물려 들어갈 위험성
접선물림점	회전하는 부분의 접선방향으로 물려 들어갈 위험이 존재하는 위험점
회전말림점	회전하는 물체에 작업복 등이 말려드는 위험이 존재하는 위험점

45 밀링 작업시 안전수칙 중 잘못된 것은?

① 작업시 보안경을 착용한다.
② 칩의 처리는 칩 브레이커로 한다.
③ 가공물의 치수는 기계 정지 후 확인한다.
④ 절삭속도는 재료에 따라 달리 적용한다.

밀링 작업의 안전대책
- 정면 커터 작업 시에는 칩이 튀어나오므로 칩 커버를 설치한다.
- 커터 날 끝과 같은 높이에서 절삭 상태를 관찰해서는 안 된다.
- 주축 회전 중 밀링 커터 주위에 손을 대거나 브러시를 사용해 칩을 제거해서는 안 된다.
- 가공 중 기계에 얼굴을 가까이 가지 않도록 한다.
- 테이블 위에 측정기나 공구류를 올려놓지 않는다.
- 절삭 공구나 공작물을 설치할 때 시동 레버가 접촉되기 쉬우므로 전원을 끄고 작업한다.
- 작업 중의 가공물에 손을 대지 말아야 하며, 치수 측정 시는 기계를 정지시킨다.

46 플레이너에 대한 설명으로 옳은 것은?

① 곡면을 절삭하는 기계이다.
② 가공재가 수평 왕복운동을 한다.
③ 이송운동은 절삭운동의 2왕복에 대하여 1회의 단속운동으로 이루어진다.
④ 절삭운동 중 귀환행정은 저속으로 이루어져 "저속귀환 행정"이라 한다.

플레이너(Planer, 평삭기)
- 플레이너의 종류
  - 쌍주식 플레이너 : 직주가 2개, 공작물의 폭에 제한을 받음
  - 단주식 플레이너 : 직주가 1개, 공작물의 폭에 제한을 받지 않음
- 플레이너의 안전대책
  - 반드시 스위치를 끄고 일감을 고정
  - 바이트는 되도록 짧게 설치할 것
  - 이동 테이블에는 방호울을 설치
  - 프레임 내의 피트에는 뚜껑을 설치
  - 압판이 수평이 되도록 고정
  - 압판은 죄는 힘에 의해 휘어지지 않도록 충분히 두꺼운 것을 사용

47 밀링작업 시 절삭가공에 관한 설명으로 틀린 것은?

① 하향절삭은 커터의 절삭방향과 이송방향이 같으므로 백래시 제거장치가 없으면 곤란하다.
② 상향절삭은 밀링커터의 날이 가공재를 들어 올리는 방향으로 작용한다.
③ 하향절삭은 칩이 가공한 면 위에 쌓이므로 시야가 좋지 않다.
④ 상향절삭은 칩이 날을 방해하지 않고, 절삭열에 의한 치수정밀도의 변화가 적다.

상향절삭은 커터의 회전방향과 테이블 이송이 반대로 칩이 가공하는 윗방향으로 몰려 시야가 좋지 않다.

48 아세틸렌 용접 시 화재가 발생하였을 때 제일 먼저 해야 할 일은?

① 메인 밸브를 잠근다.
② 용기를 실외로 끌어낸다.
③ 관리자에게 보고한다.
④ 젖은 천으로 용기를 덮는다.

해설

최우선적인 조치는 메인 밸브를 잠그는 것이다.

49 가스 용접 작업을 위한 압력조정기 및 토치의 취급방법 으로 틀린 것은?

① 압력조정기를 설치하기 전에 용기의 안전밸브를 가볍게 2~3회 개폐하여 내부 구멍의 먼지를 불어낸다.
② 압력조정기 체결 전에 조정 핸들을 풀고, 신속히 용기의 밸브를 연다.
③ 우선 조정기의 밸브를 열고 토치의 콕 및 조정 밸브를 열어서 호스 및 토치 중의 공기를 제거한 후에 사용 한다.
④ 장시간 사용하지 않을 때는 용기 밸브를 잠그고, 조정 핸들을 풀어둔다.

해설

압력조정기 체결 전에 용기 밸브를 닫고 조정 핸들을 풀어야 한다.

50 연삭숫돌과 작업대, 교반기의 교반날개와 몸체 사이에서 형성되는 위험점은?

① 협착점(squeeze point)
② 끼임점(shear point)
③ 절단점(cutting point)
④ 물림점(nip point)

해설

위험점의 분류

분류	내용
협착점	왕복 운동하는 동작부분과 움직임이 없는 고정부분 사이에 형성되는 위험점
끼임점	고정부분과 회전하는 동작부분 사이에서 형성되는 위험점
절단점	회전하는 운동부분 자체의 위험에서 초래되는 위험점
물림점	회전하는 두 개의 물체에 물려 들어갈 위험성
접선물림점	회전하는 부분의 접선방향으로 물려 들어갈 위험이 존재하는 위험점
회전말림점	회전하는 물체에 작업복 등이 말려드는 위험이 존재하는 위험점

51 기계설비의 수명곡선에서 고장의 유형에 관한 설명으로 틀린 것은?

① 초기 고장은 불량 제조나 생산과정에서 품질관리의 미비로부터 생기는 고장을 말한다.
② 우발고장은 사용 중 예측할 수 없을 때에 발생하는 고장을 말한다.
③ 마모고장은 장치의 일부가 수명을 다해서 생기는 고장을 말한다.
④ 반복고장은 반복 또는 주기적으로 생기는 고장을 말한다.

고장의 유형
- 초기고장 : 설계상, 구조상 결함, 생산과정의 품질관리미비로 인하여 발생하며 점검작업이나 시운전작업 등으로 사전방지가 가능하다. 감소형(Debugging 기간, Burning 기간)
- 우발고장 : 일정형
- 마모고장 : 증가형(Burn In 기간)

52 안전계수 6인 로프의 파단하중이 1116kgf이라면, 이 로프는 몇 kgf 이하의 물건을 매달아야 하는가?

① 186
② 279
③ 1116
④ 6696

$$\text{안전계수} = \frac{\text{파단하중}}{\text{안전하중}}$$

$$\therefore \text{안전하중} = \frac{\text{파단하중}}{\text{안전계수}} = 186$$

53 보일러의 압력방출장치가 2개 이상 설치된 경우, 최고 사용압력 이하에서 1개가 작동되고, 남은 1개의 작동 압력은?

① 최고사용압력의 1.05배 이하
② 최고사용압력의 1.1배 이하
③ 최고사용압력의 1.25배 이하
④ 최고사용압력의 1.5배 이하

산업안전보건기준에 관한 규칙 제116조(압력방출장치) ① 사업주는 보일러의 안전한 가동을 위하여 보일러 규격에 맞는 압력방출장치를 1개 또는 2개 이상 설치하고 최고사용압력(설계압력 또는 최고허용압력을 말한다. 이하 같다) 이하에서 작동되도록 하여야 한다. 다만, 압력방출장치가 2개 이상 설치된 경우에는 최고사용압력 이하에서 1개가 작동되고, 다른 압력방출장치는 최고사용압력 1.05배 이하에서 작동되도록 부착하여야 한다.

54 선반의 크기를 표시하는 것으로 틀린 것은?

① 주축에 물릴 수 있는 공작물의 최대 지름
② 주축과 심압축의 센터 사이의 최대거리
③ 왕복대 위의 스윙
④ 베드 위의 스윙

선반의 크기표시는 주축과 심압축의 센터 사이의 최대거리로 표시한다.

55 크레인의 작업시 그 작업에 종사하는 관계 근로자로 하여금 조치하여야 할 사항으로 적절하지 않은 것은?

① 고정된 물체를 직접 분리·제거하는 작업을 하지 아니 할 것
② 신호하는 사람이 없는 경우 인양할 하물(何物)이 보이지 아니하는 때에는 어떠한 동작도 하지 아니할 것
③ 미리 근로자의 출입을 통제하여 인양 중인 하물이 작업자의 머리 위로 통과하지 않도록 할 것
④ 인양할 하물은 바닥에 끌어당기거나 밀어내는 작업으로 유도할 것

산업안전보건기준에 관한 규칙 제146조(크레인 작업 시의 조치)
① 사업주는 크레인을 사용하여 작업을 하는 경우 다음 각 호의 조치를 준수하고, 그 작업에 종사하는 관계 근로자가 그 조치를 준수하도록 하여야 한다.
  1. 인양할 하물(荷物)을 바닥에서 끌어당기거나 밀어내는 작업을 하지 아니할 것
  2. 유류드럼이나 가스통 등 운반 도중에 떨어져 폭발하거나 누출될 가능성이 있는 위험물 용기는 보관함(또는 보관고)에 담아 안전하게 매달아 운반할 것
  3. 고정된 물체를 직접 분리·제거하는 작업을 하지 아니할 것
  4. 미리 근로자의 출입을 통제하여 인양 중인 하물이 작업자의 머리 위로 통과하지 않도록 할 것
  5. 인양할 하물이 보이지 아니하는 경우에는 어떠한 동작도 하지 아니할 것(신호하는 사람에 의하여 작업을 하는 경우는 제외한다)
② 사업주는 조종석이 설치되지 아니한 크레인에 대하여 다음 각 호의 조치를 하여야 한다.
  1. 고용노동부장관이 고시하는 크레인의 제작기준과 안전기준에 맞는 무선원격제어기 또는 펜던트 스위치를 설치·사용할 것
  2. 무선원격제어기 또는 펜던트 스위치를 취급하는 근로자에게는 작동요령 등 안전조작에 관한 사항을 충분히 주지시킬 것

56 프레스의 본질적 안전화(no-hand in die 방식) 추진대책이 아닌 것은?

① 안전금형을 설치
② 전용프레스의 사용
③ 방호울의 부착된 프레스 사용
④ 감응식 방호장치 설치

프레스기의 No-Hand in Die 방식에 있어서 본질적 안전화 추진사항
• 전용프레스의 도입
• 자동 프레스의 도입
• 안전울을 부착한 프레스 작업
• 안전 금형을 부착한 프레스 작업

57 작업점에 대한 가드의 기본방향이 아닌 것은?

① 조작할 때 위험점에 접근하지 않도록 한다.
② 작업자가 위험구역에서 벗어나 움직이게 한다.
③ 손을 작업점에 접근시킬 필요성을 배제한다.
④ 방음, 방진 등을 목적으로 설치하지 않는다.

58 반복하중을 받는 기계 구조물 설계 시 우선 고려해야 할 설계 인자는?

① 극한강도 ② 크리프강도
③ 피로한도 ④ 항복점

허용응력 결정시 기초강도
- 상온에서 연성재료가 정하중을 받는 경우 : 극한강도 또는 항복점
- 상온에서 취성재료가 정하중을 받는 경우 : 극한강도
- 고온에서 정하중을 받는 경우 : 크리프강도
- 반복응력을 받는 경우 : 피로한도

59 가스용접작업 시 충전가스 용기 색깔 중에서 틀린 것은?

① 프로판가스 용기 : 회색 ② 아르곤가스 용기 : 회색
③ 산소가스 용기 : 녹색 ④ 아세틸렌가스 용기 : 백색

고압가스 용기의 도색

가스의 종류	도색의 구분	가스의 종류	도색의 구분
액화석유가스(LPG)	회색	액화암모니아	백색
수소	주황색	산소	녹색
아세틸렌	황색	액화탄산가스	청색
액화염소	갈색	그 밖의 가스	회색

60 목재가공용 기계의 방호장치가 아닌 것은?

① 덮개 ② 반발예방장치
③ 톱날접촉예방장치 ④ 과부하방지장치

제 04 과목   전기 및 화학설비 안전관리

61 전기화재에서 출화의 경과에 대한 화재예방대책에 해당하지 않는 것은?

① 단락 및 혼촉을 방지한다.
② 누전사고의 요인을 제거한다.
③ 접촉불량방지와 안전점검을 철저히 한다.
④ 단일 인입구에 여러 개의 전기코드를 연결한다.

콘센트의 문어발식 배선은 안전상 금지하여야 한다.

62 다음 중 고압활선작업에 필요한 보호구에 해당하지 않는 것은?

① 절연대
② 절연장갑
③ 절연장화
④ AE형 안전모

절연대는 대지와 전기적으로 절연된 작업대로 감전재해방지를 위한 일종의 안전용구이며, 보호구에 해당되지 않는다.

63 감전사고의 사망경로에 해당되지 않는 것은?

① 전류가 뇌의 호흡중추부로 흘러 발생한 호흡기능 마비
② 전류가 흉부에 흘러 발생한 흉부근육수축으로 인한 질식
③ 전류가 심장부로 흘러 심실세동에 의한 혈액순환기능 장애
④ 전류가 인체에 흐를 때 인체의 저항으로 발생한 주울열에 의한 화상

전류가 인체에 흐를 때 내부조직의 저항에 기인하여 발생하는 주울열에 의한 화상은 감전사고에 따른 직접적인 사망의 원인이 되지는 않는다.

64 저압전선로 중 절연부분의 전선과 대지간 및 전선의 심선 상호간의 절연저항은 사용전압에 대한 누설전류가 최대 공급전류의 얼마를 넘지 않도록 규정하고 있는가?

① $\dfrac{1}{1000}$
② $\dfrac{1}{1500}$
③ $\dfrac{1}{2000}$
④ $\dfrac{1}{2500}$

누설전류 = $\dfrac{최대공급전류}{2000}$ 이하

65 절연용 기구의 작업시작 전 점검사항으로 옳지 않은 것은?

① 고무소매의 육안점검
② 활선접근 경보기의 동작시험
③ 고무장화에 대한 절연내력시험
④ 고무장갑에 대한 공기점검 실시

절연용 보호구 사용 시 작업시작 전 점검사항
- 고무장갑이나 고무장화에 대해서는 공기점검을 실시할 것
- 고무소매 또는 절연의 등은 육안으로 점검할 것
- 활선접근 경보기는 시험단추를 눌러 소리가 나는지 점검할 것

66 위험분위기가 존재하는 장소의 전기기기에 방폭 성능을 갖추기 위한 일반적 방법으로 적절하지 않은 것은?

① 점화원의 격리
② 전기기기의 안전도 증강
③ 점화능력의 본질적 억제
④ 점화원으로 되는 확률을 0으로 낮춤

고장 시 점화원이 되는 설비의 안전도 증강과 관련하여 고장이 발생할 확률을 0으로 낮춘다.

67 절연된 컨베이어 벨트 시스템에서 발생하는 정전기의 전압이 10kV이고, 이때 정전용량이 5pF일 때 이 시스템에서 1회의 정전기 방전으로 생성될 수 있는 에너지는 얼마인가?

① 0.2mJ
② 0.25mJ
③ 0.5mJ
④ 0.25J

$$W = \frac{CV^2}{2} = \frac{5 \times 10^{-12} \times (10 \times 10^3)^2}{2} = 0.00025 = 0.25\text{mJ}$$

68 인체가 현저히 젖어있는 상태이거나 금속성의 전기·기계장치의 구조물에 인체의 일부가 상시 접촉되어 있는 상태에서의 허용접촉전압으로 옳은 것은?

① 2.5V 이하
③ 25V 이하
③ 50V 이하
④ 75V 이하

접촉전압의 허용한계

종별	접촉상태	허용접촉전압
제1종	• 인체의 대부분이 수중에 있는 상태	2.5[V] 이하
제2종	• 인체가 현저히 젖어 있는 상태 • 금속성의 전기·기계장치나 구조물에 인체의 일부가 상시 접촉되어있는 상태	25[V] 이하
제3종	• 제1종, 제2종 이외의 경우로서 통상의 인체상태에서 있어서 접촉전압이 가해지면 위험성이 높은 상태	50[V] 이하
제4종	• 제1종, 제2종 이외의 경우로서 통상의 인체 상태에 접촉전압이 가해지더라도 위험성이 낮은 상태 • 접촉전압이 가해질 우려가 없는 경우	제한 없음

69 방폭전기기기를 선정할 경우 고려할 사항으로 가장 거리가 먼 것은?

① 접지공사의 종류
② 가스 등의 발화온도
③ 설치될 지역의 방폭지역 등급
④ 내압방폭구조의 경우 최대 안전틈새

방폭전기기기 선정 시 고려해야 할 사항
- 방폭 전기기기가 설치될 지역의 폭발 위험지역 등급 구분
- 가스 등의 발화온도
- 내압 방폭구조의 경우 최대 안전틈새
- 본질안전 방폭구조의 경우 최소점화 전류
- 압력방폭구조, 유입방폭구조, 안전증방폭구조의 경우 최고 표면온도
- 방폭 전기기기가 설치될 장소의 주변온도, 표고 또는 상대습도, 먼지 부식성 가스 또는 습기 등의 환경조건

70 인화성액체에 의한 정전기 재해를 방지하기 위해서는 관내의 유속을 몇 m/s 이하로 유지하여야 하는가?

① 1 ② 2
③ 3 ④ 4

산업안전보건기준에 관한 규칙 제228조(가솔린이 남아 있는 설비에 등유 등의 주입)
사업주는 별표 7의 화학설비로서 가솔린이 남아 있는 화학설비(위험물을 저장하는 것으로 한정한다. 이하 이 조와 제229조에서 같다), 탱크로리, 드럼 등에 등유나 경유를 주입하는 작업을 하는 경우에는 미리 그 내부를 깨끗하게 씻어내고 가솔린의 증기를 불활성 가스로 바꾸는 등 안전한 상태로 되어 있는지를 확인한 후에 그 작업을 하여야 한다. 다만, 다음 각 호의 조치를 하는 경우에는 그러하지 아니하다.
1. 등유나 경유를 주입하기 전에 탱크·드럼 등과 주입설비 사이에 접속선이나 접지선을 연결하여 전위차를 줄이도록 할 것
2. 등유나 경유를 주입하는 경우에는 그 액표면의 높이가 주입관의 선단의 높이를 넘을 때까지 주입속도를 초당 1미터 이하로 할 것

71 다음 중 착화열에 대한 정의로 가장 적절한 것은?

① 연료가 착화해서 발생하는 전열량
② 연료 1kg이 착화해서 연소하여 나오는 총발열량
③ 외부로부터 열을 받지 않아도 스스로 연소하여 발생하는 열량
④ 연료를 최초의 온도로부터 착화온도까지 가열하는데 드는 열량

착화열이란 연료를 실온에서 불이 붙거나 타기 시작하는 온도까지 가열하는 데 드는 열을 말한다.

72 다음 중 산업안전보건법에 따른 관리대상 유해물질의 운반 및 저장 방법으로 적절하지 않은 것은?

① 저장장소에는 관계 근로자가 아닌 사람의 출입을 금지하는 표시를 한다.
② 관리대상 유해물질의 증기는 실외로 배출되지 않도록 적절한 조치를 한다.
③ 관리대상 유해물질을 저장할 때 일정한 장소를 지정 하여 저장하여야 한다.
④ 물질이 새거나 발산될 우려가 없는 뚜껑 또는 마개가 있는 튼튼한 용기를 사용한다.

산업안전보건기준에 관한 규칙 제443조(관리대상 유해물질의 저장)
① 사업주는 관리대상 유해물질을 운반하거나 저장하는 경우에 그 물질이 새거나 발산될 우려가 없는 뚜껑 또는 마개가 있는 튼튼한 용기를 사용하거나 단단하게 포장을 하여야 하며, 그 저장장소에는 다음 각 호의 조치를 하여야 한다.

1. 관계 근로자가 아닌 사람의 출입을 금지하는 표시를 할 것
2. 관리대상 유해물질의 증기를 실외로 배출시키는 설비를 설치할 것
② 사업주는 관리대상 유해물질을 저장할 경우에 일정한 장소를 지정하여 저장하여야 한다.

73 소화기의 몸통에 "A급 화재 10단위"라고 기재되어 있는 소화기에 관한 설명으로 적절한 것은?

① 이 소화기의 소화능력시험시 소화기 조작자는 반드시 방화복을 착용하고 실시하여야 한다.
② 이 소화기의 A급 화재 소화능력 단위가 10단위이면, B급 화재에 대해서도 같은 10단위가 적용된다.
③ 어떤 A급 화재 소방대상물의 능력단위가 21일 경우 이 소방대상물에 위의 소화기를 비치할 경우 2대면 충분하다.
④ 이 소화기의 소화능력 단위는 소화능력시험에 배치되어 완전소화한 모형의 수에 해당하는 능력 단위의 합계가 10단위라는 뜻이다.

소화능력 능력단위 : 소화기의 능력을 표시하는 것으로 소화능력단위가 사용되고 소화기마다 검정시험을 거쳐 능력단위를 인정한다.

74 건조설비구조에 관한 설명으로 옳지 않은 것은?

① 건조설비의 외면은 불연성 재료로 한다.
② 위험물 건조설비의 측벽이나 바닥은 견고한 구조로 한다.
③ 건조설비의 내부는 청소할 수 있는 구조로 되어서는 안 된다.
④ 건조설비의 내부 온도는 국부적으로 상승되는 구조로 되어서는 안 된다.

산업안전보건기준에 관한 규칙 제281조(건조설비의 구조 등)
사업주는 건조설비를 설치하는 경우에 다음 각 호와 같은 구조로 설치하여야 한다. 다만, 건조물의 종류, 가열건조의 정도, 열원(熱源)의 종류 등에 따라 폭발이나 화재가 발생할 우려가 없는 경우에는 그러하지 아니하다.
1. 건조설비의 바깥 면은 불연성 재료로 만들 것
2. 건조설비(유기과산화물을 가열 건조하는 것은 제외한다)의 내면과 내부의 선반이나 틀은 불연성 재료로 만들 것
3. 위험물 건조설비의 측벽이나 바닥은 견고한 구조로 할 것
4. 위험물 건조설비는 그 상부를 가벼운 재료로 만들고 주위상황을 고려하여 폭발구를 설치할 것
5. 위험물 건조설비는 건조하는 경우에 발생하는 가스·증기 또는 분진을 안전한 장소로 배출시킬 수 있는 구조로 할 것
6. 액체연료 또는 인화성 가스를 열원의 연료로 사용하는 건조설비는 점화하는 경우에는 폭발이나 화재를 예방하기 위하여 연소실이나 그 밖에 점화하는 부분을 환기시킬 수 있는 구조로 할 것
7. 건조설비의 내부는 청소하기 쉬운 구조로 할 것
8. 건조설비의 감시창·출입구 및 배기구 등과 같은 개구부는 발화 시에 불이 다른 곳으로 번지지 아니하는 위치에 설치하고 필요한 경우에는 즉시 밀폐할 수 있는 구조로 할 것
9. 건조설비는 내부의 온도가 국부적으로 상승하지 아니하는 구조로 설치할 것
10. 위험물 건조설비의 열원으로서 직화를 사용하지 아니할 것
11. 위험물 건조설비가 아닌 건조설비의 열원으로서 직화를 사용하는 경우에는 불꽃 등에 의한 화재를 예방하기 위하여 덮개를 설치하거나 격벽을 설치할 것

75 최소착화에너지가 0.25mJ, 극간 정전용량이 10pF인 부탄가스 버너를 점화시키기 위해서 최소 얼마 이상의 전압을 인가하여야 하는가?

① $0.52 \times 10^2 V$
② $0.74 \times 10^3 V$
③ $7.07 \times 10^3 V$
④ $5.03 \times 10^5 V$

$$W = \frac{CV^2}{2}$$

$$V = \sqrt{\frac{2W}{C}} = \sqrt{\frac{2 \times 0.25 \times 10^{-3}}{10 \times 10^{-12}}} = 7.07 \times 10^3$$

76 가연성 기체의 분출 화재 시 주 공급밸브를 닫아서 연료공급을 차단하여 소화하는 방법은?

① 희석소화
② 냉각소화
③ 제거소화
④ 억제소화

소화효과
- 냉각소화 : 냉각에 의한 온도 저하 소화방법, 액체의 증발잠열을 이용하고 열용량이 큰 고체를 이용
- 질식소화 : 산소의 공급을 차단하는 소화방법, 산소농도 저하로 인한 소화
- 제거소화 : 가연물을 제거하여 소화, 기체, 액체의 대화재의 경우 유일한 소화법
- 억제소화 : 연속적 관계의 차단 소화방법, 할로겐, 알칼리 금속 첨가로 불활성화

77 다음 중 가연성 가스로만 구성된 것은?

① 메탄, 에틸렌
② 헬륨, 염소
③ 오존, 암모니아
④ 산소, 아황산가스

가연성 가스
- 정의 : 폭발한계 농도의 하한이 10% 이하 또는 상하한의 차가 20% 이상인 가스
- 종류 : 수소, 아세틸렌, 에틸렌, 메탄, 에탄, 프로판, 부탄

78 방폭용 공구류의 제작에 많이 쓰이는 재료는?

① 철제
② 강철합금제
③ 카본제
④ 베릴륨 동합금제

가연성가스나 인화성가스가 체류할 우려가 있는 위험장소에서의 작업에는 공구의 충격의 스파크 등으로 인한 폭발사고를 방지하고자 베릴륨 동합금제의 방폭용 공구를 사용한다.

79 유해·위험설비의 설치·이전시 공정안전보고서의 제출 시기로 옳은 것은?

① 공사완료 전까지
② 공사 후 시운전 익일까지
③ 설비 가동 후 30일 이내에
④ 공사의 착공일 30일 전까지

산업안전보건법 시행규칙 제51조(공정안전보고서의 제출 시기) 사업주는 영 제45조 제1항에 따라 유해하거나 위험한 설비의 설치·이전 또는 주요 구조부분의 변경공사의 착공일(기존 설비의 제조·취급·저장 물질이 변경되거나 제조량·취급량·저장량이 증가하여 영 별표 13에 따른 유해·위험물질 규정량에 해당하게 된 경우에는 그 해당일을 말한다) 30일 전까지 공정안전보고서를 2부 작성하여 공단에 제출해야 한다.

80 다음 중 산업안전보건기준에 관한 규칙에서 급성 독성 물질에 해당되지 않는 것은?

① 쥐에 대한 경구투입실험에 의하여 실험동물의 50%를 사망시킬 수 있는 물질의 양이 kg당 300mg-(체중) 이하인 화학물질
② 쥐에 대한 경피흡수실험에 의하여 실험동물의 50%를 사망시킬 수 있는 물질의 양이 kg당 1000mg-(체중) 이하인 화학물질
③ 토끼에 대한 경피흡수실험에 의하여 실험동물의 50%를 사망시킬 수 있는 물질의 양이 kg당 1000mg-(체중) 이하인 화학물질
④ 쥐에 대한 4시간 동안의 흡입실험에 의하여 실험동물의 50%를 사망시킬 수 있는 가스의 농도가 3000ppm 이상인 화학물질

급성독성물질

- 쥐에 대한 경구투입실험에 의하여 실험동물의 50퍼센트를 사망시킬 수 있는 물질의 양, 즉 LD50(경구, 쥐)이 킬로그램당 300밀리그램-(체중) 이하인 화학물질
- 쥐 또는 토끼에 대한 경피흡수실험에 의하여 실험동물의 50퍼센트를 사망시킬 수 있는 물질의 양, 즉 LD50(경피, 토끼 또는 쥐)이 킬로그램당 1000밀리그램 -(체중) 이하인 화학물질
- 쥐에 대한 4시간 동안의 흡입실험에 의하여 실험동물의 50퍼센트를 사망시킬 수 있는 물질의 농도, 즉 가스 LC50(쥐, 4시간 흡입)이 2500ppm 이하인 화학물질, 증기 LC50(쥐, 4시간 흡입)이 10mg/ℓ 이하인 화학물질, 분진 또는 미스트 1mg/ℓ 이하인 화학물질

제 05 과목   건설공사 안전관리

81 낙하·비래 재해 방지설비에 대한 설명으로 틀린 것은?

① 투하설비는 높이 10m 이상 되는 장소에서만 사용한다.
② 투하설비의 이음부는 충분히 겹쳐 설치한다.
③ 투하입구 부근에는 적정한 낙하방지설비를 설치한다.
④ 물체를 투하시에는 감시인을 배치한다.

산업안전보건기준에 관한 규칙 제15조(투하설비 등) 사업주는 높이가 3미터 이상인 장소로부터 물체를 투하하는 경우 적당한 투하설비를 설치하거나 감시인을 배치하는 등 위험을 방지하기 위하여 필요한 조치를 하여야 한다.

82 안전난간 설치시 발끝막이판은 바닥면으로부터 최소 얼마 이상의 높이를 유지해야 하는가?

① 5cm 이상 ② 10cm 이상
③ 15cm 이상 ④ 20cm 이상

산업안전보건기준에 관한 규칙 제13조(안전난간의 구조 및 설치요건) 사업주는 근로자의 추락 등의 위험을 방지하기 위하여 안전난간을 설치하는 경우 다음 각 호의 기준에 맞는 구조로 설치해야 한다.
1. 상부 난간대, 중간 난간대, 발끝막이판 및 난간기둥으로 구성할 것. 다만, 중간 난간대, 발끝막이판 및 난간기둥은 이와 비슷한 구조와 성능을 가진 것으로 대체할 수 있다.
2. 상부 난간대는 바닥면 · 발판 또는 경사로의 표면(이하 "바닥면등"이라 한다)으로부터 90센티미터 이상 지점에 설치하고, 상부 난간대를 120센티미터 이하에 설치하는 경우에는 중간 난간대는 상부 난간대와 바닥면등의 중간에 설치해야 하며, 120센티미터 이상 지점에 설치하는 경우에는 중간 난간대를 2단 이상으로 균등하게 설치하고 난간의 상하 간격은 60센티미터 이하가 되도록 할 것. 다만, 난간기둥 간의 간격이 25센티미터 이하인 경우에는 중간 난간대를 설치하지 않을 수 있다.
3. 발끝막이판은 바닥면등으로부터 10센티미터 이상의 높이를 유지할 것. 다만, 물체가 떨어지거나 날아올 위험이 없거나 그 위험을 방지할 수 있는 망을 설치하는 등 필요한 예방 조치를 한 장소는 제외한다.
4. 난간기둥은 상부 난간대와 중간 난간대를 견고하게 떠받칠 수 있도록 적정한 간격을 유지할 것
5. 상부 난간대와 중간 난간대는 난간 길이 전체에 걸쳐 바닥면등과 평행을 유지할 것
6. 난간대는 지름 2.7센티미터 이상의 금속제 파이프나 그 이상의 강도가 있는 재료일 것
7. 안전난간은 구조적으로 가장 취약한 지점에서 가장 취약한 방향으로 작용하는 100킬로그램 이상의 하중에 견딜 수 있는 튼튼한 구조일 것

83 PC(Precast Concrete)조립 시 안전대책으로 틀린 것은?

① 신호수를 지정한다.
② 인양 PC부재 아래에 근로자 출입을 금지한다.
③ 크레인에 PC부재를 달아 올린 채 주행한다.
④ 운전자는 PC부재를 달아 올린 채 운전대에서 이탈을 금지한다.

크레인에 PC부재를 달아 올린 채 주행하여서는 안 된다.

84 시스템 비계를 사용하여 비계를 구성하는 경우에 준수하여야 할 기준으로 틀린 것은?

① 수직재 · 수평재 · 가새재를 견고하게 연결하는 구조가 되도록 할 것   ② 비계 말단의 수직재와 받침철물은 밀착되도록 설치하고, 수직재와 받침철물의 연결부의 겹침길이는 받침철물 전체길이의 4분의 1 이상이 되도록 할 것
③ 수평재는 수직재와 직각으로 설치하여야 하며, 체결 후 흔들림이 없도록 견고하게 설치할 것
④ 수직재와 수직재의 연결철물은 이탈되지 않도록 견고한 구조로 할 것

산업안전보건기준에 관한 규칙 제69조(시스템 비계의 구조) 사업주는 시스템 비계를 사용하여 비계를 구성하는 경우에 다음 각 호의 사항을 준수하여야 한다.
1. 수직재 · 수평재 · 가새재를 견고하게 연결하는 구조가 되도록 할 것

2. 비계 밑단의 수직재와 받침철물은 밀착되도록 설치하고, 수직재와 받침철물의 연결부의 겹침길이는 받침철물 전체길이의 3분의 1 이상이 되도록 할 것
3. 수평재는 수직재와 직각으로 설치하여야 하며, 체결 후 흔들림이 없도록 견고하게 설치할 것
4. 수직재와 수직재의 연결철물은 이탈되지 않도록 견고한 구조로 할 것
5. 벽 연결재의 설치간격은 제조사가 정한 기준에 따라 설치할 것

85 굴착작업에 있어서 지반의 붕괴 또는 토석의 낙하에 의하여 근로자에게 위험을 미칠 우려가 있는 경우에 사전에 필요한 조치로 거리가 먼 것은?

① 인화성 가스의 농도 측정
② 방호망의 설치
③ 흙막이 지보공의 설치
④ 근로자의 출입금지 조치

산업안전보건기준에 관한 규칙 제340조(굴착작업 시 위험방지) 사업주는 굴착작업 시 토사등의 붕괴 또는 낙하에 의하여 근로자에게 위험을 미칠 우려가 있는 경우에는 미리 흙막이 지보공의 설치, 방호망의 설치 및 근로자의 출입 금지 등 그 위험을 방지하기 위하여 필요한 조치를 해야 한다.

86 콘크리트 타설작업을 하는 경우의 준수사항으로 틀린 것은?

① 콘크리트 타설작업 중 이상이 있으면 작업을 중지하고 근로자를 대피시킬 것
② 콘크리트를 타설하는 경우에는 편심을 유발하여 콘크리트를 거푸집 내에 밀실하게 채울 것
③ 설계도서상의 콘크리트 양생기간을 준수하여 거푸집 동바리 등을 해체할 것
④ 콘크리트 타설작업 시 거푸집 붕괴의 위험이 발생할 우려가 있으면 충분히 보강조치를 할 것

산업안전보건기준에 관한 규칙 제334조(콘크리트의 타설작업) 사업주는 콘크리트 타설작업을 하는 경우에는 다음 각 호의 사항을 준수해야 한다.
1. 당일의 작업을 시작하기 전에 해당 작업에 관한 거푸집 및 동바리의 변형·변위 및 지반의 침하 유무 등을 점검하고 이상이 있으면 보수할 것
2. 작업 중에는 감시자를 배치하는 등의 방법으로 거푸집 및 동바리의 변형·변위 및 침하 유무 등을 확인해야 하며, 이상이 있으면 작업을 중지하고 근로자를 대피시킬 것
3. 콘크리트 타설작업 시 거푸집 붕괴의 위험이 발생할 우려가 있으면 충분한 보강조치를 할 것
4. 설계도서상의 콘크리트 양생기간을 준수하여 거푸집 및 동바리를 해체할 것
5. 콘크리트를 타설하는 경우에는 편심이 발생하지 않도록 골고루 분산하여 타설할 것

87 재해발생과 관련된 건설공사의 주요 특징으로 틀린 것은?

① 재해 강도가 높다.
② 추락재해의 비중이 높다.
③ 근로자의 직종이 매우 단순하다.
④ 작업 환경이 다양하다.

근로자의 직종이 매우 복잡하다.

88 일반사면의 파괴 형태가 아닌 것은?

① 평면파괴 ② 압축파괴
③ 쐐기파괴 ④ 전도파괴

암반사면의 파괴형태 : 원형파괴(Circular Failure), 전도파괴(Toppling Failure), 쐐기파괴(Wedge Failure), 평면파괴(Planar Failure)

89 철근 콘크리트 공사에서 슬래브에 대하여 거푸집동바리를 설치할 때 고려해야 할 사항으로 가장 거리가 먼 것은?

① 철근콘크리트의 고정하중 ② 타설시의 충격하중
③ 콘크리트의 측압에 의한 하중 ④ 작업인원과 장비에 의한 하중

콘크리트의 측압이 커지는 조건
- 기온이 낮을수록(대기 중의 습도가 낮을수록)
- 치어붓기 속도가 클수록
- 묽은 콘크리트 일수록(물·시멘트비가 클수록, 슬럼프 값이 클수록, 시멘트·물비가 적을 수록)
- 콘크리트의 비중이 클수록
- 콘크리트의 다지기가 강할수록
- 철근양이 작을수록
- 거푸집의 수밀성이 높을수록
- 거푸집의 수평단면이 클수록(벽 두께가 클수록)
- 거푸집의 강성이 클수록
- 거푸집의 표면이 매끄러울수록
- 측압은 생콘크리트의 높이가 높을수록 커지나 일정한 높이에 이르면 측압의 증가는 없다.

90 강관비계를 설치하는 경우 띠장 간격의 기준은 얼마인가?

① 1m 이하 ② 2m 이하
③ 3m 이하 ④ 4m 이하

산업안전보건기준에 관한 규칙 제60조(강관비계의 구조) 사업주는 강관을 사용하여 비계를 구성하는 경우 다음 각 호의 사항을 준수해야 한다.
1. 비계기둥의 간격은 띠장 방향에서는 1.85미터 이하, 장선(長線) 방향에서는 1.5미터 이하로 할 것. 다만, 다음 각 목의 어느 하나에 해당하는 작업의 경우에는 안전성에 대한 구조검토를 실시하고 조립도를 작성하면 띠장 방향 및 장선 방향으로 각각 2.7미터 이하로 할 수 있다.
   가. 선박 및 보트 건조작업
   나. 그 밖에 장비 반입·반출을 위하여 공간 등을 확보할 필요가 있는 등 작업의 성질상 비계기둥 간격에 관한 기준을 준수하기 곤란한 작업
2. 띠장 간격은 2.0미터 이하로 할 것. 다만, 작업의 성질상 이를 준수하기가 곤란하여 쌍기둥틀 등에 의하여 해당 부분을 보강한 경우에는 그러하지 아니하다.
3. 비계기둥의 제일 윗부분으로부터 31미터되는 지점 밑부분의 비계기둥은 2개의 강관으로 묶어 세울 것. 다만, 브라켓(bracket, 까치발) 등으로 보강하여 2개의 강관으로 묶을 경우 이상의 강도가 유지되는 경우에는 그러하지 아니하다.
4. 비계기둥 간의 적재하중은 400킬로그램을 초과하지 않도록 할 것

91 비계의 높이가 2m 이상인 작업장소에 설치하는 작업발판의 최소폭 기준은?(단, 달비계, 달대비계 및 말비계는 제외)

① 30cm 이상 ② 40cm 이상
③ 50cm 이상 ④ 60cm 이상

산업안전보건기준에 관한 규칙 제56조(작업발판의 구조) 사업주는 비계(달비계, 달대비계 및 말비계는 제외한다)의 높이가 2미터 이상인 작업장소에 다음 각 호의 기준에 맞는 작업발판을 설치하여야 한다.
1. 발판재료는 작업할 때의 하중을 견딜 수 있도록 견고한 것으로 할 것
2. 작업발판의 폭은 40센티미터 이상으로 하고, 발판재료 간의 틈은 3센티미터 이하로 할 것. 다만, 외줄비계의 경우에는 고용노동부장관이 별도로 정하는 기준에 따른다.
3. 제2호에도 불구하고 선박 및 보트 건조작업의 경우 선박블록 또는 엔진실 등의 좁은 작업공간에 작업발판을 설치하기 위하여 필요하면 작업발판의 폭을 30센티미터 이상으로 할 수 있고, 걸침비계의 경우 강관기둥 때문에 발판재료 간의 틈을 3센티미터 이하로 유지하기 곤란하면 5센티미터 이하로 할 수 있다. 이 경우 그 틈 사이로 물체 등이 떨어질 우려가 있는 곳에는 출입금지 등의 조치를 하여야 한다.
4. 추락의 위험이 있는 장소에는 안전난간을 설치할 것. 다만, 작업의 성질상 안전난간을 설치하는 것이 곤란한 경우, 작업의 필요상 임시로 안전난간을 해체할 때에 안전방망을 설치하거나 근로자로 하여금 안전대를 사용하도록 하는 등 추락위험 방지 조치를 한 경우에는 그러하지 아니하다.
5. 작업발판의 지지물은 하중에 의하여 파괴될 우려가 없는 것을 사용할 것
6. 작업발판재료는 뒤집히거나 떨어지지 않도록 둘 이상의 지지물에 연결하거나 고정시킬 것
7. 작업발판을 작업에 따라 이동시킬 경우에는 위험 방지에 필요한 조치를 할 것

92 철골구조물의 건립 순서를 계획할 때 일반적인 주의사항으로 틀린 것은?

① 현장건립 순서와 공장제작 순서를 일치시킨다.
② 건립기계의 작업반경과 진행방향을 고려하여 조립 순서를 결정한다.
③ 건립 중 가볼트 체결기간을 가급적 길게 하여 안정을 기한다.
④ 연속기둥 설치시 기둥을 2개 세우면 기둥 사이의 보도 동시에 설치하도록 한다.

건립 중 도괴를 방지하기 위하여 가볼트 체결기간을 단축시킬 수 있도록 후속공사를 계획하여야 한다.

93 흙의 동상방지 대책으로 틀린 것은?

① 동결되지 않는 흙으로 치환하는 방법
② 흙속의 단열재료를 매입하는 방법
③ 지표의 흙을 화학약품으로 처리하는 방법
④ 세립토층을 설치하여 모관수의 상승을 촉진시키는 방법

흙의 동상방지 대책
- 지하수위를 저하시킨다.
- 동결심도 아래에 배수층을 설치한다.
- 조립토층을 두어 지하수의 상승을 방지한다.
- 지표의 흙을 화학약품으로 처리한다.
- 단열 재료를 삽입한다.

94 강관비계의 구조에서 비계기둥 간의 적재하중 기준으로 옳은 것은?

① 200kg 이하
② 300kg 이하
③ 400kg 이하
④ 500kg 이하

산업안전보건기준에 관한 규칙 제60조(강관비계의 구조) 사업주는 강관을 사용하여 비계를 구성하는 경우 다음 각 호의 사항을 준수해야 한다.
1. 비계기둥의 간격은 띠장 방향에서는 1.85미터 이하, 장선(長線) 방향에서는 1.5미터 이하로 할 것. 다만, 다음 각 목의 어느 하나에 해당하는 작업의 경우에는 안전성에 대한 구조검토를 실시하고 조립도를 작성하면 띠장 방향 및 장선 방향으로 각각 2.7미터 이하로 할 수 있다.
  가. 선박 및 보트 건조작업
  나. 그 밖에 장비 반입·반출을 위하여 공간 등을 확보할 필요가 있는 등 작업의 성질상 비계기둥 간격에 관한 기준을 준수하기 곤란한 작업
2. 띠장 간격은 2.0미터 이하로 할 것. 다만, 작업의 성질상 이를 준수하기가 곤란하여 쌍기둥틀 등에 의하여 해당 부분을 보강한 경우에는 그러하지 아니하다.
3. 비계기둥의 제일 윗부분으로부터 31미터되는 지점 밑부분의 비계기둥은 2개의 강관으로 묶어 세울 것. 다만, 브라켓(bracket, 까치발) 등으로 보강하여 2개의 강관으로 묶을 경우 이상의 강도가 유지되는 경우에는 그러하지 아니하다.
4. 비계기둥 간의 적재하중은 400킬로그램을 초과하지 않도록 할 것

95 철골공사 작업 중 작업을 중지해야 하는 기후조건의 기준으로 옳은 것은?

① 풍속 : 10m/sec 이상, 강우량 : 1mm/h 이상
② 풍속 : 5m/sec 이상, 강우량 : 1mm/h 이상
③ 풍속 : 10m/sec 이상, 강우량 : 2mm/h 이상
④ 풍속 : 5m/sec 이상, 강우량 : 2mm/h 이상

산업안전보건기준에 관한 규칙 제383조(작업의 제한)
사업주는 다음 각 호의 어느 하나에 해당하는 경우에 철골작업을 중지하여야 한다.
1. 풍속이 초당 10미터 이상인 경우
2. 강우량이 시간당 1밀리미터 이상인 경우
3. 강설량이 시간당 1센티미터 이상인 경우

96 개착식 굴착공사(Open cut)에서 설치하는 계측기기와 거리가 먼 것은?

① 수위계
② 경사계
③ 응력계
④ 내공변위계

내공변위계 : 막장 굴착 후 가능한 초기에 최종 변위량을 예측하여 안전성의 검토 및 일차 복공의 추가 여부 판단, 하반 굴착 등에 의한 일차 복공의 안전성 판단에 쓰인다.

97 달비계 또는 높이 5m 이상의 비계를 조립·해체하거나 변경하는 작업 시 준수사항으로 틀린 것은?

① 근로자가 관리감독자의 지휘에 따라 작업하도록 할 것
② 비, 눈, 그 밖의 기상상태의 불안정으로 날씨가 몹시 나쁜 경우에는 그 작업을 중지시킬 것
③ 비계재료의 연결·해체작업을 하는 경우에는 폭 20cm 이상의 발판을 설치할 것
④ 강관비계 또는 통나무비계를 조립하는 경우 외줄로 구성하는 것을 원칙으로 할 것

산업안전보건기준에 관한 규칙 제57조(비계 등의 조립·해체 및 변경)
① 사업주는 달비계 또는 높이 5미터 이상의 비계를 조립·해체하거나 변경하는 작업을 하는 경우 다음 각 호의 사항을 준수하여야 한다.
  1. 근로자가 관리감독자의 지휘에 따라 작업하도록 할 것
  2. 조립·해체 또는 변경의 시기·범위 및 절차를 그 작업에 종사하는 근로자에게 주지시킬 것
  3. 조립·해체 또는 변경 작업구역에는 해당 작업에 종사하는 근로자가 아닌 사람의 출입을 금지하고 그 내용을 보기 쉬운 장소에 게시할 것
  4. 비, 눈, 그 밖의 기상상태의 불안정으로 날씨가 몹시 나쁜 경우에는 그 작업을 중지시킬 것
  5. 비계재료의 연결·해체작업을 하는 경우에는 폭 20센티미터 이상의 발판을 설치하고 근로자로 하여금 안전대를 사용하도록 하는 등 추락을 방지하기 위한 조치를 할 것
  6. 재료·기구 또는 공구 등을 올리거나 내리는 경우에는 근로자가 달줄 또는 달포대 등을 사용하게 할 것
② 사업주는 강관비계 또는 통나무비계를 조립하는 경우 쌍줄로 하여야 한다. 다만, 별도의 작업발판을 설치할 수 있는 시설을 갖춘 경우에는 외줄로 할 수 있다.

98 양중기의 와이어로프 등 달기구의 안전계수 기준으로 옳은 것은?(단, 화물의 하중을 직접 지지하는 달기와이어로프 또는 달기체인의 경우)

① 3 이상
② 4 이상
③ 5 이상
④ 6 이상

산업안전보건기준에 관한 규칙 제163조(와이어로프 등 달기구의 안전계수) ① 사업주는 양중기의 와이어로프 등 달기구의 안전계수(달기구 절단하중의 값을 그 달기구에 걸리는 하중의 최대값으로 나눈 값을 말한다)가 다음 각 호의 구분에 따른 기준에 맞지 아니한 경우에는 이를 사용해서는 아니 된다.
  1. 근로자가 탑승하는 운반구를 지지하는 달기와이어로프 또는 달기체인의 경우 : 10 이상
  2. 화물의 하중을 직접 지지하는 달기와이어로프 또는 달기체인의 경우 : 5 이상
  3. 훅, 샤클, 클램프, 리프팅 빔의 경우 : 3 이상
  4. 그 밖의 경우 : 4 이상

99 토사붕괴의 내적 원인에 해당하는 것은?

① 토석의 강도 저하
② 절토 및 성토 높이의 증가
③ 사면법면의 경사 및 기울기
④ 지표수 및 지하수의 침투에 의한 토사량 증가

해설

토사붕괴의 원인
- 외적원인 : 사면의 경사 및 기울기의 증가, 절토 및 성토의 증가, 공사에 의한 진동 및 반복하중의 증가, 지표수 또는 지하수의 침투로 인한 토사중량의 증가, 지진 및 작업차량 등의 하중
- 내적원인 : 절토사면의 토질, 암질의 종류, 성토 사면의 토질구성 및 분포, 토석의 강도 저하

100 다음 건설기계의 명칭과 각 용도가 옳게 연결된 것은?

① 드래그라인 – 암반굴착
② 드래그쇼벨 – 흙 운반작업
③ 클램쉘 – 정지작업
④ 파워쇼벨 – 지반면보다 높은 곳의 흙파기

해설

쇼벨계 굴착기계의 종류
- 파워 쇼벨(Power shovel) : 중기가 위치한 지면보다 높은 장소의 땅을 굴착하는데 적합하며, 산지에서의 토공사, 암반으로부터 점토질까지 굴착
- 백호우(드래그 쇼벨) : 중기가 위치한 지면보다 낮은 곳의 땅을 파는데 적합하며, 수중굴착도 가능(깊이6m 이하)
- 드래그라인(Drag Line) : 작업범위가 광범위하고 수중굴착 및 연약한 지반의 굴착에 적합(깊이 8m 정도)
- 클램쉘 : 수중굴착, 건축구조물의 기초 등 정해진 범위의 깊은 굴착 및 호퍼작업에 적합하나 파는 힘은 약하다.

정답 2015년 03월 08일 최근 기출문제

01 ④	02 ②	03 ①	04 ③	05 ④	06 ①	07 ①	08 ①	09 ③	10 ④
11 ③	12 ②	13 ②	14 ④	15 ③	16 ①	17 ②	18 ④	19 ④	20 ③
21 ④	22 ③	23 ①	24 ③	25 ③	26 ②	27 ②	28 ①	29 ②	30 ②
31 ④	32 ①	33 ①	34 ②	35 ③	36 ①	37 ②	38 ④	39 ④	40 ④
41 ②	42 ③	43 ②	44 ③	45 ②	46 ②	47 ③	48 ①	49 ②	50 ②
51 ④	52 ①	53 ①	54 ①	55 ②	56 ④	57 ④	58 ③	59 ④	60 ④
61 ②	62 ①	63 ④	64 ②	65 ③	66 ①	67 ②	68 ②	69 ①	70 ①
71 ④	72 ②	73 ①	74 ③	75 ③	76 ③	77 ①	78 ④	79 ④	80 ③
81 ①	82 ②	83 ③	84 ②	85 ①	86 ②	87 ③	88 ②	89 ③	90 ②
91 ②	92 ③	93 ④	94 ③	95 ①	96 ④	97 ④	98 ③	99 ①	100 ④

2015년 05월 31일 최근 기출문제

QUESTIONS FROM PREVIOUS TESTS

제 01 과목 산업재해 예방 및 안전보건교육

01 다음 중 산업안전보건법령상 안전인증대상 보호구의 안전인증제품에 안전인증 표시 외에 표시하여야 할 사항과 가장 거리가 먼 것은?

① 안전인증 번호
② 형식 또는 모델명
③ 제조번호 및 제조연월
④ 물리적, 화학적 성능기준

안전인증 표시 외 표시사항
- 안전인증 번호
- 제조자명
- 형식 또는 모델명
- 규격 또는 등급 등
- 제조번호 및 제조연월

02 도수율이 13.0, 강도율 1.20인 사업장이 있다. 이 사업장의 환산도수율은 얼마인가?(단, 이 사업장 근로자의 평생 근로시간은 10만 시간으로 가정한다.)

① 1.3
② 10.8
③ 12.0
④ 92.3

- 환산도수율 = 도수율 × 1/10
- 환산도수율 = 도수율 × 0.1 = 13.0 × 0.1 = 1.3

03 다음 중 사고예방대책 제5단계의 "시정책의 적용"에서 3E와 관계가 없는 것은?

① 교육(Education)
② 재정(Economics)
③ 기술(Engineering)
④ 관리(Enforcement)

5단계 – 시정책의 적용(3E 적용)
- 기술적(Engineering) 대책
- 교육적(Education) 대책
- 단속적(Enforcement) 대책

04 다음 중 조건반사설에 의거한 학습이론의 원리가 아닌 것은?

① 강도의 원리   ② 일관성의 원리
③ 계속성의 원리   ④ 시행착오의 원리

조건반사설에 의한 학습이론의 원리
- 시간의 원리 : 조건자극(총소리)이 무조건자극(음식물)보다 시간적으로 동시 또는 조금 앞서서 주어야만 조건화 즉 강화가 잘됨
- 강도의 원리 : 조건반사적인 행동이 이루어지려면 먼저 준 자극의 정도에 비해 적어도 같거나 보다 강한 자극을 주어야 바람직한 결과
- 일관성의 원리 : 조건자극은 일관된 자극물을 사용
- 계속성의 원리 : 자극과 반응과의 관계를 반복하여 횟수를 거듭할수록 조건화가 잘 형성

05 어떤 상황의 판단 능력과 사실의 분석 및 문제의 해결 능력을 키우기 위하여 먼저 사례를 조사하고, 문제적 사실 들과 그의 상호 관계에 대하여 검토하고, 대책을 토의하도록 하는 교육기법은 무엇인가?

① 심포지엄(symposium)
② 로울 플레임(role playing)
③ 케이스 메소드(case method)
④ 패널 디스커션(panel discussion)

용어 설명
- 심포지엄(Symposium) : 몇 사람의 전문가에 의하여 과제에 관한 견해를 발표한 뒤 참가자로 하여금 의견이나 질문을 하게 하여 토의하는 방법
- 역할연기법(Role Playing) : 참석자에게 어떤 역할을 주어서 실제로 시켜봄으로써 훈련이나 평가에 사용하는 교육기법으로 절충능력이나 협조성을 높여 태도의 변용에도 도움을 줌
- 패널 디스커션(Panel Discussion) : 패널 멤버(교육과제에 정통한 전문가 4~5명)가 피교육자 앞에서 자유로이 토의를 하고 뒤에 피교육자 전원이 참가하여 사회자의 사회에 따라 토의하는 방법

06 다음 중 재해예방의 4원칙에 해당하지 않는 것은?

① 예방 가능의 원칙   ② 손실 우연의 원칙
③ 원인 계기의 원칙   ④ 선취 해결의 원칙

재해예방의 4원칙 : 손실 우연의 원칙, 원인 계기의 원칙, 예방 가능의 원칙, 대책 선정의 원칙

07 다음 중 안전교육의 종류에 포함되지 않는 것은?

① 태도교육   ② 지식교육
③ 직무교육   ④ 기능교육

안전교육의 종류 : 지식교육, 기능교육, 태도교육

08 다음 중 산업안전보건법령상 자율안전확인 대상에 해당하는 방호장치는?

① 압력용기 압력방출용 파열판
② 보일러 압력방출용 안전밸브
③ 교류 아크용접기용 자동전격방지기
④ 방폭구조 전기기계·기구 및 부품

자율안전확인 대상 기계 등(산업안전보건법 시행령 제77조)
- 기계·기구 및 설비
  - 연삭기 또는 연마기(휴대형은 제외한다)
  - 산업용 로봇
  - 혼합기
  - 파쇄기 또는 분쇄기
  - 식품가공용기계(파쇄·절단·혼합·제면기만 해당)
  - 컨베이어
  - 자동차정비용 리프트
  - 공작기계(선반, 드릴기, 평삭·형삭기, 밀링만 해당)
  - 고정형 목재가공용기계(둥근톱, 대패, 루타기, 띠톱, 모떼기 기계만 해당)
  - 인쇄기
- 방호장치
  - 아세틸렌 용접장치용 또는 가스집합 용접장치용 안전기
  - 교류 아크용접기용 자동전격방지기
  - 롤러기 급정지장치
  - 연삭기(硏削機) 덮개
  - 목재 가공용 둥근톱 반발 예방장치와 날 접촉 예방장치
  - 동력식 수동대패용 칼날 접촉 방지장치
  - 추락·낙하 및 붕괴 등의 위험 방지 및 보호에 필요한 가설기자재(가설기자재로 고용노동부장관이 정하여 고시하는 것은 제외)로서 고용노동부장관이 정하여 고시하는 것
- 보호구
  - 안전모(추락 및 감전 위험방지용 안전모는 제외)
  - 보안경(차광 및 비산물 위험방지용 보안경은 제외)
  - 보안면(용접용 보안면은 제외)

09 인간의 특성에 관한 측정검사에 대한 과학적 타당성을 갖기 위하여 반드시 구비해야 할 조건에 해당되지 않는 것은?

① 주관성
② 신뢰도
③ 타당도
④ 표준화

교육훈련 평가의 기준 : 타당도, 신뢰도, 실용도, 객관성

10 다음 중 산업안전보건법령상 특별교육 대상 작업에 해당하지 않는 것은?

① 석면해체 · 제거작업
② 밀폐된 장소에서 하는 용접작업
③ 화학설비 취급품의 검수 · 확인 작업
④ 2m 이상의 콘크리트 인공구조물의 해체 작업

특별안전 · 보건교육의 대상 작업(산업안전보건법 시행규칙 별표 8의2)
- 고압실 내 작업(잠함공법이나 그 밖의 압기공법으로 대기압을 넘는 기압인 작업실 또는 수갱 내부에서 하는 작업만 해당)
- 아세틸렌 용접장치 또는 가스집합 용접장치를 사용하는 금속의 용접 · 용단 또는 가열작업(발생기 · 도관 등에 의하여 구성되는 용접장치만 해당)
- 밀폐된 장소(탱크 내 또는 환기가 극히 불량한 좁은 장소를 말한다)에서 하는 용접작업 또는 습한 장소에서 하는 전기용접 작업
- 폭발성 · 물반응성 · 자기반응성 · 자기발열성 물질, 자연발화성 액체 · 고체 및 인화성 액체의 제조 또는 취급작업(시험연구를 위한 취급작업은 제외)
- 액화석유가스 · 수소가스 등 인화성 가스 또는 폭발성 물질 중 가스의 발생장치 취급 작업
- 화학설비 중 반응기, 교반기 · 추출기의 사용 및 세척작업
- 화학설비의 탱크 내 작업
- 분말 · 원재료 등을 담은 호퍼 · 저장창고 등 저장탱크의 내부작업
- 다음 각 목에 정하는 설비에 의한 물건의 가열 · 건조작업
  - 건조설비 중 위험물 등에 관계되는 설비로 속부피가 1세제곱미터 이상인 것
  - 건조설비 중 가목의 위험물 등 외의 물질에 관계되는 설비로서, 연료를 열원으로 사용하는 것(그 최대연소소비량이 매시간당 10킬로그램 이상인 것만 해당) 또는 전력을 열원으로 사용하는 것(정격소비전력이 10킬로와트 이상인 경우만 해당)
- 다음 각 목에 해당하는 집재장치(집재기 · 가선 · 운반기구 · 지주 및 이들에 부속하는 물건으로 구성되고, 동력을 사용하여 원목 또는 장작과 숯을 담아 올리거나 공중에서 운반하는 설비를 말한다)의 조립, 해체, 변경 또는 수리작업 및 이들 설비에 의한 집재 또는 운반 작업
  - 원동기의 정격출력이 7.5킬로와트를 넘는 것
  - 지간의 경사거리 합계가 350미터 이상인 것
  - 최대사용하중이 200킬로그램 이상인 것
- 동력에 의하여 작동되는 프레스기계를 5대 이상 보유한 사업장에서 해당 기계로 하는 작업
- 목재가공용 기계(둥근톱기계, 띠톱기계, 대패기계, 모떼기기계 및 라우터만 해당하며, 휴대용은 제외)를 5대 이상 보유한 사업장에서 해당 기계로 하는 작업
- 운반용 등 하역기계를 5대 이상 보유한 사업장에서의 해당 기계로 하는 작업
- 1톤 이상의 크레인을 사용하는 작업 또는 1톤 미만의 크레인 또는 호이스트를 5대 이상 보유한 사업장에서 해당 기계로 하는 작업
- 건설용 리프트 · 곤돌라를 이용한 작업
- 주물 및 단조작업
- 전압이 75볼트 이상인 정전 및 활선작업
- 콘크리트 파쇄기를 사용하여 하는 파쇄작업(2미터 이상인 구축물의 파쇄작업만 해당)
- 굴착면의 높이가 2미터 이상이 되는 지반 굴착(터널 및 수직갱 외의 갱 굴착은 제외)작업
- 흙막이 지보공의 보강 또는 동바리를 설치하거나 해체하는 작업
- 터널 안에서의 굴착작업(굴착용 기계를 사용하여 하는 굴착작업 중 근로자가 칼날 밑에 접근하지 않고 하는 작업은 제외) 또는 같은 작업에서의 터널 거푸집 지보공의 조립 또는 콘크리트 작업
- 굴착면의 높이가 2미터 이상이 되는 암석의 굴착작업
- 높이가 2미터 이상인 물건을 쌓거나 무너뜨리는 작업(하역기계로만 하는 작업은 제외)
- 선박에 짐을 쌓거나 부리거나 이동시키는 작업
- 거푸집 동바리의 조립 또는 해체작업
- 비계의 조립 · 해체 또는 변경작업

- 건축물의 골조, 다리의 상부구조 또는 탑의 금속제의 부재로 구성되는 것(5미터 이상인 것만 해당)의 조립·해체 또는 변경작업
- 처마 높이가 5미터 이상인 목조건축물의 구조 부재의 조립이나 건축물의 지붕 또는 외벽 밑에서의 설치작업
- 콘크리트 인공구조물(그 높이가 2미터 이상인 것만 해당)의 해체 또는 파괴작업
- 타워크레인을 설치(상승작업을 포함)·해체하는 작업
- 보일러(소형 보일러 및 다음 각 목에서 정하는 보일러는 제외)의 설치 및 취급 작업
  - 몸통 반지름이 750밀리미터 이하이고 그 길이가 1,300밀리미터 이하인 증기보일러
  - 전열면적이 3제곱미터 이하인 증기보일러
  - 전열면적이 14제곱미터 이하인 온수보일러
  - 전열면적이 30제곱미터 이하인 관류보일러
- 게이지 압력을 제곱센티미터당 1킬로그램 이상으로 사용하는 압력용기의 설치 및 취급작업
- 방사선 업무에 관계되는 작업(의료 및 실험용은 제외)
- 밀폐공간에서의 작업
- 허가 및 관리 대상 유해물질의 제조 또는 취급작업
- 로봇작업
- 석면해체·제거작업
- 가연물이 있는 장소에서 하는 화재위험작업
- 타워크레인을 사용하는 작업시 신호업무를 하는 작업

11 다음 중 산업안전보건법령상 안전보건개선계획서에 반드시 포함되어야 할 사항과 가장 거리가 먼 것은?

① 안전보건교육
② 안전보건관리체제
③ 근로자 채용 및 배치에 관한 사항
④ 산업재해예방 및 작업환경의 개선을 위하여 필요한 사항

산업안전보건법 시행규칙 제61조(안전보건개선계획의 제출 등) ① 법 제50조 제1항에 따라 안전보건개선계획서를 제출해야 하는 사업주는 법 제49조 제1항에 따른 안전보건개선계획서 수립·시행 명령을 받은 날부터 60일 이내에 관할 지방고용노동관서의 장에게 해당 계획서를 제출(전자문서로 제출하는 것을 포함한다)해야 한다.
② 제1항에 따른 안전보건개선계획서에는 시설, 안전보건관리체제, 안전보건교육, 산업재해 예방 및 작업환경의 개선을 위하여 필요한 사항이 포함되어야 한다.

12 다음 중 인간의 행동 변화에 있어 가장 변화시키기 어려운 것은?

① 지식의 변화 ② 집단의 행동 변화
③ 개인의 태도 변화 ④ 개인의 행동 변화

변화시키기 어려운 정도 : 집단의 행동 변화 > 개인의 행동 변화 > 개인의 태도 변화 > 지식의 변화

13 다음 중 타박, 충돌, 추락 등으로 피부 표면보다는 피하 조직 등 근육부를 다친 상해를 무엇이라 하는가?

① 골절 ② 자상
③ 부종 ④ 좌상

상해종류에 의한 분류

분류	세부항목
골절	뼈가 부러진 상해
동상	저온물 접촉으로 생긴 동상 상해
부종	국부의 혈액순환에 이상으로 몸이 부어오르는 상해
찔림(자상)	칼날 등 날카로운 물건에 찔린 상태
타박상(좌상)	타박, 충돌, 추락 등으로 피부표면보다는 피하조직, 근육부를 다친 상해(삔 것 포함)
절단	신체부위가 절단된 상해
중독, 질식	음식, 약물, 가스 등에 의한 중독이나 질식된 상해
찰과상	스치거나 문질러서 벗겨진 상해
베임(창상)	창, 칼 등에 베인 상해
화상	화재 또는 고온물 접촉으로 인한 상해
뇌진탕	머리를 세게 맞았을 때 장해로 일어난 상해
익사	물속에 추락해서 사망한 상해
피부염	작업과 연관되어 발생 또는 악화되는 모든 질환
청력장해	청력이 감퇴 또는 난청이 된 상해
시력장해	시력이 감퇴 또는 실명된 상해
기타	앞의 15가지 항목으로 구분 불능 시 상해 명칭을 기재할 것

14 산업안전보건법령상 안전보건표지에 사용하는 색채 가운데 비상구 및 피난소, 사람 또는 차량의 통행표지 등에 사용하는 색채는?

① 흰색　　　　　　　　　　　② 녹색
③ 노란색　　　　　　　　　　④ 파란색

안전·보건표지의 색채, 색도기준 및 용도

색채	색도기준	용도	사용례
빨간색	7.5R 4/14	금지	정지신호, 소화설비 및 그 장소, 유해행위의 금지
		경고	화학물질 취급장소에서의 유해·위험 경고
노란색	5Y 8.5/12	경고	화학물질 취급장소에서의 유해·위험 경고 이외의 위험 경고, 주의표지 또는 기계방호물
파란색	2.5PB 4/10	지시	특정 행위의 지시 및 사실의 고지
녹색	2.5G 4/10	안내	비상구 및 피난소 사람 또는 차량의 통행 표시
흰색	N9.5	–	파란색 또는 녹색에 대한 보조색
검은색	N0.5	–	문자 및 빨간색 또는 노란색에 대한 보조색

15 앞에 실시한 학습의 효과는 뒤에 실시하는 새로운 학습에 직접 또는 간접으로 영향을 주는데 이러한 현상을 전이(轉移, transfer)라 한다. 다음 중 전이의 조건이 아닌 것은?

① 학습자료의 유사성 요인
② 학습 평가자의 지식 요인
③ 선행학습정도의 요인
④ 학습자의 태도 요인

학습전이의 조건
- 학습정도의 요인 : 선행학습의 정도에 따라 전이의 가능정도가 다르다.
- 유사성의 요인 : 선행학습과 후행학습에 유사성이 있어야 한다는 것으로 자극의 유사성, 반응의 유사성, 원리의 유사성이 있다.
- 시간적 간격의 요인 : 선행학습과 후행학습의 시간간격에 따라 전이의 효과가 다르다.
- 학습자의 지능요인 : 학습자의 지능정도에 따라 전이효과가 달라진다.
- 학습자의 태도요인 : 학습자의 주의력 및 능력, 특히 태도에 따라 전이의 정도가 다르다.

16 다음 중 매슬로우(Maslow)의 욕구 위계이론 5단계를 올바르게 나열한 것은?

① 생리적 욕구 → 안전의 욕구 → 사회적 욕구 → 존경의 욕구 → 자아 실현의 욕구
② 생리적 욕구 → 안전의 욕구 → 사회적 욕구 → 자아 실현의 욕구 → 존경의 욕구
③ 안전의 욕구 → 생리적 욕구 → 사회적 욕구 → 자아 실현의 욕구 → 존경의 욕구
④ 안전의 욕구 → 생리적 욕구 → 사회적 욕구 → 존경의 욕구 → 자아 실현의 욕구

매슬로우(Abraham H. Maslow)의 욕구 5단계
- 1단계 : 생리적 욕구(기아, 갈증, 호흡, 배설, 성욕 등)
- 2단계 : 안전의 욕구(안전을 구하고자 하는 욕구)
- 3단계 : 사회적 욕구(애정, 소속에 대한 욕구)
- 4단계 : 인정받으려는 욕구(자존심, 명예, 성취, 지위에 대한 욕구)
- 5단계 : 자아실현의 욕구(잠재적인 능력을 실현하고자 하는 욕구)

17 다음 중 리더십(leadership)의 특성으로 볼 수 없는 것은?

① 민주주의적 지휘 형태
② 부하와의 넓은 사회적 간격
③ 밑으로부터의 동의에 의한 권한 부여
④ 개인적 영향에 의한 부하와의 관계 유지

헤드십(headship)의 특성
- 지휘형태는 권위주의적이다.
- 권한행사는 임명된 헤드이다.
- 부하와의 사회적 간격은 넓다.

18 다음 중 리스크 테이킹(risk taking)의 빈도가 가장 높은 사람은?

① 안전지식이 부족한 사람 ② 안전기능이 미숙한 사람
③ 안전태도가 불량한 사람 ④ 신체적 결함이 있는 사람

해설
리스크 테이킹은 위험을 지각하면서 굳이 위험한 행동을 감행하는 것으로 안전태도가 불량한 사람이 그 빈도가 가장 높다.

19 무재해운동의 추진기법 중 "지적·확인"이 불안전 행동 방지에 효과가 있는 이유와 가장 거리가 먼 것은?

① 긴장된 의식의 이완 ② 대상에 대한 집중력의 향상
③ 자신과 대상의 결합도 증대 ④ 인지(cognition) 확률의 향상

해설
긴장된 의식의 강화가 불안전 행동 방지에 효과가 있다.

20 다음 중 기업의 산업재해에 대한 과거와 현재의 안전성적을 비교, 평가한 점수로 안전관리의 수행도를 평가하는데 유용한 것은?

① safe-T-score ② 평균강도율
③ 종합재해지수 ④ 안전활동률

해설
세이프 티 스코어 : 과거와 현재의 안전 성적을 비교 평가하는 방법으로 단위가 없으며 계산결과가 (+)이면 나쁜 기록, (-)이면 과거에 비해 좋은 기록으로 평가한다.

제 02 과목 인간공학 및 위험성 평가·관리

21 다음 중 작업장에서 구성요소를 배치하는 인간 공학적 원칙과 가장 거리가 먼 것은?

① 선입선출의 원칙 ② 사용빈도의 원칙
③ 중요도의 원칙 ④ 기능성의 원칙

해설
부품 배치의 원칙 : 중요성의 원칙, 사용빈도의 원칙, 기능별 배치의 원칙, 사용 순서의 원칙

22 크기가 다른 복수의 조종장치를 촉감으로 구별 할 수 있도록 설계할 때 구별이 가능한 최소의 직경 차이와 최소의 두께 차이로 가장 적합한 것은?

① 직경 차이 : 0.95cm, 두께 차이 : 0.95cm
② 직경 차이 : 1.3cm, 두께 차이 : 0.95cm
③ 직경 차이 : 0.95cm, 두께 차이 : 1.3cm
④ 직경 차이 : 1.3cm, 두께 차이 : 1.3cm

23 다음 중 시각적 표시장치에 있어 성격이 다른 것은?

① 디지털 온도계
② 자동차 속도계기판
③ 교통신호등의 좌회전 신호
④ 은행의 대기인원 표시등

보기 중 ③항은 미리 정해 놓은 몇 가지의 한계범위를 표시하는 정성적 표시장치에 해당되며, 그 외 항목은 모두 정량적 표시장치에 해당된다.

24 서서하는 작업의 작업대 높이에 대한 설명으로 틀린 것은?

① 경작업의 경우 팔꿈치 높이보다 5~10cm 낮게 한다.
② 중작업의 경우 팔꿈치 높이보다 10~20cm 낮게 한다.
③ 정밀작업의 경우 팔꿈치 높이보다 약간 높게 한다.
④ 부피가 큰 작업물을 취급하는 경우 최대치 설계를 기본으로 한다.

부피가 큰 작업물을 취급하는 경우 최소치 설계를 기본으로 한다.

25 인간공학의 주된 연구 목적과 가장 거리가 먼 것은?

① 제품품질 향상
② 작업의 안정성 향상
③ 작업환경의 쾌적성 향상
④ 기계조작의 능률성 향상

안전과 인간공학의 목표
- 작업의 안전성 향상과 사고 방지
- 기계조작의 능률성과 생산성 향상
- 작업환경의 쾌적성 향상

26 동전던지기에서 앞면이 나올 확률 P(앞)=0.9 이고, 뒷면이 나올 확률 P(뒤)=0.1 일 때, 앞면과 뒷면이 나올 사건 각각의 정보량은?

① 앞면 : 0.10bit, 뒷면 : 3.32bit
② 앞면 : 0.15bit, 뒷면 : 3.32bit
③ 앞면 : 0.10bit, 뒷면 : 3.52bit
④ 앞면 : 0.15bit, 뒷면 : 3.52bit

- 앞면 = $\dfrac{\log(\frac{10}{360})}{\log 2}$ = 0.152
- 뒷면 = $\dfrac{\log(\frac{1}{0.1})}{\log 2}$ = 3.321

27 소음을 측정하는 단위는?

① 데시벨(dB) ② 지멘스(S)
③ 루멘(lumen) ④ 거스트(Gust)

용어 설명
- 지멘스(S) : 컨덕턴스(전도도)의 단위로 전기저항의 단위인 옴의 역수이다.
- 루멘(lumen) : 광원이 내보내는 빛의 양 즉, 광선속을 나타내는 단위로 기호는 lm 이다.
- 거스트(Gust) : 평균 풍속에 비해서 풍속이 일시적으로 갑자기 커지는 바람 즉, 돌풍을 말하며, "3-second gust"로 표기하는 경우 3초 사이에 부는 순간초대풍속을 의미하기도 한다.

28 FTA에서 사용되는 논리게이트 중 여러 개의 입력 사상이 정해진 순서에 따라 순차적으로 발생해야만 결과가 출력되는 것은?

① 억제 게이트 ② 우선적 AND 게이트
③ 배타적 OR 게이트 ④ 조합 AND 게이트

수정기호

구분	설명
우선적 AND 게이트	• 입력사상 가운데 어느 사상이 다른 사상보다 먼저 일어났을 때에 출력사상이 생긴다. • 예)「A는 B보다 먼저」와 같이 기입
조합 AND 게이트	• 3개 이상의 입력사상 가운데 어느 것이던 2개가 일어나면 출력 사상이 발생한다. • 예)「어느 것이던 2개」라고 기입
위험 지속 기호	• 입력사상이 생기고 어느 일정시간 지속하였을 때에 출력사상이 생긴다. • 예)「위험지속시간」과 같이 기입
배타적 OR Gate	• OR Gate로 2개 이상의 입력이 동시에 존재한 때에는 출력사상이 생기지 않는다. • 예)「동시에 발생하지 않는다」라고 기입

29 인체의 동작 유형 중 굽혔던 팔꿈치를 펴는 동작을 나타내는 용어는?

① 내전(adduction) ② 회내(pronation)
③ 굴곡(flexion) ④ 신전(extension)

인체의 동작 유형
- 굴곡 : 부위 간 각도의 감소
- 신전 : 부위 간 각도의 증가
- 내전 : 몸의 중심선 쪽으로 이동하는 각도
- 외전 : 몸의 중심선 밖으로 이동하는 각도
- 내선 : 몸의 중심선 쪽으로 회전 이동하는 각도
- 외선 : 몸의 중심선 밖으로 회전 이동하는 각도
- 상향 : 손바닥을 위로 향함
- 하향 : 손바닥을 아래로 향함

30 다음 중 시스템 내의 위험요소가 어떤 상태에 있는가를 정성적으로 분석·평가하는 가장 첫 번째 단계에 실시하는 위험분석기법은?

① 결함수분석 ② 예비위험분석
③ 결함위험분석 ④ 운용위험분석

예비위험분석(PHA)은 대부분의 시스템안전 프로그램에 있어서 최초단계의 분석으로 시스템 내의 위험한 요소가 얼마나 위험한 상태에 있는가를 정성적으로 평가한다.

31 FT도에서 정상사상 A의 발생확률은?(단, 기본사상 ①과 ② 발생확률은 각각 $2 \times 10^{-3}/h$, $3 \times 10^{-2}/h$ 이다.)

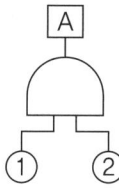

① $5 \times 10^{-5}/h$ ② $6 \times 10^{-5}/h$
③ $5 \times 10^{-6}/h$ ④ $6 \times 10^{-6}/h$

A = ① · ② = $(2 \times 10^{-3}/h) \cdot (3 \times 10^{-2}/h) = 6 \times 10^{-5}/h$

32 종이의 반사율이 50%이고, 종이상의 글자 반사율이 10%일 때 종이에 의한 글자의 대비는 얼마인가?

① 10% ② 40%
③ 60% ④ 80%

대비 = $\dfrac{L_B - L_T}{L_B} \times 100 = \dfrac{50 - 10}{50} \times 100 = 80$

33 다음 중 인간-기계 인터페이스(human-machine interface)의 조화성과 가장 거리가 먼 것은?

① 인지적 조화성 ② 신체적 조화성
③ 통계적 조화성 ④ 감성적 조화성

인간-기계의 조화성 : 인지적 조화성, 신체적 조화성, 감성적 조화성

34 눈의 피로를 줄이기 위해 VDT 화면과 종이 문서 간의 밝기의 비는 최대 얼마를 넘지 않도록 하는가?

① 1 : 20 ② 1 : 50
③ 1 : 10 ④ 1 : 30

VDT 화면과 종이 문서 간의 밝기의 비는 1:10을 넘지 않도록 하여야 한다.

35 시스템의 성능 저하가 인원의 부상이나 시스템 전체에 중대한 손해를 입히지 않고 제어가 가능한 상태의 위험 강도는?

① 범주 1 : 파국적
② 범주 2 : 위기적
③ 범주 3 : 한계적
④ 범주 4 : 무시

PHA의 카테고리 분류
- Class 1 : 파국적(Catastrophic) – 사망, 시스템 손상
- Class 2 : 중대(Critical) – 심각한 상해, 시스템 중대 손상
- Class 3 : 한계적(Marginal) – 경미한 상해, 시스템 성능 저하
- Class 4 : 무시가능(Negligible) – 경미한 상해, 시스템 저하 없음

36 다음 중 귀의 구조에서 고막에 가해지는 미세한 압력의 변화를 증폭하는 곳은?

① 외이(Outer Ear)
② 중이(Middle Ear)
③ 내이(Inner Ear)
④ 달팽이관(Cochlea)

중이에 있는 등골은 난원창막 바깥쪽에 있는 내이에 음압변화를 전달하는 과정에서 22배로 증폭 전달한다.

37 다음 중 단순반복 작업으로 인한 질환의 발생 부위가 다른 것은?

① 요부염좌
② 수완진동증후군
③ 수근관증후군
④ 결절종

보기 중 요부염좌는 허리부위의 질환, 그 외 항목은 손 부위의 질환이다.

38 어떤 공장에서 10000시간 동안 15000개의 부품을 생산 하였을 때 설비고장으로 인하여 15개의 불량품이 발생하였다면 평균고장간격(MTBF)은 얼마인가?

① 1×10^6 시간
② 2×10^6 시간
③ 1×10^7 시간
④ 2×10^7 시간

고장률(λ) = $\dfrac{\text{고장건수}(\lambda)}{\text{총가동시간}(t)}$ = $\dfrac{15}{10000 \times 15000}$ = 1×10^{-7}

∴ MTBF = $\dfrac{1}{\text{고장률}(\lambda)}$ = 1×10^7 시간

39 다음 중 FTA 분석을 위한 기본적인 가정에 해당하지 않는 것은?

① 중복사상은 없어야 한다.
② 기본사상들의 발생은 독립적이다.
③ 모든 기존사상은 정상사상과 관련되어 있다.
④ 기본사상의 조건부 발생확률은 이미 알고 있다.

중복사상이 발생하면 부울대수를 이용하여 간소화한다.

40 신기술, 신공법을 도입함에 있어서 설계, 제조, 사용의 전 과정에 걸쳐서 위험성의 여부를 사전에 검토하는 관리기술은?

① 예비위험 분석
② 위험성 평가
③ 안전분석
④ 안전성 평가

안전성 평가의 5단계
- 제1단계 : 관계자료의 작성준비
- 제2단계 : 정성적 평가
- 제3단계 : 정량적 평가
- 제4단계 : 안전대책
- 제5단계 : 재평가

제 03 과목 기계·기구 및 설비 안전관리

41 다음 중 보일러의 폭발사고 예방을 위한 장치에 해당하지 않는 것은?

① 압력발생기
② 압력제한스위치
③ 압력방출장치
④ 고저수위 조절장치

보일러의 방호장치(산업안전보건기준에 관한 규칙 제116조~제119조)
- 압력방출장치 : 1개 또는 2개 이상 설치하고 최고사용압력(설계압력 또는 최고허용압력) 이하에서 작동되도록 하여야 한다. 다만, 압력방출장치가 2개 이상 설치된 경우에는 최고사용압력 이하에서 1개가 작동되고, 다른 압력방출장치는 최고사용압력 1.05배 이하에서 작동되도록 부착
- 압력 제한 스위치 : 과열을 방지하기 위하여 최고사용압력과 상용압력 사이에서 보일러의 버너 연소를 차단
- 고저수위 조절 장치 : 고저수위를 알리는 경보등·경보음 장치 등을 설치하며, 자동으로 급수 또는 단수되도록 설치
- 기타 장치 : 압력방출장치, 압력제한스위치, 화염검출기

42 다음 중 산업안전보건법령에 따른 아세틸렌 용접장치에 관한 설명으로 옳은 것은?

① 아세틸렌 용접장치의 안전기는 취관마다 설치하여야 한다.
② 아세틸렌 용접장치의 아세틸렌 전용 발생기실은 건물의 지하에 위치하여야 한다.
③ 아세틸렌 전용의 발생기실은 화기를 사용하는 설비로 부터 1.5m를 초과하는 장소에 설치하여야 한다.
④ 아세틸렌 용접장치를 사용하여 금속의 용접·용단하는 경우에는 게이지 압력이 250kPa을 초과하는 압력의 아세틸렌을 발생시켜 사용해서는 아니 된다.

아세틸렌 용접장치(산업안전보건기준에 관한 규칙 제285조~제290조)
- 아세틸렌 용접장치의 취관마다 안전기를 설치하여야 한다. 다만, 주관 및 취관에 가장 가까운 분기관(分岐管)마다 안전기를 부착한 경우에는 그러하지 아니하다.
- 아세틸렌 용접장치의 아세틸렌 전용 발생기실은 건물의 최상층에 위치하여야 하며, 화기를 사용하는 설비로부터 3m를 초과하는 장소에 설치하여야 한다. 옥외에 설치하는 경우에는 그 개구부를 다른 건축물로부터 1.5m 이상 떨어지도록 하여야 한다.
- 아세틸렌 용접장치를 사용하여 금속의 용접·용단 또는 가열작업을 하는 경우에는 게이지 압력이 127kPa을 초과하는 압력의 아세틸렌을 발생시켜 사용해서는 아니 된다.

43 다음 중 목재가공용 둥근톱 기계의 방호장치인 반발예방장치가 아닌 것은?

① 반발방지 발톱(finger)   ② 분할날(spreader)
③ 반발방지롤(roll)   ④ 가동식 접촉예방장치

목재가공용 둥근톱 기계의 반발예방장치: 반발방지기구(finger), 분할날(spreader), 반발방지롤(roll)

44 다음 중 컨베이어의 안전장치가 아닌 것은?

① 이탈 및 역주행방지장치   ② 비상정지장치
③ 덮개 또는 울   ④ 비상난간

컨베이어의 안전장치(산업안전보건기준에 관한 규칙 제191조~제195조)
- 정전·전압강하 등에 따른 화물 또는 운반구의 이탈 및 역주행을 방지하는 장치
- 근로자가 위험해질 우려가 있는 경우 및 비상시에는 즉시 컨베이어의 운전을 정지시킬 수 있는 비상정지장치
- 컨베이어로부터 화물이 떨어져 근로자가 위험해질 우려가 있는 경우에는 해당 컨베이어에 덮개 또는 울을 설치하는 등 낙하 방지를 위한 조치

45 다음 중 연삭 작업 중 숫돌의 파괴원인과 가장 거리가 먼 것은?

① 숫돌의 회전속도가 너무 느릴 때
② 숫돌의 회전 중심이 잡히지 않았을 때
③ 숫돌에 과대한 충격을 가할 때
④ 플랜지의 직경이 현저히 작을 때

연삭숫돌의 파괴원인
- 숫돌의 회전 속도가 너무 빠를 때
- 숫돌자체에 균열이 있을 때
- 숫돌의 불균형이나 베어링의 마모에 의한 진동이 있을 때
- 숫돌의 측면을 사용하여 작업할 때
- 숫돌의 온도변화가 심할 때
- 부적당한 숫돌을 사용할 때
- 숫돌의 치수가 부적당할 때
- 플랜지가 현저히 작을 때

46 4.2ton의 화물을 그림과 같이 60°의 각을 갖는 와이어로프로 매달아 올릴 때 와이어로프 A에 걸리는 장력 W_1 은 약 얼마인가?

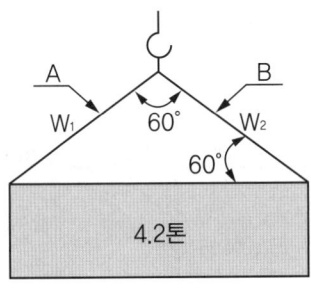

① 2.10ton
② 2.42ton
③ 4.20ton
④ 4.82ton

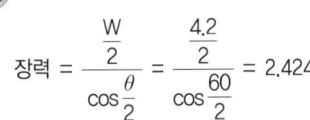

$$장력 = \frac{\frac{W}{2}}{\cos\frac{\theta}{2}} = \frac{\frac{4.2}{2}}{\cos\frac{60}{2}} = 2.424$$

47 기계의 동작 상태가 설정한 순서 조건에 따라 진행되어 한 가지 상태의 종료가 끝난 다음 상태를 생성하는 제어시스템을 가진 로봇은?

① 플레이백 로봇
② 학습 제어 로봇
③ 시퀀스 로봇
④ 수치 제어 로봇

시퀀스 로봇 : 미리 설정된 순서, 조건, 위치에 따라 동작의 각 단계를 순서적으로 진행하는 로봇

48 다음 중 금형의 설계 및 제작시 안전화 조치와 가장 거리가 먼 것은?

① 펀치와 세장비가 맞지 않으면 길이를 짧게 조정한다.
② 강도 부족으로 파손되는 경우 충분한 강도를 갖는 재료로 교체한다.
③ 열처리 불량으로 인한 파손을 막기 위해 담금질(Quenching)을 실시한다.
④ 캠 및 기타 충격이 반복해서 가해지는 부분에는 완충장치를 한다.

담금질은 강을 가열한 후 물 또는 기름 속에 투입하여 급랭시키는 열처리 방법(탄소 함유량이 0.4%이하는 불가능)으로 강의 강도 및 경도를 증가시키기 위한 것이며, 안전화 조치와는 거리가 멀다.

49 기초강도를 사용조건 및 하중의 종류에 따라 극한강도, 항복점, 크리프강도, 피로한도 등으로 적용할 때 허용응력과 안전율(〉1)의 관계를 올바르게 표현한 것은?

① 허용응력 = 기초강도 × 안전율
② 허용응력 = 안전율 / 기초강도
③ 허용응력 = 기초강도 / 안전율
④ 허용응력 = (안전율 × 기초강도) / 2

안전율 = $\dfrac{기초강도}{허용응력}$ = $\dfrac{극한강도}{최대\ 설계응력}$ = $\dfrac{파단하중}{안전하중}$ = $\dfrac{파괴하중(극한하중)}{최대사용하중(정격하중)}$

50 다음 중 기계설비에서 이상 발생시 기계를 급정지시키거나 안전장치가 작동되도록 하는 안전화를 무엇이라 하는가?

① 기능상의 안전화   ② 외관상의 안전화
③ 구조부분의 안전화 ④ 본질적 안전화

기계 · 설비의 안전화 5가지
- 외관의 안전화 : 상자로 내장, 덮개, 색채조절(시동버튼 : 녹색, 정지버튼 : 적색)
- 기능적 안전화 : 전압 강하 및 정전시 · 사용 압력 변동시 · 밸브 고장시 · 단락 스위치 고장시 오동작 방지 또는 급정지
- 구조부분의 안전화 : 적절한 재료, 안전율 및 안전계수 고려, 적절한 가공
- 작업의 안전화 : 기동 장치와 배치, 정지 시 시건장치, 안전 통로 확보, 작업 공간 확보
- 보수 · 유지의 안전화(보전성의 개선) : 정기 점검, 교환, 주유

51 다음 중 프레스가 작동 후 작업점까지의 도달 시간이 0.2초 걸렸다면, 양수기동식 방호장치의 설치거리는 최소한 얼마나 되어야 하는가?

① 3.2cm   ② 32cm
③ 6.4cm   ④ 64cm

$D_m = 1.6 \times T_m = 1.6 \times 0.2 = 0.32\text{mm} = 32[\text{cm}]$

52 프레스기에 사용되는 방호장치의 종류 중 방호판을 가지고 있는 것은?

① 수인식 방호장치   ② 광전자식 방호장치
③ 손쳐내기식 방호장치 ④ 양수조작식 방호장치

손쳐내기식 방호장치의 일반구조
- 슬라이드 하행정거리의 3/4 위치에서 손을 완전히 밀어내야 한다.
- 손쳐내기봉의 행정(Stroke) 길이를 금형의 높이에 따라 조정할 수 있고 진동폭은 금형폭 이상이어야 한다.
- 방호판과 손쳐내기봉은 경량이면서 충분한 강도를 가져야 한다.
- 방호판의 폭은 금형폭의 1/2 이상이어야 하고, 행정길이가 300mm 이상의 프레스기계에는 방호판 폭을 300mm로 해야 한다.
- 손쳐내기봉은 손 접촉 시 충격을 완화할 수 있는 완충재를 부착해야 한다.
- 부착볼트 등의 고정금속부분은 예리하게 돌출되지 않아야 한다.

53 기계고장률의 기본 모형 중 우발고장에 관한 사항으로 옳은 것은?

① 고장률이 시간에 따라 일정한 형태를 이룬다.
② 고장률이 시간이 갈수록 감소하는 형태이다.
③ 시스템의 일부가 수명을 다하여 발생하는 고장이다.
④ 마모나 노화에 의하여 어느 시점에 집중적으로 고장이 발생한다.

고장의 유형
- 초기고장 : 설계상, 구조상 결함, 생산과정의 품질관리미비로 인하여 발생하며 점검작업이나 시운전작업 등으로 사전방지가 가능하다. 감소형(Debugging 기간, Burning 기간)
- 우발고장 : 일정형
- 마모고장 : 증가형(Burn In 기간)

54 롤러의 맞물림점 전방에 개구 간격 30mm의 가드를 설치하고자 한다. 개구면에서 위험점까지의 최단거리(mm)는 얼마인가?(단, I.L.O 기준에 의해 계산한다.)

① 80
② 100
③ 120
④ 160

회전체인 경우의 가드의 개구부 간격
- 최단거리(X) < 160mm, Y = 6 + 0.15X (Y는 개구부 간격)
- 최단거리(X) ≧ 160mm, Y = 30mm (Y는 개구부 간격)

55 다음 중 기계설비 사용시 일반적인 안전수칙으로 잘못된 것은?

① 기계 · 기구 또는 설비에 설치한 방호장치는 해체하거나 사용을 정지해서는 안 된다.
② 절삭편이 날아오는 작업에서는 보호구보다 덮개 설치가 우선적으로 이루어져야 한다.
③ 기계의 운전을 정지한 후 정비할 때에는 해당 기계의 기동장치에 잠금장치를 하고 그 열쇠는 공개된 장소에 보관하여야 한다.
④ 기계 또는 방호장치의 결함이 발견된 경우 반드시 정비한 후에 근로자가 사용하도록 하여야 한다.

산업안전보건기준에 관한 규칙 제92조(정비 등의 작업 시의 운전정지 등)
① 사업주는 공작기계·수송기계·건설기계 등의 정비·청소·급유·검사·수리·교체 또는 조정 작업 또는 그 밖에 이와 유사한 작업을 할 때에 근로자가 위험해질 우려가 있으면 해당 기계의 운전을 정지하여야 한다. 다만, 덮개가 설치되어 있는 등 기계의 구조상 근로자가 위험해질 우려가 없는 경우에는 그러하지 아니하다.
② 사업주는 제1항에 따라 기계의 운전을 정지한 경우에 다른 사람이 그 기계를 운전하는 것을 방지하기 위하여 기계의 기동장치에 잠금장치를 하고 그 열쇠를 별도 관리하거나 표지판을 설치하는 등 필요한 방호 조치를 하여야 한다.
③ 사업주는 작업하는 과정에서 적절하지 아니한 작업방법으로 인하여 기계가 갑자기 가동될 우려가 있는 경우 작업지휘자를 배치하는 등 필요한 조치를 하여야 한다.
④ 사업주는 기계·기구 및 설비 등의 내부에 압축된 기체 또는 액체 등이 방출되어 근로자가 위험해질 우려가 있는 경우에 제1항부터 제3항까지의 규정 따른 조치 외에도 압축된 기체 또는 액체 등을 미리 방출시키는 등 위험 방지를 위하여 필요한 조치를 하여야 한다.

56 다음 중 드릴링 작업에서 반복적 위치에서의 작업과 대량생산 및 정밀도를 요구할 때 사용하는 고정 장치로 가장 적합한 것은?

① 바이스(vise)
② 지그(jig)
③ 클램프(clamp)
④ 렌치(wrench)

57 아세틸렌은 특정 물질과 결합 시 폭발을 쉽게 일으킬 수 있는데 다음 중 이에 해당하지 않는 물질은?

① 은
② 철
③ 수은
④ 구리

아세틸렌은 구리, 은, 수은 등의 금속과 화합 시 폭발성 화합물인 아세틸라이드를 생성한다.

58 산업안전보건기준에 관한 규칙상 지게차의 헤드가드 설치 기준에 대한 설명으로 틀린 것은?

① 강도는 지게차의 최대하중의 2배 값(4톤을 넘는 값에 대해서는 4톤으로 한다)의 등분포정하중에 견딜 수 있을 것
② 상부틀의 각 개구의 폭 또는 길이가 16cm 미만일 것
③ 앉아서 조작하는 경우 좌석기준점(SIP)으로부터 조종사의 머리가 위치한 헤드가드 아래 부분의 밑면까지의 수직간격은 0.903m 이상일 것
④ 서서 조작하는 경우 조종사가 서 있는 플랫폼에서부터 조종사의 머리가 위치한 헤드가드 아래 부분의 밑면까지의 수직 간격은 2.18m 이상일 것

지게차 헤드가드의 구비조건(산업안전보건기준에 관한 규칙 제180조)
- 강도는 지게차의 최대하중의 2배값(4톤을 넘는 값에 대해서는 4톤으로 한다)의 등분포정하중(等分布靜荷重)에 견딜 수 있을 것
- 상부틀의 각 개구의 폭 또는 길이가 16cm 미만일 것
- 운전자가 앉아서 조작하거나 서서 조작하는 지게차의 헤드가드는 산업표준화법 제12조에 따른 한국산업표준에서 정하는 높이 기준 이상일 것

- 앉아서 조작하는 경우 조종사가 정상적인 작동 상태에 있을 때 좌석기준점(SIP)으로부터 조종사의 머리가 위치한 헤드가드 아래 부분의 밑면까지의 수직간격은 0.903m 이상이어야 한다.
- 서서 조작하는 경우 조종사가 정상적인 작동 상태에 있을 때 조종사가 서 있는 플랫폼에서부터 조종사의 머리가 위치한 헤드가드 아래 부분의 밑면까지의 수직 간격은 1.88m 이상이어야 한다.

59 다음 중 연삭기 덮개의 각도에 관한 설명으로 틀린 것은?

① 평면연삭기, 절단연삭기 덮개의 최대노출각도는 150도 이내이다.
② 스윙연삭기, 스라브연삭기 덮개의 최대노출각도는 180도 이내이다.
③ 연삭숫돌의 상부를 사용하는 것을 목적으로 하는 탁상용 연삭기 덮개의 최대노출각도는 60도 이내이다.
④ 일반연삭작업 등에 사용하는 것을 목적으로 하는 탁상용 연삭기 덮개의 최대노출각도는 180도 이내이다.

일반연삭작업 등에 사용하는 것을 목적으로 하는 탁상용 연삭기 덮개의 최대노출각도는 125도 이내이다.

60 다음 중 밀링 작업시 안전사항과 거리가 먼 것은?

① 커터를 끼울 때는 아버를 깨끗이 닦는다.
② 강력 절삭을 할 때는 일감을 바이스에 깊게 물린다.
③ 상하, 좌우 이동장치 핸들을 사용 후 풀어 놓는다.
④ 절삭 중 발생하는 칩의 제거는 칩브레이커를 사용한다.

밀링 작업의 안전대책
- 정면 커터 작업 시에는 칩이 튀어나오므로 칩 커버를 설치한다.
- 커터 날 끝과 같은 높이에서 절삭 상태를 관찰해서는 안 된다.
- 주축 회전 중 밀링 커터 주위에 손을 대거나 브러시를 사용해 칩을 제거해서는 안 된다.
- 가공 중 기계에 얼굴을 가까이 하지 않도록 한다.
- 테이블 위에 측정기나 공구류를 올려놓지 않는다.
- 절삭 공구나 공작물을 설치할 때 시동 레버가 접촉되기 쉬우므로 전원을 끄고 작업한다.
- 작업 중의 가공물에 손을 대지 말아야 하며, 치수 측정 시는 기계를 정지시킨다.

제 04 과목 전기 및 화학설비 안전관리

61 전기기기의 절연의 종류와 최고허용온도가 바르게 연결된 것은?

① A - 90℃
② E - 105℃
③ F - 140℃
④ H - 180℃

전기기기 절연의 종류와 최고허용온도

Y	A	E	B	F	H	C
90℃	105℃	120℃	130℃	155℃	180℃	180℃ 이상

62 물체의 마찰로 인하여 정전기가 발생할 때 정전기를 제거할 수 있는 방법은?

① 가열을 한다. ② 가습을 한다.
③ 건조하게 한다. ④ 마찰을 세게 한다.

정전기 발생 억제 : 유속조절, 습기부여, 대전방지제 사용, 금속재료 및 도전성 재료 사용

63 KS C IEC 60079-10-2에 따라 공기 중에 분진운의 형태로 폭발성 분진 분위기가 지속적으로 또는 장기간 또는 빈번히 존재하는 장소는?

① 0종 장소 ② 1종 장소
③ 20종 장소 ④ 21종 장소

위험장소(KS C IEC 60079-10-2)
- 20종 장소 : 공기 중에 분진운의 형태로 폭발성 분진 분위기가 지속적으로 또는 장기간 또는 빈번히 존재하는 장소
- 21종 장소 : 공기 중에 분진운의 형태로 폭발성 분진 분위기가 정상작동조건에서 발생할 수 있는 장소
- 22종 장소 : 공기 중에 분진운의 형태로 폭발성 분진 분위기가 정상작동조건에서 발생하지 않으며, 발생하더라도 단기간만 지속되는 장소

64 다음 중 통전경로별 위험도가 가장 높은 경로는?

① 왼손 – 등 ② 오른손 – 가슴
③ 왼손 – 가슴 ④ 오른손 – 양발

통전경로 및 위험도

통전경로	위험도	통전경로	위험도
오른손 – 등	0.3	양손 – 양발	1.0
왼손 – 오른손	0.4	왼손 – 한발 또는 양발	1.0
왼손 – 등	0.7	오른손 – 가슴	1.3
한손 또는 양손 – 앉아있는 자리	0.7	왼손 – 가슴	1.5
오른손 – 한발 또는 양발	0.8	–	–

65 점화원이 될 우려가 있는 부분을 용기 내에 넣고 신선한 공기 또는 불연성가스 등의 보호기체를 용기의 내부에 압입함으로써 내부의 압력을 유지하여 폭발성 가스가 침입하지 못하도록 한 구조의 방폭구조는 무엇인가?

① 압력방폭구조(p)
② 내압방폭구조(d)
③ 유입방폭구조(o)
④ 안전증방폭구조(e)

방폭구조의 종류와 기호

종류	내용	기호
내압방폭구조	점화원에 의해 용기 내부에서 폭발이 발생할 경우에 용기가 폭발압력에 견딜 수 있고, 화염이 용기 외부의 폭발성 분위기로 전파되지 않도록 한 방폭구조	d
압력방폭구조	점화원이 될 우려가 있는 부분을 용기 안에 넣고 보호 기체(신선한 공기 또는 불활성기체)를 용기 안에 압입함으로써 폭발성 가스가 침입하는 것을 방지하도록 되어 있는 방폭구조	p
안전증방폭구조	전기기기의 과도한 온도 상승, 아크 또는 불꽃 발생의 위험을 방지하기 위하여 추가적인 안전조치를 통한 안전도를 증가시킨 방폭구조(다만, 정상운전 중에 아크나 불꽃을 발생시키는 전기기기는 안전증방폭구조의 전기기기 범위에서 제외)	e
유입방폭구조	유체 상부 또는 용기 외부에 존재할 수 있는 폭발성 분위기가 발화할 수 없도록 전기설비 또는 전기설비의 부품을 보호액에 함침시키는 방폭구조	o
본질안전방폭구조	정상시 또는 단락, 단선, 지락 등의 사고시에 발생하는 아크, 불꽃, 고열에 의하여 폭발성 가스나 증기에 점화되지 않는 것이 확인된 구조	ia, ib
비점화방폭구조	전기기기가 정상작동과 규정된 특정한 비정상상태에서 주위의 폭발성 가스 분위기를 점화시키지 못하도록 만든 방폭구조	n
몰드방폭구조	전기기기의 불꽃 또는 열로 인해 폭발성 위험분위기에 점화되지 않도록 컴파운드를 충전해서 보호한 방폭구조	m
충전방폭구조	폭발성 가스 분위기를 점화시킬 수 있는 부품을 고정하여 설치하고, 그 주위를 충전재로 완전히 둘러싸서 외부의 폭발성 가스 분위기를 점화시키지 않도록 하는 방폭구조	q
특수방폭구조	상기의 방폭구조 외에 외부의 폭발성 가스에 대해 인화를 방지할 수 있음을 시험에 의해 확인한 구조	s

66 누전차단기의 설치에 관한 설명으로 적절하지 않은 것은?

① 진동 또는 충격을 받지 않도록 한다.
② 전원전압의 변동에 유의하여야 한다.
③ 비나 이슬에 젖지 않은 장소에 설치한다.
④ 누전차단기의 설치는 고도와 관계가 없다.

누전차단기의 일상 사용 상태
- 주위온도 −10 ~ 40℃
- 표고 2000m 이하
- 상대습도 45~85%
- 이상한 진동 및 충격을 받지 않는 상태
- 기타 과도한 수증기, 기름, 연기, 먼지, 부식성 가스, 가연성 가스 등이 없는 장소

67 액체가 관내를 이동할 때에 정전기가 발생하는 현상은?

① 마찰대전
② 박리대전
③ 분출대전
④ 유동대전

정전기 대전형태
- 마찰대전 : 고체, 액체, 분체류의 경우 발생, 두 물체 사이의 마찰로 인한 접촉, 분리로 발생한다.
- 박리대전 : 일정한 압력으로 밀착된 물체가 떨어지면서 자유 전자의 이동으로 발생, 마찰대전보다 더 큰 정전기가 발생한다.
- 유동대전 : 액체류가 파이프 등 내부에서 유동시 관벽과 액체 사이에서 발생, 액체 유동 속도가 정전기 발생에 큰 영향을 미친다.
- 분출대전 : 기체, 액체, 고체류가 단면적이 작은 개구부로부터 분출할 때 발생하며 액체류, 분체류 상호간의 충돌 및 미세하게 비산하는 분말상태에 영향을 받는다.
- 파괴대전 : 물체 파괴로 정부 전하의 균형 상태에서 불균형 상태로 전환될 때 발생한다.
- 교반 또는 침강대전 : 액체가 교반에 의해 진동을 하게 되면 진동에 의한 정전기가 발생되거나 액체와 그것에 혼합되어있는 불순물이 침강되면 발생한다.

68 다음 중 폭발 위험이 가장 높은 물질은?

① 수소
② 벤젠
③ 산화에틸렌
④ 이소프로필렌 알코올

폭발 위험도

물질	화학식	하한계(L)	상한계(U)	위험도
수소	H_2	4.0 vol%	75.0 vol%	17.7
벤젠	C_6H_6	1.4 vol%	7.1 vol%	4.1
산화에틸렌	C_2H_4O	3.0 vol%	80.0 vol%	25.6
이소프로필렌 알코올	$(CH_3)_2CHOH$	2.0 vol%	12.0 vol%	5

$$\therefore 위험도 = \frac{상한계(U) - 하한계(L)}{하한계(L)}$$

69 사용전압이 154kV인 변압기 설비를 지상에 설치할 때 감전사고 방지대책으로 울타리의 높이와 울타리로부터 충전부분까지의 거리의 합계의 최소값은?

① 5m ② 5m
③ 6m ④ 8m

해설

특고압용 기계기구 충전부분의 지표상 높이(한국전기설비규정 341.4)

사용전압의 구분	울타리의 높이와 울타리로부터 충전부분까지의 거리의 합계 또는 지표상의 높이
35kV 이하	5m
35kV 초과 160kV 이하	6m
160kV 초과	6m에 160kV를 초과하는 10kV 또는 그 단수마다 0.12m를 더한 값

70 인체가 전격을 받았을 때 가장 위험한 경우는 심실세동이 발생하는 경우이다. 정현파 교류에 있어 인체의 전기저항이 500Ω일 경우 다음 중 심실세동을 일으키는 전기에너지의 한계로 가장 적합한 것은?

① 2.5 ~ 8.0J
② 6.5 ~ 17.0J
③ 15.0 ~ 27.0J
④ 25.0 ~ 35.5J

해설

$$W = \left(\frac{165 \times 10^{-3}}{\sqrt{T}}\right)^2 \times R \times T = \frac{(165 \times 10^{-3})^2}{T} \times 500 \times T = 13[J]$$

71 다음 중 연소의 3요소에 해당되지 않는 것은?

① 가연물   ② 점화원
③ 연쇄반응   ④ 산소공급원

해설

연소의 3요소
- 가연물 : 목재, 종이 등 산소와 반응하여 발열반응하는 물질
- 산소공급원 : 산소, 공기, 제1류·5류·6류 위험물
- 점화원 : 전기불꽃, 정전기불꽃, 충격마찰의 불꽃, 단열압축, 나화 및 고온표면 등

72 다음 중 개방형 스프링식 안전밸브의 장점이 아닌 것은?

① 구조가 비교적 간단하다.
② 증기용에 어큐뮬레이션을 3% 이내로 할 수 있다.
③ 스프링, 밸브봉 등이 외기의 영향을 받지 않는다.
④ 밸브시트와 밸브스템 사이에서 누설을 확인하기 쉽다.

개방형 스프링식 안전밸브의 장점 및 단점

구분	내용
장점	• 구조가 간단하다. • 밸브시트와 밸브스템 중간에서 누설 확인이 용이하다. • 증기용 어큐뮬레이션을 3% 이내로 할 수 있다.
단점	• 옥내 가연성가스나 독성가스용으로는 사용이 불가능하다. • 배출관에 배압이 걸리는 경우에는 사용할 수 없다. • 스프링, 밸브봉 등이 외기의 영향을 받기 쉬운 구조이다.

73 반응기의 이상압력 상승으로부터 반응기를 보호하기 위해 동일한 용량의 파열판과 안전밸브를 설치하고자 한다. 다음 중 반응폭주현상이 일어났을 때 반응기 내부의 과압을 가장 잘 분출할 수 있는 방법은?

① 파열판과 안전밸브를 병렬로 반응기 상부에 설치한다.
② 안전밸브, 파열판의 순서로 반응기 상부에 직렬로 설치한다.
③ 파열판, 안전밸브의 순서로 반응기 상부에 직렬로 설치한다.
④ 반응기 내부의 압력이 낮을 때는 직렬연결이 좋고, 압력이 높을 때는 병렬연결이 좋다.

반응폭주에 의해 급격한 압력상승이 예상되는 경우에는 파열판과 안전밸브를 병렬로 반응기 상부에 설치하고, 급성 독성물질이 지속적으로 외부에 유출될 수 있는 화학설비 및 그 부속설비에는 파열판과 안전밸브를 직렬로 설치하고 그 사이에는 압력지시계 또는 자동경보장치를 설치하여야 한다.

74 산업안전보건기준에 관한 규칙에서 규정하고 있는 위험물질의 종류 중 '물반응성 물질 및 인화성고체'에 않는 것은?

① 리튬
② 칼슘탄화물
③ 아세틸렌
④ 셀룰로이드류

물반응성 물질 및 인화성 고체(산업안전보건기준에 관한 규칙 별표 1)

• 리튬
• 칼륨 · 나트륨
• 황
• 황린
• 황화인 · 적린
• 셀룰로이드류
• 알킬알루미늄 · 알킬리튬
• 마그네슘 분말
• 금속 분말(마그네슘 분말은 제외)
• 알칼리금속(리튬 · 칼륨 및 나트륨은 제외)
• 유기 금속화합물(알킬알루미늄 및 알킬리튬은 제외)

- 금속의 수소화물
- 금속의 인화물
- 칼슘 탄화물, 알루미늄 탄화물
- 그 밖에 가목부터 하목까지의 물질과 같은 정도의 발화성 또는 인화성이 있는 물질
- 위에 열거한 물질을 함유한 물질

75 다음 중 B급 화재에 해당되는 것은?

① 유류에 의한 화재
② 전기장치에 의한 화재
③ 일반 가연물에 의한 화재
④ 마그네슘 등에 의한 금속화재

화재등급별 소화방법

구분	A급 화재	B급 화재	C급 화재	D급 화재
명칭	보통화재	유류, 가스화재	전기화재	금속화재(Al분, Mg분)
주 소화효과	냉각	질식	냉각, 질식	질식
적응 소화재	물 소화기 강화액 소화기	포말 소화기 CO_2 소화기 분말 소화기 증발성 액체 소화기	유기성 소화액 CO_2 소화기 분말 소화기	건조사 팽창 질석 팽창 진주암
구분색	백색	황색	청색	–

76 염소산칼륨($KClO_3$)에 관한 설명으로 옳은 것은?

① 탄소, 유기물과 접촉시에도 분해폭발 위험은 거의 없다.
② 200℃ 부근에서 분해되기 시작하여 KCl, $KClO_4$ 를 생성한다.
③ 400℃ 부근에서 분해반응을 하여 염화칼륨과 산소를 방출한다.
④ 중성 및 알칼리성 용액에서는 산화작용이 없으나, 산성용액에서는 강한 산화제가 된다.

염소산칼륨($KClO_3$) 의 특성

- 제1류 위험물 중 염소산염류에 속한다.
- 무색의 단사정계 판상결정 또는 백색분말로서 상온에서 안정한 물질이다.
- 중성 및 알칼리성 용액에서는 산화작용이 없으나, 산성용액에서는 강한 산화제가 된다.
- 400℃ 부근에서 분해반응을 하여 염화칼륨(KCl)과 과염소산칼륨($KClO_4$), 산소(O_2)를 발생시킨다.
- 가열, 충격, 마찰 등에 의해 폭발 한다.
- 산과 반응하면 이산화염소(ClO_2)의 유독가스를 발생 한다.
- 냉수나 알코올에는 녹지 않지만, 온수나 글리세린에는 용해한다.
- 목탄과 혼합하면 발화, 폭발의 위험이 있다.
- 이산화망간과 접촉하면 분해가 촉진된다.

77 이산화탄소 소화기의 사용에 관한 설명으로 옳지 않은 것은?

① B급 화재 및 C급 화재의 적용에 적절하다.
② 이산화탄소의 주된 소화작용은 질식작용이므로 산소의 농도가 15% 이하가 되도록 약제를 살포한다.
③ 액화탄산가스가 공기 중에서 이산화탄소로 기화하면 체적이 급격하게 팽창하므로 질식에 주의한다.
④ 이산화탄소는 반도체설비와 반응을 일으키므로 통신기기나 컴퓨터설비에 사용을 해서는 아니 된다.

이산화탄소는 화학적으로 비교적 안정할 뿐만 아니라 가연성, 부식성이 없다. 또한, 비전도성으로 전기설비, 통신기기, 컴퓨터설비 등에 사용한다.

78 가연성가스의 조성과 연소하한값이 표와 같을 때 혼합가스의 연소하한값은 약 몇 vol% 인가?

	조성(vol%)	연소하한값(vol%)
C_1 가스	2.0	1.1
C_2 가스	3.0	5.0
C_3 가스	2.0	15.0
공기	93.0	–

① 1.74 ② 2.16
③ 2.74 ④ 3.16

$$L = \frac{2+3+2}{\frac{V_1}{L_1}+\frac{V_2}{L_2}+\frac{V_3}{L_3}} = \frac{2+3+2}{\frac{2}{1.1}+\frac{3}{5}+\frac{2}{15}} = 2.74$$

79 산업안전보건기준에 관한 규칙에서는 인화성 액체를 수시로 사용하는 밀폐된 공간에서 해당 가스 등으로 폭발위험 분위기가 조성되지 않도록 하기 위해서 해당 물질의 공기 중 농도를 인화하한계값의 얼마를 넘지 않도록 규정하고 있는가?

① 10% ② 15%
③ 20% ④ 25%

산업안전보건기준에 관한 규칙 제231조(인화성 액체 등을 수시로 취급하는 장소)
① 사업주는 인화성 액체, 인화성 가스 등을 수시로 취급하는 장소에서는 환기가 충분하지 않은 상태에서 전기기계·기구를 작동시켜서는 아니 된다.
② 사업주는 수시로 밀폐된 공간에서 스프레이 건을 사용하여 인화성 액체로 세척·도장 등의 작업을 하는 경우에는 다음 각 호의 조치를 하고 전기기계·기구를 작동시켜야 한다.

1. 인화성 액체, 인화성 가스 등으로 폭발위험 분위기가 조성되지 않도록 해당 물질의 공기 중 농도가 인화하한계값의 25 퍼센트를 넘지 않도록 충분히 환기를 유지할 것
2. 조명 등은 고무, 실리콘 등의 패킹이나 실링재료를 사용하여 완전히 밀봉할 것
3. 가열성 전기기계·기구를 사용하는 경우에는 세척 또는 도장용 스프레이 건과 동시에 작동되지 않도록 연동장치 등의 조치를 할 것
4. 방폭구조 외의 스위치와 콘센트 등의 전기기기는 밀폐 공간 외부에 설치되어 있을 것

③ 사업주는 제1항과 제2항에도 불구하고 방폭성능을 갖는 전기기계·기구에 대해서는 제1항의 상태 및 제2항 각 호의 조치를 하지 아니한 상태에서도 작동시킬 수 있다.

80 다음 중 열교환기의 가열 열원으로 사용되는 것은?

① 다우섬
② 염화칼슘
③ 프레온
④ 암모니아

일반용 열매체
- 사용온도는 일반적으로 150~300℃의 범위이다.
- 대부분 정제된 광유(Mineral oil)를 사용한다.
- 낮은 온도에서는 메탄올, 글리콜 수용액, 다우섬(Dowtherm), 실섬(Syltherm) 등이 사용된다.

제 05 과목 │ 건설공사 안전관리

81 일반 거푸집 설계시 강도상 고려해야 할 사항이 아닌 것은?

① 고정하중
② 풍압
③ 콘크리트 강도
④ 측압

거푸집 설계시 고려하여야하는 하중
- 수직(연직)방향 : 고정하중, 충격하중, 작업하중
- 수평방향 : 풍압, 콘크리트 측압, 콘크리트 타설 방향에 따른 편심하중

82 토사 붕괴의 내적 요인이 아닌 것은?

① 절토 사면의 토질구성 이상
② 성토 사면의 토질구성 이상
③ 토석의 강도 저하
④ 사면, 법면의 경사 증가

토사붕괴의 원인
- 외적원인 : 사면의 경사 및 기울기의 증가, 절토 및 성토의 증가, 공사에 의한 진동 및 반복하중의 증가, 지표수 또는 지하수의 침투로 인한 토사중량의 증가, 지진 및 작업차량 등의 하중
- 내적원인 : 절토사면의 토질, 암질의 종류, 성토 사면의 토질구성 및 분포, 토석의 강도 저하

83 지반의 침하에 따른 구조물의 안전성에 중대한 영향을 미치는 흙의 간극비의 정의로 옳은 것은?

① $\dfrac{\text{공기의 부피}}{\text{흙입자의 부피}}$ ② $\dfrac{\text{공기와 물의 부피}}{\text{흙입자의 부피}}$

③ $\dfrac{\text{공기와 물의 부피}}{\text{흙입자에 포함된 물의 부피}}$ ④ $\dfrac{\text{공기의 부피}}{\text{흙입자에 포함된 물의 부피}}$

흙은 토립자 간극으로 구성되고 간극은 물과 공기로 구성되어 있다. 여기서 흙의 간극비란 흙 입자의 용적(부피)에 대한 간극 용적(공기+물 부피)의 비를 말한다.

84 추락재해 방지설비의 종류가 아닌 것은?

① 추락방망   ② 안전난간
③ 개구부 덮개   ④ 수직보호망

산업안전보건기준에 관한 규칙 제43조(개구부 등의 방호 조치) ① 사업주는 작업발판 및 통로의 끝이나 개구부로서 근로자가 추락할 위험이 있는 장소에는 안전난간, 울타리, 수직형 추락방망 또는 덮개 등(이하 이 조에서 "난간등"이라 한다)의 방호 조치를 충분한 강도를 가진 구조로 튼튼하게 설치하여야 하며, 덮개를 설치하는 경우에는 뒤집히거나 떨어지지 않도록 설치하여야 한다. 이 경우 어두운 장소에서도 알아볼 수 있도록 개구부임을 표시해야 하며, 수직형 추락방망은 한국산업표준에서 정하는 성능기준에 적합한 것을 사용해야 한다.
② 사업주는 난간등을 설치하는 것이 매우 곤란하거나 작업의 필요상 임시로 난간등을 해체하여야 하는 경우 제42조제2항 각 호의 기준에 맞는 추락방호망을 설치하여야 한다. 다만, 추락방호망을 설치하기 곤란한 경우에는 근로자에게 안전대를 착용하도록 하는 등 추락할 위험을 방지하기 위하여 필요한 조치를 하여야 한다.

85 옹벽이 외력에 대하여 안정하기 위한 검토 조건이 것은?

① 전도   ② 활동
③ 좌굴   ④ 지반 지지력

옹벽의 안정검토 : 전도에 대한 검토, 활동에 대한 검토, 지반의 지지력에 대한 검토

86 감전재해의 방지대책에서 직접접촉에 대한 방지대책에 해당하는 것은?

① 충전부에 방호망 또는 절연덮개 설치
② 보호접지(기기외함의 접지)
③ 보호절연
④ 안전전압 이하의 전기기기 사용

산업안전보건기준에 관한 규칙 제301조(전기 기계·기구 등의 충전부 방호)
① 사업주는 근로자가 작업이나 통행 등으로 인하여 전기기계, 기구 [전동기·변압기·접속기·개폐기·분전반(分電盤)· 배전반(配電盤) 등 전기를 통하는 기계·기구, 그 밖의 설비 중 배선 및 이동전선 외의 것을 말한다. 이하 같다)] 또는 전

로 등의 충전부분(전열기의 발열체 부분, 저항접속기의 전극 부분 등 전기기계·기구의 사용 목적에 따라 노출이 불가피한 충전부분은 제외한다. 이하 같다)에 접촉(충전부분과 연결된 도전체와의 접촉을 포함한다. 이하 이 장에서 같다)하거나 접근함으로써 감전 위험이 있는 충전부분에 대하여 감전을 방지하기 위하여 다음 각 호의 방법 중 하나 이상의 방법으로 방호하여야 한다.
1. 충전부가 노출되지 않도록 폐쇄형 외함(外函)이 있는 구조로 할 것
2. 충전부에 충분한 절연효과가 있는 방호망이나 절연덮개를 설치할 것
3. 충전부는 내구성이 있는 절연물로 완전히 덮어 감쌀 것
4. 발전소·변전소 및 개폐소 등 구획되어 있는 장소로서 관계 근로자가 아닌 사람의 출입이 금지되는 장소에 충전부를 설치하고, 위험표시 등의 방법으로 방호를 강화할 것
5. 전주 위 및 철탑 위 등 격리되어 있는 장소로서 관계 근로자가 아닌 사람이 접근할 우려가 없는 장소에 충전부를 설치할 것

87 흙파기 공사용 기계에 관한 설명 중 틀린 것은?

① 불도저는 일반적으로 거리 60m 이하의 배토작업에 사용된다.
② 클램쉘은 좁은 곳의 수직파기를 할 때 사용한다.
③ 파워쇼벨은 기계가 위치한 면보다 낮은 곳을 파낼 때 유용하다.
④ 백호우는 토질의 구멍파기나 도랑파기에 이용된다.

쇼벨계 굴착기계의 종류 및 성능

- 파워쇼벨 : 기체보다 높은 곳의 흙파기에 적합하며 굴착능률이 좋다.
- 백호우 : 기체보다 낮은 곳의 흙파기에 적합하며 큰 힘으로 수중굴착도 가능하다.
- 드래그라인 : 주로 기체보다 낮은 장소 또는 수중굴착에 적합하다.
- 클램쉘 : 주로 기초기반을 파는데 사용되며 파는 힘은 약해 사질기반의 굴착에 이용된다.

88 콘크리트 측압에 관한 설명 중 옳지 않은 것은?

① 슬럼프가 클수록 측압은 커진다.
② 벽 두께가 두꺼울수록 측압은 커진다.
③ 부어 넣는 속도가 빠를수록 측압은 커진다.
④ 대기 온도가 높을수록 측압은 커진다.

콘크리트의 측압이 커지는 조건

- 기온이 낮을수록(대기 중의 습도가 낮을수록)
- 치어붓기 속도가 클수록
- 묽은 콘크리트 일수록(물·시멘트비가 클수록, 슬럼프 값이 클수록, 시멘트·물비가 적을 수록)
- 콘크리트의 비중이 클수록
- 콘크리트의 다지기가 강할수록
- 철근양이 작을수록
- 거푸집의 수밀성이 높을수록
- 거푸집의 수평단면이 클수록(벽 두께가 클수록)
- 거푸집의 강성이 클수록
- 거푸집의 표면이 매끄러울수록
- 측압은 생콘크리트의 높이가 높을수록 커지나 일정 높이에 이르면 측압의 증가는 없다.

89 차량계 하역운반기계에 화물을 적재할 때의 준수사항과 거리가 먼 것은?

① 하중이 한쪽으로 치우치지 않도록 적재할 것
② 구내운반차 또는 화물자동차의 경우 화물의 붕괴 또는 낙하에 의한 위험을 방지하기 위하여 화물에 로프를 거는 등 필요한 조치를 할 것
③ 운전자의 시야를 가리지 않도록 화물을 적재할 것
④ 제동장치 및 조정장치 기능의 이상 유무를 점검할 것

산업안전보건기준에 관한 규칙 제173조(화물적재 시의 조치)
① 사업주는 차량계 하역운반기계등에 화물을 적재하는 경우에 다음 각 호의 사항을 준수하여야 한다.
  1. 하중이 한쪽으로 치우치지 않도록 적재할 것
  2. 구내운반차 또는 화물자동차의 경우 화물의 붕괴 또는 낙하에 의한 위험을 방지하기 위하여 화물에 로프를 거는 등 필요한 조치를 할 것
  3. 운전자의 시야를 가리지 않도록 화물을 적재할 것
② 제1항의 화물을 적재하는 경우에는 최대적재량을 초과해서는 아니 된다.

90 건설업 산업안전보건관리비의 사용항목으로 가장 거리가 먼 것은?

① 안전시설비
② 사업장의 안전진단비
③ 근로자의 건강관리비
④ 본사 일반관리비

안전관리와 무관한 일반관리비는 산업안전보건관리비의 사용 항목에 해당되지 않는다.

91 철골공사 시 도괴의 위험이 있어 강풍에 대한 안전 여부를 확인해야 할 필요성이 가장 높은 경우는?

① 연면적당 철골량이 일반건물보다 많은 경우
② 기둥에 H형강을 사용하는 경우
③ 이음부가 공장용접인 경우
④ 호텔과 같이 단면구조가 현저한 차이가 있으며 높이가 20m 이상인 건물

철골의 자립도 검토
- 연면적당 철골량이 50kg/m² 이하인 건물
- 기둥이 타이 플레이트(Tie Plate)형인 건물
- 이음부가 현장용접인 건물 높이가 20m 이상인 건물
- 구조물의 폭과 높이의 비가 1 : 4 이상인 건물
- 고층건물, 호텔 등에서 단면구조가 현저한 차이가 있는 것

92 철골작업시 추락재해를 방지하기 위한 설비가 아닌 것은?

① 안전대 및 구명줄
② 트렌치박스
③ 안전난간
④ 추락방지용 방망

93 공사현장에서 낙하물방지망 또는 방호선반을 설치할 때 설치높이 및 벽면으로부터 내민 길이 기준으로 옳은 것은?

① 설치높이 : 10m 이내마다, 내민 길이 : 2m 이상
② 설치높이 : 15m 이내마다, 내민 길이 : 2m 이상
③ 설치높이 : 10m 이내마다, 내민 길이 : 3m 이상
④ 설치높이 : 15m 이내마다, 내민 길이 : 3m 이상

산업안전보건기준에 관한 규칙 제14조(낙하물에 의한 위험의 방지)
① 사업주는 작업장의 바닥, 도로 및 통로 등에서 낙하물이 근로자에게 위험을 미칠 우려가 있는 경우 보호망을 설치하는 등 필요한 조치를 하여야 한다.
② 사업주는 작업으로 인하여 물체가 떨어지거나 날아올 위험이 있는 경우 낙하물 방지망, 수직보호망 또는 방호선반의 설치, 출입금지구역의 설정, 보호구의 착용 등 위험을 방지하기 위하여 필요한 조치를 하여야 한다. 이 경우 낙하물 방지망 및 수직보호망은 「산업표준화법」 제12조에 따른 한국산업표준(이하 "한국산업표준"이라 한다)에서 정하는 성능기준에 적합한 것을 사용하여야 한다.
③ 제2항에 따라 낙하물 방지망 또는 방호선반을 설치하는 경우에는 다음 각 호의 사항을 준수하여야 한다.
   1. 높이 10미터 이내마다 설치하고, 내민 길이는 벽면으로부터 2미터 이상으로 할 것
   2. 수평면과의 각도는 20도 이상 30도 이하를 유지할 것

94 근로자가 상시 작업하는 장소의 작업면 조도 기준으로 틀린 것은?(단, 갱내 작업장과 감광재료를 취급하는 작업장이 아닌 경우이다.)

① 초정밀작업 : 750럭스 이상
② 정밀작업 : 300럭스 이상
③ 보통작업 : 150럭스 이상
④ 그 밖의 작업 : 120럭스 이상

산업안전기준에 관한 규칙 제8조(조도) 사업주는 근로자가 상시 작업하는 장소의 작업면 조도(照度)를 다음 각 호의 기준에 맞도록 하여야 한다. 다만, 갱내(坑內) 작업장과 감광재료(感光材料)를 취급하는 작업장은 그러하지 아니하다.
1. 초정밀작업 : 750럭스(lux) 이상
2. 정밀작업 : 300럭스 이상
3. 보통작업 : 150럭스 이상
4. 그 밖의 작업 : 75럭스 이상

95 달비계 설치 시 달기체인의 사용 금지 기준과 거리가 먼 것은?

① 달기체인의 길이가 달기체인이 제조된 때의 길이의 5%를 초과한 것
② 균열이 있거나 심하게 변형된 것
③ 이음매가 있는 것
④ 링의 단면지름이 달기체인이 제조된 때의 해당 링의 지름의 10%를 초과하여 감소한 것

달비계 설치 시 달기체인의 사용 금지 기준(산업안전보건기준에 관한 규칙 제63조)
• 달기 체인의 길이가 달기 체인이 제조된 때의 길이의 5퍼센트를 초과한 것
• 링의 단면지름이 달기 체인이 제조된 때의 해당 링의 지름의 10퍼센트를 초과하여 감소한 것
• 균열이 있거나 심하게 변형된 것

96 차량계 건설기계의 작업시 작업시작 전 점검사항에 해당되는 것은?

① 권과방지장치의 이상유무
② 브레이크 및 클러치의 기능
③ 슬링·와이어 슬링의 매달린 상태
④ 언로드밸브의 이상유무

차량계 건설기계를 사용하여 작업을 할 때는 당해 작업시작 전에 브레이크 및 클러치 등의 기능을 점검하여야 한다.

97 차량계 하역운반기계의 운전자가 운전위치를 이탈하는 경우 조치해야 할 내용 중 틀린 것은?

① 포크 및 버킷을 가장 높은 위치에 두어 근로자 통행을 방해하지 않도록 하였다.
② 원동기를 정지시켰다.
③ 브레이크를 걸어두고 확인 하였다.
④ 경사지에서 갑작스런 주행이 되지 않도록 바퀴에 블록 등을 놓았다.

산업안전보건기준에 관한 규칙 제99조(운전위치 이탈 시의 조치) ① 사업주는 차량계 하역운반기계등, 차량계 건설기계의 운전자가 운전위치를 이탈하는 경우 해당 운전자에게 다음 각 호의 사항을 준수하도록 하여야 한다.
1. 포크, 버킷, 디퍼 등의 장치를 가장 낮은 위치 또는 지면에 내려 둘 것
2. 원동기를 정지시키고 브레이크를 확실히 거는 등 갑작스러운 주행이나 이탈을 방지하기 위한 조치를 할 것
3. 운전석을 이탈하는 경우에는 시동키를 운전대에서 분리시킬 것. 다만, 운전석에 잠금장치를 하는 등 운전자가 아닌 사람이 운전하지 못하도록 조치한 경우에는 그러하지 아니하다.

98 채석작업을 하는 경우 지반의 붕괴 또는 토석의 낙하로 인하여 근로자에게 발생할 우려가 있는 위험을 방지하기 위하여 취하여야 할 조치와 가장 거리가 먼 것은?

① 작업 시작 전 작업장소 및 그 주변 지반의 부석과 균열이 유무와 상태 점검
② 함수·용수 및 동결상태의 변화 점검
③ 진동치 속도 점검
④ 발파 후 발파장소 점검

산업안전보건기준에 관한 규칙 제370조(지반붕괴 위험방지) 사업주는 채석작업을 하는 경우 지반의 붕괴 또는 토석의 낙하로 인하여 근로자에게 발생할 우려가 있는 위험을 방지하기 위하여 다음 각 호의 조치를 해야 한다.
1. 점검자를 지명하고 당일 작업 시작 전에 작업장소 및 그 주변 지반의 부석과 균열의 유무와 상태, 함수·용수 및 동결상태의 변화를 점검할 것
2. 점검자는 발파 후 그 발파 장소와 그 주변의 부석 및 균열의 유무와 상태를 점검할 것

99 산업안전보건기준에 관한 규칙에 따른 굴착면의 기울기 기준으로 틀린 것은?

① 모래 - 1 : 1.8
② 풍화암 - 1 : 0.5
③ 연암 - 1 : 1.0
④ 경암 - 1 : 0.5

굴착면의 기울기 기준(산업안전보건기준에 관한 규칙 별표 11)

지반의 종류	굴착면의 기울기
모래	1 : 1.8
연암 및 풍화암	1 : 1.0
경암	1 : 0.5
그 밖의 흙	1 : 1.2

비고
1. 굴착면의 기울기는 굴착면의 높이에 대한 수평거리의 비율을 말한다.
2. 굴착면의 경사가 달라서 기울기를 계산하기가 곤란한 경우에는 해당 굴착면에 대하여 지반의 종류별 굴착면의 기울기에 따라 붕괴의 위험이 증가하지 않도록 위 표의 지반의 종류별 굴착면의 기울기에 맞게 해당 각 부분의 경사를 유지해야 한다.

100 다음은 이음매가 있는 권상용 와이어로프의 사용금지 규정이다. ( ) 안에 알맞은 숫자는?

> 와이어로프의 한 꼬임에서 소선의 수가 ( )% 이상 절단된 것을 사용하면 안 된다.

① 5 ② 7
③ 10 ④ 15

권상용 와이어로프의 사용금지 규정(산업안전보건기준에 관한 규칙 제63조)
- 이음매가 있는 것
- 와이어로프의 한 꼬임[(스트랜드(strand)를 말한다. 이하 같다)]에서 끊어진 소선(素線)[필러(pillar)선은 제외한다)]의 수가 10퍼센트 이상(비자전로프의 경우에는 끊어진 소선의 수가 와이어로프 호칭지름의 6배 길이 이내에서 4개 이상이거나 호칭지름 30배 길이 이내에서 8개 이상)인 것
- 지름의 감소가 공칭지름의 7퍼센트를 초과하는 것
- 꼬인 것
- 심하게 변형되거나 부식된 것
- 열과 전기충격에 의해 손상된 것

정답 2015년 05월 31일 최근 기출문제

01 ④	02 ①	03 ②	04 ④	05 ③	06 ④	07 ③	08 ③	09 ①	10 ③
11 ③	12 ②	13 ④	14 ②	15 ②	16 ①	17 ②	18 ③	19 ①	20 ①
21 ①	22 ②	23 ③	24 ④	25 ①	26 ②	27 ①	28 ②	29 ④	30 ②
31 ②	32 ④	33 ③	34 ③	35 ③	36 ②	37 ①	38 ③	39 ①	40 ④
41 ①	42 ①	43 ④	44 ④	45 ①	46 ②	47 ③	48 ③	49 ③	50 ①
51 ②	52 ③	53 ①	54 ④	55 ③	56 ②	57 ②	58 ④	59 ④	60 ④
61 ④	62 ②	63 ③	64 ③	65 ①	66 ④	67 ④	68 ③	69 ③	70 ②
71 ③	72 ③	73 ①	74 ③	75 ①	76 ④	77 ④	78 ③	79 ④	80 ①
81 ③	82 ④	83 ②	84 ④	85 ③	86 ①	87 ③	88 ④	89 ④	90 ④
91 ④	92 ②	93 ①	94 ④	95 ③	96 ②	97 ①	98 ③	99 ②	100 ③

2015년 08월 16일

○ QUESTIONS FROM PREVIOUS TESTS

최근 기출문제

제 01 과목 산업재해 예방 및 안전보건교육

01 다음 중 창조성 · 문제해결능력의 개발을 위한 교육기법으로 가장 적절하지 않은 것은?

① 역할연기법
② In-Basket법
③ 사례연구법
④ 브레인스토밍법

역할연기법(Role Playing)은 참석자에게 어떤 역할을 주어서 실제로 시켜봄으로써 훈련이나 평가에 사용하는 교육기법으로 높은 수준의 의사 결정에 대한 훈련에는 효과를 기대할 수 없다.

02 Fail-safe의 정의를 가장 올바르게 나타낸 것은?

① 인적 불안전 행위의 통제방법을 말한다.
② 인력으로 예방할 수 없는 불가항력의 사고이다.
③ 인간-기계 시스템의 최적정 설계방안이다.
④ 인간의 실수 또는 기계 · 설비의 결함으로 인하여 사고가 발생치 않도록 설계시부터 안전하게 하는 것이다.

Fail-Safety
• Fail Safety : 인간 또는 기계에 과오나 동작상의 실수가 있어도 안전사고를 발생시키지 않도록 2중 또는 3중으로 통제를 가하도록 한 체제
• Fail Safe 종류 : 다경로 하중 구조, 하중 경감 구조, 교대구조, 중복 구조

03 산업안전보건법령상 안전보건표지 중 '산화성 물질 경고'의 색채에 관한 설명으로 옳은 것은?

① 바탕은 파란색, 관련 그림은 흰색
② 바탕은 무색, 기본모형은 빨간색
③ 바탕은 흰색, 기본모형 및 관련 부호는 녹색
④ 바탕은 노란색, 기본모형, 관련 부호 및 그림은 검은색

해설

안전보건표지의 색도기준 및 용도(산업안전보건법 시행규칙 별표 8)

색채	색도기준	용도	사용례
빨간색	7.5R 4/14	금지	정지신호, 소화설비 및 그 장소, 유해행위의 금지
		경고	화학물질 취급장소에서의 유해·위험 경고
노란색	5Y 8.5/12	경고	화학물질 취급장소에서의 유해·위험 경고 이외의 위험 경고, 주의표지 또는 기계방호물
파란색	2.5PB 4/10	지시	특정 행위의 지시 및 사실의 고지
녹색	2.5G 4/10	안내	비상구 및 피난소 사람 또는 차량의 통행 표시
흰색	N9.5	–	파란색 또는 녹색에 대한 보조색
검은색	N0.5	–	문자 및 빨간색 또는 노란색에 대한 보조색

04 산업안전보건법령에 따른 산업안전보건위원회의 회의결과를 공지하는 방법으로 가장 적절하지 않은 것은?

① 사보에 게재한다.
② 회의에 참석하여 파악토록 한다.
③ 사업장 내의 게시판에 부착한다.
④ 정례 조회시 집합교육을 통하여 전달한다.

해설

산업안전보건법 시행령 제39조(회의 결과 등의 공지) 산업안전보건위원회의 위원장은 산업안전보건위원회에서 심의·의결된 내용 등 회의 결과와 중재 결정된 내용 등을 사내방송이나 사내보, 게시 또는 자체 정례조회, 그 밖의 적절한 방법으로 근로자에게 신속히 알려야 한다.

05 위험예지훈련 중 TBM(Tool Box Meeting)에 관한 설명으로 옳지 않은 것은?

① 작업 장소에서 원형의 형태를 만들어 실시한다.
② 통상 작업시작 전, 후 10분 정도 시간으로 미팅한다.
② 토의는 10인 이상에서 20인 단위의 중규모가 모여서 한다.
④ 근로자 모두가 말하고 스스로 생각하고 "이렇게 하자"라고 합의한 내용이 되어야 한다.

해설

TBM(Tool Box Meeting)은 5~7명 정도의 인원이 직장, 현장, 공구상자 등의 근처에서 작업 시작 전 5~15분, 작업 종료 시 3~5분 정도의 짧은 시간동안에 행하는 미팅을 말한다.

06 누전차단장치 등과 같은 안전장치를 정해진 순서에 따라 동작시키고 동작상황의 양부를 점검을 무슨 점검 이라고 하는가?

① 외관점검　　　　　　　　② 작동점검
③ 기술점검　　　　　　　　④ 종합점검

07 국제노동통계회의에서 결의된 재해통계의 국제적 통일안을 설명한 것으로 틀린 것은?

① 국제적 통일안의 결의로서 모든 국가가 이 방법을 적용하고 있다.
② 강도율은 근로손실일수(1000배)를 총인원의 연근로시간수로 나누어 산정한다.
③ 도수율은 재해의 발생건수(100만 배)를 총인원의 연근로시간수로 나누어 산정한다.
④ 국가별, 시기별, 산업별 비교를 위해 산업재해통계를 도수율이나 강도율의 비율로 나타낸다.

국제노동통계회의에서 결의된 재해통계의 국제적 통일안은 권고안을 마련한 것으로 모든 국가가 권고 사항에 따르고 있는 것은 아니다.

08 하인리히의 재해구성비율에 따라 경상사고가 87건 발생하였다면 무상해사고는 몇 건이 발생하였겠는가?

① 300건　　　　　　　② 600건
③ 900건　　　　　　　④ 1200건

하인리히의 재해구성 비율은 "중상 또는 사망 : 경상 : 무상해 사고 = 1 : 29 : 300"의 비율로 경상사고가 87건이라면 비율에 따라 중상 또는 사망사고는 3건, 무상해사고는 900건이 발생하였다고 볼 수 있다.

09 기억과정에 있어 "파지(retention)"에 대한 설명으로 가장 적절한 것은?

① 사물의 인상을 마음속에 간직하는 것
② 사물의 보존된 인상을 다시 의식으로 오르는 것
③ 과거의 경험이 어떤 형태로 미래의 행동에 영향을 주는 작용
④ 과거의 학습 경험을 통하여 학습된 행동이나 내용이 지속되는 것

기억의 과정
- 기억 : 과거의 경험이 어떠한 형태로 미래의 행동에 영향을 주는 작용
- 기명 : 사물의 인상을 마음속에 간직하는 것
- 파지 : 간직, 인상이 보존되는 것
- 재생 : 보존된 인상을 다시 의식으로 떠오르는 것
- 재인 : 과거에 경험했던 것과 같은 비슷한 상태에 부딪쳤을 때 떠오르는 것

10 의식의 상태에서 작업 중 걱정, 고민, 욕구불만 등에 의하여 정신을 빼앗기는 것을 무엇이라 하는가?

① 의식의 과잉　　　　② 의식의 파동
③ 의식의 우회　　　　④ 의식수준의 저하

부주의 현상
- 의식의 단절 : 지속적인 의식의 흐름에 단절이 생기고 공백의 상태가 나타나는 것으로서 특수한 질병이 있는 경우에 나타난다.(의식수준 : Phase 0 상태)

- 의식의 우회 : 의식의 흐름이 옆으로 빗나가 발생하는 경우로서 작업도중의 걱정, 고뇌, 욕구 불만 등에 의해 다른 것이 주의하는 것이 이에 속한다.(의식수준 : Phase 0 상태)
- 의식수준의 저하 : 혼미한 정신 상태에서 심신이 피로할 경우나 단조로운 작업 등의 경우에 일어나기 쉽다.(의식수준 : Phase Ⅰ 이하 상태)
- 의식의 과잉 : 지나친 의욕에 의해서 생기는 부주의 현상으로서 돌발사태 및 긴급이상 사태시 순간적으로 긴장하고 의식이 한 방향으로만 쏠리게 되는 경우가 이에 해당된다.(의식수준 : Phase Ⅳ상태)

11 주의(Attention)의 특징 중 여러 종류의 자극을 자각할 때, 소수의 특정한 것에 한하여 주의가 집중되는 것을 무엇이라 하는가?

① 선택성 ② 방향성
③ 변동성 ④ 검출성

주의의 특성
- 주의력의 중복집중의 곤란 : 주의는 동시에 2개 방향에 집중하지 못한다.(선택성)
- 주의력의 단속성 : 고도의 주의는 장시간 지속할 수 없다.(변동성)
- 한 지점에 주의를 집중하면 다른데 주의는 약해진다.(방향성)

12 스트레스의 요인 중 직무특성에 대한 설명. 가장 옳은 것은?

① 과업의 과소는 스트레스를 경감시킨다.
② 과업의 과중은 스트레스를 경감시킨다.
③ 시간의 압박은 스트레스와 관계없다.
④ 직무로 인한 스트레스는 동기부여의 저하, 정신적 긴장 그리고 자신감 상실과 같은 부정적 반응을 초래한다.

스트레스
- 스트레스의 직무요인 : 역할갈등, 역할과중, 역할모호성
- 직무스트레스와 작업 효율성간의 역U자형 가설 : 작업환경 복잡성이 증가함에 따라서 직무 스트레스가 커지며, 적정 수준까지는 작업 효율성도 함께 증가하다가 그 이후부터는 작업 효율성이 감소

13 적응기제(Adjustment Mechanism) 중 방어적 기제(Defence Mechanism)에 해당하는 것은?

① 고립(Isolation)
② 퇴행(Regression)
③ 억압(Suppression)
④ 보상(Compensation)

적응기제(Adjustment Mechanism)
- 방어적 기제 : 보상, 합리화, 동일시, 승화
- 도피적 기제 : 고립, 퇴행, 억압, 백일몽
- 공격적 기제 : 직접적 공격형, 간접적 공격형

14 산업안전보건법령상 근로자 안전보건교육 중 채용시 교육 및 작업내용 변경 시 교육내용에 해당하는 것은?

① 유해 · 위험 작업환경 관리에 관한 사항
② 표준안전작업방법 및 지도 요령에 관한 사항
③ 작업공정의 유해 · 위험과 재해 예방대책에 관한 사항
④ 기계 · 기구의 위험성과 작업의 순서 및 동선에 관한 사항

채용 시 교육 및 작업내용 변경 시 교육(산업안전보건법 시행규칙 별표 5)
- 산업안전 및 산업재해 예방에 관한 사항(화재 · 폭발 사고 발생 시 대피에 관한 사항 포함)
- 산업보건 및 건강장해 예방에 관한 사항
- 위험성 평가에 관한 사항
- 산업안전보건법령 및 산업재해보상보험 제도에 관한 사항
- 직무스트레스 예방 및 관리에 관한 사항
- 직장 내 괴롭힘, 고객의 폭언 등으로 인한 건강장해 예방 및 관리에 관한 사항
- 기계 · 기구의 위험성과 작업의 순서 및 동선에 관한 사항
- 작업 개시 전 점검에 관한 사항
- 정리정돈 및 청소에 관한 사항
- 사고 발생 시 긴급조치에 관한 사항
- 물질안전보건자료에 관한 사항

15 보호구 관련 규정에 따른 안전모의 착장체 구성요소에 해당되지 않는 것은?

① 머리리턱끈　　② 머리받침끈
③ 머리고정대　　④ 머리받침고리

안전모의 일반구조

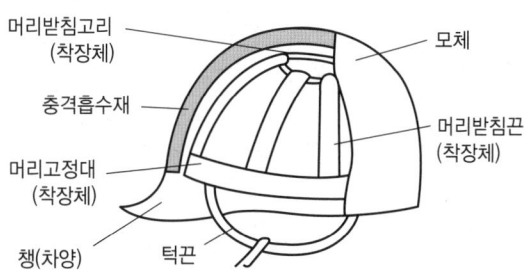

16 허츠버그(Herzberg)의 2요인 이론에 있어서 다음 중 동기요인에 해당하는 것은?

① 임금　　② 지위
③ 도전　　④ 작업조건

위생요인과 동기요인
- 위생요인 : 인간의 동물적 욕구를 반영하는 것으로서 안전, 친교, 봉급, 감독형태, 기업의 정책, 작업조건 등이 해당되며 매슬로우(Maslow)의 생리적, 안전, 사회적 욕구와 유사하다.
- 동기요인 : 자아실현을 하려는 인간의 독특한 경향(성취, 인정, 작업 자체, 책임감 등)을 반영한 것으로 매슬로우(Maslow)의 자아실현 욕구와 유사하다.

17 다음 중 아담스(Edward Adams)의 관리구조 이론에 대한 사고발생 메커니즘(mechanism)을 가장 올바르게 설명한 것은?

① 사람의 불안전한 행동에서만 발생한다.
② 불안전한 상태에 의해서만 발생한다.
③ 불안전한 행동과 불안전한 상태가 복합되어 발생한다.
④ 불안전한 상태와 불안전한 행동은 상호 독립적으로 작용한다.

18 무재해운동 이념의 3원칙에 해당되는 것은?

① 포상의 원칙　　② 참가의 원칙
③ 예방의 원칙　　④ 팀 활동의 원칙

무재해운동의 3원칙
- 무(Zero)의 원칙 : 산재 위험의 잠재요인을 근원적으로 해결하기 위한 원칙
- 선취의 원칙 : 위험요인 행동 전에 예지, 발견
- 참가의 원칙 : 전원(근로자, 회사 내 전종업원, 근로자 가족) 참가

19 관료주의에 대한 설명으로 틀린 것은?

① 의사결정에는 작업자의 참여가 필수적이다.
② 인간을 조직 내의 한 구성원으로만 취급한다.
③ 개인의 성장이나 자아실현의 기회가 주어지기 어렵다.
④ 사회적 여건이나 기술의 변화에 신속하게 대응하기 어렵다.

개인이 상실되고 독자성이 없어지며 직무 자체나 조직의 구조, 방법 등에 작업자가 관여 할 수가 없다

20 안전·보건교육 강사로서 교육진행의 자세로 가장 적절하지 않은 것은?

① 중요한 것은 반복해서 교육할 것
② 상대방의 입장이 되어서 교육할 것
③ 쉬운 것에서 어려운 것으로 교육할 것
④ 가능한 한 전문용어를 사용하여 교육할 것

제 02 과목 인간공학 및 위험성 평가·관리

21 휴먼에러에 있어 작업자가 수행해야 할 작업을 잘못 수행하였을 경우의 오류를 무엇이라 하는가?

① omission error
② sequence error
③ timing error
④ commission error

해설

심리적인 분류(Swain)
- Omission Error : 필요한 Task 또는 절차를 수행하지 않는데 기인한 Error
- Timing Error : 필요한 Task 또는 절차의 수행지연으로 인한 Error
- Commission Error : 필요한 Task 또는 절차의 불확실한 수행으로 인한 Error
- Sequential Error : 필요한 Task 또는 절차의 순서 착오로 인한 Error
- Extraneous Error : 불필요한 Task 또는 절차를 수행함으로서 기인한 Error

22 결함수분석(FTA)에서 지면부족 등으로 인하여 다른 페이지 또는 부분에 연결시키기 위해 사용되는 기호는?

① ○
② ⌂
③ ◇
④ △

해설

FTA 도표에 사용하는 논리기호

명칭	기호	명칭	기호
결함사상	▭	전이 기호 (이행 기호)	△(in) △(out)
기본사상	○	AND gate	출력/입력
생략사상 (추적 불가능한 최후사상)	◇	OR gate	출력/입력
통상사상 (家刑事像)	⌂	수정기호 조건	출력/조건/입력

23 다음 중 인체에서 뼈의 기능에 해당하지 않는 것은?

① 대사 기능　　② 장기 보호
③ 조혈 기능　　④ 인체의 지주

뼈의 기능 : 지지, 보호, 운동, 저장, 조혈

24 다음 중 시스템에 영향을 미칠 우려가 있는 모든 요소의 고장을 형태별로 해석하여 그 영향을 검토하는 분석방법은?

① FTA　　② ETA
③ MORT　　④ FMEA

고장형태와 영향분석(FMEA, Failure Modes and Effects Analysis)
- FMEA : 시스템 안전분석에 이용되는 전형적인 정성적, 귀납적 분석방법으로 시스템에 영향을 미치는 전체 요소의 고장을 형별로 분석하여 그 영향을 검토하는 것
- 장점 : 서식이 간단하고 비교적 적은 노력으로 특별한 훈련 없이 분석할 수 있음
- 단점 : 논리성이 부족하고 특히 각 요소간의 영향을 분석하기 어렵기 때문에 동시에 두 가지 이상의 요소가 고장 날 경우 분석이 곤란하며 요소가 물체로 한정되어 있기 때문에 인적원인을 분석하는 것은 곤란

25 다음 중 교체 주기와 가장 밀접한 관련성이 보전방식은?

① 보전예방　　② 생산보전
③ 품질보전　　④ 예방보전

보전방식의 내용
- 예방보전 : 정기적인 점검과 조기 수리를 행하는 보전방식
- 사후보전 : 설비의 노화 또는 고장으로 인한 정지 후에 행하는 보전방식
- 개량보전 : 설비 자체의 체질개선을 목적으로 하는 보전방식
- 보전예방 : 설비의 설계, 제작 단계에서 보전활동이 불필요한 체제를 목표로 한 보전방식

26 화학설비에 대한 안전성 평가시 "정량적 평가"의 5가지 항목에 해당하지 않는 것은?

① 전원　　② 취급물질
③ 온도　　④ 화학설비용량

화학설비의 안전성 평가 중 정량적 평가
- 당해 화학설비의 취급물질, 용량, 온도, 압력 및 조작의 5항목에 대해 A, B, C, D급으로 분류하고 A급은 10점, B급은 5점, C급은 2점, D급은 0점으로 점수를 부여한 후 5항목에 관한 점수들의 합을 구한다.
- 합산 결과에 의한 위험도의 등급은 다음과 같다.

등급	점수	내용
등급 Ⅰ	16점 이상	위험도가 높음
등급 Ⅱ	11~15점 이하	주위상황, 다른 설비와 관련해서 평가
등급 Ⅲ	10점 이하	위험도가 낮음

27 다음 중 양립성(compatibility)의 종류가 아닌 것은?

① 개념양립성 ② 감성양립성
③ 운동양립성 ④ 공간양립성

양립성의 구분
- 공간 양립성 : 표시장치가 조종장치에서 물리적 형태나 공간적인 배치의 양립성
- 운동 양립성 : 표시 및 조종장치의 운동 방향의 양립성
- 개념 양립성 : 사람들이 가지고 있는 개념적 연상(어떤 암호체계에서 청색이 정상을 나타내듯이)의 양립성
- 양식 양립성 : 기계가 특정 음성에 대해 정해진 반응을 하는 것과 같이 직무에 알맞은 자극과 응답양식의 존재에 대한 양립성

28 다음 중 부품배치의 원칙에 해당되지 않는 것은?

① 중요성의 원칙 ② 사용빈도의 원칙
③ 다각능률의 원칙 ④ 기능별 배치원칙

부품 배치의 원칙 : 중요성의 원칙, 사용빈도의 원칙, 기능별 배치의 원칙, 사용 순서의 원칙

29 [그림]과 같은 FT도의 컷셋(cut sets)에 속하는 것은?

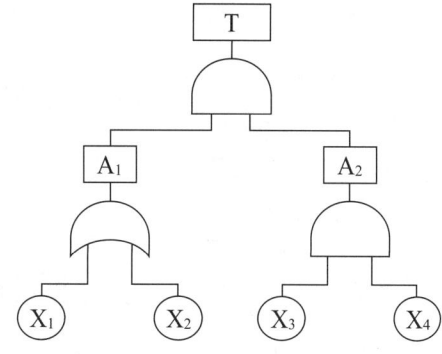

① {X₁, X₂, X₃} ② {X₁, X₂, X₄}
③ {X₁, X₃, X₄} ④ {X₁, X₂, X₃, X₄}

컷셋(cut set)은 정상 사상을 일으키는 기본사상들의 집합이므로 OR 게이트의 X_1 또는 X_2와 AND 게이트인 X_3와 X_4가 컷셋에 속한다. 따라서, 컷셋은 {X_1, X_3, X_4}와 {X_2, X_3, X_4} 이다.

30 인간-기계시스템에 대한 평가에서 평가 척도나 기준(criteria)으로서 관심의 대상이 되는 변수를 무엇이라 하는가?

① 독립변수
② 확률변수
③ 통제변수
④ 종속변수

독립변수와 종속변수
- 독립변수(Independent variable) : 연구자가 조작하거나 통제하고자 하는 변수로 측정하고자 하는 값(종속변수)에 영향을 미칠 것으로 보이며, 그 영향의 정도를 보고자 하는 경우가 많다.(작업관련변수, 환경변수, 피실험자 관련 변수)
- 종속변수(Dependent variable) : 독립변수의 영향을 평가하기 위하여 측정하는 변수로 측정치의 분석이 연구의 결과가 되기도 한다.(기준, 측정변수, 평가척도)

31 다음 중 눈이 식별할 수 있는 과녁(target)의 최소 특징이나 과녁 부분들 간의 최소공간을 의미하는 것은?

① 최소분간시력(minimum separable acuity)
② 최소지각시력(minimum perceptible acuity)
③ 입체시력(stereoscopic acuity)
④ 동시력(dynamic visual acuity)

시력(Visual Acuity)
- 최소분간시력(minimum separable acuity) : 눈이 검출할 수 있는 과녁의 최소 특징 또는 과녁의 부분 사이의 최소 공간
- 최소지각시력(minimum perceptible acuity) : 배경으로부터 한 점을 분간하는 능력
- 입체시력(stereoscopic acuity) : 거리가 있는 한 물체의 상이 두 눈의 망막에 맺힐 때 그 상의 차이를 구별하는 능력
- 동시력(dynamic visual acuity) : 움직이는 물체(또는 본인이 움직이면서)나 사물을 정확히 바라보고 파악하는 시각적인 능력
- 판별시력(vernier acuity) : 물체의 상호 위치관계를 파악, 선 또는 도형의 어긋남을 인식하는 능력

32 다음 중 청각적 표시에 대한 설명으로 틀린 것은?

① JND(Just Noticeable Difference)는 인간이 신호의 50%를 검출할 수 있는 자극차원(강도 또는 진동수)의 최소 차이이다.
② 장애물이나 칸막이를 넘어가야 하는 신호는 1000Hz 이상의 진동수를 갖는 신호를 사용한다.
③ 다차원 코드 시스템을 사용할 경우, 일반적으로 차원의 수가 많고 수준의 수가 적은 것이 차원의 수가 적고 수준의 수가 많은 것보다 좋다.
④ 배경 소음과 다른 진동수를 갖는 신호를 하는 것이 바람직하다.

경계 및 경보신호의 선택 또는 설계시의 설계지침
- 500~3000Hz(또는 200~5000Hz)의 진동수를 사용한다.
- 장거리(3000m 이상)용은 1000Hz 이하의 진동수를 사용한다.
- 장애물 및 칸막이 통과시는 500Hz 이하의 진동수를 사용한다.
- 주의를 끌기 위해서는 변조된 신호(초당 1~8번 나는 소리, 초당 1~3번 오르내리는 소리 등)를 사용한다.
- 배경소음의 진동수와 구별되는 신호를 사용한다.

- 경보효과를 높이기 위해서 개시 시간이 짧은 고강도 신호를 사용한다.
- 수화기를 사용하는 경우에는 좌우로 교번하는 신호를 사용한다.
- 가능하면 확성기, 경적 등과 같은 별도의 통신계통을 사용한다.

33 다음 FT도에서 각 사상이 발생할 확률이 B_1은 0.1, B_2는 0.2, B_3는 0.3일 때 사상 A 가 발생할 확률은 약 얼마인가?

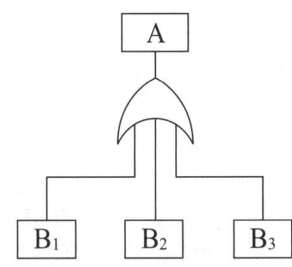

① 0.006　　　　　　　　② 0.496
③ 0.604　　　　　　　　④ 0.804

$A = 1-(1-B_1)(1-B_2)(1-B_3) = 1-(1-0.1)(1-0.2)(1-0.3) = 0.496$

34 자동생산라인의 오류 경보음을 3단계로 설계하였다. 1단계 경보음이 1000Hz, 60dB라 할 때 3단계 오류 경보음이 1단계 경보음보다 4배 더 크게 들리도록 하려면, 다음 중 경보음의 주파수와 음압수준으로 가장 적절한 것은?

① 1000Hz, 80dB　　　　② 1000Hz, 120dB
③ 2000Hz, 60dB　　　　④ 2000Hz, 80dB

35 다음 중 조정표시비(C/D비, Control-Display ratio)를 설계할 때의 고려할 사항과 가장 거리가 먼 것은?

① 공차　　　　　　　　② 계기의 크기
③ 운동성　　　　　　　④ 조작시간

C/D비 설계시 고려해야 할 사항 : 계기의 크기, 공차, 조작시간, 방향성, 목측거리

36 5000개의 베어링을 품질 검사하여 400개의 불량품을 처리하였으나 실제로는 1000개의 불량 베어링이 있었다면 이러한 상황의 HEP(Human Error Probability)는 얼마인가?

① 0.04　　　　　　　　② 0.08
② 0.12　　　　　　　　④ 0.16

휴먼에러확률(HEP) $= \dfrac{1000-400}{5000} = 0.12$

37 S 에어컨 제조회사는 올해 경영슬로건으로 "소비자가 가장 선호하는 바람을 제공할 때까지"를 선정하였다. 목표 달성을 위하여 에어컨 가동 상태를 테스트하는 실험실을 설계하고자 한다. 다음 중 실험실의 실효온도에 영향을 주는 인자와 가장 관계가 먼 것은?

① 온도
② 습도
③ 체온
④ 공기유동

실효온도(ET)
- 실효온도(체감온도 또는 감각온도)에 영향을 주는 요인 : 온도, 습도, 기류(공기유동)
- 허용한계 : 정신(사무)작업(60~64℉), 경작업(55~60℉), 중작업(50~55℉)

38 조도가 250럭스인 책상 위에 짙은색 종이 A와 B가 있다. 종이 A의 반사율은 20%이고, 종이 B의 반사율은 15%이다. 종이 A에는 반사율 80%의 색으로, 종이 B에는 반사율 60%의 색으로 같은 글자를 각각 썼을 때 다음 설명 중 옳은 것은?(단, 두 글자의 크기, 색, 재질 등은 동일하다.)

① A 종이에 쓰인 글자가 B 종이에 쓰인 글자보다 눈에 더 잘 보인다.
② B 종이에 쓰인 글자가 A 종이에 쓰인 글자보다 눈에 더 잘 보인다.
③ 두 종이에 쓴 글자는 동일한 수준으로 보인다.
④ 어느 종이에 쓰인 글자가 더 잘 보이는지 알 수 없다.

A의 대비 = $\frac{80-20}{80} \times 100 = 75(\%)$, B의 대비 = $\frac{60-15}{60} \times 100 = 75(\%)$

따라서, 두 종이에 쓴 글자는 동일한 수준으로 보인다.

39 위험조정을 위한 필요한 기술은 조직형태에 따라 다양하며 4가지로 분류하였을 때 이에 속하지 않는 것은?

① 보류(retention)
② 계속(continuation)
③ 전가(transfer)
④ 감축(reduction)

위험(Risk) 처리(조정) 기술 : 회피(Avoidance), 경감·감축(Reduction), 보류(Retention), 전가(Transfer)

40 다음 중 시스템의 정의와 관련한 설명으로 틀린 것은?

① 구성요소들이 모인 집합체다.
② 구성요소들이 정보를 주고받는다.
③ 구성요소들은 공통의 목적을 갖고 있다.
④ 개회로(open loop) 시스템은 피드백(feedback) 정보를 필요로 한다.

Open-Loop란 제어신호를 주고서 그 신호에 의해서 어떻게 변했는지는 상관하지 않는 회로로 피드백(feedback) 정보를 필요로 하지 않는다. 이와 달리 폐회로(Closed-Loop) 시스템은 피드백 정보를 필요로 한다.

제 03 과목 기계·기구 및 설비 안전관리

41 다음 중 연삭숫돌의 지름이 100mm이고, 회전수가 1000rpm이면 숫돌의 원주속도(mm/min)는 약 얼마인가?

① 314
② 628
③ 314000
④ 628000

$V = \dfrac{\pi DN}{1000}$ [V : 원주속도(m/min), D : 외경(mm), N : 회전수(rpm)]

$\therefore V = \dfrac{3.14 \times 100 \times 1000}{1000} = 3.14(\text{m/min}) = 314000(\text{mm/min})$

42 산업안전보건법령상 양중기의 달기 체인에 대한 사용금지 사항으로 틀린 것은?

① 달기 체인의 한 꼬임에서 끊어진 소선의 수가 10% 이상인 것
② 링의 단면지름이 달기 체인이 제조된 때의 해당 링의 지름의 10%를 초과하여 감소한 것
③ 달기 체인의 길이가 달기 체인아 제조된 때의 길이의 5%를 초과한 것
④ 균열이 있거나 심하게 변형된 것

양중기의 달기 체인에 대한 사용금지 사항
- 이음매가 있는 것
- 와이어로프의 한 꼬임의 수가 10퍼센트 이상(비자전로프의 경우에는 끊어진 소선의 수가 와이어로프 호칭지름의 6배 길이 이내에서 4개 이상이거나 호칭지름 30배 길이 이내에서 8개 이상)인 것
- 지름의 감소가 공칭지름의 7퍼센트를 초과하는 것
- 꼬인 것
- 심하게 변형되거나 부식된 것
- 열과 전기충격에 의해 손상된 것

43 산업용 로봇의 동작 형태별 분류에 속하지 않는 것은?

① 원통좌표 로봇
② 수평좌표 로봇
③ 극좌표 로봇
④ 관절 로봇

산업용 로봇의 동작 형태별 분류와 특징
- 직각좌표 로봇 : 작업의 정도가 높고, 제어가 쉽다.
- 원통좌표 로봇 : 작업의 영역이 넓으며, 수평면에서는 좌표변환 자세제어가 필요하다.
- 극좌표 로봇 : 작업의 영역 및 자세가 넓으며, 3차원에서의 좌표변환 자세제어가 필요하다.
- 관절 로봇 : 복잡한 작업을 할 수 있으며, 제어 또한 복잡하다.

44 산업안전보건법령상 프레스기의 방호장치에 표시해야 될 사항이 아닌 것은?

① 제조자명
② 규격 또는 등급
③ 프레스기의 사용 범위
④ 제조번호 및 제조연월

안전인증제품의 표시(방호장치 안전인증 고시 제39조)
- 형식 또는 모델명
- 규격 또는 등급 등
- 제조자명
- 제조번호 및 제조연월
- 안전인증 번호

45 가스용접용 산소 용기에 각인된 "TP50"에서 "TP"의 의미로 옳은 것은?

① 내압시험압력
② 인장응력
③ 최고 충전압력
④ 검사용적

FP : 최고충전압력, TP : 내압시험압력, V : 내용적, W : 용기 중량

46 다음 중 보일러의 증기관 내에서 수격작용(water hammering) 현상이 발생하는 가장 큰 원인은?

① 프라이밍(priming)
② 워터링(watering)
③ 캐리오버(carry over)
④ 서어징(surging)

수격작용이란 관내의 응축수가 증기의 압력 및 유속증가로 인해 관의 곡관부 등을 강하게 타격하는 현상으로 발생 원인은 다음과 같다.
- 증기관내에 응결수가 고여 있는 경우
- 캐리오버(기수공발)에 의해
- 급수내관의 설치위치가 높을 경우
- 주 증기밸브를 급개한 경우

47 산업안전보건법령상에서 정한 양중기의 종류에 해당하지 않는 것은?

① 크레인[호이스트(hoist)를 포함한다]
② 승강기
③ 곤돌라
④ 도르래

산업안전보건기준에 관한 규칙 제132조(양중기) ① 양중기란 다음 각 호의 기계를 말한다.
1. 크레인[호이스트(hoist)를 포함한다]
2. 이동식 크레인
3. 리프트(이삿짐운반용 리프트의 경우에는 적재하중이 0.1톤 이상인 것으로 한정한다)
4. 곤돌라
5. 승강기

48 산업안전보건기준에 관한 규칙에 따라 회전축, 기어, 풀리, 플라이휠 등에 사용되는 기계요소인 키, 핀 등의 형태로 적합한 것은?

① 돌출형　　　　　　　　② 개방형
③ 폐쇄형　　　　　　　　④ 묻힘형

산업안전보건기준에 관한 규칙 제87조(원동기·회전축 등의 위험 방지)
① 사업주는 기계의 원동기·회전축·기어·풀리·플라이휠·벨트 및 체인 등 근로자가 위험에 처할 우려가 있는 부위에 덮개·울·슬리브 및 건널다리 등을 설치하여야 한다.
② 사업주는 회전축·기어·풀리 및 플라이휠 등에 부속되는 키·핀 등의 기계요소는 묻힘형으로 하거나 해당 부위에 덮개를 설치하여야 한다.
③ 사업주는 벨트의 이음 부분에 돌출된 고정구를 사용해서는 아니 된다.
④ 사업주는 제1항의 건널다리에는 안전난간 및 미끄러지지 아니하는 구조의 발판을 설치하여야 한다.
⑤ 사업주는 연삭기(研削機) 또는 평삭기(平削機)의 테이블, 형삭기(形削機) 램 등의 행정끝이 근로자에게 위험을 미칠 우려가 있는 경우에 해당 부위에 덮개 또는 울 등을 설치하여야 한다.
⑥ 사업주는 선반 등으로부터 돌출하여 회전하고 있는 가공물이 근로자에게 위험을 미칠 우려가 있는 경우에 덮개 또는 울 등을 설치하여야 한다.
⑦ 사업주는 원심기(원심력을 이용하여 물질을 분리하거나 추출하는 일련의 작업을 하는 기기를 말한다. 이하 같다)에는 덮개를 설치하여야 한다.
⑧ 사업주는 분쇄기·파쇄기·마쇄기·미분기·혼합기 및 혼화기 등(이하 "분쇄기등"이라 한다)을 가동하거나 원료가 흩날리거나 하여 근로자가 위험해질 우려가 있는 경우 해당 부위에 덮개를 설치하는 등 필요한 조치를 하여야 한다.
⑨ 사업주는 근로자가 분쇄기등의 개구부로부터 가동 부분에 접촉함으로써 위해(危害)를 입을 우려가 있는 경우 덮개 또는 울 등을 설치하여야 한다.
⑩ 사업주는 종이·천·비닐 및 와이어 로프 등의 감김통 등에 의하여 근로자가 위험해질 우려가 있는 부위에 덮개 또는 울 등을 설치하여야 한다.
⑪ 사업주는 압력용기 및 공기압축기 등(이하 "압력용기등"이라 한다)에 부속하는 원동기·축이음·벨트·풀리의 회전 부위 등 근로자가 위험에 처할 우려가 있는 부위에 덮개 또는 울 등을 설치하여야 한다.

49 일반적인 연삭기로 작업 중 발생할 수 있는 재해가 아닌 것은?

① 연삭 분진이 눈에 튀어 들어가는 것
② 숫돌 파괴로 인한 파편의 비래
③ 가공 중 공작물의 반발
④ 글레이징(glazing) 현상에 의한 입자의 탈락

글레이징(glazing)이란 숫돌차의 숫돌 입자가 마모되어 숫돌면이 번들거리고 금속성의 소리를 내며 발열이 심하면서 거의 절삭성(切削性)을 잃은 상태를 말한다.

50 동력전달부분의 전방 50cm 위치에 설치한 일방 평행 보호망에서 가드용 재료의 최대 구멍크기는 얼마인가?

① 45 mm
② 56 mm
③ 68 mm
④ 81 mm

개구부 간격
- 동력전달부분(전동체)인 경우
  Y = 6 + 0.1X [Y : 개구부 간격(mm), X : 개구부와 위험점 간의 거리(mm)]
  따라서, Y = 6 + 0.1 × 500 = 56mm
- 전동체가 아닌 경우(회전체인 경우)
  X가 160mm 미만인 경우 Y = 6 + 0.15X
  X가 160mm 이상인 경우 Y = 30mm

51 다음 중 연삭기 및 덮개에 관한 설명으로 틀린 것은?

① "탁상용 연삭기"란 일가공물을 손에 들고 연삭숫돌에 접촉시켜 가공하는 연삭기를 말한다.
② "워크레스트(workrest)"란 탁상용 연삭기에 사용하는 것으로서 공작물을 연삭할 때 가공물의 지지점이 되도록 받쳐주는 것을 말한다.
③ 워크레스트는 연삭숫돌과의 간격을 5mm 이상 조정할 수 있는 구조이어야 한다.
④ 자율안전확인 연삭기 덮개에는 자율안전확인의 표시 외에 숫돌사용 주속도와 숫돌회전방향을 추가로 표시하여야 한다.

연삭기 덮개의 일반구조(방호장치 자율안전기준 고시 별표 4)
- 덮개에 인체의 접촉으로 인한 손상위험이 없어야 한다.
- 덮개에는 그 강도를 저하시키는 균열 및 기포 등이 없어야 한다.
- 탁상용 연삭기의 덮개에는 워크레스트 및 조정편을 구비하여야 하며, 워크레스트는 연삭숫돌과의 간격을 3mm 이하로 조정할 수 있는 구조이어야 한다.
- 각종 고정부분은 부착하기 쉽고 견고하게 고정될 수 있어야 한다.

52 다음 중 곤돌라의 방호장치에 관한 설명으로 틀린 것은?

① 비상정지장치 작동 시 동력은 차단되고, 누름 버튼의 복귀를 통해 비상정지 조작 직전의 작동이 자동으로 복귀될 것
② 권과방지장치는 권과를 방지하기 위하여 자동적으로 동력을 차단하고 작동을 제동하는 기능을 가질 것
③ 기어·축·커플링 등의 회전부분에는 덮개나 울이 설치되어 있을 것
④ 과부하방지장치는 적재하중을 초과하여 적재 시 주 와이어로프에 걸리는 과부하를 감지하여 경보와 함께 승강되지 않는 구조일 것

53 다음 중 기계운동 형태에 따른 위험점의 분류에 해당되지 않는 것은?

① 끼임점 ② 회전물림점
③ 협착점 ④ 절단점

위험점의 분류

구분	내용
협착점	왕복 운동하는 동작부분과 움직임이 없는 고정부분 사이에 형성되는 위험점
끼임점	고정부분과 회전하는 동작부분 사이에서 형성되는 위험점
절단점	회전하는 운동부분 자체의 위험에서 초래되는 위험점
물림점	반대로 회전하는 두 개의 회전체가 맞닿는 사이에서 발생하는 위험점
접선물림점	회전하는 부분의 접선방향으로 물려 들어갈 위험이 존재하는 위험점
회전말림점	회전하는 물체에 작업복 등이 말려드는 위험이 존재하는 위험점

54 프레스기에 설치하는 방호장치의 특징에 관한 설명으로 틀린 것은?

① 양수조작식의 경우 기계적 고장에 의한 2차 낙하에는 효과가 없다.
② 광전자식의 경우 핀클러치방식에는 사용할 수 없다.
③ 손쳐내기식은 측면방호가 불가능하다.
④ 가드식은 금형교환 빈도수가 많을 때 사용하기에 적합하다.

가드식 방호장치는 가드가 열려 있는 상태에서는 기계의 위험부분이 동작되지 않고 기계가 위험한 상태일 때에는 가드를 열 수 없도록 한 방호장치로 금형교환 빈도수 많은 경우 부적합하다.

55 산업안전보건법령상 프레스를 사용하여 작업을 할 때 작업시작 전 점검항목에 해당하지 않는 것은?

① 전선 및 접속부의 상태
② 클러치 및 브레이크의 기능
③ 프레스의 금형 및 고정볼트 상태
④ 1행정 1정지기구 · 급정지장치 및 비상정지장치의 기능

프레스 작업시작 전 점검사항(산업안전보건기준에 관한 규칙 별표 3)
- 클러치 및 브레이크의 기능
- 크랭크 축 · 플라이 휠 · 슬라이드 · 연결봉 및 연결나사의 풀림 유무
- 1행정 1정지기구 · 급정지장치 및 비상정지장치의 기능
- 슬라이드 또는 칼날에 의한 위험방지 기구의 기능
- 프레스의 금형 및 고정볼트 상태
- 방호장치의 기능
- 전단기의 칼날 및 테이블의 상태

56 다음 중 외형의 안전화를 위한 대상기계·기구·장치별 색채의 연결이 잘못된 것은?

① 시동용 단추스위치 - 녹색
② 고열을 내는 기계 - 노란색
③ 대형기계 - 밝은 연녹색
④ 급정지용 단추스위치 - 빨간색

안전보건표지의 색도기준 및 용도(산업안전보건법 시행규칙 별표 8)

색채	색도기준	용도	사용례
빨간색	7.5R 4/14	금지	정지신호, 소화설비 및 그 장소, 유해행위의 금지
		경고	화학물질 취급장소에서의 유해·위험 경고
노란색	5Y 8.5/12	경고	화학물질 취급장소에서의 유해·위험 경고 이외의 위험 경고, 주의표지 또는 기계방호물
파란색	2.5PB 4/10	지시	특정 행위의 지시 및 사실의 고지
녹색	2.5G 4/10	안내	비상구 및 피난소 사람 또는 차량의 통행 표시
흰색	N9.5	–	파란색 또는 녹색에 대한 보조색
검은색	N0.5	–	문자 및 빨간색 또는 노란색에 대한 보조색

57 프레스에 사용하는 양수조작식 방호장치의 누름버튼 상호간 최소 내측 거리는 얼마인가?

① 300mm 이상
② 350mm 이상
③ 400mm 이상
④ 500mm 이상

양수조작식 방호장치의 일반구조(방호장치 안전인증 고시 별표 1)

- 정상동작표시등은 녹색, 위험표시등은 붉은색으로 하며, 쉽게 근로자가 볼 수 있는 곳에 설치해야 한다.
- 슬라이드 하강 중 정전 또는 방호장치의 이상 시에 정지할 수 있는 구조이어야 한다.
- 방호장치는 릴레이, 리미트스위치 등의 전기부품의 고장, 전원전압의 변동 및 정전에 의해 슬라이드가 불시에 동작하지 않아야 하며, 사용전원전압의 ±(100분의 20)의 변동에 대하여 정상으로 작동되어야 한다.
- 1행정1정지 기구에 사용할 수 있어야 한다.
- 누름버튼을 양손으로 동시에 조작하지 않으면 작동시킬 수 없는 구조이어야 하며, 양쪽버튼의 작동시간 차이는 최대 0.5초 이내일 때 프레스가 동작되도록 해야 한다.
- 1행정마다 누름버튼에서 양손을 떼지 않으면 다음 작업의 동작을 할 수 없는 구조이어야 한다.
- 램의 하행정중 버튼(레버)에서 손을 뗄 시 정지하는 구조이어야 한다.
- 누름버튼의 상호간 내측거리는 300mm 이상이어야 한다.
- 버튼 및 레버는 작업점에서 위험한계를 벗어나게 설치해야 한다.
- 양수조작식 방호장치는 푸트스위치를 병행하여 사용할 수 없는 구조이어야 한다.

58 선반작업 시 사용되는 방호장치는?

① 풀아웃(full out)
② 게이트 가드(gate guard)
③ 스위프 가드(sweep guard)
④ 쉴드(shield)

선반의 방호장치
- 칩 브레이커 : 바이트에 설치된 칩을 짧게 끊어내는 장치
- 쉴드 : 칩 비산 방지 투명판
- 브레이크 : 급정지장치
- 덮개 또는 울 : 돌출 가공물에 설치한 안전장치

59 컨베이어(conveyor)의 방호장치로 가장 적절하지 않은 것은?

① 비상정지장치
② 덮개 또는 울
③ 권과방지장치
④ 역주행방지장치

컨베이어의 방호장치(산업안전보건기준에 관한 규칙 제11절)
- 이탈등의 방지 : 화물 또는 운반구의 이탈 및 역주행을 방지하는 장치
- 비상정지장치 : 무동력상태로만 사용하여 근로자가 위험해질 우려가 없는 경우는 예외
- 낙하물에 의한 위험방지 : 덮개 또는 울 설치
- 통행의 제한 등 : 건널다리 설치, 중량물 충돌에 대비한 스토퍼 설치 혹은 작업 출입 금지

60 산업안전보건법령에 따라 양중기에서 절단하중이 100톤인 와이어로프를 사용하여 근로자가 탑승하는 운반구를 지지하는 경우, 달기와이어로프에 걸 수 있는 최대 사용하중은 얼마인가?

① 10 톤
② 20 톤
③ 25 톤
④ 50 톤

근로자가 탑승하는 운반구를 지지하는 달기와이어로프 또는 달기체인의 경우 안전계수는 10 이상으로 하여야 한다. 따라서,

최대사용하중 = $\dfrac{파괴하중}{안전계수} = \dfrac{100}{10} = 10$

제 04 과목 전기 및 화학설비 안전관리

61 산업안전보건법령상 방폭전기설비의 위험장소 분류에 있어 보통 상태에서 위험 분위기를 발생할 염려가 있는 장소로서 폭발성 가스가 보통상태에서 집적되어 위험농도로 될 염려가 있는 장소를 몇 종 장소라 하는가?

① 0종 장소
② 1종 장소
③ 2종 장소
④ 3종 장소

해설

폭발위험장소의 분류

분류		적요	예
가스 폭발 위험 장소	0종 장소	인화성 액체의 증기 또는 가연성 가스에 의한 폭발위험이 지속적으로 또는 장기간 존재하는 장소	용기·장치·배관 등의 내부 등
	1종 장소	정상 작동상태에서 인화성 액체의 증기 또는 가연성 가스에 의한 폭발위험분위기가 존재하기 쉬운 장소	맨홀·벤트·피트 등의 주위
	2종 장소	정상작동상태에서 인화성 액체의 증기 또는 가연성 가스에 의한 폭발위험분위기가 존재할 우려가 없으나, 존재할 경우 그 빈도가 아주 적고 단기간만 존재할 수 있는 장소	개스킷·패킹 등의 주위
분진 폭발 위험 장소	20종 장소	분진운 형태의 가연성 분진이 폭발농도를 형성할 정도로 충분한 양이 정상작동 중에 연속적으로 또는 자주 존재하거나, 제어할 수 없을 정도의 양 및 두께의 분진층이 형성될 수 있는 장소	호퍼·분진저장소·집진장치·필터 등의 내부
	21종 장소	20종 장소 외의 장소로서, 분진운 형태의 가연성 분진이 폭발농도를 형성할 정도의 충분한 양이 정상작동 중에 존재할 수 있는 장소	집진장치·백필터·배기구 등의 주위, 이송벨트 샘플링 지역 등
	22종 장소	21종 장소 외의 장소로서, 가연성 분진운 형태가 드물게 발생 또는 단기간 존재할 우려가 있거나, 이상작동 상태하에서 가연성 분진층이 형성될 수 있는 장소	21종 장소에서 예방조치가 취하여진 지역, 환기설비 등과 같은 안전장치 배출구 주위 등

62 산업안전보건법령에 따라 누전에 의한 감전위험을 방지하기 위하여 대지전압이 몇 V를 초과하는 이동형 또는 휴대용 전기기계·기구에는 감전방지용 누전차단기를 설치하여야 하는가?

① 50 V
② 75 V
③ 110 V
④ 150 V

 해설

산업안전보건기준에 관한 규칙 제304조(누전차단기에 의한 감전방지)
① 사업주는 다음 각 호의 전기 기계·기구에 대하여 누전에 의한 감전위험을 방지하기 위하여 해당 전로의 정격에 적합하고 감도(전류 등에 반응하는 정도)가 양호하며 확실하게 작동하는 감전방지용 누전차단기를 설치해야 한다.
 1. 대지전압이 150볼트를 초과하는 이동형 또는 휴대형 전기기계·기구
 2. 물 등 도전성이 높은 액체가 있는 습윤장소에서 사용하는 저압(1.5천볼트 이하 직류전압이나 1천볼트 이하의 교류전압을 말한다)용 전기기계·기구
 3. 철판·철골 위 등 도전성이 높은 장소에서 사용하는 이동형 또는 휴대형 전기기계·기구
 4. 임시배선의 전로가 설치되는 장소에서 사용하는 이동형 또는 휴대형 전기기계·기구

63 감전 사고의 요인과 관계가 없는 것은?

① 전기기기의 절연파괴
② 콘덴서의 방전 미실시
③ 전기기기의 24시간 계속 운전
④ 정전 작업시 단락접지를 하지 않아 유도전압 발생

64 금속도체 상호간 혹은 대지에 대하여 전기적으로 절연되어 있는 2개 이상의 금속도체를 전기적으로 접속하여 서로 같은 전위를 형성하여 정전기 사고를 예방하는 기법을 무엇이라 하는가?

① 본딩 ② 1종 접지
③ 대전 분리 ④ 특별 접지

[해설]
본딩(bonding)이란 예를 들어 배관의 플랜지나 레일의 접속부분 등에서 절연상태로 되어있는 경우 즉, 금속물체 사이를 동선 등으로 접속하는 것을 말한다.

65 전기화재의 발생원인이 아닌 것은?

① 합선 ② 절연저항
③ 과전류 ④ 누전 또는 지락

[해설]
전기화재의 원인 : 단락(25%), 스파크(24%), 누전(15%), 접촉부의 과열(12%), 절연열화에 의한 발열(11%), 과전류(8%)

66 콘덴서 및 전력 케이블 등을 고압 또는 특별고압 전기회로에 접촉하여 사용할 때 전원을 끊은 뒤에도 감전될 위험성이 있는 주된 이유로 볼 수 있는 것은?

① 잔류전하 ② 접지선 불량
③ 접속기구 손상 ④ 절연 보호구 미사용

[해설]
개로된 전로에서 유도전압 또는 전기에너지가 축적되어 근로자에게 전기위험을 끼칠 수 있다. 이에 따라 접촉 전에 잔류전하를 완전히 방전시켜야 한다. 특히, 잔류전하를 방전시키기 위해 사용되는 방전코일은 전원 차단 시 전하가 잔류함으로써 일어나는 위험의 방지와 재투입시 과전압의 방지를 위해 사용되는 방전장치이다.

67 다음 중 방폭전기설비가 설치되는 표준환경조건에 해당되지 않는 것은?

① 표고는 1000m 이하
② 상대습도는 30 ~ 95% 범위
③ 주변온도는 -20℃ ~ +40℃ 범위
④ 전기설비에 특별한 고려를 필요로 하는 정도의 공해, 부식성가스, 진동 등이 존재하지 않는 장소

[해설]
방폭전기설비 설치 표준환경 조건(국제전기기술위원회)
- 표고 : 1000m 이하
- 상대습도 : 45%~85% 범위
- 주변 온도 : -20℃ ~ +40℃
- 압력 : 80kPa ~ 110kPa
- 기타 : 공해, 부식성가스, 진동 등이 존재하지 않는 환경

68 착화에너지가 0.1mJ이고 가스를 사용하는 사업장 전기설비의 정전용량이 0.6nF일 때 방전시 착화 가능한 최소 대전 전위는 약 얼마인가?

① 289V ② 385V
③ 577V ④ 1154V

$$E = \frac{CV^2}{2}$$

$$\therefore V = \sqrt{\frac{2E}{C}} = 577V$$

69 건물의 전기설비로부터 누설전류를 탐지하여 경보를 발하는 누전경보기의 구성으로 옳은 것은?

① 축전기, 변류기, 경보장치 ② 변류기, 수신기, 경보장치
③ 수신기, 발신기, 경보장치 ④ 비상전원, 수신기, 경보장치

누전경보기란 사용전압 600V 이하인 경계전로의 누설전류를 검출하여 당해 소방 대상물의 관계자에게 경보를 발하는 설비로서 변류기와 수신기로 구성된다.

70 이동전선에 접속하여 임시로 사용하는 전등이나 가설의 배선 또는 이동전선에 접속하는 가공 매달기식 전등 등을 접촉함으로 인한 감전 및 전구의 파손에 의한 위험을 방지하기 위하여 보호망을 부착하도록 하고 있다. 이들을 설치시 준수하여야 할 사항이 아닌 것은?

① 보호망은 쉽게 파손되지 않을 것
② 재료는 용이하게 변형되지 아니하는 것으로 할 것
③ 전구의 밝기를 고려하여 유리로 된 것을 사용 할 것
④ 전구의 노출된 금속부분에 쉽게 접촉되지 아니하는 구조로 할 것

산업안전보건기준에 관한 규칙 제309조(임시로 사용하는 전등 등의 위험 방지) ① 사업주는 이동전선에 접속하여 임시로 사용하는 전등이나 가설의 배선 또는 이동전선에 접속하는 가공매달기식 전등 등을 접촉함으로 인한 감전 및 전구의 파손에 의한 위험을 방지하기 위하여 보호망을 부착하여야 한다. ② 제1항의 보호망을 설치하는 경우에는 다음 각 호의 사항을 준수하여야 한다.
1. 전구의 노출된 금속 부분에 근로자가 쉽게 접촉되지 아니하는 구조로 할 것
2. 재료는 쉽게 파손되거나 변형되지 아니하는 것으로 할 것

71 아세톤에 관한 설명으로 옳은 것은?

① 인화점은 557.8℃이다.
② 무색의 휘발성 액체이며 유독하지 않다.
③ 20% 이하의 수용액에서는 인화 위험이 없다.
④ 일광이나 공기에 노출되면 과산화물을 생성하여 폭발성으로 된다.

아세톤(Acetone)의 물성
- 무색, 투명한 자극성 휘발성액체로 제4류 위험물 중에 속한다.
- 인화점은 -18℃, 착화점은 538℃ 이다.
- 물에 잘 녹으므로 수용성이다.
- 피부에 닿으면 탈지작용을 한다.
- 공기와 장기간 접촉하면 과산화물이 생성되므로 갈색병에 저장하여야 한다.
- 분무상의 주수, 알코올용포, 이산화탄소, 청정소화약제로 질식소화 한다.

72 산업안전보건법령상 공정안전보고서에 포함되어야 하는 사항 중 공정안전자료의 세부내용에 해당 하는 것은?

① 주민홍보계획 ② 안전운전지침서
③ 각종 건물·설비의 배치도 ④ 위험과 운전 분석(HAZOP)

산업안전보건법 시행규칙 제50조(공정안전보고서의 세부 내용 등) ① 영 제44조에 따라 공정안전보고서에 포함해야 할 세부내용은 다음 각 호와 같다.
1. 공정안전자료
   가. 취급·저장하고 있거나 취급·저장하려는 유해·위험물질의 종류 및 수량
   나. 유해·위험물질에 대한 물질안전보건자료
   다. 유해하거나 위험한 설비의 목록 및 사양
   라. 유해하거나 위험한 설비의 운전방법을 알 수 있는 공정도면
   마. 각종 건물·설비의 배치도
   바. 폭발위험장소 구분도 및 전기단선도
   사. 위험설비의 안전설계·제작 및 설치 관련 지침서
2. 공정위험성 평가서 및 잠재위험에 대한 사고예방·피해 최소화 대책
   공정위험성 평가서는 공정의 특성 등을 고려하여 다음 각 목의 위험성평가 기법 중 한 가지 이상을 선정하여 위험성평가를 한 후 그 결과에 따라 작성하여야 하며, 사고예방·피해최소화 대책의 작성은 위험성평가 결과 잠재위험이 있다고 인정되는 경우만 해당한다.
   가. 체크리스트(Check List)
   나. 상대위험순위 결정(Dow and Mond Indices)
   다. 작업자 실수 분석(HEA)
   라. 사고 예상 질문 분석(What-if)
   마. 위험과 운전 분석(HAZOP)
   바. 이상위험도 분석(FMECA)
   사. 결함 수 분석(FTA)
   아. 사건 수 분석(ETA)
   자. 원인결과 분석(CCA)
   차. 가목부터 자목까지의 규정과 같은 수준 이상의 기술적 평가기법
3. 안전운전계획
   가. 안전운전지침서
   나. 설비점검·검사 및 보수계획, 유지계획 및 지침서
   다. 안전작업허가
   라. 도급업체 안전관리계획
   마. 근로자 등 교육계획
   바. 가동 전 점검지침
   사. 변경요소 관리계획
   아. 자체감사 및 사고조사계획

자. 그 밖에 안전운전에 필요한 사항
4. 비상조치계획
   가. 비상조치를 위한 장비·인력보유현황
   나. 사고발생 시 각 부서·관련 기관과의 비상연락체계
   다. 사고발생 시 비상조치를 위한 조직의 임무 및 수행 절차
   라. 비상조치계획에 따른 교육계획
   마. 주민홍보계획
   바. 그 밖에 비상조치 관련 사항

73 다음 중 폭발의 위험성이 가장 높은 것은?

① 폭발 상한농도
② 완전연소 조성농도
③ 폭발 상한선과 하한선의 중간점 농도
④ 폭굉 상한선과 하한선의 중간점 농도

가연성 가스의 조성이 완전연소 조성농도 부근일 경우 최소발화에너지(MIE)는 최저가 된다. 또한, 이것보다 상한계나 하한계로 이동함에 따라 최소발화에너지(MIE)는 증기한다.

74 다음 중 산업안전보건법상 화학설비 또는 그 배관의 덮개·플랜지·밸브 및 콕의 접합부에 대하여 당해 접합부에서의 위험물질 등의 누출로 인한 폭발·화재 또는 위험물의 누출을 방지하기 위한 가장 적절한 조치는?

① 개스킷의 사용
② 코르크의 사용
③ 호스 밴드의 사용
④ 호스 스크립의 사용

산업안전보건기준에 관한 규칙 제257조(덮개 등의 접합부) 사업주는 화학설비 또는 그 배관의 덮개·플랜지·밸브 및 콕의 접합부에 대해서는 접합부에서 위험물질등이 누출되어 폭발·화재 또는 위험물이 누출되는 것을 방지하기 위하여 적절한 개스킷(gasket)을 사용하고 접합면을 서로 밀착시키는 등 적절한 조치를 하여야 한다.

75 다음 중 분진폭발의 가능성이 가장 낮은 물질은?

① 소맥분
② 마그네슘
③ 질석가루
④ 스텔라이트

분진의 분류 및 방폭구조

- 폭연성 분진 : 공기 중의 산고가 적은 분위기나 이산화탄소 중에서도 폭발을 하는 금속성 분진(마그네슘, 알루미늄, 알루미늄 브론즈) → 특수방진 방폭구조
- 가연성 분진 : 공지 중의 산소와 발열반응을 일으켜 폭발하는 분진(소맥분, 전분, 합성수지, 카본블랙) → 특수방진, 보통방진 방폭구조

76 건조설비의 사용에 있어 500 ~ 800℃ 범위의 온도에 가열된 스테인리스강에서 주로 일어나며, 탄화크롬이 형성되어 결정 경계면의 크롬함유량이 감소하여 발생되는 부식형태는?

① 전면부식 ② 층상부식
③ 입계부식 ④ 격간부식

해설

입계 부식(intergranular corrosion) : 결정 입자의 경계부가 부식 매체로 부식되는 현상으로 국부적으로 침투되고 점차 확대해가는 특징이 있다.

77 다음 중 액체의 증발잠열을 이용하여 소화시키는 것으로 물을 이용하는 방법은 주로 어떤 소화방법에 해당되는가?

① 냉각소화법 ② 연소억제법
③ 제거소화법 ④ 질식소화법

해설

소화효과
- 냉각소화 : 냉각에 의한 온도 저하 소화방법, 액체의 증발잠열을 이용하고 열용량이 큰 고체를 이용
- 질식소화 : 산소의 공급을 차단하는 소화방법, 산소농도 저하로 인한 소화
- 제거소화 : 가연물을 제거하여 소화, 기체, 액체의 대화재의 경우 유일한 소화법
- 억제소화 : 연속적 관계의 차단 소화방법, 할로겐, 알칼리 금속 첨가로 불활성화

78 공기 중에 3ppm의 디메틸아민(demethylamine, TLV-TWA : 10ppm)과 20ppm의 시클로헥산올(cyclohexanol, TLV-TWA : 50ppm)이 있고, 10ppm의 산화프로필렌(propyleneoxide, TLV-TWA : 20ppm)이 존재한다면 혼합 TLV-TWA는 몇 ppm 인가?

① 12.5 ② 22.5
③ 27.5 ④ 32.5

해설

$$\text{혼합TLV-TWA} = \frac{C_1 + C_2 + C_3}{\frac{C_1}{T_1} + \frac{C_2}{T_2} + \frac{C_3}{T_3}} = \frac{3 + 20 + 10}{\frac{3}{10} + \frac{20}{50} + \frac{10}{20}} = 27.5$$

79 유해·위험물질 취급에 대한 작업별 안전한 작업이 아닌 것은?

① 자연발화의 방지조치
② 인화성 물질의 주입시 호스를 사용
③ 가솔린이 남아 있는 설비에 중유의 주입
④ 서로 다른 물질의 접촉에 의한 발화의 방지

해설

산업안전보건기준에 관한 규칙 제228조(가솔린이 남아 있는 설비에 등유 등의 주입)
사업주는 별표 7의 화학설비로서 가솔린이 남아 있는 화학설비(위험물을 저장하는 것으로 한정한다. 이하 이 조와 제229조에서 같다), 탱크로리, 드럼 등에 등유나 경유를 주입하는 작업을 하는 경우에는 미리 그 내부를 깨끗하게 씻어내고 가솔

린의 증기를 불활성 가스로 바꾸는 등 안전한 상태로 되어 있는지를 확인한 후에 그 작업을 하여야 한다. 다만, 다음 각 호의 조치를 하는 경우에는 그러하지 아니하다.
1. 등유나 경유를 주입하기 전에 탱크·드럼 등과 주입설비 사이에 접속선이나 접지선을 연결하여 전위차를 줄이도록 할 것
2. 등유나 경유를 주입하는 경우에는 그 액표면의 높이가 주입관의 선단의 높이를 넘을 때까지 주입속도를 초당 1미터 이하로 할 것

80 최대운전압력이 게이지압력으로 200kgf/cm² 인 열교환기의 안전밸브 작동압력(kgf/cm²)으로 가장 적절한 것은?

① 210
② 220
③ 230
④ 240

안전밸브등이 2개 이상 설치된 경우에 1개는 최고사용압력의 1.05배(외부화재를 대비한 경우에는 1.1배) 이하에서 작동되도록 설치할 수 있다.
∴ 200kgf/cm² × 1.05 = 210kgf/cm²

제 05 과목 건설공사 안전관리

81 흙을 크게 분류하면 사질토와 점성토로 나눌 수 있는데 그 차이점으로 옳지 않은 것은?

① 흙의 내부 마찰착은 사질토가 점성토보다 크다.
② 지지력은 사질토가 점성토보다 크다.
③ 점착력은 사질토가 점성토보다 작다.
④ 장기침하량은 사질토가 점성토보다 크다.

장기침하량은 점성토가 크다.

82 산업안전보건기준에 관한 규칙 따라 중량물을 취급하는 작업을 하는 경우에 작업계획서 내용에 포함되는 사항은?

① 해체의 방법 및 해체 순서도면
② 낙하위험을 예방할 수 있는 안전대책
③ 사용하는 차량계 건설기계의 종류 및 성능
④ 작업지휘자 배치계획

중량물의 취급 작업 시 작업계획서 내용(산업안전보건기준에 관한 규칙 별표 4)
• 추락위험을 예방할 수 있는 안전대책
• 낙하위험을 예방할 수 있는 안전대책
• 전도위험을 예방할 수 있는 안전대책
• 협착위험을 예방할 수 있는 안전대책
• 붕괴위험을 예방할 수 있는 안전대책

83 콘크리트를 타설할 때 안전상 유의하여야 할 사항으로 옳지 않은 것은?

① 콘크리트를 치는 도중에는 거푸집, 지보공 등의 이상유무를 확인한다.
② 진동기 사용시 지나친 진동은 거푸집 도괴의 원인이 될 수 있으므로 적절히 사용해야 한다.
③ 최상부의 슬래브는 되도록 이어붓기를 하고 여러 번에 나누어 콘크리트를 타설한다.
④ 타워에 연결되어 있는 슈트의 접속은 확실한지 확인한다.

최상부의 슬래브는 이음매 없이 일체식으로 타설해야 방수 등 여러 가지 효과를 얻을 수 있다.

84 수중굴착 공사에 가장 적합한 건설장비는?

① 백호
② 어스드릴
③ 항타기
④ 클램쉘

굴착용 기계의 종류 및 특징

구분	굴착기계	특징	토질
셔블계	파워셔블	지반면보다 높은 곳의 굴착, 쇄석 옮겨쌓기, 토사의 처리 등에 널리 쓰인다.	굳은 점토, 암석, 토사
	드래그셔블 (백호우)	지반면보다 낮은 곳의 굴착, 지하층 및 기초 굴삭, 토목공사나 수중굴착 등에 쓰인다(지하 6m 정도의 깊이).	자갈, 암석이 섞인 토사, 굳은 지반
	드래그라인	지반면보다 낮은 곳의 굴착, 토사를 긁어 모음, 연약한 지반의 깊은 곳 굴착 등에 쓰인다(지하 8m 정도의 깊이).	암석, 암석이 섞인 토사, 연약한 지반
	클램쉘	좁은 곳의 수직굴착, 자갈 등의 적재, 연약한 지반이나 수중굴착 등에 쓰인다.	자갈, 암석, 연약한 지반
트랙터계	불도저	직선송토작업, 단단한 지반과 암석작업 등에 널리 쓰인다.	암석, 굳은 지반

85 산업안전보건기준에 관한 규칙에 따라 계단 및 계단참을 설치하는 경우 매 m2당 최소 얼마 이상의 하중에 견딜 수 있는 강도를 가진 구조로 설치하여야 하는가?

① 500kg
② 600kg
③ 700kg
④ 800kg

산업안전보건기준에 관한 규칙 제26조(계단의 강도) ① 사업주는 계단 및 계단참을 설치하는 경우 매제곱미터당 500킬로그램 이상의 하중에 견딜 수 있는 강도를 가진 구조로 설치하여야 하며, 안전율[안전의 정도를 표시하는 것으로서 재료의 파괴응력도(破壞應力度)와 허용응력도(許容應力度)의 비율을 말한다)]은 4 이상으로 하여야 한다.

86 콘크리트 거푸집을 설계할 때 고려해야 하는 연직하중으로 거리가 먼 것은?

① 작업하중
② 콘크리트 자중
③ 충격하중
④ 풍하중

거푸집의 수직방향으로 작용하는 하중의 총합은 적재하중, 충격하중, 고정하중 및 작업하중의 합으로 한다.

87 토사붕괴시의 조치사항으로 거리가 먼 것은?

① 대피통로 및 공간의 확보
② 동시작업의 금지
③ 2차 재해의 방지
④ 굴착공법의 선정

굴착공법의 선정은 지하굴착 작업 전 사전조사 항목에 속한다.

88 건설용 양중기에 대한 설명으로 옳은 것은?

① 삼각데릭은 인접시설에 장해가 없는 상태에서 360°회전이 가능하다.
② 이동식크레인(crane)에는 트럭 크레인, 크롤러 크레인 등이 있다.
③ 휠 크레인에는 무한궤도식과 타이어식이 있으며 장거리 이동에 적당하다.
④ 크롤러 크레인은 휠 크레인보다 기동성이 뛰어나다.

철골건립용 기계의 종류
- 크레인 : 타워 크레인(기복형, 수평형), 기타 소형 지브 크레인
- 이동식 크레인 : 트럭 크레인(유압식, 기계식), 크롤러 크레인(크롤러 크레인, 크롤러식 타워크레인), 휠 크레인(유압식, 기계식)
- 데릭 : 가이 데릭, 삼각 데릭, 진폴 데릭

89 건설공사 중 작업으로 인하여 물체가 떨어지거나 날아올 위험이 있을 때 조치할 사항으로 옳지 않은 것은?

① 안전난간 설치
② 보호구의 착용
③ 출입금지구역의 설정
④ 낙하물방지망의 설치

안전난간은 근로자의 추락 등의 위험을 방지하기 위하여 설치한다.

90 낙하추나 화약의 폭발 등으로 인공진동을 일으켜 지반의 종류, 지층 및 강성도 등을 알아내는데 활용되는 지반조사 방법은?

① 탄성파탐사
② 전기저항탐사
③ 방사능탐사
④ 유량검층탐사

탄성파탐사(elastic wave prospecting)란 인공적으로 지표 부근에 지진파를 발생시켜서 지진파의 전파시간 및 파형을 분석하여 지질의 구조를 조사하는 방법을 말한다.

91 철골작업을 중지하여야 하는 악천후의 조건이다. 순서대로 ( )안에 알맞은 숫자를 순서대로 옳게 나열한 것은?

> 1. 풍속이 초당 ( ) 미터 이상인 경우
> 2. 강우량이 시간당 ( ) 밀리미터 이상인 경우
> 3. 강설량이 시간당 ( ) 센티미터 이상인 경우

① 10, 10, 10
② 1, 1, 10
③ 1, 10, 1
④ 10, 1, 1

산업안전보건기준에 관한 규칙 제383조(작업의 제한) 사업주는 다음 각 호의 어느 하나에 해당하는 경우에 철골작업을 중지하여야 한다.
1. 풍속이 초당 10미터 이상인 경우
2. 강우량이 시간당 1밀리미터 이상인 경우
3. 강설량이 시간당 1센티미터 이상인 경우

92 고속작업대 구조에서 작업대를 상승 또는 하강시킬 때에 사용하는 체인의 안전율은 최소 얼마 이상인가?

① 2
② 5
③ 10
④ 12

산업안전보건기준에 관한 규칙 제186조(고소작업대 설치 등의 조치) ① 사업주는 고소작업대를 설치하는 경우에는 다음 각 호에 해당하는 것을 설치하여야 한다.
1. 작업대를 와이어로프 또는 체인으로 올리거나 내릴 경우에는 와이어로프 또는 체인이 끊어져 작업대가 떨어지지 아니하는 구조여야 하며, 와이어로프 또는 체인의 안전율은 5 이상일 것
2. 작업대를 유압에 의해 올리거나 내릴 경우에는 작업대를 일정한 위치에 유지할 수 있는 장치를 갖추고 압력의 이상저하를 방지할 수 있는 구조일 것
3. 권과방지장치를 갖추거나 압력의 이상상승을 방지할 수 있는 구조일 것
4. 붐의 최대 지면경사각을 초과 운전하여 전도되지 않도록 할 것
5. 작업대에 정격하중(안전율 5 이상)을 표시할 것
6. 작업대에 끼임·충돌 등 재해를 예방하기 위한 가드 또는 과상승방지장치를 설치할 것
7. 조작반의 스위치는 눈으로 확인할 수 있도록 명칭 및 방향표시를 유지할 것

93 사다리식 통로 등을 설치하는 경우 준수해야 할 기준으로 옳지 않은 것은?

① 견고한 구조로 할 것
② 폭은 20cm 이상의 간격을 유지할 것
③ 심한 손상·부식 등이 없는 재료를 사용할 것
④ 발판과 벽과의 사이는 15cm 이상을 유지 할 것

산업안전보건기준에 관한 규칙 제24조(사다리식 통로 등의 구조) ① 사업주는 사다리식 통로 등을 설치하는 경우 다음 각 호의 사항을 준수하여야 한다.
1. 견고한 구조로 할 것
2. 심한 손상·부식 등이 없는 재료를 사용할 것
3. 발판의 간격은 일정하게 할 것
4. 발판과 벽과의 사이는 15센티미터 이상의 간격을 유지할 것
5. 폭은 30센티미터 이상으로 할 것
6. 사다리가 넘어지거나 미끄러지는 것을 방지하기 위한 조치를 할 것
7. 사다리의 상단은 걸쳐놓은 지점으로부터 60센티미터 이상 올라가도록 할 것
8. 사다리 통로의 길이가 10미터 이상인 경우에는 5미터 이내마다 계단참을 설치할 것
9. 사다리 통로의 기울기는 75도 이하로 할 것. 다만, 고정식 사다리식 통로의 기울기는 90도 이하로 하고, 그 높이가 7미터 이상인 경우에는 다음 각 목의 구분에 따른 조치를 할 것
   가. 등받이울이 있어도 근로자 이동에 지장이 없는 경우 : 바닥으로부터 높이가 2.5미터 되는 지점부터 등받이울을 설치할 것
   나. 등받이울이 있으면 근로자가 이동이 곤란한 경우 : 한국산업표준에서 정하는 기준에 적합한 개인용 추락 방지 시스템을 설치하고 근로자로 하여금 한국산업표준에서 정하는 기준에 적합한 전신안전대를 사용하도록 할 것
10. 접이식 사다리 기둥은 사용 시 접혀지거나 펼쳐지지 않도록 철물 등을 사용하여 견고하게 조치할 것

94 조강포틀랜드 시멘트를 사용한 콘크리트의 압축강도를 시험하지 않을 경우 거푸집널의 해체 시기로 옳은 것은?(단, 평균기온이 20℃ 이상이면서 기둥의 경우)

① 1일
② 2일
③ 3일
④ 4일

콘크리트의 압축강도를 시험하지 않을 경우 거푸집널의 해체 시기(기초 보, 기둥 및 벽의 측면)

시멘트의 종류 평균 기온	조강 포틀랜드 시멘트	보통 포틀랜드 시멘트 고로 슬래그 시멘트(1종) 플라이 애시 시멘트(1종) 포틀랜드 포졸란 시멘트(A종)	고로 슬래그 시멘트(2종) 플라이 애시 시멘트(2종) 포틀랜드 포졸란 시멘트(B종)
20℃ 이상	2일	3일	4일
20℃ 미만 10℃ 이상	3일	4일	6일

95 잠함, 우물통, 수직갱 그 밖에 이와 유사한 건설물 또는 설비의 내부에서 굴착작업을 하는 경우에 준수해야 할 기준으로 옳지 않은 것은?

① 산소 결핍 우려가 있는 경우에는 산소의 농도를 측정하는 사람을 지명하여 측정하도록 할 것
② 근로자가 안전하게 오르내리기 위한 설비를 설치할 것
③ 굴착 깊이가 10m를 초과하는 경우에는 해당 작업장소와 외부와의 연락을 위한 통신설비 등을 설치할 것
④ 굴착깊이가 20m를 초과하는 경우에는 송기를 위한 설비를 설치하여 필요한 양의 공기를 공급할 것

해설
산업안전보건기준에 관한 규칙 제377조(잠함 등 내부에서의 작업)
① 사업주는 잠함, 우물통, 수직갱, 그 밖에 이와 유사한 건설물 또는 설비(이하 "잠함등"이라 한다)의 내부에서 굴착작업을 하는 경우에 다음 각 호의 사항을 준수하여야 한다.
  1. 산소 결핍 우려가 있는 경우에는 산소의 농도를 측정하는 사람을 지명하여 측정하도록 할 것
  2. 근로자가 안전하게 오르내리기 위한 설비를 설치할 것
  3. 굴착 깊이가 20미터를 초과하는 경우에는 해당 작업장소와 외부와의 연락을 위한 통신설비 등을 설치할 것
② 사업주는 제1항제1호에 따른 측정 결과 산소 결핍이 인정되거나 굴착 깊이가 20미터를 초과하는 경우에는 송기(送氣)를 위한 설비를 설치하여 필요한 양의 공기를 공급해야 한다.

96 터널 건설작업시 터널 내부에서 화기나 아크를 사용하는 장소에 필히 설치하도록 법으로 규정하고 있는 설비는?

① 소화설비 ② 대피설비
③ 충전설비 ④ 차단설비

해설
산업안전보건기준에 관한 규칙 제356조(용접 등 작업 시의 조치) 사업주는 터널건설작업을 할 때에 그 터널 등의 내부에서 금속의 용접·용단 또는 가열작업을 하는 경우에는 화재를 예방하기 위하여 다음 각 호의 조치를 하여야 한다.
  1. 부근에 있는 넝마, 나무부스러기, 종이부스러기, 그 밖의 인화성 액체를 제거하거나, 그 인화성 액체에 불연성 물질의 덮개를 하거나, 그 작업에 수반하는 불티 등이 날아 흩어지는 것을 방지하기 위한 격벽을 설치할 것
  2. 해당 작업에 종사하는 근로자에게 소화설비의 설치장소 및 사용방법을 주지시킬 것
  3. 해당 작업 종료 후 불티 등에 의하여 화재가 발생할 위험이 있는지를 확인할 것

97 보통 흙의 굴착공사에서 굴착깊이가 5m, 굴착기초면의 폭이 5m인 경우 양단면 굴착을 할 때 상부 단면의 폭은?(단, 굴착구배는 1:1로 한다.)

① 10m ② 15m
③ 20m ④ 25m

해설
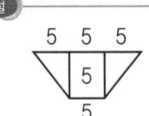
5 + 5 + 5 = 15

98 작업발판 및 통로의 끝이나 개구부로서 근로자가 추락할 위험이 있는 장소에 대한 방호조치와 거리가 먼 것은?

① 안전난간 설치
② 울타리 설치
③ 투하설비 설치
④ 수직형 추락방망 설치

산업안전보건기준에 관한 규칙 제15조(투하설비 등) 사업주는 높이가 3미터 이상인 장소로부터 물체를 투하하는 경우 적당한 투하설비를 설치하거나 감시인을 배치하는 등 위험을 방지하기 위하여 필요한 조치를 하여야 한다.

99 다음은 가설통로를 설치하는 경우의 준수사항이다. 빈칸에 들어갈 수치를 순서대로 옳게 나타낸 것은?

> 수직갱에 가설된 통로의 길이가 (　)m 이상인 경우에는 (　)m 이내 마다 계단참을 설치하여야 한다.

① 8, 7
② 7, 8
③ 10, 15
③ 15, 10

산업안전보건기준에 관한 규칙 제23조(가설통로의 구조) 사업주는 가설통로를 설치하는 경우 다음 각 호의 사항을 준수하여야 한다.
1. 견고한 구조로 할 것
2. 경사는 30도 이하로 할 것. 다만, 계단을 설치하거나 높이 2미터 미만의 가설통로로서 튼튼한 손잡이를 설치한 경우에는 그러하지 아니하다.
3. 경사가 15도를 초과하는 경우에는 미끄러지지 아니하는 구조로 할 것
4. 추락할 위험이 있는 장소에는 안전난간을 설치할 것. 다만, 작업상 부득이한 경우에는 필요한 부분만 임시로 해체할 수 있다.
5. 수직갱에 가설된 통로의 길이가 15미터 이상인 경우에는 10미터 이내마다 계단참을 설치할 것
6. 건설공사에 사용하는 높이 8미터 이상인 비계다리에는 7미터 이내마다 계단참을 설치할 것

100 유해위험방지계획서 제출대상 공사의 규모 기준으로 옳지 않은 것은?

① 최대지간길이가 50m 이상인 교량건설 등 공사
② 다목적댐, 발전용댐 및 저수용량 2천만톤 이상의 용수 전용 댐, 지방상수도 전용 댐 건설 등의 공사
③ 깊이 12m 이상인 굴착공사
④ 터널건설 등의 공사

유해위험방지계획서 제출 대상 공사(산업안전보건법 시행령 제42조 ③항)
1. 다음 각 목의 어느 하나에 해당하는 건축물 또는 시설 등의 건설·개조 또는 해체 공사
  가. 지상높이가 31미터 이상인 건축물 또는 인공구조물

나. 연면적 3만제곱미터 이상인 건축물
다. 연면적 5천제곱미터 이상인 시설로서 다음의 어느 하나에 해당하는 시설
   1) 문화 및 집회시설(전시장 및 동물원 · 식물원은 제외한다)
   2) 판매시설, 운수시설(고속철도의 역사 및 집배송시설은 제외한다)
   3) 종교시설
   4) 의료시설 중 종합병원
   5) 숙박시설 중 관광숙박시설
   6) 지하도상가
   7) 냉동 · 냉장 창고시설
2. 연면적 5천제곱미터 이상인 냉동 · 냉장 창고시설의 설비공사 및 단열공사
3. 최대 지간(支間) 길이(다리의 기둥과 기둥의 중심사이의 거리)가 50미터 이상인 다리의 건설등 공사
4. 터널의 건설등 공사
5. 다목적댐, 발전용댐, 저수용량 2천만톤 이상의 용수 전용 댐 및 지방상수도 전용 댐의 건설등 공사
6. 깊이 10미터 이상인 굴착공사

정답 2015년 08월 16일 최근 기출문제

01 ①	02 ④	03 ②	04 ②	05 ③	06 ②	07 ①	08 ③	09 ④	10 ③
11 ①	12 ④	13 ④	14 ④	15 ①	16 ③	17 ③	18 ②	19 ①	20 ④
21 ④	22 ④	23 ①	24 ④	25 ④	26 ①	27 ②	28 ③	29 ③	30 ④
31 ①	32 ③	33 ②	34 ①	35 ③	36 ③	37 ③	38 ③	39 ②	40 ④
41 ③	42 ①	43 ②	44 ③	45 ①	46 ③	47 ④	48 ④	49 ④	50 ②
51 ③	52 ①	53 ②	54 ④	55 ①	56 ②	57 ①	58 ④	59 ③	60 ①
61 ②	62 ④	63 ③	64 ①	65 ③	66 ①	67 ②	68 ③	69 ②	70 ③
71 ④	72 ③	73 ②	74 ①	75 ③	76 ③	77 ①	78 ③	79 ③	80 ①
81 ④	82 ②	83 ③	84 ④	85 ①	86 ④	87 ④	88 ②	89 ①	90 ①
91 ④	92 ②	93 ②	94 ③	95 ③	96 ①	97 ②	98 ③	99 ④	100 ③

2016년 03월 06일 최근 기출문제

제 01 과목 산업재해 예방 및 안전보건교육

01 연간 총 근로시간 중에 발생하는 근로손실일수를 1000시간당 발생하는 근로손실일수로 나타내는 식은?

① 강도율
② 도수율
③ 연천인율
④ 종합재해지수

강도율(Severity Rate of Injury : SR)
- 재해의 경중, 강도를 나타내는 척도로 연간 총근로시간 1000시간당 재해에 의해서 잃어버린 일수
- 강도율 = $\dfrac{\text{근로손실일수}}{\text{연간 총근로시간}} \times 1000$

02 재해원인을 직접원인과 간접원인으로 나눌 때, 직접원인에 해당하는 것은?

① 기술적 원인
② 관리적 원인
③ 교육적 원인
④ 물적원인

재해의 원인
- 직접원인 : 불안전한 상태(물적원인), 불안전한 행동(인적원인)
- 간접원인 : 기술적 원인, 교육적 원인, 관리적 원인

03 TBM(Tool Box Meeting)의 의미를 가장 잘 설명한 것은?

① 지시나 명령의 전달회의
② 공구함을 준비한 후 작업하라는 뜻
③ 작업원 전원의 상호대화로 스스로 생각하고 납득하는 작업장 안전회의
④ 상사의 지시된 작업내용에 따른 공구를 하나하나 준비해야 한다는 뜻

TBM : 5~7명 정도의 인원이 직장, 현장, 공구상자 등의 근처에서 작업 시작 전 5~15분, 작업 종료시 3~5분 정도의 짧은 시간 동안에 행하는 미팅

04 교육 대상자수가 많고, 교육 대상자의 학습능력의 차이가 큰 경우 집단안전 교육방법으로서 가장 효과적인 방법은?

① 문답식 교육
② 토의식 교육
③ 시청각 교육
④ 상담식 교육

시청각 교육 기능
- 구체적인 경험을 충분히 줌으로써 상징화, 일반화의 과정을 도와주며 의미나 원리를 파악하는 능력을 길러준다.
- 학습동기를 유발시켜 자발적인 학습활동이 되게 자극한다(학습효과의 지속성을 기할 수 없다).
- 학습자에게 공통경험을 형성시켜 줄 수 있다.
- 학습의 다양성과 능률화를 기할 수 있다.
- 개별 진로 수업을 가능하게 한다.

05 일선 관리감독자를 대상으로 작업지도기법, 작업개선기법, 인간관계 관리기법 등을 교육하는 방법은?

① ATT(American Telephone & Telegram Co.)
② MTP(Management Training Program)
③ CCS(Civil Communication Section)
④ TWI(Training Within Industry)

TWI(Training Within Industry)
- 교육대상 : 감독자
- 교육방법 : 한 클래스(Class)는 10명 정도, 교육 방법은 토의법, 1일 2시간씩 5일에 걸쳐 10시간 정도
- 교육내용 : 작업지도 기법(JI), 작업개선 기법(JM), 인간관계 관리기법(JR), 작업안전 기법(JS)

06 교육훈련의 효과는 5관을 최대한 활용하여야 하는데 다음 중 효과가 가장 큰 것은?

① 청각
② 시각
③ 촉각
④ 후각

이해도 교육 효과
- 귀 : 20%
- 눈 : 40%
- 귀 + 눈 : 60%
- 입 : 80%
- 머리 + 손
- 발 : 90%

07 산업안전보건법상 바탕은 흰색, 기본모형은 빨간색, 관련 부호 및 그림은 검은색을 사용하는 안전보건 표지는?

① 안전복착용
② 출입금지
③ 고온경고
④ 비상구

안전보건표지의 종류

- 금지표지(8종) : 적색원형으로 특정의 행동은 금지시키는 표지(바탕은 흰색, 기본모형은 빨간색, 관련부호 및 그림은 검은색)
- 경고표지(15종) : 흑색 삼각형의 황색표지로 유해 또는 위험물에 대한 주의를 환기시키는 표지(바탕은 노란색, 관련 부호 및 그림은 검은색). 다만, 인화성물질 경고, 산화성물질 경고, 폭발성물질 경고, 급성독성물질 경고, 부식성물질 경고 및 발암성·변이원성·생식독성·전신독성·호흡기과민성물질 경고의 경우 바탕은 무색, 기본모형은 빨간색(검은색도 가능)
- 지시표지(9종) : 청색원형으로 보호구 착용을 지시하는 표지(바탕은 파란색, 관련 그림은 흰색)
- 안내표지(8종) : 위치(비상구, 의무실, 구급용구)를 알리는 표지(바탕은 흰색, 기본모형 및 관련 부호는 녹색, 바탕은 녹색, 관련 부호 및 그림은 흰색)

08 성공적인 리더가 갖추어야 할 특성으로 가장 거리가 먼 것은?

① 강한 출세 욕구
② 강력한 조직 능력
③ 미래지향적 사고 능력
④ 상사에 대한 부정적인 태도

성공적인 리더가 되기 위해서는 상사와의 협력자 관계를 통한 동반자 리더십도 중요하다.

09 산업안전보건법상 아세틸렌 용접장치 또는 가스집합 용접장치를 사용하여 행하는 금속의 용접·용단 또는 가열 작업자에게 특별교육을 시키고자 할 때의 교육 내용이 아닌 것은?

① 용접 흄·분진 및 유해광선 등의 유해성에 관한 사항
② 작업방법·작업순서 및 응급처치에 관한 사항
③ 안전밸브의 취급 및 주의에 관한 사항
④ 안전기 및 보호구 취급에 관한 사항

특별교육 대상 작업별 교육(산업안전보건법 시행규칙 별표 5)

작업명	교육내용
1. 고압실 내 작업(잠함공법이나 그 밖의 압기공법으로 대기압을 넘는 기압인 작업실 또는 수갱 내부에서 하는 작업만 해당한다)	• 고기압 장해의 인체에 미치는 영향에 관한 사항 • 작업의 시간·작업 방법 및 절차에 관한 사항 • 압기공법에 관한 기초지식 및 보호구 착용에 관한 사항 • 이상 발생 시 응급조치에 관한 사항 • 그 밖에 안전·보건관리에 필요한 사항
2. 아세틸렌 용접장치 또는 가스집합 용접장치를 사용하는 금속의 용접·용단 또는 가열작업(발생기·도관 등에 의하여 구성되는 용접장치만 해당한다)	• 용접 흄, 분진 및 유해광선 등의 유해성에 관한 사항 • 가스용접기, 압력조정기, 호스 및 취관두 등의 기기점검에 관한 사항 • 작업방법·순서 및 응급처치에 관한 사항 • 안전기 및 보호구 취급에 관한 사항 • 화재예방 및 초기대응에 관한 사항 • 그 밖에 안전·보건관리에 필요한 사항

10 다음 ( ) 안에 알맞은 것은?

> 사업주는 산업재해로 사망자가 발생하거나 ( )일 이상의 휴업이 필요한 부상을 입거나 질병에 걸린 사람이 발생한 경우 해당 산업재해가 발생한 날부터 1개월 이내에 산업재해조사표를 작성하여 관할 지방고용노동관서의 장에게 제출해야 한다.

① 3
② 4
③ 5
④ 7

산업안전보건법 시행규칙 제73조(산업재해 발생 보고 등) ① 사업주는 산업재해로 사망자가 발생하거나 3일 이상의 휴업이 필요한 부상을 입거나 질병에 걸린 사람이 발생한 경우에는 법 제57조제3항에 따라 해당 산업재해가 발생한 날부터 1개월 이내에 별지 제30호서식의 산업재해조사표를 작성하여 관할 지방고용노동관서의 장에게 제출(전자문서로 제출하는 것을 포함한다)해야 한다.

11 안전관리에 관한 계획에서 실시에 이르기까지 모든 권한이 포괄적이며 하향적으로 행사되며, 전문 안전 담당 부서가 없는 안전관리조직은?

① 직계식 조직
② 참모식 조직
③ 직계-참모식 조직
④ 안전보건 조직

라인(Line)형(직계식 조직)의 특징
- 안전관리에 관한 계획에서 실시에 이르기까지 모든 권한이 포괄적이고 직선적으로 행사되며, 안전을 전문으로 분담하는 부분이 없다.
- 생산조직 전체에 안전관리 기능을 부여한다.
- 소규모 사업장(100명 이하)에 적합하다.

12 매슬로우(A.H.Maslow)의 안전욕구 5단계 이론에서 각 단계별 내용이 잘못 연결된 것은?

① 1단계 : 자아실현의 욕구
② 2단계 : 안전에 대한 욕구
③ 3단계 : 사회적 욕구
④ 4단계 : 존경에 대한 욕구

매슬로우(Abraham H. Maslow)의 욕구 5단계
- 1단계 : 생리적 욕구(기아, 갈증, 호흡, 배설, 성욕 등)
- 2단계 : 안전의 욕구(안전을 구하고자 하는 욕구)
- 3단계 : 사회적 욕구(애정, 소속에 대한 욕구)
- 4단계 : 인정받으려는 욕구(자존심, 명예, 성취, 지위에 대한 욕구)
- 5단계 : 자아실현의 욕구(잠재적인 능력을 실현하고자 하는 욕구)

13 피로의 예방과 회복대책에 대한 설명이 아닌 것은?

① 작업부하를 크게 할 것
② 정적 동작을 피할 것
③ 작업속도를 적절하게 할 것
④ 근로시간과 휴식을 적정하게 할 것

작업부하를 작게 하여야 한다.

14 다음과 같은 착시현상에 해당하는 것은?

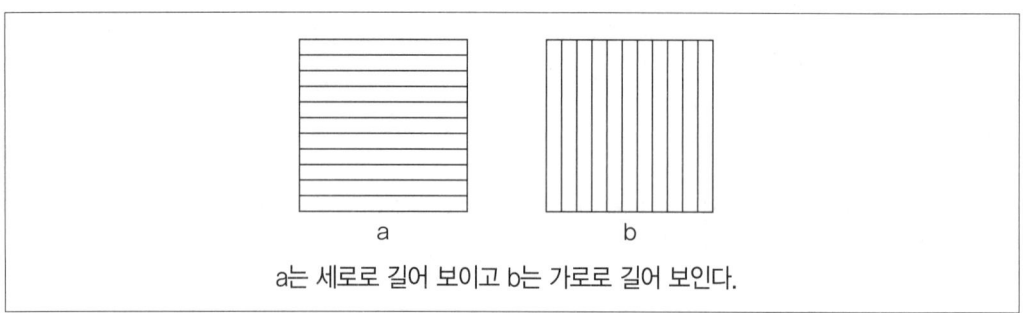

① 뮬러-라이어(Müller-Lyer)의 착시
② 헬호츠(Helmholz)의 착시
③ 헤링(Hering)의 착시
④ 포겐도르프(Poggendorf)의 착시

자주 거론되는 착시현상
- 뮬러-라이어(Müller-Lyer)의 착시 : 두 선분의 양끝에 방향이 반대인 화살표로 만들면, 두 선분의 길이가 달라 보인다.
- 헤링(Hering)의 착시 : 평행한 두 수직선이 사선의 영향으로 가운데 부분이 바깥쪽으로 휘어 보이는 현상을 말한다.
- 분트(Wundt) 착시 : 길이가 같은 두 개의 직선이 수직을 이루고 있을 때, 수직선이 수평선이 더 길게 느껴진다.
- 포겐도르프(Poggendorf)의 착시 : 평행하는 두 선분에 다른 선분(사선)을 엇갈리게 교차시킨 다음 평행선 안쪽의 사선 부분을 제거하면 평행선 바깥의 두 사선 부분이 어긋난(동일선 상에 있지 않은) 것처럼 보이는 현상이다.

15 산업안전보건법상 중대재해에 해당하지 않는 것은?

① 추락으로 인하여 1명이 사망한 재해
② 건물의 붕괴로 인하여 15명의 부상자가 동시에 발생한 재해
③ 화재로 인하여 4개월의 요양이 필요한 부상자가 동시에 3명 발생한 재해
④ 근로환경으로 인하여 작업성질병자가 동시에 5명 발생한 재해

중대재해의 범위(산업안전보건법 시행규칙 제3조)
- 사망자가 1명 이상 발생한 재해
- 3개월 이상의 요양이 필요한 부상자가 동시에 2명 이상 발생한 재해
- 부상자 또는 직업성 질병자가 동시에 10명 이상 발생한 재해

16 방독마스크의 흡수관의 종류와 사용조건이 옳게 연결된 것은?

① 보통가스용 – 산화금속
② 유기가스용 – 활성탄
③ 일산화탄소용 – 알칼리제제
④ 암모니아용 – 산화금속

방독 마스크의 흡수관

종류	표지		대응독물	주성분
	기호	색		
보통가스용 (할로겐가스용)	A	흑색, 회색	염소 및 할로겐류, 포스겐 유기 및 산성가스	활성탄, 소다라임
산성가스용	B	회색	염산, 할로겐화수소, 산, 탄산가스 이산화질소, 산화질소	소다라임, 알칼리제제
유기가스용	C	흑색	유기가스 및 증기, 이황화탄소	활성탄
일산화탄소용	E	적색	TEL, 일산화탄소	호프카라이트, 방습제
소방용	F	적색, 백색	화재시와 연기용	종합세제
연기용	G	흑색, 백색	아연 및 금속 흄, 기름 연기	활성탄, 여층
암모니아용	H	녹색	암모니아	큐프라마이트
아황산용	I	등색	아황산 및 황산 마스트	산화금속, 알칼리제제
청산용	J	청색	청산 및 청화물 증기	산화금속, 알칼리제제
황화수소용	K	황색	황화수소	금속염류, 알칼리제제

17 하버드 학파의 5단계 교수법에 해당되지 않는 것은?

① 교시(Presentation)　② 연합(Association)
③ 추론(Reasoning)　　④ 총괄(Generalization)

하버드 학파의 5단계 교수법 : 준비(Preparation) → 교시(Presentation) → 연합(Association) → 총괄(Generalization) → 응용(Application)

18 산업안전보건법상 프레스 작업 시 작업시작 전 점검사항에 해당하지 않는 것은?

① 클러치 및 브레이크의 기능
② 매니퓰레이터(manipulator) 작동의 이상 유무
③ 프레스의 금형 및 고정볼트 상태
④ 1행정 정지기구·급정지장치 및 비상정지장치의 기능

작업시작 전 점검사항(산업안전보건기준에 관한 규칙 별표 3)

작업의 종류	점검내용
1. 프레스 등을 사용하여 작업을 할 때	• 클러치 및 브레이크의 기능 • 크랭크축 · 플라이휠 · 슬라이드 · 연결봉 및 연결 나사의 풀림여부 • 1행정 1정지기구 · 급정지장치 및 비상정지장치의 기능 • 슬라이드 또는 칼날에 의한 위험방지 기구의 기능 • 프레스의 금형 및 고정볼트 상태 • 방호장치의 기능 • 전단기(剪斷機)의 칼날 및 테이블의 상태
2. 로봇의 작동 범위에서 그 로봇에 관하여 교시 등(로봇의 동력원을 차단하고 행하는 것은 제외)의 작업을 할 때	• 외부 전선의 피복 또는 외장의 손상 유무 • 매니퓰레이터(manipulator) 작동의 이상 유무 • 제동장치 및 비상정지장치의 기능

19 레빈(Lewin)의 법칙 중 환경조건(E)이 의미하는 것은?

① 지능
② 소질
③ 적성
④ 인간관계

Lewin K의 법칙

B = f(P · E)
• B : Behavior(인간의 행동)
• f : Function(함수관계 : 적성 기타 P와 E에 영향을 미칠 수 있는 조건)
• P : Person(개체 : 연령, 경험, 심신상태, 성격, 지능 등)
• E : Environment(심리적 환경 : 인간관계, 작업환경 등)

20 재해손실 코스트 방식 중 하인리히의 방식에 있어 1 : 4의 원칙 중 1에 해당하지 않는 것은?

① 재해예방을 위한 교육비
② 치료비
③ 재해자에게 지급된 급료
④ 재해보상 보험금

직접비 : 법령으로 정한 피해자에게 지급되는 산재보상비
• 휴업보상비 : 평균임금의 100분의 70에 상당하는 금액
• 장해보상비 : 신체 장해가 남는 경우에 장해등급에 의한 금액
• 요양보상비 : 요양비의 전액
• 장의비 : 평균임금의 120일분에 상당하는 금액
• 유족보상비 : 평균임금의 1300일분에 상당하는 금액
• 기타 유족특별보상비, 장해특별보상비, 상병보상년금

제 02 과목 인간공학 및 위험성 평가·관리

21 음량 수준이 50phon일 때 sone 값은?

① 2
② 5
③ 10
④ 100

음의 크기 수준
- phon : 1000Hz 순음의 음압 수준(dB)을 나타낸다.
- sone : 1000Hz, 40dB의 음압 수준을 가진 순음의 크기(= 40 phon)를 1 sone이라 함
- sone과 phon의 관계식 : sone값 $= 2^{(phon-40)/10}$

22 청각적 표시장치 지침에 관한 지침에 관한 설명으로 틀린 것은?

① 신호는 최소한 0.5~1초 동안 지속한다.
② 신호는 배경소음과 다른 주파수를 이용한다.
③ 소음은 양쪽 귀에, 신호는 한쪽 귀에 들리게 한다.
④ 300m 이상 멀리 보내는 신호는 2000Hz 이상의 주파수를 사용한다.

경계 및 경보신호의 설계
- 귀는 중(中)음역에 가장 민감하므로 500~3,000Hz의 진동수를 사용한다.
- 고음은 멀리가지 못하므로 300m 이상의 장거리용은 1,000Hz 이하의 진동수를 사용한다.
- 신호가 장애물이나 칸막이를 통과해야 할 경우에는 500Hz 이하의 진동수를 사용한다.

23 인체측정치를 이용한 설계에 관한 설명으로 옳은 것은?

① 평균치를 기준으로 한 설계를 제일 먼저 고려한다.
② 자세와 동작에 따라 고려해야 할 인체측정 치수가 달라진다.
③ 의자의 깊이와 너비는 작은 사람을 기준으로 설계한다.
④ 큰 사람을 기준으로 한 설계는 인체측정치의 5%tile을 사용한다.

인체계측자료의 응용원칙
- 최대치수와 최소치수 : 최대치수 또는 최소치수를 기준으로 하여 설계
- 조절범위(조절식) : 체격이 다른 여러 사람에 맞도록 만드는 것(5~95%tile)
- 평균치를 기준으로 한 설계 : 최대치수나 최소치수, 조절식으로 설계하기 곤란할 때 평균치를 기준으로 하여 설계

24 인간-기계 시스템 설계 과정의 주요 6단계를 올바른 순서로 나열한 것은?

> ⓐ 기본설계
> ⓑ 시스템 정의
> ⓒ 목표 및 성능 명세결정
> ⓓ 인간 – 기계 인터페이스(human–machine interface) 설계
> ⓔ 매뉴얼 및 성능보조자료 작성
> ⓕ 시험 및 평가

① ⓒ → ⓑ → ⓐ → ⓓ → ⓔ → ⓕ
② ⓐ → ⓑ → ⓒ → ⓓ → ⓔ → ⓕ
③ ⓑ → ⓒ → ⓐ → ⓔ → ⓓ → ⓕ
④ ⓒ → ⓐ → ⓑ → ⓔ → ⓓ → ⓕ

25 동전던지기에서 앞면이 나올 확률이 0.7이고, 뒷면이 나올 확률이 0.3일 때, 앞면이 나올 사건의 정보량(A)과 뒷면이 나올 사건의 정보량(B)은 각각 얼마인가?

① A : 0.88bit, B : 1.74bit
② A : 0.51bit, B : 1.74bit
③ A : 0.88bit, B : 2.25bit
④ A : 0.51bit, B : 2.25bit

해설

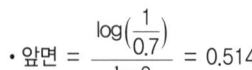

- 앞면 = $\dfrac{\log\left(\dfrac{1}{0.7}\right)}{\log 2}$ = 0.514

- 뒷면 = $\dfrac{\log\left(\dfrac{1}{0.3}\right)}{\log 2}$ = 1.734

26 고온 작업자의 고온 스트레스로 인해 발생하는 생리적 영향이 아닌 것은?

① 피부와 직장온도의 상승
② 발한(sweating)의 증가
③ 심박출량(cardiac output)의 증가
④ 근육에서의 젖산 감소로 인한 근육통과 근육피로 증가

해설
고온에서의 생리적 반응 : 피부온도 상승, 피부를 경유하는 혈액량 증가, 발한, 직장의 온도가 내려감

27 FMEA의 위험성 분류 중 "카테고리 2"에 해당 되는 것은?

① 영향 없음
② 활동의 지연
③ 작업 수행의 실패
④ 생명 또는 가옥의 상실

위험성 분류의 표시
- Category Ⅰ : 생명 또는 가옥의 상실
- Category Ⅱ : 작업수행의 실패
- Category Ⅲ : 활동의 지연
- Category Ⅳ : 영향 없음

28 다음 중 일반적으로 가장 신뢰도가 높은 시스템의 구조는?

① 직렬연결구조
② 병렬연결구조
③ 단일부품구조
④ 직·병렬 혼합구조

설비의 신뢰도

- 직렬연결 : 자동차 운전

    $Rs(신뢰도) = R_1 \cdot R_2 \cdot R_3 \cdot \cdots \cdot R_n = \sum_{i=1}^{n} R_i$

- 병렬연결 : 열차나 항공기의 제어장치

    $Rs(신뢰도) = 1 - (1-R_1)(1-R_2) \cdots (1-R_n) = 1 - \sum_{i=1}^{n}(1-R_i)$

29 중량물을 반복적으로 드는 작업의 부하를 평가하기 위한 방법이 NIOSH 들기지수를 적용할 때 고려되지 않는 항목은?

① 들기빈도
② 수평이동거리
③ 손잡이 조건
④ 허리 비틀림

NIOSH 들기지수(1991년 개정 지침)

- 들기지수(LI) = 실제작업무게(L) / 권장한계무게(RWL)
- LI는 취급하는 물건의 중량이 RWL의 몇 배인가를 나타내는 것으로 LI가 작을수록 좋으며 1보다 클 경우 요통의 발생 위험이 높다.
- LI의 작업변수는 작업물의 무게, 수평위치, 수직거리, 수직이동거리, 비대칭각도(허리 비틀림), 들기빈도, 커플링(손잡이) 조건 등이다.
- 권장한계무게(RWL, kg) = 23kg × HM × VM × DM × AM × FM × CM
- 수평계수(HM) : HM = 25/H
  - 하완 길이 25cm 이하인 경우 1, 키 작은 사람이 최대한 멀리 잡을 수 있는 거리 63cm 이상이면 0
  - 시점과 종점 두 곳에서 측정
- 수직계수(VM) : VM = 1 − 0.003[V−75]
  - 키 165cm인 사람이 들기작업에서 팔을 편안하게 늘어뜨렸을 때의 손의 높이 75cm가 가장 적합한 높이로 75일 때 최대 1이며, 높거나 낮으면 수직계수는 작아짐
  - 시점과 종점 두 곳에서 측정
- 거리계수(DM) : DM = 0.82 + 4.5/D
  - 물체를 수직이동시킨 거리
  - 25cm 이하면 1, 175cm 이상이면 0
- 비대칭성계수(AM) : AM = 1 − 0.0032A
  - A는 신체중심에서 물건중심까지 비틀린 각도로 비틀림이 없으면 1, 비틀림이 135°가 넘으면 0
  - 시점과 종점 두 곳에서 측정
- 빈도계수(FM)
  - 1분 동안 반복한 횟수
  - 다음의 표를 이용하여 적용

빈도수 (횟수/분)	작업시간					
	1시간 이하		2시간 이하		3시간 이하	
	V < 75	V > 75	V < 75	V > 75	V < 75	V > 75
0.2	1.00	1.00	0.95	0.95	0.85	0.85
0.5	0.97	0.97	0.92	0.92	0.81	0.81
1	0.94	0.94	0.88	0.88	0.75	0.75
2	0.91	0.91	0.84	0.84	0.65	0.65
3	0.88	0.88	0.79	0.79	0.55	0.55

- 결합계수(CM)
  - 잡기 편한 손잡이의 유무를 반영하는 것으로 손잡이가 있거나 없어도 편한 경우 Good, 손잡이나 잡을 수 있는 부분이 있으며 적당하게 위치하지는 않았지만 손목의 각도를 90°정도 유지할 수 있는 경우 Fair, 손잡이를 잡을 수 있는 부분이 없거나 불편한 경우 혹은 끝부분이 날카로운 경우 Bad로 점과 종점 두 곳에서 측정
  - 다음의 표를 이용하여 적용

커플링 상태	수직거리(V)	
	75cm 미만	75cm 이상
Good	1	1
Fair	0.95	1
Bad	0.9	0.9

 30 작업자가 소음 작업환경에 장기간 노출되어 소음성 난청이 발병하였다면 일반적으로 청력 손실이 가장 크게 나타나는 주파수는?

① 1000Hz ② 2000Hz
③ 4000Hz ④ 6000Hz

해설
청력손실은 진동수가 높아짐에 따라 심해지며 특히 4000Hz에서 크게 나타난다.

 31 다음 중 시스템 안전성 평가의 순서를 가장 올바르게 나열한 것은?

① 자료의 정리 → 정량적 평가 → 정성적 평가 → 대책 수립 → 재평가
② 자료의 정리 → 정성적 평가 → 정량적 평가 → 재평가 → 대책 수립
③ 자료의 정리 → 정량적 평가 → 정성적 평가 → 재평가 → 대책 수립
④ 자료의 정리 → 정성적 평가 → 정량적 평가 → 대책 수립 → 재평가

해설
안전성 평가의 6단계
- 제1단계 : 관계 자료의 작성준비
- 제2단계 : 정성적 평가
- 제3단계 : 정량적 평가
- 제4단계 : 안전대책 수립
- 제5단계 : 재해정보에 의한 재평가
- 제6단계 : FTA에 의한 재평가

32 결함수분석법에 있어 정상사상(top event)이 발생하지 않게 하는 기본사상들의 집합을 무엇이라고 하는가?

① 컷셋(cut set)
② 페일셋(fail set)
③ 트루셋(truth set)
④ 패스셋(path set)

해설

컷과 패스

- 컷셋(cut sets) : 그 속에 포함되어 있는 모든 기본사상(통상, 생략, 결함사상을 포함) 이 일어났을 때 정상사상(top event)을 일으키는 기본사상의 집합
- 최소 컷셋(minimal cut sets) : 컷셋 중 그 부분집합만으로는 정상사상을 일으키는 일이 없는 것, 즉 정상사상(top event)을 일으키기 위한 최소한의 컷셋으로 어떤 고장이나 에러를 일으키면 재해가 일어나는가 하는 것 즉, 시스템의 위험성(역으로는 안전성)를 나타내는 것
- 패스셋(path sets) : 시스템이 고장 나지 않도록 하는 사상의 조합
- 최소 패스셋(minimal path sets) : 시스템이 고장 나지 않도록 하는 최소한의 패스셋으로 어떤 고장이나 패스를 일으키지 않으면 재해는 일어나지 않는다는 것 즉, 시스템의 신뢰성을 나타내는 것

33 FT도에 사용되는 논리기호 중 AND 게이트에 해당하는 것은?

①   ②

③ 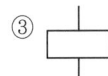   ④

해설

FTA 도표에 사용하는 논리기호

명칭	기호	명칭	기호
결함사상	□	전이 기호 (이행 기호)	△ (in) △ (out)
기본사상	○	AND gate	출력/입력
생략사상 (추적 불가능한 최후사상)	◇	OR gate	출력/입력
통상사상(家刑事像)	⌂	수정기호 조건	출력─조건/입력

34 조정반응비율(C/R비)에 관한 설명으로 틀린 것은?

① 조종장치와 표시장치의 물리적 크기와 성질에 따라 달라진다.
② 표시장치의 이동거리를 조종장치의 이동거리로 나눈 값이다.
③ 조종반응비율이 낮다는 것은 민감도가 높다는 의미이다.
④ 최적의 조종반응비율은 조종장치의 조종시간과 표시 장치의 이동시간이 교차하는 값이다.

조종-반응비(C/R비, Control-Response ratio) : C/D비가 확장된 개념으로 회전운동을 하는 조종장치의 조종거리(Control)와 표시장치의 반응거리(Response)의 비로 표시한다.

35 페일 세이프(fail-safe)의 원리에 해당되지 않는 것은?

① 교대 구조   ② 다경로하중 구조
③ 배타설계 구조   ④ 하중경감 구조

구조적 Fail Safe
- 다경로하중 구조
- 분할 구조
- 교대 구조
- 하중경감 구조

36 옥내 조명에서 최적 반사율의 크기가 작은 것부터 큰 순서대로 나열된 것은?

① 벽 〈 천장 〈 가구 〈 바닥   ② 바닥 〈 가구 〈 천장 〈 벽
③ 가구 〈 바닥 〈 천장 〈 벽   ④ 바닥 〈 가구 〈 벽 〈 천장

옥내 최적 반사율
- 천장 : 80~90%
- 벽, 창문 발(Blind) : 40~60%
- 가구, 사무용기기, 책상 : 25~45%
- 바닥 : 20~40%

37 관측하고자 하는 측정값을 가장 정확하게 읽을 수 있는 표시장치는?

① 계수형   ② 동침형
③ 동목형   ④ 묘사형

정량적 동적 표시장치의 기본형
- 정목동침(Moving Pointer)형 : 눈금이 고정되고 지침이 움직이는 형
- 정침동목(Moving Scale)형 : 지침이 고정되고 눈금이 움직이는 형
- 계수(Digital)형 : 전력계나 택시요금 계기와 같이 기계적 또는 전자적으로 숫자가 표시되는 형

38 그림의 FT도에서 최소 컷셋(minimal cut set)으로 옳은 것은?

① {1,2,3,4}
② {1,2,3}, {1,2,4}
③ {1,3,4}, {2,3,4}
④ {1,3}, {1,4}, {2,3}, {2,4}

해설

최소 컷셋은 시스템 고장을 유발시키는 필요 불가결한 기본 고장들의 집합이다.

39 설비의 보전과 가동에 있어 시스템의 고장과 고장 사이의 시간 간격을 의미하는 용어는?

① MTTR
② MDT
③ MTBF
④ MTBR

해설

MTTF와 MTBF, MTTR
- MTTF(Mean Time To Failures) : 고장이 일어나기까지의 동작시간의 평균치(평균고장시간)
- MTBF(Mean Time Between Failures) : 고장사이의 작동시간 평균치(평균고장간격)
- MTTR(Mean Time To Repair) : 고장 발생 순간부터 수리완료 후 정상작동 시까지의 평균시간(평균수리시간)

40 에너지대사율(Relative Metabolic Rate)에 관한 설명으로 틀린 것은?

① 작업대사량은 작업 시 소비에너지와 안정 시 소비에너지의 차로 나타낸다.
② RMR은 작업대사량을 기초대사량으로 나눈 값이다.
③ 산소소비량을 측정할 때 더글라스백(Douglas bag)을 이용한다.
④ 기초대사량은 의자에 앉아서 호흡하는 동안에 측정한 산소소비량으로 구한다.

해설

에너지 대사율(RMR, Relative Metabolic Rate)
- 작업강도 단위로써 산소호흡량을 측정하여 에너지의 소모량을 결정하는 방식
- RMR이 클수록 중 작업
- RMR = $\dfrac{\text{작업대사량}}{\text{기초대사량}}$ = $\dfrac{\text{작업시 소비에너지} - \text{안정시 소비에너지}}{\text{기초대사량}}$

제 03 과목 기계·기구 및 설비 안전관리

41 지게차 헤드가드의 강도는 최대하중의 몇 배의 등분포정하중에 견딜 수 있어야 하는가?(단, 최대하중은 4톤을 넘지 않는 것으로 한다.)

① 0.5배　　② 1.0배
③ 1.5배　　④ 2.0배

지게차 헤드가드의 구비조건(산업안전보건기준에 관한 규칙 제180조)
- 강도는 지게차의 최대하중의 2배 값(4톤을 넘는 값에 대해서는 4톤으로 한다)의 등분포정하중(等分布靜荷重)에 견딜 수 있을 것
- 상부틀의 각 개구의 폭 또는 길이가 16cm 미만일 것
- 운전자가 앉아서 조작하거나 서서 조작하는 지게차의 헤드가드는 산업표준화법 제12조에 따른 한국산업표준에서 정하는 높이 기준 이상일 것
  - 앉아서 조작하는 경우 조종사가 정상적인 작동 상태에 있을 때 좌석기준점(SIP)으로부터 조종사의 머리가 위치한 헤드가드 아래 부분의 밑면까지의 수직간격은 0.903m 이상이어야 한다.
  - 서서 조작하는 경우 조종사가 정상적인 작동 상태에 있을 때 조종사가 서 있는 플랫폼에서부터 조종사의 머리가 위치한 헤드가드 아래 부분의 밑면까지의 수직 간격은 1.88m 이상이어야 한다.

42 프레스에 적용되는 방호장치의 유형이 아닌 것은?

① 접근거부형　　② 접근반응형
③ 위치제한형　　④ 포집형

방호장치의 구분
- 위치제한형 : 양수조작식
- 접근반응형 : 광전자식, 감응식
- 감지형 : 이상온도, 이상기압, 과부하 등을 감지
- 접근거부형 : 수인식 및 손쳐내기식
- 포집형 : 연삭기 덮개, 반발예방장치
- 격리형 : 완전차단형 방호장치, 덮개형 방호장치, 안전방책

43 롤러기 방호장치의 무부하 동작시험시 앞면 롤러의 지름이 150mm이고, 회전수가 30rpm인 롤러기의 급정지거리는 몇 mm 이내여야 하는가?

① 157　　② 188
③ 207　　④ 237

앞면 롤러의 표면속도에 따른 급정지거리

앞면 롤러의 표면 속도(m/분)	급정지 거리
30 미만	앞면 롤러 원주의 1/3 이내
30 미만	앞면 롤러 원주의 1/2.5 이내

- 표면속도[V] = $\dfrac{\pi D \times \text{rpm}}{1,000} = \dfrac{3.14 \times 150 \times 30}{1,000}$ = 14.137 [m/분]

- 급정지거리 = $\dfrac{\text{롤러원주}}{3} = \dfrac{3.14 \times 150}{3}$ = 157

44 기계나 그 부품에 고장이나 기능 불량이 생겨도 항상 안전하게 작동하는 안전화 대책은?

① 진단
② 예방정비
③ 페일 세이프(fail safe)
④ 풀 프루프(fool proof)

Fail Safe 기능면 3단계
- 1단계 – Fail Passive : 부품이 고장나면 통상 기계는 정비방향으로 옮긴다.
- 2단계 – Fail Active : 부품이 고장나면 기계는 경보음을 내면서 짧은 시간의 운전이 가능하다.
- 3단계 – Fail Operational : 부품이 고장나더라도 기계는 다음의 보수가 이루어질 때까지 안전한 기능을 유지한다.

45 아세틸렌 용접장치의 발생기실을 옥외에 설치하는 경우에는 그 개구부는 다른 건축물로 부터 몇 m 이상 떨어져야 하는가?

① 1
② 1.5
③ 2.5
④ 3

산업안전보건기준에 관한 규칙 제286조(발생기실의 설치장소 등) ① 사업주는 아세틸렌 용접장치의 아세틸렌 발생기(이하 "발생기"라 한다)를 설치하는 경우에는 전용의 발생기실에 설치하여야 한다.
② 제1항의 발생기실은 건물의 최상층에 위치하여야 하며, 화기를 사용하는 설비로부터 3미터를 초과하는 장소에 설치하여야 한다.
③ 제1항의 발생기실을 옥외에 설치한 경우에는 그 개구부를 다른 건축물로부터 1.5미터 이상 떨어지도록 하여야 한다.

46 위험한 작업점과 작업자 사이에 서로 접근되어 일어날 수 있는 재해를 방지하는 격리형 방호장치가 아닌 것은?

① 완전 차단형 방호장치
② 덮개형 방호장치
③ 안전 방책
④ 양수조작식 방호장치

격리형 방호장치에는 완전 차단형 방호장치, 덮개형 방호장치, 안전 방책이 해당되며, 양수조작식 방호장치는 위치제한형 방호장치에 해당된다.

47 밀링머신(milling machine)의 작업 시 안전수칙에 대한 설명으로 틀린 것은?

① 커터의 교환 시는 테이블 위에 목재를 받쳐 놓는다.
② 강력절삭 시에는 일감을 바이스에 깊게 물린다.
③ 작업 중 면장갑은 끼지 않는다.
④ 커터는 가능한 칼럼(column)으로부터 멀리 설치한다.

밀링작업의 안전대책
- 정면 커터 작업 시에는 칩이 튀어나오므로 칩 커버를 설치한다.
- 커터 날 끝과 같은 높이에서 절삭 상태를 관찰해서는 안 된다.
- 주축 회전 중 밀링 커터 주위에 손을 대거나 브러시를 사용해 칩을 제거해서는 안 된다.
- 가공 중 기계에 얼굴을 가까이 가지 않도록 한다.
- 테이블 위에 측정기나 공구류를 올려놓지 않는다.
- 절삭 공구나 공작물을 설치할 때 시동 레버가 접촉되기 쉬우므로 전원을 끄고 작업한다.
- 작업 중의 가공물에 손을 대지 말아야 하며, 치수 측정시는 기계를 정지시킨다.
- 칩 제거시에는 반드시 기계를 정지한 후 솔로 제거한다.

48 공기압축기의 작업시작 전 점검사항이 아닌 것은?

① 윤활유의 상태 ② 언로드 밸브의 기능
③ 비상정지장치의 기능 ④ 압력방출장치의 기능

공기압축기의 작업시작 전 점검사항(산업안전보건기준에 관한 규칙 별표 3)
- 회전부의 덮개 또는 울
- 압력방출장치의 기능
- 언로드 밸브의 기능
- 그 밖의 연결부위의 이상 유무
- 공기저장 압력용기의 외관 상태
- 드레인 밸브의 조작 및 배수
- 윤활유의 상태

49 불순물이 포함된 물을 보일러 수로 사용하여 보일러의 관벽과 드럼 내면에 발생한 관석(Scale)으로 인한 영향이 아닌 것은?

① 과열 ② 불완전 연소
③ 보일러의 효율 저하 ④ 보일러 수의 순환 저하

스케일(염류, 관석)의 영향
- 전열면의 과열
- 열효율 저하
- 연료 소비량 증가
- 물 순환 저하

50 프레스 광전자식 방호장치의 광선에 신체의 일부가 감지된 후로부터 급정지기구 작동시까지의 시간이 30ms 이고, 급정지기구의 작동 직후로부터 프레스기가 정지될 때까지의 시간이 20ms 라면 광축의 최소 설치거리는?

① 75mm ② 80mm
③ 100mm ④ 150mm

$D_m = 1.6(T_c + T_s) = 1.6 \times (30 + 20) = 80mm$

51 프레스 방호장치의 공통일반구조에 대한 설명으로 틀린 것은?

① 방호장치의 표면은 벗겨짐 현상이 없어야 하며, 날카로운 모서리 등이 없어야 한다.
② 위험기계·기구 등에 장착이 용이하고 견고하게 고정될 수 있어야 한다.
③ 외부충격으로부터 방호장치의 성능이 유지될 수 있도록 보호덮개가 설치되어야 한다.
④ 각종 스위치, 표시램프는 돌출형으로 쉽게 근로자가 볼 수 있는 곳에 설치해야 한다.

각종 스위치, 표시램프는 매립형으로 쉽게 근로자가 볼 수 있는 곳에 설치해야 한다.

52 소성가공의 종류가 아닌 것은?

① 단조
② 압연
③ 인발
④ 연삭

소성가공의 방법에 따른 분류
- 단조(鍛造) : 재료를 가열하고 두들겨서 하는 가공
- 압출(壓出) : 재료를 거푸집 속에 밀어 넣고, 거푸집에 뚫린 구멍으로부터 밀어내어 그 구멍의 모양과 같은 막대나 관을 만드는 가공
- 압연(壓延) : 회전하는 2개의 롤 사이로 재료를 통과시켜 단면을 압연하여 판재(板材) 등을 만드는 가공
- 인발(引拔) : 다이스 틀(dies)에 재료를 통과시켜 잡아당겨서 단면의 감소를 꾀하는 가공
- 판금(板金) : 양철판·함석판 등을 굽히거나 판의 표면에 요철(凹凸)의 무늬를 내는 압인가공
- 전조(轉造) : 나사나 기어 등을 만드는 가공

53 풀 프루프(fool proof)에 해당되지 않는 것은?

① 각종 기구의 인터록 기구
② 크레인의 권과방지장치
③ 카메라의 이중 촬영 방지기구
④ 항공기의 엔진

풀 프루프(Fool Proof)
- 풀 프루프(Fool Proof) : 인간의 착오, 미스 등 이른바 휴먼에러가 발생하더라도 기계설비나 그 부품은 안전 쪽으로 작동하게 설계하는 안전설계의 기법 중 하나
- 풀 프루프(Fool Proof)의 기구 : 가드, 로크(Lock) 기구, 밀어내기 기구, 트립 기구, 오버런(Overrun)기구, 기동방지기구

54 산업안전보건법상 양중기가 아닌 것은?

① 곤돌라
② 이동식 크레인
③ 트롤리 컨베이어
④ 적재하중이 0.1톤인 이삿짐운반용 리프트

산업안전보건기준에 관한 규칙 제132조(양중기) ① 양중기란 다음 각 호의 기계를 말한다.
1. 크레인[호이스트(hoist)를 포함한다]
2. 이동식 크레인
3. 리프트(이삿짐운반용 리프트의 경우에는 적재하중이 0.1톤 이상인 것으로 한정한다)
4. 곤돌라
5. 승강기

55 컨베이어의 종류가 아닌 것은?

① 체인 컨베이어　　　　② 스크류 컨베이어
③ 슬라이딩 컨베이어　　④ 유체 컨베이어

컨베이어의 종류
- 롤러(Roller) 컨베이어 : 롤러 또는 휠(Wheel)를 다량으로 배열하여 하물을 운반
- 스크루(Screw) 컨베이어 : 도랑 속의 하물을 스크루에 의해 운반
- 벨트(Belt) 컨베이어 : 프레임의 양 말단에 설치한 풀리에 벨트를 엔드리스로 감아 그 위에 하물을 싣고 운반
- 체인(Chain) 컨베이어 : 엔드리스로 감아 걸은 체인 또는 체인에 슬랫이나 버킷 등을 부착하여 하물을 운반

56 그림과 같은 지게차에서 W를 화물중량, G를 지게차 자체 중량, a를 앞바퀴 중심부터 화물의 중심까지의 최단거리, b를 앞바퀴 중심에서 지게차의 중심까지의 최단거리라고 할 때 지게차 안정조건은?

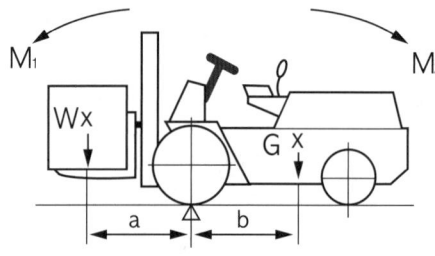

M_1 : 화물의 모멘트
M_2 : 차의 모멘트

① $W \cdot a < G \cdot b$
② $W-1 < G \cdot \dfrac{b}{a}$
③ $W \cdot a < G \cdot (b-1)$
④ $W > G \cdot \dfrac{b}{a}$

지게차의 안정도
- 화물의 모멘트(M_1) = $W \cdot a$, 차의 모멘트(M_2) = $G \cdot b$
- 지게차 안정조건 : $W \cdot a \leq G \cdot b$ ($M_1 \leq M_2$)

57 기계설비의 안전조건에서 구조적 안전화로 틀린 것은?

① 가공결함　　　　② 재료의 결함
③ 설계상의 결함　　④ 방호장치의 작동결함

기계·설비의 안전화 5가지
- 외관의 안전화 : 상자로 내장, 덮개, 색채조절(시동버튼 : 녹색, 정지버튼 : 적색)
- 기능적 안전화 : 전압 강하 및 정전시 오동작 방지, 사용 압력 변동시 오동작 방지, 밸브 고장시 오동작 방지, 단락 스위치 고장시 오동작 방지
- 구조부분의 안전화 : 적절한 재료, 안전율 및 안전계수 고려, 적절한 가공
- 작업의 안전화 : 기동 장치와 배치, 정지시 시간 장치, 안전 통로 확보, 작업 공간 확보
- 보수·유지의 안전화(보전성의 개선) : 정기 점검, 교환, 주유

58 프레스 금형의 설치 및 조정 시 슬라이드 불시하강을 방지하기 위하여 설치해야 하는 것은?

① 인터록
② 클러치
③ 게이트 가드
④ 안전블록

산업안전보건기준에 관한 규칙 제104조(금형조정작업의 위험방지) 사업주는 프레스등의 금형을 부착·해체 또는 조정하는 작업을 하는 때에는 당해 작업에 종사하는 근로자의 신체의 일부가 위험한계 내에 들어갈 때에 슬라이드가 갑자기 작동함으로써 발생하는 근로자의 위험을 방지하기 위하여 안전블록을 사용하는 등 필요한 조치를 하여야 한다.

59 연삭기 덮개에 관한 설명으로 틀린 것은?

① 탁상용 연삭기의 워크레스트는 연삭숫돌과의 간격을 3mm 이하로 조정할 수 있는 구조이어야 한다.
② 연삭숫돌의 상부를 사용하는 것을 목적으로 하는 탁상용 연삭기의 덮개의 노출 각도는 90° 이내로 제한하고 있다.
③ 덮개의 두께는 연삭숫돌의 최고사용속도, 연삭숫돌의 두께 및 직경에 따라 달라진다.
④ 덮개 재료는 인장강도 274.5MPa 이상이고 신장도가 14% 이상이어야 한다.

연삭숫돌의 상부를 사용하는 것을 목적으로 하는 탁상용 연삭기의 덮개의 노출 각도는 60° 이내로 제한하고 있다.

60 연강의 인장강도가 420MPa이고, 허용응력이 140MPa이라면 인장률은?

① 0.3
② 0.4
③ 3
④ 4

인장률 = $\dfrac{인장강도}{허용응력}$ = $\dfrac{420}{140}$ = 3

제 04 과목 전기 및 화학설비 안전관리

61 저압전로의 절연성능 시험에서 전로의 사용전압이 500V를 초과하는 경우 시험전압 1,000V DC에서의 절연저항은 최소 몇 MΩ 이어야 하는가?

① 0.1MΩ
② 0.3MΩ
③ 0.5MΩ
④ 1.0MΩ

해설

저압전로의 절연저항

전로의 사용전압 V	DC 시험전압 V	절연저항
SELV 및 PELV	250	0.5MΩ 이상
FELV, 500V 이하	250	1MΩ 이상
500V 초과	1,000	1MΩ 이상

[주] 특별저압(extra low voltage : 2차 전압이 AC 5V, DC 120V 이하)으로 SELV(비접지회로 구성) 및 PELV(접지회로 구성)은 1차와 2차가 전기적으로 절연된 회로, FELV는 1차와 2차가 전기적으로 절연되지 않은 회로

62 저항 값이 0.1Ω인 도체에 10A의 전류가 1분간 흘렀을 경우 발생하는 열량은 몇 cal인가?

① 124
② 144
③ 166
④ 250

해설

계산방법
- $Q = 0.24 I^2 Rt$ [cal] (I : 전류, R : 저항, t : 시간(초))
- $Q = 0.24 \times 10^2 \times 0.1 \times 60 = 144\text{cal}$

63 전류밀도, 통전전류, 접촉면적과 피부저항과의 관계를 올바르게 설명한 것은?

① 전류밀도와 통전전류는 반비례 관계이다.
② 통전전류와 접촉면적에 관계없이 피부저항은 항상 일정하다.
③ 같은 크기의 통전전류가 흘러도 접촉면적이 커지면 전류밀도는 커진다.
④ 같은 크기의 통전전류가 흘러도 접촉면적이 커지면 피부저항은 작게 된다.

해설

접촉면적이 작아지면 피부저항은 커지고, 접촉면적이 넓어지면 피부저항은 작아진다.

64 다음과 같은 특성이 있으며 제한전압이 낮기 때문에 접지저항을 낮게 하기 어려운 배전선로에 적합한 피뢰기는?

> 피뢰기의 특성요소가 화이버관으로 되어 있고 방전은 직렬 갭을 통하여 화이버관 내부의 상부와 하부 전극 간에서 행하여지며, 속류차단은 화이버관 내부벽면에서 아크열에 의한 화이버질의 분해로 발생하는 고압가스의 소호작용에 의한다.

① 변형 피뢰기 ② 방출형 피뢰기
③ 갭레스형 피뢰기 ④ 변저항형 피뢰기

소호실이 있는 피뢰기이며 그 속에 속류를 가두어 넣고 가스발생 물질 또는 소호제와 접속시켜 선로단의 전압을 억제하여 속류를 차단하도록 하는 피뢰기의 형태를 방출형 피뢰기라고 한다.

65 전기불꽃이나 과열에 대비하여 회로특성상 폭발의 위험을 방지할 수 있는 방폭구조는?

① 내압 방폭구조 ② 유입 방폭구조
③ 안전증 방폭구조 ④ 압력 방폭구조

방폭구조의 종류와 기호

종류	내용	기호
내압방폭구조	점화원에 의해 용기 내부에서 폭발이 발생할 경우에 용기가 폭발압력에 견딜 수 있고, 화염이 용기 외부의 폭발성 분위기로 전파되지 않도록 한 방폭구조	d
압력방폭구조	점화원이 될 우려가 있는 부분을 용기 안에 넣고 보호 기체(신선한 공기 또는 불활성기체)를 용기 안에 압입함으로써 폭발성 가스가 침입하는 것을 방지하도록 되어 있는 방폭구조	p
안전증방폭구조	전기기기의 과도한 온도 상승, 아크 또는 불꽃 발생의 위험을 방지하기 위하여 추가적인 안전조치를 통한 안전도를 증가시킨 방폭구조(다만, 정상운전 중에 아크나 불꽃을 발생시키는 전기기기는 안전증방폭구조의 전기기기 범위에서 제외)	e
유입방폭구조	유체 상부 또는 용기 외부에 존재할 수 있는 폭발성 분위기가 발화할 수 없도록 전기설비 또는 전기설비의 부품을 보호액에 함침시키는 방폭구조	o
본질안전방폭구조	정상시 또는 단락, 단선, 지락 등의 사고시에 발생하는 아크, 불꽃, 고열에 의하여 폭발성 가스나 증기에 점화되지 않는 것이 확인된 구조	ia, ib
비점화방폭구조	전기기기가 정상작동과 규정된 특정한 비정상상태에서 주위의 폭발성 가스 분위기를 점화시키지 못하도록 만든 방폭구조	n
몰드방폭구조	전기기기의 불꽃 또는 열로 인해 폭발성 위험분위기에 점화되지 않도록 컴파운드를 충전해서 보호한 방폭구조	m
충전방폭구조	폭발성 가스 분위기를 점화시킬 수 있는 부품을 고정하여 설치하고, 그 주위를 충전재로 완전히 둘러싸서 외부의 폭발성 가스 분위기를 점화시키지 않도록 하는 방폭구조	q
특수방폭구조	상기의 방폭구조 외에 외부의 폭발성 가스에 대해 인화를 방지할 수 있음을 시험에 의해 확인한 구조	s

66 사람이 전기에 접촉하는 경우에는 접촉하는 상태에 따라 인체저항과 통전전류가 달라지므로 인체의 접촉 상태에 따라 접촉전압을 제한할 필요가 있다. 다음의 경우 일반 허용 접촉전압으로 옳은 것은?

- 인체가 현저히 젖어 있는 상태
- 금속성의 전기기계장치나 구조물에 인체의 일부가 상시 접촉되어 있는 상태

① 2.5V 이하
② 25V 이하
③ 50V 이하
④ 제한없음

허용 접촉 전압

종별	접촉상태	허용접촉전압
제1종	• 인체의 대부분이 수중에 있는 상태	2.5[V] 이하
제2종	• 인체가 현저히 젖어 있는 상태 • 금속성의 전기 • 기계장치나 구조물에 인체의 일부가 상시 접촉되어있는 상태	25[V] 이하
제3종	• 제1종, 제2종 이외의 경우로서 통상의 인체상태에서 있어서 접촉전압이 가해지면 위험성이 높은 상태	50[V] 이하
제4종	• 제1종, 제2종 이외의 경우로서 통상의 인체 상태에 접촉전압이 가해지더라도 위험성이 낮은 상태 • 접촉전압이 가해질 우려가 없는 경우	제한 없음

67 정전기 방전의 종류 중 부도체의 표면을 따라서 star-check 마크를 가지는 나뭇가지 형태의 발광을 수반하는 것은?

① 기중방전
② 불꽃방전
③ 연면방전
④ 고압방전

연면방전이란 대전량이 많은 부도체에 접지체가 접근 시 부도체 표면을 따라 발생하는 방전을 말한다.

68 인화성 액체의 증기 또는 가연성 가스에 의한 가스폭발 위험장소의 분류에 해당되지 않는 것은?

① 0종 장소
② 1종 장소
③ 2종 장소
④ 3종 장소

폭발위험장소의 분류

분류		적요
가스 폭발 위험 장소	0종 장소	인화성 액체의 증기 또는 가연성 가스에 의한 폭발위험이 지속적으로 또는 장기간 존재하는 장소

가스폭발위험장소	1종 장소	정상 작동상태에서 인화성 액체의 증기 또는 가연성 가스에 의한 폭발위험분위기가 존재하기 쉬운 장소
	2종 장소	정상작동상태에서 인화성 액체의 증기 또는 가연성 가스에 의한 폭발위험분위기가 존재할 우려가 없으나, 존재할 경우 그 빈도가 아주 적고 단기간만 존재할 수 있는 장소
분진폭발위험장소	20종 장소	분진운 형태의 가연성 분진이 폭발농도를 형성할 정도로 충분한 양이 정상작동 중에 연속적으로 또는 자주 존재하거나, 제어할 수 없을 정도의 양 및 두께의 분진층이 형성될 수 있는 장소
	21종 장소	20종 장소 외의 장소로서, 분진운 형태의 가연성 분진이 폭발농도를 형성할 정도의 충분한 양이 정상작동 중에 존재할 수 있는 장소
	22종 장소	21종 장소 외의 장소로서, 가연성 분진운 형태가 드물게 발생 또는 단기간 존재할 우려가 있거나, 이상작동 상태하에서 가연성 분진층이 형성될 수 있는 장소

69 전기기계·기구의 누전에 의한 감전위험을 방지하기 위하여 해당 전로에는 정격에 적합하고 감도가 양호한 감전방지용 누전차단기를 설치하여야 한다. 이 누전차단기의 기준은 정격감도 전류가 30mA 이하이고 작동시간은 몇 초 이내이어야 하는가?(단, 정격부하전류가 50A 미만의 전기기계·기구에 접속되는 누전 차단기이다.)

① 0.03초　　　　　　② 0.1초
③ 0.3초　　　　　　　④ 0.5초

누전차단기의 적합 성능

- 부하에 적합한 정격 전류를 갖출 것
- 전로에 적합한 차단 용량을 갖출 것
- 절연 저항은 5MΩ 이상
- 최소 동작 전류는 정격 감도 전류의 50% 이상
- 감전보호형 누전차단기의 작동은 정격 감도 전류 30mA 이하, 동작시간은 0.03초 이내일 것
- 정격부하전류가 50A 이상의 전기기계·기구에 접속된 누전차단기는 정격 감도 전류 200mA 이하, 동작시간은 0.1초 이내일 것
- 정격전압의 85~110%의 범위에서 정상 작동

70 유류저장 탱크에서 배관을 통해 드럼으로 기름을 이송하고 있다. 이 때 유동전류에 의한 정전대전 및 정전기 방전에 의한 피해를 방지하기 위한 조치와 관련이 먼 것은?

① 유체가 흘러가는 배관을 접지시킨다.
② 배관 내 유류의 유속은 가능한 느리게 한다.
③ 유류저장 탱크와 배관, 드럼 간에 본딩(Bonding)을 시킨다.
④ 유류를 취급하고 있으므로 화기 등을 가까이 하지 않도록 점화원 관리를 한다.

정전기 재해방지 조치

- 정전기 발생 억제 : 배관 내 유속 조절, 습기 부여, 대전방지제 사용, 금속재료 및 도전성 재료 사용
- 정전기 대전 방지 : 도체인 경우 접지와 본딩 실시
- 정전지 방전 방지 : 대전 물체 접지 등

71 소화방법에 대한 주된 소화원리로 틀린 것은?

① 물을 살포한다. : 냉각소화　　② 모래를 뿌린다. : 질식소화
③ 초를 불어서 끈다. : 억제소화　④ 담요를 덮는다. : 질식소화

촛불을 불어서 끄는 것은 가연성 증기를 순간적으로 날려보내는 방법으로 제거소화에 해당된다.

72 다음 중 절연성 액체를 운반하는 관에 있어서 정전기로 인한 화재 및 폭발을 예방하기 위한 방법으로 가장 거리가 먼 것은?

① 유속을 줄인다.　　　　　　　② 관을 접지시킨다.
③ 도전성이 큰 재료의 관을 사용한다.　④ 관의 안지름을 작게 한다.

정전기 발생을 억제하기 위해서는 접촉면적과 압력이 적어야 한다.

73 액체계의 과도한 상승 압력의 방출에 이용되고, 설정압력이 되었을 때 압력상승에 비례하여 서서히 개방되는 밸브는?

① 릴리프밸브　　　　　　② 체크밸브
③ 안전밸브　　　　　　　④ 통기밸브

릴리프밸브(relief valve)는 설정된 압력에 도달하면 유체의 일부 또는 전량을 배출시켜 압력을 설정값 이하로 유지하는 압력제어밸브이다.

74 산업안전보건기준에 관한 규칙에서 정한 위험물질 종류 중 부식성 물질에서 부식성 염기류에 해당하는 것은?

① 농도 40% 이상인 염산　　② 농도 40% 이상인 불산
③ 농도 40% 이상인 아세트산　④ 농도 40% 이상인 수산화칼륨

부식성 물질(산업안전보건기준에 관한 규칙 별표 1)
- 부식성 산류 : 농도가 20% 이상인 염산, 황산, 질산 그 밖에 이와 동등 이상의 부식성을 가지는 물질과 농도가 60% 이상인 인산, 아세트산, 불산 그 밖에 이와 동등 이상의 부식성을 가지는 물질
- 부식성 염기류 : 농도가 40% 이상인 수산화나트륨, 수산화칼륨 그 밖에 이와 동등 이상의 부식성을 가지는 염기류

75 다음 물질 중 가연성 가스가 아닌 것은?

① 수소　　② 메탄
③ 프로판　④ 염소

가연성 가스(인화성 가스)
- 정의 : 폭발한계 농도의 하한이 10% 이하 또는 상하한의 차가 20% 이상인 가스
- 종류 : 수소, 아세틸렌, 에틸렌, 메탄, 에탄, 프로판, 부탄

76 다음 가스 중 위험도가 가장 큰 것은?

① 수소 ② 아세틸렌
③ 프로판 ④ 암모니아

위험도(H) = (연소상한계 − 연소하한계) / 연소하한계

구분	연소상한계	연소하한계	위험도
수소	75 vol%	4 vol%	17.75
아세틸렌	81 vol%	2.5 vol%	31.4
프로판	9.5 vol%	2.1 vol%	3.5
암모니아	28 vol%	15 vol%	0.87

77 물과의 접촉을 금지하여야 하는 물질은?

① 적린 ② 칼슘
③ 히드라진 ④ 니트로셀룰로오스

칼슘이 속해있는 제3류 자연발화성 물질 및 금수성 물질 중 황린을 제외한 물질들은 물과 접촉하면 가연성가스를 발생시키거나 발열반응을 일으킨다.

78 다음 중 화학장치에서 반응기의 유해·위험요인(hazard)으로 화학반응이 있을 때 특히 유의해야 할 사항은?

① 낙하, 절단 ② 감전, 협착
③ 비래, 붕괴 ④ 반응폭주, 과압

반응폭주
- 반응폭주란 통제가 안되는 화학반응으로 반응물이 소진되거나 반응물을 가둬두는 용기가 과압에 의해 팽창하여 결국 터지거나 쏟아질 때까지 반응속도에 가속이 붙은 상황을 말한다.
- 반응폭주에 의해 급격한 압력상승이 예상되는 경우에는 파열판과 안전밸브를 병렬로 반응기 상부에 설치하고, 급성 독성물질이 지속적으로 외부에 유출될 수 있는 화학설비 및 그 부속설비에는 파열판과 안전밸브를 직렬로 설치하고 그 사이에는 압력지시계 또는 자동경보장치를 설치하여야 한다.

79 황린에 대한 설명으로 옳은 것은?

① 연소 시 인화수소가스를 발생한다.
② 황린은 자연발화하므로 물속에 보관한다.
③ 황린은 황과 인의 화합물이다.
④ 독성 및 부식성이 없다.

황린(P_4)
- 공기 중에서 연소 시 오산화린의 흰 연기를 발생한다.($P_4 + 5O_2 \rightarrow 2P_2O_5$)
- 황린(P_4)은 인(P)의 동소체이다. 참고로 황과 인의 화합물은 황화인이다.
- 증기는 공기보다 무겁고 자극적이며 맹독성인 물질이다.
- 백색 또는 담황색의 자연발화성 고체이다.
- 물과 반응하지 않기 때문에 물속에 저장하며 보호액이 증발되지 않도록 한다.
- 제3류 위험물이다.

80 최소점화에너지(MIE)와 온도 압력의 관계를 옳게 설명 한 것은?

① 압력, 온도에 모두 비례한다.
② 압력, 온도에 모두 반비례한다.
③ 압력에 비례하고, 온도에 반비례한다.
④ 압력에 반비례하고, 온도에 비례한다.

최소점화에너지(최소발화에너지, MIE)
- 온도가 상승하면 분자운동이 활발해져 MIE는 작아진다.
- 압력이 상승하면 분자간의 거리가 가까워져 MIE는 작아진다.
- 농도가 많아지면 MIE는 작아진다.

제 05 과목 건설공사 안전관리

81 다음 중 건설공사관리의 주요 기능이라 볼 수 없는 것은?

① 안전관리
② 공정관리
③ 품질관리
④ 재고관리

건설공사관리는 전체적인 공사의 안전관리, 품질관리, 원가관리, 공정관리를 포함한다.

82 사다리를 설치하여 사용함에 있어 사다리 지주 끝에 사용하는 미끄럼 방지재료로 적당하지 않은 것은?

① 고무
② 코르크
③ 가죽
④ 비닐

사다리 지주의 끝에 고무, 코르크, 가죽, 강스파이크 등을 부착시켜 바닥과의 미끄럼을 방지하는 안전장치가 있어야 한다.

83 공사종류 및 규모별 안전관리비 계상기준표에서 공사종류의 명칭에 해당되지 않는 것은?

① 건축공사
② 대형건설공사
③ 중건설공사
④ 특수건설공사

공사종류 및 규모별 산업안전보건관리비 계상기준표

구분 공사종류	대상액 5억원 미만인 경우 적용비율	대상액 5억원 이상 50억원 미만인 경우		50억원 이상인 경우 적용비율	보건관리자 선임대상 건설공사의 적용비율
		적용비율	기초액		
건축공사	3.11%	2.28%	4,325,000원	2.37%	2.64%
토목공사	3.15%	2.53%	3,300,000원	2.60%	2.73%
중건설공사	3.64%	3.05%	2,975,000원	3.11%	3.39%
특수건설공사	2.07%	1.59%	2,450,000원	1.64%	1.78%

84 안전난간의 구조 및 설치기준으로 옳지 않은 것은?

① 안전난간은 상부난간대, 중간난간대, 발끝막이판, 난간기둥으로 구성할 것
② 상부난간대와 중간난간대는 난간 길이 전체에 걸쳐 바닥면 등과 평행을 유지할 것
③ 발끝막이판은 바닥면 등으로부터 10cm 이상의 높이를 유지할 것
④ 안전난간은 구조적으로 가장 취약한 지점에서 가장 취약한 방향으로 작용하는 80kg 이상의 하중에 견딜 수 있는 튼튼한 구조일 것

산업안전보건기준에 관한 규칙 제13조(안전난간의 구조 및 설치요건) 사업주는 근로자의 추락 등의 위험을 방지하기 위하여 안전난간을 설치하는 경우 다음 각 호의 기준에 맞는 구조로 설치해야 한다.
1. 상부 난간대, 중간 난간대, 발끝막이판 및 난간기둥으로 구성할 것. 다만, 중간 난간대, 발끝막이판 및 난간기둥은 이와 비슷한 구조와 성능을 가진 것으로 대체할 수 있다.
2. 상부 난간대는 바닥면·발판 또는 경사로의 표면(이하 "바닥면등"이라 한다)으로부터 90센티미터 이상 지점에 설치하고, 상부 난간대를 120센티미터 이하에 설치하는 경우에는 중간 난간대는 상부 난간대와 바닥면등의 중간에 설치해야 하며, 120센티미터 이상 지점에 설치하는 경우에는 중간 난간대를 2단 이상으로 균등하게 설치하고 난간의 상하 간격은 60센티미터 이하가 되도록 할 것. 다만, 난간기둥 간의 간격이 25센티미터 이하인 경우에는 중간 난간대를 설치하지 않을 수 있다.
3. 발끝막이판은 바닥면등으로부터 10센티미터 이상의 높이를 유지할 것. 다만, 물체가 떨어지거나 날아올 위험이 없거나 그 위험을 방지할 수 있는 망을 설치하는 등 필요한 예방 조치를 한 장소는 제외한다.
4. 난간기둥은 상부 난간대와 중간 난간대를 견고하게 떠받칠 수 있도록 적정한 간격을 유지할 것
5. 상부 난간대와 중간 난간대는 난간 길이 전체에 걸쳐 바닥면등과 평행을 유지할 것
6. 난간대는 지름 2.7센티미터 이상의 금속제 파이프나 그 이상의 강도가 있는 재료일 것
7. 안전난간은 구조적으로 가장 취약한 지점에서 가장 취약한 방향으로 작용하는 100킬로그램 이상의 하중에 견딜 수 있는 튼튼한 구조일 것

85 화물용 승강기를 설계하면서 와이어로프의 안전하중은 10ton 이라면 로프의 가닥수를 얼마로 하여야 하는가?(단, 와이어로프 한 가닥의 파단강도는 4ton이며, 화물용 승강기의 와이어로프의 안전율은 6으로 한다.)

① 10가닥
② 15가닥
③ 20가닥
④ 30가닥

해설

안전율 = 파괴하중(극한하중) / 최대사용하중(정격하중)

$6 = \dfrac{4x}{10}$ $\qquad x = \dfrac{60}{4} = 15$

86 현장에서 가설통로의 설치시 준수사항으로 옳지 않은 것은?

① 건설공사에 사용하는 높이 8m 이상인 비계다리에는 10m 이내마다 계단참을 설치할 것
② 수직갱에 가설된 통로의 길이가 15m 이상인 때에는 10m 이내마다 계단참을 설치할 것
③ 경사가 15°를 초과하는 때에는 미끄러지지 아니하는 구조로 할 것
④ 경사는 30° 이하로 할 것

해설

산업안전보건기준에 관한 규칙 제23조(가설통로의 구조) 사업주는 가설통로를 설치하는 경우 다음 각 호의 사항을 준수하여야 한다.
1. 견고한 구조로 할 것
2. 경사는 30도 이하로 할 것. 다만, 계단을 설치하거나 높이 2미터 미만의 가설통로로서 튼튼한 손잡이를 설치한 경우에는 그러하지 아니하다.
3. 경사가 15도를 초과하는 경우에는 미끄러지지 아니하는 구조로 할 것
4. 추락할 위험이 있는 장소에는 안전난간을 설치할 것. 다만, 작업상 부득이한 경우에는 필요한 부분만 임시로 해체할 수 있다.
5. 수직갱에 가설된 통로의 길이가 15미터 이상인 경우에는 10미터 이내마다 계단참을 설치할 것
6. 건설공사에 사용하는 높이 8미터 이상인 비계다리에는 7미터 이내마다 계단참을 설치할 것

87 철공공사의 용접, 용단작업에 사용되는 가스의 용기는 최대 몇 ℃ 이하로 보존해야 하는가?

① 25℃
② 36℃
③ 40℃
④ 48℃

해설

산업안전보건기준에 관한 규칙 제234조(가스등의 용기) 사업주는 금속의 용접·용단 또는 가열에 사용되는 가스등의 용기를 취급하는 경우에 다음 각 호의 사항을 준수하여야 한다.
1. 다음 각 목의 어느 하나에 해당하는 장소에서 사용하거나 해당 장소에 설치·저장 또는 방치하지 않도록 할 것
   가. 통풍이나 환기가 불충분한 장소
   나. 화기를 사용하는 장소 및 그 부근
   다. 위험물 또는 제236조에 따른 인화성 액체를 취급하는 장소 및 그 부근
2. 용기의 온도를 섭씨 40도 이하로 유지할 것
3. 전도의 위험이 없도록 할 것
4. 충격을 가하지 않도록 할 것
5. 운반하는 경우에는 캡을 씌울 것
6. 사용하는 경우에는 용기의 마개에 부착되어 있는 유류 및 먼지를 제거할 것

7. 밸브의 개폐는 서서히 할 것
8. 사용 전 또는 사용 중인 용기와 그 밖의 용기를 명확히 구별하여 보관할 것
9. 용해아세틸렌의 용기는 세워 둘 것
10. 용기의 부식·마모 또는 변형상태를 점검한 후 사용할 것

 철골공사에서 기둥의 건립작업 시 앵커볼트를 매립할 때 요구되는 정밀도에서 기둥중심은 기준선 및 인접 기둥의 중심으로부터 얼마 이상 벗어나지 않아야 하는가?

① 3mm
② 5mm
③ 7mm
④ 10mm

해설

앵커 볼트를 매립하는 정밀도 (철골공사 표준안전 작업지침 제5조)
- 기둥중심은 기준선 및 인접기둥의 중심에서 5mm 이상 벗어나지 않을 것
- 인접기둥간 중심거리의 오차는 3mm 이하일 것
- 앵커 볼트는 기둥중심에서 2mm 이상 벗어나지 않을 것
- 베이스 플레이트의 하단은 기준 높이 및 인접기둥의 높이에서 3mm 이상 벗어나지 않을 것

 철골 작업을 중지해야 할 강설량 기준으로 옳은 것은?

① 강설량이 시간당 1mm 이상인 경우
② 강설량이 시간당 5mm 이상인 경우
③ 강설량이 시간당 1cm 이상인 경우
④ 강설량이 시간당 5cm 이상인 경우

해설

산업안전보건기준에 관한 규칙 제383조(작업의 제한) 사업주는 다음 각 호의 어느 하나에 해당하는 경우에 철골작업을 중지하여야 한다.
1. 풍속이 초당 10미터 이상인 경우
2. 강우량이 시간당 1밀리미터 이상인 경우
3. 강설량이 시간당 1센티미터 이상인 경우

 다음은 지붕 위에서의 위험방지를 위한 내용이다. 빈칸에 알맞은 수치로 옳은 것은?

> 슬레이트(선라이트, sunlight)등 강도가 약한 재료로 덮은 지붕위에서 작업을 할 때에 발이빠지는 등 근로자가 위험해질 우려가 있는 경우 폭 (   ) 이상의 발판을 설치하거나 추락방호망을 치는 등 근로자의 위험을 방지하기 위하여 필요한 조치를 하여야 한다.

① 20cm
② 25cm
③ 30cm
④ 40cm

해설

산업안전보건기준에 관한 규칙 제45조(지붕 위에서의 위험 방지) ① 사업주는 근로자가 지붕 위에서 작업을 할 때에 추락하거나 넘어질 위험이 있는 경우에는 다음 각 호의 조치를 해야 한다.
1. 지붕의 가장자리에 제13조에 따른 안전난간을 설치할 것
2. 채광창(skylight)에는 견고한 구조의 덮개를 설치할 것
3. 슬레이트 등 강도가 약한 재료로 덮은 지붕에는 폭 30센티미터 이상의 발판을 설치할 것

91 추락재해를 방지하기 위하여 10cm 그물코인 방망을 설치할 때 방망과 바닥면 사이의 최소 높이로 옳은 것은?(단, 설치된 방망의 단변방향 길이 L=2m, 장변방향 방망의 지지간격 A=3m이다.)

① 2.0m ② 2.4m
③ 3.0m ④ 3.4m

방망의 허용 낙하높이

조건	높이종류	낙하높이(H_1)		방망과 바닥면 사이의 높이(H_2)	
		단일방망	복합방망	10cm 그물코	5cm 그물코
L < A		$\frac{1}{4}(L+2A)$	$\frac{1}{5}(L+2A)$	$\frac{0.85}{4}(L+3A)$	$\frac{0.95}{4}(L+3A)$
L ≥ A		3/4L	3/5L	0.85L	0.95L

∴ 방망과 바닥면 사이의 높이(H_2) = $\frac{0.85}{4}(2+3\times3)$ = 2.3375 ≒ 2.4m

92 옥외에 설치되어 있는 주행크레인에 대하여 이탈방지장치를 작동시키는 등 이탈 방지를 위한 조치를 하여야 하는 순간 풍속 기준은?

① 초당 10m 초과 ② 초당 20m 초과
③ 초당 30m 초과 ④ 초당 40m 초과

산업안전보건기준에 관한 규칙 제140조(폭풍에 의한 이탈 방지) 사업주는 순간풍속이 초당 30미터를 초과하는 바람이 불어올 우려가 있는 경우 옥외에 설치되어 있는 주행 크레인에 대하여 이탈방지장치를 작동시키는 등 이탈 방지를 위한 조치를 하여야 한다.

93 강재 거푸집과 비교한 합판 거푸집의 특성이 아닌 것은?

① 외기 온도의 영향이 적다.
② 녹이 슬지 않음으로 보관하기가 쉽다.
③ 중량이 무겁다.
④ 보수가 간단하다.

강재 거푸집과 비교하여 합판 거푸집은 상대적으로 경량이다.

94 이동식 사다리를 설치하여 사용하는 경우의 준수 기준으로 옳지 않은 것은?

① 길이가 6m를 초과해서는 안된다.
② 다리의 벌림은 벽 높이의 1/4 정도가 적당하다.
③ 미끄럼방지 발판은 인조고무 등으로 마감한 실내용을 사용하여야 한다.
④ 벽면 상부로부터 최소한 90cm 이상의 연장길이가 있어야 한다.

가설공사 표준안전 작업지침 제20조(이동식 사다리) 사업주는 이동식사다리를 설치하여 사용함에 있어서 다음 각 호의 사항을 준수하여야 한다.
1. 길이가 6미터를 초과해서는 안 된다.
2. 다리의 벌림은 벽 높이의 1/4정도가 적당하다.
3. 벽면 상부로부터 최소한 60센티미터 이상의 연장길이가 있어야 한다.

95 다음은 작업으로 인하여 물체가 떨어지거나 날아올 위험이 있는 경우에 조치하여야 하는 사항이다. 빈 칸에 알맞은 내용으로 옳은 것은?

> 낙하물 방지망 또는 방호선반을 설치하는 경우 높이 10m 이내마다 설치하고, 내민 길이는 벽면으로부터 ( ) 이상으로 할 것

① 2m   ② 2.5m
③ 3m   ④ 3.5m

산업안전보건기준에 관한 규칙 제14조(낙하물에 의한 위험의 방지) ① 사업주는 작업장의 바닥, 도로 및 통로 등에서 낙하물이 근로자에게 위험을 미칠 우려가 있는 경우 보호망을 설치하는 등 필요한 조치를 하여야 한다.
② 사업주는 작업으로 인하여 물체가 떨어지거나 날아올 위험이 있는 경우 낙하물 방지망, 수직보호망 또는 방호선반의 설치, 출입금지구역의 설정, 보호구의 착용 등 위험을 방지하기 위하여 필요한 조치를 하여야 한다. 이 경우 낙하물 방지망 및 수직보호망은 「산업표준화법」 제12조에 따른 한국산업표준(이하 "한국산업표준"이라 한다)에서 정하는 성능기준에 적합한 것을 사용하여야 한다.
③ 제2항에 따라 낙하물 방지망 또는 방호선반을 설치하는 경우에는 다음 각 호의 사항을 준수하여야 한다.
1. 높이 10미터 이내마다 설치하고, 내민 길이는 벽면으로부터 2미터 이상으로 할 것
2. 수평면과의 각도는 20도 이상 30도 이하를 유지할 것

96 철골조립 공사 중에 볼트작업을 하기 위해 주체인 철골에 매달아서 작업발판으로 이용하는 비계는?

① 달비계   ② 말비계
③ 달대비계   ④ 선반비계

달대비계는 철골공사의 리벳치기, 볼트작업시 이용되는 것으로써 주 체인을 철골에 매달아서 임시 작업발판을 만든 비계를 말한다.

97 말뚝박기 해머(hammer)중 연약지반에 적합하고 상대적으로 소음이 적은 것은?

① 드롭 해머(drop hammer)
② 디젤 해머(diesel hammer)
③ 스팀 해머(steam hammer)
④ 바이브로 해머(vibro hammer)

바이브로 해머는 상하 진동에 의한 말뚝박기 및 빼기 기구로 폭발 및 타격의 큰 음은 없지만 높은 주파수의 진동이 있다.

98 콘크리트의 양생 방법이 아닌 것은?

① 습윤 양생
② 건조 양생
③ 증기 양생
④ 전기 양생

콘크리트의 양생 방법
- 습윤양생(wet curing)
- 증기양생(steam curing)
- 전기양생(electric curing)
- 피막양생(membrane curing)
- pre-cooling
- pipe-cooling
- 단열 보온양생
- 가열 보온양생

99 기계가 서 있는 지면보다 높은 곳을 파는 작업에 가장 적합한 굴착기계는?

① 파워셔블
② 드래그라인
③ 백호우
④ 클램쉘

셔블계 굴착기계의 종류
- 파워셔블 : 지반면보다 높은 곳의 굴착, 쇄석 옮겨쌓기, 토사의 처리 등에 널리 쓰인다.
- 백호우 : 지반면보다 낮은 곳의 굴착, 지하층 및 기초 굴삭, 토목공사나 수중굴착 등에 쓰인다.(지하 6m 정도의 깊이)
- 드래그라인 : 지반면보다 낮은 곳의 굴착, 토사를 긁어모음, 연약한 지반의 깊은 곳 굴착 등에 쓰인다.(지하 8m 정도의 깊이)
- 클램쉘 : 좁은 곳의 수직굴착, 자갈 등의 적재, 연약한 지반이나 수중굴착 등에 쓰인다.

100 토석붕괴의 요인 중 외적 요인이 아닌 것은?

① 토석의 강도저하
② 사면, 법면의 경사 및 기울기의 증가
③ 절토 및 성토 높이의 증가
④ 공사에 의한 진동 및 반복하중의 증가

토사붕괴의 원인
- 외적원인 : 사면의 경사 및 기울기의 증가, 절토 및 성토의 증가, 공사에 의한 진동 및 반복하중의 증가, 지표수 또는 지하수의 침투로 인한 토사중량의 증가, 지진 및 작업차량 등의 하중
- 내적원인 : 절토사면의 토질, 암질의 종류, 성토 사면의 토질구성 및 분포, 토석의 강도 저하

정답 2016년 03월 06일 최근 기출문제

01 ①	02 ④	03 ③	04 ③	05 ④	06 ②	07 ②	08 ④	09 ③	10 ①
11 ①	12 ①	13 ①	14 ②	15 ④	16 ②	17 ③	18 ②	19 ④	20 ①
21 ①	22 ④	23 ②	24 ①	25 ②	26 ④	27 ③	28 ②	29 ②	30 ③
31 ④	32 ④	33 ①	34 ②	35 ③	36 ④	37 ①	38 ②	39 ③	40 ④
41 ④	42 ④	43 ①	44 ③	45 ②	46 ④	47 ④	48 ③	49 ②	50 ②
51 ④	52 ④	53 ④	54 ③	55 ③	56 ①	57 ④	58 ④	59 ②	60 ③
61 ④	62 ②	63 ④	64 ②	65 ③	66 ②	67 ③	68 ④	69 ①	70 ④
71 ③	72 ④	73 ①	74 ④	75 ④	76 ②	77 ②	78 ④	79 ②	80 ②
81 ④	82 ④	83 ②	84 ④	85 ②	86 ①	87 ③	88 ②	89 ③	90 ③
91 ②	92 ③	93 ③	94 ④	95 ①	96 ③	97 ④	98 ②	99 ①	100 ①

2016년 05월 08일

최근 기출문제

제 01 과목 산업재해 예방 및 안전보건교육

01 OJT(On The Job Training)에 관한 설명으로 옳은 것은?

① 집합교육형태의 훈련이다.
② 다수의 근로자에게 조직적 훈련이 가능하다.
③ 직장의 실정에 맞게 실제적 훈련이 가능하다.
④ 전문가를 강사로 활용할 수 있다.

해설

OJT와 off JT의 특징

OJT	off JT
• 개개인에게 적합한 지도훈련이 가능 • 직장의 실정에 맞는 실체적 훈련 • 훈련에 필요한 업무의 계속성 • 즉시 업무에 연결되는 관계로 신체와 관련 • 효과가 곧 업무에 나타나며 훈련의 좋고 나쁨에 따라 개선이 용이 • 교육을 통한 훈련 효과에 의해 상호 신뢰이해도가 높아짐	• 다수의 근로자에게 조직적 훈련이 가능 • 훈련에만 전념 • 특별 설비 기구를 이용 • 전문가를 강사로 초청 • 각 직장의 근로자가 많은 지식이나 경험을 교류 • 교육 훈련 목표에 대해서 집단적 노력이 흐트러 질 수도 있음

02 안전관리의 중요성과 가장 거리가 먼 것은?

① 인간존중이라는 인도적인 신념의 실현
② 경영 경제상의 제품의 품질 향상과 생산성 향상
③ 재해로부터 인적 물적 손실 예방
④ 작업환경 개선을 통한 투자 비용 증대

해설

안전관리란 재해로부터 인간의 생명과 재산을 보존하기 위한 계획적이고 체계적인 제반활동을 의미한다.

03 피로를 측정하는 방법 중 동작분석, 연속반응시간 등을 통하여 피로를 측정하는 방법은?

① 생리학적 측정
② 생화학적 측정
③ 심리학적 측정
④ 생역학적 측정

해설
피로의 심리학적 측정 방법 : 피부(전위)저장, 동작분석, 연속반응시간, 행동기록, 정신작업, 전신자각 증상, 집중유지기능 등

04 자신의 약점이나 무능력, 열등감을 위장하여 유리하게 보호함으로써 안정감을 찾으려는 방어적 적응기제에 해당하는 것은?

① 보상
② 고립
③ 퇴행
④ 억압

해설
적응기제(Adjustment Mechanism)
- 방어적 기제 : 보상, 합리화, 동일시, 승화
- 도피적 기제 : 고립, 퇴행, 억압, 백일몽
- 공격적 기제 : 직접적 공격형, 간접적 공격형

05 하인리히(Heinrich)의 이론에 의한 재해 발생의 주요 원인에 있어 다음 중 불안전한 행동에 의한 요인이 아닌 것은?

① 권한 없이 행한 조작
② 전문지식의 결여 및 기술, 숙련도 부족
③ 보호구 미착용 및 위험한 장비에서 작업
④ 결함 있는 장비 및 공구의 사용

해설
재해의 직접원인(1차 원인)
- 불안전한 행동 : 위험장소 접근, 안전장치의 기능 제거, 복장 보호구의 잘못 사용, 기계·기구 잘못 사용, 운전중인 기계장치의 손질, 불안전한 속도 조작, 위험물 취급 부주의, 불안전한 상태 방치, 불안전한 자세 동작, 감독 및 연락 불충분
- 불안전한 상태 : 물 자체 결함, 안전 방호장치 결함, 복장·보호구의 결함, 물의 배치 및 작업장소 결함, 작업환경의 결함, 생산 공정의 결함, 경계표시·설비의 결함
※ 전문지식의 결여 및 기술, 숙련도 부족은 재해의 간접원인 중 교육적 원인에 속한다.

06 공장 내에 안전보건표지를 부착하는 주된 이유는?

① 안전의식 고취
② 인간 행동의 변화 통제
③ 공장 내의 환경 정비 목적
④ 능률적인 작업을 유도

07 모랄 서베이(Morale Survey)의 주요 방법 중 태도조사법에 해당하는 것은?

① 사례연구법
② 관찰법
③ 실험연구법
④ 문답법

모랄 서베이의 주요방법
- 통계에 의한 방법 : 사고 상해율, 생산고, 결근, 지각, 조퇴, 이직 등을 분석하여 파악하는 방법
- 사례연구법 : 경영 관리상의 여러 가지 제도에 나타나는 사례에 대해 케이스 스터디(Case Study)로서 현상을 파악하는 방법
- 관찰법 : 종업원의 근무 실태를 계속 관찰함으로서 문제점을 찾아내는 방법
- 실험연구법 : 실험그룹(Test group)과 통제그룹(Control Group)으로 나누고 정황, 자극을 주어 태도 변화 여부를 조사하는 방법
- 태도조사법(의견조사) : 질문지법, 면접법, 집단토의법, 투사법(Projective Technique) 등에 의해 의견을 조사하는 방법

08 안전모의 종류 중 머리 부위의 감전에 대한 위험을 방지할 수 있는 것은?

① A형　　　　　　　　　　② B형
③ AC형　　　　　　　　　④ AE형

안전모의 종류

종류(기호)	사용구분	비고
AB	물체의 낙하 또는 비래(날아옴) 및 추락에 의한 위험을 방지 또는 경감 시키기 위한 것	-
AE	물체의 낙하 또는 비래(날아옴)에 의한 위험을 방지 또는 경감하고, 머리 부위 감전에 의한 위험을 방지하기 위한 것	내전압성
ABE	물체의 낙하 또는 비래(날아옴) 및 추락에 의한 위험을 방지 또는 경감하고, 머리 부위 감전에 의한 위험을 방지하기 위한 것	내전압성

09 산업안전보건법상 근로자 안전보건교육의 교육과정에 해당하지 않는 것은?

① 검사원 양성교육　　　　② 특별교육
③ 채용 시의 교육　　　　　④ 작업내용 변경 시의 교육

근로자 안전보건교육(산업안전보건법 시행규칙 별표 4)

교육과정	교육대상		교육시간
정기교육	사무직 종사 근로자		매반기 6시간 이상
	그 밖의 근로자	판매업무에 직접 종사하는 근로자	매반기 6시간 이상
		판매업무에 직접 종사하는 근로자 외의 근로자	매반기 12시간 이상
채용 시 교육	일용근로자 및 근로계약기간이 1주일 이하인 기간제근로자		1시간 이상
	근로계약기간이 1주일 초과 1개월 이하인 기간제근로자		4시간 이상
	그 밖의 근로자		8시간 이상
작업내용 변경 시 교육	일용근로자 및 근로계약기간이 1주일 이하인 기간제근로자		1시간 이상
	그 밖의 근로자		2시간 이상

특별교육	특별교육 대상 작업(단, 타워크레인을 사용하는 작업시 신호업무를 하는 작업은 제외)에 종사하는 일용근로자 및 근로계약기간이 1주일 이하인 기간제근로자	2시간 이상
	타워크레인을 사용하는 작업시 신호업무를 하는 일용근로자 및 근로계약기간이 1주일 이하인 기간제근로자	8시간 이상
	특별교육 대상 작업에 종사하는 근로자 중 일용근로자 및 근로계약기간이 1주일 이하인 기간제근로자를 제외한 근로자	－16시간 이상(최초 작업에 종사하기 전 4시간 이상 실시하고 12시간은 3개월 이내에서 분할하여 실시 가능) －단기간 작업 또는 간헐적 작업인 경우에는 2시간 이상
건설업 기초 안전·보건교육	건설 일용근로자	4시간 이상

10 재해예방의 4 원칙에 해당되지 않는 것은?

① 손실발생의 원칙　　② 원인계기의 원칙
③ 예방가능의 원칙　　④ 대책선정의 원칙

재해예방의 4원칙 : 손실우연의 원칙, 원인계기의 원칙, 예방가능의 원칙, 대책선정의 원칙

11 인간의 실수 및 과오의 요인과 직접적인 관계가 가장 먼 것은?

① 관리의 부적당　　② 능력의 부족
③ 주의의 부족　　　④ 환경조건의 부적당

실수 및 과오의 3대 원인
- 능력 부족 : 적성의 부적합, 지식의 부족, 기술의 미숙, 인간관계
- 주의 부족 : 개성, 감정의 불안정, 습관성, 감수성 미약
- 환경 조건 불량 : 재해 표준 불량, 계획 불충분, 연락 및 의사소통 불량, 작업 조건 불량, 불안과 동요

12 재해손실비용 중 직접비에 해당되는 것은?

① 인적손실　　② 생산손실
③ 산재보상비　④ 특수손실

재해손실비용
- 직접비 : 법령으로 정한 피해자에게 지급되는 산재보상비
- 간접비 : 인적손실, 물적손실, 생산손실, 기타손실

13 산업안전보건법상 안전보건관리규정을 작성하여야 할 사업 중에 정보서비스업의 상시근로자 수는 몇 명 이상인가?

① 50　　　　　　　　　　② 100
③ 300　　　　　　　　　　④ 500

안전보건관리규정을 작성해야 할 사업의 종류 및 상시근로자 수(산업안전보건법 시행규칙 별표 2)

사업의 종류	상시근로자 수
1. 농업 2. 어업 3. 소프트웨어 개발 및 공급업 4. 컴퓨터 프로그래밍, 시스템 통합 및 관리업 5. 정보서비스업 6. 금융 및 보험업 7. 임대업 ; 부동산 제외 8. 전문, 과학 및 기술 서비스업(연구개발업은 제외한다) 9. 사업지원 서비스업 10. 사회복지 서비스업	300명 이상
11. 제1호부터 제10호까지의 사업을 제외한 사업	100명 이상

14 도수율이 12.57, 강도율이 17.45인 사업장에서 1명의 근로자가 평생 근무한다면 며칠의 근로손실이 발생하겠는가?(단, 1인 근로자의 평생근로시간은 10^5 시간이다.)

① 1257일　　　　　　　　② 126일
③ 1745일　　　　　　　　④ 175일

환산강도율(S) = 강도율 × 100 = 17.45 × 100 = 1745

15 토의식 교육지도에 있어서 가장 시간이 많이 소요되는 단계는?

① 도입　　　　　　　　　② 제시
③ 적용　　　　　　　　　④ 확인

단계별 교육시간

교육법의 4단계	강의식(일반적인 교육)	토의식
1단계-도입	5분	5분
2단계-제시	40분	10분
3단계-적용	10분	40분
4단계-확인	5분	5분

※ 단계별 교육의 시간 배분은 단위 시간을 1시간(60분)으로 했을 때

16 인지과정 착오의 요인이 아닌 것은?

① 정서 불안정
② 감각차단 현상
③ 작업자의 기능미숙
④ 생리·심리적 능력의 한계

착오요인(대뇌의 Human Error)
- 인지과정 착오 : 생리·심리적 능력의 한계, 정보량 저장능력의 한계, 감각차단 현상(단조로운 업무, 반복작업), 정서 불안정(공포, 불안, 불만)
- 판단과정 착오 : 능력 부족, 정보 부족, 자기 합리화, 자기기술 과신, 환경조건의 불비(不備)
- 조치과정 착오 : 작업자 기능 미숙, 작업경험 부족, 피로

17 적응기제에서 방어기제가 아닌 것은?

① 보상
② 고립
③ 합리화
④ 동일시

적응기제(Adjustment Mechanism)
- 방어적 기제 : 보상, 합리화, 동일시, 승화
- 도피적 기제 : 고립, 퇴행, 억압, 백일몽
- 공격적 기제 : 직접적 공격형, 간접적 공격형

18 위험예지훈련 기초 4 라운드(4R)에서 라운드별 내용이 바르게 연결된 것은?

① 1 라운드 : 현상파악
② 2 라운드 : 대책수립
③ 3 라운드 : 목표설정
④ 4 라운드 : 본질추구

위험예지 훈련의 기초 4라운드 진행방법
- 1R(현상파악) : 어떤 위험이 잠재하고 있는지 사실을 파악하는 라운드(BS적용)
- 2R(본질추구) : 가장 위험한 요인(위험 포인트)을 합의로 결정하는 라운드(요약)
- 3R(대책수립) : 구체적인 대책을 수립하는 라운드(BS적용)
- 4R(목표달성–설정) : 수립한 대책 가운데 질이 높은 항목에 합의하는 라운드(요약)

19 자율검사프로그램을 인정받으려는 자가 한국산업안전보건공단에 제출해야 하는 서류가 아닌 것은?

① 안전검사대상 유해·위험기계 등의 보유 현황
② 유해·위험기계 등의 검사 주기 및 검사기준
③ 안전검사대상 유해·위험기계의 사용 실적
④ 향후 2 년간 검사대상 유해·위험기계 등의 검사 수행계획

산업안전보건법 시행규칙 제132조(자율검사프로그램의 인정 등) ① 사업주가 법 제98조제1항에 따라 자율검사프로그램을 인정받기 위해서는 다음 각 호의 요건을 모두 충족해야 한다. 다만, 법 제98조제4항에 따른 검사기관(이하 "자율안전검사기관"이라 한다)에 위탁한 경우에는 제1호 및 제2호를 충족한 것으로 본다.

1. 검사원을 고용하고 있을 것
2. 고용노동부장관이 정하여 고시하는 바에 따라 검사를 할 수 있는 장비를 갖추고 이를 유지·관리할 수 있을 것
3. 제126조에 따른 안전검사 주기의 2분의 1에 해당하는 주기(영 제78조제1항제3호의 크레인 중 건설현장 외에서 사용하는 크레인의 경우에는 6개월)마다 검사를 할 것
4. 자율검사프로그램의 검사기준이 법 제93조제1항에 따라 고용노동부장관이 정하여 고시하는 검사기준(이하 "안전검사기준"이라 한다)을 충족할 것

② 자율검사프로그램에는 다음 각 호의 내용이 포함되어야 한다.
1. 안전검사대상기계등의 보유 현황
2. 검사원 보유 현황과 검사를 할 수 있는 장비 및 장비 관리방법(자율안전검사기관에 위탁한 경우에는 위탁을 증명할 수 있는 서류를 제출한다)
3. 안전검사대상기계등의 검사 주기 및 검사기준
4. 향후 2년간 안전검사대상기계등의 검사수행계획
5. 과거 2년간 자율검사프로그램 수행 실적(재신청의 경우만 해당한다)

20 ERG(Existence Relation Growth)이론을 주장한 사람은?

① 매슬로우(Maslow) ② 맥그리거(McGregor)
③ 테일러(Taylor) ④ 알더퍼(Alderfer)

알더퍼(Alderfer)의 ERG 이론
- 생존(Existence) 욕구 : 신체적인 차원에서 유기체의 생존과 유지에 관련된 욕구
- 관계(Relation) 욕구 : 타인과의 상호작용을 통해 만족되는 대인 욕구
- 성장(Growth) 욕구 : 개인적인 발전과 증진에 관한 욕구

제 02 과목 인간공학 및 위험성 평가·관리

21 실효온도(ET)의 결정요소가 아닌 것은?

① 온도 ② 습도
③ 대류 ④ 복사

실효온도(ET)
- 실효온도(체감온도 또는 감각온도)에 영향을 주는 요인 : 온도, 습도, 기류(공기유동)
- 허용한계 : 정신(사무)작업(60~64°F), 경작업(55~60°F), 중작업(50~55°F)

22 창문을 통해 들어오는 직사 휘광을 처리하는 방법으로 가장 거리가 먼 것은?

① 창문을 높이 단다. ② 간접 조명 수준을 높인다.
③ 차양이나 발(blind)을 사용한다. ④ 옥외 창 위에 드리우개(overhang)를 설치한다.

해설

휘광(Glare)의 처리
- 광원으로부터의 직사 휘광 처리
  - 광원의 휘도를 줄이고 수를 높인다.
  - 광원을 시선에서 멀리 위치시킨다.
  - 휘광원 주위를 밝게 하여 광속발산비(휘도)를 줄인다.
  - 가리개(Shield), 갓(Hood), 혹은 차양(Visor)을 사용한다.
- 창문으로부터 직사 휘광 처리
  - 창문을 높이 단다.
  - 창위(실외)에 드리우개(Overhang)를 설치한다.
  - 창문(안쪽)에 수직날개(Fin)들을 달아 직시선을 제한한다.
  - 차양(Shade)혹은 발(Blind)을 사용한다.

23 녹색과 적색의 두 신호가 있는 신호등에서 1시간 동안 적색과 녹색이 각각 30분씩 켜진다면 이 신호등의 정보량은?

① 0.5bit
② 1 bit
③ 2bit
④ 4 bit

해설

정보량 = $\dfrac{\log\left(\dfrac{1}{0.5}\right)}{\log 2} = 1$

24 건강한 남성이 8시간 동안 특정 작업을 실시하고, 산소소비량이 1.2L/분으로 나타났다면 8시간동안 총작업시간에 포함되어야 할 최소 휴식시간은?(단, 권장 평균에너지소비량은 5kcal/분, 안정시 에너지소비량은 1.5kcal/분으로 가정한다.)

① 107분
② 117분
③ 127분
④ 137분

해설

휴식시간 = $\dfrac{(8 \times 60) \times (E - 5)}{E - 1.5}$ = $\dfrac{480 \times (1.2 \times 5 - 5)}{1.2 \times 5 - 1.5}$ = 106.66 ≒ 107분

∵ 작업시 평균에너지소비량(E) = 산소소비량 × 평균에너지소비량

25 사고의 발단이 되는 초기 사상이 발생할 경우 그 영향이 시스템에서 어떤 결과(정상 또는 고장)로 진전해 가는지를 나뭇가지가 갈라지는 형태로 분석하는 방법은?

① FTA
② PHA
③ FHA
④ ETA

해설

ETA(Event Tree Analysis) : 사상(事象)의 안전도를 사용한 시스템의 안전도를 나타내는 시스템 모델의 하나로써 귀납적이고 정량적인 분석방법으로 재해의 확대요인을 분석하는데 적합한 방법

26 청각신호의 수신과 관련된 인간의 기능으로 볼 수 없는 것은?

① 검출(detection)
② 순응(adaptation)
③ 위치 판별(directional judgement)
④ 절대적 식별(absolute judgement)

청각적 신호의 수신에 관계되는 인간의 기능
- 검출 : 경고신호와 같은 신호의 존재 여부의 판단
- 상대적 식별 : 인접해 있는 두 가지 이상의 신호 분간
- 절대적 식별 : 단독으로 존재하는 특정 신호의 확인
- 위치 판별 : 신호가 오는 방향의 판별

27 조종장치의 저항 중 갑작스런 속도의 변화를 막고 부드러운 제어동작을 유지하게 해주는 저항을 무엇이라 하는가?

① 점성저항
② 관성저항
③ 마찰저항
④ 탄성저항

조종장치의 저항
- 점성저항 : 출력과 반대방향으로 그 속도에 비례해서 적용하는 힘 때문에 생기는 저항이다.
- 관성저항 : 기계장치의 질량으로 인한 운동에 대한 저항으로 가속도에 따라 변한다.
- 마찰저항 : 처음의 움직임에 대한 저항력인 정지마찰은 급속히 감소하지만, 미끄럼 마찰은 운동에 계속적으로 저항하여 변위나 속도와는 무관하다.
- 탄성저항 : 조종장치의 변위에 따라 변한다.

28 과전압이 걸리면 전기를 차단하는 차단기, 퓨즈 등을 설치하여 오류가 재해로 이어지지 않도록 사고를 예방하는 설계 원칙은?

① 에러복구 설계
② 풀-프루프(fool-proof) 설계
③ 페일-세이프(fail-safe) 설계
④ 탬퍼-프루프(tamper proof) 설계

페일 세이프(fail-safe)의 정의
- 일반적인 정의 : 기계나 그 부품에 고장이나 기능 불량이 생겨도 항상 안전하게 작동하는 구조와 그 기능을 의미
- 좁은 의미 : 기계를 안전하게 작동한다는 것은 기계를 정지시키는 것을 의미

29 인간공학적 수공구의 설계에 관한 설명으로 맞는 것은?

① 손잡이 크기를 수공구 크기에 맞추어 설계한다.
② 수공구 사용 시 무게 균형이 유지되도록 설계한다.
③ 정밀 작업용 수공구의 손잡이는 직경을 5mm 이하로 한다.
④ 힘을 요하는 수공구의 손잡이는 직경을 60mm 이상으로 한다.

인간공학적 수공구의 설계
- 손잡이 크기는 손바닥과 닿는 면적이 넓게 설계한다.
- 정밀작업을 위한 수공구의 손잡이의 직경은 일반적으로 5~12mm 사이가 적당하며, 힘을 요하는 수공구의 손잡이는 직경을 50~60mm 정도로 설계한다.
- 손잡이는 표면이 너무 매끈하거나 부드럽지 않도록 하며 고무나 나무 등의 재료를 사용한다.
- 손가락을 반복해서 움직이지 않아도 되도록 설계한다.
- 손잡이 길이는 최소 10cm가 되도록 하며, 장갑을 사용할 경우 12.5cm 이상이어야 한다.
- 안전장치를 만들어 신체를 보호한다.
- 수공구 사용 시 무게 균형이 유지되도록 설계한다.
- 공구의 무게중심은 손의 무게중심에 가깝게 설계한다.(단, 망치와 같이 작업물에 힘을 전하는 공구는 예외)

30 일반적으로 의자설계의 원칙에서 고려해야 할 사항과 거리가 먼 것은?

① 체중분포에 관한 사항
② 상반신의 안정에 관한 사항
③ 개인차의 반영에 관한 사항
④ 의자 좌판의 높이에 관한 사항

의자 설계원칙
- 체중분포 : 체중이 좌골 결절에 실려야 편안함
- 의자 좌판의 높이 : 좌판 앞부분이 오금 높이 보다 높지 않아야 함
- 의자 좌판의 깊이와 폭 : 폭은 큰 사람에게, 깊이는 작은 사람에게 맞도록 해야 함
- 몸통의 안정 : 의자의 좌판 각도는 3°, 좌판 등판간의 등판 각도는 100°가 몸통 안정에 효과적

31 인간이 현존하는 기계를 능가하는 기능으로 거리가 먼 것은?

① 완전히 새로운 해결책을 도출할 수 있다.
② 원칙을 적용하여 다양한 문제를 해결할 수 있다.
③ 여러 개의 프로그램된 활동을 동시에 수행할 수 있다.
④ 상황에 따라 변하는 복잡한 자극 형태를 식별할 수 있다.

인간과 기계의 상대적 재능

인간이 우수한 기능	기계가 우수한 기능
• 저에너지 자극(시각, 청각, 후각 등) 감지 • 복잡 다양한 자극 형태 식별 • 예기치 못한 사건 감지 • 다량 정보를 오래 보관 • 귀납적 추리 • 과부하 상황에서는 중요한 일에만 전념 • 임기응변, 융통성, 원칙 적용, 주관적 추산, 독창력 발휘 등의 기능	• 인간 감지 범위 밖의 자극(X선, 초음파 등)도 감지 • 인간 및 기계에 대한 모니터 기능 • 드물게 발생하는 사상 감지 • 암호화된 정보를 신속하게 대량보관 • 연역적 추리 • 과부하시에도 효율적으로 작동 • 정량적 정보처리, 장시간 중량작업, 반복작업, 동시에 여러 가지 작업수행 등의 기능

32 FTA의 논리게이트 중에서 3개 이상의 입력사상 중 2개가 일어나면 출력이 나오는 것은?

① 억제 게이트 ② 조합 AND 게이트
③ 배타적 OR- 게이트 ④ 우선적 AND 게이트

조합 AND Gate
- 3개 이상의 입력사상 가운데 어느 것이던 2개가 일어나면 출력 사상이 발생한다.
- 예) "어느 것이던 2개"라고 기입

33 시스템 수명주기에서 예비위험분석을 적용하는 단계는?

① 구상단계 ② 개발단계
③ 생산단계 ④ 운전단계

구상 단계
- 시스템 안전 계획(SSP, System Safety Plan)의 작성
  - 안전성 관리 조직 및 다른 프로그램 기능과의 관계
  - 시스템에 발생하는 모든 사고의 식별 및 평가를 위한 분석법의 양식
  - 허용수준까지 최소화 또는 제거되어야 할 사고의 종류
  - 작성되고 보존되어야 할 기록의 종류
- 예비위험분석(PHA, Preliminary Hazard Analysis)의 작성
- 안전성에 관한 정보 및 문서 파일의 작성 : 시스템 안전부분에서 이루어지는 모든 분석과 조치의 정확한 설명이 반드시 포함
- 구상 단계 정식화 회의에의 참가 : 포함되는 사고가 방침 결정과정에서 고려되기 위해 구상 정식화 회의에 참가

34 표시 값의 변화 방향이나 변화 속도를 관찰할 필요가 있는 경우에 가장 적합한 표시장치는?

① 동목형 표시장치 ② 계수형 표시장치
③ 묘사형 표시장치 ④ 동침형 표시장치

정량적 동적 표시장치의 기본형
- 정목동침(Moving Pointer)형 : 눈금이 고정되고 지침이 움직이는 형
- 정침동목(Moving Scale)형 : 지침이 고정되고 눈금이 움직이는 형
- 계수(Digital)형 : 전력계나 택시요금 계기와 같이 기계적 또는 전자적으로 숫자가 표시되는 형

35 음압의 세기인 데시벨(dB)을 측정할 때 기준 음압의 주파수는?

① 10Hz ② 100Hz
③ 1000Hz ④ 10000Hz

음의 크기 수준
- phon : 1000Hz 순음의 음압 수준(dB)을 나타낸다.
- sone : 1000Hz, 40dB의 음압 수준을 가진 순음의 크기(= 40 phon)를 1 sone이라 한다.
- sone과 phon의 관계식 : sone치 = $2^{(phon-40)/10}$

36. FT도에서 정상사상 A의 발생확률은?(단, 사상 B_1의 발생확률은 0.3이고, B_2의 발생확률은 0.2이다.)

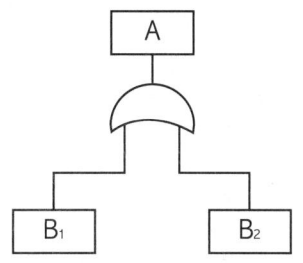

① 0.06
② 0.44
③ 0.56
④ 0.94

$A = 1 - (1 - 0.3)(1 - 0.2) = 0.44$

37. 결함수 분석의 컷셋(cut set)과 패스셋(path set)에 관한 설명으로 틀린 것은?

① 최소 컷셋은 시스템의 위험성을 나타낸다.
② 최소 패스셋은 시스템의 신뢰도를 나타낸다.
③ 최소 패스셋은 정상사상을 일으키는 최소한의 사상 집합을 의미한다.
④ 최소 컷셋은 반복사상이 없는 경우 일반적으로 퍼셀(Fussell) 알고리즘을 이용하여 구한다.

패스(Path)와 미니멀 패스(Minimal Path Sets) : 패스란 그 속에 포함되는 기본사상이 일어나지 않을 때 처음으로 정상사상이 일어나지 않는 기본사상의 집합으로서, 미니멀 패스는 그 필요 최소한의 것을 말한다.

38. 인적 오류로 인한 사고를 예방하기 위한 대책 중 성격이 다른 것은?

① 작업의 모의훈련
② 정보의 피드백 개선
③ 설비의 위험요인 개선
④ 적합한 인체측정치 적용

인적 오류로 인한 사고를 예방하기 위한 작업환경 측면의 대책
• 설비 위험요인의 제거
• 안전시스템의 적용
• 정보의 피드백 개선
• 경보 시스템의 정비
• 대중의 선호도 활용
• 시인성 고려
• 적합한 인체측정치 적용

39. 설비보전 방식의 유형 중 궁극적으로는 설비의 설계, 제작 단계에서 보전 활동이 불필요한 체계를 목표로 하는 것은?

① 개량보전(corrective maintenance)
② 예방보전(preventive maintenance)
③ 사후보전(break-down maintenance)
④ 보전예방(maintenance prevention)

보전방식의 내용
- 개량보전 : 설비 자체의 체질개선을 목적으로 하는 보전방식
- 예방보전 : 정기적인 점검과 조기 수리를 행하는 보전방식
- 사후보전 : 설비의 노화 또는 고장으로 인한 정지 후에 행하는 보전방식
- 보전예방 : 설비의 설계, 제작 단계에서 보전활동이 불필요한 체제를 목표로 한 보전방식

40 그림의 부품 A, B, C로 구성된 시스템의 신뢰도는?(단, 부품 A의 신뢰도는 0.85, 부품 B와 C의 신뢰도는 각각 0.9이다.)

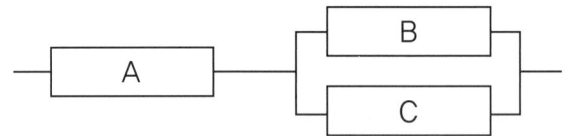

① 0.8415
② 0.8425
③ 0.8515
④ 0.8525

$R_S = R \times (1 - (1 - R_B)(1 - R_C)) = 0.85 \times (1 - (1 - 0.9)(1 - 0.9)) = 0.8415$

제 03 과목 기계·기구 및 설비 안전관리

41 기계의 안전조건 중 구조의 안전화가 아닌 것은?

① 기계재료의 선정 시 재료 자체에 결함이 없는지 철저히 확인한다.
② 사용 중 재료의 강도가 열화 될 것을 감안하여 설계시 안전율을 고려한다.
③ 기계작동 시 기계의 오동작을 방지하기 위하여 오동작 방지 회로를 적용한다.
④ 가공경화와 같은 가공결함이 생길 우려가 있는 경우는 열처리 등으로 결함을 방지한다.

기계·설비의 안전화 5가지
- 외관의 안전화 : 상자로 내장, 덮개, 색채조절(시동버튼 : 녹색, 정지버튼 : 적색)
- 기능적 안전화 : 전압 강하 및 정전시 오동작 방지, 사용 압력 변동시 오동작 방지, 밸브 고장시 오동작 방지, 단락 스위치 고장시 오동작 방지
- 구조부분의 안전화 : 적절한 재료, 안전율 및 안전계수 고려, 적절한 가공
- 작업의 안전화 : 기동 장치와 배치, 정지시 시간 장치, 안전 통로 확보, 작업 공간 확보
- 보수·유지의 안전화(보전성의 개선) : 정기 점검, 교환, 주유

42. 보일러의 안전한 가동을 위해 압력방출장치가 2개 이상 설치된 경우 최고사용압력 이하에서 1개가 작동되었다면, 다른 압력방출장치의 작동압력의 범위는?

① 최고사용압력 1.05 배 이하
② 최고사용압력 1.1 배 이하
③ 최고사용압력 1.15 배 이하
④ 최고사용압력 1.2 배 이하

산업안전보건기준에 관한 규칙 제116조(압력방출장치) ① 사업주는 보일러의 안전한 가동을 위하여 보일러 규격에 맞는 압력방출장치를 1개 또는 2개 이상 설치하고 최고사용압력(설계압력 또는 최고허용 압력을 말한다. 이하 같다) 이하에서 작동되도록 하여야 한다. 다만, 압력방출장치가 2개 이상 설치된 경우에는 최고사용압력 이하에서 1개가 작동되고, 다른 압력방출장치는 최고사용압력 1.05배 이하에서 작동되도록 부착하여야 한다.

43. 프레스작업의 안전을 위한 방호장치 중 투광부와 수광부를 구비하는 방호장치는?

① 양수조작식
② 가드식
③ 광전자식
④ 수인식

프레스 또는 전단기 방호장치의 종류와 분류(방호장치 안전인증 고시 별표 1)

종류	분류	기능
광전자식	A-1	프레스 또는 전단기에서 일반적으로 많이 활용하고 있는 형태로서 투광부, 수광부, 컨트롤 부분으로 구성된 것으로서 신체의 일부가 광선을 차단하면 기계를 급정지시키는 방호장치
	A-2	급정지기능이 없는 프레스의 클러치 개조를 통해 광선 차단 시 급정지시킬 수 있도록 한 방호장치
양수조작식	B-1 (유·공압밸브식)	1행정 1정지식 프레스에 사용되는 것으로서 양손으로 동시에 조작하지 않으면 기계가 동작하지 않으며, 한손이라도 떼어내면 기계를 정지 시키는 방호장치
	B-2 (전기버튼식)	
가드식	C	가드가 열려 있는 상태에서는 기계의 위험부분이 동작되지 않고 기계가 위험한 상태일 때에는 가드를 열 수 없도록 한 방호장치
손쳐내기식	D	슬라이드의 작동에 연동시켜 위험상태로 되기 전에 손을 위험 영역에서 밀어내거나 쳐내는 방호장치로서 프레스용으로 확동식 클러치형프레스에 한해서 사용됨(다만, 광전자식 또는 양수조작식과 이중으로 설치 시에는 급정지 가능프레스에 사용 가능)
수인식	E	슬라이드와 작업자 손을 끈으로 연결하여 슬라이드 하강 시 작업자손을 당겨 위험영역에서 빼낼 수 있도록 한 방호장치로서 프레스용으로 확동식 클러치형 프레스에 한해서 사용됨 (다만, 광전자식 또는 양수조작식과 이중으로 설치 시에는 급정지가능 프레스에 사용 가능)

44 공작기계 중 플레이너 작업시 안전대책이 아닌 것은?

① 베드 위에는 다른 물건을 올려놓지 않는다.
② 절삭행정 중 일감에 손을 대지 말아야 한다.
③ 프레임 내 피트(Pit)에는 뚜껑을 설치하여야 한다.
④ 바이트는 되도록 길게 나오도록 설치한다.

플레이너의 안전대책
- 반드시 스위치를 끄고 일감을 고정하여야 한다.
- 바이트는 되도록 짧게 설치하여야 한다.
- 이동 테이블에는 방호울을 설치한다.
- 프레임 내의 피트에는 뚜껑을 설치한다.
- 압판이 수평이 되도록 고정시킨다.
- 압판은 죄는 힘에 의해 휘어지지 않도록 충분히 두꺼운 것을 사용한다.

45 화물의 하중을 직접 지지하는 달기 와이어로프의 안전계수 기준은?

① 3 이상   ② 4 이상
③ 5 이상   ④ 10 이상

산업안전보건기준에 관한 규칙 제163조(와이어로프 등 달기구의 안전계수) ① 사업주는 양중기의 와이어로프 등 달기구의 안전계수(달기구 절단하중의 값을 그 달기구에 걸리는 하중의 최대값으로 나눈 값을 말한다)가 다음 각 호의 구분에 따른 기준에 맞지 아니한 경우에는 이를 사용해서는 아니 된다.
1. 근로자가 탑승하는 운반구를 지지하는 달기와이어로프 또는 달기체인의 경우 : 10 이상
2. 화물의 하중을 직접 지지하는 달기와이어로프 또는 달기체인의 경우 : 5 이상
3. 훅, 샤클, 클램프, 리프팅 빔의 경우 : 3 이상
4. 그 밖의 경우 : 4 이상

46 체인과 스프로킷, 랙과 피니언, 풀리와 V 벨트 등에서 형성되는 위험점은?

① 끼임점   ② 회전말림점
③ 접선물림점   ④ 협착점

위험점의 분류

구분	내용
협착점	왕복 운동하는 동작부분과 움직임이 없는 고정부분 사이에 형성되는 위험점
끼임점	고정부분과 회전하는 동작부분 사이에서 형성되는 위험점
절단점	회전하는 운동부분 자체의 위험에서 초래되는 위험점
물림점	반대로 회전하는 두 개의 회전체가 맞닿는 사이에서 발생하는 위험점
접선물림점	회전하는 부분의 접선방향으로 물려 들어갈 위험이 존재하는 위험점
회전말림점	회전하는 물체에 작업복 등이 말려드는 위험이 존재하는 위험점

47 기계설비에 있어서 방호의 기본 원리가 아닌 것은?

① 위험제거 ② 덮어씌움
③ 위험도 분석 ④ 위험에 적응

방호의 기본 원리 : 위험원의 봉쇄, 위험으로부터 차단, 위험에 대한 적응, 위험상태의 덮어씌움

48 목재 가공용 둥근톱의 목재반발 예방장치가 아닌 것은?

① 반발방지 발톱(finger) ② 분할날(spreader)
③ 덮개(cover) ④ 반발방지 롤(roll)

반발예방장치에는 분할날, 반발방지 기구(finger), 반발방지 롤(roll) 등이 있다

49 산업안전보건기준에 관한 규칙상 안전난간의 구조 및 설치요건 중 상부 난간대는 바닥면·발판 또는 경사로의 표면으로부터 몇 cm 이상 지점에 설치해야 하는가?

① 30cm ② 60cm
③ 90cm ④ 120cm

산업안전보건기준에 관한 규칙 제13조(안전난간의 구조 및 설치요건) 사업주는 근로자의 추락 등의 위험을 방지하기 위하여 안전난간을 설치하는 경우 다음 각 호의 기준에 맞는 구조로 설치해야 한다.
1. 상부 난간대, 중간 난간대, 발끝막이판 및 난간기둥으로 구성할 것. 다만, 중간 난간대, 발끝막이판 및 난간기둥은 이와 비슷한 구조와 성능을 가진 것으로 대체할 수 있다.
2. 상부 난간대는 바닥면·발판 또는 경사로의 표면(이하 "바닥면등"이라 한다)으로부터 90센티미터 이상 지점에 설치하고, 상부 난간대를 120센티미터 이하에 설치하는 경우에는 중간 난간대는 상부난간대와 바닥면등의 중간에 설치하여야 하며, 120센티미터 이상 지점에 설치하는 경우에는 중간 난간대를 2단 이상으로 균등하게 설치하고 난간의 상하 간격은 60센티미터 이하가 되도록 할 것. 다만, 난간기둥 간의 간격이 25센티미터 이하인 경우에는 중간 난간대를 설치하지 않을 수 있다.

50 가드(guard)의 종류가 아닌 것은?

① 고정식 ② 조정식
③ 자동식 ④ 반자동식

가드(guard)의 종류
- 고정식 가드(Fixed guard) : 특정 위치에 용접 등으로 영구적으로 고정되거나 고정장치(스크류, 너트 등)로 부착된 구조로서 공구를 사용하지 아니하고는 가드의 제거 또는 개방이 불가능한 구조의 가드를 말한다.
- 조정식 가드(Adjustable guard) : 전체 또는 부분을 조정할 수 있는 고정식 또는 가동식 가드로서 작동할 때마다 용도에 맞도록 가드를 조정하여 조정된 상태에서 고정하여 사용하는 구조의 가드로 작동 중에는 조정되지 않는다.
- 인터로크식 가드(Interlocked guard) : 기계의 위험한 부분에 가동식 가드가 설치되고 가드가 닫혀야만 작동될 수 있는 구조이거나 기계작동 중에 가드가 열릴 경우 기계의 작동이 고정되고 가드를 닫았을 때 작동되는 구조로 된 가드이다.

• 자동식 가드(Automatic guard) : 인터로크(연동장치)와 결합된 가드로써 가드가 보호할 수 있는 기계의 위험한 부분이 가드가 닫히기 전까지는 작동되지 않거나, 가드가 닫히면 기계의 위험한 부분이 작동되는 구조이다.

51 산업용 로봇의 방호장치로 옳은 것은?

① 압력방출 장치
② 안전매트
③ 과부하 방지장치
④ 자동전격 방지장치

산업안전보건기준에 관한 규칙 제223조(운전 중 위험 방지) 사업주는 로봇의 운전(제222조에 따른 교시 등을 위한 로봇의 운전과 제224조 단서에 따른 로봇의 운전은 제외한다)으로 인하여 근로자에게 발생할 수 있는 부상 등의 위험을 방지하기 위하여 높이 1.8미터 이상의 울타리(로봇의 가동범위 등을 고려하여 높이로 인한 위험성이 없는 경우에는 높이를 그 이하로 조절할 수 있다)를 설치해야 하며, 컨베이어 시스템의 설치 등으로 울타리를 설치할 수 없는 일부 구간에 대해서는 안전매트 또는 광전자식 방호장치 등 감응형 방호장치를 설치해야 한다. 다만, 고용노동부장관이 해당 로봇의 안전기준이 한국산업표준에서 정하고 있는 안전기준 또는 국제적으로 통용되는 안전기준에 부합한다고 인정하는 경우에는 본문에 따른 조치를 하지 않을 수 있다.

52 연삭숫돌의 파괴원인이 아닌 것은?

① 숫돌 작업 시 측면 사용이 원인이 된다.
② 숫돌 작업 시 드레싱을 실시했을 때 원인이 된다.
③ 숫돌의 회전속도가 너무 빠를 때 원인이 된다.
④ 숫돌 회전중심이 잡히지 않았거나 베어링의 마모에 의한 진동이 원인이 된다.

연삭숫돌의 파괴원인
• 숫돌의 회전 속도가 너무 빠를 때
• 숫돌 자체에 균열이 있을 때
• 숫돌의 불균형이나 베어링의 마모에 의한 진동이 있을 때
• 숫돌의 측면을 사용하여 작업할 때
• 숫돌의 온도변화가 심할 때
• 부적당한 숫돌을 사용할 때
• 숫돌의 치수가 부적당할 때
• 플랜지가 현저히 작을 때

53 수공구 작업시 재해방지를 위한 일반적인 유의사항이 아닌 것은?

① 사용 전 이상 유무를 점검한다.
② 작업자에게 필요한 보호구를 착용시킨다.
③ 적합한 수공구가 없을 경우 유사한 것을 선택하여 사용한다.
④ 사용 전 충분한 사용법을 숙지한다.

작업시작 전 필요한 수공구를 준비하여야 한다.

54 플레이너와 세이퍼의 방호장치가 아닌 것은?

① 칩 브레이커
② 칩받이
③ 칸막이
④ 방책

칩 브레이커는 바이트에 설치된 칩을 짧게 끊어내는 장치로 선반의 방호장치이다

55 선반의 안전작업 방법 중 틀린 것은?

① 절삭칩의 제거는 반드시 브러시를 사용할 것
② 기계운전 중에는 백기어(back gear)의 사용을 금할 것
③ 공작물의 길이가 직경의 6배 이상일 때는 반드시 방진구를 사용할 것
④ 시동 전에 척 핸들을 빼둘 것

선반 작업의 안전
- 작업복의 소매 자락이 회전 공작물에 말려들지 않도록 복장을 단정하게 한다.
- 선반의 베드 위나 공구대 위에 직접 측정기나 공구를 올려놓지 않는다.
- 회전 중인 가공물에 손을 대지 말아야 하며, 치수 측정 시는 기계를 정지시킨 후 측정한다.
- 칩이 발산될 때는 보안경을 쓰고, 맨손으로 칩을 만지지 말고 갈고리를 사용한다.
- 기어를 변속할 때, 공구를 교환할 때와 제거할 때는 기계를 정지시킨 후 작업한다.
- 내경작업 중에 손가락을 구멍 속에 넣어 청소를 하거나 점검하려고 하면 안 된다.
- 양 센터 작업에는 공작물의 크기에 알맞은 돌리개를 사용하고, 공작물의 길이가 직경의 12배 이상인 가늘고 긴 공작물을 가공할 때는 방진구를 사용한다.
- 선반 가동 전에 척핸들(Chuck Handle)을 빼었는지 확인하고 기계의 윤활 부분을 점검한다.
- 선반의 운전 중 이송 작동을 시켜놓고 자리를 이탈하지 않도록 한다.
- 긴 공작물이 기계 밖으로 돌출 되었을 때 빨간 천을 부착하여 위험을 표시한다.
- 센터 작업 중에는 일감이 센터에서 빠져 나오지 않도록 주의를 한다.
- 작업 중 공작물 고정 나사 및 조가 풀어질 우려에 대비하여 수시로 확인을 한다.

56 지게차가 무부하 상태로 구내 최고속도 25km/h로 주행 시 좌우 안정도는 몇 % 이내인가?

① 16.5%
② 25.0%
③ 37.5%
④ 42.5%

좌우안정도 = 15 + 1.1V = 15 + 1.1 × 25 = 42.5%

57 가스집합용접장치에서 가스장치실에 대한 안전조치로 틀린 것은?

① 가스가 누출될 때에는 해당 가스가 정체되지 않도록 한다.
② 지붕 및 천장은 콘크리트 등의 재료로 폭발을 대비하여 견고히 한다.
③ 벽에는 불연성 재료를 사용한다.
④ 가스장치실에는 관계근로자가 아닌 사람의 출입을 금지시킨다.

산업안전보건기준에 관한 규칙 제292조(가스장치실의 구조 등) 사업주는 가스장치실을 설치하는 경우에 다음 각 호의 구조로 설치하여야 한다.
1. 가스가 누출된 경우에는 그 가스가 정체되지 않도록 할 것
2. 지붕과 천장에는 가벼운 불연성 재료를 사용할 것
3. 벽에는 불연성 재료를 사용할 것

58 근로자가 탑승하는 운반구를 지지하는 달기체인의 안전계수는 몇 이상이어야 하는가?

① 3　　　　　　　　② 4
③ 5　　　　　　　　④ 10

산업안전보건기준에 관한 규칙 제163조(와이어로프 등 달기구의 안전계수) ① 사업주는 양중기의 와이어로프 등 달기구의 안전계수(달기구 절단하중의 값을 그 달기구에 걸리는 하중의 최대값으로 나눈 값을 말한다)가 다음 각 호의 구분에 따른 기준에 맞지 아니한 경우에는 이를 사용해서는 아니 된다.
1. 근로자가 탑승하는 운반구를 지지하는 달기와이어로프 또는 달기체인의 경우 : 10 이상
2. 화물의 하중을 직접 지지하는 달기와이어로프 또는 달기체인의 경우 : 5 이상
3. 훅, 샤클, 클램프, 리프팅 빔의 경우 : 3 이상
4. 그 밖의 경우 : 4 이상

59 그림과 같이 2줄 걸이 인양작업에서 와이어로프 1줄의 파단하중이 10000N, 인양화물의 무게가 2000N 이라면 이 작업에서 확보된 안전율은?

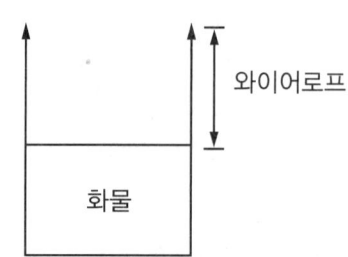

① 2　　　　　　　　② 5
③ 10　　　　　　　　④ 20

안전율 = $\dfrac{극한강도}{최대설계응력}$ = $\dfrac{파단하중}{안전하중}$ = $\dfrac{절단하중}{허용응력}$ = $\dfrac{파괴하중}{최대사용하중}$ = $\dfrac{10000 \times 2}{2000}$ = 10

60 프레스의 양수조작식 방호장치에서 양쪽버튼의 작동시간 차이는 최대 몇 초 이내일 때 프레스가 동작되도록 해야 하는가?

① 0.1　　　　　　　　② 0.5
③ 1.0　　　　　　　　④ 1.5

양수조작식 방호장치의 일반구조(방호장치 안전인증 고시 별표 1)
- 정상동작표시등은 녹색, 위험표시등은 붉은색으로 하며, 쉽게 근로자가 볼 수 있는 곳에 설치해야 한다.
- 슬라이드 하강 중 정전 또는 방호장치의 이상 시에 정지할 수 있는 구조이어야 한다.
- 방호장치는 릴레이, 리미트스위치 등의 전기부품의 고장, 전원전압의 변동 및 정전에 의해 슬라이드가 불시에 동작하지 않아야 하며, 사용전원전압의 ±(100분의 20)의 변동에 대하여 정상으로 작동되어야 한다.
- 1행정1정지 기구에 사용할 수 있어야 한다.
- 누름버튼을 양손으로 동시에 조작하지 않으면 작동시킬 수 없는 구조이어야 하며, 양쪽버튼의 작동시간 차이는 최대 0.5초 이내일 때 프레스가 동작되도록 해야 한다.
- 1행정마다 누름버튼에서 양손을 떼지 않으면 다음 작업의 동작을 할 수 없는 구조이어야 한다.
- 램의 하행정중 버튼(레버)에서 손을 뗄 시 정지하는 구조이어야 한다.
- 누름버튼의 상호간 내측거리는 300mm 이상이어야 한다.
- 누름버튼(레버 포함)은 매립형의 구조로서 다음 각 세목에 적합해야 한다. 다만, 시험 콘으로 개구부에서 조작되지 않는 구조의 개방형 누름버튼(레버 포함)은 매립형으로 본다.
  - 누름버튼(레버 포함)의 전 구간(360°)에서 매립된 구조
  - 누름버튼(레버 포함)은 방호장치 상부표면 또는 버튼을 둘러싼 개방된 외함의 수평면으로부터 하단(2mm 이상)에 위치
- 버튼 및 레버는 작업점에서 위험한계를 벗어나게 설치해야 한다.
- 양수조작식 방호장치는 푸트스위치를 병행하여 사용할 수 없는 구조이어야 한다.

제 04 과목 전기 및 화학설비 안전관리

61 교류아크 용접작업시 감전을 예방하기 위하여 사용하는 자동전격방지기의 2차 전압은 몇 V 이하로 유지하여야 하는가?

① 25   ② 35
③ 50   ④ 40

자동전격방지장치: 아크 발생을 정지시킬 때 주접점이 개로될 때까지의 시간은 1초 이내이고, 2차 무부하 전압은 25V 이내이다.

62 대전된 물체가 방전을 일으킬 때의 에너지 E(J)를 구하는 식으로 옳은 것은?

① $E = \sqrt{2CQ}$ ② $E = \dfrac{1}{2}CV$

③ $E = \dfrac{Q^2}{2C}$ ④ $E = \sqrt{\dfrac{2V}{C}}$

$$E = \frac{1}{2}CV^2 = \frac{1}{2}QV = \frac{Q^2}{2C}$$

63 누전차단기의 선정 및 설치에 관한 설명으로 틀린 것은?

① 차단기를 설치한 전로에 과부하 보호장치를 설치하는 경우는 서로 협조가 잘 이루어지도록 한다.
② 정격부동작전류와 정격감도전류와의 차는 가능한 큰 차단기로 선정한다.
③ 휴대용, 이동용 전기기기에 설치하는 차단기는 정격감도전류가 낮고, 동작시간이 짧은 것을 선정한다.
④ 전로의 대지정전용량이 크면 차단기가 오동작 하는 경우가 있으므로 각 분기회로마다 차단기를 설치한다.

정격부동작전류는 정격감도전류의 50% 이상으로 한다. 다만, 정격감도전류가 10mA 이하인 것은 60% 이상으로 한다. 참고로 정격부동작전류란 소정조건(소정조건이란 일상사용상태에서 전압이 정격치의 80~110%의 범위내에 들어있는 것을 말함)에서 영상변류기의 1차측 지락전류가 있어도 누전차단기가 트립동작을 하지 않는 1차측 지락전류로 누전차단기에 표시된 값을 말한다.

64 가스 또는 분진폭발위험장소에는 변전실·배전반실, 제어실 등을 설치하여서는 아니 된다. 다만, 실내기압이 항상 양압을 유지하도록 하고, 별도의 조치를 한 경우에는 그러하지 않은데 이 때 요구되는 조치사항으로 틀린 것은?

① 양압을 유지하기 위한 환기설비의 고장 등으로 양압이 유지되지 아니한 때 경보를 할 수 있는 조치를 한 경우
② 환기설비가 정지된 후 재가동하는 경우 변전실 등에 가스 등이 있는지를 확인할 수 있는 가스검지기 등의 장비를 비치한 경우
③ 환기설비에 의하여 변전실 등에 공급되는 공기는 가스 또는 분진폭발위험장소가 아닌 곳으로부터 공급되도록 하는 조치를 한 경우
④ 항상 유지해야 하는 실내기압이 항상 양압 10Pa 이상이 되도록 장치를 한 경우

산업안전보건기준에 관한 규칙 제312조(변전실 등의 위치) 사업주는 제230조제1항에 따른 가스폭발 위험장소 또는 분진폭발 위험장소에는 변전실, 배전반실, 제어실, 그 밖에 이와 유사한 시설(이하 이조에서 "변전실등"이라 한다)을 설치해서는 아니 된다. 다만, 변전실등의 실내기압이 항상 양압(25파스칼 이상의 압력을 말한다. 이하 같다)을 유지하도록 하고 다음 각 호의 조치를 하거나, 가스폭발 위험장소 또는 분진폭발 위험장소에 적합한 방폭성능을 갖는 전기 기계·기구를 변전실등에 설치·사용한 경우에는 그러하지 아니하다.
1. 양압을 유지하기 위한 환기설비의 고장 등으로 양압이 유지되지 아니한 경우 경보를 할 수 있는 조치
2. 환기설비가 정지된 후 재가동하는 경우 변전실등에 가스 등이 있는지를 확인할 수 있는 가스검지기 등 장비의 비치
3. 환기설비에 의하여 변전실등에 공급되는 공기는 제230조제1항에 따른 가스폭발 위험장소 또는 분진폭발 위험장소가 아닌 곳으로부터 공급되도록 하는 조치

65 저항이 0.2Ω인 도체에 10A 의 전류가 1분간 흘렀을 경우 발생하는 열량은 몇 cal인가?

① 64
② 144
③ 288
④ 386

$H = 0.24 I^2 Rt = 0.24 \times 10^2 \times 0.2 \times 1 \times 60 = 288 \text{cal}$

66 22.9kV 특별고압 활선작업 시 충전전로에 대한 접근한계거리는 몇 cm인가?

① 30　　　　　　　　　　② 60
③ 90　　　　　　　　　　④ 110

충전전로에 대한 접근한계거리

충전전로의 선간전압 (단위 : kV)	충전전로에 대한 접근한계 거리(단위 : cm)	충전전로의 선간전압 (단위 : kV)	충전전로에 대한 접근한계 거리(단위 : cm)
0.3 이하	접촉금지	121 초과 145 이하	150
0.3 초과 0.75 이하	30	145 초과 169 이하	170
0.75 초과 2 이하	45	169 초과 242 이하	230
2 초과 15 이하	60	242 초과 362 이하	380
15 초과 37 이하	90	362 초과 550 이하	550
37 초과 88 이하	110	550 초과 800 이하	790
88 초과 121 이하	130		

67 전기기기의 불꽃 또는 열로 인해 폭발성 위험분위기에 점화되지 않도록 컴파운드를 충전해서 보호한 방폭구조는?

① 몰드 방폭구조　　　　　② 비점화 방폭구조
③ 안전증 방폭구조　　　　④ 본질안전 방폭구조

방폭구조의 종류와 기호

종류	내용	기호
내압방폭구조	점화원에 의해 용기 내부에서 폭발이 발생할 경우에 용기가 폭발압력에 견딜 수 있고, 화염이 용기 외부의 폭발성 분위기로 전파되지 않도록 한 방폭구조	d
압력방폭구조	점화원이 될 우려가 있는 부분을 용기 안에 넣고 보호 기체(신선한 공기 또는 불활성기체)를 용기 안에 압입함으로써 폭발성 가스가 침입하는 것을 방지하도록 되어 있는 방폭구조	p
안전증방폭구조	전기기기의 과도한 온도 상승, 아크 또는 불꽃 발생의 위험을 방지하기 위하여 추가적인 안전조치를 통한 안전도를 증가시킨 방폭구조(다만, 정상운전 중에 아크나 불꽃을 발생시키는 전기기기는 안전증방폭구조의 전기기기 범위에서 제외)	e
유입방폭구조	유체 상부 또는 용기 외부에 존재할 수 있는 폭발성 분위기가 발화할 수 없도록 전기설비 또는 전기설비의 부품을 보호액에 함침시키는 방폭구조	o
본질안전방폭구조	정상시 또는 단락, 단선, 지락 등의 사고시에 발생하는 아크, 불꽃, 고열에 의하여 폭발성 가스나 증기에 점화되지 않는 것이 확인된 구조	ia, ib
비점화방폭구조	전기기기가 정상작동과 규정된 특정한 비정상상태에서 주위의 폭발성 가스 분위기를 점화시키지 못하도록 만든 방폭구조	n

몰드방폭구조	전기기기의 불꽃 또는 열로 인해 폭발성 위험분위기에 점화되지 않도록 컴파운드를 충전해서 보호한 방폭구조	m
충전방폭구조	폭발성 가스 분위기를 점화시킬 수 있는 부품을 고정하여 설치하고, 그 주위를 충전재로 완전히 둘러싸서 외부의 폭발성 가스 분위기를 점화시키지 않도록 하는 방폭구조	q
특수방폭구조	상기의 방폭구조 외에 외부의 폭발성 가스에 대해 인화를 방지할 수 있음을 시험에 의해 확인한 구조	s

68 감전 영향을 미치는 요인으로 통전경로별 위험도가 가장 높은 것은?

① 왼손 – 등
② 오른손 – 등
③ 오른손 – 왼발
④ 왼손 – 가슴

통전경로 및 위험도

통전경로	위험도	통전경로	위험도
오른손 – 등	0.3	양손 – 양발	1.0
왼손 – 오른손	0.4	왼손 – 한발 또는 양발	1.0
왼손 – 등	0.7	오른손 – 가슴	1.3
한손 또는 양손 – 앉아있는 자리	0.7	왼손 – 가슴	1.5
오른손 – 한발 또는 양발	0.8	–	–

69 일반적인 방전형태의 종류가 아닌 것은?

① 스트리머(streamer)방전
② 적외선(infrared-ray)방전
③ 코로나(corona)방전
④ 연면(surface)방전

방전의 종류
- 스파크방전(불꽃방전) : 대전된 부도체와 도체 사이에 전압이 커지면 공기절연이 파괴되어 발생하는 방전
- 연면방전 : 대전량이 많은 부도체에 접지체가 접근시 부도체 표면을 따라 발생하는 방전
- 코로나방전 : 대전된 부도체와 돌출된 선단의 도체 사이의 방전(방전에너지가 작아 재해의 원인이 안됨)
- 뇌상방전 : 대전된 구름에서 대지 또는 구름 사이에 번개형의 발광을 발생하는 방전
- 스트리머방전 : 방전량이 많은 부도체와 평평한 도체 사이의 방전

70 전로에 시설하는 기계기구의 철대 및 금속제 외함에는 규정에 따른 접지공사를 실시하여야 하나 시설하지 않아도 되는 경우가 있다. 예외 규정으로 틀린 것은?

① 사용전압이 교류 대지전압 150V 이하인 기계기구를 습한 곳에 시설하는 경우
② 철대 또는 외함 주위에 적당한 절연대를 설치하는 경우

③ 저압용 기계기구를 건조한 마루나 절연성 물질 위에서 취급하도록 시설하는 경우
④ 2중 절연구조로 되어 있는 기계기구를 시설하는 경우

접지공사를 시설하지 않아도 되는 경우(한국전기설비규정 142.7)
- 사용전압이 직류 300 V 또는 교류 대지전압이 150 V 이하인 기계기구를 건조한 곳에 시설하는 경우
- 저압용의 기계기구를 건조한 목재의 마루 기타 이와 유사한 절연성 물건 위에서 취급하도록 시설하는 경우
- 저압용이나 고압용의 기계기구, 특고압 전선로에 접속하는 배전용 변압기나 이에 접속하는 전선에 시설하는 기계기구 또는 특고압 가공전선로의 전로에 시설하는 기계기구를 사람이 쉽게 접촉할 우려가 없도록 목주 기타 이와 유사한 것의 위에 시설하는 경우
- 철대 또는 외함의 주위에 적당한 절연대를 설치하는 경우
- 외함이 없는 계기용변성기가 고무 합성수지 기타의 절연물로 피복한 것일 경우
- 전기용품안전 관리법의 적용을 받는 2중 절연구조로 되어 있는 기계기구를 시설하는 경우
- 저압용 기계기구에 전기를 공급하는 전로의 전원측에 절연변압기(2차 전압이 300 V 이하이며, 정격용량이 3 kVA 이하인 것에 한한다)를 시설하고 또한 그 절연변압기의 부하측 전로를 접지하지 않은 경우
- 물기 있는 장소 이외의 장소에 시설하는 저압용의 개별 기계기구에 전기를 공급하는 전로에 전기용품안전 관리법의 적용을 받는 인체감전보호용 누전차단기(정격감도전류가 30 mA 이하, 동작시간이 0.03초 이하의 전류동작형에 한한다)를 시설하는 경우
- 외함을 충전하여 사용하는 기계기구에 사람이 접촉할 우려가 없도록 시설하거나 절연대를 시설하는 경우

71 폭발범위에 있는 가연성 가스 혼합물에 전압을 변화시키며 전기 불꽃을 주었더니 1,000V가 되는 순간 폭발이 일어났다. 이때 사용한 전기불꽃의 콘덴서 용량은 0.1μF를 사용하였다면 이 가스에 대한 최소발화에너지는 얼마인가?

① 5mJ
② 10mJ
③ 50mJ
④ 100mJ

$$E = \frac{CV^2}{2} = \frac{0.1 \times 10^{-6} \times 1000^2}{2} = 0.05J = 50mJ$$

72 폭발범위에 관한 설명으로 옳은 것은?

① 공기밀도에 대한 폭발성 가스 및 증기의 폭발가능 밀도 범위
② 가연성 액체의 액면 근방에 생기는 증기가 착화 할 수 있는 온도 범위
③ 폭발화염이 내부에서 외부로 전파될 수 있는 용기의 틈새 간격 범위
④ 가연성 가스와 공기와의 혼합가스에 점화원을 주었을 때 폭발이 일어나는 혼합가스의 농도 범위

가연성 가스와 공기와의 혼합가스에 점화원을 주었을 때 폭발이 일어나는 혼합가스의 농도 범위를 폭발범위라 하며, 폭발범위에 영향을 주는 인자로는 인화성 물질 온도, 압력의 방향, 인화성 물질의 농도 범위, 용기의 크기와 형태 등이 있다.

73 다음 중 아세틸린의 취급 관리시 주의사항으로 옳지 않은 것은?

① 용기는 폭발할 수 있으므로 전도 · 낙하되지 않도록 한다.
② 폭발할 수 있으므로 필요 이상 고압으로 충전하지 않는다.
③ 용기는 밀폐된 장소에 보관하고, 누출시에는 누출원에 직접 주수하도록 한다.
④ 폭발성 물질을 생성할 수 있으므로 구리나 일정 함량 이상의 구리합금과 접촉하지 않도록 한다.

용기는 통풍이 잘되고 서늘한 그늘이 진 곳에 보관해야 한다.

74 산업안전보건법령상 안전밸브 전단, 후단에 자물쇠형 차단밸브를 설치할 수 없는 경우는?

① 화학설비 및 그 부속설비에 안전밸브 등이 복수방식으로 설치되어 있는 경우
② 예비용 설비를 설치하고 각각의 설비에 안전밸브 등이 설치되어 있는 경우
③ 열팽창에 의하여 상승된 압력을 맞추기 위한 목적으로 안전밸브가 설치된 경우
④ 안전밸브 등의 배출용량의 2 분의 1 이상에 해당하는 용량의 자동압력조절밸브와 안전밸브가 직렬로 연결된 경우

산업안전보건기준에 관한 규칙 제266조(차단밸브의 설치 금지) 사업주는 안전밸브등의 전단 · 후단에 차단밸브를 설치해서는 아니 된다. 다만, 다음 각 호의 어느 하나에 해당하는 경우에는 자물쇠형 또는 이에 준하는 형식의 차단밸브를 설치할 수 있다.
1. 인접한 화학설비 및 그 부속설비에 안전밸브등이 각각 설치되어 있고, 해당 화학설비 및 그 부속설비의 연결배관에 차단밸브가 없는 경우
2. 안전밸브등의 배출용량의 2분의 1 이상에 해당하는 용량의 자동압력조절밸브(구동용 동력원의 공급을 차단하는 경우 열리는 구조인 것으로 한정한다)와 안전밸브등이 병렬로 연결된 경우
3. 화학설비 및 그 부속설비에 안전밸브등이 복수방식으로 설치되어 있는 경우
4. 예비용 설비를 설치하고 각각의 설비에 안전밸브등이 설치되어 있는 경우
5. 열팽창에 의하여 상승된 압력을 낮추기 위한 목적으로 안전밸브가 설치된 경우
6. 하나의 플레어 스택(flare stack)에 둘 이상의 단위공정의 플레어 헤더(flare header)를 연결하여 사용하는 경우로서 각각의 단위공정의 플레어헤더에 설치된 차단밸브의 열림 · 닫힘 상태를 중앙제어실에서 알 수 있도록 조치한 경우

75 유해 · 위험물질 취급 시 보호구의 구비조건으로 가장 거리가 먼 것은?

① 방호성능이 충분할 것
② 재료의 품질이 양호할 것
③ 작업에 방해가 되지 않을 것
④ 착용감이 뛰어나고 외관이 화려할 것

보호구의 구비조건
- 착용이 간편할 것
- 작업에 방해가 되지 않도록 할 것
- 유해 · 위험요소에 대한 방호성능이 충분할 것
- 재료의 품질이 양호할 것
- 구조와 끝마무리가 양호할 것
- 외양과 외관이 양호할 것

76 다음 중 분진 폭발의 발생 위험성을 낮추는 방법으로 적절하지 않은 것은?

① 주변의 점화원을 제거한다.
② 분진이 날리지 않도록 한다.
③ 분진과 그 주변의 온도를 낮춘다.
④ 분진 입자의 표면적을 크게 한다.

해설
분진 입자의 표면적이 클수록 많은 양의 산소가 공급되기 때문에 급격한 연소를 초래할 수 있다.

77 다음 중 물분무소화설비의 주된 소화효과에 해당하는 것으로만 나열한 것은?

① 냉각효과, 질식효과
② 희석효과, 제거효과
③ 제거효과, 억제효과
④ 억제효과, 희석효과

해설
물분무소화설비의 소화효과 : 냉각효과, 질식효과, 희석효과, 유화(에멀젼) 효과

78 가열·마찰·충격 또는 다른 화학물질과의 접촉 등으로 인하여 산소나 산화제의 공급이 없더라도 폭발 등 격렬한 반응을 일으킬 수 있는 물질은?

① 알코올류
② 무기과산화물
③ 니트로화합물
④ 과망간산칼륨

해설
폭발성 물질
- 정의 : 가열·마찰·충격 또는 다른 화학물질과의 접촉 등으로 인하여 산소나 산화제의 공급이 없더라도 폭발 등 격렬한 반응을 일으킬 수 있는 고체나 액체
- 종류 : 질산에스테르류, 니트로 화합물, 니트로소 화합물, 아조 화합물, 디아조 화합물, 하이드라진 및 그 유도체, 유기과산화물

79 공정 중에서 발생하는 미연소가스를 연소하여 안전하게 밖으로 배출시키기 위하여 사용하는 설비는 무엇인가?

① 증류탑
② 플레어스택
③ 흡수탑
④ 인화방지망

해설
플레어스택(Flare stack)은 가연성 가스를 연소시켜 대기로 안전하게 방출하는 설비를 말한다.

80 반응기가 이상과열인 경우 반응폭주를 방지하기 위하여 작동하는 장치로 가장 거리가 먼 것은?

① 고온경보장치
② 블로우다운시스템
③ 긴급차단장치
④ 자동 shutdown 장치

> **[해설]**
> 블로우다운(Blowdown)장치 : 급수 중의 불연물과 순환계 내에 주입된 약품이 보일러수에서 농축되어 규정치를 넘는 것을 방지하기 위해서 설치한다.

제 05 과목   건설공사 안전관리

81 철골기둥 건립 작업 시 붕괴 도괴 방지를 위하여 베이스 플레이트의 하단은 기준 높이 및 인접기둥의 높이에서 얼마 이상 벗어나지 않아야 하는가?

① 2mm
② 3mm
③ 4mm
④ 5mm

> **[해설]**
> 앵커 볼트를 매립하는 정밀도(철골공사 표준안전 작업지침 제5조)
> • 기둥중심은 기준선 및 인접기둥의 중심에서 5mm 이상 벗어나지 않을 것
> • 인접기둥간 중심거리의 오차는 3mm 이하일 것
> • 앵커 볼트는 기둥중심에서 2mm 이상 벗어나지 않을 것
> • 베이스 플레이트의 하단은 기준 높이 및 인접기둥의 높이에서 3mm 이상 벗어나지 않을 것

82 가설공사와 관련된 안전율에 대한 정의로 옳은 것은?

① 재료의 파괴응력도와 허용응력도의 비율이다.
② 재료가 받을 수 있는 허용응력도이다.
③ 재료의 변형이 일어나는 한계응력도이다.
④ 재료가 받을 수 있는 허용하중을 나타내는 것이다.

> **[해설]**
> 안전율 = $\dfrac{\text{극한강도(파괴하중)}}{\text{허용응력}}$

83 철골작업에서 작업을 중지해야 하는 규정에 해당되지 않는 경우는?

① 풍속이 초당 10m 이상인 경우
② 강우량이 시간당 1mm 이상인 경우
③ 강설량이 시간당 1cm 이상인 경우
④ 겨울철 기온이 영상 4℃ 이상인 경우

> **[해설]**
> 산업안전보건기준에 관한 규칙 제383조(작업의 제한) 사업주는 다음 각 호의 어느 하나에 해당하는 경우에 철골작업을 중지하여야 한다.
> 1. 풍속이 초당 10미터 이상인 경우
> 2. 강우량이 시간당 1밀리미터 이상인 경우
> 3. 강설량이 시간당 1센티미터 이상인 경우

84 콘크리트를 타설할 때 거푸집에 작용하는 콘크리트 측압에 영향을 미치는 요인과 가장 거리가 먼 것은?

① 콘크리트의 타설 속도
② 콘크리트의 타설 높이
③ 콘크리트의 강도
④ 기온

콘크리트의 측압이 커지는 조건
- 기온이 낮을수록(대기 중의 습도가 낮을수록)
- 치어붓기 속도가 클수록
- 굵은 콘크리트 일수록(물·시멘트비가 클수록, 슬럼프 값이 클수록, 시멘트·물비가 적을 수록)
- 콘크리트의 비중이 클수록
- 콘크리트의 다지기가 강할수록
- 철근양이 작을수록
- 거푸집의 수밀성이 높을수록
- 거푸집의 수평단면이 클수록(벽 두께가 클수록)
- 거푸집의 강성이 클수록
- 거푸집의 표면이 매끄러울수록
- 측압은 생콘크리트의 높이가 높을수록 커지나 일정한 높이에 이르면 측압의 증가는 없다.

85 토석붕괴의 내적 요인으로 옳은 것은?

① 사면의 경사 증가
② 공사에 의한 진동, 하중의 중가
③ 절토 및 성토 높이의 증가
④ 토석의 강도 저하

토석 붕괴의 원인
- 외적 요인 : 사면수위의 급격한 하강이 위험도가 가장 높음
  - 사면, 법면의 경사 및 구배의 증가
  - 절토 및 성토 높이의 증가
  - 공사에 의한 진동 및 반복하중의 증가
  - 지표수 및 지하수의 침투에 의한 토사중량의 증가
  - 지진, 차량, 구조물의 하중
- 내적 요인 : 절토사면의 토질, 암석 성토사면의 토질 및 토석의 강도 저하

86 달비계에 설치되는 작업발판의 폭에 대한 기준으로 옳은 것은?

① 20cm 이상
② 40cm 이상
③ 60cm 이상
④ 80cm 이상

산업안전보건기준에 관한 규칙 제63조(달비계의 구조) ① 사업주는 곤돌라형 달비계를 설치하는 경우에는 다음 각 호의 사항을 준수해야 한다.
1. 다음 각 목의 어느 하나에 해당하는 와이어로프를 달비계에 사용해서는 아니된다.
   가. 이음매가 있는 것
   나. 와이어로프의 한 꼬임[[스트랜드(strand)를 말한다. 이하 같다]에서 끊어진 소선(素線)[필러(pillar)선은 제외한다]]의 수가 10퍼센트 이상(비자전로프의 경우에는 끊어진 소선의 수가 와이어로프 호칭지름의 6배 길이 이내에서 4개 이상이거나 호칭지름 30배 길이 이내에서 8개 이상)인 것

다. 지름의 감소가 공칭지름의 7퍼센트를 초과하는 것
라. 꼬인 것
마. 심하게 변형되거나 부식된 것
바. 열과 전기충격에 의해 손상된 것
2. 다음 각 목의 어느 하나에 해당하는 달기 체인을 달비계에 사용해서는 아니 된다.
   가. 달기 체인의 길이가 달기 체인이 제조된 때의 길이의 5퍼센트를 초과한 것
   나. 링의 단면지름이 달기 체인이 제조된 때의 해당 링의 지름의 10퍼센트를 초과하여 감소한 것
   다. 균열이 있거나 심하게 변형된 것
3. 달기 강선 및 달기 강대는 심하게 손상·변형 또는 부식된 것을 사용하지 않도록 할 것
4. 달기 와이어로프, 달기 체인, 달기 강선, 달기 강대 또는 달기 섬유로프는 한쪽 끝을 비계의 보 등에, 다른 쪽 끝을 내민 보, 앵커볼트 또는 건축물의 보 등에 각각 풀리지 않도록 설치할 것
5. 작업발판은 폭을 40센티미터 이상으로 하고 틈새가 없도록 할 것
6. 작업발판의 재료는 뒤집히거나 떨어지지 않도록 비계의 보 등에 연결하거나 고정시킬 것
7. 비계가 흔들리거나 뒤집히는 것을 방지하기 위하여 비계의 보·작업발판 등에 버팀을 설치하는 등 필요한 조치를 할 것
8. 선반 비계에서는 보의 접속부 및 교차부를 철선·이음철물 등을 사용하여 확실하게 접속시키거나 단단하게 연결시킬 것
9. 근로자의 추락 위험을 방지하기 위하여 다음 각 목의 조치를 할 것
   가. 달비계에 구명줄을 설치할 것
   나. 근로자에게 안전대를 착용하도록 하고 근로자가 착용한 안전줄을 달비계의 구명줄에 체결(締結)하도록 할 것
   다. 달비계에 안전난간을 설치할 수 있는 구조인 경우에는 달비계에 안전난간을 설치할 것

87 콘크리트의 비파괴 검사방법이 아닌 것은?

① 반발경도법   ② 자기법
③ 음파법   ④ 침지법

콘크리트 비파괴 시험 종류 : 반발경도법, 자기법, 음파법, 전자법, 원자법, 자기온도계법, 복합법, 방사선법, 내시경법

88 거푸집에 작용하는 연직방향 하중에 해당하지 않는 것은?

① 고정하중   ② 작업하중
③ 충격하중   ④ 콘크리트측압

거푸집 설계시 고려하여야 하는 하중
• 수직(연직)방향 : 고정하중, 충격하중, 작업하중, 적설하중, 콘크리트의 자중
• 수평방향 : 풍압, 콘크리트 측압, 콘크리트 타설 방향에 따른 편심하중

89 강관을 사용하여 비계를 구성하는 경우 비계기둥간의 적재하중은 얼마를 초과하지 않도록 하여야 하는가?

① 200kg   ② 300kg
③ 400kg   ④ 500kg

산업안전보건기준에 관한 규칙 제60조(강관비계의 구조) 사업주는 강관을 사용하여 비계를 구성하는 경우 다음 각 호의 사항을 준수해야 한다.

1. 비계기둥의 간격은 띠장 방향에서는 1.85미터 이하, 장선(長線) 방향에서는 1.5미터 이하로 할 것. 다만, 다음 각 목의 어느 하나에 해당하는 작업의 경우에는 안전성에 대한 구조검토를 실시하고 조립도를 작성하면 띠장 방향 및 장선 방향으로 각각 2.7미터 이하로 할 수 있다.
   가. 선박 및 보트 건조작업
   나. 그 밖에 장비 반입·반출을 위하여 공간 등을 확보할 필요가 있는 등 작업의 성질상 비계기둥 간격에 관한 기준을 준수하기 곤란한 작업
2. 띠장 간격은 2.0미터 이하로 할 것. 다만, 작업의 성질상 이를 준수하기가 곤란하여 쌍기둥틀 등에 의하여 해당 부분을 보강한 경우에는 그러하지 아니하다.
3. 비계기둥의 제일 윗부분으로부터 31미터되는 지점 밑부분의 비계기둥은 2개의 강관으로 묶어 세울 것. 다만, 브라켓(bracket, 까치발) 등으로 보강하여 2개의 강관으로 묶을 경우 이상의 강도가 유지되는 경우에는 그러하지 아니하다.
4. 비계기둥 간의 적재하중은 400킬로그램을 초과하지 않도록 할 것

90 지반의 투수계수에 영향을 주는 인자에 해당하지 않는 것은?

① 토립자의 단위중량
② 유체의 점성계수
③ 토립자의 공극비
④ 유체의 밀도

투수계수에 영향을 미치는 요소
- 흙에 의한 영향
  - 입경이 클수록 간극의 평균크기가 커서 투수계수도 커진다.
  - 흙입자의 구조가 공극이 많은 구조일수록 투수계수는 커진다.
  - 간극비가 커질수록 투수계수가 커진다.
- 물에 의한 영향
  - 물의 점성이 높을수록 투수계수는 작아진다.
  - 미포화 시 기포가 물의 흐름 방해하여 투수계수가 작아진다.

91 다음 중 굴착기의 전부장치와 거리가 먼 것은?

① 붐(Boom)
② 암(Arm)
③ 버킷(Bucket)
④ 블레이드(Blade)

굴착기는 주행하는 하부본체에 동력을 장착한 상부회전체 및 교체 가능한 전부장치로 구성된다. 보기 중 블레이드는 삽날로 도저에 사용된다.

92 흙의 액성한계 $W_L = 48\%$, 소성한계 $W_P = 26\%$일 때 소성지수(IP)는 얼마인가?

① 18%
② 22%
③ 26%
④ 32%

소성지수(I_P) = 액성한계(W_L) − 소성한계(W_P)
∴ 소성지수(I_P) = 48% − 26% = 22%

93 터널작업 중 낙반 등에 의한 위험방지를 위해 취할 수 있는 조치사항이 아닌 것은?

① 터널지보공 설치 ② 록볼트 설치
③ 부석의 제거 ④ 산소의 측정

해설
산업안전보건기준에 관한 규칙 제351조(낙반 등에 의한 위험의 방지) 사업주는 터널 등의 건설작업을 하는 경우에 낙반 등에 의하여 근로자가 위험해질 우려가 있는 경우에 터널 지보공 및 록볼트의 설치, 부석(浮石)의 제거 등 위험을 방지하기 위하여 필요한 조치를 하여야 한다.

94 다음 그림은 산업안전보건기준에 관한 규칙에 따른 풍화암에서 토사붕괴를 예방하기 위한 기울기를 나타낸 것이다. X의 값은?

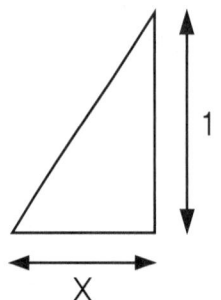

① 1.0
② 0.8
③ 0.5
④ 0.3

해설
굴착면의 기울기 기준(산업안전보건기준에 관한 규칙 별표 11)

지반의 종류	굴착면의 기울기
모래	1 : 1.8
연암 및 풍화암	1 : 1.0
경암	1 : 0.5
그 밖의 흙	1 : 1.2

비고
1. 굴착면의 기울기는 굴착면의 높이에 대한 수평거리의 비율을 말한다.
2. 굴착면의 경사가 달라서 기울기를 계산하기가 곤란한 경우에는 해당 굴착면에 대하여 지반의 종류별 굴착면의 기울기에 따라 붕괴의 위험이 증가하지 않도록 위 표의 지반의 종류별 굴착면의 기울기에 맞게 해당 각 부분의 경사를 유지해야 한다.

95 토사붕괴를 방지하기 위한 대책으로 붕괴방지공법에 해당되지 않는 것은?

① 배토공법 ② 압성토공법
③ 집수정공법 ④ 공작물의 설치

해설
집수정공법은 배수공법의 한 종류이다.

96 산업안전보건기준에 관한 규칙에서 규정하는 현장에서 고소작업대 사용시 준수사항이 아닌 것은?

① 작업자가 안전모 · 안전대 등의 보호구를 착용하도록 할 것
② 관계자가 아닌 사람이 작업구역 내에 들어오는 것을 방지하기 위하여 필요한 조치를 할 것
③ 작업을 지휘하는 자를 선임하여 그 자의 지휘 하에 작업을 실시할 것
④ 안전한 작업을 위하여 적정수준의 조도를 유지할 것

산업안전보건기준에 관한 규칙 제186조(고소작업대 설치 등의 조치) ④ 사업주는 고소작업대를 사용하는 경우에는 다음 각 호의 사항을 준수하여야 한다.
1. 작업자가 안전모 · 안전대 등의 보호구를 착용하도록 할 것
2. 관계자가 아닌 사람이 작업구역에 들어오는 것을 방지하기 위하여 필요한 조치를 할 것
3. 안전한 작업을 위하여 적정수준의 조도를 유지할 것
4. 전로(電路)에 근접하여 작업을 하는 경우에는 작업감시자를 배치하는 등 감전사고를 방지하기 위하여 필요한 조치를 할 것
5. 작업대를 정기적으로 점검하고 붐 · 작업대 등 각 부위의 이상 유무를 확인할 것
6. 전환스위치는 다른 물체를 이용하여 고정하지 말 것
7. 작업대는 정격하중을 초과하여 물건을 싣거나 탑승하지 말 것
8. 작업대의 붐대를 상승시킨 상태에서 탑승자는 작업대를 벗어나지 말 것. 다만, 작업대에 안전대 부착설비를 설치하고 안전대를 연결하였을 때에는 그러하지 아니하다.

97 콘크리트 타설시 안전에 유의해야 할 사항으로 옳지 않은 것은?

① 콘크리트 다짐효과를 위하여 최대한 높은 곳에서 타설한다.
② 타설 순서는 계획에 의하여 실시한다.
③ 콘크리트를 치는 도중에는 거푸집, 동바리 등의 이상 유무를 확인하여야 한다.
④ 타설시 비어있는 공간이 발생되지 않도록 밀실하게 부어 넣는다.

재료분리를 방지하고 안전한 작업을 위하여 부어넣기 위치에 최대한 근접하여 타설하여야 한다.

98 차량계 건설기계의 운전자가 운전위치를 이탈하는 경우 준수해야 할 사항으로 옳지 않은 것은?

① 버킷은 지상에서 1m 정도의 위치에 둔다.
② 브레이크를 걸어둔다.
③ 디퍼는 지면에 내려둔다.
④ 원동기를 정지시킨다.

산업안전보건기준에 관한 규칙 제99조(운전위치 이탈 시의 조치) ① 사업주는 차량계 하역운반기계등, 차량계 건설기계의 운전자가 운전위치를 이탈하는 경우 해당 운전자에게 다음 각 호의 사항을 준수하도록 하여야 한다.
1. 포크, 버킷, 디퍼 등의 장치를 가장 낮은 위치 또는 지면에 내려 둘 것
2. 원동기를 정지시키고 브레이크를 확실히 거는 등 갑작스러운 주행이나 이탈을 방지하기 위한 조치를 할 것
3. 운전석을 이탈하는 경우에는 시동키를 운전대에서 분리시킬 것. 다만, 운전석에 잠금장치를 하는 등 운전자가 아닌 사람이 운전하지 못하도록 조치한 경우에는 그러하지 아니하다.

99 가설통로 중 경사로를 설치, 사용함에 있어 준수해야할 사항으로 옳지 않은 것은?

① 경사로의 폭은 최소 90 센티미터 이상이어야 한다.
② 비탈면의 경사각은 45 도 내외로 한다.
③ 높이 7 미터 이내마다 계단참을 설치하여야 한다.
④ 추락방지용 안전난간을 설치하여야 한다.

산업안전보건기준에 관한 규칙 제23조(가설통로의 구조) 사업주는 가설통로를 설치하는 경우 다음 각호의 사항을 준수하여야 한다.
1. 견고한 구조로 할 것
2. 경사는 30도 이하로 할 것. 다만, 계단을 설치하거나 높이 2미터 미만의 가설통로로서 튼튼한 손잡이를 설치한 경우에는 그러하지 아니하다.
3. 경사가 15도를 초과하는 경우에는 미끄러지지 아니하는 구조로 할 것
4. 추락할 위험이 있는 장소에는 안전난간을 설치할 것. 다만, 작업상 부득이한 경우에는 필요한 부분만 임시로 해체할 수 있다.
5. 수직갱에 가설된 통로의 길이가 15미터 이상인 경우에는 10미터 이내마다 계단참을 설치할 것
6. 건설공사에 사용하는 높이 8미터 이상인 비계다리에는 7미터 이내마다 계단참을 설치할 것

100 수중굴착 및 구조물의 기초바닥 등과 같은 협소하고 상당히 깊은 범위의 굴착과 호퍼작업에 가장 적당한 굴착기계는?

① 파워셔블
② 항타기
③ 클램쉘
④ 리버스서큘레이션드릴

셔블계 굴착기계의 종류
- 파워셔블 : 지반면보다 높은 곳의 굴착, 쇄석 옮겨쌓기, 토사의 처리 등에 널리 쓰인다.
- 백호우 : 지반면보다 낮은 곳의 굴착, 지하층 및 기초 굴삭, 토목공사나 수중굴착 등에 쓰인다.(지하 6m 정도의 깊이)
- 드래그라인 : 지반면보다 낮은 곳의 굴착, 토사를 긁어모음, 연약한 지반의 깊은 곳 굴착 등에 쓰인다.(지하 8m 정도의 깊이)
- 클램쉘 : 좁은 곳의 수직굴착, 자갈 등의 적재, 연약한 지반이나 수중굴착 등에 쓰인다.

정답 2016년 05월 08일 최근 기출문제

01 ③	02 ④	03 ③	04 ①	05 ②	06 ①	07 ④	08 ④	09 ①	10 ①
11 ①	12 ③	13 ③	14 ③	15 ③	16 ③	17 ②	18 ①	19 ③	20 ④
21 ④	22 ②	23 ②	24 ①	25 ④	26 ②	27 ①	28 ③	29 ②	30 ③
31 ③	32 ②	33 ①	34 ④	35 ③	36 ②	37 ③	38 ①	39 ④	40 ①
41 ③	42 ①	43 ③	44 ④	45 ③	46 ③	47 ③	48 ③	49 ③	50 ④
51 ②	52 ②	53 ③	54 ①	55 ③	56 ④	57 ②	58 ④	59 ③	60 ②
61 ①	62 ③	63 ②	64 ④	65 ③	66 ③	67 ①	68 ④	69 ②	70 ①
71 ③	72 ④	73 ③	74 ④	75 ④	76 ④	77 ①	78 ③	79 ②	80 ②
81 ②	82 ①	83 ④	84 ③	85 ④	86 ②	87 ④	88 ④	89 ①	90 ①
91 ④	92 ②	93 ④	94 ①	95 ③	96 ③	97 ①	98 ①	99 ②	100 ③

2016년 08월 21일

최근 기출문제

○ QUESTIONS FROM PREVIOUS TESTS

제 01 과목 산업재해 예방 및 안전보건교육

01 주요 구조 부분을 변경하는 경우 안전인증을 받아야하는 기계 및 설비가 아닌 것은?

① 원심기
② 사출성형기
③ 압력용기
④ 고소작업대

산업안전보건법 시행규칙 제107조(안전인증대상기계등) 법 제84조제1항에서 "고용노동부령으로 정하는 안전인증대상 기계등"이란 다음 각 호의 기계 및 설비를 말한다.
1. 설치·이전하는 경우 안전인증을 받아야 하는 기계
   가. 크레인
   나. 리프트
   다. 곤돌라
2. 주요 구조 부분을 변경하는 경우 안전인증을 받아야 하는 기계 및 설비
   가. 프레스
   나. 전단기 및 절곡기(折曲機)
   다. 크레인
   라. 리프트
   마. 압력용기
   바. 롤러기
   사. 사출성형기(射出成形機)
   아. 고소(高所)작업대
   자. 곤돌라

02 관리감독자를 대상으로 작업지도방법, 작업개선방법, 대인관계능력 등을 가르치는 교육은?

① TWI(Training Within Industry)
② ATT(Amerincan Telephone & Telegram co.)
③ MTP(Management Training Progrram)
④ CCS(Civil Communication Section)

TWI(Training Within Industry)
• 교육대상 및 교육방법
  - 교육대상 : 감독자
  - 교육방법 : 한 클래스(Class)는 10명 정도, 교육 방법은 토의법, 1일 2시간씩 5일에 걸쳐 10시간 정도

- 교육내용
  - JI(Job Instruction) : 작업지도 기법
  - JM(Job Method) : 작업개선 기법
  - JR(Job Relation) : 인간관계 관리기법
  - JS(Job Safety) : 작업안전 기법

03 국제노동기구(ILO)에서 구분한 "일시 전노동 불능"에 관한 설명으로 옳은 것은?

① 부상의 결과로 근로기능을 완전히 잃은 부상
② 부상의 결과로 신체의 일부가 근로기능을 완전히 상실한 부상
③ 의사의 소견에 따라 일정 기간 동안 노동에 종사할 수 없는 상해
④ 의사의 소견에 따라 일시적으로 근로시간 중 치료를 받는 정도의 상해

상해정도별 분류(ILO에 의한 구분)
- 사망 : 안전사고로 사망하거나 혹은 부상의 결과로 사망한 것
- 영구 전노동 불능 : 부상의 결과로 근로기능을 완전히 잃은 부상(신체장애등급 1~3급에 해당)
- 영구 일부노동 불능 : 부상의 결과로 신체의 일부가 근로기능을 완전히 상실한 부상(신체장애등급 4~14급에 해당)
- 일시 전노동 불능 : 의사의 소견에 따라 일정 기간 동안 노동에 종사할 수 없는 상해
- 일시 일부노동 불능 : 의사의 진단에 따라 부상 다음날 또는 그 이후의 정규노동에 종사 할 수 없는 휴업재해 이외의 것으로 일시취업시간 중에 업무를 떠나 치료를 받는 정도의 상해
- 구급처치상해 : 응급처치 또는 자가 치료를 받고 당일 정상작업에 임할 수 있는 상해

04 교육훈련 평가의 4단계를 올바르게 나열한 것은?

① 학습 → 반응 → 행동 → 결과
② 학습 → 행동 → 반응 → 결과
③ 행동 → 반응 → 학습 → 결과
④ 반응 → 학습 → 행동 → 결과

교육훈련 평가의 4단계(Kirkpatrick의 4단계 평가모형)
- 1단계 반응(Reaction) 평가 : 교육프로그램의 만족도를 평가
- 2단계 학습(Learning) 평가 : 학습자들의 학습정도에 대한 평가
- 3단계 행동(Behavior) 평가 : 배운 내용이 얼마나 행동으로 나타나는가에 대한 평가
- 4단계 결과(Result) 평가 : 교육훈련에 대한 투자효과를 평가(조직적 차원의 평가)

05 매슬로우(Maslow)의 욕구 5단계 이론에 해당되지 않는 것은?

① 생리적 욕구
② 안전의 욕구
③ 사회적 욕구
④ 심리적 욕구

매슬로우(Maslow)의 욕구 5단계
- 1단계 : 생리적 욕구(기아, 갈증, 호흡, 배설, 성욕 등)
- 2단계 : 안전의 욕구(안전을 구하고자 하는 욕구)
- 3단계 : 사회적 욕구(애정, 소속에 대한 욕구)
- 4단계 : 인정받으려는 욕구(자존심, 명예, 성취, 지위에 대한 욕구)
- 5단계 : 자아실현의 욕구(잠재적인 능력을 실현하고자 하는 욕구)

06 안전교육의 3요소가 아닌 것은?

① 지식교육 ② 기능교육
③ 태도교육 ④ 실습교육

해설

안전보건교육의 3단계
- 제1단계 지식교육 : 강의, 시청각교육을 통한 지식의 전달과 이해
- 제2단계 기능교육 : 시범, 견학, 실습, 현장실습교육을 통한 경험 체득과 이해
- 제3단계 태도교육 : 작업동작지도, 생활지도 등을 통한 안전의 습관화

07 다음에 설명하는 착시현상과 관계가 깊은 것은?

| 그림에서 선 ab 와 선 cd 는 그 길이가 동일한 것이지만, 시각적으로는 선 ab 가 선 cd 보다 길어 보인다. | 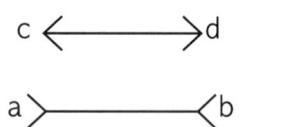 |

① 헬몰쯔의 착시 ② 쾰러의 착시
③ 뮬러-라이어의 착시 ④ 포겐 도르프의 착시

해설

자주 거론되는 착시현상
- 뮬러-라이어(Müller-Lyer)의 착시 : 두 선분의 양끝에 방향이 반대인 화살표로 만들면, 두 선분의 길이가 달라 보인다.
- 헤링(Hering)의 착시 : 평행한 두 수직선이 사선의 영향으로 가운데 부분이 바깥쪽으로 휘어 보이는 현상을 말한다.
- 분트(Wundt) 착시 : 길이가 같은 두 개의 직선이 수직을 이루고 있을 때, 수직선이 수평선이 더 길게 느껴진다.
- 포겐도르프(Poggendorf)의 착시 : 평행하는 두 선분에 다른 선분(사선)을 엇갈리게 교차시킨 다음 평행선 안쪽의 사선 부분을 제거하면 평행선 바깥의 두 사선 부분이 어긋난(동일선 상에 있지 않은) 것처럼 보이는 현상이다.

08 인간의 안전교육 행태에서 행위의 난이도가 점차적으로 높아지는 순서를 올바르게 표현한 것은?

① 지식 → 태도변형 → 개인행위 → 집단행위
② 태도변형 → 지식 → 집단행위 → 개인행위
③ 개인행위 → 태도변형 → 집단행위 → 지식
④ 개인행위 → 집단행위 → 지식 → 태도변형

해설

행위의 난이도 상승(집단교육의 4단계순서) : 지식 - 태도변형 - 개인행위 - 집단행위

09 산업안전보건법상 근로자 안전보건교육의 교육과정이 아닌 것은?

① 특별교육 ② 양성교육
③ 작업내용 변경 시의 교육 ④ 건설업 기초 안전·보건교육

근로자 안전보건교육(산업안전보건법 시행규칙 별표 4)

교육과정	교육대상		교육시간
정기교육	사무직 종사 근로자		매반기 6시간 이상
	그 밖의 근로자	판매업무에 직접 종사하는 근로자	매반기 6시간 이상
		판매업무에 직접 종사하는 근로자 외의 근로자	매반기 12시간 이상
채용 시 교육	일용근로자 및 근로계약기간이 1주일 이하인 기간제근로자		1시간 이상
	근로계약기간이 1주일 초과 1개월 이하인 기간제근로자		4시간 이상
	그 밖의 근로자		8시간 이상
작업내용 변경 시 교육	일용근로자 및 근로계약기간이 1주일 이하인 기간제근로자		1시간 이상
	그 밖의 근로자		2시간 이상
특별교육	특별교육 대상 작업(단, 타워크레인을 사용하는 작업시 신호업무를 하는 작업은 제외)에 종사하는 일용근로자 및 근로계약기간이 1주일 이하인 기간제근로자		2시간 이상
	타워크레인을 사용하는 작업시 신호업무를 하는 일용근로자 및 근로계약기간이 1주일 이하인 기간제근로자		8시간 이상
	특별교육 대상 작업에 종사하는 근로자 중 일용근로자 및 근로계약기간이 1주일 이하인 기간제근로자를 제외한 근로자		-16시간 이상(최초 작업에 종사하기 전 4시간 이상 실시하고 12시간은 3개월 이내에서 분할하여 실시 가능) -단기간 작업 또는 간헐적 작업인 경우에는 2시간 이상
건설업 기초 안전·보건교육	건설 일용근로자		4시간 이상

10 학습의 전개 단계에서 주제를 논리적으로 체계화하는 방법이 아닌 것은?

① 간단한 것에서 복잡한 것으로
② 부분적인 것에서 전체적인 것으로
③ 미리 알려져 있는 것에서 미지의 것으로
④ 많이 사용하는 것에서 적게 사용하는 것으로

주제를 논리적으로 체계화하기 위해서는 전체적인 것에서 부분적인 것으로 학습을 전개하여야 한다.

11 산업재해 손실액 산정 시 직접비가 2000만원일 때 하인리히 방식을 적용하면 총 손실액은?

① 2000만원 ② 8000만원
③ 1억원 ④ 1억2000만원

총재해손실비(Cost) = 직접비 + 간접비(직접비 : 간접비 = 1 : 4)

12 무재해 운동의 3대 원칙에 대한 설명이 아닌 것은?

① 사람이 죽거나 다쳐서 일을 못하게 되는 일 및 모든 잠재요소를 제거한다.
② 잠재위험요인을 발굴·제거로 안전 확보 및 사고를 예방한다.
③ 작업환경을 개선하고 이상을 발견하면 정비 및 수리를 통해 사고를 예방한다.
④ 무재해를 지향하고 안전과 건강을 선취하기 위해 전원 참가한다.

무재해운동의 3원칙
- 무(Zero)의 원칙 : 산재 위험의 잠재요인을 근원적으로 해결하기 위한 원칙
- 선취의 원칙 : 위험요인 행동 전에 예지, 발견
- 참가의 원칙 : 전원(근로자, 회사 내 전종업원, 근로자 가족) 참가

13 부주의에 대한 설명 중 틀린 것은?

① 부주의는 거의 모든 사고의 직접 원인이 된다.
② 부주의라는 말은 불안전한 행위뿐만 아니라 불안전한 상태에도 통용된다.
③ 부주의라는 말은 결과를 표현한다.
④ 부주의는 무의식적 행위나 의식의 주변에서 행해지는 행위에 나타난다.

부주의는 거의 모든 사고의 간접 원인이 된다. 부주의가 사고의 위험이 불안전한 행위 외에 불안전한 상태에서도 적용된다는 것과 가장 밀접한 관계가 있지만 모든 사고의 직접 원인은 아니다.

14 벨트식, 안전그네식 안전대의 사용구분에 따른 분류에 해당되지 않는 것은?

① U자 걸이용   ② D링 걸이용
③ 안전블록   ④ 추락방지대

안전대의 종류 및 시험성능기준

종류	사용구분	시험하중	시험성능기준
벨트식	1개 걸이용	15kN(1,530kgf)	• 파단되지 않을 것 • 신축조절기의 기능이 상실되지 않을 것
	U자 걸이용		
안전그네식	추락방지대	15kN(1,530kgf)	• 시험몸통으로부터 빠지지 말 것
	안전블록		

15 재해예방 4원칙 중 대책선정의 원칙의 충족 조건이 아닌 것은?

① 문제해결 능력 고취   ② 적합한 기준 설정
③ 경영자 및 관리자의 솔선수범 ④ 부단한 동기부여와 사기 향상

대책선정의 원칙의 충족 조건
- 기술적 대책(공학적 대책) : 안전설계, 작업행정 개선, 안전기준의 설정, 환경설비의 개선 등
- 교육적 대책 : 안전교육 및 훈련의 실시
- 관리적 대책 : 적합한 기준 설정, 각종 규정 및 수칙의 준수, 전 종업원의 기준 이해, 경영자 및 관리자의 솔선수범, 부단한 동기부여와 사기 향상

16 위험예지훈련 기초 4라운드법의 진행에서 전원이 토의를 통하여 위험요인을 발견하는 단계로 가장 적절한 것은?

① 제1라운드 : 현상파악
② 제2라운드 : 본질추구
③ 제3라운드 : 대책수립
④ 제4라운드 : 목표설정

위험예지 훈련의 기초 4라운드 진행방법
- 1R(현상파악) : 어떤 위험이 잠재하고 있는지 사실을 파악하는 라운드(BS적용)
- 2R(본질추구) : 가장 위험한 요인(위험 포인트)을 합의로 결정하는 라운드(요약)
- 3R(대책수립) : 구체적인 대책을 수립하는 라운드(BS적용)
- 4R(목표달성-설정) : 수립한 대책 가운데 질이 높은 항목에 합의하는 라운드(요약)

17 산업안전보건법상 안전보건표지의 종류 중 지시표지에 해당되지 않는 것은?

① 안전모 착용
② 안전화 착용
③ 방호복 착용
④ 방독마스크 착용

지시표지

301 보안경 착용	302 방독마스크 착용	303 방진마스크 착용	304 보안면 착용	305 안전모 착용	306 귀마개 착용	307 안전화 착용	308 안전장갑 착용	309 안전복 착용

18 집단에 있어서의 인간관계를 하나의 단면(斷面)에서 포착하였을 때 이러한 단면적(斷面的)인 인간관계가 생기는 기제(mechanism)와 가장 거리가 먼 것은?

① 모방
② 암시
③ 습관
④ 커뮤니케이션

인간관계의 메커니즘(Mechanism)
- 동일화(Identification) : 다른 사람의 행동 양식이나 태도를 투입시키거나, 다른 사람 가운데서 자기와 비슷한 것을 발견하는 것
- 투사(投射, Projection) : 자기 속의 억압된 것을 다른 사람의 것으로 생각하는 것을 투사(또는 투출)라고 함
- 커뮤니케이션(Communication) : 갖가지 행동 양식이나 기호를 매개로 하여 어떤 사람으로부터 다른 사람에게 전달되는 과정
- 모방(Imitation) : 남의 행동이나 판단을 표본으로 하여 그것과 같거나 또는 그것에 가까운 행동 또는 판단을 취하려는 것
- 암시(Suggestion) : 다른 사람으로부터의 판단이나 행동을 무비판적으로 논리적, 사실적 근거 없이 받아들이는 것

19 리더십에 있어서 권한의 역할 중 조직이 지도자에게 부여한 권한이 아닌 것은?

① 보상적 권한
② 강압적 권한
③ 합법적 권한
④ 전문성의 권한

지도자(리더십)의 권한
- 조직이 지도자에게 부여하는 권한
  - 보상적 권한 : 지도자가 부하들에게 보상할 수 있는 능력으로 인해 부하직원들을 통제할 수 있으며 부하들의 행동에 대해 영향을 끼칠 수 있는 권한
  - 강압적 권한 : 부하직원들을 처벌할 수 있는 권한
  - 합법적 권한 : 조직의 규정에 의해 지도자의 권한이 공식화된 것
- 지도자 자신에 의해 생성되는 권한
  - 위임된 권한 : 집단의 목표를 성취하기 위해 부하직원들이 지도자가 정한 목표를 자진해서 자신의 것으로 받아들여 지도자와 함께 일하는 것
  - 전문성의 권한 : 지도자가 목표수행에 필요한 전문적인 지식을 갖고 업무수행을 하므로 부하직원들이 자발적으로 지도자를 따름

20 다음 ( ) 안에 들어갈 내용으로 알맞은 것은?

> 산업안전보건법상 사업주는 안전보건관리규정을 작성 또는 변경할 때에는 (㉠)의 심의·의결을 거쳐야 한다. 다만, (㉠)가 설치되어 있지 아니한 사업장에 있어서는 (㉡)의 동의를 받아야 한다.

① ㉠ 안전보건관리규정위원회, ㉡ 노사대표
② ㉠ 안전보건관리규정위원회, ㉡ 근로자대표
③ ㉠ 산업안전보건위원회, ㉡ 노사대표
④ ㉠ 산업안전보건위원회, ㉡ 근로자대표

산업안전보건법 제26조(안전보건관리규정의 작성·변경 절차) 사업주는 안전보건관리규정을 작성하거나 변경할 때에는 산업안전보건위원회의 심의·의결을 거쳐야 한다. 다만, 산업안전보건위원회가 설치되어 있지 아니한 사업장의 경우에는 근로자대표의 동의를 받아야 한다.

제 02 과목 인간공학 및 위험성 평가·관리

21 인공공학의 연구방법에서 인간-기계 시스템을 평가하는 척도로서 인간기준이 아닌 것은?

① 사고 빈도 ② 인간성능 척도
③ 객관적 반응 ④ 생리학적 지표

인간기준의 종류
- 인간의 성능척도
- 생리학적 지표
- 주관적 반응
- 사고 및 과오빈도

22 인간오류의 확률을 이용하여 시스템의 위험성을 평가하는 기법은?

① PHA ② THERP
③ OHA ④ HAZOP

- PHA(예비위험분석) : 대부분 시스템안전 프로그램에 있어서 최초단계의 분석으로 시스템 내의 위험한 요소가 얼마나 위험한 상태에 있는가를 정성적으로 평가
- THERP(Technique of Human Error Rate Prediction) : 인간의 과오를 정량적으로 평가하기 위하여 개발된 기법
- OHA(운용위험분석) : 시스템이 저장, 이동, 실행됨에 따라 발생하는 작동시스템의 기능이나 과업, 활동으로부터 발생되는 위험분석에 사용
- HAZOP(위험과 운전분석) : 공정 관련 자료를 토대로 Study 방법에 의해서 설계된 운전 목적으로부터 이탈(Deviation)하는 원인과 그 결과를 찾아 그로 인한 위험(HAZard)과 조업도(OPerability)에 야기되는 문제에 대한 가능성을 검토하는 방법

23 "음의 높이, 무게 등 물리적 자극을 상대적으로 판단하는데 있어 특정 감각기관의 변화감지역은 표준자극에 비례한다."라는 법칙을 발견한 사람은?

① 핏츠(Fitts) ② 드루리(Drury)
③ 웨버(Weber) ④ 호프만(Hofmann)

Weber는 기준자극의 강도가 증가한 것으로 지각되기 위해서는 기준자극의 강도에 비례하여 차이가 나야 한다는 법칙을 제시하였으며, 이를 웨버의 법칙이라고 한다.

24 설비의 이상상태 여부를 감시하여 열화의 정도가 사용한도에 이른 시점에서 부품교환 및 수리하는 설비보전 방법은?

① 예지보전 ② 계량보전
③ 사후보전 ④ 일상보전

설비의 보전 방법
- 생산보전 : 미국의 GE사가 처음으로 사용한 보전으로, 설계에서 폐기에 이르기까지 기계설비의 모든 과정에서 소요되는 설비의 열화손실과 보전 비용을 최소화하여 생산성을 향상시키는 보전방법
- 개량보전 : 설비를 안정적으로 가동하기 위해 고장이 발생한 후 설비자체의 체질 개선을 실시하는 보전방식
- 사후보전 : 기계설비의 고장이나 결함 등이 발생했을 경우 이를 수리 또는 보수하여 회복시키는 보전활동
- 예방보전 : 설비의 고장 발생을 사전에 방지하기 위해 수행하는 보전 방법으로 가동시간 등을 기초로 하는 정기보전과 설비의 상태를 기초로 사용한도에 이른 시점에서 부품 교환 및 수리하는 예지보전이 있다.

25 신뢰도가 동일한 부품 4개로 구성된 시스템 전체의 신뢰도가 가장 높은 것은?

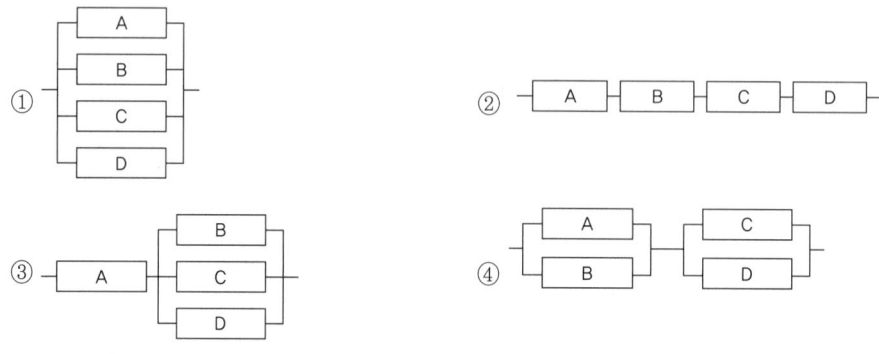

직렬구조의 신뢰도는 신뢰도가 가장 낮은 부품의 신뢰도보다 낮다. 또한, 병렬 구조의 시스템은 부품이 모두 고장이어야 고장이므로 병렬 연결의 신뢰도가 가장 높다.

26 FT에서 두 입력사상 A와 B가 AND 게이트로 결합되어 있을 때 출력사상의 고장발생 확률은?(단, A의 고장률은 0.6, B의 고장률은 0.2이다.)

① 0.12
② 0.40
③ 0.68
④ 0.80

AND 게이트의 고장발생확률 = A의 고장률 × B의 고장률
∴ 고장발생확률 = 0.6 × 0.2 = 0.12

27 인간-기계 시스템의 신뢰도를 향상시킬 수 있는 방법으로 가장 적절하지 않은 것은?

① 중복설계
② 고가재료 사용
③ 부품개선
④ 충분한 여유용량

28 그림의 FT도에서 최소 패스셋(Minimal path set)은?

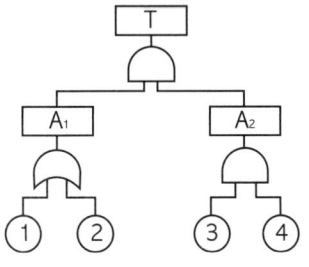

① {1, 3}, {1, 4}
② {1, 2}, {3, 4}
③ {1, 2, 3}, {1, 2, 4}
④ {3, 4}, {2, 3, 4}

A = 1 + 2, B = 3 + 4
T = A · B = (1 + 2) · (3 + 4) = 1·3 + 1·4 + 2·3 + 2·4
따라서, 최소 컷셋은 {1, 3}, {1, 4}, {2, 3}, {2, 4}이며, 최소 패스셋은 {1, 2}, {3, 4}가 된다.

29 광원으로부터 직사휘광을 처리하기 위한 방법으로 틀린 것은?

① 광원의 휘도를 줄인다.
② 가리개나 차양을 사용한다.
③ 광원을 시선에서 멀리 한다.
④ 광원의 주위를 어둡게 한다.

휘광(Glare)의 처리
• 광원으로부터의 직사 휘광 처리
  - 광원의 휘도를 줄이고 수를 높인다.
  - 광원을 시선에서 멀리 위치시킨다.
  - 휘광원 주위를 밝게 하여 광속발산비(휘도)를 줄인다.
  - 가리개(Shield), 갓(Hood), 혹은 차양(Visor)을 사용한다.
• 창문으로부터 직사 휘광 처리
  - 창문을 높이 단다.
  - 창위(실외)에 드리우개(Overhang)를 설치한다.
  - 창문(안쪽)에 수직날개(Fin)들을 달아 직시선을 제한한다.
  - 차양(Shade)혹은 발(Blind)을 사용한다.

30 그림의 선형 표시장치를 움직이기 위해 길이가 L인 레버(lever)를 a° 움직일 때 조종반응(C/R) 비율을 계산하는 식은?

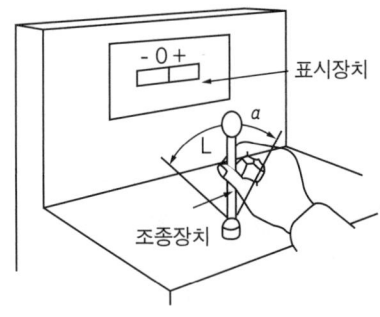

① $\dfrac{(a/360) \times 2\pi L}{\text{표시장치 이동거리}}$

② $\dfrac{\text{표시장치 이동거리}}{(a/360) \times 2\pi L}$

③ $\dfrac{(a/360) \times 4\pi L}{\text{표시장치 이동거리}}$

④ $\dfrac{\text{표시장치 이동거리}}{(a/360) \times 4\pi L}$

31 설비에 부착된 안전장치를 제거하면 설비가 작동되지 않도록 하는 안전설계는?

① Fail safe
② Fool proof
③ Lock out
④ Tamper proof

해설

용어 설명
- Fail Safety : 기계나 그 부품에 고장이나 기능 불량이 생겨도 항상 안전하게 작동되도록 설계한 구조
- Fool Proof : 인간의 착오, 미스 등 이른바 휴먼에러가 발생하더라도 기계설비나 그 부품은 안전 쪽으로 작동하게 설계하는 안전설계
- Lock out : 위험한 상태로 들어가거나 사건이 일어나는 것을 방지하는 기능으로 강제적 기능장치의 유형 중 하나
- Tamper proof : 안전장치의 임의 변경이 금지되는 설계로 안전장치 제거시 설비가 작동되지 않도록 한 안전설계

32 VDT(visual display terminal) 작업을 위한 조명의 일반원칙으로 적절하지 않은 것은?

① 화면반사를 줄이기 위해 산란식 간접조명을 사용한다.
② 화면과 화면에서 먼 주위의 휘도비는 1:10으로 한다.
③ 작업영역을 조명기구들 사이보다는 조명기구 바로 아래에 둔다.
④ 조명의 수준이 높으면 자주 주위를 둘러봄으로써 수정체의 근육을 이완시키는 것이 좋다.

해설

작업영역을 조명기구들 사이보다는 조명기구 바로 아래에 둘 경우 반사 등으로 인해 작업에 적합한 환경을 만들 수 없다.

33 인간의 반응체계에서 이미 시작된 반응을 수정하지 못하는 저항시간(refractory period)은?

① 0.1초
② 0.5초
③ 1초
④ 2초

해설

신호 사이의 간격이 0.5초 보다 더 짧으면 자극들을 혼동하기 쉬우며, 2개의 자극이 마치 1개인 것처럼 반응한다.

34 60폰(phon)의 소리에 해당하는 손(sone)의 값은?

① 1
② 2
③ 4
④ 8

해설

sone과 phon의 관계식 : sone치 = $2^{(phon-40)/10}$
∴ $2^{(60-40)/10} = 4$

35 의자 좌판의 높이 결정 시 사용할 수 있는 인체측정치는?

① 앉은 키
② 앉은 무릎 높이
③ 앉은 팔꿈치 높이
④ 앉은 오금 높이

의자 설계원칙
- 체중분포 : 체중이 좌골 결절에 실려야 편안하다.
- 의자 좌판의 높이 : 좌판 앞부분이 오금 높이 보다 높지 않아야 한다.
- 의자 좌판의 깊이와 폭 : 폭은 큰 사람에게, 깊이는 작은 사람에게 맞도록 해야 한다.
- 몸통의 안정 : 의자의 좌판 각도는 3°, 좌판 등판간의 등판 각도는 100°가 몸통 안정에 효과적이다.

36 다음의 인체측정 자료의 응용원리를 설계에 적용하는 순서로 가장 적절한 것은?

| ㉠ 극단치 설계 | ㉡ 평균치 설계 | ㉢ 조절식 설계 |

① ㉠ → ㉡ → ㉢
② ㉢ → ㉡ → ㉠
③ ㉡ → ㉠ → ㉢
④ ㉢ → ㉠ → ㉡

인체측정 자료의 설계 적용 순서
- 조절식 설계 : 우선적으로 고려
- 극단치 설계 : 극단에 속하는 사람을 대상으로 하면 모든 사람을 수용할 수 있는 경우의 설계
- 평균치 설계 : 다른 기준이 적용되기 어려운 경우 마지막으로 적용

37 후각적 표시장치에 대한 설명으로 틀린 것은?
① 냄새의 확산을 통제하기 힘들다.
② 코가 막히면 민감도가 떨어진다.
③ 복잡한 정보를 전달하는데 유용하다.
④ 냄새에 대한 민감도의 개인차가 있다.

후각적 표시장치는 반복적 노출에 따라 민감성이 가장 쉽게 떨어지는 표시장치로 복잡한 정보를 전달하는 데 적합하지 않다.

38 측정값의 변화방향이나 변화속도를 나타내는데 가장 유리한 표시장치는?
① 동침형   ② 동목형
③ 계수형   ④ 묘사형

정량적 동적 표시장치의 기본형
- 정목동침(Moving Pointer)형 : 눈금이 고정되고 지침이 움직이는 형
- 정침동목(Moving Scale)형 : 지침이 고정되고 눈금이 움직이는 형
- 계수(Digital)형 : 전력계나 택시요금 계기와 같이 기계적 또는 전자적으로 숫자가 표시되는 형

39 FT에서 사용되는 사상기호에 대한 설명으로 맞는 것은?

① 위험지속기호 : 정해진 횟수 이상 입력이 될 때 출력이 발생한다.
② 억제게이트 : 조건부 사건이 일어났다는 조건하에 출력이 발생한다.
③ 우선적 AND 게이트 : 입력이 될 때 정해진 순서대로 복수의 출력이 발생한다.
④ 배타적 OR 게이트 : 2개 이상 입력이 동시에 존재하는 경우에 출력이 발생한다.

FT도
- 위험지속기호 : 입력현상이 발생하여 어떤 일정 시간이 지속된 후 출력이 발생
- 우선적 AND 게이트 : 입력사상 가운데 어느 사상이 다른 사상보다 먼저 일어났을 때에 출력이 발생
- 조합 AND 게이트 : 2개 이상 입력이 동시에 존재하는 경우에 출력이 발생
- 배타적 OR 게이트 : 2개 이상의 입력이 동시에 존재하는 경우에 출력이 발생하지 않음
- 억제게이트 : 입력사상이 일어난 조건이 만족되어야 출력(조건이 만족되지 않으면 출력은 생기지 않음)

40 다음 설명에 해당하는 시스템 위험분석방법은?

- 시스템의 정의 및 개발 단계에서 실행한다.
- 시스템의 기능, 과업, 활동으로부터 발생되는 위험에 초점을 둔다.

① 모트(MORT)
② 결함수분석(FTA)
③ 예비위험분석(PHA)
④ 운용위험분석(OHA)

운용위험분석(OHA) : 시스템이 저장, 이동, 실행됨에 따라 발생하는 작동시스템의 기능이나 과업, 활동으로부터 발생되는 위험분석에 사용

제 03 과목 기계·기구 및 설비 안전관리

41 프레스 등의 금형을 부착·해체 또는 조정 작업 중 슬라이드가 갑자기 작동하여 발생할 수 있는 위험을 방지하기 위하여 설치하는 것은?

① 방호울 ② 안전블록
③ 시건장치 ④ 게이트 가드

산업안전보건기준에 관한 규칙 제104조(금형조정작업의 위험 방지) 사업주는 프레스등의 금형을 부착·해체 또는 조정하는 작업을 할 때에 해당 작업에 종사하는 근로자의 신체가 위험한계 내에 있는경우 슬라이드가 갑자기 작동함으로써 근로자에게 발생할 우려가 있는 위험을 방지하기 위하여 안전블록을 사용하는 등 필요한 조치를 하여야 한다.

42 롤러의 맞물림점 전방 60mm의 거리에 가드를 설치하고자 할 때 가드 개구부의 간격은?(단, 위험점이 전동체가 아닌 경우이다.)

① 12mm ② 15mm
③ 18mm ④ 20mm

가드의 개구부 간격
- 동력전달부분(전동체)인 경우
  $Y = 6 + 0.1X$ [Y : 개구부 간격(mm), X : 개구부와 위험점 간의 거리(mm)]
- 전동체가 아닌 경우(회전체인 경우)
  X가 160mm 미만인 경우 $Y = 6 + 0.15X$ X가 160mm 이상인 경우 $Y = 30mm$
  ∴ $Y = 6 + 0.15X = 6 + (0.15 \times 60) = 15mm$

43 밀링작업에 관한 설명으로 틀린 것은?

① 하향절삭은 날의 마모가 적고, 가공면이 깨끗하다.
② 상향절삭은 절삭열에 의한 치수정밀도의 변화가 적다.
③ 커터의 회전방향과 반대방향으로 가공재를 이송하는 것을 상향절삭이라고 한다.
④ 하향절삭은 커터의 회전방향과 같은 방향으로 일감을 이송하므로 백래시 제거장치가 필요없다.

하향절삭은 커터의 절삭방향과 이송방향이 같으므로 백래시 제거장치가 없으면 곤란하다.

44 컨베이어 작업 시 준수해야 할 사항이 아닌 것은?

① 운전 중인 컨베이어등의 위로 근로자를 넘어가도록 하는 경우에는 위험을 방지하기 위하여 건널다리를 설치하는 등 필요한 조치를 하여야 한다.
② 근로자를 운반할 수 있는 구조가 아닌 운전중인 컨베이어에 근로자를 탑승시켜서는 안된다.
③ 작업 중 급정지를 방지하기 위하여 비상정지장치는 해체해야 한다.
④ 트롤리 컨베이어에 트롤리와 체인·행거가 쉽게 벗겨지지 않도록 확실하게 연결시켜야한다.

산업안전보건기준에 관한 규칙 제192조(비상정지장치) 사업주는 컨베이어등에 해당 근로자의 신체의 일부가 말려드는 등 근로자가 위험해질 우려가 있는 경우 및 비상시에는 즉시 컨베이어등의 운전을 정지시킬 수 있는 장치를 설치하여야 한다. 다만, 무동력상태로만 사용하여 근로자가 위험해질 우려가 없는 경우에는 그러하지 아니하다.

45 기계운동 형태에 따른 위험점 분류 중 다음에서 설명하는 것은?

> 고정부분과 회전하는 동작부분이 함께 만드는 위험점으로 연삭숫돌과 작업받침대, 교반기의 날개와 하우스, 반복왕복운동을 하는 기계부분 등이다.

① 끼임점 ② 접선물림점
③ 협착점 ④ 절단점

위험점의 분류

구분	내용
협착점	왕복 운동하는 동작부분과 움직임이 없는 고정부분 사이에 형성되는 위험점
끼임점	고정부분과 회전하는 동작부분 사이에서 형성되는 위험점
절단점	회전하는 운동부분 자체의 위험에서 초래되는 위험점
물림점	반대로 회전하는 두 개의 회전체가 맞닿는 사이에서 발생하는 위험점
접선물림점	회전하는 부분의 접선방향으로 물려 들어갈 위험이 존재하는 위험점
회전말림점	회전하는 물체에 작업복 등이 말려드는 위험이 존재하는 위험점

46 위험기계·기구와 이에 해당하는 방호장치의 연결이 틀린 것은?

① 연삭기 – 급정지장치
② 프레스 – 광전자식 방호장치
③ 아세틸렌 용접장치 – 안전기
④ 압력용기 – 압력방출용 안전밸브

연삭기의 연삭숫돌에는 덮개를 설치하여야 하며, 그 덮개는 숫돌 파괴시의 충격에 견딜 수 있는 충분한 강도를 가진 것이어야 한다.

47 기계설비의 일반적인 안전조건에 해당되지 않는 것은?

① 설비의 안전화
② 기능의 안전화
③ 구조의 안전화
④ 작업의 안전화

기계·설비의 안전화 5가지

- 외관의 안전화 : 상자로 내장, 덮개, 색채조절(시동버튼 : 녹색, 정지버튼 : 적색)
- 기능적 안전화 : 전압 강하 및 정전시 오동작 방지, 사용 압력 변동시 오동작 방지, 밸브 고장시 오동작 방지, 단락 스위치 고장시 오동작 방지
- 구조부분의 안전화 : 적절한 재료, 안전율 및 안전계수 고려, 적절한 가공
- 작업의 안전화 : 기동 장치와 배치, 정지시 시건 장치, 안전 통로 확보, 작업 공간 확보
- 보수·유지의 안전화(보전성의 개선) : 정기 점검, 교환, 주유

48 보일러수에 유지류, 고형물 등에 의한 거품이 생겨 수위를 판단하지 못하는 현상은?

① 역화
② 포밍
③ 프라이밍
④ 캐리오버

보일러 관련 용어

- 역화(flash back) : 화염이 염공 안으로 들어가는 현상으로, 염공이 커졌을 때, 버너의 과열, 1차 공기의 과다 흡입 또는 가스압이 낮거나 노즐이 막혔을 때 발생
- 포밍(foaming) : 보일러수에 유지류, 고형물 등에 의한 거품이 생겨 수위를 판단하지 못하는 현상

- 프라이밍(priming) : 보일러부하의 급변, 수위의 과잉상승 등에 의해 수분이 증기와 분리되지 않은 채로 보일러 수면에서 심하게 솟아오르는 현상
- 캐리오버(carry over, 기수공발) : 보일러에서 증기가 발생할 때 수중의 불순물과 수분이 증기와 함께 증발하는 현상으로 기계적 캐리오버와 선택적 캐리오버로 구분

49 프레스기에 사용하는 양수조작식 방호장치의 일반구조 관한 설명 중 틀린 것은?

① 1행정 1정지 기구에 사용할 수 있어야 한다.
② 누름버튼을 양 손으로 동시에 조작하지 않으면 작동시킬 수 없는 구조이어야 한다.
③ 양쪽버튼의 작동시간 차이는 최대 0.5초 이내일 때 프레스가 동작되도록 해야 한다.
④ 방호장치는 사용전원전압의 ±50%의 변동에 대하여 정상적으로 작동되어야 한다.

프레스기에 사용하는 양수조작식 방호장치의 일반구조
- 정상동작표시등은 녹색, 위험표시등은 붉은색으로 하며, 쉽게 근로자가 볼 수 있는 곳에 설치해야 한다.
- 슬라이드 하강 중 정전 또는 방호장치의 이상 시에 정지할 수 있는 구조이어야 한다.
- 방호장치는 릴레이, 리미트스위치 등의 전기부품의 고장, 전 원전압의 변동 및 정전에 의해 슬라이드가 불시에 동작하지 않아야 하며, 사용전원전압의 ±(100분의 20)의 변동에 대하여 정상으로 작동되어야 한다.
- 1행정1정지 기구에 사용할 수 있어야 한다.
- 누름버튼을 양손으로 동시에 조작하지 않으면 작동시킬 수 없는 구조이어야 하며, 양쪽버튼의 작동시간 차이는 최대 0.5초 이내일 때 프레스가 동작되도록 해야 한다.
- 1행정마다 누름버튼에서 양손을 떼지 않으면 다음 작업의 동작을 할 수 없는 구조이어야 한다.
- 램의 하행정중 버튼(레버)에서 손을 뗄 시 정지하는 구조이어야 한다.
- 누름버튼의 상호간 내측거리는 300mm 이상이어야 한다.
- 누름버튼(레버 포함)은 매립형의 구조로서 다음 각 세목에 적합해야 한다. 다만, 시험 콘으로 개구부에서 조작되지 않는 구조의 개방형 누름버튼(레버 포함)은 매립형으로 본다.
  – 누름버튼(레버 포함)의 전 구간(360°)에서 매립된 구조
  – 누름버튼(레버 포함)은 방호장치 상부표면 또는 버튼을 둘러싼 개방된 외함의 수평면으로부터 하단(2mm 이상)에 위치
- 버튼 및 레버는 작업점에서 위험한계를 벗어나게 설치해야 한다.
- 양수조작식 방호장치는 푸트스위치를 병행하여 사용할 수 없는 구조이어야 한다.

50 기준 무부하 상태에서 구내최고속도가 20km/h인 지게차의 주행시 좌우안정도 기준은 몇 %이내인가?

① 4% ② 20%
③ 37% ④ 40%

좌우 안정도 = 15 + 1.1V = 15 + (1.1 × 20) = 37%

51 세이퍼 작업시의 안전대책으로 틀린 것은?

① 바이트는 가급적 짧게 물리도록 한다.
② 가공 중 다듬질 면을 손으로 만지지 않는다.
③ 시동하기 전에 행정 조정용 핸들을 끼워둔다.
④ 가공 중에는 바이트의 운동방향에 서지 않도록 한다.

세이퍼 작업시 안전대책
- 반드시 재질에 따라 절삭속도를 정한다.
- 바이트는 잘 갈아서 사용하며 가급적 짧게 물린다.
- 가공 중 다듬질 면을 손으로 만지지 않는다.
- 시동하기 전에 행정조정용 핸들을 빼 놓는다.
- 가공 중에는 바이트의 운동방향에 서지 않도록 한다.

52 드릴작업 시 가공재를 고정하기 위한 방법으로 적합하지 않은 것은?

① 가공재가 길 때는 방진구를 이용한다.
② 가공재가 작을 때는 바이스로 고정한다.
③ 가공재가 크고 복잡할 때는 볼트와 고정구로 고정한다.
④ 대량생산과 정밀도가 요구될 때는 지그로 고정한다.

방진구는 선반 작업에서 공작물의 길이가 직경의 12배 이상인 가늘고 긴 공작물을 가공할 때 사용한다.

53 산업용 로봇의 작동범위에서 그 로봇에 관하여 교시 등의 작업을 하는 때의 작업시작 전 점검사항에 해당하지 않는 것은?(단, 로봇의 동력원을 차단하고 행하는 것은 제외한다.)

① 회전부의 덮개 또는 울
② 제동장치 및 비상정지장치의 기능
③ 외부전선의 피복 또는 외장의 손상 유무
④ 매니퓰레이터(manipulator) 작동의 이상 유무

로봇의 작동 범위에서 그 로봇에 관하여 교시 등(로봇의 동력원을 차단하고 하는 것은 제외)의 작업을 할 때의 작업시작 전 점검사항(산업안전보건기준에 관한 규칙 별표 3)
- 외부 전선의 피복 또는 외장의 손상 유무
- 매니퓰레이터(manipulator) 작동의 이상 유무
- 제동장치 및 비상정치장치의 기능

54 보일러에서 과열이 발생하는 직접적인 원인과 가장 거리가 먼 것은?

① 수관의 청소 불량
② 관수 부족시 보일러의 가동
③ 안전밸브의 기능이 부정확 할 때
④ 수면계의 고장으로 드럼내의 물의 감소

보일러 과열의 원인
- 보일러가 저수위 일 때
- 관수의 농축 및 순환이 불량일 때
- 관내에 스케일이 부착되었을 때
- 보일러가 과부하일 때

55 기계설비의 안전조건 중 외관의 안전화에 해당되는 조치는?

① 고장 발생을 최소화하기 위해 정기점검을 실시하였다.
② 강도의 열화를 생각하여 안전율을 최대로 고려하여 설계하였다.
③ 전압강하, 정전시의 오동작을 방지하기 위하여 자동제어 장치를 설치하였다.
④ 작업자가 접촉할 우려가 있는 기계의 회전부를 덮개로 씌우고 안전색채를 사용하였다.

기계·설비의 안전화 5가지
- 외관의 안전화 : 상자로 내장, 덮개, 색채조절(시동버튼 : 녹색, 정지버튼 : 적색)
- 기능적 안전화 : 전압 강하 및 정전시 오동작 방지, 사용 압력 변동시 오동작 방지, 밸브 고장시 오동작 방지, 단락 스위치 고장시 오동작 방지
- 구조부분의 안전화 : 적절한 재료, 안전율 및 안전계수 고려, 적절한 가공
- 작업의 안전화 : 기동 장치와 배치, 정지시 시간 장치, 안전 통로 확보, 작업 공간 확보
- 보수·유지의 안전화(보전성의 개선) : 정기 점검, 교환, 주유

56 기계설비의 본질적 안전화를 위한 방식 중 성격이 다른 것은?

① 고정가드   ② 인터록 기구
③ 압력용기 안전밸브   ④ 양수조작식 조작기수

기계·설비의 본질적 안전화
- 안전기능이 기계설비에 내장되어 있거나 짜 넣어져 있다.
- 기계설비의 조작이나 취급을 잘못하더라도 사고나 재해로 연결되지 않도록 Fool Proof 기능을 가지고 있다.
- 기계설비나 그 부품이 파손 고장나더라도 안전 쪽으로 작동하도록 Fail Safe 기능을 가지고 있다.

57 기계설비의 방호장치 분류 중 위험원에 대한 방호장치는?

① 감지형 방호장치   ② 접근반응형 방호장치
③ 위치제한형 방호장치   ④ 접근거부형 방호장치

기계설비의 방호장치
- 위험장소에 대한 방호장치 : 격리형, 위치제한형, 접근거부형, 접근반응형
- 위험원에 대한 방호장치 : 포집형, 감지형

58 프레스기에서 사용하는 손쳐내기식 방호장치의 방호판에 관한 기준으로 옳은 것은?

① 방호판의 폭은 금형폭의 1/2 이상이어야 하고, 행정길이가 300mm 이상의 프레스 기계에서는 방호판의 폭을 200mm로 해야 한다.
② 방호판의 폭은 금형폭의 1/2 이상이어야 하고, 행정길이가 300mm 이상의 프레스 기계에서는 방호판의 폭을 300mm로 해야한다.

③ 방호판의 폭은 금형폭의 1/3 이상이어야 하고, 행정길이가 300mm 이상의 프레스 기계에서는 방호판의 폭을 200mm로 해야한다.
④ 방호판의 폭은 금형폭의 1/3 이상이어야 하고, 행정길이가 300mm 이상의 프레스 기계에서는 방호판의 폭을 300mm로 해야한다.

프레스기에서 사용하는 손쳐내기식 방호장치의 일반구조(방호장치 안전인증 고시 별표 1)
- 슬라이드 하행정거리의 3/4 위치에서 손을 완전히 밀어내야 한다.
- 손쳐내기봉의 행정(Stroke) 길이를 금형의 높이에 따라 조정할 수 있고 진동폭은 금형폭 이상이어야 한다.
- 방호판과 손쳐내기봉은 경량이면서 충분한 강도를 가져야 한다.
- 방호판의 폭은 금형폭의 1/2 이상이어야 하고, 행정길이가 300mm 이상의 프레스기계에는 방호판 폭을 300mm로 해야 한다.
- 손쳐내기봉은 손 접촉 시 충격을 완화할 수 있는 완충재를 부착해야 한다.
- 부착볼트 등의 고정금속부분은 예리하게 돌출되지 않아야 한다.

59 작업장에서 사용하는 로프의 최대사용하중이 200kgf이고, 절단하중이 600kgf일 때 이 로프의 안전율은?

① 0.33 ② 3
③ 200   ④ 300

안전율 = $\dfrac{극한강도(파괴하중)}{허용응력}$ = $\dfrac{600}{200}$ = 3

60 연삭기에서 연삭숫돌차의 바깥지름이 250mm일 경우 평형플랜지의 바깥지름은 약 몇 mm 이상이어야 하는가?

① 62   ② 84
③ 93   ④ 114

플랜지의 직경 및 접촉 폭은 고정측과 이동측이 동일한 값을 가져야 하며, 플랜지 직경의 1/3 이상이 되도록 하여야 한다.
∴ 플랜지의 지름 = $\dfrac{250}{3}$ = 83.333

제 04 과목 전기 및 화학설비 안전관리

61 정전작업 시 주의할 사항으로 틀린 것은?

① 감독자를 배치시켜 스위치의 조작을 통제한다.
② 퓨즈가 있는 개폐기의 경우는 퓨즈를 제거한다.
③ 정전 작업전에 작업내용을 충분히 작업원에게 주지시킨다.
④ 단시간에 끝나는 작업일 경우 작업원의 판단에 의해 작업한다.

해설
단시간에 끝나는 작업일 경우라도 작업원의 판단에 의해 작업해서는 안 된다.

62 근로자가 충전전로에 취급하거나 그 인근에서 작업하는 경우 조치하여야 하는 사항으로 틀린 것은?

① 충전전로를 취급하는 근로자에게 그 작업에 적합한 절연용 보호구를 착용시킬 것
② 충전전로를 정전시키는 경우 차단장치나 단로기 등의 잠금장치 확인 없이 빠른 시간 내에 작업을 완료할 것
③ 충전전로에 근접한 장소에서 전기작업을 하는 경우에는 해당 전압에 적합한 절연용 방호구를 설치할 것
④ 고압 및 특별고압의 전로에서 전기작업을 하는 근로자에게 활선작업용 기구 및 장치를 사용하도록 한다.

해설
충전전로를 정전시키는 경우 조치사항(산업안전보건기준에 관한 규칙 제319조)
- 전기기기등에 공급되는 모든 전원을 관련 도면, 배선도 등으로 확인할 것
- 전원을 차단한 후 각 단로기 등을 개방하고 확인할 것
- 차단장치나 단로기 등에 잠금장치 및 꼬리표를 부착할 것
- 개로된 전로에서 유도전압 또는 전기에너지가 축적되어 근로자에게 전기위험을 끼칠 수 있는 전기기기등은 접촉하기 전에 잔류전하를 완전히 방전시킬 것
- 검전기를 이용하여 작업 대상 기기가 충전되었는지를 확인할 것
- 전기기기등이 다른 노출 충전부와의 접촉, 유도 또는 예비동력원의 역송전 등으로 전압이 발생할 우려가 있는 경우에는 충분한 용량을 가진 단락 접지기구를 이용하여 접지할 것

63 전기설비의 점화원 중 잠재적 점화원 속하지 않는 것은?

① 전동기 권선
② 마그네트 코일
③ 케이블
④ 릴레이 전기접점

해설
잠재적 점화원 : 전동기 및 변압기의 권선, 마그네트 코일, 케이블, 형광등, 배선 등

64 접지에 관한 설명으로 틀린 것은?

① 접지저항이 크면 클수록 좋다.
② 접지공사 접지선은 과전류차단기를 시설하여서는 안된다.
③ 접지극의 시설은 동판, 동봉 등이 부식될 우려가 없는 장소를 선정하여 지중에 매설 또는 타입한다.
④ 고압전로와 저압전로를 결합하는 변압기의 저압전로사용전압이 300V이하로 중성점접지가 어려운 경우 저압측의 임의의 한 단자에 제2종 접지공사를 실시한다.

해설
접지저항은 작을수록 대지에 방전하기 쉽고, 피보호물의 보호 효과도 높아진다.

65 방폭구조의 명칭과 표기기호가 잘못 연결된 것은?

① 안전증방폭구조 : e
② 유입방폭구조 : o
③ 내압방폭구조 : p
④ 본질안전방폭구조 : ia 또는 ib

방폭구조의 종류와 기호

종류	내용	기호
내압방폭구조	점화원에 의해 용기 내부에서 폭발이 발생할 경우에 용기가 폭발압력에 견딜 수 있고, 화염이 용기 외부의 폭발성 분위기로 전파되지 않도록 한 방폭구조	d
압력방폭구조	점화원이 될 우려가 있는 부분을 용기 안에 넣고 보호 기체(신선한 공기 또는 불활성기체)를 용기 안에 압입함으로써 폭발성 가스가 침입하는 것을 방지하도록 되어 있는 방폭구조	p
안전증방폭구조	전기기기의 과도한 온도 상승, 아크 또는 불꽃 발생의 위험을 방지하기 위하여 추가적인 안전조치를 통한 안전도를 증가시킨 방폭구조(다만, 정상운전 중에 아크나 불꽃을 발생시키는 전기기기는 안전증방폭구조의 전기기기 범위에서 제외)	e
유입방폭구조	유체 상부 또는 용기 외부에 존재할 수 있는 폭발성 분위기가 발화할 수 없도록 전기설비 또는 전기설비의 부품을 보호액에 함침시키는 방폭구조	o
본질안전방폭구조	정상시 또는 단락, 단선, 지락 등의 사고시에 발생하는 아크, 불꽃, 고열에 의하여 폭발성 가스나 증기에 점화되지 않는 것이 확인된 구조	ia, ib
비점화방폭구조	전기기기가 정상작동과 규정된 특정한 비정상상태에서 주위의 폭발성 가스 분위기를 점화시키지 못하도록 만든 방폭구조	n
몰드방폭구조	전기기기의 불꽃 또는 열로 인해 폭발성 위험분위기에 점화되지 않도록 컴파운드를 충전해서 보호한 방폭구조	m
충전방폭구조	폭발성 가스 분위기를 점화시킬 수 있는 부품을 고정하여 설치하고, 그 주위를 충전재로 완전히 둘러싸서 외부의 폭발성 가스 분위기를 점화시키지 않도록 하는 방폭구조	q
특수방폭구조	상기의 방폭구조 외에 외부의 폭발성 가스에 대해 인화를 방지할 수 있음을 시험에 의해 확인한 구조	s

66 인체의 대부분이 수중에 있는 상태에서의 허용 접촉전압으로 옳은 것은?

① 2.5V 이하　　　② 25V 이하
③ 50V 이하　　　④ 100V 이하

허용 접촉 전압

종별	접촉상태	허용접촉전압
제1종	• 인체의 대부분이 수중에 있는 상태	2.5[V] 이하

제2종	• 인체가 현저히 젖어 있는 상태 • 금속성의 전기·기계장치나 구조물에 인체의 일부가 상시 접촉되어있는 상태	25[V] 이하
제3종	• 제1종, 제2종 이외의 경우로서 통상의 인체상태에서 있어서 접촉전압이 가해지면 위험성이 높은 상태	50[V] 이하
제4종	• 제1종, 제2종 이외의 경우로서 통상의 인체 상태에 접촉전압이 가해지더라도 위험성이 낮은 상태 • 접촉전압이 가해질 우려가 없는 경우	제한 없음

67 전기기계·기구의 조작부분을 점검하거나 보수하는 경우에는 근로자가 안전하게 작업할 수 있도록 전기기계·기구로부터 몇 m 이상의 작업공간을 확보하여야 하는지 그 기준으로 옳은 것은?

① 0.5
② 0.7
③ 0.9
④ 1.2

산업안전보건기준에 관한 규칙 제310조(전기 기계·기구의 조작 시 등의 안전조치) ① 사업주는 전기기계·기구의 조작부분을 점검하거나 보수하는 경우에는 근로자가 안전하게 작업할 수 있도록 전기기계·기구로부터 폭 70센티미터 이상의 작업공간을 확보하여야 한다. 다만, 작업공간을 확보하는 것이 곤란하여 근로자에게 절연용 보호구를 착용하도록 한 경우에는 그러하지 아니하다.
② 사업주는 전기적 불꽃 또는 아크에 의한 화상의 우려가 있는 고압 이상의 충전전로 작업에 근로자를 종사시키는 경우에는 방염처리된 작업복 또는 난연(難燃)성능을 가진 작업복을 착용시켜야 한다.

68 정전기의 대전현상이 아닌 것은?

① 교반대전
② 충돌대전
③ 박리대전
④ 망상대전

정전기 대전현상
• 박리대전 : 서로 밀착되어 있는 물체가 분리될 때 전하의 분리가 일어나서 정전기가 발생한다.
• 마찰대전 : 종이, 필름 등이 금속 롤러와 마찰을 일으킬 때 마찰에 의하여 접촉의 위치가 이동하고 전하 분리가 일어나서 발생한다.
• 충돌대전 : 분체의 입자끼리 또는 입자와 고체와의 충돌에 의하여 접촉, 분리가 일어나기 때문에 발생한다.
• 유도대전 : 대전 물체 부근에 있는 물체가 대전체로부터의 정전유도에 의해 정전기를 띠는 현상을 의미한다.
• 분출대전 : 분체, 액체, 기체류가 단면적인 작은 노즐 등의 개구부에서 분출할 때 마찰이 일어나서 발생하며, 가스가 분진, 무상입자로 분출될 때 대전이 잘 일어난다.
• 비말대전 : 공기 중에 분출된 액체가 미세하게 비산되어 분리되었다가 크고 작은 방울로 될 때 새로운 표면을 형성하면서 정전기가 발생하는 현상이다.
• 침강대전 : 절연성 유체 중에서 비중이 다른 부유물이 침강할 때 발생하는 정전기를 말한다.
• 유동대전 : 액체류를 관내로 수송할 때 정전기가 발생하는 것으로 인화성 액체류는 전기 절연성이 높아 유동에 의한 대전이 일어나기 쉬우며, 액체의 유동 속도가 정전기 발생에 큰 영향을 미친다.
• 적하대전 : 고체표면에 부착되어 있던 액체류가 성장하여 자중으로 물방울이 되어 떨어질 때 전하분리가 일어나서 정전기가 발생하는 현상이다.
• 교반대전 : 액체가 교반에 의해 진동을 하게 되면 진동에 의한 정전기가 발생한다.
• 파괴대전 : 액체와 그것에 혼합되어 있는 불순물이 침강되면 침강 대전이 발생한다.

69 인체가 전격(감전)으로 인한 사고시 통전전류에 의한 인체반응으로 틀린 것은?

① 교류가 직류보다 일반적으로 더 위험하다.
② 주파수가 높아지면 감지전류는 작아진다.
③ 심장을 관통하는 경로가 가장 사망률이 높다.
④ 가수전류는 불수전류보다 값이 대체적으로 작다.

감지전류(threshold of perception)란 개인이 감지할 수 있는 최소의 전류이다. 최소 감지 전류는 손가락 끝 등으로 만졌을 때 처음 찌릿하게 느끼는 전류치, 사람에 따라 다르나 약 1mA 정도이며, 주파수가 높아지면 감지 전류 값도 높아진다.

70 다음 중 직류를 기준으로 고압의 범위에 속하는 것은?

① 600V 초과 7000V 이하
② 700V 초과 7000V 이하
③ 1000V 초과 7000V 이하
④ 1500V 초과 7000V 이하

전압의 구분

구분	교류(AC)	직류(DC)
저압	1000V 이하	1500V 이하
고압	1000V 초과 7000V 이하	1500V 초과 7000V 이하
특고압	7000V 초과	

71 25℃, 1기압에서 공기 중 벤젠(C_6H_6)의 허용농도가 10ppm일 때 이를 mg/m^3의 단위로 환산하면 약 얼마인가?(단, C, H의 원자량은 각각 12, 1이다.)

① 28.7
② 31.9
③ 34.8
④ 45.9

허용농도 = $\dfrac{ppm \times 분자량}{24.45} = \dfrac{10 \times 78}{24.45} = 31.9$

72 다음 중 점화원에 해당하지 않은 것은?

① 기화열
② 충격·마찰
③ 복사열
④ 고온물질표면

점화원은 다른 물질에 화재를 일으키기 위해 공급되는 에너지원을 의미한다. 보기 중 기화열은 액체가 기체로 변하기 위해 필요한 열량이다.

73 리튬(Li)에 관한 설명으로 틀린 것은?

① 연소시 산소와는 반응하지 않는 특성이 있다.
② 염산과 반응하여 수소를 발생한다.
③ 물과 반응하여 수소를 발생한다.
④ 화재발생시 소화방법으로는 건조된 마른 모래 등을 이용한다.

리튬(Li)은 제3류 위험물에 속하는 알칼리금속으로 은백색의 무른 경금속이다. 또한, 최외각 전자가 하나 밖에 없어 반응성이 활발하며, 공기 중의 질소, 산소와 반응이 쉽다.

74 다음 중 화재의 종류가 옳게 연결된 것은?

① A급화재 - 유류화재
② B급화재 - 유류화재
③ C급화재 - 일반화재
④ D급화재 - 일반화재

화재등급별 소화방법

구분	A급 화재	B급 화재	C급 화재	D급 화재
명칭	보통화재	유류, 가스화재	전기화재	금속화재(Al분, Mg분)
주 소화효과	냉각	질식	냉각, 질식	질식
적응 소화재	물 소화기 강화액 소화기	포말 소화기 CO_2 소화기 분말 소화기 증발성 액체 소화기	유기성 소화액 CO_2 소화기 분말 소화기	건조사 팽창 질석 팽창 진주암
구분색	백색	황색	청색	-

75 위험물안전관리법상 자기반응성 물질은 제 몇 류 위험물로 분류하는가?

① 제1류 위험물
② 제3류 위험물
③ 제4류 위험물
④ 제5류 위험물

위험물안전관리법상 위험물의 분류

- 제1류 산화성 고체 : 아염소산염류, 염소산염류, 과염소산염류, 무기과산화물, 브로민산염류, 질산염류, 아이오딘산염류, 과망가니즈산염류, 다이크로뮴산염류
- 제2류 가연성 고체 : 황화인, 적린, 유황, 철분, 금속분, 마그네슘
- 제3류 자연발화성 물질 및 금수성 물질 : 칼륨, 나트륨, 알킬알루미늄, 알킬리튬, 황린, 알칼리금속(칼륨 및 나트륨을 제외) 및 알칼리토금속, 유기금속화합물(알킬알루미늄 및 알킬리튬을 제외), 금속의 수소화물, 금속의 인화물, 칼슘 또는 알루미늄의 탄화물
- 제4류 인화성 액체 : 특수인화물, 제1석유류, 제2석유류, 제3석유류, 제4석유류, 알코올류, 동식물유류
- 제5류 자기반응성 물질 : 유기과산화물, 질산에스터류, 나이트로화합물, 나이트로소화합물, 아조화합물, 다이아조화합물, 하이드라진 유도체, 하이드록실아민, 하이드록실아민염류
- 제6류 산화성 액체 : 과염소산, 과산화수소, 질산

76 프로판(C_3H_8) 1몰이 완전연소하기 위한 산소의 화학양론계수는 얼마인가?

① 2　　　　　　　　　　② 3
③ 4　　　　　　　　　　④ 5

$C_3H_8 + O_2 \rightarrow 3CO_2 + 4H_2O$
O의 갯수는 $3CO_2$에서 6개, $4H_2O$에서 4개로 총 10개 따라서, 산소(O_2)의 화학양론계수는 5이다.

77 다음 중 분해 폭발하는 가스의 폭발방지를 위하여 첨가하는 불활성가스로 가장 적합한 것은?

① 산소　　　　　　　　② 질소
③ 수소　　　　　　　　④ 프로판

불활성 가스 주입
- 가연성 가스가 존재하는 분위기 중의 산소 농도를 불활성 가스 첨가에 의하여 감소시켜 폭발을 방지한다.
- 불활성 가스는 질소, 수증기, 이산화탄소 외에 소화제로 이용되고 있는 할로겐화 탄화수소 등이 있다.
- 대상이 되는 가스의 안전상 반드시 산소농도를 0으로 하는 것이 아니고 한계 산소농도 이하로 하면 폭발을 방지 할 수 있다.

78 다음 중 물속에 저장이 가능한 물질은?

① 칼륨　　　　　　　　② 황린
③ 인화칼슘　　　　　　④ 탄화알루미늄

위험물의 저장
- 황린, 이황화탄소 : 물 속에 저장
- 나트륨, 칼륨 : 석유 속에 저장
- 적린, 마그네슘 : 인화성 물질로부터 격리 저장
- 질산은 용액 : 햇빛을 피하여 저장

79 다음 중 건조설비의 사용상 주의사항으로 적절하지 않는 것은?

① 건조설비 가까이 가연성 물질을 두지 말 것
② 고온으로 가열 건조한 물질을 즉시 격리 저장할 것
③ 위험물 건조설비를 사용할 때는 미리 내부를 청소하거나 환기시킨 후 사용할 것
④ 건조시 발생하는 가스·증기 또는 분진에 의한 화재·폭발의 위험이 있는 물질은 안전 장소로 배출할 것

산업안전보건기준에 관한 규칙 제283조(건조설비의 사용) 사업주는 건조설비를 사용하여 작업을 하는 경우에 폭발이나 화재를 예방하기 위하여 다음 각 호의 사항을 준수하여야 한다.
1. 위험물 건조설비를 사용하는 경우에는 미리 내부를 청소하거나 환기할 것

2. 위험물 건조설비를 사용하는 경우에는 건조로 인하여 발생하는 가스·증기 또는 분진에 의하여 폭발·화재의 위험이 있는 물질을 안전한 장소로 배출시킬 것
3. 위험물 건조설비를 사용하여 가열건조하는 건조물은 쉽게 이탈되지 않도록 할 것
4. 고온으로 가열건조한 인화성 액체는 발화의 위험이 없는 온도로 냉각한 후에 격납시킬 것
5. 건조설비(바깥 면이 현저히 고온이 되는 설비만 해당한다)에 가까운 장소에는 인화성 액체를 두지 않도록 할 것

80 할로겐화합물 소화약제의 소화작용과 같이 연소의 연속적인 연쇄 반응을 차단, 억제 또는 방해하여 연소현상이 일어나지 않도록 하는 소화 작용은?

① 부촉매 소화작용　　　　　② 냉각 소화작용
③ 질식 소화작용　　　　　　④ 제거 소화작용

소화 방법
- 냉각소화 : 화재 현장에 물을 주수하여 발화점 이하로 온도를 낮추어 소화하는 방법
- 질식소화 : 공기 중의 산소의 농도를 21%에서 15% 이하로 낮추어 소화하는 방법(공기 차단)
- 제거소화 : 화재 현장에서 가연물을 없애주어 소화하는 방법
- 화학소화(부촉매효과) : 연쇄반응을 차단하여 소화하는 방법으로 불꽃연소에는 매우 효과적이나 표면연소에는 효과가 없음
- 희석소화 : 알코올, 에테르, 에스테르, 케톤류 등 수용성 물질에 다량의 물을 방사하여 가연물의 농도를 낮추어 소화하는 방법
- 유화효과 : 물분무소화설비를 중유에 방사하는 경우 유류표면에 엷은 막으로 유화층을 형성하여 화재를 소화하는 방법
- 피복효과 : 이산화탄소 약제 방사 시 가연물의 구석까지 침투하여 피복하므로 연소를 차단하여 소화하는 방법

제 05 과목　건설공사 안전관리

81 굴착면 붕괴의 원인과 가장 관계가 먼 것은?

① 사면경사의 증가　　　　　② 성토 높이의 감소
③ 공사에 의한 진동하중의 증가　　④ 굴착높이의 증가

토사붕괴의 원인
- 외적원인 : 사면의 경사 및 기울기의 증가, 절토 및 성토의 증가, 공사에 의한 진동 및 반복하중의 증가, 지표수 또는 지하수의 침투로 인한 토사중량의 증가, 지진 및 작업차량 등의 하중
- 내적원인 : 절토사면의 토질, 암질의 종류, 성토 사면의 토질구성 및 분포, 토석의 강도 저하

82 물체를 투하할 때 투하설비를 설치하거나 감시인을 배치하는 등의 위험방지를 위한 조치를 하여야 하는 기준 높이는?

① 3m 이상　　　　　　　　② 5m 이상
③ 7m 이상　　　　　　　　④ 10m 이상

해설

산업안전보건기준에 관한 규칙 제15조(투하설비 등) 사업주는 높이가 3미터 이상인 장소로부터 물체를 투하하는 경우 적당한 투하설비를 설치하거나 감시인을 배치하는 등 위험을 방지하기 위하여 필요한 조치를 하여야 한다.

83 공사금액이 500억원인 건설업 공사에서 선임해야할 최소 안전관리자 수는?

① 1명 ② 2명
③ 3명 ④ 4명

건설업 안전관리자 선임기준

공사금액	선임기준	비고
50억원 이상(관계수급인은 100억원 이상) 120억원 미만(종합공사 시공 토목공사업의 경우에는 150억원 미만)	1명 이상	-
120억원 이상(종합공사 시공 토목공사업의 경우에는 150억원 이상) 800억원 미만		
800억원 이상 1,500억원 미만	2명 이상	다만, 전체 공사기간을 100으로 할 때 공사 시작에서 15에 해당하는 기간과 공사 종료 전의 15에 해당하는 기간은 좌측의 선임 대상 안전관리자 수의 2분의 1(소수점 이하는 올림) 이상(소수점 이하는 올림) 이상
1,500억원 이상 2,200억원 미만	3명 이상	
2,200억원 이상 3천억원 미만	4명 이상	
3천억원 이상 3,900억원 미만	5명 이상	
3,900억원 이상 4,900억원 미만	6명 이상	
4,900억원 이상 6천억원 미만	7명 이상	
6천억원 이상 7,200억원 미만	8명 이상	
7,200억원 이상 8,500억원 미만	9명 이상	
8,500억원 이상 1조원 미만	10명 이상	
1조원 이상	11명 이상 [매2천억원(2조원이상부터는 매3천억원)마다 1명씩 추가]	

84 채석작업을 하는 때 채석작업계획에 포함되어야 하는 사항에 해당되지 않는 것은?

① 굴착면의 높이와 기울기 ② 기둥침하의 유무 및 상태 확인
③ 암석의 분할방법 ④ 표토 또는 용수의 처리방법

채석작업 시 작업계획서 내용(산업안전보건기준에 관한 규칙 별표 4)
- 노천굴착과 갱내굴착의 구별 및 채석방법
- 굴착면의 높이와 기울기
- 굴착면 소단(小段 : 비탈면의 경사를 완화시키기 위해 중간에 좁은 폭으로 설치하는 평탄한 부분)의 위치와 넓이
- 갱내에서의 낙반 및 붕괴방지 방법
- 발파방법
- 암석의 분할방법

- 암석의 가공장소
- 사용하는 굴착기계·분할기계·적재기계 또는 운반기계의 종류 및 성능
- 토석 또는 암석의 적재 및 운반방법과 운반경로
- 표토 또는 용수(湧水)의 처리방법

85 슬레이트, 선라이트 등 강도가 약한 재료로 덮은 지붕 위에서의 작업 중 위험방지를 위하여 필요한 발판의 폭 기준은?

① 10cm 이상 ② 20cm 이상
③ 25cm 이상 ④ 30cm 이상

산업안전보건기준에 관한 규칙 제45조(지붕 위에서의 위험 방지) ① 사업주는 근로자가 지붕 위에서 작업을 할 때에 추락하거나 넘어질 위험이 있는 경우에는 다음 각 호의 조치를 해야 한다.
1. 지붕의 가장자리에 제13조에 따른 안전난간을 설치할 것
2. 채광창(skylight)에는 견고한 구조의 덮개를 설치할 것
3. 슬레이트 등 강도가 약한 재료로 덮은 지붕에는 폭 30센티미터 이상의 발판을 설치할 것

86 가설구조물의 특징으로 옳지 않은 것은?

① 연결재가 적은 구조로 되기 쉽다.
② 부재의 결합이 매우 복잡하다.
③ 구조상의 결함이 있는 경우 중대재해로 이어질 수 있다.
④ 사용부재가 과소단면이거나 결함재료를 사용하기 쉽다.

가설구조물은 부재의 결합이 단순하고 불완전 결합이며, 조립 정밀도가 낮다.

87 철골보 인양작업 시 준수사항으로 옳지 않는 것은?

① 인양용 와이어로프의 체결지점은 수평부재의 1/4지점을 기준으로 한다.
② 인양용 와이어로프의 애달기 각도는 양변 60°를 기준으로 한다.
③ 흔들리거나 선회하지 않도록 유도 로프로 유도한다.
④ 후크는 용접의 경우 용접규격을 반드시 확인한다.

철골공사 표준안전 작업지침 제11조(보의 인양) 철골보를 인양할 때 다음 각 호의 사항을 준수하여야 한다.
1. 인양 와이어 로우프의 매달기 각도는 양변 60°를 기준으로 2열로 매달고 와이어 체결지점은 수평 부재의 1/3기점을 기준 하여야 한다.
2. 조립되는 순서에 따라 사용될 부재가 하단부에 적치되어 있을 때에는 상단부의 부재를 무너뜨리는 일이 없도록 주의하여 옆으로 옮긴 후 부재를 인양하여야 한다.
3. 크램프로 부재를 체결할 때는 다음 각 목의 사항을 준수하여야 한다.
    가. 크램프는 부재를 수평으로 하는 두 곳의 위치에 사용하여야 하며 부재 양단방향은 등간격이어야 한다.
    나. 부득이 한군데 만을 사용할 때는 위험이 적은 장소로서 간단한 이동을 하는 경우에 한하여야 하며 부재길이의 1/3 지점을 기준하여야 한다.
    다. 두곳을 매어 인양시킬 때 와이어 로우프의 내각은 60° 이하이어야 한다.

라. 크램프의 정격용량 이상 매달지 않아야 한다.
마. 체결작업중 크램프 본체가 장애물에 부딪치지 않게 주의하여야 한다.
바. 크램프의 작동상태를 점검한 후 사용하여야 한다.
4. 유도 로우프는 확실히 매야 한다.
5. 인양할 때는 다음 각 목의 사항을 준수하여야 한다.
가. 인양 와이어 로우프는 후크의 중심에 걸어야 하며 후크는 용접의 경우 용접장등 용접규격을 확인하여 인양 시 취성파괴에 의한 탈락을 방지하여야 한다.
나. 신호자는 운전자가 잘 보이는 곳에서 신호하여야 한다.
다. 불안정하거나 매단 부재가 경사지면 지상에 내려 다시 체결하여야 한다.
라. 부재의 균형을 확인하면 서서히 인양하여야 한다.
마. 흔들리거나 선회지 않도록 유도 로우프로 유도하며 장애물에 닿지 않도록 주의하여야 한다.

88 강관틀비계를 조립하여 사용하는 경우 벽이음의 수직방향 조립간격은?

① 2m 이내마다
② 5m 이내마다
③ 6m 이내마다
④ 8m 이내마다

산업안전보건기준에 관한 규칙 제62조(강관틀비계) 사업주는 강관틀 비계를 조립하여 사용하는 경우 다음 각 호의 사항을 준수하여야 한다.
1. 비계기둥의 밑둥에는 밑받침 철물을 사용하여야 하며 밑받침에 고저차(高低差)가 있는 경우에는 조절형 밑받침철물을 사용하여 각각의 강관틀비계가 항상 수평 및 수직을 유지하도록 할 것
2. 높이가 20미터를 초과하거나 중량물의 적재를 수반하는 작업을 할 경우에는 주틀 간의 간격을 1.8미터 이하로 할 것
3. 주틀 간에 교차 가새를 설치하고 최상층 및 5층 이내마다 수평재를 설치할 것
4. 수직방향으로 6미터, 수평방향으로 8미터 이내마다 벽이음을 할 것
5. 길이가 띠장 방향으로 4미터 이하이고 높이가 10미터를 초과하는 경우에는 10미터 이내마다 띠장 방향으로 버팀기둥을 설치할 것

89 흙의 함수비 측정시험을 하였다. 먼저 용기의 무게를 잰 결과 10g이었다. 시료를 용기에 넣은 후에 총 무게는 40g, 그대로 건조시킨 후 무게는 30g이었다. 이 흙의 함수비는?

① 25%
② 30%
③ 50%
④ 75%

$$함수비 = \frac{물의\ 중량}{토립자의\ 용적} \times 100 = \frac{40-30}{30-10} \times 100 = 50\%$$

90 일반적인 안전수칙에 따른 수공구와 관련행동으로 옳지 않은 것은?

① 작업에 맞는 공구의 선택과 올바른 취급을 하여야 한다.
② 결함이 없는 완전한 공구를 사용하여야 한다.
③ 작업중인 공구는 작업이 편리한 반경내의 작업대나 기계위에 올려놓고 사용하여야 한다.
④ 공구는 사용 후 안전한 정소에 보관하여야 한다.

직접 사용하고 있는 공구가 아니라면 공구보관상자에 보관하여야 하며 작업대나 기계위에 올려놓아서는 안된다.

91 낙하물 방지망 설치기준으로 옳지 않은 것은?

① 높이 10m 이내마다 설치한다.
② 내민 길이는 벽면으로부터 3m 이상으로 한다.
③ 수평면과의 각도는 20° 이상 30° 이하를 유지한다.
④ 방호선반의 설치기준과 동일하다.

산업안전보건기준에 관한 규칙 제14조(낙하물에 의한 위험의 방지) ① 사업주는 작업장의 바닥, 도로 및 통로 등에서 낙하물이 근로자에게 위험을 미칠 우려가 있는 경우 보호망을 설치하는 등 필요한 조치를 하여야 한다.
② 사업주는 작업으로 인하여 물체가 떨어지거나 날아올 위험이 있는 경우 낙하물 방지망, 수직보호망 또는 방호선반의 설치, 출입금지구역의 설정, 보호구의 착용 등 위험을 방지하기 위하여 필요한 조치를 하여야 한다. 이 경우 낙하물 방지망 및 수직보호망은 「산업표준화법」 제12조에 따른 한국산업표준(이하 "한국산업표준"이라 한다)에서 정하는 성능기준에 적합한 것을 사용하여야 한다.
③ 제2항에 따라 낙하물 방지망 또는 방호선반을 설치하는 경우에는 다음 각 호의 사항을 준수하여야 한다.
1. 높이 10미터 이내마다 설치하고, 내민 길이는 벽면으로부터 2미터 이상으로 할 것
2. 수평면과의 각도는 20도 이상 30도 이하를 유지할 것

92 추락방지망의 달기로프를 지지점에 부착할 때 지지점의 간격이 1.5m인 경우 지지점의 강도는 최초 얼마 이상이어야 하는가?

① 200kg ② 300kg
③ 400kg ④ 500kg

추락재해방지 표준안전 작업지침 제8조(지지점의 강도) 지지점의 강도는 다음 각호에 의한 계산값 이상이어야 한다.
1. 방망 지지점은 600킬로그램의 외력에 견딜 수 있는 강도를 보유하여야 한다.(다만, 연속적인 구조물이 방망 지지점인 경우의 외력이 다음식에 계산한 값에 견딜 수 있는 것은 제외한다)
$F = 200 B$
여기에서 F는 외력(단위 : 킬로그램), B는 지지점간격(단위 : 미터)이다.
∴ $F = 200 \times 1.5 = 300kg$

93 히빙현상에 대한 안전대책과 가장 거리가 먼 것은?

① 어스앵커 설치
② 흙막이벽의 근입심도 확보
③ 양질의 재료로 지반개량 실시
④ 굴착주변에 상재하중을 증대

히빙현상에 대한 대책
- 굴착 주변의 상재하중을 제거
- 시트 파일(Sheet Pile) 등의 근입심도를 검토
- 1.3m 이하 굴착시에는 버팀대(Strut)를 설치
- 버팀대, 브라켓, 흙막이를 점검
- 굴착주변을 탈수공법과 병행
- 굴착방식을 개선(Island Cut 공법 등)

94 철골작업 시 폭우가 같은 악천후에 작업을 중지하여야 하는 강우량 기준은?

① 1시간당 1mm 이상 일 때
② 2시간당 1mm 이상 일 때
③ 3시간당 2mm 이상 일 때
④ 4시간당 2mm 이상 일 때

산업안전보건기준에 관한 규칙 제383조(작업의 제한) 사업주는 다음 각 호의 어느 하나에 해당하는 경우에 철골작업을 중지하여야 한다.
1. 풍속이 초당 10미터 이상인 경우
2. 강우량이 시간당 1밀리미터 이상인 경우
3. 강설량이 시간당 1센티미터 이상인 경우

95 철골공사에서 부재의 건립용 기계로 거리가 먼 것은?

① 타워크레인
② 가이데릭
③ 삼각데릭
④ 항타기

건립용 기계의 종류

대분류	소분류
크레인	타워 크레인(기복형, 수평형)
	기타 소형 지브 크레인
이동식 크레인	트럭 크레인(유압식, 기계식)
	크롤러 크레인(크롤러 크레인, 크롤러식 타워크레인)
	휠 크레인(유압식, 기계식)
데릭	가이 데릭
	삼각 데릭
	진폴 데릭

96 콘크리트 양생작업에 관한 설명 중 옳지 않은 것은?

① 콘크리트 타설 후 소요기간까지 경화에 필요한 조건을 유지시켜주는 작업이다.
② 양생 기간 중에 예상되는 진동, 충격, 하중 등의 유해한 작용으로부터 보호하여야 한다.
③ 습윤양생시 일광을 최대한 도입하여 수화작용을 촉진하도록 한다.
④ 습윤양생시 거푸집판이 건조될 우려가 있는 경우에는 살수하여야 한다.

콘크리트 양생
- 콘크리트의 온도는 항상 2℃ 이상으로 유지한다.
- 콘크리트 타설 후 수화작용을 돕기 위하여 최소 5일간은 수분을 보존한다.
- 일광의 직사, 급격한 건조 및 한냉에 대하여 보호한다.

- 콘크리트가 충분히 경화될 때까지는 충격 및 하중을 가하지 않게 주의한다.
- 콘크리트 타설 후 1일간은 그 위를 보행하거나 공기구 등 기타 중량물을 올려놓아서는 안 된다.

97 양중기에서 화물을 직접 지지하는 달기 와이어로프의 안전계수는 최소 얼마 이상으로 하여야 하는가?

① 2
② 3
③ 5
④ 10

산업안전보건기준에 관한 규칙 제163조(와이어로프 등 달기구의 안전계수) ① 사업주는 양중기의 와이어로프 등 달기구의 안전계수(달기구 절단하중의 값을 그 달기구에 걸리는 하중의 최대값으로 나눈 값을 말한다)가 다음 각 호의 구분에 따른 기준에 맞지 아니한 경우에는 이를 사용해서는 아니된다.
1. 근로자가 탑승하는 운반구를 지지하는 달기와이어로프 또는 달기체인의 경우 : 10 이상
2. 화물의 하중을 직접 지지하는 달기와이어로프 또는 달기체인의 경우 : 5 이상
3. 훅, 샤클, 클램프, 리프팅 빔의 경우 : 3 이상
4. 그 밖의 경우 : 4 이상

98 다음은 산업안전보건기준에 관한 규칙 중 조립도에 관한 상황이다. ( ) 안에 알맞은 것은?

> 거푸집 및 동바리를 조립하는 때에는 그 구조를 검토한 후 조립도를 작성해야 한다. 조립도에는 거푸집 및 동바리를 구성하는 부재의 재질·단면규격·( ) 및 이음방법 등을 명시해야 한다.

① 부재강도
② 기울기
③ 안전대책
④ 설치간격

산업안전보건기준에 관한 규칙 제331조(조립도) ① 사업주는 거푸집 및 동바리를 조립하는 경우에는 그 구조를 검토한 후 조립도를 작성하고, 그 조립도에 따라 조립하도록 해야 한다.
② 제1항의 조립도에는 거푸집 및 동바리를 구성하는 부재의 재질·단면규격·설치간격 및 이음방법 등을 명시해야 한다.

99 건설공사 유해위험방지계획서를 제출하는 경우 자격을 갖춘 자의 의견을 들은 후 제출하여야 하는데 이 자격에 해당하지 않는 자는?

① 건설안전기사로서 건설안전관련 실무경력이 4년인 자
② 건설안전기술사
③ 토목시공기술사
④ 건설안전분야 산업안전지도사

자격을 갖춘 자의 범위(산업안전보건법 시행규칙 제43조)
- 건설안전 분야 산업안전지도사
- 건설안전기술사 또는 토목·건축 분야 기술사
- 건설안전산업기사 이상의 자격을 취득한 후 건설안전 관련 실무경력이 건설안전기사 이상의 자격은 5년, 건설안전산업기사 자격은 7년 이상인 사람

100 흙의 안식각과 동일한 의미를 가진 용어는?

① 자연 경사각
② 비탈면각
③ 시공 경사각
④ 계획 경사각

흙의 안식각(angle of repose)
- 흙입자의 부착력, 응집력을 무시한 채 흙의 마찰력만으로 중력에 대해서 안정된 비탈면과 원지반이 이루는 사면각도로써 흙의 종류 및 함수량 등에 따라 상이한 값을 갖는다.
- 자연 경사각 또는 휴식각이라고도 한다.

정답 2016년 08월 21일 최근 기출문제

01 ①	02 ①	03 ③	04 ④	05 ④	06 ④	07 ③	08 ①	09 ②	10 ②
11 ③	12 ③	13 ①	14 ②	15 ①	16 ①	17 ③	18 ③	19 ④	20 ④
21 ③	22 ②	23 ③	24 ①	25 ①	26 ①	27 ②	28 ②	29 ④	30 ①
31 ④	32 ③	33 ②	34 ③	35 ④	36 ④	37 ③	38 ①	39 ②	40 ④
41 ②	42 ②	43 ④	44 ③	45 ①	46 ①	47 ①	48 ②	49 ④	50 ③
51 ③	52 ①	53 ①	54 ③	55 ④	56 ③	57 ①	58 ②	59 ②	60 ②
61 ④	62 ②	63 ①	64 ①	65 ③	66 ①	67 ②	68 ④	69 ②	70 ④
71 ②	72 ①	73 ①	74 ②	75 ④	76 ④	77 ②	78 ②	79 ①	80 ①
81 ②	82 ①	83 ①	84 ②	85 ④	86 ②	87 ①	88 ③	89 ②	90 ③
91 ②	92 ②	93 ④	94 ①	95 ④	96 ③	97 ③	98 ④	99 ①	100 ①

2017년 03월 05일 최근 기출문제

제 01 과목 산업재해 예방 및 안전보건교육

01 억측판단의 배경이 아닌 것은?

① 생략 행위
② 초조한 심정
③ 희망적 관측
④ 과거의 성공한 경험

억측 판단의 발생 배경
- 정보가 불확실할 때
- 희망적인 관측이 있을 때
- 과거에 경험한 선입견이 있을 때

02 개인 카운슬링(Counseling) 방법으로 가장 거리가 먼 것은?

① 직접적 충고
② 설득적 방법
③ 설명적 방법
④ 반복적 충고

개인적인 카운슬링 방법 : 직접적 충고(안전수칙 불이행시 적합), 설득적 방법, 설명적 방법

03 산업안전보건법령상 사업주가 근로자에 대하여 실시하여야 하는 교육 중 특별교육의 대상이 되는 작업이 아닌 것은?

① 화학설비의 탱크 내 작업
② 전압이 30V인 정전 및 활선작업
③ 건설용 리프트 곤돌라를 이용한 작업
④ 동력에 의하여 작동되는 프레스기계 5대 이상 보유한 사업장에서 해당 기계로 하는 작업

전압이 75V 이상인 정전 및 활선작업이 특별교육의 대상이다.(산업안전보건법 시행규칙 [별표 5] 교육대상별 교육내용)

04   조직이 리더에게 부여하는 권한으로 볼 수 없는 것은?

① 보상적 권한   ② 강압적 권한
③ 합법적 권한   ④ 위임된 권한

지도자(리더십)의 권한
- 조직이 지도자에게 부여하는 권한
  - 보상적 권한 : 지도자가 부하들에게 보상할 수 있는 능력으로 인해 부하직원들을 통제할 수 있으며 부하들의 행동에 대해 영향을 끼칠 수 있는 권한
  - 강압적 권한 : 부하직원들을 처벌할 수 있는 권한
  - 합법적 권한 : 조직의 규정에 의해 지도자의 권한이 공식화된 것
- 지도자 자신에 의해 생성되는 권한
  - 위임된 권한 : 집단의 목표를 성취하기 위해 부하직원들이 지도자가 정한 목표를 자진해서 자신의 것으로 받아들여 지도자와 함께 일하는 것
  - 전문성의 권한 : 지도자가 목표수행에 필요한 전문적인 지식을 갖고 업무수행을 하므로 부하직원들이 자발적으로 지도자를 따름

05   인간의 행동 특성에 관한 레빈의 법칙에서 각 인자에 대한 내용으로 틀린 것은?

$$B = f(P \cdot E)$$

① B : 행동   ② F : 함수 관계
③ P : 개체   ④ E : 기술

Lewin K의 법칙

레빈(Lewin)은 인간의 행동(B)은 그 사람이 가진 자질 즉, 개체(P)와 심리학적 환경(E)과의 상호 함수관계에 있다고 규정함.
$B = f(P \cdot E)$
- B : Behavior(인간의 행동)
- f : Function(함수관계 : 적성 및 기타 P와 E에 영향을 미칠 수 있는 조건)
- P : Person(개체 : 연령, 경험, 심신상태, 성격, 지능 등)
- E : Environment(심리적 환경 : 인간관계, 작업환경 등)

06   무재해운동의 추진기법 중 위험예지훈련의 4라운드 중 2라운드 진행방법에 해당하는 것은?

① 본질추구   ② 목표설정
③ 현상파악   ④ 대책수립

위험예지 훈련의 기존 4라운드 진행방법
- 1R(현상파악) : 어떤 위험이 잠재하고 있는지 사실을 파악하는 라운드(BS적용)
- 2R(본질추구) : 가장 위험한 요인(위험 포인트)을 합의로 결정하는 라운드(요약)
- 3R(대책수립) : 구체적인 대책을 수립하는 라운드(BS적용)
- 4R(목표달성–설정) : 수립한 대책 가운데 질이 높은 항목에 합의하는 라운드(요약)

07 허츠버그의 동기 · 위생 이론에 대한 설명으로 옳은 것은?

① 위생요인은 직무내용에 관련된 요인이다
② 동기요인은 직무에 만족을 느끼는 주요인이다
③ 위생요인은 매슬로우 욕구단계 중 존경, 자아실현의 욕구와 유사하다
④ 동기요인은 매슬로우 욕구단계 중 생리적 욕구와 유사하다

위생요인과 동기요인
- 위생요인 : 인간의 동물적 욕구를 반영하는 것으로서 안전, 친교, 봉급, 감독형태, 기업의 정책, 작업조건 등이 해당되며 매슬로우(Maslow)의 생리적, 안전, 사회적 욕구와 유사하다.
- 동기요인 : 자아실현을 하려는 인간의 독특한 경향(성취, 인정, 작업자체, 책임감 등)을 반영한 것으로 매슬로우(Maslow)의 자아실현 욕구와 유사하다.

08 산업안전보건법령상 안전인증대상 기계 및 설비에 해당되지 않는 것은?

① 프레스   ② 전단기
③ 롤러기   ④ 산업용 원심기

산업안전보건법 시행규칙 제107조(안전인증대상기계등) 법 제84조제1항에서 "고용노동부령으로 정하는 안전인증대상 기계등"이란 다음 각 호의 기계 및 설비를 말한다.
1. 설치 · 이전하는 경우 안전인증을 받아야 하는 기계
   가. 크레인   나. 리프트
   다. 곤돌라
2. 주요 구조 부분을 변경하는 경우 안전인증을 받아야 하는 기계 및 설비
   가. 프레스   나. 전단기 및 절곡기(折曲機)
   다. 크레인   라. 리프트
   마. 압력용기   바. 롤러기
   사. 사출성형기(射出成形機)   아. 고소(高所)작업대
   자. 곤돌라

09 다음과 같은 스트레스에 대한 반응은 무엇에 해당 하는가?

여동생이나 남동생을 얻게 되면서 손가락을 빠는 것과 어린 시절의 버릇을 나타낸다.

① 투사   ② 억압
③ 승화   ④ 퇴행

용어의 정의
- 투사 : 자신의 실패나 잘못된 행동, 생각 등을 타인에게 전가시킴으로써 불안에서 벗어나고자 하는 것
- 억압 : 불쾌한 생각이나 감정 등을 눌러서 무의식으로 가라앉게 하고 의식에 떠오르지 않게 하는 것
- 승화 : 사회적으로 인정되지 못하는 욕구나 충동을 사회가 인정해 주는 방향으로 표출하는 행위
- 퇴행 : 감당하기 힘든 현실이나 스트레스에 노출될 경우 초기의 어느 발달단계로 가서 위안을 받고자 하는 것

10 산업안전보건법령상 일용근로자의 안전보건교육 과정별 교육시간 기준으로 틀린 것은?

① 채용 시의 교육 : 1시간 이상
② 작업내용 변경 시의 교육 : 2시간 이상
③ 건설업 기초안전 보건교육(건설 일용근로자) : 4시간 이상
④ 특별교육 : 2시간 이상(흙막이 지보공의 보강 또는 동바리를 설치하거나 해체하는 작업에 종사하는 일용근로자)

해설

근로자 안전보건교육(산업안전보건법 시행규칙 별표 4)

교육과정	교육대상		교육시간
정기교육	사무직 종사 근로자		매반기 6시간 이상
	그 밖의 근로자	판매업무에 직접 종사하는 근로자	매반기 6시간 이상
		판매업무에 직접 종사하는 근로자 외의 근로자	매반기 12시간 이상
채용 시 교육	일용근로자 및 근로계약기간이 1주일 이하인 기간제근로자		1시간 이상
	근로계약기간이 1주일 초과 1개월 이하인 기간제근로자		4시간 이상
	그 밖의 근로자		8시간 이상
작업내용 변경 시 교육	일용근로자 및 근로계약기간이 1주일 이하인 기간제근로자		1시간 이상
	그 밖의 근로자		2시간 이상
특별교육	특별교육 대상 작업(단, 타워크레인을 사용하는 작업시 신호업무를 하는 작업은 제외)에 종사하는 일용근로자 및 근로계약기간이 1주일 이하인 기간제근로자		2시간 이상
	타워크레인을 사용하는 작업시 신호업무를 하는 일용근로자 및 근로계약기간이 1주일 이하인 기간제근로자		8시간 이상
	특별교육 대상 작업에 종사하는 근로자 중 일용근로자 및 근로계약기간이 1주일 이하인 기간제근로자를 제외한 근로자		-16시간 이상(최초 작업에 종사하기 전 4시간 이상 실시하고 12시간은 3개월 이내에서 분할하여 실시 가능) -단기간 작업 또는 간헐적 작업인 경우에는 2시간 이상
건설업 기초 안전·보건교육	건설 일용근로자		4시간 이상

11 재해의 기본원인 4M에 해당하지 않은 것은?

① Man
② Machine
③ Media
④ Measurement

인간 과오의 배후요인 4요소(4M)
- 맨(Man) : 본인 이외의 사람

- 머신(Machine) : 장치나 기기 등의 물적 요인
- 미디어(Media) : 인간과 기계를 잇는 매체란 뜻으로 작업의 방법이나 순서, 작업정보의 실태나 환경과의 관계, 정리정돈
- 매니지먼트(Management) : 안전법규의 준수방법, 단속, 점검 관리 외에 지휘감독, 교육훈련

12 연평균 근로자수가 1000명인 사업장에서 연간 6건의 재해가 발생한 경우, 이 때의 도수율은?(단, 1일 근로시간수는 4시간, 연평균 근로일수는 150 일이다.)

① 1　　　　　　　　　② 10
③ 100　　　　　　　　④ 1000

도수율 = $\dfrac{\text{재해건수}}{\text{연간 총근로시간}} \times 10^6 = \dfrac{6}{1000 \times 4 \times 150} \times 10^6 = 10$

13 재해의 원인과 결과를 연계하여 상호 관계를 파악하기 위해 도표화하는 분석방법은?

① 특성요인도　　　　② 파레토도
③ 크로스분류도　　　④ 관리도

통계원인 분석방법 4가지
- 파레토도 : 사고의 유형, 기인물 등의 분류항목을 순서대로 도표화하여 문제나 목표의 이해에 편리
- 특성요인도 : 특성과 요인과의 관계를 도표로 하여 어골상으로 세분화
- 클로즈분석(크로스도) : 2개 이상의 문제를 분석하는데 사용
- 관리도 : 재해발생건수 등의 추이를 파악

14 적응기제(Adjustment Mechanism)의 도피적 행동이 고립에 해당하는 것은?

① 운동시합에서 진 선수가 컨디션이 좋지 않았다고 말한다.
② 키 작은 사람이 키 큰 친구들과 같이 사진을 찍으려 하지 않는다.
③ 자녀가 없는 여교사가 아동교육에 전념 하게 되었다.
④ 동생이 태어나자 형이 된 아이가 말을 더듬는다.

① 합리화(rationalization), ② 고립(isolation), ③ 승화(sublimation), ④ 퇴행(regression)

15 교육의 효과를 높이기 위하여 시청각 교재를 최대한으로 활용하는 시청각적 방법의 필요성이 아닌 것은?

① 교재의 구조화를 기할 수 있다.
② 대량 수업체제가 확립될 수 있다.
③ 교수의 평준화를 기할 수 있다.
④ 개인차를 최대한으로 고려할 수 있다.

시청각 교육 기능
- 구체적인 경험을 충분히 줌으로써 상징화, 일반화의 과정을 도와주며 의미나 원리를 파악하는 능력을 길러준다.
- 학습동기를 유발시켜 자발적인 학습활동이 되게 자극한다(학습효과의 지속성을 기할 수 없다).
- 학습자에게 공통경험을 형성시켜 줄 수 있다.
- 학습의 다양성과 능률화를 기할 수 있다.
- 개별 진로 수업을 가능하게 한다.

16 무재해운동의 추진을 위한 3요소에 해당하지 않는 것은?

① 모든 위험잠재요인의 해결
② 최고경영자의 경영자세
③ 관리감독자(Line)의 적극적 추진
④ 직장 소집단의 자주 활동 활성화

무재해운동 추진의 3기둥(무재해운동의 3요소)
- 최고 경영자의 경영자세
- 라인화의 철저(관리감독자에 의한 안전보건의 추진)
- 직장(소집단)의 자주활동의 활발화

17 산업안전보건법상 고용노동부장관이 산업재해예방을 위하여 종합적인 개선조치를 할 필요가 있다고 인정할 때에 안전보건개선계획의 수립 · 시행을 명할 수 있는 대상 사업장이 아닌 것은?

① 산업재해율이 같은 업종의 규모별 평균 산업재해율보다 높은 사업장
② 사업주가 필요한 안전조치 또는 보건조치를 이행하지 아니하여 중대재해가 발생한 사업장
③ 고용노동부장관이 관보 등에 고시한 유해인자의 노출기준을 초과한 사업장
④ 경미한 재해가 다발로 발생한 사업장

산업안전보건법 제49조(안전보건개선계획의 수립 · 시행 명령) ① 고용노동부장관은 다음 각 호의 어느 하나에 해당하는 사업장으로서 산업재해 예방을 위하여 종합적인 개선조치를 할 필요가 있다고 인정되는 사업장의 사업주에게 고용노동부령으로 정하는 바에 따라 그 사업장, 시설, 그 밖의 사항에 관한 안전 및 보건에 관한 개선계획(이하 "안전보건개선계획"이라 한다)을 수립하여 시행할 것을 명할 수 있다. 이 경우 대통령령으로 정하는 사업장의 사업주에게는 제47조에 따라 안전보건진단을 받아 안전보건개선계획을 수립하여 시행할 것을 명할 수 있다.
1. 산업재해율이 같은 업종의 규모별 평균 산업재해율보다 높은 사업장
2. 사업주가 필요한 안전조치 또는 보건조치를 이행하지 아니하여 중대재해가 발생한 사업장
3. 대통령령으로 정하는 수 이상의 직업성 질병자가 발생한 사업장(직업성 질병자가 연간 2명 이상 발생한 사업장)
4. 제106조에 따른 유해인자의 노출기준을 초과한 사업장

18 안전교육 훈련기법에 있어 태도 개발 측면에서 가장 적합한 기본교육 훈련 방식은?

① 실습방식
② 제시방식
③ 참가방식
④ 시뮬레이션방식

태도교육의 기본교육 훈련방식은 참가방식이다.

19 산업안전보건법령상 안전보건표지에 관한 설명으로 틀린 것은?

① 안전보건표지 속의 그림 또는 부호의 크기는 안전보건표지의 크기와 비례해야 하며, 안전보건표지 전체 규격의 30% 이상이 되어야 한다.
② 안전보건표지 색채의 물감은 변질되지 아니하는 것에 색채 고정원료를 배합하여 사용하여야 한다.
③ 안전보건표지는 그 표시내용을 근로자가 빠르고 쉽게 알아볼 수 있는 크기로 제작해야 한다.
④ 안전보건표지에는 야광물질을 사용하여서는 아니 된다.

산업안전보건법 시행규칙 제40조(안전보건표지의 제작) ① 안전보건표지는 그 종류별로 별표 9에 따른 기본모형에 의하여 별표 7의 구분에 따라 제작해야 한다.
② 안전보건표지는 그 표시내용을 근로자가 빠르고 쉽게 알아볼 수 있는 크기로 제작해야 한다.
③ 안전보건표지 속의 그림 또는 부호의 크기는 안전보건표지의 크기와 비례해야 하며, 안전보건표지 전체 규격의 30퍼센트 이상이 되어야 한다.
④ 안전보건표지는 쉽게 파손되거나 변형되지 않는 재료로 제작해야 한다.
⑤ 야간에 필요한 안전보건표지는 야광물질을 사용하는 등 쉽게 알아볼 수 있도록 제작해야 한다.

20 보호구 안전인증 고시에 따른 안전모의 일반구조 중 턱끈의 최소 폭 기준은?

① 5mm 이상 ② 7mm 이상
③ 10mm 이상 ④ 12mm 이상

안전모의 일반구조(보호구 안전인증 고시 별표 1)
- 안전모는 모체, 착장체 및 턱끈을 가질 것
- 착장체의 머리고정대는 착용자의 머리부위에 적합하도록 조절할 수 있을 것
- 착장체의 구조는 착용자의 머리에 균등한 힘이 분배되도록 할 것
- 모체, 착장체 등 안전모의 부품은 착용자에게 상해를 줄 수 있는 날카로운 모서리 등이 없을 것
- 턱끈은 사용 중 탈락되지 않도록 확실히 고정되는 구조일 것
- 안전모의 착용높이는 85mm 이상이고 외부수직거리는 80mm 미만일 것
- 안전모의 내부수직거리는 25mm 이상 50mm 미만일 것
- 안전모의 수평간격은 5mm 이상일 것
- 머리받침끈이 섬유인 경우에는 각각의 폭이 15mm 이상이어야 하며, 교차지점 중심으로부터 방사되는 끈폭의 총합은 72mm 이상일 것
- 턱끈의 폭은 10mm 이상일 것

제 02 과목 인간공학 및 위험성 평가·관리

21 산업안전보건법령에서 정한 물리적 인자의 분류 기준에 있어서 소음은 소음성난청을 유발할 수 있는 몇 dB(A) 이상의 시끄러운 소리로 규정하고 있는가?

① 70 ② 85
③ 100 ④ 115

소음작업(산업안전보건기준에 관한 규칙 제512조)
- 소음작업 : 1일 8시간 작업을 기준으로 85dB 이상의 소음이 발생하는 작업
- 강렬한 소음작업
  - 90dB 이상의 소음이 1일 8시간 이상 발생하는 작업
  - 95dB 이상의 소음이 1일 4시간 이상 발생하는 작업
  - 100dB 이상의 소음이 1일 2시간 이상 발생하는 작업
  - 105dB 이상의 소음이 1일 1시간 이상 발생하는 작업
  - 110dB 이상의 소음이 1일 30분 이상 발생하는 작업
  - 115dB 이상의 소음이 1일 15분 이상 발생하는 작업
- 충격소음작업 : 소음이 1초 이상의 간격으로 발생하는 작업으로서 다음의 어느 하나에 해당하는 작업
  - 120dB을 초과하는 소음이 1일 1만회 이상 발생하는 작업
  - 130dB을 초과하는 소음이 1일 1천회 이상 발생하는 작업
  - 140dB을 초과하는 소음이 1일 1백회 이상 발생하는 작업

22 반복되는 사건이 많이 있는 경우에 FTA의 최소 컷셋을 구하는 알고리즘이 아닌 것은?

① Fussel Algorithm
② Boolean Algorithm
③ Monte Carlo Algorithm
④ Limnios & Ziani Algorithm

몬테카를로 알고리즘(Monte Carlo Algorithm)은 확률적 알고리즘으로서 단 한 번의 과정으로 정확한 해를 구하기 어려운 경우 무작위로 난수를 반복적으로 발생하여 해를 구하는 절차를 말하며, 어떤 분석 대상에 대한 완전한 확률 분포가 주어지지 않을 때 유용하다.

23 다음 그림은 C/R 비와 시간과의 관계를 나타낸 그림이다. ㉠ ~ ㉣에 들어갈 내용이 맞는 것은?

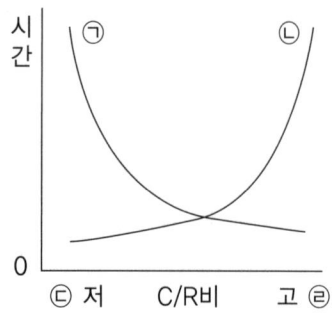

① ㉠ 이동시간 ㉡ 조정시간 ㉢ 민감 ㉣ 둔감
② ㉠ 이동시간 ㉡ 조정시간 ㉢ 둔감 ㉣ 민감
③ ㉠ 조정시간 ㉡ 이동시간 ㉢ 민감 ㉣ 둔감
④ ㉠ 조정시간 ㉡ 이동시간 ㉢ 둔감 ㉣ 민감

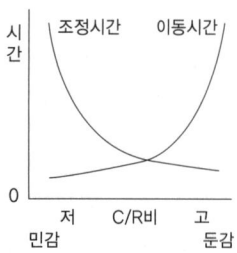

24 인간공학에 관련된 설명으로 틀린 것은?

① 편리성 쾌적성 효율성을 높일 수 있다
② 사고를 방지하고 안전성과 능률성을 높일 수 있다
③ 인간의 특성과 한계점을 고려하여 제품을 설계 한다
④ 생산성을 높이기 위해 인간을 작업 특성에 맞추는 것이다

인간공학의 연구 목적은 안전성의 향상, 기계조작의 능률성과 생산성 향상, 쾌적성 향상에 있으며, 이러한 점에서 생산성을 높이기 위해서는 인간을 작업 특성에 맞출 수는 없다.

25 설비나 공법 등에서 나타날 위험에 대하여 정성적 또는 정량적인 평가를 행하고 그 평가에 따른 대책을 강구하는 것은?

① 설비보전   ② 동작분석
③ 안전계획   ④ 안전성 평가

안전성 평가의 6단계
- 제1단계 : 관계자료의 작성준비
- 제2단계 : 정성적 평가
- 제3단계 : 정량적 평가
- 제4단계 : 안전대책
- 제5단계 : 재해정보에 의한 재평가
- 제6단계 : FTA에 의한 재평가

26 어떤 작업자의 배기량을 측정하였더니, 10분간 200L이었고, 배기량을 분석한 결과 O_2 : 16%, CO_2 : 4%였다. 분당 산소 소비량은 약 얼마인가?

① 1.05L/분   ② 2.05L/분
③ 3.05L/분   ④ 4.05L/분

- 분당 배기량(V_2) = $\frac{200}{10}$ = 20L/분
- 분당 흡기량(V_1) = $\frac{100 - O_2 - CO_2}{79} \times V_2 = \frac{100 - 16 - 4}{79} \times 20 ≒ 20.25$
- 분당 산소 소비량 = ($V_1 \times 0.21$) - ($V_2 \times 0.16$) = 1.05L/min
∴ 대기의 조성은 질소 78%, 산소 21%, 기타 1%로 구성되어 있다.

27 작업장 내의 색채조절이 적합하지 못한 경우에 나타나는 상황이 아닌 것은?

① 안전표지가 너무 많아 눈에 거슬린다.
② 현란한 색배합으로 물체 식별이 어렵다.
③ 무채색으로만 구성되어 중압감을 느낀다.
④ 다양한 색채를 사용하면 작업의 집중도가 높아진다.

너무 다양한 색채를 사용하면 시각을 혼란시켜 집중도가 떨어진다.

28 산업안전보건법에서 규정하는 근골격계부담작업의 범위에 해당하지 않는 것은?

① 단기간 작업 또는 간헐적인 작업
② 하루에 10회 이상 25kg 이상의 물체를 드는 작업
③ 하루에 총 2시간 이상 쪼그리고 낮거나 무릎을 굽힌 자세에서 이루어지는 작업
④ 하루에 4시간 이상 집중적으로 자료 입력 등을 위해 키보드 또는 마우스 조작하는 작업

근골격계부담작업이란 다음의 어느 하나에 해당하는 작업을 말한다. 다만, 단기간작업 또는 간헐적인 작업은 제외한다.
(고용노동부 고시, 근골격계부담작업의 범위)
- 하루에 4시간 이상 집중적으로 자료입력 등을 위해 키보드 또는 마우스를 조작하는 작업
- 하루에 총 2시간 이상 목, 어깨, 팔꿈치, 손목 또는 손을 사용하여 같은 동작을 반복하는 작업
- 하루에 총 2시간 이상 머리 위에 손이 있거나, 팔꿈치가 어깨위에 있거나, 팔꿈치를 몸통으로부터 들거나, 팔꿈치를 몸통 뒤쪽에 위치하도록 하는 상태에서 이루어지는 작업
- 지지되지 않은 상태이거나 임의로 자세를 바꿀 수 없는 조건에서, 하루에 총 2시간 이상 목이나 허리를 구부리거나 트는 상태에서 이루어지는 작업
- 하루에 총 2시간 이상 쪼그리고 앉거나 무릎을 굽힌 자세에서 이루어지는 작업
- 하루에 총 2시간 이상 지지되지 않은 상태에서 1kg 이상의 물건을 한손의 손가락으로 집어 옮기거나, 2kg 이상에 상응하는 힘을 가하여 한손의 손가락으로 물건을 쥐는 작업
- 하루에 총 2시간 이상 지지되지 않은 상태에서 4.5kg 이상의 물건을 한 손으로 들거나 동일한 힘으로 쥐는 작업
- 하루에 10회 이상 25kg 이상의 물체를 드는 작업
- 하루에 25회 이상 10kg 이상의 물체를 무릎 아래에서 들거나, 어깨 위에서 들거나, 팔을 뻗은 상태에서 드는 작업
- 하루에 총 2시간 이상, 분당 2회 이상 4.5kg 이상의 물체를 드는 작업
- 하루에 총 2시간 이상 시간당 10회 이상 손 또는 무릎을 사용하여 반복적으로 충격을 가하는 작업

29 인터페이스 설계 시 고려해야 하는 인간과 기계와의 조화성에 해당되지 않는 것은?

① 지적 조화성   ② 신체적 조화성
③ 감성적 조화성   ④ 심미적 조화성

인간-기계의 조화성 : 신체적 조화성, 지적 조화성, 감성적 조화성

30 1cd 의 점광원에서 1m 떨어진 곳에서의 조도가 3lux 이었다. 동일한 조건에서 5m 떨어진 곳에서의 조도는 몇 lux인가?

① 0.12   ② 0.22
③ 0.36   ④ 0.56

5m 거리 조도 = 1m 거리 조도 $\times (\frac{1m}{5m})^2 = 3 \times (\frac{1}{5})^2 = 0.12$

31 위험처리 방법에 관한 설명으로 틀린 것은?

① 위험처리 대책 수립 시 비용문제는 제외된다.
② 재정적으로 처리하는 방법에는 보류와 전가 방법이 있다.
③ 위험의 제어 방법에는 회피, 손실제어, 위험분리, 책임전가 등이 있다
④ 위험처리 방법에는 위험을 제어하는 방법과 재정적으로 처리하는 방법이 있다

위험(Risk) 처리(조정)기술 : 회피(Avoidance), 경감·감축(Reduction), 보류(Retention), 전가(Transfer)

32 인간의 가청주파수 범위는?

① 2~10000 Hz　　　　　　② 20~20000 Hz
③ 200~30000 Hz　　　　　④ 200~40000 Hz

인간의 가청주파수 범위는 20~20000Hz이며, 이에 따라 초음파의 기준은 20000Hz 이상이 된다.

33 FTA에 의한 재해사례 연구의 순서를 올바르게 나열한 것은?

| A. 목표사상 선정 | B. FT도 작성 |
| C. 사상마다 재해원인 규명 | D. 개선계획 작성 |

① A → B → C → D　　　② A → C → B → D
③ B → C → A → D　　　④ B → A → C → D

D.R. Cheriton의 FTA에 의한 재해사례 연구순서
- 1단계 : 톱(Top) 사상의 선정　　　　・2단계 : 사상마다 재해원인 규명
- 3단계 : FT도의 작성　　　　　　　　・4단계 : 개선계획의 작성

34 모든 시스템 안전 프로그램 중 최초 단계의 분석으로 시스템 내의 위험요소가 어떤 상태에 있는지를 정성적으로 평가하는 방법은?

① CA　　　　　　　　　　② FHA
③ PHA　　　　　　　　　④ FMEA

예비위험분석(PHA, Preliminary Hazards Analysis)
- 대부분의 시스템안전 프로그램에 있어서 최초단계의 분석
- 시스템 내의 위험한 요소가 얼마나 위험한 상태에 있는가를 정성적으로 평가
- PHA의 4가지 주요목표
 - 시스템에 대한 모든 주요한 사고를 식별하고 대충의 말로 표시할 것(사고 발생 확률은 식별 초기에는 고려되지 않음)
 - 사고를 유발하는 요인을 식별할 것

- 사고가 발생한다고 가정하고 시스템에 생기는 결과를 식별하고 평가할 것
- 식별된 사고를 범주(Category)로 분류할 것

35 청각적 표시장치에서 300m 이상의 장거리용 경보기에 사용하는 진동수로 가장 적절한 것은?

① 800 Hz 전후
② 2200 Hz 전후
③ 3500 Hz 전후
④ 4000 Hz 전후

경계 및 경보신호의 설계
- 귀는 중(中)음역에 가장 민감하므로 500~3,000Hz의 진동수를 사용한다.
- 고음은 멀리가지 못하므로 300m 이상의 장거리용은 1,000Hz 이하의 진동수를 사용한다.
- 신호가 장애물이나 칸막이를 통과해야 할 경우에는 500Hz 이하의 진동수를 사용한다.

36 인간- 기계 체계에서 인간의 과오에 기인된 원인 확률을 분석하여 위험성의 예측과 개선을 위한 평가 기법은?

① PHA
② FMEA
③ THERP
④ MORT

- PHA : 대부분의 시스템안전 프로그램에 있어서 최초단계의 분석으로 시스템 내의 위험한 요소가 얼마나 위험한 상태에 있는가를 정성적으로 평가
- FMEA : 시스템 안전분석에 이용되는 전형적인 정성적, 귀납적 분석방법으로 시스템에 영향을 미치는 전체 요소의 고장을 형별로 분석하여 그 영향을 검토하는 것
- THERP(Technique of Human Error Rate Prediction) : 인간의 과오를 정량적으로 평가하기 위하여 개발된 기법
- MORT(Management Oversight and Risk Tree) : 트리(Tree)를 중심으로 FTA와 같은 논리기법을 이용하여 관리, 설계, 생산, 보존 등 고도의 안전을 달성하는 것을 목적으로 사용(원자력산업에 이용)

37 기능식 생산에서 유연생산 시스템 설비의 가장 적합한 배치는?

① 합류(Y)형 배치
② 유자(U)형 배치
③ 일자(-)형 배치
④ 복수라인(=)형 배치

유연생산시스템(Flexible Manufacturing System)
- 생산성을 감소시키지 않으면서 여러 종류의 제품을 가공 처리할 수 있는 유연성이 큰 자동화 생산라인이다.
- 특히, U자형 생산라인은 작업장이 밀집되어 있어 공간이 적게 소요되며 작업자의 이동이나 운반거리가 짧아 운반이 최소화되며 작업자들의 의사소통을 증가시키는 효과가 있다

38 지게차 인장벨트의 수명은 평균이 100000시간, 표준편차가 500시간인 정규분포를 따른다. 이 인장벨트의 수명이 101000시간 이상일 확률은 약 얼마인가?(단 P(Z≤1)= 0.8413, P(Z≤2) = 0.9772, P(Z≤3) = 0.9987이다.)

① 1.60%
② 2.28%
③ 3.28%
④ 4.28%

$$P(\bar{X} \geq 101000) = P(Z \geq \frac{101000 - 100000}{500})$$
$$= P(Z \geq 2) = 0.5 + 0.5 - P(0 \leq Z \leq 2)$$
$$= 0.5 + 0.5 - 0.9772 = 0.0228 = 2.28[\%]$$

39 FT도 사용되는 다음 기호의 명칭으로 맞는 것은?

① 억제 게이트
② 부정 게이트
③ 배타적 OR 게이트
④ 우선적 AND 게이트

수정기호

명칭	설명	기호
우선적 AND게이트 (priority AND gate, sequential AND gate)	입력사상 중 어떤 사상이 다른 사상보다 앞에 일어났을 때 출력사상이 생긴다.	a_i는 a_k보다 우선 a_i a_j a_k
조합 AND 게이트 (combination AND gate)	3개 이상의 입력사상 중 어느 것이나 2개가 일어나면 출력이 생긴다.	어느 것이나 2개 a_i a_j a_k
위험지속기호 (hazard duration modifier)	입력사상이 생겨 어떤 일정한 시간 동안 지속하였을 때 출력이 생긴다. 만약 지속되지 않으면 출력은 생기지 않는다.	위험지속 시간
배타적 OR게이트 (exclusive OR gate)	2개 또는 그 이상의 입력이 존재하는 경우에는 출력이 생기지 않는다.	동시발생이 없음

40 인체계측 자료에서 주로 사용하는 변수가 아닌 것은?

① 평균
② 5 백분위수
③ 최빈값
④ 95 백분위수

인체계측자료의 응용원칙
- 최대치수와 최소치수 : 최대치수 또는 최소치수를 기준으로 하여 설계

- 조절범위(조절식) : 체격이 다른 여러 사람에 맞도록 만드는 것(5~95%tile)
- 평균치를 기준으로 한 설계 : 최대치수나 최소치수, 조절식으로 적용이 곤란할 때 평균치를 기준으로 하여 설계

제 03 과목　기계·기구 및 설비 안전관리

41 선반 등으로부터 돌출하여 회전하고 있는 가공물이 근로자에게 위험을 미칠 우려가 있는 경우 설치할 방호장치로 가장 적합한 것은?

① 덮개 또는 울　　　　② 슬리브
③ 건널다리　　　　　　④ 체인 블록

산업안전보건기준에 관한 규칙 제90조(날아오는 가공물 등에 의한 위험의 방지) 사업주는 가공물 등이 절단되거나 절삭편(切削片)이 날아오는 등 근로자가 위험해질 우려가 있는 기계에 덮개 또는 울 등을 설치하여야 한다. 다만, 해당 작업의 성질상 덮개 또는 울 등을 설치하기가 매우 곤란하여 근로자에게 보호구를 사용하도록 한 경우에는 그러하지 아니하다.

42 금형 운반에 대한 안전수칙에 관한 설명으로 옳지 않은 것은?

① 상부금형과 하부금형이 닿을 위험이 있을 때는 고정 패드를 이용한 스트랩, 금속 재질이나 우레탄 고무의 블록 등을 사용한다.
② 금형을 안전하게 취급하기 위해 아이볼트를 사용할 때는 숄더형으로 사용하는 것이 좋다.
③ 관통 아이볼트가 사용될 때는 조립이 쉽도록 구멍 틈새를 크게 한다.
④ 운반하기 위해 꼭 들어 올려야 할 때는 필요한 높이 이상으로 들어 올려서는 안 된다.

관통 아이볼트가 사용될 때는 구멍 틈새를 최소로 하는 억지 끼워 맞춤으로 한다.

43 지게차의 안정도 기준으로 틀린 것은?

① 기준부하상태에서 주행시의 전후 안정도는 8% 이내이다.
② 하역작업시의 좌우안정도는 최대하중상태에서 포크를 가장 높이 올리고 마스트를 가장 뒤로 기울인 상태에서 6% 이내이다.
③ 하역작업시의 전후안정도는 최대하중상태에서 포크를 가장 높이 올린 경우 4% 이내이며, 5톤 이상은 3.5% 이내이다.
④ 기준무부하 상태에서 주행시의 좌우안 정도는 (15 + 1.1×V)% 이내이고, V는 구내최고 속도(km/h)를 의미한다.

기준부하상태에서 주행시의 전후 안정도는 18% 이내이다.

44 기계설비 구조의 안전을 위해 설계 시 고려하여야 할 안전계수(safety factor)의 산출 공식으로 틀린 것은?

① 파괴강도 ÷ 허용응력
② 안전하중 ÷ 판단하중
③ 파괴하중 ÷ 허용하중
④ 극한강도 ÷ 최대설계응력

안전계수 = $\dfrac{\text{크리프 변형량}}{\text{초기 탄성변형량}}$ = $\dfrac{\text{크리프 변형량}}{\text{초기 탄성변형량}}$ = $\dfrac{\text{크리프 변형량}}{\text{초기 탄성변형량}}$ = $\dfrac{\text{크리프 변형량}}{\text{초기 탄성변형량}}$

45 산업용 로봇의 재해 발생에 대한 주된 원인이며, 본체의 외부에 조립되어 인간의 팔에 해당되는 기능을 하는 것은?

① 센서(sensor)
② 제어 로직(control logic)
③ 제동장치(brake system)
④ 머니퓰레이터(manipulator)

산업용 로봇의 주요 구조부
- 메니퓰레이터(manipulator) : 인간의 어깨와 손목 사이의 신체 부위인 상지(上肢)와 유사한 기능을 보유하고, 그 선단 부위에 해당하는 기계손 등에 의해 물체를 잡아 공간적으로 이동시키는 작업 등을 실시할 수 있는 것을 의미
- 전기, 유압 및 공압 동력 공급설비(power unit)
- 본체 회전용 구동부

46 방호장치의 안전기준상 평면연삭기 또는 절단연삭기에서 덮개의 노출각도 기준으로 옳은 것은?

① 80° 이내
② 125° 이내
③ 150° 이내
④ 180° 이내

연삭숫돌 또는 연마기의 방호덮개는 연삭숫돌의 파괴로 인한 파편의 비산을 효과적으로 방지할 수 있는 구조로서 다음 요건에 적합해야 한다. 다만, 방호덮개를 밀폐형으로 제작하고 제17호 기준을 만족하는 경우 예외로 할 수 있다.
- 실제 사용되는 부분을 제외한 위험부위를 최대한 방호할 수 있는 구조일 것
- 평면 및 절단용 연삭기는 개구부의 각도가 150°를 초과하지 않을 것
- 최대 원주속도가 초당 50m 이하인 탁상용 연삭기의 방호덮개는 개구부의 각도가 90°를 초과하지 않고, X축 상부의 각도가 50°를 초과하지 않을 것
- 연삭숫돌의 외경이 125mm 이상인 연삭기 또는 연마기는 연삭숫돌의 절단면과 가드 사이의 거리가 5mm 이내이고 숫돌의 측면과의 간격이 10mm 이내가 되도록 조정할 것

47 광전자식 방호장치가 설치된 프레스에서 손이 광선을 차단했을 때부터 급정지기구가 작동을 개시할 때까지의 시간은 0.3초 급정지기구가 작동을 개시했을 때부터 슬라이드가 정지할 때까지의 시간이 0.4초 걸린다고 할 때 최소 안전거리는 약 몇 mm 인가?

① 540
② 760
③ 980
④ 1120

안전거리(D) = 1.6(T_i + T_s) = 1.6 × (0.3 + 0.4) = 1.12[m] = 1120[mm]

48. 안전한 상태를 확보할 수 있도록 기계의 작동 부분 상호간을 기계적, 전기적인 방법으로 연결하여 기계가 정상 작동을 하기 위한 모든 조건이 충족되어야지만 작동하며, 그 중 하나라도 충족되지 않으면 자동적으로 정지시키는 방호장치 형식은?

① 자동식 방호장치
② 가변식 방호장치
③ 고정식 방호장치
④ 인터록식 방호장치

인터록 장치(Interlock System) : 일종의 연동기구로서 목적 달성을 위하여 한 동작 또는 수 개의 동작을 하기도 하며, 동작 완료시에는 자동적으로 안전 상태를 확보하는 장치이다.

49. 다음 중 목재가공용 둥근톱에 설치해야 하는 분할날의 두께에 관한 설명으로 옳은 것은?

① 톱날 두께의 1.1배 이상이고, 톱날의 치진폭보다 커야 한다.
② 톱날 두께의 1.1배 이상이고, 톱날의 치진폭보다 작아야 한다.
③ 톱날 두께의 1.1배 이내이고, 톱날의 치진폭보다 커야 한다.
④ 톱날 두께의 1.1배 이내이고, 톱날의 치진폭보다 작아야 한다.

목재가공용 둥근톱의 분할날 두께
- 목재가공용 둥근톱에서 반발예방장치 분할날의 두께는 톱날 두께의 1.1배 이상이고, 톱날의 치진폭 보다 작아야 한다.
- $1.1 t_1 \leq t_2 < b$ (t_1 : 톱두께, t_2 : 분할날 두께, b : 치진폭)

50. 기계를 구성하는 요소에서 피로현상은 안전과 밀접한 관련이 있다. 다음 중 기계요소의 피로파괴현상과 가장 관련이 적은 것은?

① 소음(noise)
② 노치(notch)
③ 부식(corrosion)
④ 치수 효과(size effect)

피로파괴현상의 요인 : 노치(notch), 부식(corrosion), 치수 효과(size effect), 온도, 표면상태 등

51. 드릴링 머신의 드릴지름이 10mm이고, 드릴회전수가 1000 rpm 일 때 원주속도는 약 얼마인가?

① 1.14 m/mim
② 6.28 m/mim
③ 31.4 m/mim
④ 62.8 m/mim

표면속도(V) = $\dfrac{\pi D \times RPM}{1,000}$ = $\dfrac{3.14 \times 10 \times 1000}{1,000}$ = 31.4

52 롤러기의 방호장치 중 복부 조작식 급정지 장치의 설치위치 기준에 해당하는 것은?(단, 위치는 급정지장치의 조작부의 중심점을 기준으로 한다.)

① 밑면에서 1.8m 이상
② 밑면에서 0.8m 미만
③ 밑면에서 0.8m 이상 1.1m 이내
④ 밑면에서 0.4m 이상 0.8m 이내

롤러기 급정지장치의 종류(방호장치 자율안전기준 고시 별표 3)

종류	위치	비고
손조작식	밑면에서 1.8m 이내	위치는 급정지장치조작부의 중심점을 기준으로 함
복부조작식	밑면에서 0.8m 이상 1.1m 이내	
무릎조작식	밑면에서 0.6m 이내	

53 산업안전보건법령상 크레인의 직동식 권과방지장치는 훅·버킷 등 달기구의 윗면이 드럼, 상부 도르래 등 권상장치의 아랫면과 접촉할 우려가 있을 때 그 간격이 얼마 이상이어야 하는가?

① 0.01m 이상
② 0.02m 이상
③ 0.03m 이상
④ 0.05m 이상

양중기에 대한 권과방지장치는 훅·버킷 등 달기구의 윗면(그 달기구에 권상용 도르래가 설치된 경우에는 권상용 도르래의 윗면)이 드럼, 상부 도르래, 트롤리프레임 등 권상장치의 아랫면과 접촉할 우려가 있는 경우에 그 간격이 0.25미터 이상[(직동식(直動式) 권과방지장치는 0.05미터 이상으로 한다)]이 되도록 조정하여야 한다.

54 원심기의 안전대책에 관한 사항에 해당되지 않는 것은?

① 최고사용회전수를 초과하여 사용해서는 아니 된다.
② 내용물이 튀어나오는 것을 방지하도록 덮개를 설치하여야 한다.
③ 폭발을 방지하도록 압력방출장치를 2개 이상 설치하여야 한다.
④ 청소, 검사, 수리 등의 작업 시에는 기계의 운전을 정지하여야 한다.

원심기 및 분쇄기등의 안전기준(산업안전보건기준에 관한 규칙 제11조~제113조)

- 사업주는 원심기 또는 분쇄기등으로부터 내용물을 꺼내거나 원심기 또는 분쇄기등의 정비·청소·검사·수리 또는 그 밖에 이와 유사한 작업을 하는 경우에 그 기계의 운전을 정지하여야 한다. 다만, 내용물을 자동으로 꺼내는 구조이거나 그 기계의 운전 중에 정비·청소·검사·수리 또는 그 밖에 이와 유사한 작업을 하여야 하는 경우로서 안전한 보조기구를 사용하거나 위험한 부위에 필요한방호 조치를 한 경우에는 그러하지 아니하다.
- 사업주는 원심기의 최고사용회전수를 초과하여 사용해서는 아니 된다.
- 사업주는 분쇄기 등으로 폭발성 물질, 유기과산화물을 취급하거나 분진이 발생할 우려가 있는 작업을 하는 경우 폭발 등에 의한 산업재해를 예방하기 위하여 화기나 점화원이 될 우려가 있는 것에 접근시키거나 가열하거나 마찰시키거나 충격을 가하는 행위를 제한하는 등 필요한 조치를 하여야 한다.

55 산업안전보건법령상 고속회전체의 회전시험을 하는 경우 미리 회전축의 재질 및 형상 등에 상응하는 종류의 비파괴검사를 해서 결함 유무(有無)를 확인하여야 하는 고속회전체 대상은?

① 회전축의 중량이 0.5톤을 초과하고, 원주속도가 15m/s 이상인 것
② 회전축의 중량이 1톤을 초과하고, 원주속도가 30m/s 이상인 것
③ 회전축의 중량이 0.5톤을 초과하고, 원주속도가 60m/s 이상인 것
④ 회전축의 중량이 1톤을 초과하고, 원주속도가 120m/s 이상인 것

산업안전보건기준에 관한 규칙 제115조(비파괴검사의 실시) 사업주는 고속회전체(회전축의 중량이 1톤을 초과하고 원주속도가 초당 120미터 이상인 것으로 한정한다)의 회전시험을 하는 경우 미리 회전축의 재질 및 형상 등에 상응하는 종류의 비파괴검사를 해서 결함 유무(有無)를 확인하여야 한다.

56 롤러기의 급정지장치를 작동시켰을 경우에 무부하 운전 시 앞면 롤러의 표면속도가 30m/mim 미만일 때의 급정지거리로 적합한 것은?

① 앞면 롤러 원주의 1/1.5 이내
② 앞면 롤러 원주의 1/2 이내
③ 앞면 롤러 원주의 1/2.5 이내
④ 앞면 롤러 원주의 1/3 이내

앞면 롤러의 표면속도에 따른 급정지거리

앞면 롤러의 표면 속도(m/분)	급정지 거리
30 미만	앞면 롤러 원주의 1/3 이내
30 이상	앞면 롤러 원주의 1/2.5 이내

57 위험기계·기구 자율안전확인 고시에 의하면 탁상용 연삭기에서 연삭숫돌의 외주면과 가공물 받침대 사이 거리는 몇mm를 초과하지 않아야 하는가?

① 1 mm
② 2 mm
③ 4 mm
④ 8 mm

탁상용 및 절단용 연삭기의 조절 가능한 가공물 받침대 설치 요건
• 연삭숫돌의 외주면과 받침대 사이의 거리는 2mm를 초과하지 않을 것
• 연삭기에서 사용토록 설계된 연삭숫돌 폭 이상의 크기일 것
• 연삭기에 견고히 고정될 것

58 지게차의 헤드가드 상부틀에 있어서 각 개구부의 폭 또는 길이의 크기는?

① 8cm 미만
② 10cm 미만
③ 16cm 미만
④ 20cm 미만

지게차 헤드가드의 구비조건(산업안전보건기준에 관한 규칙 제180조)
- 강도는 지게차의 최대하중의 2배 값(4톤을 넘는 값에 대해서는 4톤으로 한다)의 등분포정하중(等分布靜荷重)에 견딜 수 있을 것
- 상부틀의 각 개구의 폭 또는 길이가 16cm 미만일 것
- 운전자가 앉아서 조작하거나 서서 조작하는 지게차의 헤드가드는 산업표준화법 제12조에 따른 한국산업표준에서 정하는 높이 기준 이상일 것
  - 앉아서 조작하는 경우 조종사가 정상적인 작동 상태에 있을 때 좌석기준점(SIP)으로부터 조종사의 머리가 위치한 헤드가드 아래 부분의 밑면까지의 수직간격은 0.903m 이상이어야 한다.
  - 서서 조작하는 경우 조종사가 정상적인 작동 상태에 있을 때 조종사가 서 있는 플랫폼에서부터 조종사의 머리가 위치한 헤드가드 아래 부분의 밑면까지의 수직 간격은 1.88m 이상이어야 한다.

59 탁상용 연삭기의 평형 플랜지 바깥지름이 150mm일 때, 숫돌의 바깥지름은 몇 mm 이내이어야 하는가?

① 300 mm ② 450 mm
③ 600 mm ④ 750 mm

탁상형 연삭기에서 평형 플랜지의 직경은 설치하는 숫돌 직경의 1/3 이상, 여유값은 1.5mm 이상, 접촉폭은 다음의 표에서 정하는 값이어야 한다.(Df : 플랜지의 직경)

연삭숫돌의 직경(mm)	65 이하	66~355	356 이상
값(mm)	0.1Df 이상 0.2Df 미만	0.08Df 이상 0.18Df 미만	0.06Df 이상 0.18Df 미만

∴ 숫돌의 외경 = 평형 플랜지의 직경 × 3 = 150 × 3 = 450[mm]

60 기계운동 형태에 따른 위험점 분류에 해당되지 않는 것은?

① 접선끼임점
② 회전말림점
③ 물림점
④ 절단점

위험점의 분류

구분	내용
협착점	왕복 운동하는 동작부분과 움직임이 없는 고정부분 사이에 형성되는 위험점
끼임점	고정부분과 회전하는 동작부분 사이에서 형성되는 위험점
절단점	회전하는 운동부분 자체의 위험에서 초래되는 위험점
물림점	반대로 회전하는 두 개의 회전체가 맞닿는 사이에서 발생하는 위험점
접선물림점	회전하는 부분의 접선방향으로 물려 들어갈 위험이 존재하는 위험점
회전말림점	회전하는 물체에 작업복 등이 말려드는 위험이 존재하는 위험점

제 04 과목 전기 및 화학설비 안전관리

61 교류아크 용접기의 재해방지를 위해 쓰이는 것은?

① 자동전격방지 장치   ② 리미트 스위치
② 정전압 장치   ④ 정전류 장치

방호장치
- 아세틸렌 용접장치용 또는 가스집합 용접장치용 안전기
- 교류 아크용접기용 자동전격방지장치
- 롤러기 급정지장치
- 연삭기(研削機) 덮개
- 목재 가공용 둥근톱 반발 예방장치와 날 접촉 예방장치
- 동력식 수동대패용 칼날 접촉 방지장치
- 산업용 로봇 안전매트
- 추락·낙하 및 붕괴 등의 위험 방지 및 보호에 필요한 가설기자재

62 방폭구조의 종류와 기호가 잘못 연결된 것은?

① 유압방폭구조 – o   ② 압력방폭구조 – p
③ 내압방폭구조 – d   ④ 본질안전방폭구조 – e

방폭구조의 종류와 기호

종류	내용	기호
내압방폭구조	점화원에 의해 용기 내부에서 폭발이 발생할 경우에 용기가 폭발압력에 견딜 수 있고, 화염이 용기 외부의 폭발성 분위기로 전파되지 않도록 한 방폭구조	d
압력방폭구조	점화원이 될 우려가 있는 부분을 용기 안에 넣고 보호 기체(신선한 공기 또는 불활성기체)를 용기 안에 압입함으로써 폭발성 가스가 침입하는 것을 방지하도록 되어 있는 방폭구조	p
안전증방폭구조	전기기기의 과도한 온도 상승, 아크 또는 불꽃 발생의 위험을 방지하기 위하여 추가적인 안전조치를 통한 안전도를 증가시킨 방폭구조(다만, 정상운전 중에 아크나 불꽃을 발생시키는 전기기기는 안전증방폭구조의 전기기기 범위에서 제외)	e
유입방폭구조	유체 상부 또는 용기 외부에 존재할 수 있는 폭발성 분위기가 발화할 수 없도록 전기설비 또는 전기설비의 부품을 보호액에 함침시키는 방폭구조	o
본질안전방폭구조	정상시 또는 단락, 단선, 지락 등의 사고시에 발생하는 아크, 불꽃, 고열에 의하여 폭발성 가스나 증기에 점화되지 않는 것이 확인된 구조	ia, ib
비점화방폭구조	전기기기가 정상작동과 규정된 특정한 비정상상태에서 주위의 폭발성 가스 분위기를 점화시키지 못하도록 만든 방폭구조	n
몰드방폭구조	전기기기의 불꽃 또는 열로 인해 폭발성 위험분위기에 점화되지 않도록 컴파운드를 충전해서 보호한 방폭구조	m

충전방폭구조	폭발성 가스 분위기를 점화시킬 수 있는 부품을 고정하여 설치하고, 그 주위를 충전재로 완전히 둘러싸서 외부의 폭발성 가스 분위기를 점화시키지 않도록 하는 방폭구조	q
특수방폭구조	상기의 방폭구조 외에 외부의 폭발성 가스에 대해 인화를 방지할 수 있음을 시험에 의해 확인한 구조	s

63 전기화재의 직접적인 발생요인과 가장 거리가 먼 것은?

① 피뢰기의 손상
② 누전, 열의 축적
③ 과전류 및 절연의 손상
④ 지락 및 접속불량으로 인한 과열

전기화재의 원인 : 단락(25%), 스파크(24%), 누전(15%), 접촉부의 과열(12%), 절연열화에 의한 발열(11%), 과전류(8%)

64 콘덴서의 단자전압이 1kV, 정전용량이 740pF일 경우 방전에너지는 몇 mJ인가?

① 370 ② 37
③ 3.7 ④ 0.37

$$E = \frac{CV^2}{2} = \frac{740 \times 10^{-12} \times 1000^2}{2} = 0.37 \times 10^{-3} = 0.37[mJ]$$

65 이온생성 방법에 따른 정전기 제전기의 종류가 아닌 것은?

① 고전압인가식 ② 접지제어식
③ 자기방전식   ④ 방사선식

이온생성 방법에 따른 제전기의 종류
- 자기방전식 제전기 : 스테인레스(5μm), 카본(7μm), 도전성 섬유(50μm)등에 의해 작은 코로나 방전을 일으켜 제전하며, 고전압의 제전도 가능하나 약간의 대전이 남는 단점이 있음
- 고전압인가식(코로나 방전식) 제전기 : 방전침을 7000V 정도의 전압으로 코로나 방전을 일으켜 발생된 이온으로 대전체의 전하를 재결합시키는 방법으로 제전
- 방사선식(연X선형) 제전기 : 7000V의 교류 전압이 인가된 침을 배치하고 코로나 방전에 의해 발생한 이온을 lower로 대전체에 내뿜는 방식

66 송전선의 경우 복도체 방식으로 송전하는데 이는 어떤 방전 손실을 줄이기 위한 것인가?

① 코로나방전 ② 평등방전
③ 불꽃방전   ④ 자기방전

해설 복도체 방식은 송전선의 도체를 같은 전위를 가진 두 개 이상의 도체로 구성하는 방식으로, 송전선에서 코로나 방전에 따른 손실을 줄이기 위해 사용된다.

67 누전차단기의 설치 환경조건에 관한 설명으로 틀린 것은?

① 전원전압은 정격전압의 85~110% 범위로 한다.
② 설치장소가 직사광선을 받을 경우 차폐시설을 설치한다.
③ 정격부동작 전류가 정격감도 전류의 30% 이상이어야 하고 이들의 차가 가능한 큰 것이 좋다.
④ 정격전부하 전류가 30A인 이동형 전기기계·기구에 전류 30mA 이하인 것을 사용한다.

누전차단기의 정격 부동작전류는 정격 감도전류의 50% 이상으로 하고, 이들의 전류 값은 가능한 한 작게 한다.

68 피뢰설비 기본 용어에 있어 외부 뇌보호 시스템에 해당되지 않는 구성요소는?

① 수뢰부
② 인하도선
③ 접지시스템
④ 등전위 본딩

해설 외부 피뢰설비란 직격뢰를 받는 수뢰부(air-termination system), 뇌격전류를 접지전극으로 흐르게 하는 인하도선(down-conductor), 뇌격전류를 대지로 방류하는 접지시스템(earth-termination system)의 3요소로 구성된 설비를 말한다. 참고로 등전위 본딩이란 내부 피뢰설비 중 뇌격전류에 의해 발생하는 전위차를 감소시키기 위하여 도전체 상호간을 전기적으로 연결하는 것을 말한다.

69 누전에 의한 감전위험을 방지하기 위하여 누전차단기를 설치하여야 하는데 다음 중 누전차단기를 설치하지 않아도 되는 것은?

① 절연대 위에서 사용하는 이중 절연구조의 전동기기
② 임시배선의 전로가 설치되는 장소에서 사용하는 이동형 전기기구
③ 철판 위와 같이 도전성이 높은 장소에서 사용하는 이동형 전기기구
④ 물과 같이 도전성이 높은 액체에 의한 습윤 장소에서 사용하는 이동형 전기기구

산업안전보건기준에 관한 규칙 제304조(누전차단기에 의한 감전방지) ① 사업주는 다음 각 호의 전기기계·기구에 대하여 누전에 의한 감전위험을 방지하기 위하여 해당 전로의 정격에 적합하고 감도(전류 등에 반응하는 정도)가 양호하며 확실하게 작동하는 감전방지용 누전차단기를 설치해야 한다.
1. 대지전압이 150볼트를 초과하는 이동형 또는 휴대형 전기기계·기구
2. 물 등 도전성이 높은 액체가 있는 습윤장소에서 사용하는 저압(1.5천볼트 이하 직류전압이나 1천볼트 이하의 교류전압을 말한다)용 전기기계·기구
3. 철판·철골 위 등 도전성이 높은 장소에서 사용하는 이동형 또는 휴대형 전기기계·기구
4. 임시배선의 전로가 설치되는 장소에서 사용하는 이동형 또는 휴대형 전기기계·기구
② 사업주는 제1항에 따라 감전방지용 누전차단기를 설치하기 어려운 경우에는 작업시작 전에 접지선의 연결 및 접속부 상태 등이 적합한지 확실하게 점검하여야 한다.
③ 다음 각 호의 어느 하나에 해당하는 경우에는 제1항과 제2항을 적용하지 않는다.

1. 「전기용품안전관리법」에 따른 이중절연구조 또는 이와 동등 이상으로 보호되는 전기기계·기구
2. 절연대 위 등과 같이 감전위험이 없는 장소에서 사용하는 전기기계·기구
3. 비접지방식의 전로

70 위험장소의 분류에 있어 다음 설명에 해당되는 것은?

> 분진운 형태의 가연성 분진이 폭발농도를 형성할 정도로 충분한 양이 정상작동 중에 연속적으로 또는 자주 존재하거나, 제어할 수 없을 정도의 양 및 두께의 분진층이 형성될 수 있는 장소

① 20종 장소 ② 21종 장소
③ 22종 장소 ④ 23종 장소

폭발위험장소의 분류

분류		적요	예
가스 폭발 위험 장소	0종 장소	인화성 액체의 증기 또는 가연성 가스에 의한 폭발위험이 지속적으로 또는 장기간 존재하는 장소	용기·장치·배관 등의 내부 등
	1종 장소	정상 작동상태에서 인화성 액체의 증기 또는 가연성 가스에 의한 폭발위험분위기가 존재하기 쉬운 장소	맨홀·벤트·피트 등의 주위
	2종 장소	정상작동상태에서 인화성 액체의 증기 또는 가연성 가스에 의한 폭발위험분위기가 존재할 우려가 없으나, 존재할 경우 그 빈도가 아주 적고 단기간만 존재할 수 있는 장소	개스킷·패킹 등의 주위
분진 폭발 위험 장소	20종 장소	분진운 형태의 가연성 분진이 폭발농도를 형성할 정도로 충분한 양이 정상작동 중에 연속적으로 또는 자주 존재하거나, 제어할 수 없을 정도의 양 및 두께의 분진층이 형성될 수 있는 장소	호퍼·분진저장소·집진장치·필터 등의 내부
	21종 장소	20종 장소 외의 장소로서, 분진운 형태의 가연성 분진이 폭발농도를 형성할 정도의 충분한 양이 정상작동 중에 존재할 수 있는 장소	집진장치·백필터·배기구 등의 주위, 이송벨트 샘플링 지역 등
	22종 장소	21종 장소 외의 장소로서, 가연성 분진운 형태가 드물게 발생 또는 단기간 존재할 우려가 있거나, 이상작동 상태하에서 가연성 분진층이 형성될 수 있는 장소	21종 장소에서 예방조치가 취하여진 지역, 환기설비 등과 같은 안전장치 배출구 주위 등

71 프로판(C_3H_8) 가스의 공기 중 완전 연소 조성농도는 약 몇 vol%인가?

① 2.02 ② 3.02
③ 4.02 ④ 5.02

화학양론 농도 = $\dfrac{100}{1 + 4.773 \times 5}$ = 4.02

72 산업안전보건법령에서 정한 위험물질의 종류에서 "물반응성 물질 및 인화성 고체"에 해당하는 것은?

① 니트로화합물
② 과염소산
③ 아조화합물
④ 칼륨

위험물질의 종류(산업안전보건기준에 관한 규칙 별표 1)
- 폭발성 물질 및 유기과산화물 : 질산에스테르류, 니트로화합물, 니트로소화합물, 아조화합물, 디아조화합물, 하이드라진 유도체, 유기과산화물
- 물반응성 물질 및 인화성 고체 : 리튬, 칼륨·나트륨, 황, 황린, 황화인·적린, 셀룰로이드류, 알킬알루미늄·알킬리튬, 마그네슘 분말, 금속 분말(마그네슘 분말 제외), 알칼리금속(리튬·칼륨 및 나트륨은 제외), 유기 금속화합물(알킬알루미늄 및 알킬리튬은 제외), 금속의 수소화물, 금속의 인화물, 칼슘 탄화물, 알루미늄 탄화물
- 산화성 액체 및 산화성 고체 : 차아염소산 및 그 염류, 아염소산 및 그 염류, 염소산 및 그 염류, 과염소산 및 그 염류, 브롬산 및 그 염류, 요오드산 및 그 염류, 과산화수소 및 무기 과산화물, 질산 및 그 염류, 과망간산 및 그 염류, 중크롬산 및 그 염류
- 인화성 액체
- 인화성 가스 : 수소, 아세틸렌, 에틸렌, 메탄, 에탄, 프로판, 부탄
- 부식성 물질 : 부식성 산류, 부식성 염기류
- 급성 독성 물질

73 화재 발생 시 알코올포(내알코올포) 소화약제의 소화효과가 큰 대상물은?

① 특수인화물
② 물과 친화력이 있는 수용성 용매
③ 인화점이 영하 이하의 인화성 물질
④ 발생하는 증기가 공기보다 무거운 인화성 액체

알코올포(내알코올포) 소화약제는 물과 친화력이 있는 수용성 용매에 소화효과가 크다.

74 다음 중 화학물질 및 물리적 인자의 노출기준에 따른 TWA 노출기준이 가장 낮은 물질은?

① 불소
② 아세톤
③ 니트로벤젠
④ 사염화탄소

TWA 노출기준 : 불소 0.1ppm, 아세톤 500ppm, 니트로벤젠 1ppm, 사염화탄소 5ppm

75 다음 중 폭발한계의 범위가 가장 넓은 가스는?

① 수소
② 메탄
③ 프로판
④ 아세틸렌

공기 중의 폭발범위

인화성가스	폭발하한계(v%)	폭발상한계(v%)
수소(H_2)	4.0	75.0
메탄(CH_4)	5.0	15.0
프로판(C_3H_8)	2.1	9.5
아세틸렌(C_2H_2)	2.5	81

76 20℃, 1기압의 공기를 압축비 3으로 단열 압축하였을 때 온도는 몇 ℃가 되겠는가?(단, 공기의 비열비는 1.4이다.)

① 84 ② 128
③ 182 ④ 1091

$T_2 = (T_1 + 273) \times \left(\dfrac{\text{나중압력}}{\text{처음압력}}\right)^{\frac{\text{비열비}-1}{\text{비열비}}} = (20 + 273) \times \left(\dfrac{3}{1}\right)^{\frac{1.4-1}{1.4}} = 401[°K]$

∴ 401 − 273 = 128[℃]

77 대기 중에 대량의 가연성 가스가 유출되거나 대량의 가연성 액체가 유출하여 그것으로부터 발생하는 증기가 공기와 혼합해서 가연성 혼합기체를 형성하고, 점화원에 의하여 발생하는 폭발을 무엇이라 하는가?

① UVCE ② BLEVE
③ Detonation ④ Boil over

증기운폭발(UVCE) : 대기 중에 대량의 가연성 가스 및 기화하기 쉬운 가연성 액체가 누출되어 점화원에 의해 발생하는 폭발로 화학공정산업에서 가장 위험하고 파괴적인 폭발이다.

78 가스를 저장하는 가스용기의 색상이 틀린 것은?(단, 의료용 가스는 제외한다.)

① 암모니아 – 백색
② 이산화탄소 – 황색
③ 산소 – 녹색
④ 수소 – 주황색

가스용기의 색상 : 산소 – 녹색, 수소 – 주황색, 액화탄산가스 – 청색, 액화암모니아 – 백색, 액화염소 – 갈색, 아세틸렌 – 황색, 그 밖의 가스 – 회색

79 여러 가지 성분의 액체 혼합물을 각 성분별로 분리하고자 할 때 비점의 차이를 이용하여 분리하는 화학설비를 무엇이라 하는가?

① 건조기
② 반응기
③ 진공관
④ 증류탑

증류탑은 서로 섞여 있는 액체 혼합물을 끓는점 차이를 이용해 분리하는 장치로, 원유의 분류에도 사용된다.

80 산업안전보건법령에서 정한 안전검사의 주기에 따르면 컨베이어 및 산업용 로봇은 사업장에 설치가 끝난 날부터 몇 년 이내에 최초 안전검사를 실시하여야 하는가?

① 1
② 2
③ 3
④ 4

산업안전보건법 시행규칙 제126조(안전검사의 주기와 합격표시 및 표시방법) ① 법 제93조제3항에 따른 안전검사대상기계등의 안전검사 주기는 다음 각 호와 같다.
1. 크레인(이동식 크레인은 제외한다), 리프트(이삿짐운반용 리프트는 제외한다) 및 곤돌라 : 사업장에 설치가 끝난 날부터 3년 이내에 최초 안전검사를 실시하되, 그 이후부터 2년마다(건설현장에서 사용하는 것은 최초로 설치한 날부터 6개월마다)
2. 이동식 크레인, 이삿짐운반용 리프트 및 고소작업대 : 「자동차관리법」 제8조에 따른 신규등록 이후 3년 이내에 최초 안전검사를 실시하되, 그 이후부터 2년마다
3. 프레스, 전단기, 압력용기, 국소 배기장치, 원심기, 롤러기, 사출성형기, 컨베이어, 산업용 로봇, 혼합기, 파쇄기 또는 분쇄기 : 사업장에 설치가 끝난 날부터 3년 이내에 최초 안전검사를 실시하되, 그 이후부터 2년마다(공정안전보고서를 제출하여 확인을 받은 압력용기는 4년마다)
※ 혼합기, 파쇄기 또는 분쇄기는 2026년 6월 26일부터 시행

제 05 과목 건설공사 안전관리

81 작업으로 인하여 물체가 떨어지거나 날아올 위험이 있는 경우 설치하는 낙하물 방지망의 수평면과의 각도 기준으로 옳은 것은?

① 10° 이상 20° 이하를 유지
② 20° 이상 30° 이하를 유지
③ 30° 이상 40° 이하를 유지
④ 40° 이상 45° 이하를 유지

산업안전보건기준에 관한 규칙 제14조(낙하물에 의한 위험의 방지) ① 사업주는 작업장의 바닥, 도로 및 통로 등에서 낙하물이 근로자에게 위험을 미칠 우려가 있는 경우 보호망을 설치하는 등 필요한 조치를 하여야 한다.
② 사업주는 작업으로 인하여 물체가 떨어지거나 날아올 위험이 있는 경우 낙하물 방지망, 수직보호망 또는 방호선반의 설치, 출입금지구역의 설정, 보호구의 착용 등 위험을 방지하기 위하여 필요한 조치를 하여야 한다. 이 경우 낙하물 방지망 및 수직보호망은 「산업표준화법」 제12조에 따른 한국산업표준(이하 "한국산업표준"이라 한다)에서 정하는 성능기준에 적합한 것을 사용하여야 한다.
③ 제2항에 따라 낙하물 방지망 또는 방호선반을 설치하는 경우에는 다음 각 호의 사항을 준수하여야 한다.
1. 높이 10미터 이내마다 설치하고, 내민 길이는 벽면으로부터 2미터 이상으로 할 것
2. 수평면과의 각도는 20도 이상 30도 이하를 유지할 것

82 굴착공사 중 암질변화구간 및 이상암질 출현 시에는 암질판별시험을 수행하는데 이 시험의 기준과 거리가 먼 것은?

① 함수비 ② R.Q.D
③ 탄성파속도 ④ 일축압축강도

발파 시 암질판별기준
- R.Q.D(%)
- R.M.R
- 탄성파속도(m/sec)
- 진동치속도(cm/sec)
- 일축압축강도(kgf/cm²)

83 거푸집 동바리 등을 조립하거나 해체하는 작업을 하는 경우 준수사항으로 옳지 않은 것은?

① 해당 작업을 하는 구역에는 관계 근로자 가 아닌 사람의 출입을 금지할 것
② 비, 눈, 그 밖의 기상상태의 불안정으로 날씨가 몹시 나쁜 경우에는 그 작업을 중지할 것
③ 낙하·충격에 의한 돌발적 재해를 방지하기 위하여 버팀목을 설치하고 거푸집동바리등을 인양장비에 매단 후에 작업을 하도록 하는 등 필요한 조치를 할 것
④ 재료, 기구 또는 공구 등을 올리거나 내리는 경우에는 근로자로 하여금 달줄·달포대 등의 사용을 금지하도록 할 것

산업안전보건기준에 관한 규칙 제333조(조립·해체 등 작업 시의 준수사항) ① 사업주는 기둥·보·벽체·슬래브 등의 거푸집 및 동바리를 조립하거나 해체하는 작업을 하는 경우에는 다음 각 호의 사항을 준수해야 한다.
1. 해당 작업을 하는 구역에는 관계 근로자가 아닌 사람의 출입을 금지할 것
2. 비, 눈, 그 밖의 기상상태의 불안정으로 날씨가 몹시 나쁜 경우에는 그 작업을 중지할 것
3. 재료, 기구 또는 공구 등을 올리거나 내리는 경우에는 근로자로 하여금 달줄·달포대 등을 사용하도록 할 것
4. 낙하·충격에 의한 돌발적 재해를 방지하기 위하여 버팀목을 설치하고 거푸집 및 동바리를 인양장비에 매단 후에 작업을 하도록 하는 등 필요한 조치를 할 것
② 사업주는 철근조립 등의 작업을 하는 경우에는 다음 각 호의 사항을 준수하여야 한다.
1. 양중기로 철근을 운반할 경우에는 두 군데 이상 묶어서 수평으로 운반할 것
2. 작업위치의 높이가 2미터 이상일 경우에는 작업발판을 설치하거나 안전대를 착용하게 하는 등 위험 방지를 위하여 필요한 조치를 할 것

84 고소작업대가 갖추어야 할 설치조건으로 옳지 않은 것은?

① 작업대를 와이어로프 또는 체인으로 올리거나 내릴 경우에는 와이어로프 또는 체인이 끊어져 작업대가 떨어지지 아니하는 구조여야 하며, 와이어로프 또는 체인의 안전율은 3 이상일 것
② 작업대를 유압에 의해 올리거나 내릴 경우에는 작업대를 일정한 위치에 유지할 수 있는 장치를 갖추고 압력의 이상 저하를 방지할 수 있는 구조일 것
③ 작업대에 정격하중(안전율 5 이상)을 표시할 것
④ 작업대에 끼임·충돌 등 재해를 예방하기 위한 가드 또는 과상승방지장치를 설치할 것

산업안전보건기준에 관한 규칙 제186조(고소작업대 설치 등의 조치) ① 사업주는 고소작업대를 설치하는 경우에는 다음 각 호에 해당하는 것을 설치하여야 한다.
1. 작업대를 와이어로프 또는 체인으로 올리거나 내릴 경우에는 와이어로프 또는 체인이 끊어져 작업대가 떨어지지 아니하는 구조여야 하며, 와이어로프 또는 체인의 안전율은 5 이상일 것
2. 작업대를 유압에 의해 올리거나 내릴 경우에는 작업대를 일정한 위치에 유지할 수 있는 장치를 갖추고 압력의 이상저하를 방지할 수 있는 구조일 것
3. 권과방지장치를 갖추거나 압력의 이상상승을 방지할 수 있는 구조일 것
4. 붐의 최대 지면경사각을 초과 운전하여 전도되지 않도록 할 것
5. 작업대에 정격하중(안전율 5 이상)을 표시할 것
6. 작업대에 끼임·충돌 등 재해를 예방하기 위한 가드 또는 과상승방지장치를 설치할 것
7. 조작반의 스위치는 눈으로 확인할 수 있도록 명칭 및 방향표시를 유지할 것

85 굴착작업을 하는 경우 지반의 붕괴 또는 토석의 낙하에 의한 근로자의 위험을 방지하기 위하여 관리감독자로 하여금 작업시작 전에 점검하도록 해야 하는 사항과 가장 거리가 먼 것은?

① 부석·균열의 유무
② 함수·용수
③ 동결상태의 변화
④ 시계의 상태

산업안전보건기준에 관한 규칙 제338조(굴착작업 사전조사 등) 사업주는 굴착작업을 할 때에 토사등의 붕괴 또는 낙하에 의한 위험을 미리 방지하기 위하여 다음 각 호의 사항을 점검해야 한다.
1. 작업장소 및 그 주변의 부석·균열의 유무
2. 함수(含水)·용수(湧水) 및 동결의 유무 또는 상태의 변화

86 크레인을 사용하여 작업을 하는 경우 준수해야 할 사항으로 옳지 않은 것은?

① 인양할 하물(荷物)을 바닥에서 끌어당기거나 밀어 정위치 작업을 할 것
② 유류드럼이나 가스통 등 운반 도중에 떨어져 폭발하거나 누출될 가능성이 있는 위험물 용기는 보관함(또는 보관고)에 담아 안전하게 매달아 운반할 것
③ 미리 근로자의 출입을 통제하여 인양 중인 하물이 작업자의 머리 위로 통과하지 않도록 할 것
④ 인양할 하물이 보이지 아니하는 경우에는 어떠한 동작도 하지 아니할 것(신호하는 사람에 의하여 작업을 하는 경우는 제외)

산업안전보건기준에 관한 규칙 제146조(크레인 작업 시의 조치) ① 사업주는 크레인을 사용하여 작업을 하는 경우 다음 각 호의 조치를 준수하고, 그 작업에 종사하는 관계 근로자가 그 조치를 준수하도록 하여야 한다.
1. 인양할 하물(荷物)을 바닥에서 끌어당기거나 밀어내는 작업을 하지 아니할 것
2. 유류드럼이나 가스통 등 운반 도중에 떨어져 폭발하거나 누출될 가능성이 있는 위험물 용기는 보관함(또는 보관고)에 담아 안전하게 매달아 운반할 것
3. 고정된 물체를 직접 분리·제거하는 작업을 하지 아니할 것
4. 미리 근로자의 출입을 통제하여 인양 중인 하물이 작업자의 머리 위로 통과하지 않도록 할 것
5. 인양할 하물이 보이지 아니하는 경우에는 어떠한 동작도 하지 아니할 것(신호하는 사람에 의하여 작업을 하는 경우는 제외한다)

87 이동식비계를 조립하여 작업을 하는 경우의 준수사항으로 옳지 않은 것은?

① 이동식비계의 바퀴에는 뜻밖의 갑작스러운 이동 또는 전도를 방지하기 위하여 브레이크·쐐기 등으로 바퀴를 고정시킨 다음 비계의 일부를 견고한 시설물에 고정하거나 아웃트리거(outrigger)를 설치하는 등 필요한 조치를 할 것
② 작업발판은 항상 수평을 유지하고 작업발판 위에서 안전난간을 딛고 작업을 하지 않도록 하며, 대신 받침대 또는 사다리를 사용하여 작업할 것
③ 비계의 최상부에서 작업을 하는 경우에는 안전난간을 설치할 것
④ 작업발판의 최대적재하중은 250kg을 초과하지 않도록 할 것

해설

산업안전보건기준에 관한 규칙 제68조(이동식비계) 사업주는 이동식비계를 조립하여 작업을 하는 경우에는 다음 각 호의 사항을 준수하여야 한다.
1. 이동식비계의 바퀴에는 뜻밖의 갑작스러운 이동 또는 전도를 방지하기 위하여 브레이크·쐐기 등으로 바퀴를 고정시킨 다음 비계의 일부를 견고한 시설물에 고정하거나 아웃트리거를 설치하는 등 필요한 조치를 할 것
2. 승강용사다리는 견고하게 설치할 것
3. 비계의 최상부에서 작업을 하는 경우에는 안전난간을 설치할 것
4. 작업발판은 항상 수평을 유지하고 작업발판 위에서 안전난간을 딛고 작업을 하거나 받침대 또는 사다리를 사용하여 작업하지 않도록 할 것
5. 작업발판의 최대적재하중은 250킬로그램을 초과하지 않도록 할 것

88 다음은 산업안전보건법령에 따른 말비계를 조립하여 사용하는 경우에 관한 준수사항이다. ( ) 안에 알맞은 숫자는?

| 말비계의 높이가 2m 초과할 경우에는 작업발판의 폭을 (　) cm 이상으로 할 것 |

① 10 ② 20
③ 30 ④ 40

산업안전보건기준에 관한 규칙 제67조(말비계) 사업주는 말비계를 조립하여 사용하는 경우에 다음 각 호의 사항을 준수하여야 한다.
1. 지주부재(支柱部材)의 하단에는 미끄럼 방지장치를 하고, 근로자가 양측 끝부분에 올라서서 작업하지 않도록 할 것
2. 지주부재와 수평면의 기울기를 75도 이하로 하고, 지주부재와 지주부재 사이를 고정시키는 보조부재를 설치할 것
3. 말비계의 높이가 2미터를 초과하는 경우에는 작업발판의 폭을 40센티미터 이상으로 할 것

89 아스팔트 포장도로의 노반의 파쇄 또는 토사 중에 있는 암석제거에 가장 적당한 장비는?

① 스크레이퍼(Scraper) ② 롤러(Roller)
③ 리퍼(Ripper) ④ 드래그라인(Dragline)

해설
• 스크레이퍼(Scraper) : 날을 사용하여 땅이나 노반을 긁고, 그 파편을 통에 담아 처리하는 건설기계
• 롤러(Roller) : 자체의 중량 또는 진동으로 토사 및 아스팔트 등을 다져주는 포장용 건설기계

- 리퍼(Ripper) : 아스팔트 포장도로의 노반의 파쇄 또는 토사 중에 있는 암석제거에 사용되는 건설기계
- 드래그라인(Dragline) : 주로 기체보다 낮은 장소 또는 수중굴착에 적합한 굴착용 건설기계

90 통나무 비계를 건축물, 공작물 등의 건조·해체 및 조립 등의 작업에 사용하기 위한 지상 높이 기준은?

① 2층 이하 또는 6m 이하
② 3층 이하 또는 9m 이하
③ 4층 이하 또는 12m 이하
④ 5층 이하 또는 15m 이하

산업안전보건기준에 관한 규칙 제71조(통나무 비계의 구조) ② 통나무 비계는 지상높이 4층 이하 또는 12미터 이하인 건축물·공작물 등의 건조·해체 및 조립 등의 작업에만 사용할 수 있다.

91 다음은 산업안전보건법령에 따른 지붕 위에서의 위험 방지에 관한 사항이다. ( ) 안에 알맞은 것은?

> 슬레이트, 선라이트 등 강도가 약한 재료로 덮은 지붕 위에서 작업을 할 때에 발이 빠지는 등 근로자가 위험해질 우려가 있는 경우 폭 ( ) cm 이상의 발판을 설치하거나 추락방호망을 치는 등 근로자의 위험을 방지하기 위하여 필요한 조치를 하여야 한다

① 20
② 25
③ 30
④ 40

산업안전보건기준에 관한 규칙 제45조(지붕 위에서의 위험 방지) ① 사업주는 근로자가 지붕 위에서 작업을 할 때에 추락하거나 넘어질 위험이 있는 경우에는 다음 각 호의 조치를 해야 한다.
1. 지붕의 가장자리에 제13조에 따른 안전난간을 설치할 것
2. 채광창(skylight)에는 견고한 구조의 덮개를 설치할 것
3. 슬레이트 등 강도가 약한 재료로 덮은 지붕에는 폭 30센티미터 이상의 발판을 설치할 것

92 버팀대(Strut)의 축하중 변화상태를 측정하는 계측기는?

① 경사계(Inclino meter)
② 수위계(Water level meter)
③ 침하계(Extension)
④ 하중계(Load cell)

- 경사계(Inclino meter) : 흙막이 벽의 수평변위 측정
- 수위계(Water level meter) : 지하수위의 변화를 측정
- 침하계(Extension) : 지반의 침하정도 측정

93 추락방지망의 방망 지지점은 최소 얼마 이상의 외력에 견딜 수 있는 강도를 보유하여야 하는가?

① 500Kg
② 600Kg
③ 700Kg
④ 800Kg

추락재해방지 표준안전 작업지침 제8조(지지점의 강도) 지지점의 강도는 다음 각호에 의한 계산값 이상이어야 한다.
1. 방망 지지점은 600킬로그램의 외력에 견딜 수 있는 강도를 보유하여야 한다.(다만, 연속적인 구조물이 방망 지지점인 경우의 외력이 다음식에 계산한 값에 견딜 수 있는 것은 제외한다)
F = 200B
여기에서 F는 외력(단위 : 킬로그램), B는 지지점 간격(단위 : 미터)이다.

94 다음에서 설명하고 있는 건설장비의 종류는?

> 앞뒤 두 개의 차륜이 있으며(2축 2륜), 각각의 차축이 평행으로 배치된 것으로 찰흙, 점성토 등의 두꺼운 흙을 다짐하는데 적당하나 단단한 각재를 다지는 데는 부적당하며 마캐덤 롤러 다짐 후의 아스팔트 포장에 사용된다.

① 클램쉘
② 탠덤 롤러
③ 트렉터 셔블
④ 드래그 라인

탠덤 롤러(Tandem Roller)
- 앞바퀴와 뒷바퀴가 일렬로 배치된 롤러로 바퀴 2개가 일렬로 배치된 2축 탠덤 롤러와 3개가 일렬로 배치된 3축 탠덤 롤러가 있다.
- 머캐덤 롤러에 비해 선압이 작기 때문에 노반의 쇄석을 다짐할 때는 적합하지 않고 머캐덤 롤러 사용 후 끝내기 작업이나 아스콘 포장면의 다짐에 효과적으로 사용된다.

95 건설업 산업안전보건관리비의 안전시설비로 사용가능하지 않은 항목은?

① 비계·통로·계단에 추가 설치하는 추락방지용 안전난간
② 공사수행에 필요한 안전통로
③ 틀비계에 별도로 설치하는 안전난간·사다리
④ 통로의 낙하물 방호선반

안전발판, 안전통로, 안전계단 등과 같이 명칭에 관계없이 공사수행에 필요한 가시설들은 안전시설비로 사용이 불가하다.

96 건설업에서 사업주의 유해위험방지계획서 제출 대상 공사가 아닌 것은?

① 지상 높이가 31m 이상인 건축물의 건설 개조 또는 해체공사
② 연면적 5000m² 이상 관광숙박시설의 해체공사
③ 저수용량 5000톤 이하의 지방상수도 전용댐 건설 등의 공사
④ 깊이 10m 이상인 굴착공사

유해위험방지계획서 제출 대상 공사(산업안전보건법 시행령 제42조 ③항)

1. 다음 각 목의 어느 하나에 해당하는 건축물 또는 시설 등의 건설·개조 또는 해체 공사
   가. 지상높이가 31미터 이상인 건축물 또는 인공구조물
   나. 연면적 3만제곱미터 이상인 건축물
   다. 연면적 5천제곱미터 이상인 시설로서 다음의 어느 하나에 해당하는 시설
      1) 문화 및 집회시설(전시장 및 동물원·식물원은 제외한다)
      2) 판매시설, 운수시설(고속철도의 역사 및 집배송시설은 제외한다)
      3) 종교시설
      4) 의료시설 중 종합병원
      5) 숙박시설 중 관광숙박시설
      6) 지하도상가
      7) 냉동·냉장 창고시설
2. 연면적 5천제곱미터 이상인 냉동·냉장 창고시설의 설비공사 및 단열공사
3. 최대 지간(支間)길이(다리의 기둥과 기둥의 중심사이의 거리)가 50미터 이상인 다리의 건설등 공사
4. 터널의 건설등 공사
5. 다목적댐, 발전용댐, 저수용량 2천만톤 이상의 용수 전용 댐 및 지방상수도 전용 댐의 건설등 공사
6. 깊이 10미터 이상인 굴착공사

97 추락방호망을 건축물의 바깥쪽으로 설치하는 경우 벽면으로부터 망의 내면 길이 최소 얼마 이상이어야 하는가?

① 2m ② 3m
③ 5m ④ 10m

산업안전보건기준에 관한 규칙 제42조(추락의 방지) ① 사업주는 근로자가 추락하거나 넘어질 위험이 있는 장소[작업발판의 끝·개구부(開口部) 등을 제외한다]또는 기계·설비·선박블록 등에서 작업을 할 때에 근로자가 위험해질 우려가 있는 경우 비계(飛階)를 조립하는 등의 방법으로 작업발판을 설치하여야 한다.
② 사업주는 제1항에 따른 작업발판을 설치하기 곤란한 경우 다음 각 호의 기준에 맞는 추락방호망을 설치해야 한다. 다만, 추락방호망을 설치하기 곤란한 경우에는 근로자에게 안전대를 착용하도록 하는 등 추락위험을 방지하기 위해 필요한 조치를 해야 한다.
1. 추락방호망의 설치위치는 가능하면 작업면으로부터 가까운 지점에 설치하여야 하며, 작업면으로부터 망의 설치지점까지의 수직거리는 10미터를 초과하지 아니할 것
2. 추락방호망은 수평으로 설치하고, 망의 처짐은 짧은 변 길이의 12퍼센트 이상이 되도록 할 것
3. 건축물 등의 바깥쪽으로 설치하는 경우 추락방호망의 내민 길이는 벽면으로부터 3미터 이상 되도록 할 것. 다만, 그물코가 20밀리미터 이하인 추락방호망을 사용한 경우에는 제14조제3항에 따른 낙하물 방지망을 설치한 것으로 본다.
③ 사업주는 추락방호망을 설치하는 경우에는 한국산업표준에서 정하는 성능기준에 적합한 추락방호망을 사용하여야 한다.

98 터널 지보공을 설치한 경우에 수시로 점검하여야 할 사항에 해당하지 않는 것은?

① 기둥침하의 유무 및 상태
② 부재의 긴압 정도
③ 매설물 등의 유무 또는 상태
④ 부재의 접속부 및 교차부의 상태

해설

산업안전보건기준에 관한 규칙 제366조(붕괴 등의 방지) 사업주는 터널 지보공을 설치한 경우에 다음 각 호의 사항을 수시로 점검하여야 하며, 이상을 발견한 경우에는 즉시 보강하거나 보수하여야 한다.
1. 부재의 손상·변형·부식·변위 탈락의 유무 및 상태
2. 부재의 긴압 정도
3. 부재의 접속부 및 교차부의 상태
4. 기둥침하의 유무 및 상태

99 콘크리트 타설 작업을 하는 경우에 준수해야 할 사항으로 옳지 않은 것은?

① 당일의 작업을 시작하기 전에 해당 작업에 관한 거푸집 동바리 등의 변형 변위 및 지반의 침하 유무 등을 점검하고 이상이 있으면 보수할 것
② 작업 중에는 거푸집 동바리 등의 변형·변위 및 침하 유무 등을 감시할 수 있는 감시자를 배치하여 이상이 있으면 작업을 중지하고 근로자를 대피시킬 것
③ 설계도서상의 콘크리트 양생기간을 준수하여 거푸집 동바리 등을 해체할 것
④ 콘크리트를 타설하는 경우에는 편심을 유발하여 한쪽 부분부터 밀실하게 타설되도록 유도할 것

해설

산업안전보건기준에 관한 규칙 제334조(콘크리트의 타설작업) 사업주는 콘크리트 타설작업을 하는 경우에는 다음 각 호의 사항을 준수해야 한다.
1. 당일의 작업을 시작하기 전에 해당 작업에 관한 거푸집 및 동바리의 변형·변위 및 지반의 침하 유무 등을 점검하고 이상이 있으면 보수할 것
2. 작업 중에는 감시자를 배치하는 등의 방법으로 거푸집 및 동바리의 변형·변위 및 침하 유무 등을 확인해야 하며, 이상이 있으면 작업을 중지하고 근로자를 대피시킬 것
3. 콘크리트 타설작업 시 거푸집 붕괴의 위험이 발생할 우려가 있으면 충분한 보강조치를 할 것
4. 설계도서상의 콘크리트 양생기간을 준수하여 거푸집 및 동바리를 해체할 것
5. 콘크리트를 타설하는 경우에는 편심이 발생하지 않도록 골고루 분산하여 타설할 것

100 철골공사에서 나타나는 용접결함의 종류에 해당하지 않는 것은?

① 가우징(gouging)
② 오버랩(overlap)
③ 언더 컷(under cut)
④ 블로우 홀 (blow hole)

해설

용접상 결함의 종류
- 균열, 터짐(Crack) : 가장 중대한 결함
- 오버랩(Over-Lap) : 용접 금속과 모재(母材)가 융합되지 않고 겹쳐지는 것
- 블로우 홀(Blow Hole) : 용접 내부에 공기(가스) 구멍을 형성한 결함
- 슬래그(Slag) 감싸돌기 : 용접 찌꺼기가 용착 금속 내에 혼입되는 것
- 언더 컷(Under Cut) : 모재(母材)가 녹아 용착 금속이 채워지지 않고 홈으로 남게 된 부분
- 피트(pit) : 용접 표면에 흠집이 생긴 것
- 용입 부족 : 모재(母材)가 녹지 않고 용착 금속이 채워지지 않고 홈으로 남는 것
- 크레이터(Crater) : 용접 시 끝 부분에 우묵하게 파진 부분
- 피시아이(Fish Eye) : 용접부에 생기는 은색 반점

정답 2017년 03월 05일 최근 기출문제

01 ①	02 ④	03 ②	04 ④	05 ④	06 ①	07 ②	08 ④	09 ④	10 ②
11 ④	12 ②	13 ①	14 ②	15 ④	16 ①	17 ④	18 ③	19 ④	20 ③
21 ②	22 ③	23 ③	24 ④	25 ④	26 ①	27 ④	28 ①	29 ④	30 ①
31 ①	32 ②	33 ②	34 ③	35 ①	36 ③	37 ②	38 ②	39 ④	40 ③
41 ①	42 ③	43 ①	44 ②	45 ④	46 ③	47 ④	48 ④	49 ②	50 ①
51 ③	52 ③	53 ④	54 ③	55 ④	56 ④	57 ②	58 ③	59 ②	60 ①
61 ①	62 ④	63 ①	64 ④	65 ②	66 ①	67 ③	68 ④	69 ①	70 ①
71 ③	72 ④	73 ②	74 ①	75 ④	76 ②	77 ①	78 ②	79 ④	80 ③
81 ②	82 ①	83 ④	84 ①	85 ④	86 ①	87 ②	88 ④	89 ③	90 ③
91 ③	92 ④	93 ②	94 ②	95 ②	96 ③	97 ②	98 ③	99 ④	100 ①

2017년 05월 07일

최근 기출문제

QUESTIONS FROM PREVIOUS TESTS

제 01 과목 산업재해 예방 및 안전보건교육

01 기업 내 정형교육 중 TWI의 훈련내용이 아닌 것은?

① 작업방법훈련 ② 작업지도훈련
③ 사례연구훈련 ④ 인간관계훈련

TWI(Training Within Industry)
- 교육대상 : 감독자
- 교육방법 : 한 클래스(Class)는 10명 정도, 교육 방법은 토의법, 1일 2시간씩 5일에 걸쳐 10시간 정도
- 교육내용 : 작업지도 기법(JI), 작업개선 기법(JM), 인간관계 관리기법(JR), 작업안전 기법(JS)

02 강의계획에 있어 학습목적의 3요소가 아닌 것은?

① 목표 ② 주제
③ 학습 내용 ④ 학습 정도

학습목적의 3요소
- 목표(Goal)
- 주제(Subject)
- 학습정도(인지, 지각, 이해, 적용)

03 비통제의 집단행동 중 폭동과 같은 것을 말하며, 군중보다 합의성이 없고, 감정에 의해서만 행동하는 특성은?

① 패닉(Panic) ② 모브(Mob)
③ 모방(Imitation) ④ 심리적 전염(Mental Epidemic)

비통제의 집단행동
- 군중(Crowd) : 공통된 규범이나 조직성 없이 우연히 조직된 인간의 일시적 집합
- 모브(Mob) : 비통제의 집단행동 중 폭동과 같은 것을 말하며, 군중보다 합의성이 없고, 감정에 의해서만 행동하는 특성
- 패닉(Panic) : 이상적인 상황 하에서 방어적인 행동 특징을 보이는 집단행동
- 심리적 전염(Mental epidemic) : 어떤 사상이 상당기간에 걸쳐 비판없이 광범위하게 받아들여지는 현상

04 부주의의 발생원인과 그 대책이 옳게 연결된 것은?

① 의식의 우회 – 상담
② 소질적 조건 – 교육
③ 작업환경 조건 불량 – 작업순서 정비
④ 작업순서의 부적당 – 작업자 재배치

내적 조건 및 대책
- 소질적 조건 : 적정 배치
- 의식의 우회 : 상담(Counseling)
- 경험의 부족 : 교육

05 산업안전보건법령상 안전검사 대상 기계등이 아닌 것은?

① 곤돌라
② 이동식 국소 배기장치
③ 산업용 원심기
④ 건조설비 및 그 부속설비

산업안전보건법 시행령 제78조(안전검사대상기계등) ① 법 제93조제1항 전단에서 "대통령령으로 정하는 것"이란 다음 각 호의 어느 하나에 해당하는 것을 말한다.
1. 프레스
2. 전단기
3. 크레인(정격 하중이 2톤 미만인 것은 제외한다)
4. 리프트
5. 압력용기
6. 곤돌라
7. 국소 배기장치(이동식은 제외한다)
8. 원심기(산업용만 해당한다)
9. 롤러기(밀폐형 구조는 제외한다)
10. 사출성형기[형 체결력(型 締結力) 294킬로뉴턴(KN) 미만은 제외한다]
11. 고소작업대(「자동차관리법」 제3조제3호 또는 제4호에 따른 화물자동차 또는 특수자동차에 탑재한 고소작업대로 한정한다)
12. 컨베이어
13. 산업용 로봇
14. 혼합기
15. 파쇄기 또는 분쇄기

06 재해발생의 주요원인 중 불안전한 상태에 해당하지 않는 것은?

① 기계설비 및 장비의 결함
② 부적절한 조명 및 환기
③ 작업장소의 정리 · 정돈 불량
④ 보호구 미착용

직접 원인
- 불안전한 행동 : 위험장소 접근, 안전장치의 기능 제거, 복장 보호구의 잘못 사용, 기계 · 기구 잘못 사용, 운전 중인 기계 장치의 손질, 불안전한 속도 조작, 위험물 취급 부주의, 불안전한 상태 방치, 불안전한 자세 동작, 감독 및 연락 불충분
- 불안전한 상태 : 물 자체 결함, 안전 방호장치 결함, 복장 · 보호구의 결함, 물의 배치 및 작업장소 결함, 작업환경의 결함, 생산 공정의 결함, 경계표시 · 설비의 결함

07 산업안전보건법령상 근로자 안전보건교육의 기준으로 틀린 것은?

① 사무직 종사 근로자의 정기교육 : 매반기 6시간 이상
② 일용근로자의 작업내용 변경시의 교육 : 1시간 이상
③ 관리감독자의 지위에 있는 사람의 정기교육 : 연간 16시간 이상
④ 건설 일용근로자의 건설업 기초안전·보건교육 : 2시간 이상

근로자 안전보건교육(산업안전보건법 시행규칙 별표 4)

교육과정	교육대상		교육시간
정기교육	사무직 종사 근로자		매반기 6시간 이상
	그 밖의 근로자	판매업무에 직접 종사하는 근로자	매반기 6시간 이상
		판매업무에 직접 종사하는 근로자 외의 근로자	매반기 12시간 이상
채용 시 교육	일용근로자 및 근로계약기간이 1주일 이하인 기간제근로자		1시간 이상
	근로계약기간이 1주일 초과 1개월 이하인 기간제근로자		4시간 이상
	그 밖의 근로자		8시간 이상
작업내용 변경 시 교육	일용근로자 및 근로계약기간이 1주일 이하인 기간제근로자		1시간 이상
	그 밖의 근로자		2시간 이상
특별교육	특별교육 대상 작업(단, 타워크레인을 사용하는 작업시 신호업무를 하는 작업은 제외)에 종사하는 일용근로자 및 근로계약기간이 1주일 이하인 기간제근로자		2시간 이상
	타워크레인을 사용하는 작업시 신호업무를 하는 일용근로자 및 근로계약기간이 1주일 이하인 기간제근로자		8시간 이상
	특별교육 대상 작업에 종사하는 근로자 중 일용근로자 및 근로계약기간이 1주일 이하인 기간제근로자를 제외한 근로자		-16시간 이상(최초 작업에 종사하기 전 4시간 이상 실시하고 12시간은 3개월 이내에서 분할하여 실시 가능) -단기간 작업 또는 간헐적 작업인 경우에는 2시간 이상
건설업 기초 안전·보건교육	건설 일용근로자		4시간 이상

08 토의법의 유형 중 다음에서 설명하는 것은?

교육과제에 정통한 전문가 4~5명이 피교육자 앞에서 자유로이 토의를 실시한 다음에 피교육자 전원이 참가하여 사회자의 사회에 따라 토의하는 방법

① 포럼(forum)
② 패널 디스커션(panel discussion)
③ 심포지엄(symposium)
④ 버즈 세션(buzz session)

토의(회의)방식 : 쌍방적 의사전달에 의한 교육방식(최적인원 10~20명)
- 포럼(Forum, 공개토론회) : 새로운 자료나 교재를 제시하고 거기서의 문제점을 피교육자로 하여금 제기하도록 하거나 의견을 여러 가지 방법으로 발표하게 하고 다시 깊이 파고들어 토의를 행하는 방법
- 심포지엄(Symposium) : 몇 사람의 전문가에 의하여 과제에 관한 견해를 발표한 뒤 참가자로 하여금 의견이나 질문을 하게 하여 토의하는 방법
- 패널 디스커션(Panel Discussion) : 패널 멤버(교육과제에 정통한 전문가 4~5명)가 피교육자 앞에서 자유로이 토의를 하고 뒤에 피교육자 전원이 참가하여 사회자의 사회에 따라 토의하는 방법
- 대화(Colloquy) : 패널 디스커션(Panel Discussion)의 변형으로 패널 멤버 외에 참석자의 대표를 선출하여 질의응답의 형태로 실시되는 것
- 버즈 세션(Buzz Session) : 6-6 회의라고도 하며, 먼저 사회자와 기록계를 선출한 후 나머지 사람은 6명씩의 소집단으로 구분하고, 소집단별로 각각 사회자를 선발하여 6분간씩 자유토의를 행하여 의견을 종합하는 방법

09 학습정도(level of learning)의 4단계 요소가 아닌 것은?

① 지각   ② 적용
③ 인지   ④ 정리

학습목적의 3요소
- 목표(Goal)
- 학습정도(인지, 지각, 이해, 적용)
- 주제(Subject)

10 안전관리조직의 형태 중 라인·스탭형에 대한 설명으로 틀린 것은?

① 안전스탭은 안전에 관한 기획·입안·조사·검토 및 연구를 행한다.
② 안전업무를 전문적으로 담당하는 스탭 및 생산라인의 각 계층에도 겸임 또는 전임의 안전담당자를 둔다.
③ 모든 안전관리업무를 생산라인을 통하여 직선적으로 이루어지도록 편성된 조직이다.
④ 대규모 사업장(1000명 이상)에 효율적이다.

안전관리조직의 형태
- 라인(Line)형(직계식 조직)
  - 안전관리에 관한 계획에서 실시에 이르기까지 모든 권한이 포괄적이고 직선적으로 행사되며, 안전을 전문으로 분담하는 부분이 없다.
  - 생산조직 전체에 안전관리 기능을 부여한다.
  - 소규모 사업장(100명 이하)에 적합하다.
- 스태프(Staff)형(참모식 조직)
  - 안전관리를 담당하는 스태프(참모진)를 두고 안전관리에 관한 계획, 조사, 검토, 권고, 보고 등을 행하는 관리 방식이다.
  - 중규모 사업장(100명 이상 ~ 500명 미만)에 적합하다.
- 라인(Line) 스태프(Staff)의 복합형(직계 참모조직)
  - 라인형과 스태프형의 장점을 취한 절충식 조직 형태로 안전업무를 전문으로 담당하는 스태프 부분을 두고 생산라인의 각층에도 겸임 또는 전임의 안전 담당자를 두어서 안전대책은 스태프 부분에서 기획하고, 이것을 라인을 통하여 실시하도록 한 조직 방식이다.
  - 대규모의 사업장(1000명 이상)에 효율적이다.

11 맥그리거(McGregor)의 X이론에 따른 관리처방이 아닌 것은?

① 목표에 의한 관리
② 권위주의적 리더십 확립
③ 경제적 보상체제의 강화
④ 면밀한 감독과 엄격한 통제

맥그리거의 X, Y 이론 관리처방

구분	관리처방
X이론	• 권위주의적 리더십 확립 • 경제적 보상체제의 강화 • 면밀한 감독과 엄격한 통제 • 상부책임제도의 강화
Y이론	• 민주적 리더십 확립 • 분권화와 권한의 위임 • 목표에 의한 관리 및 목표달성을 위한 자율적 통제 • 직무의 확장, 책임과 창조력

12 어느 공장의 재해율을 조사한 결과 도수율이 20이고, 강도율이 1.2로 나타났다. 이 공장에서 근무하는 근로자가 입사부터 정년퇴직할 때까지 예상되는 재해건수(a)와 이로 인한 근로손실 일수(b)는?(단, 이 공장의 1인당 입사부터 정년퇴직 할 때까지 평균 근로시간은 100000시간으로 한다.)

① a = 20, b = 1.2
② a = 2, b = 120
③ a = 20, b = 0.12
④ a = 120, b = 2

- 환산도수율 = 도수율 × 0.1 = 20 × 0.1 = 2
- 근로손실일수(환산강도율) = 강도율 × $\dfrac{평생근로시간}{1000}$ = 1.2 × $\dfrac{100000}{1000}$ = 1.2 × 100 = 120

13 재해손실비의 평가방식 중 시몬즈(R.H. Simonds) 방식에 의한 계산방법으로 옳은 것은?

① 직접비 + 간접비
② 공동비용 + 개별비용
③ 보험 코스트 + 비보험 코스트
④ (휴업상해건수 × 관련비용 평균치) + (통원상해건수 × 관련비용 평균치)

시몬즈(R. H. Simonds) 방식
- 총재해손실비(Cost) = 산재보험 코스트 + 비보험 코스트
- 산재보험 코스트 : 산업재해보상보험법에 의해 보상된 금액과 보험회사의 보상에 관련된 제경비 및 이익금을 합친 금액
- 비보험 코스트 = (휴업상해건수 × A) + (통원상해건수 × B) + (응급조치건수 × C) + (무상해 사고건수 × D)
  ※ 여기서 A, B, C, D는 장해 정도별에 의한 비보험 코스트의 평균치

14 무재해운동 추진기법 중 지적확인에 대한 설명으로 옳은 것은?

① 비평을 금지하고, 자유로운 토론을 통하여 독창적인 아이디어를 끌어낼 수 있다.
② 참여자 전원의 스킨십을 통하여 연대감. 일체감을 조성할 수 있고 느낌을 교류한다.
③ 작업 전 5분간의 미팅을 통하여 시나리오상의 역할을 연기하여 체험하는 것을 목적으로 한다.
④ 오관의 감각기관을 총동원하여 작업의 정확성과 안전을 확인한다.

지적 확인 : 작업자가 위험작업에 임하여 무재해를 지향하겠다는 뜻을 큰소리로 호칭하면서 안전의식수준을 제고하는 기법으로 인간의 실수를 없애기 위해 눈, 손, 입 그리고 귀를 이용하여 작업 시작전 뇌를 자극시켜 안전을 확보할 수 있다.

15 재해예방의 4원칙에 해당하지 않는 것은?

① 예방가능의 원칙
② 대책선정의 원칙
③ 손실우연의 원칙
④ 원인추정의 원칙

재해방지의 기본원칙
- 손실우연의 원칙 : 사고에 의해서 생기는 손실(상해)의 종류와 정도는 우연적이다.(1 : 29 : 300의 법칙)
- 원인계기의 원칙 : 모든 재해는 필연적인 원인에 의해서 발생한다.
- 예방가능의 원칙 : 재해는 원칙적으로 모두 방지가 가능하다.
- 대책선정의 원칙 : 재해방지 대책은 신속하고 확실하게 실시되어야 한다.

16 인간의 착각현상 중 버스나 전동차의 움직임으로 인하여 자신이 승차하고 있는 정지된 차량이 움직이는 것 같은 느낌을 받는 현상은?

① 자동운동
② 유도운동
③ 가현운동
④ 플리커현상

착각현상(운동의 시지각)
- 자동운동 : 암실 내에서 정지된 소광점을 응시하고 있으며 그 광점이 움직이는 것을 볼 수 있는데 이것을 자동운동이라 함
- 유도운동 : 실제로는 움직이지 않는 것이 어느 기준의 이동에 유도되어 움직이는 것처럼 느껴지는 현상
- 가현운동 : 객관적으로 정지하고 있는 대상물이 급속히 나타나든가 소멸하는 것으로 인하여 일어나는 운동으로 마치 대상물이 운동하는 것처럼 인식되는 현상(β–운동 : 영화 영상의 방법)

17 안전 · 보건표지의 기본모형 중 다음 그림의 기본모형의 표시사항으로 옳은 것은?

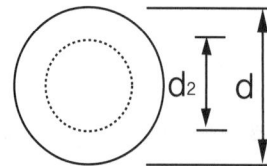

① 지시
② 안내
③ 경고
④ 금지

안전보건표지의 기본모형(산업안전보건법 시행규칙 별표 9)

번호	기본모형	표시사항
1		금지
2		경고
3		지시
4		안내

18 지도자가 추구하는 계획과 목표를 부하직원이 자신의 것으로 받아들여 자발적으로 참여하게 하는 리더십의 권한은?

① 보상적 권한
② 강압적 권한
③ 위임된 권한
④ 합법적 권한

지도자(리더십)의 권한

- 조직이 지도자에게 부여하는 권한
  - 보상적 권한 : 지도자가 부하들에게 보상할 수 있는 능력으로 인해 부하직원들을 통제할 수 있으며 부하들의 행동에 대해 영향을 끼칠 수 있는 권한
  - 강압적 권한 : 부하직원들을 처벌할 수 있는 권한
  - 합법적 권한 : 조직의 규정에 의해 지도자의 권한이 공식화된 것
- 지도자 자신에 의해 생성되는 권한
  - 위임된 권한 : 집단의 목표를 성취하기 위해 부하직원들이 지도자가 정한 목표를 자진해서 자신의 것으로 받아들여 지도자와 함께 일하는 것
  - 전문성의 권한 : 지도자가 목표수행에 필요한 전문적인 지식을 갖고 업무수행을 하므로 부하직원들이 자발적으로 지도자를 따름

19 하인리히의 사고방지 5단계 중 제1단계 안전조직의 내용이 아닌 것은?

① 경영자의 안전목표 설정 ② 안전관리자의 선임
③ 안전활동의 방침 및 계획수립 ④ 안전회의 및 토의

1단계 – 조직
- 경영자의 안전목표 안전관리자의 임명
- 안전의 라인 및 참모 조직 구성
- 안전활동 방침 및 계획 수정
- 조직을 통한 안전 활동

20 보호구 자율안전확인 고시상 사용구분에 따른 보안경의 종류가 아닌 것은?

① 차광보안경 ② 유리보안경
③ 프라스틱보안경 ④ 도수렌즈보안경

사용구분에 따른 보안경의 종류(보호구 자율안전확인 고시 별표 2)

종류	사용구분
유리보안경	비산물로부터 눈을 보호하기 위한 것으로 렌즈의 재질이 유리인 것
프라스틱보안경	비산물로부터 눈을 보호하기 위한 것으로 렌즈의 재질이 프라스틱인 것
도수렌즈보안경	비산물로부터 눈을 보호하기 위한 것으로 도수가 있는 것

제 02 과목 인간공학 및 위험성 평가·관리

21 휘도(luminance)가 $10cd/m^2$이고, 조도(illuminance)가 100lx일 때 반사율(reflectance)(%)은?

① 0.1π ② 10π
③ 100π ④ 1000π

반사율(%) = $\dfrac{광속발산도(fL)}{조도(fc)} \times 100 = \dfrac{10cd/m^2 \times \pi}{100} = 0.1\pi$

22 사람의 감각기관 중 반응속도가 가장 느린 것은?

① 청각 ② 시각
③ 미각 ④ 촉각

반응시간 빠른 순서 : 청각 > 촉각 > 시각 > 미각 > 통각

23 한 사무실에서 타자기의 소리 때문에 말소리가 묻히는 현상을 무엇이라 하는가?

① dBA ② CAS
③ phone ④ masking

은폐(Masking)란 dB이 높은 음과 낮은 음이 공존할 때 낮은 음이 강한 음에 가로막혀 숨겨져 들리지 않게 되는 현상을 말한다.

24 1에서 15까지 수의 집합에서 무작위로 선택할 때, 어떤 숫자가 나올지 알려주는 경우의 정보량은 몇 bit인가?

① 2.91 bit ② 3.91 bit
③ 4.51 bit ④ 4.91bit

정보량 = $\log_2 n$ = $\dfrac{\log 15}{\log 2}$ = 3.91

25 어떤 전자기기의 수명은 지수분포를 따르며, 그 평균수명이 1000시간 이라고 할 때, 500시간 동안 고장 없이 작동할 확률은 약 얼마인가?

① 0.1353 ② 0.3935
③ 0.6065 ④ 0.8647

$R_t = e^{-(\frac{t}{t_0})} = e^{-(\frac{500}{1000})}$ = 0.6065

26 체계분석 및 설계에 있어서 인간공학의 가치와 가장 거리가 먼 것은?

① 성능의 향상 ② 훈련비용의 증가
③ 사용자의 수용도 향상 ④ 생산 및 보전의 경제성 증대

인간공학의 효과
- 인력 이용률의 향상
- 사고 및 오용으로부터의 손실감소
- 생산 및 유지정비의 경제성 증대
- 훈련비용의 절감
- 성능의 향상
- 사용자의 수용도 향상

27 작업기억과 관련된 설명으로 틀린 것은?

① 단기기억이라고도 한다.
② 오랜 기간 정보를 기억하는 것이다.
③ 작업기억 내의 정보는 시간이 흐름에 따라 쇠퇴할 수 있다.
④ 리허설(rehearsal)은 정보를 작업기억 내에 유지하는 유일한 방법이다.

작업기억(working memory)이란 정보들을 일시적으로 보유하고, 각종 인지적 과정을 계획하고 순서지으며 실제로 수행하는 작업장으로서의 기능을 수행하는 단기적 기억을 말한다.

28 의자의 등받이 설계에 관한 설명으로 가장 적절하지 않은 것은?

① 등받이 폭은 최소 30.5cm가 되게 한다.
② 등받이 높이는 최소 50cm가 되게 한다.
③ 의자의 좌판과 등받이 각도는 90 ~ 105°를 유지한다.
④ 요부받침의 높이는 25 ~ 35cm로 하고 폭은 30.5cm로 한다.

의자 설계원칙
- 체중분포 : 체중이 좌골 결절에 실려야 편안함
- 의자 좌판의 높이 : 좌판 앞부분이 오금 높이 보다 높지 않아야 함
- 의자 좌판의 깊이와 폭 : 폭은 큰 사람에게, 깊이는 작은 사람에게 맞도록 해야 함
- 몸통의 안정 : 의자의 좌판 각도는 3°, 좌판 등판간의 등판 각도는 100°가 몸통 안정에 효과적
- 등받이 폭은 최소 30.5cm 이상
- 등받이 높이는 최소 50cm 이상
- 의자의 좌판과 등받이 각도는 90~105°로 유지(최대 120°)
- 요부받침의 높이는 15.2~22.9cm, 폭은 30.5cm, 두께는 등받이로부터 5cm 정도로 함.

29 FT도에 의한 컷셋(cut set)이 다음과 같이 구해졌을 때 최소 컷셋(minimal cut set)으로 맞는 것은?

- (X_1, X_3)
- (X_1, X_2, X_3)
- (X_1, X_3, X_4)

① (X_1, X_3) ② (X_1, X_2, X_3)
③ (X_1, X_3, X_4) ④ (X_1, X_2, X_3, X_4)

최소 컷셋(minimal cut sets)이란 컷 중 그 부분집합만으로는 정상사상을 일으키는 일이 없는 것, 즉 정상사상을 일으키기 위한 필요 최소한의 컷을 의미한다. 따라서, 주어진 3개의 컷셋 중 공통된 (X_1, X_3)가 최소 컷셋이다.

30 단일 차원의 시각적 암호 중 구성암호, 영문자암호, 숫자암호에 대하여 암호로서의 성능이 가장 좋은 것부터 배열한 것은?

① 숫자암호 - 영문자암호 - 구성암호
② 구성암호 - 숫자암호 - 영문자암호
③ 영문자암호 - 숫자암호 - 구성암호
④ 영문자암호 - 구성암호 - 숫자암호

시각적 암호의 효능 : 숫자 · 색암호 > 영문자 · 형상암호 > 구성암호

31 정보 전달용 표시장치에서 청각적 좋은 경우가 아닌 것은?

① 메시지가 복잡하다.
② 시각장치가 지나치게 많다.
③ 즉각적인 행동이 요구된다.
④ 메시지가 그 때의 사건을 다룬다.

청각적 표시장치가 시각적인 것보다 효과가 있는 경우
- 신호원 자체가 음일 때
- 무선기의 신호, 항로 정보 등과 같이 연속적으로 변하는 정보를 제시할 때
- 음성 통신 경로가 전부 사용되고 있을 때(청각적 신호는 음성과는 확실히 구별되어야 함)

32 FTA의 용도와 거리가 먼 것은?

① 고장의 원인을 연역적으로 찾을 수 있다.
② 시스템의 전체적인 구조를 그림으로 나타낼 수 있다.
③ 시스템에서 고장이 발생할 수 있는 부분을 쉽게 찾을 수 있다.
④ 구체적은 초기사건에 대하여 상향식(bottom-up) 접근방식으로 재해경로를 분석하는 정량적 기법이다.

FTA의 특징
- 연역적, 정량적 해석이 가능한 기법
- 톱다운(top-down) 해석
- 특정사상에 대한 해석
- 논리기호를 사용한 해석
- 컴퓨터로 처리가능

33 안전가치분석의 특징으로 틀린 것은?

① 기능위주로 분석한다.
② 왜 비용이 드는가를 분석한다.
③ 특정 위험의 분석을 위주로 한다.
④ 그룹 활동은 전원의 중지를 모은다.

안전가치분석의 특징
- 기능위주로 분석한다.
- 왜 비용이 드는가를 분석한다.
- 그룹 활동은 전원의 중지를 모은다.

34 일반적인 인간-기계 시스템의 형태 중 인간이 사용자나 동력원으로 기능하는 것은?

① 수동체계
② 기계화제계
③ 자동체계
④ 반자동체계

인간-기계 통합체계의 유형
- 수동체계 : 사용자의 조작, 융통성(예 : 장인과 공구)
- 기계화체계(반자동체계) : 운전자의 조작, 융통성 없음(예 : 엔진, 자동차, 공작기계)
- 자동체계(인간의 역할 : 감시, 프로그램, 정비유지) : 자동화된 공장, 컴퓨터

35 산업안전보건법에 따라 상시 작업에 종사하는 장소에서 보통작업을 하고자 할 때 작업면의 최소 조도(lux)로 맞는 것은?(단, 작업장은 일반적인 작업장소이며, 감광재료를 취급하지 않는 장소이다.)

① 75
② 150
③ 300
④ 750

해설

산업안전보건기준에 관한 규칙 제8조(조도) 사업주는 근로자가 상시 작업하는 장소의 작업면 조도(照度)를 다음 각 호의 기준에 맞도록 하여야 한다. 다만, 갱내(坑內) 작업장과 감광재료(感光材料)를 취급하는 작업장은 그러하지 아니하다.
1. 초정밀작업 : 750럭스(lux) 이상
2. 정밀작업 : 300럭스(lux) 이상
3. 보통작업 : 150럭스(lux) 이상
4. 그 밖의 작업 : 75럭스(lux) 이상

36 보전효과 측정을 위해 사용하는 설비고장 강도율의 식으로 맞는 것은?

① 부하시간 ÷ 설비가동시간
② 총 수리시간 ÷ 설비가동시간
③ 설비고장건수 ÷ 설비가동시간
④ 설비고장 정지시간 ÷ 설비가동시간

해설

- 설비고장 강도율 = $\dfrac{\text{설비고장 정지시간}}{\text{설비가동시간}}$
- 설비고장 도수율 = $\dfrac{\text{설비고장건수}}{\text{설비가동시간}}$

37 다음 중 눈금이 고정되어 있고 지침이 움직이는 형태의 정량적 표시장치는?

① 정목동침형 표시장치
② 정침동목형 표시장치
③ 계수형 표시장치
④ 정렬형 표시장치

해설

정량적 동적 표시장치의 기본형
- 정목동침(Moving Pointer)형 : 눈금이 고정되고 지침이 움직이는 형
- 정침동목(Moving Scale)형 : 지침이 고정되고 눈금이 움직이는 형
- 계수(Digital)형 : 전력계나 택시요금 계기와 같이 기계적 또는 전자적으로 숫자가 표시되는 형

38 인체 측정치 중 기능적 인체치수에 해당되는 것은?

① 표준자세
② 특정작업에 국한
③ 움직이지 않는 피측정자
④ 각 지체는 독립적으로 움직임

기능적 인체치수(동적 측정)
- 일반적으로 상지나 하지의 운동, 체위의 움직임과 같은 특정작업에 국한되는 상태에서 계측
- 실제의 작업 혹은 실제 조건에 밀접한 관계를 갖는 현실성 있는 인체치수를 계측
- 마틴식 계측기로는 측정이 불가능하며 사진 및 시네마 필름을 사용한 공간 해석 장치나 새로운 계측시스템이 요구됨

39 FT 작성 시 논리게이트에 속하지 않는 것은 무엇인가?

① OR 게이트 ② 억제 게이트
③ AND 게이트 ④ 동등 게이트

FTA 도표에 사용하는 논리기호

명칭	기호	명칭	기호
결함사상	□	전이 기호 (이행 기호)	△(in) △(out)
기본사상	○	AND gate	(출력/입력 기호)
생략사상 (추적 불가능한 최후사상)	◇	OR gate	(출력/입력 기호)
통상사상 (家刑事像)	⌂	수정기호 조건	(출력/조건/입력 기호)

40 시스템 안전 분석기법 중 인적오류와 그로 인한 위험성의 예측과 개선을 위한 기법은 무엇인가?

① FTA ② ETBA
③ THERP ④ MORT

THERP(Technique of Human Error Rate Prediction)는 인간의 과오(Human Error)를 정량적으로 평가하기 위하여 개발된 기법이다.

제 03 과목 기계·기구 및 설비 안전관리

41 산업안전보건법령상 양중기에 사용하지 않아야 하는 달기체인의 기준으로 틀린 것은?

① 변형이 심한 것
② 균열이 있는 것
③ 길이의 증가가 제조시보다 3%를 초과한 것
④ 링의 단면지름의 감소가 제조시 링 지름의 10%를 초과한 것

산업안전보건기준에 관한 규칙 제63조(달비계의 구조) ① 사업주는 곤돌라형 달비계를 설치하는 경우에는 다음 각 호의 사항을 준수해야 한다.
1. 다음 각 목의 어느 하나에 해당하는 와이어로프를 달비계에 사용해서는 아니 된다.
   가. 이음매가 있는 것
   나. 와이어로프의 한 꼬임[(스트랜드(strand)를 말한다. 이하 같다)]에서 끊어진 소선(素線)[필러(pillar)선은 제외한다)]의 수가 10퍼센트 이상(비자전로프의 경우에는 끊어진 소선의 수가 와이어로프 호칭지름의 6배 길이 이내에서 4개 이상이거나 호칭지름 30배 길이 이내에서 8개 이상)인 것
   다. 지름의 감소가 공칭지름의 7퍼센트를 초과하는 것
   라. 꼬인 것
   마. 심하게 변형되거나 부식된 것
   바. 열과 전기충격에 의해 손상된 것
2. 다음 각 목의 어느 하나에 해당하는 달기 체인을 달비계에 사용해서는 아니 된다.
   가. 달기 체인의 길이가 달기 체인이 제조된 때의 길이의 5퍼센트를 초과한 것
   나. 링의 단면지름이 달기 체인이 제조된 때의 해당 링의 지름의 10퍼센트를 초과하여 감소한 것
   다. 균열이 있거나 심하게 변형된 것

42 아세틸렌 용접장치의 안전기준과 관련하여 다음 빈칸에 들어갈 용어로 옳은 것은?

> 사업주는 가스용기가 발생기와 분리되어 있는 아세틸렌 용접장치에 대하여는 발생기와 가스용기 사이에 ( )을(를) 설치하여야 한다.

① 격납실　　　　　　　② 안전기
③ 안전밸브　　　　　　④ 소화설비

산업안전보건기준에 관한 규칙 제289조(안전기의 설치) ① 사업주는 아세틸렌 용접장치의 취관마다 안전기를 설치하여야 한다. 다만, 주관 및 취관에 가장 가까운 분기관(分岐管)마다 안전기를 부착한 경우에는 그러하지 아니하다.
② 사업주는 가스용기가 발생기와 분리되어 있는 아세틸렌 용접장치에 대하여 발생기와 가스용기 사이에 안전기를 설치하여야 한다.

43 기계설비의 안전조건 중 외관의 안전화에 해당되지 않는 것은?

① 오동작 방지 회로 적용　　② 안전색채 조절
③ 덮개의 설치　　　　　　　④ 구획된 장소에 격리

기계·설비의 안전화 5가지
- 외관의 안전화 : 상자로 내장, 덮개, 색채조절(시동버튼 : 녹색, 정지버튼 : 적색)
- 기능적 안전화 : 전압강하 및 정전 시 오동작 방지, 사용압력 변동 시 오동작 방지, 밸브고장 시 오동작 방지, 단락스위치 고장 시 오동작 방지
- 구조부분의 안전화 : 적절한 재료, 안전율 및 안전계수 고려, 적절한 가공
- 작업의 안전화 : 기동장치와 배치, 정지 시 시건장치, 안전통로 확보, 작업공간 확보
- 보수·유지의 안전화(보전성의 개선) : 정기 점검, 교환, 주유

44 산업용 로봇 작업 시 안전조치 방법이 아닌 것은?

① 높이 1.8m 이상의 울타리를 설치한다.
② 로봇의 조작방법 및 순서의 지침에 따라 작업한다.
③ 로봇 작업 중 이상상황의 대처를 위해 근로자 이외에도 로봇의 기동스위치를 조작할 수 있도록 한다.
④ 2인 이상의 근로자에게 작업을 시킬 때는 신호 방법의 지침을 정하고 그 지침에 따라 작업한다.

산업안전보건기준에 관한 규칙 제222조(교시 등) 사업주는 산업용 로봇(이하"로봇"이라 한다)의 작동 범위에서 해당 로봇에 대하여 교시(敎示) 등[매니퓰레이터(manipulator)의 작동순서, 위치·속도의 설정·변경 또는 그 결과를 확인하는 것을 말한다. 이하 같다]의 작업을 하는 경우에는 해당 로봇의 예기치 못한 작동 또는 오(誤)조작에 의한 위험을 방지하기 위하여 다음 각 호의 조치를 하여야 한다. 다만, 로봇의 구동원을 차단하고 작업을 하는 경우에는 제2호와 제3호의 조치를 하지 아니할 수 있다.
1. 다음 각 목의 사항에 관한 지침을 정하고 그 지침에 따라 작업을 시킬 것
  가. 로봇의 조작방법 및 순서
  나. 작업 중의 매니퓰레이터의 속도
  다. 2명 이상의 근로자에게 작업을 시킬 경우의 신호방법
  라. 이상을 발견한 경우의 조치
  마. 이상을 발견하여 로봇의 운전을 정지시킨 후 이를 재가동시킬 경우의 조치
  바. 그 밖에 로봇의 예기치 못한 작동 또는 오조작에 의한 위험을 방지하기 위하여 필요한 조치
2. 작업에 종사하고 있는 근로자 또는 그 근로자를 감시하는 사람은 이상을 발견하면 즉시 로봇의 운전을 정지시키기 위한 조치를 할 것
3. 작업을 하고 있는 동안 로봇의 기동스위치 등에 작업 중이라는 표시를 하는 등 작업에 종사하고 있는 근로자가 아닌 사람이 그 스위치 등을 조작할 수 없도록 필요한 조치를 할 것

산업안전보건기준에 관한 규칙 제223조(운전 중 위험 방지) 사업주는 로봇의 운전(제222조에 따른 교시 등을 위한 로봇의 운전과 제224조 단서에 따른 로봇의 운전은 제외한다)으로 인하여 근로자에게 발생할 수 있는 부상 등의 위험을 방지하기 위하여 높이 1.8미터 이상의 울타리(로봇의 가동범위 등을 고려하여 높이로 인한 위험성이 없는 경우에는 높이를 그 이하로 조절할 수 있다)를 설치해야 하며, 컨베이어 시스템의 설치 등으로 울타리를 설치할 수 없는 일부 구간에 대해서는 안전매트 또는 광전자식 방호장치 등 감응형 방호장치를 설치해야 한다. 다만, 고용노동부장관이 해당 로봇의 안전기준이 한국산업표준에서 정하고 있는 안전기준 또는 국제적으로 통용되는 안전기준에 부합한다고 인정하는 경우에는 본문에 따른 조치를 하지 않을 수 있다.

45 다음 중 연삭기의 종류가 아닌 것은?

① 다두 연삭기 ② 원통 연삭기
③ 센터리스 연삭기 ④ 만능 연삭기

연삭기 종류 : 원통 연삭기, 센터리스 연삭기, 공구 연삭기, 만능 연삭기, 탁상용 연삭기, 휴대용 연삭기, 스윙 연삭기, 평면 연삭기, 절단 연삭기

46 프레스의 제작 및 안전기준에 따라 프레스의 각 항목이 표시된 이름판을 부착해야 하는데 이 이름판에 나타내어야 하는 항목이 아닌 것은?

① 압력능력 또는 전단능력 ② 제조연월
③ 안전인증의 표시 ④ 정격하중

이름판에 표시하여야 하는 항목(위험기계·기구 안전인증 고시 별표 1)
• 압력능력(전단기는 전단능력) • 사용전기설비의 정격
• 제조자명 • 제조연월
• 안전인증의 표시 • 형식 또는 모델번호
• 제조번호

47 동력식 수동대패기계의 덮개와 송급 테이블면과의 간격기준은 몇 mm 이하여야 하는가?

① 3 ② 5
③ 8 ④ 12

동력식 수동대패에서 손이 끼지 않도록 하기 위해 덮개 하단과 가공재를 송급하는 측의 테이블 면과의 틈새는 최대 8mm 이하로 조절하여야 한다.

48 기계나 그 부품에 고장이나 기능 불량이 생겨도 항상 안전하게 작동하는 안전화 대책은?

① fool proof ② fail safe
③ risk management ④ hazard diagnosis

Fail-Safety
• Fail Safety : 인간 또는 기계에 과오나 동작상의 실수가 있어도 안전사고를 발생시키지 않도록 2중 또는 3중으로 통제를 가하도록 한 체제
• Fail Safe 종류 : 다경로 하중 구조, 하중 경감 구조, 교대 구조, 중복 구조

49 다음 중 연삭기의 원주 속도 V(m/s)를 구하는 식으로 옳은 것은?(단, D는 숫돌의 지름(m), n은 회전수(rpm)이다.)

① $V = \dfrac{\pi Dn}{16}$ ② $V = \dfrac{\pi Dn}{32}$

③ $V = \dfrac{\pi Dn}{60}$ ④ $V = \dfrac{\pi Dn}{1000}$

$$V = \frac{\pi Dn}{60}[m/s] = \pi Dn[mm/min] = \frac{\pi Dn}{1000}[m/min]$$

50 산업안전보건법령에 따라 다음 중 덮개 혹은 울을 설치하여야 하는 경우나 부위에 속하지 않는 것은?

① 목재가공용 띠톱기계를 제외한 띠톱기계에서 절단에 필요한 톱날 부위 외의 위험한 톱날 부위
② 선반으로부터 돌출하여 회전하고 있는 가공물이 근로자에게 위험을 미칠 우려가 있는 경우
③ 보일러에서 과열에 의한 압력상승으로 인해 사용자에게 위험을 미칠 우려가 있는 경우
④ 연삭기 또는 평삭기의 테이블, 형삭기 램 등의 행정 끝이 근로자에게 위험을 미칠 우려가 있는 경우

산업안전보건기준에 관한 규칙 제119조(폭발위험의 방지) 사업주는 보일러의 폭발 사고를 예방하기 위하여 압력방출장치, 압력제한스위치, 고저수위 조절장치, 화염 검출기 등의 기능이 정상적으로 작동될 수 있도록 유지·관리하여야 한다.

51 다음 중 컨베이어(conveyor)의 방호장치로 볼 수 없는 것은?

① 반발예방장치　　　　　② 이탈방지장치
③ 비상정지장치　　　　　④ 덮개 또는 울

컨베이어의 방호장치
• 이탈방지장치
• 비상정지장치
• 낙하방지를 위한 조치(덮개 또는 울)

52 클러치 프레스에 부착된 양수기동식 방호장치에 있어서 확동 클러치의 봉합개소의 수가 4, 분당 행정수가 300spm일 때 양수기동식 조작부의 최소 안전거리는?(단, 인간의 손의 기준 속도는 1.6m/s로 한다.)

① 240mm　　　　　② 260mm
③ 340mm　　　　　④ 360mm

Dm(안전거리) = 1.6Tm

$$Tm = \left(\frac{1}{클러치맞물림개수} + \frac{1}{2}\right) \times \frac{60000}{매분당행정수}$$

$$Dm = 1.6\left(\frac{1}{4} + \frac{1}{2}\right) \times \frac{60000}{300} = 240mm$$

53 프레스의 본질적 안전화(no-hand in die 방식) 추진대책이 아닌 것은?

① 안전금형을 설치　　　　② 전용프레스의 사용
③ 방호울이 부착된 프레스 사용　　　④ 감응식 방호장치 설치

프레스기의 No-Hand in Die 방식에 있어서 본질적 안전화 추진사항
- 전용 프레스의 도입
- 안전울을 부착한 프레스 작업
- 자동 프레스의 도입
- 안전 금형을 부착한 프레스 작업

54 산업안전보건법령상 크레인의 방호장치에 해당하지 않는 것은?

① 권과방지장치
② 낙하방지장치
③ 비상정지장치
④ 과부하방지장치

크레인의 방호장치(산업안전보건기준에 관한 규칙 제134조) : 과부하방지장치, 권과방지장치, 비상정지장치 및 제동장치

55 양수조작식 방호장치에서 누름버튼 상호간의 내측 거리는 얼마 이상이어야 하는가?

① 250mm 이상
② 300mm 이상
③ 350mm 이상
④ 400mm 이상

양수조작식 방호장치
- 반드시 두 손을 사용하여 동시에 조작하여야만 작동하는 구조일 것
- 조작부(버튼 또는 레버)의 간격을 300mm 이상으로 할 것
- 조작부는 작동 직후 손이 위험 구역에 들어가지 못하도록 다음에 정하는 거리 이상에 설치 할 것
※ 거리[cm] = 160 × 프레스기 작동 후 작업점까지 도달시간(초)

56 작업장 내 운반을 주목적으로 하는 구내운반차가 준수해야 할 사항으로 옳지 않은 것은?

① 주행을 제동하거나 정지상태를 유지하기 위하여 유효한 제동장치를 갖출 것
② 경음기를 갖출 것
③ 전조등 또는 후미등 중 한 개를 갖출 것
④ 운전자석이 차 실내에 있는 것은 좌우에 한 개씩 방향지시기를 갖출 것

산업안전보건기준에 관한 규칙 제184조(제동장치 등) 사업주는 구내운반차(작업장내 운반을 주목적으로 하는 차량으로 한정한다)를 사용하는 경우에 다음 각 호의 사항을 준수해야 한다.
1. 주행을 제동하거나 정지상태를 유지하기 위하여 유효한 제동장치를 갖출 것
2. 경음기를 갖출 것
3. 운전석이 차 실내에 있는 것은 좌우에 한 개씩 방향지시기를 갖출 것
4. 전조등과 후미등을 갖출 것. 다만, 작업을 안전하게 하기 위하여 필요한 조명이 있는 장소에서 사용하는 구내운반차에 대해서는 그러하지 아니하다.
5. 구내운반차가 후진 중에 주변의 근로자 또는 차량계하역운반기계등과 충돌할 위험이 있는 경우에는 구내운반차에 후진경보기와 경광등을 설치할 것

57 기계운동의 형태에 따른 위험점 분류에 해당되지 않는 것은?

① 끼임점　　　　② 회전물림점
③ 협착점　　　　④ 절단점

위험점의 분류

구분	내용
협착점	왕복 운동하는 동작부분과 움직임이 없는 고정부분 사이에 형성되는 위험점
끼임점	고정부분과 회전하는 동작부분 사이에서 형성되는 위험점
절단점	회전하는 운동부분 자체의 위험에서 초래되는 위험점
물림점	반대로 회전하는 두 개의 회전체가 맞닿는 사이에서 발생하는 위험점
접선물림점	회전하는 부분의 접선방향으로 물려 들어갈 위험이 존재하는 위험점
회전말림점	회전하는 물체에 작업복 등이 말려드는 위험이 존재하는 위험점

58 연삭기에서 숫돌의 바깥지름이 180mm라면, 평형 플랜지의 바깥지름은 몇 mm 이상이어야 하는가?

① 30　　　　② 36
③ 45　　　　④ 60

플랜지의 지름은 숫돌직경의 $\frac{1}{3}$ 이상인 것이 적당하며 고정측과 이동측의 직경은 같아야 한다.

∴ 플랜지의 지름 = $\frac{180}{3}$ = 60

59 롤러기에 사용되는 급정지장치의 종류가 아닌 것은?

① 손 조작식
② 발 조작식
③ 무릎 조작식
④ 복부 조작식

롤러기 급정지장치의 종류(방호장치 자율안전기준 고시 별표 3)

종류	위치	비고
손조작식	밑면에서 1.8m 이내	위치는 급정지장치조작부의 중심점을 기준으로 함
복부조작식	밑면에서 0.8m 이상 1.1m 이내	
무릎조작식	밑면에서 0.6m 이내	

60 드릴링 머신을 이용한 작업 시 안전 수칙에 관한 설명으로 옳지 않은 것은?

① 일감을 손으로 견고하게 쥐고 작업한다.
② 장갑을 끼고 작업을 하지 않는다.
③ 칩은 기계를 정지시킨 다음에 와이어 브러시로 제거한다.
④ 드릴을 끼운 후에는 척 렌치를 반드시 탈거한다.

드릴링 머신의 안전작업수칙
- 일감은 견고하게 고정, 손으로 고정금지
- 장갑을 착용하지 말 것
- 얇은 판이나 황동 등은 목재를 사용하여 밑에 받치고 작업할 것
- 구멍이 끝까지 뚫린 것을 확인하고자 손을 집어넣지 말 것
- 칩을 털어낼 때는 브러시를 사용하고 입으로 불어내지 말 것
- 가공 중에 구멍이 관통되면 기계를 멈추고 손으로 돌려서 드릴을 빼어낼 것
- 보안경을 착용할 것
- 드릴을 끼운 후 척핸들(chuck handle)은 반드시 빼어놓을 것
- 자동이송작업 중 기계를 멈추지 말 것
- 큰 구멍을 뚫을 때에는 작은 구멍을 먼저 뚫은 뒤 작업할 것

제 04 과목　전기 및 화학설비 안전관리

61 다음의 접지방식 중 전력계통에서 돌발적으로 발생하는 이상 현상에 대비하여 접지와 계통을 연결하는 것으로, 중성점을 대지에 접속하는 접지방식은 어느 것인가?

① 계통접지　　　　② 보호접지
③ 단독접지　　　　④ 피뢰시스템접지

접지시스템의 구분
- 계통접지 : 전력계통의 이상현상에 대비하여 대지와 계통을 접속
- 보호접지 : 감전보호를 목적으로 기기의 한 점 이상을 접지
- 피뢰시스템접지 : 뇌격전류를 안전하게 대지로 방류하기 위한 접지

62 전기스파크의 최소발화에너지를 구하는 공식은?

① $W = \dfrac{1}{2}CV^2$　　　　② $W = \dfrac{1}{2}CV$
③ $W = 2CV^2$　　　　④ $W = 2C^2V$

$W = \dfrac{1}{2}QV = \dfrac{1}{2}CV^2$

63 허용접촉전압이 종별 기준과 서로 다른 것은?

① 제1종 - 2.5V 이하   ② 제2종 - 25V 이하
③ 제3종 - 75V 이하   ④ 제4종 - 제한없음

접촉전압의 허용한계

종별	접촉상태	허용접촉전압
제1종	• 인체의 대부분이 수중에 있는 상태	2.5[V] 이하
제2종	• 인체가 현저히 젖어 있는 상태 • 금속성의 전기·기계장치나 구조물에 인체의 일부가 상시 접촉되어있는 상태	25[V] 이하
제3종	• 제1종, 제2종 이외의 경우로서 통상의 인체상태에 있어서 접촉전압이 가해지면 위험성이 높은 상태	50[V] 이하
제4종	• 제1종, 제2종 이외의 경우로서 통상의 인체 상태에 접촉전압이 가해지더라도 위험성이 낮은 상태 • 접촉전압이 가해질 우려가 없는 경우	제한 없음

64 감전을 방지하기 위하여 정전작업 요령을 관계근로자에 주지시킬 필요가 없는 것은?

① 전원설비 효율에 관한 사항
② 단락접지 실시에 관한 사항
③ 전원 재투입 순서에 관한 사항
④ 작업 책임자의 임명, 정전범위 및 절연용 보호구 작업 등 필요한 사항

정전작업 요령의 작성 시 포함 사항
• 작업 책임자의 임명, 정전범위 및 절연보호구 등 필요한 사항
• 전로 또는 설비의 정전순서에 관한 사항
• 개폐기 관리 및 표지판 부착에 관한 사항
• 정전확인 순서에 관한 사항
• 단락접지 실시에 관한 사항
• 전원 재투입 순서에 관한 사항
• 점검 또는 시운전을 위한 일시운전에 관한 사항
• 교대근무지 근무인계에 필요한 사항

65 누전에 의한 감전위험을 방지하기 위하여 감전방지용 누전차단기의 접속에 관한 일반사항으로 틀린 것은?

① 분기회로마다 누전차단기를 설치한다.
② 동작시간은 0.03초 이내이어야 한다.
③ 전기기계·기구에 설치되어 있는 누전차단기는 정격감도전류가 30mA 이하이어야 한다.
④ 누전차단기는 배전반 또는 분전반 내에 접속하지 않고 별도로 설치한다.

누전차단기는 배전반이나 분전반 등에 설치하는 것을 원칙으로 한다. 다만, 꽂음 접속기형 누전차단기는 콘센트에 연결하거나 부착하여 사용할 수 있다.

66 방폭전기설비의 설치시 고려하여야 할 환경조건으로 가장 거리가 먼 것은?

① 열   ② 진동
③ 산소량   ④ 수분 및 습기

방폭전기설비 설치 표준환경 조건(국제전기기술위원회)
- 표고 : 1000m 이하
- 상대습도 : 45%~85% 범위
- 주변 온도 : -20℃ ~ +40℃
- 압력 : 80kPa ~ 110kPa
- 기타 : 공해, 부식성가스, 진동 등이 존재하지 않는 환경

67 다음 중 방폭구조의 종류와 기호가 올바르게 연결된 것은?

① 압력방폭구조 : q   ② 유입방폭구조 : m
③ 비점화방폭구조 : n   ④ 본질안전방폭구조 : e

방폭구조의 종류와 기호

종류	내용	기호
내압방폭구조	점화원에 의해 용기 내부에서 폭발이 발생할 경우에 용기가 폭발압력에 견딜 수 있고, 화염이 용기 외부의 폭발성 분위기로 전파되지 않도록 한 방폭구조	d
압력방폭구조	점화원이 될 우려가 있는 부분을 용기 안에 넣고 보호 기체(신선한 공기 또는 불활성기체)를 용기 안에 압입함으로써 폭발성 가스가 침입하는 것을 방지하도록 되어 있는 방폭구조	p
안전증방폭구조	전기기기의 과도한 온도 상승, 아크 또는 불꽃 발생의 위험을 방지하기 위하여 추가적인 안전조치를 통한 안전도를 증가시킨 방폭구조(다만, 정상운전 중에 아크나 불꽃을 발생시키는 전기기기는 안전증방폭구조의 전기기기 범위에서 제외)	e
유입방폭구조	유체 상부 또는 용기 외부에 존재할 수 있는 폭발성 분위기가 발화할 수 없도록 전기설비 또는 전기설비의 부품을 보호액에 함침시키는 방폭구조	o
본질안전방폭구조	정상시 또는 단락, 단선, 지락 등의 사고시에 발생하는 아크, 불꽃, 고열에 의하여 폭발성 가스나 증기에 점화되지 않는 것이 확인된 구조	ia, ib
비점화방폭구조	전기기기가 정상작동과 규정된 특정한 비정상상태에서 주위의 폭발성 가스 분위기를 점화시키지 못하도록 만든 방폭구조	n
몰드방폭구조	전기기기의 불꽃 또는 열로 인해 폭발성 위험분위기에 점화되지 않도록 컴파운드를 충전해서 보호한 방폭구조	m
충전방폭구조	폭발성 가스 분위기를 점화시킬 수 있는 부품을 고정하여 설치하고, 그 주위를 충전재로 완전히 둘러싸서 외부의 폭발성 가스 분위기를 점화시키지 않도록 하는 방폭구조	q
특수방폭구조	상기의 방폭구조 외에 외부의 폭발성 가스에 대해 인화를 방지할 수 있음을 시험에 의해 확인한 구조	s

68 페인트를 스프레이로 뿌려 도장작업을 하는 작업 중 발생할 수 있는 정전기 대전으로만 이루어진 것은?

① 분출대전, 충돌대전   ② 충돌대전, 마찰대전
③ 유동대전, 충돌대전   ④ 분출대전, 유동대전

정전기 대전 형태
- 마찰대전 : 종이, 필름 등이 금속 롤러와 마찰을 일으킬 때 마찰에 의하여 접촉의 위치가 이동하고 전하 분리가 일어나서 발생한다.
- 충돌대전 : 분체의 입자끼리 또는 입자와 고체와의 충돌에 의하여 접촉, 분리가 일어나기 때문에 발생한다.
- 분출대전 : 분체, 액체, 기체류가 단면적인 작은 노즐 등의 개구부에서 분출할 때 마찰이 일어나서 발생하며, 가스가 분진, 무상입자로 분출될 때 대전이 잘 일어난다.
- 유도대전 : 대전 물체 부근에 있는 물체가 대전체로부터의 정전유도에 의해 정전기를 띠는 현상을 의미한다.
- 박리대전 : 서로 밀착되어 있는 물체가 분리될 때 전하의 분리가 일어나서 정전기가 발생한다.
- 비말대전 : 공기 중에 분출된 액체가 미세하게 비산되어 분리되었다가 크고 작은 방울로 될 때 새로운 표면을 형성하면서 정전기가 발생하는 현상이다.
- 침강대전 : 절연성 유체 중에서 비중이 다른 부유물이 침강할 때 발생하는 정전기를 말한다.
- 유동대전 : 액체류를 관내로 수송할 때 정전기가 발생하는 것으로 인화성 액체는 전기 절연성이 높아 유동에 의한 대전이 일어나기 쉬우며, 액체의 유동 속도가 정전기 발생에 큰 영향을 미친다.
- 적하대전 : 고체표면에 부착되어 있던 액체류가 성장하여 자중으로 물방울이 되어 떨어질 때 전하분리가 일어나서 정전기가 발생하는 현상이다.
- 교반대전 : 액체가 교반에 의해 진동을 하게 되면 진동에 의한 정전기가 발생한다.
- 파괴대전 : 액체와 그것에 혼합되어 있는 불순물이 침강되면 침강 대전이 발생한다.

69 저압전로의 보호도체 및 중성선의 접속방식에 따른 접지계통의 분류가 아닌 것은?

① TC 계통   ② TN 계통
③ IT 계통   ④ TT 계통

저압전로의 보호도체 및 중성선의 접속 방식에 따른 접지계통의 분류
- TN 계통
- TT 계통
- IT 계통

70 다음 중 대전된 정전기의 제거방법으로 적당하지 않은 것은?

① 작업장 내에서의 습도를 가능한 낮춘다.
② 제전기를 이용해 물체에 대전된 정전기를 제거한다.
③ 도전성을 부여하여 대전된 전하를 누설시킨다.
④ 금속 도체와 대지 사이의 전위를 최소화하기 위하여 접지한다.

정전기 방지대책
- 부도체 : 정치시간의 확보, 배관 내 액체의 유속제한, 가습, 제전에 의한 대전방지, 도전성 재료 사용, 정전 차폐
- 도체 : 접지, 본딩(접지를 동시에 실시)

71 휘발유를 저장하던 이동저장탱크에 등유나 경유를 이동저장탱크의 밑 부분으로부터 주입할 때에 액표면의 높이가 주입관의 선단의 높이를 넘을 때까지 주입속도는 몇 m/s 이하로 하여야 하는가?

① 0.5
② 1
③ 1.5
④ 2.0

> **해설**
> 산업안전보건기준에 관한 규칙 제228조(가솔린이 남아 있는 설비에 등유 등의 주입) 사업주는 별표 7의 화학설비로서 가솔린이 남아 있는 화학설비(위험물을 저장하는 것으로 한정한다. 이하 이 조와 제229조에서 같다), 탱크로리, 드럼 등에 등유나 경유를 주입하는 작업을 하는 경우에는 미리 그 내부를 깨끗하게 씻어내고 가솔린의 증기를 불활성 가스로 바꾸는 등 안전한 상태로 되어 있는지를 확인한 후에 그 작업을 하여야 한다. 다만, 다음 각 호의 조치를 하는 경우에는 그러하지 아니하다.
> 1. 등유나 경유를 주입하기 전에 탱크·드럼 등과 주입설비 사이에 접속선이나 접지선을 연결하여 전위차를 줄이도록 할 것
> 2. 등유나 경유를 주입하는 경우에는 그 액표면의 높이가 주입관의 선단의 높이를 넘을 때까지 주입속도를 초당 1미터 이하로 할 것

72 다음 중 증류탑의 원리로 거리가 먼 것은?

① 끓는점(휘발성) 차이를 이용하여 목적 성분을 분리한다.
② 열이동은 도모하지만 물질이동은 관계하지 않는다.
③ 기-액 두 상의 접촉이 충분히 일어날 수 있는 접촉 면적이 필요하다.
④ 여러 개의 단을 사용하는 다단탑이 사용될 수 있다.

> **해설**
> 증류탑은 끓는점의 차이를 이용하여 목적 성분을 분리하는 것으로 끓는점이 낮은 물질이 위쪽으로 분리되고 끓는점이 높은 물질이 아래쪽에 분리되는 물질이동이 일어난다.

73 화염의 전파속도가 음속보다 빨라 파면선단에 충격파가 형성되며 보통 그 속도가 1000~3500m/s에 이르는 현상을 무엇이라 하는가?

① 폭발현상
② 폭굉현상
③ 파괴현상
④ 발화현상

> **해설**
> 물체가 발열화학 반응을 수반해 분해할 때에는 화염을 수반하지만 화염의 전파속도가 매질 중의 음속보다 빠르고, 화염면의 직전에 압력의 불연속적인 융기를 수반해 충격파가 발생되어 반응속도가 급속도로 빨라진다. 이 현상을 폭굉(detonation)이라 하고, 연소와는 구별된다. 연소에서 폭굉으로 옮겨질 수가 있으며, 그 변화는 비약적으로 일어난다.

74 SO_2, 20ppm은 약 몇 g/m³인가?(단, SO_2의 분자량은 64이고, 온도는 21℃, 압력은 1기압으로 한다.)

① 0.571
② 0.531
③ 0.0571
④ 0.0531

$$A = \frac{ppm \times 분자량}{22.4 \times \frac{(273 + t°C)}{273}} = \frac{20 \times 64}{22.4 \times \frac{(273 + 21)}{273}} = 53.06 mg/m^3 = 0.0531 g/m^3$$

75 다음 중 유해·위험물질이 유출되는 사고가 발생했을 때의 대처요령으로 가장 적절하지 않은 것은?

① 중화 또는 희석을 시킨다.
② 유해·위험물질을 즉시 모두 소각시킨다.
③ 유출부분을 억제 또는 폐쇄시킨다.
④ 유출된 지역의 인원을 대피시킨다.

76 다음 중 가연성 분진의 폭발 메커니즘으로 옳은 것은?

① 퇴적분진 → 비산 → 분산 → 발화원 발생 → 폭발
② 발화원 발생 → 퇴적분진 → 비산 → 분산 → 폭발
③ 퇴적분진 → 발화원 발생 → 분산 → 비산 → 폭발
④ 발화원 발생 → 비산 → 분산 → 퇴적분진 → 폭발

분진폭발은 퇴적된 분진이 비산하여 분진운을 생성하고 이렇게 분산된 분진이 발화원이 되어 폭발하는 것이다.

77 다음 중 물질의 위험성과 그 시험방법이 올바르게 연결된 것은?

① 인화점 - 태그 밀폐식
② 발화온도 - 산소지수법
③ 연소시험 - 가스크로마토그래피법
④ 최소발화에너지 - 클리브랜드 개방식

인화점 측정(시험장소는 1기압 무풍의 장소로 할 것)
- 신속평형법 : 시험물품(설정온도가 상온보다 낮은 온도인 경우에는 설정온도까지 냉각한 것) 2㎖를 시료컵에 넣고 즉시 뚜껑 및 개폐기를 닫을 것
- 태그(Tag) 밀폐식 : 시료컵에 시험물품 50cm³를 넣고 시험물품의 표면의 기포를 제거한 후 뚜껑을 덮을 것
- 클리브랜드(Cleaveland) 개방식 : 시료컵의 표선(標線)까지 시험물품을 채우고 시험물품의 표면의 기포를 제거

78 메탄(CH_4) 100mol이 산소 중에서 완전 연소하였다면 이 때 소비된 산소량 몇 mol인가?

① 50 ② 100
③ 150 ④ 200

- 메탄의 완전연소식 : CH₄ + 2O₂ → CO₂ + 2(H₂O)
- 메탄 1mol을 연소하기 위해서는 2mol의 산소가 필요하므로, 메탄 100mol이 완전 연소되기 위해 소비된 산소량은 200mol이다.

79 물반응성 물질에 해당하는 것은?

① 니트로화합물
② 칼륨
③ 염소산나트륨
④ 부탄

위험물질의 종류(산업안전보건기준에 관한 규칙 별표 1)

- 폭발성 물질 및 유기과산화물 : 질산에스테르류, 니트로화합물, 니트로소화합물, 아조화합물, 디아조화합물, 하이드라진 유도체, 유기과산화물
- 물반응성 물질 및 인화성 고체 : 리튬, 칼륨·나트륨, 황, 황린, 황화인·적린, 셀룰로이드류, 알킬알루미늄·알킬리튬, 마그네슘 분말, 금속 분말(마그네슘 분말 제외), 알칼리금속(리튬·칼륨 및 나트륨은 제외), 유기 금속화합물(알킬알루미늄 및 알킬리튬은 제외), 금속의 수소화물, 금속의 인화물, 칼슘 탄화물, 알루미늄 탄화물
- 산화성 액체 및 산화성 고체 : 차아염소산 및 그 염류, 아염소산 및 그 염류, 염소산 및 그 염류, 과염소산 및 그 염류, 브롬산 및 그 염류, 요오드산 및 그 염류, 과산화수소 및 무기 과산화물, 질산 및 그 염류, 과망간산 및 그 염류, 중크롬산 및 그 염류
- 인화성 액체
- 인화성 가스 : 수소, 아세틸렌, 에틸렌, 메탄, 에탄, 프로판, 부탄
- 부식성 물질 : 부식성 산류, 부식성 염기류
- 급성 독성 물질

80 가정에서 요리를 할 때 사용하는 가스렌지에서 일어나는 가스의 연소형태에 해당되는 것은?

① 자기연소
② 분해연소
③ 표면연소
④ 확산연소

가연물의 연소형태

- 확산연소 : 수소, 아세틸렌 등의 기체 연소
- 증발연소 : 알코올, 에테르, 등유, 경유 등의 액체 연소
- 분해연소 : 중유, 석탄, 목재, 종이, 고체 파라핀 등의 고체 연소
- 표면연소 : 숯, 알루미늄박, 마그네슘리본 등의 고체 연소

제 05 과목 건설공사 안전관리

81 산업안전보건관리비 중 안전시설비의 항목에서 사용할 수 있는 항목에 해당하는 것은?

① 외부인 출입금지, 공사장 경계표시를 위한 가설울타리
② 작업발판
③ 절토부 및 성토부 등의 토사유실 방지를 위한 설비
④ 사다리 전도방지장치

산업안전보건관리비 중 안전시설비 사용 불가내역
- 원활한 공사수행을 위한 가설시설, 장치, 도구, 자재 등
  - 외부인 출입금지, 공사장 경계표시를 위한 가설울타리
  - 각종 비계, 작업발판, 가설계단·통로, 사다리 등
    ※ 안전발판, 안전통로, 안전계단 등과 같이 명칭에 관계없이 공사 수행에 필요한 가시설들은 사용불가(다만, 비계·통로·계단에 추가 설치하는 추락방지용 안전난간, 사다리 전도방지장치, 틀비계에 별도로 설치하는 안전난간·사다리, 통로의 낙하물방호선반 등은 사용 가능함)
  - 절토부 및 성토부 등의 토사유실 방지를 위한 설비
  - 작업장 간 상호 연락, 작업 상황 파악 등 통신수단으로 활용되는 통신시설·설비
  - 공사 목적물의 품질 확보 또는 건설장비 자체의 운행 감시, 공사 진척상황 확인, 방법 등의 목적을 가진 CCTV 등 감시용 장비
- 소음·환경관련 민원예방, 교통통제 등을 위한 각종 시설물, 표지
  - 건설현장 소음방지를 위한 방음시설, 분진망 등 먼지·분진 비산 방지시설 등
  - 도로 확·포장공사, 관로공사, 도심지 공사 등에서 공사차량 외의 차량유도, 안내·주의·경고 등을 목적으로 하는 교통안전시설물(※공사안내·경고 표지판, 차량유도등·점멸등, 라바콘, 현장경계휀스, PE드럼 등)
- 기계·기구 등과 일체형 안전장치의 구입비용(※기성제품에 부착된 안전장치 고장 시 수리 및 교체 비용은 사용 가능)
  - 기성제품에 부착된 안전장치(※톱날과 일체식으로 제작된 목재가공용 둥근톱의 톱날접촉예방장치, 플러그와 접지시설이 일체식으로 제작된 접지형플러그 등)
  - 공사수행용 시설과 일체형인 안전시설
- 동일 시공업체 소속의 타 현장에서 사용한 안전시설물을 전용하여 사용할 때의 자재비(운반비는 안전관리비로 사용할 수 있다)

82 달비계에 사용하는 와이어로프는 지름의 감소가 공칭지름의 몇 %를 초과하는 경우에 사용할 수 없도록 규정되어 있는가?

① 5%   ② 7%
③ 9%   ④ 10%

산업안전보건기준에 관한 규칙 제63조(달비계의 구조) ① 사업주는 곤돌라형 달비계를 설치하는 경우에는 다음 각 호의 사항을 준수해야 한다.
1. 다음 각 목의 어느 하나에 해당하는 와이어로프를 달비계에 사용해서는 아니 된다.
   가. 이음매가 있는 것
   나. 와이어로프의 한 꼬임[[스트랜드(strand)를 말한다. 이하 같다)]에서 끊어진 소선(素線)[필러(pillar)선은 제외한다)]의 수가 10퍼센트 이상(비자전로프의 경우에는 끊어진 소선의 수가 와이어로프 호칭지름의 6배 길이 이내에서 4개 이상이거나 호칭지름 30배 길이 이내에서 8개 이상)인 것

다. 지름의 감소가 공칭지름의 7퍼센트를 초과하는 것
라. 꼬인 것
마. 심하게 변형되거나 부식된 것
바. 열과 전기충격에 의해 손상된 것
2. 다음 각 목의 어느 하나에 해당하는 달기 체인을 달비계에 사용해서는 아니 된다.
가. 달기 체인의 길이가 달기 체인이 제조된 때의 길이의 5퍼센트를 초과한 것
나. 링의 단면지름이 달기 체인이 제조된 때의 해당 링의 지름의 10퍼센트를 초과하여 감소한 것
다. 균열이 있거나 심하게 변형된 것

83 건설작업용 리프트에 대하여 바람에 의한 붕괴를 방지하는 조치를 한다고 할 때 그 기준이 되는 풍속은?

① 순간풍속 3m/sec 초과
② 순간풍속 35m/sec 초과
③ 순간풍속 40m/sec 초과
④ 순간풍속 45m/sec 초과

산업안전보건기준에 관한 규칙 제154조(붕괴 등의 방지) ① 사업주는 지반침하, 불량한 자재사용 또는 헐거운 결선(結線) 등으로 리프트가 붕괴되거나 넘어지지 않도록 필요한 조치를 하여야 한다.
② 사업주는 순간풍속이 초당 35미터를 초과하는 바람이 불어올 우려가 있는 경우 건설작업용 리프트(지하에 설치되어 있는 것은 제외한다)에 대하여 받침의 수를 증가시키는 등 그 붕괴 등을 방지하기 위한 조치를 하여야 한다.

84 추락에 의한 위험방지와 관련된 승강설비의 설치에 관한 사항이다. ( )에 들어갈 내용으로 옳은 것은?

> 사업주는 높이 또는 깊이가 ( )를 초과하는 장소에서 작업하는 경우 해당 작업에 종사하는 근로자가 안전하게 승강하기 위한 건설용 리프트 등의 설비를 설치하여야 한다.

① 1.0m
② 1.5m
③ 2.0m
④ 2.5m

산업안전보건기준에 관한 규칙 제46조(승강설비의 설치) 사업주는 높이 또는 깊이가 2미터를 초과하는 장소에서 작업하는 경우 해당 작업에 종사하는 근로자가 안전하게 승강하기 위한 건설용 리프트 등의 설비를 설치해야 한다. 다만, 승강설비를 설치하는 것이 작업의 성질상 곤란한 경우에는 그렇지 않다.

85 지반의 조사방법 중 지질의 상태를 가장 정확히 파악할 수 있는 보링방법은?

① 충격식 보링(percussion boring)
② 수세식 보링(wash boring)
③ 회전식 보링(rotary boring)
④ 오거 보링(auger boring)

보링(boring)
- 기계식 보링 : 충격식 보링, 수세식 보링, 회전식 보링(가장 정확한 방법)
- 오거 보링 : 작업현장에서 인력으로 간단하게 실시할 수 있는 방법으로 사질토의 경우에는 3~4m, 보통 지층에서는 10m 정도의 깊이로 토사를 채취

86 철근의 인력 운반 방법에 관한 설명으로 옳지 않은 것은?

① 긴 철근은 두 사람이 1조가 되어 같은 쪽의 어깨에 메고 운반한다.
② 양끝은 묶어서 운반한다.
③ 1회 운반 시 1인당 무게는 50kg 정도로 한다.
④ 공동작업 시 신호에 따라 작업한다.

철근의 인력운반
- 긴 철근은 2인이 1조가 되어 어깨메기로 하여 운반하는 등 안전성을 도모한다.
- 긴 철근을 부득이 한 사람이 운반할 때는 한 곳을 드는 것보다 한쪽을 어깨에 메고 한쪽 끝을 땅에 끌면서 운반한다.
- 운반 시에는 항상 양끝을 묶어 운반한다.
- 1회 운반시 1인당 무게는 25kg 정도가 적절하며, 무리한 운반은 삼간다.
- 공동작업 시는 신호에 따라 작업한다.

87 사다리식 통로를 설치할 때 사다리의 상단은 걸쳐 놓은 지점으로부터 최소 얼마 이상 올라가도록 하여야 하는가?

① 45cm 이상
② 60cm 이상
③ 75cm 이상
④ 90cm 이상

산업안전보건기준에 관한 규칙 제24조(사다리식 통로 등의 구조) ① 사업주는 사다리식 통로 등을 설치하는 경우 다음 각 호의 사항을 준수하여야 한다.
1. 견고한 구조로 할 것
2. 심한 손상·부식 등이 없는 재료를 사용할 것
3. 발판의 간격은 일정하게 할 것
4. 발판과 벽과의 사이는 15센티미터 이상의 간격을 유지할 것
5. 폭은 30센티미터 이상으로 할 것
6. 사다리가 넘어지거나 미끄러지는 것을 방지하기 위한 조치를 할 것
7. 사다리의 상단은 걸쳐놓은 지점으로부터 60센티미터 이상 올라가도록 할 것
8. 사다리식 통로의 길이가 10미터 이상인 경우에는 5미터 이내마다 계단참을 설치할 것
9. 사다리식 통로의 기울기는 75도 이하로 할 것. 다만, 고정식 사다리식 통로의 기울기는 90도 이하로 하고, 그 높이가 7미터 이상인 경우에는 다음 각 목의 구분에 따른 조치를 할 것
   가. 등받이울이 있어도 근로자 이동에 지장이 없는 경우 : 바닥으로부터 높이가 2.5미터 되는 지점부터 등받이울을 설치할 것
   나. 등받이울이 있으면 근로자가 이동이 곤란한 경우 : 한국산업표준에서 정하는 기준에 적합한 개인용 추락 방지 시스템을 설치하고 근로자로 하여금 한국산업표준에서 정하는 기준에 적합한 전신안전대를 사용하도록 할 것
10. 접이식 사다리 기둥은 사용 시 접혀지거나 펼쳐지지 않도록 철물 등을 사용하여 견고하게 조치할 것

88 차량계 건설기계의 작업계획서 작성 시 그 내용에 포함되어야 할 사항이 아닌 것은?

① 사용하는 차량계 건설기계의 종류 및 성능
② 차량계 건설기계의 운행 경로
③ 차량계 건설기계에 의한 작업방법
④ 브레이크 및 클러치 등의 기능 점검

해설

차량계 건설기계 작업 시 사전조사 및 작업계획서 내용(산업안전보건기준에 관한 규칙 별표 4)
- 사전조사 내용 : 해당 기계의 전락(轉落), 지반의 붕괴 등으로 인한 근로자의 위험을 방지하기 위한 해당 작업장소의 지형 및 지반상태
- 작업계획서 내용
  - 사용하는 차량계 건설기계의 종류 및 성능
  - 차량계 건설기계의 운행경로
  - 차량계 건설기계에 의한 작업방법

89 개착식 굴착공사(Open cut)에서 설치하는 계측기기와 거리가 먼 것은?

① 수위계 ② 경사계
③ 응력계 ④ 내공변위계

해설

내공변위계는 일반적으로 터널 벽면 사이 거리의 상대적 변화량을 계측하는 장치이다.

90 콘크리트 측압에 관한 설명으로 옳지 않은 것은?

① 대기의 온도가 높을수록 크다.
② 콘크리트의 타설속도가 빠를수록 크다.
③ 콘크리트의 타설높이가 높을수록 크다.
④ 배근된 철근량이 적을수록 크다.

해설

콘크리트의 측압이 커지는 조건
- 기온이 낮을수록(대기 중의 습도가 낮을수록)
- 치어붓기 속도가 클수록
- 굵은 콘크리트일수록(물-시멘트비가 클수록, 슬럼프 값이 클수록, 시멘트-물비가 적을수록)
- 콘크리트의 비중이 클수록
- 콘크리트의 다지기가 강할수록
- 철근의 양이 적을수록
- 거푸집의 수밀성이 높을수록
- 거푸집의 수평단면이 클수록(벽 두께가 클수록)
- 거푸집의 강성이 클수록
- 거푸집의 표면이 매끄러울수록
- 생콘크리트의 높이가 높을수록(단, 일정한 높이에 이르면 측압의 증가는 없음)

91 차량계 하역운반기계 등을 이송하기 위하여 자주(自走) 또는 견인에 의하여 화물자동차에 싣거나 내리는 작업을 할 때 발판·성토 등을 사용하는 경우 기계의 전도 또는 전락에 의한 위험을 방지하기 위하여 준수하여야 할 사항으로 옳지 않은 것은?

① 싣거나 내리는 작업은 견고한 경사지에서 실시할 것
② 가설대 등을 사용하는 경우에는 충분한 폭 및 강도와 적당한 경사를 확보할 것
③ 발판을 사용하는 경우에는 충분한 길이·폭 및 강도를 가진 것을 사용할 것

④ 지정운전자의 성명 · 연락처 등을 보기 쉬운 곳에 표시하고 지정운전자 외에는 운전하지 않도록 할 것

산업안전보건기준에 관한 규칙 제174조(차량계 하역운반기계등의 이송) 사업주는 차량계 하역운반기계등을 이송하기 위하여 자주(自走) 또는 견인에 의하여 화물자동차에 싣거나 내리는 작업을 할 때에 발판 · 성토 등을 사용하는 경우에는 해당 차량계 하역운반기계등의 전도 또는 굴러 떨어짐에 의한 위험을 방지하기 위하여 다음 각 호의 사항을 준수하여야 한다.
1. 싣거나 내리는 작업은 평탄하고 견고한 장소에서 할 것
2. 발판을 사용하는 경우에는 충분한 길이 · 폭 및 강도를 가진 것을 사용하고 적당한 경사를 유지하기 위하여 견고하게 설치할 것
3. 가설대 등을 사용하는 경우에는 충분한 폭 및 강도와 적당한 경사를 확보할 것
4. 지정운전자의 성명 · 연락처 등을 보기 쉬운 곳에 표시하고 지정운전자 외에는 운전하지 않도록 할 것

92 다음 중 차량계 건설기계에 속하지 않는 것은?

① 배쳐플랜트 ② 모터그레이더
③ 크롤러드릴 ④ 탠덤롤러

차량계 건설기계(산업안전보건기준에 관한 규칙 별표 6)
- 도저형 건설기계(불도저, 스트레이트도저, 틸트도저, 앵글도저, 버킷도저 등)
- 모터그레이더(motor grader, 땅 고르는 기계)
- 로더(포크 등 부착물 종류에 따른 용도 변경 형식을 포함한다)
- 스크레이퍼(scraper, 흙을 절삭 · 운반하거나 펴 고르는 등의 작업을 하는 토공기계)
- 크레인형 굴착기계(크램쉘, 드래그라인 등)
- 굴삭기(브레이커, 크러셔, 드릴 등 부착물 종류에 따른 용도 변경 형식을 포함한다)
- 항타기 및 항발기
- 천공용 건설기계(어스드릴, 어스오거, 크롤러드릴, 점보드릴 등)
- 지반 압밀침하용 건설기계(샌드드레인머신, 페이퍼드레인머신, 팩드레인머신 등)
- 지반 다짐용 건설기계(타이어롤러, 매커덤롤러, 탠덤롤러 등)
- 준설용 건설기계(버킷준설선, 그래브준설선, 펌프준설선 등)
- 콘크리트 펌프카
- 덤프트럭
- 콘크리트 믹서 트럭
- 도로포장용 건설기계(아스팔트 살포기, 콘크리트 살포기, 아스팔트 피니셔, 콘크리트 피니셔 등)
- 위에 열거된 항목과 유사한 구조 또는 기능을 갖는 건설기계로서 건설작업에 사용하는 것

93 거푸집 해체 시 작업자가 이행해야 할 안전수칙으로 옳지 않은 것은?

① 거푸집 해체는 순서에 입각하여 실시한다.
② 상하에서 동시작업을 할 때는 상하의 작업자가 긴밀하게 연락을 취해야 한다.
③ 거푸집 해체가 용이하지 않을 때에는 큰 힘을 줄 수 있는 지렛대를 사용해야 한다.
④ 해체된 거푸집, 각목 등을 올리거나 내릴 때는 달줄, 달포대 등을 사용한다.

거푸집 해체 시 작업자 유의사항
- 해체작업을 할 때에는 안전모등 안전 보호장구를 착용토록 하여야 한다.
- 거푸집 해체작업장 주위에는 관계자를 제외하고는 출입을 금지시켜야 한다.

- 상하 동시 작업은 원칙적으로 금지하여 부득이한 경우에는 긴밀히 연락을 위하며 작업을 하여야 한다.
- 거푸집 해체 때 구조체에 무리한 충격이나 큰 힘에 의한 지렛대 사용은 금지하여야 한다.
- 보 또는 슬라브 거푸집을 제거할 때에는 거푸집의 낙하 충격으로 인한 작업원의 돌발적 재해를 방지하여야 한다.
- 해체된 거푸집이나 각목 등에 박혀있는 못 또는 날카로운 돌출물은 즉시 제거하여야 한다.
- 해체된 거푸집이나 각 목은 재사용 가능한 것과 보수하여야 할 것을 선별, 분리하여 적치하고 정리 정돈을 하여야 한다.

94 강관비계의 구조에서 비계기둥 간의 최대 허용 적재 하중으로 옳은 것은?

① 500 kg
② 400 kg
③ 300 kg
④ 200 kg

산업안전보건기준에 관한 규칙 제60조(강관비계의 구조) 사업주는 강관을 사용하여 비계를 구성하는 경우 다음 각 호의 사항을 준수해야 한다.
1. 비계기둥의 간격은 띠장 방향에서는 1.85미터 이하, 장선(長線) 방향에서는 1.5미터 이하로 할 것. 다만, 다음 각 목의 어느 하나에 해당하는 작업의 경우에는 안전성에 대한 구조검토를 실시하고 조립도를 작성하면 띠장 방향 및 장선 방향으로 각각 2.7미터 이하로 할 수 있다.
   가. 선박 및 보트 건조작업
   나. 그 밖에 장비 반입·반출을 위하여 공간 등을 확보할 필요가 있는 등 작업의 성질상 비계기둥 간격에 관한 기준을 준수하기 곤란한 작업
2. 띠장 간격은 2.0미터 이하로 할 것. 다만, 작업의 성질상 이를 준수하기가 곤란하여 쌍기둥틀 등에 의하여 해당 부분을 보강한 경우에는 그러하지 아니하다.
3. 비계기둥의 제일 윗부분으로부터 31미터되는 지점 밑부분의 비계기둥은 2개의 강관으로 묶어 세울 것. 다만, 브라켓(bracket, 까치발) 등으로 보강하여 2개의 강관으로 묶을 경우 이상의 강도가 유지되는 경우에는 그러하지 아니하다.
4. 비계기둥 간의 적재하중은 400킬로그램을 초과하지 않도록 할 것

95 다음 셔블계 굴착장비 중 좁고 깊은 굴착에 가장 적합한 장비는?

① 드래그라인(dragline)
② 파워셔블(power shovel)
③ 백호(back hoe)
④ 클램쉘(clam shell)

굴착용 기계의 종류 및 특징

구분	굴착기계	특징	토질
셔블계	파워셔블	지반면보다 높은 곳의 굴착, 쇄석 옮겨쌓기, 토사의 처리 등에 널리 쓰인다.	굳은 점토, 암석, 토사
	드래그셔블 (백호우)	지반면보다 낮은 곳의 굴착, 지하층 및 기초 굴삭, 토목공사나 수중굴착 등에 쓰인다(지하 6m 정도의 깊이).	자갈, 암석이 섞인 토사, 굳은 지반
	드래그라인	지반면보다 낮은 곳의 굴착, 토사를 긁어 모음, 연약한 지반의 깊은 곳 굴착 등에 쓰인다(지하 8m 정도의 깊이).	암석, 암석이 섞인 토사, 연약한 지반
	클램셸	좁은 곳의 수직굴착, 자갈 등의 적재, 연약한 지반이나 수중굴착 등에 쓰인다.	자갈, 암석, 연약한 지반

| 트랙터계 | 불도저 | 직선송토작업, 단단한 지반과 암석작업 등에 널리 쓰인다. | 암석, 굳은 지반 |

96 추락방지망의 달기로프를 지지점에 부착할 때 지지점의 간격이 1.5m인 경우 지지점의 강도는 최소 얼마 이상이어야 하는가?(단, 연속적인 구조물이 방망 지지점인 경우)

① 200 kg　　　　② 300 kg
③ 400 kg　　　　④ 500 kg

해설
F = 200B [F : 외력(단위 : kg), B : 지지점 간격(단위 : m)]
∴ F = 200 × 1.5 = 300kg

97 토류벽에 거치된 어스 앵커의 인장력을 측정하기 위한 계측기는?

① 하중계(Load cell)　　　　② 변형계(Strain gauge)
③ 지하수위계(piezometer)　　　　④ 지중경사계(Inclinometer)

해설
하중계(Load cell)는 락 볼트(Rock bolt) 또는 어스 앵커(Earth anchor)에 하중계를 설치하여 토류벽의 하중을 계측하여 시공설계조사와 함께 부재의 안정성 여부를 판단하는데 사용된다.

98 작업에서의 위험요인과 재해형태가 가장 관련이 적은 것은?

① 무리한 자재적재 및 통로 미확보 → 전도
② 개구부 안전난간 미설치 → 추락
③ 벽돌 등 중량물 취급 작업 → 협착
④ 항만 하역 작업 → 질식

해설
항만하역작업의 경우 추락, 낙하 등에 의한 재해형태가 일반적이다.

99 건설공사현장에 가설통로를 설치하는 경우 경사는 몇 도 이내를 원칙으로 하는가?

① 15°　　　　② 20°
③ 25°　　　　④ 30°

해설
산업안전보건기준에 관한 규칙 제23조(가설통로의 구조) 사업주는 가설통로를 설치하는 경우 다음 각 호의 사항을 준수하여야 한다.
1. 견고한 구조로 할 것
2. 경사는 30도 이하로 할 것. 다만, 계단을 설치하거나 높이 2미터 미만의 가설통로로서 튼튼한 손잡이를 설치한 경우에는 그러하지 아니하다.

3. 경사가 15도를 초과하는 경우에는 미끄러지지 아니하는 구조로 할 것
4. 추락할 위험이 있는 장소에는 안전난간을 설치할 것. 다만, 작업상 부득이한 경우에는 필요한 부분만 임시로 해체할 수 있다.
5. 수직갱에 가설된 통로의 길이가 15미터 이상인 경우에는 10미터 이내마다 계단참을 설치할 것
6. 건설공사에 사용하는 높이 8미터 이상인 비계다리에는 7미터 이내마다 계단참을 설치할 것

100 건설업 산업안전보건관리비 계상 및 사용기준을 적용하는 공사금액 기준을 적용하는 공사금액 기준으로 옳은 것은?

① 총공사금액 2천만원 이상인 공사
② 총공사금액 4천만원 이상인 공사
③ 총공사금액 6천만원 이상인 공사
④ 총공사금액 1억원 이상인 공사

건설업 산업안전보건관리비 계상 및 사용기준 제3조(적용범위) 이 고시는 법 제2조제11호의 건설공사 중 총공사금액 2천만 원 이상인 공사에 적용한다. 다만, 단가계약에 의하여 행하는 공사에 대하여는 총계약금액을 기준으로 적용한다.

정답 2017년 05월 07일 최근 기출문제

01 ③	02 ③	03 ②	04 ①	05 ②	06 ④	07 ④	08 ②	09 ④	10 ③
11 ①	12 ②	13 ③	14 ④	15 ④	16 ②	17 ①	18 ③	19 ④	20 ①
21 ①	22 ②	23 ①	24 ②	25 ③	26 ②	27 ②	28 ④	29 ①	30 ①
31 ①	32 ④	33 ②	34 ①	35 ②	36 ②	37 ①	38 ②	39 ④	40 ③
41 ③	42 ②	43 ①	44 ③	45 ①	46 ④	47 ①	48 ②	49 ③	50 ③
51 ①	52 ①	53 ①	54 ②	55 ②	56 ③	57 ②	58 ④	59 ②	60 ①
61 ①	62 ①	63 ③	64 ①	65 ④	66 ③	67 ③	68 ①	69 ①	70 ①
71 ②	72 ②	73 ①	74 ④	75 ②	76 ①	77 ①	78 ④	79 ②	80 ④
81 ④	82 ②	83 ②	84 ③	85 ③	86 ③	87 ②	88 ①	89 ④	90 ①
91 ①	92 ①	93 ③	94 ②	95 ④	96 ②	97 ①	98 ④	99 ④	100 ①

2017년 08월 26일

최근 기출문제

○ QUESTIONS FROM PREVIOUS TESTS

제 01 과목　산업재해 예방 및 안전보건교육

01 무재해운동 추진기법 중 다음에서 설명하는 것은?

> 작업을 오조작 없이 안전하게 하기 위하여 작업공정의 요소에서 자신의 행동을 하고 대상을 가리킨 후 큰 소리로 확인하는 것

① 지적확인　　　　　　　　② T.B.M
③ 터치 앤드 콜　　　　　　 ④ 삼각 위험 예지훈련

지적확인이란 공사현장, 산업생산현장, 기타 등등에서 확인해야 할 사항을 눈으로만 훑는 것이 아니라, 직접 하나하나 손가락으로 가리키면서 확인하는 행위를 말한다.

02 산업안전보건법령상 안전검사 대상 기계등이 아닌 것은?

① 선반　　　　　　　　　　② 리프트
③ 압력용기　　　　　　　　④ 곤돌라

산업안전보건법 시행령 제78조(안전검사대상기계등) ① 법 제93조제1항 전단에서 "대통령령으로 정하는 것"이란 다음 각 호의 어느 하나에 해당하는 것을 말한다.
1. 프레스
2. 전단기
3. 크레인(정격 하중이 2톤 미만인 것은 제외한다)
4. 리프트
5. 압력용기
6. 곤돌라
7. 국소 배기장치(이동식은 제외한다)
8. 원심기(산업용만 해당한다)
9. 롤러기(밀폐형 구조는 제외한다)
10. 사출성형기[형 체결력(型 締結力) 294킬로뉴턴(KN) 미만은 제외한다]
11. 고소작업대(「자동차관리법」 제3조제3호 또는 제4호에 따른 화물자동차 또는 특수자동차에 탑재한 고소작업대로 한정한다)
12. 컨베이어
13. 산업용 로봇
14. 혼합기
15. 파쇄기 또는 분쇄기

03 50인의 상시 근로자를 가지고 있는 어느 사업장에 1년간 3건의 부상자를 내고 그 휴업 일수가 219일이라면 강도율은?

① 1.37
② 1.50
③ 1.86
④ 2.21

강도율 = $\dfrac{\text{근로손실일수}}{\text{연근로총시간수}} \times 1000 = \dfrac{219 \times \dfrac{300}{365}}{50 \times 8 \times 300} \times 1000 = 1.5$

04 조건반사설에 의한 학습이론의 원리에 해당하지 않는 것은?

① 강도의 원리
② 시간의 원리
③ 효과의 원리
④ 계속성의 원리

조건반사설에 의한 학습이론의 원리
- 시간의 원리 : 조건자극(총소리)이 무조건자극(음식물)보다 시간적으로 동시 또는 조금 앞서서 주어야만 조건화 즉, 강화가 잘됨
- 강도의 원리 : 조건반사적인 행동이 이루어지려면 먼저 준 자극의 정도에 비해 적어도 같거나 보다 강한 자극을 주어야 바람직한 결과
- 일관성의 원리 : 조건자극은 일관된 자극물을 사용
- 계속성의 원리 : 자극과 반응과의 관계를 반복하여 횟수를 거듭할수록 조건화가 잘 형성

05 의사결정 과정에 따른 리더십의 행동유형 중 전제형에 속하는 것은?

① 집단 구성원에게 자유를 준다.
② 지도자가 모든 정책을 결정한다.
③ 집단토론이나 집단결정을 통해서 정책을 결정한다.
④ 명목적인 리더의 자리를 지키고 부하 직원들의 의견에 따른다.

전제적(專制的) 방식이란 권력이나 폭력에 의하여 의사를 결정하는 방식으로 지도자가 모든 정책을 결정한다.

06 하인리히(Heinrich)의 사고발생의 연쇄성 5단계 중 2단계에 해당되는 것은?

① 유전과 환경
② 개인적인 결함
③ 불안전한 행동
④ 사고

하인리히(Heinrich)의 사고연쇄성 이론
- 1단계 : 사회적 환경 및 유전적 요소
- 2단계 : 개인적 결함
- 3단계 : 불안전한 행동 및 불안전한 상태(물리적, 기계적 위험)
- 4단계 : 사고
- 5단계 : 재해

07 착시현상 중 그림과 같이 우선 평행의 호를 보고 이어 직선을 본 경우에 직선은 호와의 반대방향에 보이는 현상은?

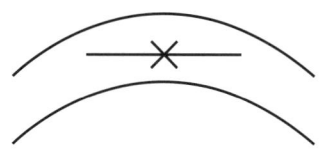

① 동화착오 ② 분할착오
③ 윤곽착오 ④ 방향착오

착시현상

명칭	설명	예
Poggendorf의 착시 (위치착오)	(a)와 (c)가 실제 일직선상에 있으나 (b)와 (c)가 일직선상으로 보인다.	
Köhler의 착시 (윤곽착오)	우선 평행의 호(弧)를 보고 이어 직선을 본 경우에는 직선은 호와의 반대 방향에 보인다.	
Hering의 착시 (분할착오)	(a)는 양단이 벌어져 보이고, (b)는 중앙이 벌어져 보인다.	
Müller-Lyer의 착시 (동화착오)	실제로는 같은 길이의 선분인 (a)와 (b)에서 선분 (a)가 (b)보다 길게 보인다.	
Zöller의 착시	사선을 가로지는 수직선이 경사진 것처럼 보인다.	

08 인간의 사회적 행동의 기본 형태가 아닌 것은?

① 대립
② 도피
③ 모방
④ 협력

모방(Imitation)이란 남의 행동이나 판단을 표본으로 하여 그것과 같거나 또는 그것에 가까운 행동 또는 판단을 취하려는 것을 말한다.

09 안전보건관리조직의 형태 중 라인(Line)형 조직의 특성이 아닌 것은?

① 소규모 사업장(100명 이하)에 적합하다.
② 라인에 과중한 책임을 지우기 쉽다.
③ 안전관리 전담요원을 별도로 지정한다.
④ 모든 명령은 생산계통을 따라 이루어진다.

라인(Line)형(직계식 조직)
- 안전관리에 관한 계획에서 실시에 이르기까지 모든 권한이 포괄적이고 직선적으로 행사되며, 안전을 전문으로 분담하는 부분이 없다.
- 생산조직 전체에 안전관리 기능을 부여한다.
- 소규모 사업장(100명 이하)에 적합하다.

10 무재해 운동의 기본이념이 3대원칙이 아닌 것은?

① 무의 원칙
② 참가의 원칙
③ 선취의 원칙
④ 자주활동의 원칙

무재해운동의 3원칙
- 무(Zero)의 원칙 : 산재 위험의 잠재요인을 근원적으로 해결하기 위한 원칙
- 선취의 원칙 : 위험요인 행동 전에 예지, 발견
- 참가의 원칙 : 전원(근로자, 회사 내 전종업원, 근로자 가족) 참가

11 안전교육방법 중 사례연구법의 장점이 아닌 것은?

① 흥미가 있고, 학습동기를 유발할 수 있다.
② 현실적인 문제의 학습이 가능하다.
③ 관찰력과 분석력을 높일 수 있다.
④ 원칙과 규정의 체계적 습득이 용이하다.

사례연구법의 장점
- 흥미가 있고 학습동기를 유발할 수 있다.
- 현실적인 문제의 학습이 가능하다.
- 관찰, 분석력을 높이고 판단력, 응용력의 향상이 가능하다.
- 토의과정에서 각자가 자기의 사고 방향에 대하여 태도의 변형이 생긴다.

12 안전보건표지의 색채 및 색도 기준 중 다음 ( )안에 알맞은 것은?

색채	색도기준	용도
(㉠)	5Y 8.5/12	경고
(㉡)	2.5PB 4/10	지시

① ㉠ 빨간색, ㉡ 흰색
② ㉠ 검은색, ㉡ 노란색
③ ㉠ 흰색, ㉡ 녹색
④ ㉠ 노란색, ㉡ 파란색

안전보건표지의 색도기준 및 용도(산업안전보건법 시행규칙 별표 8)

색채	색도기준	용도	사용례
빨간색	7.5R 4/14	금지	정지신호, 소화설비 및 그 장소, 유해행위의 금지
빨간색	7.5R 4/14	경고	화학물질 취급장소에서의 유해·위험 경고
노란색	5Y 8.5/12	경고	화학물질 취급장소에서의 유해·위험 경고 이외의 위험 경고, 주의표지 또는 기계방호물
파란색	2.5PB 4/10	지시	특정 행위의 지시 및 사실의 고지
녹색	2.5G 4/10	안내	비상구 및 피난소 사람 또는 차량의 통행 표시
흰색	N9.5	–	파란색 또는 녹색에 대한 보조색
검은색	N0.5	–	문자 및 빨간색 또는 노란색에 대한 보조색

13 재해손실비의 평가방식 중 하인리히(Heinrich) 계산방식으로 옳은 것은?

① 총재해비용 = 보험비용 + 비보험비용
② 총재해비용 = 직접손실비용 + 간접손실비용
③ 총재해비용 = 공동비용 + 개별비용
④ 총재해비용 = 노동손실비용 + 설비손실비용

총재해손실비(Cost) = 직접비 + 간접비(직접비 : 간접비 = 1 : 4)

14 산업안전보건법령상 사업장 내 안전보건교육 중 근로자 정기교육 내용에 해당하지 않는 것은?

① 산업재해보상보험 제도에 관한 사항
② 산업안전 및 산업재해 예방에 관한 사항
③ 산업보건 및 건강장해 예방에 관한 사항
④ 기계·기구의 위험성과 작업의 순서 및 동선에 관한 사항

근로자 정기교육(산업안전보건법 시행규칙 별표 5)
- 산업안전 및 산업재해 예방에 관한 사항(화재·폭발 사고 발생 시 대피에 관한 사항 포함)
- 산업보건 및 건강장해 예방에 관한 사항(폭염·한파작업으로 인한 건강장해 발생 시 응급조치에 관한 사항 포함)
- 위험성 평가에 관한 사항
- 건강증진 및 질병 예방에 관한 사항
- 유해·위험 작업환경 관리에 관한 사항
- 산업안전보건법령 및 산업재해보상보험 제도에 관한 사항
- 직무스트레스 예방 및 관리에 관한 사항
- 직장 내 괴롭힘, 고객의 폭언 등으로 인한 건강장해 예방 및 관리에 관한 사항

15 허즈버그(Herzberg)의 동기·위생이론 중 위생요인에 해당하지 않는 것은?

① 보수
② 책임감
③ 작업조건
④ 감독

허즈버그(Herzberg)의 위생요인과 동기요인
- 위생요인 : 직무수행 환경과 관련된 요인으로 생산능력 향상에 영향을 미치지 못하며 업무수행에서의 손실만을 방지한다. 회사정책, 관리·감독, 작업조건, 대인관계, 지위, 보수, 안전 등이 이에 속한다.
- 동기요인 : 작업자에게 동기를 부여하여 업무 효과를 증대시키는 요인으로 직무만족에 의한 생산능력을 향상시킨다. 여기에는 작업자의 성취감, 승진 및 성장에 대한 가능성, 책임감 등이 있다.

16 추락 및 감전 위험방지용 안전모의 난연성 시험 성능기준 중 모체가 불꽃을 내며 최소 몇 초 이상 연소되지 않아야 하는가?

① 3
② 5
③ 7
④ 10

안전모의 시험성능기준(보호구 안전인증 고시 별표 1)

항목	시험성능기준
내관통성	AE, ABE종 안전모는 관통거리가 9.5mm 이하이고, AB종 안전모는 관통거리가 11.1mm 이하이어야 한다.
충격흡수성	최고전달충격력이 4,450N을 초과해서는 안되며, 모체와 착장체의 기능이 상실되지 않아야 한다.
내전압성	AE, ABE종 안전모는 교류 20kV에서 1분간 절연파괴 없이 견뎌야 하고, 이때 누설되는 충전전류는 10mA 이하이어야 한다.
내수성	AE, ABE종 안전모는 질량증가율이 1% 미만이어야 한다. 질량증가율(%) = $\dfrac{\text{담근 후의 질량} - \text{담그기 전의 질량}}{\text{담그기 전의 질량}} \times 100$
난연성	모체가 불꽃을 내며 5초 이상 연소되지 않아야 한다.
턱끈풀림	150N 이상 250N 이하에서 턱끈이 풀려야 한다.

17 TWI(Training Within Industry)의 교육내용이 아닌 것은?

① Job Support Training
② Job Method Training
③ Job Relation Training
④ Job Instruction Training

TWI 교육내용
- JI(Job Instruction) : 작업지도 기법

- JM(Job Method) : 작업개선 기법
- JR(Job Relation) : 인간관계 관리기법
- JS(Job Safety) : 작업안전 기법

18 재해원인 분석방법의 통계적 원인분석 중 다음에서 설명하는 것은?

> 사고의 유형, 기인물 등 분류항목을 큰 순서대로 도표화 한다.

① 파레토도 ② 특성요인도
③ 크로스도 ④ 관리도

통계원인 분석방법 4가지
- 파레토도 : 사고의 유형, 기인물 등의 분류항목을 순서대로 도표화하여 문제나 목표의 이해에 편리
- 특성요인도 : 특성과 요인과의 관계를 도표로하여 어골상으로 세분화
- 클로즈분석(크로스도) : 2개 이상의 문제를 분석하는데 사용
- 관리도 : 재해발생건수 등의 추이를 파악

19 교육의 3요소 중 교육의 주체에 해당하는 것은?

① 강사 ② 교재
③ 수강자 ④ 교육방법

교육의 3요소
- 교육의 주체 : 교도자, 강사
- 교육의 매개체 : 교재
- 교육의 객체 : 학생, 수강자

20 상황성 누발자의 재해유발원인가 거리가 먼 것은?

① 작업의 어려움
② 기계설비의 결함
③ 심신의 근심
④ 주의력의 산만

사고경향성자의 유형
- 상황성 누발자 : 작업의 어려움, 기계설비의 결함, 환경상 주의력의 집중 혼란, 심신의 근심 등 때문에 재해를 누발
- 습관성 누발자 : 재해의 경험으로 겁쟁이가 되거나 신경과민이 되어 재해를 누발하는 자와 일종의 슬럼프(Slump) 상태에 빠져서 재해를 누발
- 소질성 누발자 : 재해의 소질적 요인(주의력의 산만, 주의력 지속 불능, 도덕성 결여, 소심한 성격, 침착성 및 도덕성 결여 등)을 가지고 있기 때문에 재해를 누발
- 미숙성 누발자 : 기능 미숙이나 환경에 익숙하지 못하기 때문에 재해를 누발

제 02 과목　인간공학 및 위험성 평가·관리

21 MIL-STD-882B에서 시스템 안전 필요사항을 충족시키고 확인된 위험을 해결하기 위한 우선권을 정하는 순서로 맞는 것은?

> ㉠ 경보장치 설치　　㉡ 안전장치 설치
> ㉢ 절차 및 교육훈련 개발　　㉣ 최소 리스크를 위한 설계

① ㉣ → ㉡ → ㉠ → ㉢　　② ㉣ → ㉠ → ㉡ → ㉢
③ ㉢ → ㉣ → ㉠ → ㉡　　④ ㉢ → ㉣ → ㉡ → ㉠

시스템의 안전성 확보대책
- 1단계 : 최소 리스크를 위한 설계(fail safe)
- 2단계 : 안전장치의 설치
- 3단계 : 경보장치의 설치
- 4단계 : 절차 및 교육훈련 개발

22 반복되는 사건이 많이 있는 경우, FTA의 최소 컷셋과 관련이 없는 것은?

① Fussel Algorithm
② Boolean Algorithm
③ Monte Carlo Algorithm
④ Limnios & Ziani Algorithm

몬테카를로 알고리즘(Monte Carlo Algorithm)은 확률적 알고리즘으로서 단 한 번의 과정으로 정확한 해를 구하기 어려운 경우 무작위로 난수를 반복적으로 발생하여 해를 구하는 절차를 말하며, 어떤 분석 대상에 대한 완전한 확률 분포가 주어지지 않을 때 유용하다.

23 계수형(digital) 표시장치를 사용하는 것이 부적합한 것은?

① 수치를 정확히 읽어야 하는 경우
② 짧은 판독 시간을 필요로 할 경우
③ 판독 오차가 적은 것을 필요로 할 경우
④ 표시장치에 나타나는 값들이 계속 변하는 경우

정량적 동적 표시장치의 기본형
- 정목동침(Moving Pointer)형 : 눈금이 고정되고 지침이 움직이는 형
- 정침동목(Moving Scale)형 : 지침이 고정되고 눈금이 움직이는 형
- 계수(Digital)형 : 전력계나 택시요금 계기와 같이 기계적 또는 전자적으로 숫자가 표시되는 형

24 안전성 향상을 위한 시설배치의 예로 적절하지 않은 것은?

① 기계배치는 작업의 흐름을 따른다.
② 작업자가 통로 쪽으로 등(背)을 향하여 일하도록 한다.
③ 기계설비 주위에 운전 공간, 보수 점검 공간을 확보한다.
④ 통로는 선을 그어 명확히 구별하도록 한다.

작업자가 통로 쪽으로 등(背)을 향하여 일하도록 배치하는 경우 통로를 지나는 다른 작업자 등과 부딪힐 우려가 있다.

25 기계의 고장율이 일정한 지수분포를 가지며, 고장율이 0.04/시간 일 때, 이 기계가 10시간 동안 고장이 나지 않고 작동할 확률은 약 얼마인가?

① 0.40
② 0.67
③ 0.84
④ 0.96

$R_{(t=10)} = e^{-\lambda t} = e^{-0.04 \times 10} = 0.67$

26 청각적 표시의 원리로 조작자에 대한 입력신호는 꼭 필요한 정보만을 제공한다는 원리는?

① 양립성
② 분리성
③ 근사성
④ 검약성

청각적 표시의 일반적인 원리
- 양립성 : 가능한 한 사용자가 알고 있거나 자연스러운 신호 차원과 코드를 선택하는 것
- 분리성 : 두 가지 이상의 채널을 듣고 있다면 각 채널의 주파수가 분리되어 있어야 한다는 것
- 근사성 : 복잡한 정보를 나타내고자 할 때 2단계의 신호를 고려하는 것
- 검약성 : 조작자에 대한 입력신호는 꼭 필요한 정보만을 제공하는 것
- 불변성 : 동일한 신호는 항상 동일한 정보를 지정하는 것

27 불대수(Boolean algebra)의 관계식으로 맞는 것은?

① $A(A \cdot B) = B$
② $A + B = A \cdot B$
③ $A + A \cdot B = A \cdot B$
④ $A + B \cdot C = (A + B)(A + C)$

① $A \cdot (A \cdot B) = (A \cdot A) \cdot B = A \cdot B$
② $A + B = B + A$
③ $A + A \cdot B = A \cdot (1 + B) = A \cdot 1 = A$

28 고장의 발생상황 중 부적합품 제조, 생산과정에서의 품질관리 미비, 설계미숙 등으로 일어나는 고장은?

① 초기고장
② 마모고장
③ 우발고정
④ 품질관리고장

초기고장의 특징
- 설계상, 구조상 결함, 생산과정의 품질관리 미비로 인하여 발생한다.
- 점검 작업이나 시운전 작업 등으로 사전방지가 가능하다.

29 누적손상장애(CTDs)의 원인이 아닌 것은?

① 과도한 힘의 사용
② 높은 장소에서의 작업
③ 장시간 진동공구의 사용
④ 부적절한 자세에서의 작업

근골격계질환(CTDs)
- 유해요인 조사방법은 OWAS(평가항목 : 허리, 팔, 다리, 하중), NLE, RULA
- 발생원인은 반복적 동작, 부적절한 자세, 진동, 온도 등

30 인간-기계 시스템을 설계하기 위해 고려해야 할 사항으로 틀린 것은?

① 시스템 설계 시 동작 경제의 원칙이 만족되도록 고려하여야 한다.
② 인간과 기계가 모두 복수인 경우, 종합적인 효과보다 기계를 우선적으로 고려한다.
③ 대상이 되는 시스템이 위치할 환경 조건이 인간에 대한 한계치를 만족하는가의 여부를 조사한다.
④ 인간이 수행해야할 조작이 연속적인가 불연속적 인가를 알아보기 위해 특성조사를 실시한다.

인간과 기계가 모두 복수인 경우, 종합적인 효과보다 인간을 우선적으로 고려하여야 한다.

31 좌식 평면 작업대에서의 최대 작업영역에 관한 설명으로 맞는 것은?

① 각 손의 정상작업영역 경계선이 작업자의 정면에서 교차되는 공통영역
② 윗팔과 손목을 중립자세로 유지한 채 손으로 원을 그릴 때, 부채꼴 원호의 내부 영역
③ 어깨로부터 팔을 펴서 어깨를 축으로 하여 수평면상에 원을 그릴 때, 부채꼴 원호의 내부 지역
④ 자연스러운 자세로 위팔을 몸통에 붙인 채 손으로 수평면상에 원을 그릴 때, 부채꼴 원호의 내부지역

작업영역
- 정상 작업영역 : 자연스러운 자세로 위팔을 몸통에 붙인 채 손으로 수평면상에 원을 그릴 때 부채꼴 원호의 내부지역
- 최대 작업영역 : 어깨로부터 팔을 펴서 어깨를 축으로 하여 수평면상에 원을 그릴 때 부채꼴 원호의 내부지역

32 출력과 반대 방향으로 그 속도에 비례해서 작용하는 힘 때문에 생기는 항력으로 원활한 제어를 도우며, 특히 규정된 변위 속도를 유지하는 효과를 가진 조종 장치의 저항력은?

① 관성
② 탄성저항
③ 점성저항
④ 정지 및 미끄럼마찰

해설

조종장치의 저항력
- 관성 : 기계장치의 질량으로 인해 발생하는 운동에 대한 저항으로 가속도에 따라 변한다.
- 탄성저항 : 조종장치의 변위에 따라 변하는 저항력이다.
- 점성저항 : 출력과 반대방향으로 그 속도에 비례해서 작용하는 힘 때문에 생기는 저항력이다.
- 정지 및 미끄럼마찰 : 처음의 움직임에 대한 저항력인 정지마찰은 급속히 감소하지만, 미끄럼마찰은 계속 운동에 저항하며 변위나 속도와는 무관하다.

33 현장에서 인간공학의 적용분야로 가장 거리가 먼 것은?

① 설비관리
② 제품설계
③ 재해·질병예방
④ 장비·공구·설비의 설계

해설

현장에서 인간공학을 적용하는 근본적인 이유는 작업자의 안전을 최우선으로 하기 때문이며, 이러한 관점에서 설비관리는 가장 거리가 멀다.

34 신호검출 이론의 응용분야가 아닌 것은?

① 품질검사
② 의료진단
③ 교통통제
④ 시뮬레이션

35 FT도에서 사용되는 다음 기호의 의미로 맞는 것은?

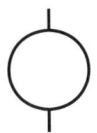

① 결함사상
② 통상사상
③ 기본사상
④ 제외사상

해설

FTA 도표에 사용하는 논리기호

명칭	기호	명칭	기호
결함사상	□	전이 기호 (이행 기호)	△(in) △(out)
기본사상	○	AND gate	(출력/입력)
생략사상 (추적 불가능한 최후사상)	◇	OR gate	(출력/입력)
통상사상 (家刑事像)	⌂	수정기호 조건	(출력/입력, 조건)

---

36 A 요업공장의 근로자 최씨는 작업일 3월 15일에 다음과 같은 소음에 노출되었다. 총소음 투여량은(%) 약 얼마인가?

> 80dB-A : 2시간 30분
> 90dB-A : 4시간 30분
> 100dB-A : 1시간

① 114.1
② 124.1
③ 134.1
④ 144.1

해설

음압과 허용노출한계

dB	90	95	100	105	110	115	120
허용노출시간	8시간	4시간	4시간	1시간	30분	15분	5~8분

※120dB 이상 : 격리 또는 격벽 설치
우리나라는 90dB에 8시간 노출될 때를 허용기준으로 하며, 5dB 증가할 때 허용시간은 1/2로 감소되는 법칙을 적용한다.

$$\text{TND} = \frac{2.5}{32} + \frac{4.5}{8} + \frac{1}{2} = 1.1406 \fallingdotseq 1.141$$

37 IES(Illuminating Engineering Society)의 권고에 따른 작업장 내부의 추천반사율이 가장 높아야 하는 곳은?

① 벽　　　　　　　　　　② 바닥
③ 천장　　　　　　　　　 ④ 가구

해설

옥내 최적 반사율(Reflectance)
- 천장 : 80~90%
- 벽, 창문 발(Blind) : 40~60%
- 가구, 사무용기기, 책상 : 25~45%
- 바닥 : 20~40%

38 일반적인 조종장치의 경우, 어떤 것을 켤 때 기대되는 운동방향이 아닌 것은?

① 레버를 앞으로 민다.　　　　② 버튼을 우측으로 민다.
③ 스위치를 위로 올린다.　　　④ 다이얼을 반시계 방향으로 돌린다.

해설

어떤 것을 켤 때 기대되는 운동방향은 다이얼을 시계 방향으로 돌리는 것이며, 이는 운동의 양립성과 관계된다.

39 작업장에서 광원으로 부터의 직사휘광을 처리하는 방법으로 맞는 것은?

① 광원의 휘도를 늘인다.
② 가리개, 차양을 설치한다.
③ 광원을 시선에서 가까이 위치시킨다.
④ 휘광원 주위를 밝게 하여 광도비를 늘린다.

해설

광원으로부터의 직사 휘광 처리
- 광원의 휘도를 줄이고 수를 높인다.
- 광원을 시선에서 멀리 위치시킨다.
- 가리개(Shield), 갓(Hood), 혹은 차양(Visor)을 사용한다.
- 휘광원 주위를 밝게 하여 광속발산비(휘도)를 줄인다.

40 정신적 작업부하 척도와 가장거리가 먼 것은?

① 부정맥　　　　　　　　　② 혈액성분
③ 점멸융합주파수　　　　　④ 눈 깜박임률(blink rate)

해설

작업종류에 따른 피로의 생리학적 측정법의 종류
- 정적근력작업, 동적근력작업, 신경적작업, 심적작업 : 점멸융합주파수
- 작업부하, 피로 등의 측정 : 호흡량, 근전도, 점멸융합주파수
- 긴장감 측정 : 맥박수, 피부전기반사

제 03 과목 │ 기계·기구 및 설비 안전관리

41 지름이 60cm이고, 20rpm으로 회전하는 롤러기의 무부하 동작에서 급정지 거리기준으로 옳은 것은?

① 앞면 롤러 원주의 1/1.5 이내 거리에서 급정지
② 앞면 롤러 원주의 1/2 이내 거리에서 급정지
③ 앞면 롤러 원주의 1/2.5 이내 거리에서 급정지
④ 앞면 롤러 원주의 1/3 이내 거리에서 급정지

앞면 롤러의 표면속도에 따른 급정지거리

앞면 롤러의 표면 속도(m/분)	급정지 거리
30 미만	앞면 롤러 원주의 1/3 이내
30 이상	앞면 롤러 원주의 1/2.5 이내

표면속도[V] = $3.14 \times 0.6(m) \times 20 = 37.68[m/분]$
∴ 앞면 롤러의 표면 속도가 30[m/s] 이상이므로 앞면 롤러 원주의 1/2.5 이내 거리에서 급정지하여야 한다.

42 다음 중 원심기에 적용하는 방호장치는?

① 덮개
② 권과방지장치
③ 리미트 스위치
④ 과부하 방지장치

산업안전보건기준에 관한 규칙 제87조(원동기·회전축 등의 위험 방지) ① 사업주는 기계의 원동기·회전축·기어·풀리·플라이휠·벨트 및 체인 등 근로자가 위험에 처할 우려가 있는 부위에 덮개·울·슬리브 및 건널다리 등을 설치하여야 한다.
② 사업주는 회전축·기어·풀리 및 플라이휠 등에 부속되는 키·핀 등의 기계요소는 묻힘형으로 하거나 해당 부위에 덮개를 설치하여야 한다.
③ 사업주는 벨트의 이음 부분에 돌출된 고정구를 사용해서는 아니 된다.
④ 사업주는 제1항의 건널다리에는 안전난간 및 미끄러지지 아니하는 구조의 발판을 설치하여야 한다.
⑤ 사업주는 연삭기(研削機) 또는 평삭기(平削機)의 테이블, 형삭기(形削機) 램 등의 행정끝이 근로자에게 위험을 미칠 우려가 있는 경우에 해당 부위에 덮개 또는 울 등을 설치하여야 한다.
⑥ 사업주는 선반 등으로부터 돌출하여 회전하고 있는 가공물이 근로자에게 위험을 미칠 우려가 있는 경우에 덮개 또는 울 등을 설치하여야 한다.
⑦ 사업주는 원심기(원심력을 이용하여 물질을 분리하거나 추출하는 일련의 작업을 하는 기기를 말한다. 이하 같다)에는 덮개를 설치하여야 한다.

43 지게차의 작업과정에서 작업 대상물의 팔레트 폭이 b라고 할 때 적절한 포크 간격은?(단, 포크의 중심과 팔레트의 중심이 일치한다고 가정한다.)

① 1/4b ~ 1/2b
② 1/4b ~ 3/4b
③ 1/2b ~ 3/4b
④ 3/4b ~ 7/8b

해설

포크의 간격은 그림과 같이 적재상태 파렛트 폭(b)의 1/2 이상, 3/4 이하 정도 간격을 유지한다.

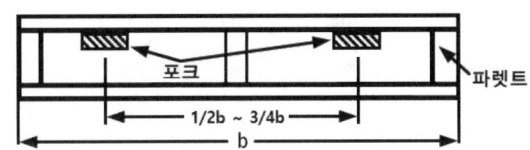

44 드릴작업시 유의사항 중 틀린 것은?

① 균열이 심한 드릴은 사용해서는 안 된다.
② 드릴을 장치에서 제거할 경우에는 회전을 완전히 멈추고 한다.
③ 드릴이 밑면에 나왔는지 확인을 위해 가공물 밑면에 손으로 만지면서 확인한다.
④ 가공 중에는 소리에 주의하여 드릴의 날에 이상한 소리가 나면 즉시 드릴을 연마하거나 다른 드릴과 교환한다.

해설

드릴링 머신의 안전작업수칙

- 일감은 견고하게 고정, 손으로 고정금지
- 장갑을 착용하지 말 것
- 얇은 판이나 황동 등은 목재를 사용하여 밑에 받치고 작업할 것
- 구멍이 끝까지 뚫린 것을 확인하고자 손을 집어넣지 말 것
- 칩을 털어낼 때는 브러시를 사용하고 입으로 불어내지 말 것
- 가공 중에 구멍이 관통되면 기계를 멈추고 손으로 돌려서 드릴을 빼어낼 것
- 보안경을 착용할 것
- 드릴을 끼운 후 척핸들(chuck handle)은 반드시 빼어놓을 것
- 자동이송작업 중 기계를 멈추지 말 것
- 큰 구멍을 뚫을 때에는 작은 구멍을 먼저 뚫은 뒤 작업할 것

45 숫돌의 지름이 D[mm], 회전수 N[rpm]이라 할 경우 숫돌의 원주속도 V[m/min]를 구하는 식으로 옳은 것은?

① $D \cdot N$
② $\pi \cdot D \cdot N$
③ $\dfrac{D \cdot N}{1000}$
④ $\dfrac{\pi \cdot D \cdot N}{1000}$

해설

원주속도(V) = $\dfrac{\pi \cdot D \cdot N}{1000}$ [m/min]

46 크레인 작업시 2000N의 화물을 걸어 25m/s² 가속도로 감아올릴 때 로프에 걸리는 총하중은 몇 kN인가?(단, 중력 가속도는 9.81m/s²이다.)

① 3.1
② 5.1
③ 7.1
④ 9.1

해설

총하중 = 정하중 + 동하중

∴ 총하중 = $2000 + 2000 \times \dfrac{25}{9.81}$ = 7096.839[N] ≒ 7.1[kN]

47 연삭숫돌을 사용하는 작업 시 해당 기계의 이상 유·무를 확인하기 위한 시험운전 시간으로 옳은 것은?

① 작업시작 전 30초 이상, 연삭숫돌 교체 후 5분 이상
② 작업시작 전 30초 이상, 연삭숫돌 교체 후 3분 이상
③ 작업시작 전 1분 이상, 연삭숫돌 교체 후 5분 이상
④ 작업시작 전 1분 이상, 연삭숫돌 교체 후 3분 이상

해설

연삭기 작업 시 준수사항
- 숫돌 속도 제한 장치를 개조하거나 최고 회전 속도를 초과하여 사용하지 않도록 한다.
- 워크레스트를 1~3mm 정도로 유지하고 숫돌의 결정된 사용면 이외에는 사용하지 않는다.
- 연삭숫돌의 파괴 시 작업자는 물론 근로자도 보호해야 하므로 안전덮개, 칸막이 또는 작업장을 격리시켜야 한다.
- 연삭숫돌의 교체 시에는 3분 이상 시운전하고 정상 작업 전에는 최소한 1분 이상 시운전하여 이상유무를 파악한다.
- 투명 비산방지판을 설치한다.
- 연삭숫돌의 회전 속도시험은 규정 속도값의 1.5배로 실시한다.

48 프레스의 분류 중 동력 프레스에 해당하지 않는 것은?

① 크랭크 프레스
② 토글 프레스
③ 마찰 프레스
④ 아버 프레스

해설

동력 프레스의 종류
- 크랭크 프레스
- 토글 프레스
- 마찰 프레스
- 액압 프레스
- 엑센트리 프레스

49 기계고장율의 기본모형에 해당하지 않는 것은?

① 예측 고장
② 초기 고장
③ 우발 고장
④ 마모 고장

해설

고장의 유형
- 초기 고장 : 감소형(Debugging 기간, Burning 기간)
- 우발 고장 : 일정형
- 마모 고장 : 증가형(Burn In 기간)

50 왕복운동을 하는 기계의 동작부분과 고정부분 사이에 형성되는 위험점으로 프레스, 절단기 등에서 주로 나타나는 것은?

① 끼임점 ② 절단점
③ 협착점 ④ 접선 물림점

위험점의 분류

구분	내용
협착점	왕복 운동하는 동작부분과 움직임이 없는 고정부분 사이에 형성되는 위험점
끼임점	고정부분과 회전하는 동작부분 사이에서 형성되는 위험점
절단점	회전하는 운동부분 자체의 위험에서 초래되는 위험점
물림점	반대로 회전하는 두 개의 회전체가 맞닿는 사이에서 발생하는 위험점
접선물림점	회전하는 부분의 접선방향으로 물려 들어갈 위험이 존재하는 위험점
회전말림점	회전하는 물체에 작업복 등이 말려드는 위험이 존재하는 위험점

51 롤러에 설치하는 급정지 장치 조작부의 종류와 그 위치로 옳은 것은?(단, 위치는 조작부의 중심점을 기준으로 함)

① 발조작식은 밑면으로부터 0.2m 이내
② 손조작식은 밑면으로부터 1.8m 이내
③ 복부조작식은 밑면으로부터 0.6m 이상 1m 이내
④ 무릎조작식은 밑면으로부터 0.2m 이상 0.4m 이내

롤러기 급정지장치의 종류(방호장치 자율안전기준 고시 별표 3)

종류	위치	비고
손조작식	밑면에서 1.8m 이내	위치는 급정지장치조작부의 중심점을 기준으로 함
복부조작식	밑면에서 0.8m 이상 1.1m 이내	
무릎조작식	밑면에서 0.6m 이내	

52 크레인에 사용하는 방호장치가 아닌 것은?

① 과부하 방지장치 ② 가스집합장치
③ 권과방지장치 ④ 제동장치

크레인의 방호장치(산업안전보건기준에 관한 규칙 제134조) : 과부하방지장치, 권과방지장치, 비상정지장치 및 제동장치

53 통로의 설치기준 중 ( )안에 공통적으로 들어갈 숫자로 옳은 것은?

> 사업주는 통로면으로부터 높이 ( )미터 이내에는 장애물이 없도록 하여야 한다. 다만, 부득이하게 통로면으로부터 높이 ( )미터 이내에 장애물을 설치할 수밖에 없거나 통로면으로부터 높이 ( )미터 이내의 장애물을 제거하는 것이 곤란하다고 고용노동부 장관이 인정하는 경우에는 근로자에게 발생할 수 있는 부상 등의 위험을 방지하기 위한 안전조치를 하여야 한다.

① 1 ② 2
③ 1.5 ④ 2.5

산업안전보건기준에 관한 규칙 제22조(통로의 설치) ① 사업주는 작업장으로 통하는 장소 또는 작업장 내에 근로자가 사용할 안전한 통로를 설치하고 항상 사용할 수 있는 상태로 유지하여야 한다.
② 사업주는 통로의 주요 부분에 통로표시를 하고, 근로자가 안전하게 통행할 수 있도록 하여야 한다.
③ 사업주는 통로면으로부터 높이 2미터 이내에는 장애물이 없도록 하여야 한다. 다만, 부득이하게 통로면으로부터 높이 2미터 이내에 장애물을 설치할 수밖에 없거나 통로면으로부터 높이 2미터 이내의 장애물을 제거하는 것이 곤란하다고 고용노동부장관이 인정하는 경우에는 근로자에게 발생할 수 있는 부상 등의 위험을 방지하기 위한 안전 조치를 하여야 한다.

54 화물 적재 시에 지게차의 안정 조건을 옳게 나타낸 것은?(단, W는 화물의 중량, L_W는 앞바퀴에서 화물중심까지의 최단거리, G는 지게차의 중량, L_G는 앞바퀴에서 지게차 중심까지의 최단거리이다.)

① $G \times L_G \geqq W \times L_W$
② $W \times L_W \geqq G \times L_G$
③ $G \times L_W \geqq W \times L_G$
④ $W \times L_G \geqq G \times L_W$

화물 적재 시 지게차가 전도되지 않기 위해서는 지게차의 모멘트($G \times L_G$)가 화물의 모멘트($W \times L_W$)이상이어야 한다.

55 선반 등으로부터 돌출하여 회전하고 있는 가공물에 설치할 방호장치는?

① 클러치 ② 울
③ 슬리브 ④ 베드

산업안전보건기준에 관한 규칙 제87조(원동기·회전축 등의 위험 방지) ① 사업주는 기계의 원동기·회전축·기어·풀리·플라이휠·벨트 및 체인 등 근로자가 위험에 처할 우려가 있는 부위에 덮개·울·슬리브 및 건널다리 등을 설치하여야 한다.
② 사업주는 회전축·기어·풀리 및 플라이휠 등에 부속되는 키·핀 등의 기계요소는 묻힘형으로 하거나 해당 부위에 덮개를 설치하여야 한다.
③ 사업주는 벨트의 이음 부분에 돌출된 고정구를 사용해서는 아니 된다.
④ 사업주는 제1항의 건널다리에는 안전난간 및 미끄러지지 아니하는 구조의 발판을 설치하여야 한다.
⑤ 사업주는 연삭기(研削機) 또는 평삭기(平削機)의 테이블, 형삭기(形削機) 램 등의 행정끝이 근로자에게 위험을 미칠 우려가 있는 경우에 해당 부위에 덮개 또는 울 등을 설치하여야 한다.
⑥ 사업주는 선반 등으로부터 돌출하여 회전하고 있는 가공물이 근로자에게 위험을 미칠 우려가 있는 경우에 덮개 또는 울 등을 설치하여야 한다.

56 작업자의 신체움직임을 감지하여 프레스의 작동을 급정지시키는 광전자식 안전장치를 부착한 프레스가 있다. 안전거리가 48cm인 경우 급정지에 소요되는 시간은 최대 몇초 이내일 때 안전한가?(단, 급정지에 소요되는 시간은 손이 광선을 차단한 순간부터 급정지기구가 작동하여 슬라이드가 정지할 때까지의 시간을 의미한다.)

① 0.1초 ② 0.2초
③ 0.3초 ④ 0.5초

안전거리(m) = 1.6 × ts(급정지에 소요되는 시간)
∴ 급정지에 소요되는 시간(ts) = 안전거리(0.48) / 1.6 = 0.3초

57 프레스 및 전단기에서 양수조작식 방호장치의 일반구조에 대한 설명으로 옳지 않은 것은?

① 누름버튼(레버포함)은 돌출형 구조로 설치할 것
② 누름버튼의 상호간 내측거리는 300mm 이상일 것
③ 누름버튼을 양손으로 동시에 조작하지 않으면 작동시킬 수 없는 구조일 것
④ 정상동작표시등은 녹색, 위험표시등은 붉은색으로 하며, 쉽게 근로자가 볼수 있는 곳에 설치할 것

양수조작식 방호장치의 일반구조(방호장치 안전인증 고시 별표 1)
- 정상동작표시등은 녹색, 위험표시등은 붉은색으로 하며, 쉽게 근로자가 볼 수 있는 곳에 설치해야 한다.
- 슬라이드 하강 중 정전 또는 방호장치의 이상 시에 정지할 수 있는 구조이어야 한다.
- 방호장치는 릴레이, 리미트스위치 등의 전기부품의 고장, 전원전압의 변동 및 정전에 의해 슬라이드가 불시에 동작하지 않아야 하며, 사용전원전압의 ±(100분의 20)의 변동에 대하여 정상으로 작동 되어야 한다.
- 1행정1정지 기구에 사용할 수 있어야 한다.
- 누름버튼을 양손으로 동시에 조작하지 않으면 작동시킬 수 없는 구조이어야 하며, 양쪽버튼의 작동 시간 차이는 최대 0.5초 이내일 때 프레스가 동작되도록 해야 한다.
- 1행정마다 누름버튼에서 양손을 떼지 않으면 다음 작업의 동작을 할 수 없는 구조이어야 한다.
- 램의 하행정중 버튼(레버)에서 손을 뗄 시 정지하는 구조이어야 한다.
- 누름버튼의 상호간 내측거리는 300mm 이상이어야 한다.
- 버튼 및 레버는 작업점에서 위험한계를 벗어나게 설치해야 한다.
- 양수조작식 방호장치는 푸트스위치를 병행하여 사용할 수 없는 구조이어야 한다.

58 프레스기에 사용되는 손쳐내기식 방호장치의 일반구조에 대한 설명으로 틀린 것은?

① 슬라이드 하행정거리의 1/4 위치에서 손을 완전히 밀어내야 한다.
② 방호판의 폭은 금형폭의 1/2 이상이어야 하고, 행정길이가 300mm 이상의 프레스기계에는 방호판 폭을 300mm로 해야 한다.
③ 부착볼트 등의 고정금속부분은 예리하게 돌출되지 않아야 한다.
④ 손쳐내기봉의 행정(Stroke) 길이를 금형의 높이에 따라 조정할 수 있고, 진동폭은 금형폭 이상이어야 한다.

프레스기에서 사용하는 손쳐내기식 방호장치의 일반구조(방호장치 안전인증 고시 별표 1)
- 슬라이드 하행정거리의 3/4 위치에서 손을 완전히 밀어내야 한다.
- 손쳐내기봉의 행정(Stroke) 길이를 금형의 높이에 따라 조정할 수 있고 진동폭은 금형폭 이상이어야 한다.
- 방호판과 손쳐내기봉은 경량이면서 충분한 강도를 가져야 한다.
- 방호판의 폭은 금형폭의 1/2 이상이어야 하고, 행정길이가 300mm 이상의 프레스기계에는 방호판 폭을 300mm로 해야 한다.
- 손쳐내기봉은 손 접촉 시 충격을 완화할 수 있는 완충재를 부착해야 한다.
- 부착볼트 등의 고정금속부분은 예리하게 돌출되지 않아야 한다.

59 연삭숫돌의 상부를 사용하는 것을 목적으로 하는 탁상용 연삭기 덮개의 노출각도는?

① 60° 이내 ② 65° 이내
③ 80° 이내 ④ 125° 이내

연삭숫돌의 상부를 사용하는 것을 목적으로 하는 탁상용 연삭기 덮개의 최대노출각도는 60°이내이며, 일반연삭작업 등에 사용하는 것을 목적으로 하는 탁상용 연삭기 덮개의 최대노출각도는 125° 이내이다.

60 다음 중 원통 보일러의 종류가 아닌 것은?

① 입형 보일러 ② 노통 보일러
③ 연관 보일러 ④ 관류 보일러

원통 보일러(cylindrical boiler)
- 보일러 본체가 큰 동으로 구성되어 구조가 간단하고, 동체 내부의 2/3~4/5 정도 물이 차지하는 수부이고, 나머지는 증기부로 되어 있다.
- 입형 보일러, 노통 보일러, 연관 보일러, 노통·연관식 보일러 등이 있다.

제 04 과목　전기 및 화학설비 안전관리

61 10Ω의 저항에 10A의 전류를 1분간 흘렸을 때의 발열량은 몇 cal인가?

① 1800 ② 3600
③ 7200 ④ 14400

$Q = 0.24 I^2 R t$ [cal] (I : 전류, R : 저항, t : 시간(초))
∴ $Q = 0.24 \times 10^2 \times 10 \times 60 = 14400$[cal]

62 다음 중 인입용 비닐 절연전선에 해당하는 약어로 옳은 것은?

① RB ② IV
③ DV ④ OW

전선 표시 약어
- RB : 고무 절연전선
- DV : 인입용 비닐 절연전선
- IV : 600V 비닐 절연전선
- OW : 옥외용 비닐 절연전선

63 작업장 내 시설하는 저압전선에는 감전 등의 위험으로 나전선을 사용하지 않고 있지만, 특별한 이유에 의하여 사용할 수 있도록 규정된 곳이 있는데 이에 해당되지 않는 것은?

① 버스덕트 작업에 의한 시설작업
② 애자사용 작업에 의한 전기로용 전선
③ 유희용 전차 시설의 규정에 준하는 접촉전선을 시설하는 경우
④ 애자사용 작업에 의한 전선의 피폭 절연물이 부식되지 않는 장소에 시설하는 전선

배선에 사용하는 전선은 나전선이어서는 안 된다. 다만, 애자사용배선에 의하여 노출장소에 다음과 같은 전선을 시설하는 경우는 예외로 한다.
- 전기로의 주변에서 열로 인한 영향을 받는 장소에 시설하는 전기로용 전선
- 전선의 피복절연물이 부식하는 장소에 시설하는 전선
- 취급자 이외의 사람이 출입할 수 없도록 설비한 장소에 시설하는 전선

64 다음 설명에 해당하는 위험장소의 종류로 옳은 것은?

> 공기 중에서 가연성 분진운의 형태가 연속적 또는 장기적 또는 단기적 자주 폭발성 분위기가 존재하는 장소

① 0종 장소 ② 1종 장소
③ 20종 장소 ④ 21종 장소

폭발위험장소의 분류

분류		적요	예
가스 폭발 위험 장소	0종 장소	인화성 액체의 증기 또는 가연성 가스에 의한 폭발위험이 지속적으로 또는 장기간 존재하는 장소	용기·장치·배관 등의 내부 등
	1종 장소	정상 작동상태에서 인화성 액체의 증기 또는 가연성 가스에 의한 폭발위험분위기가 존재하기 쉬운 장소	맨홀·벤트·피트 등의 주위
	2종 장소	정상작동상태에서 인화성 액체의 증기 또는 가연성 가스에 의한 폭발위험분위기가 존재할 우려가 없으나, 존재할 경우 그 빈도가 아주 적고 단기간만 존재할 수 있는 장소	개스킷·패킹 등의 주위

분진 폭발 위험 장소	20종 장소	분진운 형태의 가연성 분진이 폭발농도를 형성할 정도로 충분한 양이 정상작동 중에 연속적으로 또는 자주 존재하거나, 제어할 수 없을 정도의 양 및 두께의 분진층이 형성될 수 있는 장소	호퍼 · 분진저장소 · 집진장치 · 필터 등의 내부
	21종 장소	20종 장소 외의 장소로서, 분진운 형태의 가연성 분진이 폭발농도를 형성할 정도의 충분한 양이 정상작동 중에 존재할 수 있는 장소	집진장치 · 백필터 · 배기구 등의 주위, 이송밸트 샘플링 지역 등
	22종 장소	21종 장소 외의 장소로서, 가연성 분진운 형태가 드물게 발생 또는 단기간 존재할 우려가 있거나, 이상작동 상태하에서 가연성 분진층이 형성될 수 있는 장소	21종 장소에서 예방조치가 취하여진 지역, 환기설비 등과 같은 안전장치 배출구 주위 등

65 다음 중 전선이 연소될 때의 단계별 순서로 가장 적절한 것은?

① 착화단계 → 순시용단 단계 → 발화단계 → 인화단계
② 인화단계 → 착화단계 → 발화단계 → 순시용단 단계
③ 순시용단 단계 → 착화단계 → 인화단계 → 발화단계
④ 발화단계 → 순시용단 단계 → 착화단계 → 인화단계

절연전선의 과대전류

단계		전류밀도(A/mm²)
인화단계		40~43
착화단계		43~60
발화단계	발화 후 용단	60~70
	용단과 동시 발화	75~120
순간 용단		120 이상

66 절연물은 여러 가지 원인으로 전기저항이 저하되어 이른바 절연불량을 일으켜 위험한 상태가 되는데 절연불량의 주요 원인이 아닌 것은?

① 정전에 의한 전기적 원인
② 온도상승에 의한 열적 요인
③ 진동, 충격 등에 의한 기계적 요인
④ 높은 이상전압 등에 의한 전기적 요인

절연불량의 주요 원인
- 온도상승에 의한 열적 요인
- 높은 이상전압 등에 의한 전기적 요인
- 진동, 충격 등에 의한 기계적 요인
- 산화 등에 의한 화학적 요인

67 고장 시 흐르는 전류를 안전하게 통할 수 있는 것으로서 특고압·고압 전기설비용 접지도체의 단면적은 얼마 이상이어야 하는가?

① 6mm² 이상
② 8mm² 이상
③ 10mm² 이상
④ 16mm² 이상

접지도체의 굵기(접지도체의 단면적 규정에 의한 것 이외, 한국전기설비규정 142.3.1)

장소		접지도체의 단면적	비고
특고압·고압 전기설비용		6mm² 이상	
중성점 접지용		16mm² 이상	단, 7kV 이하의 전로 또는 25kV 이하인 특고압 가공전선로로 2초 이내 차단 시 6mm² 이상
이동하여 사용하는 전기기계기구의 금속제 외함	특고압·고압 전기설비용 또는 중성점 접지용	10mm² 이상	
	저압 전기설비용	1.5mm² 이상	다심 코드 또는 캡타이어 케이블은 0.75mm² 이상

68 정전기 제전기의 분류 방식으로 틀린 것은?

① 고전압인가형
② 자기방전형
③ 연X선형
④ 접지형

이온생성 방법에 따른 제전기의 종류
- 자기방전식 제전기 : 스테인레스(5μm), 카본(7μm), 도전성 섬유(50μm)등에 의해 작은 코로나 방전을 일으켜 제전하며, 고전압의 제전도 가능하나 약간의 대전이 남는 단점이 있음
- 고전압인가식(코로나 방전식) 제전기 : 방전침을 7000V 정도의 전압으로 코로나 방전을 일으켜 발생된 이온으로 대전체의 전하를 재결합시키는 방법으로 제전
- 방사선식(연X선형) 제전기 : 7000V의 교류 전압이 인가된 침을 배치하고 코로나 방전에 의해 발생한 이온을 lower로 대전체에 내뿜는 방식

69 전기기기의 과도한 온도 상승, 아크 또는 불꽃 발생의 위험을 방지하기 위하여 추가적인 안전조치를 통한 안전도를 증가시킨 방폭구조를 무엇이라 하는가?

① 충전방폭구조
② 안전증방폭구조
③ 비점화방폭구조
④ 본질안전방폭구조

방폭구조의 종류와 기호

종류	내용	기호
내압방폭구조	점화원에 의해 용기 내부에서 폭발이 발생할 경우에 용기가 폭발압력에 견딜 수 있고, 화염이 용기 외부의 폭발성 분위기로 전파되지 않도록 한 방폭구조	d
압력방폭구조	점화원이 될 우려가 있는 부분을 용기 안에 넣고 보호 기체(신선한 공기 또는 불활성기체)를 용기 안에 압입함으로써 폭발성 가스가 침입하는 것을 방지하도록 되어 있는 방폭구조	p
안전증방폭구조	전기기기의 과도한 온도 상승, 아크 또는 불꽃 발생의 위험을 방지하기 위하여 추가적인 안전조치를 통한 안전도를 증가시킨 방폭구조(다만, 정상운전 중에 아크나 불꽃을 발생시키는 전기기기는 안전증방폭구조의 전기기기 범위에서 제외)	e
유입방폭구조	유체 상부 또는 용기 외부에 존재할 수 있는 폭발성 분위기가 발화할 수 없도록 전기설비 또는 전기설비의 부품을 보호액에 함침시키는 방폭구조	o
본질안전방폭구조	정상시 또는 단락, 단선, 지락 등의 사고시에 발생하는 아크, 불꽃, 고열에 의하여 폭발성 가스나 증기에 점화되지 않는 것이 확인된 구조	ia, ib
비점화방폭구조	전기기기가 정상작동과 규정된 특정한 비정상상태에서 주위의 폭발성 가스 분위기를 점화시키지 못하도록 만든 방폭구조	n
몰드방폭구조	전기기기의 불꽃 또는 열로 인해 폭발성 위험분위기에 점화되지 않도록 컴파운드를 충전해서 보호한 방폭구조	m
충전방폭구조	폭발성 가스 분위기를 점화시킬 수 있는 부품을 고정하여 설치하고, 그 주위를 충전재로 완전히 둘러싸서 외부의 폭발성 가스 분위기를 점화시키지 않도록 하는 방폭구조	q
특수방폭구조	상기의 방폭구조 외에 외부의 폭발성 가스에 대해 인화를 방지할 수 있음을 시험에 의해 확인한 구조	s

70 다음 중 정전기의 발생요인으로 적절하지 않은 것은?

① 도전성 재로에 의한 발생
② 박리에 의한 발생
③ 유동에 의한 발생
④ 마찰에 의한 발생

정전기 대전 형태

- 마찰대전 : 종이, 필름 등이 금속 롤러와 마찰을 일으킬 때 마찰에 의하여 접촉의 위치가 이동하고 전하 분리가 일어나서 발생한다.
- 충돌대전 : 분체의 입자끼리 또는 입자와 고체와의 충돌에 의하여 접촉, 분리가 일어나기 때문에 발생한다.
- 분출대전 : 분체, 액체, 기체류가 단면적인 작은 노즐 등의 개구부에서 분출할 때 마찰이 일어나서 발생하며, 가스가 분진, 무상입자로 분출될 때 대전이 잘 일어난다.
- 유도대전 : 대전 물체 부근에 있는 물체가 대전체로부터의 정전유도에 의해 정전기를 띠는 현상을 의미한다.
- 박리대전 : 서로 밀착되어 있는 물체가 분리될 때 전하의 분리가 일어나서 정전기가 발생한다.
- 비말대전 : 공기 중에 분출된 액체가 미세하게 비산되어 분리되었다가 크고 작은 방울로 될 때 새로운 표면을 형성하면서 정전기가 발생하는 현상이다.
- 침강대전 : 절연성 유체 중에서 비중이 다른 부유물이 침강할 때 발생하는 정전기를 말한다.
- 유동대전 : 액체류를 관내로 수송할 때 정전기가 발생하는 것으로 인화성 액체는 전기 절연성이 높아 유동에 의한 대전이

일어나기 쉬우며, 액체의 유동 속도가 정전기 발생에 큰 영향을 미친다.
- 적하대전 : 고체표면에 부착해 있던 액체류가 성장하여 자중으로 물방울이 되어 떨어질 때 전하분리가 일어나서 정전기가 발생하는 현상이다.
- 교반대전 : 액체가 교반에 의해 진동을 하게 되면 진동에 의한 정전기가 발생한다.
- 파괴대전 : 액체와 그것에 혼합되어 있는 불순물이 침강되면 침강대전이 발생한다.

71 다음 중 독성이 강한 순서로 옳게 나열된 것은?

① 일산화탄소 > 염소 > 아세톤
② 일산화탄소 > 아세톤 > 염소
③ 염소 > 일산화탄소 > 아세톤
④ 염소 > 아세톤 > 일산화탄소

독성가스 허용농도기준(TWA)
- 염소(Cl_2) : 1ppm
- 일산화탄소(CO) : 30ppm
- 아세톤(CH_3COCH_3) : 500ppm

72 어떤 혼합가스의 구성성분이 공기는 50vol%, 수소는 20vol%, 아세틸렌은 30vol%인 경우 이 혼합가스의 폭발하한계는?(단, 폭발하한값이 수소는 4vol%, 아세틸렌은 2.5vol% 이다.)

① 2.50%   ② 2.94%
③ 4.76%   ④ 5.88%

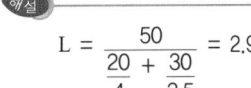

$$L = \frac{50}{\frac{20}{4} + \frac{30}{2.5}} = 2.94$$

73 산업안전보건법령에서 규정한 위험물질을 기준량 이상으로 제조 또는 취급하는 특수화학설비에 설치하여야 할 계측 장치가 아닌 것은?

① 온도계   ② 유량계
③ 압력계   ④ 경보계

산업안전보건기준에 관한 규칙 제273조(계측장치 등의 설치) 사업주는 별표 9에 따른 위험물을 같은 표에서 정한 기준량 이상으로 제조하거나 취급하는 다음 각 호의 어느 하나에 해당하는 화학설비(이하 "특수화학설비"라 한다)를 설치하는 경우에는 내부의 이상 상태를 조기에 파악하기 위하여 필요한 온도계·유량계·압력계 등의 계측장치를 설치하여야 한다.
1. 발열반응이 일어나는 반응장치
2. 증류·정류·증발·추출 등 분리를 하는 장치
3. 가열시켜 주는 물질의 온도가 가열되는 위험물질의 분해온도 또는 발화점보다 높은 상태에서 운전되는 설비
4. 반응폭주 등 이상 화학반응에 의하여 위험물질이 발생할 우려가 있는 설비
5. 온도가 섭씨 350도 이상이거나 게이지 압력이 980킬로파스칼 이상인 상태에서 운전되는 설비
6. 가열로 또는 가열기

74 부탄의 연소하한값이 1.6vol% 일 경우, 연소에 필요한 최소 산소농도는 약 몇 vol%인가?
① 9.4   ② 10.4
③ 11.4 ④ 12.4

$$MOC = 연소하한치 \times \frac{O_2의\ mol수}{연료의\ mol수} = 1.6 \times \frac{13}{2} = 10.4$$

75 LPG에 대한 설명으로 옳지 않은 것은?
① 강한 독성 가스로 분류된다.   ② 질식의 우려가 있다.
③ 누설시 인화, 폭발성이 있다. ④ 가스의 비중은 공기보다 크다.

LPG는 색과 냄새, 맛이 없고 독성이 없지만 누출사고에 대비해 불쾌한 냄새가 나도록 첨가물을 사용한다.

76 배관설비 중 유체의 역류를 방지하기 위하여 설치하는 밸브는?
① 글로브 밸브   ② 체크 밸브
③ 게이트 밸브   ④ 시퀀스 밸브

- 글로브 밸브(glove valve) : 유체가 흐르는 방향으로 입구와 출구가 직선상에 있는 밸브로 유량을 조절하는 밸브
- 체크 밸브(check valve) : 유체의 흐름 방향을 한쪽 방향으로만 흐르게 하는 밸브
- 시퀀스 밸브(sequence valve) : 2개 이상의 분기 회로에서 유압 회로의 압력에 의하여 작동 순서를 제어
- 게이트 밸브(gate valve) : 배관 도중에 설치하여 유로의 차단에 사용되는 밸브

77 인화점에 대한 설명으로 옳은 것은?
① 인화점이 높을수록 위험하다.   ② 인화점이 낮을수록 위험하다.
③ 인화점과 위험성은 관계없다.   ④ 인화점이 0°C 이상인 경우만 위험하다.

인화점과 발화점(착화점)
- 인화점이란 가연성 증기에 점화원을 주었을 때 연소가 시작되는 최저 온도를 말한다.
- 발화점이란 가연성물질이 공기 중에서 점화원이 없이 스스로 연소를 개시할 수 있는 최저온도이다.
- 일반적으로 발화점은 인화점보다 상당히 높다.
- 인화점이 낮을수록, 산소의 농도가 클수록 연소위험이 크다.

78 응상폭발에 해당되지 않는 것은?
① 수중기폭발   ② 전선폭발
③ 증기폭발   ④ 분진폭발

폭발의 종류
- 기상폭발(기체의 폭발, 화학적 폭발) : 가스·분무·분진·분해 폭발
- 응상폭발(고체·액체의 폭발, 물리적 폭발) : 수증기·증기·전선 폭발

79 다음은 산업안전보건법령에 따른 위험물질의 종류 중 부식성 염기류에 관한 내용이다. (   )안에 알맞은 수치는?

> 농도가 (   )퍼센트 이상인 수산화나트륨, 수산화칼륨, 그 밖에 이와 같은 정도 이상의 부식성을 가지는 염기류

① 20　　　　　　　　　　② 40
③ 60　　　　　　　　　　④ 80

부식성 물질(산업안전보건기준에 관한 규칙 별표 1)
- 부식성 산류 : 농도가 20% 이상인 염산, 황산, 질산 기타 이와 동등 이상의 부식성을 가지는 물질과 농도가 60% 이상인 인산, 아세트산, 불산 기타 이와 동등 이상의 부식성을 가지는 물질
- 부식성 염기류 : 농도가 40% 이상인 수산화나트륨, 수산화칼륨 기타 이와 동등 이상의 부식성을 가지는 염기류

80 고압가스 용기에 사용되며 화재 등으로 용기의 온도가 상승하였을 때 금속의 일부분을 녹여 가스의 배출구를 만들어 압력을 분출시켜 용기의 폭발을 방지하는 안전장치는?

① 가용합금 안전밸브　　　　② 방유제
③ 폭압방산공　　　　　　　④ 폭발억제장치

- 가용합금 안전밸브 : 온도상승 시 가용합금이 용융되어 가스를 분출시키는 장치
- 파열판 : 내부압력의 이상상승 시 박판이 파열되어 가스를 분출시키는 장치
- 폭압방산공 : 내부에서 폭발을 일으킬 염려가 있는 건물, 설비, 장치들과 이런 것에 부속된 덕트류 등의 일부에 설계 강도가 가장 낮은 부분을 설치하여 내부에서 일어난 폭발압력을 그곳으로 방출함으로서 장치 등의 전체적인 파괴를 방지하기 위하여 설치한 압력방출장치

제 05 과목　건설공사 안전관리

81 다음과 같은 조건에서 방망사의 신품에 대한 최소 인장강도로 옳은 것은?(단, 그물코의 크기는 10cm, 매듭방망)

① 240kg　　　　　　　　② 200kg
③ 150kg　　　　　　　　④ 110kg

방망사의 신품에 대한 인장 강도

그물코의 종류	방망의 종류(단위 : kg)	
	매듭이 없는 방망	매듭 방망
10cm	240(150)	200(135)
5cm	–	110(60)

※괄호 안은 폐기기준 인장강도

82 굴착공사 표준안전 작업지침에 따른 인력굴착 작업 시 굴착면이 높아 계단식 굴착을 할 때 소단의 폭은 수평거리로 얼마 정도하여야 하는가?

① 1m
② 1.5m
③ 2m
④ 2.5m

해설

절토 시 준수사항(굴착공사 표준안전 작업지침 제7조)
- 상부에서 붕락 위험이 있는 장소에서의 작업은 금하여야 한다.
- 상·하부 동시작업은 금지하여야 하나 부득이한 경우 다음 각 목의 조치를 실시한 후 작업하여야 한다.
  - 견고한 낙하물 방호시설 설치
  - 부석제거
  - 작업장소에 불필요한 기계 등의 방치 금지
  - 신호수 및 담당자 배치
- 굴착면이 높은 경우는 계단식으로 굴착하고 소단의 폭은 수평거리 2m 정도로 하여야 한다.
- 사면경사 1:1 이하이며 굴착면이 2m 이상일 경우는 안전대 등을 착용하고 작업해야 하며 부석이나 붕괴하기 쉬운 지반은 적절한 보강을 하여야 한다.
- 급경사에는 사다리 등을 설치하여 통로로 사용하여야 하며 도괴하지 않도록 상·하부를 지지물로 고정시키며 장기간 공사 시에는 비계 등을 설치하여야 한다.
- 용수가 발생하면 즉시 작업 책임자에게 보고하고 배수 및 작업방법에 대해서 지시를 받아야 한다.
- 우천 또는 해빙으로 토사붕괴가 우려되는 경우에는 작업전 점검을 실시하여야 하며, 특히 굴착면 천단부 주변에는 중량물의 방치를 금하며 대형 건설기계 통과시에는 적절한 조치를 확인하여야 한다.
- 절토면을 장기간 방치할 경우는 경사면을 가마니 쌓기, 비닐덮기 등 적절한 보호 조치를 하여야 한다.
- 발파암반을 장기간 방치할 경우는 낙석방지용 방호망을 부착, 몰타르를 주입, 그라우팅, 록볼트 설치 등의 방호시설을 하여야 한다.
- 암반이 아닌 경우는 경사면에 도수로, 산마루측구 등 배수시설을 설치하여야 하며, 제3자가 근처를 통행할 가능성이 있는 경우는 안전시설과 안전표지판을 설치하여야 한다.
- 벨트콘베이어를 사용할 경우는 경사를 완만하게 하여 안정된 상태를 유지하도록 하여야 하며, 콘베이어 양단면에 스크린 등의 설치로 토사의 전락을 방지하여야 한다.

83 다음 빈칸에 알맞은 숫자를 순서대로 옳게 나타낸 것은?

> 강관비계의 경우 비계기둥의 간격은 띠장 방향에서는 (　　)m 이하, 장선(長線) 방향에서는 (　　)m 이하로 할 것

① 1.5,　1.5
② 1.5,　2.0
③ 1.85,　1.5
④ 1.85,　2.0

해설

산업안전보건기준에 관한 규칙 제60조(강관비계의 구조) 사업주는 강관을 사용하여 비계를 구성하는 경우 다음 각 호의 사항을 준수해야 한다.
1. 비계기둥의 간격은 띠장 방향에서는 1.85미터 이하, 장선(長線) 방향에서는 1.5미터 이하로 할 것. 다만, 다음 각 목의 어느 하나에 해당하는 작업의 경우에는 안전성에 대한 구조검토를 실시하고 조립도를 작성하면 띠장 방향 및 장선 방향으로 각각 2.7미터 이하로 할 수 있다.
  가. 선박 및 보트 건조작업
  나. 그 밖에 장비 반입·반출을 위하여 공간 등을 확보할 필요가 있는 등 작업의 성질상 비계기둥 간격에 관한 기준을 준수하기 곤란한 작업
2. 띠장 간격은 2.0미터 이하로 할 것. 다만, 작업의 성질상 이를 준수하기가 곤란하여 쌍기둥틀 등에 의하여 해당 부분을 보강한 경우에는 그러하지 아니하다.
3. 비계기둥의 제일 윗부분으로부터 31미터되는 지점 밑부분의 비계기둥은 2개의 강관으로 묶어 세울 것. 다만, 브라켓(bracket, 까치발) 등으로 보강하여 2개의 강관으로 묶을 경우 이상의 강도가 유지되는 경우에는 그러하지 아니하다.
4. 비계기둥 간의 적재하중은 400킬로그램을 초과하지 않도록 할 것

84 다음 건설기계 중 360° 회전작업이 불가능한 것은?

① 타워 크레인   ② 크롤러 크레인
③ 가이데릭   ④ 삼각데릭

해설

삼각데릭은 주기둥을 지탱하는 지선 대신에 2줄의 다리에 의해 고정된 것으로 작업 회전반경은 약 270° 정도이다.

85 지내력 시험을 통하여 다음과 같은 하중–침하량 곡선을 얻었을 때 장기하중에 대한 허용 지내력도로 옳은 것은?(단, 장기하중에 대한 허용 지내력도 = 단기하중에 대한 허용 지내력도 $\times \frac{1}{2}$)

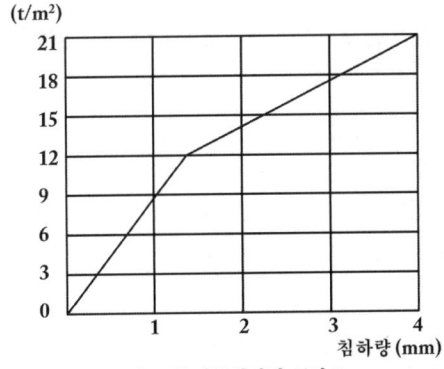

[그림] 하중침하량 곡선도

① 6t/m²   ② 7t/m²
③ 12t/m²   ④ 14t/m²

해설

장기하중에 대한 허용 지내력도 = 단기하중에 대한 허용 지내력도 $\times \frac{1}{2} = \frac{12}{2} = 6$

86 앞 뒤 두 개의 차륜이 있으며(2축 2륜) 각각의 차축이 평행으로 배치된 것으로 찰흙, 점성토 등의 두꺼운 흙을 다짐하는 데는 적당하나 단단한 각재를 다지는 데는 부적당한 기계는?

① 머캐덤 롤러(Macadam Roller) ② 탠덤 롤러(Tandem Roller)
③ 래머(rammer) ④ 진동롤러(Vibrating Roller)

탠덤 롤러(Tandem Roller)
• 앞바퀴와 뒷바퀴가 일렬로 배치된 롤러로 바퀴 2개가 일렬로 배치된 2축 탠덤 롤러와 3개가 일렬로 배치된 3축 탠덤 롤러가 있다.
• 머캐덤 롤러에 비해 선압이 작기 때문에 노반의 쇄석을 다짐할 때는 적합하지 않고 머캐덤 롤러 사용 후 끝내기 작업이나 아스콘 포장면의 다짐에 효과적으로 사용된다.

87 다음은 건설현장의 추락재해를 방지하기 위한 사항이다. 빈칸에 들어갈 내용으로 옳은 것은?

사업주는 높이 또는 깊이가 (   )를 초과하는 장소에서 작업하는 경우 해당 작업에 종사하는 근로자가 안전하게 승강하기 위한 건설작업용 리프트 등의 설비를 설치하여야 한다. 다만, 승강설비를 설치하는 것이 작업의 성질상 곤란한 경우에는 그러하지 아니하다.

① 2m ② 3m
③ 4m ④ 5m

산업안전보건기준에 관한 규칙 제46조(승강설비의 설치) 사업주는 높이 또는 깊이가 2미터를 초과하는 장소에서 작업하는 경우 해당 작업에 종사하는 근로자가 안전하게 승강하기 위한 건설용 리프트 등의 설비를 설치해야 한다. 다만, 승강설비를 설치하는 것이 작업의 성질상 곤란한 경우에는 그렇지 않다.

88 작업장의 바닥, 도로 및 통로 등에서 낙하물이 근로자에게 위험을 미칠 우려가 있는 경우의 필요한 조치 및 준수사항으로 옳지 않은 것은?

① 수직보호망 또는 방호 선반 설치
② 출입금지구역의 설정
③ 낙하물 방지망의 수평면과의 각도는 20°이상 30°이하 유지
④ 낙하물 방지망을 높이 15m 이내마다 설치

산업안전보건기준에 관한 규칙 제14조(낙하물에 의한 위험의 방지) ① 사업주는 작업장의 바닥, 도로 및 통로 등에서 낙하물이 근로자에게 위험을 미칠 우려가 있는 경우 보호망을 설치하는 등 필요한 조치를 하여야 한다.
② 사업주는 작업으로 인하여 물체가 떨어지거나 날아올 위험이 있는 경우 낙하물 방지망, 수직보호망 또는 방호선반의 설치, 출입금지구역의 설정, 보호구의 착용 등 위험을 방지하기 위하여 필요한 조치를 하여야 한다. 이 경우 낙하물 방지망 및 수직보호망은 「산업표준화법」 제12조에 따른 한국산업표준(이하 "한국산업표준"이라 한다)에서 정하는 성능기준에 적합한 것을 사용하여야 한다.
③ 제2항에 따라 낙하물 방지망 또는 방호선반을 설치하는 경우에는 다음 각 호의 사항을 준수하여야 한다.
1. 높이 10미터 이내마다 설치하고, 내민 길이는 벽면으로부터 2미터 이상으로 할 것
2. 수평면과의 각도는 20도 이상 30도 이하를 유지할 것

89 화물취급작업 중 화물적재 시 준수하여야 할 사항으로 옳지 않은 것은?

① 침하 우려가 없는 튼튼한 기반위에 적재할 것
② 중량의 화물은 공간의 효율성을 고려하여 건물의 칸막이나 벽에 기대어 적재할 것
③ 불안정할 정도로 높이 쌓아 올리지 말 것
④ 하중이 한쪽으로 치우치지 않도록 쌓을 것

산업안전보건기준에 관한 규칙 제393조(화물의 적재) 사업주는 화물을 적재하는 경우에 다음 각 호의 사항을 준수하여야 한다.
1. 침하 우려가 없는 튼튼한 기반 위에 적재할 것
2. 건물의 칸막이나 벽 등이 화물의 압력에 견딜 만큼의 강도를 지니지 아니한 경우에는 칸막이나 벽에 기대어 적재하지 않도록 할 것
3. 불안정할 정도로 높이 쌓아 올리지 말 것
4. 하중이 한쪽으로 치우치지 않도록 쌓을 것

90 하루의 평균기온이 4°C 이하로 될 것이 예상되는 기상조건에서 낮에도 콘크리트가 동결의 우려가 있는 경우 사용되는 콘크리트는?

① 고강도 콘크리트
② 경량 콘크리트
③ 서중 콘크리트
④ 한중 콘크리트

평균기온이 4°C 이하에서는 콘크리트 응결·경화반응이 지연되어 콘크리트가 동결되는 경우가 있는데, 이러한 동결현상을 막기 위해 시공하는 것이 한중 콘크리트(Cold Weather Concrete)이다.

91 건설현장에서 근로자가 안전하게 통행할 수 있도록 통로에 설치하는 조명의 조도 기준은?

① 65 lux 이상
② 75 lux 이상
③ 85 lux 이상
④ 95 lux 이상

산업안전보건기준에 관한 규칙 제21조(통로의 조명) 사업주는 근로자가 안전하게 통행할 수 있도록 통로에 75럭스 이상의 채광 또는 조명시설을 하여야 한다. 다만, 갱도 또는 상시 통행을 하지 아니하는 지하실 등을 통행하는 근로자에게 휴대용 조명기구를 사용하도록 한 경우에는 그러하지 아니하다.

92 리프트(Lift)의 안전장치에 해당하지 않는 것은?

① 권과방지장치
② 비상정지장치
③ 과부하 방지장치
④ 조속기

산업안전보건기준에 관한 규칙 제151조(권과 방지 등) 사업주는 리프트(간이 리프트는 제외한다. 이하이 관에서 같다)의 운반구 이탈 등의 위험을 방지하기 위하여 권과방지장치, 과부하방지장치, 비상정지장치 등을 설치하는 등 필요한 조치를 하여야 한다.

93 방망의 정기시험은 사용개시 후 몇 년 이내에 실시하는가?

① 1년 이내   ② 2년 이내
③ 3년 이내   ④ 4년 이내

방망의 정기시험은 사용 개시 후 1년 이내로 하고, 그 후 6개월마다 1회씩 정기적으로 시험용사에 대해서 등속 인장시험을 하여야 한다.

94 거푸집동바리등을 조립하는 경우의 준수사항으로 옳지 않은 것은?

① 강재와 강재의 접속부 및 교차부는 볼트·클램프 등 전용철물을 사용하여 단단히 연결할 것
② 동바리로 사용하는 강관(파이프 서포트는 제외)은 높이 2m 이내마다 수평연결재를 2개 방향으로 만들고 수평연결재의 변위를 방지할 것
③ 동바리의 이음은 같은 품질의 재료 사용을 금할 것
④ 거푸집이 곡면인 경우에는 버팀대의 부착 등 그 거푸집의 부상(浮上)을 방지하기 위한 조치를 할 것

산업안전보건기준에 관한 규칙 제332조(동바리 조립 시의 안전조치) 사업주는 동바리를 조립하는 경우에는 하중의 지지상태를 유지할 수 있도록 다음 각 호의 사항을 준수해야 한다.
1. 받침목이나 깔판의 사용, 콘크리트 타설, 말뚝박기 등 동바리의 침하를 방지하기 위한 조치를 할 것
2. 동바리의 상하 고정 및 미끄러짐 방지 조치를 할 것
3. 상부·하부의 동바리가 동일 수직선상에 위치하도록 하여 깔판·받침목에 고정시킬 것
4. 개구부 상부에 동바리를 설치하는 경우에는 상부하중을 견딜 수 있는 견고한 받침대를 설치할 것
5. U헤드 등의 단판이 없는 동바리의 상단에 멍에 등을 올릴 경우에는 해당 상단에 U헤드 등의 단판을 설치하고, 멍에 등이 전도되거나 이탈되지 않도록 고정시킬 것
6. 동바리의 이음은 같은 품질의 재료를 사용할 것
7. 강재의 접속부 및 교차부는 볼트·클램프 등 전용철물을 사용하여 단단히 연결할 것
8. 거푸집의 형상에 따른 부득이한 경우를 제외하고는 깔판이나 받침목은 2단 이상 끼우지 않도록 할 것
9. 깔판이나 받침목을 이어서 사용하는 경우에는 그 깔판·받침목을 단단히 연결할 것

95 다음 공사 규모를 가진 사업장 중 유해위험방지계획서를 제출해야할 대상 사업장은?

① 최대 지간길이가 40m인 교량건설 공사
② 연면적 4000m² 인 종합병원 공사
③ 연면적 3000m² 인 종교시설 공사
④ 연면적 6000m² 인 지하도상가 공사

유해위험방지계획서 제출 대상 공사(산업안전보건법 시행령 제42조 ③항)
1. 다음 각 목의 어느 하나에 해당하는 건축물 또는 시설 등의 건설·개조 또는 해체 공사
　가. 지상높이가 31미터 이상인 건축물 또는 인공구조물
　나. 연면적 3만제곱미터 이상인 건축물
　다. 연면적 5천제곱미터 이상인 시설로서 다음의 어느 하나에 해당하는 시설
　　　1) 문화 및 집회시설(전시장 및 동물원·식물원은 제외한다)
　　　2) 판매시설, 운수시설(고속철도의 역사 및 집배송시설은 제외한다)

        3) 종교시설
        4) 의료시설 중 종합병원
        5) 숙박시설 중 관광숙박시설
        6) 지하도상가
        7) 냉동·냉장 창고시설
2. 연면적 5천제곱미터 이상인 냉동·냉장 창고시설의 설비공사 및 단열공사
3. 최대 지간(支間)길이(다리의 기둥과 기둥의 중심사이의 거리)가 50미터 이상인 다리의 건설등 공사
4. 터널의 건설등 공사
5. 다목적댐, 발전용댐, 저수용량 2천만톤 이상의 용수 전용 댐 및 지방상수도 전용 댐의 건설등 공사
6. 깊이 10미터 이상인 굴착공사

96 다음은 건설업 산업안전보건관리비 계상 및 사용기준의 적용에 관한 사항이다. 빈칸에 들어갈 내용으로 옳은 것은?

> 이 고시는 산업안전보건법 제2조제11호의 건설공사 중 총공사금액 (　　) 이상인 공사에 적용한다.

① 2천만원　　② 4천만원
③ 8천만원　　④ 1억원

건설업 산업안전보건관리비 계상 및 사용기준 제3조(적용범위) 이 고시는 법 제2조제11호의 건설공사 중 총공사금액 2천만 원 이상인 공사에 적용한다. 다만, 단가계약에 의하여 행하는 공사에 대하여는 총계약금액을 기준으로 적용한다.

97 거푸집동바리 등을 조립하는 때 동바리로 사용하는 파이프서포트에 대하여는 다음 각목에서 정하는 바에 의해 설치하여야 한다. 빈칸에 들어갈 내용이 순서대로 옳은 것은?

> 가. 파이프서포트를 (　　)개 이상 이어서 사용하지 않도록 할 것
> 나. 파이프서포트를 이어서 사용하는 경우에는 (　　)개 이상의 볼트 또는 전용철물을 사용하여 이을 것

① 1, 2　　② 2, 3
③ 3, 4　　④ 4, 5

산업안전보건기준에 관한 규칙 제332조의2(동바리 유형에 따른 동바리 조립 시의 안전조치) 사업주는 동바리를 조립할 때 동바리의 유형별로 다음 각 호의 구분에 따른 각 목의 사항을 준수해야 한다.
1. 동바리로 사용하는 파이프 서포트의 경우
   가. 파이프 서포트를 3개 이상 이어서 사용하지 않도록 할 것
   나. 파이프 서포트를 이어서 사용하는 경우에는 4개 이상의 볼트 또는 전용철물을 사용하여 이을 것
   다. 높이가 3.5미터를 초과하는 경우에는 높이 2미터 이내마다 수평연결재를 2개 방향으로 만들고 수평연결재의 변위를 방지할 것
2. 동바리로 사용하는 강관틀의 경우
   가. 강관틀과 강관틀 사이에 교차가새를 설치할 것
   나. 최상단 및 5단 이내마다 동바리의 측면과 틀면의 방향 및 교차가새의 방향에서 5개 이내마다 수평연결재를 설치하고 수평연결재의 변위를 방지할 것
   다. 최상단 및 5단 이내마다 동바리의 틀면의 방향에서 양단 및 5개틀 이내마다 교차가새의 방향으로 띠장틀을 설치할 것

3. 동바리로 사용하는 조립강주의 경우: 조립강주의 높이가 4미터를 초과하는 경우에는 높이 4미터 이내마다 수평연결재를 2개 방향으로 설치하고 수평연결재의 변위를 방지할 것
4. 시스템 동바리(규격화·부품화된 수직재, 수평재 및 가새재 등의 부재를 현장에서 조립하여 거푸집을 지지하는 지주 형식의 동바리를 말한다)의 경우
 가. 수평재는 수직재와 직각으로 설치해야 하며, 흔들리지 않도록 견고하게 설치할 것
 나. 연결철물을 사용하여 수직재를 견고하게 연결하고, 연결부위가 탈락 또는 꺾어지지 않도록 할 것
 다. 수직 및 수평하중에 대해 동바리의 구조적 안정성이 확보되도록 조립도에 따라 수직재 및 수평재에는 가새재를 견고하게 설치할 것
 라. 동바리 최상단과 최하단의 수직재와 받침철물은 서로 밀착되도록 설치하고 수직재와 받침철물의 연결부의 겹침길이는 받침철물 전체길이의 3분의 1 이상 되도록 할 것
5. 보 형식의 동바리[강제 갑판(steel deck), 철재트러스 조립 보 등 수평으로 설치하여 거푸집을 지지하는 동바리를 말한다]의 경우
 가. 접합부는 충분한 걸침 길이를 확보하고 못, 용접 등으로 양끝을 지지물에 고정시켜 미끄러짐 및 탈락을 방지할 것
 나. 양끝에 설치된 보 거푸집을 지지하는 동바리 사이에는 수평연결재를 설치하거나 동바리를 추가로 설치하는 등 보 거푸집이 옆으로 넘어지지 않도록 견고하게 할 것
 다. 설계도면, 시방서 등 설계도서를 준수하여 설치할 것

98 터널 계측관리 및 이상발견 시 조치에 관한 설명으로 옳지 않은 것은?

① 숏크리트가 벗겨지면 두께를 감소시키고 뿜어붙이기를 금한다.
② 터널의 계측관리는 일상계측과 대표계측으로 나뉜다.
③ 록볼트의 축력이 증가하여 지압판이 휘게 되면 추가볼트를 시공한다.
④ 지중변위가 크게 되고 이완영역이 이상하게 넓어지면 추가볼트를 시공한다.

숏크리트
- 숏크리트는 터널 및 지하공간 구조물의 조기 안정화와 굴착 후 지반이완 및 외력에 대한 안정성 확보를 목적으로 한 임시 지보재의 역할과 영구적으로 구조체의 역할을 하여 장기간의 구조적 안정성 확보를 목적으로 하는 영구 지보재 역할로 구분되므로 적용 목적에 따른 숏크리트의 요구 성능과 품질을 검토하여 그 기능을 결정하여야 한다.
- 건식 숏크리트는 배치 후 45분 이내에 뿜어붙이기를 실시하여야 하며, 습식 숏크리트는 배치 후 60분 이내에 뿜어붙이기를 실시하여야 한다.

99 거푸집 해체작업 시 일반적인 안전수칙과 거리가 먼 것은?

① 거푸집 동바리를 해체할 때는 작업책임자를 선임한다.
② 해체된 거푸집 재료를 올리거나 내릴 때는 달줄이나 달포대를 사용해야 한다.
③ 보 밑 또는 슬래브 거푸집을 해체할 때는 동시에 해체하여야 한다.
④ 거푸집의 해체가 곤란한 경우 구조체에 무리한 충격이나 지렛대 사용은 금해야 한다.

거푸집 해체 시 작업자 유의사항
- 해체작업을 할 때에는 안전모등 안전 보호장구를 착용토록 하여야 한다.
- 거푸집 해체작업장 주위에는 관계자를 제외하고는 출입을 금지시켜야 한다.
- 상하 동시 작업은 원칙적으로 금지하여 부득이한 경우에는 긴밀히 연락을 위하며 작업을 하여야 한다.
- 거푸집 해체 때 구조체에 무리한 충격이나 큰 힘에 의한 지렛대 사용은 금지하여야 한다.
- 보 또는 슬래브 거푸집을 제거할 때에는 거푸집의 낙하 충격으로 인한 작업원의 돌발적 재해를 방지하여야 한다.
- 해체된 거푸집이나 각목 등에 박혀있는 못 또는 날카로운 돌출물은 즉시 제거하여야 한다.
- 해체된 거푸집이나 각 목은 재사용 가능한 것과 보수하여야 할 것을 선별, 분리하여 적치하고 정리정돈을 하여야 한다.

100 비계(달비계, 달대비계 및 말비계 제외)의 높이가 2m 이상인 작업장소에 적합한 작업발판의 폭은 최소 얼마 이상이어야 하는가?

① 10cm
② 20cm
③ 30cm
④ 40cm

산업안전보건기준에 관한 규칙 제56조(작업발판의 구조) 사업주는 비계(달비계, 달대비계 및 말비계는 제외한다)의 높이가 2미터 이상인 작업장소에 다음 각 호의 기준에 맞는 작업발판을 설치하여야 한다.
1. 발판재료는 작업할 때의 하중을 견딜 수 있도록 견고한 것으로 할 것
2. 작업발판의 폭은 40센티미터 이상으로 하고, 발판재료 간의 틈은 3센티미터 이하로 할 것. 다만, 외줄비계의 경우에는 고용노동부장관이 별도로 정하는 기준에 따른다.
3. 제2호에도 불구하고 선박 및 보트 건조작업의 경우 선박블록 또는 엔진실 등의 좁은 작업공간에 작업발판을 설치하기 위하여 필요하면 작업발판의 폭을 30센티미터 이상으로 할 수 있고, 걸침비계의 경우 강관기둥 때문에 발판재료 간의 틈을 3센티미터 이하로 유지하기 곤란하면 5센티미터 이하로 할 수 있다. 이 경우 그 틈 사이로 물체 등이 떨어질 우려가 있는 곳에는 출입금지 등의 조치를 하여야 한다.
4. 추락의 위험이 있는 장소에는 안전난간을 설치할 것. 다만, 작업의 성질상 안전난간을 설치하는 것이 곤란한 경우, 작업의 필요상 임시로 안전난간을 해체할 때에 추락방호망을 설치하거나 근로자로 하여금 안전대를 사용하도록 하는 등 추락 위험 방지 조치를 한 경우에는 그러하지 아니하다.
5. 작업발판의 지지물은 하중에 의하여 파괴될 우려가 없는 것을 사용할 것
6. 작업발판재료는 뒤집히거나 떨어지지 않도록 둘 이상의 지지물에 연결하거나 고정시킬 것
7. 작업발판을 작업에 따라 이동시킬 경우에는 위험 방지에 필요한 조치를 할 것

정답 2017년 08월 26일 최근 기출문제

01 ①	02 ①	03 ②	04 ③	05 ②	06 ②	07 ③	08 ③	09 ③	10 ④
11 ④	12 ④	13 ②	14 ④	15 ②	16 ②	17 ①	18 ①	19 ①	20 ④
21 ①	22 ③	23 ④	24 ②	25 ②	26 ④	27 ④	28 ①	29 ②	30 ②
31 ③	32 ③	33 ①	34 ④	35 ③	36 ①	37 ③	38 ④	39 ②	40 ②
41 ③	42 ①	43 ③	44 ③	45 ④	46 ③	47 ②	48 ④	49 ①	50 ③
51 ②	52 ②	53 ②	54 ①	55 ②	56 ③	57 ①	58 ①	59 ①	60 ④
61 ④	62 ②	63 ④	64 ②	65 ②	66 ①	67 ②	68 ④	69 ②	70 ②
71 ③	72 ②	73 ②	74 ②	75 ①	76 ②	77 ②	78 ②	79 ②	80 ①
81 ②	82 ②	83 ②	84 ④	85 ①	86 ②	87 ②	88 ④	89 ②	90 ②
91 ②	92 ④	93 ①	94 ③	95 ④	96 ②	97 ③	98 ①	99 ③	100 ④

2018년 03월 04일 최근 기출문제

제 01 과목 | 산업재해 예방 및 안전보건교육

01 산업안전보건법령상 근로자 안전보건교육 기준 중 다음 ( ) 안에 알맞은 것은?

교육과정	교육대상	교육시간
채용 시 교육	일용근로자 및 근로계약기간이 1주일 이하인 기간제근로자	(㉠)시간 이상
	근로계약기간이 1주일 초과 1개월 이하인 기간제근로자	4시간 이상
	그 밖의 근로자	(㉡)시간 이상

① ㉠ 1, ㉡ 8
② ㉠ 2, ㉡ 8
③ ㉠ 1, ㉡ 2
④ ㉠ 3, ㉡ 6

근로자 안전보건교육(산업안전보건법 시행규칙 별표 4)

교육과정	교육대상		교육시간
정기교육	사무직 종사 근로자		매반기 6시간 이상
	그 밖의 근로자	판매업무에 직접 종사하는 근로자	매반기 6시간 이상
		판매업무에 직접 종사하는 근로자 외의 근로자	매반기 12시간 이상
채용 시 교육	일용근로자 및 근로계약기간이 1주일 이하인 기간제근로자		1시간 이상
	근로계약기간이 1주일 초과 1개월 이하인 기간제근로자		4시간 이상
	그 밖의 근로자		8시간 이상
작업내용 변경 시 교육	일용근로자 및 근로계약기간이 1주일 이하인 기간제근로자		1시간 이상
	그 밖의 근로자		2시간 이상
특별교육	특별교육 대상 작업(단, 타워크레인을 사용하는 작업시 신호업무를 하는 작업은 제외)에 종사하는 일용근로자 및 근로계약기간이 1주일 이하인 기간제근로자		2시간 이상
	타워크레인을 사용하는 작업시 신호업무를 하는 일용근로자 및 근로계약기간이 1주일 이하인 기간제근로자		8시간 이상

특별교육	특별교육 대상 작업에 종사하는 근로자 중 일용근로자 및 근로계약기간이 1주일 이하인 기간제근로자를 제외한 근로자	-16시간 이상(최초 작업에 종사하기 전 4시간 이상 실시하고 12시간은 3개월 이내에서 분할하여 실시 가능) -단기간 작업 또는 간헐적 작업인 경우에는 2시간 이상
건설업 기초 안전·보건교육	건설 일용근로자	4시간 이상

02 안전심리의 5대 요소에 해당하는 것은?

① 기질(temper) ② 지능(intelligence)
③ 감각(sense) ④ 환경(environment)

안전심리의 5요소와 습관의 4요소
- 안전심리의 5요소 : 습관, 동기, 기질, 감정, 습성
- 습관의 4요소 : 동기, 기질, 감정, 습성

03 학습을 자극에 의한 반응으로 보는 이론에 해당하는 것은?

① 손다이크(Thorndike)의 시행착오설 ② 쾰러(Kohler)의 통찰설
③ 톨만(Tolman)의 기호형태설 ④ 레빈(Lewin)의 장이론

S-R이론(학습을 자극에 의한 반응으로 보는 이론)
- 손다이크(Thorndike)의 시행착오설
- 파브로프(Pavlov)의 조건반사설
- 스키너(Skinner)의 작동적(도구적) 조건화설
- 구드리(Guthrie)의 접근적 조건화설

04 학생이 마음속에 생각하고 있는 것을 외부에 구체적으로 실현하고 형상화하기 위하여 자기 스스로가 계획을 세워 수행하는 학습활동으로 이루어지는 학습지도의 형태는?

① 케이스 메소드(Case method) ② 패널 디스커션(Panel discussion)
③ 구안법(Project method) ④ 문제법(Problem method)

구안법(Project Method)
- 학생이 마음속에 생각하고 있는 것을 외부에 구체적으로 실현하고 형상화하기 위해서 자기 스스로가 계획을 세워 수행하는 학습 활동으로 이루어지는 형태이다.
- 콜링스(Collings)는 구안법을 탐험(Exploration), 구성(Construction), 의사소통(Communication), 유희(Play), 기술(Skill)의 5가지로 지적하고 산업시찰, 견학, 현장실습 등도 이에 해당된다고 하였다.
- 구안법은 목적, 계획, 수행, 평가의 4단계를 거친다.

05 헤드십(Headship)에 관한 설명으로 틀린 것은?

① 구성원과 사회적 간격이 좁다.
② 지휘의 형태는 권위주의적이다.
③ 권한의 부여는 조직으로부터 위임받는다.
④ 권한귀속은 공식화된 규정에 의한다.

헤드십(headship)의 특성
- 지휘형태는 권위주의적이다.
- 부하와의 사회적 간격이 넓다.
- 권한행사는 임명된 헤드이다.

06 추락 및 감전 위험방지용 안전모의 일반구조가 아닌 것은?

① 착장체
② 충격흡수재
③ 선심
④ 모체

안전모의 일반구조

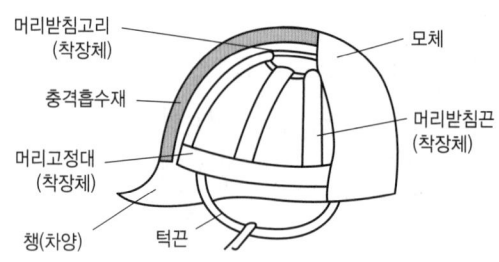

07 Safe-T-Score에 대한 설명으로 틀린 것은?

① 안전관리의 수행도를 평가하는데 유용하다.
② 기업의 산업재해에 대한 과거와 현재의 안전성적을 비교 평가한 점수로 단위가 없다.
③ Safe-T-Score가 +2.0 이상인 경우는 안전관리가 과거보다 좋아졌음을 나타낸다.
④ Safe-T-Score가 +2.0~-2.0 사이인 경우는 안전관리가 과거에 비해 심각한 차이가 없음을 나타낸다.

세이프 티 스코어 : 과거와 현재의 안전 성적을 비교 평가하는 방법으로 단위가 없으며 계산결과가 (+)이면 나쁜 기록, (-)이면 과거에 비해 좋은 기록으로 평가한다.

08 매슬로우(Maslow)의 욕구단계 이론의 요소가 아닌 것은?

① 생리적 욕구
② 안전에 대한 욕구
③ 사회적 욕구
④ 심리적 욕구

매슬로우(Abraham H. Maslow)의 욕구 5단계
- 1단계 : 생리적 욕구(기아, 갈증, 호흡, 배설, 성욕 등)
- 2단계 : 안전의 욕구(안전을 구하고자 하는 욕구)
- 3단계 : 사회적 욕구(애정, 소속에 대한 욕구)
- 4단계 : 인정받으려는 욕구(자존심, 명예, 성취, 지위에 대한 욕구)
- 5단계 : 자아실현의 욕구(잠재적인 능력을 실현하고자 하는 욕구)

09 산업안전보건법령상 안전보건표지 중 지시 표지사항의 기본모형은?

① 사각형
② 원형
③ 삼각형
④ 마름모형

안전보건표지의 종류
- 금지표지(8종) : 적색원형으로 특정의 행동을 금지시키는 표지(바탕은 흰색, 기본모형은 빨간색, 관련부호 및 그림은 검은색)
- 경고표지(15종) : 흑색 삼각형의 황색표지로 유해 또는 위험물에 대한 주의를 환기시키는 표지(바탕은 노란색, 관련 부호 및 그림은 검은색). 다만, 인화성물질 경고, 산화성물질 경고, 폭발성물질 경고, 급성독성물질 경고, 부식성물질 경고 및 발암성·변이원성·생식독성·전신독성·호흡기과민성 물질 경고의 경우 바탕은 무색, 기본모형은 빨간색(검은색도 가능)
- 지시표지(9종) : 청색원형으로 보호구 착용을 지시하는 표지(바탕은 파란색, 관련 그림은 흰색)
- 안내표지(8종) : 위치(비상구, 의무실, 구급용구)를 알리는 표지(바탕은 흰색, 기본모형 및 관련 부호는 녹색, 바탕은 녹색, 관련 부호 및 그림은 흰색)

10 재해 발생시 조치사항 중 대책수립의 목적은?

① 재해발생 관련자 문책 및 처벌   ② 재해 손실비 산정
③ 재해발생 원인 분석   ④ 동종 및 유사재해 방지

재해 발생시 조치사항 중 대책수립 단계는 해결책 구상과 구체적 대책 수립을 수행하는 단계로 이는 동종의 재해, 유사한 재해를 방지하기 위한 것이다.

11 기업 내 정형교육 중 대상으로 하는 계층이 한정되어 있지 않고, 한번 훈련을 받은 관리자는 그 부하인 감독자에 대해 지도원이 될 수 있는 교육방법은?

① TWI(Training Within Industry)
② MTP(Management Training Program)
③ CCS(Civil Communication Section)
④ ATT(American Telephone &Telegram Co)

ATT(American Telephone & Telegram Co)
- 교육대상 : 대상 계층이 한정되어 있지 않고, 한번 훈련을 받은 관리자는 그 부하인 감독자에 대해 지도원이 될 수 있다.
- 교육내용 : 계획적 감독, 작업의 계획 및 인원배치, 작업의 감독, 공구 및 자료보고 및 기록, 개인작업의 개선, 종업원의 향상, 인사관계, 훈련, 고객관계, 안전부대군인의 복무조정 등 12가지
- 코스는 1차 훈련(1일 8시간씩 2주간) 2차 과정에서는 문제가 발생할 때마다 하도록 되어있으며, 진행방법은 통상 토의식에 의하여 지도자의 유도로 과제에 대한 의견을 제시하게 하여 결론을 내려가는 방식

12 부하의 행동에 영향을 주는 리더십 중 조언, 설명, 보상조건 등의 제시를 통한 적극적인 방법은?

① 강요 ② 모범
③ 제언 ④ 설득

설득적 리더 : 결정사항을 부하에게 설명하고 부하가 의견을 제시할 기회를 제공하는 등 쌍방적 의사소통과 집단적 의사결정을 지향하는 유형, 과업수준과 관계성 수준이 모두 높게 요구되는 경우

13 사고예방대책의 기본원리 5단계 중 제4단계의 내용으로 틀린 것은?

① 인사조정 ② 작업분석
③ 기술의 개선 ④ 교육 및 훈련의 개선

4단계 – 시정방법의 선정
- 기술적 개선 · 인사조정(배치조정)
- 규정 및 수칙 작업표준 제도의 개선
- 교육 훈련의 개선 · 안전행정의 개선
- 확인 및 통제체제 개선

14 주의(attention)의 특성 중 여러 종류의 자극을 받을 때 소수의 특정한 것에만 반응하는 것은?

① 선택성 ② 방향성
③ 단속성 ④ 변동성

주의의 특징
- 선택성 : 여러 종류의 자극을 자각할 때 소수의 특정한 것에 한하여 선택하는 기능
- 방향성 : 주시점만 인지하는 기능
- 변동성 : 주의에는 주기적으로 부주의의 리듬이 존재

15 재해예방의 4원칙이 아닌 것은?

① 원인계기의 원칙 ② 예방가능의 원칙
③ 사실보존의 원칙 ④ 손실우연의 원칙

재해방지의 기본원칙
- 손실우연의 원칙 : 사고에 의해서 생기는 손실(상해)의 종류와 정도는 우연적이다.(1 : 29 : 300의 법칙)
- 원인계기의 원칙 : 모든 재해는 필연적인 원인에 의해서 발생한다.
- 예방가능의 원칙 : 재해는 원칙적으로 모두 방지가 가능하다.
- 대책선정의 원칙 : 재해방지 대책은 신속하고 확실하게 실시되어야 한다.

16 산업안전보건법령상 관리감독자의 업무의 내용이 아닌 것은?

① 해당 작업에 관련되는 기계 · 기구 또는 설비의 안전 · 보건점검 및 이상유무의 확인
② 해당 사업장 산업보건의 지도 · 조언에 대한 협조
③ 위험성평가를 위한 업무에 기인하는 유해 · 위험요인의 파악 및 그 결과에 따라 개선조치의 시행
④ 작성된 물질안전보건자료의 게시 또는 비치에 관한 보좌 및 조언 · 지도

관리감독자의 업무 등(산업안전보건법 시행령 제15조)
- 사업장 내 관리감독자가 지휘 · 감독하는 작업과 관련된 기계 · 기구 또는 설비의 안전 · 보건 점검 및 이상 유무의 확인
- 관리감독자에게 소속된 근로자의 작업복 · 보호구 및 방호장치의 점검과 그 착용 · 사용에 관한 교육 · 지도
- 해당작업에서 발생한 산업재해에 관한 보고 및 이에 대한 응급조치
- 해당작업의 작업장 정리 · 정돈 및 통로 확보에 대한 확인 · 감독
- 사업장의 안전관리자, 보건관리자, 안전보건관리담당자, 산업보건의의 지도 · 조언에 대한 협조
- 위험성평가와 관련한 유해 · 위험요인의 파악에 대한 참여 및 개선조치의 시행에 대한 참여

17 400명의 근로자가 종사하는 공장에서 휴업일수 127일, 중대 재해 1건이 발생한 경우 강도율은?(단, 1일 8시간으로 연 300일 근무조건으로 한다.)

① 10
② 0.1
③ 1.0
④ 0.01

$$강도율 = \frac{근로손실일수}{연간\ 총\ 근로시간} \times 1000 = \frac{127 \times \frac{300}{365}}{400 \times 8 \times 300} \times 1000 = 0.1087$$

18 시행착오설에 의한 학습법칙이 아닌 것은?

① 효과의 법칙
② 준비성의 법칙
③ 연습의 법칙
④ 일관성의 법칙

시행착오에 있어서의 학습법칙
- 연습의 법칙(Law of Exercise) : 모든 학습과정은 많은 연습과 반복을 통해서 바람직한 행동의 변화를 가져오게 된다는 법칙으로 빈도의 법칙(Law of Frequency)이라고도 한다.
- 효과의 법칙(Law of Frequency) : 학습의 결과가 학습자에게 쾌감을 주면 줄수록 반응은 강화되고 반대로 고통이나

불쾌감을 주면 약화된다는 법칙으로 결과의 법칙이라고도 한다.
- 준비성의 법칙(Law of Readiness) : 특정한 학습을 행하는데 필요한 기초적인 능력을 충분히 갖춘 뒤에 학습을 행함으로서 효과적인 학습을 이룩할 수 있다는 법칙이다.

19 산업안전보건법령상 건설현장에서 사용하는 크레인, 리프트 및 곤돌라의 안전검사의 주기로 옳은 것은?(단, 이동식 크레인, 이삿짐운반용 리프트는 제외한다.)

① 최초로 설치한 날부터 6개월마다
② 최초로 설치한 날부터 1년마다
③ 최초로 설치한 날부터 2년마다
④ 최초로 설치한 날부터 3년마다

산업안전보건법 시행규칙 제126조(안전검사의 주기와 합격표시 및 표시방법) ① 법 제93조제3항에 따른 안전검사대상기계등의 안전검사 주기는 다음 각 호와 같다.
1. 크레인(이동식 크레인은 제외한다), 리프트(이삿짐운반용 리프트는 제외한다) 및 곤돌라: 사업장에 설치가 끝난 날부터 3년 이내에 최초 안전검사를 실시하되, 그 이후부터 2년마다(건설현장에서 사용하는 것은 최초로 설치한 날부터 6개월마다)
2. 이동식 크레인, 이삿짐운반용 리프트 및 고소작업대:「자동차관리법」제8조에 따른 신규등록 이후 3년 이내에 최초 안전검사를 실시하되, 그 이후부터 2년마다
3. 프레스, 전단기, 압력용기, 국소 배기장치, 원심기, 롤러기, 사출성형기, 컨베이어, 산업용 로봇, 혼합기, 파쇄기 또는 분쇄기 : 사업장에 설치가 끝난 날부터 3년 이내에 최초 안전검사를 실시하되, 그 이후부터 2년마다(공정안전보고서를 제출하여 확인을 받은 압력용기는 4년마다)
※ 혼합기, 파쇄기 또는 분쇄기는 2026년 6월 26일부터 시행

20 위험예지훈련 4R방식 중 각 라운드(Round)별 내용 연결이 옳은 것은?

① 1R - 목표설정
② 2R - 본질추구
③ 3R - 현상파악
④ 4R - 대책수립

위험예지훈련의 4라운드 진행방법
- 1R(현상파악) : 어떤 위험이 잠재하고 있는지 사실을 파악하는 라운드(BS적용)
- 2R(본질추구) : 가장 위험한 요인(위험 포인트)을 합의로 결정하는 라운드(요약)
- 3R(대책수립) : 구체적인 대책을 수립하는 라운드(BS적용)
- 4R(목표달성-설정) : 수립한 대책 가운데 질이 높은 항목에 합의하는 라운드(요약)

제 02 과목　인간공학 및 위험성 평가·관리

21 시각적 표시장치를 사용하는 것이 청각적 표시장치를 사용하는 것보다 좋은 경우는?

① 메시지가 후에 참고 되지 않을 때
② 메시지가 공간적인 위치를 다룰 때
③ 메시지가 시간적인 사건을 다룰 때
④ 사람의 일이 연속적인 움직임을 요구할 때

청각장치와 시각장치의 선택(특정 감각의 선택)

구분	청각장치 사용	시각장치 사용
전언	• 전언이 간단하고 짧다.	• 전언이 복잡하고 길다.
재참조	• 전언이 후에 재참조 되지 않는다.	• 전언이 후에 재참조 된다.
사상(Eevent)	• 전언이 즉각적인 사상을 이룬다.	• 전언이 공간적인 위치를 다룬다.
행동 요구	• 전언이 즉각적인 행동을 요구한다.	• 전언이 즉각적인 행동을 요구하지 않는다.
사용시기	• 수신자의 시각계통이 과부하 상태일 때 • 수신 장소가 너무 밝거나 암조응 유지가 필요 할 때 • 직무상 수신자가 자주 움직이는 경우	• 수신자가 청각계통이 과부하 상태일 때 • 수신 장소가 너무 시끄러울 때 • 직무상 수신자가 한곳에 머무르는 경우

22 체계분석 및 설계에 있어서 인간공학의 가치와 가장 거리가 먼 것은?

① 성능의 향상
② 인력 이용율의 감소
③ 사용자의 수용도 향상
④ 사고 및 오용으로부터의 손실 감소

인간공학의 효과
• 인력 이용율의 향상
• 사고 및 오용으로부터의 손실 감소
• 생산 및 유지·정비의 경제성 증대
• 훈련비용의 절감
• 성능의 향상
• 사용자의 수용도 향상

23 휘도(luminance)의 척도 단위(unit)가 아닌 것은?

① fc
② fL
③ mL
④ cd/m^2

조명(조도)의 단위
• fc(foot-candle) : 1촉광의 점광원으로부터 1foot 떨어진 곡면에 비추는 광의 밀도($1\ lumen/ft^2$)
• lux(meter-candle) : 1촉광의 점광원으로부터 1m 떨어진 곡면에 비추는 광의 밀도($1\ lumen/m^2$)
• fc, lux의 관계 : $1\ fc = 1\ lumen/ft^2 ≒ 10\ lumen/m^2 = 10\ lux$

24 신체 반응의 척도 중 생리적 스트레인의 척도로 신체적 변화의 측정 대상에 해당하지 않는 것은?

① 혈압
② 부정맥
③ 혈액성분
④ 심박수

스트레인(압박의 결과로 신체에 나타나는 고통이나 반응)의 주요 척도

구분	요소	측정 대상
생리적	화학적 변화	혈액성분, 요성분, 산소소비량, 산소결손, 산소회복곡선, 열량
	전기적 변화	뇌전도, 심전도, 근전도, 안전도, 전기피부반응
	신체적 변화	혈압, 심박수, 부정맥, 박동량, 박동결손, 신체온도, 호흡수
심리적	활동 변화	작업속도, 실수, 눈 깜빡임수
	태도 변화	권태, 기타 태도요소

25 안전성의 관점에서 시스템을 분석 평가하는 접근방법과 거리가 먼 것은?

① "이런 일은 금지한다."의 개인판단에 따른 주관적인 방법
② "어떻게 하면 무슨 일이 발생할 것인가?"의 연역적인 방법
③ "어떤 일은 하면 안 된다."라는 점검표를 사용하는 직관적인 방법
④ "어떤 일이 발생하였을 때 어떻게 처리하여야 안전한가?"의 귀납적인 방법

시스템을 분석 평가하는 접근방법은 객관적이어야 한다.

26 다음의 연산표에 해당하는 논리연산은?

입력		출력
X_1	X_2	
0	0	0
0	1	1
1	0	1
1	1	0

① XOR ② AND
③ NOT ④ OR

XOR은 배타적 논리합(exclusive or)을 구현한 것이며, 두 개의 입력값을 받아 입력값이 같으면 0을 출력하고, 입력 값이 다르면 1을 출력한다.

27 항공기 위치 표시장치의 설계원칙에 있어, 다음 보기의 설명에 해당하는 것은?

항공기의 경우 일반적으로 이동부분의 영상은 고정된 눈금이나 좌표계에 나타내는 것이 바람직하다.

① 통합
② 양립적 이동
③ 추종표시
④ 표시의 현실성

해설

양립성(Compatibility)
- 개념적 정의 : 정보입력 및 처리와 관련한 양립성은 인간의 기대와 모순되지 않는 자극들간, 반응들간의 또는 자극반응 조합의 관계를 말하는 것
- 양립성의 구분
  - 공간 양립성 : 표시장치가 조종장치에서 물리적 형태나 공간적인 배치의 양립성
  - 운동 양립성 : 표시 및 조종장치 등의 운동 방향의 양립성
  - 개념 양립성 : 사람들이 가지고 있는 개념적 연상(어떤 암호체계에서 청색이 정상을 나타내듯이)의 양립성
  - 양식 양립성 : 기계가 특정 음성에 대해 정해진 반응을 하는 것과 같이 직무에 알맞은 자극과 응답 양식의 존재에 대한 양립성

28 근골격계 질환의 인간공학적 주요 위험요인과 가장 거리가 먼 것은?

① 과도한 힘
② 부적절한 자세
③ 고온의 환경
④ 단순 반복 작업

해설

근골격계질환의 작업인자
- 과도함 힘
- 부적절한 자세
- 단순 반복 작업 및 작업빈도
- 부적절한 휴식
- 기타 원인으로 진동, 저온 등

29 산업현장에서 사용하는 생산설비의 경우 안전장치가 부착되어 있으나 생산성을 위해 제거하고 사용하는 경우가 있다. 이러한 경우를 대비하여 설계시 안전장치를 제거하면 작동이 안되는 구조를 채택하고 있다. 이러한 구조는 무엇인가?

① Fail Safe
② Fool Proof
③ Lock Out
④ Tamper Proof

해설

- Fail Safe : 기계나 그 부품에 고장이나 기능 불량이 생겨도 항상 안전하게 작동되도록 설계한 구조
- Fool Proof : 인간의 착오, 미스 등 이른바 휴먼에러가 발생하더라도 기계설비나 그 부품은 안전 쪽으로 작동하게 설계된 구조
- Lock Out : 위험한 상태로 들어가거나 사건이 일어나는 것을 방지하는 기능으로 강제적 기능장치의 유형 중 하나
- Tamper Proof : 안전장치를 제거하면 작동하지 않도록 설계된 구조

30 FTA의 활용 및 기대효과가 아닌 것은?

① 시스템의 결함 진단
② 사고원인 규명의 간편화
③ 사고원인 분석의 정량화
④ 시스템의 결함 비용 분석

FTA의 활용 및 기대효과
- 시스템의 결함 진단
- 사고원인 규명의 간편화
- 사고원인 분석의 정량화
- 사고원인 분석의 일반화
- 노력 시간의 절감
- 안전점검 체크리스트 작성

31 인간공학적 부품배치의 원칙에 해당하지 않는 것은?

① 신뢰성의 원칙 ② 사용 순서의 원칙
③ 중요성의 원칙 ④ 사용 빈도의 원칙

부품 배치의 원칙 : 중요성의 원칙, 사용 빈도의 원칙, 기능별 배치의 원칙, 사용 순서의 원칙

32 시스템안전프로그램계획(SSPP)에서 "완성해야 할 시스템안전업무"에 속하지 않는 것은?

① 정성 해석 ② 운용 해석
③ 경제성 분석 ④ 프로그램 심사의 참가

완성해야 할 시스템안전업무
- 정성적 분석
- 정량적 분석
- 운용 위험요인 분석(OHA)
- 프로그램 심사의 참가
- 설계 심사의 참가

33 선형 조정장치를 16cm 옮겼을 때, 선형 표시장치가 4cm 움직였다면, C/R비는 얼마인가?

① 0.2 ② 2.5
③ 4.0 ④ 5.3

C/D비 = $\dfrac{통제기기의\ 변위량}{표시기기의\ 변위량} = \dfrac{16}{4} = 4.0$

34 자연습구온도가 20℃이고, 흑구온도가 30℃일 때, 실내의 습구흑구온도지수(WBGT : wet-bulb globe temperature)는 얼마인가?

① 20℃ ② 23℃
③ 25℃ ④ 30℃

습구흑구온도지수(WBGT)
- 옥외(직사광선이 내리쬐는 곳) WBGT = (0.7 × 습구온도) + (0.2 × 흑구온도) + (0.1 × 건구온도)
- 옥내(직사광선이 내리쬐지 않는 곳) WBGT = (0.7 × 습구온도) + (0.3 × 흑구온도)
- ∴ 옥내 WBGT = (0.7 × 20) + (0.3 × 30) = 23℃

35 소음을 방지하기 위한 대책으로 틀린 것은?

① 소음원 통제　　　　　② 차폐장치 사용
③ 소음원 격리　　　　　④ 연속 소음 노출

소음대책
- 소음원의 통제 : 기계의 적절한 설계, 적절한 정비 및 주유, 기계에 고무 받침대 부착. 차량에는 소음기 사용
- 소음의 격리 : 씌우개 방, 장벽을 사용(집의 창문을 닫으면 약 10dB 감음됨)
- 차폐장치 및 흡음재료 사용
- 음향처리제 사용
- 적절한 배치(Layout)
- 방음보호구 사용 : 귀마개(2000Hz에서 20dB, 4000Hz에서 25dB 차음효과)
- BGM(Back Ground Music) : 배경음악(60±3dB)

36 산업안전 분야에서의 인간공학을 위한 제반 언급사항으로 관계가 먼 것은?

① 안전관리자와의 의사소통 원활화
② 인간과오 방지를 위한 구체적 대책
③ 인간행동 특성자료의 정량화 및 축적
④ 인간-기계체계의 설계 개선을 위한 기금의 축적

37 시스템 안전을 위한 업무 수행 요건이 아닌 것은?

① 안전활동의 계획 및 관리
② 다른 시스템 프로그램과 분리 및 배제
③ 시스템 안전에 필요한 사항의 동일성 식별
④ 시스템 안전에 대한 프로그램 해석 및 평가

시스템 안전관리
- 시스템 안전에 필요한 사항의 동일성 식별(Identification)
- 안전활동의 계획, 조직과 관리
- 다른 시스템 프로그램 영역과 조정
- 시스템 안전에 대한 목표를 유효하게 적시에 실현시키기 위한 프로그램의 해석, 검토 및 평가 등의 시스템 안전업무

38 컷셋과 최소 패스셋을 정의한 것으로 맞는 것은?

① 컷셋은 시스템 고장을 유발시키는 필요 최소한의 고장들의 집합이며, 최소 패스셋은 시스템의 신뢰성을 표시한다.
② 컷셋은 시스템 고장을 유발시키는 필요 최소한의 고장들의 집합이며, 최소 패스셋은 시스템의 불신뢰도를 표시한다.
③ 컷셋은 그 속에 포함되어 있는 모든 기본사상이 일어났을 때 톱 사상을 일으키는 기본사상의 집합이며, 최소 패스셋은 시스템의 신뢰성을 표시한다.
④ 컷셋은 그 속에 포함되어 있는 모든 기본사상이 일어났을 때 톱 사상을 일으키는 기본사상의 집합이며, 최소 패스셋은 시스템의 성공을 유발하는 기본사상의 집합이다.

컷과 패스

- 컷셋(cut sets) : 그 속에 포함되어 있는 모든 기본사상(통상, 생략, 결함사상을 포함)이 일어났을 때 정상사상(top event)을 일으키는 기본사상의 집합
- 최소 컷셋(minimal cut sets) : 컷셋 중 그 부분집합만으로는 정상사상을 일으키는 일이 없는 것, 즉 정상사상(top event)을 일으키기 위한 최소한의 컷셋으로 어떤 고장이나 에러를 일으키면 재해가 일어나는가 하는 것 즉, 시스템의 위험성(역으로는 안전성)를 나타내는 것
- 패스셋(path sets) : 시스템이 고장 나지 않도록 하는 사상의 조합
- 최소 패스셋(minimal path sets) : 시스템이 고장 나지 않도록 하는 최소한의 패스셋으로 어떤 고장이나 패스를 일으키지 않으면 재해는 일어나지 않는다는 것 즉, 시스템의 신뢰성을 나타내는 것

39 인체 측정치의 응용 원칙과 거리가 먼 것은?

① 극단치를 고려한 설계
② 조절 범위를 고려한 설계
③ 평균치를 기준으로 한 설계
④ 기능적 치수를 이용한 설계

인체계측자료의 응용원칙

- 최대치수와 최소치수 : 최대치수 또는 최소치수를 기준으로 하여 설계
- 조절범위(조절식) : 체격이 다른 여러 사람에 맞도록 만드는 것(5~95%tile)
- 평균치를 기준으로 한 설계 : 최대치수나 최소치수, 조절식으로 하기가 곤란할 때 평균치를 기준으로 하여 설계

40 10시간 설비 가동 시 설비고장으로 1시간 정지하였다면 설비고장 강도율은 얼마인가?

① 0.1%   ② 9%
③ 10%   ④ 11%

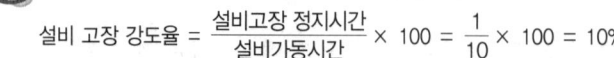

설비 고장 강도율 = $\dfrac{\text{설비고장 정지시간}}{\text{설비가동시간}} \times 100 = \dfrac{1}{10} \times 100 = 10\%$

제 03 과목 기계·기구 및 설비 안전관리

41 500rpm으로 회전하는 연삭기의 숫돌지름이 200mm일 때 원주속도(m/min)는?

① 628
② 62.8
③ 314
④ 31.4

$V = \pi DN = 3.14 \times 0.2(m) \times 500 = 314[m/min]$

42 기계의 운동 형태에 따른 위험점의 분류에서 고정부분과 회전하는 동작 부분이 함께 만드는 위험점으로 교반기의 날개와 하우스 등에서 발생하는 위험점을 무엇이라 하는가?

① 끼임점
② 절단점
③ 물림점
④ 회전말림점

위험점의 분류

구분	내용
협착점	왕복 운동하는 동작부분과 움직임이 없는 고정부분 사이에 형성되는 위험점
끼임점	고정부분과 회전하는 동작부분 사이에서 형성되는 위험점
절단점	회전하는 운동부분 자체의 위험에서 초래되는 위험점
물림점	반대로 회전하는 두 개의 회전체가 맞닿는 사이에서 발생하는 위험점
접선물림점	회전하는 부분의 접선방향으로 물려 들어갈 위험이 존재하는 위험점
회전말림점	회전하는 물체에 작업복 등이 말려드는 위험이 존재하는 위험점

43 컨베이어 작업시작 전 점검해야 할 사항으로 거리가 먼 것은?

① 원동기 및 풀리 기능의 이상 유무
② 이탈 등의 방지장치 기능의 이상유무
③ 비상정지장치의 이상유무
④ 자동전격방지장치의 이상 유무

컨베이어 작업시작 전 점검사항(산업안전보건기준에 관한 규칙 별표 3)
- 원동기 및 풀리(pulley) 기능의 이상 유무
- 이탈 등의 방지장치 기능의 이상 유무
- 비상정지장치 기능의 이상 유무
- 원동기·회전축·기어 및 풀리 등의 덮개 또는 울 등의 이상 유무

44 아세틸렌 용접장치에서 아세틸렌 발생기실 설치 위치 기준으로 옳은 것은?

① 건물 지하층에 설치하고 화기 사용설비로부터 3미터 초과 장소에 설치
② 건물 지하층에 설치하고 화기 사용설비로부터 1.5미터 초과 장소에 설치
③ 건물 최상층에 설치하고 화기 사용설비로부터 3미터 초과 장소에 설치
④ 건물 최상층에 설치하고 화기 사용설비로부터 1.5미터 초과 장소에 설치

산업안전보건기준에 관한 규칙 제286조(발생기실의 설치장소 등) ① 사업주는 아세틸렌 용접장치의 아세틸렌 발생기(이하 "발생기"라 한다)를 설치하는 경우에는 전용의 발생기실에 설치하여야 한다.
② 제1항의 발생기실은 건물의 최상층에 위치하여야 하며, 화기를 사용하는 설비로부터 3미터를 초과하는 장소에 설치하여야 한다.
③ 제1항의 발생기실을 옥외에 설치한 경우에는 그 개구부를 다른 건축물로부터 1.5미터 이상 떨어지도록 하여야 한다.

45 기계설비 방호에서 가드의 설치조건으로 옳지 않은 것은?

① 충분한 강도를 유지할 것
② 구조가 단순하고 위험점 방호가 확실할 것
③ 개구부(틈새)의 간격은 임의로 조정이 가능할 것
④ 작업, 점검, 주유 시 장애가 없을 것

개구부(틈새)의 간격은 고정되어 임의로 조정이 불가능한 구조여야 한다.

46 완전 회전식 클러치 기구가 있는 양수조작식 방호장치에서 확동클러치의 봉합개소가 4개, 분당 행정수가 200spm일 때, 방호장치의 최소 안전거리는 몇 mm 이상이어야 하는가?

① 80
② 120
③ 240
④ 360

• 안전거리 $Dm(mm) = 1.6Tm$
• $Tm = (\dfrac{1}{\text{클러치 맞물림 개소}} + \dfrac{1}{2}) \times \dfrac{60000}{\text{분당 행정수}}$
• 안전거리 $Dm = 1.6(\dfrac{1}{4} + \dfrac{1}{2}) \times \dfrac{60000}{200} = 360mm$

47 목재가공용 둥근톱의 두께가 3mm일 때, 분할날의 두께는 몇 mm 이상이어야 하는가?

① 3.3 mm 이상
② 3.6 mm 이상
③ 4.5 mm 이상
④ 4.8 mm 이상

목재가공용 둥근톱에서 반발예방장치 분할날의 두께는 톱날 두께의 1.1배 이상이고, 톱날의 치진폭보다 작아야 한다.

48 산업안전보건법령에 따라 타워크레인의 운전 작업을 중지해야 되는 순간풍속의 기준은?

① 초당 10m를 초과하는 경우
② 초당 15m를 초과하는 경우
③ 초당 30m를 초과하는 경우
④ 초당 35m를 초과하는 경우

산업안전보건기준에 관한 규칙 제37조(악천후 및 강풍 시 작업 중지) ① 사업주는 비·눈·바람 또는 그 밖의 기상상태의 불안정으로 인하여 근로자가 위험해질 우려가 있는 경우 작업을 중지하여야 한다. 다만, 태풍 등으로 위험이 예상되거나 발생되어 긴급 복구작업을 필요로 하는 경우에는 그러하지 아니하다.
다만, 태풍 등으로 위험이 예상되거나 발생되어 긴급 복구작업을 필요로 하는 경우에는 그러하지 아니하다.
② 사업주는 순간풍속이 초당 10미터를 초과하는 경우 타워크레인의 설치·수리·점검 또는 해체 작업을 중지하여야 하며, 순간풍속이 초당 15미터를 초과하는 경우에는 타워크레인의 운전작업을 중지하여야 한다.

49 탁상용 연삭기에서 숫돌을 안전하게 설치하기 위한 방법으로 옳지 않은 것은?

① 숫돌바퀴 구멍은 축 지름보다 0.1mm 정도 작은 것을 선정하여 설치한다.
② 설치 전에는 육안 및 목재 해머로 숫돌의 흠, 균열을 점검한 후 설치한다.
③ 축의 턱에 내측 플랜지, 압지 또는 고무판, 숫돌 순으로 끼운 후 외측에 압지 또는 고무판, 플랜지, 너트 순으로 조인다.
④ 가공물 받침대는 숫돌의 중심에 맞추어 연삭기에 견고히 고정한다.

탁상용 연삭기의 숫돌 설치 순서
· 숫돌바퀴 구멍은 축 지름 보다 0.1mm 정도 큰 것을 선정하여 설치한다.
· 설치 전에는 육안 및 목재 해머로 숫돌의 흠, 균열을 점검한 후 설치한다.(탁음이 발생하는 경우 원인을 조사하여 조치한다.)
· 축의 턱에 내측 플랜지, 압지 또는 고무판, 숫돌 순으로 끼운 후 외측에 압지 또는 고무판, 플랜지, 너트 순으로 조인다.
· 가공물 받침대는 숫돌 외주면과의 간격을 3 mm 이내로 하고 숫돌의 중심에 맞추어 연삭기에 견고히 고정한다.
· 숫돌과 조정편 사이의 간격이 10 mm 이하가 되도록 조정편을 조정한다.
· 설치 후 3분 정도 공회전을 실시하여 뚜렷한 진동이나 이상음이 없고 위험 발생이 없는지 확인 후 사용한다.

50 다음 중 근로자에게 위험을 미칠 우려가 있을 때 덮개 또는 울을 설치해야 하는 위치와 가장 거리가 먼 것은?

① 연삭기 또는 평삭기의 테이블, 형삭기 램 등의 행정 끝
② 선반으로부터 돌출하여 회전하고 있는 가공물 부금
③ 과열에 따른 과열이 예산되는 보일러의 버너 연소실
④ 띠톱기계의 위험한 톱날(절단부분 제외) 부위

산업안전보건기준에 관한 규칙 제87조(원동기·회전축 등의 위험 방지) ① 사업주는 기계의 원동기·회전축·기어·풀리·플라이휠·벨트 및 체인 등 근로자가 위험에 처할 우려가 있는 부위에 덮개·울·슬리브 및 건널다리 등을 설치하여야 한다.
② 사업주는 회전축·기어·풀리 및 플라이휠 등에 부속되는 키·핀 등의 기계요소는 묻힘형으로 하거나 해당 부위에 덮개를 설치하여야 한다.
③ 사업주는 벨트의 이음 부분에 돌출된 고정구를 사용해서는 아니 된다.
④ 사업주는 제1항의 건널다리에는 안전난간 및 미끄러지지 아니하는 구조의 발판을 설치하여야 한다.

⑤ 사업주는 연삭기(研削機) 또는 평삭기(平削機)의 테이블, 형삭기(形削機) 램 등의 행정끝이 근로자에게 위험을 미칠 우려가 있는 경우에 해당 부위에 덮개 또는 울 등을 설치하여야 한다.
⑥ 사업주는 선반 등으로부터 돌출하여 회전하고 있는 가공물이 근로자에게 위험을 미칠 우려가 있는 경우에 덮개 또는 울 등을 설치하여야 한다.
⑦ 사업주는 원심기(원심력을 이용하여 물질을 분리하거나 추출하는 일련의 작업을 하는 기기를 말한다. 이하 같다)에는 덮개를 설치하여야 한다.
⑧ 사업주는 분쇄기 · 파쇄기 · 마쇄기 · 미분기 · 혼합기 및 혼화기 등(이하 "분쇄기등"이라 한다)을 가동하거나 원료가 흩날리거나 하여 근로자가 위험해질 우려가 있는 경우 해당 부위에 덮개를 설치하는
등 필요한 조치를 하여야 한다.
⑨ 사업주는 근로자가 분쇄기등의 개구부로부터 가동 부분에 접촉함으로써 위해(危害)를 입을 우려가 있는 경우 덮개 또는 울 등을 설치하여야 한다.
⑩ 사업주는 종이 · 천 · 비닐 및 와이어 로프 등의 감김통 등에 의하여 근로자가 위험해질 우려가 있는 부위에 덮개 또는 울 등을 설치하여야 한다.
⑪ 사업주는 압력용기 및 공기압축기 등(이하 "압력용기등"이라 한다)에 부속하는 원동기 · 축이음 · 벨트 · 풀리의 회전 부위 등 근로자가 위험에 처할 우려가 있는 부위에 덮개 또는 울 등을 설치하여야 한다.

51 산업안전보건법령상 차량계 하역 운반기계를 이용한 화물 적재 시의 준수해야 할 사항으로 틀린 것은?

① 최대적재량의 10% 이상 초과하지 않도록 적재한다.
② 운전자의 시야를 가리지 않도록 적재한다.
③ 붕괴, 낙하 방지를 위해 화물에 로프를 거는 등 필요 조치를 한다.
④ 편하중이 생기지 않도록 적재한다.

산업안전보건기준에 관한 규칙 제173조(화물적재 시의 조치) ① 사업주는 차량계 하역운반기계등에 화물을 적재하는 경우에 다음 각 호의 사항을 준수하여야 한다.
1. 하중이 한쪽으로 치우치지 않도록 적재할 것
2. 구내운반차 또는 화물자동차의 경우 화물의 붕괴 또는 낙하에 의한 위험을 방지하기 위하여 화물에 로프를 거는 등 필요한 조치를 할 것
3. 운전자의 시야를 가리지 않도록 화물을 적재할 것
② 제1항의 화물을 적재하는 경우에는 최대적재량을 초과해서는 아니 된다.

52 롤러기의 급정지 장치 중 복부 조작식과 무릎 조작식의 조작부 위치 기준은?(단, 밑면과 상대거리를 나타낸다.)(순서대로 복부 조작식 / 무릎 조작식)

① 0.5~0.7[m] / 0.2~0.4[m]
② 0.8~1.1[m] / 0.4~0.6[m]
③ 0.8~1.1[m] / 0.6~0.8[m]
④ 1.1~1.4[m] / 0.8~1.0[m]

롤러기 급정지장치의 종류(방호장치 자율안전기준 고시 별표 3)

종류	위치	비고
손조작식	밑면에서 1.8m 이내	위치는 급정지장치조작부의 중심점을 기준으로 함
복부조작식	밑면에서 0.8m 이상 1.1m 이내	
무릎조작식	밑면에서 0.6m 이내	

53 양수조작식 방호장치에서 2개의 누름버튼 간의 거리는 300mm 이상으로 정하고 있는데 이 거리의 기준은?

① 2개의 누름버튼 간의 중심거리
② 2개의 누름버튼 간의 외측거리
③ 2개의 누름버튼 간의 내측거리
④ 2개의 누름버튼 간의 평균 이동거리

양수조작식 방호장치
- 반드시 두 손을 사용하여 동시에 조작하여야만 작동하는 구조일 것
- 조작부(버튼 또는 레버)의 간격을 300mm 이상으로 할 것
- 조작부는 작동 직후 손이 위험 구역에 들어가지 못하도록 다음에 정하는 거리 이상에 설치 할 것
  거리[cm] = 160 × 프레스기 작동 후 작업점까지 도달시간(초)

54 다음 중 프레스에 사용되는 광전자식 방호장치의 일반구조에 관한 설명으로 틀린 것은?

① 방호장치의 감지기능은 규정한 검출영역 전체에 걸쳐 유효하여야 한다.
② 슬라이드 하강 중 정전 또는 방호장치의 이상시에는 1회 동작 후 정지할 수 있는 구조이어야 한다.
③ 정상동작표시램프는 녹색, 위험표시램프는 붉은색으로 하며, 쉽게 근로자가 볼 수 있는곳에 설치해야 한다
④ 방호장치의 정상작동 중에 감지가 이루어지거나 공급전원이 중단되는 경우 적어도 두개 이상의 독립된 출력신호 개폐장치가 꺼진 상태로 돼야 한다.

프레스에 사용되는 광전자식 방호장치의 일반구조(방호장치 안전인증 고시 별표 1)
- 정상동작표시램프는 녹색, 위험표시램프는 붉은색으로 하며, 쉽게 근로자가 볼 수 있는 곳에 설치해야 한다.
- 슬라이드 하강 중 정전 또는 방호장치의 이상 시에 정지할 수 있는 구조이어야 한다.
- 방호장치는 릴레이, 리미트 스위치 등의 전기부품의 고장, 전원전압의 변동 및 정전에 의해 슬라이드가 불시에 동작하지 않아야 하며, 사용전원전압의 ±(100분의 20)의 변동에 대하여 정상으로 작동되어야 한다.
- 방호장치의 정상작동 중에 감지가 이루어지거나 공급전원이 중단되는 경우 적어도 두개 이상의 독립된 출력신호 개폐장치가 꺼진 상태로 돼야 한다.
- 방호장치의 감지기능은 규정한 검출영역 전체에 걸쳐 유효하여야 한다.(다만, 블랭킹 기능이 있는 경우 그렇지 않다)
- 방호장치에 제어기(Controller)가 포함되는 경우에는 이를 연결한 상태에서 모든 시험을 한다.
- 방호장치를 무효화하는 기능이 있어서는 안 된다.

55 보일러수에 불순물이 많이 포함되어 있을 경우, 보일러수의 비등과 함께 수면 부위에 거품을 형성하여 수위가 불안정하게 되는 현상은?

① 프라이밍(priming)
② 포밍(foaming)
③ 캐리오버(carry over)
④ 위터해머(water hammer)

- 프라이밍(Priming) : 드럼 내의 부착품에 기계적 결함으로 보일러수가 극심하게 끓어서 수면에서 끊임없이 격심한 물방울이 비산하고 증기부가 물방울로 충만하여 수위가 불안정하게 되는 현상
- 포밍(Forming) : 보일러 관수 중의 용존 고형물, 유지분에 의하여 수면 위에 거품이 발생하고 심하면 보일러 밖으로

흘러넘치는 현상
- 캐리오버(carryover) : 물속에 용해되어 있는 고형분이나 수분이 증기의 흐름에 따라 발생증기속으로 운반되어 나오게 되는 기수공방의 현상
- 수격작용(워터해머, water hammer) : 관로(管路) 안의 물의 운동상태를 급격히 변화시킴으로써 일어나는 압력파로 밸브의 급격한 개폐, 관내유동이 급격히 변할 때 발생

56 다음 중 연삭기의 사용상 안전대책으로 적절하지 않은 것은?

① 방호장치로 덮개를 설치한다.
② 숫돌 교체 후 1분 정도 시운전을 실시한다.
③ 숫돌의 최고사용회전속도를 초과하여 사용하지 않는다.
④ 숫돌 측면을 사용하는 것을 목적으로 하는 연삭숫돌을 제외하고는 측면 연삭을 하지 않도록 한다.

연삭기 설치 후 3분 정도 공회전을 실시하여 뚜렷한 진동이나 이상음이 없고 위험 발생이 없는지 확인 후 사용한다.

57 다음 중 드릴 작업시 가장 안전한 행동에 해당하는 것은?

① 장갑을 끼고 옷 소매가 긴 작업복을 입고 작업한다.
② 작업 중에 브로시로 칩을 털어낸다
③ 가공할 구멍 지름이 클 경우 작은 구멍을 먼저 뚫고 그 위에 큰 구멍을 뚫는다.
④ 드릴을 먼저 회전시킨 상태에서 공작물을 고정한다.

드릴링 머신의 안전작업수칙
- 일감은 견고하게 고정, 손으로 고정금지
- 장갑을 착용하지 말 것
- 얇은 판이나 황동 등은 목재를 사용하여 밑에 받치고 작업할 것
- 구멍이 끝까지 뚫린 것을 확인하고자 손을 집어넣지 말 것
- 칩을 털어 낼 때는 브러시를 사용하고 입으로 불어내지 말 것
- 가공 중에 구멍이 관통되면 기계를 멈추고 손으로 돌려서 드릴을 빼어낼 것
- 보안경을 착용할 것
- 드릴을 끼운 후 척핸들(Chuck Handle)은 반드시 빼어놓을 것
- 자동이송작업 중 기계를 멈추지 말 것
- 큰 구멍을 뚫을 때에는 작은 구멍을 먼저 뚫은 뒤 작업할 것

58 다음 중 산업안전보건법령에 따라 비파괴 검사를 실시해야하는 고속회전체의 기준은?

① 회전축중량 1톤 초과, 원주속도 120m/s 이상
② 회전축중량 1톤 초과, 원주속도 100m/s 이상
③ 회전축중량 0.7톤 초과, 원주속도 120m/s 이상
④ 회전축중량 0.7톤 초과, 원주속도 100m/s 이상

산업안전보건기준에 관한 규칙 제115조(비파괴검사의 실시) 사업주는 고속회전체(회전축의 중량이 1톤을 초과하고 원주속도가 초당 120미터 이상인 것으로 한정한다)의 회전시험을 하는 경우 미리 회전축의 재질 및 형상 등에 상응하는 종류의 비파괴검사를 해서 결함 유무(有無)를 확인하여야 한다.

59 지게차의 안전장치에 해당하지 않는 것은?

① 후사경 ② 헤드가드
③ 백 레스트 ④ 권과방지장치

권과방지장치는 권과(와이어로프를 초과하여 감아올림)를 방지하기 위하여 자동적으로 전동기용 동력을 차단하고 작동을 제동하는 안전장치로 크레인 등에서 사용된다.

60 다음 중 접근반응형 방호장치에 해당되는 것은?

① 양수조작식 방호장치 ② 손쳐내기식 방호장치
③ 덮개식 방호장치 ④ 광전자식 방호장치

방호장치의 구분
- 위치제한형 : 작업자의 신체부위가 위험한계 밖에 있도록 기계의 조작장치를 위험한 작업점에서 안전거리 이상 떨어지게 하거나 조작장치를 양손으로 동시 조작하게 함으로써 위험한계에 접근하는 것을 제한하는 방호장치(양수조작식)
- 접근거부형 : 작업자의 신체부위가 위험한계내로 접근하였을 때 기계적인 작용에 의하여 접근을 못하도록 저지하는 방호장치(수인식 및 손쳐내기식)
- 접근반응형 : 작업자의 신체부위가 위험한계 또는 그 인접한 거리내로 들어 오면 이를 감지하여 그 즉시 기계의 동작을 정지시키고 경보등을 발하는 방호장치(광전자식, 감응식)
- 포집형 : 위험장소에 설치하여 위험원이 비산하거나 튀는 것을 포집하여 작업자로부터 위험원을 차단하는 방호장치(연삭기 덮개나 반발예방장치)
- 감지형 : 이상온도, 이상기압, 과부하 등 기계의 부하가 안전한계치를 초과하는 경우에 이를 감지하고 자동으로 안전상태가 되도록 조정하거나 기계의 작동을 중지시키는 방호장치

제 04 과목 전기 및 화학설비 안전관리

61 저압 옥내직류 전기설비를 전로보호장치의 확실한 동작의 확보와 이상전압 및 대지전압의 억제를 위하여 접지를 하여야 하나 직류 2선식으로 시설할 때, 접지를 생략할 수 있는 경우에 해당되지 않는 것은?

① 접지 검출기를 설치하고 특정구역 내의 산업용 기계기구에만 공급하는 경우
② 사용전압이 110V 이상인 경우
③ 최대전류 30mA 이하의 직류화재경보회로
④ 교류계통으로부터 공급을 받는 정류기에서 인출되는 직류계통

직류 2선식을 사용하여 시설할 때 접지를 생략할 수 있는 경우(한국전기설비규정 243.1.8)
- 사용전압이 60V 이하인 경우
- 접지검출기를 설치하고 특정구역내의 산업용 기계기구에만 공급하는 경우
- 교류전로로부터 공급을 받는 정류기에서 인출되는 직류계통
- 최대전류 30mA 이하의 직류화재경보회로
- 절연감시장치 또는 절연고장점검출장치를 설치하여 관리자가 확인할 수 있도록 경보장치를 시설하는 경우

62 감전에 의한 전격위험을 결정하는 주된 인자와 거리가 먼 것은?
① 통전저항　　　　　　　② 통전전류의 크기
③ 통전경로　　　　　　　④ 통전시간

전격위험도 결정조건
- 1차적 감전위험요소 : 통전전류의 크기, 통전경로, 통전시간, 전원의 종류
- 2차적 감전위험요소 : 인체의 조건, 전압, 계절, 주파수

63 폭발위험장소를 분류할 때 가스폭발위험장소의 종류에 해당하지 않는 것은?
① 0종 장소　　　　　　　② 1종 장소
③ 2종 장소　　　　　　　④ 3종 장소

폭발위험장소의 분류

분류		적요	예
가스폭발위험장소	0종 장소	인화성 액체의 증기 또는 가연성 가스에 의한 폭발위험이 지속적으로 또는 장기간 존재하는 장소	용기·장치·배관 등의 내부 등
	1종 장소	정상 작동상태에서 인화성 액체의 증기 또는 가연성 가스에 의한 폭발위험분위기가 존재하기 쉬운 장소	맨홀·벤트·피트 등의 주위
	2종 장소	정상작동상태에서 인화성 액체의 증기 또는 가연성 가스에 의한 폭발위험분위기가 존재할 우려가 없으나, 존재할 경우 그 빈도가 아주 적고 단기간만 존재할 수 있는 장소	개스킷·패킹 등의 주위
분진폭발위험장소	20종 장소	분진운 형태의 가연성 분진이 폭발농도를 형성할 정도로 충분한 양이 정상작동 중에 연속적으로 또는 자주 존재하거나, 제어할 수 없을 정도의 양 및 두께의 분진층이 형성될 수 있는 장소	호퍼·분진저장소·집진장치·필터 등의 내부
	21종 장소	20종 장소 외의 장소로서, 분진운 형태의 가연성 분진이 폭발농도를 형성할 정도의 충분한 양이 정상작동 중에 존재할 수 있는 장소	집진장치·백필터·배기구 등의 주위, 이송벨트 샘플링 지역 등
	22종 장소	21종 장소 외의 장소로서, 가연성 분진운 형태가 드물게 발생 또는 단기간 존재할 우려가 있거나, 이상작동 상태하에서 가연성 분진층이 형성될 수 있는 장소	21종 장소에서 예방조치가 취하여진 지역, 환기설비 등과 같은 안전장치 배출구 주위 등

64 다음 중 정전기 재해의 방지대책으로 가장 적절한 것은?

① 절연도가 높은 플라스틱을 사용한다.
② 대전하기 쉬운 금속은 접지를 실시한다.
③ 작업장 내의 온도를 낮게해서 방전을 촉진시킨다.
④ (+), (−)전하의 이동을 방해하기 위하여 주위의 습도를 낮춘다.

정전기 방지대책
- 부도체 : 정치시간의 확보, 배관 내 액체의 유속제한, 가습, 제전에 의한 대전방지, 도전성 재료 사용, 정전 차폐
- 도체 : 접지, 본딩(접지를 동시에 실시)

65 전로의 과전류로 인한 재해를 방지하기 위한 방법으로 과전류 차단장치를 설치할 때에 대한 설명으로 틀린 것은?

① 과전류 차단장치로는 차단기 · 퓨즈 또는 보호계전기 등이 있다.
② 차단기 · 퓨즈는 계통에서 발생하는 최대 과전류에 대하여 충분하게 차단할 수 있는 성능을 가져야 한다.
③ 과전류 차단장치는 반드시 접지선에 병렬로 연결하여 과전류 발생시 전로를 자동으로 차단하도록 설치하여야 한다.
④ 과전류 차단장치가 전기계통상에서 상호 협조 · 보완되어 과전류를 효과적으로 차단하도록 하여야 한다.

산업안전보건기준에 관한 규칙 제305조(과전류 차단장치) 사업주는 과전류[(정격전류를 초과하는 전류로서 단락(短絡)사고전류, 지락사고전류를 포함하는 것을 말한다. 이하 같다)]로 인한 재해를 방지하기 위하여 다음 각 호의 방법으로 과전류차단장치[(차단기 · 퓨즈 또는 보호계전기 등과 이에 수반되는 변성기(變成器)를 말한다. 이하 같다)]를 설치하여야 한다.
1. 과전류차단장치는 반드시 접지선이 아닌 전로에 직렬로 연결하여 과전류 발생 시 전로를 자동으로 차단하도록 설치할 것
2. 차단기 · 퓨즈는 계통에서 발생하는 최대 과전류에 대하여 충분하게 차단할 수 있는 성능을 가질 것
3. 과전류차단장치가 전기계통상에서 상호 협조 · 보완되어 과전류를 효과적으로 차단하도록 할 것

66 인체의 저항이 500Ω 이고, 440V 회로에 누전차단기(ELB)를 설치할 경우 다음 중 가장 적당한 누전차단기는?

① 30mA 이하, 0.1초 이하에 작동 ② 30mA 이하, 0.03초 이하에 작동
③ 15mA 이하, 0.1초 이하에 작동 ④ 15mA 이하, 0.03초 이하에 작동

누전차단기의 적합 성능
- 부하에 적합한 정격 전류를 갖출 것
- 전로에 적합한 차단 용량을 갖출 것
- 절연 저항은 5Ω 이상
- 최소 동작 전류는 정격 감도 전류의 50% 이상

- 감전보호형 누전차단기의 작동은 정격 감도 전류 30mA 이하, 동작시간은 0.03초 이내일 것
- 정격부하전류가 50A 이상의 전기기계 · 기구에 접속된 누전차단기는 정격 감도 전류 200mA 이하, 동작시간은 0.1초 이내일 것
- 정격전압의 85~110%의 범위에서 정상 작동

67 다음 중 통전경로별 위험도가 가장 높은 경로는?

① 왼손 – 등
② 오른손 – 가슴
③ 왼손 – 가슴
④ 오른손 – 양발

통전경로 및 위험도

통전경로	위험도	통전경로	위험도
오른손 – 등	0.3	양손 – 양발	1.0
왼손 – 오른손	0.4	왼손 – 한발 또는 양발	1.0
왼손 – 등	0.7	오른손 – 가슴	1.3
한손 또는 양손 – 앉아있는 자리	0.7	왼손 – 가슴	1.5
오른손 – 한발 또는 양발	0.8	–	–

68 정전기 발생 종류가 아닌 것은?

① 박리
② 마찰
③ 분출
④ 방전

정전기 대전현상

- 박리대전 : 서로 밀착되어 있는 물체가 분리될 때 전하의 분리가 일어나서 정전기가 발생한다.
- 마찰대전 : 종이, 필름 등이 금속 롤러와 마찰을 일으킬 때 마찰에 의하여 접촉의 위치가 이동하고 전하 분리가 일어나서 발생한다.
- 충돌대전 : 분체의 입자끼리 또는 입자와 고체와의 충돌에 의하여 접촉, 분리가 일어나기 때문에 발생한다.
- 유도대전 : 대전 물체 부근에 있는 물체가 대전체로부터의 정전유도에 의해 정전기를 띠는 현상을 의미한다.
- 분출대전 : 분체, 액체, 기체류가 단면적인 작은 노즐 등의 개구부에서 분출할 때 마찰이 일어나서 발생하며, 가스가 분진, 무상입자로 분출될 때 대전이 잘 일어난다.
- 비말대전 : 공기 중에 분출된 액체가 미세하게 비산되어 분리되었다가 크고 작은 방울로 될 때 새로운 표면을 형성하면서 정전기가 발생하는 현상이다.
- 침강대전 : 절연성 유체 중에서 비중이 다른 부유물이 침강할 때 발생하는 정전기를 말한다.
- 유동대전 : 액체류를 관내로 수송할 때 정전기가 발생하는 것으로 인화성 액체는 전기 절연성이 높아 유동에 의한 대전이 일어나기 쉬우며, 액체의 유동 속도가 정전기 발생에 큰 영향을 미친다.
- 적하대전 : 고체표면에 부착해 있던 액체류가 성장하여 자중으로 물방울이 되어 떨어질 때 전하분리가 일어나서 정전기가 발생하는 현상이다.
- 교반대전 : 액체가 교반에 의해 진동을 하게 되면 진동에 의한 정전기가 발생한다.
- 파괴대전 : 액체와 그것에 혼합되어 있는 불순물이 침강되면 침강대전이 발생한다.

69 다음 중 방폭구조의 종류와 기호를 올바르게 나타낸 것은?

① 안전증방폭구조 : e ② 몰드방폭구조 : n
③ 충전방폭구조 : p ④ 압력방폭구조 : o

방폭구조의 종류와 기호

종류	내용	기호
내압방폭구조	점화원에 의해 용기 내부에서 폭발이 발생할 경우에 용기가 폭발압력에 견딜 수 있고, 화염이 용기 외부의 폭발성 분위기로 전파되지 않도록 한 방폭구조	d
압력방폭구조	점화원이 될 우려가 있는 부분을 용기 안에 넣고 보호 기체(신선한 공기 또는 불활성기체)를 용기 안에 압입함으로써 폭발성 가스가 침입하는 것을 방지하도록 되어 있는 방폭구조	p
안전증방폭구조	전기기기의 과도한 온도 상승, 아크 또는 불꽃 발생의 위험을 방지하기 위하여 추가적인 안전조치를 통한 안전도를 증가시킨 방폭구조(다만, 정상운전 중에 아크나 불꽃을 발생시키는 전기기기는 안전증방폭구조의 전기기기 범위에서 제외)	e
유입방폭구조	유체 상부 또는 용기 외부에 존재할 수 있는 폭발성 분위기가 발화할 수 없도록 전기설비 또는 전기설비의 부품을 보호액에 함침시키는 방폭구조	o
본질안전방폭구조	정상시 또는 단락, 단선, 지락 등의 사고시에 발생하는 아크, 불꽃, 고열에 의하여 폭발성 가스나 증기에 점화되지 않는 것이 확인된 구조	ia, ib
비점화방폭구조	전기기기가 정상작동과 규정된 특정한 비정상상태에서 주위의 폭발성 가스 분위기를 점화시키지 못하도록 만든 방폭구조	n
몰드방폭구조	전기기기의 불꽃 또는 열로 인해 폭발성 위험분위기에 점화되지 않도록 컴파운드를 충전해서 보호한 방폭구조	m
충전방폭구조	폭발성 가스 분위기를 점화시킬 수 있는 부품을 고정하여 설치하고, 그 주위를 충전재로 완전히 둘러싸서 외부의 폭발성 가스 분위기를 점화시키지 않도록 하는 방폭구조	q
특수방폭구조	상기의 방폭구조 외에 외부의 폭발성 가스에 대해 인화를 방지할 수 있음을 시험에 의해 확인한 구조	s

70 중성점 접지용 접지도체의 단면적은 얼마 이상이어야 하는가?(단, 7KV 이하의 전로 또는 25kV 이하인 특고압 가공전선로가 아닌 경우이다.)

① 6mm² 이상 ② 10mm² 이상
③ 16mm² 이상 ④ 20mm² 이상

접지도체의 굵기(접지도체의 단면적 규정에 의한 것 이외, 한국전기설비규정 142.3.1)

장소	접지도체의 단면적	비고
특고압·고압 전기설비용	6mm² 이상	

장소		접지도체의 단면적	비고
중성점 접지용		16mm² 이상	단, 7kV 이하의 전로 또는 25kV 이하인 특고압 가공전선로로 2초 이내 차단 시 6mm² 이상
이동하여 사용하는 전기기계기구의 금속제 외함	특고압 · 고압 전기설비용 또는 중성점 접지용	10mm² 이상	
	저압 전기설비용	1.5mm² 이상	다심 코드 또는 캡타이어 케이블은 0.75mm² 이상

71 다음 중 분진폭발의 가능성이 가장 낮은 물질은?

① 소맥분 ② 마그네슘
③ 질석가루 ④ 석탄

분진의 분류 및 방폭구조
- 폭연성 분진 : 공기 중의 산소가 적은 분위기나 이산화탄소 중에서도 폭발을 하는 금속성 분진(마그네슘, 알루미늄, 알루미늄 브론즈) → 특수방진방폭구조
- 가연성 분진 : 공기 중의 산소와 발열반응을 일으켜 폭발하는 분진(소맥분, 전분, 합성수지, 카본블랙) → 특수방진, 보통방진 방폭구조

72 인화성 가스, 불활성 가스 및 산소를 사용하여 금속의 용접 · 용단 또는 가열작업을 하는 경우 가스등의 누출 또는 방출로 인한 폭발 · 화재 또는 화상을 예방하기 위하여 준수해야 할 사항으로 옳지 않은 것은?

① 가스등의 호스와 취관(吹管)은 손상 · 마모 등에 의하여 가스 등이 누출할 우려가 없는 것을 사용할 것
② 비상상황을 제외하고는 가스등의 공급구의 밸브나 콕을 절대 잠그지 말 것
③ 용단작업을 하는 경우에는 취관으로부터 산소의 과잉방출로 인한 화상을 예방하기 위하여 근로자가 조절밸브를 서서히 조작하도록 주지시킬 것
④ 가스등의 취관 및 호스의 상호 접촉부분은 호스밴드, 호스클립 등 조임기구를 사용하여 가스등이 누출되지 않도록 할 것

산업안전보건기준에 관한 규칙 제233조(가스용접 등의 작업) 사업주는 인화성 가스, 불활성 가스 및 산소(이하 "가스등"이라 한다)를 사용하여 금속의 용접 · 용단 또는 가열작업을 하는 경우에는 가스등의 누출 또는 방출로 인한 폭발 · 화재 또는 화상을 예방하기 위해 다음 각 호의 사항을 준수해야 한다.
1. 가스등의 호스와 취관(吹管)은 손상 · 마모 등에 의하여 가스등이 누출할 우려가 없는 것을 사용할 것
2. 가스등의 취관 및 호스의 상호 접촉부분은 호스밴드, 호스클립 등 조임기구를 사용하여 가스등이 누출되지 않도록 할 것
3. 가스등의 호스에 가스등을 공급하는 경우에는 미리 그 호스에서 가스등이 방출되지 않도록 필요한 조치를 할 것
4. 사용 중인 가스등을 공급하는 공급구의 밸브나 콕에는 그 밸브나 콕에 접속된 가스등의 호스를 사용하는 사람의 이름표를 붙이는 등 가스등의 공급에 대한 오조작을 방지하기 위한 표시를 할 것
5. 용단작업을 하는 경우에는 취관으로부터 산소의 과잉방출로 인한 화상을 예방하기 위하여 근로자가 조절밸브를 서서히 조작하도록 주지시킬 것

6. 작업을 중단하거나 마치고 작업장소를 떠날 경우에는 가스등의 공급구의 밸브나 콕을 잠글 것
7. 가스등의 분기관은 전용 접속기구를 사용하여 불량체결을 방지하여야 하며, 서로 이어지지 않는 구조의 접속기구 사용, 서로 다른 색상의 배관·호스의 사용 및 꼬리표 부착 등을 통하여 서로 다른 가스배관과의 불량체결을 방지할 것

73 산업안전보건기준에 관한 규칙상 섭씨 몇 ℃ 이상인 상태에서 운전되는 설비는 특수화학설비에 해당하는가?(단, 규칙에서 정한 위험물질의 기준량 이상을 제조하거나 취급하는 설비인 경우이다.)

① 150℃   ② 250℃
③ 350℃   ④ 450℃

산업안전보건기준에 관한 규칙 제273조(계측장치 등의 설치) 사업주는 별표 9에 따른 위험물을 같은 표에서 정한 기준량 이상으로 제조하거나 취급하는 다음 각 호의 어느 하나에 해당하는 화학설비(이하 "특수화학설비"라 한다)를 설치하는 경우에는 내부의 이상 상태를 조기에 파악하기 위하여 필요한 온도계·유량계·압력계 등의 계측장치를 설치하여야 한다.
1. 발열반응이 일어나는 반응장치
2. 증류·정류·증발·추출 등 분리를 하는 장치
3. 가열시켜 주는 물질의 온도가 가열되는 위험물질의 분해온도 또는 발화점보다 높은 상태에서 운전되는 설비
4. 반응폭주 등 이상 화학반응에 의하여 위험물질이 발생할 우려가 있는 설비
5. 온도가 섭씨 350도 이상이거나 게이지 압력이 980킬로파스칼 이상인 상태에서 운전되는 설비
6. 가열로 또는 가열기

74 점화원 없이 발화를 일으키는 최저온도를 무엇이라 하는가?

① 착화점   ② 연소점
③ 용융점   ④ 기화점

인화점과 발화점(착화점)
- 인화점이란 가연성 증기에 점화원을 주었을 때 연소가 시작되는 최저 온도를 말한다.
- 발화점(착화점)이란 가연성물질이 공기 중에서 점화원이 없이 스스로 연소를 개시할 수 있는 최저온도이다.
- 일반적으로 발화점은 인화점보다 상당히 높다.
- 인화점이 낮을수록, 산소의 농도가 클수록 연소위험이 크다.

75 배관용 부품에 있어 사용되는 용도가 다른 것은?

① 엘보(elbow)   ② 티이(T)
③ 크로스(cross)   ④ 밸브(valve)

배관부속품
- 두 개의 관 연결시 : 플랜지(flange), 유니온(union), 커플링(coupling), 니플(nipple), 소켓(socket)
- 관선의 방향 변경시 : 엘보(elbow), 리턴 밴드(return bend)
- 관의 직경 변경시 : 리듀서(reducer), 소구경에는 부싱(bushing), 대구경에는 이경(異徑) 플랜지(reducing flange)
- 지관(枝管) 연결시 : 티(tee), Y 지관(Y-branch), 십자(cross)
- 유로 차단시 : 소구경은 플러그(plug) 또는 캡(cap), 대구경은 판(板)플랜지(blank flange)
- 유량 조절시 : 밸브(valve)

76 에틸에테르(폭발하한값 1.9vol%)와 에틸알콜(폭발하한값 4.3vol%)이 4:1로 혼합된 증기의 폭발하한계(vol%)는 약 얼마인가?(단, 혼합증기는 에틸에테르가 80%, 에틸알콜이 20%로 구성되고, 르샤틀리에 법칙을 이용한다.)

① 2.14vol%
② 3.14vol%
③ 4.14vol%
④ 5.14vol%

$$L = \frac{100}{\frac{V_1}{L_1} + \frac{V_2}{L_2}} = \frac{100}{\frac{80}{1.9} + \frac{20}{4.3}} = 2.14[vol\%]$$

77 다음 중 산업안전보건기준에 관한 규칙에서 규정하는 급성 독성물질에 해당되지 않는것은?

① 쥐에 대한 경구투입실험에 의하여 실험동물의 50%를 사망시킬 수 있는 물질의 양이 kg당 300mg-(체중) 이하인 화학물질
② 쥐에 대한 경피흡수실험에 의하여 실험동물의 50%를 사망시킬 수 있는 물질의 양이 kg당 1000mg-(체중) 이하인 화학물질
③ 토끼에 대한 경피흡수실험에 의하여 실험동물의 50%를 사망시킬 수 있는 물질의 양이 kg당 1000mg-(체중) 이하인 화학물질
④ 쥐에 대한 4시간 동안의 흡입실험에 의하여 실험동물의 50%를 사망시킬 수 있는 가스의 농도가 3000ppm 이상인 화학물질

급성독성물질
- 쥐에 대한 경구투입실험에 의하여 실험동물의 50퍼센트를 사망시킬 수 있는 물질의 양, 즉 LD50(경구, 쥐)이 킬로그램당 300밀리그램-(체중) 이하인 화학물질
- 쥐 또는 토끼에 대한 경피흡수실험에 의하여 실험동물의 50퍼센트를 사망시킬 수 있는 물질의 양, 즉 LD50(경피, 토끼 또는 쥐)이 킬로그램당 1000밀리그램-(체중) 이하인 화학물질
- 쥐에 대한 4시간 동안의 흡입실험에 의하여 실험동물의 50퍼센트를 사망시킬 수 있는 물질의 농도, 즉 가스 LC50(쥐, 4시간 흡입)이 2500ppm 이하인 화학물질, 증기 LC50(쥐, 4시간 흡입)이 10mg/ℓ이하인 화학물질, 분진 또는 미스트 1mg/ℓ 이하인 화학물질

78 연소의 3요소 중 1가지에 해당하는 요소가 아닌 것은?

① 메탄
② 공기
③ 정전기 방전
④ 이산화탄소

연소의 3요소는 가연물, 점화원, 산소공급원으로 메탄-가연물, 공기-산소공급원, 정전기 방전-점화원에 해당된다. 이산화탄소는 질식, 냉각효과가 있는 대표적인 소화약제로 사용된다.

79 다음 물질이 물과 반응하였을 때 가스가 발생한다. 위험도 값이 가장 큰 가스를 발생하는 물질은?

① 칼륨
② 수소화나트륨
③ 탄화칼슘
④ 트리에틸알루미늄

- 탄화칼슘(CaC_2)은 물과 반응하면 가연성가스인 연소범위가 2.5~81%인 아세틸렌가스를 발생시킨다.
- 아세틸렌가스의 위험도(H) = $\dfrac{81 - 2.5}{2.5}$ = 31.4

80 다음 중 화재의 분류에서 전기화재에 해당하는 것은?

① A급 화재
② B급 화재
③ C급 화재
④ D급 화재

화재등급별 소화방법

구분	A급 화재	B급 화재	C급 화재	D급 화재
명칭	보통화재	유류, 가스화재	전기화재	금속화재(Al분, Mg분)
주 소화효과	냉각	질식	냉각, 질식	질식
적응 소화재	물 소화기 강화액 소화기	포말 소화기 CO_2 소화기 분말 소화기 증발성 액체 소화기	유기성 소화액 CO_2 소화기 분말 소화기	건조사 팽창 질석 팽창 진주암
구분색	백색	황색	청색	-

제 05 과목 건설공사 안전관리

81 잠함 또는 우물통의 내부에서 근로자가 굴착작업을 하는 경우의 준수사항으로 옳지 않은 것은?

① 산소결핍 우려가 있는 경우에는 산소의 농도를 측정하는 사람을 지명하여 측정하도록 할 것
② 근로자가 안전하게 오르내리기 위한 설비를 설치할 것
③ 굴착깊이가 20m를 초과하는 경우에는 해당 작업장소와 외부와의 연락을 위한 통신설비 등을 설치할 것
④ 잠함 또는 우물통의 급격한 침하에 의한 위험을 방지하기 위하여 바닥으로부터 천장 또는 보까지의 높이는 2m 이내로 할 것

산업안전보건기준에 관한 규칙 제376조(급격한 침하로 인한 위험 방지) 사업주는 잠함 또는 우물통의 내부에서 근로자가 굴착작업을 하는 경우에 잠함 또는 우물통의 급격한 침하에 의한 위험을 방지하기 위하여 다음 각 호의 사항을 준수하여야 한다.

1. 침하관계도에 따라 굴착방법 및 재하량(載荷量) 등을 정할 것
2. 바닥으로부터 천장 또는 보까지의 높이는 1.8미터 이상으로 할 것

82 굴착작업 시 근로자의 위험을 방지하기 위하여 해당 작업, 작업장에 대한 사전조사를 실시하여야 하는데 이 사전조사 항목에 포함되지 않는 것은?

① 지반의 지하수위 상태
② 형상 · 지질 및 지층의 상태
③ 굴착기의 이상 유무
④ 매설물 등의 유무 또는 상태

굴착작업 시 사전조사 항목(산업안전보건기준에 관한 규칙 별표 4)
- 형상, 지질 및 지층의 상태
- 균열 · 함수 · 용수 및 동결의 유무 또는 상태
- 매설물 등의 유무 또는 상태
- 지반의 지하수위 상태

83 흙의 연경도(Consistency)에서 반고체 상태와 소성상태의 한계를 무엇이라 하는가?

① 액성한계　　　　　　② 소성한계
③ 수축한계　　　　　　④ 반수축한계

액체 상태의 흙이 건조되어 가면서 액성, 소성, 반고체, 고체 상태의 경계선과 관련된 시험을 아터버그 한계시험(Atterberg limits test)이라 하며 이는 세립토의 연경도(consistency)를 표시하는 방법으로 세립토의 성질을 나타내는 지수로 활용된다. 아터버그 한계에 의하면 액성한계는 액체상태와 소성상태의 경계가 되는 함수비, 소성한계는 소성상태와 반고체상태의 경계가 되는 함수비, 수축한계는 반고체 상태와 고체상태의 경계가 되는 함수비를 의미한다.

84 화물을 적재하는 경우 준수하여야 할 사항으로 옳지 않은 것은?

① 침하 우려가 없는 튼튼한 기반 위에 적재할 것
② 화물의 압력정도와 관계없이 건물의 벽이나 칸막이 등을 이용하여 화물을 기대에 적재할 것
③ 하중이 한쪽으로 치우치지 않도록 쌓을 것
④ 불안정할 정도로 높이 쌓아 올리지 말 것

산업안전보건기준에 관한 규칙 제393조(화물의 적재) 사업주는 화물을 적재하는 경우에 다음 각 호의 사항을 준수하여야 한다.
1. 침하 우려가 없는 튼튼한 기반 위에 적재할 것
2. 건물의 칸막이나 벽 등이 화물의 압력에 견딜 만큼의 강도를 지니지 아니한 경우에는 칸막이나 벽에 기대어 적재하지 않도록 할 것
3. 불안정할 정도로 높이 쌓아 올리지 말 것
4. 하중이 한쪽으로 치우치지 않도록 쌓을 것

85 발파공사 암질 변화구간 및 이상 암질 출현시 적용하는 암질 판별방법과 거리가 먼 것은?

① R.Q.D
② RMR 분류
③ 탄성파 속도
④ 하중계(Load Cell)

발파시 암질 판별 기준
- R.Q.D(%)
- R.M.R
- 탄성파속도(m/sec)
- 진동치속도(cm/sec)
- 일축압축강도(kgf/cm²)

86 철골작업을 중지하여야 하는 풍속과 강우량 기준으로 옳은 것은?

① 풍속 : 10m/sec 이상, 강우량 : 1mm/h 이상
② 풍속 : 5m/sec 이상, 강우량 : 1mm/h 이상
③ 풍속 : 10m/sec 이상, 강우량 : 2mm/h 이상
④ 풍속 : 5m/sec 이상, 강우량 : 2mm/h 이상

산업안전보건기준에 관한 규칙 제383조(작업의 제한) 사업주는 다음 각 호의 어느 하나에 해당하는 경우에 철골작업을 중지하여야 한다.
1. 풍속이 초당 10미터 이상인 경우
2. 강우량이 시간당 1밀리미터 이상인 경우
3. 강설량이 시간당 1센티미터 이상인 경우

87 근로자의 추락 등의 위험을 방지하기 위하여 안전난간을 설치하는 경우 안전난간은 구조적으로 가장 취약한 지점에서 가장 취약한 방향으로 작용하는 얼마 이상의 하중에 견딜 수 있는 튼튼한 구조이어야 하는가?

① 50kg
② 100kg
③ 150kg
④ 200kg

산업안전보건기준에 관한 규칙 제13조(안전난간의 구조 및 설치요건) 사업주는 근로자의 추락 등의 위험을 방지하기 위하여 안전난간을 설치하는 경우 다음 각 호의 기준에 맞는 구조로 설치해야 한다.
1. 상부 난간대, 중간 난간대, 발끝막이판 및 난간기둥으로 구성할 것. 다만, 중간 난간대, 발끝막이판 및 난간기둥은 이와 비슷한 구조와 성능을 가진 것으로 대체할 수 있다.
2. 상부 난간대는 바닥면·발판 또는 경사로의 표면(이하 "바닥면등"이라 한다)으로부터 90센티미터 이상 지점에 설치하고, 상부 난간대를 120센티미터 이하에 설치하는 경우에는 중간 난간대는 상부 난간대와 바닥면등의 중간에 설치해야 하며, 120센티미터 이상 지점에 설치하는 경우에는 중간 난간대를 2단 이상으로 균등하게 설치하고 난간의 상하 간격은 60센티미터 이하가 되도록 할 것. 다만, 난간기둥 간의 간격이 25센티미터 이하인 경우에는 중간 난간대를 설치하지 않을 수 있다.
3. 발끝막이판은 바닥면등으로부터 10센티미터 이상의 높이를 유지할 것. 다만, 물체가 떨어지거나 날아올 위험이 없거나 그 위험을 방지할 수 있는 망을 설치하는 등 필요한 예방 조치를 한 장소는 제외한다.
4. 난간기둥은 상부 난간대와 중간 난간대를 견고하게 떠받칠 수 있도록 적정한 간격을 유지할 것
5. 상부 난간대와 중간 난간대는 난간 길이 전체에 걸쳐 바닥면등과 평행을 유지할 것
6. 난간대는 지름 2.7센티미터 이상의 금속제 파이프나 그 이상의 강도가 있는 재료일 것
7. 안전난간은 구조적으로 가장 취약한 지점에서 가장 취약한 방향으로 작용하는 100킬로그램 이상의 하중에 견딜 수 있는 튼튼한 구조일 것

88 근로자가 상시 작업하는 장소의 작업면 조도 기준으로 옳은 것은?(단, 갱내 작업장과 감광재료를 취급하는 작업장이 아닌 경우이다.)

① 초정밀작업 : 600럭스 이상
② 정밀작업 : 250럭스 이상
③ 보통작업 : 120럭스 이상
④ 그 밖의 작업 : 75럭스 이상

산업안전기준에 관한 규칙 제8조(조도) 사업주는 근로자가 상시 작업하는 장소의 작업면 조도(照度)를 다음 각 호의 기준에 맞도록 하여야 한다. 다만, 갱내(坑內) 작업장과 감광재료(感光材料)를 취급하는 작업장은 그러하지 아니하다.
1. 초정밀작업 : 750럭스(lux) 이상
2. 정밀작업 : 300럭스 이상
3. 보통작업 : 150럭스 이상
4. 그 밖의 작업 : 75럭스 이상

89 지반의 종류에 따른 굴착면의 기울기 기준으로 옳지 않은 것은?

① 모래 - 1 : 1.8
② 연암 - 1 : 0.8
③ 풍화암 - 1 : 1.0
④ 경암 - 1 : 0.5

굴착면의 기울기 기준(산업안전보건기준에 관한 규칙 별표 11)

지반의 종류	굴착면의 기울기	지반의 종류	굴착면의 기울기
모래	1 : 1.8	경암	1 : 0.5
연암 및 풍화암	1 : 1.0	그 밖의 흙	1 : 1.2

비고
1. 굴착면의 기울기는 굴착면의 높이에 대한 수평거리의 비율을 말한다.
2. 굴착면의 경사가 달라서 기울기를 계산하기가 곤란한 경우에는 해당 굴착면에 대하여 지반의 종류별 굴착면의 기울기에 따라 붕괴의 위험이 증가하지 않도록 위 표의 지반의 종류별 굴착면의 기울기에 맞게 해당 각 부분의 경사를 유지해야 한다.

90 재료비가 30억원, 직접노무비가 50억원인 건설공사의 예정가격상 산업안전보건관리비로 옳은 것은?(단, 건축공사에 해당되며 계상기준은 2.37%임)

① 94,000,000원
② 150,400,000원
③ 157,600,000원
④ 189,600,000원

공사종류 및 규모별 산업안전보건관리비 계상기준표

구분 공사종류	대상액 5억원 미만인 경우 적용비율	대상액 5억원 이상 50억원 미만인 경우		50억원 이상인 경우 적용비율	보건관리자 선임대상 건설공사의 적용비율
		적용비율	기초액		
건축공사	3.11%	2.28%	4,325,000원	2.37%	2.64%
토목공사	3.15%	2.53%	3,300,000원	2.60%	2.73%

| 중건설공사 | 3.64% | 3.05% | 2,975,000원 | 3.11% | 3.39% |
| 특수건설공사 | 2.07% | 1.59% | 2,450,000원 | 1.64% | 1.78% |

∴ 산업안전보건관리비 = (재료비 + 노무비) × 2.37 = 8,000,000,000 × 0.0237 = 189,600,000원

91 사질토지반에서 보일링(boiling)현상에 의한 위험성이 예상될 경우의 대책으로 옳지 않은 것은?

① 흙막이 말뚝의 밑둥넣기를 깊게 한다.
② 굴착 저면보다 깊은 지반을 불투수로 개량한다.
③ 굴착 밑 투수층에 만든 피트(pit)를 제거한다.
④ 흙막이벽 주위에서 배수시설을 통해 수두차를 적게 한다.

대책
• 주변수위를 저하
• 흙막이벽 근입도를 증가하여 동수구배를 저하
• 굴착도를 즉시 원상 매립
• 작업을 중지

92 유해위험방지계획서 제출시 첨부 서류의 항목이 아닌 것은?

① 보호장비 폐기계획 ② 공사개요서
③ 산업안전보건관리비 사용계획 ④ 전체공정표

산업안전보건법 시행규칙 42조(제출서류 등) ① 법 제42조제1항제1호에 해당하는 사업주가 유해위험방지계획서를 제출할 때에는 사업장별로 별지 제16호서식의 제조업 등 유해위험방지계획서에 다음 각 호의 서류를 첨부하여 해당 작업 시작 15일 전까지 공단에 2부를 제출해야 한다. 이 경우 유해위험방지계획서의 작성기준, 작성자, 심사기준, 그 밖에 심사에 필요한 사항은 고용노동부장관이 정하여 고시한다.
1. 건축물 각 층의 평면도
2. 기계·설비의 개요를 나타내는 서류
3. 기계·설비의 배치도면
4. 원재료 및 제품의 취급, 제조 등의 작업방법의 개요
5. 그 밖에 고용노동부장관이 정하는 도면 및 서류

93 다음 ( ) 안에 알맞은 수치는?

> 슬레이트(선라이트, sunlight) 등 강도가 약한 재료로 덮은 지붕위에서 작업을 할 때에 발이빠지는 등 근로자가 위험해질 우려가 있는 경우 폭 ( ) 이상의 발판을 설치하거나 추락방호망을 치는 등 근로자의 위험을 방지하기 위하여 필요한 조치를 하여야 한다.

① 30cm ② 40cm
③ 50cm ④ 60cm

산업안전보건기준에 관한 규칙 제45조(지붕 위에서의 위험 방지) ① 사업주는 근로자가 지붕 위에서 작업을 할 때에 추락하거나 넘어질 위험이 있는 경우에는 다음 각 호의 조치를 해야 한다.
1. 지붕의 가장자리에 제13조에 따른 안전난간을 설치할 것
2. 채광창(skylight)에는 견고한 구조의 덮개를 설치할 것
3. 슬레이트 등 강도가 약한 재료로 덮은 지붕에는 폭 30센티미터 이상의 발판을 설치할 것

94 다음 중 쇼벨계 굴착기계에 속하지 않는 것은?

① 파워쇼벨(power shovel)
② 크램쉘(clamshell)
③ 스크레이퍼(scraper)
④ 드래그라인(dragline)

셔블계(쇼벨계) 굴착기계의 종류
- 파워셔블 : 지반면보다 높은 곳의 굴착, 쇄석 옮겨쌓기, 토사의 처리 등에 널리 쓰인다.
- 백호우 : 지반면보다 낮은 곳의 굴착, 지하층 및 기초 굴삭, 토목공사나 수중굴착 등에 쓰인다.(지하 6m 정도의 깊이)
- 드래그라인 : 지반면보다 낮은 곳의 굴착, 토사를 긁어모음, 연약한 지반의 깊은 곳 굴착 등에 쓰인다.(지하 8m 정도의 깊이)
- 클램쉘 : 좁은 곳의 수직굴착, 자갈 등의 적재, 연약한 지반이나 수중굴착 등에 쓰인다.

95 토사 붕괴의 내적 요인이 아닌 것은?

① 사면, 법면의 경사 증가
② 절토 사면의 토질구성 이상
③ 성토 사면의 토질구성 이상
④ 토석의 강도 저하

토사붕괴의 원인
- 외적원인 : 사면의 경사 및 기울기의 증가, 절토 및 성토의 증가, 공사에 의한 진동 및 반복하중의 증가, 지표수 또는 지하수의 침투로 인한 토사중량의 증가, 지진 및 작업차량 등의 하중
- 내적원인 : 절토사면의 토질, 암질의 종류, 성토 사면의 토질구성 및 분포, 토석의 강도 저하

96 다음은 비계발판용 목재재료의 강도상의 결점에 대한 조사기준이다. ( ) 안에 들어갈 내용으로 옳은 것은?

발판의 폭과 동일한 길이 내에 있는 결점지수의 총합이 발판폭의 ( )을 초과 하지 않을 것

① 1/2 ② 1/3
③ 1/4 ④ 1/6

작업발판으로 사용하는 목재의 허용한도 (작업발판 설치 및 사용안전 지침)
- 옹이, 갈라짐, 부식 및 변형 등이 없는 것으로 강도상의 결점이 적어야 한다.
- 결점이 판면의 중앙에 있을 경우에는 개개의 크기가 발판 폭의 1/5을 초과 하지 않아야 한다.
- 결점이 발판의 갓면에 있을 경우에는 발판 두께의 1/2을 초과하지 않아야 한다.
- 결점이 발판의 폭과 동일한 길이 내에 있는 결점치수의 총합이 발판 폭의 1/4을 초과하지 않아야 한다.
- 발판단부의 갈라진 길이는 발판 폭의 1/2을 초과하여서는 아니 되며 갈라진 부분이 1/2 이하인 경우에는 철선 또는 띠철로 감아 사용해야 한다.

97 다음은 산업안전보건법령에 따른 작업장에서의 투하설비 등에 관한 사항이다. 빈칸에 들어갈 내용으로 옳은 것은?

> 사업주는 높이가 (　　)미터 이상인 장소로부터 물체를 투하하는 경우 적당한 투하설비를 설치하거나 감시인을 배치하는 등 위험을 방지하기 위하여 필요한 조치를 하여야 한다.

① 2　　② 3
③ 5　　④ 10

산업안전보건기준에 관한 규칙 제15조(투하설비 등) 사업주는 높이가 3미터 이상인 장소로부터 물체를 투하하는 경우 적당한 투하설비를 설치하거나 감시인을 배치하는 등 위험을 방지하기 위하여 필요한 조치를 하여야 한다.

98 철골용접 작업자의 전격 방지를 위한 주의사항으로 옳지 않은 것은?

① 보호구와 복장을 구비하고, 기름기가 묻었거나 젖은 것은 착용하지 않을 것
② 작업중지의 경우에는 스위피를 떼어 놓을 것
③ 개로전압이 높은 교류 용접기를 사용할 것
④ 좁은 장소에서의 작업에서는 신체를 노출시키지 않을 것

개로전압은 아크용접 시 아크를 발생시키기 전의 2차회로에 걸린 단자 사이의 전압을 말하며 부하전압과 같다. 참고로 교류아크 용접기의 자동전격방지기는 2차 무부하전압을 자동적으로 안전전압인 25V 이하로 저하시킴으로써 전격재해를 방지한다.

99 층고가 높은 슬래브 거푸집 하부에 적용하는 무지주 공법이 아닌 것은?

① 보우빔(bow beam)
② 철근일체형 데크플레이트(deck plate)
③ 페코빔(pecco beam)
④ 솔져시스템(soldier system)

솔져시스템(soldier system)은 건물 지하 터파기 공사 후 벽면에 콘크리트 타설 시 유로폼을 설치 후 지지해주는 지지공법으로 합벽지지대라 한다. 이러한 솔져시스템은 안전성이 우수하고, 거푸집 자재의 손실이 없으며, 해체 후 마감 공정이 필요 없고, 공기가 단축되는 등의 장점이 있다.

100 도심지에서 주변에 주요시설물이 있을 때 침하와 변위를 적게 할 수 있는 가장 적당한 흙막이 공법은?

① 동결공법　　　　　　　　② 샌드드레인공법
③ 지하연속벽공법　　　　　④ 뉴매틱케이슨공법

지하연속벽식(Slurry wall)
- 안정액을 사용하여 지반붕괴를 방지하면서 굴착하여 그 속에 철근망과 콘크리트를 넣어 연속으로 콘크리트 흙막이벽을 설치하는 공법이다.
- 차수성이 높으며, 인접 건물에 근접 시공이 가능하다.
- 벽체의 강성이 높아 본 구조체로 사용 가능하다.

정답	2018년 03월 04일 최근 기출문제								
01 ①	02 ①	03 ①	04 ③	05 ①	06 ③	07 ③	08 ④	09 ②	10 ④
11 ④	12 ④	13 ②	14 ①	15 ③	16 ④	17 ②	18 ④	19 ①	20 ②
21 ②	22 ②	23 ①	24 ③	25 ①	26 ①	27 ②	28 ③	29 ④	30 ④
31 ①	32 ③	33 ①	34 ②	35 ④	36 ④	37 ②	38 ③	39 ④	40 ③
41 ③	42 ①	43 ④	44 ③	45 ③	46 ④	47 ①	48 ②	49 ①	50 ③
51 ①	52 ②	53 ②	54 ②	55 ②	56 ②	57 ③	58 ①	59 ④	60 ④
61 ②	62 ②	63 ②	64 ②	65 ③	66 ②	67 ③	68 ④	69 ①	70 ③
71 ③	72 ②	73 ②	74 ①	75 ④	76 ①	77 ④	78 ③	79 ③	80 ④
81 ④	82 ③	83 ②	84 ②	85 ②	86 ①	87 ②	88 ④	89 ②	90 ④
91 ③	92 ①	93 ①	94 ③	95 ①	96 ③	97 ②	98 ④	99 ④	100 ③

2018년 04월 28일

최근 기출문제

제 01 과목 산업재해 예방 및 안전보건교육

01 안전모의 시험성능기준 항목이 아닌 것은?

① 내관통성 ② 충격흡수성
③ 내구성   ④ 난연성

안전모의 시험성능기준(보호구 안전인증 고시 별표 1)

항목	시험성능기준
내관통성	AE, ABE종 안전모는 관통거리가 9.5mm 이하이고, AB종 안전모는 관통거리가 11.1mm 이하이어야 한다.
충격흡수성	최고전달충격력이 4,450N을 초과해서는 안되며, 모체와 착장체의 기능이 상실되지 않아야 한다.
내전압성	AE, ABE종 안전모는 교류 20kV에서 1분간 절연파괴 없이 견뎌야 하고, 이때 누설되는 충전전류는 10mA 이하이어야 한다.
내수성	AE, ABE종 안전모는 질량증가율이 1% 미만이어야 한다. 질량증가율(%) = $\dfrac{\text{담근 후의 질량} - \text{담그기 전의 질량}}{\text{담그기 전의 질량}} \times 100$
난연성	모체가 불꽃을 내며 5초 이상 연소되지 않아야 한다.
턱끈풀림	150N 이상 250N 이하에서 턱끈이 풀려야 한다.

02 산업안전보건법령상 안전보건표지의 색채, 색도기준 및 용도 중 다음 ( ) 안에 알맞은 것은?

색채	색도기준	용도	사용례
( )	5Y 8.5/12	경고	화학물질 취급 장소에서의 유해·위험경고 이외의 위험경고, 주의표지 또는 기계방호물

① 파란색   ② 노란색
③ 빨간색   ④ 검은색

해설

안전보건표지의 색도기준 및 용도(산업안전보건법 시행규칙 별표 8)

색채	색도기준	용도	사용례
빨간색	7.5R 4/14	금지	정지신호, 소화설비 및 그 장소, 유해행위의 금지
빨간색	7.5R 4/14	경고	화학물질 취급장소에서의 유해·위험 경고
노란색	5Y 8.5/12	경고	화학물질 취급장소에서의 유해·위험 경고 이외의 위험경고, 주의표지 또는 기계방호물
파란색	2.5PB 4/10	지시	특정 행위의 지시 및 사실의 고지
녹색	2.5G 4/10	안내	비상구 및 피난소 사람 또는 차량의 통행 표시
흰색	N9.5	–	파란색 또는 녹색에 대한 보조색
검은색	N0.5	–	문자 및 빨간색 또는 노란색에 대한 보조색

03 모랄 서베이(Morale Survey)의 효용이 아닌 것은?

① 조직 또는 구성원의 성과를 비교·분석한다.
② 종업원의 정화(Catharsis)작용을 촉진시킨다.
③ 경영관리를 개선하는 자료를 얻는다.
④ 근로자의 심리 또는 욕구를 파악하여 불만을 해소하고, 노동의욕을 높인다.

모랄 서베이(Morale Survey)
- 모랄 서베이의 개요
  - 종업원의 근로 의욕·태도 등에 대한 측정을 하는 것으로 사기조사(士氣調査) 또는 태도조사라고도 한다.
  - 일반적인 사기조사의 방법은 주로 질문지나 면접에 의한 태도(또는 의견)조사가 중심을 이룬다.
- 모랄 서베이의 주요방법
  - 통계에 의한 방법 : 사고 상해율, 생산고, 결근, 지각, 조퇴, 이직 등을 분석하여 파악하는 방법
  - 사례연구법 : 경영 관리상의 여러 가지 제도에 나타나는 사례에 대해 케이스 스터디(Case Study)로서 현상을 파악하는 방법
  - 관찰법 : 종업원의 근무 실태를 계속 관찰함으로서 문제점을 찾아내는 방법
  - 실험연구법 : 실험그룹(Test group)과 통제그룹(Control Group)으로 나누고 정황, 자극을 주어 태도 변화 여부를 조사하는 방법
  - 태도조사법(의견조사) : 질문지법, 면접법, 집단토의법, 투사법(Projective Technique)등에 의해 의견을 조사하는 방법

04 내전압용절연장갑의 성능기준상 최대사용 전압에 따른 절연장갑의 구분 중 00등급의 색상으로 옳은 것은?

① 노란색
② 흰색
③ 녹색
④ 갈색

절연장갑의 등급 및 표시(보호구 안전인증 고시 별표 3)

등급	최대사용전압		등급별색상
	교류(V, 실효값)	직류(V)	
00	500	750	갈색
0	1,000	1,500	빨간색
1	7,500	11,250	흰색
2	17,000	25,500	노란색
3	26,500	39,750	녹색
4	36,000	54,000	등색

05 재해율 중 재직 근로자 1,000명 당 1년간 발생하는 재해자 수를 나타내는 것은?

① 연천인율
② 도수율
③ 강도율
④ 종합재해지수

- 연천인율(年千人率) : 근로자 1000인당 1년간 발생하는 사상자수

  연천인율 $= \dfrac{\text{사상자수(재해자수)}}{\text{연평균 근로자수}} \times 1000$

- 도수율(Frequeency Rate of Injury, FR) : 산업재해의 발생빈도를 나타내는 것으로, 연 근로시간 합계 100만 시간당의 재해 발생건수

  도수율 $= \dfrac{\text{재해건수}}{\text{연간 총근로시간}} \times 10^6$

- 강도율(Severity Rate of Iniury, SR) : 재해의 경중, 강도를 나타내는 척도로 연 근로시간 1000시간당 재해에 의해서 잃어버린 일수

  강도율 $= \dfrac{\text{근로손실일수}}{\text{연간 총근로시간}} \times 1000$

- 종합재해지수(도수강도치 : F. S. I)

06 산업재해에 있어 인명이나 물적 등 일체의 피해가 없는 사고를 무엇이라고 하는가?

① Near Accident
② Good Accident
③ True Accident
④ Original Accident

용어의 정의

- 안전사고 : 고의성이 없는 어떤 불안전한 행동이나 조건이 선행되어 발생하는 사고
- 재해(Loss, Calamity) : 안전사고의 결과로 일어난 인명피해 및 재산의 손실
- 무재해 사고(Near Accident, 아차사고) : 인명이나 물적 등 일체의 피해가 없는 사고

07 보호구 안전인증 고시에 따른 안전화의 정의 중 다음 ( ) 안에 알맞은 것은?

> 경작업용 안전화란 (㉠) mm의 낙하높이에서 시험했을 때 충격과 (㉡ ±0.1) kN의 압축하중에서 시험했을 때 압박에 대하여 보호해 줄 수 있는 선심을 부착하여, 착용자를 보호하기 위한 안전화를 말한다.

① ㉠ 500, ㉡ 10.0
② ㉠ 250, ㉡ 10.0
③ ㉠ 500, ㉡ 4.4
④ ㉠ 250, ㉡ 4.4

안전화의 종류 및 정의(보호구 안전인증 고시 제5조)
- 중작업용 안전화 : 1,000mm의 낙하높이에서 시험했을 때 충격과 (15.0 ±0.1)킬로뉴턴(KN)의 압축하중에서 시험했을 때 압박에 대하여 보호해 줄 수 있는 선심을 부착하여, 착용자를 보호하기 위한 안전화를 말한다.
- 보통작업용 안전화 : 500mm의 낙하높이에서 시험했을 때 충격과 (10.0 ±0.1)킬로뉴턴(KN)의 압축하중에서 시험했을 때 압박에 대하여 보호해 줄 수 있는 선심을 부착하여, 착용자를 보호하기 위한 안전화를 말한다.
- 경작업용 안전화 : 250mm의 낙하높이에서 시험했을 때 충격과 (4.4 ±0.1)킬로뉴턴(KN)의 압축하중에서 시험했을 때 압박에 대하여 보호해 줄 수 있는 선심을 부착하여, 착용자를 보호하기 위한 안전화를 말한다.

08 안전교육 방법 중 TWI의 교육과정이 아닌 것은?

① 작업지도 훈련
② 인간관계 훈련
③ 정책수립훈련
④ 작업방법훈련

TWI(Training Within Industry)
- 교육대상 : 감독자
- 교육방법 : 한 클래스(Class)는 10명 정도, 교육 방법은 토의법, 1일 2시간씩 5일에 걸쳐 10시간 정도
- 교육내용
  - JI(Job Instruction) : 작업지도 기법
  - JM(Job Method) : 작업개선 기법
  - JR(Job Relation) : 인간관계 관리기법
  - JS(Job Safety) : 작업안전 기법

09 안전교육 훈련의기법 중 하버드 학파의 5단계교수법을 순서대로 나열한 것으로 옳은 것은?

① 총괄 → 연합 → 준비 → 교시 → 응용
② 준비 → 교시 → 연합 → 총괄 → 응용
③ 교시 → 준비 → 연합 → 응용 → 총괄
④ 응용 → 연합 → 교시 → 준비 → 총괄

하버드 학파의 5단계 교수법 : 준비(Preparation) → 교시(Presentation) → 연합(Association) → 총괄(Generalization) → 응용(Application)

10 점검시기에 의한 안전점검의 분류에 해당하지 않는 것은?

① 성능점검　　　② 정기점검
③ 임시점검　　　④ 특별점검

안전점검의 종류
- 수시점검 : 작업전·중·후에 실시하는 점검
- 정기점검 : 일정기간마다 정기적으로 실시하는 점검
- 특별점검
  - 기계·기구·설비의 신설시·변경 내지 고장수리시 실시하는 점검
  - 천재지변 발생 후 실시하는 점검
  - 안전강조 기간내에 실시하는 점검
- 임시점검 : 이상 발견시 임시로 실시하는 점검, 정기점검과 정기점검 사이에 실시하는 점검

11 착오의 요인 중 인지과정의 착오에 해당하지 않는 것은?

① 정서불안정　　　② 감각차단현상
③ 정보부족　　　　④ 생리·심리적 능력의 한계

착오요인(대뇌의 Human Error)
- 인지과정 착오 : 생리·심리적 능력의 한계, 정보량 저장능력의 한계, 감각차단 현상(단조로운 업무, 반복작업), 정서불안정(공포, 불안, 불만)
- 판단과정 착오 : 능력 부족, 정보 부족, 자기 합리화, 자기기술 과신, 환경조건의 불비(不備)
- 조치과정 착오 : 작업자 기능 미숙, 작업경험 부족, 피로

12 산업안전보건법령상 안전관리자가 수행하여야 할 업무가 아닌 것은?(단, 그 밖에 안전에 관한 사항으로서 고용노동부장관이 정하는 사항은 제외한다.)

① 위험성평가에 관한 보좌 및 조언·지도
② 물질안전보건자료의 게시 또는 비치에 관한 보좌 및 조언·지도
③ 사업장 순회점검·지도 및 조치의 건의
④ 산업재해에 관한 통계의 유지·관리·분석을 위한 보좌 및 조언·지도

안전관리자의 업무(산업안전보건법 시행령 제18조)
- 산업안전보건위원회 또는 안전 및 보건에 관한 노사협의체에서 심의·의결한 업무와 해당 사업장의 안전보건관리규정 및 취업규칙에서 정한 업무
- 위험성평가에 관한 보좌 및 지도·조언
- 안전인증대상기계등과 자율안전확인대상기계등 구입 시 적격품의 선정에 관한 보좌 및 지도·조언
- 해당 사업장 안전교육계획의 수립 및 안전교육 실시에 관한 보좌 및 조언·지도
- 사업장 순회점검·지도 및 조치의 건의
- 산업재해 발생의 원인 조사·분석 및 재발 방지를 위한 기술적 보좌 및 조언·지도
- 산업재해에 관한 통계의 유지·관리·분석을 위한 보좌 및 조언·지도
- 법 또는 법에 따른 명령으로 정한 안전에 관한 사항의 이행에 관한 보좌 및 조언·지도

- 업무수행 내용의 기록 · 유지
- 그 밖에 안전에 관한 사항으로서 고용노동부장관이 정하는 사항

13 지난 한 해 동안 산업재해로 인하여 직접손실비용이 3조 1600억원이 발생한 경우의 총재해코스트는?(단, 하인리히의 재해 손실비 평가방식을 적용한다.)

① 6조 3200억원
② 9조 4800억원
③ 12조 6400억원
④ 15조 8000억원

하인리히(H.W. Heinrich) 방식
총재해손실비(Cost) = 직접비 + 간접비(직접비 : 간접비 = 1 : 4)
∴ 총재해손실비(Cost) = 3조 1600억원 + (3조 1600억원 × 4) = 15조 8000억원

14 근로자가 작업대 위에서 전기공사 작업 중 감전에 의하여 지면으로 떨어져 다리에 골절 상해를 입은 경우의 기인물과 가해물로 옳은 것은?

① 기인물—작업대, 가해물—지면
② 기인물—전기, 가해물—지면
③ 기인물—지면, 가해물—전기
④ 기인물—작업대, 가해물—전기

기인물과 가해물
- 기인물 : 불안전한 상태에 있는 물체(환경 포함)
- 가해물 : 직접 사람에게 접촉되어 위해를 가한 물체

15 산업안전보건법령상 근로자 안전보건교육 중 채용시의 교육 및 작업내용 변경시의 교육 사항으로 옳은 것은?

① 물질안전보건자료에 관한 사항
② 건강증진 및 질병 예방에 관한 사항
③ 유해 · 위험 작업환경 관리에 관한 사항
④ 표준안전작업방법 및 지도 요령에 관한 사항

채용 시 교육 및 작업내용 변경 시 교육(산업안전보건법 시행규칙 별표 5)
- 산업안전 및 산업재해 예방에 관한 사항(화재·폭발 사고 발생 시 대피에 관한 사항 포함)
- 산업보건 및 건강장해 예방에 관한 사항
- 위험성 평가에 관한 사항
- 산업안전보건법령 및 산업재해보상보험 제도에 관한 사항
- 직무스트레스 예방 및 관리에 관한 사항
- 직장 내 괴롭힘, 고객의 폭언 등으로 인한 건강장해 예방 및 관리에 관한 사항
- 기계 · 기구의 위험성과 작업의 순서 및 동선에 관한 사항
- 작업 개시 전 점검에 관한 사항
- 정리정돈 및 청소에 관한 사항
- 사고 발생 시 긴급조치에 관한 사항
- 물질안전보건자료에 관한 사항

16 파블로프(Pavlov)의 조건반사설에 의한 학습이론의 원리에 해당되지 않는 것은?

① 일관성의 원리　　② 시간의 원리
③ 강도의 원리　　④ 준비성의 원리

조건반사설에 의한 학습이론의 원리
- 시간의 원리 : 조건자극(총소리)이 무조건자극(음식물)보다 시간적으로 동시 또는 조금 앞서서 주어야만 조건화 즉 강화가 잘 된다.
- 강도의 원리 : 조건반사적인 행동이 이루어지려면 먼저 준 자극의 정도에 비해 적어도 같거나 보다 강한 자극을 주어야 바람직한 결과를 얻을 수 있다.
- 일관성의 원리 : 조건자극은 일관된 자극물을 사용하여야 한다.
- 계속성의 원리 : 자극과 반응과의 관계를 반복하여 회수를 거듭할수록 조건화가 잘 형성된다.

17 부주의 현상 중 의식의 우회에 대한 예방대책으로 옳은 것은?

① 안전교육　　② 표준작업제도 도입
③ 상담　　④ 적성배치

부주의 발생원인 및 대책
- 외적 원인 및 대책
  - 작업, 환경조건 불량 : 환경정비
  - 작업순서의 부적당 : 작업순서정비
- 내적 조건 및 대책
  - 소질적 조건 : 적정 배치
  - 의식의 우회 : 상담(Counseling)
  - 경험, 미경험 : 교육

18 인간관계의 메커니즘 중 다른 사람으로부터의 판단이나 행동을 무비판적으로 논리적, 사실적 근거 없이 받아들이는 것은?

① 모방(imitation)　　② 투사(projection)
③ 동일화(identification)　　④ 암시(suggestion)

인간관계의 메커니즘(Mechanism)
- 동일화(Identification) : 다른 사람의 행동 양식이나 태도를 투입시키거나, 다른 사람 가운데서 자기와 비슷한 것을 발견하는 것
- 투사(投射, Projection) : 자기 속의 억압된 것을 다른 사람의 것으로 생각하는 것을 투사(또는 투출)라고 함
- 커뮤니케이션(Communication) : 갖가지 행동 양식이나 기호를 매개로 하여 어떤 사람으로부터 다른 사람에게 전달되는 과정
- 모방(Imitation) : 남의 행동이나 판단을 표본으로 하여 그것과 같거나 또는 그것에 가까운 행동 또는 판단을 취하려는 것
- 암시(Suggestion) : 다른 사람으로부터의 판단이나 행동을 무비판적으로 논리적, 사실적 근거 없이 받아들이는 것

19 산업안전보건법령상 특별교육 대상 작업별 교육내용 중 밀폐공간에서의 작업별 교육내용이 아닌 것은?(단, 그 밖에 안전·보건관리에 필요한 사항은 제외한다.)

① 산소농도 측정 및 작업환경에 관한 사항
② 유해물질의 인체에 미치는 영향
③ 보호구 착용 및 사용방법에 관한 사항
④ 사고 시의 응급처치 및 비상시 구출에 관한 사항

밀폐공간에서의 작업 시 교육내용(산업안전보건법 시행규칙 별표 5)
- 산소농도 측정 및 작업환경에 관한 사항
- 사고 시의 응급처치 및 비상시 구출에 관한 사항
- 보호구 착용 및 사용방법에 관한 사항
- 밀폐공간작업의 안전작업방법에 관한 사항
- 그 밖에 안전·보건관리에 필요한 사항

20 매슬로우(Maslow)의 욕구단계 이론 중 제5단계 욕구로 옳은 것은?

① 안전에 대한 욕구   ② 자아실현의 욕구
③ 사회적(애정적) 욕구   ④ 존경과 긍지에 대한 욕구

매슬로우(Abraham H. Maslow)의 욕구 5단계
- 1단계 : 생리적 욕구(기아, 갈증, 호흡, 배설, 성욕 등)
- 2단계 : 안전의 욕구(안전을 구하고자 하는 욕구)
- 3단계 : 사회적 욕구(애정, 소속에 대한 욕구)
- 4단계 : 인정받으려는 욕구(자존심, 명예, 성취, 지위에 대한 욕구)
- 5단계 : 자아실현의 욕구(잠재적인 능력을 실현하고자 하는 욕구)

제 02 과목 인간공학 및 위험성 평가·관리

21 건습지수로서 습구온도와 건구온도의 가중평균치를 나타내는 Oxford지수의 공식으로 맞는 것은?

① WD = 0.65WB + 0.35DB
② WD = 0.75WB + 0.25DB
③ WD = 0.85WB + 0.15DB
④ WD = 0.95WB + 0.05DB

옥스포드(Oxford) 지수
- WD(습건) 지수라고도 하며, 습구, 건구 온도의 가중(加重)평균치
- WD = 0.85W(습구 온도) + 0.15D(건구 온도)

22 체계분석 및 설계에 있어서 인간공학적 노력의 효능을 산정하는 척도의 기준에 포함되지 않는 것은?

① 성능의 향상
② 훈련비용의 절감
③ 인력 이용률의 저하
④ 생산 및 보전의 경제성 향상

인간공학의 효과
- 인력 이용율의 향상
- 사고 및 오용으로부터의 손실감소
- 생산 및 유지정비의 경제성 증대
- 훈련비용의 절감
- 성능의 향상
- 사용자의 수용도 향상

23 시스템의 정의에 포함되는 조건 중 틀린 것은?

① 제약된 조건 없이 수행
② 요소의 집합에 의해 구성
③ 시스템 상호간에 관계를 유지
④ 어떤 목적을 위하여 작용하는 집합체

시스템이란 요소의 집합에 의해 구성되고, 시스템 상호간에 관계를 유지하면서, 정해진 조건 아래에서 어떤 목적을 위하여 작용하는 집합체를 의미한다.

24 인간의 눈에서 빛이 가장 먼저 접촉하는 부분은?

① 각막
② 망막
③ 초자체
④ 수정체

각막(cornea)은 안구 앞쪽 표면에 있는 투명하고 혈관이 없는 조직으로 흔히 검은자위라고 하는 부분이다. 각막은 눈을 외부로부터 보호할 뿐만 아니라 빛을 통과, 굴절시켜 볼 수 있게 해 준다.

25 그림과 같은 시스템에서 전체 시스템의 신뢰도는 얼마인가?(단, 네모 안의 숫자는 각 부품의 신뢰도이다.)

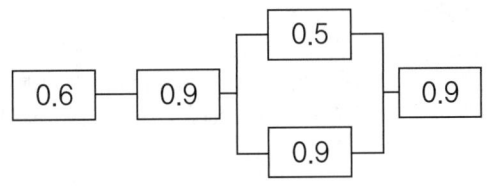

① 0.4104
② 0.4617
③ 0.6314
④ 0.6804

R = 0.6 × 0.9 × [1 − (1 − 0.5)(1 − 0.9)] × 0.9 = 0.461

26 반경 10cm의 조종구(ball control)를 30° 움직였을 때, 표시장치가 2cm 이동하였다면 통제표시비(C/R비)는 약 얼마인가?

① 1.3
② 2.6
③ 5.2
④ 7.8

$$C/R비 = \frac{\frac{\alpha}{360} \times 2\pi L}{\text{표시계기의 이동거리}} = \frac{\frac{30}{360} \times 2 \times 3.14 \times 10}{2} = 2.617$$

27 결함수분석법에서 일정 조합 안에 포함되어 있는 기본사상들이 모두 발생하지 않으면 틀림없이 정상사상(top event)이 발생되지 않는 조합을 무엇이라고 하는가?

① 컷셋(cut set)
② 패스셋(path set)
③ 결함수셋(fault tree set)
④ 부울대수(boolean algebra)

- 패스셋(path sets) : 시스템이 고장 나지 않도록 하는 사상의 조합(정상사상이 발생하지 않게 하는 기본사상들의 집합)
- 최소 패스셋(minimal path sets) : 시스템이 고장 나지 않도록 하는 최소한의 패스셋으로 어떤 고장이나 패스를 일으키지 않으면 재해는 일어나지 않는다는 것 즉, 시스템의 신뢰성을 나타내는 것

28 인간이 기대하는 바와 자극 또는 반응들이 일치하는 관계를 무엇이라 하는가?

① 관련성
② 반응성
③ 양립성
④ 자극성

양립성(Compatibility)
- 개념적 정의 : 정보입력 및 처리와 관련한 양립성은 인간의 기대와 모순되지 않는 자극들간, 반응들 간의 또는 자극반응 조합의 관계를 말하는 것
- 양립성의 구분
  - 공간 양립성 : 표시장치가 조종장치에서 물리적 형태나 공간적인 배치의 양립성
  - 운동 양립성 : 표시 및 조종장치 등의 운동 방향의 양립성
  - 개념 양립성 : 사람들이 가지고 있는 개념적 연상(어떤 암호체계에서 청색이 정상을 나타내듯이)의 양립성
  - 양식 양립성 : 기계가 특정 음성에 대해 정해진 반응을 하는 것과 같이 직무에 알맞은 자극과 응답 양식의 존재에 대한 양립성

29 휴먼 에러의 배후 요소 중 작업방법, 작업순서, 작업정보, 작업환경과 가장 관련이 깊은 것은?

① man
② machine
③ media
④ management

인간 과오의 배후요인 4요소(4M)
- 맨(Man) : 본인 이외의 사람
- 머신(Machine) : 장치나 기기 등의 물적 요인
- 미디어(Media) : 인간과 기계를 잇는 매체란 뜻으로 작업의 방법이나 순서, 작업정보의 실태나 환경과의 관계, 정리정돈
- 매너지먼트(Management) : 안전법규의 준수방법, 단속, 점검 관리 외에 지휘감독, 교육훈련

30 FTA에서 어떤 고장이나 실수를 일으키지 않으면 정상사상(top event)은 일어나지 않는다고 하는 것으로 시스템의 신뢰성을 표시하는 것은?

① cut set
② minimal cut set
③ free event
④ minimal path set

컷과 패스
- 컷셋(cut sets) : 그 속에 포함되어 있는 모든 기본사상(통상, 생략, 결함사상을 포함)이 일어났을 때 정상사상(top event)을 일으키는 기본사상의 집합
- 최소 컷셋(minimal cut sets) : 컷셋 중 그 부분집합만으로는 정상사상을 일으키는 일이 없는 것, 즉 정상사상(top event)을 일으키기 위한 최소한의 컷셋으로 어떤 고장이나 에러를 일으키면 재해가 일어나는가 하는 것 즉, 시스템의 위험성(역으로는 안전성)를 나타내는 것
- 패스셋(path sets) : 시스템이 고장 나지 않도록 하는 사상의 조합
- 최소 패스셋(minimal path sets) : 시스템이 고장 나지 않도록 하는 최소한의 패스셋으로 어떤 고장이나 패스를 일으키지 않으면 재해는 일어나지 않는다는 것 즉, 시스템의 신뢰성을 나타내는 것

31 FT도에 사용되는 기호 중 "전이기호"를 나타내는 기호는?

①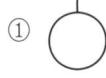
②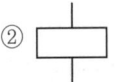
③
④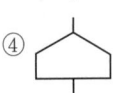

FTA 도표에 사용하는 논리기호

명칭	기호	명칭	기호
결함사상	▭	전이 기호 (이행 기호)	△ △ (in) (out)
기본사상	○	AND gate	출력 ⌒ 입력

명칭	기호	명칭	기호
생략사상 (추적 불가능한 최후사상)	◇	OR gate	(출력/입력)
통상사상 (家刑事像)	⌂	수정기호 조건	(출력/입력, 조건)

32 소음성 난청 유소견자로 판정하는 구분을 나타내는 것은?

① A
② C
③ D_1
④ D_2

소음성 난청
- 소음성 난청 유발작업 : 1일 8시간 작업을 기준으로 85dB 이상의 소음이 발생하는 작업
- 소음성 난청 판정기준
    - C1(요관찰자) : 직업력상 소음노출에 의한 것으로 추정되며 D_1에 해당되지 않고 1,000과 4,000Hz에서 각각 30, 40dB 이상의 청력손실을 보일 때
    - D_1(유소견자) : 직업력상 소음노출에 의한 것으로 추정되며 4,000Hz에서 50dB 이상의 청력손실이 인정되고 삼분법 (500, 1000, 2000Hz)에 대한 청력손실이 평균 30dB 이상일 경우

33 작업기억(working memory)에서 일어나는 정보코드화에 속하지 않는 것은?

① 의미 코드화
② 음성 코드화
③ 시각 코드화
④ 다차원 코드화

작업기억(working memory)이란 정보들을 일시적으로 보유하고, 각종 인지적 과정을 계획하고 순서지으며 실제로 수행하는 작업장으로서의 기능을 수행하는 단기적 기억을 말한다. 이러한 작업기억에 들어가는 정보는 시각적, 청각적으로 부호화(코드화)되다가 나중에는 언어 의미적 부로 변화된다.

34 Chapanis의 위험수준에 의한 위험발생률 분석에 대한 설명으로 맞는 것은?

① 자주 발생하는(frequent) > 10^{-3}/day
② 가끔 발생하는(occasional) > 10^{-5}/day
③ 거의 발생하지 않는(remote) > 10^{-6}/day
④ 극히 발생하지 않는(impossible) > 10^{-8}/day

Chapanis의 위험발생률 분석

확률 수준	발생 빈도(frequency of occurrence)
극히 발생하지 않는(impossible)	> 10^{-8}/day
매우 가능성이 없는(extremely unlikely)	> 10^{-6}/day
거의 발생하지 않는(remote)	> 10^{-5}/day
가끔 발생하는(occasional)	> 10^{-4}/day
가능성이 있는(reasonably probable)	> 10^{-3}/day
자주 발생하는(frequent)	> 10^{-2}/day

35 인체에서 뼈의 주요 기능으로 볼 수 없는 것은?

① 대사작용   ② 신체의 지지
③ 조혈작용   ④ 장기의 보호

뼈의 역할 및 기능
- 역할 : 신체 중요부분(장기 등) 보호, 신체의 지지 및 형상유지, 신체활동수행
- 기능 : 혈구세포를 만드는 조혈기능, 칼슘·인 등의 무기질 저장 및 공급기능

36 설비의 위험을 예방하기 위한 안전성 평가 단계 중 가장 마지막에 해당하는 것은?

① 재평가   ③ 안전대책
② 정성적 평가   ④ 정량적 평가

안전성 평가의 5단계
- 제1단계 : 관계자료의 작성준비
- 제3단계 : 정량적 평가
- 제5단계 : 재평가
- 제2단계 : 정성적 평가
- 제4단계 : 안전대책

37 윤활관리시스템에서 준수해야하는 4가지 원칙이 아닌 것은?

① 적정량 준수
② 다양한 윤활제의 혼합
③ 올바른 윤활법의 선택
④ 윤활기간의 올바른 준수

윤활유의 성질이 다르므로 적합한 윤활유를 사용하여야 한다.

38 인간공학적인 의자설계를 위한 일반적 원칙으로 적절하지 않은 것은?

① 척추의 허리부분은 요부 전만을 유지한다.
② 허리 강화를 위하여 쿠션은 설치하지 않는다.
③ 좌판의 앞모서리 부분은 5cm 정도 낮아야 한다.
④ 좌판과 등받이 사이의 각도는 90~105°를 유지하도록 한다.

의자 설계원칙
- 체중분포 : 체중이 좌골 결절에 실려야 편안함
- 의자 좌판의 높이 : 좌판 앞부분이 오금 높이 보다 높지 않아야 함
- 의자 좌판의 깊이와 폭 : 폭은 큰 사람에게, 깊이는 작은 사람에게 맞도록 해야 함
- 몸통의 안정 : 의자의 좌판 각도는 3°, 좌판 등판간의 등판각도는 100°가 몸통 안정에 효과적
- 등받이 폭은 최소 30.5cm 이상
- 등받이 높이는 최소 50cm 이상
- 의자의 좌판과 등받이 각도는 90~105°로 유지(최대 120°)
- 요부받침의 높이는 15.2~22.9cm, 폭은 30.5cm, 두께는 등받이로부터 5cm 정도로 함.
- 요부전만을 유지하고, 좌판의 앞모서리 부분은 5cm 정도 낮게 설계

39 정보를 전송하기 위해 청각적 표시장치를 사용해야 효과적인 경우는?

① 전언이 복잡할 경우
② 전언이 후에 재참조될 경우
③ 전언이 공간적인 위치를 다룰 경우
④ 전언이 즉각적인 행동을 요구할 경우

청각장치와 시각장치의 선택(특정 감각의 선택)

구분	청각장치 사용	시각장치 사용
전언	• 전언이 간단하고 짧다.	• 전언이 복잡하고 길다.
재참조	• 전언이 후에 재참조 되지 않는다.	• 전언이 후에 재참조 된다.
사상(Eevent)	• 전언이 즉각적인 사상을 이룬다.	• 전언이 공간적인 위치를 다룬다.
행동 요구	• 전언이 즉각적인 행동을 요구한다.	• 전언이 즉각적인 행동을 요구하지 않는다.
사용시기	• 수신자의 시각계통이 과부하 상태일 때 • 수신 장소가 너무 밝거나 암조응 유지가 필요할 때 • 직무상 수신자가 자주 움직이는 경우	• 수신자가 청각계통이 과부하 상태일 때 • 수신 장소가 너무 시끄러울 때 • 직무상 수신자가 한곳에 머무르는 경우

40 단위 면적당 표면을 떠나는 빛의 양을 설명한 것으로 맞는 것은?

① 휘도
② 조도
③ 광도
④ 반사율

단위 면적당 표면에서 반사 또는 방출되는 빛의 양을 광속발산도라 하며, 이 척도를 때로는 휘도(Brightness)라고도 한다.

제 03 과목 기계·기구 및 설비 안전관리

41 산업안전보건법령에서 규정하는 양중기에 속하지 않는 것은?

① 호이스트 ② 이동식크레인
③ 곤돌라 ④ 체인블록

산업안전보건기준에 관한 규칙 제132조(양중기) ① 양중기란 다음 각 호의 기계를 말한다.
1. 크레인[호이스트(hoist)를 포함한다]
2. 이동식 크레인
3. 리프트(이삿짐운반용 리프트의 경우에는 적재하중이 0.1톤 이상인 것으로 한정한다)
4. 곤돌라
5. 승강기

42 휴대용 연삭기 덮개의 노출각도 기준은?

① 60°이내 ② 90°이내
③ 15°이내 ④ 180°이내

연삭기 덮개의 노출각도(방호장치 자율안전기준 고시 별표 4)

그림	설명	그림	설명
125° 이내	① 일반연삭작업 등에 사용하는 것을 목적으로 하는 탁상용 연삭기의 덮개 각도	180° 이내	④ 원통연삭기, 센터리스연삭기, 공구연삭기, 만능연삭기, 그 밖에 이와 비슷한 연삭기의 덮개 각도
60° 이상	② 연삭숫돌의 상부를 사용하는 것을 목적으로 하는 탁상용 연삭기의 덮개 각도	180° 이내	⑤ 휴대용 연삭기, 스윙연삭기, 스라브연삭기, 그 밖에 이와 비슷한 연삭기의 덮개 각도
80° 이내	③ ① 및 ② 이외의 탁상용 연삭기, 그 밖에 이와 유사한 연삭기의 덮개 각도	15° 이상	⑥ 평면연삭기, 절단연삭기, 그 밖에 이와 비슷한 연삭기의 덮개 각도

43 금형 작업의 안전과 관련하여 금형 부품의 조립시의 주의 사항으로 틀린 것은?

① 맞춤 핀을 조립할 때에는 헐거운 끼워맞춤으로 한다.
② 파일럿 핀, 직경이 작은 펀치, 핀 게이지 등의 삽입부품은 빠질 위험이 있으므로 플랜지를 설치하는 등 이탈 방지대책을 세워둔다.

③ 쿠션 핀을 사용할 경우에는 상승시 누름판의 이탈방지를 위하여 단붙임한 나사로 견고히 조여야 한다.
④ 가이드 포스트, 샹크는 확실하게 고정한다.

금형 부품의 조립요령
- 맞춤 핀을 사용할 때에는 억지끼워맞춤(구멍의 최대 허용 치수가 축의 최소 허용 치수보다 작은 경우, 즉 구멍이 축보다 작은 경우로 항상 죔새가 생김)으로 한다. 상형에 사용할 때에는 낙하방지의 대책을 세워둔다.
- 파일럿 핀, 직경이 작은 펀치, 핀 게이지 등 삽입 부품은 빠질 위험이 있으므로 플랜지를 설치하거나 테이퍼로 하는 등 이탈방지대책을 세워둔다.
- 쿠션 핀을 사용할 경우에는 상승시 누름판의 이탈 방지를 위하여 단붙임한 나사로 견고히 조여야 한다.
- 가이드 포스트, 샹크는 확실하게 고정한다.

44 산업용 로봇에 사용되는 안전매트에 요구되는 일반구조 및 표시에 관한 설명으로 옳지 않은 것은?
① 단선결보장치가 부착되어 있어야 한다.
② 감응시간을 조절하는 장치는 부착되어 있지 않아야한다.
③ 자율안전확인의 표시 외에 작동하중, 감응시간, 복귀신호의 자동 또는 수동여부, 대소인공용 여부를 추가로 표시해야 한다.
④ 감응도 조절장치가 있는 경우 봉인되어 있지 않아야 한다.

산업용 로봇 안전매트 (방호장치 자율안전기준 고시 별표 7)
- 안전매트의 종류

종류	형태	용도
단일 감지기	A	감지기를 단독으로 사용
복합 감지기	B	여러 개의 감지를 연결하여 사용

- 안전매트의 일반구조
  - 단선경보장치가 부착되어 있어야 한다.
  - 감응시간을 조절하는 장치는 부착되어 있지 않아야 한다.
  - 감응도 조절장치가 있는 경우 봉인되어 있어야 한다.
- 추가표시 : 자율안전확인 안전매트에는 자율안전확인의 표시에 따른 표시 외에 작동하중, 감응시간, 복귀신호의 자동 또는 수동여부, 대소인공용 여부를 추가로 표시하여야 한다.

45 다음 중 기계 고장률의 기본 모형이 아닌 것은?
① 초기고장
② 우발고장
③ 영구고장
④ 마모고장

고장의 유형
- 초기고장 : 감소형(Debugging 기간, Burning 기간)
- 우발고장 : 일정형
- 마모고장 : 증가형(Burn In 기간)

46 프레스의 양수조작식 방호장치에서 누름버튼의 상호간 내측거리는 몇 mm 이상이어야 하는가?

① 200
② 300
③ 400
④ 500

양수조작식 방호장치의 일반구조(방호장치 안전인증 고시 별표 1)
- 정상동작표시등은 녹색, 위험표시등은 붉은색으로 하며, 쉽게 근로자가 볼 수 있는 곳에 설치해야 한다
- 슬라이드 하강 중 정전 또는 방호장치의 이상 시에 정지할 수 있는 구조이어야 한다.
- 방호장치는 릴레이, 리미트스위치 등의 전기부품의 고장, 전원전압의 변동 및 정전에 의해 슬라이드가 불시에 동작하지 않아야 하며, 사용전원전압의 ±(100분의 20)의 변동에 대하여 정상으로 작동 되어야 한다.
- 1행정1정지 기구에 사용할 수 있어야 한다.
- 누름버튼을 양손으로 동시에 조작하지 않으면 작동시킬 수 없는 구조이어야 하며, 양쪽버튼의 작동시간 차이는 최대 0.5초 이내일 때 프레스가 동작되도록 해야 한다.
- 1행정마다 누름버튼에서 양손을 떼지 않으면 다음 작업의 동작을 할 수 없는 구조이어야 한다.
- 램의 하행정중 버튼(레버)에서 손을 뗄 시 정지하는 구조이어야 한다.
- 누름버튼의 상호간 내측거리는 300mm 이상이어야 한다.
- 누름버튼(레버 포함)은 매립형의 구조로서 다음 각 세목에 적합해야 한다.
  - 누름버튼(레버 포함)의 전 구간(360°)에서 매립된 구조
  - 누름버튼(레버 포함)은 방호장치 상부표면 또는 버튼을 둘러싼 개방된 외함의 수평면으로부터 하단(2mm 이상)에 위치
- 버튼 및 레버는 작업점에서 위험한계를 벗어나게 설치해야 한다.
- 양수조작식 방호장치는 푸트스위치를 병행하여 사용할 수 없는 구조이어야 한다.

47 지게차의 헤드가드가 갖추어야 할 조건에 대한 설명으로 옳은 것은?

① 강도는 지게차 최대하중의 2배 값(4톤을 넘는 값에 대해서는 4톤으로 한다)의 등분포 정하중에 견딜 수 있을 것
② 상부틀의 각 개구의 폭 또는 길이가 26cm 미만일 것
③ 운전자가 앉아서 조작하는 방식의 지게차의 경우에는 운전자 좌석의 윗면에서 헤드가드의 상부 틀의 아랫면까지의 높이가 1m 이상일 것
④ 운전자가 서서 조작하는 방식의 지게차는 운전석의 바닥면에서 헤드가드 상부틀의 하면까지의 높이가 2m 이상일 것

지게차 헤드가드의 구비조건(산업안전보건기준에 관한 규칙 제18조)
- 강도는 지게차의 최대하중의 2배 값(4톤을 넘는 값에 대해서는 4톤으로 한다)의 등분포정하중(等分布靜荷重)에 견딜 수 있을 것
- 상부틀의 각 개구의 폭 또는 길이가 16cm 미만일 것
- 운전자가 앉아서 조작하거나 서서 조작하는 지게차의 헤드가드는 산업표준화법 제12조에 따른 한국산업표준에서 정하는 높이 기준 이상일 것
  - 앉아서 조작하는 경우 조종사가 정상적인 작동 상태에 있을 때 좌석기준점(SIP)으로부터 조종사의 머리가 위치한 헤드가드 아래 부분의 밑면까지의 수직간격은 0.903m 이상이어야 한다.
  - 서서 조작하는 경우 조종사가 정상적인 작동 상태에 있을 때 조종사가 서 있는 플랫폼에서부터 조종사의 머리가 위치한 헤드가드 아래 부분의 밑면까지의 수직 간격은 1.88m 이상이어야 한다.

48 와이어로프의 절단하중이 11,160N 이고, 한줄로 물건을 매달고자 할 때 안전계수를 6으로 하면 몇 N 이하의 물건을 매달 수 있는가?

① 1,860
② 3,720
③ 5,580
④ 66,960

최대허용하중 = $\dfrac{절단하중}{안전계수}$ = $\dfrac{11160}{60}$ = 1860

49 작업자의 신체 움직임을 감지하여 프레스의 작동을 급정지시키는 광전자식 안전장치를 부착한 프레스가 있다. 안전거리가 32cm라면 급정지에 소요되는 시간은 최대 몇초 이내이어야 하는가?(단, 급정지에 소요되는 시간은 손이 광선을 차단한 순간부터 급정지기구가 작동하여 하강하는 슬라이드가 정지할 때까지의 시간을 의미한다.)

① 0.1초
② 0.2초
③ 0.5초
④ 1초

계산방법
- 안전거리(m) = 1.6 × ts(급정지에 소요되는 시간)
- ts = $\dfrac{안전거리(0.32m)}{1.6}$ = 0.2초

50 근로자의 추락 등에 의한 위험을 방지하기 위하여 안전난간을 설치하는 경우, 이에 관한 구조 및 설치요건으로 틀린 것은?

① 상부난간대, 중간난간대, 발끝막이판 및 난간기둥으로 구성할 것
② 발끝막이판은 바닥면 등으로부터 5cm 이상의 높이를 유지할 것
③ 난간대는 지름 2.7cm 이상의 금속제 파이프나 그 이상의 강도를 가진 재료일 것
④ 안전난간은 구조적으로 가장 취약한 지점에서 가장 취약한 방향으로 작용하는 100kg 이상의 하중에 견딜 수 있을 것

산업안전보건기준에 관한 규칙 제13조(안전난간의 구조 및 설치요건) 사업주는 근로자의 추락 등의 위험을 방지하기 위하여 안전난간을 설치하는 경우 다음 각 호의 기준에 맞는 구조로 설치해야 한다.
1. 상부 난간대, 중간 난간대, 발끝막이판 및 난간기둥으로 구성할 것. 다만, 중간 난간대, 발끝막이판 및 난간기둥은 이와 비슷한 구조와 성능을 가진 것으로 대체할 수 있다.
2. 상부 난간대는 바닥면 · 발판 또는 경사로의 표면(이하 "바닥면등"이라 한다)으로부터 90센티미터 이상 지점에 설치하고, 상부 난간대를 120센티미터 이하에 설치하는 경우에는 중간 난간대는 상부 난간대와 바닥면등의 중간에 설치해야 하며, 120센티미터 이상 지점에 설치하는 경우에는 중간 난간대를 2단 이상으로 균등하게 설치하고 난간의 상하 간격은 60센티미터 이하가 되도록 할 것. 다만, 난간기둥 간의 간격이 25센티미터 이하인 경우에는 중간 난간대를 설치하지 않을 수 있다.
3. 발끝막이판은 바닥면등으로부터 10센티미터 이상의 높이를 유지할 것. 다만, 물체가 떨어지거나 날아올 위험이 없거나 그 위험을 방지할 수 있는 망을 설치하는 등 필요한 예방 조치를 한 장소는 제외한다.
4. 난간기둥은 상부 난간대와 중간 난간대를 견고하게 떠받칠 수 있도록 적정한 간격을 유지할 것
5. 상부 난간대와 중간 난간대는 난간 길이 전체에 걸쳐 바닥면등과 평행을 유지할 것

6. 난간대는 지름 2.7센티미터 이상의 금속제 파이프나 그 이상의 강도가 있는 재료일 것
7. 안전난간은 구조적으로 가장 취약한 지점에서 가장 취약한 방향으로 작용하는 100킬로그램 이상의 하중에 견딜 수 있는 튼튼한 구조일 것

51 위험한 작업점과 작업자 사이의 위험을 차단시키는 격리형 방호장치가 아닌 것은?

① 접촉반응형 방호장치 ② 완전차단형 방호장치
③ 덮개형 방호장치 ④ 안전방책

방호장치의 구분
- 접근거부형 : 수인식, 손쳐내기식
- 접근반응형 : 감응식
- 위치제한형 : 양수조작식
- 포집형 : 반발예방장치, 덮개
- 격리형 방호장치 : 완전차단형 방호장치, 덮개형 방호장치, 안전방책

52 선반 작업시 주의사항으로 틀린 것은?

① 회전 중에 가공품을 직접 만지지 않는다.
② 공작물의 설치가 끝나면, 척에서 렌치류는 곧 바로 제거한다.
③ 칩(chip)이 비산할 때는 보안경을 쓰고 방호판을 설치하여 사용한다.
④ 돌리개는 적정 크기의 것을 선택하고, 심압대 스핀들은 가능한 길게 나오도록 한다.

선반 작업 시 안전작업
- 절삭중인 공작물에는 손을 대지 말아야 한다.
- 작업 중 절삭칩이 눈에 들어가지 않도록 반드시 보안경을 써야 한다.
- 업자는 거친 물건을 취급할 때 장갑을 사용할 수 있지만, 선반을 실제 운전 할 때 장갑을 착용해서는 안된다.
- 작업 중 공작물의 치수 측정시에는 기계의 운전을 정지한다.
- 절삭칩의 제거는 반드시 브러시등을 사용한다.
- 리드 스크류에는 몸의 하부가 걸리기 쉬우므로 조심해야 한다.
- 선반의 베드위에는 공구를 놓아서는 안된다.
- 기계운전 중 백기어(back gear)의 사용을 금한다.
- 센터작업을 할 때에는 심압 센터에 자주 절삭유를 주어 열발생을 막는다.
- 기계에 주유 및 청소를 할 때에는 반드시 기계를 정지시키고 있다.
- 가공물의 설치는 반드시 기기의 정지 후 바이트를 제거한 후에 한다.
- 돌리개를 적당한 크기의 것을 선택하고 심압대 스핀들이 지나치게 나오지 않도록 한다.
- 공작물의 설치가 끝나면 척에서 랜치류는 곧 제거한다.
- 편심된 가공물의 설치시는 균형추를 부착시킨다.
- 가늘고 긴 공작물을 가공할 경우 공작물이 진동을 일으킬 수 있으므로 방진구를 설치하여 작업한다.

53 선반에서 절삭가공 중 발생하는 연속적인 칩을 자동적으로 끊어 주는 역할을 하는 것은?

① 칩브레이커 ② 방진구
③ 보안경 ④ 커버

선반의 방호장치
- 칩브레이커(chip breaker) : 바이트에 설치된 칩을 짧게 끊어내는 장치
- 실드(shield) : 칩 비산 방지 투명판
- 브레이크(brake) : 급정지장치
- 덮개 또는 울 : 돌출 가공물에 설치한 안전장치

54 구멍이 있거나 노치(notch) 등이 있는 재료에 외력이 작용할 때 가장 현저하게 나타나는 현상은?

① 가공경화 ② 피로
③ 응력집중 ④ 크리프(creep)

구멍, 노치 등이 있는 재료에 응력을 가하면 이 부분에 응력이 집중되어 강도가 저하되는 현상을 노치효과(notch effect)라고 한다.

55 연삭숫돌의 덮개 재료 선정 시 최고속도에 따라 허용되는 덮개 두께가 달라지는데 동일한 최고속도에서 가장 얇은 판을 쓸 수 있는 덮개의 재료로 다음 중 가장 적절한 것은?

① 회주철 ② 압연강판
③ 가단주철 ④ 탄소강주강품

연삭숫돌의 사용 주속도에 따라 덮개 두께가 달라지며 이는 압연강판을 재료로 할 경우를 기준으로 한다. 다만, 압연강판 이외의 재료를 사용할 경우에는 회주철의 경우 압연강판 두께의 값에 4를 곱한 값 이상, 가단주철의 경우 압연강판 두께의 값에 2를 곱한 값 이상, 탄소강주강품은 압연강판 두께에 1.6을 곱한 값 이상이어야 한다.(방호장치 자율안전기준 고시 별표 4)

56 동력 프레스를 분류하는데 있어서 그 종류에 속하지 않는 것은?

① 크랭크 프레스 ② 토글 프레스
③ 마찰 프레스 ④ 터릿 프레스

동력 프레스의 종류 : 크랭크 프레스, 마찰 프레스, 기계 프레스, 토글 프레스, 액압 프레스, 키클러치 프레스 등

57 목재가공용 둥근톱에서 둥근톱의 두께가 4mm일 때 분할날의 두께는 몇 mm 이상이어야 하는가?

① 4.0 ② 4.2
③ 4.4 ④ 4.8

목재 가공용 둥근톱의 설치방법
- 톱니의 접촉 예방장치는 분할날에 대면하고 있는 부분과 가공재를 절단하는 부분이외의 톱날을 덮을 수 있는 구조로 한다.

- 반발방지기구는 목재 송급 쪽에 설치하되 목재의 반발을 충분히 방지할 수 있도록 가공재 위에 밀착하여 설치한다(톱 직경 405mm 이상에는 사용금지).
- 분할날은 톱날로부터 12mm 이상 떨어지지 않게 설치하되 그 두께는 둥근톱 두께의 1.1배 이상, 둥근톱의 세트나비보다 작아야 한다.
- 분할날의 높이는 톱의 원주높이의 2/3 이상이어야 하며, 분할날의 두께는 톱날 두께의 1.1배 이상, 치폭 이하로 한다.

58 제철공장에서는 주괴(ingot)를 운반하는데 주로 컨베이어를 사용하고 있다. 컨베이어에 대한 방호조치로 틀린 것은?

① 근로자의 신체의 일부가 말려드는 등 근로자에게 위험을 미칠 우려가 있는 때 및 비상시에는 즉시 컨베이어 등의 운전을 정지시킬 수 있는 장치를 설치하여야 한다.
② 화물의 낙하로 인하여 근로자에게 위험을 미칠 우려가 있는 때에는 당해 컨베이어 등에 덮개 또는 울을 설치하는 등 낙하방지를 위한 조치를 하여야 한다.
③ 수평상태로만 사용하는 컨베이어의 경우 정전, 전압 강하 등에 의한 화물 또는 운반구의 이탈 및 역주행을 방지하는 장치를 갖추어야 한다.
④ 운전 중인 컨베이어 등의 위로 근로자를 넘어가도록 하는 때에는 근로자의 위험을 방지하기 위하여 건널다리를 설치하는 등 필요한 조치를 하여야 한다.

산업안전보건기준에 관한 규칙 제191조(이탈 등의 방지) 사업주는 컨베이어, 이송용 롤러 등(이하 "컨베이어등"이라 한다)을 사용하는 경우에는 정전·전압강하 등에 따른 화물 또는 운반구의 이탈 및 역주행을 방지하는 장치를 갖추어야 한다. 다만, 무동력상태 또는 수평상태로만 사용하여 근로자가 위험해질 우려가 없는 경우에는 그러하지 아니하다.

59 롤러기에서 손조작식 급정지장치의 조작부 설치위치로 옳은 것은?(단, 위치는 급정지장치의 조작부의 중심적을 기준으로 한다.)

① 밑면으로부터 0.4m 이상 0.6m 이내
② 밑면으로부터 0.8m 이상 1.1m 이내
③ 밑면으로부터 0.8m 이내
④ 밑면으로부터 1.8m 이내

롤러기 급정지장치의 종류(방호장치 자율안전기준 고시 별표 3)

종류	위치	비고
손조작식	밑면에서 1.8m 이내	위치는 급정지장치조작부의 중심점을 기준으로 함
복부조작식	밑면에서 0.8m 이상 1.1m 이내	
무릎조작식	밑면에서 0.6m 이내	

60 보일러 수에 유지류, 고형물 등의 부유물로 인한 거품이 발생하여 수위를 판단하지 못하는 현상은?

① 프라이밍(priming)
② 캐리오버(carry over)
③ 포밍(foaming)
④ 워터해머(water hammer)

보일러 관련 용어
- 프라이밍(Priming) : 드럼 내의 부착품에 기계적 결함으로 보일러수가 극심하게 끓어서 수면에서 끊임없이 격심한 물방울이 비산하고 증기부가 물방울로 충만하여 수위가 불안정하게 되는 현상
- 캐리오버(carry over) : 물 속에 용해되어 있는 고형분이나 수분이 증기의 흐름에 때라 발생증기 속으로 운반되어 나오게 되는 기수공방의 현상
- 포밍(Forming) : 보일러 관수 중의 용존 고형물, 유지분에 의하여 수면위에 거품이 발생하고 심하면 보일러 밖으로 흘러 넘치는 현상
- 수격작용(water hammer) : 관로(管路) 안의 물의 운동상태를 급격히 변화시킴으로써 일어나는 압력파로 밸브의 급격한 개폐, 관내유동이 급격히 변할 때 발생

제 04 과목 전기 및 화학설비 안전관리

61 전선간에 가해지는 전압이 어떤 값 이상으로 되면 전선 주위의 전기장이 강하게 되어 전선 표면의 공기가 국부적으로 절연이 파괴되어 빛과 소리를 내는 것은?

① 표피 작용 ② 페란티 효과
③ 코로나 현상 ④ 근접 현상

코로나방전은 대전된 부도체와 돌출된 선단의 도체 사이의 방전으로, 송전선에서 코로나 방전에 따른 손실을 줄이기 위해 송전선의 도체를 같은 전위를 가진 두 개 이상의 도체로 구성하는 복도체 방식으로 송전한다.

62 폭발위험장소의 분류 중 1종 장소에 해당하는 것은?

① 폭발성 가스 분위기가 연속적, 장기간 또는 빈번하게 존재하는 장소
② 폭발성 가스 분위기가 정상작동 중 조성되지 않거나 조성된다 하더라도 짧은 기간에만 존재할 수 있는 장소
③ 폭발성 가스 분위기가 정상작동 중 주기적 또는 빈번하게 생성되는 장소
④ 폭발성 가스 분위기가 장기간 또는 거의 조성되지 않는 장소

폭발위험장소의 분류

분류		적요	예
가스 폭발 위험 장소	0종 장소	인화성 액체의 증기 또는 가연성 가스에 의한 폭발위험이 지속적으로 또는 장기간 존재하는 장소	용기·장치·배관 등의 내부 등
	1종 장소	정상 작동상태에서 인화성 액체의 증기 또는 가연성 가스에 의한 폭발위험분위기가 존재하기 쉬운 장소	맨홀·벤트·피트 등의 주위
	2종 장소	정상작동상태에서 인화성 액체의 증기 또는 가연성 가스에 의한 폭발위험분위기가 존재할 우려가 없으나, 존재할 경우 그 빈도가 아주 적고 단기간만 존재할 수 있는 장소	개스킷·패킹 등의 주위

	20종 장소	분진운 형태의 가연성 분진이 폭발농도를 형성할 정도로 충분한 양이 정상작동 중에 연속적으로 또는 자주 존재하거나, 제어할 수 없을 정도의 양 및 두께의 분진층이 형성될 수 있는 장소	호퍼·분진저장소·집진장치·필터 등의 내부
분진폭발위험장소	21종 장소	20종 장소 외의 장소로서, 분진운 형태의 가연성 분진이 폭발농도를 형성할 정도의 충분한 양이 정상작동 중에 존재할 수 있는 장소	집진장치·백필터·배기구 등의 주위, 이송벨트 샘플링 지역 등
	22종 장소	21종 장소 외의 장소로서, 가연성 분진운 형태가 드물게 발생 또는 단기간 존재할 우려가 있거나, 이상작동 상태하에서 가연성 분진층이 형성될 수 있는 장소	21종 장소에서 예방조치가 취하여진 지역, 환기설비 등과 같은 안전장치 배출구 주위 등

63 인체저항을 5,000Ω으로 가정하면 심실세동을 일으키는 전류에서의 전기에너지는?(단, 심실세동전류는 $\frac{165}{\sqrt{T}}$ mA이며 통전시간 T는 1초이고 전원은 교류정현파이다.)

① 33J
② 130J
③ 136J
④ 142J

$W = I^2RT = (\frac{165}{\sqrt{T}} \times 10^{-3})^2 \times 5000 \times 1 = 136$

64 고압 또는 특고압의 기계기구·모선 등을 옥외에 시설하는 발전소·변전소 개폐소 또는 이에 준하는 곳에는 구내에 취급자 이외의 자가 들어가지 못하도록 하기 위한 시설의 기준에 대한 설명으로 틀린 것은?

① 울타리·담 등의 높이는 1.5m 이상으로 시설하여야 한다.
② 출입구에는 출입금지의 표시를 하여야 한다.
③ 출입구에는 자물쇠장치 기타 적당한 장치를 하여야한다.
④ 지표면과 울타리·담 등의 하단 사이의 간격은 15cm 이하로 하여야 한다.

한국전기설비규정 351.1 발전소 등의 울타리·담 등의 시설
1. 고압 또는 특고압의 기계기구·모선 등을 옥외에 시설하는 발전소·변전소·개폐소 또는 이에 준하는 곳에는 다음에 따라 구내에 취급자 이외의 사람이 들어가지 아니하도록 시설하여야 한다. 다만, 토지의 상황에 의하여 사람이 들어갈 우려가 없는 곳은 그러하지 아니하다.
    가. 울타리·담 등을 시설할 것
    나. 출입구에는 출입금지의 표시를 할 것
    다. 출입구에는 자물쇠장치 기타 적당한 장치를 할 것
2. 제1의 울타리·담 등은 다음에 따라 시설하여야 한다.
    가. 울타리·담 등의 높이는 2m 이상으로 하고 지표면과 울타리·담 등의 하단사이의 간격은 0.15 m 이하로 할 것
    나. 울타리·담 등과 고압 및 특고압의 충전 부분이 접근하는 경우에는 울타리·담 등의 높이와 울타리·담 등으로부터 충전 부분까지 거리의 합계는 다음의 표에서 정한 값 이상으로 할 것

사용전압의 구분	울타리·담 등의 높이와 울타리·담 등으로부터 충전부분까지의 거리의 합계
35kV 이하	5m
35kV 초과 160kV 이하	6m
160kV 초과	6m에 160kV를 초과하는 10kV 또는 그 단수마다 0.12m를 더한 값

65 정전기 발생에 영향을 주는 요인이 아닌 것은?

① 물질의 특성
② 물체의 표면상태
③ 접촉면적 및 압력
④ 응집 속도

정전기 발생에 영향을 미치는 요소
- 물질의 특성
- 물질의 표면 상태
- 물질의 이력
- 접촉 면적과 압력
- 물질의 분리속도

66 전기기계·기구에 대하여 누전에 의한 감전위험을 방지하기위하여 누전차단기를 전기기계·기구에 접속할 때 준수하여야 할 사항으로 옳은 것은?

① 누전차단기의 정격감도전류가 60mA 이하이고 작동시간은 0.1초 이내일 것
② 누전차단기의 정격감도전류가 50mA 이하이고 작동시간은 0.08초 이내일 것
③ 누전차단기의 정격감도전류가 40mA 이하이고 작동시간은 0.06초 이내일 것
④ 누전차단기의 정격감도전류가 30mA 이하이고 작동시간은 0.03초 이내일 것

누전차단기 접속시 준수사항(산업안전보건기준에 관한 규칙 제304조)
- 전기기계·기구에 설치되어 있는 누전차단기는 정격감도전류가 30mA 이하이고 작동시간은 0.03초 이내일 것. 다만, 정격전부하전류가 50A 이상인 전기기계·기구에 접속되는 누전차단기는 오작동을 방지하기 위하여 정격감도전류는 200mA 이하로, 작동시간은 0.1초 이내로 할 수 있다.
- 분기회로 또는 전기기계·기구마다 누전차단기를 접속할 것. 다만, 평상시 누설전류가 매우 적은 소용량부하의 전로에는 분기회로에 일괄하여 접속할 수 있다.
- 누전차단기는 배전반 또는 분전반 내에 접속하거나 꽂음접속기형 누전차단기를 콘센트에 접속하는 등 파손이나 감전사고를 방지할 수 있는 장소에 접속할 것
- 지락보호전용 기능만 있는 누전차단기는 과전류를 차단하는 퓨즈나 차단기 등과 조합하여 접속할 것

67 방폭구조의 종류 중 방진방폭구조를 나타내는 표시로 옳은 것은?

① DDP
② tD
③ XDP
④ DP

- 방진방폭구조(tD) : 분진층이나 분진운의 점화를 방지하기 위하여 용기로 보호하는 전기기기에 적용되는 분진침투방지, 표면온도제한 등의 방법을 말한다.
- SDP : 특수방진방폭구조
- DP : 보통방진방폭구조
- XDP : 방진특수방폭구조

68 누전에 의한 감전의 위험을 방지하기 위하여 반드시 접지를 하여야만 하는 부분에 해당되지 않는 것은?

① 절연대 위 등과 같이 감전 위험이 없는 장소에서 사용하는 전기 기계·기구의 금속체
② 전기 기계·기구의 금속제 외함, 금속제 외피 및 철대
③ 전기를 사용하지 아니하는 설비 중 전동식 양중기의 프레임과 궤도에 해당하는 금속체
④ 코드와 플러그를 접속하여 사용하는 휴대형 전동기계·기구의 노출된 비충전 금속제

산업안전보건기준에 관한 규칙 제302조(전기 기계·기구의 접지) ① 사업주는 누전에 의한 감전의 위험을 방지하기 위하여 다음 각 호의 부분에 대하여 접지를 해야 한다.
1. 전기 기계·기구의 금속제 외함, 금속제 외피 및 철대
2. 고정 설치되거나 고정배선에 접속된 전기기계·기구의 노출된 비충전 금속체 중 충전될 우려가 있는 다음 각 목의 어느 하나에 해당하는 비충전 금속체
   가. 지면이나 접지된 금속체로부터 수직거리 2.4미터, 수평거리 1.5미터 이내인 것
   나. 물기 또는 습기가 있는 장소에 설치되어 있는 것
   다. 금속으로 되어 있는 기기접지용 전선의 피복·외장 또는 배선관 등
   라. 사용전압이 대지전압 150볼트를 넘는 것
3. 전기를 사용하지 아니하는 설비 중 다음 각 목의 어느 하나에 해당하는 금속체
   가. 전동식 양중기의 프레임과 궤도
   나. 전선이 붙어 있는 비전동식 양중기의 프레임
   다. 고압(1.5천볼트 초과 7천볼트 이하의 직류전압 또는 1천볼트 초과 7천볼트 이하의 교류전압을 말한다. 이하 같다) 이상의 전기를 사용하는 전기 기계·기구 주변의 금속제 칸막이·망 및 이와 유사한 장치
4. 코드와 플러그를 접속하여 사용하는 전기 기계·기구 중 다음 각 목의 어느 하나에 해당하는 노출된 비충전 금속체
   가. 사용전압이 대지전압 150볼트를 넘는 것
   나. 냉장고·세탁기·컴퓨터 및 주변기기 등과 같은 고정형 전기기계·기구
   다. 고정형·이동형 또는 휴대형 전동기계·기구
   라. 물 또는 도전성(導電性)이 높은 곳에서 사용하는 전기기계·기구, 비접지형 콘센트
   마. 휴대형 손전등
5. 수중펌프를 금속제 물탱크 등의 내부에 설치하여 사용하는 경우 그 탱크(이 경우 탱크를 수중펌프의 접지선과 접속하여야 한다)

69 산화성 액체 중 질산의 성질에 관한 설명으로 옳지 않은 것은?

① 피부 및 의복을 부식하는 성질이 있다.
② 쉽게 연소하는 가연성 물질이므로 화기에 극도로 주의한다.
③ 위험물 유출 시 건조사를 뿌리거나 중화제로 중화한다.
④ 물과 반응하면 발열반응을 일으키므로 물과의 접촉을 피한다.

제6류 위험물에 해당되는 질산은 불연성 물질이다.

70 과전류차단기로 시설하는 퓨즈 중 고압전로에 사용하는 비포장 퓨즈에 대한 설명으로 옳은 것은?

① 정격전류의 1.25배의 전류에 견디고 또한 2배의 전류로 2분 안에 용단되는 것이어야 한다.
② 정격전류의 1.25배의 전류에 견디고 또한 2배의 전류로 4분 안에 용단되는 것이어야 한다.
③ 정격전류의 2배의 전류에 견디고 또한 2배의 전류로 2분 안에 용단되는 것이어야 한다.
④ 정격전류의 2배의 전류에 견디고 또한 2배의 전류로 4분 안에 용단되는 것이어야 한다.

고압 및 특고압 전로 중의 과전류차단기의 시설(한국전기설비규정 341.10)
- 과전류차단기로 시설하는 퓨즈 중 고압전로에 사용하는 포장 퓨즈(퓨즈 이외의 과전류 차단기와 조합하여 하나의 과전류 차단기로 사용하는 것을 제외한다)는 정격전류의 1.3배의 전류에 견디고 또한 2배의 전류로 120분 안에 용단되는 것 또는 고압전류제한퓨즈이어야 한다.
- 과전류차단기로 시설하는 퓨즈 중 고압전로에 사용하는 비포장 퓨즈는 정격전류의 1.25배의 전류에 견디고 또한 2배의 전류로 2분 안에 용단되는 것이어야 한다.
- 고압 또는 특고압의 전로에 단락이 생긴 경우에 동작하는 과전류차단기는 이것을 시설하는 곳을 통과하는 단락전류를 차단하는 능력을 가지는 것이어야 한다.
- 고압 또는 특고압의 과전류차단기는 그 동작에 따라 그 개폐상태를 표시하는 장치가 되어있는 것이어야 한다. 다만, 그 개폐상태가 쉽게 확인될 수 있는 것은 적용하지 않는다.

71 다음 중 물리적 공정에 해당되는 것은?

① 유화중합   ② 축합중합
③ 산화   ④ 증류

증류는 상대휘발도의 차이를 이용하여 액체상태의 혼합물을 분리하는 방법으로 두 혼합물의 화학반응 없이 물리적인 분리가 이루어지는 경우를 말한다.

72 전기기계·기구의 조작부분을 점검하거나 보수하는 경우에는 근로자가 안전하게 작업할 수 있도록 전기기계·기구로부터 최소 몇 cm 이상의 작업공간 폭을 확보하여야 하는가?(단, 작업공간을 확보하는 것이 곤란하여 절연용 보호구를 착용하도록 한 경우 제외)

① 60cm   ② 70cm
③ 80cm   ④ 90cm

산업안전보건기준에 관한 규칙 제310조(전기 기계·기구의 조작 시 등의 안전조치) ① 사업주는 전기기계·기구의 조작 부분을 점검하거나 보수하는 경우에는 근로자가 안전하게 작업할 수 있도록 전기기계·기구로부터 폭 70센티미터 이상의 작업공간을 확보하여야 한다. 다만, 작업공간을 확보하는 것이 곤란하여 근로자에게 절연용 보호구를 착용하도록 한 경우에는 그러하지 아니하다.

73 최소 착화에너지가 0.25mJ, 극간 정전용량이 10pF인 부탄가스 버너를 점화시키기 위해서 최소 얼마 이상의 전압을 인가하여야 하는가?

① 0.52×10^2 V   ② 0.74×10^3 V
③ 7.07×10^3 V   ④ 5.03×10^5 V

$$V = \sqrt{\frac{2W}{C}} = \sqrt{\frac{2 \times 0.25 \times 10^{-3}}{10 \times 10^{-12}}} = 7071 = 7.07 \times 10^3$$

74 다음 중 유류화재의 종류에 해당하는 것은?

① A급 ② B급
③ C급 ④ D급

화재등급별 소화방법

구분	A급 화재	B급 화재	C급 화재	D급 화재
명칭	보통화재	유류, 가스화재	전기화재	금속화재(Al분, Mg분)
주 소화효과	냉각	질식	냉각, 질식	질식
적응 소화재	물 소화기 강화액 소화기	포말 소화기 CO_2 소화기 분말 소화기 증발성 액체 소화기	유기성 소화액 CO_2 소화기 분말 소화기	건조사 팽창 질석 팽창 진주암
구분색	백색	황색	청색	-

75 다음 중 가연성 가스의 폭발범위에 관한 설명으로 틀린 것은?

① 상한과 하한이 있다.
② 압력과 무관하다.
③ 공기와 혼합된 가연성 가스의 체적 농도로 표시된다.
④ 가연성 가스의 종류에 따라 다른 값을 갖는다.

가연성 가스와 공기와의 혼합가스에 점화원을 주었을 때 폭발이 일어나는 혼합가스의 농도 범위를 폭발범위라 하며, 폭발범위에 영향을 주는 인자로는 인화성 물질 온도, 압력의 방향, 인화성 물질의 농도범위, 용기의 크기와 형태 등이 있다.

76 산업안전보건법령상의 위험물을 저장·취급하는 화학설비 및 그 부속설비를 설치하는 경우 폭발이나 화재에 따른 피해를 줄이기 위하여 단위공정시설 및 설비로부터 다른 단 위공정시설 및 설비 사이의 안전거리는 얼마로 하여야 하는가?

① 설비의 안쪽 면으로부터 10m 이상
② 설비의 바깥쪽 면으로부터 10m 이상
③ 설비의 안쪽 면으로부터 5m 이상
④ 설비의 바깥 면으로부터 5m 이상

안전거리(산업안전보건기준에 관한 규칙 별표 8)

구분	안전거리
1. 단위공정시설 및 설비로부터 다른 단위공정시설 및 설비의 사이	설비의 바깥 면으로부터 10미터 이상
2. 플레어스택으로부터 단위공정시설 및 설비, 위험물질 저장탱크 또는 위험물질 하역설비의 사이	플레어스택으로부터 반경 20미터 이상. 다만, 단위 공정시설 등이 불연재로 시공된 지붕 아래에 설치된 경우에는 그러하지 아니하다.
3. 위험물질 저장탱크로부터 단위공정시설 및 설비, 보일러 또는 가열로의 사이	저장탱크의 바깥 면으로부터 20미터 이상. 다만, 저장탱크의 방호벽, 원격조종화설비 또는 살수설비를 설치한 경우에는 그러하지 아니하다.
4. 사무실·연구실·실험실·정비실 또는 식당으로부터 단위공정시설 및 설비, 위험물질 저장탱크, 위험물질 하역설비, 보일러 또는 가열로의 사이	사무실 등의 바깥 면으로부터 20미터 이상. 다만, 난방용 보일러인 경우 또는 사무실 등의 벽을 방호구조로 설치한 경우에는 그러하지 아니하다.

77 어떤 물질 내에서 반응전파속도가 음속보다 빠르게 진행되고 이로 인해 발생된 충격파가 반응을 일으키고 유지하는 발열반응을 무엇이라 하는가?

① 점화(Ignition) ② 폭연(Deflagration)
③ 폭발(Explosion) ④ 폭굉(Detonation)

물체가 발열화학 반응을 수반해 분해할 때에는 화염을 수반하지만 화염의 전파속도가 매질 중의 음속보다 빠르고, 화염면의 직전에 압력의 불연속적인 융기를 수반해 충격파가 발생되어 반응속도가 급속도로 빨라진다. 이 현상을 폭굉(detonation)이라 하고, 연소와는 구별된다. 연소에서 폭굉으로 옮겨질 수가 있으며, 그 변화는 비약적으로 일어난다.

78 다음 중 산업안전보건법령상 위험물의 종류에서 인화성 가스에 해당하지 않는 것은?

① 수소 ② 질산에스테르
③ 아세틸렌 ④ 메탄

위험물질의 종류(산업안전보건기준에 관한 규칙 별표 1)

- 폭발성 물질 및 유기과산화물 : 질산에스테르류, 니트로화합물, 니트로소화합물, 아조화합물, 디아조화합물, 하이드라진 유도체, 유기과산화물
- 물반응성 물질 및 인화성 고체 : 리튬, 칼륨·나트륨, 황, 황린, 황화인·적린, 셀룰로이드류, 알킬알루미늄·알킬리튬, 마그네슘 분말, 금속 분말(마그네슘분말 제외), 알칼리금속(리튬·칼륨및나트륨은 제외), 유기 금속화합물(알킬알루미늄 및 알킬리튬은 제외), 금속의 수소화물, 금속의 인화물, 칼슘탄화물, 알루미늄 탄화물
- 산화성 액체 및 산화성 고체 : 차아염소산 및 그 염류, 아염소산 및 그 염류, 염소산 및 그 염류, 과 염소산 및 그 염류, 브롬산 및 그 염류, 요오드산 및 그 염류, 과산화수소 및 무기 과산화물, 질산 및 그 염류, 과망간산 및 그 염류, 중크롬산 및 그 염류
- 인화성 액체
  - 에틸에테르, 가솔린, 아세트알데히드, 산화프로필렌, 그 밖에 인화점이 23℃ 미만이고 초기 끓는점이 35℃ 이하인 물질
  - 노르말헥산, 아세톤, 메틸에틸케톤, 메틸알코올, 에틸알코올, 이황화탄소, 그 밖에 인화점이 23℃ 미만이고 초기 끓는점

이 35℃를 초과하는 물질
- 크실렌, 아세트산아밀, 등유, 경유, 테레핀유, 이소아밀알코올, 아세트산, 하이드라진, 그 밖에 인화점이 23℃ 이상 60℃ 이하인 물질
• 인화성 가스 : 수소, 아세틸렌, 에틸렌, 메탄, 에탄, 프로판, 부탄
• 부식성 물질
- 부식성 산류 : 농도가 20% 이상인 염산, 황산, 질산, 그 밖에 이와 같은 정도 이상의 부식성을 가지는 물질 / 농도가 60% 이상인 인산, 아세트산, 불산, 그 밖에 이와 같은 정도 이상의 부식성을 가지는 물질
- 부식성 염기류 : 농도가 40% 이상인 수산화나트륨, 수산화칼륨, 그 밖에 이와 같은 정도 이상의 부식성을 가지는 염기류
• 급성 독성 물질
- 쥐에 대한 경구투입실험에 의하여 실험동물의 50%를 사망시킬 수 있는 물질의 양, 즉 LD50(경구, 쥐)이 킬로그램당 300밀리그램-(체중) 이하인 화학물질
- 쥐 또는 토끼에 대한 경피흡수실험에 의하여 실험동물의 50%를 사망시킬 수 있는 물질의 양, 즉 LD50(경피, 토끼 또는 쥐)이 킬로그램당 1000밀리그램 -(체중) 이하인 화학물질
- 쥐에 대한 4시간 동안의 흡입실험에 의하여 실험동물의 50%를 사망시킬 수 있는 물질의 농도, 즉 가스 LC50(쥐, 4시간 흡입)이 2500ppm 이하인 화학물질, 증기 LC50(쥐, 4시간 흡입)이 10mg/ℓ이하인 화학물질, 분진 또는 미스트 1mg/ℓ 이하인 화학물질

79 산업안전보건법령상 관리대상 유해물질의 운반 및 저장 방법으로 적절하지 않은 것은?

① 저장장소에는 관계 근로자가 아닌 사람의 출입을 금지하는 표시를 한다.
② 저장장소에서 관리대상 유해물질의 증기가 실외로 배출되지 않도록 적절한 조치를 한다.
③ 관리대상 유해물질을 저장할 때 일정한 장소를 지정하여 저장하여야 한다.
④ 물질이 새거나 발산될 우려가 없는 뚜껑 또는 마개가 있는 튼튼한 용기를 사용한다.

산업안전보건기준에 관한 규칙 제443조(관리대상 유해물질의 저장) ① 사업주는 관리대상 유해물질을 운반하거나 저장하는 경우에 그 물질이 새거나 발산될 우려가 없는 뚜껑 또는 마개가 있는 튼튼한 용기를 사용하거나 단단하게 포장을 하여야 하며, 그 저장장소에는 다음 각 호의 조치를 하여야 한다.
1. 관계 근로자가 아닌 사람의 출입을 금지하는 표시를 할 것
2. 관리대상 유해물질의 증기를 실외로 배출시키는 설비를 설치할 것
② 사업주는 관리대상 유해물질을 저장할 경우에 일정한 장소를 지정하여 저장하여야 한다.

80 다음 중 공정안전보고서의 심사결과 구분에 해당하지 않는 것은?

① 적정
② 부적정
③ 보류
④ 조건부 적정

산업안전보건법 시행규칙 제45조(심사 결과의 구분) ① 공단은 유해위험방지계획서의 심사 결과를 다음 각 호와 같이 구분·판정한다.
1. 적정 : 근로자의 안전과 보건을 위하여 필요한 조치가 구체적으로 확보되었다고 인정되는 경우
2. 조건부 적정 : 근로자의 안전과 보건을 확보하기 위하여 일부 개선이 필요하다고 인정되는 경우
3. 부적정 : 건물물·기계·기구 및 설비 또는 건설공사가 심사기준에 위반되어 공사착공시 중대한 위험발생의 우려가 있거나 계획에 근본적 결함이 있다고 인정되는 경우

제 05 과목 | 건설공사 안전관리

81 산업안전보건법령에 따른 중량물을 취급하는 작업을 하는 경우의 작업계획서 내용에 포함되지 않는 사항은?

① 추락위험을 예방할 수 있는 안전대책
② 낙하위험을 예방할 수 있는 안전대책
③ 전도위험을 예방할 수 있는 안전대책
④ 위험물 누출위험을 예방할 수 있는 안전대책

중량물을 취급작업시 작업계획서에 포함할 내용(산업안전보건기준에 관한 규칙 별표 4)
- 추락위험을 예방할 수 있는 안전대책
- 낙하위험을 예방할 수 있는 안전대책
- 전도위험을 예방할 수 있는 안전대책
- 협착위험을 예방할 수 있는 안전대책

82 근로자의 추락 위험이 있는 장소에서 발생하는 추락 재해의 원인으로 볼 수 없는 것은?

① 안전대를 부착하지 않았다.
② 덮개를 설치하지 않았다.
③ 투하설비를 설치하지 않았다.
④ 안전난간을 설치하지 않았다.

투하설비는 높이가 3m 이상인 장소로부터 물체를 투하하는 경우에 설치해야 하는 설비로 근로자의 추락 재해와는 관계가 없다.

83 기상상태의 악화로 비계에서의 작업을 중지시킨 후 그 비계에서 작업을 다시 시작하기 전에 점검해야 할 사항에 해당하지 않는 것은?

① 기둥의 침하·변형·변위 또는 흔들림 상태
② 손잡이의 탈락 여부
③ 격벽의 설치 여부
④ 발판재료의 손상 여부 및 부착 또는 걸림 상태

산업안전보건기준에 관한 규칙 제58조(비계의 점검 및 보수) 사업주는 비, 눈, 그 밖의 기상상태의 악화로 작업을 중지시킨 후 또는 비계를 조립·해체하거나 변경한 후에 그 비계에서 작업을 하는 경우에는 해당 작업을 시작하기 전에 다음 각 호의 사항을 점검하고, 이상을 발견하면 즉시 보수하여야 한다.
1. 발판 재료의 손상 여부 및 부착 또는 걸림 상태
2. 해당 비계의 연결부 또는 접속부의 풀림 상태
3. 연결 재료 및 연결 철물의 손상 또는 부식 상태
4. 손잡이의 탈락 여부

5. 기둥의 침하, 변형, 변위(變位) 또는 흔들림 상태
6. 로프의 부착 상태 및 매단 장치의 흔들림 상태

84 달비계에 사용이 불가한 와이어로프의 기준으로 옳지 않은 것은?

① 이음매가 없는 것
② 지름의 감소가 공칭지름의 7%를 초과하는 것
③ 심하게 변형되거나 부식된 것
④ 와이어로프의 한 꼬임에서 끊어진 소선(素線)의 수가 10% 이상인 것

산업안전보건기준에 관한 규칙 제63조(달비계의 구조) ① 사업주는 곤돌라형 달비계를 설치하는 경우에는 다음 각 호의 사항을 준수해야 한다.
1. 다음 각 목의 어느 하나에 해당하는 와이어로프를 달비계에 사용해서는 아니 된다.
  가. 이음매가 있는 것
  나. 와이어로프의 한 꼬임[[스트랜드(strand)를 말한다. 이하 같다]]에서 끊어진 소선(素線)[필러(pillar)선은 제외한다]]의 수가 10퍼센트 이상(비자전로프의 경우에는 끊어진 소선의 수가 와이어로프 호칭지름의 6배 길이 이내에서 4개 이상이거나 호칭지름 30배 길이 이내에서 8개 이상)인 것
  다. 지름의 감소가 공칭지름의 7퍼센트를 초과하는 것
  라. 꼬인 것
  마. 심하게 변형되거나 부식된 것
  바. 열과 전기충격에 의해 손상된 것

85 드럼에 다수의 돌기를 붙여 놓은 기계로 점토층의 내부를 다지는 데 적합한 것은?

① 탠덤 롤러
② 타이어 롤러
③ 진동 롤러
④ 탬핑 롤러

롤러의 종류
- 머캐덤 롤러(Macadam Roller) : 3륜 형식으로 된 롤러로 일반적으로 1개의 조향륜 롤러와 2개의 구동륜 롤러(2축 3륜)가 배치되어 있으며 자중 6~10톤 급이 가장 많이 사용된다. 주로 자갈, 모래, 흙 등을 다지는 데 효과적이며, 가열 포장 아스팔트 재료의 초기 다짐에 사용된다.
- 탠덤 롤러(Tandem Roller) : 앞바퀴와 뒷바퀴가 일렬로 배치된 롤러로 바퀴 2개가 일렬로 배치된 2축 탠덤 롤러와 3개가 일렬로 배치된 3축 탠덤 롤러가 있으며, 선압이 적기 때문에 머캐덤 롤러 사용 후의 끝내기 작업이나 아스콘 포장면의 다짐에 효과적이다.
- 진동 롤러(Vibratory Roller) : 장비의 자중 외에 기진기로부터 자중의 1~2배 정도 되는 기진력을 바퀴에 부가함으로써 자중과 진동력을 이용하여 다짐 효과를 증가시키도록 한 것으로 전압 장치를 가진 자주식과 피견인 진동 롤러 등이 있다.
- 타이어 롤러(Tire Roller) : 타이어의 공기압과 부가 하중(밸러스트)을 조정하여 다짐 작업을 조절할 수 있는 롤러로 접지압이 크면 깊은 다짐을 하고 접지압이 작으면 표면 다짐을 한다.
- 탬핑 롤러(Tamping Roller) : 강관제의 드럼 표면에 다수의 돌기(탬퍼 풋, tamper foot)를 붙여 접지압을 증가시킨 것으로 깊은 다짐이나 함수비가 높은 점토 지반, 점성토 지반, 건조된 점토나 실트(silt)가 섞인 흙다짐에 적당하다.
- 콤비 롤러(Combination Roller) : 콤비 롤러는 진동 드럼과 타이어(휠, Wheel)이 조합된 형식으로 경사진 보도, 자전거 도로, 주차장 등의 부분적인 보수에 적합한 장비이다.

86 다음은 산업안전보건기준에 관한 규칙 중 가설통로의 구조에 관한 사항이다. ( ) 안에 들어갈 내용으로 옳은 것은?

> 수직갱에 가설된 통로의 길이가 15m 이상인 경우에는 10m 이내마다 (　　)을/를 설치할 것

① 손잡이　　　　　　　② 계단참
③ 클램프　　　　　　　④ 버팀대

산업안전보건기준에 관한 규칙 제23조(가설통로의 구조) 사업주는 가설통로를 설치하는 경우 다음 각호의 사항을 준수하여야 한다.
1. 견고한 구조로 할 것
2. 경사는 30도 이하로 할 것. 다만, 계단을 설치하거나 높이 2미터 미만의 가설통로로서 튼튼한 손잡이를 설치한 경우에는 그러하지 아니하다.
3. 경사가 15도를 초과하는 경우에는 미끄러지지 아니하는 구조로 할 것
4. 추락할 위험이 있는 장소에는 안전난간을 설치할 것. 다만, 작업상 부득이한 경우에는 필요한 부분만 임시로 해체할 수 있다.
5. 수직갱에 가설된 통로의 길이가 15미터 이상인 경우에는 10미터 이내마다 계단참을 설치할 것
6. 건설공사에 사용하는 높이 8미터 이상인 비계다리에는 7미터 이내마다 계단참을 설치할 것

87 다음 중 구조물의 해체작업을 위한 기계·기구가 아닌 것은?

① 쇄석기　　　　　　　② 데릭
③ 압쇄기　　　　　　　④ 철제 해머

데릭(Derrick)은 동력을 이용해서 짐을 달아 올리는 것을 목적으로 하는 기계장치로 가이 데릭, 삼각데릭, 진폴 데릭 등이 있다.

88 사다리식 통로 등을 설치하는 경우 발판과 벽과의 사이는 최소 얼마 이상의 간격을 유지하여야 하는가?

① 5cm　　　　　　　② 10cm
③ 15cm　　　　　　　④ 20cm

산업안전보건기준에 관한 규칙 제24조(사다리식 통로 등의 구조) ① 사업주는 사다리식 통로 등을 설치하는 경우 다음 각 호의 사항을 준수하여야 한다.
1. 견고한 구조로 할 것
2. 심한 손상·부식 등이 없는 재료를 사용할 것
3. 발판의 간격은 일정하게 할 것
4. 발판과 벽과의 사이는 15센티미터 이상의 간격을 유지할 것
5. 폭은 30센티미터 이상으로 할 것
6. 사다리가 넘어지거나 미끄러지는 것을 방지하기 위한 조치를 할 것
7. 사다리의 상단은 걸쳐놓은 지점으로부터 60센티미터 이상 올라가도록 할 것
8. 사다리식 통로의 길이가 10미터 이상인 경우에는 5미터 이내마다 계단참을 설치할 것
9. 사다리식 통로의 기울기는 75도 이하로 할 것. 다만, 고정식 사다리식 통로의 기울기는 90도 이하로 하고, 그 높이가 7미터 이상인 경우에는 다음 각 목의 구분에 따른 조치를 할 것
　가. 등받이울이 있어도 근로자 이동에 지장이 없는 경우 : 바닥으로부터 높이가 2.5미터 되는 지점부터 등받이울을 설치할 것

나. 등받이울이 있으면 근로자가 이동이 곤란한 경우 : 한국산업표준에서 정하는 기준에 적합한 개인용 추락 방지 시스템을 설치하고 근로자로 하여금 한국산업표준에서 정하는 기준에 적합한 전신안전대를 사용하도록 할 것
10. 접이식 사다리 기둥은 사용 시 접혀지거나 펼쳐지지 않도록 철물 등을 사용하여 견고하게 조치할 것

89 콘크리트 구조물에 적용하는 해체작업 공법의 종류가 아닌 것은?

① 연삭 공법
② 발파 공법
③ 오픈컷 공법
④ 유압 공법

오픈컷 공법(개착공법)은 지표면에서 아래쪽을 향해 비교적 넓은 면적을 굴착하는 통상의 굴착법을 말한다.

90 산업안전보건관리비 계상을 위한 대상액이 56억원인 교량공사의 산업안전보건관리비는 얼마인가?(단, 건축공사에 해당)

① 174,160천원
② 132,720천원
③ 157,600천원
④ 189,600천원

공사종류 및 규모별 산업안전보건관리비 계상기준표

구분 공사종류	대상액 5억원 미만인 경우 적용비율	대상액 5억원 이상 50억원 미만인 경우		50억원 이상인 경우 적용비율	보건관리자 선임대상 건설공사의 적용비율
		적용비율	기초액		
건축공사	3.11%	2.28%	4,325,000원	2.37%	2.64%
토목공사	3.15%	2.53%	3,300,000원	2.60%	2.73%
중건설공사	3.64%	3.05%	2,975,000원	3.11%	3.39%
특수건설공사	2.07%	1.59%	2,450,000원	1.64%	1.78%

∴산업안전보건관리비 = 5,600,000,000 × 0.0237 = 132,720,000원

91 다음 중 유해위험방지계획서 제출 대상 공사에 해당하는 것은?

① 지상높이가 25m인 건축물 건설공사
② 최대 지간길이가 45m인 교량건설공사
③ 깊이가 8m인 굴착공사
④ 제방 높이가 50m인 다목적댐 건설공사

유해위험방지계획서 제출 대상 공사(산업안전보건법 시행령 제42조 ③항)

1. 다음 각 목의 어느 하나에 해당하는 건축물 또는 시설 등의 건설 · 개조 또는 해체 공사
   가. 지상높이가 31미터 이상인 건축물 또는 인공구조물

나. 연면적 3만제곱미터 이상인 건축물
　　다. 연면적 5천제곱미터 이상인 시설로서 다음의 어느 하나에 해당하는 시설
　　　　1) 문화 및 집회시설(전시장 및 동물원·식물원은 제외한다)
　　　　2) 판매시설, 운수시설(고속철도의 역사 및 집배송시설은 제외한다)
　　　　3) 종교시설
　　　　4) 의료시설 중 종합병원
　　　　5) 숙박시설 중 관광숙박시설
　　　　6) 지하도상가
　　　　7) 냉동·냉장 창고시설
2. 연면적 5천제곱미터 이상인 냉동·냉장 창고시설의 설비공사 및 단열공사
3. 최대 지간(支間)길이(다리의 기둥과 기둥의 중심사이의 거리)가 50미터 이상인 다리의 건설등 공사
4. 터널의 건설등 공사
5. 다목적댐, 발전용댐, 저수용량 2천만톤 이상의 용수 전용 댐 및 지방상수도 전용 댐의 건설등 공사
6. 깊이 10미터 이상인 굴착공사

92 강풍시 타워크레인의 설치·수리·점검 또는 해체 작업을 중지하여야 하는 순간풍속 기준으로 옳은 것은?

① 순간풍속이 초당 10m를 초과하는 경우
② 순간풍속이 초당 15m를 초과하는 경우
③ 순간풍속이 초당 20m를 초과하는 경우
④ 순간풍속이 초당 30m를 초과하는 경우

산업안전보건기준에 관한 규칙 제37조(악천후 및 강풍 시 작업 중지) ① 사업주는 비·눈·바람 또는 그밖의 기상상태의 불안정으로 인하여 근로자가 위험해질 우려가 있는 경우 작업을 중지하여야 한다. 다만, 태풍 등으로 위험이 예상되거나 발생되어 긴급 복구작업을 필요로 하는 경우에는 그러하지 아니하다.
② 사업주는 순간풍속이 초당 10미터를 초과하는 경우 타워크레인의 설치·수리·점검 또는 해체 작업을 중지하여야 하며, 순간풍속이 초당 15미터를 초과하는 경우에는 타워크레인의 운전작업을 중지하여야 한다.

93 추락재해 방호용 방망의 신품에 대한 인장강도는 얼마인가?(단, 그물코의 크기가 10cm이며, 매듭 없는 방망)

① 220kg　　　　② 240kg
③ 260kg　　　　④ 280kg

방망사의 신품에 대한 인장 강도

그물코의 종류	방망의 종류(단위 : kg)	
	매듭이 없는 방망	매듭 방망
10cm	240(150)	200(135)
5cm	—	110(60)

※괄호 안은 폐기기준 인장강도

94 다음은 산업안전보건법령에 따른 근로자의 추락위험 방지를 위한 추락방호망의 설치기준이다. ( )안에 들어갈 내용으로 옳은 것은?

> 추락방호망은 수평으로 설치하고, 망의 처짐은 짧은 변 길이의 ( ) 이상이 되도록 할 것

① 10% ② 12%
③ 15% ④ 18%

산업안전보건기준에 관한 규칙 제42조(추락의 방지) ① 사업주는 근로자가 추락하거나 넘어질 위험이 있는 장소[작업발판의 끝·개구부(開口部) 등을 제외한다]또는 기계·설비·선박블록 등에서 작업을 할 때에 근로자가 위험해질 우려가 있는 경우 비계(飛階)를 조립하는 등의 방법으로 작업발판을 설치하여야 한다.
② 사업주는 제1항에 따른 작업발판을 설치하기 곤란한 경우 다음 각 호의 기준에 맞는 추락방호망을 설치해야 한다. 다만, 추락방호망을 설치하기 곤란한 경우에는 근로자에게 안전대를 착용하도록 하는 등 추락위험을 방지하기 위해 필요한 조치를 해야 한다.
1. 추락방호망의 설치위치는 가능하면 작업면으로부터 가까운 지점에 설치하여야 하며, 작업면으로부터 망의 설치지점까지의 수직거리는 10미터를 초과하지 아니할 것
2. 추락방호망은 수평으로 설치하고, 망의 처짐은 짧은 변 길이의 12퍼센트 이상이 되도록 할 것
3. 건축물 등의 바깥쪽으로 설치하는 경우 추락방호망의 내민 길이는 벽면으로부터 3미터 이상 되도록 할 것. 다만, 그물코가 20밀리미터 이하인 추락방호망을 사용한 경우에는 제14조제3항에 따른 낙하물 방지망을 설치한 것으로 본다.

95 차량계 하역운반기계 등을 사용하는 작업을 할 때, 그 기계가 넘어지거나 굴러떨어짐으로써 근로자에게 위험 미칠 우려가 있는 경우에 이를 방지하기 위한 조치사항과 거리가 먼 것은?

① 유도자 배치
② 지반의 부동침하방지
③ 상단부분의 안정을 위하여 버팀줄 설치
④ 갓길 붕괴방지

산업안전보건기준에 관한 규칙 제171조(전도 등의 방지) 사업주는 차량계 하역운반기계등을 사용하는 작업을 할 때에 그 기계가 넘어지거나 굴러떨어짐으로써 근로자에게 위험을 미칠 우려가 있는 경우에는 그 기계를 유도하는 사람(이하 "유도자"라 한다)을 배치하고 지반의 부동침하 및 갓길 붕괴를 방지하기 위한 조치를 해야 한다.

96 콘크리트 타설작업 시 거푸집에 작용하는 연직하중이 아닌 것은?

① 콘크리트의 측압 ② 거푸집의 중량
③ 굳지 않은콘크리트의 중량 ④ 작업원의 작업하중

거푸집 설계시 고려하여야 하는 하중
- 수직(연직)방향 : 고정하중, 충격하중, 작업하중, 적설하중, 콘크리트의 자중
- 수평방향 : 풍압, 콘크리트 측압, 콘크리트 타설 방향에 따른 편심하중

97 발파작업에 종사하는 근로자가 준수하여야 할 사항으로 옳지 않은 것은?

① 장전구는 마찰·충격·정전기 등에 의한 폭발의 위험이 없는 안전한 것을 사용할 것
② 발파공의 충진재료는 점토·모래 등 발화성 또는 인화성의 위험이 없는 재료를 사용할 것
③ 얼어붙은 다이나마이트는 화기에 접근시키거나 그 밖의 고열물에 직접 접촉시켜 단시간 안에 융해시킬 수 있도록 할 것
④ 전기뇌관에 의한 발파의 경우 점화하기 전에 화약류를 장전한 장소로부터 30[m] 이상 떨어진 안전한 장소에서 전선에 대하여 저항측정 및 도통시험을 할 것

산업안전보건기준에 관한 규칙 제348조(발파의 작업기준) 사업주는 발파작업에 종사하는 근로자에게 다음 각 호의 사항을 준수하도록 하여야 한다.
1. 얼어붙은 다이나마이트는 화기에 접근시키거나 그 밖의 고열물에 직접 접촉시키는 등 위험한 방법으로 융해되지 않도록 할 것
2. 화약이나 폭약을 장전하는 경우에는 그 부근에서 화기를 사용하거나 흡연을 하지 않도록 할 것
3. 장전구(裝塡具)는 마찰·충격·정전기 등에 의한 폭발의 위험이 없는 안전한 것을 사용할 것
4. 발파공의 충진재료는 점토·모래 등 발화성 또는 인화성의 위험이 없는 재료를 사용할 것
5. 점화 후 장전된 화약류가 폭발하지 아니한 경우 또는 장전된 화약류의 폭발 여부를 확인하기 곤란한 경우에는 다음 각 목의 사항을 따를 것
   가. 전기뇌관에 의한 경우에는 발파모선을 점화기에서 떼어 그 끝을 단락시켜 놓는 등 재점화되지 않도록 조치하고 그 때부터 5분 이상 경과한 후가 아니면 화약류의 장전장소에 접근시키지 않도록 할 것
   나. 전기뇌관 외의 것에 의한 경우에는 점화한 때부터 15분 이상 경과한 후가 아니면 화약류의 장전장소에 접근시키지 않도록 할 것
6. 전기뇌관에 의한 발파의 경우 점화하기 전에 화약류를 장전한 장소로부터 30미터 이상 떨어진 안전한 장소에서 전선에 대하여 저항측정 및 도통(導通)시험을 할 것

98 개착식 굴착공사에서 버팀보공법을 적용하여 굴착할 때 지반붕괴를 방지하기 위하여 사용하는 계측장치로 거리가 먼 것은?

① 지하수위계　　② 경사계
③ 변형률계　　　④ 록볼트응력계

록볼트 : 터널의 천장에서 낙반(落盤)을 방지하기 위해 사용되는 것으로 암반층 속에 깊이 1m 내외의 구멍을 파고 여기에 볼트를 끼워 넣고, 와셔를 끼우고 너트로 체결해서 박리(剝離)되는 성질이 있는 천장 암반을 억제시키는 것이다. 볼트의 선단은 빠지지 않는 구조로 되어 있다.

99 거푸집 공사에 관한 설명으로 옳지 않은 것은?

① 거푸집 조립 시 거푸집이 이동하지 않도록 비계 또는 기타 공작물과 직접 연결한다.
② 거푸집 치수를 정확하게 하여 시멘트 모르타르가 새지 않도록 한다.
③ 거푸집 해체가 쉽게 가능하도록 박리제 사용 등의 조치를 한다.
④ 측압에 대한 안전성을 고려한다.

거푸집 조립 시 거푸집이 이동하지 않도록 콘크리트 구조물에 단단히 고정하여야 하며 비계 또는 기타공작물과 직접 연결하여서는 아니된다.

100 거푸집동바리 등을 조립하는 경우의 준수사항으로 옳지 않은 것은?

① 동바리로 사용하는 파이프 서포트는 최소 3개 이상 이어서 사용하도록 할 것
② 동바리의 상하 고정 및 미끄러짐 방지 조치를 하고, 하중의 지지상태를 유지할 것
③ 동바리의 이음은 맞댄이음이나 장부이음으로 하고 같은 품질의 재료를 사용할 것
④ 강재와 강재의 접속부 및 교차부는 볼트·클램프 등 전용철물을 사용하여 단단히 연결할 것

산업안전보건기준에 관한 규칙 제332조(동바리 조립 시의 안전조치) 사업주는 동바리를 조립하는 경우에는 하중의 지지상태를 유지할 수 있도록 다음 각 호의 사항을 준수해야 한다.
1. 받침목이나 깔판의 사용, 콘크리트 타설, 말뚝박기 등 동바리의 침하를 방지하기 위한 조치를 할 것
2. 동바리의 상하 고정 및 미끄러짐 방지 조치를 할 것
3. 상부·하부의 동바리가 동일 수직선상에 위치하도록 하여 깔판·받침목에 고정시킬 것
4. 개구부 상부에 동바리를 설치하는 경우에는 상부하중을 견딜 수 있는 견고한 받침대를 설치할 것
5. U헤드 등의 단판이 없는 동바리의 상단에 멍에 등을 올릴 경우에는 해당 상단에 U헤드 등의 단판을 설치하고, 멍에 등이 전도되거나 이탈되지 않도록 고정시킬 것
6. 동바리의 이음은 같은 품질의 재료를 사용할 것
7. 강재의 접속부 및 교차부는 볼트·클램프 등 전용철물을 사용하여 단단히 연결할 것
8. 거푸집의 형상에 따른 부득이한 경우를 제외하고는 깔판이나 받침목은 2단 이상 끼우지 않도록 할 것
9. 깔판이나 받침목을 이어서 사용하는 경우에는 그 깔판·받침목을 단단히 연결할 것

정답 2018년 04월 28일 최근 기출문제

01 ③	02 ②	03 ①	04 ④	05 ①	06 ①	07 ④	08 ③	09 ②	10 ①
11 ③	12 ②	13 ④	14 ②	15 ①	16 ④	17 ③	18 ④	19 ②	20 ②
21 ③	22 ③	23 ①	24 ①	25 ②	26 ②	27 ②	28 ③	29 ③	30 ④
31 ④	32 ③	33 ④	34 ④	35 ①	36 ①	37 ②	38 ②	39 ④	40 ①
41 ④	42 ④	43 ①	44 ④	45 ②	46 ②	47 ①	48 ①	49 ②	50 ②
51 ①	52 ④	53 ①	54 ④	55 ②	56 ④	57 ③	58 ①	59 ④	60 ③
61 ③	62 ③	63 ①	64 ①	65 ④	66 ④	67 ②	68 ①	69 ②	70 ①
71 ④	72 ②	73 ①	74 ①	75 ②	76 ②	77 ④	78 ②	79 ②	80 ③
81 ④	82 ③	83 ③	84 ①	85 ①	86 ②	87 ②	88 ③	89 ①	90 ②
91 ④	92 ①	93 ②	94 ②	95 ③	96 ①	97 ③	98 ④	99 ①	100 ①

2018년 08월 19일

최근 기출문제

제 01 과목 　 산업재해 예방 및 안전보건교육

01 사고예방대책의 기본원리 5단계 중 사실의 발견 단계에 해당하는 것은?

① 작업환경 측정
② 안정성 진단, 평가
③ 점검, 검사 및 조사실시
④ 안전관리 계획수립

2단계 – 사실의 발견
- 사고 및 안전활동 기록 검토 작업분석
- 관찰 및 보고서의 연구 등을 통하여 불안전 요소발견
- 안전점검 및 안전진단 사고조사
- 안전회의 및 토의
- 근로자의 제안 및 여론조사

02 재해예방의 4원칙에 해당하지 않는 것은?

① 손실연계의 원칙
② 대책선정의 원칙
③ 예방가능의 원칙
④ 원인계기의 원칙

재해예방의 4원칙 : 손실우연의 원칙, 원인계기의 원칙, 예방가능의 원칙, 대책선정의 원칙

03 산업스트레스의 요인 중 직무특성과 관련된 요인으로 볼 수 없는 것은?

① 조직구조
② 작업속도
③ 근무시간
④ 업무의 반복성

직무특성 : 작업속도, 근무시간, 작업(업무)의 반복성, 작업교대

04 산업심리의 5대 요소에 해당하지 않는 것은?

① 동기
② 지능
③ 감정
④ 습관

> **해설**
> 산업(안전)심리의 5요소 : 습관, 동기, 기질, 감정, 습성

05 사업장의 도수율이 10.83 이고, 강도율이 7.92 일 경우 종합재해지수(FSI)는?

① 4.63　　　　② 6.342
③ 9.26　　　　④ 12.84

> **해설**
> 종합재해지수 = $\sqrt{도수율 \times 강도율}$ = $\sqrt{10.83 \times 7.92}$ = 9.26

06 리더십(leadership)의 특성으로 볼 수 없는 것은?

① 민주주의적 지휘 형태
② 부하와의 넓은 사회적 간격
③ 밑으로부터의 동의에 의한 권한 부여
④ 개인적 영향에 의한 부하와의 관계 유지

> **해설**
> 헤드십(headship)의 특성
> • 지휘형태는 권위주의적이다.
> • 권한행사는 임명된 헤드이다.
> • 부하와의 사회적 간격은 넓다.

07 매슬로우(A.H.Maslow) 욕구단계 이론의 각 단계별 내용으로 틀린 것은?

① 1단계 : 자아실현의 욕구　　② 2단계 : 안전에 대한 욕구
③ 3단계 : 사회적(애정적) 욕구　　④ 4단계 : 존경과 긍지에 대한 욕구

> **해설**
> 매슬로우(Abraham H. Maslow)의 욕구 5단계
> • 1단계 : 생리적 욕구(기아, 갈증, 호흡, 배설, 성욕 등)
> • 2단계 : 안전의 욕구(안전을 구하고자 하는 욕구)
> • 3단계 : 사회적 욕구(애정, 소속에 대한 욕구)
> • 4단계 : 인정받으려는 욕구(자존심, 명예, 성취, 지위에 대한 욕구)
> • 5단계 : 자아실현의 욕구(잠재적인 능력을 실현하고자 하는 욕구)

08 산업안전보건법령에 따른 근로자 안전보건교육 중 채용 시의 교육내용이 아닌 것은?(단, 산업안전보건법 및 일반관리에 관한 사항은 제외한다.)

① 사고 발생 시 긴급조치에 관한 사항
② 유해·위험 작업환경 관리에 관한 사항
③ 산업보건 및 건강장해 예방에 관한 사항
④ 기계·기구의 위험성과 작업의 순서 및 동선에 관한 사항

채용 시 교육 및 작업내용 변경 시 교육(산업안전보건법 시행규칙 별표 5)
- 산업안전 및 산업재해 예방에 관한 사항(화재·폭발 사고 발생 시 대피에 관한 사항 포함)
- 산업보건 및 건강장해 예방에 관한 사항
- 위험성 평가에 관한 사항
- 산업안전보건법령 및 산업재해보상보험 제도에 관한 사항
- 직무스트레스 예방 및 관리에 관한 사항
- 직장 내 괴롭힘, 고객의 폭언 등으로 인한 건강장해 예방 및 관리에 관한 사항
- 기계·기구의 위험성과 작업의 순서 및 동선에 관한 사항
- 작업 개시 전 점검에 관한 사항
- 정리정돈 및 청소에 관한 사항
- 사고 발생 시 긴급조치에 관한 사항
- 물질안전보건자료에 관한 사항

09 피로에 관한 정신적 증상과 가장 관련이 깊은 것은?

① 주의력이 감소 또는 경감된다.
② 작업의 효과나 작업량이 감퇴 및 저하된다
③ 작업에 대한 몸의 자세가 흐트러지고 지치게 된다
④ 작업에 대하여 무감각·무표정·경련 등이 일어난다.

피로의 증상

- 정신적 증상(심리적 현상)
  - 주의력이 감소 또는 경감된다.
  - 불쾌감이 증가된다.
  - 긴장감이 해지 또는 해소된다.
  - 졸음, 두통, 싫증, 짜증이 일어난다.
  - 권태로움, 태만해지고 관심 및 흥미가 상실된다.

- 신체적 증상(생리적 현상)
  - 작업의 효과나 작업량이 감퇴 및 저하된다
  - 작업에 대한 몸의 자세가 흐트러지고 지치게 된다
  - 작업에 대하여 무감각·무표정·경련 등이 일어난다.

10 산업안전보건법령에 따른 안전보건표지에 사용하는 색채기준 중 비상구 및 피난소, 사람 또는 차량의 통행 표지의 안내용도로 사용하는 색채는?

① 빨간색　　　　　　　　② 녹색
③ 노란색　　　　　　　　④ 파란색

안전보건표지의 색도기준 및 용도(산업안전보건법 시행규칙 별표 8)

색채	색도기준	용도	사용례
빨간색	7.5R 4/14	금지	정지신호, 소화설비 및 그 장소, 유해행위의 금지
		경고	화학물질 취급장소에서의 유해·위험 경고
노란색	5Y 8.5/12	경고	화학물질 취급장소에서의 유해·위험 경고 이외의 위험 경고, 주의표지 또는 기계방호물
파란색	2.5PB 4/10	지시	특정 행위의 지시 및 사실의 고지

녹색	2.5G 4/10	안내	비상구 및 피난소 사람 또는 차량의 통행 표시
흰색	N9.5	–	파란색 또는 녹색에 대한 보조색
검은색	N0.5	–	문자 및 빨간색 또는 노란색에 대한 보조색

11 일반적으로 교육이란 "인간행동의 계획적 변화"로 정의할 수 있다. 여기서 인간의 행동이 의미하는 것은?

① 신념과 태도
② 외현적 행동만 포함
③ 내현적 행동만 포함
④ 내현적, 외현적 행동 모두 포함

교육의 대상은 외현적 행동(overt behavior)과 내현적 행동(covert behavior)을 모두 포함한다. 이 중 내현적 행동은 성격, 정서, 신념체계, 가치, 태도 등을 포괄한다.

12 OFF JT의 설명으로 틀린 것은?

① 다수의 근로자에게 조직된 훈련이 가능하다.
② 훈련에만 전념하게 된다.
③ 효과가 곧 업무에 나타나며 훈련의 좋고 나쁨에 따라 개선이 쉽다.
④ 교육훈련 목표에 대해 집단적 노력이 흐트러질 수 있다

OJT와 off JT의 특징

OJT	off JT
• 개개인에게 적합한 지도훈련이 가능 • 직장의 실정에 맞는 실체적 훈련 • 훈련에 필요한 업무의 계속성 • 즉시 업무에 연결되는 관계로 신체와 관련 • 효과가 곧 업무에 나타나며 훈련의 좋고 나쁨에 따라 개선이 용이 • 교육을 통한 훈련 효과에 의해 상호 신뢰이해도가 높아짐	• 다수의 근로자에게 조직적 훈련이 가능 • 훈련에만 전념 • 특별 설비 기구를 이용 • 전문가를 강사로 초청 • 각 직장의 근로자가 많은 지식이나 경험을 교류 • 교육 훈련 목표에 대해서 집단적 노력이 흐트러 질 수도 있음

13 산업안전보건법령에 따른 안전검사대상 기계등의 검사 주기 기준 중 다음 (   ) 안에 알맞은 것은?

크레인(이동식 크레인은 제외한다), 리프트(이삿짐운반용 리프트는 제외한다) 및 곤돌라는 사업장에 설치가 끝난 날부터 3년 이내에 최초 안전검사를 실시하되, 그 이후부터 (㉠)년마다(건설현장에서 사용하는 것은 최초로 설치한 날부터 (㉡)개월마다)

① ㉠ 1, ㉡ 4
② ㉠ 1, ㉡ 6
③ ㉠ 2, ㉡ 4
④ ㉠ 2, ㉡ 6

산업안전보건법 시행규칙 제126조(안전검사의 주기와 합격표시 및 표시방법) ① 법 제93조제3항에 따른 안전검사대상기계등의 안전검사 주기는 다음 각 호와 같다.
1. 크레인(이동식 크레인은 제외한다), 리프트(이삿짐운반용 리프트는 제외한다) 및 곤돌라 : 사업장에 설치가 끝난 날부터 3년 이내에 최초 안전검사를 실시하되, 그 이후부터 2년마다(건설현장에서 사용하는 것은 최초로 설치한 날부터 6개월마다)
2. 이동식 크레인, 이삿짐운반용 리프트 및 고소작업대 : 「자동차관리법」 제8조에 따른 신규등록 이후 3년 이내에 최초 안전검사를 실시하되, 그 이후부터 2년마다
3. 프레스, 전단기, 압력용기, 국소 배기장치, 원심기, 롤러기, 사출성형기, 컨베이어, 산업용 로봇, 혼합기, 파쇄기 또는 분쇄기 : 사업장에 설치가 끝난 날부터 3년 이내에 최초 안전검사를 실시하되, 그 이후부터 2년마다(공정안전보고서를 제출하여 확인을 받은 압력용기는 4년마다)
※ 혼합기, 파쇄기 또는 분쇄기는 2026년 6월 26일부터 시행

14 보호구 안전인증 고시에 따른 방독마스크 중 할로겐용 정화통 외부 측면의 표시 색으로 옳은 것은?

① 갈색 ② 회색
③ 녹색 ④ 노랑색

해설

방독마스크의 종류(보호구 안전인증 고시 별표 5)

종류	시험가스	정화통 외부측면 표시색
유기화합물용	시클로헥산(C_6H_{12}), 디메틸에테르(CH_3OCH_3), 이소부탄(C_4H_{10})	갈색
할로겐용	염소가스 또는 증기(Cl_2)	회색
황화수소용	황화수소가스(H_2S)	
시안화수소용	시안화수소가스(HCN)	
아황산용	아황산가스(SO_2)	노란색
암모니아용	암모니아가스(NH_3)	녹색

15 직접 사람에게 접촉되어 위해를 가한 물체를 무엇이라 하는가?

① 낙하물 ② 비래물
③ 기인물 ④ 가해물

기인물과 가해물
- 기인물 : 불안전한 상태에 있는 물체(환경 포함)
- 가해물 : 직접 사람에게 접촉되어 위해를 가한 물체

16 산업재해보상보험법에 따른 산업재해로 인한 보상비가 아닌 것은?

① 교통비 ② 장의비
③ 휴업급여 ④ 유족급여

직접비(법령으로 정한 피해자에게 지급되는 산재보상비)
- 휴업보상비 : 평균임금의 100분의 70에 상당하는 금액
- 장해보상비 : 신체장해가 남는 경우에 장해등급에 의한 금액
- 요양보상비 : 요양비의 전액
- 장의비 : 평균임금의 120일분에 상당하는 금액
- 유족보상비 : 평균임금의 1300일분에 상당하는 금액
- 기타 유족특별보상비, 장해특별보상비, 상병보상년금

17 기업 내 교육방법 중 작업의 개선 방법 및 사람을 다루는 방법, 작업을 가르치는 방법 등을 주된 내용으로 하는 것은?

① CCS(Civil Communication Section)
② MTP(Management Training Program)
③ TWI(Training Within Industry)
④ ATT(American Telephone & Telegram)

TWI(Training Within Industry)
- 교육대상 : 감독자
- 교육방법 : 한 클래스(Class)는 10명 정도, 교육방법은 토의법, 1일 2시간씩 5일에 걸쳐 10시간 정도
- 교육내용
  - JI(Job Instruction) : 작업지도 기법
  - JR(Job Relation) : 인간관계 관리기법
  - JM(Job Method) : 작업개선 기법
  - JS(Job Safety) : 작업안전 기법

18 다음 중 교육의 3요소에 해당되지 않는 것은?

① 교육의 주체
② 교육의 기간
③ 교육의 매개체
④ 교육의 객체

교육의 3요소
- 교육의 주체 : 교도자, 강사
- 교육의 매개체 : 교재
- 교육의 객체 : 학생, 수강자

19 산업안전보건법령에 따른 최소 상시 근로자 50명 이상 규모에 산업안전보건위원회를 설치·운영하여야 할 사업의 종류가 아닌 것은?

① 토사석 광업
② 1차 금속 제조업
③ 자동차 및 트레일러 제조업
④ 정보서비스업

상시 근로자 50명 이상 규모에 산업안전보건위원회를 설치·운영하여야 할 사업의 종류
- 토사석 광업
- 목재 및 나무제품 제조업;가구제외
- 화학물질 및 화학제품 제조업;의약품 제외(세제, 화장품 및 광택제 제조업과 화학섬유 제조업은 제외)
- 비금속 광물제품 제조업
- 1차 금속 제조업
- 금속가공제품 제조업;기계 및 가구 제외
- 자동차 및 트레일러 제조업
- 기타 기계 및 장비 제조업(사무용 기계 및 장비 제조업은 제외)
- 기타 운송장비 제조업(전투용 차량 제조업은 제외)

20 위험예지훈련의 방법으로 적절하지 않은 것은?

① 반복 훈련한다.
② 사전에 준비한다.
③ 자신의 작업으로 실시한다.
④ 단위 인원수를 많게 한다.

위험예지훈련
- 위험예지훈련은 대상범위를 한정하여 적은 인원으로 반복훈련을 통해 단시간에 실기하는 활용기법 훈련
- 위험예지 훈련의 기초 4라운드 진행방법
  - 1R(현상파악) : 어떤 위험이 잠재하고 있는지 사실을 파악하는 라운드(BS적용)
  - 2R(본질추구) : 가장 위험한 요인(위험 포인트)을 합의로 결정하는 라운드(요약)
  - 3R(대책수립) : 구체적인 대책을 수립하는 라운드(BS적용)
  - 4R(목표달성-설정) : 수립한 대책 가운데 질이 높은 항목에 합의하는 라운드(요약)

제 02 과목 인간공학 및 위험성 평가·관리

21 체계 설계 과정 중 기본설계 단계의 주요활동으로 볼 수 없는 것은?

① 작업 설계   ② 체계의 정의
③ 기능의 할당   ④ 인간 성능 요건 명세

인간-기계시스템의 설계 단계
- 1단계 : 시스템 목표와 성능 명세 결정(사용자의 요구를 정의하고 기록)
- 2단계 : 시스템의 정의(시스템이 수행해야 할 기능을 정의)
- 3단계 : 기본설계(인간·하드웨어·소프트웨어에 대한 기능 할당, 인간 성능 요건 명세, 직무 분석, 작업 설계)
- 4단계 : 인터페이스 설계
- 5단계 : 보조물 혹은 편의 수단 설계
- 6단계 : 평가

22 정보입력에 사용되는 표시장치 중 청각장치보다 시각장치를 사용하는 것이 더 유리한 경우는?

① 정보의 내용이 긴 경우
② 수신자가 작무상 자주 이동하는 경우
③ 정보의 내용이 즉각적인 행동을 요구하는 경우
④ 정보를 나중에 다시 확인하지 않아도 되는 경우

해설

청각장치와 시각장치의 선택(특정 감각의 선택)

구분	청각장치 사용	시각장치 사용
전언	• 전언이 간단하고 짧다.	• 전언이 복잡하고 길다.
재참조	• 전언이 후에 재참조 되지 않는다.	• 전언이 후에 재참조 된다.
사상(Eevent)	• 전언이 즉각적인 사상을 이룬다.	• 전언이 공간적인 위치를 다룬다.
행동 요구	• 전언이 즉각적인 행동을 요구한다.	• 전언이 즉각적인 행동을 요구하지 않는다.
사용시기	• 수신자의 시각계통이 과부하 상태일 때 • 수신 장소가 너무 밝거나 암조응 유지가 필요할 때 • 직무상 수신자가 자주 움직이는 경우	• 수신자가 청각계통이 과부하 상태일 때 • 수신 장소가 너무 시끄러울 때 • 직무상 수신자가 한곳에 머무르는 경우

23 FTA 도표에서 사용하는 논리기호 중 기본사상을 나타내는 기호는?

①
② ◯
③ ⌂
④ △

해설

FTA 도표에 사용하는 논리기호

명칭	기호	명칭	기호
결함사상	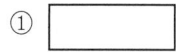	전이 기호 (이행 기호)	 (in) (out)
기본사상		AND gate	 출력 / 입력

명칭	기호	명칭	기호
생략사상 (추적 불가능한 최후사상)	◇	OR gate	(출력/입력)
통상사상 (家刑事像)	⌂	수정기호 조건	(출력/입력, 조건)

24 조도가 250 럭스인 책상 위에 짙은 색 종이 A와 B가 있다. 종이 A의 반사율은 20%이고, 종이 B의 반사율은 15%이다. 종이 A에는 반사율이 80%의 색으로, 종이 B에는 반사율이 60%의 색으로 같은 글자를 각각 썼을 때의 설명으로 맞는 것은?(단, 두 글자의 크기, 색, 재질 등은 동일하다.)

① 두 종이에 쓴 글자는 동일한 수준으로 보인다.
② 어느 종이에 쓰인 글자가 더 잘 보이는지 알 수 없다
③ A 종이에 쓰인 글자가 B 종이에 쓰인 글자보다 눈에 더 잘 보인다.
④ B 종이에 쓰인 글자가 A 종이에 쓰인 글자보다 눈에 더 잘 보인다.

- 대비 = $\dfrac{\text{배경의 광속발산도}(L_b) - \text{표적의 광속발산도}(L_t)}{\text{배경의 광속발산도}(L_b)}$ (광속 발산도는 반사율로 대체 가능)
- 표적이 배경보다 어두울 경우 : 0 ~ +100%
- 표적이 배경보다 밝을 경우 : 0 ~ -∞
- 대비A = $\dfrac{20-80}{20} \times 100(\%) = -300(\%)$
- 대비B = $\dfrac{15-60}{15} \times 100(\%) = -300(\%)$
∴ 대비A = 대비B, 두 종이에 쓴 글자는 동일한 수준으로 보인다.

25 검사공정의 작업자가 제품의 완성도에 대한 검사를 하고 있다. 어느 날 10000개의 제품에 대한 검사를 실시하여 200개의 부적합품을 발견하였으나, 이 로트에는 실제로 500개의 부적합품이 있었다. 이때 인간과오확률(Human Error Probability)은 얼마인가?

① 0.02
② 0.03
③ 0.04
④ 0.05

인간의 과오율 = $\dfrac{500-200}{10000} = 0.03$

26 제품의 설계단계에서 고유 신뢰성을 증대시키기 위하여 많이 사용되는 방법이 아닌 것은?

① 병렬 및 대기 리던던시의 활용
② 부품과 조립품의 단순화 및 표준화
③ 제조부문과 납품업자에 대한 부품규격의 명세제시
④ 부품의 전기적, 기계적, 열적 및 기타 작동조건의 경감

고유 신뢰성의 증대방법
- 설계단계에서의 증대방법
  - 병렬 및 대기 리던던시의 활용
  - 부품과 조립품의 단순화 및 표준화
  - 고신뢰도 부품의 사용
  - 부품의 전기적, 기계적, 열적 및 기타 작동조건의 경감
  - 부품 고장 후 사후 영향을 제거하기 위한 구조적 설계 방안의 강구
  - 제품의 단수화, 시험의 자동화
- 제조단계에서의 증대방법
  - 제조기술의 향상
  - 제조공정의 자동화
  - 제조품질의 통계적 관리
  - 부품과 제품의 번인(burn-in)

27 작업장의 실효온도에 영향을 주는 인자 중 가장 관계가 먼 것은?

① 온도 ② 체온
③ 습도 ④ 공기유동

실효온도(ET)
- 실효온도(체감온도 또는 감각온도)에 영향을 주는 요인 : 온도, 습도, 기류(공기유동)
- 허용한계 : 정신(사무)작업(60~64°F), 경작업(55~60°F), 중작업(50~55°F)

28 인간-기계시스템에 관련된 정의로 틀린 것은?

① 시스템이란 전체목표를 달성하기 위한 유기적인 결합체이다
② 인간-기계시스템이란 인간과 물리적인 요소가 주어진 입력에 대해 원하는 출력을 내도록 결합되어 상호작용하는 집합체이다.
③ 수동시스템은 입력된 정보를 근거로 자신의 신체적인 에너지를 사용하여 수공구나 보조기구에 힘을 가하여 작업을 제어하는 시스템이다.
④ 자동화시스템은 기계에 의해 동력과 몇몇 다른 기능들이 제공되며, 인간이 원하는 반응을 얻기 위해 기계의 제어장치를 사용하여 제어기능을 수행하는 시스템이다.

자동화시스템은 기계는 감지, 의사결정, 행동기능의 모든 기능을 수행하고 이 과정에서 감지되는 모든 우발상황에 완전하게 대비할 수 있도록 프로그램된 시스템이다. 보기 ④항은 기계화시스템(반자동시스템)의 정의하고 볼 수 있다.

29 통제표시비를 설계할 때 고려해야 할 5가지 요소에 해당하지 않는 것은?

① 공차
② 조작시간
③ 일치성
④ 목측거리

해설
통제비 설계시 고려해야 할 사항 : 계기의 크기, 공차, 방향성, 조작시간, 목측거리

30 결함수분석(FTA) 결과 다음과 같은 패스셋을 구하였다. X_4가 중복사상인 경우, 최소패스셋(minimal path sets)으로 맞는 것은?

$\{X_2, X_3, X_4\}$
$\{X_1, X_3, X_4\}$
$\{X_3, X_4\}$

① $\{X_3, X_4\}$
② $\{X_1, X_3, X_4\}$
③ $\{X_2, X_3, X_4\}$
④ $\{X_2, X_3, X_4\}$와 $\{X_3, X_4\}$

해설
패스셋(path sets)은 정상사상(top event)이 발생하지 않게 하는 기본사상들의 집합이며, 최소 패스셋(minimal path sets)은 시스템이 고장 나지 않도록 하는 최소한의 패스셋이므로 보기의 경우 $\{X_3, X_4\}$이 최소 패스셋이 된다. 참고로 FTA에서 정상사상(top event)은 시스템 에러를 의미한다는 점에 착안한다.

31 인간실수의 주원인에 해당하는 것은?

① 기술수준
② 경험수준
③ 훈련수준
④ 인간 고유의 변화성

해설
인간은 항상 실수를 일으키는 사고 발생의 잠재요인을 내재하고 있으며, 기능적 특성에 있어서 인간고유의 변화성(Human Variability)이 상존하여 이로 인한 인간의 신뢰도 정도에 따라 인간-기계시스템(Human Machine System)의 안전이 확보되고 산업 안전 재해에 영향을 미친다.

32 통신에서 잡음 중의 일부를 제거하기 위해 필터(filter)를 사용하였다면 이는 다음 중 어느 것의 성능을 향상시키는 것인가?

① 신호의 양립성
② 신호의 산란성
③ 신호의 표준성
④ 신호의 검출성

해설
통신에서 잡음 중의 일부를 제거하기 위해 필터(filter)를 사용하는 목적은 원하는 대역폭 외의 신호를 제거하고 선택한 대역폭 내의 신호만 검출하기 위한 것이다.

33 청각적 자극제시와 이에 대한 음성응답과업에서 갖는 양립성에 해당하는 것은?

① 개념적 양립성 ② 운동 양립성
③ 공간적 양립성 ④ 양식 양립성

양립성(Compatibility)
- 개념적 정의 : 정보입력 및 처리와 관련한 양립성은 인간의 기대와 모순되지 않는 자극들간, 반응들 간의 또는 자극반응 조합의 관계를 말하는 것
- 양립성의 구분
  - 공간 양립성 : 표시장치가 조종장치에서 물리적 형태나 공간적인 배치의 양립성
  - 운동 양립성 : 표시 및 조종장치 등에서 운동 방향의 양립성
  - 개념 양립성 : 사람들이 가지고 있는 개념적 연상(어떤 암호체계에서 청색이 정상을 나타내듯이)의 양립성
  - 양식 양립성 : 기계가 특정 음성에 대해 정해진 반응을 하는 것과 같이 직무에 알맞은 자극과 응답 양식의 존재에 대한 양립성

34 작업공간에서 부품배치의 원칙에 따라 레이아웃을 개선하려 할 때, 부품배치의 원칙에 해당하지 않는 것은?

① 편리성의 원칙 ② 사용 빈도의 원칙
③ 사용 순서의 원칙 ④ 기능별 배치의 원칙

부품 배치의 원칙
- 중요성의 원칙 · 사용 빈도의 원칙
- 기능별 배치의 원칙 · 사용 순서의 원칙

35 시스템에 영향을 미치는 모든 요소의 고장을 형태별로 분석하여 그 영향을 검토하는 분석기법은?

① FTA ② CHECK LIST
③ FMEA ④ DECISION TREE

고장형태와 영향분석(FMEA, Failure Modes and Effects Analysis)
- FMEA : 시스템 안전분석에 이용되는 전형적인 정성적, 귀납적 분석방법으로 시스템에 영향을 미치는 전체 요소의 고장을 형별로 분석하여 그 영향을 검토하는 것이다.
- FMEA의 장점 및 단점
  - 장점 : 서식이 간단하고 비교적 적은 노력으로 특별한 훈련 없이 분석할 수 있다.
  - 단점 : 논리성이 부족하고 특히 각 요소간의 영향을 분석하기 어렵기 때문에 동시에 두 가지 이상의 요소가 고장날 경우 분석이 곤란하며 요소가 물체로 한정되어 있기 때문에 인적원인을 분석하는 것은 곤란하다.

36 시력 손상에 가장 크게 영향을 미치는 전신 진동의 주파수는?

① 5Hz 미만 ② 5~10Hz
③ 10~25Hz ④ 25Hz 초과

전신 진동이 인간에 끼치는 영향
- 진동은 진폭에 비례하여 시력을 손상하며 10~25Hz의 경우 가장 심하다.
- 진동은 진폭에 비례하여 추적능력을 손상하며 5Hz 이하의 낮은 진동수에서 가장 심하다.
- 안정되고 정확한 근육조절을 요하는 작업은 진동에 의해서 저하된다.
- 반응시간, 감시, 형태식별 등 주로 중앙 신경 처리에 달린 임무는 진동의 영향을 덜 받는다.

37 화학 설비의 안정성을 평가하는 방법 5단계 중 제3단계에 해당하는 것은?

① 안전대책 ② 정량적 평가
③ 관계자료 검토 ④ 정성적 평가

화학설비의 안전성 평가의 5단계
- 제1단계 : 관계자료의 작성준비
- 제2단계 : 정성적 평가
- 제3단계 : 정량적 평가
- 제4단계 : 안전대책
- 제5단계 : 재평가

38 사후 보전에 필요한 평균 수리시간을 나타내는 것은?

① MDT ② MTTF
③ MTBF ④ MTTR

MTTF와 MTBF, MTTR
- MTTF(Mean Time To Failures) : 고장이 일어나기까지의 동작시간의 평균치(평균고장시간)
- MTBF(Mean Time Between Failures) : 고장사이의 작동시간 평균치(평균고장간격)
- MTTR(Mean Time To Repair) : 고장 발생 순간부터 수리완료 후 정상작동 시까지의 평균시간(평균수리시간)

39 러닝벨트 위를 일정한 속도로 걷는 사람의 배기가스를 5분간 수집한 표본을 가스성분 분석기로 조사한 결과 산소 16%, 이산화탄소 4%로 나타났다. 배기가스 전량을 가스미터에 통과시킨 결과 배기량이 90리터 였다면 분당 산소소비량과 에너지가(에너지소비량)는 약 얼마인가

① 0.95리터/분 − 4.75kcal/분 ② 0.96리터/분 − 4.80kcal/분
③ 0.97리터/분 − 4.85kcal/분 ④ 0.98리터/분 − 4.90kcal/분

- 분당배기량 = $\frac{90}{5}$ = 18
- 흡기량 = 배기량 × $\frac{100 - CO_2 - O_2}{79}$ = 18 × $\frac{100 - 16 - 4}{79}$ = 18.22
- 산소소비량 = 흡기의 O_2의 양 − 배기의 O_2의 양 = 18.22 × $\frac{21}{100}$ − (18 × $\frac{16}{100}$) = 0.95
- 에너지가 = 산소소비량 × 평균에너지소비량 = 0.95 × 5 = 4.75
- ∴ 평균에너지 소비량은 5kcal/분, 안정시 에너지 소비량은 1.5kcal/분으로 계산한다.

40. 톱사상을 일으키는 컷셋에 해당하는 것은?

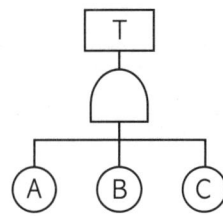

① {A}　　　　　　　　② {A, B}
③ {A, B, C}　　　　　　④ {B, C}

컷셋은 그 속에 포함되어 있는 모든 기본사상이 일어났을 때 톱 사상을 일으키는 기본사상의 집합을 의미한다. 보기는 AND 게이트로 구성되어 있으므로 톱사상(시스템 에러)을 일으키기 위한 컷셋은 {A, B, C} 이다.

제 03 과목　기계·기구 및 설비 안전관리

41. 〈보기〉는 기계설비의 안전화 중 기능의 안전화와 구조의 안전화를 위해 고려하여야 할 사항을 열거한 것이다. 〈보기〉 중 기능의 안전화를 위해 고려해야 할 사항에 속하는 것은?

㉠ 재료의 결함	㉡ 가공상의 잘못
㉢ 정전시의 오작동	㉣ 설계의 잘못

① ㉠　　　　　　　　② ㉡
③ ㉢　　　　　　　　④ ㉣

기계·설비의 안전화 5가지
- 외관의 안전화 : 상자로 내장, 덮개, 색채조절(시동버튼 : 녹색, 정지버튼 : 적색)
- 기능적 안전화 : 전압 강하 및 정전시 오동작 방지, 사용 압력 변동시 오동작 방지, 밸브 고장시 오동작 방지, 단락 스위치 고장시 오동작 방지
- 구조부분의 안전화 : 적절한 재료, 안전율 및 안전계수 고려, 적절한 가공
- 작업의 안전화 : 기동 장치와 배치, 정지시 시건 장치, 안전 통로 확보, 작업 공간 확보
- 보수·유지의 안전화(보전성의 개선) : 정기 점검, 교환, 주유

42. 탁상용 연삭기에서 일반적으로 플랜지의 지름은 숫돌 지름의 얼마 이상이 적정한가?

① $\dfrac{1}{2}$　　　　　　　　② $\dfrac{1}{3}$

③ $\dfrac{1}{5}$　　　　　　　　④ $\dfrac{1}{10}$

평형 플랜지의 직경은 설치하는 숫돌 직경의 1/3 이상, 여유값은 1.5mm 이상, 접촉폭은 다음의 표에서 정하는 값이어야 한다.(Df : 플랜지의 직경)

연삭숫돌의 직경(mm)	65 이하	66~355	356 이상
값(mm)	0.1Df 이상 0.2Df 미만	0.08Df 이상 0.18Df 미만	0.06Df 이상 0.18Df 미만

43 공작기계인 밀링작업의 안전사항이 아닌 것은?

① 사용 전에는 기계 기구를 점검하고 시운전을 한다.
② 칩을 제거할 때는 칩브레이커로 제거한다.
③ 회전하는 커터에는 손을 대지 않는다.
④ 커터의 제거·설치 시에는 반드시 스위치를 차단하고 한다.

밀링 작업 시 안전작업
- 밀링 커터에 작업복의 소매나 작업모가 말려 들어가지 않도록 한다
- 칩은 기계를 정지시킨 다음에 브러시등으로 제거한다.
- 공작물, 커터 및 부속장치 등을 제거할 때 시동스위치를 건드리지 않도록 한다.
- 상하 이송장치의 핸들은 사용 후, 반드시 빼 두어야 한다.
- 공작물 또는 부속장치 등을 설치하거나 제거시킬 때 또는 공작물을 측정할 때에는 반드시 정지시킨 다음에 한다.
- 커터를 교환할 때는 반드시 테이블 위에 목재를 받쳐 놓고 한다.
- 커터는 될 수 있는 한 컬럼에 가깝게 설치한다.
- 테이블이나 아암 위에 공구나 커터 등을 올려놓지 않고 공구대 위에 놓는다.
- 가공 중에는 손으로 가공면을 점검하지 않는다.
- 강력절삭을 할 때는 공작물을 바이스에 깊게 물린다.
- 면장갑을 끼지 않는다.
- 밀링작업에서 생기는 칩은 가늘고 예리하며 비래 시 부상을 입기 쉬우므로 보안경을 쓰도록 한다.
- 밀링커터의 상부 암에는 가공물에 적합한 덮개를 부착한다.
- 정면 커터 작업 시에는 칩이 튀어 나오므로 칩 커버를 설치하고 커터 날끝과 같은 높이에서 절삭 상태를 관찰하여서는 안 된다.

44 다음 중 욕조 형태를 갖는 일반적인 기계 고장 곡선에서의 기본적인 3가지 고장 유형에 해당하지 않는 것은?

① 피로고장
② 우발고장
③ 초기고장
④ 마모고장

고장의 유형
- 초기고장 : 감소형(Debugging 기간, Burning 기간)
- 우발고장 : 일정형
- 마모고장 : 증가형(Burn In 기간)

45 산업안전보건법령에 따른 안전난간의 구조 및 설치요건에 대한 설치요건에 대한 설명으로 옳은 것은?

① 상부 난간대, 중앙난간대, 발끝막이판 및 난간기둥으로 구성하여야 한다.
② 발끝막이판은 바닥면 등으로부터 5cm 이하의 높이를 유지하여야 한다.
③ 난간대는 지름 1.5cm 이상의 금속제 파이프를 사용하여야 한다.
④ 안전난간은 가장 취약한 지점에서 가장 취약한 방향으로 작용하는 70킬로그램 이상의 하중에 견딜 수 있어야 한다.

산업안전보건기준에 관한 규칙 제13조(안전난간의 구조 및 설치요건) 사업주는 근로자의 추락 등의 위험을 방지하기 위하여 안전난간을 설치하는 경우 다음 각 호의 기준에 맞는 구조로 설치해야 한다.
1. 상부 난간대, 중간 난간대, 발끝막이판 및 난간기둥으로 구성할 것. 다만, 중간 난간대, 발끝막이판 및 난간기둥은 이와 비슷한 구조와 성능을 가진 것으로 대체할 수 있다.
2. 상부 난간대는 바닥면·발판 또는 경사로의 표면(이하 "바닥면등"이라 한다)으로부터 90센티미터 이상 지점에 설치하고, 상부 난간대를 120센티미터 이하에 설치하는 경우에는 중간 난간대는 상부 난간대와 바닥면등의 중간에 설치해야 하며, 120센티미터 이상 지점에 설치하는 경우에는 중간 난간대를 2단 이상으로 균등하게 설치하고 난간의 상하 간격은 60센티미터 이하가 되도록 할 것. 다만, 난간기둥 간의 간격이 25센티미터 이하인 경우에는 중간 난간대를 설치하지 않을 수 있다.
3. 발끝막이판은 바닥면등으로부터 10센티미터 이상의 높이를 유지할 것. 다만, 물체가 떨어지거나 날아올 위험이 없거나 그 위험을 방지할 수 있는 망을 설치하는 등 필요한 예방 조치를 한 장소는 제외한다.
4. 난간기둥은 상부 난간대와 중간 난간대를 견고하게 떠받칠 수 있도록 적정한 간격을 유지할 것
5. 상부 난간대와 중간 난간대는 난간 길이 전체에 걸쳐 바닥면등과 평행을 유지할 것
6. 난간대는 지름 2.7센티미터 이상의 금속제 파이프나 그 이상의 강도가 있는 재료일 것
7. 안전난간은 구조적으로 가장 취약한 지점에서 가장 취약한 방향으로 작용하는 100킬로그램 이상의 하중에 견딜 수 있는 튼튼한 구조일 것

46 보일러의 안전한 가동을 위하여 압력방출장치를 2개 설치한 경우에 작동 방법으로 옳은 것은?

① 최고 사용압력 이하에서 2개가 동시 작동
② 최고 사용압력 이하에서 1개가 작동되고 다른 것은 최고사용압력 1.05배 이하에서 작동
③ 최고 사용압력 이하에서 1개가 작동되고 다른 것은 최소사용압력 1.1배 이하에서 작동
④ 최고 사용압력의 1.1배 이하에서 2개가 동시 작동

산업안전보건기준에 관한 규칙 제116조(압력방출장치) ① 사업주는 보일러의 안전한 가동을 위하여 보일러 규격에 맞는 압력방출장치를 1개 또는 2개 이상 설치하고 최고사용압력(설계압력 또는 최고허용압력을 말한다. 이하 같다) 이하에서 작동되도록 하여야 한다. 다만, 압력방출장치가 2개 이상 설치된 경우에는 최고사용압력 이하에서 1개가 작동되고, 다른 압력방출장치는 최고사용압력 1.05배 이하에서 작동되도록 부착하여야 한다.

47 크레인에서 훅걸이용 와이어로프 등이 훅으로부터 벗겨지는 것을 방지하기 위해 사용하는 방호장치는?

① 덮개
② 권과방지장치
③ 비상정지장치
④ 해지장치

산업안전보건기준에 관한 규칙 제137조(해지장치의 사용) 사업주는 훅걸이용 와이어로프 등이 훅으로부터 벗겨지는 것을 방지하기 위한 장치(이하"해지장치"라 한다)를 구비한 크레인을 사용하여야 하며, 그 크레인을 사용하여 짐을 운반하는 경우에는 해지장치를 사용하여야 한다.

48 프레스 및 전단기에서 양수조작식 방호장치 누름버튼의 상호간 최소 내측거리로 옳은것은?

① 100mm
② 150mm
③ 250mm
④ 300mm

양수조작식 방호장치의 일반구조(방호장치 안전인증 고시 별표 1)
- 정상동작표시등은 녹색, 위험표시등은 붉은색으로 하며, 쉽게 근로자가 볼 수 있는 곳에 설치해야 한다.
- 슬라이드 하강 중 정전 또는 방호장치의 이상 시에 정지할 수 있는 구조이어야 한다.
- 방호장치는 릴레이, 리미트스위치 등의 전기부품의 고장, 전원전압의 변동 및 정전에 의해 슬라이드가 불시에 동작하지 않아야 하며, 사용전원전압의 ±(100분의 20)의 변동에 대하여 정상으로 작동되어야 한다.
- 1행정1정지 기구에 사용할 수 있어야 한다.
- 누름버튼을 양손으로 동시에 조작하지 않으면 작동시킬 수 없는 구조이어야 하며, 양쪽버튼의 작동시간 차이는 최대 0.5초 이내일 때 프레스가 동작되도록 해야 한다.
- 1행정마다 누름버튼에서 양손을 떼지 않으면 다음 작업의 동작을 할 수 없는 구조이어야 한다.
- 램의 하행정중 버튼(레버)에서 손을 뗄 시 정지하는 구조이어야 한다.
- 누름버튼의 상호간 내측거리는 300mm 이상이어야 한다.
- 누름버튼(레버 포함)은 매립형의 구조로서 다음 각 세목에 적합해야 한다.
  - 누름버튼(레버 포함)의 전 구간(360°)에서 매립된 구조
  - 누름버튼(레버 포함)은 방호장치 상부표면 또는 버튼을 둘러싼 개방된 외함의 수평면으로부터 하단(2mm 이상)에 위치
- 버튼 및 레버는 작업점에서 위험한계를 벗어나게 설치해야 한다.
- 양수조작식 방호장치는 푸트스위치를 병행하여 사용할 수 없는 구조이어야 한다.

49 다음 중 드릴링 작업에 있어서 공작물을 고정하는 방법으로 가장 적절하지 않은 것은?

① 작은 공작물은 바이스로 고정한다.
② 작고 길쭉한 공작물은 플라이어로 고정한다.
③ 대량 생산과 정밀도를 요구할 때는 지그로 고정한다.
④ 공작물이 크고 복잡할 때는 볼트와 고정구로 고정한다.

드릴링 작업시 재료의 고정방법
- 재료가 작을 때 : 바이스로 고정
- 재료가 크고 복잡할 때 : 볼트와 클램프 사용
- 대량생산과 정밀도 요구시 : 지그 사용

50 이동식 크레인과 관련된 용어의 설명 중 옳지 않은 것은?

① "정격하중"이라 함은 이동식 크레인의 지브나 붐의 경사각 및 길이에 따라 부하할 수 있는 최대 하중에서 인양기구(훅, 그래브 등)의 무게를 뺀 하중을 말한다.
② "정격 총하중"이라 함은 최대하중(붐 길이 및 작업반경에 따라 결정)과 부가하중(훅과 그 이외의 인양 도구들의 무게)을 합한 하중을 말한다
③ "작업반경"이라 함은 이동식 크레인의 선회 중심선으로부터 훅의 중심선까지의 수평거리를 말하며, 최대 작업반경은 이동식 크레인으로 작업이 가능한 최대치를 말한다.
④ "파단하중"이라 함은 줄걸이 용구 1개를 가지고 안전율을 고려하여 수직으로 매달 수 있는 최대 무게를 말한다.

파단하중이란 파단되어 하중을 지지하는 능력이 손상되는 한계 하중을 말한다.

51 프레스 금형의 설치 및 조정 시 슬라이드 불시하강을 방지하기 위하여 설치해야 하는 것은?

① 인터록 ② 클러치
③ 게이트 가드 ④ 안전블록

산업안전보건기준에 관한 규칙 제104조(금형조정작업의 위험 방지) 사업주는 프레스등의 금형을 부착·해체 또는 조정하는 작업을 할 때에 해당 작업에 종사하는 근로자의 신체가 위험한계 내에 있는 경우 슬라이드가 갑자기 작동함으로써 근로자에게 발생할 우려가 있는 위험을 방지하기 위하여 안전블록을 사용하는 등 필요한 조치를 하여야 한다.

52 프레스의 방호장치 중 가드식 방호장치의 구조 및 선정조건에 대한 설명으로 옳지 않은 것은?

① 미동(Inching) 행정에서는 작업자 안전을 위해 가드를 개방할 수 없는 구조로 한다.
② 1행정, 1정지기구를 갖춘 프레스에 사용한다.
③ 가드 폭이 400mm 이하일 때는 가드 측면을 방호하는 가드를 부착하여 사용한다.
④ 가드 높이는 프레스에 부착되는 금형 높이 이상(최소 180mm)으로 한다.

가드식 방호장치(프레스 방호장치의 선정·설치 및 사용 기술지침)
- 1행정 1정지기구를 갖춘 프레스에 사용한다.
- 가드 높이는 프레스에 부착되는 금형 높이 이상(최소 180mm)으로 한다
- 폭이 400mm 이하일 때에는 가드 측면을 방호하는 가드를 부착하여 사용한다.
- 가드의 틈새로 손가락 및 손이 위험한계 내에 들어가지 않도록 가드 틈새를 정한다.
- 미동(Inching) 행정에서는 가드를 개방할 수 있는 것이 작업성에 좋다.
- 오버런 감지장치가 있는 프레스에서는 상승 행정 완료 전에 가드를 열 수 있는 구조로 할 수 있다.
- 급정지 기구를 구비한 부분회전식 클러치 프레스에서 오버런 감지장치가 없는 것은 슬라이드가 하사점을 지나 상사점에 도달하여 동작이 정지된 후 가드를 개방할 수 있는 구조로 한다.
- 부분회전식 프레스에 급정지 기구가 없는 프레스를 사용하는 경우 슬라이드 상사점 정지를 확인한 후가 아니면 가드를 개방할 수 없는 구조로 한다.

53 다음은 지게차의 헤드가드에 관한 기준이다. ( ) 안에 들어갈 내용으로 옳은 것은?

> 지게차 사용 시 화물 낙하 위험의 방호조치 사항으로 헤드가드를 갖추어야 한다. 그 강도는 지게차 최대 하중의 ( )의 값의 등분포정하중(等分布靜荷重)에 견딜 수 있어야 한다. 단, 그 값이 4톤을 넘는 것에 대하여서는 4톤으로 한다.

① 2배 ② 3배
③ 4배 ④ 5배

지게차 헤드가드의 구비조건(산업안전보건기준에 관한 규칙 제180조)
- 강도는 지게차의 최대하중의 2배 값(4톤을 넘는 값에 대해서는 4톤으로 한다)의 등분포정하중(等分布靜荷重)에 견딜 수 있을 것
- 상부틀의 각 개구의 폭 또는 길이가 16cm 미만일 것
- 운전자가 앉아서 조작하거나 서서 조작하는 지게차의 헤드가드는 산업표준화법 제12조에 따른 한국산업표준에서 정하는 높이 기준 이상일 것
  - 앉아서 조작하는 경우 조종사가 정상적인 작동 상태에 있을 때 좌석기준점(SIP)으로부터 조종사의 머리가 위치한 헤드가드 아래 부분의 밑면까지의 수직간격은 0.903m 이상이어야 한다.
  - 서서 조작하는 경우 조종사가 정상적인 작동 상태에 있을 때 조종사가 서 있는 플랫폼에서부터 조종사의 머리가 위치한 헤드가드 아래 부분의 밑면까지의 수직 간격은 1.88m 이상이어야 한다.

54 다음 중 보일러의 폭발사고 예방을 위한 장치로 가장 거리가 먼 것은?

① 압력제한 스위치 ② 압력방출장치
③ 고저수위 고정장치 ④ 화염 검출기

보일러의 방호장치(산업안전보건기준에 관한 규칙 제116조~제120조)
- 압력방출장치 : 1개 또는 2개 이상 설치하고 최고사용압력(설계압력 또는 최고허용압력) 이하에서 작동되도록 하여야 한다. 다만, 압력방출장치가 2개 이상 설치된 경우에는 최고사용압력 이하에서 1개가 작동되고, 다른 압력방출장치는 최고사용압력 1.05배 이하에서 작동되도록 부착
- 압력 제한 스위치 : 과열을 방지하기 위하여 최고사용압력과 상용압력 사이에서 보일러의 버너 연소를 차단
- 고저수위 조절 장치 : 고저수위를 알리는 경보등·경보음 장치 등을 설치하며, 자동으로 급수 또는 단수되도록 설치
- 기타 장치 : 압력방출장치, 압력제한스위치, 화염검출기

55 산업안전보건법상 회전 중인 연삭숫돌 직경이 최소 얼마 이상인 경우로서 근로자에게 위험을 미칠 우려가 있는 경우 해당 부위에 덮개를 설치하여야 하는가?

① 3cm 이상 ② 5cm 이상
③ 10cm 이상 ④ 20cm 이상

산업안전보건기준에 관한 규칙 제122조(연삭숫돌의 덮개 등) ① 사업주는 회전 중인 연삭숫돌(지름이 5센티미터 이상인 것으로 한정한다)이 근로자에게 위험을 미칠 우려가 있는 경우에 그 부위에 덮개를 설치하여야 한다.
② 사업주는 연삭숫돌을 사용하는 작업의 경우 작업을 시작하기 전에는 1분 이상, 연삭숫돌을 교체한 후에는 3분 이상 시험

운전을 하고 해당 기계에 이상이 있는지를 확인하여야 한다.
③ 제2항에 따른 시험운전에 사용하는 연삭숫돌은 작업시작 전에 결함이 있는지를 확인한 후 사용하여야 한다.
④ 사업주는 연삭숫돌의 최고 사용회전속도를 초과하여 사용하도록 해서는 아니 된다.
⑤ 사업주는 측면을 사용하는 것을 목적으로 하지 않는 연삭숫돌을 사용하는 경우 측면을 사용하도록 해서는 아니 된다.

56 프레스 작업 시 금형의 파손을 방지하기 위한 조치 내용 중 틀린 것은?

① 금형 맞춤핀은 억지 끼워맞춤으로 한다.
② 쿠션 핀을 사용할 경우에는 상승시 누름판의 이탈방지를 위하여 단붙임한 나사로 견고히 조여야 한다.
③ 금형에 사용하는 스프링은 인장형을 사용한다.
④ 스프링 등의 파손에 의한 부품이 비산될 우려가 있는 부분에는 덮개를 설치한다.

금형에 사용하는 스프링은 압축형을 사용한다.

57 산업용 로봇에 지워지지 않는 방법으로 반드시 표시해야 하는 항목이 있는데 다음 중 이에 속하지 않는 것은?

① 제조자의 이름과 주소, 모델 번호 및 제조일련번호, 제조연월
② 매니퓰레이터 회전반경
③ 중량
④ 이동 및 설치를 위한 인양 지점

각 로봇에는 다음 사항을 보기 쉬운 곳에 쉽게 지워지지 않는 방법으로 표시해야 해야 한다. (위험기계 · 기구 자율안전확인 고시 별표 2)
• 제조자의 이름과 주소, 모델 번호 및 제조일련번호, 제조연월
• 중량
• 전기 또는 유 · 공압시스템에 대한 공급사양
• 이동 및 설치를 위한 인양 지점
• 부하 능력

58 급정지기구가 있는 1행정 프레스의 광전자식 방호장치에서 광선에 신체의 일부가 감지된 후로부터 급정지기구의 작동시까지의 시간이 40ms이고, 급정지기구의 작동 직후로부터 프레스기가 정지될 때까지의 시간이 20ms라면 안전거리는 몇 mm 이상이어야 하는가?

① 60 ② 76
③ 80 ④ 96

$D_m = 1.6(T_c + T_s) = 1.6 \times (40 + 20) = 96$

59 롤러의 위험점 전방에 개구 간격 16.5mm의 가드를 설치하고자 한다면, 개구부에서 위험점까지의 거리는 몇 mm 이상이어야 하는가?(단, 위험점이 전동체는 아니다.)

① 70
② 80
③ 90
④ 100

개구부 간격
- 동력전달부분(전동체)인 경우
  Y = 6 + 0.1X [Y : 개구부 간격(mm), X : 개구부와 위험점 간의 거리(mm)]
- 전동체가 아닌 경우(회전체인 경우)
  X가 160mm 미만인 경우 Y = 6 + 0.15X
  X가 160mm 이상인 경우 Y = 30mm
∴ 16.5 = 6 + 0.15X, X = 70

60 산업안전보건법령에 따라 컨베이어의 작업 시작 전 점검사항 중 틀린 것은?

① 원동기 및 풀리 기능의 이상 유무
② 이탈 등의 방지기능의 이상 유무
③ 과부하장치 기능의 이상 유무
④ 원동기, 회전축, 기어, 및 풀리 등의 덮개 또는 울 등의 이상 유무

컨베이어의 작업 시작 전 점검사항(산업안전보건기준에 관한 규칙 별표 3)
- 원동기 및 풀리(pulley) 기능의 이상 유무
- 이탈 등의 방지장치 기능의 이상 유무
- 비상정지장치 기능의 이상 유무
- 원동기 · 회전축 · 기어 및 풀리 등의 덮개 또는 울 등의 이상 유무

제 04 과목 전기 및 화학설비 안전관리

61 작업장에서 꽂음접속기를 설치 또는 사용하는 때에 작업자의 감전 위험을 방지하기 위하여 필요한 준수사항으로 틀린 것은?

① 서로 다른 전압의 꽂음접속기는 상호 접속되는 구조의 것을 사용할 것
② 습윤한 장소에 사용되는 꽂음접속기는 방수형 등 해당장소에 적합한 것을 사용할 것
③ 꽂음접속기를 접속시킬 경우 땀 등으로 젖은 손으로 취급하지 않도록 할 것
④ 꽂음접속기에 잠금장치가 있을 때에는 접속 후 잠그고 사용할 것

산업안전보건기준에 관한 규칙 제316조(꽂음접속기의 설치·사용 시 준수사항) 사업주는 꽂음접속기를 설치하거나 사용하는 경우에는 다음 각 호의 사항을 준수하여야 한다.
1. 서로 다른 전압의 꽂음 접속기는 서로 접속되지 아니한 구조의 것을 사용할 것
2. 습윤한 장소에 사용되는 꽂음 접속기는 방수형 등 그 장소에 적합한 것을 사용할 것

3. 근로자가 해당 꽂음 접속기를 접속시킬 경우에는 땀 등으로 젖은 손으로 취급하지 않도록 할 것
4. 해당 꽂음 접속기에 잠금장치가 있는 경우에는 접속 후 잠그고 사용할 것

62 전기 기계·기구에 누전에 의한 감전 위험을 방지하기 위하여 설치한 누전차단기에 의한 감전방지의 사항으로 틀린 것은?

① 정격감도전류가 30mA 이하이고 작동시간은 3초 이내일 것
② 분기회로 또는 전기기계·기구마다 누전차단기를 접속할 것
③ 파손이나 감전사고를 방지할 수 있는 장소에 접속할 것
④ 지락보호용 기능만 있는 누전차단기는 과전류를 차단하는 퓨즈나 차단기 등과 조합하여 접속할 것

산업안전보건기준에 관한 규칙 제304조(누전차단기에 의한 감전방지) ⑤ 사업주는 제1항에 따라 설치한 누전차단기를 접속하는 경우에 다음 각 호의 사항을 준수하여야 한다.
1. 전기기계·기구에 설치되어 있는 누전차단기는 정격감도전류가 30밀리암페어 이하이고 작동시간은 0.03초 이내일 것. 다만, 정격전부하전류가 50암페어 이상인 전기기계·기구에 접속되는 누전차단기는 오작동을 방지하기 위하여 정격감도전류는 200밀리암페어 이하로, 작동시간은 0.1초 이내로 할 수 있다.
2. 분기회로 또는 전기기계·기구마다 누전차단기를 접속할 것. 다만, 평상시 누설전류가 매우 적은 소용량부하의 전로에는 분기회로에 일괄하여 접속할 수 있다.
3. 누전차단기는 배전반 또는 분전반 내에 접속하거나 꽂음접속기형 누전차단기를 콘센트에 접속하는 등 파손이나 감전사고를 방지할 수 있는 장소에 접속할 것
4. 지락보호전용 기능만 있는 누전차단기는 과전류를 차단하는 퓨즈나 차단기 등과 조합하여 접속할 것

63 페인트를 스프레이로 뿌려 도장작업을 하는 작업 중 발생할수 있는 정전기 대전으로만 이루어진 것은?

① 유동대전, 충돌대전   ② 유동대전, 마찰대전
③ 분출대전, 충돌대전   ④ 분출대전, 유동대전

정전기 대전 형태
- 충돌대전 : 분체의 입자끼리 또는 입자와 고체와의 충돌에 의하여 접촉, 분리가 일어나기 때문에 발생한다.
- 분출대전 : 분체, 액체, 기체류가 단면적인 작은 노즐 등의 개구부에서 분출할 때 마찰이 일어나서 발생하며, 가스가 분진, 무상입자로 분출될 때 대전이 잘 일어난다.
- 마찰대전 : 종이, 필름 등이 금속 롤러와 마찰을 일으킬 때 마찰에 의하여 접촉의 위치가 이동하고 전하 분리가 일어나서 발생한다.
- 유도대전 : 대전 물체 부근에 있는 물체가 대전체로부터의 정전유도에 의해 정전기를 띠는 현상을 의미한다.
- 박리대전 : 서로 밀착되어 있는 물체가 분리될 때 전하의 분리가 일어나서 정전기가 발생한다.
- 비말대전 : 공기 중에 분출된 액체가 미세하게 비산되어 분리되었다가 크고 작은 방울로 될 때 새로운 표면을 형성하면서 정전기가 발생하는 현상이다.
- 침강대전 : 절연성 유체 중에서 비중이 다른 부유물이 침강할 때 발생하는 정전기를 말한다.
- 유동대전 : 액체류를 관내로 수송할 때 정전기가 발생하는 것으로 인화성 액체는 전기 절연성이 높아 유동에 의한 대전이 일어나기 쉬우며, 액체의 유동 속도가 정전기 발생에 큰 영향을 미친다.
- 적하대전 : 고체표면에 부착해 있던 액체류가 성장하여 자중으로 물방울이 되어 떨어질 때 전하분리가 일어나서 정전기가 발생하는 현상이다.
- 교반대전 : 액체가 교반에 의해 진동을 하게 되면 진동에 의한 정전기가 발생한다.
- 파괴대전 : 액체와 그것에 혼합되어 있는 불순물이 침강되면 침강대전이 발생한다.

64 정전기에 의한 재해 방지대책으로 틀린 것은?

① 대전방지제 등을 사용한다
② 공기 중의 습기를 제거한다
③ 금속 등의 도체를 접지시킨다
④ 배관 내 액체가 흐를 경우 유속을 제한한다

정전기 방지대책
- 부도체 : 정치시간의 확보, 배관 내 액체의 유속제한, 가습, 제전에 의한 대전방지, 도전성 재료 사용, 정전 차폐
- 도체 : 접지, 본딩(접지를 동시에 실시)

65 폭발위험장소 중 1종 장소에 해당하는 것은?

① 폭발성 가스 분위기가 연속적, 장기간 또는 빈번하게 존재하는 장소
② 폭발성 가스 분위기가 정상작동 중 주기적 또는 빈번하게 생성되는 장소
③ 폭발성 가스 분위기가 정상작동 중 조성되지 않거나 조성된다 하더라도 짧은 기간에만 존재할 수 있는 장소
④ 전기설비를 제조, 설치 및 사용함에 있어 특별한 주의를 요하는 정도의 폭발성 가스 분위기가 조성될 우려가 없는 장소

폭발위험장소의 분류

분류		적요	예
가스 폭발 위험 장소	0종 장소	인화성 액체의 증기 또는 가연성 가스에 의한 폭발위험이 지속적으로 또는 장기간 존재하는 장소	용기·장치·배관 등의 내부 등
	1종 장소	정상 작동상태에서 인화성 액체의 증기 또는 가연성 가스에 의한 폭발위험분위기가 존재하기 쉬운 장소	맨홀·벤트·피트 등의 주위
	2종 장소	정상작동상태에서 인화성 액체의 증기 또는 가연성 가스에 의한 폭발위험분위기가 존재할 우려가 없으나, 존재할 경우 그 빈도가 아주 적고 단기간만 존재할 수 있는 장소	개스킷·패킹 등의 주위
분진 폭발 위험 장소	20종 장소	분진운 형태의 가연성 분진이 폭발농도를 형성할 정도로 충분한 양이 정상작동 중에 연속적으로 또는 자주 존재하거나, 제어할 수 없을 정도의 양 및 두께의 분진층이 형성될 수 있는 장소	호퍼·분진저장소·집진장치·필터 등의 내부
	21종 장소	20종 장소 외의 장소로서, 분진운 형태의 가연성 분진이 폭발농도를 형성할 정도의 충분한 양이 정상작동 중에 존재할 수 있는 장소	집진장치·백필터·배기구 등의 주위, 이송벨트 샘플링 지역 등
	22종 장소	21종 장소 외의 장소로서, 가연성 분진운 형태가 드물게 발생 또는 단기간 존재할 우려가 있거나, 이상작동 상태하에서 가연성 분진층이 형성될 수 있는 장소	21종 장소에서 예방조치가 취하여진 지역, 환기설비 등과 같은 안전장치 배출구 주위 등

66 누설전류로 인한 화재가 발생될 수 있는 누전화재의 3요소에 해당하지 않는 것은?

① 누전점 ② 인입점
③ 접지점 ④ 출화점

누전화재의 3요소
- 누전점 : 전류의 유입점
- 발화점 : 발화장소
- 접지점 : 접지점의 소재 및 적당한 접지 저항

67 저압전로의 절연성능 시험에서 특별저압으로 1차와 2차가 전기적으로 절연된 회로인 경우 시험전압 250V DC에서의 절연저항은 최소 몇 MΩ 이어야 하는가?

① 0.1MΩ ② 0.3MΩ
③ 0.5MΩ ④ 1.0MΩ

저압전로의 절연저항

전로의 사용전압 V	DC 시험전압 V	절연저항
SELV 및 PELV	250	0.5MΩ 이상
FELV, 500V 이하	500	1MΩ 이상
500V 초과	1,000	1MΩ 이상

[주] 특별저압(extra low voltage : 2차 전압이 AC 5V, DC 120V 이하)으로 SELV(비접지회로 구성) 및 PELV(접지회로 구성)은 1차와 2차가 전기적으로 절연된 회로, FELV는 1차와 2차가 전기적으로 절연되지 않은 회로

68 다음 중 전압의 분류가 잘못된 것은?

① 1000V 이하의 교류전압 - 저압
② 1500V 이하의 직류전압 - 저압
③ 1000V 초과 7kV 이하의 교류전압 - 고압
④ 10kV를 초과하는 직류전압 - 초고압

전압의 구분

구분	교류(AC)	직류(DC)
저압	1000V 이하	1500V 이하
고압	1000V 초과 7000V 이하	1500V 초과 7000V 이하
특별고압	7000V 초과	

69 방폭구조 중 전폐구조를 하고 있으며, 외부의 폭발성 가스가 내부로 침입하여 내부에서 폭발하더라도 용기는 그압력에 견디고 내부의 폭발로 인하여 외부의 폭발성 가스에 착화될 우려가 없도록 만들어진 구조는?

① 안전증방폭구조
② 본질안전방폭구조
③ 유입방폭구조
④ 내압방폭구조

방폭구조의 종류와 기호

종류	내용	기호
내압방폭구조	점화원에 의해 용기 내부에서 폭발이 발생할 경우에 용기가 폭발압력에 견딜 수 있고, 화염이 용기 외부의 폭발성 분위기로 전파되지 않도록 한 방폭구조	d
압력방폭구조	점화원이 될 우려가 있는 부분을 용기 안에 넣고 보호 기체(신선한 공기 또는 불활성기체)를 용기 안에 압입함으로써 폭발성 가스가 침입하는 것을 방지하도록 되어 있는 방폭구조	p
안전증방폭구조	전기기기의 과도한 온도 상승, 아크 또는 불꽃 발생의 위험을 방지하기 위하여 추가적인 안전조치를 통한 안전도를 증가시킨 방폭구조(다만, 정상운전 중에 아크나 불꽃을 발생시키는 전기기기는 안전증방폭구조의 전기기기 범위에서 제외)	e
유입방폭구조	유체 상부 또는 용기 외부에 존재할 수 있는 폭발성 분위기가 발화할 수 없도록 전기설비 또는 전기설비의 부품을 보호액에 함침시키는 방폭구조	o
본질안전방폭구조	정상시 또는 단락, 단선, 지락 등의 사고시에 발생하는 아크, 불꽃, 고열에 의하여 폭발성 가스나 증기에 점화되지 않는 것이 확인된 구조	ia, ib
비점화방폭구조	전기기기가 정상작동과 규정된 특정한 비정상상태에서 주위의 폭발성 가스 분위기를 점화시키지 못하도록 만든 방폭구조	n
몰드방폭구조	전기기기의 불꽃 또는 열로 인해 폭발성 위험분위기에 점화되지 않도록 컴파운드를 충전해서 보호한 방폭구조	m
충전방폭구조	폭발성 가스 분위기를 점화시킬 수 있는 부품을 고정하여 설치하고, 그 주위를 충전재로 완전히 둘러싸서 외부의 폭발성 가스 분위기를 점화시키지 않도록 하는 방폭구조	q
특수방폭구조	상기의 방폭구조 외에 외부의 폭발성 가스에 대해 인화를 방지할 수 있음을 시험에 의해 확인한 구조	s

70 피뢰기의 제한전압이 800kV이고, 충격절연강도가 1000kV라면, 보호여유도는?

① 12% ② 25%
③ 39% ④ 43%

여유도 = $\dfrac{\text{충격절연강도} - \text{제한전압}}{\text{제한전압}} \times 100 = \dfrac{1000-800}{800} \times 100 = 25$

71 최소점화에너지(MIE)와 온도, 압력의 관계를 옳게 설명한 것은?

① 압력, 온도에 모두 비례한다.
② 압력, 온도에 모두 반비례한다.
③ 압력에 비례하고, 온도에 반비례한다.
④ 압력에 반비례하고, 온도에 비례한다.

최소점화에너지(최소발화에너지, MIE)
- 온도가 상승하면 분자운동이 활발해져 MIE는 작아진다.
- 압력이 상승하면 분자간의 거리가 가까워져 MIE는 작아진다.
- 농도가 많아지면 MIE는 작아진다.

72 폭발범위가 1.8~8.5vol%인 가스의 위험도는 얼마인가?

① 0.8 ② 3.7
③ 5.7 ④ 6.7

위험도 = $\dfrac{\text{폭발상한계} - \text{폭발하한계}}{\text{폭발하한계}}$ = $\dfrac{8.5 - 1.8}{1.8}$ ≒ 3.7

73 공정별로 폭발을 분류할 때 물리적 폭발이 아닌 것은?

① 분해폭발 ② 탱크의 감압폭발
③ 수증기 폭발 ④ 고압용기의 폭발

물리적 폭발이란 화학반응이나 고열을 동반하지 않는 폭발로 높은 압력 차이로 인해 발생한다.

74 사업주가 금속의 용접·용단 또는 가열에 사용되는 가스 등의 용기를 취급하는 경우에 준수하여야 하는 사항으로 틀린 것은?

① 용기의 온도를 섭씨 40도 이하로 유지할 것
② 전도의 위험이 없도록 할 것
③ 밸브의 개폐는 빠르게 할 것
④ 용해아세틸렌의 용기는 세워 둘 것

산업안전보건기준에 관한 규칙 제234조(가스등의 용기) 사업주는 금속의 용접·용단 또는 가열에 사용되는 가스등의 용기를 취급하는 경우에 다음 각 호의 사항을 준수하여야 한다.
1. 다음 각 목의 어느 하나에 해당하는 장소에서 사용하거나 해당 장소에 설치·저장 또는 방치하지 않도록 할 것
   가. 통풍이나 환기가 불충분한 장소
   나. 화기를 사용하는 장소 및 그 부근
   다. 위험물 또는 제236조에 따른 인화성 액체를 취급하는 장소 및 그 부근
2. 용기의 온도를 섭씨 40도 이하로 유지할 것

3. 전도의 위험이 없도록 할 것
4. 충격을 가하지 않도록 할 것
5. 운반하는 경우에는 캡을 씌울 것
6. 사용하는 경우에는 용기의 마개에 부착되어 있는 유류 및 먼지를 제거할 것
7. 밸브의 개폐는 서서히 할 것
8. 사용 전 또는 사용 중인 용기와 그 밖의 용기를 명확히 구별하여 보관할 것
9. 용해아세틸렌의 용기는 세워 둘 것
10. 용기의 부식·마모 또는 변형상태를 점검한 후 사용할 것

75 다음 중 관로의 크기를 변경하고자 할 때 사용하는 관부속품은?

① 밸브(valve)
② 엘보우(elbow)
③ 부싱(bushing)
④ 플랜지(flange)

해설

배관부속품
- 두 개의 관 연결시 : 플랜지(flange), 유니온(union), 커플링(coupling), 니플(nipple), 소켓(socket)
- 관선의 방향 변경시 : 엘보우(elbow), 리턴 밴드(return bend)
- 관의 직경 변경시 : 리듀서(reducer), 소구경은 부싱(bushing), 대구경은 이경(異徑) 플랜지(reducing flange)
- 지관枝管) 연결시: 티(tee), Y 지관(Y-branch), 십자(cross)
- 유로차단시: 소구경은 플러그(plug) 또는 캡(cap), 대구경은 판(板) 플랜지(blank flange)
- 유량조절시: 밸브(valve)

76 산업안전보건기준에 관한 규칙상의 (   ) 안의 내용으로 알맞은 것은?

> 사업주는 급성 독성물질이 지속적으로 외부에 유출될 수 있는 화학설비 및 그 부속설비에 파열판과 안전밸브를 직렬로 설치하고 그 사이에는 (   )를 설치하여야 한다.

① 온도지시계 또는 과열방지장치
② 압력지시계 또는 자동경보장치
③ 유량지시계 또는 유속지시계
④ 액위지시계 또는 과압방지장치

해설

산업안전보건기준에 관한 규칙 제263조(파열판 및 안전밸브의 직렬설치) 사업주는 급성 독성물질이 지속적으로 외부에 유출될 수 있는 화학설비 및 그 부속설비에 파열판과 안전밸브를 직렬로 설치하고 그 사이에는 압력지시계 또는 자동경보장치를 설치하여야 한다.

77 다음 물질 중 가연성 가스가 아닌 것은?

① 수소
② 메탄
③ 프로판
④ 염소

해설

가연성 가스
- 정의 : 폭발한계 농도의 하한이 10% 이하 또는 상하한의 차가 20% 이상인 가스
- 종류 : 수소, 아세틸렌, 에틸렌, 메탄, 에탄, 프로판, 부탄

78 산업안전보건기준에 관한 규칙에서 정한 위험물질의 종류에서 인화성 액체에 해당하지 않는 것은?

① 적린
② 에틸에테르
③ 산화프로필렌
④ 아세톤

인화성 액체(산업안전보건기준에 관한 규칙 별표 1)
- 에틸에테르, 가솔린, 아세트알데히드, 산화프로필렌, 그 밖에 인화점이 23℃ 미만이고 초기 끓는점이 35℃ 이하인 물질
- 노르말헥산, 아세톤, 메틸에틸케톤, 메틸알코올, 에틸알코올, 이황화탄소, 그 밖에 인화점이 23℃ 미만이고 초기 끓는점이 35℃를 초과하는 물질
- 크실렌, 아세트산아밀, 등유, 경유, 테레핀유, 이소아밀알코올, 아세트산, 하이드라진, 그 밖에 인화점이 23℃ 이상 60℃ 이하인 물질

79 산업안전보건법상 공정안전보고서의 내용 중 공정안전자료에 포함되지 않는 것은?

① 유해·위험설비의 목록 및 사양
② 폭발위험장소 구분도 및 전기단선도
③ 안전운전지침
④ 각종 건물·설비의 배치도

공정안전자료에 포함되어야 할 세부사항(산업안전보건법 시행규칙 제50조)
- 취급·저장하고 있거나 취급·저장하려는 유해·위험물질의 종류 및 수량
- 유해·위험물질에 대한 물질안전보건자료
- 유해·위험설비의 목록 및 사양
- 유해·위험설비의 운전방법을 알 수 있는 공정도면
- 각종 건물·설비의 배치도
- 폭발위험장소 구분도 및 전기단선도
- 위험설비의 안전설계·제작 및 설치 관련 지침서

80 황린의 저장 및 취급방법으로 옳은 것은?

① 강산화제를 첨가하여 중화된 상태로 저장한다
② 물 속에 저장한다
③ 자연발화하므로 건조한 상태로 저장한다
④ 강알칼리 용액 속에 저장한다.

황린(P_4)의 성질 및 취급
- 백색 또는 담황색의 자연발화성 고체이다
- 물과 반응하지 않으므로 pH9(약알칼리)정도의 물 속에 저장하며 보호액이 증발되지 않도록 한다.
- 벤젠, 알코올에는 일부 용해하고. 이황화탄소(CS_2), 삼염화린, 염화황에는 잘 녹는다.
- 증기는 공기보다 무겁고 자극적이며 맹독성인 물질이다.
- 강알칼리 용액과 반응하면 유독성의 포스핀가스(PH_3)를 발생한다.
- 공기를 차단하고 250℃로 가열하면 적린이 된다.

제 05 과목 건설공사 안전관리

81 콘크리트 타설 시 거푸집의 측압에 영향을 미치는 인자들에 대한 설명으로 틀린 것은?

① 슬럼프가 클수록 측압은 크다.
② 거푸집의 강성이 클수록 측압은 크다.
③ 철근량이 많을수록 측압은 작다.
④ 타설 속도가 느릴수록 측압은 크다.

콘크리트의 측압이 커지는 조건
- 기온이 낮을수록(대기 중의 습도가 낮을수록)
- 치어붓기 속도가 클수록
- 굳은 콘크리트 일수록(물·시멘트비가 클수록, 슬럼프값이 클수록, 시멘트·물비가 적을수록)
- 콘크리트의 비중이 클수록
- 콘크리트의 다지기가 강할수록
- 철근양이 작을수록
- 거푸집의 수밀성이 높을수록
- 거푸집의 수평단면이 클수록(벽 두께가 클수록)
- 거푸집의 강성이 클수록
- 거푸집의 표면이 매끄러울수록
- 측압은 생콘크리트의 높이가 높을수록 커지나 일정한 높이에 이르면 측압의 증가는 없다.

82 굴착면의 기울기 기준으로 옳지 않은 것은?

① 풍화암 – 1 : 1.0
② 연암 – 1 : 1.0
③ 경암 – 1 : 0.3
④ 모래 – 1 : 1.8

굴착면의 기울기 기준(산업안전보건기준에 관한 규칙 별표 11)

지반의 종류	굴착면의 기울기	지반의 종류	굴착면의 기울기
모래	1 : 1.8	경암	1 : 0.5
연암 및 풍화암	1 : 1.0	그 밖의 흙	1 : 1.2

비고
1. 굴착면의 기울기는 굴착면의 높이에 대한 수평거리의 비율을 말한다.
2. 굴착면의 경사가 달라서 기울기를 계산하기가 곤란한 경우에는 해당 굴착면에 대하여 지반의 종류별 굴착면의 기울기에 따라 붕괴의 위험이 증가하지 않도록 위 표의 지반의 종류별 굴착면의 기울기에 맞게 해당 각 부분의 경사를 유지해야 한다.

83 차량계 하역운반기계의 운전자가 운전위치를 이탈하는 경우의 조치사항으로 부적절한 것은?

① 포크 및 버킷을 가장 높은 위치에 두어 근로자 통행을 방해하지 않도록 하였다.
② 원동기를 정지시키고 브레이크를 걸었다.
③ 시동키를 운전대에서 분리시켰다.
④ 경사지에서 갑작스런 주행이 되지 않도록 바퀴에 블록 등을 놓았다.

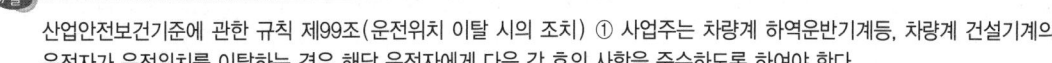

산업안전보건기준에 관한 규칙 제99조(운전위치 이탈 시의 조치) ① 사업주는 차량계 하역운반기계등, 차량계 건설기계의 운전자가 운전위치를 이탈하는 경우 해당 운전자에게 다음 각 호의 사항을 준수하도록 하여야 한다.
1. 포크, 버킷, 디퍼 등의 장치를 가장 낮은 위치 또는 지면에 내려 둘 것
2. 원동기를 정지시키고 브레이크를 확실히 거는 등 갑작스러운 주행이나 이탈을 방지하기 위한 조치를 할 것
3. 운전석을 이탈하는 경우에는 시동키를 운전대에서 분리시킬 것. 다만, 운전석에 잠금장치를 하는 등 운전자가 아닌 사람이 운전하지 못하도록 조치한 경우에는 그러하지 아니하다.

84 작업으로 인하여 물체가 떨어지거나 날아올 위험이 있는 경우에 조치 및 준수하여야 할 사항으로 옳지 않은 것은?

① 낙하물방지망, 수직보호망 또는 방호선반 등을 설치한다.
② 낙하물방지망의 내민 길이는 벽면으로부터 2m 이상으로 한다
③ 낙하물방지망의 수평면과의 각도는 20°이상 30°이하를 유지한다.
④ 낙하물방지망은 높이 15m 이내마다 설치한다.

산업안전보건기준에 관한 규칙 제14조(낙하물에 의한 위험의 방지) ① 사업주는 작업장의 바닥, 도로 및 통로 등에서 낙하물이 근로자에게 위험을 미칠 우려가 있는 경우 보호망을 설치하는 등 필요한 조치를 하여야 한다.
② 사업주는 작업으로 인하여 물체가 떨어지거나 날아올 위험이 있는 경우 낙하물 방지망, 수직보호망 또는 방호선반의 설치, 출입금지구역의 설정, 보호구의 착용 등 위험을 방지하기 위하여 필요한 조치를 하여야 한다. 이 경우 낙하물 방지망 및 수직보호망은 「산업표준화법」 제12조에 따른 한국산업표준(이하 "한국산업표준"이라 한다)에서 정하는 성능기준에 적합한 것을 사용하여야 한다.
③ 제2항에 따라 낙하물 방지망 또는 방호선반을 설치하는 경우에는 다음 각 호의 사항을 준수하여야 한다.
1. 높이 10미터 이내마다 설치하고, 내민 길이는 벽면으로부터 2미터 이상으로 할 것
2. 수평면과의 각도는 20도 이상 30도 이하를 유지할 것

85 건설업 산업안전보건관리비 항목으로 사용가능한 내역은?

① 경비원, 청소원 및 폐자재처리원의 인건비
② 외부인 출입금지, 공사장 경계표시를 위한 가설울타리 설치 및 해체비용
③ 원활한 공사수행을 위하여 사업장 주변 교통정리를 하는 신호자의 인건비
④ 해열제, 소화제 등 구급약품 및 구급용구 등의 구입비용

근로자 복리후생 등 목적의 시설·기구·약품 중에서 산업안전보건관리비

구분	항목
사용 불가 항목	• 간식·중식 등 휴식 시간에 사용하는 휴게시설, 탈의실, 이동식 화장실, 세면·샤워시설 • 근로자를 위한 급수시설, 정수기·제빙기, 자외선차단용품(로션, 토시 등을 말한다) • 혹서·혹한기에 근로자 건강 증진을 위한 보양식·보약 구입비용 • 체력단련을 위한 시설 및 운동 기구 등 • 병·의원 등에 지불하는 진료비, 암 검사비, 국민건강보험 제공비용 등
사용 가능 항목	• 분진·유해물질사용·석면해체제거 작업장에 설치하는 탈의실, 세면·샤워시설 설치비용 • 작업장 방역 및 소독비, 방충비 및 근로자 탈수방지를 위한 소금정제 비용 • 작업 중 혹한·혹서 등으로부터 근로자를 보호하기 위한 간이 휴게시설 설치·해체·유지비용 • 해열제, 소화제 등 구급약품 및 구급용구 등의 구입비용

86 산업안전보건법령에 따라 안전관리자와 보건관리자의 직무를 분류할 때 안전관리자의 직무에 해당되지 않는 것은?

① 산업재해에 관한 통계의 유지·관리·분석을 위한 보좌 및 조언·지도
② 산업재해 발생의 원인조사·분석 및 재발방지를 위한 기술적 보좌 및 조언·지도
③ 해당 사업장 안전교육계획의 수립 및 안전교육 실시에 관한 보좌 및 조언·지도
④ 작업장 내에서 사용되는 전체 환기장치 및 국소 배기장치 등에 관한 설비의 점검과 작업 방법의 공학적 개선에 관한 보좌 및 조언·지도

안전관리자의 업무(산업안전보건법 시행령 제18조)
- 산업안전보건위원회 또는 안전 및 보건에 관한 노사협의체에서 심의·의결한 업무와 해당 사업장의 안전보건관리규정 및 취업규칙에서 정한 업무
- 위험성평가에 관한 보좌 및 지도·조언
- 안전인증대상기계등과 자율안전확인대상기계등 구입 시 적격품의 선정에 관한 보좌 및 지도·조언
- 해당 사업장 안전교육계획의 수립 및 안전교육 실시에 관한 보좌 및 조언·지도
- 사업장 순회점검·지도 및 조치의 건의
- 산업재해 발생의 원인 조사·분석 및 재발 방지를 위한 기술적 보좌 및 조언·지도
- 산업재해에 관한 통계의 유지·관리·분석을 위한 보좌 및 조언·지도
- 법 또는 법에 따른 명령으로 정한 안전에 관한 사항의 이행에 관한 보좌 및 조언·지도
- 업무수행 내용의 기록·유지
- 그 밖에 안전에 관한 사항으로서 고용노동부장관이 정하는 사항

87 추락에 의한 위험방지를 위해 해당 장소에서 조치해야 할 사항과 거리가 먼 것은?

① 추락방호망 설치　　② 안전난간 설치
③ 덮개 설치　　　　　④ 투하설비의 설치

투하설비는 높이가 3m 이상인 장소로 부터 물체를 투하하는 경우 이로 인해 위험으로부터 작업자를 보호하기 위해 설치한다.

88 산업안전보건법령에서는 터널건설작업을 하는 경우에 해당 터널 내부의 화기나 아크를 사용하는 장소에는 필히 무엇을 설치하도록 규정하고 있는가?

① 소화설비　　　② 대피설비
③ 충전설비　　　④ 차단설비

산업안전보건기준에 관한 규칙 제359조(소화설비 등) 사업주는 터널건설작업을 하는 경우에는 해당 터널 내부의 화기나 아크를 사용하는 장소 또는 배전반, 변압기, 차단기 등을 설치하는 장소에 소화설비를 설치하여야 한다.

89 항타기 및 항발기에서 사용하는 권상용 와이어로프의 안전계수 기준으로 옳은 것은?

① 3 이상　　② 5 이상
③ 8 이상　　④ 10 이상

산업안전보건기준에 관한 규칙 제211조(권상용 와이어로프의 안전계수) 사업주는 항타기 또는 항발기의 권상용 와이어로프의 안전계수가 5 이상이 아니면 이를 사용해서는 아니 된다.

90 높이 2m를 초과하는 말비계를 조립하여 사용하는 경우 작업발판의 최소 폭기준으로 옳은 것은?

① 20cm 이상
② 30cm 이상
③ 40cm 이상
④ 50cm 이상

산업안전보건기준에 관한 규칙 제67조(말비계) 사업주는 말비계를 조립하여 사용하는 경우에 다음 각 호의 사항을 준수하여야 한다.
1. 지주부재(支柱部材)의 하단에는 미끄럼 방지장치를 하고, 근로자가 양측 끝부분에 올라서서 작업하지 않도록 할 것
2. 지주부재와 수평면의 기울기를 75도 이하로 하고, 지주부재와 지주부재 사이를 고정시키는 보조부재를 설치할 것
3. 말비계의 높이가 2미터를 초과하는 경우에는 작업발판의 폭을 40센티미터 이상으로 할 것

91 산업안전보건법령에 따른 가설통로의 구조에 관한 설치 기준으로 옳지 않은 것은?

① 경사가 25°를 초과하는 경우에는 미끄러지지 아니하는 구조로 할 것
② 경사는 30° 이하로 할 것
③ 수직갱에 가설된 통로의 길이가 15m 이상인 경우에는 10m 이내마다 계단참을 설치할것
④ 건설공사에 사용하는 높이 8m 이상인 비계다리에는 7m 이내마다 계단참을 설치할 것

산업안전보건기준에 관한 규칙 제23조(가설통로의 구조) 사업주는 가설통로를 설치하는 경우 다음 각호의 사항을 준수하여야 한다.
1. 견고한 구조로 할 것
2. 경사는 30도 이하로 할 것. 다만, 계단을 설치하거나 높이 2미터 미만의 가설통로로서 튼튼한 손잡이를 설치한 경우에는 그러하지 아니하다.
3. 경사가 15도를 초과하는 경우에는 미끄러지지 아니하는 구조로 할 것
4. 추락할 위험이 있는 장소에는 안전난간을 설치할 것. 다만, 작업상 부득이한 경우에는 필요한 부분만 임시로 해체할 수 있다.
5. 수직갱에 가설된 통로의 길이가 15미터 이상인 경우에는 10미터 이내마다 계단참을 설치할 것
6. 건설공사에 사용하는 높이 8미터 이상인 비계다리에는 7미터 이내마다 계단참을 설치할 것

92 비탈면붕괴를 방지하기 위한 방법으로 옳지 않은 것은?

① 비탈면 상부의 토사제거
② 지하 배수공 시공
③ 비탈면 하부의 성토
④ 비탈면 내부수압의 증가 유도

비탈면 내부수압의 감소를 유도하여 안정성을 높여야 한다.

93 철골 작업 시 위험 방지를 위하여 철골작업을 중지하여야 하는 기준으로 옳은 것은?

① 강설량이 시간당 1mm 이상인 경우
② 강우량이 시간당 1mm 이상인 경우
③ 풍속이 초당 20m 이상인 경우
④ 풍속이 시간당 200m 이상인 경우

산업안전보건기준에 관한 규칙 제383조(작업의 제한) 사업주는 다음 각 호의 어느 하나에 해당하는 경우에 철골작업을 중지하여야 한다.
1. 풍속이 초당 10미터 이상인 경우
2. 강우량이 시간당 1밀리미터 이상인 경우
3. 강설량이 시간당 1센티미터 이상인 경우

94 발파작업에 종사하는 근로자가 준수해야 할 사항으로 옳지 않은 것은?

① 얼어붙은 다이나마이트는 화기에 접근시키거나 그밖의 고열물에 직접 접촉시키는 등 위험한 방법으로 융해되지 않도록 할 것
② 발파공의 충진재료는 점토·모래 등의 사용을 금할 것
③ 장전구(裝填具)는 마찰·충격·정전기 등에 의한 폭발의 위험이 없는 안전한 것을 사용 할 것
④ 전기뇌관에 의한 발파의 경우 점화하기 전에 화약류를 장전한 장소로부터 30m 이상 떨어진 안전한 장소에서 전선에 대하여 저항측정 및 도통(導通)시험을 할 것

산업안전보건기준에 관한 규칙 제348조(발파의 작업기준) 사업주는 발파작업에 종사하는 근로자에게 다음 각 호의 사항을 준수하도록 하여야 한다.
1. 얼어붙은 다이나마이트는 화기에 접근시키거나 그 밖의 고열물에 직접 접촉시키는 등 위험한 방법으로 융해되지 않도록 할 것
2. 화약이나 폭약을 장전하는 경우에는 그 부근에서 화기를 사용하거나 흡연을 하지 않도록 할 것
3. 장전구(裝填具)는 마찰·충격·정전기 등에 의한 폭발의 위험이 없는 안전한 것을 사용할 것
4. 발파공의 충진재료는 점토·모래 등 발화성 또는 인화성의 위험이 없는 재료를 사용할 것
5. 점화 후 장전된 화약류가 폭발하지 아니한 경우 또는 장전된 화약류의 폭발 여부를 확인하기 곤란한 경우에는 다음 각 목의 사항을 따를 것
  가. 전기뇌관에 의한 경우에는 발파모선을 점화기에서 떼어 그 끝을 단락시켜 놓는 등 재점화되지 않도록 조치하고 그 때부터 5분 이상 경과한 후가 아니면 화약류의 장전장소에 접근시키지 않도록 할 것
  나. 전기뇌관 외의 것에 의한 경우에는 점화한 때부터 15분 이상 경과한 후가 아니면 화약류의 장전 장소에 접근시키지 않도록 할 것
6. 전기뇌관에 의한 발파의 경우 점화하기 전에 화약류를 장전한 장소로부터 30미터 이상 떨어진 안전한 장소에서 전선에 대하여 저항측정 및 도통(導通)시험을 할 것

95 유해위험방지계획서 제출 대상 공사의 기준으로 옳지 않은 것은?

① 지상높이 31m 이상인 건축물 공사
② 저수용량 1천만톤 이상의 용수 전용 댐
③ 최대 지간길이 50m 이상인 교량 건설공사
④ 깊이 10m 이상인 굴착공사

유해위험방지계획서 제출 대상 공사(산업안전보건법 시행령 제42조 ③항)

1. 다음 각 목의 어느 하나에 해당하는 건축물 또는 시설 등의 건설·개조 또는 해체 공사
   가. 지상높이가 31미터 이상인 건축물 또는 인공구조물
   나. 연면적 3만제곱미터 이상인 건축물
   다. 연면적 5천제곱미터 이상인 시설로서 다음의 어느 하나에 해당하는 시설
      1) 문화 및 집회시설(전시장 및 동물원·식물원은 제외한다)
      2) 판매시설, 운수시설(고속철도의 역사 및 집배송시설은 제외한다)
      3) 종교시설
      4) 의료시설 중 종합병원
      5) 숙박시설 중 관광숙박시설
      6) 지하도상가
      7) 냉동·냉장 창고시설
2. 연면적 5천제곱미터 이상인 냉동·냉장 창고시설의 설비공사 및 단열공사
3. 최대 지간(支間)길이(다리의 기둥과 기둥의 중심사이의 거리)가 50미터 이상인 다리의 건설등 공사
4. 터널의 건설등 공사
5. 다목적댐, 발전용댐, 저수용량 2천만톤 이상의 용수 전용 댐 및 지방상수도 전용 댐의 건설등 공사
6. 깊이 10미터 이상인 굴착공사

96 앞쪽에 한 개의 조향륜 롤러와 뒤축에 두 개의 롤러가 배치된 것으로(2축 3륜), 하층 노반다지기, 아스팔트 포장에 주로 쓰이는 장비의 이름은?

① 머캐덤 롤러 ② 탬핑 롤러
③ 페이 로더 ④ 래머

롤러의 종류
- 머캐덤 롤러(Macadam Roller) : 3륜 형식으로 된 롤러로 일반적으로 1개의 조향륜 롤러와 2개의 구동륜 롤러(2축 3륜)가 배치되어 있으며 자중 6~10톤 급이 가장 많이 사용된다. 주로 자갈, 모래, 흙 등을 다지는 데 효과적이며, 가열 포장 아스팔트 재료의 초기 다짐에 사용된다.
- 탠덤 롤러(Tandem Roller) : 앞바퀴와 뒷바퀴가 일렬로 배치된 롤러로 바퀴 2개가 일렬로 배치된 2축 탠덤 롤러와 3개가 일렬로 배치된 3축 탠덤 롤러가 있으며, 선압이 적기 때문에 머캐덤 롤러 사용 후의 끝내기 작업이나 아스콘 포장면의 다짐에 효과적이다.
- 진동 롤러(Vibratory Roller) : 장비의 자중 외에 기진기로부터 자중의 1~2배 정도 되는 기진력을 바퀴에 부가함으로써 자중과 진동력을 이용하여 다짐 효과를 증가시키도록 한 것으로 전압 장치를 가진 자주식과 피견인 진동 롤러 등이 있다.
- 타이어 롤러(Tire Roller) : 타이어의 공기압과 부가 하중(밸러스트)을 조정하여 다짐 작업을 조절할 수 있는 롤러로 접지압이 크면 깊은 다짐을 하고 접지압이 작으면 표면 다짐을 한다.
- 탬핑 롤러(Tamping Roller) : 강관제의 드럼 표면에 다수의 돌기(탬퍼 풋, tamper foot)를 붙여 접지압을 증가시킨 것으로 깊은 다짐이나 함수비가 높은 점토 지반, 점성토 지반, 건조된 점토나 실트(silt)가 섞인 흙다짐에 적당하다.
- 콤비 롤러(Combination Roller) : 콤비 롤러는 진동 드럼과 타이어(휠, Wheel)이 조합된 형식으로 경사진 보도, 자전거 도로, 주차장 등의 부분적인 보수에 적합한 장비이다.

97 거푸집 동바리에 작용하는 횡하중이 아닌 것은?

① 콘크리트의 측압 ② 풍하중
③ 자중 ④ 지진하중

해설 자중은 수직으로 작용하는 하중이다.

98 절토공사 중 발생하는 비탈면 붕괴의 원인과 거리가 먼 것은?

① 함수비 고정으로 인한 균일한 흙의 단위중량
② 건조로 인하여 점성토의 점착력 상실
③ 점성토의 수축이나 팽창으로 균열 발생
④ 공사 진행으로 비탈면이 높이와 기울기 증가

토사붕괴의 원인
- 외적원인 : 사면의 경사 및 기울기의 증가, 절토 및 성토의 증가, 공사에 의한 진동 및 반복하중의 증가, 지표수 또는 지하수의 침투로 인한 토사중량의 증가, 지진 및 작업차량 등의 하중
- 내적원인 : 절토사면의 토질, 암질의 종류, 성토 사면의 토질구성 및 분포, 토석의 강도 저하

99 크레인을 사용하여 작업을 하는 때 작업시작 전 점검사항이 아닌 것은?

① 권과방지장치·브레이크·클러치 및 운전장치의 기능
② 주행로의 상측 및 트롤리가 횡행하는 레일의 상태
③ 방호장치의 이상 유무
④ 와이어로프가 통하고 있는 곳의 상태

크레인을 사용하여 작업을 하는 때의 작업시작 전 점검사항
- 권과방지장치·브레이크·클러치 및 운전장치의 기능
- 주행로의 상측 및 트롤리(trolley)가 횡행하는 레일의 상태
- 와이어로프가 통하고 있는 곳의 상태

100 안전난간의 구조 및 설치요건과 관련하여 발끝막이판의 바닥면에서 얼마 이상의 높이를 유지해야 하는가?

① 10cm 이상
② 15cm 이상
③ 20cm 이상
④ 30cm 이상

해설 산업안전보건기준에 관한 규칙 제13조(안전난간의 구조 및 설치요건) 사업주는 근로자의 추락 등의 위험을 방지하기 위하여 안전난간을 설치하는 경우 다음 각 호의 기준에 맞는 구조로 설치해야 한다.
1. 상부 난간대, 중간 난간대, 발끝막이판 및 난간기둥으로 구성할 것. 다만, 중간 난간대, 발끝막이판 및 난간기둥은 이와 비슷한 구조와 성능을 가진 것으로 대체할 수 있다.
2. 상부 난간대는 바닥면·발판 또는 경사로의 표면(이하 "바닥면등"이라 한다)으로부터 90센티미터 이상 지점에 설치하고, 상부 난간대를 120센티미터 이하에 설치하는 경우에는 중간 난간대는 상부 난간대와 바닥면등의 중간에 설치해야 하며, 120센티미터 이상 지점에 설치하는 경우에는 중간 난간대를 2단 이상으로 균등하게 설치하고 난간의 상하 간격은 60센티미터 이하가 되도록 할 것. 다만, 난간기둥 간의 간격이 25센티미터 이하인 경우에는 중간 난간대를 설치하지 않을 수 있다.

3. 발끝막이판은 바닥면등으로부터 10센티미터 이상의 높이를 유지할 것. 다만, 물체가 떨어지거나 날아올 위험이 없거나 그 위험을 방지할 수 있는 망을 설치하는 등 필요한 예방 조치를 한 장소는 제외한다.
4. 난간기둥은 상부 난간대와 중간 난간대를 견고하게 떠받칠 수 있도록 적정한 간격을 유지할 것
5. 상부 난간대와 중간 난간대는 난간 길이 전체에 걸쳐 바닥면등과 평행을 유지할 것
6. 난간대는 지름 2.7센티미터 이상의 금속제 파이프나 그 이상의 강도가 있는 재료일 것
7. 안전난간은 구조적으로 가장 취약한 지점에서 가장 취약한 방향으로 작용하는 100킬로그램 이상의 하중에 견딜 수 있는 튼튼한 구조일 것

정답 2018년 08월 19일 최근 기출문제

01 ③	02 ①	03 ①	04 ②	05 ③	06 ②	07 ①	08 ②	09 ①	10 ②
11 ④	12 ③	13 ④	14 ②	15 ④	16 ①	17 ③	18 ②	19 ④	20 ④
21 ②	22 ①	23 ②	24 ①	25 ②	26 ③	27 ②	28 ④	29 ③	30 ①
31 ④	32 ④	33 ②	34 ①	35 ③	36 ③	37 ②	38 ④	39 ①	40 ③
41 ③	42 ②	43 ②	44 ①	45 ①	46 ②	47 ④	48 ②	49 ②	50 ④
51 ④	52 ①	53 ①	54 ③	55 ②	56 ③	57 ②	58 ④	59 ①	60 ③
61 ①	62 ①	63 ③	64 ②	65 ②	66 ②	67 ③	68 ④	69 ④	70 ②
71 ②	72 ②	73 ①	74 ④	75 ③	76 ②	77 ④	78 ①	79 ③	80 ②
81 ④	82 ③	83 ①	84 ④	85 ④	86 ④	87 ④	88 ①	89 ②	90 ③
91 ①	92 ④	93 ②	94 ②	95 ②	96 ①	97 ③	98 ①	99 ③	100 ①

2019년 03월 03일 최근 기출문제

제 01 과목 산업재해 예방 및 안전보건교육

01 하인리히의 재해구성비율에 따라 경상사고가 87건 발생하였다면 무상해사고는 몇 건이 발생하였겠는가?

① 300건
② 600건
③ 900건
④ 1200건

하인리히의 재해구성 비율

1 : 29 : 300의 법칙으로 중상 또는 사망1회, 경상 29회, 무상해사고 300회의 비율로 발생, 경상해가 87이라면 3배수이므로 3 : 87 : 900 비율이다.

02 OJT(On the Job Training)의 특징이 아닌 것은?

① 훈련에 필요한 업무의 계속성이 끊어지지 않는다.
② 교육효과가 업무에 신속히 반영된다.
③ 다수의 근로자들을 대상으로 동시에 조직적 훈련이 가능하다.
④ 개개인에게 적절한 지도훈련이 가능하다.

OJT와 off JT의 특징

OJT	off JT
• 개개인에게 적합한 지도훈련이 가능 • 직장의 실정에 맞는 실체적 훈련 • 훈련에 필요한 업무의 계속성 • 즉시 업무에 연결되는 관계로 신체와 관련 • 효과가 곧 업무에 나타나며 훈련의 좋고 나쁨에 따라 개선이 용이 • 교육을 통한 훈련 효과에 의해 상호 신뢰이해도가 높아짐	• 다수의 근로자에게 조직적 훈련이 가능 • 훈련에만 전념 • 특별 설비 기구를 이용 • 전문가를 강사로 초청 • 각 직장의 근로자가 많은 지식이나 경험을 교류 • 교육 훈련 목표에 대해서 집단적 노력이 흐트러 질 수도 있음

03 재해사례연구에 관한 설명으로 틀린 것은?

① 재해사례연구는 주관적이며 정확성이 있어야 한다.
② 문제점과 재해요인의 분석은 과학적이고, 신뢰성이 있어야 한다.
③ 재해사례를 과제로 하여 그 사고와 배경을 체계적으로 파악한다.
④ 재해요인을 규명하여 분석하고 그에 대한 대책을 세운다.

04 산업안전보건법상 안전보건표지에서 기본모형의 색상이 빨강이 아닌 것은?

① 산화성물질 경고   ② 화기금지
③ 탑승금지   ④ 고온 경고

안전보건표지의 종류별 색채
- 금지표지 : 바탕은 흰색, 기본모형은 빨간색, 관련 부호 및 그림은 검은색
- 경고표지 : 바탕은 노란색, 기본모형, 관련 부호 및 그림은 검은색. 다만, 인화성물질 경고, 산화성물질 경고, 폭발성물질 경고, 급성독성물질 경고, 부식성물질 경고 및 발암성 · 변이원성 · 생식독성 · 전신독성 · 호흡기과민성물질 경고의 경우 바탕은 무색, 기본모형은 빨간색(검은색도 가능)
- 지시표지 : 바탕은 파란색, 관련 그림은 흰색
- 안내표지 : 바탕은 흰색, 기본모형 및 관련 부호는 녹색, 바탕은 녹색, 관련 부호 및 그림은 흰색
- 출입금지표지 : 글자는 흰색 바탕에 흑색. 다음 글자는 적색
  - ○○○제조/사용/보관 중
  - 석면취급/해체 중
  - 발암물질 취급 중

05 모랄 서베이(Morale Survey)의 효용이 아닌 것은?

① 조직 또는 구성원의 성과를 비교 · 분석한다.
② 종업원의 정화(Catharsis)작용을 촉진시킨다.
③ 경영관리를 개선하는 데에 대한 자료를 얻는다.
④ 근로자의 심리 또는 욕구를 파악하여 불만을 해소하고, 노동의욕을 높인다.

모랄 서베이
- 종업원의 근로 의욕 · 태도 등에 대한 측정을 하는 것으로 사기조사(士氣調査) 또는 태도조사라고도 한다.
- 일반적인 사기조사의 방법은 주로 질문지나 면접에 의한 태도(또는 의견)조사가 중심을 이룬다.

06 주의(Attention)의 특징 중 여러 종류의 자극을 자각할 때, 소수의 특정한 것에 한하여 주의가 집중되는 것은?

① 선택성   ② 방향성
③ 변동성   ④ 검출성

주의의 특징
- 선택성 : 여러 종류의 자극을 자각할 때 소수의 특정한 것에 한하여 선택하는 기능
- 방향성 : 주시점만 인지하는 기능
- 변동성 : 주의에는 주기적으로 부주의 리듬이 존재

07 인간의 적응기제(適機應制)에 포함되지 않는 것은?

① 갈등(conflict) ② 억압(repression)
③ 공격(aggression) ④ 합리화(rationalization)

적응기제(適應機制)
- 방어적 기제 : 보상, 합리화, 동일시, 승화
- 공격적 기제 : 직접적 공격형, 간접적 공격형
- 도피적 기제 : 고립, 퇴행, 억압, 백일몽

08 산업안전보건법상 직업병 유소견자가 발생하거나 다수 발생할 우려가 있는 경우에 실시하는 건강진단은?

① 특별 건강진단 ② 일반 건강진단
③ 임시 건강진단 ④ 채용시 건강진단

근로자 건강진단
- 일반건강진단 : 상시 사용하는 근로자의 건강관리를 위하여 사업주가 주기적으로 실시하는 건강진단
- 특수건강진단 : 다음의 어느 하나에 해당하는 근로자의 건강관리를 위하여 사업주가 실시하는 건강진단
  - 특수건강진단대상업무에 종사하는 근로자
  - 근로자건강진단 실시 결과 직업병 유소견자로 판정받은 후 작업 전환을 하거나 작업장소를 변경하고, 직업병 유소견 판정의 원인이 된 유해인자에 대한 건강진단이 필요하다는 의사의 소견이 있는 근로자
- 배치전건강진단 : 특수건강진단대상업무에 종사할 근로자에 대하여 배치 예정업무에 대한 적합성 평가를 위하여 사업주가 실시하는 건강진단
- 수시건강진단 : 특수건강진단대상업무로 인하여 해당 유해인자에 의한 직업성 천식, 직업성 피부염, 그 밖에 건강장해를 의심하게 하는 증상을 보이거나 의학적 소견이 있는 근로자에 대하여 사업주가 실시하는 건강진단
- 임시건강진단 : 다음의 어느 하나에 해당하는 경우에 특수건강진단 대상 유해인자 또는 그 밖의 유해인자에 의한 중독 여부, 질병에 걸렸는지 여부 또는 질병의 발생 원인 등을 확인하기 위하여 지방고용노동관서의 장의 명령에 따라 사업주가 실시하는 건강진단
  - 같은 부서에 근무하는 근로자 또는 같은 유해인자에 노출되는 근로자에게 유사한 질병의 자각·타각증상이 발생한 경우
  - 직업병 유소견자가 발생하거나 여러 명이 발생할 우려가 있는 경우
  - 그 밖에 지방고용노동관서의 장이 필요하다고 판단하는 경우

09 위험예지훈련 중 TBM(Tool Box Meeting)에 관한 설명으로 틀린 것은?

① 작업 장소에서 원형의 형태를 만들어 실시한다.
② 통상 작업시작 전·후 10분 정도 시간으로 미팅한다.
③ 토의는 다수인(30인)이 함께 수행한다.
④ 근로자 모두가 말하고 스스로 생각하고 "이렇게 하자"라고 합의한 내용이 되어야 한다.

TBM(Tool Box Meeting)
- 현장에서 그 때 그 장소의 상황에 즉응하여 실시한다.
- 10명 이하의 소수가 적합하며, 시간은 10분 정도가 바람직하다.
- 사전에 주제를 정하고 자료 등을 준비한다.
- 결론은 가급적 서두르지 않는다.

10 제조업자는 제조물의 결함으로 인하여 생명·신체 또는 재산에 손해를 입은 자에게 그 손해를 배상하여야 하는데 이를 무엇이라 하는가?(단, 당해 제조물에 대해서만 발생한 손해는 제외한다.)

① 입증 책임
② 담보 책임
③ 연대 책임
④ 제조물 책임

제조물 책임(제조물 책임법 제3조)
- 제조업자는 제조물의 결함으로 생명·신체 또는 재산에 손해(그 제조물에 대하여만 발생한 손해는 제외)를 입은 자에게 그 손해를 배상하여야 한다.
- 제조업자가 제조물의 결함을 알면서도 그 결함에 대하여 필요한 조치를 취하지 아니한 결과로 생명 또는 신체에 중대한 손해를 입은 자가 있는 경우에는 그 자에게 발생한 손해의 3배를 넘지 아니하는 범위에서 배상책임을 진다.

11 하버드 학파의 5단계 교수법에 해당되지 않는 것은?

① 교시(Presentation)
② 연합(Association)
③ 추론(Reasoning)
④ 총괄(Generalization)

하버드 학파의 5단계 교수법 : 준비시킨다(Preparation) → 교시한다(Presentation) → 연합한다(Association) → 총괄시킨다(Generalization) → 응용시킨다(Application)

12 객관적인 위험을 자기 나름대로 판정해서 의지결정을 하고 행동에 옳기는 인간의 심리특성은?

① 세이프 테이킹(safe taking)
② 액션 테이킹(action taking)
③ 리스크 테이킹(risk taking)
④ 휴먼 테이킹(human taking)

리스크 테이킹(Risk Taking) : 객관적인 위험을 주관적으로 판단하여 의지를 결정하고 행동으로 옮기는 행위로 안전태도가 양호한 자는 리스크 테이킹의 정도가 낮다.

13 재해예방의 4원칙에 해당하지 않는 것은?

① 예방 가능의 원칙
② 손실 우연의 원칙
③ 원인 계기의 원칙
④ 선취 해결의 원칙

재해예방의 4원칙 : 손실 우연의 원칙, 원인 계기의 원칙, 예방 가능의 원칙, 대책 선정의 원칙

14 방독마스크의 정화통 색상으로 틀린 것은?

① 유기화합물용 – 갈색
② 할로겐용 – 회색
③ 황화수소용 – 회색
④ 암모니아용 – 노란색

방독마스크의 종류(보호구 안전인증 고시 별표 5)

종류	시험가스	정화통 외부측면 표시색
유기화합물용	시클로헥산(C_6H_{12}), 디메틸에테르(CH_3OCH_3), 이소부탄(C_4H_{10})	갈색
할로겐용	염소가스 또는 증기(Cl_2)	회색
황화수소용	황화수소가스(H_2S)	
시안화수소용	시안화수소가스(HCN)	
아황산용	아황산가스(SO_2)	노란색
암모니아용	암모니아가스(NH_3)	녹색

15 다음 중 스트레스(Stress)에 관한 설명으로 가장 적절한 것은?

① 스트레스는 나쁜 일에서만 발생한다.
② 스트레스는 부정적인 측면만 가지고 있다.
③ 스트레스는 직무몰입과 생산성 감소의 직접적인 원인이 된다.
④ 스트레스 상황에 직면하는 기회가 많을수록 스트레스 발생 가능성은 낮아진다.

스트레스
- 스트레스의 직무요인 : 역할갈등, 역할과중, 역할모호성
- 직무스트레스와 작업 효율성간의 역U자형 가설 : 작업환경 복잡성이 증가함에 따라서 직무 스트레스가 커지며, 적정 수준까지는 작업 효율성도 함께 증가하다가 그 이후부터는 작업 효율성이 감소

16 누전차단장치 등과 같은 안전장치를 정해진 순서에 따라 작동시키고 동작상황의 양부를 확인하는 점검은?

① 외관점검　　　　② 작동점검
③ 기술점검　　　　④ 종합점검

17 재해발생 형태별 분류 중 물건이 주체가 되어 사람이 상해를 입는 경우에 해당되는 것은?

① 추락　　　　　　② 전도
③ 충돌　　　　　　④ 낙하 · 비래

재해 형태별 분류

분류	세부항목
추락(떨어짐)	사람이 건축물, 비계, 기계, 사다리, 계단, 경사면, 나무 등에서 떨어지는 것
전도(넘어짐)	사람이 평면상으로 넘어졌을 때를 말함(과속, 미끄러짐 포함)
충돌(부딪힘)	사람이 정지물에 부딪힌 경우
낙하 · 비래(맞음)	물건이 주체가 되어 사람이 맞은 경우
협착(끼임)	물건에 끼워진 상태, 말려든 상태
감전	전기 접촉이나 방전에 의해 사람이 충격을 받은 경우
폭발	압력의 급격한 발생 또는 개방으로 폭음을 수반한 팽창이 일어난 경우
붕괴 · 도괴(무너짐)	적재물, 비계, 건축물이 무너진 경우
파열	용기 또는 장치가 물리적인 압력에 의해 파열한 경우
화재	화재로 인한 경우를 말하며 관련물체는 발화물을 기재
무리한 동작	무거운 물건을 들다 허리를 삐거나 부자연스러운 자세 또는 반동으로 상해를 입는 경우
이상온도 접촉	고온이나 저온에 접촉한 경우
유해물 접촉	유해물 접촉으로 중독이나 질식된 경우
기타	앞의 13가지 항목으로 구분 불능 시 발생 형태를 기재할 것

18 산업안전보건법령상 안전보건교육 중 특별교육 대상 작업에 해당하지 않는 것은?

① 석면해체 · 제거작업
② 밀폐된 장소에서 하는 용접작업
③ 화학설비 취급품의 검수 · 확인 작업
④ 2m 이상의 콘크리트 인공구조물의 해체 작업

특별교육 대상 작업별 교육(산업안전보건법 시행규칙 별표 5)

- 고압실 내 작업(잠함공법이나 그 밖의 압기공법으로 대기압을 넘는 기압인 작업실 또는 수갱 내부에서 하는 작업만 해당)
- 아세틸렌 용접장치 또는 가스집합 용접장치를 사용하는 금속의 용접 · 용단 또는 가열작업(발생기 · 도관 등에 의하여 구성되는 용접장치만 해당)
- 밀폐된 장소(탱크 내 또는 환기가 극히 불량한 좁은 장소)에서 하는 용접작업 또는 습한 장소에서 하는 전기용접 작업
- 폭발성 · 물반응성 · 자기반응성 · 자기발열성 물질, 자연발화성 액체 · 고체 및 인화성 액체의 제조 또는 취급작업(시험연구를 위한 취급작업은 제외)
- 액화석유가스 · 수소가스 등 인화성 가스 또는 폭발성 물질 중 가스의 발생장치 취급 작업
- 화학설비 중 반응기, 교반기 · 추출기의 사용 및 세척작업
- 화학설비의 탱크 내 작업
- 분말 · 원재료 등을 담은 호퍼 · 저장창고 등 저장탱크의 내부작업
- 다음에 정하는 설비에 의한 물건의 가열 · 건조작업
  − 건조설비 중 위험물 등에 관계되는 설비로 속부피가 1세제곱미터 이상인 것

- 건조설비 중 가목의 위험물 등 외의 물질에 관계되는 설비로서, 연료를 열원으로 사용하는 것(그 최대연소소비량이 매 시간당 10킬로그램 이상인 것만 해당) 또는 전력을 열원으로 사용하는 것(정격소비전력이 10킬로와트 이상인 경우만 해당)
- 다음에 해당하는 집재장치(집재기·가선·운반기구·지주 및 이들에 부속하는 물건으로 구성되고, 동력을 사용하여 원목 또는 장작과 숯을 담아 올리거나 공중에서 운반하는 설비)의 조립, 해체, 변경 또는 수리작업 및 이들 설비에 의한 집재 또는 운반 작업
  - 원동기의 정격출력이 7.5킬로와트를 넘는 것
  - 지간의 경사거리 합계가 350미터 이상인 것
  - 최대사용하중이 200킬로그램 이상인 것
- 동력에 의하여 작동되는 프레스기계를 5대 이상 보유한 사업장에서 해당 기계로 하는 작업
- 목재가공용 기계(둥근톱기계, 띠톱기계, 대패기계, 모떼기기계 및 라우터만 해당하며, 휴대용은 제외)를 5대 이상 보유한 사업장에서 해당 기계로 하는 작업
- 운반용 등 하역기계를 5대 이상 보유한 사업장에서의 해당 기계로 하는 작업
- 1톤 이상의 크레인을 사용하는 작업 또는 1톤 미만의 크레인 또는 호이스트를 5대 이상 보유한 사업장에서 해당 기계로 하는 작업(제40호의 작업은 제외한다)
- 건설용 리프트·곤돌라를 이용한 작업
- 주물 및 단조작업
- 전압이 75볼트 이상인 정전 및 활선작업
- 콘크리트 파쇄기를 사용하여 하는 파쇄작업(2미터 이상인 구축물의 파쇄작업만 해당한다)
- 굴착면의 높이가 2미터 이상이 되는 지반 굴착(터널 및 수직갱 외의 갱 굴착은 제외한다)작업
- 흙막이 지보공의 보강 또는 동바리를 설치하거나 해체하는 작업
- 터널 안에서의 굴착작업(굴착용 기계를 사용하여 하는 굴착작업 중 근로자가 칼날 밑에 접근하지 않고 하는 작업은 제외한다) 또는 같은 작업에서의 터널 거푸집 지보공의 조립 또는 콘크리트 작업
- 굴착면의 높이가 2미터 이상이 되는 암석의 굴착작업
- 높이가 2미터 이상인 물건을 쌓거나 무너뜨리는 작업(하역기계로만 하는 작업은 제외한다)
- 선박에 짐을 쌓거나 부리거나 이동시키는 작업
- 거푸집 동바리의 조립 또는 해체작업
- 비계의 조립·해체 또는 변경작업
- 건축물의 골조, 다리의 상부구조 또는 탑의 금속제의 부재로 구성되는 것(5미터 이상인 것만 해당한다)의 조립·해체 또는 변경작업
- 처마 높이가 5미터 이상인 목조건축물의 구조 부재의 조립이나 건축물의 지붕 또는 외벽 밑에서의 설치작업
- 콘크리트 인공구조물(그 높이가 2미터 이상인 것만 해당)의 해체 또는 파괴작업
- 타워크레인을 설치(상승작업을 포함한다)·해체하는 작업
- 보일러(소형 보일러 및 다음에서 정하는 보일러는 제외)의 설치 및 취급 작업
  - 몸통 반지름이 750밀리미터 이하이고 그 길이가 1,300밀리미터 이하인 증기보일러
  - 전열면적이 3제곱미터 이하인 증기보일러
  - 전열면적이 14제곱미터 이하인 온수보일러
  - 전열면적이 30제곱미터 이하인 관류보일러
- 게이지 압력을 제곱센티미터당 1킬로그램 이상으로 사용하는 압력용기의 설치 및 취급작업
- 방사선 업무에 관계되는 작업(의료 및 실험용은 제외)
- 맨홀작업
- 밀폐공간에서의 작업
- 허가 및 관리 대상 유해물질의 제조 또는 취급작업
- 로봇작업
- 석면해체·제거작업
- 가연물이 있는 장소에서 하는 화재위험작업
- 타워크레인을 사용하는 작업시 신호업무를 하는 작업

19 안전을 위한 동기부여로 틀린 것은?

① 기능을 숙달시킨다.
② 경쟁과 협동을 유도한다.
③ 상벌제도를 합리적으로 시행한다.
④ 안전목표를 명확히 설정하여 주지시킨다.

안전동기의 유발방법
- 안전의 근본이념을 인식시킨다.
- 경쟁과 협동을 유도한다.
- 동기유발의 최적수준을 유지한다.
- 안전목표를 명확히 설정하여 주지시킨다.
- 상벌제도를 합리적으로 시행한다.

20 안전교육의 3단계에서 생활지도, 작업동작지도 등을 통한 안전의 습관화를 위한 교육은?

① 지식교육
② 기능교육
③ 태도교육
④ 인성교육

안전교육의 3단계
- 제1단계 지식교육 : 강의, 시청각교육을 통한 지식의 전달과 이해
- 제2단계 기능교육 : 시범, 견학, 실습, 현장실습교육을 통한 경험 체득과 이해
- 제3단계 태도교육 : 작업동작지도, 생활지도 등을 통한 안전의 습관화

제 02 과목 인간공학 및 위험성 평가·관리

21 인간-기계시스템에 대한 평가에서 평가척도나 기준(criteria)으로서 관심의 대상이 되는 변수는?

① 독립변수
② 종속변수
③ 확률변수
④ 통제변수

- 독립변수 : 조작 및 통제
- 종속변수 : 평가척도나 기준

22 화학설비의 안전성 평가 과정에서 제 3단계인 정량적 평가 항목에 해당되는 것은?

① 목록
② 공정계통도
③ 화학설비용량
④ 건조물의 도면

3단계 : 정량적 평가
당해 화학설비의 취급물질, 용량, 온도, 압력 및 조작의 5항목에 대해 A, B, C, D급으로 분류하고 A급은 10점, B급은 5점, C급은 2점, D급은 0점으로 점수를 부여한 후 5항목에 관한 점수들의 합을 구한다.

23 다음 FTA 그림에서 a, b, c의 부품고장률이 각각 0.01일 때, 최소 컷셋(minimal cut sets)과 신뢰도로 옳은 것은?

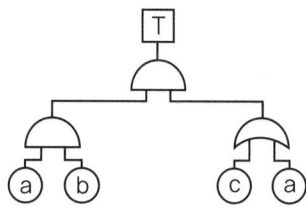

① {a, b}, R(t) = 99.99% ② {a, b, c}, R(t) = 98.99%
③ {a, c}, R(t) = 96.99% ④ {a, c}, R(t) = 97.99%
　{a, b}　　　　　　　　　　{a, b, c}

해설
- 최소 컷셋
  - 컷셋 : (a, b, c)(a, b, a)
  - 최소 컷셋 : (a, b)
- 신뢰도
  - (T) = A × B = 0.0001 × 0.019 = 0.0000019
  - A = 0.01 × 0.01 = 0.0001
  - B = 1 − (1 − 0.01)(1 − 0.01) = 0.019
  - 신뢰도 = 1 − 0.0000019 = 0.9999 × 100 = 99.99[%]

24 FT도에 사용되는 기호 중 입력신호가 생긴 후, 일정시간이 지속된 후에 출력이 생기는 것을 나타내는 것은?

① OR 게이트　　　　　　② 위험 지속 기호
③ 억제 게이트　　　　　　④ 배타적 OR 게이트

해설
수정기호
- 우선적 AND Gate : 입력사상 가운데 어느 사상이 다른 사상보다 먼저 일어났을 때에 출력사상이 생긴다.
- 조합 AND Gate : 3개 이상의 입력사상 가운데 어느 것이던 2개가 일어나면 출력 사상이 발생한다.
- 위험지속기호 : 입력사상이 생기어 어느 일정시간 지속하였을 때에 출력사상이 생긴다.
- 배타적 OR Gate : OR Gate로 2개 이상의 입력이 동시에 존재한 때에는 출력사상이 생기지 않는다.

25 자동차나 항공기의 앞유리 혹은 차양판 등에 정보를 중첩 투사하는 표시장치는?

① CRT　　　　　　　　　② LCD
③ HUD　　　　　　　　　④ LED

해설
HUD(Head−UP−Display)는 운전자 또는 조종사의 가시영역 내에 운전 또는 조종에 필요한 정보를 제공하는 디스플레이 장치를 말한다.

26 암호체계 사용상의 일반적인 지침에 해당하지 않는 것은?

① 암호의 검출성   ② 부호의 양립성
③ 암호의 표준화   ④ 암호의 단일 차원화

암호체계 사용상의 일반적인 지침
- 암호의 검출성 : 검출이 가능해야 한다.
- 암호의 변별성 : 다른 암호표시와 구별되어야 한다.
- 부호의 양립성 : 양립성이란 자극들 간의, 반응들 간의, 자극-반응 조합의 관계가 인간의 기대와 모순되지 않는 것이다.
- 부호의 의미 : 사용자가 그 뜻을 분명히 알아야 한다.
- 암호의 표준화 : 암호를 표준화하여야 한다.
- 다차원 암호의 사용 : 2가지 이상의 암호차원을 조합해서 사용하면 정보전달이 촉진된다.

27 일반적인 수공구의 설계원칙으로 볼 수 없는 것은?

① 손목을 곧게 유지한다.
② 반복적인 손가락 동작을 피한다.
③ 사용이 용이한 검지만 주로 사용한다.
④ 손잡이는 접촉면적을 가능하면 크게 한다.

수공구의 설계원칙
- 손목을 곧게 유지하도록
- 손잡이의 접촉면적을 크게
- 공구의 무게를 줄이고 사용시 균형이 유지되도록
- 반복적인 손가락 동작을 피하도록
- 조직에 가해지는 압력을 피하도록

28 광원으로부터의 직사 휘광을 줄이기 위한 방법으로 적절하지 않은 것은?

① 휘광원, 주위를 어둡게 한다.
② 가래, 갓, 차양 등을 사용한다.
③ 광원을 시선에서 멀리 위치시킨다.
④ 광원의 수는 늘리고 휘도는 줄인다.

광원으로부터의 직사 휘광 처리
- 광원의 휘도를 줄이고 수를 높인다.
- 광원을 시선에서 멀리 위치시킨다.
- 휘광원 주위를 밝게 하여 광속발산비(휘도)를 줄인다.
- 가리개(Shield), 갓(Hood), 혹은 차양(Visor)을 사용한다.

29 신뢰성과 보전성을 효과적으로 개선하기 위해 작성하는 보전기록 자료로서 가장 거리가 먼 것은?

① 자재관리표   ② MTBF 분석표
③ 설비이력카드   ④ 고장원인대책표

설비이력카드, MTBF 분석표, 고장원인대책표 등은 기계의 고장에 대한 분석 및 관리에 대한 대책으로 효과적인 관리 수단이다.

30 통제표시비(control/display ratio)를 설계할 때 고려하는 요소에 관한 설명으로 틀린 것은?

① 통제표시비가 낮다는 것은 민감한 장치라는 것을 의미한다.
② 목시거리(目示距離)가 길면 길수록 조절의 정확도는 떨어진다.
③ 짧은 주행 시간 내에 공차의 인정범위를 초과하지 않는 계기를 마련한다.
④ 계기의 조절시간이 짧게 소요되도록 계기의 크기(size)는 항상 작게 설계한다.

통제표시비 설계 시 고려할 사항
- 통제표시비(C/D비)가 작다(낮다)는 것은 민감한 장치이다.(조종장치를 조금만 움직여도 반응거리는 커지므로 이동시간이 짧다)
- 계기의 크기는 조절시간이 짧게 소요되는 크기가 권장되지만, 너무 작으면 오차가 커지므로 적정치를 고려한다.
- 목시거리가 길면 길수록 조절의 정확도가 떨어지고 시간이 걸린다.
- 조작시간이 지연되면 통제비가 커진다.
- 계기의 방향성은 안전과 능률에 영향을 준다.
- 공차의 인정범위를 초과하지 않도록 설계한다.

31 다음 중 연마작업장의 가장 소극적인 소음대책은?

① 음향 처리제를 사용할 것
② 방음 보호 용구를 착용할 것
③ 덮개를 씌우거나 창문을 닫을 것
④ 소음원으로부터 적절하게 배치할 것

소음에 대한 적극적인 대책은 소음원을 제거·통제하거나 저감시키는 것이며, 소극적인 대책은 작업자에게 방음보호 용구를 착용시키는 것이다.

32 다음의 설명에서 ( ) 안의 내용을 맞게 나열한 것은?

> 40 phon은 (㉠) sone을 나타내며, 이는 (㉡) dB의 (㉢) Hz 순음의 크기를 나타낸다.

① ㉠ 1, ㉡ 40, ㉢ 1000
② ㉠ 1, ㉡ 32, ㉢ 1000
③ ㉠ 2, ㉡ 40, ㉢ 2000
④ ㉠ 2, ㉡ 32, ㉢ 2000

음의 크기 수준
- Phon : 1000Hz 순음의 음압 수준(dB)을 나타낸다.
- sone : 1000Hz, 40dB의 음압 수준을 가진 순음의 크기(= 40Phon)를 1sone이라 한다.

33 위험조정을 위해 필요한 기술은 조직형태에 따라 다양하며, 4가지로 분류하였을 때 이에 속하지 않는 것은?

① 전가(transfer)   ② 보류(retention)
③ 계속(continuation)   ④ 감축(reduction)

위험(Risk) 처리(조정)기술
회피(Avoidance), 경감·감축(Reduction), 보류(Retention), 전가(Transfer)

34 체내에서 유기물을 합성하거나 분해하는 데는 반드시 에너지의 전환이 뒤따른다. 이것을 무엇이라 하는가?

① 에너지 변환   ② 에너지 합성
③ 에너지 대사   ④ 에너지 소비

생체에서의 물질대사는 반드시 에너지의 변환을 수반하며 대사의 과정을 에너지 면에서 관찰할 때 이것을 에너지 대사라고 한다.

35 전통적인 인간-기계(Man-Machine) 체계의 대표적 유형과 거리가 먼 것은?

① 수동체계   ② 기계화체계
③ 자동체계   ④ 인공지능체계

인간 기계 통합체계의 유형
- 수동 체계 : 사용자의 조작, 융통성(예 : 장인과 공구)
- 기계화 체계(반자동 체계) : 운전자의 조작, 융통성 없음(예 : 엔진, 자동차, 공작기계)
- 자동 체계(인간의 역할 : 감시, 프로그램, 정비유지) : 자동화된 공장, 컴퓨터

36 다음 그림 중 형상 암호화된 조종 장치에서 단회전용 조종 장치로 가장 적절한 것은?

①    ②

③ 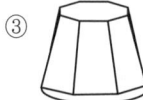   ④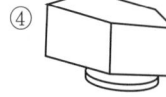

① 단회전용, ②와 ③ 다회전용, ④ 이산 멈춤 위치용

37 작업장에서 구성요소를 배치하는 인간공학적 원칙과 가장 거리가 먼 것은?

① 중요도의 원칙
② 선입선출의 원칙
③ 기능성의 원칙
④ 사용빈도의 원칙

해설

배치의 원칙
- 중요성의 원칙
- 사용빈도의 원칙
- 기능별 배치의 원칙
- 사용순서의 원칙

38 동전던지기에서 앞면이 나올 확률 P(앞) = 0.6이고, 뒷면이 나올 확률 P(뒤) = 0.4일 때, 앞면과 뒷면이 나올 사건의 정보량을 각각 맞게 나타낸 것은?

① 앞면:0.10bit, 뒷면:1.00bit
② 앞면:0.74bit, 뒷면:1.32bit
③ 앞면:1.32bit, 뒷면:0.74bit
④ 앞면:2.00bit, 뒷면:1.00bit

해설

- 앞면 $= \dfrac{\log\left(\dfrac{1}{0.6}\right)}{\log 2} = 0.737$

- 뒷면 $= \dfrac{\log\left(\dfrac{1}{0.4}\right)}{\log 2} = 1.322$

39 어떤 결함수의 쌍대결함수를 구하고, 컷셋을 찾아내어 결함(사고)을 예방할 수 있는 최소의 조합을 의미하는 것은?

① 최대 컷셋
② 최소 컷셋
③ 최대 패스셋
④ 최소 패스셋

해설

최소 패스셋(minimal path sets)은 시스템이 고장 나지 않도록 하는 최소한의 패스셋으로 어떤 고장이나 패스를 일으키지 않으면 재해는 일어나지 않는다는 것 즉, 시스템의 신뢰성을 나타내는 것으로 쌍대결함수를 작성 후 MOCUS 알고리즘을 적용하여 구한다.

40 인간-기계 시스템에서의 신뢰도 유지 방안으로 가장 거리가 먼 것은?

① lock system
② fail-safe system
③ fool-proof system
④ risk assessment system

해설

- Fail-Safety
  - Fail Safety : 인간 또는 기계에 과오나 동작상의 실수가 있어도 안전사고를 발생시키지 않도록 2중 또는 3중으로 통제를 가하도록 한 체제
  - Fail Safe 종류 : 다경로 하중 구조, 하중 경감 구조, 교대구조, 중복 구조
- Lock System
  - Interlock System : 인간과 기계 사이
  - Intralock System : 인간 사이
  - Translock System : Interlock System과 Intralock System 사이

- 풀 프루프(Fool Proof)
  - 풀 프루프(Fool Proof) : 인간의 착오, 미스 등 이른바 휴먼에러가 발생하더라도 기계설비나 그 부품은 안전 쪽으로 작동하게 설계하는 안전설계의 기법 중 하나
  - 풀 프루프(Fool Proof)의 기구 : 가드, 로크(Lock) 기구, 밀어내기 기구, 트립 기구, 오버런(Over-run) 기구, 기동방지 기구

제 03 과목 기계·기구 및 설비 안전관리

41 금형 조정 작업 시 슬라이드가 갑자기 작동하는 것으로부터 근로자를 보호하기 위하여 가장 필요한 안전장치는?

① 안전블록
② 클러치
③ 안전 1행정 스위치
④ 광전자식 방호장치

해설

산업안전보건기준에 관한 규칙 제104조(금형조정작업의 위험 방지) 사업주는 프레스등의 금형을 부착·해체 또는 조정하는 작업을 할 때에 해당 작업에 종사하는 근로자의 신체가 위험한계 내에 있는 경우 슬라이드가 갑자기 작동함으로써 근로자에게 발생할 우려가 있는 위험을 방지하기 위하여 안전블록을 사용하는 등 필요한 조치를 하여야 한다.

42 프레스 작업 중 작업자의 신체일부가 위험한 작업점으로 들어가면 자동적으로 정지되는 기능이 있는데, 이러한 안전 대책을 무엇이라고 하는가?

① 풀 프루프(fool proof)
② 페일 세이프(fail safe)
③ 인터록(inter look)
④ 리미트 스위치(limit switch)

해설

풀 프루프(Fool Proof) : 인간의 착오, 미스 등 이른바 휴먼에러가 발생하더라도 기계설비나 그 부품은 안전 쪽으로 작동하게 설계하는 안전설계의 기법 중 하나

43 다음 중 취급운반 시 준수해야 할 원칙으로 틀린 것은?

① 연속 운반으로 할 것
② 직선 운반으로 할 것
③ 운반 작업을 집중화시킬 것
④ 생산을 최소로 하도록 운반할 것

해설

취급·운반의 5원칙
- 직선운반
- 연속운반
- 운반작업을 집중화
- 생산을 최고로 하는 운반
- 최대한 시간과 경비를 절약할 수 있는 운반방법을 고려

44 프레스기에 사용하는 양수조작식 방호장치의 일반구조에 관한 설명 중 틀린 것은?

① 1행정 1정지 기구에 사용할 수 있어야 한다.
② 누름버튼을 양 손으로 동시에 조작하지 않으면 작동시킬 수 없는 구조이어야 한다.
③ 양쪽버튼의 작동시간 차이는 최대 0.5초 이내일 때 프레스가 동작되도록 해야 한다.
④ 방호장치는 사용전원전압의 ±50%의 변동에 대하여 정상적으로 작동되어야 한다.

양수조작식 방호장치의 일반구조(방호장치 안전인증 고시 별표 1)
- 정상동작표시등은 녹색, 위험표시등은 붉은색으로 하며, 쉽게 근로자가 볼 수 있는 곳에 설치해야 한다.
- 슬라이드 하강 중 정전 또는 방호장치의 이상 시에 정지할 수 있는 구조이어야 한다.
- 방호장치는 릴레이, 리미트스위치 등의 전기부품의 고장, 전원전압의 변동 및 정전에 의해 슬라이드가 불시에 동작하지 않아야 하며, 사용전원전압의 ±(100분의 20)의 변동에 대하여 정상으로 작동되어야 한다.
- 1행정1정지 기구에 사용할 수 있어야 한다.
- 누름버튼을 양손으로 동시에 조작하지 않으면 작동시킬 수 없는 구조이어야 하며, 양쪽버튼의 작동시간 차이는 최대 0.5초 이내일 때 프레스가 동작되도록 해야 한다.
- 1행정마다 누름버튼에서 양손을 떼지 않으면 다음 작업의 동작을 할 수 없는 구조이어야 한다.
- 램의 하행정중 버튼(레버)에서 손을 뗄 시 정지하는 구조이어야 한다.
- 누름버튼의 상호간 내측거리는 300mm 이상이어야 한다.
- 버튼 및 레버는 작업점에서 위험한계를 벗어나게 설치해야 한다.
- 양수조작식 방호장치는 푸트스위치를 병행하여 사용할 수 없는 구조이어야 한다.

45 피복 아크 용접 작업 시 생기는 결함에 대한 설명 중 틀린 것은?

① 스패터(spatter) : 용융된 금속의 작은 입자가 튀어나와 모재에 묻어있는 것
② 언더컷(under cut) : 전류가 과대하고 용접속도가 너무 빠르며, 아크를 짧게 유지하기 어려운 경우 모재 및 용접부의 일부가 녹아서 발생하는 홈 또는 오목하게 생긴 부분
③ 크레이터(crater) : 용착금속 속에 남아있는 가스로 인하여 생긴 구멍
④ 오버랩(overlap) : 용접봉의 운행이 불량하거나 용접봉의 용융 온도가 모재보다 낮을 때 과잉 용착금속이 남아있는 부분

용접상 결함의 종류
- 균열, 터짐(Crack) : 가장 중대한 결함
- 오버랩(Over-Lap) : 용접 금속과 모재(母材)가 융합되지 않고 겹쳐지는 것
- 블로우 홀(Blow Hole) : 용접 내부에 공기(가스) 구멍을 형성한 결함
- 슬래그(Slag) 감싸돌기 : 용접 찌꺼기가 용착 금속 내에 혼입되는 것
- 언더 컷(Under Cut) : 모재(母材)가 녹아 용착 금속이 채워지지 않고 홈으로 남게 된 부분
- 피트(Pit) : 용접 표면에 흠집이 생긴 것
- 용입 부족 : 모재(母材)가 녹지 않고 용착 금속이 채워지지 않고 홈으로 남는 것
- 크레이터(Crater) : 용접 시 끝 부분에 우묵하게 파진 부분
- 피시아이(Fish Eye) : 용접부에 생기는 은색 반점

46 다음 중 선반(lathe)의 방호장치에 해당하는 것은?

① 슬라이드(slide)
② 심압대(tail stock)
③ 주축대(head stock)
④ 척 가드(chuck guard)

선반의 방호장치 : 칩 브레이커, 실드, 척 커버(척 가드), 방진구

47 안전계수 5인 로프의 절단하중이 4000N 이라면 이 로프는 몇 N 이하의 하중을 매달아야 하는가?

① 500
② 800
③ 1000
④ 1600

최대하중 = $\dfrac{\text{절단하중}}{\text{안전계수(안전율)}} = \dfrac{4000}{5} = 800$

48 산업안전보건법령에 따라 아세틸렌 발생기실에 설치해야 할 배기통은 얼마 이상의 단면적을 가져야 하는가?

① 바닥면적의 1/16
② 바닥면적의 1/20
③ 바닥면적의 1/24
④ 바닥면적의 1/30

산업안전보건기준에 관한 규칙 제287조(발생기실의 구조 등) 사업주는 발생기실을 설치하는 경우에 다음 각 호의 사항을 준수하여야 한다.
1. 벽은 불연성 재료로 하고 철근 콘크리트 또는 그 밖에 이와 같은 수준이거나 그 이상의 강도를 가진 구조로 할 것
2. 지붕과 천장에는 얇은 철판이나 가벼운 불연성 재료를 사용할 것
3. 바닥면적의 16분의 1 이상의 단면적을 가진 배기통을 옥상으로 돌출시키고 그 개구부를 창이나 출입구로부터 1.5미터 이상 떨어지도록 할 것
4. 출입구의 문은 불연성 재료로 하고 두께 1.5밀리미터 이상의 철판이나 그 밖에 그 이상의 강도를 가진 구조로 할 것
5. 벽과 발생기 사이에는 발생기의 조정 또는 카바이드 공급 등의 작업을 방해하지 않도록 간격을 확보할 것

49 롤러기에서 앞면 롤러의 지름이 200mm, 회전속도가 30rpm인 롤러의 무부하 동작에서의 급정지거리로 옳은 것은?

① 66 mm 이내
② 84 mm 이내
③ 209 mm 이내
④ 248 mm 이내

급정지거리 = $\dfrac{\text{롤러원주}}{3} = \dfrac{3.14 \times 200}{3} = 209.333$

50 정(chisel) 작업의 일반적인 안전수칙으로 틀린 것은?

① 따내기 및 칩이 튀는 가공에서는 보안경을 착용하여야 한다.
② 절단 작업 시 절단된 끝이 튀는 것을 조심하여야 한다.
③ 작업을 시작할 때는 가급적 정을 세게 타격하고 점차 힘을 줄여간다.
④ 담금질 된 철강 재료는 정 가공을 하지 않는 것이 좋다.

정(끌, chisel) 작업 안전수칙
- 시선은 정의 날끝을 본다.
- 정을 잡은 손의 힘을 뺀다.
- 처음에는 가볍게 두드리고 점차 힘을 가한 후, 작업이 끝날 때는 가볍게 두드린다.
- 절삭 칩을 손으로 제거하지 말 것
- 보안경을 착용한다.

51 다음과 같은 작업조건일 경우 와이어로프의 안전율은?

> 작업대에서 사용된 와이어로프 1줄의 절단하중이 100kN, 인양하중이 40kN, 로프의 줄수가 2줄

① 2　　② 2.5
③ 4　　④ 5

안전율 = $\dfrac{NP}{Q}$ = $\dfrac{2 \times 100}{40}$ = 5

52 컨베이어 역전방지장치의 형식 중 전기식 장치에 해당하는 것은?

① 라쳇 브레이크
② 밴드 브레이크
③ 롤러 브레이크
④ 슬러스트 브레이크

- 기계식 : 라쳇식, 롤러식, 밴드식
- 전기식 : 전기 브레이크, 스러스트(슬러스트) 브레이크

53 공장설비의 배치 계획에서 고려할 사항이 아닌 것은?

① 작업의 흐름에 따라 기계 배치
② 기계설비의 주변 공간 최소화
③ 공장 내 안전통로 설정
④ 기계설비의 보수점검 용이성을 고려한 배치

기계 설비 Lay out시 안전에 관해 고려해야 하는 사항
- 기계설비 주위에 충분한 공간을 둔다.
- 원재료, 제품의 저장소등의 넓이는 충분히 설정한다.
- 작업의 흐름에 따라 기계를 배치한다.
- 공장 내 확장을 고려하여 설계한다.
- 공장 내외에 안전통로를 설정하고 유효성을 유지 시킨다.
- 기계설비의 보수점검을 용이하게 할 수 있도록 한다.

54 다음 중 기계설비에 의해 형성되는 위험점이 아닌 것은?

① 회전 말림점 ② 접선 분리점
③ 협착점   ④ 끼임점

위험점의 분류

분류	내용
협착점	왕복 운동하는 동작부분과 움직임이 없는 고정부분 사이에 형성되는 위험점
끼임점	고정부분과 회전하는 동작부분 사이에서 형성되는 위험점
절단점	회전하는 운동부분 자체의 위험에서 초래되는 위험점
물림점	반대로 회전하는 두 개의 회전체가 맞닿는 사이에서 발생하는 위험점
접선물림점	회전하는 부분의 접선방향으로 물려 들어갈 위험이 존재하는 위험점
회전말림점	회전하는 물체에 작업복 등이 말려드는 위험이 존재하는 위험점

55 가스 용접에서 역화의 원인으로 볼 수 없는 것은?

① 토치 성능이 부실한 경우
② 취관이 작업 소재에 너무 가까이 있는 경우
③ 산소 공급량이 부족한 경우
④ 토치 팁에 이물질이 묻은 경우

아세틸렌용접 장치의 역화 원인
압력조정기의 고장, 산소공급의 과다, 과열, 토치 성능의 부실, 토치 팁에 이물질이 묻은 경우

56 위험기계에 조작자의 신체부위가 의도적으로 위험점 밖에 있도록 하는 방호장치는?

① 덮개형 방호장치   ② 차단형 방호장치
③ 위치제한형 방호장치 ④ 접근반응형 방호장치

방호장치의 구분
- 위치제한형 : 작업자의 신체부위가 위험한계 밖에 있도록 기계의 조작장치를 위험한 작업점에서 안전거리 이상 떨어지게 하거나 조작장치를 양손으로 동시 조작하게 함으로써 위험한계에 접근하는 것을 제한하는 방호장치(양수조작식)
- 접근거부형 : 작업자의 신체부위가 위험한계내로 접근하였을 때 기계적인 작용에 의하여 접근을 못하도록 저지하는 방호장치(수인식 및 손쳐내기식)
- 접근반응형 : 작업자의 신체부위가 위험한계 또는 그 인접한 거리내로 들어 오면 이를 감지하여 그 즉시 기계의 동작을 정지시키고 경보등을 발하는 방호장치(광전자식, 감응식)
- 포집형 : 위험장소에 설치하여 위험원이 비산하거나 튀는 것을 포집하여 작업자로부터 위험원을 차단하는 방호장치(연삭기 덮개나 반발예방장치)
- 감지형 : 이상온도, 이상기압, 과부하 등 기계의 부하가 안전한계치를 초과하는 경우에 이를 감지하고 자동으로 안전상태가 되도록 조정하거나 기계의 작동을 중지시키는 방호장치

57 선반 작업에 대한 안전수칙으로 틀린 것은?

① 척 핸들을 항상 척에 끼워 둔다.
② 배드 위에 공구를 올려놓지 않아야 한다.
③ 바이트를 교환할 때는 기계를 정지시키고 한다.
④ 일감의 길이가 외경과 비교하여 매우 길 때는 방진구를 사용한다.

선반 작업의 안전
- 작업복의 소매 자락이 회전 공작물에 말려들지 않도록 복장을 단정하게 한다.
- 선반의 베드 위나 공구대 위에 직접 측정기나 공구를 올려놓지 않는다.
- 회전 중인 가공물에 손을 대지 말아야 하며, 치수 측정 시는 기계를 정지시킨 후 측정한다.
- 칩이 발산될 때는 보안경을 쓰고, 맨손으로 칩을 만지지 말고 갈고리를 사용한다.
- 기어를 변속할 때, 공구를 교환할 때와 제거할 때는 기계를 정지시킨 후 작업한다.
- 내경작업 중에 손가락을 구멍 속에 넣어 청소를 하거나 점검하려고 하면 안 된다.
- 양 센터 작업에는 공작물의 크기에 알맞은 돌리개를 사용하고, 공작물의 길이가 직경의 12배 이상인 가늘고 긴 공작물을 가공할 때는 방진구를 사용한다.
- 선반 가동 전에 척 핸들(Chuck Handle)을 빼었는지 확인하고 기계의 윤활 부분을 점검한다.
- 선반의 운전 중 이송 작동을 시켜놓고 자리를 이탈하지 않도록 한다.
- 긴 공작물이 기계 밖으로 돌출되었을 때 빨간 천을 부착하여 위험을 표시한다.
- 센터 작업 중에는 일감이 센터에서 빠져나오지 않도록 주의를 한다.
- 작업 중 공작물 고정 나사 및 조가 풀어질 우려에 대비하여 수시로 확인을 한다.

58 양중기에 사용 가능한 와이어로프에 해당하는 것은?

① 와이어로프의 한 꼬임에서 끊어진 소선의 수가 10% 초과한 것
② 심하게 변형 또는 부식된 것
③ 지름의 감소가 공칭지름의 7% 이내인 것
④ 이음매가 있는 것

산업안전보건기준에 관한 규칙 제63조(달비계의 구조) ① 사업주는 곤돌라형 달비계를 설치하는 경우에는 다음 각 호의 사항을 준수해야 한다.

1. 다음 각 목의 어느 하나에 해당하는 와이어로프를 달비계에 사용해서는 아니 된다.
   가. 이음매가 있는 것
   나. 와이어로프의 한 꼬임[(스트랜드(strand)를 말한다. 이하 같다)]에서 끊어진 소선(素線)[필러(pillar)선은 제외한다)]의 수가 10퍼센트 이상(비자전로프의 경우에는 끊어진 소선의 수가 와이어로프 호칭지름의 6배 길이 이내에서 4개 이상이거나 호칭지름 30배 길이 이내에서 8개 이상)인 것
   다. 지름의 감소가 공칭지름의 7퍼센트를 초과하는 것
   라. 꼬인 것
   마. 심하게 변형되거나 부식된 것
   바. 열과 전기충격에 의해 손상된 것

59 프레스의 방호장치 중 확동식 클러치가 적용된 프레스에 한해서만 적용 가능한 방호장치로만 나열된 것은?(단, 방호장치는 한 가지 종류만 사용한다고 가정한다.)

① 광전자식, 수인식
② 양수조작식, 손쳐내기식
③ 광전자식, 양수조작식
④ 손쳐내기식, 수인식

구분	소형 확동식 클러치		대형 마찰식 클러치	
	120SPM 미만	120SPM 이상	120SPM 미만	120SPM 이상
양수조작식	×	○	○	○
수인식	○	×	○	×
손쳐내기식	○	×	○	×
광전자식	×	×	○	○

60 산업안전보건법령에 따라 압력용기에 설치하는 안전밸브의 설치 및 작동에 관한 설명으로 틀린 것은?

① 다단형 압축기에는 각 단별로 안전밸브 등을 설치하여야 한다.
② 안전밸브는 이를 통하여 보호하여는 설비의 최저사용압력 이하에서 작동되도록 설정하여야 한다.
③ 화학공정 유체와 안전밸브의 디스크 또는 시크가 직접 접촉될 수 있도록 설치된 경우에는 2년마다 1회 이상 국가교정기관에서 교정을 받은 압력계를 이용하여 검사한 후 납으로 봉인하여 사용한다.
④ 공정안전보고서 이행상태 평가결과가 우수한 사업장의 안전밸브의 경우 검사주기는 4년마다 1회 이상이다.

산업안전보건기준에 관한 규칙 제264조(안전밸브등의 작동요건) 사업주는 제261조제1항에 따라 설치한 안전밸브등이 안전밸브등을 통하여 보호하려는 설비의 최고사용압력 이하에서 작동되도록 하여야 한다. 다만, 안전밸브등이 2개 이상 설치된 경우에 1개는 최고사용압력의 1.05배(외부화재를 대비한 경우에는 1.1배) 이하에서 작동되도록 설치할 수 있다.

제 04 과목 전기 및 화학설비 안전관리

61 다음 정의에 해당하는 방폭구조는?

> 전기기기의 과도한 온도 상승, 아크 또는 불꽃 발생의 위험을 방지하기 위하여 추가적인 안전조치를 통한 안전도를 증가시킨 방폭구조를 말한다.

① 내압방폭구조
② 유입방폭구조
③ 안전증방폭구조
④ 본질안전방폭구조

안전증방폭구조 : 전기기기의 과도한 온도 상승, 아크 또는 불꽃 발생의 위험을 방지하기 위하여 추가적인 안전조치를 통한 안전도를 증가시킨 방폭구조(다만, 정상운전 중에 아크나 불꽃을 발생시키는 전기기기는 안전증방폭구조의 전기기기 범위에서 제외)

62 근로자가 활선작업용 기구를 사용하여 작업할 경우 근로자의 신체 등과 충전전로 사이의 사용전압별 접근한계거리가 틀린 것은?

① 15kV 초과 37kV 이하 : 80cm
② 37kV 초과 88kV 이하 : 110cm
③ 121kV 초과 145kV 이하 : 150cm
④ 242kV 초과 362kV 이하 : 380cm

접근한계거리

충전전로의 선간전압	충전전로에 대한 접근한계거리(단위: 센티미터)	충전전로의 선간전압	충전전로에 대한 접근한계거리(단위: 센티미터)
0.3kV 이하	접촉금지	0.3kV 초과 0.75kV 이하	30
0.75kV 초과 2kV 이하	45	2kV 초과 15kV 이하	60
15kV 초과 37kV 이하	90	37kV 초과 88kV 이하	110
88kV 초과 121kV 이하	130	121kV 초과 145kV 이하	150
145kV 초과 169kV 이하	170	169kV 초과 242kV 이하	230
242kV 초과 362kV 이하	380	362kV 초과 550kV 이하	550
550kV 초과 800kV 이하	790		

63 정전기 제거방법으로 가장 거리가 먼 것은?

① 설비 주위를 가습한다.
② 설비의 금속 부분을 접지한다.
③ 설비의 주변에 적외선을 조사한다.
④ 정전기 발생 방지 도장을 실시한다.

정전기 재해 발생억제 : 배관 내 유속조절, 습기부여, 대전방지제 사용, 금속재료 및 도전성 재료 사용

64 활선작업 시 사용하는 안전장구가 아닌 것은?

① 절연용 보호구
② 절연용 방호구
③ 활선작업용 기구
④ 절연저항 측정기구

절연저항 측정기구는 안전장구가 아니라 작업도구로 구분된다.

65 정상운전 중의 전기설비가 점화원으로 작용하지 않는 것은?

① 변압기 권선
② 개폐기 접점
③ 직류 전동기의 정류자
④ 권선형 전동기의 슬립링

직류 전동기의 정류자와 권선형 전동기의 슬립링은 정상운전 중에 항상 전기불꽃을 일으키며, 개폐기와 차단기, 보호계전기 접점은 정상적인 동작 시에 전기불꽃을 일으킨다.

66 인체가 전격을 당했을 경우 통전시간이 1초라면 심실세동을 일으키는 전류값(mA)은?(단, 심실세동전류 값은 Dalziel의 관계식을 이용한다.)

① 100
② 165
③ 180
④ 215

심실세동전류 $= \dfrac{165}{\sqrt{T}} = \dfrac{165}{\sqrt{1}} = 165$

67 건설현장에서 사용하는 임시배선의 안전대책으로 거리가 먼 것은?

① 모든 전기기기의 외함은 접지시켜야 한다.
② 임시배선은 다심케이블을 사용하지 않아도 된다.
③ 배선은 반드시 분전반 또는 배전반에서 인출해야 한다.
④ 지상 등에서 금속관으로 방호할 때는 그 금속관을 접지해야 한다.

임시배선의 설치 조건
• 전원은 인증된 분전반에서 인출한다.
• 전원은 다심 코드 또는 케이블을 사용한다.

68 접지도체의 선정 시에 큰 고장전류가 접지도체를 통하여 흐르지 않는 경우 접지도체는 구리(동)도체의 경우 최소 단면적은 얼마인가?

① 20mm²
② 16mm²
③ 10mm²
④ 6mm²

접지도체의 단면적 (한국전기설비규정 142.3.1)

구분	구리(동)	철제
접지도체에 큰 고장전류가 흐르지 않는 경우	6mm² 이상	50mm² 이상
접지도체에 피뢰시스템이 접속되는 경우	16mm² 이상	50mm² 이상

69 전기화재의 원인을 직접원인과 간접원인으로 구분할 때, 직접원인과 거리가 먼 것은?

① 애자의 오손
② 과전류
③ 누전
④ 절연열화

전기 화재의 직접원인

원인명	내용
단락(합선)	전선피복이 벗겨지거나 전선에 못/핀 등을 박을 때 전선이 직접 또는 낮은 저항으로 접촉, 즉 단락되는 경우가 있는 데, 이때에는 단락되는 순간 폭음과 함께스파크가 발생하고 단락점이 용융된다. 이때 주위에 가연성 물질이 있을 경우에는 화재가 일어나게 되며 또한 전선 자체의 과열로 발화하는 경우도 있다.
누전 또는 지락	전선의 피복 또는 전기 기기의 절연물이 열화되거나 기계적인 손상 등을 입게 되면 전류가 금속체를 통하여 대지로 새어나가게 되는 데 이러한 현상을 누전이라 하며 이로 인하여 주위의 인화성 물질이 발화되는 현상을 누전화재라 한다.
과전류	전선에 전류가 흐르면 전류의 제곱과 전선의 저항값의 곱(I2XR)에 비례하는 열이 발생하여 전선의 허용전류를 초과한 전류가 계속적으로 흐르면 전선의 과열로 피복이 열화되어 발화되게 되는 데 특히 비닐전선의 경우에는 그 정도가 더 심하다.
전기 스파크	전기회로를 개폐하거나 퓨즈가 용단될 때 스파크가 발생하는 데, 특히 회로를 끊을 때 심하며, 이때 휘발성 증기 또는 분진 같은 가연성 물질이 있으면 착화/인화된다.
절연 열화 또는 탄화	배선 또는 기수의 절연테 대부분이 유기질로 되어 있는 데 일반적으로 유기질은 장기간 경화하면 열화로 그 절연저항이 떨어지고 고온상태에서 공기의 유통이 나쁜 곳에서 가열되면 탄화과정을 거쳐 도전성을 띠게 되면 여기에 전압이 걸리면 전류로 인한 단열로 탄화현상이 누진적으로 촉진되어 유기질 자체가 타거나 부근의 가연물에 착화하게 된다.
접속부의 과열	전선과 전선, 전선과 단자 꼬는 접속편 등의 접촉이 불완전한 상태에서 전류가 흐르면 접촉저항에 의한 접속부 발열로 주위의 절연물을 인화시킨다.
정전기 스파크	물질의 마찰 등에 의하여 발생되는 정전기는 그 크기에 따라 방전시 불꽃의 발생으로 주위의 가연성 물질을 인화시키게 된다.

70 정전기의 발생에 영향을 주는 요인과 가장 거리가 먼 것은?

① 박리속도
② 물체의 표면상태
③ 접촉면적 및 압력
④ 외부공기의 풍속

정전기 발생에 영향을 미치는 요소 : 물질의 특성, 물질의 표면상태, 물질의 이력, 접촉면적과 압력, 분리속도

71 알루미늄 금속분말에 대한 설명으로 틀린 것은?

① 분질폭발의 위험성이 있다.
② 연소 시 열을 발생한다.
③ 분진폭발을 방지하기 위해 물속에 저장한다.
④ 염산과 반응하여 수소가스를 발생한다.

알루미늄 금속분말은 금수성 물질로 습도가 높은 곳에 보관하면 안된다.

72 다음 중 가연성가스가 아닌 것은?

① 이산화탄소
② 수소
③ 메탄
④ 아세틸렌

인화성 물질의 증기 및 가연성가스의 분류

폭발등급 발화도	IIA	IIB	IIC
T1	아세톤, 암모니아, 일산화탄소, 에탄, 초산, 초산에틸, 톨루엔, 프로판, 벤젠, 메탄	석탄가스, 부타디엔	수성가스, 수소
T2	에탄올, 초산이스펜틸, 1-부탄올, 무수초산, 부탄, 클로로벤젠, 에틸렌, 초산비닐, 프로필렌	에틸렌, 에틸렌옥사이드	아세틸렌
T3	가솔린, 헥산, 2-부탄올, 이소프렌, 헵탄, 염화부틸, 이소프렌	황화수소	–
T4	아세트알데히드, 디에틸에테르옥탄	–	–
T5	–	–	이황화탄소
T6	아질산에틸	–	질산에틸

73 다음 중 벤젠(C_6H_6)이 공기 중에서 연소될 때의 이론혼합비(화학양론조성)는?

① 0.72vol%
② 1.22vol%
③ 2.72vol%
④ 3.22vol%

해설

$$\text{화학양론농도} = \frac{100}{1 + 4.773 \times \left(6 + \frac{6}{4}\right)} = \frac{100}{1 + 4.773 \times 7.5} = 2.717$$

74 다음은 산업안전보건법령상 파열판 및 안전밸브의 직렬설치에 관한 내용이다. ( )에 알맞은 용어는?

> 사업주는 급성 독성물질이 지속적으로 외부에 유출될 수 있는 화학설비 및 그 부속설비에 파열판과 안전밸브를 직렬로 설치하고 그 사이에는 압력지시계 또는 ( )를 설치하여야 한다.

① 자동경보장치 ② 차단장치
③ 플레어헤드   ④ 콕

산업안전보건기준에 관한 규칙 제263조(파열판 및 안전밸브의 직렬설치) 사업주는 급성 독성물질이 지속적으로 외부에 유출될 수 있는 화학설비 및 그 부속설비에 파열판과 안전밸브를 직렬로 설치하고 그 사이에는 압력지시계 또는 자동경보장치를 설치하여야 한다.

75 산업안전보건법령상 용해아세틸렌의 가스집합용접장치의 배관 및 부속기구에는 구리나 구리 함유량이 몇 퍼센트 이상인 합금을 사용할 수 없는가?

① 40 ② 50
③ 60 ④ 70

산업안전보건기준에 관한 규칙 제294조(구리의 사용 제한) 사업주는 용해아세틸렌의 가스집합용접장치의 배관 및 부속기구는 구리나 구리 함유량이 70퍼센트 이상인 합금을 사용해서는 아니 된다.

76 다음 중 분진 폭발의 발생 위험성을 낮추는 방법으로 적절하지 않은 것은?

① 주변의 점화원을 제거한다.
② 분진이 날리지 않도록 한다.
③ 분진과 그 주변의 온도를 낮춘다.
④ 분진 입자의 표면적을 크게 한다.

분진 입자의 표면적이 클수록 많은 양의 산소가 공급되기 때문에 급격한 연소를 초래할 수 있다. 따라서, 분진 폭발의 위험성을 낮추기 위해서는 분진 입자의 표면적을 작게 하여야 한다.

77 유해 · 위험물질 취급 시 보호구로서 구비조건이 아닌 것은?

① 방호성능이 충분할 것   ② 재료의 품질이 양호할 것
③ 작업에 방해가 되지 않을 것 ④ 외관이 화려할 것

78 공기 중에 3ppm이 디메틸아민(demethylaminem TLV-TWA : 10ppm)과 20ppm의 시클로헥산올(cyclohexanol, TLV-TWA : 50ppm)이 있고, 10ppm의 산화프로필렌(propyleneoxide, TLV-TWA : 20ppm)이 존재한다면 혼합 TLV-TWA 몇 ppm인가?

① 12.5
② 22.5
③ 27.5
④ 32.5

혼합 $TLV-TWA = \dfrac{C_1 + C_2 + C_3}{\dfrac{C_1}{T_1} + \dfrac{C_2}{T_2} + \dfrac{C_3}{T_3}} = \dfrac{3 + 20 + 10}{\dfrac{3}{10} + \dfrac{20}{50} + \dfrac{10}{20}} = 27.5$

79 건조설비의 사용에 있어 500~800℃ 범위의 온도에 가열된 스테인리스강에서 주로 일어나며, 탄화크롬이 형성되었을 때 결정경계면의 크롬함유량이 감소하여 발생되는 부식형태는?

① 전면부식
② 층상부식
③ 입계부식
④ 격간부식

입계부식(intergranular corrosion)
- 오스테나이트계 스텐레스강을 500~800℃로 가열시키면 결정입계에 탄화크롬이 생성되고 인접 부분의 크롬(Cr)량은 감소하여 크롬결핍증이 형성된다.
- 크롬의 농도가 감소되면 내식성이 저하되기 때문에 스테인리스강 고유의 특성인 금속의 전성, 연성을 상실하여 재료가 파단될 수 있다.

80 위험물안전관리법령상 칼륨에 의한 화재에 적응성이 있는 것은?

① 건조사(마른모래)
② 포소화기
③ 이산화탄소소화기
④ 할로겐화합물소화기

화재등급별 소화방법

구분	A급 화재	B급 화재	C급 화재	D급 화재
명칭	보통화재	유류, 가스화재	전기화재	금속화재(Al분, Mg분)
주 소화효과	냉각	질식	냉각, 질식	질식
적응 소화재	물 소화기 강화액 소화기	포말 소화기 CO_2 소화기 분말 소화기 증발성 액체 소화기	유기성 소화액 CO_2 소화기 분말 소화기	건조사 팽창 질석 팽창 진주암
구분색	백색	황색	청색	–

제 05 과목　건설공사 안전관리

81　흙막이 가시설의 버팀대(Strut)의 변형을 측정하는 계측기에 해당하는 것은?

① Water level meter　　② Strain gauge
③ Piezometer　　　　　④ Load cell

- 변형률계(strain gauge) : 흙막이 버팀대의 변형 정도(응력변화측정) 파악
- 간극수압계(piezo meter) : 굴착으로 인한 지하의 간극수압 측정
- 하중계(load cell) : 버팀대 또는 어스앵커에 설치하여 축하중 변화상태를 측정하여 부재의 안정상태 파악 및 원인규명에 이용
- 수위계(Water level meter) : 지반 내 지하수위의 변화 측정

82　사다리식 통로 등을 설치하는 경우 준수해야 할 기준으로 옳지 않은 것은?

① 접이식 사다리 기둥은 사용 시 접혀지거나 펼쳐지지 않도록 철물 등을 사용하여 견고하게 조치할 것
② 발판과 벽과의 사이는 25cm 이상의 간격을 유지할 것
③ 폭은 30cm 이상으로 할 것
④ 사다리식 통로의 길이가 10m 이상인 경우에는 5m 이내마다 계단참을 설치할 것

산업안전보건기준에 관한 규칙 제24조(사다리식 통로 등의 구조) ① 사업주는 사다리식 통로 등을 설치하는 경우 다음 각 호의 사항을 준수하여야 한다.
1. 견고한 구조로 할 것
2. 심한 손상·부식 등이 없는 재료를 사용할 것
3. 발판의 간격은 일정하게 할 것
4. 발판과 벽과의 사이는 15센티미터 이상의 간격을 유지할 것
5. 폭은 30센티미터 이상으로 할 것
6. 사다리가 넘어지거나 미끄러지는 것을 방지하기 위한 조치를 할 것
7. 사다리의 상단은 걸쳐놓은 지점으로부터 60센티미터 이상 올라가도록 할 것
8. 사다리식 통로의 길이가 10미터 이상인 경우에는 5미터 이내마다 계단참을 설치할 것
9. 사다리식 통로의 기울기는 75도 이하로 할 것. 다만, 고정식 사다리식 통로의 기울기는 90도 이하로 하고, 그 높이가 7미터 이상인 경우에는 다음 각 목의 구분에 따른 조치를 할 것
　가. 등받이울이 있어도 근로자 이동에 지장이 없는 경우 : 바닥으로부터 높이가 2.5미터 되는 지점부터 등받이울을 설치할 것
　나. 등받이울이 있으면 근로자가 이동이 곤란한 경우 : 한국산업표준에서 정하는 기준에 적합한 개인용 추락 방지 시스템을 설치하고 근로자로 하여금 한국산업표준에서 정하는 기준에 적합한 전신안전대를 사용하도록 할 것
10. 접이식 사다리 기둥은 사용 시 접혀지거나 펼쳐지지 않도록 철물 등을 사용하여 견고하게 조치할 것

83　추락방지망의 달기로프를 지지점에 부착할 때 지지점의 간격이 1.5m인 경우 지지점의 강도는 최소 얼마 이상이어야 하는가?

① 200kg　　　　　　② 300kg
③ 400kg　　　　　　④ 500kg

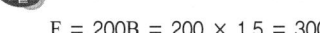

F = 200B = 200 × 1.5 = 300

84 가설통로를 설치하는 경우 준수해야 할 기준으로 옳지 않은 것은?

① 경사는 45° 이하로 할 것
② 경사가 15°를 초과하는 경우에는 미끄러지지 아니하는 구조로 할 것
③ 추락할 위험이 있는 장소에는 안전난간을 설치할 것
④ 수직갱에 가설된 통로의 길이가 15m 이상인 경우에는 10m 이내마다 계단참을 설치할 것

산업안전보건기준에 관한 규칙 제23조(가설통로의 구조) 사업주는 가설통로를 설치하는 경우 다음 각 호의 사항을 준수하여야 한다.
1. 견고한 구조로 할 것
2. 경사는 30도 이하로 할 것. 다만, 계단을 설치하거나 높이 2미터 미만의 가설통로로서 튼튼한 손잡이를 설치한 경우에는 그러하지 아니하다.
3. 경사가 15도를 초과하는 경우에는 미끄러지지 아니하는 구조로 할 것
4. 추락할 위험이 있는 장소에는 안전난간을 설치할 것. 다만, 작업상 부득이한 경우에는 필요한 부분만 임시로 해체할 수 있다.
5. 수직갱에 가설된 통로의 길이가 15미터 이상인 경우에는 10미터 이내마다 계단참을 설치할 것
6. 건설공사에 사용하는 높이 8미터 이상인 비계다리에는 7미터 이내마다 계단참을 설치할 것

85 유해위험방지계획서를 제출해야 하는 공사의 기준으로 옳지 않은 것은?

① 최대 지간길이 30m 이상인 교량 건설등 공사
② 깊이 10m 이상인 굴착공사
③ 터널 건설등의 공사
④ 다목적댐, 발전용댐 및 저수용량 2천만톤 이상의 용수 전용 댐, 지방상수도 전용 댐 건설 등의 공사

유해위험방지계획서 제출 대상 공사(산업안전보건법 시행령 제42조 ③항)
1. 다음 각 목의 어느 하나에 해당하는 건축물 또는 시설 등의 건설·개조 또는 해체 공사
    가. 지상높이가 31미터 이상인 건축물 또는 인공구조물
    나. 연면적 3만제곱미터 이상인 건축물
    다. 연면적 5천제곱미터 이상인 시설로서 다음의 어느 하나에 해당하는 시설
        1) 문화 및 집회시설(전시장 및 동물원·식물원은 제외한다)
        2) 판매시설, 운수시설(고속철도의 역사 및 집배송시설은 제외한다)
        3) 종교시설
        4) 의료시설 중 종합병원
        5) 숙박시설 중 관광숙박시설
        6) 지하도상가
        7) 냉동·냉장 창고시설
2. 연면적 5천제곱미터 이상인 냉동·냉장 창고시설의 설비공사 및 단열공사
3. 최대 지간(支間)길이(다리의 기둥과 기둥의 중심사이의 거리)가 50미터 이상인 다리의 건설등 공사
4. 터널의 건설등 공사
5. 다목적댐, 발전용댐, 저수용량 2천만톤 이상의 용수 전용 댐 및 지방상수도 전용 댐의 건설등 공사
6. 깊이 10미터 이상인 굴착공사

86 굴착이 곤란한 경우 발파가 어려운 암석의 파쇄굴착 또는 암석제거에 적합한 장비는?

① 리퍼
② 스크레이퍼
③ 롤러
④ 드래그라인

리퍼(ripper)는 굴착기의 작업장치 중 하나로 단단한 지반의 굴착 및 암석제거 등에 사용된다.

87 중량물의 취급작업 시 근로자의 위험을 방지하기 위하여 사전에 작성하여야 하는 작업계획서 내용에 해당되지 않는 것은?

① 추락위험을 예방할 수 있는 안전대책
② 낙하위험을 예방할 수 있는 안전대책
③ 전도위험을 예방할 수 있는 안전대책
④ 침수위험을 예방할 수 있는 안전대책

중량물의 취급작업 시 작업계획서 내용(산업안전보건기준에 관한 규칙 별표 4)
- 추락위험을 예방할 수 있는 안전대책
- 낙하위험을 예방할 수 있는 안전대책
- 전도위험을 예방할 수 있는 안전대책
- 협착위험을 예방할 수 있는 안전대책

88 콘크리트 타설용 거푸집에 작용하는 외력 중 연직방향 하중이 아닌 것은?

① 고정하중
② 충격하중
③ 작업하중
④ 풍하중

거푸집 설계시 고려하여야 하는 하중
- 수직(연직) 방향 : 고정하중, 충격하중, 작업하중, 적설하중, 콘크리트의 자중
- 수평방향 : 풍압, 콘크리트 측압, 콘크리트 타설 방향에 따른 편심하중

89 화물을 적재하는 경우에 준수하여야 하는 사항으로 옳지 않은 것은?

① 침하 우려가 없는 튼튼한 기반 위에 적재할 것
② 건물의 칸막이나 벽 등이 화물의 압력에 견딜 만큼의 강도를 지니지 아니한 경우에는 칸막이나 벽에 기대어 적재하지 않도록 할 것
③ 불안정할 정도로 높이 쌓아 올리지 말 것
④ 편하중이 발생하도록 쌓아 적재효율을 높일 것

산업안전보건기준에 관한 규칙 제393조(화물의 적재) 사업주는 화물을 적재하는 경우에 다음 각 호의 사항을 준수하여야 한다.
1. 침하 우려가 없는 튼튼한 기반 위에 적재할 것
2. 건물의 칸막이나 벽 등이 화물의 압력에 견딜 만큼의 강도를 지니지 아니한 경우에는 칸막이나 벽에 기대어 적재하지

않도록 할 것
3. 불안정할 정도로 높이 쌓아 올리지 말 것
4. 하중이 한쪽으로 치우치지 않도록 쌓을 것

90 핸드 브레이커 취급 시 안전에 관한 유의사항으로 옳지 않은 것은?

① 기본적으로 현장 정리가 잘되어 있어야 한다.
② 작업 자세는 항상 하향 45° 방향으로 유지하여야 한다.
③ 작업 전 기계에 대한 점검을 철저히 한다.
④ 호스의 교차 및 꼬임여부를 점검하여야 한다.

핸드 브레이커 사용 시 끌의 부러짐을 방지하기 위하여 작업자세는 하향 수직방향으로 유지하도록 하여야 한다.

91 유한사면에서 사면기울기가 비교적 완만한 점성토에서 주로 발생되는 사면파괴의 형태는?

① 저부파괴
② 사면선단파괴
③ 사면내파괴
④ 국부전단파괴

사면의 파괴형태
- 저부파괴(base failure) : 사면이 급하지 않고 점착력이 크고 기초지반이 깊은 경우 발생
- 사면선단파괴(toe failure) : 사면이 급하고 점착력이 작은 경우 발생(사면경사각이 53°보다 클 때)
- 사면내 파괴(slope failure) : 기초지반의 두께가 작고 성토층이 여러 층인 경우 발생

92 산업안전보건관리비 중 안전시설비 등의 항목에서 사용가능한 내역은?

① 외부인 출입금지, 공사장 경계표시를 위한 가설울타리
② 비계·통로·계단에 추가 설치하는 추락방지용 안전난간
③ 절토부 및 성토부 등의 토사유실 방지를 위한 설비
④ 공사 목적물의 품질 확보 또는 건설장비 자체의 운행 감시, 공사 진척상황 확인, 방범 등의 목적을 가진 CCTV 등 감시용 장비

안전시설비 중 사용불가 내역(건설업 산업안전보건관리비 계상 및 사용기준 별표2)
가. 원활한 공사수행을 위한 가설시설, 장치, 도구, 자재 등
  1) 외부인 출입금지, 공사장 경계표시를 위한 가설울타리
  2) 각종 비계, 작업발판, 가설계단·통로, 사다리 등
    ※안전발판, 안전통로, 안전계단 등과 같이 명칭에 관계없이 공사 수행에 필요한 가시설들은 사용 불가(다만, 비계·통로·계단에 추가 설치하는 추락방지용 안전난간, 사다리 전도방지장치, 틀비계에별도로 설치하는 안전난간·사다리, 통로의 낙하물방호선반 등은 사용 가능함)
  3) 절토부 및 성토부 등의 토사유실 방지를 위한 설비
  4) 작업장 간 상호 연락, 작업 상황 파악 등 통신수단으로 활용되는 통신시설·설비
  5) 공사 목적물의 품질 확보 또는 건설장비 자체의 운행 감시, 공사 진척상황 확인, 방법 등의 목적을 가진 CCTV 등 감시용 장비(다만 근로자의 재해예방을 위한 목적으로만 사용하는 CCTV에 소요되는 비용은 사용 가능함)

나. 소음·환경관련 민원예방, 교통통제 등을 위한 각종 시설물, 표지
  1) 건설현장 소음방지를 위한 방음시설, 분진망 등 먼지·분진 비산 방지시설 등
  2) 도로 확·포장공사, 관로공사, 도심지 공사 등에서 공사차량 외의 차량유도, 안내·주의·경고 등을 목적으로 하는 교통안전시설물(※공사안내·경고 표지판, 차량유도등·점멸등, 라바콘, 현장경계휀스, PE드럼 등)
다. 기계·기구 등과 일체형 안전장치의 구입비용(※기성제품에 부착된 안전장치 고장 시 수리 및 교체비용은 사용 가능)
  1) 기성제품에 부착된 안전장치(※톱날과 일체식으로 제작된 목재가공용 둥근톱의 톱날접촉예방장치, 플러그와 접지시설이 일체식으로 제작된 접지형플러그 등)
  2) 공사수행용 시설과 일체형인 안전시설
라. 동일 시공업체 소속의 타 현장에서 사용한 안전시설물을 전용하여 사용할 때의 자재비(운반비는 안전 관리비로 사용할 수 있다.)

93 추락방지용 방망을 구성하는 그물코의 모양과 크기로 옳은 것은?

① 원형 또는 사각으로서 그 크기는 10cm 이하이어야 한다.
② 원형 또는 사각으로서 그 크기는 20cm 이하이어야 한다.
③ 사각 또는 마름모로서 그 크기는 10cm 이하이어야 한다.
④ 사각 또는 마름모로서 그 크기는 20cm 이하이어야 한다.

추락방지용 방망의 그물코는 사각 또는 마름모 등의 형상으로서 한 변의 길이(매듭의 중심간 거리)는 10cm 이하이어야 한다.

94 지반조사의 방법 중 지반을 강관으로 천공하고 토사를 채취 후 여러 가지 시험을 시행하여 지반의 토질 분포, 흙의 층상과 구성 등을 알 수 있는 것은?

① 보링
② 표준관입시험
③ 베인테스트
④ 평판재하시험

로터리 보링(rotary drilling) : 로드를 회전시키면서 그 선단에 부착시킨 비트로 암석을 분쇄하고 뽑아내면서 천공하는 보링의 총칭으로 암석 코어의 채취가 용이하다.

95 말비계를 조립하여 사용하는 경우의 준수사항으로 옳지 않은 것은?

① 지주부재의 하단에는 미끄럼 방지장치를 할 것
② 지주부재와 수평면과의 기울기는 85°이하로 할 것
③ 말비계의 높이가 2m를 초과할 경우에는 작업발판의 폭을 40cm 이상으로 할 것
④ 지주부재와 지주부재 사이를 고정시키는 보조부재를 설치할 것

산업안전보건기준에 관한 규칙 제67조(말비계) 사업주는 말비계를 조립하여 사용하는 경우에 다음 각 호의 사항을 준수하여야 한다.
1. 지주부재(支柱部材)의 하단에는 미끄럼 방지장치를 하고, 근로자가 양측 끝부분에 올라서서 작업하지 않도록 할 것
2. 지주부재와 수평면의 기울기를 75도 이하로 하고, 지주부재와 지주부재 사이를 고정시키는 보조부재를 설치할 것
3. 말비계의 높이가 2미터를 초과하는 경우에는 작업발판의 폭을 40센티미터 이상으로 할 것

96 철골작업을 중지하여야 하는 제한 기준에 해당되지 않는 것은?

① 풍속이 초당 10m 이상인 경우
② 강우량이 시간당 1mm 이상인 경우
③ 강설량이 시간당 1cm 이상인 경우
④ 소음이 65dB 이상인 경우

산업안전보건기준에 관한 규칙 제383조(작업의 제한) 사업주는 다음 각 호의 어느 하나에 해당하는 경우에 철골작업을 중지하여야 한다.
1. 풍속이 초당 10미터 이상인 경우
2. 강우량이 시간당 1밀리미터 이상인 경우
3. 강설량이 시간당 1센티미터 이상인 경우

97 강관틀비계의 높이가 20m를 초과하는 경우 주틀간의 간격을 최대 얼마 이하로 사용해야 하는가?

① 1.0m   ② 1.5m
③ 1.8m   ④ 2.0m

산업안전보건기준에 관한 규칙 제62조(강관틀비계) 사업주는 강관틀 비계를 조립하여 사용하는 경우 다음 각 호의 사항을 준수하여야 한다.
1. 비계기둥의 밑둥에는 밑받침 철물을 사용하여야 하며 밑받침에 고저차(高低差)가 있는 경우에는 조절형 밑받침철물을 사용하여 각각의 강관틀비계가 항상 수평 및 수직을 유지하도록 할 것
2. 높이가 20미터를 초과하거나 중량물의 적재를 수반하는 작업을 할 경우에는 주틀 간의 간격을 1.8미터 이하로 할 것
3. 주틀 간에 교차 가새를 설치하고 최상층 및 5층 이내마다 수평재를 설치할 것
4. 수직방향으로 6미터, 수평방향으로 8미터 이내마다 벽이음을 할 것
5. 길이가 띠장 방향으로 4미터 이하이고 높이가 10미터를 초과하는 경우에는 10미터 이내마다 띠장 방향으로 버팀기둥을 설치할 것

98 철골공사에서 용접작업을 실시함에 있어 전격예방을 위한 안전조치 중 옳지 않은 것은?

① 전격방지를 위해 자동전격방지기를 설치한다.
② 우천, 강설시에는 야외작업을 중단한다.
③ 개로 전압이 낮은 교류 용접기는 사용하지 않는다.
④ 절연 홀더(Holder)를 사용한다.

전격예방을 위해 개로 전압이 높은 교류 용접기를 사용하지 않아야 한다.

99 타워크레인의 운전작업을 중지하여야 하는 순간풍속기준으로 옳은 것은?

① 초당 10m 초과   ② 초당 12m 초과
③ 초당 15m 초과   ④ 초당 20m 초과

산업안전보건기준에 관한 규칙 제37조(악천후 및 강풍 시 작업 중지) ① 사업주는 비·눈·바람 또는 그 밖의 기상상태의 불안정으로 인하여 근로자가 위험해질 우려가 있는 경우 작업을 중지하여야 한다. 다만, 태풍 등으로 위험이 예상되거나 발생되어 긴급 복구작업을 필요로 하는 경우에는 그러하지 아니하다.
② 사업주는 순간풍속이 초당 10미터를 초과하는 경우 타워크레인의 설치·수리·점검 또는 해체 작업을 중지하여야 하며, 순간풍속이 초당 15미터를 초과하는 경우에는 타워크레인의 운전작업을 중지하여야 한다.

100 흙막이지보공을 설치하였을 때 정기적으로 점검하고 이상을 발견하면 즉시 보수하여야 하는 사항으로 거리가 먼 것은?

① 부재의 손상, 변형, 부식, 변위 및 탈락의 유무와 상태
② 부재의 접속부, 부착부 및 교차부의 상태
③ 침하의 정도
④ 발판의 지지 상태

산업안전보건기준에 관한 규칙 제347조(붕괴 등의 위험 방지) ① 사업주는 흙막이 지보공을 설치하였을 때에는 정기적으로 다음 각 호의 사항을 점검하고 이상을 발견하면 즉시 보수하여야 한다.
1. 부재의 손상·변형·부식·변위 및 탈락의 유무와 상태
2. 버팀대의 긴압(緊壓)의 정도
3. 부재의 접속부·부착부 및 교차부의 상태
4. 침하의 정도

정답 2019년 03월 03일 최근 기출문제

01 ③	02 ③	03 ①	04 ④	05 ①	06 ①	07 ①	08 ③	09 ③	10 ④
11 ③	12 ③	13 ④	14 ④	15 ③	16 ②	17 ④	18 ②	19 ①	20 ③
21 ②	22 ③	23 ①	24 ④	25 ③	26 ④	27 ③	28 ①	29 ①	30 ④
31 ②	32 ①	33 ③	34 ③	35 ④	36 ①	37 ②	38 ②	39 ④	40 ④
41 ①	42 ①	43 ④	44 ④	45 ③	46 ④	47 ②	48 ①	49 ③	50 ③
51 ④	52 ④	53 ②	54 ②	55 ③	56 ③	57 ①	58 ③	59 ③	60 ②
61 ③	62 ①	63 ③	64 ④	65 ①	66 ②	67 ②	68 ③	69 ①	70 ④
71 ③	72 ①	73 ③	74 ①	75 ④	76 ④	77 ④	78 ③	79 ③	80 ①
81 ②	82 ②	83 ②	84 ①	85 ①	86 ①	87 ④	88 ④	89 ④	90 ②
91 ①	92 ②	93 ③	94 ①	95 ②	96 ④	97 ③	98 ③	99 ③	100 ④

2019년 04월 27일 최근 기출문제

제 01 과목 산업재해 예방 및 안전보건교육

01 다음 중 무재해운동의 기본이념 3원칙에 포함되지 않는 것은?

① 무의 원칙
② 선취의 원칙
③ 참가의 원칙
④ 라인화의 원칙

무재해운동의 3원칙
- 무(Zero)의 원칙 : 산재 위험의 잠재요인을 근원적으로 해결하기 위한 원칙
- 선취의 원칙 : 위험요인 행동 전에 예지, 발견
- 참가의 원칙 : 전원(근로자, 회사내 전종업원, 근로자 가족) 참가

02 산업안전보건법령상 상시 근로자수의 산출내역에 따라, 연간 국내공사 실적액이 50억원이고 건설업평균임금이 250만원이며, 노무비율은 0.06인 사업장의 상시 근로자수는?

① 10인
② 30인
③ 33인
④ 75인

$$상시\ 근로자\ 수 = \frac{연간\ 국내공사\ 실적\ 액 \times 노무비율}{건설업\ 월평균임금 \times 12} = \frac{50억 \times 0.06}{250만원 \times 12} = 10$$

03 산업안전보건법령상 산업재해 조사표에 기록되어야 할 내용으로 옳지 않은 것은?

① 사업장 정보
② 재해정보
③ 재해발생개요 및 원인
④ 안전교육 계획

산업재해 조사표의 항목(산업안전보건법 시행규칙 별지 제30호서식)
- 사업장 정보
- 재해 정보
- 재해발생 개요 및 원인
- 재발방지 계획

04 하인리히의 재해발생 원인 도미노이론에서 사고의 직접원인으로 옳은 것은?

① 통제의 부족
② 관리 구조의 부적절
③ 불안전한 행동과 상태
④ 유전과 환경적 영향

직접원인(1차 원인) : 시간적으로 사고 발생에 가까운 원인
- 물적원인 : 불안전한 상태(설비 및 환경 등의 불량)
- 인적원인 : 불안전한 행동

05 매슬로우(Maslow)의 욕구단계 이론 중 제2단계의 욕구에 해당하는 것은?

① 사회적 욕구
② 안전에 대한 욕구
③ 자아실현의 욕구
④ 존경과 긍지에 대한 욕구

매슬로우(Abraham H. Maslow)의 욕구 5단계
- 1단계 : 생리적 욕구(기아, 갈증, 호흡, 배설, 성욕 등)
- 2단계 : 안전의 욕구(안전을 구하고자 하는 욕구)
- 3단계 : 사회적 욕구(애정, 소속에 대한 욕구)
- 4단계 : 인정받으려는 욕구(자존심, 명예, 성취, 지위에 대한 욕구)
- 5단계 : 자아실현의 욕구(잠재적인 능력을 실현하고자 하는 욕구)

06 산업안전보건법령상 안전모의 종류(기호) 중 사용 구분에서 "물체의 낙하 또는 비래 및 추락에 의한 위험을 방지 또는 경감하고, 머리부위 감전에 의한 위험을 방지하기 위한 것"으로 옳은 것은?

① A
② AB
③ AE
④ ABE

안전모의 종류(보호구 안전인증 고시 별표 1)

종류(기호)	사용구분	비고
AB	물체의 낙하 또는 비래(날아옴) 및 추락에 의한 위험을 방지 또는 경감 시키기 위한 것	–
AE	물체의 낙하 또는 비래(날아옴)에 의한 위험을 방지 또는 경감하고, 머리 부위 감전에 의한 위험을 방지하기 위한 것	내전압성
ABE	물체의 낙하 또는 비래(날아옴) 및 추락에 의한 위험을 방지 또는 경감하고, 머리 부위 감전에 의한 위험을 방지하기 위한 것	내전압성

※ 내전압성이란 7,000V 이하의 전압에 견디는 것을 말하며, 특고압은 7,000V 이상의 전압을 말한다.

07 다음 중 산업심리의 5대 요소에 해당하지 않는 것은?

① 적성 ② 감정
③ 기질 ④ 동기

안전(산업)심리의 5요소와 습관의 4요소
- 안전(산업)심리의 5요소 : 습관, 동기, 기질, 감정, 습성
- 습관의 4요소 : 동기, 기질, 감정, 습성

08 주의의 수준에서 중간 수준에 포함되지 않는 것은?

① 다른 곳에 주의를 기울이고 있을 때
② 가시시야 내 부분
③ 수면 중
④ 일상과 같은 조건일 경우

의식수준의 단계

단계	의식의 상태	주의작용	생리적 상태	신뢰성	뇌파형태
0	무의식, 실신	없음(Zero)	수면, 뇌발작	0	δ파
I	정상 이하(Subnormal), 의식 몽롱함	부주의(Inactive)	피로, 단조, 졸음, 술취함	0.9 이하	θ파
II	정상, 이완상태 (normal, relaxed)	수동적(Passive), 마음이 안쪽으로 향함	안정기거, 휴식 시, 정례작업시	0.99~0.99999	α파
III	정상, 상쾌한 상태 (Normal, Clear)	능동적(Active), 앞으로 향하는 주의 시야 넓음	적극 활동시	0.999999 이상	β파
IV	초정상, 과긴장상태 (Hypernormal, Excited)	일점으로 응집, 판단 정지	긴급 방위반응, 당황해서 Panic	0.9 이하	β파, 전간파

09 다음 중 안전 태도 교육의 원칙으로 적절하지 않은 것은?

① 청취위주의 대화를 한다. ② 이해하고 납득한다.
③ 항상 모범을 보인다. ④ 지적과 처벌 위주로 한다.

태도교육의 기본과정
- 청취한다.
- 항상 모범을 보여준다.
- 평가한다.
- 적정 배치한다.
- 이해하고 납득한다.
- 권장한다.
- 좋은 지도자를 얻도록 힘쓴다.

10 레빈(Lewin)은 인간행동과 인간의 조건 및 환경조건의 관계를 다음과 같이 표시하였다. 이 때 'f'의 의미는?

$$B = f(P \cdot E)$$

① 행동 ② 조명
③ 지능 ④ 함수

$B = f(P \cdot E)$
- B : Behavior(인간의 행동)
- f : Function(함수관계 : 적성 기타 P와 E에 영향을 미칠 수 있는 조건)
- P : Person(개체 : 연령, 경험, 심신상태, 성격, 지능 등)
- E : Environment(심리적 환경 : 인간관계, 작업환경 등)

11 적응기제(Adjustment Mechanism)의 유형에서 "동일화(identification)"의 사례에 해당하는 것은?

① 운동시합에 진 선수가 컨디션이 좋지 않았다고 한다.
② 결혼에 실패한 사람이 고아들에게 정열을 쏟고 있다.
③ 아버지의 성공을 자신의 성공인 것처럼 자랑하며 거만한 태도를 보인다.
④ 동생이 태어난 후 초등학교에 입학한 큰 아이가 손가락을 빨기 시작했다.

동일화(Identification) : 다른 사람의 행동 양식이나 태도를 투입시키거나, 다른 사람 가운데서 자기와 비슷한 것을 발견하는 것

12 특성에 따른 안전교육의 3단계에 포함되지 않는 것은?

① 태도교육 ② 지식교육
③ 직무교육 ④ 기능교육

안전교육의 3단계
- 제1단계 지식교육 : 강의, 시청각교육을 통한 지식의 전달과 이해
- 제2단계 기능교육 : 시범, 견학, 실습, 현장실습교육을 통한 경험 체득과 이해
- 제3단계 태도교육 : 작업동작지도, 생활지도 등을 통한 안전의 습관화

13 산업안전보건법령상 다음 그림에 해당하는 안전보건표지의 종류로 옳은 것은?

① 부식성물질경고   ② 산화성물질경고
③ 인화성물질경고   ④ 폭발성물질경고

경고표지(산업안전보건법 시행규칙 별표 6)

201 인화성 물질 경고	202 산화성 물질 경고	203 폭발성 물질 경고	204 급성독성 물질 경고	205 부식성 물질 경고	206 방사성 물질 경고	207 고압전기 경고	208 매달린 물체 경고
🔥	🔥	💥	☠	🧪	☢	⚡	📦

209 낙하물 경고	210 고온경고	211 저온경고	212 몸균형 상실 경고	213 레이저 광선 경고	214 발암성 · 변이원성 · 생식독성 · 전신독성 · 호흡기 과민성 물질 경고	215 위험장소 경고
⚠	⬆	⬇	🚶	⚡	☣	⚠

14 다음 중 작업표준의 구비조건으로 옳지 않은 것은?

① 작업의 실정에 적합할 것
② 생산성과 품질의 특성에 적합할 것
③ 표현은 추상적으로 나타낼 것
④ 다른 규정 등에 위배되지 않을 것

작업표준의 구비조건
- 작업의 실정에 적합할 것
- 표현은 구체적으로 나타낼 것
- 이상시의 조치기준에 대해 정해 둘 것
- 생산성과 품질의 특성에 적합할 것
- 좋은 작업의 표준일 것
- 다른 규정 등에 위배되지 않을 것

15 다음 중 위험예지훈련 4라운드의 순서가 올바르게 나열된 것은?

① 현상파악 → 본질추구 → 대책수립 → 목표설정
② 현상파악 → 대책수립 → 본질추구 → 목표설정
③ 현상파악 → 본질추구 → 목표설정 → 대책수립
④ 현상파악 → 목표설정 → 본질추구 → 대책수립

위험예지 훈련의 기존 4라운드 진행방법
- 1R(현상파악) : 어떤 위험이 잠재하고 있는지 사실을 파악하는 라운드(BS적용)
- 2R(본질추구) : 가장 위험한 요인(위험 포인트)을 합의로 결정하는 라운드(요약)
- 3R(대책수립) : 구체적인 대책을 수립하는 라운드(BS적용)
- 4R(목표달성-설정) : 수립한 대책 가운데 질이 높은 항목에 합의하는 라운드(요약)

16 산업안전보건법령상 특별교육 대상 작업별 교육내용 중 밀폐공간에서의 작업 시 교육내용에 포함되지 않는 것은?(단, 그 밖에 안전·보건관리에 필요한 사항은 제외한다.)

① 산소농도측정 및 작업환경에 관한 사항
② 유해물질이 인체에 미치는 영향
③ 보호구 착용 및 사용방법에 관한 사항
④ 사고 시의 응급 처치 및 비상시 구출에 관한 사항

밀폐공간에서의 작업에 대한 교육내용(산업안전보건법 시행규칙 별표 5)
- 산소농도 측정 및 작업환경에 관한 사항
- 사고 시의 응급처치 및 비상 시 구출에 관한 사항
- 보호구 착용 및 사용방법에 관한 사항
- 밀폐공간작업의 안전작업방법에 관한 사항
- 그 밖에 안전·보건관리에 필요한 사항

17 안전지식교육 실시 4단계에서 지식을 실제의 상황에 맞추어 문제를 해결해 보고 그 수법을 이해시키는 단계로 옳은 것은?

① 도입　　　　　　② 제시
③ 적용　　　　　　④ 확인

교육법의 4단계
- 제1단계 – 도입(준비) : 배우고자 하는 마음가짐을 일으키도록 도입
- 제2단계 – 제시(설명) : 상대의 능력에 따라 교육하고 내용을 확실하게 이해시키고 납득시켜 다시 기능으로서 습득시킴
- 제3단계 – 적용(응용) : 이해시킨 내용을 구체적인 문제 또는 실제문제로 활용시키거나 응용시킴
- 제4단계 – 확인(총괄) : 교육내용을 정확하게 이해하고 습득하였는지의 여부를 확인

18 다음 중 산업재해 통계에 관한 설명으로 적절하지 않은 것은?

① 산업재해 통계는 구체적으로 표시되어야 한다.
② 산업재해 통계는 안전 활동을 추진하기 위한 기초자료이다.
③ 산업재해 통계만을 기반으로 해당 사업장의 안전수준을 추측한다.
④ 산업재해 통계의 목적은 기업에서 발생한 산업재해에 대하여 효과적인 대책을 강구하기 위함이다.

산업재해 통계는 이미 발생한 재해를 기반으로 만들어지는 자료로 안전 조건이나 상태를 추측하는 것과는 거리가 멀다.

19 French와 Raven이 제시한, 리더가 가지고 있는 세력의 유형이 아닌 것은?

① 전문세력(expert power)　　② 보상세력(reward power)
③ 위임세력(entrust power)　　④ 합법세력(legitimate power)

French와 Raven의 세력 유형
- 보상세력(reward power) : 바람직한 행동에 대해 정적인 인센티브를 제공해줄 수 있는 조직 또는 특정 역할을 맡고있는 구성원의 역량
- 강압세력(coercive power) : 부하들의 바람직하지 않은 행동들에 대해 처벌할 수 있는 역량
- 합법세력(legitimate power) : 권한이라고도 부르기도 하며 조직이 종업원에게 영향력을 미치는 행위가 합법적임을 의미
- 전문세력(expert power) : 어떤 개인이 가지고 있는 경험, 지식 또는 능력으로부터 나오는 세력
- 준거(참조, reference power)세력 : 조직 내 조직원들이 다른 조직원들을 존경하고 따르려는 경향에서 발생하는 세력

20 산업안전보건법령상 안전검사 대상 기계등의 종류에 포함되지 않는 것은?

① 전단기　　　　　　　　② 리프트
③ 곤돌라　　　　　　　　④ 교류아크용접기

산업안전보건법 시행령 제78조(안전검사대상기계등) ① 법 제93조제1항 전단에서 "대통령령으로 정하는 것"이란 다음 각 호의 어느 하나에 해당하는 것을 말한다.
1. 프레스
2. 전단기
3. 크레인(정격 하중이 2톤 미만인 것은 제외한다)
4. 리프트
5. 압력용기
6. 곤돌라
7. 국소 배기장치(이동식은 제외한다)
8. 원심기(산업용만 해당한다)
9. 롤러기(밀폐형 구조는 제외한다)
10. 사출성형기[형 체결력(型 締結力) 294킬로뉴턴(KN) 미만은 제외한다]
11. 고소작업대(「자동차관리법」 제3조제3호 또는 제4호에 따른 화물자동차 또는 특수자동차에 탑재한 고소작업대로 한정한다)
12. 컨베이어
13. 산업용 로봇
14. 혼합기
15. 파쇄기 또는 분쇄기

제 02 과목　인간공학 및 위험성 평가·관리

21 체계 설계 과정의 주요 단계 중 가장 먼저 실시되어야 하는 것은?

① 기본설계　　　　　　　② 계면설계
③ 체계의 정의　　　　　　④ 목표 및 성능 명세 결정

체계 설계의 과정의 주요 단계 : 목표 및 성능 명세 결정 → 체계의 정의 → 기본설계 → 계면설계 → 촉진물 설계 → 시험 및 평가

22 고장형태 및 영향분석(FMEA : Failure Mode and Effect Analyis)에서 치명도 해석을 포함시킨 분석 방법으로 옳은 것은?

① CA
② ETA
③ FMETA
④ FMECA

해설

FMECA는 고장 유형 영향 및 치명도 분석(Failure Mode Effects & Criticality Analysis)으로 치명적인 고장을 찾아내는 분석이다.

23 그림과 같은 시스템의 신뢰도로 옳은 것은?(단, 그림의 숫자는 각 부품의 신뢰도이다.)

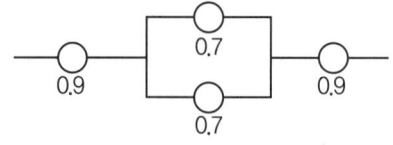

① 0.6261
② 0.7371
③ 0.8481
④ 0.9591

해설

0.9 × {1−(1−0.7)(1−0.7)} × 0.9 =0.7371

24 인간의 시각특성을 설명한 것으로 옳은 것은?

① 적응은 수정체의 두께가 얇아져 근거리의 물체를 볼 수 있게 되는 것이다.
② 시야는 수정체의 두께 조절로 이루어진다.
③ 망막은 카메라의 렌즈에 해당된다.
④ 암조응에 걸리는 시간은 명조응보다 길다.

해설

상황에 따라 다르지만 명순응(명조응)에 걸리는 시간은 수초~1분, 완전한 암순응(암조응)에 걸리는 시간은 30분 혹은 그 이상 걸리며 이는 빛의 강도에 좌우된다.

25 다음 중 생리적 스트레스를 전기적으로 측정하는 방법으로 옳지 않은 것은?

① 뇌전도(EEG)
② 근전도(EMG)
③ 전기 피부 반응(GSR)
④ 안구 반응(EOG)

해설

생리학적 방법
- 근전도(EMG, Electromyogram) : 근육활동 전위차의 기록
- 뇌전도(EEG, Electroneurogram) : 신경활동 전위차의 기록
- 심전도(ECG, Electrocardiogram) : 심장근 활동 전위차의 기록
- 안전도(EOG, Electrooculogram) : 안구(眼球)운동 전위차의 기록

- 산소 소비량 및 에너지 대사율(RMR, Relative Metabolic Rate)

  $R = \dfrac{작업대사량}{기초대사량} = \dfrac{작업시\ 소비에너지\ -\ 안정시\ 소비에너지}{기초대사량}$

- 피부전기반사(GSR, Galvanic Skin Reflex) : 작업부하의 정신적 부담이 피로와 함께 증대하는 양상을 손바닥 안쪽의 전기저항의 변화를 이용해 측정하는 것으로 피부전기저항 또는 정신 전류현상
- 프릿가값(융합점멸주파수) : 정신적 부담이 대뇌피질의 피로수준에 미치고 있는 영향을 측정하는 방법

26 레버를 10° 움직이면 표시장치는 1cm 이동하는 조종 장치가 있다. 레버의 길이가 20cm 라고 하면 이 조종장치의 통제표시비(C/D 비)는 약 얼마인가?

① 1.27 ② 2.38
③ 3.49 ④ 4.51

$C/R비 = \dfrac{\dfrac{\alpha}{360} \times 2\pi L}{표시계기의\ 이동거리} = \dfrac{\dfrac{10}{360} \times 2 \times 3.14 \times 20}{1} = 3.489$

27 서서 하는 작업의 작업대 높이에 대한 설명으로 옳지 않은 것은?

① 정밀작업의 경우 팔꿈치 높이보다 약간 높게 한다.
② 경작업의 경우 팔꿈치 높이보다 약간 낮게 한다.
③ 중작업의 경우 경작업의 작업대 높이보다 약간 낮게 한다.
④ 작업대의 높이는 기준을 지켜야 하므로 높낮이가 조절되어서는 안 된다.

작업의 정도 따른 적업대의 높이
- 경(經)작업 : 팔꿈치 높이보다 5~10cm 정도 낮게
- 중(重)작업 : 팔꿈치 높이보다 10~20cm 정도 낮게
- 정밀작업 : 팔꿈치 높이보다 5~10cm 정도 높게

28 작업장 내부의 추천반사율이 가장 낮아야 하는 곳은?

① 벽 ② 천장
③ 바닥 ④ 가구

옥내 최적 반사율
- 천정 : 80~90%
- 벽, 창문 발(Blind) : 40~60%
- 가구, 사무용기기, 책상 : 25~45%
- 바닥 : 20~40%

29 인간의 정보처리 기능 중 그 용량이 7개 내외로 작아, 순간적 망각 등 인적 오류의 원인이 되는 것은?

① 지각 ② 작업기억
③ 주의력 ④ 감각보관

해설

작업기억(working memory)
- 최근 며칠 사이에 있었던 것을 기억하는 단기기억, 집 주소 등을 기억하는 장기기억과 달리 작업기억은 순간적으로 정보를 의식적으로 처리하는 능력으로 단기기억, 장기기억에 저장된 정보들을 꺼내서 잘 조합하고, 처리해서 원하는 것을 판단하고 행동하게 하는 능력이다.
- 작업기억은 오래 지속되기보다 잠깐 동안 존재하다 사라지는 능력으로 조지 밀러에 따르면 통상적인 작업기억의 평균 용량이 7개 정도라고 한다.

30 인간오류의 분류 중 원인에 의한 분류의 하나로, 작업자 자신으로부터 발생하는 에러로 옳은 것은?

① Command error ② Secondary error
③ Primary error ④ Third error

해설

원인의 Level적 분류
- 1차에러(Primary Error) : 작업자 자신으로부터의 Error
- 2차에러(Secondary Error) : 작업형태나 작업조건 중에서 다른 문제가 생겨 그 때문에 필요한 사항을 실행할 수 없는 Error. 어떤 결함으로부터 파생하여 발생하는 Error
- 지시에러(Command Error) : 요구된 것을 실행하고자 하여도 필요한 물건, 정보, 에너지 등의 공급이 없는 것처럼 작업자가 움직이려 해도 움직일 수 없으므로 발생하는 Error

31 일반적으로 인체에 가해지는 온·습도 및 기류 등의 외적변수를 종합적으로 평가하는 데에는 "불쾌지수"라는 지표가 이용된다. 불쾌지수의 계산식이 다음과 같은 경우, 건구온도와 습구온도의 단위로 옳은 것은?

불쾌지수 = 0.72 × (건구온도 + 습구온도) + 40.6

① 실효온도 ② 화씨온도
③ 절대온도 ④ 섭씨온도

32 FT도에 사용되는 논리기호 중 AND 게이트에 해당하는 것은?

① 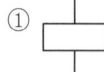 ②

③   ④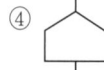

FTA 도표에 사용하는 논리기호

명칭	기호	명칭	기호
결함사상	□	전이 기호 (이행 기호)	△ (in) △ (out)
기본사상	○	AND gate	출력 ⌒ 입력
생략사상 (추적 불가능한 최후사상)	◇	OR gate	출력 ⌒ 입력
통상사상(家刑事像)	⌂	수정기호 조건	출력 ⬡─조건 입력

33 윗팔은 자연스럽게 수직으로 늘어뜨린 채, 아래팔만을 편하게 뻗어 작업할 수 있는 범위는?

① 정상작업역 ② 최대작업역
③ 최소작업역 ④ 작업포락면

- 정상작업역 : 윗팔을 자연스럽게 수직으로 늘어뜨리고, 아래팔만으로 편하게 뻗어 작업할 수 있는 범위
- 최대작업역 : 아래팔과 윗팔을 모두 곧게 펴서 작업할 수 있는 영역

34 음의 강약을 나타내는 기본 단위는?

① dB ② pont
③ hertz ④ diopter

dB 수준과 음의 강도와의 관계식

※ dB수준 = $10\log\left(\dfrac{I_1}{I_0}\right)$ (I_1 : 측정음의 강도, I_0 : 기준음의 강도(10~12watt/m², 최소가청치))

35 신뢰성과 보전성 개선을 목적으로 하는 효과적인 보전기록 자료에 해당하지 않는 것은?

① 설비이력카드 ② 자재관리표
③ MTBF 분석표 ④ 고장원인대책표

설비이력카드, MTBF 분석표, 고장원인대책표 등은 기계의 고장에 대한 분석 및 관리에 대한 대책으로 효과적인 관리 수단이다.

36 예비위험분석(PHA)에 대한 설명으로 옳은 것은?

① 관련된 과거 안전점검결과의 조사에 적절하다.
② 안전관련 법규 조항의 준수를 위한 조사방법이다.
③ 시스템 고유의 위험성을 파악하고 예상되는 재해의 위험 수준을 결정한다.
④ 초기 단계에서 시스템 내의 위험요소가 어떠한 위험상태에 있는가를 정성적으로 평가하는 것이다.

예비위험분석(PHA, Preliminary Hazards Analysis)
- PHA : 대부분 시스템안전 프로그램에 있어서 최초단계의 분석으로 시스템 내의 위험한 요소가 얼마나 위험한 상태에 있는가를 정성적으로 평가
- PHA의 4가지 주요목표
  - 시스템에 대한 모든 주요한 사고를 식별하고 대충의 말로 표시할 것(사고 발생 확률은 식별 초기에는 고려되지 않음)
  - 사고를 유발하는 요인을 식별할 것
  - 사고가 발생한다고 가정하고 시스템에 생기는 결과를 식별하고 평가할 것
  - 식별된 사고를 범주(Category)로 분류할 것

37 다음의 FT도에서 몇 개의 미니멀패스셋(minimal path sets)이 존재하는가?

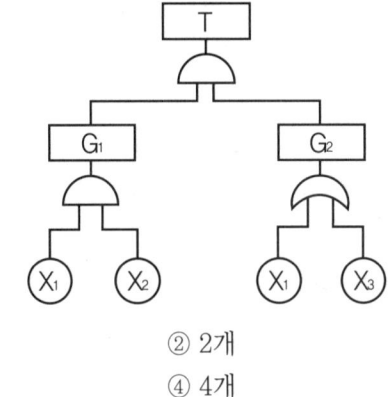

① 1개　　② 2개
③ 3개　　④ 4개

최소 패스셋(minimal path sets)은 시스템이 고장나지 않도록 하는 최소한의 패스셋이므로 T를 발생시키지 않는 셋을 모두 구하면 된다.

38 정보를 전송하기 위해 청각적 표시장치를 이용하는 것이 바람직한 경우로 적합한 것은?

① 전언이 복잡한 경우
② 전언이 이후에 재참조되는 경우
③ 전언이 공간적인 사건을 다루는 경우
④ 전언이 즉각적인 행동을 요구하는 경우

청각장치와 시각장치의 선택(특정 감각의 선택)

구분	청각장치 사용	시각장치 사용
전언	• 전언이 간단하고 짧다.	• 전언이 복잡하고 길다.
재참조	• 전언이 후에 재참조 되지 않는다.	• 전언이 후에 재참조 된다.
사상(Eevent)	• 전언이 즉각적인 사상을 이룬다.	• 전언이 공간적인 위치를 다룬다.
행동 요구	• 전언이 즉각적인 행동을 요구한다.	• 전언이 즉각적인 행동을 요구하지 않는다.
사용시기	• 수신자의 시각계통이 과부하 상태일 때 • 수신 장소가 너무 밝거나 암조응 유지가 필요할 때 • 직무상 수신자가 자주 움직이는 경우	• 수신자가 청각계통이 과부하 상태일 때 • 수신 장소가 너무 시끄러울 때 • 직무상 수신자가 한곳에 머무르는 경우

39 FTA에서 모든 기본사상이 일어났을 때 톱(top)사상을 일으키는 기본사상의 집합을 무엇이라 하는가?

① 컷셋(Cut set)
② 최소 컷셋(Minimal Cut set)
③ 패스셋(Path set)
④ 최소 패스셋(Minamal Path set)

컷과 패스

- 컷셋(cut sets) : 그 속에 포함되어 있는 모든 기본사상(통상, 생략, 결함사상을 포함)이 일어났을 때 정상사상(top event)을 일으키는 기본사상의 집합
- 최소 컷셋(minimal cut sets) : 컷셋 중 그 부분집합만으로는 정상사상을 일으키는 일이 없는 것, 즉 정상사상(top event)을 일으키기 위한 최소한의 컷셋으로 어떤 고장이나 에러를 일으키면 재해가 일어나는가 하는 것 즉, 시스템의 위험성(역으로는 안전성)를 나타내는 것
- 패스셋(path sets) : 시스템이 고장 나지 않도록 하는 사상의 조합
- 최소 패스셋(minimal path sets) : 시스템이 고장 나지 않도록 하는 최소한의 패스셋으로 어떤 고장이나 패스를 일으키지 않으면 재해는 일어나지 않는다는 것 즉, 시스템의 신뢰성을 나타내는 것

40 조종장치를 통한 인간의 통제 아래 기계가 동력원을 제공하는 시스템의 형태로 옳은 것은?

① 기계화 시스템
② 수동 시스템
③ 자동화 시스템
④ 컴퓨터 시스템

인간 기계 통합체계의 유형

- 수동 체계 : 사용자의 조작, 융통성(예 : 장인과 공구)
- 기계화 체계(반자동 체계) : 운전자의 조작, 융통성 없음(예 : 엔진, 자동차, 공작기계)
- 자동 체계(인간의 역할 : 감시, 프로그램, 정비유지) : 자동화된 공장, 컴퓨터

제 03 과목 : 기계·기구 및 설비 안전관리

41 선반에서 냉각재 등에 의한 생물학적 위험을 방지하기 위한 방법으로 틀린 것은?

① 냉각재가 기계에 잔류되지 않고 중력에 의해 수집탱크로 배유되도록 해야 한다.
② 냉각재 저장탱크에는 외부 이물질의 유입을 방지하기 위해 덮개를 설치해야 한다.
③ 특별한 경우를 제외하고는 정상 운전 시 전체 냉각재가 계통 내에서 순환되고 냉각재 탱크에 체류하지 않아야 한다.
④ 배출용 배관의 지름은 대형 이물질이 들어가지 않도록 작아야 하고, 지면과 수평이 되도록 제작해야 한다.

냉각재 등에 의한 생물학적 위험의 방지대책
- 정상운전 시 전체 냉각재가 계통 내에서 순환되고 냉각재 탱크에 체류하지 않을 것. 다만, 설계상 냉각재의 일부를 탱크 내에서 보유하도록 설계된 경우는 제외한다.
- 냉각재가 기계에 잔류되지 않고 중력에 의해 수집탱크로 배유되도록 할 것
- 배출용 배관의 직경은 슬러지의 체류를 최소화할 수 있을 정도의 충분한 크기이고 적정한 기울기를 부여할 것
- 필터장치가 구비되어 있을 것
- 전체 시스템을 비우지 않은 상태에서 코너 부위 등에 누적된 침전물을 제거할 수 있는 구조일 것
- 냉각재 저장탱크에는 외부 이물질의 유입을 방지하기 위한 덮개를 설치할 것
- 오일 또는 그리스 등 외부에서 유입된 물질에 의해 냉각재가 오염되는 것을 방지할 수 있도록 조치하고 필요한 분리장치를 설치할 수 있는 구조일 것

42 산업용 로봇의 작동범위에서 그 로봇에 관하여 교시 등의 작업을 하는 경우 작업시간 전 점검사항에 해당하지 않는 것은?(단, 로봇의 동력원을 차단하고 행하는 것을 제외한다.)

① 회전부의 덮개 또는 울 부착여부
② 제동장치 및 비상정지장치의 기능
③ 외부전선의 피복 또는 외장의 손상유무
④ 매니퓰레이터(manipulator) 작동의 이상유무

로봇의 작동 범위에서 그 로봇에 관하여 교시 등(로봇의 동력원을 차단하고 하는 것은 제외)의 작업시작 전 점검사항
- 외부 전선의 피복 또는 외장의 손상 유무
- 매니퓰레이터(manipulator) 작동의 이상 유무
- 제동장치 및 비상정지장치의 기능

43 기계장치의 안전설계를 위해 적용하는 안전율 계산식은?

① 안전하중 ÷ 설계하중
② 최대사용하중 ÷ 극한강도
③ 극한강도 ÷ 최대설계응력
④ 극한강도 ÷ 파단하중

$$\text{안전율} = \frac{\text{기초강도}}{\text{허용응력}} = \frac{\text{극한강도}}{\text{최대 설계응력}} = \frac{\text{파단하중}}{\text{안전하중}} = \frac{\text{파괴하중(극한하중)}}{\text{최대사용하중(정격하중)}}$$

44 양수 조작식 방호장치에서 양쪽 누름버튼 간의 내측 거리는 몇 mm 이상이어야 하는가?

① 100
② 200
③ 300
④ 400

양수조작식
- 반드시 두 손을 사용하여 동시에 조작하여야만 작동하는 구조일 것
- 조작부(버튼 또는 레버)의 간격을 300mm 이상으로 할 것
- 조작부는 작동 직후 손이 위험 구역에 들어가지 못하도록 다음에 정하는 거리 이상에 설치할 것
※ 거리[cm] = 160 × 프레스기 작동 후 작업점까지 도달시간(초)

45 "가"와 "나"에 들어갈 내용으로 옳은 것은?

> 순간풍속이 (가)를 초과하는 경우 타워크레인의 설치·수리·점검 또는 해체 작업을 중지하여야 하며, 순간풍속이 (나)를 초과하는 경우에는 타워크레인의 운전작업을 중지하여야 한다.

① 가 : 10m/s, 나 : 15m/s
② 가 : 10m/s, 나 : 25m/s
③ 가 : 20m/s, 나 : 35m/s
④ 가 : 20m/s, 나 : 45m/s

산업안전보건기준에 관한 규칙 제37조(악천후 및 강풍 시 작업 중지) ① 사업주는 비·눈·바람 또는 그 밖의 기상상태의 불안정으로 인하여 근로자가 위험해질 우려가 있는 경우 작업을 중지하여야 한다. 다만, 태풍 등으로 위험이 예상되거나 발생되어 긴급 복구작업을 필요로 하는 경우에는 그러하지 아니하다.
② 사업주는 순간풍속이 초당 10미터를 초과하는 경우 타워크레인의 설치·수리·점검 또는 해체 작업을 중지하여야 하며, 순간풍속이 초당 15미터를 초과하는 경우에는 타워크레인의 운전작업을 중지하여야 한다.

46 드릴 작업 시 올바르 작업안전수칙이 아닌 것은?

① 구멍을 뚫을 때 관통된 것을 확인하기 위해 손으로 만져서는 안 된다.
② 드릴을 끼운 후에 척 렌지(chuck wrench)를 부착한 상태에서 드릴 작업을 한다.
③ 작업모를 착용하고 옷소매가 긴 작업복은 입지 않는다.
④ 보호 안경을 쓰거나 안전덮개를 설치한다.

드릴링 머신의 안전작업수칙
- 일감은 견고하게 고정, 손으로 고정금지
- 장갑을 착용하지 말 것
- 얇은 판이나 황동 등은 목재를 사용하여 밑에 받치고 작업할 것
- 구멍이 끝까지 뚫린 것을 확인하고자 손을 집어넣지 말 것
- 칩을 털어 낼 때는 브러시를 사용하고 입으로 불어내지 말 것
- 가공 중에 구멍이 관통되면 기계를 멈추고 손으로 돌려서 드릴을 빼어낼 것
- 보안경을 착용할 것
- 드릴을 끼운 후 척핸들(Chuck Handle)은 반드시 빼어놓을 것
- 자동이송작업 중 기계를 멈추지 말 것
- 큰 구멍을 뚫을 때에는 작은 구멍을 먼저 뚫은 뒤 작업할 것

47 지게차 헤드가드의 안전기준에 관한 설명으로 옳은 것은?

① 상부틀의 각 개구의 폭 또는 길이가 20cm 이상일 것
② 강도는 지게차의 최대하중의 2배 값(4톤을 넘는 값에 대해서는 4톤으로 한다.)의 등분포정하중에 견딜 수 있을 것
③ 운전자가 서서 조작하는 방식의 지게차의 경우에는 운전석의 바닥며에서 헤드가드의 상부틀 하면까지의 높이가 2m 이상일 것
④ 운전자가 앉아서 조작하는 방식의 지게차의 경우에는 운전자의 좌석 윗면에서 헤드가드의 상부틀 아랫면까지의 높이가 1m 이상일 것

지게차 헤드가드(Head Guard)의 구비조건(산업안전보건기준에 관한 규칙 제180조)
- 강도는 지게차의 최대하중의 2배의 값(그 값이 4톤을 넘는 것에 대하여서는 4톤으로 한다)의 등분포정하중에 견딜 수 있는 것일 것
- 상부틀의 각 개구의 폭 또는 길이가 16cm 미만일 것
- 운전자가 앉아서 조작하거나 서서 조작하는 지게차의 헤드가드는 산업표준화법 제12조에 따른 한국산업표준에서 정하는 다음의 높이 기준 이상일 것
  - 앉아서 조작하는 경우 조종사가 정상적인 작동 상태에 있을 때 좌석기준점(SIP)으로부터 조종사의 머리가 위치한 헤드가드 아래 부분의 밑면까지의 수직간격은 0.903m 이상
  - 서서 조작하는 경우 조종사가 정상적인 작동 상태에 있을 때 조종사가 서 있는 플랫폼에서부터 조종사의 머리가 위치한 헤드가드 아래 부분의 밑면까지의 수직 간격은 1.88m 이상

48 프레스 가공품의 이송방법으로 2차 가공용 송급배출장치가 아닌 것은?

① 다이얼 피더(dial feeder)
② 롤 피더(roll feeder)
③ 푸셔 피더(pusher feeder)
④ 트랜스퍼 피더(transfer feeder)

롤 피더는 1차 가공용 송급배출장치이다.

49 다음 중 연삭기를 이용한 작업의 안전대책으로 가장 옳은 것은?

① 연삭숫돌의 최고 원주 속도 이상으로 사용하여여 한다.
② 운전 중 연삭숫돌의 균열 확인을 위해 수시로 충격을 가해 본다.
③ 정밀한 작업을 위해서는 연삭기의 덮개를 벗기고 숫돌의 정면에 서서 작업한다.
④ 작업시작 전에는 1분 이상 시운전을 하고 숫돌의 교체 시에는 3분 이상 시운전을 한다.

연삭기 작업시 준수사항
- 숫돌 속도 제한 장치를 개조하거나 최고 회전 속도를 초과하여 사용하지 않도록 한다.
- 워크레스트를 1~3mm 정도로 유지하고 숫돌의 결정된 사용면 이외에는 사용하지 않는다.
- 연삭숫돌의 파괴시 작업자는 물론 근로자도 보호해야 하므로 안전덮개, 칸막이 또는 작업장을 격리시켜야 한다.
- 연삭숫돌의 교체시에는 3분 이상 시운전하고 정상 작업전에는 최소한 1분 이상 시운전하여 이상유무를 파악한다.
- 투명 비산방지판을 설치한다.

50 압력용기에서 안전밸브를 2개 설치한 경우 그 설치방법으로 옳은 것은?(단, 해당하는 압력용기가 외부화재에 대한 대비가 필요한 경우로 한정한다.)

① 1개는 최고사용압력 이하에서 작동하고 다른 1개는 최고사용압력의 1.1배 이하에서 작동하도록 한다.
② 1개는 최고사용압력 이하에서 작동하고 다른 1개는 최고사용압력의 1.2배 이하에서 작동하도록 한다.
③ 1개는 최고사용압력의 1.05배 이하에서 작동하고 다른 1개는 최고사용압력의 1.1배 이하에서 작동하도록 한다.
④ 1개는 최고사용압력의 1.05배 이하에서 작동하고 다른 1개는 최고사용압력의 1.2배 이하에서 작동하도록 한다.

산업안전보건기준에 관한 규칙 제264조(안전밸브등의 작동요건) 사업주는 제261조제1항에 따라 설치한 안전밸브등이 안전밸브등을 통하여 보호하려는 설비의 최고사용압력 이하에서 작동되도록 하여야 한다. 다만, 안전밸브등이 2개 이상 설치된 경우에 1개는 최고사용압력의 1.05배(외부화재를 대비한 경우에는 1.1배) 이하에서 작동되도록 설치할 수 있다.

51 범용 수동 선반의 방호조치에 대한 설명으로 틀린 것은?

① 대형 선반의 후면 칩 가드는 새들의 전체 길이를 방호할 수 있어야 한다.
② 척 가드의 폭은 공작물의 가공작업에 방해되지 않는 범위에서 척 전체 길이를 방호해야 한다.
③ 수동 조작을 위한 제어장치는 정확한 제어를 위해 조작 스위치를 돌출형으로 제작해야 한다.
④ 스핀들 부위를 통한 기어박스에 접촉될 위험이 있는 경우에는 해당부위에 잠금장치가 구비된 가드를 설치하고 스핀들 회전과 연동회로를 구성해야 한다.

52 프레스에 금형 조정 작업 시 슬라이드가 갑자기 작동함으로써 근로자에게 발생할 우려가 있는 위험을 방지하기 위하여 사용하는 것은?

① 안전 블록 ② 비상정지장치
③ 감응식 안전장치 ④ 양수조작식 안전장치

산업안전보건기준에 관한 규칙 제104조(금형조정작업의 위험 방지) 사업주는 프레스등의 금형을 부착·해체 또는 조정하는 작업을 할 때에 해당 작업에 종사하는 근로자의 신체가 위험한계 내에 있는 경우 슬라이드가 갑자기 작동함으로써 근로자에게 발생할 우려가 있는 위험을 방지하기 위하여 안전블록을 사용하는 등 필요한 조치를 하여야 한다.

53 크레인 작업 시 300kg의 질량을 10m/s²의 가속도로 감아올릴 때 로프에 걸리는 총 하중은 약 몇 N인가? (단, 중력가속도는 9.81m/s²로 한다.)

① 2943 ② 3000
③ 5943 ④ 8886

총하중 = 정하중 + 동하중 = 300 + 300 × $\frac{10}{9.81}$ = 605.81

∴하중 = 605.81 × 9.81 = 5943N

54 사고 체인의 5요소에 해당하지 않는 것은?

① 함정(trap)　　　　② 충격(impact)
③ 접촉(contact)　　　④ 결함(flaw)

사고 체인의 5요소
- 1요소 – 함정(trap) : 기계의 운동에 의해서 트랩점(trapping point)이 발생할 가능성이 있는가?
- 2요소 – 충격(impact) : 운동하는 어떤 기계요소들과 사람이 부딪혀 그 요소의 운동에너지에 의해 사고가 일어날 가능성이 없는가?
- 3요소 – 접촉(contact) : 날카롭거나, 뜨겁거나 또는 전류가 흐름으로써 접촉 시 상해가 일어날 요소들이 있는가?
- 4요소 – 얽힘, 말림(entanglement) : 작업자의 신체 일부가 기계설비에 말려 들어갈 염려는 없는가?
- 5요소 – 튀어나옴(ejection) : 기계요소나 피가공재가 기계로부터 튀어나올 염려가 없는가?

55 프레스 작업 시 왕복 운동하는 부분과 고정 부분 사이에서 형성되는 위험점은?

① 물림점　　　　② 협착점
③ 절단점　　　　④ 회전말림점

위험점의 분류

구분	내용
협착점	왕복 운동하는 동작부분과 움직임이 없는 고정부분 사이에 형성되는 위험점
끼임점	고정부분과 회전하는 동작부분 사이에서 형성되는 위험점
절단점	회전하는 운동부분 자체의 위험에서 초래되는 위험점
물림점	반대로 회전하는 두 개의 회전체가 맞닿는 사이에 발생하는 위험점
접선물림점	회전하는 부분의 접선방향으로 물려 들어갈 위험이 존재하는 위험점
회전말림점	회전하는 물체에 작업복 등이 말려드는 위험이 존재하는 위험점

56 기계설비의 안전화를 크게 외관의 안전화, 기능의 안전화, 구조적 안전화로 구분할 때, 기능의 안전화에 해당하는 것은?

① 안전율의 확보
② 위험부위 덮개 설치
③ 기계 외관에 안전 색채 사용
④ 전압 강하 시 기계의 자동정지

기계 · 설비의 안전화 5가지
- 외관의 안전화 : 상자로 내장, 덮개, 색채조절(시동버튼 : 녹색, 정지버튼 : 적색)
- 기능적 안전화 : 전압강하 및 정전시 오동작 방지, 사용압력 변동시 오동작 방지, 밸브 고장시 오동작 방지, 단락 스위치 고장시 오동작 방지
- 구조부분의 안전화 : 적절한 재료, 안전계수 및 안전율 고려, 적절한 가공
- 작업의 안전화 : 기동 장치와 배치, 정지시 시건장치, 안전 통로 확보, 작업 공간 확보
- 보수 · 유지의 안전화(보전성의 개선) : 정기 점검, 교환, 주유

57 근로자에게 위험을 미칠 우려가 있는 원동기, 축이음, 풀리 등에 설치하여야 하는 것은?

① 덮개 ② 압력계
③ 통풍장치 ④ 과압방지기

산업안전보건기준에 관한 규칙 제87조(원동기 · 회전축 등의 위험 방지) ① 사업주는 기계의 원동기 · 회전축 · 기어 · 풀리 · 플라이휠 · 벨트 및 체인 등 근로자가 위험에 처할 우려가 있는 부위에 덮개 · 울 · 슬리브 및 건널다리 등을 설치하여야 한다.

58 컨베이어(conveyer)의 역전방지장치 형식이 아닌 것은?

① 램식 ② 라쳇식
③ 롤러식 ④ 전기브레이크식

- 기계식 : 라쳇식, 롤러식, 밴드식
- 전기식 : 전기 브레이크, 스러스트 브레이크

59 롤러기의 급정지를 위한 방호장치를 설치하고자 한다. 앞면 롤러의 지름이 30cm 이고, 회전수가 30rpm 일 때 요구되는 급정지 거리의 기준은?

① 급정지 거리가 앞면 롤러의 원주의 1/3 이상일 것
② 급정지 거리가 앞면 롤러의 원주의 1/3 이내일 것
③ 급정지 거리가 앞면 롤러의 원주의 1/2.5 이상일 것
④ 급정지 거리가 앞면 롤러의 원주의 1/2.5 이내일 것

앞면 롤러의 표면속도에 따른 급정지거리

앞면 롤러의 표면 속도(m/분)	급정지 거리
30 미만	앞면 롤러 원주의 1/3 이내
30 이상	앞면 롤러 원주의 1/2.5 이내

$$표면속도(V) = \frac{\pi \times D \times N}{1,000} = \frac{3.14 \times 300(mm) \times 30(rpm)}{1,000} = 28.26(m/분)$$

60 프레스의 작업 시작 전 점검사항으로 거리가 먼 것은?

① 클러치 및 브레이크의 기능
② 금형 및 고정볼트 상태
③ 전단기(剪斷機)의 칼날 및 테이블의 상태
④ 언로드 밸브의 기능

해설

프레스 등을 사용하여 작업을 할 때의 점검내용(산업안전보건기준에 관한 규칙 별표 3)
- 클러치 및 브레이크의 기능
- 크랭크축·플라이휠·슬라이드·연결봉 및 연결 나사의 풀림 여부
- 1행정 1정지기구·급정지장치 및 비상정지장치의 기능
- 슬라이드 또는 칼날에 의한 위험방지 기구의 기능
- 프레스의 금형 및 고정볼트 상태
- 방호장치의 기능
- 전단기(剪斷機)의 칼날 및 테이블의 상태

제 04 과목 전기 및 화학설비 안전관리

61 혼촉방지판이 부착된 변압기를 설치하고 혼촉방지판을 접지시켰다. 이러한 변압기를 사용하는 주요 이유는?

① 2차측의 전류를 감소시킬 수 있기 때문에
② 누전전류를 감소시킬 수 있기 때문에
③ 2차측에 비접지 방식을 채택하면 감전 시 위험을 감소시킬 수 있기 때문에
④ 전력의 손실을 감소시킬 수 있기 때문에

해설

2차측에 비접지 방식을 채택하면 감전 시 위험을 감소시킬 수 있기 때문에 금속제의 고압측 권선과 저압측 권선 사이에 금속제의 판인 혼촉방지판을 설치한다.

62 인체가 현저히 젖어 있는 상태 또는 금속성의 전기·기계 장치나 구조물의 인체의 일부가 상시 접촉되어 있는 상태에서의 허용접촉전압으로 옳은 것은?

① 2.4 V 이하
② 25 V 이하
③ 50 V 이하
④ 75 V 이하

해설

허용접촉전압

종별	접촉상태	허용접촉전압
제1종	• 인체의 대부분이 수중에 있는 상태	2.5[V] 이하
제2종	• 인체가 현저히 젖어 있는 상태 • 금속성의 전기·기계장치나 구조물에 인체의 일부가 상시 접촉되어 있는 상태	25[V] 이하

제3종	• 제1종, 제2종 이외의 경우로서 통상의 인체상태에서 있어서 접촉전압이 가해지면 위험성이 높은 상태	50[V] 이하
제4종	• 제1종, 제2종 이외의 경우로서 통상의 인체 상태에 접촉전압이 가해지더라도 위험성이 낮은 상태 • 접촉전압이 가해질 우려가 없는 경우	제한 없음

63 아크 용접 작업 시 감전재해 방지에 쓰이지 않는 것은?

① 보호면
② 절연장갑
③ 절연용접봉 홀더
④ 자동전격방지장치

용접 작업시 감전방지 대책
• 자동전격방지장치 부착
• 적정한 케이블 사용
• 절연장갑 사용
• 절연용 용접봉 홀더 사용
• 2차 측 공통선 사용
• 접지 및 누전차단기 설치

64 산업안전보건법상 전기기계·기구의 누전에 의한 감전 위험을 방지하기 위하여 접지를 하여야 하는 사항으로 틀린 것은?

① 전기기계·기구의 금속제 내부 충전부
② 전기기계·기구의 금속제 외함
③ 전기기계·기구의 금속제 외피
④ 전기기계·기구의 금속제 철대

전기 기계·기구의 금속제 외함 및 금속제 외피 및 철대 부분에는 누전에 의한 감전의 위험을 방지하기 위하여 접지를 하여야 한다.(산업안전보건기준에 관한 규칙 제302조)

65 저압전로의 보호도체 및 중성선의 접속방식에 따른 접지계통의 분류가 아닌 것은?

① TT 계통
② TN 계통
③ IT 계통
④ TC 계통

저압전로의 보호도체 및 중성선의 접속 방식에 따른 접지계통의 분류
• TN 계통   • TT 계통   • IT 계통

66 전폐형 방폭구조가 아닌 것은?

① 압력방폭구조
② 내압방폭구조
③ 유입방폭구조
④ 안전증방폭구조

해설 ─ 전폐형 방폭구조는 내부와 외부 사이를 완전히 차단시켜 점화원을 격리시키는 구조로 내압 방폭구조, 유입 방폭구조, 압력 방폭구조가 전폐형에 해당된다.

67 방폭구조의 명칭과 표기기호가 잘못 연결된 것은?

① 안전증방폭구조 : e
② 유입(油入)방폭구조 : o
③ 내압(耐壓)방폭구조 : p
④ 본질안전방폭구조 : ia 또는 ib

해설 ─

방폭구조의 종류와 기호

종류	내용	기호
내압방폭구조	점화원에 의해 용기 내부에서 폭발이 발생할 경우에 용기가 폭발압력에 견딜 수 있고, 화염이 용기 외부의 폭발성 분위기로 전파되지 않도록 한 방폭구조	d
압력방폭구조	점화원이 될 우려가 있는 부분을 용기 안에 넣고 보호 기체(신선한 공기 또는 불활성기체)를 용기 안에 압입함으로써 폭발성 가스가 침입하는 것을 방지하도록 되어 있는 방폭구조	p
안전증방폭구조	전기기기의 과도한 온도 상승, 아크 또는 불꽃 발생의 위험을 방지하기 위하여 추가적인 안전조치를 통한 안전도를 증가시킨 방폭구조(다만, 정상운전 중에 아크나 불꽃을 발생시키는 전기기기는 안전증방폭구조의 전기기기 범위에서 제외)	e
유입방폭구조	유체 상부 또는 용기 외부에 존재할 수 있는 폭발성 분위기가 발화할 수 없도록 전기설비 또는 전기설비의 부품을 보호액에 함침시키는 방폭구조	o
본질안전방폭구조	정상시 또는 단락, 단선, 지락 등의 사고시에 발생하는 아크, 불꽃, 고열에 의하여 폭발성 가스나 증기에 점화되지 않는 것이 확인된 구조	ia, ib
비점화방폭구조	전기기기가 정상작동과 규정된 특정한 비정상상태에서 주위의 폭발성 가스 분위기를 점화시키지 못하도록 만든 방폭구조	n
몰드방폭구조	전기기기의 불꽃 또는 열로 인해 폭발성 위험분위기에 점화되지 않도록 컴파운드를 충전해서 보호한 방폭구조	m
충전방폭구조	폭발성 가스 분위기를 점화시킬 수 있는 부품을 고정하여 설치하고, 그 주위를 충전재로 완전히 둘러싸서 외부의 폭발성 가스 분위기를 점화시키지 않도록 하는 방폭구조	q
특수방폭구조	상기의 방폭구조 외에 외부의 폭발성 가스에 대해 인화를 방지할 수 있음을 시험에 의해 확인한 구조	s

68 파이프 등에 유체가 흐를 때 발생하는 유동대전에 가장 큰 영향을 미치는 요인은?

① 유체의 이동거리
② 유체의 점도
③ 유체의 속도
④ 유체의 양

해설 ─ 유동 대전 : 액체류가 파이프 등 내부에서 유동시 관벽과 액체 사이에서 발생, 액체 유동 속도가 정전기 발생에 큰 영향을 미친다.

69 충전전로의 선간전압이 121kV 초과 145kV 이하의 활선 작업시 충전전로에 대한 접근한계거리(cm)는?

① 130　　　　　　　② 150
③ 170　　　　　　　④ 230

접근한계거리

충전전로의 선간전압	충전전로에 대한 접근한계거리(단위: 센티미터)	충전전로의 선간전압	충전전로에 대한 접근한계거리(단위: 센티미터)
0.3kV 이하	접촉금지	0.3kV 초과 0.75kV 이하	30
0.75kV 초과 2kV 이하	45	2kV 초과 15kV 이하	60
15kV 초과 37kV 이하	90	37kV 초과 88kV 이하	110
88kV 초과 121kV 이하	130	121kV 초과 145kV 이하	150
145kV 초과 169kV 이하	170	169kV 초과 242kV 이하	230
242kV 초과 362kV 이하	380	362kV 초과 550kV 이하	550
550kV 초과 800kV 이하	790		

70 정전기 발생의 원인에 해당되지 않는 것은?

① 마찰　　　　　　② 냉장
③ 박리　　　　　　④ 충돌

정전기 발생의 원인으로는 박리, 마찰, 충돌, 유도, 분출, 비말, 침강, 유동, 적하, 교반, 파괴 등이 있다.

71 다음 중 분진폭발에 대한 설명으로 틀린 것은?

① 일반적으로 입자의 크기가 클수록 위험이 더 크다.
② 산소의 농도는 분진폭발 위험에 영향을 주는 요인이다.
③ 주위 공기의 난류확산은 위험을 증가시킨다.
④ 가스폭발에 비하여 불완전 연소를 일으키기 쉽다.

분진폭발
- 연소속도나 폭발압력은 가스폭발보다는 작지만 가해지는 힘(파괴력)은 매우 크다.
- 2차 폭발을 한다.
- CO의 중독피해의 우려가 있다.
- 분진의 크기가 작을수록 잘 일어난다.
- 가연성분진의 난류확산은 위험을 증가시킨다.
- 분진입자의 표면이 거칠수록 잘 일어난다.
- 폭발한계가 있다.

72 다음 중 폭굉(detonation) 현상에 있어서 폭굉파의 진행 전면에 형성되는 것은?

① 증발열 ② 충격파
③ 역화   ④ 화염의 대류

해설
폭굉파는 음속 이상의 속도를 가지며, 화염 진행 전면에 충격파가 발생하며 충격파는 파장이 짧은 단일압축파로서 직진하는 성질이 있다.

73 위험물안전관리법령상 제4류 위험물(인화성 액체)이 갖는 일반성질로 가장 거리가 먼 것은?

① 증기는 대부분 공기보다 무겁다.
② 대부분 물보다 가볍고 물에 잘 녹는다.
③ 대부분 유기화합물이다.
④ 발생증기는 연소하기 쉽다.

해설
제4류 위험물(인화성 액체)의 일반적 성질
- 상온에서 액체이다.
- 대부분 물보다 가볍고 물에 녹기 어렵다.
- 대부분 유기화합물이다.
- 증기비중은 1보다 커서 낮은 곳에 체류한다.

74 아세틸렌(C_2H_2)의 공기 중 완전연소 조성농도(C_{st})는 약 얼마인가?

① 6.7 vol%   ② 7.0 vol%
③ 7.4 vol%   ④ 7.7 vol%

해설
C_aH_b, a = 2, b = 2, c = 0, d = 0

산소농도 = $\left(a + \dfrac{b-c-2d}{4}\right) = \left(2 + \dfrac{2}{4}\right) = 2.5$ $C_{st} = \dfrac{100}{1 + 4.773 O_2} = \dfrac{100}{1 + 4.773 \times 2.5} = 7.7$

75 산업안전보건기준에 관한 규칙에 따라 폭발성 물질을 저장·취급하는 화학설비 및 그 부속설비를 설치할 때, 단위공정시설 및 설비로부터 다른 단위공정시설 및 설비 사이의 안전거리는 설비 바깥 면으로부터 몇 m 이상 두어야 하는가?(단, 원칙적인 경우에 한한다.)

① 3   ② 5
③ 10   ④ 20

해설
안전거리(산업안전보건기준에 관한 규칙 별표 4)

구분	안전거리
단위공정시설 및 설비로부터 다른 단위공정시설 및 설비의 사이	설비의 바깥 면으로부터 10미터 이상

플레어스택으로부터 단위공정시설 및 설비, 위험물질 저장탱크 또는 위험물질 하역설비의 사이	플레어스택으로부터 반경 20미터 이상. 다만, 단위공정시설 등이 불연재로 시공된 지붕 아래에 설치된 경우에는 그러하지 아니하다.
위험물질 저장탱크로부터 단위공정시설 및 설비, 보일러 또는 가열로의 사이	저장탱크의 바깥 면으로부터 20미터 이상. 다만, 저장탱크의 방호벽, 원격조종 화설비 또는 살수설비를 설치한 경우에는 그러하지 아니하다.
사무실·연구실·실험실·정비실 또는 식당으로부터 단위공정시설 및 설비, 위험물질 저장탱크, 위험물질 하역설비, 보일러 또는 가열로의 사이	사무실 등의 바깥 면으로부터 20미터 이상. 다만, 난방용 보일러인 경우 또는 사무실 등의 벽을 방호구조로 설치한 경우에는 그러하지 아니하다.

76 다음 중 가연성 가스가 아닌 것으로만 나열된 것은?

① 일산화탄소, 프로판 ② 이산화탄소, 프로판
③ 일산화탄소, 산소   ④ 산소, 이산화탄소

가연성 가스
- 정의 : 폭발한계 농도의 하한이 10% 이하 또는 상하한의 차가 20% 이상인 가스
- 종류 : 수소, 아세틸렌, 에틸렌, 메탄, 에탄, 프로판, 부탄, 일산화탄소

77 나트륨은 물과 반응할 때 위험성이 매우 크다. 그 이유로 적합한 것은?

① 물과 반응하여 지연성 가스 및 산소를 발생시키기 때문이다.
② 무과 반응하여 맹독성 가스를 발생시키기 때문이다.
③ 물과 발열반응을 일으키면서 가연성 가스를 발생시키기 때문이다.
④ 물과 반응하여 격렬한 흡열반응을 일으키기 때문이다.

칼륨(K), 나트륨(Na), 마그네슘(Mg), 아연(Zn) 등의 금속은 물과 반응하여 가연성 가스인 수소(H_2)를 발생시키기 때문에 주수소화가 금지된다.

78 다음은 산업안전보건기준에 관한 규칙에서 정한 부식방지와 관련한 내용이다. ( )에 해당하지 않는 것은?

사업주는 화학설비 또는 그 배관(화학설비 또는 그 배관의 밸브나 콕은 제외한다) 중 위험물 또는 인화점이 섭씨 60도 이상인 물질(이하 "위험물질등"이라 한다)이 접촉하는 부분에 대해서는 위험물질 등에 의하여 그 부분이 부식되어 폭발·화재 또는 누출되는 것을 방지하기 위하여 위험물질등의 ( )·( )·( ) 등에 따라 부식이 잘 되지 않는 재료를 사용하거나 도장(塗裝) 등의 조치를 하여야 한다

① 종류   ② 온도
③ 농도   ④ 색상

산업안전보건기준에 관한 규칙 제256조(부식 방지) 사업주는 화학설비 또는 그 배관(화학설비 또는 그 배관의 밸브나 콕은 제외한다) 중 위험물 또는 인화점이 섭씨 60도 이상인 물질(이하 "위험물질등"이라 한다)이 접촉하는 부분에 대해서는 위험물질등에 의하여 그 부분이 부식되어 폭발 · 화재 또는 누출되는 것을 방지하기 위하여 위험물질등의 종류 · 온도 · 농도 등에 따라 부식이 잘 되지 않는 재료를 사용하거나 도장(塗裝) 등의 조치를 하여야 한다.

79 메탄올의 연소반응이 다음과 같을 때 최소산소농도(MOC)는 약 얼마인가?(단, 메탄올의 연소하한값(L)은 6.7vol% 이다.)

$$CH_3OH + 1.5O_2 \rightarrow CO_2 + 2H_2O$$

① 1.5vol% ② 6.7vol%
③ 10vol%   ④ 15vol%

최대산소농도 = 산소농도 × 연소하한값 = 1.5 × 6.7 = 10.05

80 산업안전보건기준에 관한 규칙에서 부식성 염기류에 해당하는 것은?

① 농도 30퍼센트인 과염소산
② 농도 30퍼센트인 아세틸렌
③ 농도 40퍼센트인 디아조화합물
④ 농도 40퍼센트인 수산화나트륨

부식성물질 : 화학적인 작용으로 금속에 손상, 부식을 일으키고 접촉시 피부조직을 파괴하고 자극을 일으키는 물질
• 부식성 산류
  – 농도가 20% 이상인 염산, 황산, 질산 그 밖에 이와 같은 정도의 이상의 부식성을 가지는 물질
  – 농도가 60% 이상인 인산, 아세트산, 불산 그 밖에 이와 같은 정도의 이상의 부식성을 가지는 물질
• 부식성 염기류 : 농도가 40% 이상인 수산화나트륨, 수산화칼륨 그 밖에 이와 같은 정도의 이상의 부식성을 가지는 염기류

제 05 과목　건설공사 안전관리

81 근로자가 추락하거나 넘어질 위험이 있는 장소에서 추락방호망의 설치 기준으로 옳지 않은 것은?

① 망의 처짐은 짧은 변 길이의 10% 이상이 되도록 할 것
② 추락방호망은 수평으로 설치할 것
③ 건축물 등의 바깥쪽으로 설치하는 경우 추락방호망의 내민 길이는 벽면으로부터 3m 이상 되도록 할 것
④ 추락방호망의 설치위치는 가능하면 작업면으로부터 가까운 지점에 설치하여야 하며, 작업면으로부터 망의 설치지점까지의 수직거리는 10m를 초과하지 아니할 것

산업안전보건기준에 관한 규칙 제42조(추락의 방지) ① 사업주는 근로자가 추락하거나 넘어질 위험이 있는 장소[작업발판의 끝·개구부(開口部) 등을 제외한다]또는 기계·설비·선박블록 등에서 작업을 할 때에 근로자가 위험해질 우려가 있는 경우 비계(飛階)를 조립하는 등의 방법으로 작업발판을 설치하여야 한다.
② 사업주는 제1항에 따른 작업발판을 설치하기 곤란한 경우 다음 각 호의 기준에 맞는 추락방호망을 설치해야 한다. 다만, 추락방호망을 설치하기 곤란한 경우에는 근로자에게 안전대를 착용하도록 하는 등 추락위험을 방지하기 위해 필요한 조치를 해야 한다.
1. 추락방호망의 설치위치는 가능하면 작업면으로부터 가까운 지점에 설치하여야 하며, 작업면으로부터 망의 설치지점까지의 수직거리는 10미터를 초과하지 아니할 것
2. 추락방호망은 수평으로 설치하고, 망의 처짐은 짧은 변 길이의 12퍼센트 이상이 되도록 할 것
3. 건축물 등의 바깥쪽으로 설치하는 경우 추락방호망의 내민 길이는 벽면으로부터 3미터 이상 되도록 할 것. 다만, 그물코가 20밀리미터 이하인 추락방호망을 사용한 경우에는 제14조제3항에 따른 낙하물 방지망을 설치한 것으로 본다.

82 산업안전보건관리비에 관한 설명으로 옳지 않은 것은?

① 발주자는 수급인이 안전관리비를 다른 목적으로 사용한 금액에 대해서는 계약금액에서 감액 조정할 수 있다.
② 발주자는 수급인이 안전관리비를 사용하지 아니한 금액에 대하여는 반환을 요구할 수 있다.
③ 자기공사자는 원가계산에 의한 예정가격 작성 시 안전관리비를 계상한다.
④ 발주자는 설계변경 등으로 대상액의 변동이 있는 경우 공사 완료 후 정산하여야 한다.

발주자 또는 자기공사자는 설계변경 등으로 대상액의 변동이 있는 경우에는 지체 없이 안전관리비를 조정 계상하여야 한다.

83 굴착면 붕괴의 원인과 가장 거리가 먼 것은?

① 사면경사의 증가
② 성토 높이의 감소
③ 공사에 의한 진동하중의 증가
④ 굴착높이의 증가

토사붕괴의 원인
- 외적원인 : 사면의 경사 및 기울기의 증가, 절토 및 성토의 증가, 공사에 의한 진동 및 반복하중의 증가, 지표수 또는 지하수의 침투로 인한 토사중량의 증가, 지진 및 작업차량등의 하중
- 내적원인 : 절토사면의 토질, 암질의 종류, 성토 사면의 토질구성 및 분포, 토석의 강도 저하

84 다음 중 유해위험방지계획서 작성 및 제출대상에 해당되는 공사는?

① 지상높이가 20m 인 건축물의 해체공사
② 깊이 9.5m인 굴착공사
③ 최대 지간거리가 50m인 교량건설공사
④ 저수용량 1천만톤인 용수전용 댐

유해위험방지계획서 제출 대상 공사(산업안전보건법 시행령 제42조 ③항)
1. 다음 각 목의 어느 하나에 해당하는 건축물 또는 시설 등의 건설·개조 또는 해체 공사
   가. 지상높이가 31미터 이상인 건축물 또는 인공구조물
   나. 연면적 3만제곱미터 이상인 건축물
   다. 연면적 5천제곱미터 이상인 시설로서 다음의 어느 하나에 해당하는 시설
      1) 문화 및 집회시설(전시장 및 동물원·식물원은 제외한다)
      2) 판매시설, 운수시설(고속철도의 역사 및 집배송시설은 제외한다)
      3) 종교시설
      4) 의료시설 중 종합병원
      5) 숙박시설 중 관광숙박시설
      6) 지하도상가
      7) 냉동·냉장 창고시설
2. 연면적 5천제곱미터 이상인 냉동·냉장 창고시설의 설비공사 및 단열공사
3. 최대 지간(支間)길이(다리의 기둥과 기둥의 중심사이의 거리)가 50미터 이상인 다리의 건설등 공사
4. 터널의 건설등 공사
5. 다목적댐, 발전용댐, 저수용량 2천만톤 이상의 용수 전용 댐 및 지방상수도 전용 댐의 건설등 공사
6. 깊이 10미터 이상인 굴착공사

85 철근콘크리트 슬래브에 발생하는 응력에 대한 설명으로 옳지 않은 것은?

① 전단력은 일반적으로 단부보다 중앙부에서 크게 작용한다.
② 중앙부 하부에는 인장응력이 발생한다.
③ 단부 하부에는 압축응력이 발생한다.
④ 휨응력은 일반적으로 슬래브의 중앙부에서 크게 작용한다.

전단력은 일반적으로 중앙부보다 단부에서 크게 작용한다.

86 연약지반을 굴착할 때, 흙막이벽 뒷쪽 흙의 중량이 바닥의 지지력보다 커지면, 굴착저면에서 흙이 부풀어 오르는 현상은?

① 슬라이딩(Sliding) ② 보일링(Boiling)
③ 파이핑(Piping)   ④ 히빙(Heaving)

히빙(Heaving) : 히빙이란 굴착이 진행됨에 따라 흙막이 벽 뒤쪽 흙의 중량이 굴착부 바닥의 지지력 이상이 되면 흙막이 벽 근입(根入) 부분의 지반 이동이 발생하여 굴착부 저면이 솟아오르는 현상
• 지반조건 : 연약성 점토 지반인 경우
• 현상 : 지보공 파괴 토사붕괴 저면의 솟아오름
• 대책
  – 굴착주변의 상재하중을 제거   – 시트 파일(Sheet Pile) 등의 근입심도를 검토
  – 1.3m 이하 굴착시에는 버팀대(Strut)를 설치 – 버팀대, 브라켓, 흙막이를 점검
  – 굴착주변을 탈수공법과 병행   – 굴착방식을 개선(Island Cut공법 등)
※ 연약지반개량공법의 종류 : 다짐말뚝공법, 비이브로 플로테이션공법, 다짐모래말뚝공법, 약액주입공법, 전기충격공법, 폭파치환공법

87 철근콘크리트 공사 시 활용되는 거푸집의 필요조건이 아닌 것은?

① 콘크리트의 하중에 대해 뒤틀림이 없는 강도를 갖출 것
② 콘크리트 내 수분 등에 대한 물빠짐이 원활한 구조를 갖출 것
③ 최소한의 재료로 여러 번 사용할 수 있는 전용성을 가질 것
④ 거푸집은 조립 · 해체 · 운반이 용이하도록 할 것

거푸집은 수밀성이 요구되며 해체가 용이하여야 한다.

88 말비계를 조립하여 사용하는 경우에 준수해야 하는 사항으로 옳지 않은 것은?

① 지주부재의 하단에는 미끄럼 방지장치를 한다.
② 근로자는 양측 끝부분에 올라서서 작업하도록 한다.
③ 지주부재와 수평면의 기울기를 75° 이하로 한다.
④ 말비계의 높이가 2m를 초과하는 경우에는 작업발판의 폭을 40cm 이상으로 한다.

산업안전보건기준에 관한 규칙 제67조(말비계) 사업주는 말비계를 조립하여 사용하는 경우에 다음 각 호의 사항을 준수하여야 한다.
1. 지주부재(支柱部材)의 하단에는 미끄럼 방지장치를 하고, 근로자가 양측 끝부분에 올라서서 작업하지 않도록 할 것
2. 지주부재와 수평면의 기울기를 75도 이하로 하고, 지주부재와 지주부재 사이를 고정시키는 보조부재를 설치할 것
3. 말비계의 높이가 2미터를 초과하는 경우에는 작업발판의 폭을 40센티미터 이상으로 할 것

89 슬레이트, 선라이트 등 강도가 약한 재료로 덮은 지붕 위에서 작업을 할 때 발이 빠지는 등 근로자의 위험을 방지하기 위하여 필요한 발판의 폭 기준은?

① 10cm 이상
② 20cm 이상
③ 25cm 이상
④ 30cm 이상

산업안전보건기준에 관한 규칙 제45조(지붕 위에서의 위험 방지) ① 사업주는 근로자가 지붕 위에서 작업을 할 때에 추락하거나 넘어질 위험이 있는 경우에는 다음 각 호의 조치를 해야 한다.
1. 지붕의 가장자리에 제13조에 따른 안전난간을 설치할 것
2. 채광창(skylight)에는 견고한 구조의 덮개를 설치할 것
3. 슬레이트 등 강도가 약한 재료로 덮은 지붕에는 폭 30센티미터 이상의 발판을 설치할 것

90 추락방지용 방망 그물코의 모양 및 크기의 기준으로 옳은 것은?

① 원형 또는 사각으로서 그 크기는 5cm 이하이어야 한다.
② 원형 또는 사각으로서 그 크기는 10cm 이하이어야 한다.
③ 사각 또는 마름모로서 그 크기는 5cm 이하이어야 한다.
④ 사각 또는 마름모로서 그 크기는 10cm 이하이어야 한다.

추락 방지용 방망(Net)의 구조 등 안전기준
추락방지용 방망의 그물코는 사각 또는 마름모 등의 형상으로서 한 변의 길이(매듭의 중심간 거리)는 10cm 이하이어야 한다.

91 콘크리트를 타설할 때 안전상 유의하여야 할 사항으로 옳지 않은 것은?

① 콘크리트를 치는 도중에는 거푸집, 지보공 등의 이상유무를 확인한다.
② 진동기 사용 시 지나친 진동은 거푸집 도괴의 원인이 될 수 있으므로 적절히 사용해야 한다.
③ 최상부의 슬래브는 되도록 이어붓기를 하고 여러 번에 나누어 콘크리트를 타설한다.
④ 타워에 연결되어 있는 슈트의 접속이 확실한지 확인한다.

최상부의 슬래브는 이음매 없이 일체식으로 타설해야 방수 등 여러 가지 효과를 얻을 수 있다.

92 무한궤도식 장비와 타이어식(차륜식) 장비의 차이점에 관한 설명으로 옳은 것은?

① 무한궤도식은 기동성이 좋다.
② 타이어식은 승차감과 주행성이 좋다.
③ 무한궤도식은 경사지반에서의 작업에 부적당하다.
④ 타이어식은 땅을 다지는 데 효과적이다.

• 무한궤도식

장점	단점
− 땅을 다지는데 효과적이다. − 암석지에서 작업이 가능하다. − 견인력이 크다.	− 기동성이 나쁘다. − 주행 저항이 크고 승차감이 나쁘다. − 이동성이 나쁘다.

• 휠식(차륜식, 타이어식, Wheel type)

장점	단점
− 승차감과 주행성이 좋다. − 이동시 자주(自走)에 의해 이동한다. − 기동성이 좋다.	− 견인력이 약하다. − 평탄하지 않은 작업장소나 진흙에서 작업하는데 부적합하다. − 암석·암반지역 작업시 타이어가 손상될 수 있다.

93 사다리식 통로 등을 설치하는 경우 발판과 벽과의 사이는 최소 얼마 이상의 간격을 유지하여야 하는가?

① 10 cm 이상
② 15 cm 이상
③ 20 cm 이상
④ 25 cm 이상

산업안전보건기준에 관한 규칙 제24조(사다리식 통로 등의 구조) ① 사업주는 사다리식 통로 등을 설치하는 경우 다음 각 호의 사항을 준수하여야 한다.
1. 견고한 구조로 할 것
2. 심한 손상·부식 등이 없는 재료를 사용할 것
3. 발판의 간격은 일정하게 할 것
4. 발판과 벽과의 사이는 15센티미터 이상의 간격을 유지할 것
5. 폭은 30센티미터 이상으로 할 것
6. 사다리가 넘어지거나 미끄러지는 것을 방지하기 위한 조치를 할 것
7. 사다리의 상단은 걸쳐놓은 지점으로부터 60센티미터 이상 올라가도록 할 것
8. 사다리식 통로의 길이가 10미터 이상인 경우에는 5미터 이내마다 계단참을 설치할 것
9. 사다리식 통로의 기울기는 75도 이하로 할 것. 다만, 고정식 사다리식 통로의 기울기는 90도 이하로 하고, 그 높이가 7미터 이상인 경우에는 다음 각 목의 구분에 따른 조치를 할 것
    가. 등받이울이 있어도 근로자 이동에 지장이 없는 경우 : 바닥으로부터 높이가 2.5미터 되는 지점부터 등받이울을 설치할 것
    나. 등받이울이 있으면 근로자가 이동이 곤란한 경우 : 한국산업표준에서 정하는 기준에 적합한 개인용 추락 방지 시스템을 설치하고 근로자로 하여금 한국산업표준에서 정하는 기준에 적합한 전신안전대를 사용하도록 할 것
10. 접이식 사다리 기둥은 사용 시 접혀지거나 펼쳐지지 않도록 철물 등을 사용하여 견고하게 조치할 것

94 정기안전점검 결과 건설공사의 물리적·기능적 결함 등이 발견되어 보수·보강 등의 조치를 하기 위하여 필요한 경우에 실시하는 것은?

① 자체안전점검
② 정밀안전점검
③ 상시안전점검
④ 품질관리점검

안전검검의 구분(건설공사 안전관리 지침)
• 자체안전점검 : 시공자가 건설공사 기간 동안 건설공사의 안전을 위하여 매일 실시하는 안전점검
• 정기안전점검 : 건설공사별 정기안전점검 실시시기에 발주자의 승인을 얻어 건설안전점검기관에 의뢰하여 실시하는 안전점검
• 정밀안전점검 : 정기안전점검 결과 시설공사 및 가설공사에 물리적·기능적 결함 등이 있을 경우 보수·보강 등의 필요한 조치를 취하기 위하여 건설안전점검기관에 의뢰하여 실시하는 안전점검

95 차량계 하역운반기계에 화물을 적재할 때의 준수사항과 거리가 먼 것은?

① 하중이 한쪽으로 치우지지 않도록 적재할 것
② 구내운반차 또는 화물자동차의 경우 화물의 붕괴 또는 낙하에 의한 위험을 방지하기 위하여 화물에 로프를 거는 등 필요한 조치를 할 것
③ 운전자의 시야를 가리지 않도록 화물을 적재할 것
④ 제동장치 및 조정장치 기능의 이상 유무를 점검할 것

산업안전보건기준에 관한 규칙 제173조(화물적재 시의 조치) ① 사업주는 차량계 하역운반기계등에 화물을 적재하는 경우에 다음 각 호의 사항을 준수하여야 한다.
1. 하중이 한쪽으로 치우치지 않도록 적재할 것
2. 구내운반차 또는 화물자동차의 경우 화물의 붕괴 또는 낙하에 의한 위험을 방지하기 위하여 화물에 로프를 거는 등 필요한 조치를 할 것
3. 운전자의 시야를 가리지 않도록 화물을 적재할 것

96 시스템 비계를 사용하여 비계를 구성하는 경우에 준수하여야 할 사항으로 옳지 않은 것은?

① 수직재와 수직재의 연결철물은 이탈되지 않도록 견고한 구조로 할 것
② 수직재·수평재·가새재를 견고하게 연결하는 구조가 되도록 할 것
③ 수직재와 받침철물의 연결부 겹침길이는 받침철물 전체길이의 4분의 1 이상이 되도록 할 것
④ 수평재는 수직재와 직각으로 설치하여야 하며, 체결 후 흔들림이 없도록 견고하게 설치할 것

산업안전보건기준에 관한 규칙 제69조(시스템 비계의 구조) 사업주는 시스템 비계를 사용하여 비계를 구성하는 경우에 다음 각 호의 사항을 준수하여야 한다.
1. 수직재·수평재·가새재를 견고하게 연결하는 구조가 되도록 할 것
2. 비계 밑단의 수직재와 받침철물은 밀착되도록 설치하고, 수직재와 받침철물의 연결부의 겹침길이는 받침철물 전체길이의 3분의 1 이상이 되도록 할 것
3. 수평재는 수직재와 직각으로 설치하여야 하며, 체결 후 흔들림이 없도록 견고하게 설치할 것
4. 수직재와 수직재의 연결철물은 이탈되지 않도록 견고한 구조로 할 것
5. 벽 연결재의 설치간격은 제조사가 정한 기준에 따라 설치할 것

97 공사현장에서 낙하물방지망 또는 방호선반을 설치할 때 설치높이 및 벽면으로부터 내민길이 기준으로 옳은 것은?

① 설치높이 : 10m 이내마다, 내민길이 2m 이상
② 설치높이 : 15m 이내마다, 내민길이 2m 이상
③ 설치높이 : 10m 이내마다, 내민길이 3m 이상
④ 설치높이 : 15m 이내마다, 내민길이 3m 이상

산업안전보건기준에 관한 규칙 제14조(낙하물에 의한 위험의 방지) ① 사업주는 작업장의 바닥, 도로 및 통로 등에서 낙하물이 근로자에게 위험을 미칠 우려가 있는 경우 보호망을 설치하는 등 필요한 조치를 하여야 한다.
② 사업주는 작업으로 인하여 물체가 떨어지거나 날아올 위험이 있는 경우 낙하물 방지망, 수직보호망 또는 방호선반의 설치, 출입금지구역의 설정, 보호구의 착용 등 위험을 방지하기 위하여 필요한 조치를 하여야 한다. 이 경우 낙하물 방지망 및 수직보호망은 「산업표준화법」 제12조에 따른 한국산업표준(이하 "한국산업표준"이라 한다)에서 정하는 성능기준에 적합한 것을 사용하여야 한다.
③ 제2항에 따라 낙하물 방지망 또는 방호선반을 설치하는 경우에는 다음 각 호의 사항을 준수하여야 한다.
1. 높이 10미터 이내마다 설치하고, 내민 길이는 벽면으로부터 2미터 이상으로 할 것
2. 수평면과의 각도는 20도 이상 30도 이하를 유지할 것

98 가설구조물이 갖추어야 할 구비요건과 가장 거리가 먼 것은?

① 영구성   ② 경제성
③ 작업성   ④ 안전성

가설구조물의 구비요건(3요소)
• 안전성 : 파괴, 도괴, 동요, 추락, 낙하물에 대한 안전성
• 작업성 : 넓은 작업발판, 넓은 작업공간, 적정한 작업자세로 적정 작업 가능
• 경제성 : 가설 및 철거가 신속·용이하고 다양한 현장에 대한 적응성

99 가설통로를 설치하는 경우 준수하여야 할 기준으로 옳지 않은 것은?

① 견고한 구조로 할 것
② 경사는 30° 이하로 할 것
③ 경사가 30°를 초과하는 경우에는 미끄러지지 아니하는 구조로 할 것
④ 수직갱에 가설된 통로의 길이가 15m 이상인 경우에는 10m 이내마다 계단참을 설치할 것

산업안전보건기준에 관한 규칙 제23조(가설통로의 구조) 사업주는 가설통로를 설치하는 경우 다음 각 호의 사항을 준수하여야 한다.
1. 견고한 구조로 할 것
2. 경사는 30도 이하로 할 것. 다만, 계단을 설치하거나 높이 2미터 미만의 가설통로로서 튼튼한 손잡이를 설치한 경우에는 그러하지 아니하다.
3. 경사가 15도를 초과하는 경우에는 미끄러지지 아니하는 구조로 할 것
4. 추락할 위험이 있는 장소에는 안전난간을 설치할 것. 다만, 작업상 부득이한 경우에는 필요한 부분만 임시로 해체할 수 있다.
5. 수직갱에 가설된 통로의 길이가 15미터 이상인 경우에는 10미터 이내마다 계단참을 설치할 것
6. 건설공사에 사용하는 높이 8미터 이상인 비계다리에는 7미터 이내마다 계단참을 설치할 것

100 산업안전보건기준에 관한 규칙에 따른 토사굴착 시 굴착면의 기울기 기준으로 옳지 않은 것은?

① 모래 - 1 : 1.8
② 연암 및 풍화암 - 1 : 1.0
③ 경암 - 1 : 0.5
④ 그 밖의 흙 - 1 : 1.5

굴착면의 기울기 기준(산업안전보건기준에 관한 규칙 별표 11)

지반의 종류	굴착면의 기울기
모래	1 : 1.8
연암 및 풍화암	1 : 1.0
경암	1 : 0.5
그 밖의 흙	1 : 1.2

비고
1. 굴착면의 기울기는 굴착면의 높이에 대한 수평거리의 비율을 말한다.
2. 굴착면의 경사가 달라서 기울기를 계산하기가 곤란한 경우에는 해당 굴착면에 대하여 지반의 종류별 굴착면의 기울기에 따라 붕괴의 위험이 증가하지 않도록 위 표의 지반의 종류별 굴착면의 기울기에 맞게 해당 각 부분의 경사를 유지해야 한다.

정답 2019년 04월 27일 최근 기출문제

01 ④	02 ①	03 ④	04 ③	05 ②	06 ④	07 ①	08 ③	09 ④	10 ④
11 ③	12 ③	13 ③	14 ③	15 ①	16 ②	17 ③	18 ③	19 ③	20 ④
21 ④	22 ④	23 ②	24 ④	25 ④	26 ③	27 ④	28 ③	29 ②	30 ③
31 ④	32 ③	33 ①	34 ①	35 ②	36 ④	37 ③	38 ④	39 ①	40 ①
41 ④	42 ①	43 ③	44 ③	45 ①	46 ②	47 ②	48 ②	49 ④	50 ①
51 ③	52 ①	53 ③	54 ④	55 ②	56 ④	57 ①	58 ①	59 ②	60 ④
61 ③	62 ②	63 ①	64 ①	65 ④	66 ④	67 ③	68 ③	69 ②	70 ②
71 ①	72 ②	73 ②	74 ④	75 ③	76 ④	77 ③	78 ④	79 ③	80 ④
81 ①	82 ④	83 ②	84 ③	85 ①	86 ④	87 ②	88 ②	89 ④	90 ④
91 ③	92 ②	93 ②	94 ②	95 ④	96 ③	97 ①	98 ①	99 ③	100 ④

2019년 08월 04일 최근 기출문제

제 01 과목 산업재해 예방 및 안전보건교육

01 산업안전보건법령상 안전보건표지의 종류에 있어 "안전모 착용"은 어떤 표지에 해당하는가?

① 경고표지
② 지시표지
③ 안내표지
④ 관계자 외 출입 금지

지시표지

301 보안경 착용	302 방독마스크 착용	303 방진마스크 착용	304 보안면 착용	305 안전모 착용	306 귀마개 착용	307 안전화 착용	308 안전장갑 착용	309 안전복 착용

02 산업안전보건법상 안전보건교육 중 특별교육 대상 작업이 아닌 것은?

① 건설용 리프트·곤돌라를 이용한 작업
② 전압이 50볼트(V)인 정전 및 활선작업
③ 화학설비 중 반응기, 교반기·추출기의 사용 및 세척작업
④ 액화석유가스·수소가스 등 인화성 가스 또는 폭발성 물질 중 가스의 발생장치 취급 작업

전압이 75볼트 이상인 정전 및 활선작업이 특별안전·보건교육 대상작업에 해당된다.

03 사고의 간접원인이 아닌 것은?

① 물적 원인
③ 관리적 원인
② 정신적 원인
④ 신체적 원인

- 간접원인 : 재해의 가장 깊은 곳에 존재하는 재해원인
  - 기초원인 : 학교 교육적 원인, 관리적 원인
  - 2차원인 : 신체적 원인, 정신적 원인, 안전 교육적 원인, 기술적 원인
- 직접원인(1차원인) : 시간적으로 사고 발생에 가까운 원인
  - 물적원인 : 불안전한 상태(설비 및 환경 등의 불량)
  - 인적원인 : 불안전한 행동

04 다음 재해손실 비용 중 직접손실비에 해당하는 것은?

① 진료비
② 입원 중의 잡비
③ 당일 손실 시간손비
④ 구원, 연락으로 인한 부동 임금

재해손실비(하인리히 방식)
- 총 재해비용 = 직접비 + 간접비 (1:4)
- 직접손실비 : 치료비, 휴업·장해·요양·유족급여, 장례비, 산재보상금
- 간접비 : 인적·물적 손실비, 기계·기구 손실비

05 기업조직의 원리 중 지시 일원화의 원리에 대한 설명으로 가장 적절한 것은?

① 지시에 따라 최선을 다해서 주어진 임무나 기능을 수행하는 것
② 책임을 완수하는 데 필요한 수단을 상사로부터 위임받은 것
③ 언제나 직속 상사에게서만 지시를 받고 특정 부하 직원들에게만 지시하는 것
④ 가능한 조직의 각 구성원이 한 가지 특수 직무만을 담당하도록 하는 것

지시 일원화란 조직체의 어떤 구성원이라 할지라도 오직 한 사람의 상관으로부터만 지시와 명령을 받고, 그 사람에게만 보고해야 한다는 것을 의미한다.

06 안전모에 관한 내용으로 옳은 것은?

① 안전모의 종류는 안전모의 형태로 구분한다.
② 안전모의 종류는 안전모의 색상으로 구분한다.
③ A형 안전모 : 물체의 낙하, 비래에 의한 위험을 방지, 경감시키는 것으로 내전압성이다.
④ AE형 안전모 : 물체의 낙하, 비래에 의한 위험을 방지 또는 경감하고 머리 부위의 감전에 의한 위험을 방지하기 위한 것으로 내전압성이다.

안전모의 종류(보호구 안전인증 고시 별표 1)

종류(기호)	사용구분	비고
AB	물체의 낙하 또는 비래 및 추락에 의한 위험을 방지 또는 경감 시키기 위한 것	–

AE	물체의 낙하 또는 비래에 의한 위험을 방지 또는 경감하고, 머리 부위 감전에 의한 위험을 방지하기 위한 것	내전압성
ABE	물체의 낙하 또는 비래 및 추락에 의한 위험을 방지 또는 경감하고, 머리 부위 감전에 의한 위험을 방지하기 위한 것	내전압성

※ 내전압성이란 7,000V 이하의 전압에 견디는 것을 말하며, 특고압은 7,000V 이상의 전압을 말한다.

07 어느 공장의 연평균근로자가 180명이고, 1년간 사상자가 6명이 발생했다면, 연천인율은 약 얼마인가? (단, 근로자는 하루 8시간씩 연간 300일을 근무한다.)

① 12.79　　② 13.89
③ 33.33　　④ 43.69

연천일율 = $\dfrac{\text{연간재해자수}}{\text{연평균근로자수}} \times 1000 = \dfrac{6}{180} \times 1000 = 33.33$

08 교육의 기본 3요소에 해당하지 않는 것은?

① 교육의 형태　　② 교육의 주체
③ 교육의 객체　　④ 교육의 매개체

교육의 3요소 : 교육 활동의 교육의 3요소가 상호 실천적으로 교섭할 때 성립되며 그 가치가 피교육자의 성장과 발달로 나타난다.
- 교육의 주체 : 교도자, 강사
- 교육의 객체 : 학생, 수강자
- 교육의 매개체 : 교재

09 안전교육 방법 중 TWI(Training Within Industry)의 교육과정이 아닌 것은?

① 작업지도 훈련　　② 인간관계 훈련
③ 정책수립 훈련　　④ 작업방법 훈련

TWI(Training Within Industry)
- 교육대상 및 교육방법
  - 교육대상 : 감독자
  - 교육방법 : 한 클래스(Class)는 10명 정도, 교육 방법은 토의법, 1일 2시간씩 5일에 걸쳐 10시간 정도
- 교육내용
  - JI(Job Instruction) : 작업지도 기법
  - JM(Job Method) : 작업개선 기법
  - JR(Job Relation) : 인간관계 관리기법
  - JS(Job Safety) : 작업안전 기법

10 안전심리의 5대 요소 중 능동적인 감각에 의한 자극에서 일어난 사고의 결과로서, 사람의 마음을 움직이는 원동력이 되는 것은?

① 기질(temper) ② 동기(motive)
③ 감정(emotion) ④ 습관(custom)

안전심리의 5대 요소
- 동기 : 능동적인 감각에 의한 자극에서 일어나는 사고의 결과로서 사람의 마음을 움직이는 원동력
- 감정 : 희로애락 등의 의식. 사고를 일으키는 정신적 동기
- 습관 : 성장과정을 통해 형성된 특성 등이 자신도 모르게 습관화된 현상
- 습성 : 동기, 기질 감정 등과 밀접한 관계를 형성하여 인간의 행동에 영향을 미칠 수 있는 것
- 기질 : 인간의 성격, 능력 등 개인적인 특성. 생활환경에서 영향을 받으며 주위환경에 따라 달라짐

11 지적확인이란 사람의 눈이나 귀 등 오감의 감각기관을 총동원해서 작업의 정확성과 안전을 확인하는 것이다. 지적확인과 정확도가 올바르게 짝지어진 것은?

① 지적 확인한 경우 – 0.3% ② 확인만 하는 경우 – 1.25%
③ 지적만 하는 경우 – 1.0% ④ 아무 것도 하지 않은 경우 – 1.8%

지적확인의 정확도

작업방법	잘못된 판단의 발생율(%)	작업방법	잘못된 판단의 발생율(%)
아무 것도 하지 않은 경우	2.85	지적만 하는 경우	1.5
확인만 하는 경우	1.25	지적 확인한 경우	0.8

12 토의(회의)방식 중 참가자가 다수인 경우에 전원을 토의에 참가시키기 위하여 소집단으로 구분하고, 각각 자유토의를 행하여 의견을 종합하는 방식은?

① 포럼(forum) ② 심포지엄(symposium)
③ 버즈 세션(buzz session) ④ 패널 디스커션(panel discussion)

버즈 세션(Buzz Session) : 6-6 회의라고도 하며, 먼저 사회자와 기록계를 선출한 후 나머지 사람은 6명씩의 소집단으로 구분하고, 소집단별로 각각 사회자를 선발하여 6분간씩 자유토의를 행하여 의견을 종합하는 방법

13 매슬로우(Maslow)의 욕구위계이론 5단계를 올바르게 나열한 것은?

① 생리적 욕구 → 안전의 욕구 → 사회적 욕구 → 존경의 욕구 → 자아 실현의 욕구
② 생리적 욕구 → 안전의 욕구 → 사회적 욕구 → 자아 실현의 욕구 → 존경의 욕구
③ 안전의 욕구 → 생리적 욕구 → 사회적 욕구 → 자아 실현의 욕구 → 존경의 욕구
④ 안전의 욕구 → 생리적 욕구 → 사회적 욕구 → 존경의 욕구 → 자아 실현의 욕구

매슬로우(Abraham H. Maslow)의 욕구 5단계
- 1단계 : 생리적 욕구(기아, 갈증, 호흡, 배설, 성욕 등)
- 2단계 : 안전의 욕구(안전을 구하고자 하는 욕구)
- 3단계 : 사회적 욕구(애정, 소속에 대한 욕구)
- 4단계 : 인정받으려는 욕구(자존심, 명예, 성취, 지위에 대한 욕구)
- 5단계 : 자아실현의 욕구(잠재적인 능력을 실현하고자 하는 욕구)

14 레빈(Lewin)의 법칙에서 환경조건(E)에 포함되는 것은?

$$B = f(P \cdot E)$$

① 지능 ② 소질
③ 적성 ④ 인간관계

르윈(Lewin)은 인간의 행동(B)은 그 사람이 가진 자질 즉, 개체(P)와 심리학적 환경(E)과의 상호 함수관계에 있다고 규정한다.
$B = f(P \cdot E)$
- B : Behavior(인간의 행동)
- f : Function(함수관계 : 적성 기타 P와 E에 영향을 미칠 수 있는 조건)
- P : Person(개체 : 연령, 경험, 심신상태, 성격, 지능 등)
- E : Environment(심리적 환경 : 인간관계, 작업환경 등)

15 기기의 적정한 배치, 변형, 균열, 손상, 부식 등의 유무를 육안, 촉수 등으로 조사 후 그 설비별로 정해진 점검 기준에 따라 양부를 확인하는 점검은?

① 외관점검 ② 작동점검
③ 기능점검 ④ 종합점검

안전점검의 실시방법
- 외관점검 : 기계・설비의 적정한 배치, 설치상태, 변형, 균열, 손상, 부식 등의 유무를 시각 및 촉각에 의해 조사
- 기능점검 : V-벨트를 손가락으로 가볍게 눌러본다든가, 전동기를 가동시켜 그 회전상황을 살펴보는 등과 같이 간단한 조작을 행하여 대상 기기의 기능이 적당한지를 확인
- 작동점검 : 안전장치나 누전차단장치 등을 정해진 순서에 의해 작동시켜 작동상황이 적합한가를 확인
- 종합점검 : 정해진 점검기준에 의해 측정하여 검사하고 또한 일정한 조건 하에서 운전시험을 행하여 그 기계설비의 종합적인 기능을 확인

16 재해누발자의 유형 중 작업이 어렵고, 기계설비에 결함이 있기 때문에 재해를 일으키는 유형은?

① 상황성 누발자 ② 습관성 누발자
③ 소질성 누발자 ④ 미숙성 누발자

사고경향성자(재해 누발자, 재해 다발자)의 유형
- 상황성 누발자 : 작업의 어려움, 기계설비의 결함, 환경상 주의력의 집중 혼란, 심신의 근심 등 때문에 재해를 누발
- 습관성 누발자 : 재해의 경험으로 겁장이가 되거나 신경과민이 되어 재해를 누발하는 자와 일종의 슬럼프(Slump) 상태에 빠져서 재해를 누발
- 소질성 누발자 : 재해의 소질적 요인을 가지고 있기 때문에 재해를 누발
- 미숙성 누발자 : 기능 미숙이나 환경에 익숙하지 못하기 때문에 재해를 누발

17 무재해운동의 3원칙에 해당되지 않은 것은?

① 참가의 원칙 ② 무의 원칙
③ 예방의 원칙 ④ 선취의 원칙

무재해운동의 3원칙
- 무(Zero)의 원칙 : 산재 위험의 잠재요인을 근원적으로 해결하기 위한 원칙
- 선취의 원칙 : 위험요인 행동 전에 예지, 발견
- 참가의 원칙 : 전원(근로자, 회사내 전종업원, 근로자 가족) 참가

18 적응기제(Adjustment Mechanism) 중 방어적 기제(Defence Mechanism)에 해당하는 것은?

① 고립(Isolation) ② 퇴행(Regression)
③ 억압(Suppression) ④ 합리화(Rationalization)

적응기제(適應機制)
- 방어적 기제 : 보상, 합리화, 동일시, 승화
- 도피적 기제 : 고립, 퇴행, 억압, 백일몽
- 공격적 기제 : 직접적 공격형, 간접적 공격형

19 안전관리 조직의 형태 중 참모식(Staff) 조직에 대한 설명으로 틀린 것은?

① 이 조직은 분업의 원칙을 고도로 이용한 것이며, 책임 및 권한이 직능적으로 분담되어 있다.
② 생산 및 안전에 관한 명령이 각각 별개의 계통에서 나오는 결함이 있어, 응급처치 및 통제수속이 복잡하다.
③ 참모(Staff)의 특성상 업무관장은 계획안의 작성, 조사, 점검결과에 따른 조언, 보고에 머무는 것이다.
④ 참모(Staff)는 각 생산라인의 안전 업무를 직접 관장하고 통제한다.

스태프(Staff)형(참모식 조직)
- 특징
  - 안전관리를 담당하는 스태프(참모진)를 두고 안전관리에 관한 계획, 조사, 검토, 권고, 보고 등을 행하는 관리 방식이다.
  - 중규모 사업장(100명 이상 ~ 500명 미만)에 적합하다.

- 장점
  - 사업장의 특수성에 적합한 기술연구를 전문적으로 할 수 있다.(안전지식 및 기술 축적이 용이)
  - 경영자에 대한 조언과 자문역할이 가능하다.
- 단점
  - 생산 부분에 협력하여 안전 명령을 전달·실시하므로 안전 지시가 용이하지 않으며, 안전과 생산을 별개로 취급하기 쉽다.
  - 생산부분은 안전에 대한 책임과 권한이 없다.
  - 권한 다툼이나 조정 때문에 통제 수속이 복잡해지며, 시간과 노력이 소모된다.

20 재해의 근원이 되는 기계장치나 기타의 물(物) 또는 환경을 뜻하는 것은?

① 상해　　　　　　　　　　② 가해물
③ 기인물　　　　　　　　　④ 사고의 형태

기인물과 가해물
- 기인물 : 불안전한 상태에 있는 물체(환경 포함)
- 가해물 : 직접 사람에게 접촉되어 위해를 가한 물체

제 02 과목　인간공학 및 위험성 평가·관리

21 정적자세 유지 시, 진전(tremor)을 감소시킬 수 있는 방법으로 틀린 것은?

① 시각적인 참조가 있도록 한다.
② 손이 심장 높이에 있도록 유지한다.
③ 작업대상물에 기계적 마찰이 있도록 한다.
④ 손을 떨지 않으려고 힘을 주어 노력한다.

진전(Tremor, 잔잔한 떨림)을 감소시키는 방법
- 시각적 참조를 통해 감소시킬 수 있다.
- 몸과 작업에 관계되는 부위를 잘 받친다.
- 손이 심장 높이에 있을 때가 손 떨림이 적다.
- 작업대상물에 기계적 마찰이 있을 때 감소한다.

22 인간의 과오를 정량적으로 평가하기 위한 기법으로, 인간과오의 분류시스템과 확률을 계산하는 안전성 평가기법은?

① THERP　　　　　　　　② FTA
③ ETA　　　　　　　　　 ④ HAZOP

THERP(Technique of Human Error Rate Prediction) : 인간의 과오(Human Error)를 정량적으로 평가하기 위하여 개발된 기법

23 어떤 기기의 고장률이 시간당 0.002로 일정하다고 한다. 이 기기를 100시간 사용했을 때 고장이 발생할 확률은?

① 0.1813　　　　　　　② 0.2214
③ 0.6253　　　　　　　④ 0.8187

해설

$F = 1 - e^{-\lambda t} = 1 - e^{-0.002 \times 100} = 0.1813$

24 시스템의 수명곡선에 고장의 발생형태가 일정하게 나타나는 기간은?

① 초기고장기간　　　　② 우발고장기간
③ 마모고장기간　　　　④ 피로고장기간

해설

고장의 유형
- 초기고장 : 감소형(Debugging 기간, Burning 기간)
- 우발고장 : 일정형
- 마모고장 : 증가형(Burn In 기간)

25 작업장에서 발생하는 소음에 대한 대책으로 가장 먼저 고려하여야 할 적극적인 방법은?

① 소음원의 통제　　　　② 소음원의 격리
③ 귀마개 등 보호구의 착용　　④ 덮개 등 방호장치의 설치

해설

소음원의 통제 : 기계의 적절한 설계, 적절한 정비 및 주유, 기계에 고무 받침대 부착. 차량에는 소음기 사용

26 반복적 노출에 따라 민감성이 가장 쉽게 떨어지는 표시장치는?

① 시각 표시장치　　　　② 청각 표시장치
③ 촉각 표시장치　　　　④ 후각 표시장치

해설

후각은 피로도가 가장 쉽게 증가한다.

27 Fussell의 알고리즘으로 최소 컷셋을 구하는 방법에 대한 설명으로 틀린 것은?

① OR 게이트는 항상 컷셋의 수를 증가시킨다.
② AND 게이트는 항상 컷셋의 크기를 증가시킨다.
③ 중복 및 반복되는 사건이 많은 경우에 적용하기 적합하고 매우 간편하다.
④ 톱(top)사상을 일으키기 위해 필요한 최소한의 컷셋이 최소 컷셋이다.

최소 컷셋은 반복사상이 없는 경우 일반적으로 퍼셀(Fussell) 알고리즘을 이용하여 구한다

28 FMEA 기법의 장점에 해당하는 것은?

① 서식이 간단하다.
② 논리적으로 완벽하다.
③ 해석의 초점이 인간에 맞추어져 있다.
④ 동시에 복수의 요소가 고장나는 경우의 해석이 용이하다.

FMEA의 장점 및 단점
- 장점 : 서식이 간단하고 비교적 적은 노력으로 특별한 훈련 없이 분석할 수 있다.
- 단점 : 논리성이 부족하고 특히 각 요소간의 영향을 분석하기 어렵기 때문에 동시에 두 가지 이상의 요소가 고장날 경우 분석이 곤란하며 요소가 물체로 한정되어 있기 때문에 인적원인을 분석하는 것은 곤란하다.

29 60fL의 광도를 요하는 시각 표시장치의 반사율이 75%일 때, 소요조명은 몇 fc인가?

① 75 ② 80
③ 75 ④ 90

소요조명 = $\dfrac{광속발산도}{반사율} \times 100 = \dfrac{60}{75} \times 100 = 80$

30 FT에서 사용되는 사상기호에 대한 설명으로 맞는 것은?

① 위험지속기호 : 정해진 횟수 이상 입력이 될 때 출력이 발생한다.
② 억제게이트 : 조건부 사건이 일어나는 상황하에서 입력이 발생할 때 출력이 발생한다.
③ 우선적 AND 게이트 : 사건이 발생할 때 정해진 순서대로 복수의 출력이 발생한다.
④ 베타적 OR 게이트 : 동시에 2개 이상의 입력이 존재하는 경우에 출력이 발생한다.

- 위험지속기호 : 입력사상이 생기어 어느 일정시간 지속하였을 때에 출력사상이 생긴다.
- 우선적 AND Gate : 입력사상 가운데 어느 사상이 다른 사상보다 먼저 일어났을 때에 출력사상이 생긴다.
- 배타적 OR Gate : OR Gate로 2개 이상의 입력이 동시에 존재한 때에는 출력사상이 생기지 않는다.

31 온도가 적정 온도에서 낮은 온도로 내려갈 때의 인체반응으로 옳지 않은 것은?

① 발한을 시작 ② 직장온도가 상승
③ 피부온도가 하강 ④ 혈액은 많은 양이 몸의 중심부를 순환

고온에서의 생리적 반응 : 피부온도 상승, 피부를 경유하는 혈액량 증가, 발한, 직장의 온도가 내려간다.

32 인간공학의 연구 방법에서 인간-기계 시스템을 평가하는 척도의 요건으로 적합하지 않은 것은?

① 적절성, 타당성　　② 무오염성
③ 주관성　　　　　 ④ 신뢰성

연구 및 체계개발의 요건
- 적절성(Relevance) : 기준이 의도된 목적에 적당하다고 판단되는 정도
- 무오염성 : 기준척도는 측정하고자 하는 변수 외의 다른 변수들의 영향을 받아서는 안 된다는 것
- 기준척도의 신뢰성 : 척도의 신뢰성은 반복성(Repeatability)을 의미

33 NIOSH의 연구에 기초하여, 목과 어깨 부위의 근골격계질환 발생과 인과관계가 가장 적은 위험요인은?

① 진동　　　　　　② 반복작업
③ 과도한 힘　　　 ④ 작업자세

근골격계질환의 인간공학적 요인은 반복동작, 부적절한 자세, 과도한 힘, 접촉 스트레스, 진동 등으로 미국국립산업안전보건연구원(NIOSH)의 연구에 따르면 보기 중 진동이 목과 어깨 부위의 근골격계질환 발생과 인과관계가 가장 적다.

34 인간 - 기계 시스템에서의 기본적인 기능에 해당하지 않는 것은?

① 행동 기능　　　　② 정보의 설계
③ 정보의 수용　　　④ 정보의 저장

인간-기계 체계와 기능(임무 및 기본기능)
- 감지(Sensing)
- 정보보관(저장, Information Storage)
- 정보처리 및 의사결정(Information Processing and Decision)
- 행동기능(Acting Function)
- 입력 및 출력

35 시력과 대비감도에 영향을 미치는 인자에 해당하지 않는 것은?

① 노출시간
② 연령
③ 주파수
④ 휘도 수준

36 조정장치를 3cm 움직였을 때 표시장치의 지침이 5cm 움직였다면, C/R비는 얼마인가?

① 0.25　　　　　　　　② 0.6
③ 1.6　　　　　　　　　④ 1.7

C/D비 = $\dfrac{\text{통제기기의 변위량}}{\text{표시기기의 변위량}}$ = $\dfrac{3}{5}$ = 0.6

37 필요한 작업 또는 절차의 잘못된 수행으로 발생하는 과오는?

① 시간적 과오(time error)
② 생략적 과오(omission error)
③ 순서적 과오(sequential error)
④ 수행적 과오(commision error)

Swain의 휴먼 에러(Human Error)
- 생략적 과오(omission error) : 필요한 작업 또는 절차를 수행하지 않는데 기인한 과오
- 시간적 과오(time error) : 필요한 작업 또는 절차의 수행지연으로 인한 과오
- 수행적 과오(commission error) : 필요한 작업 또는 절차의 잘못된 수행으로 인한 과오
- 순서적 과오(sequential error) : 필요한 작업 또는 절차의 순서 착오로 인한 과오
- 불필요한 과오(extraneous error) : 불필요한 작업 또는 절차를 수행함으로써 기인한 과오

38 일반적인 FTA기법의 순서로 맞는 것은?

| ㉠ FT의 작성 | ㉡ 시스템의 정의 |
| ㉢ 정량적 평가 | ㉣ 정성적 평가 |

① ㉠ → ㉡ → ㉢ → ㉣　　　② ㉠ → ㉡ → ㉣ → ㉢
③ ㉡ → ㉠ → ㉢ → ㉣　　　④ ㉡ → ㉠ → ㉣ → ㉢

39 인체측정치를 이용한 설계에 관한 설명으로 옳은 것은?

① 평균치를 기준으로 한 설계를 제일 먼저 고려한다.
② 의자의 깊이와 너비는 모두 작은 사람을 기준으로 설계한다.
③ 자세와 동작에 따라 고려해야 할 인체측정치수가 달라진다.
④ 큰 사람을 기준으로 한 설계는 인체측정치의 5%tile을 사용한다.

- 인체계측자료의 응용원칙
  - 최대치수와 최소치수 : 최대치수 또는 최소치수를 기준으로 하여 설계
  - 조절범위(조절식) : 체격이 다른 여러 사람에 맞도록 만드는 것(5 ~ 95%tile)

- 평균치를 기준으로 한 설계 : 최대치수나 최소치수, 조절식으로 하기가 곤란할 때 평균치를 기준으로 하여 설계
• 인체계측치 활용상의 유의사항
  - 최소 표본수는 50~100명이 좋다.
  - 인체계측치는 어떤 기준에 의해 측정된 것인가를 확인한다.
  - 인체계측치는 일반적으로 나체치수로서 나타내며 설계대상에 그대로 적용되지 않는 경우가 많다.

40 제어장치와 표시장치에 있어 물리적 형태나 배열을 유사하게 설계하는 것은 어떤 양립성(compatibility)의 원칙에 해당하는가?

① 시각적 양립성(visual compatibility)
② 양식 양립성(modality compatibility)
③ 공간적 양립성(spatial compatibility)
④ 개념적 양립성(conceptual compatibility)

양립성의 구분
• 공간 양립성 : 표시장치나 조종장치에서 물리적 형태나 공간적인 배치의 양립성
• 운동 양립성 : 표시 및 조종장치 등의 운동 방향의 양립성
• 개념 양립성 : 사람들이 가지고 있는 개념적 연상(어떤 암호체계에서 청색이 정상을 나타내듯이)의 양립성
• 양식 양립성 : 기계가 특정 음성에 대해 정해진 반응을 하는 것과 같이 직무에 알맞은 자극과 응답 양식의 존재에 대한 양립성

제 03 과목 기계·기구 및 설비 안전관리

41 프레스기의 방호장치의 종류가 아닌 것은?

① 가드식
② 초음파식
③ 광전자식
④ 양수조작식

프레스 방호장치
• 1행정 1정지식 : 양수조작식, 게이트가드식
• 행정길이 40mm 이상 : 수인식, 손쳐내기식
• 슬라이드 작동 중 정지 가능한 구조 : 감응식

42 다음 중 프레스의 안전작업을 위하여 활용하는 수공구로 가장 거리가 먼 것은?

① 브러시
② 진공 컵
③ 마그넷 공구
④ 플라이어(집게)

브러시는 정지 중인 밀링과 드릴의 칩 제거를 위해 사용한다.

43 연삭기에서 숫돌의 바깥지름이 180mm라면, 평형 플랜지의 바깥지름은 몇 mm 이상이어야 하는가?

① 30　　　　　　　　　② 36
③ 45　　　　　　　　　④ 60

플랜지의 지름은 숫돌직경의 $\frac{1}{3}$ 이상인 것이 적당하며 고정측과 이동측의 직경은 같아야 한다.

플랜지의 지름 = $\frac{180}{3}$ = 60

44 산업안전보건법령에 따라 컨베이어에 부착해야 할 방호장치로 적합하지 않은 것은?

① 비상정지장치　　　　② 과부하방지장치
③ 역주행방지장치　　　④ 덮개 또는 낙하방지용 울

컨베이어의 방호장치(산업안전보건기준에 관한 규칙 제191조~제195조) : 화물 또는 운반구의 이탈 및 역주행을 방지하는 장치, 비상정지장치, 낙하방지를 위한 덮개 또는 울, 건널다리, 중량물 충돌에 대비한 스토퍼

45 보일러의 방호장치로 적절하지 않은 것은?

① 압력방출장치　　　　② 과부하방지장치
③ 압력제한 스위치　　　④ 고저수위 조절장치

보일러의 방호장치(산업안전보건기준에 관한 규칙 제116조~제120조)
- 압력 방출 장치 : 1개 또는 2개 이상 설치하고 최고 사용 압력 이하에서 작동되도록 한다. 단, 2개 이상 설치된 경우에는 최고 사용 압력 이하에서 1개가 작동하고, 다른 1개는 최고 사용 압력 1.05배 이하에서 작동되도록 하며 스프링식이 가장 많이 사용된다.
- 압력 제한 스위치 : 과열을 방지하기 위하여 최고 사용 압력과 사용 압력 사이에서 보일러의 버너 연소를 차단한다.
- 고저수위 조절 장치 : 고저수위를 알리는 경보등·경보음 장치 등을 설치하며, 자동으로 급수 또는 단수되도록 설치한다.
- 화염 검출기

46 프레스의 손쳐내기식 방호장치에서 방호판의 기준에 대한 설명이다. ( )에 들어갈 내용으로 맞는 것은?

> 방호판의 폭은 금형 폭의 (㉠) 이상이어야 하고, 행정길이가 (㉡)mm 이상인 프레스 기계에서는 방호판의 폭을 (㉢)mm로 해야 한다.

① ㉠ 1/2, ㉡ 300, ㉢ 200　　② ㉠ 1/2, ㉡ 300, ㉢ 300
③ ㉠ 1/3, ㉡ 300, ㉢ 200　　④ ㉠ 1/3, ㉡ 300, ㉢ 300

손쳐내기식 방호장치의 일반구조(방호장치 안전인증 고시 별표 1)
- 슬라이드 하행정거리의 3/4 위치에서 손을 완전히 밀어내야 한다.

- 손쳐내기봉의 행정(Stroke) 길이를 금형의 높이에 따라 조정할 수 있고 진동폭은 금형폭 이상이어야 한다.
- 방호판과 손쳐내기봉은 경량이면서 충분한 강도를 가져야 한다.
- 방호판의 폭은 금형폭의 1/2 이상이어야 하고, 행정길이가 300mm 이상의 프레스기계에는 방호판 폭을 300mm로 해야 한다.
- 손쳐내기봉은 손 접촉 시 충격을 완화할 수 있는 완충재를 부착해야 한다.
- 부착볼트 등의 고정금속부분은 예리하게 돌출되지 않아야 한다.

47 선박작업에서 가공물의 길이가 외경에 비하여 과도하게 길 때, 절삭저항에 의한 떨림을 방지하기 위한 장치는?

① 센터 ② 심봉
③ 방진구 ④ 돌리개

선반 작업의 안전
- 작업복의 소매 자락이 회전 공작물에 말려들지 않도록 복장을 단정하게 한다.
- 선반의 베드 위나 공구대 위에 직접 측정기나 공구를 올려놓지 않는다.
- 회전 중인 가공물에 손을 대지 말아야 하며, 치수 측정시는 기계를 정지시킨 후 측정한다.
- 칩이 발산될 때는 보안경을 쓰고, 맨손으로 칩을 만지지 말고 갈고리를 사용한다.
- 기어를 변속할 때, 공구를 교환할 때와 제거할 때는 기계를 정지시킨 후 작업한다.
- 내경작업 중에 손가락을 구멍 속에 넣어 청소를 하거나 점검하려고 하면 안 된다.
- 양 센터 작업에는 공작물의 크기에 알맞은 돌리개를 사용하고, 가늘고 긴 공작물을 가공할 때는 방진구를 사용한다.

48 산업안전보건법령에 따라 목재가공용 기계에 설치하여야 하는 방호장치에 대한 내용으로 틀린 것은?

① 목재가공용 둥근톱기계에는 분할날 등 반발예방장치를 설치하여야 한다.
② 목재가공용 둥근톱기계에는 톱날접촉예방장치를 설치하여야 한다.
③ 모떼기기계에는 가공 중 목재의 회전을 방지하는 회전방지장치를 설치하여야 한다.
④ 작업대상물이 수동으로 공급되는 동력식 수동대패기계에 날접촉예방장치를 설치하여야 한다.

산업안전보건기준에 관한 규칙 제110조(모떼기기계의 날접촉예방장치) 사업주는 모떼기기계(자동이송장치를 부착한 것은 제외한다)에 날접촉예방장치를 설치하여야 한다. 다만, 작업의 성질상 날접촉예방장치를 설치하는 것이 곤란하여 해당 근로자에게 적절한 작업공구 등을 사용하도록 한 경우에는 그러하지 아니하다.

49 다음 중 산소-아세틸렌 가스용접 시 역화의 원인과 과장 거리가 먼 것은?

① 토치의 과열
② 토치 팁의 이물질
③ 산소 공급의 부족
④ 압력조정기의 고장

세틸렌용접 장치의 역화 원인 : 압력조정기의 고장, 산소공급의 과다, 과열, 토치 성능의 부실, 토치 끝에 이물질이 묻은 경우

50 그림과 같은 지게차가 안정적으로 작업할 수 있는 상태의 조건으로 적합한 것은?

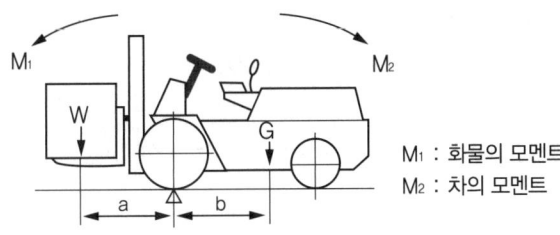

M_1 : 화물의 모멘트
M_2 : 차의 모멘트

① $M_1 < M_2$
② $M_1 > M_2$
③ $M_1 \geqq M_2$
④ $M_1 > 2M_2$

$W \times a$ (화물의 모멘트, M_1) $\leqq G \times b$ (지게차의 모멘트, M_2)
[W : 화물 중량(kg), G : 지게차의 중량(kg), a : 앞바퀴에서 화물 중심까지의 최단거리(cm), b : 앞바퀴에서 지게차 중심까지의 최단 거리(cm)]

51 그림과 같이 2줄의 와이어로프로 중량물을 달아 올릴 때, 로프에 가장 힘이 적게 걸리는 각도(θ)는?

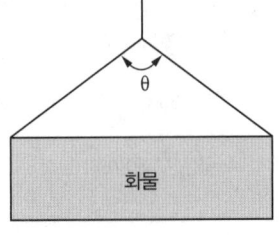

① 30°
② 60°
③ 90°
④ 120°

슬링와이어의 각도가 작을수록 로프에 작용하는 힘이 작아진다.

52 기계 설비의 안전조건에서 구조적 안전화에 해당하지 않는 것은?

① 가공결함
② 재료결함
③ 설계상의 결함
④ 방호장치의 작동결함

기계 · 설비의 안전화 5가지
- 외관의 안전화 : 상자로 내장, 덮개, 색채조절(시동버튼 : 녹색, 정지버튼 : 적색)
- 기능적 안전화 : 전압 강하 및 정전시 오동작 방지, 사용 압력 변동시 오동작 방지, 밸브 고장시 오동작 방지, 단락 스위치 고장시 오동작 방지
- 구조부분의 안전화 : 적절한 재료, 안전율 및 안전계수 고려, 적절한 가공
- 작업의 안전화 : 기동 장치와 배치, 정지시 시건 장치, 안전 통로 확보, 작업 공간 확보
- 보수 · 유지의 안전화(보전성의 개선) : 정기 점검, 교환, 주유

53 2개의 회전체가 회전운동을 할 때에 물림점이 발생할 수 있는 조건은?

① 두 개의 회전체 모두 시계 방향으로 회전
② 두 개의 회전체 모두 시계 반대 방향으로 회전
③ 하나는 시계 방향으로 회전하고 다른 하나는 정지
④ 하나는 시계 방향으로 회전하고 다른 하나는 시계 반대 방향으로 회전

반대로 회전하는 두 개의 회전체가 맞닿는 사이에서 발생하는 위험점을 물림점(nip point)이라 한다.

54 양수조작식 방호장치에서 누름버튼 상호간의 내측 거리는 몇 mm 이상이어야 하는가?

① 250
② 300
③ 350
④ 400

양수조작식 방호장치의 일반구조(방호장치 안전인증 고시 별표 1)
- 정상동작표시등은 녹색, 위험표시등은 붉은색으로 하며, 쉽게 근로자가 볼 수 있는 곳에 설치해야 한다.
- 슬라이드 하강 중 정전 또는 방호장치의 이상 시에 정지할 수 있는 구조이어야 한다.
- 방호장치는 릴레이, 리미트스위치 등의 전기부품의 고장, 전원전압의 변동 및 정전에 의해 슬라이드가 불시에 동작하지 않아야 하며, 사용전원전압의 ±(100분의 20)의 변동에 대하여 정상으로 작동되어야 한다.
- 1행정1정지 기구에 사용할 수 있어야 한다.
- 누름버튼을 양손으로 동시에 조작하지 않으면 작동시킬 수 없는 구조이어야 하며, 양쪽버튼의 작동시간 차이는 최대 0.5초 이내일 때 프레스가 동작되도록 해야 한다.
- 1행정마다 누름버튼에서 양손을 떼지 않으면 다음 작업의 동작을 할 수 없는 구조이어야 한다.
- 램의 하행정중 버튼(레버)에서 손을 뗄 시 정지하는 구조이어야 한다.
- 누름버튼의 상호간 내측거리는 300mm 이상이어야 한다.
- 버튼 및 레버는 작업점에서 위험한계를 벗어나게 설치해야 한다.
- 양수조작식 방호장치는 푸트스위치를 병행하여 사용할 수 없는 구조이어야 한다.

55 기계의 왕복운동을 하는 동작 부분과 움직임이 없는 고정 부분 사이에 형성되는 위험점으로 프레스 등에서 주로 나타나는 것은?

① 물림점
② 협착점
③ 절단점
④ 회전말림점

위험점의 분류

분류	내용
협착점	왕복 운동하는 동작부분과 움직임이 없는 고정부분 사이에 형성되는 위험점
끼임점	고정부분과 회전하는 동작부분 사이에서 형성되는 위험점
절단점	회전하는 운동부분 자체의 위험에서 초래되는 위험점
물림점	반대로 회전하는 두 개의 회전체가 맞닿는 사이에서 발생하는 위험점

접선물림점	회전하는 부분의 접선방향으로 물려 들어갈 위험이 존재하는 위험점
회전말림점	회전하는 물체에 작업복 등이 말려드는 위험이 존재하는 위험점

56 연삭기의 방호장치에 해당하는 것은?

① 주수 장치   ② 덮개 장치
③ 제동 장치   ④ 소화 장치

연삭기(硏削機) 또는 평삭기(平削機)의 테이블, 형삭기(形削機) 램 등의 행정끝이 근로자에게 위험을 미칠 우려가 있는 경우에 해당 부위에 덮개 또는 울 등을 설치하여야 한다.

57 산업안전보건법령에 따라 달기 체인을 달비계에 사용해서는 안되는 경우가 아닌 것은?

① 균열이 있거나 심하게 변형된 것
② 달기 체이의 한 꼬임에서 끊어진 소선의 수가 10% 이상인 것
③ 달기 체이의 길이가 달기 체인이 제조된 때의 길이의 5%를 초과한 것
④ 링의 단면지름이 달기 체인이 제조된 때의 해당 링의 지름의 10% 초과하여 감소한 것

산업안전보건기준에 관한 규칙 제63조(달비계의 구조) ① 사업주는 곤돌라형 달비계를 설치하는 경우에는 다음 각 호의 사항을 준수해야 한다.
1. 다음 각 목의 어느 하나에 해당하는 와이어로프를 달비계에 사용해서는 아니 된다.
   가. 이음매가 있는 것
   나. 와이어로프의 한 꼬임[(스트랜드(strand)를 말한다. 이하 같다)]에서 끊어진 소선(素線)[필러(pillar)선은 제외한다)]의 수가 10퍼센트 이상(비자전로프의 경우에는 끊어진 소선의 수가 와이어로프 호칭지름의 6배 길이 이내에서 4개 이상이거나 호칭지름 30배 길이 이내에서 8개 이상)인 것
   다. 지름의 감소가 공칭지름의 7퍼센트를 초과하는 것
   라. 꼬인 것
   마. 심하게 변형되거나 부식된 것
   바. 열과 전기충격에 의해 손상된 것

58 연삭기의 원주 속도 V(m/s)를 구하는 식은?(단, D는 숫돌의 지름(m), n은 회전수(rpm)d이다.)

① $V = \dfrac{\pi Dn}{16}$ ② $V = \dfrac{\pi Dn}{32}$
③ $V = \dfrac{\pi Dn}{60}$ ④ $V = \dfrac{\pi Dn}{1000}$

원주속도 $V = \dfrac{\pi Dn}{1000}$ (m/min) $= \dfrac{\pi Dn}{60}$ (m/s)

59 산업용 로봇의 동작 형태별 분류에 해당하지 않는 것은?

① 관절 로봇
② 극좌표 로봇
③ 수치제어 로봇
④ 원통좌표 로봇

산업현장에 배치되어 자동조절에 의해 조작이나 이동 등의 일을 수행하는 로봇은 팔의 움직임에 따라 직교좌표 로봇, 원통좌표 로봇, 극좌표 로봇, 다관절 로봇으로 분류된다.

60 기계설비 외형의 안전화 방법이 아닌 것은?

① 덮개
② 안전 색채 조절
③ 가드(guard)의 설치
④ 페일세이프(fail safe)

페일 세이프(Fail Safe)
- 일반적인 정의 : 기계나 그 부품에 고장이나 기능 불량이 생겨도 항상 안전하게 작동하는 구조와 그 기능을 의미
- 좁은 의미 : 기계를 안전하게 작동한다는 것은 기계를 정지시키는 것을 의미

제 04 과목　전기 및 화학설비 안전관리

61 액체가 관내를 이동할 때에 정전기가 발생하는 현상은?

① 마찰대전　　② 박리대전
③ 분출대전　　④ 유동대전

정전기 대전현상
- 박리대전 : 서로 밀착되어 있는 물체가 분리될 때 전하의 분리가 일어나서 정전기가 발생
- 마찰대전 : 종이, 필름 등이 금속 롤러와 마찰을 일으킬 때 마찰에 의하여 발생
- 충돌대전 : 분체의 입자끼리 또는 입자와 고체와의 충돌에 의하여 접촉, 분리가 일어나 발생
- 유도대전 : 대전 물체 부근에 있는 물체가 대전체로부터의 정전유도에 의해 발생
- 분출대전 : 분체, 액체, 기체류가 단면적인 작은 노즐 등의 개구부에서 분출할 때 마찰이 일어나서 발생
- 비말대전 : 공기 중에 분출된 액체가 미세하게 비산되어 분리되었다가 크고 작은 방울로 될 때 새로운 표면을 형성하면서 발생
- 침강대전 : 절연성 유체 중에서 비중이 다른 부유물이 침강할 때 발생
- 유동대전 : 액체류를 관내로 수송할 때 정전기가 발생
- 적하대전 : 고체표면에 부착해 있던 액체류가 성장하여 자중으로 물방울이 되어 떨어질 때 전하분리가 일어나서 발생
- 교반대전 : 액체가 교반에 의해 진동을 하게 되면 진동에 의해 발생
- 파괴대전 : 액체와 그것에 혼합되어 있는 불순물이 침강되어 발생

62 전기기계·기구의 누전에 의한 감전의 위험을 방지하기 위하여 코드 및 플러그를 접속하여 사용하는 전기기계·기구 중 노출된 비충전 금속체에 접지를 실시하여야 하는 것이 아닌 것은?

① 사용전압이 대지전압 110V인 기구
② 냉장고·세탁기·컴퓨터 및 주변기기 등과 같은 고정형 전기기계·기구
③ 고정형 이동형 또는 휴대형 전동기계·기구
④ 휴대형 손전등

산업안전보건기준에 관한 규칙 제302조(전기 기계·기구의 접지) ① 사업주는 누전에 의한 감전의 위험을 방지하기 위하여 다음 각 호의 부분에 대하여 접지를 해야 한다.
1. 전기 기계·기구의 금속제 외함, 금속제 외피 및 철대
2. 고정 설치되거나 고정배선에 접속된 전기기계·기구의 노출된 비충전 금속체 중 충전될 우려가 있는 다음 각 목의 어느 하나에 해당하는 비충전 금속체
   가. 지면이나 접지된 금속체로부터 수직거리 2.4미터, 수평거리 1.5미터 이내인 것
   나. 물기 또는 습기가 있는 장소에 설치되어 있는 것
   다. 금속으로 되어 있는 기기접지용 전선의 피복·외장 또는 배선관 등
   라. 사용전압이 대지전압 150볼트를 넘는 것
3. 전기를 사용하지 아니하는 설비 중 다음 각 목의 어느 하나에 해당하는 금속체
   가. 전동식 양중기의 프레임과 궤도
   나. 전선이 붙어 있는 비전동식 양중기의 프레임
   다. 고압(1.5천볼트 초과 7천볼트 이하의 직류전압 또는 1천볼트 초과 7천볼트 이하의 교류전압을 말한다. 이하 같다) 이상의 전기를 사용하는 전기 기계·기구 주변의 금속제 칸막이·망 및 이와 유사한 장치
4. 코드와 플러그를 접속하여 사용하는 전기 기계·기구 중 다음 각 목의 어느 하나에 해당하는 노출된 비충전 금속체
   가. 사용전압이 대지전압 150볼트를 넘는 것
   나. 냉장고·세탁기·컴퓨터 및 주변기기 등과 같은 고정형 전기기계·기구
   다. 고정형·이동형 또는 휴대형 전동기계·기구
   라. 물 또는 도전성(導電性)이 높은 곳에서 사용하는 전기기계·기구, 비접지형 콘센트
   마. 휴대형 손전등

63 도체의 정전용량 C = 20μF, 대전전위(방전 시 전압) V = 3kV일 때 정전에너지(J)는?

① 45 ② 90
③ 180 ④ 360

$E = \dfrac{CV^2}{2} = \dfrac{20 \times 3^2}{2} = 90$

64 고압 이상의 전기설비와 변압기 중성점 접지에 의하여 시설하는 접지극의 최소 매설깊이는?

① 지하 0.3m 이상
② 지하 0.5m 이상
③ 지하 0.75m 이상
④ 지하 0.90m 이상

접지극의 매설(한국전기설비규정 142.2)
- 접지극은 매설하는 토양을 오염시키지 않아야 하며, 가능한 다습한 부분에 설치한다.
- 접지극은 동결 깊이를 감안하여 시설하되 고압 이상의 전기설비와 변압기 중성점 접지에 의하여 시설하는 접지극의 매설 깊이는 지표면으로부터 지하 0.75m 이상으로 한다. 다만, 발전소·변전소·개폐소 또는 이에 준하는 곳에 접지극을 시설하는 경우에는 그러하지 아니하다.
- 접지도체를 철주 기타의 금속체를 따라서 시설하는 경우에는 접지극을 철주의 밑면으로부터 0.3m 이상의 깊이에 매설하는 경우 이외에는 접지극을 지중에서 그 금속체로부터 1m 이상 떼어 매설하여야 한다.

65 산업안전보건기준에 관한 규칙에 따라 꽂음접속기를 설치 또는 사용하는 경우 준수하여야 할 사항으로 틀린 것은?

① 서로 다른 전압의 꽂음접속기는 서로 접속되지 아니한 구조의 것을 사용할 것
② 습윤한 장소에 사용되는 꽂음접속기는 방수형 등 그 장소에 적합한 것을 사용할 것
③ 근로자가 해당 꽂음접속기를 접속시킬 경우에는 땀 등으로 젖은 손으로 취급하지 않도록 할 것
④ 꽂음접속기에 잠금장치가 있을 때에는 접속 후 개방하여 사용할 것

산업안전보건기준에 관한 규칙 제316조(꽂음접속기의 설치·사용 시 준수사항) 사업주는 꽂음접속기를 설치하거나 사용하는 경우에는 다음 각 호의 사항을 준수하여야 한다.
1. 서로 다른 전압의 꽂음 접속기는 서로 접속되지 아니한 구조의 것을 사용할 것
2. 습윤한 장소에 사용되는 꽂음 접속기는 방수형 등 그 장소에 적합한 것을 사용할 것
3. 근로자가 해당 꽂음 접속기를 접속시킬 경우에는 땀 등으로 젖은 손으로 취급하지 않도록 할 것
4. 해당 꽂음 접속기에 잠금장치가 있는 경우에는 접속 후 잠그고 사용할 것

66 인체가 현저히 젖어 있거나 인체의 일부가 금속성의 전기기구 또는 구조물에 상시 접촉되어 있는 상태의 허용접촉전압(V)는?

① 2.5V 이하
② 25V 이하
③ 50V 이하
④ 제한 없음

허용접촉전압

종별	접촉상태	허용접촉전압
제1종	• 인체의 대부분이 수중에 있는 상태	2.5[V] 이하
제2종	• 인체가 현저히 젖어 있는 상태 • 금속성의 전기·기계장치나 구조물에 인체의 일부가 상시 접촉되어 있는 상태	25[V] 이하
제3종	• 제1종, 제2종 이외의 경우로서 통상의 인체상태에서 있어서 접촉전압이 가해지면 위험성이 높은 상태	50[V] 이하
제4종	• 제1종, 제2종 이외의 경우로서 통상의 인체 상태에 접촉전압이 가해지더라도 위험성이 낮은 상태 • 접촉전압이 가해질 우려가 없는 경우	제한 없음

67 방폭전기설비에서 1종 위험장소에 해당하는 것은?

① 이상상태에서 위험 분위기를 발생할 염려가 있는 장소
② 보통장소에서 위험 분위기를 발생할 염려가 있는 장소
③ 위험분위기가 보통의 상태에서 계속해서 발생하는 장소
④ 위험 분위기가 장기간 또는 거의 조성되지 않는 장소

폭발위험장소의 분류

분류		적요	예	해당방폭구조
가스 폭발 위험 장소	0종 장소	인화성 액체의 증기 또는 가연성 가스에 의한 폭발위험이 지속적으로 또는 장기간 존재하는 장소	용기·장치·배관 등의 내부 등	본질안전방폭구조
가스 폭발 위험 장소	1종 장소	정상 작동상태에서 인화성 액체의 증기 또는 가연성 가스에 의한 폭발위험분위기가 존재하기 쉬운 장소	맨홀·벤트·피트 등의 주위	본질안전, 내압, 압력, 유입 방폭구조
	2종 장소	정상작동상태에서 인화성 액체의 증기 또는 가연성 가스에 의한 폭발위험분위기가 존재할 우려가 없으나, 존재할 경우 그 빈도가 아주 적고 단기간만 존재할 수 있는 장소	개스킷·패킹 등의 주위	본질안전, 내압, 압력, 유입, 특수, 안전층방폭구조

68 과전류차단기로 시설하는 퓨즈 중 고압전로에 사용하는 포장 퓨즈는 정격전류의 몇 배를 견딜 수 있어야 하는가?

① 1.1배
② 1.3배
③ 1.6배
④ 2.0배

고압퓨즈는 정격전류의 1.1배에, 고압 전류에 사용될 경우에는 정격 전류의 1.3배에 견디어야 한다.

69 고압 및 특공압의 전로 중 피뢰기를 반드시 시설하지 않아도 되는 곳은?

① 발전소·변전소 또는 이에 준하는 장소의 가공전선 인입구 및 인출구
② 가공전선로와 지중전선로가 접속되는 곳
③ 특고압 가공전선로에 접속하는 배전용 변압기의 고압측 및 특고압측
④ 고압전선로에 접속되는 단권변압기의 고압측

해설

한국전기설비규정 341.13 피뢰기의 시설

1. 고압 및 특고압의 전로 중 다음에 열거하는 곳 또는 이에 근접한 곳에는 피뢰기를 시설하여야 한다.
   - 가. 발전소·변전소 또는 이에 준하는 장소의 가공전선 인입구 및 인출구
   - 나. 특고압 가공전선로에 접속하는 배전용 변압기의 고압측 및 특고압측
   - 다. 고압 및 특고압 가공전선로로부터 공급을 받는 수용장소의 인입구
   - 라. 가공전선로와 지중전선로가 접속되는 곳
2. 다음의 어느 하나에 해당하는 경우에는 제1의 규정에 의하지 아니할 수 있다.
   - 가. 제1의 어느 하나에 해당되는 곳에 직접 접속하는 전선이 짧은 경우
   - 나. 제1의 어느 하나에 해당되는 경우 피보호기기가 보호범위 내에 위치하는 경우

70 신선한 공기 또는 불연성가스 등의 보호기체를 용기의 내부에 압입함으로써 내부의 압력을 유지하여 폭발성 가스가 침입하지 않도록 하는 방폭구조는?

① 내압 방폭구조 ② 압력 방폭구조
③ 안전증 방폭구조 ④ 특수 방진 방폭구조

방폭구조의 종류와 기호

종류	내용	기호
내압방폭구조	점화원에 의해 용기 내부에서 폭발이 발생할 경우에 용기가 폭발압력에 견딜 수 있고, 화염이 용기 외부의 폭발성 분위기로 전파되지 않도록 한 방폭구조	d
압력방폭구조	점화원이 될 우려가 있는 부분을 용기 안에 넣고 보호 기체(신선한 공기 또는 불활성기체)를 용기 안에 압입함으로써 폭발성 가스가 침입하는 것을 방지하도록 되어 있는 방폭구조	p
안전증방폭구조	전기기기의 과도한 온도 상승, 아크 또는 불꽃 발생의 위험을 방지하기 위하여 추가적인 안전조치를 통한 안전도를 증가시킨 방폭구조(다만, 정상운전 중에 아크나 불꽃을 발생시키는 전기기기는 안전증방폭구조의 전기기기 범위에서 제외)	e
유입방폭구조	유체 상부 또는 용기 외부에 존재할 수 있는 폭발성 분위기가 발화할 수 없도록 전기설비 또는 전기설비의 부품을 보호액에 함침시키는 방폭구조	o
본질안전방폭구조	정상시 또는 단락, 단선, 지락 등의 사고시에 발생하는 아크, 불꽃, 고열에 의하여 폭발성 가스나 증기에 점화되지 않는 것이 확인된 구조	ia, ib
비점화방폭구조	전기기기가 정상작동과 규정된 특정한 비정상상태에서 주위의 폭발성 가스 분위기를 점화시키지 못하도록 만든 방폭구조	n
몰드방폭구조	전기기기의 불꽃 또는 열로 인해 폭발성 위험분위기에 점화되지 않도록 컴파운드를 충전해서 보호한 방폭구조	m
충전방폭구조	폭발성 가스 분위기를 점화시킬 수 있는 부품을 고정하여 설치하고, 그 주위를 충전재로 완전히 둘러싸서 외부의 폭발성 가스 분위기를 점화시키지 않도록 하는 방폭구조	q
특수방폭구조	상기의 방폭구조 외에 외부의 폭발성 가스에 대해 인화를 방지할 수 있음을 시험에 의해 확인한 구조	s

71 연소의 3요소에 해당되지 않는 것은?

① 가연물   ② 점화원
③ 연쇄반응   ④ 산소공급원

연소의 3요소 : 가연물, 산소 공급원, 점화원

72 산업안전보건법령에서 정한 위험물을 기준량 이상으로 제조하거나 취급하는 설비 중 특수화학설비에 해당하지 않는 것은?

① 발열반응이 일어나는 반응장치
② 증류·정류·증발·추출 등 분리를 하는 장치
③ 가열로 또는 가열기
④ 고로 등 점화기를 직접 사용하는 열교환기류

산업안전보건기준에 관한 규칙 제273조(계측장치 등의 설치) 사업주는 별표 9에 따른 위험물을 같은 표에서 정한 기준량 이상으로 제조하거나 취급하는 다음 각 호의 어느 하나에 해당하는 화학설비(이하 "특수화학설비"라 한다)를 설치하는 경우에는 내부의 이상 상태를 조기에 파악하기 위하여 필요한 온도계·유량계·압력계 등의 계측장치를 설치하여야 한다.
1. 발열반응이 일어나는 반응장치
2. 증류·정류·증발·추출 등 분리를 하는 장치
3. 가열시켜 주는 물질의 온도가 가열되는 위험물질의 분해온도 또는 발화점보다 높은 상태에서 운전되는 설비
4. 반응폭주 등 이상 화학반응에 의하여 위험물질이 발생할 우려가 있는 설비
5. 온도가 섭씨 350도 이상이거나 게이지 압력이 980킬로파스칼 이상인 상태에서 운전되는 설비
6. 가열로 또는 가열기

73 프로판(C_3H_8)의 완전연소 조성농도는 약 몇 vol%인가?

① 4.02   ② 4.19
③ 5.05   ④ 5.19

$$C_{st} = \frac{1000}{1 + 4.773(n + \frac{m-f-2\lambda}{4})} = \frac{1000}{1 + 4.773(3 + \frac{8}{4})} = 4.02$$

74 물과의 반응 또는 열에 의해 분해되어 산소를 발생하는 것은?

① 적린   ② 과산화나트륨
③ 유황   ④ 이황화탄소

과산화나트륨
- 물과 반응 : $2Na_2O_2 + 2H_2O \rightarrow 4NaOH + O_2 \uparrow$
- 가열 반응 : $2Na_2O_2 \rightarrow 2Na_2O + O_2 \uparrow$

75 위험물안전관리법령상 제3류 위험물이 아닌 것은?

① 황화인
② 금속나트륨
③ 황린
④ 금속칼륨

황화인은 위험물관리법상 제2류 위험물인 가연성 고체에 해당된다.

76 환풍기가 고장난 장소에서 인화성 액체를 취급할 때, 부주의로 마개를 막지 않았다. 여기서 작업자가 담배를 피우기 위해 불을 켜는 순간 인화성 액체에서 불꽃이 일어나는 사고가 발생하였다. 이와 같은 사고의 발생 가능성이 가장 높은 물질은?(단, 작업현장의 온도는 20℃이다.)

① 글리세린
② 중유
③ 디에틸에테르
④ 경유

디에틸에테르는 위험물관리법상 제1류 위험물인 특수인화물에 해당되며, 인화점이 −45℃이다.

77 유해물질의 농도를 c, 노출시간을 t라 할 때 유해물지수(k)와의 관계인 Haber의 법칙을 바르게 나타낸 것은?

① $k = c + t$
② $k = \dfrac{c}{k}$
③ $k = c \times t$
④ $k = c - t$

Haber의 법칙에 따르면 유해물질수(k)는 해당 유해물질의 농도와 노출시간의 곱한 값이다.

78 20℃인 1기압의 공기를 압축비 3으로 단열압축하였을 때, 온도는 약 몇 ℃가 되겠는가?(단 공기의 비열비는 1.4이다)

① 84
② 128
③ 182
④ 1091

$T_2 = (초기온도 + 273) \times \left(\dfrac{나중압력}{처음압력}\right)^{\frac{비열비-1}{비열비}}$

$= (20 + 273) \times \left(\dfrac{3}{1}\right)^{\frac{1.4-1}{1.4}} = 401.04K \therefore 401.04 - 273 = 128.04℃$

79 절연성 액체를 운반하는 관에서 정전기로 인해 일어나는 화재 및 폭발을 예방하기 위한 방법으로 가장 거리가 먼 것은?

① 유속을 줄인다.
② 관을 접지시킨다.
③ 도전성이 큰 재료의 관을 사용한다.
④ 관의 안지름을 작게 한다.

정전기 재해 발생억제 : 유속조절, 습기부여, 대전방지제 사용, 금속재료 및 도전성 재료 사용

80 분진폭발에 대한 안전대책으로 적절하지 않은 것은?

① 분진의 퇴적을 방지한다.　② 점화원을 제거한다.
③ 입자의 크기를 최소화한다.　④ 불활성 분위기를 조성한다.

분진 입자의 표면적이 클수록 많은 양의 산소가 공급되기 때문에 급격한 연소를 초래할 수 있다. 또한, 분진 입자의 표면적은 입자의 크기가 작을수록 커진다.

제 05 과목　건설공사 안전관리

81 토석이 붕괴되는 원인을 외적요인과 내적요인으로 나눌 때 외적요인으로 볼 수 없는 것은?

① 사면, 법면의 경사 및 기울기의 증가
② 지진발생, 차량 또는 구조물의 중량
③ 공사에 의한 진동 및 반복하중의 증가
④ 절토 사면의 토질, 암질

토사붕괴의 원인
• 외적원인 : 사면의 경사 및 기울기의 증가, 절토 및 성토의 증가, 공사에 의한 진동 및 반복하중의 증가, 지표수 또는 지하수의 침투로 인한 토사중량의 증가, 지진 및 작업차량등의 하중
• 내적원인 : 절토사면의 토질, 암질의 종류, 성토 사면의 토질구성 및 분포, 토석의 강도 저하

82 건설용 양중기에 관한 설명으로 옳은 것은?

① 삼각데릭의 인접시설에 장해가 없는 상태에서 360° 회전이 가능하다.
② 이동식크레인(crane)에는 트럭 크레인, 크롤러 크레인 등이 있다.
③ 휠 크레인에는 무한궤도식과 타이어식이 있으며 장거리 이동에 적당하다.
④ 크롤러 크레인은 휠 크레인보다 기동성이 뛰어나다.

83 다음은 공사진척에 따른 안전관리비의 사용기준이다. ( )에 들어갈 내용으로 옳은 것은?

공정율	사용기준
50퍼센트 이상 70퍼센트 미만	( )
70퍼센트 이상 90퍼센트 미만	70퍼센트 이상
90퍼센트 이상	90퍼센트 이상

① 30% 이상 ② 40% 이상
③ 50% 이상 ④ 60% 이상

공사진척에 따른 안전관리비 사용기준

공정율	사용기준
50퍼센트 이상 70퍼센트 미만	50퍼센트 이상
70퍼센트 이상 90퍼센트 미만	70퍼센트 이상
90퍼센트 이상	90퍼센트 이상

※ 공정율은 기성공정율을 기준으로 한다.

84 거푸집동바리 조립도에 명시해야 할 사항과 거리가 가장 먼 것은?

① 작업 환경 조건 ② 부재의 재질
③ 단면규격 ④ 설치간격

산업안전보건기준에 관한 규칙 제331조(조립도) ① 사업주는 거푸집 및 동바리를 조립하는 경우에는 그 구조를 검토한 후 조립도를 작성하고, 그 조립도에 따라 조립하도록 해야 한다.
② 제1항의 조립도에는 거푸집 및 동바리를 구성하는 부재의 재질·단면규격·설치간격 및 이음방법 등을 명시해야 한다.

85 굴착공사 시 안전한 작업을 위한 사질 지반(점토질을 포함하지 않은 것)의 굴착면 기울기와 높이 기준으로 옳은 것은?

① 1:1.5 이상, 5m 미만
② 1:0.5 이상, 5m 미만
③ 1:1.5 이상, 2m 미만
④ 1:0.5 이상, 2m 미만

굴착공사 표준안전 작업지침 제26조(기울기 및 높이의 기준) ① 굴착면의 기울기 및 높이의 기준은 안전규칙 제383조제1항[별표 11]에 의한다.
② 사질의 지반(점토질을 포함하지 않은 것)은 굴착면의 기울기를 1:1.5 이상으로 하고 높이는 5미터 미만으로 하여야 한다.

③ 발파 등에 의해서 붕괴하기 쉬운 상태의 지반 및 매립하거나 반출시켜야 할 지반의 굴착면의 기울기는 1:1 이하 또는 높이는 2미터 미만으로 하여야 한다.

86 철골공사 시 도괴의 위험이 있어 강풍에 대한 안전 여부를 확인해야 할 필요성이 가장 높은 경우는?

① 연면적당 철골량이 일반 건물보다 많은 경우
② 기둥에 H형강을 사용하는 경우
③ 이음부가 공장용접인 경우
④ 단면구조가 현저한 차이가 있으며 높이가 20m 이상인 건물

철골의 자립도 검토 : 도괴의 위험이 큰 다음과 같은 종류의 건물은 강풍에 대하여 완전한지 여부를 설계자에게 확인
- 연면적당 철골량이 50kg/m² 이하인 건물 기둥이 타이 플레이트(Tie Plate)형인 건물
- 이음부가 현장용접인 건물 높이가 20m 이상인 건물
- 구조물의 폭과 높이의 비가 1 : 4 이상인 건물
- 고층건물, 호텔 등에서 단면구조가 현저한 차이가 있는 것
- 부재의 형상 등 확인 부재의 수량 및 중량의 확인
- 보울트 구멍, 이음부, 접합방법 등의 확인 철골 계단의 유무
- 건립작업성의 검토 가설부재 및 부품 등
- 건립용 기계 및 건립순서 사용전력 및 가설설비
- 안전관리 체제

87 강관을 사용하여 비계를 구성하는 경우 준수해야 할 기준으로 옳지 않은 것은?

① 비계기둥의 간격은 띠장 방향에서는 1.85m 이하, 장선(長線) 방향에서는 1.5m 이하로 할 것
② 띠장 간격은 1.5m 이하로 설치하되, 첫 번째 띠장은 지상으로부터 2.5m 이하의 위치에 설치할 것
③ 비계기둥의 제일 윗부분으로부터 31m 되는 지점 밑부분의 비계기둥은 2개의 강관으로 묶어 세울 것
④ 비계기둥 간의 적재하중은 400kg을 초과하지 않도록 할 것

산업안전보건기준에 관한 규칙 제60조(강관비계의 구조) 사업주는 강관을 사용하여 비계를 구성하는 경우 다음 각 호의 사항을 준수해야 한다.
1. 비계기둥의 간격은 띠장 방향에서는 1.85미터 이하, 장선(長線) 방향에서는 1.5미터 이하로 할 것. 다만, 다음 각 목의 어느 하나에 해당하는 작업의 경우에는 안전성에 대한 구조검토를 실시하고 조립도를 작성하면 띠장 방향 및 장선 방향으로 각각 2.7미터 이하로 할 수 있다.
   가. 선박 및 보트 건조작업
   나. 그 밖에 장비 반입·반출을 위하여 공간 등을 확보할 필요가 있는 등 작업의 성질상 비계기둥 간격에 관한 기준을 준수하기 곤란한 작업
2. 띠장 간격은 2.0미터 이하로 할 것. 다만, 작업의 성질 이를 준수하기가 곤란하여 쌍기둥틀 등에 의하여 해당 부분을 보강한 경우에는 그러하지 아니하다.
3. 비계기둥의 제일 윗부분으로부터 31미터되는 지점 밑부분의 비계기둥은 2개의 강관으로 묶어 세울 것. 다만, 브라켓(bracket, 까치발) 등으로 보강하여 2개의 강관으로 묶을 경우 이상의 강도가 유지되는 경우에는 그러하지 아니하다.
4. 비계기둥 간의 적재하중은 400킬로그램을 초과하지 않도록 할 것

88 양중기의 와이어로프 등 달기구의 안전계수 기준으로 옳은 것은?(단, 화물의 하중을 직접 지지하는 달기와이어로프 또는 달기체인의 경우)

① 3 이상 ② 4 이상
③ 5 이상 ④ 6 이상

산업안전보건기준에 관한 규칙 제163조(와이어로프 등 달기구의 안전계수) ① 사업주는 양중기의 와이어로프 등 달기구의 안전계수(달기구 절단하중의 값을 그 달기구에 걸리는 하중의 최댓값으로 나눈 값을 말한다)가 다음 각 호의 구분에 따른 기준에 맞지 아니한 경우에는 이를 사용해서는 아니 된다.
1. 근로자가 탑승하는 운반구를 지지하는 달기와이어로프 또는 달기체인의 경우: 10 이상
2. 화물의 하중을 직접 지지하는 달기와이어로프 또는 달기체인의 경우: 5 이상
3. 훅, 샤클, 클램프, 리프팅 빔의 경우: 3 이상
4. 그 밖의 경우: 4 이상

89 옥내작업장에는 비상시에 근로자에게 신속하게 알리기 위한 경보용 설비 또는 기구를 설치하여야 한다. 그 설치대상 기준으로 옳은 것은?

① 연면적이 400m² 이상이거나 상시 40명 이상의 근로자가 작업하는 옥내작업장
② 연면적이 400m² 이상이거나 상시 50명 이상의 근로자가 작업하는 옥내작업장
③ 연면적이 500m² 이상이거나 상시 40명 이상의 근로자가 작업하는 옥내작업장
④ 연면적이 500m² 이상이거나 상시 50명 이상의 근로자가 작업하는 옥내작업장

산업안전보건기준에 관한 규칙 제19조(경보용 설비 등) 사업주는 연면적이 400제곱미터 이상이거나 상시 50명 이상의 근로자가 작업하는 옥내작업장에는 비상시에 근로자에게 신속하게 알리기 위한 경보용 설비 또는 기구를 설치하여야 한다.

90 비탈면 붕괴 방지를 위한 붕괴방지공법과 가장 거리가 먼 것은?

① 배토공법 ② 압성토공법
③ 공작물의 설치 ④ 언더피닝 공법

언더피닝(Under pinning)공법 : 기존 건물 가까이에 건축공사를 할 때 기존(인접)건물의 지반과 기초를 보강하는 방법

91 거푸집동바리등을 조립하거나 해체하는 작업을 하는 경우에 준수해야 할 사항으로 옳지 않은 것은?

① 해당 작업을 하는 구역에는 관계 근로자가 아닌 사람의 출입을 금지할 것
② 비, 눈, 그 밖의 기상상태의 불안정으로 날씨가 몹시 나쁜 경우에는 그 작업을 중지할 것
③ 재료, 기구 또는 공구 등을 올리거나 내리는 경우에는 근로자 간 서로 직접 전달하도록 하고, 달줄·달포대 등의 사용을 금할 것
④ 낙하·충격에 의한 돌발적 재해를 방지하기 위하여 버팀목을 설치하고 거푸집동바리등을 인양장비에 매단 후에 작업을 하도록 하는 등 필요한 조치를 할 것

산업안전보건기준에 관한 규칙 제57조(비계 등의 조립·해체 및 변경) ① 사업주는 달비계 또는 높이 5미터 이상의 비계를 조립·해체하거나 변경하는 작업을 하는 경우 다음 각 호의 사항을 준수하여야 한다.
1. 근로자가 관리감독자의 지휘에 따라 작업하도록 할 것
2. 조립·해체 또는 변경의 시기·범위 및 절차를 그 작업에 종사하는 근로자에게 주지시킬 것
3. 조립·해체 또는 변경 작업구역에는 해당 작업에 종사하는 근로자가 아닌 사람의 출입을 금지하고 그 내용을 보기 쉬운 장소에 게시할 것
4. 비, 눈, 그 밖의 기상상태의 불안정으로 날씨가 몹시 나쁜 경우에는 그 작업을 중지시킬 것
5. 비계재료의 연결·해체작업을 하는 경우에는 폭 20센티미터 이상의 발판을 설치하고 근로자로 하여금 안전대를 사용하도록 하는 등 추락을 방지하기 위한 조치를 할 것
6. 재료·기구 또는 공구 등을 올리거나 내리는 경우에는 근로자가 달줄 또는 달포대 등을 사용하게 할 것

92 철근의 가스절단 작업 시 안전상 유의해야 할 사항으로 옳지 않은 것은?

① 작업장에는 소화기를 비치하도록 한다.
② 호스, 전선 등은 다른 작업장을 거치는 곡선상의 배선이어야 한다.
③ 전선의 경우 피복이 손상되어 있는지를 확인하여야 한다.
④ 호스는 작업 중에 겹치거나 밟히지 않도록 한다.

철근의 가스절단 작업 시 안전상 유의해야 할 사항
- 가스절단 및 용접자는 해당자격 소지자라야 하며, 작업 중에는 보호구를 착용하여야 한다.
- 가스절단 작업시 호스는 겹치거나 구부러지거나 또는 밟히지 않도록 하고 전선의 경우에는 피복이 손상되어 있는지를 확인하여야 한다.
- 호스, 전선등은 다른 작업장을 거치지 않는 직선상의 배선이어야 하며, 길이가 짧아야 한다.
- 작업장에서 가연성 물질에 인접하여 용접작업할 때에는 소화기를 비치하여야 한다.

93 터널 등의 건설작업을 하는 경우에 낙반 등에 의하여 근로자가 위험해질 우려가 있는 경우, 그 위험을 방지하기 위하여 취해야 할 조치와 거리가 먼 것은?

① 터널지보공 설치 ② 록볼트 설치
③ 부석의 제거   ④ 산소의 측정

산업안전보건기준에 관한 규칙 제351조(낙반 등에 의한 위험의 방지) 사업주는 터널 등의 건설작업을 하는 경우에 낙반 등에 의하여 근로자가 위험해질 우려가 있는 경우에 터널 지보공 및 록볼트의 설치, 부석(浮石)의 제거 등 위험을 방지하기 위하여 필요한 조치를 하여야 한다.

94 철골공사 중 트랩을 이용해 승강할 때 안전과 관련된 항목이 아닌 것은?

① 수평구명줄   ② 수직구명줄
③ 죔줄   ④ 추락방지대

안전대에는 수평구명줄이 없다.

95 거푸집 및 동바리 설계 시 적용하는 연직방향하중에 해당되지 않는 것은?

① 콘크리트의 측압　　② 철근콘크리트의 자중
③ 작업하중　　　　　④ 충격하중

거푸집 설계시 고려하여야 하는 하중
- 수직(연직) 방향 : 고정하중, 충격하중, 작업하중, 적설하중, 콘크리트의 자중
- 수평방향 : 풍압, 콘크리트 측압, 콘크리트 타설 방향에 따른 편심하중

96 철골작업 시의 위험방지와 관련하여 철골작업을 중지하여야 하는 강설량의 기준은?

① 시간당 1mm 이상인 경우　　② 시간당 3mm 이상인 경우
③ 시간당 1cm 이상인 경우　　④ 시간당 3cm 이상인 경우

산업안전보건기준에 관한 규칙 제383조(작업의 제한) 사업주는 다음 각 호의 어느 하나에 해당하는 경우에 철골작업을 중지하여야 한다.
1. 풍속이 초당 10미터 이상인 경우
2. 강우량이 시간당 1밀리미터 이상인 경우
3. 강설량이 시간당 1센티미터 이상인 경우

97 굴착공사의 경우 유해위험방지계획서 제출대상의 기준으로 옳은 것은?

① 깊이 5m 이상인 굴착공사　　② 깊이 8m 이상인 굴착공사
③ 깊이 10m 이상인 굴착공사　　④ 깊이 15m 이상인 굴착공사

유해위험방지계획서 제출 대상 공사(산업안전보건법 시행령 제42조 ③항)
1. 다음 각 목의 어느 하나에 해당하는 건축물 또는 시설 등의 건설·개조 또는 해체 공사
   가. 지상높이가 31미터 이상인 건축물 또는 인공구조물
   나. 연면적 3만제곱미터 이상인 건축물
   다. 연면적 5천제곱미터 이상인 시설로서 다음의 어느 하나에 해당하는 시설
      1) 문화 및 집회시설(전시장 및 동물원·식물원은 제외한다)
      2) 판매시설, 운수시설(고속철도의 역사 및 집배송시설은 제외한다)
      3) 종교시설
      4) 의료시설 중 종합병원
      5) 숙박시설 중 관광숙박시설
      6) 지하도상가
      7) 냉동·냉장 창고시설
2. 연면적 5천제곱미터 이상인 냉동·냉장 창고시설의 설비공사 및 단열공사
3. 최대 지간(支間)길이(다리의 기둥과 기둥의 중심사이의 거리)가 50미터 이상인 다리의 건설등 공사
4. 터널의 건설등 공사
5. 다목적댐, 발전용댐, 저수용량 2천만톤 이상의 용수 전용 댐 및 지방상수도 전용 댐의 건설등 공사
6. 깊이 10미터 이상인 굴착공사

98 비계의 높이가 2m 이상인 작업장소에 설치되는 작업발판의 구조에 관한 기준으로 옳지 않은 것은?

① 작업발판의 폭은 40cm 이상으로 할 것
② 발판재료 간의 틈은 5cm 이하로 할 것
③ 작업발판재료는 뒤집히거나 떨어지지 않도록 둘 이상의 지지물에 연결하거나 고정시킬 것
④ 작업발판을 작업에 따라 이동시킬 경우에는 위험 방지에 필요한 조치를 할 것

산업안전보건법 시행규칙 제56조(작업발판의 구조) 사업주는 비계(달비계, 달대비계 및 말비계는 제외한다)의 높이가 2미터 이상인 작업장소에 다음 각 호의 기준에 맞는 작업발판을 설치하여야 한다.
1. 발판재료는 작업할 때의 하중을 견딜 수 있도록 견고한 것으로 할 것
2. 작업발판의 폭은 40센티미터 이상으로 하고, 발판재료 간의 틈은 3센티미터 이하로 할 것. 다만, 외줄비계의 경우에는 고용노동부장관이 별도로 정하는 기준에 따른다.
3. 제2호에도 불구하고 선박 및 보트 건조작업의 경우 선박블록 또는 엔진실 등의 좁은 작업공간에 작업발판을 설치하기 위하여 필요하면 작업발판의 폭을 30센티미터 이상으로 할 수 있고, 걸침비계의 경우 강관기둥 때문에 발판재료 간의 틈을 3센티미터 이하로 유지하기 곤란하면 5센티미터 이하로 할 수 있다. 이 경우 그 틈 사이로 물체 등이 떨어질 우려가 있는 곳에는 출입금지 등의 조치를 하여야 한다.
4. 추락의 위험이 있는 장소에는 안전난간을 설치할 것. 다만, 작업의 성질상 안전난간을 설치하는 것이 곤란한 경우, 작업의 필요상 임시로 안전난간을 해체할 때에 추락방호망을 설치하거나 근로자로 하여금 안전대를 사용하도록 하는 등 추락 위험 방지 조치를 한 경우에는 그러하지 아니하다.
5. 작업발판의 지지물은 하중에 의하여 파괴될 우려가 없는 것을 사용할 것
6. 작업발판재료는 뒤집히거나 떨어지지 않도록 둘 이상의 지지물에 연결하거나 고정시킬 것
7. 작업발판을 작업에 따라 이동시킬 경우에는 위험 방지에 필요한 조치를 할 것

99 고소작업대를 사용하는 경우 준수해야 할 사항으로 옳지 않은 것은?

① 안전한 작업을 위하여 적정수준의 조도를 유지할 것
② 전로(電路)에 근접하여 작업을 하는 경우에는 작업감시자를 배치하는 등 감전사고를 방지하기 위하여 필요한 조치를 할 것
③ 작업대의 붐대를 상승시킨 상태에서 탑승자는 작업대를 벗어나지 말 것
④ 전환스위치는 다른 물체를 이용하여 고정할 것

산업안전보건기준에 관한 규칙 제186조(고소작업대 설치 등의 조치) ① 사업주는 고소작업대를 설치하는 경우에는 다음 각 호에 해당하는 것을 설치하여야 한다.
1. 작업대를 와이어로프 또는 체인으로 올리거나 내릴 경우에는 와이어로프 또는 체인이 끊어져 작업대가 떨어지지 아니하는 구조여야 하며, 와이어로프 또는 체인의 안전율은 5 이상일 것
2. 작업대를 유압에 의해 올리거나 내릴 경우에는 작업대를 일정한 위치에 유지할 수 있는 장치를 갖추고 압력의 이상저하를 방지할 수 있는 구조일 것
3. 권과방지장치를 갖추거나 압력의 이상상승을 방지할 수 있는 구조일 것
4. 붐의 최대 지면경사각을 초과 운전하여 전도되지 않도록 할 것
5. 작업대에 정격하중(안전율 5 이상)을 표시할 것
6. 작업대에 끼임·충돌 등 재해를 예방하기 위한 가드 또는 과상승방지장치를 설치할 것
7. 조작반의 스위치는 눈으로 확인할 수 있도록 명칭 및 방향표시를 유지할 것
② 사업주는 고소작업대를 설치하는 경우에는 다음 각 호의 사항을 준수하여야 한다.
1. 바닥과 고소작업대는 가능하면 수평을 유지하도록 할 것
2. 갑작스러운 이동을 방지하기 위하여 아웃트리거 또는 브레이크 등을 확실히 사용할 것

③ 사업주는 고소작업대를 이동하는 경우에는 다음 각 호의 사항을 준수해야 한다.
   1. 작업대를 가장 낮게 내릴 것
   2. 작업자를 태우고 이동하지 말 것. 다만, 이동 중 전도 등의 위험예방을 위하여 유도하는 사람을 배치하고 짧은 구간을 이동하는 경우에는 제1호에 따라 작업대를 가장 낮게 내린 상태에서 작업자를 태우고 이동할 수 있다.
   3. 이동통로의 요철상태 또는 장애물의 유무 등을 확인할 것
④ 사업주는 고소작업대를 사용하는 경우에는 다음 각 호의 사항을 준수하여야 한다.
   1. 작업자가 안전모·안전대 등의 보호구를 착용하도록 할 것
   2. 관계자가 아닌 사람이 작업구역에 들어오는 것을 방지하기 위하여 필요한 조치를 할 것
   3. 안전한 작업을 위하여 적정수준의 조도를 유지할 것
   4. 전로(電路)에 근접하여 작업을 하는 경우에는 작업감시자를 배치하는 등 감전사고를 방지하기 위하여 필요한 조치를 할 것
   5. 작업대를 정기적으로 점검하고 붐·작업대 등 각 부위의 이상 유무를 확인할 것
   6. 전환스위치는 다른 물체를 이용하여 고정하지 말 것
   7. 작업대는 정격하중을 초과하여 물건을 싣거나 탑승하지 말 것
   8. 작업대의 붐대를 상승시킨 상태에서 탑승자는 작업대를 벗어나지 말 것. 다만, 작업대에 안전대 부착설비를 설치하고 안전대를 연결하였을 때에는 그러하지 아니하다.

100 계단의 개방된 측면에 근로자의 추락 위험을 방지하기 위하여 안전난간을 설치하고자 할 때 그 설치기준으로 옳지 않은 것은?

① 안전난간은 상부 난간대, 중간 난간대, 발끝막이판 및 난간기둥으로 구성할 것
② 발끝막이판은 바닥면 등으로부터 10cm 이상의 높이를 유지할 것
③ 난간기둥은 상부 난간대와 중간 난간대를 견고하게 떠받칠 수 있도록 적정한 간격을 유지할 것
④ 난간대는 지름 3.8cm 이상의 금속제 파이프나 그 이상의 강도가 있는 재료일 것

산업안전보건기준에 관한 규칙 제13조(안전난간의 구조 및 설치요건) 사업주는 근로자의 추락 등의 위험을 방지하기 위하여 안전난간을 설치하는 경우 다음 각 호의 기준에 맞는 구조로 설치해야 한다.
1. 상부 난간대, 중간 난간대, 발끝막이판 및 난간기둥으로 구성할 것. 다만, 중간 난간대, 발끝막이판 및 난간기둥은 이와 비슷한 구조와 성능을 가진 것으로 대체할 수 있다.
2. 상부 난간대는 바닥면·발판 또는 경사로의 표면(이하 "바닥면등"이라 한다)으로부터 90센티미터 이상 지점에 설치하고, 상부 난간대를 120센티미터 이하에 설치하는 경우에는 중간 난간대는 상부 난간대와 바닥면의 중간에 설치해야 하며, 120센티미터 이상 지점에 설치하는 경우에는 중간 난간대를 2단 이상으로 균등하게 설치하고 난간의 상하 간격은 60센티미터 이하가 되도록 할 것. 다만, 난간기둥 간의 간격이 25센티미터 이하인 경우에는 중간 난간대를 설치하지 않을 수 있다.
3. 발끝막이판은 바닥면등으로부터 10센티미터 이상의 높이를 유지할 것. 다만, 물체가 떨어지거나 날아올 위험이 없거나 그 위험을 방지할 수 있는 망을 설치하는 등 필요한 예방 조치를 한 장소는 제외한다.
4. 난간기둥은 상부 난간대와 중간 난간대를 견고하게 떠받칠 수 있도록 적정한 간격을 유지할 것
5. 상부 난간대와 중간 난간대는 난간 길이 전체에 걸쳐 바닥면등과 평행을 유지할 것
6. 난간대는 지름 2.7센티미터 이상의 금속제 파이프나 그 이상의 강도가 있는 재료일 것
7. 안전난간은 구조적으로 가장 취약한 지점에서 가장 취약한 방향으로 작용하는 100킬로그램 이상의 하중에 견딜 수 있는 튼튼한 구조일 것

정답 2019년 08월 04일 최근 기출문제

01 ②	02 ②	03 ①	04 ①	05 ③	06 ④	07 ③	08 ①	09 ③	10 ②
11 ②	12 ③	13 ①	14 ④	15 ①	16 ①	17 ③	18 ④	19 ④	20 ③
21 ④	22 ①	23 ①	24 ②	25 ①	26 ④	27 ③	28 ①	29 ②	30 ②
31 ①	32 ③	33 ①	34 ②	35 ③	36 ②	37 ④	38 ④	39 ③	40 ③
41 ②	42 ①	43 ④	44 ②	45 ②	46 ②	47 ③	48 ③	49 ③	50 ①
51 ①	52 ④	53 ④	54 ②	55 ②	56 ②	57 ②	58 ③	59 ③	60 ④
61 ④	62 ①	63 ②	64 ③	65 ④	66 ②	67 ②	68 ②	69 ④	70 ②
71 ③	72 ④	73 ①	74 ②	75 ①	76 ③	77 ③	78 ②	79 ④	80 ③
81 ④	82 ②	83 ③	84 ①	85 ①	86 ④	87 ②	88 ③	89 ②	90 ④
91 ③	92 ②	93 ④	94 ①	95 ①	96 ③	97 ③	98 ②	99 ④	100 ④

2020년 06월 14일

최근 기출문제

제 01 과목 | 산업재해 예방 및 안전보건교육

01 산업안전보건법령상 안전보건표지의 종류와 형태 중 그림과 같은 경고 표지는?(단, 바탕은 무색, 기본모형은 빨간색, 그림은 검은색이다.)

① 부식성물질 경고 ② 폭발성물질 경고
③ 산화성물질 경고 ④ 인화성물질 경고

해설

경고표지(산업안전보건법 시행규칙 별표 6)

201 인화성 물질 경고	202 산화성 물질 경고	203 폭발성 물질 경고	204 급성독성 물질 경고	205 부식성 물질 경고	206 방사성 물질 경고	207 고압전기 경고	208 매달린 물체 경고

209 낙하물 경고	210 고온경고	211 저온경고	212 몸균형 상실 경고	213 레이저 광선 경고	214 발암성 · 변이원성 · 생식독성 · 전신 독성 · 호흡기 과민성 물질 경고	215 위험장소 경고

02 산업재해 예방의 4원칙 중 "재해발생에는 반드시 원인이 있다."라는 원칙은?

① 대책 선정의 원칙 ② 원인 계기의 원칙
③ 손실 우연의 원칙 ④ 예방 가능의 원칙

재해방지의 기본원칙
- 손실우연의 원칙 : 사고에 의해서 생기는 손실(상해)의 종류와 정도는 우연적이다.(1 : 29 : 300의 법칙)
- 원인계기의 원칙 : 모든 재해는 필연적인 원인에 의해서 발생한다.
- 예방가능의 원칙 : 재해는 원칙적으로 모두 방지가 가능하다.
- 대책선정의 원칙 : 재해방지 대책은 신속하고 확실하게 실시되어야 한다.

03 테크니컬 스킬즈(technical skills)에 관한 설명으로 옳은 것은?

① 모럴(morale)을 앙양시키는 능력
② 인간을 사물에게 적응시키는 능력
③ 사물을 인간에게 유리하게 처리하는 능력
④ 인간과 인간의 의사소통을 원활히 처리하는 능력

테크니컬 스킬즈와 소시얼 스킬즈
- 테크니컬 스킬즈(technical skills) : 사물을 인간의 목적에 유익하도록 처리하는 능력
- 소시얼 스킬즈(social skills) : 사람과 사람 사이의 커뮤니케이션을 양호하게 하고 사람들의 요구를 충족시키고 모럴을 앙양시키는 능력

04 보호구 안전인증 고시에 따른 안전화의 정의 중 (   )안에 알맞은 것은?

> 경작업용 안전화란 (㉠) mm의 낙하높이에서 시험했을 때 충격과 (㉡ ±0.1) kN의 압축하중에서 시험했을 때 압박에 대하여 보호해 줄 수 있는 선심을 부착하여, 착용자를 보호하기 위한 안전화를 말한다.

① ㉠ 500, ㉡ 10.0　　② ㉠ 250, ㉡ 10.0
③ ㉠ 500, ㉡ 4.4　　④ ㉠ 250, ㉡ 4.4

경작업용 안전화
- 250mm의 낙하높이에서 시험했을 때 충격과 (4.4±0.1)kN의 압축 하중에서 시험했을 때 압박에 대하여 보호해 줄 수 있는 선심을 부착하여, 착용자를 보호하기 위한 안전화를 말한다.
- 금속 선별, 전기제품 조립, 화학제품 선별, 반응장치 운전, 식품 가공업 등 비교적 경량의 물체를 취급하는 작업장으로서 날카로운 물체에 의해 찔릴 우려가 있는 장소에서 사용된다.

05 조직이 리더에게 부여하는 권한으로 볼 수 없는 것은?

① 보상적 권한　　② 강압적 권한
③ 합법적 권한　　④ 위임된 권한

지도자(리더십)의 권한
- 조직이 지도자에게 부여하는 권한
  – 보상적 권한 : 지도자가 부하들에게 보상할 수 있는 능력으로 인해 부하직원들을 통제할 수 있으며 부하들의 행동에

대해 영향을 끼칠 수 있는 권한
- 강압적 권한 : 부하직원들을 처벌할 수 있는 권한
- 합법적 권한 : 조직의 규정에 의해 지도자의 권한이 공식화된 것
• 지도자 자신에 의해 생성되는 권한
- 위임된 권한 : 집단의 목표를 성취하기 위해 부하직원들이 지도자가 정한 목표를 자진해서 자신의 것으로 받아들여 지도자와 함께 일하는 것
- 전문성의 권한 : 지도자가 목표수행에 필요한 전문적인 지식을 갖고 업무수행을 하므로 부하직원들이 자발적으로 지도자를 따름

06 산업안전보건법령상 근로자 안전·보건교육 중 채용 시의 교육 및 작업내용 변경 시의 교육 사항으로 옳은 것은?

① 물질안전보건자료에 관한 사항
② 건강증진 및 질병 예방에 관한 사항
③ 유해·위험 작업환경 관리에 관한 사항
④ 표준안전작업방법 및 지도 요령에 관한 사항

채용 시 교육 및 작업내용 변경 시 교육(산업안전보건법 시행규칙 별표 5)
• 산업안전 및 산업재해 예방에 관한 사항(화재·폭발 사고 발생 시 대피에 관한 사항 포함)
• 산업보건 및 건강장해 예방에 관한 사항
• 위험성 평가에 관한 사항
• 산업안전보건법령 및 산업재해보상보험 제도에 관한 사항
• 직무스트레스 예방 및 관리에 관한 사항
• 직장 내 괴롭힘, 고객의 폭언 등으로 인한 건강장해 예방 및 관리에 관한 사항
• 기계·기구의 위험성과 작업의 순서 및 동선에 관한 사항
• 작업 개시 전 점검에 관한 사항
• 정리정돈 및 청소에 관한 사항
• 사고 발생 시 긴급조치에 관한 사항
• 물질안전보건자료에 관한 사항

07 상시 근로자수가 75명인 사업장에서 1일 8시간씩 연간 320일을 작업하는 동안에 4건의 재해가 발생하였다면 이 사업장의 도수율은 약 얼마인가?

① 17.68　　　　② 19.67
③ 20.83　　　　④ 22.83

$$도수율 = \frac{재해발생건수}{연근로시간수} \times 10^6 = \frac{4}{75 \times 8 \times 320} \times 10^6 = 20.833$$

08 다음 중 매슬로우(Maslow)가 제창한 인간의 욕구 5단계 이론을 단계별로 옳게 나열한 것은?

① 생리적 욕구 → 안전 욕구 → 사회적 욕구 → 존경의 욕구 → 자아실현의 욕구
② 안전 욕구 → 생리적 욕구 → 사회적 욕구 → 존경의 욕구 → 자아실현의 욕구
③ 사회적 욕구 → 생리적 욕구 → 안전 욕구 → 존경의 욕구 → 자아실현의 욕구
④ 사회적 욕구 → 안전 욕구 → 생리적 욕구 → 존경의 욕구 → 자아실현의 욕구

매슬로우(Abraham H. Maslow)의 욕구 5단계
- 1단계 : 생리적 욕구(기아, 갈증, 호흡, 배설, 성욕 등)
- 2단계 : 안전의 욕구(안전을 구하고자 하는 욕구)
- 3단계 : 사회적 욕구(애정, 소속에 대한 욕구)
- 4단계 : 인정받으려는 욕구(자존심, 명예, 성취, 지위에 대한 욕구)
- 5단계 : 자아실현의 욕구(잠재적인 능력을 실현하고자 하는 욕구)

09 하인리히 재해 발생 5단계 중 3단계에 해당하는 것은?

① 불안전한 행동 또는 불안전한 상태
② 사회적 환경 및 유전적 요소
③ 관리의 부재
④ 사고

하인리히(Heinrich)의 사고연쇄성 이론[도미노(Domino) 현상]
- 1단계 : 사회적 환경 및 유전적 요소
- 2단계 : 개인적 결함
- 3단계 : 불안전한 행동 및 불안전한 상태(물리적, 기계적 위험)
- 4단계 : 사고
- 5단계 : 재해

10 산업안전보건법령상 특별교육 대상 작업별 교육 작업 기준으로 틀린 것은?

① 전압이 75V 이상인 정전 및 활선작업
② 굴착면의 높이가 2m 이상이 되는 암석의 굴착작업
③ 동력에 의하여 작동되는 프레스 기계를 3대 이상 보유한 사업장에서 해당 기계로 하는 작업
④ 1톤 미만의 크레인 또는 호이스트를 5대 이상 보유한 사업장에서 해당 기계로 하는 작업

특별교육 대상 작업(산업안전보건법 시행규칙 별표 5)
- 고압실 내 작업(잠함공법이나 그 밖의 압기공법으로 대기압을 넘는 기압인 작업실 또는 수갱 내부에서 하는 작업만 해당)
- 아세틸렌 용접장치 또는 가스집합 용접장치를 사용하는 금속의 용접·용단 또는 가열작업(발생기·도관 등에 의하여 구성되는 용접장치만 해당)
- 밀폐된 장소(탱크 내 또는 환기가 극히 불량한 좁은 장소를 말한다)에서 하는 용접작업 또는 습한 장소에서 하는 전기용접작업
- 폭발성·물반응성·자기반응성·자기발열성 물질, 자연발화성 액체·고체 및 인화성 액체의 제조 또는 취급작업(시험연구를 위한 취급작업은 제외)
- 액화석유가스·수소가스 등 인화성 가스 또는 폭발성 물질 중 가스의 발생장치 취급작업
- 화학설비 중 반응기, 교반기·추출기의 사용 및 세척작업
- 화학설비의 탱크 내 작업
- 분말·원재료 등을 담은 호퍼·저장창고 등 저장탱크의 내부작업
- 다음 각 목에 정하는 설비에 의한 물건의 가열·건조작업

- 건조설비 중 위험물 등에 관계되는 설비로 속부피가 1m³ 이상인 것
- 건조설비 중 가목의 위험물 등 외의 물질에 관계되는 설비로서, 연료를 열원으로 사용하는 것(그 최대연소소비량이 매 시간당 10kg 이상인 것만 해당) 또는 전력을 열원으로 사용하는 것(정격소비전력이 10kW 이상인 경우만 해당)
• 다음 각 목에 해당하는 집재장치(집재기·가선·운반기구·지주 및 이들에 부속하는 물건으로 구성되고, 동력을 사용하여 원목 또는 장작과 숯을 담아 올리거나 공중에서 운반하는 설비를 말한다)의 조립, 해체, 변경 또는 수리작업 및 이들 설비에 의한 집재 또는 운반 작업
  - 원동기의 정격출력이 7.5kW를 넘는 것
  - 지간의 경사거리 합계가 350m 이상인 것
  - 최대사용하중이 200kg 이상인 것
• 동력에 의하여 작동되는 프레스 기계를 5대 이상 보유한 사업장에서 해당 기계로 하는 작업
• 목재가공용 기계(둥근톱기계, 띠톱기계, 대패기계, 모떼기기계 및 라우터만 해당하며, 휴대용은 제외)를 5대 이상 보유한 사업장에서 해당 기계로 하는 작업
• 운반용 등 하역기계를 5대 이상 보유한 사업장에서의 해당 기계로 하는 작업
• 1톤 이상의 크레인을 사용하는 작업 또는 1톤 미만의 크레인 또는 호이스트를 5대 이상 보유한 사업장에서 해당 기계로 하는 작업
• 건설용 리프트·곤돌라를 이용한 작업
• 주물 및 단조작업
• 전압이 75V 이상인 정전 및 활선작업
• 콘크리트 파쇄기를 사용하여 하는 파쇄작업(2m 이상인 구축물의 파쇄작업만 해당)
• 굴착면의 높이가 2m 이상이 되는 지반 굴착(터널 및 수직갱 외의 갱 굴착은 제외) 작업
• 흙막이 지보공의 보강 또는 동바리를 설치하거나 해체하는 작업
• 터널 안에서의 굴착작업(굴착용 기계를 사용하여 하는 굴착작업 중 근로자가 칼날 밑에 접근하지 않고 하는 작업은 제외) 또는 같은 작업에서의 터널 거푸집 지보공의 조립 또는 콘크리트 작업
• 굴착면의 높이가 2m 이상이 되는 암석의 굴착작업
• 높이가 2m 이상인 물건을 쌓거나 무너뜨리는 작업(하역기계로만 하는 작업은 제외)
• 선박에 짐을 쌓거나 부리거나 이동시키는 작업
• 거푸집 동바리의 조립 또는 해체작업
• 비계의 조립·해체 또는 변경작업
• 건축물의 골조, 다리의 상부구조 또는 탑의 금속제의 부재로 구성되는 것(5m 이상인 것만 해당)의 조립·해체 또는 변경작업
• 처마 높이가 5m 이상인 목조건축물의 구조 부재의 조립이나 건축물의 지붕 또는 외벽 밑에서의 설치작업
• 콘크리트 인공구조물(그 높이가 2m 이상인 것만 해당)의 해체 또는 파괴작업
• 타워크레인을 설치(상승작업을 포함)·해체하는 작업
• 보일러(소형 보일러 및 다음 각 목에서 정하는 보일러는 제외)의 설치 및 취급작업
  - 몸통 반지름이 750mm 이하이고 그 길이가 1,300mm 이하인 증기보일러
  - 전열면적이 3m² 이하인 증기보일러
  - 전열면적이 14m² 이하인 온수보일러
  - 전열면적이 30m² 이하인 관류보일러
• 게이지 압력을 제곱센티미터당 1kg 이상으로 사용하는 압력용기의 설치 및 취급작업
• 방사선 업무에 관계되는 작업(의료 및 실험용은 제외)
• 맨홀작업
• 밀폐공간에서의 작업
• 허가 및 관리 대상 유해물질의 제조 또는 취급작업
• 로봇작업
• 석면해체·제거작업

11 산업 재해의 발생 유형으로 볼 수 없는 것은?

① 지그재그형　　　② 집중형
③ 연쇄성　　　　　④ 복합형

해설

재해발생의 메커니즘(3가지의 구조적 요소)
- 단순 자극형(집중형) : 일어난 장소나 그 시점에 일시적으로 요인이 집중하여 재해가 발생하는 경우이다.
- 연쇄형 : 어느 하나의 요소가 원인이 되어 다른 요인을 발생시키고 이것이 또 다른 요소를 연쇄적으로 발생시키는 형태, 즉 연쇄적인 작용으로 재해를 일으키는 형태이다.
- 복합형 : 집중형과 연쇄형의 복합적인 형태로 대부분의 경우 재해발생은 복합형으로 일어난다고 볼 수 있다.

12 일반적으로 사업장에서 안전관리조직을 구성할 때 고려할 사항과 가장 거리가 먼 것은?

① 조직 구성원의 책임과 권한을 명확하게 한다.
② 회사의 특성과 규모에 부합되게 조직되어야 한다.
③ 생산조직과는 동떨어진 독특한 조직이 되도록 하여 효율성을 높인다.
④ 조직의 기능이 충분히 발휘될 수 있는 제도적 체계가 갖추어져야 한다.

해설

안전관리조직은 생산라인과 밀착된 조직이어야 한다.

13 재해의 원인 분석법 중 사고의 유형, 기인물 등 분류 항목을 큰 순서대로 도표화하여 문제나 목표의 이해가 편리한 것은?

① 관리도(control chart)
② 파렛토도(pareto diagram)
③ 클로즈분석(close analysis)
④ 특성요인도(cause-reason diagram)

해설

통계원인 분석방법 4가지
- 파레토도 : 사고의 유형, 기인물 등의 분류 항목을 순서대로 도표화하여 문제나 목표의 이해에 편리
- 특성요인도 : 특성과 요인과의 관계를 도표로 하여 어골(魚骨)상으로 세분화
- 클로즈분석(크로스도) : 2개 이상의 문제를 분석하는데 사용
- 관리도 : 재해발생건수 등의 추이를 파악

14 기억의 과정 중 과거의 학습경험을 통해서 학습된 행동이 현재와 미래에 지속되는 것을 무엇이라 하는가?

① 기명(memorizing) ② 파지(retention)
③ 재생(recall) ④ 재인(recognition)

해설

기억의 과정
- 기억 : 과거의 경험이 어떠한 형태로 미래의 행동에 영향을 주는 작용
- 기명 : 사물의 인상이 마음속에 간직하는 것
- 파지 : 과거의 학습경험을 통해서 학습된 행동이 현재와 미래에 지속되는 것
- 재생 : 보존된 인상이 다시 의식으로 떠오르는 것
- 재인 : 과거에 경험했던 것과 같은 비슷한 상태에 부딪쳤을 때 떠오르는 것

15 심리검사의 특징 중 "검사의 관리를 위한 조건과 절차의 일관성과 통일성"을 의미하는 것은?

① 규준
② 표준화
③ 객관성
④ 신뢰성

심리검사의 구비조건
- 표준화 : 검사관리를 위한 조건과 검사절차의 일관성과 통일성
- 객관성 : 검사결과의 채점에 관한 것으로 채점하는 과정에서 채점자의 편견이나 주관성이 배제되어야 하며 어떤 사람이 채점하여도 동일한 결과를 얻어야 함
- 규준(Norms) : 검사의 결과를 해석하기 위해서는 비교할 수 있는 참조 또는 비교의 어떤 틀이 있어야 하는데, 이 틀은 검사규준이 제공
- 신뢰성 : 검사응답의 일관성, 즉 반복성을 말하는 것
- 타당성 : 측정하고자 하는 것을 실제로 잘 측정하는지의 여부를 판별하는 것

16 주의의 특성으로 볼 수 없는 것은?

① 변동성
② 선택성
③ 방향성
④ 통합성

주의의 특징
- 선택성 : 여러 종류의 자극을 자각할 때 소수의 특정한 것에 한하여 선택하는 기능
- 방향성 : 주시점만 인지하는 기능
- 변동성 : 주의에는 주기적으로 부주의의 리듬이 존재

17 위험예지훈련 기초 4라운드(4R)에서 라운드별 내용이 바르게 연결된 것은?

① 1라운드 : 현상파악
② 2라운드 : 대책수립
③ 3라운드 : 목표설정
④ 4라운드 : 본질추구

위험예지 훈련의 기초 4라운드 진행방법
- 1R(현상파악) : 어떤 위험이 잠재하고 있는지 사실을 파악하는 라운드(BS적용)
- 2R(본질추구) : 가장 위험한 요인(위험 포인트)을 합의로 결정하는 라운드(요약)
- 3R(대책수립) : 구체적인 대책을 수립하는 라운드(BS적용)
- 4R(목표달성-설정) : 수립한 대책 가운데 질이 높은 항목에 합의하는 라운드(요약)

18 O.J.T(On the job Training) 교육의 장점과 가장 거리가 것은?

① 훈련에만 전념할 수 있다.
② 직장의 실정에 맞게 실제적 훈련이 가능하다.

③ 개개인의 업무능력에 적합하고 자세한 교육이 가능하다.
④ 교육을 통하여 상사와 부하간의 의사소통과 신뢰감이 깊게 된다.

OJT와 off JT의 특징

OJT	off JT
• 개개인에게 적합한 지도훈련이 가능 • 직장의 실정에 맞는 실체적 훈련 • 훈련에 필요한 업무의 계속성 • 즉시 업무에 연결되는 관계로 신체와 관련 • 효과가 곧 업무에 나타나며 훈련의 좋고 나쁨에 따라 개선이 용이 • 교육을 통한 훈련 효과에 의해 상호 신뢰이해도가 높아짐	• 다수의 근로자에게 조직적 훈련이 가능 • 훈련에만 전념 • 특별 설비 기구를 이용 • 전문가를 강사로 초청 • 각 직장의 근로자가 많은 지식이나 경험을 교류 • 교육 훈련 목표에 대해서 집단적 노력이 흐트러 질 수도 있음

19 기계 · 기구 또는 설비의 신설, 변경 또는 고장 수리 등 부정기적인 점검을 말하며, 기술적 책임자가 시행하는 점검은?

① 정기 점검 ② 수시 점검
③ 특별 점검 ④ 임시 점검

안전점검의 종류
• 수시점검 : 작업전 · 중 · 후에 실시하는 점검
• 정기점검 : 일정기간마다 정기적으로 실시하는 점검
• 특별점검
  – 기계 · 기구 · 설비의 신설시 · 변경 내지 고장 수리시 실시하는 점검
  – 천재지변 발생 후 실시하는 점검
  – 안전강조 기간내에 실시하는 점검
• 임시점검 : 이상 발견시 임시로 실시, 정기점검과 정기점검 사이에 실시하는 점검

20 교육의 3요소 중 교육의 주체에 해당하는 것은?

① 강사 ② 교재
③ 수강자 ④ 교육방법

교육의 3요소
• 교육의 주체 : 교도자, 강사
• 교육의 객체 : 학생, 수강자
• 교육의 매개체 : 교재

제 02 과목 인간공학 및 위험성 평가·관리

21 FTA에 사용되는 기호 중 다음 기호에 해당하는 것은?

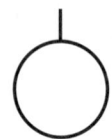

① 생략사상　　　② 부정사상
③ 결함사상　　　④ 기본사상

FTA 도표에 사용하는 논리기호

명칭	기호	명칭	기호
결함사상	□	전이 기호 (이행 기호)	△ (in)　△ (out)
기본사상	○	AND gate	출력/입력 기호
생략사상 (추적 불가능한 최후사상)	◇	OR gate	출력/입력 기호
통상사상 (家刑事像)	⌂	수정기호 조건	출력/조건/입력 기호

22 공간 배치의 원칙에 해당되지 않는 것은?

① 중요성의 원칙　　　② 다양성의 원칙
③ 사용빈도의 원칙　　④ 기능별 배치의 원칙

공간(부품) 배치의 원칙
• 중요성의 원칙　　　• 사용 빈도의 원칙
• 기능별 배치의 원칙　• 사용순서의 원칙

23 가청 주파수 내에서 사람의 귀가 가장 민감하게 반응하는 주파수 대역은?

① 20 ~ 20000Hz ② 50 ~ 15000Hz
③ 100 ~ 10000Hz ④ 500 ~ 3000Hz

가청 주파수는 20~20000Hz이며, 그 중 사람의 귀가 가장 민감하게 반응하는 주파수 대역은 500~3000Hz이다.

24 반복되는 사건이 많이 있는 경우, FTA의 최소 컷셋과 관련이 없는 것은?

① Fussel Algorithm
② Boolean Algorithm
③ Monte Carlo Algorithm
④ Limnios & Ziani Algorithm

몬테카를로 알고리즘(Monte Carlo Algorithm)은 확률적 알고리즘으로서 단 한 번의 과정으로 정확한 해를 구하기 어려운 경우 무작위로 난수를 반복적으로 발생하여 해를 구하는 절차를 말하며, 어떤 분석 대상에 대한 완전한 확률 분포가 주어지지 않을 때 유용하다.

25 글자의 설계 요소 중 검은 바탕에 쓰여진 흰 글자가 번져 보이는 허상과 가장 관련 있는 것은?

① 획폭비 ② 글자체
③ 종이 크기 ④ 글자 두께

문자-숫자 및 관련 표시장치
- 획폭비 : 문자나 숫자의 높이에 대한 획 굵기의 비율로써 나타내며, 최적 독해성(최대 명시거리)을 주는 획폭비는 흰 숫자(검은바탕)의 경우에 1 : 13.3 이고 검은 숫자(흰 바탕)의 경우는 1 : 8 정도
- 광삼(Irradiation) 현상 : 흰 모양이 주위의 검은 배경으로 번져 보이는 현상
- 종횡비(문자 숫자의 폭 : 높이) : 일반적으로 1 : 1의 비가 적당하며 3 : 5까지는 독해성에 영향이 없고, 숫자의 경우는 3 : 5를 표준으로 함

26 화학공장(석유화학사업장 등)에서 가동문제를 파악하는 데 널리 사용되며, 위험요소를 예측하고, 새로운 공정에 대한 가동문제를 예측하는 데 사용되는 위험성평가방법은?

① SHA ② EVP
③ CCFA ④ HAZOP

위험 및 운전성 검토(Hazard and Operability Study) : 공정 관련 자료를 토대로 Study 방법에 의해서 설계된 운전 목적으로부터 이탈(Deviation)하는 원인과 그 결과를 찾아 그로 인한 위험(HAZard)과 조업도(OPerability)에 야기되는 문제에 대한 가능성을 검토하는 방법

27 인터페이스 설계시 고려해야 하는 인간과 기계와의 조화성에 해당되지 않는 것은?

① 지적 조화성   ② 신체적 조화성
③ 감성적 조화성   ④ 심미적 조화성

인간-기계의 조화성 : 신체적 조화성, 지적 조화성, 감성적 조화성

28 건강한 남성이 8시간 동안 특정 작업을 실시하고, 분당 산소 소비량이 1.1L/분으로 나타났다면 8시간 총 작업시간에 포함될 휴식시간은 약 몇 분인가?(단, Murrell의 방법을 적용하며, 휴식 중 에너지소비율은 1.5kcal/min 이다.)

① 30분   ② 54분
③ 60분   ④ 75분

휴식시간 = $\dfrac{(8 \times 60) \times (E - 5)}{E - 1.5} = \dfrac{480 \times (5 \times 1.1 - 5)}{5 \times 1.1 - 1.5} = 60$

29 시스템의 성능 저하가 인원의 부상이나 시스템 전체에 중대한 손해를 입히지 않고 제어가 가능한 상태의 위험강도는?

① 범주 Ⅰ : 파국적   ② 범주 Ⅱ : 위기적
③ 범주 Ⅲ : 한계적   ④ 범주 Ⅳ : 무시

PHA의 카테고리 분류
- Class 1 : 파국적(Catastrophic)- 사망, 시스템 손상
- Class 2 : 중대(Critical)- 심각한 상해, 시스템 중대 손상
- Class 3 : 한계적(Marginal)- 경미한 상해, 시스템 성능 저하
- Class 4 : 무시가능(Negligible)- 상해 및 시스템 저하 없음

30 통제표시비(C/D비)를 설계할 때의 고려할 사항으로 가장 거리가 먼 것은?

① 공차   ② 운동성
③ 조작시간   ④ 계기의 크기

통제비 설계 시 고려해야 할 요소
- 계기의 크기 : 조종시간이 짧게 소요되는 크기를 선택하되 너무 작으면 오차가 커질 수 있다.
- 공차 : 짧은 주행시간 내에 공차의 인정 범위를 초과하지 않는 계기여야 한다.
- 목측거리 : 목측거리가 길어질수록 조절의 정확도는 낮아지고 시간이 소요된다.
- 조작시간 : 조작시간이 지연되면 통제비가 크게 작용한다.
- 방향성 : 계기의 방향성은 안전과 능률에 영향을 주는 요소이다.

31 휴먼 에러(human error)의 분류 중 필요한 임무나 절차의 순서 착오로 인하여 발생하는 오류는?

① ommission error ② sequential error
③ commission error ④ extraneous error

Swain의 휴먼 에러(Human Error)
- 생략적 과오(omission error) : 필요한 작업 또는 절차를 수행하지 않는데 기인한 과오
- 시간적 과오(time error) : 필요한 작업 또는 절차의 수행지연으로 인한 과오
- 수행적 과오(commission error) : 필요한 작업 또는 절차의 잘못된 수행으로 인한 과오
- 순서적 과오(sequential error) : 필요한 작업 또는 절차의 순서 착오로 인한 과오
- 불필요한 과오(extraneous error) : 불필요한 작업 또는 절차를 수행함으로써 기인한 과오

32 인간-기계 시스템에서 기계와 비교한 인간의 장점으로 볼 수 없는 것은?(단, 인공지능과 관련된 사항은 제외한다.)

① 완전히 새로운 해결책을 찾아낸다.
② 여러 개의 프로그램된 활동을 동시에 수행한다.
③ 다양한 경험을 토대로 하여 의사결정을 한다.
④ 상황에 따라 변화하는 복잡한 자극 형태를 식별한다.

인간과 기계의 상대적 재능

인간이 우수한 기능	기계가 우수한 기능
• 저에너지 자극(시각, 청각, 후각 등) 감지 • 복잡 다양한 자극 형태 식별 • 예기치 못한 사건 감지 • 다량 정보를 오래 보관 • 귀납적 추리 • 과부하 상황에서는 중요한 일에만 전념 • 임기응변, 융통성, 원칙 적용, 주관적 추산, 독창력 발휘 등의 기능	• 인간 감지 범위 밖의 자극(X선, 초음파 등)도 감지 • 인간 및 기계에 대한 모니터 기능 • 드물게 발생하는 사상 감지 • 암호화된 정보를 신속하게 대량보관 • 연역적 추리 • 과부하시에도 효율적으로 작동 • 정량적 정보처리, 장시간 중량작업, 반복작업, 동시에 여러 가지 작업수행 등의 기능

33 결함수 분석법에서 일정 조합 안에 포함되는 기본사상들이 동시에 발생할 때 반드시 목표사상을 발생시키는 조합을 무엇이라는 하는가?

① Cut set ② Decision tree
③ Path set ④ 불대수

컷과 패스
- 컷셋(cut sets) : 그 속에 포함되어 있는 모든 기본사상(통상, 생략, 결함사상을 포함)이 일어났을 때 정상사상(top event)을 일으키는 기본사상의 집합
- 최소 컷셋(minimal cut sets) : 컷셋 중 그 부분집합만으로는 정상사상을 일으키는 일이 없는 것, 즉 정상사상(top event)을 일으키기 위한 최소한의 컷셋으로 어떤 고장이나 에러를 일으키면 재해가 일어나는가 하는 것. 결과적으로 시스템

의 위험성(역으로는 안전성)를 나타내는 것
- 패스셋(path sets) : 시스템이 고장나지 않도록 하는 사상의 조합
- 최소 패스셋(minimal path sets) : 시스템이 고장나지 않도록 하는 최소한의 패스셋으로 어떤 고장이나 패스를 일으키지 않으면 재해는 일어나지 않는다는 것 즉, 시스템의 신뢰성을 나타내는 것

34 다음은 1/100초 동안 발생한 3개의 음파를 나타낸 것이다. 음의 세기가 가장 큰 것과 가장 높은 음은 무엇인가?

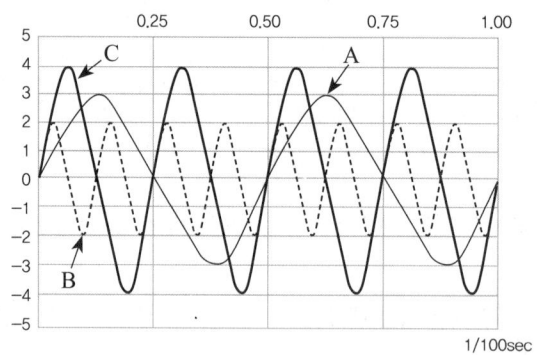

① 가장 큰 음의 세기 : A, 가장 높은 음 : B
② 가장 큰 음의 세기 : C, 가장 높은 음 : B
③ 가장 큰 음의 세기 : C, 가장 높은 음 : A
④ 가장 큰 음의 세기 : B, 가장 높은 음 : C

음의 세기(강약)는 진폭에 따라 결정되는 것으로 진폭의 제곱에 비례한다. 따라서, 음의 세기가 가장 큰 것은 C이다. 또한 음의 높이(고저)는 진동수에 따라 결정되며 진동수가 많을수록 고음이다. 따라서, 진동수가 가장 많은 B가 가장 높은 음에 해당된다.

35 건구온도 38℃, 습구온도 32℃ 일 때의 Oxford 지수는 몇 ℃ 인가?

① 30.2　　　　　　　　② 32.9
③ 35.3　　　　　　　　④ 37.1

옥스포드(Oxford) 지수
- WD(습건) 지수라고도 하며, 습구·건구 온도의 가중(加重) 평균치
- WD = 0.85W(습구 온도) + 0.15d(건구 온도)
∴ WD = (0.85 × 32) + (0.15 × 38) = 32.9℃

36 모든 시스템 안전 프로그램 중 최초 단계의 분석으로 시스템 내의 위험요소가 어떤 상태에 있는지를 정성적으로 평가하는 방법은?

① CA　　　　　　　　② FHA
③ PHA　　　　　　　　④ FMEA

> **해설**
>
> 예비위험분석(PHA, Preliminary Hazards Analysis)
> - PHA : 대부분의 시스템안전 프로그램에 있어서 최초 단계의 분석으로 시스템 내의 위험한 요소가 얼마나 위험한 상태에 있는가를 정성적으로 평가하는 방법
> - PHA의 4가지 주요 목표
>   - 시스템에 대한 모든 주요한 사고를 식별하고 대충의 말로 표시할 것(사고 발생 확률은 식별 초기에는 고려되지 않음)
>   - 사고를 유발하는 요인을 식별할 것
>   - 사고가 발생한다고 가정하고 시스템에 생기는 결과를 식별하고 평가할 것
>   - 식별된 사고를 범주(Category)로 분류할 것

37 다음 중 설비보전관리에서 설비이력카드, MTBF분석표, 고장원인 대책표와 관련이 깊은 관리는?

① 보전기록관리　　　② 보전자재관리
③ 보전작업관리　　　④ 예방보전관리

> **해설**
>
> 보전기록관리는 신뢰성과 보전성 개선을 목적으로 하며, 이에 효과적인 보전기록자료에는 설비이력카드, MTBF분석표, 고장원인 대책표가 있다.

38 인간공학적 수공구의 설계에 관한 설명으로 옳은 것은?

① 수공구 사용 시 무게 균형이 유지되도록 설계한다.
② 손잡이 크기를 수공구 크기에 맞추어 설계한다.
③ 힘을 요하는 수공구의 손잡이는 직경을 60mm 이상으로 한다.
④ 정밀 작업용 수공구의 손잡이는 직경을 5mm 이하로 한다.

> **해설**
>
> - 손잡이는 손바닥과 닿는 면적이 넓게, 길이는 최소 100mm(115~120mm가 이상적)로 설계한다.
> - 수공구 설계시 최대한 공구의 무게를 줄이고 사용시 무게의 균형이 유지되도록 설계한다.
> - 수공구의 손잡이는 단면이 반드시 원형 또는 타원형의 형태를 가진 지름 30~45mm의 크기가 적당하다.
> - 정밀작업을 위한 수공구의 손잡이는 대체로 5~12mm 사이의 지름이 적정하며, 회전력들이 필요한 대형의 스크루드라이버 같은 공구는 50~60mm 크기의 지름이 적합하다.

39 점광원(point source)에서 표면에 비추는 조도(lux)의 크기를 나타내는 식으로 옳은 것은?(단, D는 광원으로부터의 거리를 말한다.)

① $\dfrac{광도[fc]}{D^2[m^2]}$　　　② $\dfrac{광도[lm]}{D[m]}$

③ $\dfrac{광도[cd]}{D^2[m^2]}$　　　④ $\dfrac{광도[fL]}{D[m]}$

> **해설**
>
> 점광원에 의한 광속에 대해 수직인 면의 조도는 광원에서의 거리의 제곱에 반비례한다.

40 작업자가 100개의 부품을 육안 검사하여 20개의 불량품을 발견하였다. 실제 불량품이 40개라면 인간에러(human error) 확률은 약 얼마인가?

① 0.2   ② 0.3
③ 0.4   ④ 0.5

- $HEP = \dfrac{40-20}{100} = 0.2$

제 03 과목 기계·기구 및 설비 안전관리

41 산업안전보건법령상 양중기에 사용하지 않아야 하는 달기 체인의 기준으로 틀린 것은?

① 심하게 변형된 것
② 균열이 있는 것
③ 달기 체인의 길이가 달기 체인이 제조된 때의 길이의 3%를 초과한 것
④ 링의 단면지름이 달기 체인이 제조된 때의 해당 링의 지름의 10%를 초과하여 감소한 것

산업안전보건기준에 관한 규칙 제63조(달비계의 구조) ① 사업주는 곤돌라형 달비계를 설치하는 경우에는 다음 각 호의 사항을 준수해야 한다.
1. 다음 각 목의 어느 하나에 해당하는 와이어로프를 달비계에 사용해서는 아니 된다.
    가. 이음매가 있는 것
    나. 와이어로프의 한 꼬임[(스트랜드(strand)를 말한다. 이하 같다)]에서 끊어진 소선(素線)[필러(pillar)선은 제외한다)]의 수가 10퍼센트 이상(비자전로프의 경우에는 끊어진 소선의 수가 와이어로프 호칭지름의 6배 길이 이내에서 4개 이상이거나 호칭지름 30배 길이 이내에서 8개 이상)인 것
    다. 지름의 감소가 공칭지름의 7퍼센트를 초과하는 것
    라. 꼬인 것
    마. 심하게 변형되거나 부식된 것
    바. 열과 전기충격에 의해 손상된 것
2. 다음 각 목의 어느 하나에 해당하는 달기 체인을 달비계에 사용해서는 아니 된다.
    가. 달기 체인의 길이가 달기 체인이 제조된 때의 길이의 5퍼센트를 초과한 것
    나. 링의 단면지름이 달기 체인이 제조된 때의 해당 링의 지름의 10퍼센트를 초과하여 감소한 것
    다. 균열이 있거나 심하게 변형된 것

42 다음 중 연삭기를 이용한 작업을 할 경우 연삭숫돌을 교체한 후에는 얼마동안 시험운전을 하여야 하는가?

① 1분 이상   ② 3분 이상
③ 10분 이상 ④ 15분 이상

산업안전보건기준에 관한 규칙 제122조(연삭숫돌의 덮개 등) ① 사업주는 회전 중인 연삭숫돌(지름이 5센티미터 이상인 것으로 한정한다)이 근로자에게 위험을 미칠 우려가 있는 경우에 그 부위에 덮개를 설치하여야 한다.
② 사업주는 연삭숫돌을 사용하는 작업의 경우 작업을 시작하기 전에는 1분 이상, 연삭숫돌을 교체한 후에는 3분 이상 시험

운전을 하고 해당 기계에 이상이 있는지를 확인하여야 한다.
③ 제2항에 따른 시험운전에 사용하는 연삭숫돌은 작업시작 전에 결함이 있는지를 확인한 후 사용하여야 한다.
④ 사업주는 연삭숫돌의 최고 사용회전속도를 초과하여 사용하도록 해서는 아니 된다.
⑤ 사업주는 측면을 사용하는 것을 목적으로 하지 않는 연삭숫돌을 사용하는 경우 측면을 사용하도록 해서는 아니 된다.

43 연삭기 숫돌의 파괴 원인으로 볼 수 없는 것은?

① 숫돌의 회전속도가 너무 빠를 때
② 숫돌 자체에 균열이 있을 때
③ 숫돌의 정면을 사용할 때
④ 숫돌에 과대한 충격을 주게 되는 때

연삭숫돌의 파괴원인
- 숫돌의 회전 속도가 너무 빠를 때
- 숫돌의 측면을 사용하여 작업할 때
- 부적당한 숫돌을 사용할 때
- 플랜지가 현저히 작을 때
- 숫돌 자체에 균열이 있을 때
- 숫돌의 온도변화가 심할 때
- 숫돌의 치수가 부적당할 때
- 숫돌의 불균형이나 베어링의 마모에 의한 진동이 있을 때

44 드릴 작업의 안전조치 사항으로 틀린 것은?

① 칩은 와이어 브러시로 제거한다.
② 드릴 작업에서는 보안경을 쓰거나 안전덮개를 설치한다.
③ 칩에 의한 자상을 방지하기 위해 면장갑을 착용한다.
④ 바이스 등을 사용하여 작업 중 공작물의 유동을 방지한다.

드릴링머신의 안전작업수칙
- 일감은 견고하게 고정, 손으로 고정금지
- 장갑을 착용하지 말 것
- 얇은 판이나 황동 등은 목재를 사용하여 밑에 받치고 작업할 것
- 구멍이 끝까지 뚫린 것을 확인하고자 손을 집어넣지 말 것
- 칩을 털어낼때는 브러시를 사용하고 입으로 불어내지 말 것
- 가공 중에 구멍이 관통되면 기계를 멈추고 손으로 돌려서 드릴을 빼어낼 것
- 보안경을 착용할 것
- 드릴을 끼운후 척핸들(chuck handle)은 반드시 빼어놓을 것
- 자동이송작업중 기계를 멈추지 말 것
- 큰구멍을 뚫을 때에는 작은구멍을 먼저 뚫은 뒤 작업할 것

45 대패기계용 덮개의 시험 방법에서 날접촉 예방장치인 덮개와 송급 테이블 면과의 간격기준은 몇 mm 이하 여야 하는가?

① 3 ② 5
③ 8 ④ 12

대패기계용 덮개의 시험방법(방호장치 자율안전기준 고시 별표 6의2)
대패기계에 직접 부착하여 다음 각 목과 같은 작동상태를 3회 이상 반복하여 시험한다.
가. 가동식 방호장치는 스프링의 복원력상태 및 날과 덮개와의 접촉유무를 확인한다.
나. 가동부의 고정상태 및 작업자의 접촉으로 인한 위험성 유무를 확인한다.
다. 날접촉 예방장치인 덮개와 송급테이블면과의 간격이 8mm 이하이여야 한다.
라. 작업에 방해의 유무, 안전성의 여부를 확인한다.

46 롤러기에 사용되는 급정지장치의 종류가 아닌 것은?

① 손 조작식 ② 발 조작식
③ 무릎 조작식 ④ 복부 조작식

롤러기 급정지장치의 종류(방호장치 자율안전기준 고시 별표 3)

종류	위치	비고
손조작식	밑면에서 1.8m 이내	위치는 급정지장치조작부의 중심점을 기준으로 함
복부조작식	밑면에서 0.8m 이상 1.1m 이내	
무릎조작식	밑면에서 0.6m 이내	

47 연삭 숫돌과 작업받침대, 교반기의 날개, 하우스 등 기계의 회전 운동하는 부분과 고정 부분 사이에 위험이 형성되는 위험점은?

① 물림점 ② 끼임점
③ 절단점 ④ 접선물림점

위험점의 분류

구분	내용
협착점	왕복 운동하는 동작부분과 움직임이 없는 고정부분 사이에 형성되는 위험점
끼임점	고정부분과 회전하는 동작부분 사이에서 형성되는 위험점
절단점	회전하는 운동부분 자체의 위험에서 초래되는 위험점
물림점	반대로 회전하는 두 개의 회전체가 맞닿는 사이에서 발생하는 위험점
접선물림점	회전하는 부분의 접선방향으로 물려 들어갈 위험이 존재하는 위험점
회전말림점	회전하는 물체에 작업복 등이 말려드는 위험이 존재하는 위험점

48 선반의 크기를 표시하는 것으로 틀린 것은?

① 양쪽 센터 사이의 최대 거리
② 왕복대 위의 스윙

③ 베드 위의 스윙
④ 주축에 물릴 수 있는 공작물의 최대 지름

선반의 크기 표시 방법
- 베드 위의 스윙
- 왕복대 위의 스윙
- 양쪽 센터 사이의 최대거리
- 베드의 길이

49 기계설비의 방호는 위험장소에 대한 방호와 위험원에 대한 방호로 분류할 때, 다음 위험원에 대한 방호장치에 해당하는 것은?

① 격리형 방호장치
② 포집형 방호장치
③ 접근거부형 방호장치
④ 위치제한형 방호장치

방호장치의 분류
- 위험장소에 대한 방호 : 격리형, 접근거부형, 접근반응형, 위치제한형
- 위험원에 대한 방호 : 포집형, 감지형

50 개구부에서 회전하는 롤러의 위험점까지 최단거리가 60mm일 때 개구부 간격은?

① 10mm
② 12mm
③ 13mm
④ 15mm

가드의 개구부 간격(국제노동기구)
- 동력전달부분(전동체) 인 경우
  $Y = 6 + 0.1X$ [Y : 개구부 간격(mm), X : 개구부와 위험점 간의 거리(mm)]
- 전동체가 아닌 경우(회전체인 경우)
  – X가 160mm 미만인 경우 $Y = 6 + 0.15X$
  – X가 160mm 이상인 경우 $Y = 30mm$
  문제의 경우 회전체인 경우이므로
  $Y = 6 + 0.15X$
  ∴ $Y = 6 + (0.15 \times 60) = 15mm$

51 선반 작업의 안전사항으로 틀린 것은?

① 베드 위에 공구를 올려놓지 않아야 한다.
② 바이트를 교환할 때는 기계를 정지시키고 한다.
③ 바이트는 끝을 길게 장치한다.
④ 반드시 보안경을 착용한다.

바이트는 잘 갈아서 사용하며 되도록 짧게 나오도록 설치한다.

52 산업용 로봇 작업 시 안전조치 방법으로 틀린 것은?

① 작업 중의 매니퓰레이터의 속도의 지침에 따라 작업한다.
② 로봇의 조작방법 및 순서의 지침에 따라 작업한다.
③ 작업을 하고 있는 동안 해당 작업 근로자 이외에도 로봇의 기동스위치를 조작할 수 있도록 한다.
④ 2명 이상의 근로자에게 작업을 시킬 때는 신호 방법의 지침을 정하고 그 지침에 따라 작업한다.

산업안전보건기준에 관한 규칙 제222조(교시 등) 사업주는 산업용 로봇(이하 "로봇"이라 한다)의 작동범위에서 해당 로봇에 대하여 교시(敎示) 등[매니퓰레이터(manipulator)의 작동순서, 위치·속도의 설정·변경 또는 그 결과를 확인하는 것을 말한다. 이하 같다]의 작업을 하는 경우에는 해당 로봇의 예기치 못한 작동 또는 오(誤)조작에 의한 위험을 방지하기 위하여 다음 각 호의 조치를 하여야 한다. 다만, 로봇의 구동원을 차단하고 작업을 하는 경우에는 제2호와 제3호의 조치를 하지 아니할 수 있다.
1. 다음 각 목의 사항에 관한 지침을 정하고 그 지침에 따라 작업을 시킬 것
   가. 로봇의 조작방법 및 순서
   나. 작업 중의 매니퓰레이터의 속도
   다. 2명 이상의 근로자에게 작업을 시킬 경우의 신호방법
   라. 이상을 발견한 경우의 조치
   마. 이상을 발견하여 로봇의 운전을 정지시킨 후 이를 재가동시킬 경우의 조치
   바. 그 밖에 로봇의 예기치 못한 작동 또는 오조작에 의한 위험을 방지하기 위하여 필요한 조치
2. 작업에 종사하고 있는 근로자 또는 그 근로자를 감시하는 사람은 이상을 발견하면 즉시 로봇의 운전을 정지시키기 위한 조치를 할 것
3. 작업을 하고 있는 동안 로봇의 기동스위치 등에 작업 중이라는 표시를 하는 등 작업에 종사하고 있는 근로자가 아닌 사람이 그 스위치 등을 조작할 수 없도록 필요한 조치를 할 것

53 산업안전보건법령상 프레스를 사용하여 작업을 할 때 작업시작 전 점검 항목에 해당하지 않는 것은?

① 전선 및 접속부 상태
② 클러치 및 브레이크의 기능
③ 프레스의 금형 및 고정볼트 상태
④ 1행정 1정지기구·급정지장치 및 비상정지장치의 기능

프레스 사용 작업시작 전 점검내용(산업안전보건기준에 관한 규칙 별표 3)
- 클러치 및 브레이크의 기능
- 크랭크축·플라이휠·슬라이드·연결봉 및 연결 나사의 풀림 여부
- 1행정 1정지기구·급정지장치 및 비상정지장치의 기능
- 슬라이드 또는 칼날에 의한 위험방지 기구의 기능
- 프레스의 금형 및 고정볼트 상태
- 방호장치의 기능
- 전단기(剪斷機)의 칼날 및 테이블의 상태

54 작업장 내 운반을 주목적으로 하는 구내운반차가 준수해야 할 사항으로 옳지 않은 것은?

① 주행을 제동하거나 정지상태를 유지하기 위하여 유효한 제동장치를 갖출 것
② 경음기를 갖출 것
③ 전조등 또는 후미등 중 한 개를 갖출 것
④ 운전자석이 차 실내에 있는 것은 좌우에 한 개씩 방향지시기를 갖출 것

산업안전보건기준에 관한 규칙 제184조(제동장치 등) 사업주는 구내운반차(작업장내 운반을 주목적으로 하는 차량으로 한정한다)를 사용하는 경우에 다음 각 호의 사항을 준수해야 한다.
1. 주행을 제동하거나 정지상태를 유지하기 위하여 유효한 제동장치를 갖출 것
2. 경음기를 갖출 것
3. 운전석이 차 실내에 있는 것은 좌우에 한 개씩 방향지시기를 갖출 것
4. 전조등과 후미등을 갖출 것. 다만, 작업을 안전하게 하기 위하여 필요한 조명이 있는 장소에서 사용하는 구내운반차에 대해서는 그러하지 아니하다.
5. 구내운반차가 후진 중에 주변의 근로자 또는 차량계하역운반기계등과 충돌할 위험이 있는 경우에는 구내운반차에 후진경보기와 경광등을 설치할 것

55 크레인 작업 시 조치사항 중 틀린 것은?

① 인양할 하물은 바닥에서 끌어당기거나, 밀어내는 작업을 하지 아니할 것
② 유류드럼이나 가스통 등의 위험물 용기는 보관함에 담아 안전하게 매달아 운반할 것
③ 고정된 물체는 직접 분리, 제거하는 작업을 할 것
④ 근로자의 출입을 통제하여 하물이 작업자의 머리 위로 통과하지 않게 할 것

산업안전보건기준에 관한 규칙 제146조(크레인 작업 시의 조치) ① 사업주는 크레인을 사용하여 작업을 하는 경우 다음 각 호의 조치를 준수하고, 그 작업에 종사하는 관계 근로자가 그 조치를 준수하도록 하여야 한다.
1. 인양할 하물(荷物)을 바닥에서 끌어당기거나 밀어내는 작업을 하지 아니할 것
2. 유류드럼이나 가스통 등 운반 도중에 떨어져 폭발하거나 누출될 가능성이 있는 위험물 용기는 보관함(또는 보관고)에 담아 안전하게 매달아 운반할 것
3. 고정된 물체를 직접 분리·제거하는 작업을 하지 아니할 것
4. 미리 근로자의 출입을 통제하여 인양 중인 하물이 작업자의 머리 위로 통과하지 않도록 할 것
5. 인양할 하물이 보이지 아니하는 경우에는 어떠한 동작도 하지 아니할 것(신호하는 사람에 의하여 작업을 하는 경우는 제외한다)

56 프레스 등의 금형을 부착·해체 또는 조정작업 중 슬라이드가 갑자기 작동하여 근로자에게 발생할 수 있는 위험을 방지하기 위하여 설치하는 것은?

① 방호 울   ② 안전블록
③ 시건장치   ④ 게이트 가드

산업안전보건기준에 관한 규칙 제104조(금형조정작업의 위험 방지) 사업주는 프레스등의 금형을 부착·해체 또는 조정하는 작업을 할 때에 해당 작업에 종사하는 근로자의 신체가 위험한계 내에 있는 경우 슬라이드가 갑자기 작동함으로써 근로자에게 발생할 우려가 있는 위험을 방지하기 위하여 안전블록을 사용하는 등 필요한 조치를 하여야 한다.

57 프레스기가 작동 후 작업점까지의 도달시간이 0.2초 걸렸다면, 양수기동식 방호장치의 설치거리는 최소 얼마인가?

① 3.2cm
② 32cm
③ 6.4cm
④ 64cm

거리[cm] = 160 × 프레스기 작동 후 작업점까지 도달시간(초) = 160 × 0.2 = 32cm

58 보일러의 연도(굴뚝)에서 버려지는 여열을 이용하여 보일러에 공급되는 급수를 예열하는 부속장치는?

① 과열기
② 절탄기
③ 공기예열기
④ 연소장치

절탄기(economizer)
- 보일러 전열면(傳熱面)을 가열하고 난 연도(煙道) 가스에 의하여 보일러 급수를 가열하는 장치이다.
- 장점으로는 열 이용률의 증가로 인한 연료 소비량의 감소, 증발량의 증가, 보일러 몸체에 일어나는 열응력감경, 스케일의 감소 등이 있다.

59 밀링 머신의 작업 시 안전수칙에 대한 설명으로 틀린 것은?

① 커터의 교환 시는 테이블 위에 목재를 받쳐 놓는다.
② 강력 절삭 시에는 일감을 바이스에 깊게 물린다.
③ 작업 중 면장갑은 착용하지 않는다.
④ 커터는 가능한 컬럼(column)으로부터 멀리 설치한다.

밀링 작업 시 안전수칙
- 공작물 설치 시 절삭공구의 회전을 정지시킨다.
- 테이블의 좌우로 이동하는 기계의 양단에는 재료나 가공품을 쌓아놓지 않는다.
- 상하 이송동 핸들은 사용 후 반드시 벗겨 놓는다.
- 절삭공구에 절삭유를 주유 시에는 커터 위부터 주유한다.
- 방호가드를 설치하고, 올바른 설치상태를 확인한다.
- 절삭공구 교환 시에는 너트를 확실히 체결하고, 1분간 공회전 시켜 커터의 이상 유무를 점검한다.
- 모든 방호장치는 제자리에 위치하도록 한다.
- 연마작업 및 재료조각 등을 지지하기 위해서 알맞은 위치에 단단히 조이도록 한다.
- 절삭작업테이블 정지장치 안전성을 확보한다.
- 모든 이송(移送)장치의 손잡이는 중립에 둔다.
- 축과 축 지지대는 정확히 설치한다.
- 작업테이블에 나사나 자석으로 가공물을 고정하고 적절한 수공구로 조정한다.
- 가공 중에는 얼굴을 기계 가까이 대지 않도록 하고, 보안경을 착용한다.
- 절삭공구 설치 시 시동레버와 접촉하지 않도록 한다.
- 상하 이송용 핸들은 사용 후 반드시 벗겨놓는다.
- 가공 중에는 얼굴을 기계에 가까이 대지 않도록 한다.
- 커터는 가능한 컬럼(column)으로부터 가까이 설치한다.

- 밀링 커터에 작업복의 소매나 작업모가 말려 들어가지 않도록 단정히 한다.
- 커터를 교환할 때는 반드시 테이블 위에 목재를 받쳐 놓고 한다.
- 강력절삭을 할 때는 일감을 바이스에 깊게 물린다.
- 절삭 중에는 테이블에 손등을 올려놓지 않는다.
- 면장갑을 끼지 않는다.

60 다음 중 컨베이어의 안전장치가 아닌 것은?

① 이탈 및 역주행방지장치 ② 비상정지장치
③ 덮개 또는 울 ④ 비상난간

컨베이어의 방호장치 : 비상정지장치, 덮개 또는 울, 건널다리, 이탈방지장치

제 04 과목 전기 및 화학설비 안전관리

61 정전기 발생량과 관련된 내용으로 옳지 않은 것은?

① 분리속도가 빠를수록 정전기 발생량이 많아진다.
② 두 물질간의 대전서열이 가까울수록 정전기 발생량이 많아진다.
③ 접촉면적이 넓을수록, 접촉압력이 증가할수록 정전기 발생량이 많아진다.
④ 물질의 표면이 수분이나 기름 등에 오염되어 있으면 정전기 발생량이 많아진다.

정전기 발생에 영향을 주는 요인

- 물질의 특성 : 정전기 발생은 접촉 분리라는 두 가지 물체의 상호특성에 의하여 지배되며 한 가지 물체만의 특성에는 전혀 영향을 받지 않는다. 일반적으로 대전량은 접촉이나 분리하는 두 가지 물체가 대전서열 내에서 가까운 위치에 있으면 적고 먼 위치에 있을수록 대전량이 큰 경향이 있다.
- 분리속도 : 분리 과정에서는 전하의 완화시간에 따라 정전기 발생량이 좌우되며 분리속도가 빠를수록 정전기 발생이 커진다.
- 물질의 이력 : 정전기의 발생은 접촉, 분리가 일어날 때 최대가 되며 이후 접촉, 분리가 반복됨에 따라 발생량도 점차 감소한다.
- 물질의 표면 상태 : 물질표면이 수분이나 기름 등에 의해 오염되었을 때에는 산화, 부식에 의해 정전기가 크게 발생한다.
- 접촉면적과 압력 : 접촉면적이 클수록 발생량이 커지고, 접촉압력이 증가하면 접촉면적도 증가하므로 결국 정전기의 발생량도 증가한다.

62 피뢰기가 반드시 가져야 할 성능 중 틀린 것은?

① 방전개시 전압이 높을 것
② 뇌전류 방전능력이 클 것
③ 속류 차단을 확실하게 할 수 있을 것
④ 반복 동작이 가능할 것

해설

피뢰기(LA)의 성능조건
- 충격방전 개시전압과 제한전압이 낮을 것
- 뇌전류의 방전능력이 크고 속류 차단이 확실하게 될 것
- 반복사용이 가능할 것
- 구조가 견고하며 특성이 변하지 않을 것
- 점검 및 보수가 간단할 것

63 최대안전틈새(MESG)의 특성을 적용한 방폭구조는?

① 내압 방폭구조 ② 유입 방폭구조
③ 안전증 방폭구조 ④ 압력 방폭구조

방폭구조의 종류와 기호

종류	내용	기호
내압방폭구조	점화원에 의해 용기 내부에서 폭발이 발생할 경우에 용기가 폭발압력에 견딜 수 있고, 화염이 용기 외부의 폭발성 분위기로 전파되지 않도록 한 방폭구조	d
압력방폭구조	점화원이 될 우려가 있는 부분을 용기 안에 넣고 보호 기체(신선한 공기 또는 불활성기체)를 용기 안에 압입함으로써 폭발성 가스가 침입하는 것을 방지하도록 되어 있는 방폭구조	p
안전증방폭구조	전기기기의 과도한 온도 상승, 아크 또는 불꽃 발생의 위험을 방지하기 위하여 추가적인 안전조치를 통한 안전도를 증가시킨 방폭구조(다만, 정상운전 중에 아크나 불꽃을 발생시키는 전기기기는 안전증방폭구조의 전기기기 범위에서 제외)	e
유입방폭구조	유체 상부 또는 용기 외부에 존재할 수 있는 폭발성 분위기가 발화할 수 없도록 전기설비 또는 전기설비의 부품을 보호액에 함침시키는 방폭구조	o
본질안전방폭구조	정상시 또는 단락, 단선, 지락 등의 사고시에 발생하는 아크, 불꽃, 고열에 의하여 폭발성 가스나 증기에 점화되지 않는 것이 확인된 구조	ia, ib
비점화방폭구조	전기기기가 정상작동과 규정된 특정한 비정상상태에서 주위의 폭발성 가스 분위기를 점화시키지 못하도록 만든 방폭구조	n
몰드방폭구조	전기기기의 불꽃 또는 열로 인해 폭발성 위험분위기에 점화되지 않도록 컴파운드를 충전해서 보호한 방폭구조	m
충전방폭구조	폭발성 가스 분위기를 점화시킬 수 있는 부품을 고정하여 설치하고, 그 주위를 충전재로 완전히 둘러싸서 외부의 폭발성 가스 분위기를 점화시키지 않도록 하는 방폭구조	q
특수방폭구조	상기의 방폭구조 외에 외부의 폭발성 가스에 대해 인화를 방지할 수 있음을 시험에 의해 확인한 구조	s

64 내전압용절연장갑의 등급에 따른 최대사용전압이 올바르게 연결된 것은?

① 00 등급 : 직류 750V ② 00 등급 : 교류 650V
③ 0 등급 : 직류 1000V ④ 0 등급 : 교류 800V

내전압용 절연장갑의 등급(보호구 안전인증 고시 별표 3)

등급	최대사용전압		등급별색상
	교류(V, 실효값)	직류(V)	
00	500	750	갈색
0	1,000	1,500	빨강색
1	7,500	11,250	흰색
2	17,000	25,500	노랑색
3	26,500	39,750	녹색
4	36,000	54,000	등색

65 전기설비 등에는 누전에 의한 감전의 위험을 방지 위하여 전기기계·기구에 접지를 실시하도록 하고 있다. 전기기계·기구의 접지에 대한 설명 중 틀린 것은?

① 특별고압의 전기를 취급하는 변전소·개폐소 그 밖에 이와 유사한 장소에서는 지락(地絡)사고가 발생할 경우 접지극의 전위상승에 의한 감전위험을 감소시키기 위한 조치를 하여야 한다.
② 코드 및 플러그를 접속하여 사용하는 전압이 대지전압 110V를 넘는 전기기계·기구가 노출된 비충전 금속체에는 접지를 반드시 실시하여야 한다.
③ 접지설비에 대하여는 상시 적정상태 유지여부를 점검하고 이상을 발견한 때에는 즉시 보수하거나 재설치하여야 한다.
④ 전기기계·기구의 금속제 외함·금속제 외피 및 철대에는 접지를 실시하여야 한다.

산업안전보건기준에 관한 규칙 제302조(전기 기계·기구의 접지) ① 사업주는 누전에 의한 감전의 위험을 방지하기 위하여 다음 각 호의 부분에 대하여 접지를 해야 한다.
1. 전기 기계·기구의 금속제 외함, 금속제 외피 및 철대
2. 고정 설치되거나 고정배선에 접속된 전기기계·기구의 노출된 비충전 금속체 중 충전될 우려가 있는 다음 각 목의 어느 하나에 해당하는 비충전 금속체
   가. 지면이나 접지된 금속체로부터 수직거리 2.4미터, 수평거리 1.5미터 이내인 것
   나. 물기 또는 습기가 있는 장소에 설치되어 있는 것
   다. 금속으로 되어 있는 기기접지용 전선의 피복·외장 또는 배선관 등
   라. 사용전압이 대지전압 150볼트를 넘는 것
3. 전기를 사용하지 아니하는 설비 중 다음 각 목의 어느 하나에 해당하는 금속체
   가. 전동식 양중기의 프레임과 궤도
   나. 전선이 붙어 있는 비전동식 양중기의 프레임
   다. 고압(1.5천볼트 초과 7천볼트 이하의 직류전압 또는 1천볼트 초과 7천볼트 이하의 교류전압을 말한다. 이하 같다) 이상의 전기를 사용하는 전기 기계·기구 주변의 금속제 칸막이·망 및 이와 유사한 장치
4. 코드와 플러그를 접속하여 사용하는 전기 기계·기구 중 다음 각 목의 어느 하나에 해당하는 노출된 비충전 금속체
   가. 사용전압이 대지전압 150볼트를 넘는 것
   나. 냉장고·세탁기·컴퓨터 및 주변기기 등과 같은 고정형 전기기계·기구
   다. 고정형·이동형 또는 휴대형 전동기계·기구
   라. 물 또는 도전성(導電性)이 높은 곳에서 사용하는 전기기계·기구, 비접지형 콘센트

마. 휴대형 손전등
5. 수중펌프를 금속제 물탱크 등의 내부에 설치하여 사용하는 경우 그 탱크(이 경우 탱크를 수중펌프의 접지선과 접속하여야 한다)
② 사업주는 다음 각 호의 어느 하나에 해당하는 경우에는 제1항을 적용하지 않을 수 있다.
1. 「전기용품안전 관리법」에 따른 이중절연구조 또는 이와 같은 수준 이상으로 보호되는 전기기계·기구
2. 절연대 위 등과 같이 감전 위험이 없는 장소에서 사용하는 전기기계·기구
3. 비접지방식의 전로(그 전기기계·기구의 전원측의 전로에 설치한 절연변압기의 2차 전압이 300볼트 이하, 정격용량이 3킬로볼트암페어 이하이고 그 절연전압기의 부하측의 전로가 접지되어 있지 아니한 것으로 한정한다)에 접속하여 사용되는 전기기계·기구
③ 사업주는 특별고압(7천볼트를 초과하는 직교류전압을 말한다. 이하 같다)의 전기를 취급하는 변전소·개폐소, 그 밖에 이와 유사한 장소에서 지락(地絡) 사고가 발생하는 경우에는 접지극의 전위상승에 의한 감전위험을 줄이기 위한 조치를 하여야 한다.
④ 사업주는 제1항에 따라 설치된 접지설비에 대하여 항상 적정상태가 유지되는지를 점검하고 이상이 발견되면 즉시 보수하거나 재설치하여야 한다.

66 누전차단기의 선정 및 설치에 대한 설명으로 틀린 것은?

① 차단기를 설치한 전로에 과부하 보호장치를 설치하는 경우는 서로 협조가 잘 이루어지도록 한다.
② 정격부동작전류와 정격감도전류와의 차는 가능한 큰 차단기로 선정한다.
③ 감전방지 목적으로 시설하는 누전차단기는 고감도고속형을 선정한다.
④ 전로의 대지정전용량이 크면 차단기가 오동작하는 경우가 있으므로 각 분기회로마다 차단기를 설치한다.

감전방지용 누전차단기의 부동작전류는 정격감도전류의 50% 이상이어야 한다. 참고로 정격부동작전류란 누전차단기의 주요 성능을 표시하는 것 중의 하나로,−20~40℃의 주위온도에서 작동전압을 정격전압의 80~110%로 한 경우, 1차측 지락전류가 있어도 누전차단기가 차단작동되지 않는 영상변류기의 1차측 검출지락전류값으로 누전차단기에 표시된 값을 말한다.

67 어떤 도체에 20초 동안에 100C의 전하량이 이동하면 이때 흐르는 전류(A)는?

① 200
② 50
③ 10
④ 5

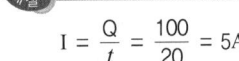

$I = \dfrac{Q}{t} = \dfrac{100}{20} = 5A$

68 선간전압이 6.6kV인 충전전로 인근에서 유자격자가 작업하는 경우, 충전전로에 대한 최소 접근한계거리는?(단, 충전부에 절연 조치가 되어있지 않고, 작업자는 절연장갑을 착용하지 않았다.)

① 20
② 30
③ 50
④ 60

충전전로에 대한 접근한계거리

충전전로의 선간전압 (단위 : kV)	충전전로에 대한 접근한계 거리(단위 : cm)	충전전로의 선간전압 (단위 : kV)	충전전로에 대한 접근한계 거리(단위 : cm)
0.3 이하	접촉금지	121 초과 145 이하	150
0.3 초과 0.75 이하	30	145 초과 169 이하	170
0.75 초과 2 이하	45	169 초과 242 이하	230
2 초과 15 이하	60	242 초과 362 이하	380
15 초과 37 이하	90	362 초과 550 이하	550
37 초과 88 이하	110	550 초과 800 이하	790
88 초과 121 이하	130		

69 가스 또는 분진폭발위험장소에는 변전실·배전반실·제어실 등을 설치하여서는 아니된다. 다만, 실내기압이 항상 양압을 유지하도록 하고, 별도의 조치를 한 경우에는 그러하지 않는데 이때 요구되는 조치사항으로 틀린 것은?

① 양압을 유지하기 위한 환기설비의 고장 등으로 양압이 유지되지 아니한 때 경보를 할 수 있는 조치를 한 경우
② 환기설비가 정지된 후 재가동하는 경우 변전실 등에 가스 등이 있는지를 확인할 수 있는 가스검지기 등의 장비를 비치한 경우
③ 환기설비에 의하여 변전실 등에 공급되는 공기는 가스폭발위험장소 또는 분진폭발위험장소가 아닌 곳으로부터 공급되도록 하는 조치를 한 경우
④ 실내기압이 항상 양압 10Pa 이상이 되도록 장치를 한 경우

산업안전보건기준에 관한 규칙 제312조(변전실 등의 위치) 사업주는 제230조제1항에 따른 가스폭발 위험장소 또는 분진폭발 위험장소에는 변전실, 배전반실, 제어실, 그 밖에 이와 유사한 시설(이하 이 조에서 "변전실등"이라 한다)을 설치해서는 아니 된다. 다만, 변전실등의 실내기압이 항상 양압(25파스칼 이상의 압력을 말한다. 이하 같다)을 유지하도록 하고 다음 각 호의 조치를 하거나, 가스폭발 위험장소 또는 분진폭발 위험장소에 적합한 방폭성능을 갖는 전기 기계·기구를 변전실등에 설치·사용한 경우에는 그러하지 아니하다.
1. 양압을 유지하기 위한 환기설비의 고장 등으로 양압이 유지되지 아니한 경우 경보를 할 수 있는 조치
2. 환기설비가 정지된 후 재가동하는 경우 변전실등에 가스 등이 있는지를 확인할 수 있는 가스검지기 등 장비의 비치
3. 환기설비에 의하여 변전실등에 공급되는 공기는 제230조제1항에 따른 가스폭발 위험장소 또는 분진폭발 위험장소가 아닌 곳으로부터 공급되도록 하는 조치

70 절연체에 발생한 정전기는 일정 장소에 축적되었다가 점차 소멸되는데 처음 값의 몇 %로 감소되는 시간을 그 물체의 "시정수"또는 "완화시간"이라고 하는가?

① 25.8   ② 36.8
③ 45.8   ④ 67.8

해설

완화시간(Relaxation Time) : 일반적으로 절연체에 발생한 정전기는 일정 장소에 축적한 후 점차 소멸되는데 축적된 정전기가 초기값의 36.8%로 감소하는 시간을 완화시간이라 한다.

71 다음 가스 중 공기 중에서 폭발범위가 넓은 순서로 옳은 것은?

① 아세틸렌 〉 프로판 〉 수소 〉 일산화탄소
② 수소 〉 아세틸렌 〉 프로판 〉 일산화탄소
③ 아세틸렌 〉 수소 〉 일산화탄소 〉 프로판
④ 수소 〉 프로판 〉 일산화탄소 〉 아세틸렌

해설

공기 중의 폭발범위

물질	폭발하한계(vol%)	폭발상한계(vol%)
아세틸렌(C_2H_2)	2.5	81.0
수소(H_2)	4.0	75.0
일산화탄소(CO)	12.5	74.0
메탄(CH_4)	5.0	15.0
프로판(C_3H_8)	2.1	9.5

72 다음 중 반응기의 운전을 중지할 때 필요한 주의사항으로 가장 적절하지 않은 것은?

① 급격한 유량 변화를 피한다.
② 가연성 물질이 새거나 흘러나올 때의 대책을 사전에 세운다.
③ 급격한 압력 변화 또는 온도 변화를 피한다.
④ 80~90℃의 염산으로 세정을 하면서 수소가스로 잔류가스를 제거한 후 잔류물을 처리한다.

해설

80~90℃의 강한 염산, 폭발위험성이 큰 수소가스를 이용한 잔류가스 제거 및 반응기의 세정작업은 적당하지 않다.

73 다음 중 분진폭발의 가능성이 가장 낮은 물질은?

① 소맥분
② 마그네슘분
③ 질석가루
④ 석탄가루

해설

질석(vermiculite) : 가열하면 부피가 엄청나게 부풀어 오르는 특이한 성질로 농업이나 원예용, 그리고 방음재, 단열재, 브레이크 라이닝 재료 등으로 사용되며 폭발물 저장소 등에서는 폭발 흡수제로 사용된다

74 산업안전보건기준에 관한 규칙에서 규정하는 급성 독성 물질의 기준으로 틀린 것은?

① 쥐에 대한 경구투입실험에 의하여 실험동물의 50%를 사망시킬 수 있는 물질의 양이 kg당 300mg-(체중) 이하인 화학물질
② 쥐에 대한 경피흡수실험에 의하여 실험동물의 50%를 사망시킬 수 있는 물질의 양이 kg당 1000mg-(체중) 이하인 화학물질
③ 토끼에 대한 경피흡수실험에 의하여 실험동물의 50%를 사망시킬 수 있는 물질의 양이 kg당 1000mg-(체중) 이하인 화학물질
④ 쥐에 대한 4시간 동안의 흡입실험에 의하여 실험동물의 50%를 사망시킬 수 있는 가스의 농도가 3000ppm 이상인 화학물질

급성 독성 물질(산업안전보건기준에 관한 규칙 별표 1)
- 쥐에 대한 경구투입실험에 의하여 실험동물의 50%를 사망시킬 수 있는 물질의 양, 즉 LD50(경구, 쥐)이 킬로그램당 300mg-(체중) 이하인 화학물질
- 쥐 또는 토끼에 대한 경피흡수실험에 의하여 실험동물의 50%를 사망시킬 수 있는 물질의 양, 즉 LD50(경피, 토끼 또는 쥐)이 킬로그램당 1000mg-(체중) 이하인 화학물질
- 쥐에 대한 4시간 동안의 흡입실험에 의하여 실험동물의 50%를 사망시킬 수 있는 물질의 농도, 즉 가스 LC50(쥐, 4시간 흡입)이 2500ppm 이하인 화학물질, 증기 LC50(쥐, 4시간 흡입)이 10mg/ℓ 이하인 화학물질, 분진 또는 미스트 1mg/ℓ 이하인 화학물질

75 위험물을 건조하는 경우 내용적이 몇 m³ 이상인 건조설비일 때 위험물 건조설비 중 건조실을 설치하는 건축물의 구조를 독립된 단층으로 해야 하는가?(단, 건축물은 내화구조가 아니며, 건조실을 건축물의 최상층에 설치한 경우가 아니다.)

① 0.1   ② 1
③ 10   ④ 100

산업안전보건기준에 관한 규칙 제280조(위험물 건조설비를 설치하는 건축물의 구조) 사업주는 다음 각 호의 어느 하나에 해당하는 위험물 건조설비(이하 "위험물 건조설비"라 한다) 중 건조실을 설치하는 건축물의 구조는 독립된 단층건물로 하여야 한다. 다만, 해당 건조실을 건축물의 최상층에 설치하거나 건축물이 내화구조인 경우에는 그러하지 아니하다.
1. 위험물 또는 위험물이 발생하는 물질을 가열·건조하는 경우 내용적이 1세제곱미터 이상인 건조설비
2. 위험물이 아닌 물질을 가열·건조하는 경우로서 다음 각 목의 어느 하나의 용량에 해당하는 건조설비
  가. 고체 또는 액체연료의 최대사용량이 시간당 10킬로그램 이상
  나. 기체연료의 최대사용량이 시간당 1세제곱미터 이상
  다. 전기사용 정격용량이 10킬로와트 이상

76 어떤 물질 내에서 반응전파속도가 음속보다 빠르게 진행되며 이로 인해 발생된 충격파가 반응을 일으키고 유지하는 발열반응을 무엇이라 하는가?

① 점화(Ignition)   ② 폭연(Deflagration)
③ 폭발(Explosion)   ④ 폭굉(Detonation)

해설

물체가 발열화학 반응을 수반해 분해할 때에는 화염을 수반하지만 화염의 전파속도가 매질 중의 음속보다 빠르고, 화염면의 직전에 압력의 불연속적인 융기를 수반해 충격파가 발생되어 반응속도가 급속도로 빨라진다. 이 현상을 폭굉(detonation)이라 하고, 연소와는 구별된다. 연소에서 폭굉으로 옮겨질 수가 있으며, 그 변화는 비약적으로 일어난다.

77 산업안전보건법상 물질안전보건자료 작성시 포함되어야 하는 항목이 아닌 것은?(단, 참고사항은 제외한다.)

① 화학제품과 회사에 관한 정보
② 제조일자 및 유효기간
③ 운송에 필요한 정보
④ 환경에 미치는 영향

해설

화학물질의 분류·표시 및 물질안전보건자료에 관한 기준 제10조(작성항목) ① 물질안전보건자료 작성 시 포함되어야 할 항목 및 그 순서는 다음 각 호에 따른다.
1. 화학제품과 회사에 관한 정보
2. 유해성·위험성
3. 구성성분의 명칭 및 함유량
4. 응급조치요령
5. 폭발·화재시 대처방법
6. 누출사고시 대처방법
7. 취급 및 저장방법
8. 노출방지 및 개인보호구
9. 물리화학적 특성
10. 안정성 및 반응성
11. 독성에 관한 정보
12. 환경에 미치는 영향
13. 폐기 시 주의사항
14. 운송에 필요한 정보
15. 법적규제 현황
16. 그 밖의 참고사항

78 사업장에서 유해·위험물질의 일반적인 보관방법으로 적합하지 않은 것은?

① 질소와 격리하여 저장
② 서늘한 장소에 저장
③ 부식성이 없는 용기에 저장
④ 차광막이 있는 곳에 저장

해설

유해·위험물질의 저장 및 취급방법
- 가열, 충격, 마찰 등을 피한다.
- 환기가 잘되고 서늘한 곳에 저장한다.
- 가연물이나 다른 약품과의 접촉을 피한다.
- 용기의 파손 및 위험물의 누설에 주의한다.
- 조해성이 있는 것은 습기에 주의하며 용기는 밀폐하여 저장한다.

79 물반응성 물질에 해당하는 것은?

① 니트로화합물
② 칼륨
③ 염소산나트륨
④ 부탄

위험물질의 종류(산업안전보건기준에 관한 규칙 별표 1)

- 폭발성 물질 및 유기과산화물 : 질산에스테르류, 니트로화합물, 니트로소화합물, 아조화합물, 디아조화합물, 하이드라진 유도체, 유기과산화물
- 물반응성 물질 및 인화성 고체 : 리튬, 칼륨·나트륨, 황, 황린, 황화인·적린, 셀룰로이드류, 알킬알루미늄·알킬리튬, 마그네슘 분말, 금속 분말(마그네슘 분말 제외), 알칼리금속(리튬·칼륨 및 나트륨은 제외), 유기 금속화합물(알킬알루미늄 및 알킬리튬은 제외), 금속의 수소화물, 금속의 인화물, 칼슘 탄화물, 알루미늄 탄화물
- 산화성 액체 및 산화성 고체 : 차아염소산 및 그 염류, 아염소산 및 그 염류, 염소산 및 그 염류, 과염소산 및 그 염류, 브롬산 및 그 염류, 요오드산 및 그 염류, 과산화수소 및 무기 과산화물, 질산 및 그 염류, 과망간산 및 그 염류, 중크롬산 및 그 염류
- 인화성 액체
- 인화성 가스 : 수소, 아세틸렌, 에틸렌, 메탄, 에탄, 프로판, 부탄
- 부식성 물질 : 부식성 산류, 부식성 염기류
- 급성 독성 물질

80 A 가스의 폭발하한계가 4.1vol%, 폭발상한계가 62vol% 일 때 이 가스의 위험도는 약 얼마인가?

① 8.94　　　　　　② 12.75
③ 14.12　　　　　　④ 16.12

위험도 = $\dfrac{\text{폭발상한값} - \text{폭발하한값}}{\text{폭발하한값}} = \dfrac{62 - 4.1}{4.1} = 14.12$

제 05 과목　건설공사 안전관리

81 크레인의 운전실을 통하는 통로의 끝과 건설물 등의 벽체와의 간격은 얼마 이하로 하여야 하는가?

① 0.3m　　　　　　② 0.4m
③ 0.5m　　　　　　④ 0.6m

산업안전보건기준에 관한 규칙 제145조(건설물 등의 벽체와 통로의 간격 등) 사업주는 다음 각 호의 간격을 0.3미터 이하로 하여야 한다. 다만, 근로자가 추락할 위험이 없는 경우에는 그 간격을 0.3미터 이하로 유지하지 아니할 수 있다.
1. 크레인의 운전실 또는 운전대를 통하는 통로의 끝과 건설물 등의 벽체의 간격
2. 크레인 거더(girder)의 통로 끝과 크레인 거더의 간격
3. 크레인 거더의 통로로 통하는 통로의 끝과 건설물 등의 벽체의 간격

82 산업안전보건관리비 중 안전시설비의 항목에서 사용할 수 있는 항목에 해당하는 것은?

① 외부인 출입금지, 공사장 경계표시를 위한 가설울타리
② 작업발판
③ 절토부 및 성토부 등의 토사유실 방지를 위한 설비
④ 사다리 전도방지장치

안전관리비 사용 불가 항목– 안전시설비 관련
- 외부인 출입금지, 공사장 경계표시를 위한 가설울타리
- 각종 비계, 작업발판, 가설계단·통로 사다리등
  ※ 안전발판, 안전통로, 안전계단 등과 같이 명칭에 관계없이 공사수행에 필요한 가시설들은 사용불가
  ※ 다만 비계·통로·계단에 추가 설치하는 추락방지용 안전난간, 사다리 전도방지장치, 틀비계에 별도로 설치하는 안전난간·사다리 통로의 낙하물 방호선반 등은 사용가능함
- 절토부 및 성토부 등의 토사유실 방지를 위한 설비
- 작업장 간 상호 연락, 작업 상황 파악 등 통신수단으로 활용되는 통신시설·설비
- 공사 목적물의 품질 확보 또는 건설장비 자체의 운행 감시, 공사 진척상황 확인, 방법 등의 목적을 가진 CCTV 등 감시용 장비

83 포화도 80%, 함수비 28%, 흙 입자의 비중 2.7일 때 공극비를 구하면?

① 0.940 ② 0.945
③ 0.950 ④ 0.955

공극비 $= \dfrac{\text{함수비} \times \text{비중}}{\text{포화도}} = \dfrac{28 \times 2.7}{80} = 0.945$

84 다음 터널 공법 중 전단면 기계 굴착에 의한 공법에 속하는 것은?

① ASSM(American Steel Supported Method)
② NATM(New Austrian Tunneling Method)
③ TBM(Tunnel Boring Machine)
④ 개착식 공법

터널굴착기(tunnel boring machine, TBM) : 수평으로 터널을 굴착하는 전단면 굴착기로 앞에 달린 원판 모양의 톱니로 토양과 암반을 깎으면서 터널 구간을 만들기 때문에 발파 공법보다 진동 및 소음이 적은 장점이 있으나 장비 및 유지보수비용이 고가이고, 지층 변화 대비에 곤란하며, 굴착 노선이 제한적인 단점이 있다.

85 이동식 비계 작업시 주의사항으로 옳지 않은 것은?

① 비계의 최상부에서 작업을 하는 경우에는 안전난간을 설치한다.
② 이동 시 작업지휘자가 이동식 비계에 탑승하여 이동하며 안전여부를 확인하여야 한다.
③ 비계를 이동시키고자 할 때는 바닥의 구멍이나 머리 위의 장애물을 사전에 점검한다.
④ 작업발판은 항상 수평을 유지하고 작업발판 위에서 안전난간을 딛고 작업을 하거나 받침대 또는 사다리를 사용하여 작업하지 않도록 한다.

산업안전보건기준에 관한 규칙 제68조(이동식비계) 사업주는 이동식비계를 조립하여 작업을 하는 경우에는 다음 각 호의 사항을 준수하여야 한다.

1. 이동식비계의 바퀴에는 뜻밖의 갑작스러운 이동 또는 전도를 방지하기 위하여 브레이크·쐐기 등으로 바퀴를 고정시킨 다음 비계의 일부를 견고한 시설물에 고정하거나 아웃트리거를 설치하는 등 필요한 조치를 할 것
2. 승강용사다리는 견고하게 설치할 것
3. 비계의 최상부에서 작업을 하는 경우에는 안전난간을 설치할 것
4. 작업발판은 항상 수평을 유지하고 작업발판 위에서 안전난간을 딛고 작업을 하거나 받침대 또는 사다리를 사용하여 작업하지 않도록 할 것
5. 작업발판의 최대적재하중은 250킬로그램을 초과하지 않도록 할 것

86 공사종류 및 규모별 안전관리비 계상 기준표에서 공사종류의 명칭에 해당되지 않는 것은?

① 건축공사   ② 대형건설공사
③ 중건설공사   ④ 특수건설공사

공사종류 및 규모별 산업안전보건관리비 계상기준표

구분 공사종류	대상액 5억원 미만인 경우 적용비율	대상액 5억원 이상 50억원 미만인 경우		50억원 이상인 경우 적용비율	보건관리자 선임대상 건설공사의 적용비율
		적용비율	기초액		
건축공사	3.11%	2.28%	4,325,000원	2.37%	2.64%
토목공사	3.15%	2.53%	3,300,000원	2.60%	2.73%
중건설공사	3.64%	3.05%	2,975,000원	3.11%	3.39%
특수건설공사	2.07%	1.59%	2,450,000원	1.64%	1.78%

87 콘크리트용 거푸집의 재료에 해당되지 않는 것은?

① 철재   ② 목재
③ 석면   ④ 경금속

거푸집의 재료에 따른 종류 : 목재 거푸집, 강재 거푸집, 플라스틱 거푸집, 특수 거푸집(슬립폼)

88 가설통로 설치시 경사가 몇도를 초과하면 미끄러지지 않는 구조로 설치하여야 하는가?

① 15°   ② 20°
③ 25°   ④ 30°

산업안전보건기준에 관한 규칙 제23조(가설통로의 구조) 사업주는 가설통로를 설치하는 경우 다음 각 호의 사항을 준수하여야 한다.
1. 견고한 구조로 할 것
2. 경사는 30도 이하로 할 것. 다만, 계단을 설치하거나 높이 2미터 미만의 가설통로로서 튼튼한 손잡이를 설치한 경우에는 그러하지 아니하다.

3. 경사가 15도를 초과하는 경우에는 미끄러지지 아니하는 구조로 할 것
4. 추락할 위험이 있는 장소에는 안전난간을 설치할 것. 다만, 작업상 부득이한 경우에는 필요한 부분만 임시로 해체할 수 있다.
5. 수직갱에 가설된 통로의 길이가 15미터 이상인 경우에는 10미터 이내마다 계단참을 설치할 것
6. 건설공사에 사용하는 높이 8미터 이상인 비계다리에는 7미터 이내마다 계단참을 설치할 것

89 철근 콘크리트 공사에서 거푸집동바리의 해체 시기를 결정하는 요인으로 가장 거리가 먼 것은?

① 시방서 상의 거푸집 존치기간의 경과
② 콘크리트 강도시험 결과
③ 동절기일 경우 적산온도
④ 후속공정의 착수시기

거푸집동바리의 해체
- 거푸집 및 동바리의 해체는 예상되는 하중에 충분히 견딜만한 강도를 발휘하기 전에 해서는 안 되며, 그 시기 및 순서는 공사시방으로 정하거나, 공사감독자의 지시에 따른다.
- 거푸집 및 동바리의 해체 시기 및 순서는 시멘트의 성질, 콘크리트의 배합, 구조물의 종류와 중요도, 부재의 종류 및 크기, 부재가 받는 하중, 콘크리트 내부의 온도와 표면온도의 차이 등을 고려하여 결정하고 책임기술자의 검토 및 확인 후 공사감독자의 승인을 받는다.

90 물체가 떨어지거나 날아올 위험 또는 근로자가 추락할 위험이 있는 작업 시 착용하여야 할 보호구는?

① 보안경
② 안전모
③ 방열복
④ 방한복

작업별 착용 보호구(산업안전보건기준에 관한 규칙 제32조)
- 물체가 떨어지거나 날아올 위험 또는 근로자가 추락할 위험이 있는 작업 : 안전모
- 높이 또는 깊이 2m 이상의 추락할 위험이 있는 장소에서 하는 작업 : 안전대(安全帶)
- 물체의 낙하·충격, 물체에의 끼임, 감전 또는 정전기의 대전(帶電)에 의한 위험이 있는 작업 : 안전화
- 물체가 흩날릴 위험이 있는 작업 : 보안경
- 용접 시 불꽃이나 물체가 흩날릴 위험이 있는 작업 : 보안면
- 감전의 위험이 있는 작업 : 절연용 보호구
- 고열에 의한 화상 등의 위험이 있는 작업 : 방열복
- 선창 등에서 분진(粉塵)이 심하게 발생하는 하역작업 : 방진마스크
- −18℃ 이하인 급냉동어창에서 하는 하역작업 : 방한모·방한복·방한화·방한장갑
- 물건을 운반하거나 수거·배달하기 위하여 이륜자동차 또는 원동기장치자전거를 운행하는 작업 : 도로교통법 시행규칙의 기준에 적합한 승차용 안전모
- 물건을 운반하거나 수거·배달하기 위해 자전거등을 운행하는 작업 : 도로교통법 시행규칙의 기준에 적합한 안전모

91 지반의 사면파괴 유형 중 유한사면의 종류가 아닌 것은?

① 사면내파괴
② 사면선단파괴
③ 사면저부파괴
④ 직립사면파괴

사면의 종류
- 무한사면 : 활동하는 흙의 깊이에 비해 사면의 길이가 긴 사면
- 유한사면 : 활동하는 흙의 깊이가 사면의 높이보다 긴 사면
- 직립사면 : 단단한 지반을 연직으로 깎은 사면
※ 유한사면의 파괴유형 3가지 : 사면내파괴, 사면선단파괴, 사면저부파괴

92 옹벽 축조를 위한 굴착작업에 관한 설명으로 옳지 않은 것은?

① 수평 방향으로 연속적으로 시공한다.
② 하나의 구간을 굴착하면 방치하지 말고 기초 및 본체구조물 축조를 마무리 한다.
③ 절취경사면에 전석, 낙석의 우려가 있고 혹은 장기간 방치할 경우에는 숏크리트, 록볼트, 캔버스 및 모르타르 등으로 방호한다.
④ 작업위치의 좌우에 만일의 경우에 대비한 대피통로를 확보하여 둔다.

굴착공사 표준안전 작업지침 제14조(옹벽축조) 옹벽을 축조시에는 불안전한 급경사가 되게 하거나 좁은 장소에서 작업을 할 때에는 위험을 수반하게 되므로 다음 각 호의 사항을 준수하여야 한다.
1. 수평방향의 연속시공을 금하며, 브럭으로 나누어 단위시공 단면적을 최소화 하여 분단시공을 한다.
2. 하나의 구간을 굴착하면 방치하지 말고 즉시 버팀 콘크리트를 타설하고 기초 및 본체구조물 축조를 마무리 한다.
3. 절취경사면에 전석, 낙석의 우려가 있고 혹은 장기간 방치할 경우에는 숏크리트, 록볼트, 넷트, 캔버스 및 모르터 등으로 방호한다.
4. 작업위치의 좌우에 만일의 경우에 대비한 대피통로를 확보하여 둔다.

93 건설현장에서 사용하는 공구 중 토공용이 아닌 것은?

① 착암기
② 포장 파괴기
③ 연마기
④ 점토 굴착기

94 부두 등의 하역작업장에서 부두 또는 안벽의 선을 따라 설치하는 통로의 최소폭 기준은?

① 30cm 이상
② 50cm 이상
③ 70cm 이상
④ 90cm 이상

산업안전보건기준에 관한 규칙 제390조(하역작업장의 조치기준) 사업주는 부두·안벽 등 하역작업을 하는 장소에 다음 각 호의 조치를 하여야 한다.
1. 작업장 및 통로의 위험한 부분에는 안전하게 작업할 수 있는 조명을 유지할 것
2. 부두 또는 안벽의 선을 따라 통로를 설치하는 경우에는 폭을 90센티미터 이상으로 할 것
3. 육상에서의 통로 및 작업장소로서 다리 또는 선거(船渠) 갑문(閘門)을 넘는 보도(步道) 등의 위험한 부분에는 안전 난간 또는 울타리 등을 설치할 것

95 다음 그림은 풍화암에서 토사붕괴를 예방하기 위한 기울기를 나타낸 것이다. x의 값은?

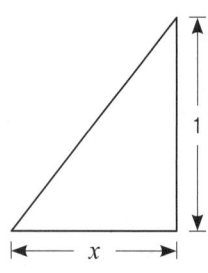

① 1.0
② 0.8
③ 0.5
④ 0.3

굴착면의 기울기 기준(산업안전보건기준에 관한 규칙 별표 11)

지반의 종류	굴착면의 기울기
모래	1 : 1.8
연암 및 풍화암	1 : 1.0
경암	1 : 0.5
그 밖의 흙	1 : 1.2

비고
1. 굴착면의 기울기는 굴착면의 높이에 대한 수평거리의 비율을 말한다.
2. 굴착면의 경사가 달라서 기울기를 계산하기가 곤란한 경우에는 해당 굴착면에 대하여 지반의 종류별 굴착면의 기울기에 따라 붕괴의 위험이 증가하지 않도록 위 표의 지반의 종류별 굴착면의 기울기에 맞게 해당 각 부분의 경사를 유지해야 한다.

96 건설현장에서 PC(Precast Concrete) 조립 시 안전대책으로 옳지 않은 것은?

① 달아 올린 부재의 아래에서 정확한 상황을 파악하고 전달하여 작업한다.
② 운전자는 부재를 달아 올린 채 운전대를 이탈해서는 안된다.
③ 신호는 사전 정해진 방법에 의해서만 실시한다.
④ 크레인 사용 시 PC판의 중량을 고려하여 아웃트리거를 사용한다.

PC(Precast Concrete) 조립작업 시의 안전
- 작업에 참여하는 작업자는 작업시작 전에 특별안전교육을 실시한다.
- 신호는 사전 정해진 방법에 의해서만 실시한다.
- 신호는 정해진 신호수가 하도록 하며 복장, 안전모 등을 다르게 하여 쉽게 인식할 수 있도록 한다.
- 작업자는 반드시 안전모를 착용하고 고소에서 작업할 때는 안전대를 착용한다.
- 작업개시 전에 크레인을 비롯한 기계 및 공구의 안전점검을 실시한다.
- 달아 올린 부재의 아래에 작업자가 들어가지 않도록 한다.
- 들어 올린 판에 타서는 안 되며, 사람이 올라탄 판을 들어 올려서도 안 된다.
- 부재를 달아 올린 채로 크레인을 이동시키지 않는다.

- 운전자는 부재를 달아 올린 채 운전대를 이탈해서는 안 된다.
- 안전원이 직접 작업에 참여해서는 안 된다.
- 안전원은 크레인의 경사각도, 이동경로의 상태 등에 유의하여 전도사고가 발생하지 않도록 유의한다.
- 크레인 사용 시 PC판의 중량을 고려하여 아우트리거를 사용한다.
- 아우트리거는 조립시작 전에 지지력 부족으로 인한 침하여부를 확인하도록 한다.
- 샤클, 후크, 와이어 등은 규격품만을 사용하도록 한다.
- 고리와이어의 사용각도는 60° 이내로 한다.
- 순간풍속이 초당 10m를 초과하는 경우 타워크레인의 설치·수리·점검 또는 해체 작업을 중지하여야 하며, 순간풍속이 초당 15m를 초과하는 경우에는 타워크레인의 운전작업을 중지하여야 한다.

97 가설구조물의 특징이 아닌 것은?

① 연결재가 적은 구조로 되기 쉽다.
② 부재결합이 불완전 할 수 있다.
③ 영구적인 구조설계의 개념이 확실하게 적용된다.
④ 단면에 결함이 있기 쉽다.

가설구조물은 영구적인 구조물에 비해 불안전한 구조를 가지고 있어 재해발생이 높으며 제작, 설치 시 특별한 관리가 요구된다.

98 운반작업 중 요통을 일으키는 인자와 가장 거리가 먼 것은?

① 물건의 중량　　② 작업 자세
③ 작업 시간　　　④ 물건의 표면마감 종류

요통방지 대책강구 사항
- 단위시간당 작업량을 적절히 할 것
- 작업전 체조 및 휴식을 부여할 것
- 적정배치 및 교육훈련을 실시할 것
- 운반작업을 기계화할 것
- 취급중량을 적절히 할 것
- 작업자세의 안전화를 도모할 것

99 건설현장에서 계단을 설치하는 경우 계단의 높이가 최소 몇 미터 이상일 때 계단의 개방된 측면에 안전난간을 설치하여야 하는가?

① 0.8m　　② 1.0m
③ 1.2m　　④ 1.5m

산업안전보건기준에 관한 규칙 제30조(계단의 난간) 사업주는 높이 1미터 이상인 계단의 개방된 측면에 안전난간을 설치하여야 한다.

100 콘크리트 타설작업을 하는 경우에 준수해야 할 사항으로 옳지 않은 것은?

① 콘크리트를 타설하는 경우에는 편심을 유발하여 한쪽 부분부터 밀실하게 타설되도록 유도할 것
② 당일의 작업을 시작하기 전에 해당 작업에 관한 거푸집동바리등의 변형·변위 및 지반의 침하 유무 등을 점검하고 이상이 있으면 보수할 것
③ 작업 중에는 거푸집동바리등의 변형·변위 및 침하 유무 등을 감시할 수 있는 감시자를 배치하여 이상이 있으면 작업을 중지하고 근로자를 대피시킬 것
④ 설계도서상의 콘크리트 양생기간을 준수하여 거푸집동바리등을 해체할 것

산업안전보건기준에 관한 규칙 제334조(콘크리트의 타설작업) 사업주는 콘크리트 타설작업을 하는 경우에는 다음 각 호의 사항을 준수해야 한다.
1. 당일의 작업을 시작하기 전에 해당 작업에 관한 거푸집 및 동바리의 변형·변위 및 지반의 침하 유무 등을 점검하고 이상이 있으면 보수할 것
2. 작업 중에는 감시자를 배치하는 등의 방법으로 거푸집 및 동바리의 변형·변위 및 침하 유무 등을 확인해야 하며, 이상이 있으면 작업을 중지하고 근로자를 대피시킬 것
3. 콘크리트 타설작업 시 거푸집 붕괴의 위험이 발생할 우려가 있으면 충분한 보강조치를 할 것
4. 설계도서상의 콘크리트 양생기간을 준수하여 거푸집 및 동바리를 해체할 것
5. 콘크리트를 타설하는 경우에는 편심이 발생하지 않도록 골고루 분산하여 타설할 것

정답 2020년 06월 14일 최근 기출문제

01 ④	02 ②	03 ③	04 ④	05 ④	06 ①	07 ③	08 ①	09 ①	10 ③
11 ①	12 ②	13 ②	14 ②	15 ②	16 ④	17 ①	18 ①	19 ③	20 ①
21 ④	22 ②	23 ②	24 ③	25 ①	26 ④	27 ④	28 ②	29 ③	30 ②
31 ②	32 ②	33 ①	34 ②	35 ②	36 ③	37 ①	38 ①	39 ③	40 ①
41 ③	42 ②	43 ③	44 ③	45 ③	46 ②	47 ②	48 ④	49 ②	50 ④
51 ③	52 ②	53 ①	54 ③	55 ②	56 ②	57 ②	58 ②	59 ④	60 ④
61 ②	62 ①	63 ②	64 ①	65 ②	66 ②	67 ②	68 ④	69 ④	70 ④
71 ③	72 ④	73 ③	74 ④	75 ②	76 ④	77 ②	78 ①	79 ②	80 ③
81 ①	82 ④	83 ②	84 ③	85 ②	86 ②	87 ②	88 ①	89 ④	90 ②
91 ④	92 ①	93 ③	94 ④	95 ①	96 ①	97 ③	98 ④	99 ②	100 ①

2020년 08월 22일

최근 기출문제

QUESTIONS FROM PREVIOUS TESTS

제 01 과목 산업재해 예방 및 안전보건교육

01 무재해 운동의 이념 가운데 직장의 위험 요인을 행동하기 전에 예지하여 발견, 파악, 해결하는 것을 의미하는 것은?

① 무의 원칙
② 선취의 원칙
③ 참가의 원칙
④ 인간 존중의 원칙

무재해운동의 3원칙
- 무(Zero)의 원칙 : 산재 위험의 잠재요인을 근원적으로 해결하기 위한 원칙
- 선취의 원칙 : 위험요인 행동 전에 예지, 발견
- 참가의 원칙 : 전원(근로자, 회사 내 전종업원, 근로자 가족) 참가

02 산업안전보건법령상 안전보건표지의 종류 중 인화성물질에 관한 표지에 해당하는 것은?

① 금지표시
② 경고표시
③ 지시표시
④ 안내표시

경고표지(산업안전보건법 시행규칙 별표 6)

201 인화성 물질 경고	202 산화성 물질 경고	203 폭발성 물질 경고	204 급성독성 물질 경고	205 부식성 물질 경고	206 방사성 물질 경고	207 고압전기 경고	208 매달린 물체 경고	
209 낙하물 경고	210 고온경고	211 저온경고	212 몸균형 상실 경고	213 레이저 광선 경고	214 발암성·변이원성·생식독성·전신독성·호흡기 과민성 물질 경고			215 위험장소 경고

03 인간관계의 메커니즘 중 다른 사람의 행동 양식이나 태도를 투입시키거나, 다른 사람 가운데서 자기와 비슷한 것을 발견하는 것을 무엇이라고 하는가?

① 투사(Projection)
② 모방(Imitation)
③ 암시(Suggestion)
④ 동일화(Identification)

인간관계의 메커니즘(Mechanism)

- 동일화(Identification) : 다른 사람의 행동 양식이나 태도를 투입시키거나, 다른 사람 가운데서 자기와 비슷한 것을 발견하는 것
- 투사(投射, Projection) : 자기 속의 억압된 것을 다른 사람의 것으로 생각하는 것을 투사(또는 투출)라고 함
- 커뮤니케이션(Communication) : 갖가지 행동 양식이나 기호를 매개로 하여 어떤 사람으로부터 다른 사람에게 전달되는 과정
- 모방(Imitation) : 남의 행동이나 판단을 표본으로 하여 그것과 같거나 또는 그것에 가까운 행동 또는 판단을 취하려는 것
- 암시(Suggestion) : 다른 사람으로부터의 판단이나 행동을 무비판적으로 논리적, 사실적 근거 없이 받아들이는 것

04 산업안전보건법령상 근로자 안전보건교육 대상과 교육시간으로 옳은 것은?

① 정기교육인 경우 : 사무직 종사근로자 - 매반기 6시간 이상
② 정기교육인 경우 : 관리감독자 지위에 있는 사람 - 연간 10시간 이상
③ 채용 시 교육인 경우 : 일용근로자 - 4시간 이상
④ 작업내용 변경 시 교육인 경우 : 일용근로자 - 2시간 이상

근로자 안전보건교육(산업안전보건법 시행규칙 별표 4)

교육과정	교육대상		교육시간
정기교육	사무직 종사 근로자		매반기 6시간 이상
	그 밖의 근로자	판매업무에 직접 종사하는 근로자	매반기 6시간 이상
		판매업무에 직접 종사하는 근로자 외의 근로자	매반기 12시간 이상
채용 시 교육	일용근로자 및 근로계약기간이 1주일 이하인 기간제근로자		1시간 이상
	근로계약기간이 1주일 초과 1개월 이하인 기간제근로자		4시간 이상
	그 밖의 근로자		8시간 이상
작업내용 변경 시 교육	일용근로자 및 근로계약기간이 1주일 이하인 기간제근로자		1시간 이상
	그 밖의 근로자		2시간 이상
특별교육	특별교육 대상 작업(단, 타워크레인을 사용하는 작업시 신호업무를 하는 작업은 제외)에 종사하는 일용근로자 및 근로계약기간이 1주일 이하인 기간제근로자		2시간 이상
	타워크레인을 사용하는 작업시 신호업무를 하는 일용근로자 및 근로계약기간이 1주일 이하인 기간제근로자		8시간 이상

특별교육	특별교육 대상 작업에 종사하는 근로자 중 일용근로자 및 근로계약기간이 1주일 이하인 기간제근로자를 제외한 근로자	-16시간 이상(최초 작업에 종사하기 전 4시간 이상 실시하고 12시간은 3개월 이내에서 분할하여 실시 가능) -단기간 작업 또는 간헐적 작업인 경우에는 2시간 이상
건설업 기초 안전·보건교육	건설 일용근로자	4시간 이상

05 위험예지훈련 4라운드 기법의 진행방법에 있어 문제점 발견 및 중요 문제를 결정하는 단계는?

① 대책수립 단계
② 현상파악 단계
③ 본질추구 단계
④ 행동목표설정 단계

위험예지 훈련의 기초 4라운드 진행방법
- 1R(현상파악) : 어떤 위험이 잠재하고 있는지 사실을 파악하는 라운드(BS적용)
- 2R(본질추구) : 가장 위험한 요인(위험 포인트)을 합의로 결정하는 라운드(요약)
- 3R(대책수립) : 구체적인 대책을 수립하는 라운드(BS적용)
- 4R(목표달성-설정) : 수립한 대책 가운데 질이 높은 항목에 합의하는 라운드(요약)

06 산업안전보건법령상 안전모의 시험 성능기준 항목이 아닌 것은?

① 난연성
② 인장성
③ 내관통성
④ 충격흡수성

안전인증대상 안전모의 시험성능기준(보호구 안전인증 고시 별표 1)

항목	시험성능기준
내관통성	AE, ABE종 안전모는 관통거리가 9.5mm 이하이고, AB종 안전모는 관통거리가 11.1mm 이하이어야 한다.
충격흡수성	최고전달충격력이 4,450N을 초과해서는 안되며, 모체와 착장체의 기능이 상실되지 않아야 한다.
내전압성	AE, ABE종 안전모는 교류 20kV 에서 1분간 절연파괴 없이 견뎌야 하고, 이때 누설되는 충전전류는 10mA 이하이어야 한다.
내수성	AE, ABE종 안전모는 질량증가율이 1% 미만이어야 한다. ※ 질량증가율(%) = $\dfrac{\text{담근 후의 질량} - \text{담그기 전의 질량}}{\text{담그기 전의 질량}} \times 100$
난연성	모체가 불꽃을 내며 5초 이상 연소되지 않아야 한다.
턱끈풀림	150N 이상 250N 이하에서 턱끈이 풀려야 한다.

※자율안전확인대상 안전모의 시험성능기준은 내관통성, 충격흡수성, 난연성, 턱끈풀림 항목만 적용

07 O.J.T(On the Job Training)의 특징 중 틀린 것은?

① 훈련과 업무의 계속성이 끊어지지 않는다.
② 직장의 실정에 맞게 실제적 훈련이 가능하다.
③ 훈련의 효과가 곧 업무에 나타나며, 훈련의 개선이 용이하다.
④ 다수의 근로자들에게 조직적 훈련이 가능하다

OJT와 off JT의 특징

OJT	off JT
• 개개인에게 적합한 지도훈련이 가능 • 직장의 실정에 맞는 실체적 훈련 • 훈련에 필요한 업무의 계속성 • 즉시 업무에 연결되는 관계로 신체와 관련 • 효과가 곧 업무에 나타나며 훈련의 좋고 나쁨에 따라 개선이 용이 • 교육을 통한 훈련 효과에 의해 상호 신뢰이해도가 높아짐	• 다수의 근로자에게 조직적 훈련이 가능 • 훈련에만 전념 • 특별 설비 기구를 이용 • 전문가를 강사로 초청 • 각 직장의 근로자가 많은 지식이나 경험을 교류 • 교육 훈련 목표에 대해서 집단적 노력이 흐트러 질 수도 있음

08 인지과정 착오의 요인이 아닌 것은?

① 정서 불안정
② 감각차단 현상
③ 작업자의 기능미숙
④ 생리·심리적 능력의 한계

착오요인(대뇌의 Human Error)
• 인지과정 착오 : 생리·심리적 능력의 한계, 정보량 저장능력의 한계, 감각차단 현상(단조로운 업무, 반복작업), 정서 불안정(공포, 불안, 불만)
• 판단과정 착오 : 능력 부족, 정보 부족, 자기 합리화, 자기기술 과신, 환경조건의 불비(不備)
• 조치과정 착오 : 작업자 기능 미숙, 작업경험 부족, 피로

09 학습 성취에 직접적인 영향을 미치는 요인과 가장 거리가 먼 것은?

① 적성
② 준비도
③ 개인차
④ 동기유발

10 태풍, 지진 등의 천재지변이 발생한 경우나 이상상태 발생 시 기능상 이상 유·무에 대한 안전점검의 종류는?

① 일상점검
② 정기점검
③ 수시 점검
④ 특별점검

안전점검의 종류
- 수시점검 : 작업전·중·후에 실시하는 점검
- 정기점검 : 일정기간마다 정기적으로 실시하는 점검
- 특별점검
  - 기계·기구·설비의 신설시·변경 내지 고장 수리시 실시하는 점검
  - 천재지변 발생 후 실시하는 점검
  - 안전강조 기간내에 실시하는 점검
- 임시점검 : 이상 발견시 임시로 실시하는 점검, 정기점검과 정기점검 사이에 실시하는 점검

11 연간 근로자수가 300명인 A 공장에서 지난 1년간 1명의 재해자(신체장해등급 1급)가 발생하였다면 이 공장의 강도율은?(단, 근로자 1인당 1일 8시간씩 연간 300일을 근무하였다.)

① 4.27
② 6.42
③ 10.05
④ 10.42

근로손실일수의 산정기준(국제기준)
- 사망 및 영구전노동불능(신체장해등급 1~3급) : 7500일
- 영구 일부 노동불능(신체장해등급 4~14급)

신체장해등급	4	5	6	7	8	9	10	11	12	13	14
근로손실일수	5500	4000	3000	2200	1500	1000	600	400	200	100	50

- 일시전노동불능 = 휴업일수 × (300/365)

$$\therefore 강도율 = \frac{총근로손실일수}{연근로시간수} \times 1000 = \frac{7500}{300 \times 8 \times 300} \times 1000 = 10.416$$

12 재해예방 4원칙에 해당하는 내용이 아닌 것은?

① 예방가능의 원칙
② 원인계기의 원칙
③ 손실우연의 원칙
④ 사고조사의 원칙

재해방지의 기본원칙
- 손실우연의 원칙 : 사고에 의해서 생기는 손실(상해)의 종류와 정도는 우연적이다.(1 : 29 : 300의 법칙)
- 원인계기의 원칙 : 모든 재해는 필연적인 원인에 의해서 발생한다.
- 예방가능의 원칙 : 재해는 원칙적으로 모두 방지가 가능하다.
- 대책선정의 원칙 : 재해방지 대책은 신속하고 확실하게 실시되어야 한다.

13 알더퍼의 ERG(Existence Relation Growth) 이론에서 생리적 욕구, 물리적 측면의 안전욕구 등 저차원적 욕구에 해당하는 것은?

① 관계욕구
② 성장욕구
③ 존재욕구
④ 사회적 욕구

알더퍼(Alderfer)의 ERG 이론
- 생존(Existence) 욕구 : 신체적인 차원에서 유기체의 생존과 유지에 관련된 욕구
- 관계(Relation) 욕구 : 타인과의 상호작용을 통해 만족되는 대인 욕구
- 성장(Growth) 욕구 : 개인적인 발전과 증진에 관한 욕구

14 상황성 누발자의 재해유발원인과 거리가 먼 것은?

① 작업의 어려움
② 기계설비의 결함
③ 심신의 근심
④ 주의력의 산만

사고경향성자(재해 누발자, 재해 다발자)의 유형
- 상황성 누발자 : 작업의 어려움, 기계설비의 결함, 환경상 주의력의 집중 혼란, 심신의 근심 등 때문에 재해를 누발
- 습관성 누발자 : 재해의 경험으로 겁쟁이가 되거나 신경과민이 되어 재해를 누발하거나 일종의 슬럼프(Slump) 상태에 빠져서 재해를 누발
- 소질성 누발자 : 재해의 소질적 요인(주의력의 산만, 주의력 지속 불능, 도덕성 결여, 소심한 성격, 침착성 및 도덕성 결여 등)을 가지고 있기 때문에 재해를 누발
- 미숙성 누발자 : 기능 미숙이나 환경에 익숙하지 못하기 때문에 재해를 누발

15 리더십(leadership)의 특성에 대한 설명으로 옳은 것은?

① 지휘형태는 민주적이다.
② 권한부여는 위에서 위임된다.
③ 구성원과의 관계는 지배적 구조이다.
④ 권한 근거는 법적 또는 공식적으로 부여된다.

리더십과 헤드십

구분	리더십	헤드십
지위부여 형태	구성원에 의한 선출	상부에서 임명
권한의 부여	구성원의 동의	상부로부터의 위임
권한의 근거	개인의 능력	법과 규정
권한의 귀속	집단에 기여한 공로로 인정	공식화 규정에 의거
구성원과의 관계	개인적 영향	지배적 구조
책임귀속	상사와 부하	상사
구성원과의 사회적 간격	좁음	넓음
지휘형태	민주적	권위적

16 재해 원인을 통상적으로 직접원인과 간접원인으로 나눌 때 직접원인에 해당되는 것은?

① 기술적 원인
② 물적 원인
③ 교육적 원인
④ 관리적 원인

재해의 원인
- 간접원인
  - 기술적 원인 : 건물 · 기계장치 설계 불량, 구조 · 재료의 부적합, 생산 공정의 부적당, 점검 · 정비 · 보존 불량
  - 교육적 원인 : 안전의식의 부족, 안전수칙의 오해, 경험훈련의 미숙, 작업방법의 교육 불충분, 유해위험작업의 교육 불충분
  - 작업관리상 원인 : 안전관리 조직 결함, 안전수칙 미제정, 작업준비 불충분, 인원배치 부적당, 작업지시 부적당
- 직접원인
  - 불안전한 행동 : 위험장소 접근, 안전장치의 기능 제거, 복장 · 보호구의 잘못 사용, 기계 · 기구 잘못 사용, 운전중인 기계장치의 손질, 불안전한 속도 조작, 위험물 취급 부주의, 불안전한 상태 방치, 불안전한 자세 동작, 감독 및 연락 불충분
  - 불안전한 상태 : 물 자체 결함, 안전 방호장치 결함, 복장 · 보호구의 결함, 물의 배치 및 작업장소 결함, 작업환경의 결함, 생산 공정의 결함, 경계표시 · 설비의 결함

17 안전교육 계획 수립 시 고려하여야 할 사항과 관계가 가장 먼 것은?

① 필요한 정보를 수집한다.
② 현장의 의견을 충분히 반영한다.
③ 법 규정에 의한 교육에 한정한다.
④ 안전교육 시행 체계와의 관련을 고려한다.

안전교육 계획을 수립하기 위해서는 법적 기준을 상회하는 적극적인 고려가 필요하며, 이를 위해서는 사업과 관련된 법규, 규제 및 기타 이해관계자들의 요구사항 등을 파악해야 한다.

18 안전관리조직의 형태 중 라인스탭형에 대한 설명으로 틀린 것은?

① 대규모 사업장(1000명 이상)에 효율적이다.
② 안전과 생산업무가 분리될 우려가 없기 때문에 균형을 유지할 수 있다.
③ 모든 안전관리 업무를 생산라인을 통하여 직선적으로 이루어지도록 편성된 조직이다.
④ 안전업무를 전문적으로 담당하는 스탭 및 생산라인의 각 계층에도 겸임 또는 전임의 안전담당자를 둔다.

라인(Line) 스태프(Staff)의 복잡형(직계 참모조직)
- 라인형과 스태프형의 장점을 취한 절충식 조직 형태로 안전업무를 전문으로 담당하는 스태프 부분을 두고 생산라인의 각 층에도 겸임 또는 전임의 안전담당자를 두어서 안전대책은 스태프 부분에서 기획하고, 이것을 라인을 통하여 실시하도록 한 조직 방식이다.
- 대규모의 사업장(1000명 이상)에 효율적이다.
- 스태프에 의해 입안된 것을 경영자의 지침으로 명령 · 실시하도록 하므로 정확 신속하게 실시된다.
- 안전입안 계획 · 평가 · 조사는 스태프에서, 생산기술의 안전대책은 라인에서 실시하므로 안전활동과 생산업무가 균형을

유지할 수 있다.
- 명령계통과 조언 권고적 참여가 혼동되기 쉽다.
- 라인이 스태프에만 의존하거나 또는 활용치 않는 경우가 있다.
- 스태프의 월권행위 우려가 있다.

19 기능(기술)교육의 진행방법 중 하버드 학파의 5단계 교수법의 순서로 옳은 것은?

① 준비 → 연합 → 교시 → 응용 → 총괄
② 준비 → 교시 → 연합 → 총괄 → 응용
③ 준비 → 총괄 → 연합 → 응용 → 교시
④ 준비 → 응용 → 총괄 → 교시 → 연합

기능(기술)교육의 진행방법

- 하버드 학파의 5단계 교수법 : 준비(Preparation) → 교시(Presentation) → 연합(Association) → 총괄(Generalization) → 응용(Application)
- 듀이의 사고과정의 5단계 : 시사를 받는다(Suggestion) → 머리로 생각한다(Intellectualization) → 가설을 설정한다(Hypothesis) → 추론한다(Reasoning) → 행동에 의하여 가설을 검토한다(Testing of the hypothesis by action)
- 교시법의 4단계 : 준비단계(Preparation) → 일을 하여 보이는 단계(Presentation) → 일을 시켜 보이는 단계(Performance) → 보습지도의 단계(Follow-up)

20 재해의 원인과 결과를 연계하여 상호 관계를 파악하기 위해 도표화하는 분석 방법은?

① 관리도
② 파레토도
③ 특성요인도
④ 크로스분류도

통계원인 분석방법

구분	내용
파레토도 (pareto diagram)	• 사고의 유형, 기인물 등의 분류항목을 순서대로 도표화한 분석법이다. • 문제의 진원지, 즉 불량이나 결점의 원인을 찾아낼 수 있다.
특성요인도	• 특성과 요인과의 관계를 도표로 하여 어골(魚骨)상으로 세분화한 분석법이다. • 원인결과도(cause and effect diagram)라고도 하며 원인과 결과를 연계하여 상호관계를 파악하는 데 효과적이다.
크로스도 (cross diagram)	• 2개 이상의 문제 관계를 분석하는 데 사용하는 것으로 데이터(data)를 집계하고, 표로 표시하여 요인별 결과 내역을 교차한 그림을 작성하여 분석하는 방법이다. • 공단 자격시험에서는 클로즈(close) 분석과 혼용되어 출제되기도 한다.
관리도 (control diagram)	• 재해 발생 건수 등의 추이를 파악하여 목표 관리를 실시하는 데 효과적이다. • 필요한 월별 재해 발생 수를 그래프화하여 관리선을 설정하고 관리한다.

제 02 과목 인간공학 및 위험성 평가·관리

21 산업안전보건법령상 정밀작업 시 갖추어져야할 작업면의 조도 기준은?(단, 갱내 작업장과 감광재료를 취급하는 작업장은 제외한다.)

① 75럭스 이상 ② 150럭스 이상
③ 300럭스 이상 ④ 750럭스 이상

산업안전보건기준에 관한 규칙 제8조(조도) 사업주는 근로자가 상시 작업하는 장소의 작업면 조도(照度)를 다음 각 호의 기준에 맞도록 하여야 한다. 다만, 갱내(坑內) 작업장과 감광재료(感光材料)를 취급하는 작업장은 그러하지 아니하다.
1. 초정밀작업: 750럭스(lux) 이상
2. 정밀작업: 300럭스 이상
3. 보통작업: 150럭스 이상
4. 그 밖의 작업: 75럭스 이상

22 시스템 수명주기 단계 중 이전 단계들에서 발생되었던 사고 또는 사건으로부터 축적된 자료에 대해 실증을 통한 문제를 규명하고 이를 최소화하기 위한 조치를 마련하는 단계는?

① 구상단계 ② 생산단계
③ 정의단계 ④ 운전단계

시스템의 수명주기 : 구상단계 → 정의단계 → 계발단계 → 생산단계 → 운전단계(평가)

23 FTA에 의한 재해사례 연구의 순서를 올바르게 나열한 것은?

| A. 목표사상 선정 | B. FT도 작성 |
| C. 사상마다 재해원인 규명 | D. 개선계획 작성 |

① A → B → C → D ② A → C → B → D
③ B → C → A → D ④ B → A → C → D

D.R. Cheriton의 FTA에 의한 재해사례 연구순서
• 1단계 : 톱(Top) 사상의 선정   • 2단계 : 사상마다 재해원인 규명
• 3단계 : FT도의 작성   • 4단계 : 개선계획의 작성

24 반복되는 사건이 많이 있는 경우에 FTA 의 최소 컷셋을 구하는 알고리즘이 아닌 것은?

① Fussel Algorithm ② Boolean Algorithm
③ Monte Carlo Algorithm ④ Limnios & Ziani Algorithm

해설

몬테카를로 알고리즘(Monte Carlo Algorithm)은 확률적 알고리즘으로서 단 한 번의 과정으로 정확한 해를 구하기 어려운 경우 무작위로 난수를 반복적으로 발생하여 해를 구하는 절차를 말하며, 어떤 분석 대상에 대한 완전한 확률 분포가 주어지지 않을 때 유용하다.

25 신뢰도가 0.4인 부품 5개가 병렬결합 모델로 구성된 제품이 있을 때 이 제품의 신뢰도는?

① 0.90
② 0.91
③ 0.92
④ 0.93

해설

신뢰도 $R = 1 - (1 - 0.4)^5 = 0.922$

26 조작자 한 사람의 신뢰도가 0.9일 때 요원을 중복하여 2인 1조가 되어 작업을 진행하는 공정이 있다. 작업 기간 중 항상 요원 지원을 한다면 이 조의 인간 신뢰도는?

① 0.93
② 0.94
③ 0.96
④ 0.99

해설

신뢰도 $R = 1 - (1 - 0.9)^2 = 0.99$

27 주물공장 A작업자의 작업지속시간과 휴식시간을 열압박지수(HSI)를 활용하여 계산하니 각각 45분, 15분 이었다. A작업자의 1일 작업량(TW)은 얼마인가?(단, 휴식시간은 포함하지 않으며, 1일 근무시간은 8시간이다.)

① 4.5시간
② 5시간
③ 5.5시간
④ 6시간

해설

작업량 = $\dfrac{\text{작업지속시간}}{\text{작업지속시간} + \text{휴식시간}} \times \text{근무시간} = \dfrac{45}{45 + 15} \times 8 = 6$시간

28 다수의 표시장치(디스플레이)를 수평으로 배열할 경우 해당 제어장치를 각각의 표시장치 아래에 배치하면 좋아지는 양립성의 종류는?

① 공간 양립성
② 개념 양립성
③ 운동 양립성
④ 양식 양립성

해설

양립성(Compatibility)
- 개념적 정의 : 정보입력 및 처리와 관련한 양립성은 인간의 기대와 모순되지 않는 자극들간, 반응들간의 또는 자극반응 조합의 관계를 말하는 것
- 양립성의 구분

- 공간 양립성 : 표시장치가 조종장치에서 물리적 형태나 공간적인 배치의 양립성
- 운동 양립성 : 표시 및 조종장치의 운동 방향의 양립성
- 개념 양립성 : 사람들이 가지고 있는 개념적 연상(어떤 암호체계에서 청색이 정상을 나타내듯이)의 양립성
- 양식 양립성 : 기계가 특정 음성에 대해 정해진 반응을 하는 것과 같이 직무에 알맞은 자극과 응답양식의 존재에 대한 양립성

29 환경 요소의 조합에 의해서 부과되는 스트레스나 노출로 인해서 개인에 유발되는 긴장(strain)을 나타내는 환경요소 복합지수가 아닌 것은?

① 카타온도(kata temperature)
② Oxford 지수(wet-dry index)
③ 실효온도(effective temperature)
④ 열 스트레스 지수(heat stress index)

해설

카타온도(kata temperature) : 보통 카타 온도계와 고온 카타 온도계로 알코올의 강하시간을 측정하여 실내 기류를 파악하고 온열환경영향을 평가하는 지표 중 하나이다.

30 활동의 내용마다 "우·양·가·불가"로 평가하고 이 평가내용을 합하여 다시 종합적으로 정규화하여 평가하는 안전성 평가기법은?

① 평점척도법
② 쌍대비교법
③ 계층적 기법
④ 일관성 검정법

해설

- 평점척도법 : 활동의 내용마다 "우·양·가·불가"로 평가하고 이 평가내용을 합하여 다시 종합적으로 정규화하여 평가 방법
- 쌍대비교법 : 두 개의 자극을 한 쌍으로 만들어 그 두 개를 비교하는 방법

31 MIL-STD-882E에서 분류한 심각도(severity) 카테고리 범주에 해당하지 않는 것은?

① 재앙수준(catastrophic)
② 임계수준(critical)
③ 경계수준(precautionary)
④ 무시가능수준(negligible)

해설

MIL-STD-882E의 심각성 범주(Severity categories)
- Severity categories 1 : 재앙수준(Catastrophic)
- Severity categories 2 : 임계수준(Critical)
- Severity categories 3 : 미미한수준(Marginal)
- Severity categories 4 : 무시가능수준(Negligible)

32 다음 중 육체적 활동에 대한 생리학적 측정방법과 가장 거리가 먼 것은?

① EMG
② EEG
③ 심박수
④ 에너지소비량

해설

EEG(electroencephalogram)는 신경활동의 전위차를 나타낸다.

33 작업기억(working memory)과 관련된 설명으로 옳지 않은 것은?

① 오랜 기간 정보를 기억하는 것이다.
② 작업기억 내의 정보는 시간이 흐름에 따라 쇠퇴할 수 있다.
③ 작업기억의 정보는 일반적으로 시각, 음성, 의미 코드의 3가지로 코드화된다.
④ 리허설(rehearsal)은 정보를 작업기억 내에 유지하는 유일한 방법이다.

해설

작업기억(working memory)이란 정보들을 일시적으로 보유하고, 각종 인지적 과정을 계획하고 순서지으며 실제로 수행하는 작업장으로서의 기능을 수행하는 단기적 기억을 말한다.

34 다음 형상 암호화 조종장치 중 이산 멈춤 위치용 조종장치는?

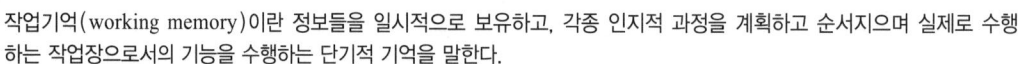

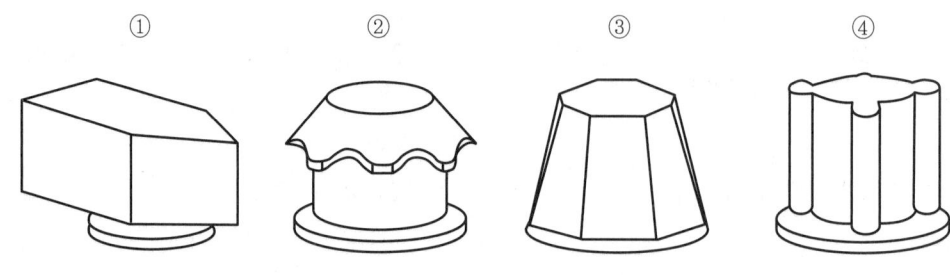

해설

① 이산 멈춤 위치용. ②와 ③ 다회전용, ④ 단회전용

35 표시 값의 변화 방향이나 변화 속도를 나타내어 전반적인 추이의 변화를 관측할 필요가 있는 경우에 가장 적합한 표시장치 유형은?

① 계수형(digital)
② 묘사형(descriptive)
③ 동목형(moving scale)
④ 동침형(moving pointer)

해설

정량적 동적 표시장치의 기본형

- 정목동침(Moving Pointer)형 : 눈금이 고정되고 지침이 움직이는 형으로 표시 값의 변화 방향이나 변화 속도를 나타내어 전반적인 추이의 변화를 관측할 필요가 있는 경우에 가장 적합하다.
- 정침동목(Moving Scale)형 : 지침이 고정되고 눈금이 움직이는 형으로 표시장치의 공간을 적게 차지하는 장점이 있으나 빠른 인식을 요구하는 경우에는 사용을 피하여야 한다.
- 계수(Digital)형 : 전력계나 택시요금 계기와 같이 기계, 전자적으로 숫자가 표시되는 형으로 수치를 정확히 읽어야 하는 경우 사용한다.

36 사용자의 잘못된 조작 또는 실수로 인해 기계의 고장이 발생하지 않도록 설계하는 방법은?

① FMEA
② HAZOP
③ fail safe
④ fool proof

풀 프루프(Fool Proof)

- 풀 프루프(Fool Proof) : 인간의 착오, 미스 등 이른바 휴먼 에러가 발생하더라도 기계설비나 그 부품은 안전 쪽으로 작동하게 설계하는 안전설계기법 중 하나
- 풀 프루프(Fool Proof)의 기구 : 가드, 로크(Lock) 기구, 밀어내기 기구, 트립 기구, 오버런(Overrun) 기구, 기동방지 기구

37 인간-기계 시스템을 설계하기 위해 고려해야 할 사항과 거리가 먼 것은?

① 시스템 설계 시 동작경제의 원칙이 만족되도록 고려한다.
② 인간과 기계가 모두 복수인 경우, 종합적인 효과보다 기계를 우선적으로 고려한다.
③ 대상이 되는 시스템이 위치할 환경 조건이 인간에 대한 한계치를 만족하는가의 여부를 조사한다.
④ 인간이 수행해야 할 조작이 연속적인가 불연속적 인가를 알아보기 위해 특성조사를 실시한다.

인간과 기계가 모두 복수인 경우, 종합적인 효과보다 인간을 우선적으로 고려하여야 한다

38 한국산업표준상 결함 나무 분석(FTA) 시 다음과 같이 사용되는 사상기호가 나타내는 사상은?

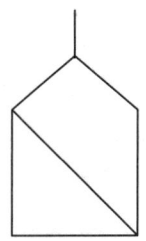

① 공사상
② 기본사상
③ 통상사상
④ 심층분석사상

사상기호(결함 나무 분석, KS A IEC 61025)

기호	기능	설명
(AND 기호)	AND 게이트	모든 입력 사항이 동시에 발생할 때에만 출력 사상이 발생한다.
(OR 기호)	OR 게이트	하나이든 여럿이든 어떤 입력 사상이라도 발생하면 출력 사상이 발생한다.

기호	명칭	설명
	배타적 OR 게이트 (XOR)	입력 사항 중 오직 하나가 홀로 발생할 때에만 출력 사상이 발생한다(전형적으로는 두 입력 사상과 함께 사용된다).
	NOT 게이트	입력 사상에 의해 정의된 조건의 반대 조건을 표현한다.
	금지 게이트	오른쪽 조건이 유효한 동안 아래쪽에 연결된 입력 사상이 발생할 때에만 사상이 발생한다. 그 조건이 다른 사상의 발생에 의해 일어나는 것이라면 금지 게이트는 사상의 발생 시기(timing)를 의미한다.
	중복 구조	입력 사상 n개 중 적어도 m개 이상이 발생할 때 사상이 발생한다.
	게이트 (일반)	게이트의 일반적인 기호. 게이트의 기능이 기호 안에 정의되어야 한다.
	사상 설명 블록	사상 명칭이나 설명, 사상 코드, 발생 확률(필요시)이 기호 한에 포함되어야 한다.
	기본 사상	세분될 수 없는 사항
	미개발 사상	추가로 세분되지 않는 사상(보통 불필요하기 때문에)
	심층 분석 사상	추후 다른 결함 나무에서 심층 분석되는 사상
	통상 사상	확실히 발생하였거나, 발생할 사상
	공사상 (zero event)	발생할 수 없는 사상
	전입	결함 나무 내의 다른 곳에서 정의되는 사상
	전출	다른 곳에서도 사용되는 중복 사상

39 작업자의 작업공간과 관련된 내용으로 옳지않은 것은?

① 서서 작업하는 작업공간에서 발바닥을 높이면 뻗침길이가 늘어난다.
② 서서 작업하는 작업공간에서 신체의 균형에 제한을 받으면 뻗침길이가 늘어난다.
③ 앉아서 작업하는 작업공간은 동적 팔뻗침에 의해 포락면(reach envelope)의 한계가 결정된다.
④ 앉아서 작업하는 작업공간에서 기능적 팔뻗침에 영향을 주는 제약이 적을수록 뻗침길이가 늘어난다.

서서 작업하는 작업공간에서 신체의 균형에 제한을 받으면 뻗침길이가 줄어든다

40 조종장치의 촉각적 암호화를 위하여 고려하는 특성으로 볼 수 없는 것은?

① 형상   ② 무게
③ 크기   ④ 표면 촉감

촉각적 암호화를 사용하는 경우
• 형상을 구별하여 사용하는 경우
• 표면 촉감을 이용하는 경우
• 크기를 구별하여 사용하는 경우

제 03 과목   기계·기구 및 설비 안전관리

41 크레인 작업 시 로프에 1톤의 중량을 걸어 20m/s²의 가속도로 감아올릴 때, 로프에 걸리는 총하중(kgf)은 약 얼마인가?(단, 중력가속도는 10m/s² 이다.)

① 1000   ② 2000
③ 3000   ④ 3500

총하중 = 정하중 + 동하중
$= 1000 + \dfrac{정하중}{g} \times a = 1000 + \dfrac{1000}{10} \times 20 = 3000 kgf$

42 다음 중 선반 작업 시 준수하여야 하는 안전사항으로 틀린 것은?

① 작업 중 면장갑 착용을 금한다.
② 작업 시 공구는 항상 정리해 둔다.
③ 운전 중에 백기어를 사용한다.
④ 주유 및 청소를 할 때에는 반드시 기계를 정지시키고 한다.

선반 작업의 안전
- 작업복의 소매 자락이 회전 공작물에 말려들지 않도록 복장을 단정하게 한다.
- 선반의 베드 위나 공구대 위에 직접 측정기나 공구를 올려놓지 않는다.
- 회전 중인 가공물에 손을 대지 말아야 하며, 치수 측정시는 기계를 정지시킨 후 측정한다.
- 칩이 발산될 때는 보안경을 쓰고, 맨손으로 칩을 만지지 말고 갈고리를 사용한다.
- 기어를 변속할 때, 공구를 교환할 때와 제거할 때는 기계를 정지시킨 후 작업한다.
- 운전 중에 백기어는 사용을 금지하여야 한다.
- 내경작업 중에 손가락을 구멍 속에 넣어 청소를 하거나 점검하려고 하면 안 된다.
- 양 센터 작업에는 공작물의 크기에 알맞은 돌리개를 사용하고, 가늘고 긴 공작물을 가공할 때는 방진구를 사용한다.
- 선반 가동 전에 척핸들(Chuck Handle)을 빼었는지 확인하고 기계의 윤활 부분을 점검한다.
- 선반의 운전 중 이송 작동을 시켜놓고 자리를 이탈하지 않도록 한다.
- 긴 공작물이 기계 밖으로 돌출 되었을 때 빨간 천을 부착하여 위험을 표시한다.
- 센터 작업 중에는 일감이 센터에서 빠져 나오지 않도록 주의를 한다.
- 작업 중 공작물 고정 나사 및 조가 풀어질 우려에 대비하여 수시로 확인을 한다

43 기계설비의 안전조건 중 구조의 안전화에 대한 설명으로 가장 거리가 먼 것은?

① 기계재료의 선정 시 재료 자체에 결함이 없는지 철저히 확인한다.
② 사용 중 재료의 강도가 열화 될 것을 감안하여 설계 시 안전율을 고려한다.
③ 기계작동 시 기계의 오동작을 방지하기 위하여 오동작 방지 회로를 적용한다.
④ 가공 경화와 같은 가공결함이 생길 우려가 있는 경우는 열처리 등으로 결함을 방지한다.

기계 · 설비의 안전화 5가지
- 외관의 안전화 : 상자로 내장, 덮개, 색채조절(시동버튼 : 녹색, 정지버튼 : 적색)
- 기능적 안전화 : 전압강하 및 정전시 오동작 방지, 사용압력 변동시 오동작 방지, 밸브 고장시 오동작 방지, 단락 스위치 고장시 오동작방지
- 구조부분의 안전화 : 적절한 재료, 안전계수 및 안전율 고려, 적절한 가공
- 작업의 안전화 : 기동장치와 배치, 정지시 시간장치, 안전통로 확보, 작업공간 확보
- 보수 · 유지의 안전화(보전성의 개선) : 정기점검, 교환, 주유

44 산업안전보건법령상 리프트의 종류로 틀린 것은?

① 건설작업용 리프트
② 자동차정비용 리프트
③ 이삿짐운반용 리프트
④ 간이 리프트

리프트의 종류(산업안전보건기준에 관한 규칙 제132조)
- 건설작업용 리프트 : 동력을 사용하여 가이드레일을 따라 상하로 움직이는 운반구를 매달아 사람이나 화물을 운반할 수 있는 설비 또는 이와 유사한 구조 및 성능을 가진 것으로 건설현장에서 사용하는 것
- 자동차정비용 리프트 : 동력을 사용하여 가이드레일을 따라 움직이는 지지대로 자동차 등을 일정한 높이로 올리거나 내리는 구조의 리프트로서 자동차 정비에 사용하는 것
- 이삿짐운반용 리프트 : 연장 및 축소가 가능하고 끝단을 건축물 등에 지지하는 구조의 사다리형 붐에 따라 동력을 사용하여 움직이는 운반구를 매달아 화물을 운반하는 설비로서 화물자동차 등 차량 위에 탑재하여 이삿짐 운반 등에 사용하는 것

45 보일러수 속에 불순물 농도가 높아지면서 수면에 거품이 형성되어 수위가 불안정하게 되는 현상은?

① 포밍 ② 서징
③ 수격현상 ④ 공동현상

- 포밍(forming) : 보일러 관수 중의 용존 고형물, 유지분에 의하여 수면 위에 거품이 발생하고 심하면 보일러 밖으로 흘러 넘치는 현상
- 서징(surging) : 펌프 또는 팬 등에서 특성 곡선에 부적당(소량일 때)할 때 불안정 영역에서 운전하게 되어 압력이나 풍속이 반복해서 변동하는 현상
- 수격현상(water hammer) : 관로(管路) 안의 물의 운동상태를 급격히 변화시킴으로써 일어나는 압력파로 밸브의 급격한 개폐, 관내유동이 급격히 변할 때 발생되는 현상
- 공동현상(cavitation) : 물이 관 속을 흐를 때 유동하는 물 속의 어느 부분의 정압이 그 때의 물의 증기압보다 낮을 경우 물이 증발하여 부분적으로 증기가 발생되는 현상

46 산업안전보건법령상 연삭숫돌의 상부를 사용하는 것을 목적으로 하는 탁상용 연삭기 덮개의 노출각도는?

① 60° 이내 ② 65° 이내
③ 80° 이내 ④ 125° 이내

연삭기 덮개의 각도

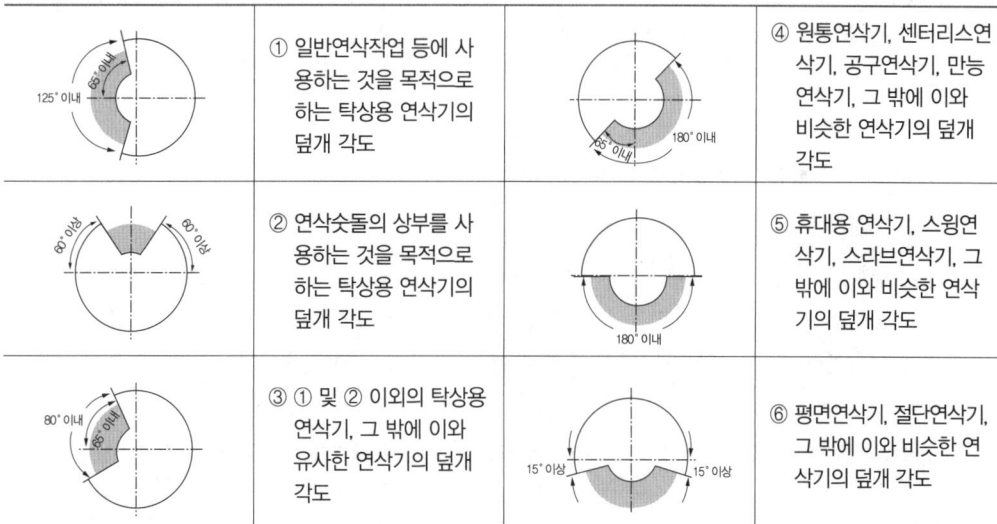

47 산업안전보건법령상 위험기계·기구별 방호조치로 가장 적절하지 않은 것은?

① 산업용 로봇 – 안전매트
② 보일러 – 급정지장치
③ 목재가공용 둥근톱기계 – 반발예방장치
④ 산업용 로봇 – 광전자식 방호장치

보일러의 방호장치(산업안전보건기준에 관한 규칙 제7절)
- 압력 방출 장치 : 1개 또는 2개 이상 설치하고 최고 사용 압력 이하에서 작동되도록 한다. 단, 2개 이상 설치된 경우에는 최고 사용 압력 이하에서 1개가 작동하고, 다른 1개는 최고 사용 압력 1.05배 이하에서 작동되도록 하며 스프링식이 가장 많이 사용된다.
- 압력 제한 스위치 : 과열을 방지하기 위하여 최고 사용 압력과 사용 압력 사이에서 보일러의 버너 연소를 차단한다.
- 고저수위 조절 장치 : 고저수위를 알리는 경보등·경보음 장치 등을 설치하며, 자동으로 급수 또는 단수되도록 설치한다.
- 화염 검출기

48 산업안전보건법령상 연삭숫돌의 시운전에 관한 설명으로 옳은 것은?

① 연삭숫돌의 교체 시에는 바로 사용할 수 있다
② 연삭숫돌의 교체 시 1분 이상 시운전을 하여야 한다.
③ 연삭숫돌의 교체 시 2분 이상 시운전을 하여야 한다.
④ 연삭숫돌의 교체 시 3분 이상 시운전을 하여야 한다.

산업안전보건기준에 관한 규칙 제122조(연삭숫돌의 덮개 등) ① 사업주는 회전 중인 연삭숫돌(지름이 5센티미터 이상인 것으로 한정한다)이 근로자에게 위험을 미칠 우려가 있는 경우에 그 부위에 덮개를 설치하여야 한다.
② 사업주는 연삭숫돌을 사용하는 작업의 경우 작업을 시작하기 전에는 1분 이상, 연삭숫돌을 교체한 후에는 3분 이상 시험운전을 하고 해당 기계에 이상이 있는지를 확인하여야 한다.
③ 제2항에 따른 시험운전에 사용하는 연삭숫돌은 작업시작 전에 결함이 있는지를 확인한 후 사용하여야 한다.
④ 사업주는 연삭숫돌의 최고 사용회전속도를 초과하여 사용하도록 해서는 아니 된다.
⑤ 사업주는 측면을 사용하는 것을 목적으로 하지 않는 연삭숫돌을 사용하는 경우 측면을 사용하도록 해서는 아니 된다.

49 금형의 안전화에 대한 설명 중 틀린 것은?

① 금형의 틈새는 8mm 이상 충분하게 확보한다.
② 금형 사이에 신체 일부가 들어가지 않도록 한다.
③ 충격이 반복되어 부가되는 부분에는 완충장치를 설치한다.
④ 금형 설치용 홈은 설치된 프레스의 홈에 적합한 형상의 것으로 한다.

금형의 안전화 : 금형 사이에 신체 일부가 들어가지 않도록 안전울을 설치하고 금형 상하간의 틈새를 8mm 이하로 하여 손가락이 들어가지 않도록 할 것(펀치와 다이 틈새, 스트리퍼와 다이 틈새, 가이드 포스트와 가이드 부시 틈새)

50 컨베이어의 종류가 아닌 것은?

① 체인 컨베이어　　　② 스크류 컨베이어
③ 슬라이딩 컨베이어　④ 유체 컨베이어

컨베이어의 종류 : 벨트 컨베이어, 체인 컨베이어, 롤러 컨베이어, 스크류 컨베이어, 진동 컨베이어, 유체 컨베이어, 공기 필름 컨베이어, 엘리베이팅 컨베이어

51 산업안전보건법령상 지게차 방호장치에 해당하는 것은?

① 포크 ② 헤드가드
③ 호이스트 ④ 힌지드 버킷

지게차 헤드가드의 구비조건(산업안전보건기준에 관한 규칙 제180조)
- 강도는 지게차의 최대하중의 2배값(4톤을 넘는 값에 대해서는 4톤으로 한다)의 등분포정하중(等分布靜荷重)에 견딜 수 있을 것
- 상부틀의 각 개구의 폭 또는 길이가 16cm 미만일 것
- 운전자가 앉아서 조작하거나 서서 조작하는 지게차의 헤드가드는 산업표준화법 제12조에 따른 한국산업표준에서 정하는 높이 기준 이상일 것
  - 앉아서 조작하는 경우 조종사가 정상적인 작동 상태에 있을 때 좌석기준점(SIP)으로부터 조종사의 머리가 위치한 헤드가드 아래 부분의 밑면까지의 수직간격은 0.903m 이상이어야 한다.
  - 서서 조작하는 경우 조종사가 정상적인 작동 상태에 있을 때 조종사가 서 있는 플랫폼에서부터 조종사의 머리가 위치한 헤드가드 아래 부분의 밑면까지의 수직 간격은 1.88m 이상이어야 한다.

52 프레스의 방호장치에 해당되지 않는 것은?

① 가드식 방호장치 ② 수인식 방호장치
③ 롤 피드식 방호장치 ④ 손쳐내기식 방호장치

프레스 또는 전단기 방호장치의 종류와 분류(방호장치 안전인증 고시 별표1)

종류	분류	기능
광전자식	A-1	프레스 또는 전단기에서 일반적으로 많이 활용하고 있는 형태로서 투광부, 수광부, 컨트롤 부분으로 구성된 것으로서 신체의 일부가 광선을 차단하면 기계를 급정지시키는 방호장치
	A-2	급정지기능이 없는 프레스의 클러치 개조를 통해 광선 차단 시 급정지시킬 수 있도록 한 방호장치
양수조작식	B-1 (유·공압밸브식)	1행정 1정지식 프레스에 사용되는 것으로서 양손으로 동시에 조작하지 않으면 기계가 동작하지 않으며, 한손이라도 떼어내면 기계를 정지시키는 방호장치
	B-2 (전기버튼식)	
가드식	C	가드가 열려 있는 상태에서는 기계의 위험부분이 동작되지 않고 기계가 위험한 상태일 때에는 가드를 열 수 없도록 한 방호장치
손쳐내기식	D	슬라이드의 작동에 연동시켜 위험상태로 되기 전에 손을 위험 영역에서 밀어내거나 쳐내는 방호장치로서 프레스용으로 확동식 클러치형프레스에 한해서 사용됨(다만, 광전자식 또는 양수조작식과 이중으로 설치 시에는 급정지가능 프레스에 사용 가능)
수인식	E	슬라이드와 작업자 손을 끈으로 연결하여 슬라이드 하강 시 작업자 손을 당겨 위험영역에서 빼낼 수 있도록 한 방호장치로서 프레스용으로 확동식 클러치형 프레스에 한해서 사용됨(다만, 광전자식 또는 양수조작식과 이중으로 설치 시에는 급정지가능 프레스에 사용 가능

53 산업안전보건법령상 양중기에서 절단하중이 100톤인 와이어로프를 사용하여 화물을 직접적으로 지지하는 경우, 화물의 최대허용하중(톤)은?

① 20
② 30
③ 40
④ 50

산업안전보건기준에 관한 규칙 제163조(와이어로프 등 달기구의 안전계수) ① 사업주는 양중기의 와이어로프 등 달기구의 안전계수(달기구 절단하중의 값을 그 달기구에 걸리는 하중의 최대값으로 나눈 값을 말한다)가 다음 각 호의 구분에 따른 기준에 맞지 아니한 경우에는 이를 사용해서는 아니 된다.
1. 근로자가 탑승하는 운반구를 지지하는 달기와이어로프 또는 달기체인의 경우 : 10 이상
2. 화물의 하중을 직접 지지하는 달기와이어로프 또는 달기체인의 경우 : 5 이상
3. 훅, 샤클, 클램프, 리프팅 빔의 경우 : 3 이상
4. 그 밖의 경우 : 4 이상
② 사업주는 달기구의 경우 최대허용하중 등의 표식이 견고하게 붙어 있는 것을 사용하여야 한다.

54 산업안전보건법령상 기계 기구의 방호조치에 대한 사업주·근로자 준수사항으로 가장 적절하지 않은 것은?

① 방호 조치의 기능상실에 대한 신고가 있을 시 사업주는 수리, 보수 및 작업중지 등 적절한 조치를 할 것
② 방호조치 해체 사유가 소멸된 경우 근로자는 즉시 원상회복 시킬 것
③ 방호조치의 기능상실을 발견 시 사업주에게 신고할 것
④ 방호조치 해체 시 해당 근로자가 판단하여 해체 할 것

근로자는 방호조치를 해체하고자 하는 경우 사업주의 허가를 받아야 하며, 방호조치를 해체한 후 그 사유가 소멸된 때에는 지체없이 원상으로 회복해야 한다. 또한, 방호조치의 기능이 상실된 것을 발견한 경우에는 지체없이 사업주에게 신고하여야 한다.

55 산업안전보건법령상 프레스를 사용하여 작업을 할 때 작업시작 전 점검 항목에 해당하지 않는 것은?

① 전선 및 접속부 상태
② 클러치 및 브레이크의 기능
③ 프레스의 금형 및 고정볼트 상태
④ 1행정 1정지기구·급정지장치 및 비상정지 장치의 기능

프레스 사용 작업시작 전 점검내용(산업안전보건기준에 관한 규칙 별표 3)
- 클러치 및 브레이크의 기능
- 크랭크축·플라이휠·슬라이드·연결봉 및 연결 나사의 풀림 여부
- 1행정 1정지기구·급정지장치 및 비상정지장치의 기능
- 슬라이드 또는 칼날에 의한 위험방지 기구의 기능
- 프레스의 금형 및 고정볼트 상태
- 방호장치의 기능
- 전단기(剪斷機)의 칼날 및 테이블의 상태

56 프레스의 분류 중 동력 프레스에 해당하지 않는 것은?

① 크랭크 프레스
② 토글 프레스
③ 마찰 프레스
④ 아버 프레스

동력 프레스의 종류
- 기계 프레스 : 크랭크 프레스, 편심 프레스, 너클 프레스, 마찰 프레스, 랙 프레스, 스크류 프레스, 캠 프레스, 토글 프레스, 특수 프레스
- 액압 프레스 : 수압 프레스, 유압 프레스, 공압 프레스

57 밀링작업 시 안전수칙에 해당되지 않는 것은?

① 칩이나 부스러기는 반드시 브러시를 사용하여 제거한다.
② 가공 중에는 가공면을 손으로 점검하지 않는다.
③ 기계를 가동 중에는 변속시키지 않는다.
④ 작업 중에는 면장갑을 끼고 하여야 한다.

밀링 작업 시 안전수칙
- 공작물 설치 시 절삭공구의 회전을 정지시킨다.
- 테이블의 좌우로 이동하는 기계의 양단에는 재료나 가공품을 쌓아놓지 않는다.
- 상하 이송동 핸들은 사용 후 반드시 벗겨 놓는다.
- 절삭공구에 절삭유를 주유 시에는 커터 위부터 주유한다.
- 방호가드를 설치하고, 올바른 설치상태를 확인한다.
- 절삭공구 교환 시에는 너트를 확실히 체결하고, 1분간 공회전 시켜 커터의 이상 유무를 점검한다.
- 모든 방호장치는 제자리에 위치하도록 한다.
- 연마작업 및 재료조각 등을 지지하기 위해서 알맞은 위치에 단단히 조이도록 한다.
- 절삭작업테이블 정지장치 안전성을 확보한다.
- 모든 이송(移送)장치의 손잡이는 중립에 둔다.
- 축과 축 지지대는 정확히 설치한다.
- 작업테이블에 나사나 자석으로 가공물을 고정하고 적절한 수공구로 조정한다.
- 가공 중에는 얼굴을 기계 가까이 대지 않도록 하고, 보안경을 착용한다.
- 절삭공구 설치 시 시동레버와 접촉하지 않도록 한다.
- 상하 이송용 핸들은 사용 후 반드시 벗겨놓는다.
- 가공 중에는 얼굴을 기계에 가까이 대지 않도록 한다.
- 절삭공구에 절삭유를 줄 때는 커터 위에서부터 주유한다.
- 밀링 커터에 작업복의 소매나 작업모가 말려 들어가지 않도록 단정히 한다.
- 커터를 교환할 때는 반드시 테이블 위에 목재를 받쳐 놓고 한다.
- 강력절삭을 할 때는 일감을 바이스에 깊게 물린다.
- 절삭 중에는 테이블에 손등을 올려놓지 않는다.
- 면장갑을 끼지 않는다.

58 산소-아세틸렌가스 용접에서 산소 용기의 취급 시 주의사항으로 틀린 것은?

① 산소 용기의 운반 시 밸브를 닫고 캡을 씌워서 이동할 것
② 기름이 묻은 손이나 장갑을 끼고 취급하지 말 것
③ 원활한 산소 공급을 위하여 산소 용기는 눕혀서 사용할 것
④ 통풍이 잘되고 직사광선이 없는 곳에 보관할 것

산업안전보건기준에 관한 규칙 제234조(가스등의 용기) 사업주는 금속의 용접·용단 또는 가열에 사용되는 가스등의 용기를 취급하는 경우에 다음 각 호의 사항을 준수하여야 한다.
1. 다음 각 목의 어느 하나에 해당하는 장소에서 사용하거나 해당 장소에 설치·저장 또는 방치하지 않도록 할 것
   가. 통풍이나 환기가 불충분한 장소
   나. 화기를 사용하는 장소 및 그 부근
   다. 위험물 또는 제236조에 따른 인화성 액체를 취급하는 장소 및 그 부근
2. 용기의 온도를 섭씨 40도 이하로 유지할 것
3. 전도의 위험이 없도록 할 것
4. 충격을 가하지 않도록 할 것
5. 운반하는 경우에는 캡을 씌울 것
6. 사용하는 경우에는 용기의 마개에 부착되어 있는 유류 및 먼지를 제거할 것
7. 밸브의 개폐는 서서히 할 것
8. 사용 전 또는 사용 중인 용기와 그 밖의 용기를 명확히 구별하여 보관할 것
9. 용해아세틸렌의 용기는 세워 둘 것
10. 용기의 부식·마모 또는 변형상태를 점검한 후 사용할 것

59 가드(guard)의 종류가 아닌 것은?

① 고정식
② 조정식
③ 자동식
④ 반자동식

가드(guard)의 종류
- 고정식 가드(Fixed guard) : 특정 위치에 용접 등으로 영구적으로 고정되거나 고정장치(스크루, 너트 등)로 부착된 구조로서 공구를 사용하지 아니하고는 가드의 제거 또는 개방이 불가능한 구조의 가드를 말한다.
- 조정식 가드(Adjustable guard) : 전체 또는 부분을 조정할 수 있는 고정식 또는 가동식 가드로서 작동할 때마다 용도에 맞도록 가드를 조정하여 조정된 상태에서 고정하여 사용하는 구조의 가드로 작동 중에는 조정되지 않는다.
- 인터로크식 가드(Interlocked guard) : 기계의 위험한 부분에 가동식 가드가 설치되고 가드가 닫혀야만 작동될 수 있는 구조이거나 기계작동 중에 가드가 열릴 경우 기계의 작동이 고정되고 가드를 닫았을 때 작동되는 구조로 된 가드이다.
- 자동식 가드(Automatic guard) : 인터로크(연동장치)와 결합된 가드로써 가드가 보호 할 수 있는 기계의 위험한 부분이 가드가 닫히기 전까지는 작동되지 않거나, 가드가 닫히면 기계의 위험한 부분이 작동되는 구조이다.

60 산업안전보건법령상 롤러기의 무릎조작식 급정지장치의 설치 위치 기준은? (단, 위치는 급정지장치 조작부의 중심점을 기준)

① 밑면에서 0.7 ~ 0.8m 이내
② 밑면에서 0.6m 이내
③ 밑면에서 0.8 ~ 1.2 m 이내
④ 밑면에서 1.5m 이상

해설

롤러기 급정지장치의 종류(방호장치 자율안전기준 고시 별표 3)

종류	위치	비고
손조작식	밑면에서 1.8m 이내	위치는 급정지장치조작부의 중심점을 기준으로 함
복부조작식	밑면에서 0.8m 이상 1.1m 이내	
무릎조작식	밑면에서 0.6m 이내	

제 04 과목 전기 및 화학설비 안전관리

61 대전된 물체가 방전을 일으킬 때의 에너지 E(J)를 구하는 식으로 옳은 것은?(단, 도체의 정전용량을 C(F), 대전 전위를 V(V), 대전 전하량을 Q(C)라 한다.)

① $E = \sqrt{2CQ}$
② $E = \dfrac{1}{2}CV$
③ $E = \dfrac{Q^2}{2C}$
④ $E = \sqrt{\dfrac{2V}{C}}$

62 인체의 대부분이 수중에 있는 상태에서의 허용접촉전압으로 옳은 것은?

① 2.5 V 이하
② 25 V 이하
③ 50 V 이하
④ 100 V 이하

허용 접촉 전압

종별	접촉상태	허용접촉전압
제1종	• 인체의 대부분이 수중에 있는 상태	2.5[V] 이하
제2종	• 인체가 현저히 젖어 있는 상태 • 금속성의 전기 · 기계장치나 구조물에 인체의 일부가 상시 접촉되어 있는 상태	25[V] 이하
제3종	• 제1종, 제2종 이외의 경우로서 통상의 인체상태에서 있어서 접촉전압이 가해지면 위험성이 높은 상태	50[V] 이하
제4종	• 제1종, 제2종 이외의 경우로서 통상의 인체 상태에 접촉전압이 가해지더라도 위험성이 낮은 상태 • 접촉전압이 가해질 우려가 없는 경우	제한 없음

63 고장 시 흐르는 전류를 안전하게 통할 수 있는 것으로서 특고압·고압 전기설비용 접지도체의 단면적은 얼마 이상이어야 하는가?

① 16mm² 이상 ② 10mm² 이상
③ 8mm² 이상 ④ 6mm² 이상

접지도체의 굵기(접지도체의 단면적 규정에 의한 것 이외, 한국전기설비규정 142.3.1)

장소		접지도체의 단면적	비고
특고압·고압 전기설비용		6mm² 이상	
중성점 접지용		16mm² 이상	단, 7kV 이하의 전로 또는 25kV 이하인 특고압 가공전선로로 2초 이내 차단 시 6mm² 이상
이동하여 사용하는 전기기계기구의 금속제 외함	특고압·고압 전기설비용 또는 중성점 접지용	10mm² 이상	
	저압 전기설비용	1.5mm² 이상	다심 코드 또는 캡타이어 케이블은 0.75mm² 이상

64 저압전선로 중 절연 부분의 전선과 대지 간 및 전선의 심선 상호간의 절연저항은 사용전압에 대한 누설전류가 최대 공급전류의 얼마를 넘지 않도록 규정하고 있는가?

① $\dfrac{1}{1000}$ ② $\dfrac{1}{1500}$
③ $\dfrac{1}{2000}$ ④ $\dfrac{1}{2500}$

누설전류 = $\dfrac{\text{최대공급전류}}{2000}$ 이하

65 방폭구조 전기기계·기구의 선정기준에 있어 가스폭발 위험장소의 제1종 장소에 사용할 수 없는 방폭구조는?

① 내압방폭구조 ② 안전증방폭구조
③ 본질안전 방폭구조 ④ 비점화방폭구조

가스폭발 위험장소

분류	적요
0종 장소	• 본질안전 방폭구조(ia) • 그밖에 관련 공인 인증기관이 0종 장소에서 사용이 가능한 방폭구조로 인증한 방폭구조

1종 장소	• 내압 방폭구조(d), 압력 방폭구조(p), 충전 방폭구조(q), 유입 방폭구조(o), 안전증 방폭구조(e), 본질 안전 방폭구조(ia, ib), 몰드 방폭구조(m) • 그밖에 관련 공인 인증기관이 1종 장소에서 사용이 가능한 방폭구조로 인증한 방폭구조
2종 장소	• 0종 장소 및 1종 장소에 사용 가능한 방폭구조 • 비점화 방폭구조(n) • 그밖에 2종 장소에서 사용하도록 특별히 고안된 비방폭형 구조

66 폭발성 가스가 전기기기 내부로 침입하지 못하도록 전기기기의 내부에 불활성가스를 압입하는 방식의 방폭구조는?

① 내압방폭구조
② 압력방폭구조
③ 본질안전방폭구조
④ 유입방폭구조

방폭구조의 종류와 기호

종류	내용	기호
내압방폭구조	점화원에 의해 용기 내부에서 폭발이 발생할 경우에 용기가 폭발압력에 견딜 수 있고, 화염이 용기 외부의 폭발성 분위기로 전파되지 않도록 한 방폭구조	d
압력방폭구조	점화원이 될 우려가 있는 부분을 용기 안에 넣고 보호 기체(신선한 공기 또는 불활성기체)를 용기 안에 압입함으로써 폭발성 가스가 침입하는 것을 방지하도록 되어 있는 방폭구조	p
안전증방폭구조	전기기기의 과도한 온도 상승, 아크 또는 불꽃 발생의 위험을 방지하기 위하여 추가적인 안전조치를 통한 안전도를 증가시킨 방폭구조(다만, 정상운전 중에 아크나 불꽃을 발생시키는 전기기기는 안전증방폭구조의 전기기기 범위에서 제외)	e
유입방폭구조	유체 상부 또는 용기 외부에 존재할 수 있는 폭발성 분위기가 발화할 수 없도록 전기설비 또는 전기설비의 부품을 보호액에 함침시키는 방폭구조	o
본질안전방폭구조	정상시 또는 단락, 단선, 지락 등의 사고시에 발생하는 아크, 불꽃, 고열에 의하여 폭발성 가스나 증기에 점화되지 않는 것이 확인된 구조	ia, ib
비점화방폭구조	전기기기가 정상작동과 규정된 특정한 비정상상태에서 주위의 폭발성 가스 분위기를 점화시키지 못하도록 만든 방폭구조	n
몰드방폭구조	전기기기의 불꽃 또는 열로 인해 폭발 위험분위기에 점화되지 않도록 컴파운드를 충전해서 보호한 방폭구조	m
충전방폭구조	폭발성 가스 분위기를 점화시킬 수 있는 부품을 고정하여 설치하고, 그 주위를 충전재로 완전히 둘러싸서 외부의 폭발성 가스 분위기를 점화시키지 않도록 하는 방폭구조	q
특수방폭구조	상기의 방폭구조 외에 외부의 폭발성 가스에 대해 인화를 방지할 수 있음을 시험에 의해 확인한 구조	s

67 옥내배선에서 누전으로 인한 화재방지의 대책이 아닌 것은?

① 배선 불량 시 재시공할 것
② 배선에 단로기를 설치할 것
③ 정기적으로 절연저항을 측정할 것
④ 정기적으로 배선시공 상태를 확인할 것

단로기(DS, Disconnecting Switch)는 전로나 기기의 점검작업 또는 사고 시에 정상계통에서 분리하여 작업의 안전 확보를 목적으로 사용되는 것으로 부하전류를 개폐하는 것은 아니다.

68 제전기의 설치 장소로 가장 적절한 것은?

① 대전물체의 뒷면에 접지물체가 있는 경우
② 정전기의 발생원으로부터 5 ~ 20cm 정도 떨어진 장소
③ 오물과 이물질이 자주 발생하고 묻기 쉬운 장소
④ 온도가 150℃, 상대습도가 80% 이상인 장소

제전기는 원칙적으로 대전물체 후면의 접지체 또는 다른 제전기가 있는 위치, 정전기의 발생원및 제전기에 오물이 묻기 쉬운 장소는 피하고 온도 150℃, 상대습도 80% 이상의 환경은 피하는 것이 바람직하다.

69 전기적 불꽃 또는 아크에 의한 화상의 우려가 높은 고압 이상의 충전전로 작업에 근로자를 종사시키는 경우에는 어떠한 성능을 가진 작업복을 착용시켜야 하는가?

① 방충처리 또는 방수성능을 갖춘 작업복
② 방염처리 또는 난연성능을 갖춘 작업복
③ 방청처리 또는 난연성능을 갖춘 작업복
④ 방수처리 또는 방청성능을 갖춘 작업복

방염은 연소하기 쉬운 재질에 발화 및 화염의 확산을 지연시키는 가공처리 방법이며, 난연은 불이 붙어도 연소가 잘되지 않는 것을 말한다.

70 감전을 방지하기 위해 관계 근로자에게 반드시 주지시켜야 하는 정전작업 사항으로 가장 거리가 먼 것은?

① 전원설비 효율에 관한 사항
② 단락 접지 실시에 관한 사항
③ 전원 재투입 순서에 관한 사항
④ 작업 책임자의 임명, 정전범위 및 절연용 보호구 작업 등 필요한 사항

정전작업 시 작업요령
- 작업책임자, 정전범위, 정전 및 전원 재투입 순서 등을 정한다.
- 작업의 위험성을 종합적으로 검토하여 이에 필요한 방호대책을 수립한다.
- 작업에 필요한 공구의 적합 여부, 작업인원 및 작업시간에 대하여 사전에 면밀히 검토한다.
- 작업시작 전에 미리 정전범위, 정전 및 송전시간, 개폐기의 차단장소, 선로의 단락접지를 하는 장소와 상태, 작업순서, 근로자의 배치, 작업종료 후의 조치 내용 등을 설명한다

71 위험물안전관리법령상 제3류 위험물의 금수성 물질이 아닌 것은?

① 과염소산염　　　　　③ 탄화칼슘
② 금속나트륨　　　　　④ 탄화알루미늄

위험물안전관리법상 위험물의 분류
- 제1류 산화성 고체 : 아염소산염류, 염소산염류, 과염소산염류, 무기과산화물, 브로민산염류, 질산염류, 아이오딘산염류, 과망가니즈산염류, 다이크로뮴산염류
- 제2류 가연성 고체 : 황화인, 적린, 유황, 철분, 금속분, 마그네슘
- 제3류 자연발화성 물질 및 금수성 물질 : 칼륨, 나트륨, 알킬알루미늄, 알킬리튬, 황린, 알칼리금속(칼륨 및 나트륨을 제외) 및 알칼리토금속, 유기금속화합물(알킬알루미늄 및 알킬리튬을 제외), 금속의 수소화물, 금속의 인화물, 칼슘 또는 알루미늄의 탄화물
- 제4류 인화성 액체 : 특수인화물, 제1석유류, 제2석유류, 제3석유류, 제4석유류, 알코올류, 동식물유류
- 제5류 자기반응성 물질 : 유기과산화물, 질산에스터류, 나이트로화합물, 나이트로소화합물, 아조화합물, 다이아조화합물, 하이드라진 유도체, 하이드록실아민, 하이드록실아민염류
- 제6류 산화성 액체 : 과염소산, 과산화수소, 질산

72 이산화탄소 소화기에 관한 설명으로 옳지 않은 것은?

① 전기화재에 사용할 수 있다.
② 주된 소화 작용은 질식작용이다.
③ 소화약제 자체 압력으로 방출이 가능하다.
④ 전기전도성이 높아 사용 시 감전에 유의해야 한다.

이산화탄소 소화약제는 비전도성으로 전기설비의 전도성이 있는 장소에도 소화가 가능하다.

73 낮은 압력에서 물질의 끓는점이 내려가는 현상을 이용하여 시행하는 분리법으로 온도를 높여서 가열할 경우 원료가 분해될 우려가 있는 물질을 증류할 때 사용하는 방법을 무엇이라 하는가?

① 진공증류　　　　　② 추출증류
③ 공비증류　　　　　④ 수증기 증류

진공증류(vacuum distillation)란 압력을 낮게 하고 끓는점을 낮추어 저온에서 액체를 증류하는 것을 말한다.

74 다음 중 폭발하한농도(vol%)가 가장 높은 것은?

① 일산화탄소   ② 아세틸렌
③ 디에틸에테르 ④ 아세톤

공기 중의 폭발범위

물질	폭발하한계(vol%)	폭발상한계(vol%)
아세틸렌(C_2H_2)	2.5	81.0
수소(H_2)	4.0	75.0
일산화탄소(CO)	12.5	74.0
디에틸에테르($C_2H_5OC_2H_5$)	1.9	48.0
아세톤(CH_3COCH_3)	2.0	13.0

75 다음 중 불연성 가스에 해당하는 것은?

① 프로판   ② 탄산가스
③ 아세틸렌   ④ 암모니아

가스의 물리화학적 특성에 따른 일반적인 분류

가스의 분류		가스의 종류
상태에 의한 분류	압축가스	산소, 수소, 메탄, 질소, 알곤 등
	액화가스	프로판, 부탄, 암모니아, 이산화탄소, 액화산소, 액화질소 등
	용해가스	아세틸렌
연소성에 의한 분류	가연성가스	수소, 암모니아, 프로판, 부탄, 아세틸렌 등
	조연성가스	산소, 공기, 염소 등
	불연성가스	질소, 이산화탄소(탄산가스), 알곤, 헬륨 등
독성에 의한 분류	독성가스	염소, 일산화탄소, 아황산가스, 암모니아, 산화에틸렌 등
	비독성가스	질소, 산소, 부탄, 메탄 등

76 염소산칼륨에 관한 설명으로 옳은 것은?

① 탄소, 유기물과 접촉 시에도 분해폭발 위험은 거의 없다.
② 열에 강한 성질이 있어서 500℃의 고온에서도 안정적이다.
③ 찬물이나 에탄올에도 매우 잘 녹는다.
④ 산화성 고체물질이다.

염소산칼륨($KClO_3$)은 제1류 위험물인 산화성 고체로 강력한 산화제이다.

77. 메탄 20vol%, 에탄 25vol%, 프로판 55vol% 의 조성을 가진 혼합가스의 폭발하한계값(vol%)은 약 얼마인가?(단, 메탄, 에탄 및 프로판가스의 폭발하한값은 각각 5vol%, 3vol%, 2vol% 이다.)

① 2.51
② 3.12
③ 4.26
④ 5.22

$$L = \frac{20 + 25 + 55}{\frac{20}{5} + \frac{25}{3} + \frac{55}{2}} = 2.51$$

78. 다음 중 증류탑의 원리로 거리가 먼 것은?

① 끓는점(휘발성) 차이를 이용하여 목적 성분을 분리한다.
② 열이동은 도모하지만 물질이동은 관계하지 않는다.
③ 기–액 두 상의 접촉이 충분히 일어날 수 있는 접촉 면적이 필요하다.
④ 여러 개의 단을 사용하는 다단탑이 사용될 수 있다.

해설
증류탑은 분별증류의 원리를 이용한 장치로 혼합물의 끓는점 차이를 이용한다. 또한, 증류탑에서 포종탑내에 설치되어 있는 포종(bubble cap)은 증류탑에서 증기와 액체의 접촉을 용이하게 해주는 역할을 하며, 증기를 거품상으로 분산시키기 위해 설치한다.

79. 물과 접촉할 경우 화재나 폭발의 위험성이 더욱 증가하는 것은?

① 칼륨
② 트리니트로톨루엔
③ 황린
④ 니트로셀룰로오스

물반응성 물질 및 인화성 고체 : 리튬, 칼륨·나트륨, 황, 황린, 황화인·적린, 셀룰로이드류, 알킬알루미늄·알킬리튬, 마그네슘 분말, 금속 분말(마그네슘 분말 제외), 알칼리금속(리튬·칼륨 및 나트륨은 제외), 유기 금속화합물(알킬알루미늄 및 알킬리튬은 제외), 금속의 수소화물, 금속의 인화물, 칼슘 탄화물, 알루미늄 탄화물
※ 칼륨은 물과 반응하면 가연성가스인 수소를 발생시킨다. 이와 달리 황린은 백색 또는 담황색의 자연발화성 고체로 물과 반응하지 않기 때문에 pH 9 정도의 물 속에 저장한다.

80. 다음 중 화재의 종류가 옳게 연결된 것은?

① A급화재 – 유류 화재
② B급화재 – 유류화재
③ C급 화재 – 일반화재
④ D급 화재 – 일반화재

해설

화재등급별 소화방법

구분	A급 화재	B급 화재	C급 화재	D급 화재
명칭	보통화재	유류, 가스화재	전기화재	금속화재(Al분, Mg분)
주 소화효과	냉각	질식	냉각, 질식	질식
적응 소화재	물 소화기 강화액 소화기	포말 소화기 CO_2 소화기 분말 소화기 증발성 액체 소화기	유기성 소화액 CO_2 소화기 분말 소화기	건조사 팽창 질석 팽창 진주암
구분색	백색	황색	청색	–

제 05 과목 건설공사 안전관리

81 항타기 및 항발기를 조립하는 경우 점검하여야 할 사항이 아닌 것은?

① 과부하장치 및 제동장치의 이상 유무
② 권상장치의 브레이크 및 쐐기장치 기능의 이상 유무
③ 본체 연결부의 풀림 또는 손상의 유무
④ 권상기의 설치상태의 이상 유무

산업안전보건기준에 관한 규칙 제207조(조립·해체 시 점검사항) ② 사업주는 항타기 또는 항발기를 조립하거나 해체하는 경우 다음 각 호의 사항을 점검해야 한다.
1. 본체 연결부의 풀림 또는 손상의 유무
2. 권상용 와이어로프·드럼 및 도르래의 부착상태의 이상 유무
3. 권상장치의 브레이크 및 쐐기장치 기능의 이상 유무
4. 권상기의 설치상태의 이상 유무
5. 리더(leader)의 버팀 방법 및 고정상태의 이상 유무
6. 본체·부속장치 및 부속품의 강도가 적합한지 여부
7. 본체·부속장치 및 부속품에 심한 손상·마모·변형 또는 부식이 있는지 여부

82 건설공사 유해위험방지계획서 제출 시 공통적으로 제출하여야 할 첨부서류가 아닌 것은?

① 공사개요서
② 전체 공정표
③ 산업안전보건관리비 사용계획서
④ 가설도로계획서

유해위험방지계획서 첨부서류

- 공사 개요 및 안전보건관리계획
  - 공사 개요서
  - 공사현장의 주변 현황 및 주변과의 관계를 나타내는 도면(매설물 현황을 포함한다)
  - 건설물, 사용 기계설비 등의 배치를 나타내는 도면
  - 전체 공정표
  - 산업안전보건관리비 사용계획서
  - 안전관리 조직표
  - 재해 발생 위험 시 연락 및 대피방법
- 작업 공사 종류별 유해위험방지계획

83 신축공사 현장에서 강관으로 외부비계를 설치할 때 비계기둥의 최고 높이가 45m라면 관련 법령에 따라 비계기둥을 2개의 강관으로 보강하여야 하는 높이는 지상으로부터 얼마까지인가?

① 14m ② 20m
③ 25m ④ 31m

산업안전보건기준에 관한 규칙 제60조(강관비계의 구조) 사업주는 강관을 사용하여 비계를 구성하는 경우 다음 각 호의 사항을 준수해야 한다.
1. 비계기둥의 간격은 띠장 방향에서는 1.85미터 이하, 장선(長線) 방향에서는 1.5미터 이하로 할 것. 다만, 다음 각 목의 어느 하나에 해당하는 작업의 경우에는 안전성에 대한 구조검토를 실시하고 조립도를 작성하면 띠장 방향 및 장선 방향으로 각각 2.7미터 이하로 할 수 있다.
   가. 선박 및 보트 건조작업
   나. 그 밖에 장비 반입·반출을 위하여 공간 등을 확보할 필요가 있는 등 작업의 성질상 비계기둥 간격에 관한 기준을 준수하기 곤란한 작업
2. 띠장 간격은 2.0미터 이하로 할 것. 다만, 작업의 성질상 이를 준수하기가 곤란하여 쌍기둥틀 등에 의하여 해당 부분을 보강한 경우에는 그러하지 아니하다.
3. 비계기둥의 제일 윗부분으로부터 31미터되는 지점 밑부분의 비계기둥은 2개의 강관으로 묶어 세울 것. 다만, 브라켓(bracket, 까치발) 등으로 보강하여 2개의 강관으로 묶을 경우 이상의 강도가 유지되는 경우에는 그러하지 아니하다.
4. 비계기둥 간의 적재하중은 400킬로그램을 초과하지 않도록 할 것

∴ 45m - 31m = 14m

84 철근콘크리트 현장타설공법과 비교한 PC(precast concrete) 공법의 장점으로 볼 수 없는 것은?

① 기후의 영향을 받지 않아 동절기 시공이 가능하고, 공기를 단축할 수 있다.
② 현장작업이 감소되고, 생산성이 향상되어 인력 절감이 가능하다.
③ 공사비가 매우 저렴하다.
④ 공장 제작이므로 콘크리트 양생 시 최적 조건에 의한 양질의 제품생산이 가능하다.

프리캐스트 콘크리트(precast concrete)는 벽, 바닥 등을 구성하는 콘크리트 부재를 미리 운반 가능한 모양과 크기로 공장에서 만드는 것으로 대량생산을 통해 비용을 저렴하게 낮출 수 있지만, 철근콘크리트 현장타설공법과 비교할 때 공사비가 저렴한 편은 아니다.

85 흙막이 지보공을 설치하였을 때 붕괴 등의 위험방지를 위하여 정기적으로 점검하고, 이상 발견 시 즉시 보수하여야 하는 사항이 아닌 것은?

① 침하의 정도
② 버팀대의 긴압의 정도
③ 지형 · 지질 및 지층상태
④ 부재의 손상 · 변형 변위 및 탈락의 유무와 상태

산업안전보건기준에 관한 규칙 제347조(붕괴 등의 위험 방지) ① 사업주는 흙막이 지보공을 설치하였을 때에는 정기적으로 다음 각 호의 사항을 점검하고 이상을 발견하면 즉시 보수하여야 한다.
1. 부재의 손상 · 변형 · 부식 · 변위 및 탈락의 유무와 상태
2. 버팀대의 긴압(緊壓)의 정도
3. 부재의 접속부 · 부착부 및 교차부의 상태
4. 침하의 정도
② 사업주는 제1항의 점검 외에 설계도서에 따른 계측을 하고 계측 분석 결과 토압의 증가 등 이상한 점을 발견한 경우에는 즉시 보강조치를 하여야 한다.

86 작업발판 및 통로의 끝이나 개구부로서 근로자가 추락할 위험이 있는 장소에서의 방호조치로 옳지 않은 것은?

① 안전난간 설치
② 와이어로프 설치
③ 울타리 설치
④ 수직형 추락방망 설치

산업안전보건기준에 관한 규칙 제43조(개구부 등의 방호 조치) ① 사업주는 작업발판 및 통로의 끝이나 개구부로서 근로자가 추락할 위험이 있는 장소에는 안전난간, 울타리, 수직형 추락방망 또는 덮개 등(이하 이 조에서 "난간등"이라 한다)의 방호 조치를 충분한 강도를 가진 구조로 튼튼하게 설치하여야 하며, 덮개를 설치하는 경우에는 뒤집히거나 떨어지지 않도록 설치하여야 한다. 이 경우 어두운 장소에서도 알아볼 수 있도록 개구부임을 표시해야 하며, 수직형 추락방망은 한국산업표준에서 정하는 성능기준에 적합한 것을 사용해야 한다.
② 사업주는 난간등을 설치하는 것이 매우 곤란하거나 작업의 필요상 임시로 난간등을 해체하여야 하는 경우 제42조제2항 각 호의 기준에 맞는 추락방호망을 설치하여야 한다. 다만, 추락방호망을 설치하기 곤란한 경우에는 근로자에게 안전대를 착용하도록 하는 등 추락할 위험을 방지하기 위하여 필요한 조치를 하여야 한다.

87 히빙(heaving) 현상이 가장 쉽게 발생하는 토질지반은?

① 연약한 점토 지반
② 연약한 사질토 지반
③ 견고한 점토 지반
④ 견고한 사질토 지반

히빙(Heaving)이란 굴착이 진행됨에 따라 흙막이 벽 뒤쪽 흙의 중량이 굴착부 바닥의 지지력 이상이 되면 흙막이벽 근입(根入) 부분의 지반 이동이 발생하여 굴착부 저면이 솟아오르는 현상으로 연약성 점토 지반인 경우에 쉽게 발생한다.

88 암질 변화구간 및 이상 암질 출현 시 판별 방법과 가장 거리가 먼 것은?

① R.Q.D ② R.M.R
③ 지표침하량 ④ 탄성파 속도

발파시 암질 판별 기준
• R.Q.D(%) • R.M.R
• 탄성파속도(m/sec) • 진동치속도(cm/sec)
• 일축압축강도(kgf/cm²)

89 블레이드의 길이가 길고 낮으며 블레이드의 좌우를 전후 25~30° 각도로 회전시킬 수 있어 흙을 측면으로 보낼 수 있는 도저는?

① 레이크 도저 ② 스트레이트 도저
③ 앵글도저 ④ 틸트도저

도저의 종류
• 불도저 : 블레이드의 측판은 많은 양의 흙을 밀 수 있게 되어 있으며, 블레이드의 용량이 크고 직선송토작업, 거친 배수로 매몰작업 등에 적합하다.
• 앵글도저 : 블레이드의 길이가 길고 높이를 30°의 각도로 회전시킬 수 있어 흙을 측면으로 보낼 수 있다.
• 틸트도저 : 틸트도저는 V형 배수로 작업, 동결된 땅, 굳은 땅 파헤치기, 나무뿌리 파내기, 바윗돌 굴리기 등에 효과적이다.

90 동바리로 사용하는 파이프 서포트에 관한 설치 기준으로 옳지 않은 것은?

① 파이프 서포트를 3개 이상 이어서 사용하지 않도록 할 것
② 파이프 서포트를 이어서 사용하는 경우에는 4개 이상의 볼트 또는 전용철물을 사용하여 이을 것
③ 높이가 3.5m를 초과하는 경우에는 높이 2m 이내마다 수평연결재를 2개 방향으로 만들고 수평연결재의 변위를 방지할 것
④ 파이프 서포트 사이에 교차가새를 설치하여 수평력에 대하여 보강 조치할 것

교차가새는 동바리로 사용하는 강관틀에서 강관틀과 강관틀 사이에 설치한다.

91 건물 외부에 낙하물 방지망을 설치할 경우 벽면으로부터 돌출되는 거리의 기준은?

① 1m 이상 ② 1.5m 이상
③ 1.8m 이상 ④ 2m 이상

산업안전보건기준에 관한 규칙 제14조(낙하물에 의한 위험의 방지) ① 사업주는 작업장의 바닥, 도로 및 통로 등에서 낙하물이 근로자에게 위험을 미칠 우려가 있는 경우 보호망을 설치하는 등 필요한 조치를 하여야 한다.
② 사업주는 작업으로 인하여 물체가 떨어지거나 날아올 위험이 있는 경우 낙하물 방지망, 수직보호망 또는 방호선반의 설치, 출입금지구역의 설정, 보호구의 착용 등 위험을 방지하기 위하여 필요한 조치를 하여야 한다. 이 경우 낙하물 방지망 및 수직보호망은 「산업표준화법」 제12조에 따른 한국산업표준(이하 "한국산업표준"이라 한다)에서 정하는 성능기준에 적합

한 것을 사용하여야 한다.
③ 제2항에 따라 낙하물 방지망 또는 방호선반을 설치하는 경우에는 다음 각 호의 사항을 준수하여야 한다.
1. 높이 10미터 이내마다 설치하고, 내민 길이는 벽면으로부터 2미터 이상으로 할 것
2. 수평면과의 각도는 20도 이상 30도 이하를 유지할 것

92 콘크리트를 타설할 때 거푸집에 작용하는 콘크리트 측압에 영향을 미치는 요인과 가장 거리가 먼 것은?

① 콘크리트 타설 속도
② 콘크리트 타설 높이
③ 콘크리트의 강도
④ 기온

콘크리트의 측압이 커지는 조건
- 기온이 낮을수록(대기 중의 습도가 낮을수록)
- 치어붓기 속도가 클수록
- 굵은 콘크리트일수록(물·시멘트비가 클수록, 슬럼프 값이 클수록, 시멘트·물비가 적을수록)
- 콘크리트의 비중이 클수록
- 콘크리트의 다지기가 강할수록
- 철근의 양이 적을수록
- 거푸집의 수밀성이 높을수록
- 거푸집의 수평단면이 클수록(벽 두께가 클수록)
- 거푸집의 강성이 클수록
- 거푸집의 표면이 매끄러울수록
- 생콘크리트의 높이가 높을수록(단, 일정한 높이에 이르면 측압의 증가는 없음)

93 다음과 같은 조건에서 추락 시 로프의 지지점에서 최하단까지의 거리 h를 구하면 얼마인가?

| • 로프 길이 150cm | • 로프 신율 30% | • 근로자 신장 170cm |

① 2.8m
② 3.0m
③ 3.2m
④ 3.4m

h = 로프의 길이 + 로프의 늘어난 길이 + $\dfrac{신장}{2}$

= $1.5 + (1.5 \times 0.3) + \dfrac{1.7}{2}$ = 2.8m

94 산업안전보건법령에 따른 크레인을 사용하여 작업을 하는 때 작업시작 전 점검사항에 해당되지 않는 것은?

① 권과방지장치·브레이크·클러치 및 운전장치의 기능
② 주행로의 상측 및 트롤리(trolley)가 횡행하는 레일의 상태
③ 원동기 및 풀리(pulley)기능의 이상 유무
④ 와이어로프가 통하고 있는 곳의 상태

작업시작 전 점검사항(산업안전보건기준에 관한 규칙 별표 3)

작업의 종류	점검내용
프레스 등을 사용하여 작업을 할 때	• 클러치 및 브레이크의 기능 • 크랭크축·플라이휠·슬라이드·연결봉 및 연결 나사의 풀림여부 • 1행정 1정지기구·급정지장치 및 비상정지장치의 기능 • 슬라이드 또는 칼날에 의한 위험방지 기구의 기능 • 프레스의 금형 및 고정볼트 상태 • 방호장치의 기능 • 전단기(剪斷機)의 칼날 및 테이블의 상태
로봇의 작동 범위에서 그 로봇에 관하여 교시 등(로봇의 동력원을 차단하고 하는 것은 제외)의 작업을 할 때	• 외부 전선의 피복 또는 외장의 손상 유무 • 매니퓰레이터(manipulator) 작동의 이상 유무 • 제동장치 및 비상정지장치의 기능
공기압축기를 가동할 때	• 공기저장 압력용기의 외관 상태 • 드레인밸브(drain valve)의 조작 및 배수 • 압력방출장치의 기능 • 언로드밸브(unloading valve)의 기능 • 윤활유의 상태 • 회전부의 덮개 또는 울 • 그 밖의 연결 부위의 이상 유무
크레인을 사용하여 작업을 하는 때	• 권과방지장치·브레이크·클러치 및 운전장치의 기능 • 주행로의 상측 및 트롤리(trolley)가 횡행하는 레일의 상태 • 와이어로프가 통하고 있는 곳의 상태

95 다음은 비계를 조립하여 사용하는 경우 작업발판 설치에 관한 기준이다. (　　)에 들어갈 내용으로 옳은 것은?

> 사업주는 비계(달비계, 달대비계 및 말비계는 제외한다)의 높이가 (　　) 이상인 작업장소에 다음 각 호의 기준에 맞는 작업발판을 설치하여야 한다.
> 1. 발판재료는 작업할 때의 하중을 견딜 수 있도록 견고한 것으로 할 것
> 2. 작업발판의 폭은 40센티미터 이상으로 하고, 발판재료 간의 틈은 3센티미터 이하로 할 것

① 1m　　　② 2m
③ 3m　　　④ 4m

산업안전보건기준에 관한 규칙 제56조(작업발판의 구조) 사업주는 비계(달비계, 달대비계 및 말비계는 제외한다)의 높이가 2미터 이상인 작업장소에 다음 각 호의 기준에 맞는 작업발판을 설치하여야 한다.
1. 발판재료는 작업할 때의 하중을 견딜 수 있도록 견고한 것으로 할 것
2. 작업발판의 폭은 40센티미터 이상으로 하고, 발판재료 간의 틈은 3센티미터 이하로 할 것. 다만, 외줄비계의 경우에는 고용노동부장관이 별도로 정하는 기준에 따른다.
3. 제2호에도 불구하고 선박 및 보트 건조작업의 경우 선박블록 또는 엔진실 등의 좁은 작업공간에 작업발판을 설치하기 위하여 필요하면 작업발판의 폭을 30센티미터 이상으로 할 수 있고, 걸침비계의 경우 강관기둥 때문에 발판재료 간의 틈을 3센티미터 이하로 유지하기 곤란하면 5센티미터 이하로 할 수 있다. 이 경우 그 틈 사이로 물체 등이 떨어질 우려가 있는

곳에는 출입금지 등의 조치를 하여야 한다.
4. 추락의 위험이 있는 장소에는 안전난간을 설치할 것. 다만, 작업의 성질상 안전난간을 설치하는 것이 곤란한 경우, 작업의 필요상 임시로 안전난간을 해체할 때에 추락방호망을 설치하거나 근로자로 하여금 안전대를 사용하도록 하는 등 추락위험 방지 조치를 한 경우에는 그러하지 아니하다.
5. 작업발판의 지지물은 하중에 의하여 파괴될 우려가 없는 것을 사용할 것
6. 작업발판재료는 뒤집히거나 떨어지지 않도록 둘 이상의 지지물에 연결하거나 고정시킬 것
7. 작업발판을 작업에 따라 이동시킬 경우에는 위험 방지에 필요한 조치를 할 것

96 다음은 산업안전보건법령에 따른 승강설비의 설치에 관한 내용이다. (   )에 들어갈 내용으로 옳은 것은?

> 사업주는 높이 또는 깊이가 (   )를 초과하는 장소에서 작업하는 경우 해당 작업에 종사하는 근로자가 안전하게 승강하기 위한 건설작업용 리프트 등의 설비를 설치하여야 한다. 다만, 승강설비를 설치하는 것이 작업의 성질상 곤란한 경우에는 그러하지 아니하다.

① 2m   ② 3m
③ 4m   ④ 5m

산업안전보건기준에 관한 규칙 제46조(승강설비의 설치) 사업주는 높이 또는 깊이가 2미터를 초과하는 장소에서 작업하는 경우 해당 작업에 종사하는 근로자가 안전하게 승강하기 위한 건설용 리프트 등의 설비를 설치해야 한다. 다만, 승강설비를 설치하는 것이 작업의 성질상 곤란한 경우에는 그렇지 않다.

97 리프트(Lift)의 방호장치에 해당하지 않는 것은?

① 권과방지장치   ② 비상정지장치
③ 과부하방지장치   ④ 자동경보장치

리프트의 방호장치 : 권과방지장치, 비상정지장치, 과부하방지장치(전자식, 기계식)

98 부두·안벽 등 하역작업을 하는 장소에서 부두 또는 안벽의 선을 따라 통로를 설치하는 경우 그 폭을 최소 얼마 이상으로 하여야 하는가?

① 60cm   ② 90cm
③ 120cm   ④ 150cm

산업안전보건기준에 관한 규칙 제390조(하역작업장의 조치기준) 사업주는 부두·안벽 등 하역작업을 하는 장소에 다음 각 호의 조치를 하여야 한다.
1. 작업장 및 통로의 위험한 부분에는 안전하게 작업할 수 있는 조명을 유지할 것
2. 부두 또는 안벽의 선을 따라 통로를 설치하는 경우에는 폭을 90센티미터 이상으로 할 것
3. 육상에서의 통로 및 작업장소로서 다리 또는 선거(船渠) 갑문(閘門)을 넘는 보도(步道) 등의 위험한 부분에는 안전난간 또는 울타리 등을 설치할 것

99 안전관리비의 사용 항목에 해당하지 않는 것은?

① 안전시설비 ② 개인보호구 구입비
③ 접대비 ④ 사업장의 안전·보건진단비

안전보건관리비는 항목별 사용기준에 따라 건설사업장에서 근무하는 근로자의 산업재해 및 건강장해 예방을 위한 목적으로만 사용하여야 한다. 따라서, 접대비는 사용 항목에 해당하지 않는다.

100 강관을 사용하여 비계를 구성하는 경우의 준수사항으로 옳지 않은 것은?

① 비계기둥의 간격은 띠장 방향에서는 1.85m 이하로 할 것
② 비계기둥의 간격은 장선(長線) 방향에서는 1.0m 이하로 할 것
③ 띠장 간격은 2.0m 이하로 할 것
④ 비계기둥 간의 적재하중은 400kg을 초과하지 않도록 할 것

산업안전보건기준에 관한 규칙 제60조(강관비계의 구조) 사업주는 강관을 사용하여 비계를 구성하는 경우 다음 각 호의 사항을 준수해야 한다.
1. 비계기둥의 간격은 띠장 방향에서는 1.85미터 이하, 장선(長線) 방향에서는 1.5미터 이하로 할 것. 다만, 다음 각 목의 어느 하나에 해당하는 작업의 경우에는 안전성에 대한 구조검토를 실시하고 조립도를 작성하면 띠장 방향 및 장선 방향으로 각각 2.7미터 이하로 할 수 있다.
   가. 선박 및 보트 건조작업
   나. 그 밖에 장비 반입·반출을 위하여 공간 등을 확보할 필요가 있는 등 작업의 성질상 비계기둥 간격에 관한 기준을 준수하기 곤란한 작업
2. 띠장 간격은 2.0미터 이하로 할 것. 다만, 작업의 성질상 이를 준수하기가 곤란하여 쌍기둥틀 등에 의하여 해당 부분을 보강한 경우에는 그러하지 아니하다.
3. 비계기둥의 제일 윗부분으로부터 31미터되는 지점 밑부분의 비계기둥은 2개의 강관으로 묶어 세울 것. 다만, 브라켓(bracket, 까치발) 등으로 보강하여 2개의 강관으로 묶을 경우 이상의 강도가 유지되는 경우에는 그러하지 아니하다.
4. 비계기둥 간의 적재하중은 400킬로그램을 초과하지 않도록 할 것

정답 2020년 08월 22일 최근 기출문제

01 ②	02 ②	03 ④	04 ①	05 ③	06 ②	07 ④	08 ③	09 ①	10 ④
11 ④	12 ④	13 ③	14 ④	15 ①	16 ②	17 ③	18 ③	19 ②	20 ③
21 ③	22 ④	23 ②	24 ③	25 ③	26 ④	27 ④	28 ①	29 ①	30 ①
31 ③	32 ②	33 ①	34 ①	35 ④	36 ④	37 ②	38 ①	39 ②	40 ②
41 ③	42 ③	43 ③	44 ④	45 ①	46 ①	47 ②	48 ④	49 ①	50 ③
51 ②	52 ③	53 ①	54 ④	55 ①	56 ④	57 ④	58 ③	59 ④	60 ②
61 ③	62 ①	63 ④	64 ③	65 ④	66 ②	67 ②	68 ②	69 ②	70 ①
71 ①	72 ④	73 ①	74 ①	75 ②	76 ④	77 ①	78 ②	79 ①	80 ②
81 ①	82 ④	83 ④	84 ③	85 ③	86 ②	87 ①	88 ③	89 ③	90 ④
91 ④	92 ③	93 ①	94 ③	95 ②	96 ①	97 ④	98 ②	99 ③	100 ②

산업안전산업기사
필기 기출문제

2026년 01월 05일 인쇄
2026년 01월 20일 발행

저자 김응주
발행처 (주)도서출판 책과상상
등록번호 제2020-000205호
발행인 이강복
주소 경기도 고양시 일산동구 장항로 203-191
대표전화 (02)3272-1703~4
팩스 (02)3272-1705

홈페이지 www.sangsangbooks.co.kr
ISBN 979-11-6967-325-9

값 25,000원
Copyright© 2026
Book & SangSang Publishing Co.

• 저자와의 협의하에 인지를 생략합니다.